규　토
라이트
N　제

CONTENTS

개념, 유형, 기출을 한 권으로 Compact하게

규토 라이트 N제는 기출문제와 개념 간의 격차를 최소화하고 1등급으로 도약하기 위한 탄탄한 base를 만들어 주기위해 기획한 교재입니다. 학생들이 처음 개념을 학습한 뒤 막상 기출문제를 풀면 그 방대한 양과 난이도에 압도당하기 쉽습니다. 이를 최소화하기 위해 4단계로 구성하였고 책에 적혀 있는 규토 라이트 N제 100% 공부법으로 꾸준히 학습하다보면 역으로 기출문제를 압도하실 수 있습니다.

Gyu To Math (규토 수학)에서 첫 글자를 따서 총 4단계로 구성하였습니다.

1. Guide step (개념 익히기편)

교과 개념, 실전 개념, 예제, 개념 확인문제, '규토의 Tip'을 모두 담았습니다.
단순히 문제만 푸는 것이 아니라 개념도 함께 복습하실 수 있습니다.
교과서에 직접적인 서술이 없더라도 수능에서 자주 출제되는 포인트들을 녹여내려고 노력하였습니다.

2. Training – 1 step (필수 유형편)

기출문제를 풀기 전의 Warming up 단계로 수능에서 자주 출제되는 유형들을 분석하여
수능최적화 자작으로 구성하였습니다.
기초적인 문제뿐만 아니라 학생들이 어렵게 느낄 수 있는 문제들도 다수 수록하였습니다.
단시간 내에 최신 빈출 테마들을 Compact하게 정리하실 수 있습니다.

3. Training – 2 step (기출 적용편)

사관, 교육청, 수능, 평가원에서 3~4점 문제를 선별하여 구성하였습니다.
필수 유형편에서 배운 내용을 바탕으로 실제 기출문제를 풀어보면서 사고력과 논리력을 증진시킬 수 있습니다.
실제 기출 적용연습을 위하여 유형 순이 아니라 전반적으로 난이도 순으로 배열했습니다.

4. Master step (심화 문제편)

사관, 교육청, 수능, 평가원에서 난이도 있는 문제를 선별하여 준킬러 자작문제와 함께 구성하였습니다.
과하게 어려운 킬러문제는 최대한 지양하였고 킬러 또는 준킬러 문제 중에서도
1등급을 목표로 하는 학생이 반드시 정복해야 하는 문제들로 구성하였습니다.

교과서 개념유제부터 어려운 기출 4점까지 모두 수록

단순히 유형서가 아니라 생기초부터 점점 살을 붙여가며 기출킬러까지 다루는 올인원 교재입니다.
즉, 교과서 개념유제부터 수능에서 킬러로 출제된 문제까지 모두 수록하였습니다.
규토 라이트 N제 수2의 경우 총 837제이고
문제집의 취지에 맞게 중 ~ 중상 난이도 문제들이 제일 많이 분포되어 있습니다.

규토 라이트 N제의 추천 대상

1. 개념강의와 병행할 교재를 찾는 학생
2. 개념을 끝내고 본격적으로 기출문제를 들어가기 전인 학생
3. 해당 과목을 compact하게 정리하고 싶은 학생
4. 무엇을 해야 할지 갈피를 못 잡는 3~4등급 학생
5. 기출문제가 너무 어렵게 느껴지는 학생
6. 아무리 공부해도 수학성적이 잘 오르지 않는 학생

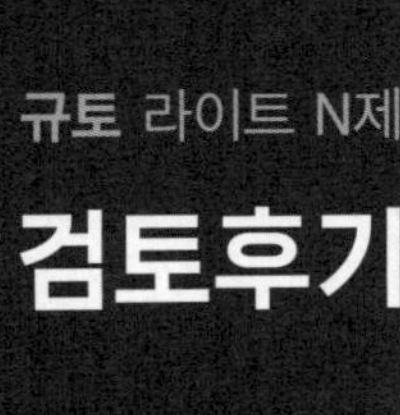

정지영 / 울산대학교 의학과

안녕하세요, 검토자 정지영입니다. 올해에는 이른 겨울에 규토를 만나게 됐네요. 아직 입시도 끝나지 않아, 새 시작의 열기가 아직까지는 오지 않은 것 같습니다.

규토 라이트 수2은 결코 라이트하지 않습니다. 가벼운 마음으로 풀고 넘길 교재가 아니라 여러 차례 시간들여 풀어볼만한 완성도 높고 구성이 훌륭한 문제집이라고 생각합니다. 수능 수학 공부가 문항을 "어떤" 방법을 쓰고, "왜" 그런 방법을 쓰는지 익히는 과정이라면, 규토 라이트에는 "어떻게"와 "왜"가 모두 담겨 있습니다. 천천히 집중해서 풀어보면서 둘 중 모자란 것을 채워가기에 충분한 퀄리티를 갖추었으며, 난이도 역시 어떤 학생에게도 만만치는 않게끔 잘 구성되었습니다. 한 권으로도 수2를 완성할 수 있는 좋은 교재라고 생각합니다.

수능은, 단연코 아주 중요한 일들 중 하나입니다. 하지만 수능도, 그 자체가 목표인 것이 아니라 여러분의 목표를 위한 하나의 수단일 뿐임을 기억하면 좋겠습니다. 목표보다 중요한 수단은 없듯이, 힘든 시간이겠지만 여러분의 목표를 지킬 수 있으면 좋겠습니다. 과정과 시간에 너무 매몰되지 않고 여러분의 꿈으로 나아가실 수 있기를, 그리고 그 과정에 규토가 도움이 될 수 있기를 바라겠습니다.

감사합니다.

윤승하 / 울산대학교 의예과

작년에 이어 올해도 규토 라이트 N제 검토를 맡게 되었습니다. 규토 라이트 N제의 가장 큰 장점은 문제편과 해설편 곳곳에 있는 Tip이라고 생각합니다. 개념부터 처음 공부하는 학생들은 시행착오를 겪어가며 실력을 쌓아올릴 수밖에 없습니다. 문제를 계속 풀고, 틀리고 실수해야만 자신이 약한 부분을 알게 되고, 문제를 조금 더 쉽게 풀 수 있는 요령 등을 익힐 수밖에 없기 때문입니다. 규토 라이트 N제는 학생들이 자주 놓치고 실수하는 부분, 더 쉽고 간단하게 풀 수 있는 방법, 헷갈리는 개념들을 tip을 통해 알려줌으로써 이러한 시행착오를 줄여준다고 생각합니다. 또한 기본적인 문제부터 시작해 고난도 문제까지 다루기 때문에, 해당과목을 처음 시작하지만 목표 등급이 높은 학생들에게 적합한 교재라고 생각합니다.

문지유 / 울산대학교 의학과

안녕하세요. 규토 라이트 N제 검토진 문지유입니다. 규토 라이트 N제는 N제임에도 개념이 탄탄하고 실전용 Tip이 많이 들어있어 아주 유용하게 쓰실 수 있는 문제집이라 생각합니다. 해가 바뀔 때마다 개정 되는 문제들을 보며 고심 끝에 세상에 나오는 문제집이라는 것을 실감합니다. 수험생 여러분이 여러 번 풀어보며 자신의 약점을 채워나갈 수 있을 것이라 생각합니다. 모두 파이팅, 응원합니다!

조윤환 / 대성여자고등학교 교사

규토 라이트 N제는 개념 설명 + 기출 문제 + 자작 N제로 구성되어 있어 세 마리 토끼를 한 번에 잡을 수 있는 독학서입니다. 특히 수능 대비에 알맞은 컴팩트한 볼륨의 Guide step(개념 익히기편)에서 수능에 자주 출제되는 중요한 개념을 빠르게 훑고 문제 풀이로 넘어갈 수 있습니다. Guide step에서는 실전에서 사용할 수 있는 유용한 테크닉과 학생들이 개념을 공부하면서 궁금할 수 있는 포인트까지 따로 자세하게 설명해주어서 교과서나 시중 개념서에서 해결할 수 없는 의문점까지 해결할 수 있습니다.

기출 문제에 추가로 자작 문제가 포함되어 있어서 기출 문제가 부족한 삼각함수의 그래프, 삼각함수의 활용 단원에서 트렌디한 평가원 스타일의 문제를 다양하게 풀어볼 수 있다는 것은 규토 라이트 N제 만의 큰 장점이라고 생각합니다.

저자의 TIP이 문제집과 해설집 곳곳에서 여러분들을 도와줄 것입니다. 규토 시리즈 특유의 유쾌한 해설이 무척 상세해서 규토 라이트 N제로 공부하다 보면 친절한 과외선생님이 옆에서 설명해주는 듯한 느낌을 받을 수 있을 것입니다. 특히 책 안에 나와있는 규토 시리즈의 100% 공부법을 참고하면 수학 공부 방법에 고민이 많은 학생들에게 큰 도움이 될 것이라고 생각합니다.

박도현 / 성균관대학교 수학과

안녕하세요~ 규토 N제 시리즈 검토자 박도현입니다. 규토 N제 시리즈의 검토가 벌써 5년차에 들어가고 있습니다. 저를 믿어주시고 검토를 맡겨주신 저자 유성민 선생님께 감사를 표합니다. ㅎㅎ

올해 개정판은 최신 기출 트랜드에 따라 문제 배치가 크게 바뀌었습니다. 특히 Master Step에는 라이트 N제의 전작 고득점 N제의 우수한 자작 문제들이 추가되었습니다. Guide Step, Training 1step과 2step에서 배운 문제 풀이 스킬들을 가지고 Master Step을 도전하시면 한 단계 더 도약하실 수 있습니다.

규토 라이트 N제가 수학 영역 고득점으로의 길을 만들어줄 것입니다. 끝까지 포기하지 마시고, 올해 수험생 여러분 모두 건승을 기원합니다!

3등급에서 수능 미적분 원점수 96점(백분위 99%)으로, 규토 라이트 N제 추천사

안녕하세요. 규토의 도움으로 현역 수능 3등급에서 6, 9, 수능 전부 다 1등급으로 성적을 올리게 되어서 추천사를 적게 되었습니다. 저는 고3 수능 때 수학 과목에서 평소보다 좋지 않은 성적을 얻게 되었습니다. 그래서 이번 수능 수학 공부를 시작할 때 현역 당시 평소보다 부진한 성적을 얻게 된 원인을 분석하고 그 점을 보안하는 것을 우선으로 했습니다. 공부량이 원인이라기에는 그 당시에도 수학 공부에 대부분의 시간을 투자했었고 그럼에도 성적이 쉽사리 오르지 않았던 것이었습니다. 그래서 저는 공부하는 방법 자체가 잘못되었던 것이라고 생각했습니다.

저는 2,3점짜리 문제나 쉬운 4점은 항상 다 맞고 준킬러~킬러 4점짜리만 틀려서 심화 문제만 못 푼다는 자만한 생각을 갖고 심화 문제를 푸는 데만 집중했었습니다. 하지만 이런 방식으로 공부를 해도 심화 문제는 전혀 풀릴 기미가 안 보였고 결국 매번 답지에 의존하게 되었습니다. 다시 수능을 준비할 때는 이런 공부 방식이 시간 낭비에 불과하다는 것을 깨닫고 개념을 다시 제대로 익혀서 수학 개념에 빈틈을 없애야겠다고 생각했습니다.

개념서로 규토 라이트 N 제를 고르게 된 이유는 규토 고난도 N 제를 먼저 접해봤는데 문제의 질도 좋고 무엇보다 풀이가 자세하게 써져 있어서 혼자 개념을 익힐 때 도움이 될 것 같다고 생각했기 때문입니다. 저는 평소에 다른 시중의 개념서를 풀 때 풀이가 자세하지 않아서 불편함을 느낀 적이 많았습니다. 풀이에서 이런 식이 어떤 과정에서 도출되었고 왜 이 식이 필요한지에 대한 설명이 일절 없이 바로 식만 나열하는 풀이에서는 별 도움을 느끼지 못했습니다. 하지만 규토 라이트의 풀이는 단계별로 정리가 잘 되어있어서 가독성도 좋았고 이 식이 도출된 과정을 세세히 설명해 줘서 혼자서 공부하는데 정말 편했습니다. 또한 여러 풀이 방법도 써져있고 팁 박스에 필요로 하는 기본 개념이 친절하게 설명되어 있어서 다양한 방법으로 정확하게 사고하는 능력을 기르는 데 도움 되었습니다.

문제집의 구성도 정말 훌륭하다고 생각했습니다. 1스텝에서 기본 개념을 제대로 익히고 2스텝에서 응용하는 방식을 익히고 그 모든 것을 종합해야 풀 수 있는 마스터 스텝 단계로 넘어가는 구성이 완벽하다고 생각했습니다. 이 구성이 완벽하다고 생각하는 이유는 제대로 단계별로 학습하면 마스터 스텝 문제를 푸는 방법이 눈에 보이기 시작하기 때문입니다. 현역 당시에 심화 문제를 못 풀었던 이유는 1,2 스텝을 건너뛰고 무작정 마스터 스텝 문제에 손을 대려고 했기 때문입니다. 하지만 이번에는 스텝을 단계별로 익히고 내가 학습한 내용들을 이용해서 문제를 풀려고 노력했기 때문에 심화 문제들을 풀어나갈 수 있었습니다.

수학 문제는 사용되는 개념은 다 똑같고 그 개념을 풀어내는 방식에 따라 난이도가 달라진다고 생각합니다. 그래서 문제를 보고 이 문제가 어떤 개념을 필요로 하는지 분석하면 익힌 개념들로 충분히 풀 수 있을 것이기에 스스로 생각해서 문제를 분석하는 힘을 기르는 것이 수학 공부에서 가장 중요한 부분이라 생각합니다. 이 과정에서 규토 라이트는 정말 큰 도움이 될 것입니다. 제가 규토 라이트를 1년 내내 열심히 복습한 결과 도저히 안 풀리던 심화 문제들도 풀린다는 느낌을 확실히 받았기 때문입니다. 아마도 1,2 스텝 학습 후 마스터 스텝을 푸는데 어려움을 겪는 경우가 많을 것이라 생각합니다. 저도 마스터 스텝을 처음 풀 때는 계속 답지를 보고 싶다는 생각을 했습니다. 하지만 최대한 규토에서 배운 개념을 사용해서 혼자 힘으로 풀이를 도출해나가는 과정을 생각해 내면 문제 풀이의 실마리를 찾아나가게 될 것이고 심화 문제를 풀어나갈 수 있게 될 것입니다. 이 책은 배운 개념을 응용하기에 좋은 구성을 가졌기에 다른 개념서들로 공부하는 것보다 효율적으로 이 과정을 체화하는 데 도움 될 것이라고 생각합니다.

처음에 수학 공부하는 법의 갈피를 못 잡아서 책의 서두에 있는 100% 공부법을 정독하고 그것의 80% 정도 비슷하게 했습니다. 이 책은 정말 친절하게 공부법도 세세히 써져있기 때문에 제대로 활용하겠다는 의지만 있다면 수학 성적을 무조건 올릴 수 있을 것이라고 장담합니다. 저는 현역 시절 수학 때문에 목표보다 아주 이하의 대학을 갔습니다. 하지만 규토 라이트로 제대로 수학 공부를 시작한 후 이번에는 수학 덕분에 목표 대학을 노릴 수 있게 되었습니다. 여러분들도 규토 라이트를 이용해서 수학이라는 과목이 나의 적이 아닌 무기가 될 수 있기를 바라겠습니다.

정시로 인서울 의대 합격 후기, 규토 라이트 N제 추천사 (윤종원)

안녕하세요. 저는 규토의 도움으로 이번에 인서울 의대에 정시로 합격하게 된 학생입니다. 저는 총 세 번의 수능을 치르면서 규토 라이트 N제의 효과를 몸소 느끼게 되어서 이번 추천서를 작성하게 되었습니다.

우선 저는 22, 23, 24, 총 세 차례의 수능을 겪은 삼수생입니다. 첫 수능에서는 간신히 2등급 컷트라인을 맞췄고, 두 번째 수능에서는 1등급 컷 점수를, 마지막 수능에는 원점수 96점을 받으며 성공적으로 입시를 마칠 수 있었습니다. 제가 이렇게 성적을 향상한 데에는 규토 라이트 N 제가 정말 큰 도움을 주었습니다.

제가 고등학교 3학년일 때, 저는 오르지 않는 수학 성적을 두고 정말 많이 고민했는데요, 사실 그때는 제가 정확히 어느 부분이 부족한지, 또 어느 부분을 잘하는지 잘 알지도 못했습니다. 그저 최고난도 문항(킬러문항)이 풀리지 않으니 그저 어려운 문제만 끊임없이 반복해서 풀었었죠. 그렇게 실망스러운 22 수능 성적을 받고, 재수를 결심한 이후로는 아예 개념부터 다지기로 생각했고, 그때 제가 개념을 다질 때 도움을 받은 책이 규토 라이트 N제였습니다.

이 책은 정말 낮은 난도의 문제부터, 최고난도라고 해도 손색이 없을 정도의 문제들까지 다양하게 수록이 되어있습니다. 특히 규토님이 직접 만드신 문제들이 정말 높은 퀄리티를 보여주며 문제를 풀수록 감탄하게 만들죠. 문제에 대한 평가는 여러분이 직접 풀면서 몸으로, 손으로 느끼는 것이 가장 정확하니 말을 아끼지만, 여타 시중의 다른 문제집들과 비교했을 때 절대 뒤지지 않는, 오히려 압도하는 품질을 보여준다는 것만은 명백합니다.

하지만, 문제의 퀄리티가 아무리 좋다 하더라도 본인이 체화하지 못한다면 소용이 없을겁니다. 그러나 규토 라이트 N제는 그럴 걱정이 없습니다. 문제집보다 훨씬 두꺼운 해설지를 보시면 아시겠지만, 마치 과외선생님이 옆에서 하시는 말씀을 그대로 옮겨적은 것만 같은 해설지는 문제의 해설보다도 학생의 이해를 최우선으로 두고 작성되었습니다. 헷갈릴 만한 포인트들은 옆에 다른 문제들을 이용해서 추가로 설명을 해준다거나 하는 식으로 구성된 해설은 마치 수준이 높은 과외선생님이 옆에 있다는 착각마저 들게 합니다.

그렇다 보니 이 규토 라이트N제를 완벽하게 습득하기 위해서는 답지를 어떻게 이용하는지가 굉장히 중요합니다. 규토의 100% 공부법을 읽어보시면 아시겠지만, 문제를 맞히더라도 내가 어떻게 맞추었는지 그 풀이법을 나 자신이 인지하고 있는 것이 굉장히 중요합니다. 내가 푼 방법에 논리적 비약이 있지는 않았는지, 내가 정확한 방법으로 푼 건지 끊임없이 점검해야 하죠. 이럴 때 답지가 정말 유용하게 사용됩니다. 정확하고 세심한 풀이를 통해, 빠뜨린 부분은 없는지, 넘겨짚은 부분은 없는지 끊임없이 옆에서 점검해 줍니다. 위에서 서술한 바와 같이, 과외를 받는 기분이 들 정도로요.

그렇다면 여기서 궁금한 점이 생기실 겁니다. 과연 규토 라이트 N제는 나에게 맞는 문제집일까? 너무 어렵지는 않을까? 혹은 너무 쉽지는 않을까? 위 질문에 대한 답은, 여러분의 실력에 따라 달라지게 됩니다. 냉정히 말해서 규토 라이트 N제는 이름과는 다르게 라이트하기만 한 문제집은 아닙니다. 아무것도 모르는 상태에서, 즉 기초가 다져지지 않은 상태에서 하기에는 쉽지 않죠. 하지만, 개념을 한 번이라도 봤다면 얼마든지 도전할 수 있는 난이도입니다. 문제집의 구조상 난이도별로 파트가 나누어지기도 하고, 답지와 함께 풀면 조금 어렵더라도 이해하기에 어렵지는 않을 겁니다. 그렇다면 최상위수험생들에게는 필요가 없는 문제집일까요? 그렇지도 않습니다. 최상위수험생이더라도 틀리는 문제가 있다면 어딘가 불안정한 부분이 있다는 뜻입니다. 규토 라이트N제는 흔들리는 기초를 단단하게 굳힐 수 있는 교재입니다. 혹시라도 내가 불안한 부분은 없는지, 나의 약점은 없는지 등을 알 수 있는, 그러한 교재입니다. 내가 지금껏 쌓아온 기초에 불안한 부분은 없는지, 내가 안다고 생각했던 부분에 허점은 없는지 점검할 때에도 규토 라이트 N제는 최고의 파트너가 되어줄겁니다.

내가 가야 할 길이 멀게만 느껴질 때, 내가 지금 하고 있는 방법이 옳은 방법인지 알 수 없을 때, 규토 라이트 N제는 여러분의 곁에서 충실히 길잡이 역할을 해줄겁니다. 그렇게 규토와 함께, 문제 하나하나를 곱씹으며 나아가다 보면 그 길의 끝에는 여러분이 목표하고 있던 수학 성적이 여러분을 기다리고 있을 것입니다.

규토와 함께하게 된 여러분을 진심으로 응원하며, 이만 글을 줄이겠습니다. 감사합니다.

규토 라이트 N제와 함께 1년 내내 수학 모의고사 1등급!! (김준한)

–4등급부터 시작해서 현재 수학 백분위 99%까지 달성 후기–

안녕하세요~ 저는 작년 고1 때는 모의고사 성적이 3,4등급에 머물러 있다가 올해 규토 라이트 N제 수1,2로 공부하면서 2022년에 시행된 고2 6,9,11월 모의고사에서 모두 1등급을 쟁취하게 되어 추천사를 작성하게 되었습니다. 제가 이 책을 처음 접했을 때 책의 구성도 물론 좋았지만 가장 눈에 들어온 것은 공부법이었습니다. 성적대가 낮은 학생들이 공부해도 큰 효과를 볼 수 있는 책이지만 평소에 수학 공부법에 회의감을 가지고 있는 학생들도 공부하면 더 큰 효과를 볼 수 있을 거라고 생각합니다!

고등학교 1학년 때의 저는 수학을 아주 잘하지도 못 하지도 않는 학생이었습니다. 단지 다다익선이라는 말처럼 시중에 나와 있는 문제집을 다 풀어 보며 성적이 잘 나오겠지하며 기대하는 학생에 불과했습니다. 그랬던 성적이 3등급이었고 저는 심각한 고민에 빠졌습니다. 그러던 도중에 한 커뮤니티 사이트에서 '규토 라이트 N제' 후기를 보았습니다. 후기를 읽어보며 나도 저런 드라마틱한 성장을 이뤄낼 수 것 같다는 느낌을 받았고 그 중심인 '100% 공부법'을 알게 되어 바로 책을 구입하게 되었습니다.

규토 라이트 N제를 보면서 구성이 참 놀라웠습니다. 현 교육과정에 따른 개념이 모두 수록되어 있을 뿐만 아니라 규토님 특유의 테크니컬한 팁들이 다 들어 있어서 자작문제 (t1)에 적용하여 체화를 시키고 이에 따라 배운 것들을 기출문제 (t2)에 또 적용할 수 있어 개념-기출의 괴리감을 최소화 시켜준다는 장점이 있습니다. 그리고 규토 라이트 N제의 고난도 문제의 집합이라고 할 수 있는 마스터 스텝 (mt) 인데 저는 개인적으로 푸는 데 너무 재밌었습니다. 저는 문제를 풀면서 규토쌤이 괜히 문제 배치를 마지막에 하신 게 아니구나라는 것을 느꼈습니다. 이 문제들은 약간 방금 전에 언급한 t1,t2 문제들을 믹스 시킨 문제, 즉 기본 예제 들의 집합이라고 느꼈습니다. 마스터 스텝 문제까지 책의 공부법으로 완전히 흡수시켜야 비로소 책의 취지에 맞게 안정적인 1등급에 도달한다고 느끼게 되었습니다.

이제 공부법에 대해 얘기해보려 합니다. 사실 제가 제일 강조하고 싶은 부분입니다!! 제 성적향상의 근원이기도 합니다ㅎ 올해 3월달... 저의 수학 성경책을 받은 날이었죠..저는 책과 물아일체가 되겠다는 마음가짐으로 임했습니다. 규토 선생님께서 강조하시는 수학 공부법이 처음에는 어색했지만 계속 적용해보니까 수능 수학에 가장 이상적이고 적합한 방법이라는 것을 깨달았습니다. 제가 세 번의 모의고사에서 1등급을 받은 그 공부법! 100% 공부법의 핵심은 "누군가에게 설명할 수 있다"입니다. 사실 혹자께서는 문제를 잘 푸는 거랑 어떤 차이냐고 물으실 수 있는데 사실은 엄청난 차이가 있다고 생각합니다. 문제를 완벽하게 설명하려면 풀이를 써 내려갈 때 개념 간의 논리를 정확하게 이해하고 남을 이해시킨다는 마음으로 문제를 정확히 자기것으로 만들어야 합니다. 저는 이 과정이 정말 힘들었습니다. 하지만, 계속 거듭하고 묵묵히 하다보니 가속도가 붙더라고요! 내년에 공부하실 2024 규토 수험생 분들도 이 부분을 강조하며 공부하시면 충분히 좋은 결과 있으실 거라고 믿습니다!!

마지막으로 규토 선생님! 제 수학 성적을 눈부시게 끌어올려 주셔서 감사합니다! ㅎㅎ

수능 수학의 시작과 마무리, 규토 라이트 N제 (오세욱)

ㅡ규토 N제 수1,수2,미적분 풀커리(라이트~고득점)로 수능 미적분 백분위 98% 달성 후기ㅡ

저는 현역 때 운 좋게 대학입시에 성공해 인서울 대학에 합격했지만 수능에 미련이 남아있는 학생 중 한명이었습니다. 수학을 잘한다고 생각했고 자부심을 가지고 있었지만 막상 수능에서는 3등급 백분위 78을 받았습니다. 수능 시험장에서 문제를 풀면서 '나는 개념을 놓치고 있고 조건을 해석할 줄 모르는구나'를 깨달았습니다.

그렇게 대학에 진학했다는 생각으로 놀며 2020년을 보냈고 2021년이 되자 이대로 끝내면 후회가 남을 것 같다는 생각에 다시 한번 입시 속으로 뛰어들었습니다. 대학을 병행하며 진행하고 싶었기에 과외나 학원을 다니기에는 시간이 촉박하다고 판단하여 구매하게 된 책이 바로 과외식 해설을 담은 '규토 라이트 N제'입니다.

규토 라이트 N제를 만나게 되면서 앞에 적힌 공부방법에 따라 개념 부분과 개념형 유제부터 자세히 읽고 풀어보며 사소하지만 실전 문제풀이에 도움이 되는 팁을 얻었습니다. 또한 함께 실린 자작문제와 기출문제에 개념을 적용해 풀며 답안지와 내 풀이의 차이점을 비교하였고 잘못되게 풀이한 부분이 있다면 다시 한번 적어보며 틀린문제는 풀이의 길을 외울 정도로 반복해서 풀었습니다. 솔직히 이러한 과정이 빠르고 쉽다 한다면 거짓말입니다. 처음 시작할 때는 막막할 정도로 문제가 벽으로 느껴졌고 모르면 아직도 모르는게 많다는 것에 화가 나기도 했습니다. 하지만 한 문제, 한 단원 넘어갈 때마다 확실하게 개념이 탄탄해지고 새로운 문제를 만나도 개념을 중심으로 풀이가 진행되는 경우가 많아 자신감과 재미를 느끼게 되었습니다. 이렇게 수1, 수2부터 미적분까지 3권을 모두 마무리하고 반복하여 풀이하다 보니 평가원 시험에서 고정적으로 1등급을 받게 되었습니다.

규토 라이트 N제는 이름과 달리 절대 '라이트' 하지만은 않습니다. 선택과목 체재에서 규토 라이트 N제는 시작이며 마무리인 단계입니다. 기출을 이미 많이 접해본 N수나 고3분들 중 컴팩트하고 완전하게 개념과 기출을 정리하고 싶은 분들부터 수능 수학을 처음으로 공부해 개념을 탄탄하게 쌓고 싶은 분들까지 규토 라이트 N제를 자신있게 추천드립니다.
[중요] 만약 책을 구매하게 된다면, 규토 선생님의 방법으로 공부하세요.

추신) 여담으로 타 문제집(쎈)과 규토 라이트N제를 비교하는 글이 많아 두 문제집 모두 풀어본 입장에서 남긴다면 해설의 자세함, 친절도, 수능 수학을 할 때 필요한 문제의 질, 개념의 자세함 모두 규토 라이트 N제가 좋다고 생각합니다. 그리고 N제라는 이름 때문에 그런지 몰라도 두 책의 목적은 완전하게 다른데 비교하는 경우가 많은 것 같습니다. 이 책은 자세한 개념부터 심화문제(30번)까지 모두 다룹니다. 과장없이 미적분2022평가원문제 모두 이 책에 있는 문제를 규토 선생님의 방식으로 다뤘다면 모두 맞출 수 있었다고 생각합니다.

나는 수능에서 처음으로 수학 1등급을 받았다. (이나현)

안녕하세요! 9월 백분위 89에서 수능 백분위 96으로 오르는 데 있어 규토 라이트의 도움을 크게 받아 작성하게 되었습니다. 핵심은 규토라이트를 통해 개념과 기출의 중요성을 깨닫게 되었다는 점입니다. 규토라이트는 1-4등급 모두에게 좋은 책이지만, 저는 특히 2-3등급에 머무르는 학생들에게 추천하고 싶습니다.

백분위 89에서 1등급은 드라마틱한 성적 변화가 아니라고 생각하실 수도 있습니다. 하지만 저는 고등학교와 재수 생활을 통틀어 평가원 모의고사에서 1등급은 맞아본 적도 없고 2등급 후반 ~ 3등급 초반을 진동했습니다. 저는 수학을 일주일에 적어도 40시간 이상 투자했고, 유명한 강의와 문제집을 다양하게 접해봤음에도 1등급을 맞지 못하는 원인을 파악하지 못했었는데요. 9월부터 규토 라이트로 두 달동안 공부하며 제 약점을 파악했고 결국 수능에서 처음으로 1등급을 맞았습니다. 규토 라이트를 처음 접하게 된 건 9월 모의고사에서 2등급을 간신히 걸친 후였는데요. 저는 1등급을 맞게 된 원인이 크게 두 가지라고 생각합니다.

첫 번째로 규토 라이트의 구성입니다. 기출과 N제 그리고 ebs까지 적절하게 섞인 구성이 너무 좋았습니다. 또한 가이드 스텝을 스킵하지 마시고 꼭 정독하시는 것을 추천드립니다. 규토님의 농축된 팁까지 얻어갈 수 있습니다. 마스터 스텝에서도 배워갈 점이 많으니 겁먹지 말고 몇 번이고 풀어보시는 것을 추천드립니다. 저는 규토 라이트를 접하기 전까진 왜 수학에서 개념과 기출을 강조하는지 이해가 가지 않았습니다. 기출은 지겹기만 했고 개념은 다 아는 것만 같았습니다. 하지만 규토 라이트를 통해 제대로 된 기출 학습과 약점훈련을 할 수 있었습니다.

두 번째는 규토님입니다. 일단 규토님은 등급에 따라 커리큘럼과 학습법을 알려주시는데 이대로만 하면 100점도 가능하다고 생각합니다. 가장 도움되었던 학습법은 복습입니다. 뻔한 것 같지만, 알면서도 꺼려지는 게 복습입니다. 그리고 틀린 문제를 생각 없이 계속 푸는 것이 아니라, 제대로 된 복습 가이드를 정해주셔서 이대로만 하면 된다는 점이 좋았습니다. 저는 비록 9월 중순부터 시작해서 전체적으로는 3회독밖에 못했지만... 설명할 수 있을 때까지 계속 풀고 또 풀었습니다. 또한 이메일로 직접 질문을 받아주시는데요, 질문하는 문제에 따라서 가끔 제게 필요한 보충문제나 영상 덕분에 빠르게 이해할 수 있었습니다. 그리고 똑같은 문제를 계속 틀리거나, 사설 모의고사에서 안 좋은 점수를 받는 등 막막할 때가 많았는데요, 그 때마다 실질적인 말씀을 많이 해주셨습니다. 'theme 안의 문제들은 서로 다른 문제들이지만 이 문제들이 똑같게 느껴질 때 비로소 이해한 것' 이라는 말이 아직도 기억에 남네요. 전 이 말을 듣고 깨달음이 크게 왔고 그 뒤로 수학에 대한 감을 제대로 잡았던 것 같아서 써봅니다. 이외에, 6월 9월 보충프린트도 너무 감사했습니다.

저는 비록 9월 중순부터 규토 라이트를 시작했지만 재수 초기로 돌아간다면 규토 라이트로 시작해서 규토 고득점으로 끝내지 않았을까 싶습니다. 제대로 된 기출 학습을 원하시는 분들은 규토 라이트하세요 !!

9월 수학 3등급에서 수능 수학 1등급으로! (노유정)

규토 라이트 수1, 수2로 학습하여 짧은 기간 동안 9월 3 → 수능 1의 성적향상을 이루었습니다. 저는 8월에 수시 지원 계획이 바뀌며 급하게 수능 준비를 하게 되었습니다. 수능은 100일 정도 밖에 남지 않았는데 개념은 거의 다 까먹었고, 원래 수학을 못하는 학생이었기 때문에 (1,2 학년 학평은 대부분 3등급) 수학이 가장 걱정되는 과목이었습니다. 그래서 짧은 기간 동안 개념 숙지와 문제 풀이를 할 수 있는 교재를 찾다가 규토 라이트를 접하게 되었습니다.

개념 인강을 들으면서 해당되는 단원의 문제를 하루에 약 60문제 정도 풀어서 10월 말 정도에 규토 1회독을 끝냈습니다. 그 후에는 시간이 부족해서 1회독 후 틀린 문제와 기출 위주로만 반복적으로 보았습니다.

규토라이트는 효율적인 학습을 가능하게 하는 책입니다. 기존의 기출 문제집을 풀 때는 난이도별로 구분이 되어있지 않아 제 수준에 맞지 않는 문제를 풀면서 시간을 낭비했던 적이 많습니다. 그러나 규토 라이트를 통해 공부할 때는 개념 숙지에서 고난도 문제 풀이로 넘어가는 과정이 효율적이었습니다. 특히, 지나치게 어려운 문제도 쉬운 문제도 없기 때문에 실력 향상에 큰 도움이 되었습니다. 가이드에 적혀있는 대로 충분히 고민을 하고, 안 풀릴 경우에는 다음 날 다시 풀거나 2회독 때 풀기로 표시를 해두었습니다. 마스터 스텝을 제외하고는 이렇게 하면 대부분 해결할 수 있었던 것 같습니다.

이러한 교재 특성 때문에 수학을 잘 못하는 학생이었음에도 원하는 성적을 얻을 수 있었습니다. 제 사례와 같이 급하게 수능 준비를 하거나, 스스로 수학머리가 없다고 생각하는 수험생들에게 규토를 추천해주고 싶습니다.

[수2 공부법] 수포자에서 수능 수학 백분위 92%!

규토 라이트 n제 수2 리뷰를 할 수 있어서 정말 영광입니다. 먼저 전 나형 수포자였습니다. 현역시절 맨 앞장에 4문제정도 풀고 운이 좋으면 7~8번까지도 풀리더라구요. 그리고 주관식 앞에 쉬운 2문제 정도 풀고 다 찍었습니다. 항상 6~7등급 찍은게 몇 개 맞으면 5등급까지 갔습니다. 생각해보면 수학을 제대로 공부해본 적이 없었고 주위에서 수학은 절대 단기간에 할 수 없다. 그냥 그 시간에 영어나 탐구를 더하라는 말에 현역시절 수학을 제대로 집중해서 문제를 푼 적이 없었습니다. 현역시절 제가 받은 성적은 6등급 타과목도 잘치지 못한 탓에 재수를 결정했고 불현듯 수학공부를 해봐야겠다는 생각을 했습니다. 어쩌면 내 일생에 단 한 번뿐인데 수학공부 한 번 해보자라고 마음먹었습니다. 다른 과목보다 수2가 문제였습니다. 확통이나 수1에 비해 분명히 해야 할 부분이 저에게 많았기 때문이었습니다. 2월에 본격적으로 수2과목을 빠르게 개념정리를 했습니다. 수2만은 전년도와 교육과정이 크게 바뀌지 않은 탓에 빠르게 개념인강과 교과서로 정독했습니다. 아주 쉬운 기초부터 시작한 셈이죠. 교과서와 개념인강을 3회독정도 해보니 아주 쉬운 유형들은 풀 수 있게 되었습니다. (이를테면 함수의 극한에서 그래프를 주고 좌극한과 우극한의 합차 유형이나 간단한 미분 적분 계산문제 함수의 극한꼴 정적분의 활용 중 속도 가속도문제등) 교과서 유제에도 그리고 평가원 기출에도 매번 나오는 유형들은 교과서만으로도 풀 수 있었습니다. 하지만 처음 보는 낯선 유형과 함수의 추론등 기초가 부족한 저에게 이런 문제들은 거대한 벽과 다름없었습니다. 과연 1년 안에 내가 이런 문제를 극복가능한 것일까.교과서와 개념인강만으로는 해결할 수 없었습니다. 충분히 고민한 뒤에 제가 내린 결론은 문제의 양을 늘려야한다는 것이었습니다. 소위 수포자는 당연하게도 수학경험치가 현저히 낮습니다. 특히 함수 나오고 그래프 나오면 정말 무너지기 쉽죠. 그렇다고 1년도 안 남은 시점에서 중학수학과 고1수학을 체계적으로 본다는 것은 너무 어려운 일입니다. 1년안에 승부를 봐야하는 제 입장에선 현명한 선택이 아니었습니다. 그러다 우연히 커뮤니티에서 규토라이트n제를 알게 됐고 많은 리뷰와 블로그 내용을 꼼꼼히 보고 선택하기로 결정했습니다. 제가 규토 라이트 수2 n제를 택했던 근본적 이유는 충분한 문제양과 더불어 제 기본기를 탄탄하게 보완시켜줄 문제들이 다수 실려있었기 때문입니다.

개념익히기와 〈1 step〉 필수유형편에서 기초적인 문제와 더불어 조금 심화된 문제까지 정말 질 좋은 문제들을 많이 풀었습니다. 양과 질을 동시에 확보한 셈이죠. 수능은 이차함수나 일차함수등 중학수학을 대놓고 물어보진 않습니다. 문제에서 가볍게 쓰이는 정도이죠. 수2를 공부하시면 많은 다항함수를 접하게 될텐데 라이트n제 필수유형편으로 충분히 커버됩니다.

다음으로는 제가 가장 애정했던 〈2 step〉 기출적용편입니다. 시중에는 정말 많은 기출문제집이 있지만 규토n제 수2만이 갖는 특별함은 바로 최신경향을 반영한 교육청 사관학교 평가원 기출들만으로 공부할 수 있다는 점입니다. 일부 기출문제집은 최근 트렌드에 맞지않는 문제들도 있고 또한 교육과정이 변했음에도 이전 교육과정의 문제들도 있는 반면 라이트n제 수2는 규토님의 꼼꼼한 안목으로 꼭 필요한 기출만을 선별했고 따로 다른 기출을 살 필요없이 실린 문제들만 잘 소화해도 기출을 잘 풀었다는 느낌을 받을 수 있을 겁니다. 저도 성적향상에 가장 도움이 됐던 step이었습니다. 하지만 이 단계부턴 문제가 어렵습니다. 특히나 수포자나 수학이 약하시분들은 정말 힘들 수 있습니다. 하지만 저는 포기하지 않고 끝까지 풀었습니다. 심지어 위에 빈칸에 체크가 7개가 되는 문제도 있었습니다. 시간차를 두고 보고 또봤습니다. 서두에서 규토님께서 제시한 수학 학습법에 의거해 복습날짜도 정확히 지키며 공부했습니다. 수학이 어려운 학생부터 조금 부족한 학생까지 〈2 step〉만큼은 꼭 공을 들여서라도 여러 번 회독하셨으면 좋겠습니다. 수능은 어찌 보면 기출의 진화라고 할 만큼 기출에서 크게 벗어나지 않습니다. 꼭 여러 번 회독하셔서 시험장에서 비슷한 유형은 빠른 시간 안에 처리하실 수 있을 만큼 두고두고 보셨으면 좋겠습니다. 〈2 step〉를 잘소화했더니 6월과 9월을 응시했을때 어?! 이거 규토라이트 n제 수2에서 풀었던 느낌을 다수문제에서 받았습니다. (다항함수에서의 실근의 개수 정적분의 넓이 미분계수의 정의등 단골로 나오는 유형이있습니다.) 역시나 기출의 반복이었습니다. 규토라이트 n제 수2를 통해 최신 트렌드 경향에 맞는 유형을 여러 문제를 통해 접하다 보니 정말 신기하게 풀렸고 어렵지 않게 풀 수 있었습니다. 규토 라이트n제는 해설이 정말 좋습니다. 제가 기본기가 부족했던 시기에도 규토해설만큼은 이해될 만큼 자세히 해설되어있고 현장에서 사용할 수 있을만큼 완벽한 해설지라고 생각합니다. 제 풀이와 규토님 풀이를 비교해보면서 좀 더 현실적인 풀이를 찾는 과정에서 제 실력도 많이 향상되었습니다.

마지막 마스터 스텝은 굉장한 난이도의 기출과 규토님의 자작문제들이 실려있습니다. 제가 굉장히 고생한 스텝이었고 실제로 수능 전날까지 정말 안되는 문제들도 몇 개 있었습니다. 1등급을 원하시는 분들은 꼭 넘어야할 산이라고 생각합니다. 1등급이 목표가 아니더라도 마스터 스텝에 문제는 꼭 풀어보실만한 가치가 있습니다. 문제가 풀리지 않더라도 그 속에서 수학적 사고력이 향상되는 경우가 있고 저도 올해 수능 20번을 맞출만큼 실력이 올라온 것도 마스터스텝 문제를 여러 번 심도 있게 고민해본 결과가 아닐까 싶습니다. 시간이 조금만 남았더라면 30번도 풀 수 있을 만큼 제 수학실력이 많이 올라와 있었습니다. 라이트 n제 수2를 구매하시는 분들은 1문제도 거르지 마시고 완벽하게 다 풀어보는 것을 목표로 삼고 공부하시면 좋은 성과가 꼭 나올거라 생각합니다.

끝으로 저는 수포자였지만 결국 이번 수능에서 2등급을 쟁취하였고 목표한 대학에 붙을 점수가 나온 것 같습니다. ㅎㅎㅎ 수학이 힘드신 문과생분들! 수학에서 가장 중요한 것은 제가 생각하기에 정확한 개념과 많은 문제양을 풀어 수학에 대한 자신감을 키우는 것 이라고 생각합니다. 특히나 수2는 절대적인 양 확보가 정말 중요합니다. 하지만 교과서와 쉬운 개념서로는 한계가 있고 다른 기출문제집을 보자니 너무 두껍고 양이 많습니다. 라이트n제 수2 각유형별로 기본부터 심화까지 한 권으로서 문제풀이의 시작과 마무리를 다할 수 있는 교재라고 자부합니다. 올해만 하더라도 규토라이트 n제 수2교재로 다항함수 특히 3차함수 개형 그리기만도 수백번이 넘었던 것 같습니다. 시중 문제집과 컨텐츠가 난무하는 시기에 규토 라이트n제를 우연히 알게 되고 끝까지 믿고 풀었던 것에 감사하며 수포자도 노력하면 할 수 있다는 말씀드립니다. 규토 라이트n제 수2 강추합니다!! 끝으로 규토님께도 감사드립니다 :)

수학에 자신이 없었지만 수능 수학 100점! (김은주)

저는 유독 수학에 자신이 없었던, 2등급만 나오면 대박이라고 여겼던 학생이었습니다. 그랬던 제가 규토 라이트 N제를 공부하고 수능에서 100점을 받을 수 있었습니다.

코로나 19와 개인적인 사정으로 인해 학원에 다닐 수 없었던 저는 시중에 출판된 여러 문제집을 비교하며 독학에 적합한 교재를 찾는 중에 규토 라이트를 고르게 되었습니다.

많은 장점 중 제가 꼽은 이 책의 가장 큰 장점은 바로, "이 책을 공부하는 방법(?)"이 마치 과외를 받는 기분이 들도록 수험생의 입장을 고려해서 세세하게 서술되어있기 때문이었습니다.

규토 N제를 만나기 전의 저는 나쁜 습관이 가득한 학생이었고, 그것이 제 성적을 갉아먹는 요인이었습니다. (찍어서 우연히 맞은 문제, 알고 보니 풀이 과정에서 오류가 있었는데 답만 맞은 문제도 그저 답이 맞으면 동그라미표시를 하고 다시 보지 않았고, 조금 복잡하거나 어려워보이는 문제는 지레 겁을 먹고 풀기를 꺼리는 등) 그래서인지 처음 책을 접했을 때는 문제를 풀고 풀이과정을 해설지와 일일이 대조해보고 백지에 다시 풀이과정을 써보느라 한 문제를 푸는데도 시간이 오래 걸렸고, 생각보다 쉽게 풀리지 않는 문제들이 많아서 충격을 받기도 했습니다. 그럴 때마다 앞부분에 실려있는, 과거 이 책으로 공부했었던 다른 분들의 후기를 읽으며 잘 하고 있는거라고 스스로를 다독였습니다. 그러다보니 뒤로 갈수록 문제가 조금씩 풀리기 시작했고, 처음 풀어서 완벽히 맞는 문제가 나오면 (책 앞부분에 선생님께서 언급하신) 희열을 느끼기도 했습니다. 그렇게 1회독을 하고 나니 다른 모의고사를 볼 때에도 규토를 풀며 체계적으로 훈련했던 감각들이 되살아나서 예전이라면 손도 못 대었을 문제도 풀 수 있게 되었습니다.

책 제목인 라이트와 다르게, 문제들이 분명 쉽지만은 않은 것은 사실입니다. 그렇지만 시간이 오래 걸리더라도 책에 실린 방법대로 끈질기게 물고 늘어지고 스스로에게 엄격해진다면 분명 이 책이 끝날 시점에는 실력 향상이 있을거라고 자신합니다.

늘 고민을 안겨주는 과목이었던 수학을 하면 되는 과목으로 생각할 수 있도록 좋은 책 집필해주신 규토선생님께 진심으로 감사드리고 내년 수능을 준비하시는 분들에게도 이 책을 추천합니다. (규토 고득점 N제도 추천합니다.!)

참고로 모든 추천사는 라이트 N제 구매 인증과 성적표 인증 후 수록하였습니다.
자세한 인증내역은 네이버 카페 (규토의 가능세계)에서 확인하실 수 있습니다.

1 충분한 시간을 갖고 푼다. 자신이 가지고 있는 사고의 벽을 깬다고 생각하면서 머리에 쥐가 날 정도로 사고해본다.

2 문제를 풀고 나서 바로 다음 문제로 넘어가지 말고 백지에 논리적 흐름을 느끼면서 다시 풀어본다.

자기풀이가 논리적으로 맞는지 체계화를 해본다. (1번 문제를 풀고 바로 2번 문제로 넘어가지 말고 1번 문제를 정리해본 후 넘어가라는 의미)

☆ **굉장히 중요합니다!**

3 각 Step이 끝나면 해설지를 본다. **해설지를 보고나서** 내가 생각하지 못했던 풀이들과 skill을 모조리 흡수한다.

해설지를 보지 않고 해설지에 적힌 풀이를 체화시킨다는 느낌으로 백지에 논리적 흐름을 느끼면서 다시 풀어본다.

☆ **굉장히 중요합니다!**

4 추천 학습 순서

① 전 범위를 학습한 학생 또는 총정리 목적으로 푸는 학생

  Guide step → Training -1step → Training - 2step → Master step

② 전 범위를 학습하지 못한 학생 또는 등급대가 낮은 학생

  Guide step → Training - 1step → Training - 2step → (책 전체 한 바퀴 돌고 난 뒤) → Master step

  (Master step은 단원 통합형 문제도 수록되어 있기 때문에 위와 같이 학습하시는 것을 추천 드립니다.)

③ 찐노베 학생 (목표 : 우선 큰 틀을 잡고 세부적으로 들어가기)

  Guide step → Training - 1step (각 theme당 3문제씩) → Training - 2step (3점) → (책 전체 한 바퀴 돌고 난 뒤)
  → Training - 1step (나머지 문제) → Training - 2step (4점) → (책 전체 한 바퀴 돌고 난 뒤)
  → Master step (하루에 조금씩 진도 나가면서 나머지 파트 복습)

5 6~7일 후에 다시 푼다. (자세한 방법은 「수능 수학영역에 대한 고찰」 을 참고)

　☆ 굉장히 중요합니다!

〈수능 수학영역에 대한 고찰 中 made by 규토〉 블로그에서 전문 확인 가능합니다.

학원에서 강의 할 때나 과외를 할 때 첫 시간에 꼭 설명하는 것이 있습니다. 바로 수학 공부법입니다.

저도 이렇게 했었고 제 학생들도 성적 향상이 되는 것을 보아왔습니다.

문제를 풀고 채점할 때 X 와 O 로 나눌 수 있습니다. 가끔씩 세모를 치는 학생들도 있는데 세모를 친다는 것은 자기 자신에 대한 관대한 행위입니다.

수학은 자신에게 엄격할수록 수학 성적이 는다고 생각합니다. **정말 확실히 알고 누구에게 설명할 수 있는 정도일 때** O 를 합니다.

만약 문제 ㄱㄴㄷ 중에서 ㄱ이 반드시 맞는데 ㄱ이 들어간 것이 한 개만 있다고 해서 그 문제의 답을 체크하고 맞다고 하면 절대로 안 됩니다.

X 유형은 크게 4가지로 분류할 수 있습니다.

1. 계산 실수
2. 이게 뭐지 ?
3. 완전 모르겠다.
4. 스스로 엄밀히 진단했을 때 "다시 풀어봐야겠다"고 느낀 문제

1번의 경우는 흔히 하는 계산 실수입니다. 항상 하던 실수를 반복하기 쉽기 때문에 계산 실수라도 과감히 X표를 칩니다. 저 같은 경우에도 2X3 을 매일 5라고 써서 실수를 많이 했었는데 이제는 항상 2X3만 나오면 실수 하지 말아야지 라는 생각을 하게 됩니다. 2번의 경우가 중요할 수 있습니다. 자기가 분명히 맞다고 생각하는 풀이가 답이 아닐 경우 거기에는 논리의 비약과 오류가 있을 수 있습니다. 그것들을 조언자나 풀이를 통해 교정합니다. 물론 과감히 X표를 칩니다.

3번의 경우는 X표를 치고 충분한 고민과 생각 끝에 답이 나오지 않으면 풀이나 조언을 통해 해결합니다.

마지막 4번의 경우는 비록 맞았지만 논리 없이 찍어서 맞았거나 스스로 엄밀히 진단했을 때 다시 풀어 봐야할 것 같은 문항을 의미합니다. 역시나 과감히 X표를 칩니다.

여기서 중요합니다!!!!

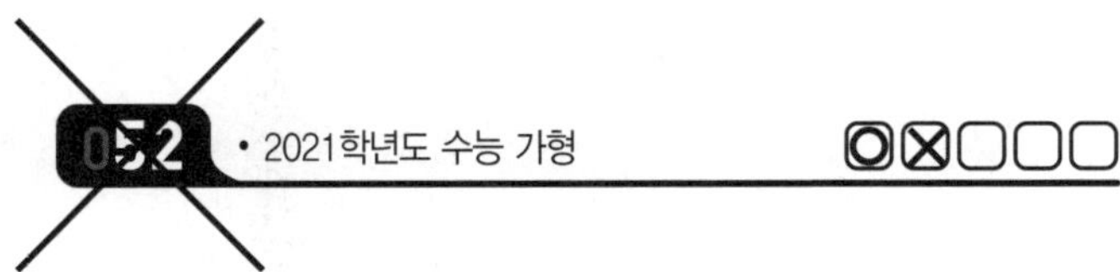

틀린 문제는 6~7일 뒤에 다시 봅니다. 다시 봤을 때 맞았다면 문제 오른쪽 위에 있는 네모 BOX칸에 O를 칩니다.

(단, 연속 동그라미가 많이 되어있는 문제라면 기간을 늘려 2주 ~ 3주 후에 다시 봐도 됩니다.)

그렇게 왼쪽 끝부터 연속해서 O가 4개 될 때까지 풀면 그 문제는 다시 안 봐도 됩니다. 만약 다시 봤을 때 못 풀면 X를 칩니다. 연속해서 O가 4개 될 때까지 이므로 X이후에서부터 다시 연속해서 4개 될 때까지 풀면 됩니다. (이걸 학생들한테 가르쳐줬더니 O를 할 때 아래에 날짜를 써놓고 푸는 아이도 있었습니다.)

처음에는 30분 걸리던 문제가 10분으로 10분이 5분으로 5분이 3분 안에 논리적으로 설명 할 수 있을 정도의 수준으로 바뀔 것입니다. 이렇게 계속하다보면 자신도 모르는 사이에 강해질 것입니다. 이 훈련의 핵심은 틀린 문제를 완전히 자기 것으로 만드는데 있습니다.

대부분 학생들은 틀린 문제를 또 다시 틀리는 경우가 다반사입니다. 그러면 아무것도 늘지 않기 때문에 틀린 문제를 완벽히 정복하는 것만이 질적인 성적향상으로 가는 지름길이라고 생각합니다. 책을 고를 때도 조금 밖에 틀리지 않는 교재는 자신에게 맞지 않다고 생각합니다.

이 훈련의 전제조건은 문제에는 절대로 아무런 힌트나 풀이나 답을 적지 않는 것입니다.

문제를 다시 풀 때 항상 새 문제처럼 느껴지는 것이 훨씬 더 도움이 됩니다. 사람 심리상 ㄱㄴㄷ의 문제를 풀 때 ㄱ에 빨간 동그라미가 되어있으면 다시 풀어도 ㄱ에 동그라미를 칠 수 밖에 없습니다. 이 방법을 실천하기란 정말 어렵지만 했을 때의 효과는 보장합니다.

6 **마지막 화룡점정은 누구에게 직접 설명해주는 것이다!** 정확한 논리 구조로 알려줄 때 진정한 자기 것이 된다!

설명을 계속 강조하는 이유는 누구에게 설명해주기 위해서는 풀이가 머릿속에 체계적이고 논리적으로 그려지는 단계에 왔을 때 비로소 가능하기 때문이다.
(개인 여건상 설명하기 힘든 경우는 백지에 자신의 사고를 정리하는 연습으로 대체해도 됩니다.)

솔직히 이렇게 하는 사람은 1% 정도겠지만 만약 한다고 하면 난 그 사람을 지지한다.

그냥 풀고 넘어가는 것은 딱히 도움이 안 된다. 이건 Fact 다!

이렇게 하면 실력이 안 늘래야 안 늘 수가 없다!

★ 필독 ★

아래 계획표에는 일주일 혹은 하루에 대단원 한 개씩이라고 되어있지만
이는 학생에 따라서는 매우 큰 부담감으로 작용할 수 있습니다.

도리어 '빨리 풀어야한다'는 압박감에 정작 가장 중요한 100% 공부법을
제대로 이행하지 못하는 부작용이 생길 수 있습니다.

따라서 대단원이 부담되시면 대단원을 쪼개서
중단원을 기준으로 하셔도 됩니다.

**저는 큰 틀을 제시한 것이고 각자의 상황에 맞게
조금씩 변화를 주시면 됩니다.**

건투를 빌겠습니다.

화이팅입니다~!

선택 ① 개념강의 + 개념부교재(워크북) + 규토 라이트 N제 병행 (1~2등급 학생)

선택 ② 개념강의 + 개념부교재(워크북) + 규토 라이트 N제 병행 (3등급 학생)

선택 ③ 개념강의 + 규토 라이트 N제 병행 (찐노베 학생)
　　　(개념부교재까지 보는 것은 학습에 부담을 줄 수 있기　때문에 라이트 N제로 단권화 / 100%공부법에 적힌 찐노베추천 순서대로
　　　학습 개념부교재를 추가할 수는 있으나 만약 추가한다면 학습에 부담을 주지 않는 선에서 계산연습용으로 쉬운 문제집 선택 권장)

선택 ④ 개념강좌 완강 후 규토 라이트 N제 (1~2등급 학생)

선택 ⑤ 개념강좌 완강 후 규토 라이트 N제 (3등급 학생)

선택 ⑥ 개념강좌 완강 후 규토 라이트 N제 (찐노베 학생)

선택 ⑦ 수1+수2 병행 (①~⑥을 참고하여 개별 맞춤 진행)

선택 ⑧ 수1+수2+선택과목 병행 (①~⑥을 참고하여 개별 맞춤 진행)

선택 ① 개념강의 + 개념부교재(워크북) + 규토 라이트 N제 병행 (1~2등급 학생)

전체 1회독 기준 4주 완성 커리큘럼

월	화	수	목	금	토	일
* 1단원 개념강의 수강 (수강 후 10분이 지나기 전에 복습) * 개념부교재	* 1단원 개념강의 수강 (수강 후 10분이 지나기 전에 복습) * 개념부교재	* 1단원 개념강의 수강 (수강 후 10분이 지나기 전에 복습) * 개념부교재	* 1단원에 수록된 규토 라이트 N제 (Guide step ~ Training – 2step)	* 1단원에 수록된 규토 라이트 N제 (Guide step ~ Training – 2step)	* 1단원에 수록된 규토 라이트 N제 (Guide step ~ Training – 2step)	* 새로운 문제 금지 * 복습의 날 (일주일동안 했던 것 복습 및 누적 복습) * 동그라미 커리큘럼 이행하기 (전주, 전전주 틀린 문제 다시 풀기)
* 2단원 개념강의 수강 (수강 후 10분이 지나기 전에 복습) * 개념부교재	* 2단원 개념강의 수강 (수강 후 10분이 지나기 전에 복습) * 개념부교재	* 2단원 개념강의 수강 (수강 후 10분이 지나기 전에 복습) * 개념부교재	* 2단원에 수록된 규토 라이트 N제 (Guide step ~ Training – 2step)	* 2단원에 수록된 규토 라이트 N제 (Guide step ~ Training – 2step)	* 2단원에 수록된 규토 라이트 N제 (Guide step ~ Training – 2step)	* 새로운 문제 금지 * 복습의 날 (일주일동안 했던 것 복습 및 누적 복습) * 동그라미 커리큘럼 이행하기 (전주, 전전주 틀린 문제 다시 풀기)
* 3단원 개념강의 수강 (수강 후 10분이 지나기 전에 복습) * 개념부교재	* 3단원 개념강의 수강 (수강 후 10분이 지나기 전에 복습) * 개념부교재	* 3단원 개념강의 수강 (수강 후 10분이 지나기 전에 복습) * 개념부교재	* 3단원에 수록된 규토 라이트 N제 (Guide step ~ Training – 2step)	* 3단원에 수록된 규토 라이트 N제 (Guide step ~ Training – 2step)	* 3단원에 수록된 규토 라이트 N제 (Guide step ~ Training – 2step)	* 새로운 문제 금지 * 복습의 날 (일주일동안 했던 것 복습 및 누적 복습) * 동그라미 커리큘럼 이행하기 (전주, 전전주 틀린 문제 다시 풀기)
* 1단원 Guide step 복습 *1단원 Guide step ~Training – 2step 틀린 문제 다시보기 * 1단원에 수록된 규토 라이트 N제 (Master step)	* 1단원 Guide step 복습 *1단원 Guide step ~Training – 2step 틀린 문제 다시보기 * 1단원에 수록된 규토 라이트 N제 (Master step)	* 2단원 Guide step 복습 *2단원 Guide step ~Training – 2step 틀린 문제 다시보기 * 2단원에 수록된 규토 라이트 N제 (Master step)	* 2단원 Guide step 복습 *2단원 Guide step ~Training – 2step 틀린 문제 다시보기 * 2단원에 수록된 규토 라이트 N제 (Master step)	* 3단원 Guide step 복습 *3단원 Guide step ~Training – 2step 틀린 문제 다시보기 * 3단원에 수록된 규토 라이트 N제 (Master step)	* 3단원 Guide step 복습 *3단원 Guide step ~Training – 2step 틀린 문제 다시보기 * 3단원에 수록된 규토 라이트 N제 (Master step)	* 새로운 문제 금지 * 복습의 날 (일주일동안 했던 것 복습 및 누적 복습) * 동그라미 커리큘럼 이행하기 (전주, 전전주 틀린 문제 다시 풀기)

* 추후에 계속 틀린 문제 복습해야 함 (동그라미 커리큘럼, 최대한 책에 적힌 100%공부법으로 학습할 것!) / 개념도 반드시 누적 복습할 것
* 각 Step이 끝날 때마다 해설보기 (해설지로 공부한다고 생각)
  ex) Training - 1step 문제 풀고 → 해설보기 → Training - 2step 문제 풀고 → 해설보기
* 실전개념강좌는 도구정리 느낌으로 라이트 N제 체화 후 볼 것 (라이트 N제에도 저자가 쓰는 실전개념 모두 수록 / 해설지에도 수록)
* 복습량이 많아 일요일로 벅차다면 다른 요일에 학습량 일부를 복습에 투자해도 된다.

선택 ② 개념강의 + 개념부교재(워크북) + 규토 라이트 N제 병행 (3등급 학생)

전체 1회독 기준 5주 완성 커리큘럼

월	화	수	목	금	토	일
* 1단원에 수록된 규토 라이트 N제 (Guide step) 정독 후 해당 중단원 개념강의 수강 (수강 후 10분이 지나기 전에 복습) * 개념부교재	* 1단원에 수록된 규토 라이트 N제 (Guide step) 정독 후 해당 중단원 개념강의 수강 (수강 후 10분이 지나기 전에 복습) * 개념부교재	* 1단원에 수록된 규토 라이트 N제 (Guide step) 정독 후 해당 중단원 개념강의 수강 (수강 후 10분이 지나기 전에 복습) * 개념부교재	* 1단원에 수록된 규토 라이트 N제 (Guide step ~ Training – 2step)	* 1단원에 수록된 규토 라이트 N제 (Guide step ~ Training – 2step)	* 1단원에 수록된 규토 라이트 N제 (Guide step ~ Training – 2step)	* 새로운 문제 금지 * 복습의 날 (일주일동안 했던 것 복습 및 누적 복습) * 동그라미 커리큘럼 이행하기 (전주, 전전주 틀린 문제 다시 풀기)
* 2단원에 수록된 규토 라이트 N제 (Guide step) 정독 후 해당 중단원 개념강의 수강 (수강 후 10분이 지나기 전에 복습) * 개념부교재	* 2단원에 수록된 규토 라이트 N제 (Guide step) 정독 후 해당 중단원 개념강의 수강 (수강 후 10분이 지나기 전에 복습) * 개념부교재	* 2단원에 수록된 규토 라이트 N제 (Guide step) 정독 후 해당 중단원 개념강의 수강 (수강 후 10분이 지나기 전에 복습) * 개념부교재	* 2단원에 수록된 규토 라이트 N제 (Guide step ~ Training – 2step)	* 2단원에 수록된 규토 라이트 N제 (Guide step ~ Training – 2step)	* 2단원에 수록된 규토 라이트 N제 (Guide step ~ Training – 2step)	* 새로운 문제 금지 * 복습의 날 (일주일동안 했던 것 복습 및 누적 복습) * 동그라미 커리큘럼 이행하기 (전주, 전전주 틀린 문제 다시 풀기)
* 3단원에 수록된 규토 라이트 N제 (Guide step) 정독 후 해당 중단원 개념강의 수강 (수강 후 10분이 지나기 전에 복습) * 개념부교재	* 3단원에 수록된 규토 라이트 N제 (Guide step) 정독 후 해당 중단원 개념강의 수강 (수강 후 10분이 지나기 전에 복습) * 개념부교재	* 3단원에 수록된 규토 라이트 N제 (Guide step) 정독 후 해당 중단원 개념강의 수강 (수강 후 10분이 지나기 전에 복습) * 개념부교재	* 3단원에 수록된 규토 라이트 N제 (Guide step ~ Training – 2step)	* 3단원에 수록된 규토 라이트 N제 (Guide step ~ Training – 2step)	* 3단원에 수록된 규토 라이트 N제 (Guide step ~ Training – 2step)	* 새로운 문제 금지 * 복습의 날 (일주일동안 했던 것 복습 및 누적 복습) * 동그라미 커리큘럼 이행하기 (전주, 전전주 틀린 문제 다시 풀기)
* 1단원 Guide step 복습 *1단원 Guide step ~Training – 2step 틀린 문제 다시보기 * 1단원에 수록된 규토 라이트 N제 (Master step)	* 1단원 Guide step 복습 *1단원 Guide step ~Training – 2step 틀린 문제 다시보기 * 1단원에 수록된 규토 라이트 N제 (Master step)	* 1단원 Guide step 복습 *1단원 Guide step ~Training – 2step 틀린 문제 다시보기 * 1단원에 수록된 규토 라이트 N제 (Master step)	* 2단원 Guide step 복습 *2단원 Guide step ~Training – 2step 틀린 문제 다시보기 * 2단원에 수록된 규토 라이트 N제 (Master step)	* 2단원 Guide step 복습 *2단원 Guide step ~Training – 2step 틀린 문제 다시보기 * 2단원에 수록된 규토 라이트 N제 (Master step)	* 2단원 Guide step 복습 *2단원 Guide step ~Training – 2step 틀린 문제 다시보기 * 2단원에 수록된 규토 라이트 N제 (Master step)	* 새로운 문제 금지 * 복습의 날 (일주일동안 했던 것 복습 및 누적 복습) * 동그라미 커리큘럼 이행하기 (전주, 전전주 틀린 문제 다시 풀기)
* 3단원 Guide step 복습 *3단원 Guide step ~Training – 2step 틀린 문제 다시보기 * 3단원에 수록된 규토 라이트 N제 (Master step)	* 3단원 Guide step 복습 *3단원 Guide step ~Training – 2step 틀린 문제 다시보기 * 3단원에 수록된 규토 라이트 N제 (Master step)	* 3단원 Guide step 복습 *3단원 Guide step ~Training – 2step 틀린 문제 다시보기 * 3단원에 수록된 규토 라이트 N제 (Master step)	보충	보충	보충	* 새로운 문제 금지 * 복습의 날 (일주일동안 했던 것 복습 및 누적 복습) * 동그라미 커리큘럼 이행하기 (전주, 전전주 틀린 문제 다시 풀기)

* 추후에 계속 틀린 문제 복습해야 함 (동그라미 커리큘럼, 최대한 책에 적힌 100%공부법으로 학습할 것!) / 개념도 반드시 누적 복습할 것
* 각 Step이 끝날 때마다 해설보기 (해설지로 공부한다고 생각)

   ex) Training – 1step 문제 풀고 → 해설보기 → Training – 2step 문제 풀고 → 해설보기

* 실전개념강좌는 도구정리 느낌으로 라이트 N제 체화 후 볼 것 (라이트 N제에도 저자가 쓰는 실전개념 모두 수록 / 해설지에도 수록)
* 복습량이 많아 일요일로 벅차다면 다른 요일에 학습량 일부를 복습에 투자해도 된다.

선택 ③ 개념강의 + 규토 라이트 N제 병행 (찐노베 학생)

training–2step까지 1회독 기준 5주 완성 커리큘럼 (Master step은 추후 학습)

월	화	수	목	금	토	일
* 1단원에 수록된 규토 라이트 N제 (Guide step) 정독 후 해당 중단원 개념강의 수강 (수강 후 10분이 지나기 전에 복습)	* 1단원에 수록된 규토 라이트 N제 (Guide step) 정독 후 해당 중단원 개념강의 수강 (수강 후 10분이 지나기 전에 복습)	* 1단원에 수록된 규토 라이트 N제 (Guide step) 정독 후 해당 중단원 개념강의 수강 (수강 후 10분이 지나기 전에 복습)	* 1단원에 수록된 규토 라이트 N제 (Guide step ~ Training – 2step) t1 theme당 3문제씩 t2 3점	* 1단원에 수록된 규토 라이트 N제 (Guide step ~ Training – 2step) t1 theme당 3문제씩 t2 3점	* 1단원에 수록된 규토 라이트 N제 (Guide step ~ Training – 2step) t1 theme당 3문제씩 t2 3점	* 새로운 문제 금지 * 복습의 날 (일주일동안 했던 것 복습 및 누적 복습) * 동그라미 커리큘럼 이행하기 (전주, 전전주 틀린 문제 다시 풀기)
* 2단원에 수록된 규토 라이트 N제 (Guide step) 정독 후 해당 중단원 개념강의 수강 (수강 후 10분이 지나기 전에 복습)	* 2단원에 수록된 규토 라이트 N제 (Guide step) 정독 후 해당 중단원 개념강의 수강 (수강 후 10분이 지나기 전에 복습)	* 2단원에 수록된 규토 라이트 N제 (Guide step) 정독 후 해당 중단원 개념강의 수강 (수강 후 10분이 지나기 전에 복습)	* 2단원에 수록된 규토 라이트 N제 (Guide step ~ Training – 2step) t1 theme당 3문제씩 t2 3점	* 2단원에 수록된 규토 라이트 N제 (Guide step ~ Training – 2step) t1 theme당 3문제씩 t2 3점	* 2단원에 수록된 규토 라이트 N제 (Guide step ~ Training – 2step) t1 theme당 3문제씩 t2 3점	* 새로운 문제 금지 * 복습의 날 (일주일동안 했던 것 복습 및 누적 복습) * 동그라미 커리큘럼 이행하기 (전주, 전전주 틀린 문제 다시 풀기)
* 3단원에 수록된 규토 라이트 N제 (Guide step) 정독 후 해당 중단원 개념강의 수강 (수강 후 10분이 지나기 전에 복습)	* 3단원에 수록된 규토 라이트 N제 (Guide step) 정독 후 해당 중단원 개념강의 수강 (수강 후 10분이 지나기 전에 복습)	* 3단원에 수록된 규토 라이트 N제 (Guide step) 정독 후 해당 중단원 개념강의 수강 (수강 후 10분이 지나기 전에 복습)	* 3단원에 수록된 규토 라이트 N제 (Guide step ~ Training – 2step) t1 theme당 3문제씩 t2 3점	* 3단원에 수록된 규토 라이트 N제 (Guide step ~ Training – 2step) t1 theme당 3문제씩 t2 3점	* 3단원에 수록된 규토 라이트 N제 (Guide step ~ Training – 2step) t1 theme당 3문제씩 t2 3점	* 새로운 문제 금지 * 복습의 날 (일주일동안 했던 것 복습 및 누적 복습) * 동그라미 커리큘럼 이행하기 (전주, 전전주 틀린 문제 다시 풀기)
* 1단원에 수록된 규토 라이트 N제 (Guide step ~ Training – 2step) t1 남은 문제 t2 4점	* 1단원에 수록된 규토 라이트 N제 (Guide step ~ Training – 2step) t1 남은 문제 t2 4점	* 1단원에 수록된 규토 라이트 N제 (Guide step ~ Training – 2step) t1 남은 문제 t2 4점	* 1단원에 수록된 규토 라이트 N제 (Guide step ~ Training – 2step) t1 남은 문제 t2 4점	* 2단원에 수록된 규토 라이트 N제 (Guide step ~ Training – 2step) t1 남은 문제 t2 4점	* 2단원에 수록된 규토 라이트 N제 (Guide step ~ Training – 2step) t1 남은 문제 t2 4점	* 새로운 문제 금지 * 복습의 날 (일주일동안 했던 것 복습 및 누적 복습) * 동그라미 커리큘럼 이행하기 (전주, 전전주 틀린 문제 다시 풀기)
* 2단원에 수록된 규토 라이트 N제 (Guide step ~ Training – 2step) t1 남은 문제 t2 4점	* 2단원에 수록된 규토 라이트 N제 (Guide step ~ Training – 2step) t1 남은 문제 t2 4점	* 3단원에 수록된 규토 라이트 N제 (Guide step ~ Training – 2step) t1 남은 문제 t2 4점	* 3단원에 수록된 규토 라이트 N제 (Guide step ~ Training – 2step) t1 남은 문제 t2 4점	* 3단원에 수록된 규토 라이트 N제 (Guide step ~ Training – 2step) t1 남은 문제 t2 4점	* 3단원에 수록된 규토 라이트 N제 (Guide step ~ Training – 2step) t1 남은 문제 t2 4점	* 새로운 문제 금지 * 복습의 날 (일주일동안 했던 것 복습 및 누적 복습) * 동그라미 커리큘럼 이행하기 (전주, 전전주 틀린 문제 다시 풀기)

* 100% 공부법에 적힌 찐노베 추천순서대로 학습할 것 / 개념부교재까지 보는 것은 부담이 될 수 있기 때문에 라이트 N제로 단권화하도록 하자.

    개념부교재를 추가할 수는 있으나 만약 추가한다면 학습에 부담을 주지 않는 선에서 계산연습용으로 쉬운 문제집 선택 권장
* 추후에 계속 틀린 문제 복습해야 함 (동그라미 커리큘럼, 최대한 책에 적힌 100%공부법으로 학습할 것!) / 개념도 반드시 누적 복습할 것
* 각 Step이 끝날 때마다 해설보기 (해설지로 공부한다고 생각)

    ex) Training – 1step 문제 풀고 → 해설보기 → Training – 2step 문제 풀고 → 해설보기
* 실전개념강좌는 도구정리 느낌으로 라이트 N제 체화 후 볼 것 (라이트 N제에도 저자가 쓰는 실전개념 모두 수록 / 해설지에도 수록)
* 복습량이 많아 일요일로 벅차다면 다른 요일에 학습량 일부를 복습에 투자해도 된다.

선택 ④ 개념강좌 완강 후 규토 라이트 N제 (1~2등급 학생)

전체 1회독 기준 2주 완성 커리큘럼

월	화	수	목	금	토	일
* 1단원에 수록된 규토 라이트 N제 (Guide step ~ Training – 2step)	* 1단원에 수록된 규토 라이트 N제 (Guide step ~ Training – 2step)	* 2단원에 수록된 규토 라이트 N제 (Guide step ~ Training – 2step)	* 2단원에 수록된 규토 라이트 N제 (Guide step ~ Training – 2step)	* 3단원에 수록된 규토 라이트 N제 (Guide step ~ Training – 2step)	* 3단원에 수록된 규토 라이트 N제 (Guide step ~ Training – 2step)	* 새로운 문제 금지 * 복습의 날 (일주일동안 했던 것 복습 및 누적 복습) * 동그라미 커리큘럼 이행하기 (전주, 전전주 틀린 문제 다시 풀기)
* 1단원 Guide step 복습 *1단원 Guide step ~Training – 2step 틀린 문제 다시보기 * 1단원에 수록된 규토 라이트 N제 (Master step)	* 1단원 Guide step 복습 *1단원 Guide step ~Training – 2step 틀린 문제 다시보기 * 1단원에 수록된 규토 라이트 N제 (Master step)	* 2단원 Guide step 복습 *2단원 Guide step ~Training – 2step 틀린 문제 다시보기 * 2단원에 수록된 규토 라이트 N제 (Master step)	* 2단원 Guide step 복습 *2단원 Guide step ~Training – 2step 틀린 문제 다시보기 * 2단원에 수록된 규토 라이트 N제 (Master step)	* 3단원 Guide step 복습 *3단원 Guide step ~Training – 2step 틀린 문제 다시보기 * 3단원에 수록된 규토 라이트 N제 (Master step)	* 3단원 Guide step 복습 *3단원 Guide step ~Training – 2step 틀린 문제 다시보기 * 3단원에 수록된 규토 라이트 N제 (Master step)	* 새로운 문제 금지 * 복습의 날 (일주일동안 했던 것 복습 및 누적 복습) * 동그라미 커리큘럼 이행하기 (전주, 전전주 틀린 문제 다시 풀기)

* 추후에 계속 틀린 문제 복습해야 함 (동그라미 커리큘럼, 최대한 책에 적힌 100%공부법으로 학습할 것) / 개념도 반드시 누적 복습할 것
* 각 Step이 끝날 때마다 해설보기 (해설지로 공부한다고 생각)
  ex) Training – 1step 문제 풀고 → 해설보기 → Training – 2step 문제 풀고 → 해설보기
* 실전개념강좌는 도구정리 느낌으로 라이트 N제 체화 후 볼 것 (라이트 N제에도 저자가 쓰는 실전개념 모두 수록 / 해설지에도 수록)
* 복습량이 많아 일요일로 벅차다면 다른 요일에 학습량 일부를 복습에 투자해도 된다.

선택 ⑤ 개념강좌 완강 후 규토 라이트 N제 (3등급 학생)

전체 1회독 기준 3주 완성 커리큘럼

월	화	수	목	금	토	일
* 1단원에 수록된 규토 라이트 N제 (Guide step ~ Training – 2step)	* 1단원에 수록된 규토 라이트 N제 (Guide step ~ Training – 2step)	* 1단원에 수록된 규토 라이트 N제 (Guide step ~ Training – 2step)	* 2단원에 수록된 규토 라이트 N제 (Guide step ~ Training – 2step)	* 2단원에 수록된 규토 라이트 N제 (Guide step ~ Training – 2step)	* 2단원에 수록된 규토 라이트 N제 (Guide step ~ Training – 2step)	* 새로운 문제 금지 * 복습의 날 (일주일동안 했던 것 복습 및 누적 복습) * 동그라미 커리큘럼 이행하기 (전주, 전전주 틀린 문제 다시 풀기)
* 3단원에 수록된 규토 라이트 N제 (Guide step ~ Training – 2step)	* 3단원에 수록된 규토 라이트 N제 (Guide step ~ Training – 2step)	* 3단원에 수록된 규토 라이트 N제 (Guide step ~ Training – 2step)	* 1단원 Guide step 복습 *1단원 Guide step ~Training – 2step 틀린 문제 다시보기 * 1단원에 수록된 규토 라이트 N제 (Master step)	* 1단원 Guide step 복습 *1단원 Guide step ~Training – 2step 틀린 문제 다시보기 * 1단원에 수록된 규토 라이트 N제 (Master step)	* 1단원 Guide step 복습 *1단원 Guide step ~Training – 2step 틀린 문제 다시보기 * 1단원에 수록된 규토 라이트 N제 (Master step)	* 새로운 문제 금지 * 복습의 날 (일주일동안 했던 것 복습 및 누적 복습) * 동그라미 커리큘럼 이행하기 (전주, 전전주 틀린 문제 다시 풀기)
* 2단원 Guide step 복습 *2단원 Guide step ~Training – 2step 틀린 문제 다시보기 * 2단원에 수록된 규토 라이트 N제 (Master step)	* 2단원 Guide step 복습 *2단원 Guide step ~Training – 2step 틀린 문제 다시보기 * 2단원에 수록된 규토 라이트 N제 (Master step)	* 2단원 Guide step 복습 *2단원 Guide step ~Training – 2step 틀린 문제 다시보기 * 2단원에 수록된 규토 라이트 N제 (Master step)	* 3단원 Guide step 복습 *3단원 Guide step ~Training – 2step 틀린 문제 다시보기 * 3단원에 수록된 규토 라이트 N제 (Master step)	* 3단원 Guide step 복습 *3단원 Guide step ~Training – 2step 틀린 문제 다시보기 * 3단원에 수록된 규토 라이트 N제 (Master step)	* 3단원 Guide step 복습 *3단원 Guide step ~Training – 2step 틀린 문제 다시보기 * 3단원에 수록된 규토 라이트 N제 (Master step)	* 새로운 문제 금지 * 복습의 날 (일주일동안 했던 것 복습 및 누적 복습) * 동그라미 커리큘럼 이행하기 (전주, 전전주 틀린 문제 다시 풀기)

* 추후에 계속 틀린 문제 복습해야함 (동그라미 커리큘럼, 최대한 책에 적힌 100%공부법으로 학습할 것!) / 개념도 반드시 누적 복습할 것
* 각 Step이 끝날 때마다 해설보기 (해설지로 공부한다고 생각)
  ex) Training – 1step 문제 풀고 → 해설보기 → Training – 2step 문제 풀고 → 해설보기
* 실전개념강좌는 도구정리 느낌으로 라이트 N제 체화 후 볼 것 (라이트 N제에도 저자가 쓰는 실전개념 모두 수록 / 해설지에도 수록)
* 복습량이 많아 일요일로 벅차다면 다른 요일에 학습량 일부를 복습에 투자해도 된다.

선택 ⑥ 개념강좌 완강 후 규토 라이트 N제 (찐노베 학생)

training-2step까지 1회독 기준 4주 완성 커리큘럼 (Master step은 추후 학습)

월	화	수	목	금	토	일
* 1단원에 수록된 규토 라이트 N제 (Guide step ~ Training - 2step) t1 theme당 3문제씩 t2 3점	* 1단원에 수록된 규토 라이트 N제 (Guide step ~ Training - 2step) t1 theme당 3문제씩 t2 3점	* 1단원에 수록된 규토 라이트 N제 (Guide step ~ Training - 2step) t1 theme당 3문제씩 t2 3점	* 2단원에 수록된 규토 라이트 N제 (Guide step ~ Training - 2step) t1 theme당 3문제씩 t2 3점	* 2단원에 수록된 규토 라이트 N제 (Guide step ~ Training - 2step) t1 theme당 3문제씩 t2 3점	* 2단원에 수록된 규토 라이트 N제 (Guide step ~ Training - 2step) t1 theme당 3문제씩 t2 3점	* 새로운 문제 금지 * 복습의 날 (일주일동안 했던 것 복습 및 누적 복습) * 동그라미 커리큘럼 이행하기 (전주, 전전주 틀린 문제 다시 풀기)
* 3단원에 수록된 규토 라이트 N제 (Guide step ~ Training - 2step) t1 theme당 3문제씩 t2 3점	* 3단원에 수록된 규토 라이트 N제 (Guide step ~ Training - 2step) t1 theme당 3문제씩 t2 3점	* 3단원에 수록된 규토 라이트 N제 (Guide step ~ Training - 2step) t1 theme당 3문제씩 t2 3점	* 1단원에 수록된 규토 라이트 N제 (Guide step ~ Training - 2step) t1 남은 문제 t2 4점	* 1단원에 수록된 규토 라이트 N제 (Guide step ~ Training - 2step) t1 남은 문제 t2 4점	* 1단원에 수록된 규토 라이트 N제 (Guide step ~ Training - 2step) t1 남은 문제 t2 4점	* 새로운 문제 금지 * 복습의 날 (일주일동안 했던 것 복습 및 누적 복습) * 동그라미 커리큘럼 이행하기 (전주, 전전주 틀린 문제 다시 풀기)
* 1단원에 수록된 규토 라이트 N제 (Guide step ~ Training - 2step) t1 남은 문제 t2 4점	* 2단원에 수록된 규토 라이트 N제 (Guide step ~ Training - 2step) t1 남은 문제 t2 4점	* 2단원에 수록된 규토 라이트 N제 (Guide step ~ Training - 2step) t1 남은 문제 t2 4점	* 2단원에 수록된 규토 라이트 N제 (Guide step ~ Training - 2step) t1 남은 문제 t2 4점	* 2단원에 수록된 규토 라이트 N제 (Guide step ~ Training - 2step) t1 남은 문제 t2 4점	* 3단원에 수록된 규토 라이트 N제 (Guide step ~ Training - 2step) t1 남은 문제 t2 4점	* 새로운 문제 금지 * 복습의 날 (일주일동안 했던 것 복습 및 누적 복습) * 동그라미 커리큘럼 이행하기 (전주, 전전주 틀린 문제 다시 풀기)
* 3단원에 수록된 규토 라이트 N제 (Guide step ~ Training - 2step) t1 남은 문제 t2 4점	* 3단원에 수록된 규토 라이트 N제 (Guide step ~ Training - 2step) t1 남은 문제 t2 4점	* 3단원에 수록된 규토 라이트 N제 (Guide step ~ Training - 2step) t1 남은 문제 t2 4점	보충	보충	보충	* 새로운 문제 금지 * 복습의 날 (일주일동안 했던 것 복습 및 누적 복습) * 동그라미 커리큘럼 이행하기 (전주, 전전주 틀린 문제 다시 풀기)

* 100% 공부법에 적힌 찐노베 추천순서대로 학습할 것
* 추후에 계속 틀린 문제 복습해야 함 (동그라미 커리큘럼, 최대한 책에 적힌 100%공부법으로 학습할 것!) / 개념도 반드시 누적 복습할 것
* 각 Step이 끝날 때마다 해설보기 (해설지로 공부한다고 생각)
  ex) Training - 1step 문제 풀고 → 해설보기 → Training - 2step 문제 풀고 → 해설보기
* 실전개념강좌는 도구정리 느낌으로 라이트 N제 체화 후 볼 것 (라이트 N제에도 저자가 쓰는 실전개념 모두 수록 / 해설지에도 수록)
* 복습량이 많아 일요일로 벅차다면 다른 요일에 학습량 일부를 복습에 투자해도 된다.

선택 ⑦ 수1+수2 병행 (①~⑥을 참고하여 개별 맞춤 진행)

월화수(수1) 목금토(수2) 일(복습)

월	화	수	목	금	토	일
수1	수1	수1	수2	수2	수2	* 새로운 문제 금지 * 복습의 날 (일주일동안 했던 것 복습 및 누적 복습) * 동그라미 커리큘럼 이행하기 (전주, 전전주 틀린 문제 다시 풀기)

* ①~⑥를 참고하여 각자의 상황에 맞춰 진행 / 기존 6일 분량을 3일 분량으로 줄여서 일주일 진행
* 추후에 계속 틀린 문제 복습해야함 (동그라미 커리큘럼, 최대한 책에 적힌 100%공부법으로 학습할 것!) / 개념도 반드시 누적 복습할 것
* 각 Step이 끝날 때마다 해설보기 (해설지로 공부한다고 생각)
  ex) Training – 1step 문제 풀고 → 해설보기 → Training – 2step 문제 풀고 → 해설보기
* 실전개념강좌는 도구정리 느낌으로 라이트 N제 체화 후 볼 것 (라이트 N제에도 저자가 쓰는 실전개념 모두 수록 / 해설지에도 수록)
* 복습량이 많아 일요일로 벅차다면 다른 요일에 학습량 일부를 복습에 투자해도 된다.

선택 ⑧ 수1+수2+선택과목 병행 (①~⑥을 참고하여 개별 맞춤 진행)

월화수(수1) 목금토(수2) 일(복습) 월~토(꾸준히 조금씩 선택과목)

월	화	수	목	금	토	일
수1 + 선택과목	수1 + 선택과목	수1 + 선택과목	수2 + 선택과목	수2 + 선택과목	수2 + 선택과목	* 새로운 문제 금지 * 복습의 날 (일주일동안 했던 것 복습 및 누적 복습) * 동그라미 커리큘럼 이행하기 (전주, 전전주 틀린 문제 다시 풀기)

* ①~⑥를 참고하여 각자의 상황에 맞춰 진행 / 기존 6일 분량을 3일 분량으로 줄여서 일주일 진행
* 추후에 계속 틀린 문제 복습해야함 (동그라미 커리큘럼, 최대한 책에 적힌 100%공부법으로 학습할 것!) / 개념도 반드시 누적 복습할 것
* 각 Step이 끝날 때마다 해설보기 (해설지로 공부한다고 생각)
  ex) Training – 1step 문제 풀고 → 해설보기 → Training – 2step 문제 풀고 → 해설보기
* 실전개념강좌는 도구정리 느낌으로 라이트 N제 체화 후 볼 것 (라이트 N제에도 저자가 쓰는 실전개념 모두 수록 / 해설지에도 수록)
* 복습량이 많아 일요일로 벅차다면 다른 요일에 학습량 일부를 복습에 투자해도 된다.

1. 무조건 책에 적혀있는 100%공부법으로 학습한다.

그냥 문제만 풀면 딱히 도움 안 된다. 이건 Fact다.

보통 학생들은 주어 담을 생각만 하지 정작 빠져나가고 있는 것은 생각하지 않는다. 진짜다.
근데 혹시 그거 아나? 빠져나가는 것이 훨씬 더 많다는 것을....
규토 라이트 N제를 푸는 자랑스러운 학생으로서 **절대 해서는 안 될 짓**이다.
100% 공부법으로 학습하면 아주 효율적으로 3~4회독 할 수 있다.

제발 책에다 풀지 말고 노트에 풀도록 하자. (답, 풀이, 힌트 금지 / 틀린 이유를 쓰려면 별도의 노트를 만들어라.)
(단, Guide step에 답을 제외한 필기는 가능)
팁을 주자면 문제는 노트에 풀고 답은 포스트잇에다 적어 놓으면 나중에 채점하기 편하다.
가끔 문제 질문할 때 책에 풀려 있는 거 보면 마음이 아프다;;;
(속으로 하..ㅠㅠ 이분은 과연 100%공부법을 지키시는 중일까? 읽어는 봤을까?...하는 생각에 근심걱정 한가득하게 된다.)

다시 풀 때 항상 새 문제처럼 느껴지는 것이 훨씬 더 도움 되기 때문이니 반드시 지키도록 하자.

즉, 오로지 책에 표시되는 것은 아래와 같이 문제번호에 OX와 box표에 OX뿐이다.

ex) 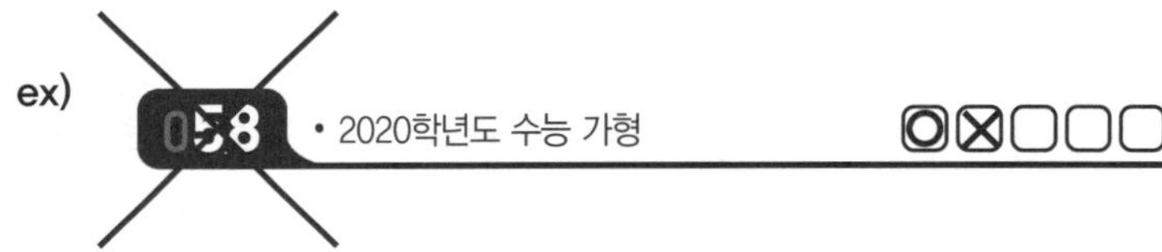

100% 공부법 2번을 잘 지키도록 하자. 문제를 풀고 나서 바로 다음 문제로 넘어가지 말고
백지에 깔끔하게 다시 풀어본다. 어떤 개념이 쓰였고 여기서 왜 이런 생각을 해야 하는 것인지
A에서 B로 갈 때 어떤 논리적 근거가 있는지 등등 생각하면서 다시 풀도록 하자.
반드시 백지에 다시 풀면서 자신의 풀이가 논리적으로 맞는지 체계화를 해본다.

동그라미 커리큘럼은 틀린 문제만 하는 것이 원칙이지만 1달 정도 지난 뒤에 전체를 다시 풀어준다.
분명히 맞았던 것도 틀리는 경우가 생길 것이다.
이때 틀린 문제들은 마찬가지로 동그라미 커리큘럼으로 처리하도록 하자.

2. 규토 라이트 N제 추천 계획표를 기본 틀로 하여 자신에게 맞는 계획표를 짠다.

계획이 있어야 체계적이고 효율적으로 학습할 수 있다.

3. 각 스텝이 끝난 후 해설지를 본다. (100%공부법에도 명시되어 있음)

ex) Training – 1step 문제 풀기 → 해설지 보기 → Training – 2step 문제 풀기 → 해설지 보기

4. 가져야할 마인드

① Training – 1step은 "문제를 풀어야지"라는 생각보다는 "**공부한다.**"는 생각을 갖도록 하자.
　 진정한 실전 적용연습은 Training –2step부터라고 생각하자.
　 (더욱이 실전연습에 적합하도록 Training –2step부터는 유형별이 아니라 난이도순으로 배치하였다.)
　 즉, Training – 1step에 있는 문항들을 학습한 후 **도전!** 이라는 마음가짐으로 Training –2step에 임하도록 하자.

만약 Training – 1step에서 특정한 유형을 전부 못 풀었다면?
Training – 1step을 끝내고 해설지를 볼 때, 그 특정 유형에서 제일 첫 번째 문제에 대한 해설을 보고 확실히 이해한 뒤 같은 유형에서 그 다음에 수록된 문제를 도전해본다. (이 경우 풀릴 가능성이 높다.)

② Training – 1step이 Training – 2step 보다 반드시 쉬운 것은 아니다. 단원마다 난이도가 다르기도 하고
　 쉬운문제도 있고 어려운 문제도 있으니 틀리는 문제가 많다고 괴로워할 필요 전~혀 없다.
　 문제를 보자마자 어떻게 해야겠다는 기본값이 있는데 특히 노베 학생의 경우에는 이러한 기본값이
　 전무하기 때문에 당연히 어려울 수밖에 없다. 처음부터 잘하는 사람은 아무도 없다.
　 어차피 나중에 100% 공부법으로 계속 공부하다보면 다 아무것도 아니게 되니 걱정하지 않아도 된다.
　 즉, 동그라미 커리큘럼을 통해 계속 주기적으로 반복하여 자기 것으로 만들면 그만이다.

5. 고민하는 시간에 대한 가이드라인

Training – 1step : 10~15분 / T1은 공부용이므로 해설지를 본다는 것에 너무 부담을 갖지 말도록 하자.
Training – 2step : 15~20분
Master step : 20~30분
(치열하게 고민해야 질적 성장이 가능하다.)

6. 약점 노트 만들기

수능 당일 1교시가 끝나면 대략 15~20분 정도 시간이 난다. 이때 볼 약점 노트를 만들자. 수학공식, 자신이 매번 실수하는 유형들, 조건을 보고 떠올려야 하는 발상들, 자신만의 약점 등을 노트에 정리해보자. 자기가 직접 만들었기 때문에 5분 안에 충분히 다 볼 수 있고 수능만이 아니라 모의고사 응시 10분 전에 자신이 직접 만든 약점 노트를 보고 시험에 응시하도록 하자.

7. 해설보기 (feat. 실전개념)

모든 문항은 해설을 봐야 한다. 가이드 스텝에 모든 것을 설명하지 않고 문제를 통해 배울 수 있도록 해설지에 실전개념을 설명해 놓은 것도 있다. 상담을 하다 보면 정말 많은 학생들이 질문하는 것 중에 하나가 바로 실전개념강의이다. 남들은 다 실전개념강의를 듣고 있는데 자기만 뒤쳐져 있다고 느껴져 걱정된다는 글이 대다수이다. 수학은 단계라는 것이 있다. 자기는 A단계인데 남들 한다고 C단계부터 학습하면 나중에 실전에서 무너질 확률이 매우 높다. 안타깝게도 14년동안 수능판에 있으면서 이러한 케이스를 너무도 많이 보아왔다. 라이트 N제에도 저자가 실전에서 사용하는 실전개념이 모두 수록되어있다. 저자가 아는 것을 모두 나열한 것이 아니라 정말 실전에서 사용하는 것들만 수록하였다. 그렇니 너무 걱정하지 말도록 하자. 다만 보통 실전개념 강의와 달리 Theme별로 실전개념을 다루기보다는 쌩기초부터 점점 살을 붙여가며 기출킬러까지 다루는 올인원 성격의 교재라는 점에서 차이가 있다. 따라서 해설지를 최대한 꼼꼼히 보고 자신의 풀이와 다르면 다~ 흡수하여 자기 것으로 만들도록 하자. 개인적으로 실전개념강의는 필수유형과 기출이 어느 정도 되어 있는 상태에서 보는 것이 좋다. 그래야 더 많은 것이 보이기 때문이다. 실전개념강의를 듣고 싶다면 라이트 N제를 체화한 후에 도구 정리 느낌으로 보는 것을 추천한다. 그리고 킬러문제가 안 풀리는 이유는 실전개념이 부족하기보다는 문제해결력이 부족하기 때문이다.

8. 만약 라이트 수1 수2를 병행한다면?

라이트 수1 수2를 병행한다면 라이트 수1 지수함수와 로그함수 가이드스텝 (평행이동, 대칭이동, 절댓값 함수 그리기)부터 먼저 학습하고 수2를 들어가도록 하자.

9. 규토 라이트 N제 무료개념강의 활용하기

규토의 가능세계(규토 N제 네이버 질문카페)에서 수1,수2,미적분의 경우 전 범위 개념강의를 무료로 들을 수 있다. 단순히 개념설명뿐만 아니라 t1~t2 대표유형도 풀어주기 때문에 초반 접근이 쉬워질 수 있어 노베학생들의 경우 무료개념강의를 적극 활용하도록 하자.

10. 진심 및 최종목표

제가 괜히 라이트 N제를 씹어먹으라고 한 게 아닙니다. 그냥 단순히 1회독? 2회독? 그 정도로는 턱도 없습니다. 제가 분명히 단언합니다. 얼마 지나면 다 까먹을 거예요. 기억도 안 날 겁니다. 진짜입니다. 실제로 변별력 있는 문제들은 온갖 요소들이 복합적으로 결합되어 출제됩니다. 이런 문제들을 현장에서 타파하기 위해서는 배운 내용들이 확실하게 체화되어 있어야 합니다. 그래야 비로소 실전에서 배운 것이 발휘됩니다. 그냥 단순히 강의 좀 듣고 문제 몇 번 풀고 해설지 몇 번 읽어 본다고 해서 체화되는 게 아니거든요. 정말 치열하게 고민해 보고 진짜 보고 또 보고 또 보고 해야 합니다. 그러면 결국 됩니다. 이건 진짜입니다. 라이트 N제로 공부하시는 분들은 반드시! 학습법 가이드를 기초로 학습하시길 바랍니다. 처음에는 정말 힘들 거예요. 제가 괜히 1% 지지자라고 쓴 게 아닙니다. 하지만 효과는 보장합니다. 원래 질적 성장에는 당연히 고통이 수반되거든요. 당연한 고통이니 즐기시기 바랍니다. 반복하면 반복할수록 속도는 빨라질 겁니다. 틀리면 될 때까지 반복하면 되는 겁니다. 그리고 모든 문제가 손쉽게 풀리면 그게 무슨 도움이 되겠습니까? 오직 틀린 문제만이 당신을 강하게 만들어 줄겁니다.

기준은 "라이트 N제에 있는 모든 문제를 설명할 수 있다"입니다. 이외에 그 어떤 것도 기준이 될 수 없습니다.

요약 : 치열하게 고민하고! 반복해서 체화하자! 라이트 N제에 있는 모든 문제를 누구에게 설명할 수 있을 때까지!

유일하게 부족한 것은 노력뿐!

맺음말

지금으로부터 21년 전 중학교 2학년이었던 규토는 "버킷리스트"라는 것을 작성하게 됩니다.
많은 항목들이 있었지만 그 중에서 가장 기억에 남는 것은 바로 저 만의 책을 만드는 것이었습니다.
그로부터 12년 후 규토 수학 고득점 N제를 발간하게 됩니다.
첫 책을 받았을 때의 감동... 아직도 잊을 수가 없네요..ㅠㅠ

벌써 8년이라는 세월이 흘렀네요.

규토 수학 고득점 n제 2017 ⇒ 규토 수학 고득점 n제 2019 ⇒ 규토 수학 고득점 n제 2020 (가/나)
⇒ 규토 수학 라이트 N제 2021 (수1/ 수2) + 고득점 N제 2021 (가/나)
⇒ 규토 라이트 N제 2022 (수1/수2/확통/미적), 고득점 N제 2022 (수1+수2/미적)
⇒ 규토 라이트 N제 2023 (수1/수2/확통/미적/기하), 고득점 N제 2023 (수1+수2/미적)
⇒ 규토 라이트 N제 2024 (수1/수2/확통/미적/기하), 고득점 N제 2024 (수1+수2/미적)
⇒ 규토 라이트 N제 2025 (수1/수2/확통/미적/기하)

올해 나오게 될 규토 라이트 N제 2026 (수1/수2/확통/미적)까지 아주 감개무량하네요. ㅎㅎ

규토 라이트 N제는 16년간 수능판에 있으면서 쌓아왔던 저자의 데이터를 바탕으로 기출문제와 개념 간의 격차를 최소화하고
고정 1등급으로 도약하기 위한 탄탄한 base를 만들어주기 위해 기획한 교재입니다.
규토 라이트 N제로 더 많은 학생들과 만날 수 있게 되어 진심으로 기쁩니다.
규토 라이트 N제로 폭풍 성장한 여러분들이 벌써부터 눈에 아른거리는군요. ㅎㅎ

계속해서 발전해 나가는 규토 N제가 되겠습니다! 내년 개정판은 더 더욱 좋아지겠죠?−_−;;
2021년부터 네이버 카페 (규토의 가능세계)를 통해 질문을 받고 있습니다~
https://cafe.naver.com/gyutomath

많은 가입부탁드립니다 :D

질문뿐만 아니라 각종 자료도 업로드하면서 차츰차츰 업그레이드 해나가겠습니다~ㅎㅎ
(수1,수2,미적분의 경우 전 범위무료 개념강의도 들으실 수 있습니다.)

규토 N제를 푸시는 모든 분들께 감사의 인사를 전하면서 저는 해설로 찾아뵐게요~ :D

참고로
① 네이버 블로그 (규토의 특별한 수학) 이웃추가
② 오르비에서 (닉네임 : 규토) 팔로우
③ 네이버 카페 (규토의 가능세계) 가입
하시면 규토 N제에 대한 최신 소식(정오표 or 보충자료 등)을 누구보다 빠르게 받아 보실 수 있습니다~

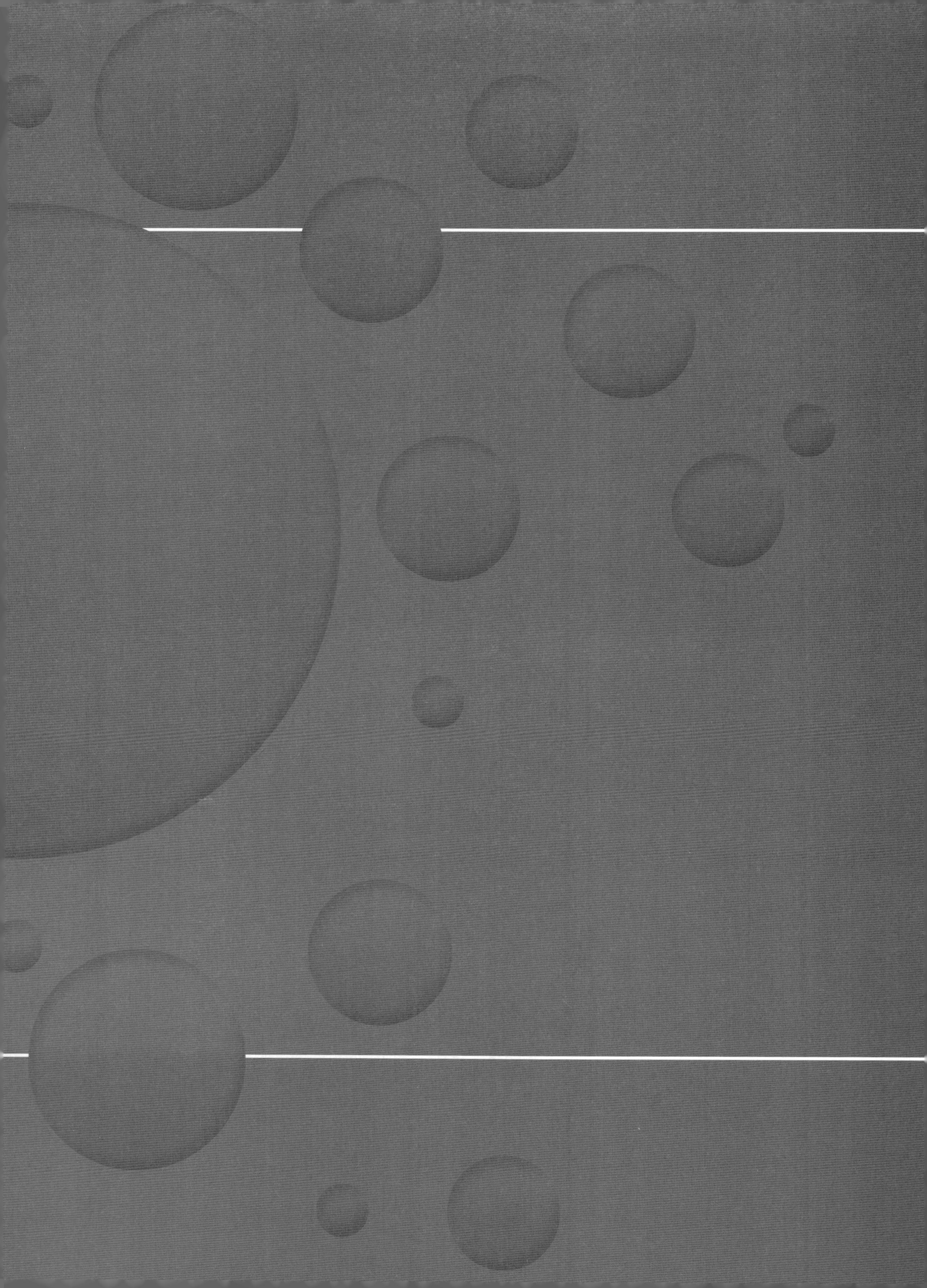

규토 라이트 N제

함수의 극한과 연속

Guide step

개념 익히기편

1. 함수의 극한

01 함수의 극한

성취 기준 – 함수의 극한의 뜻을 안다.

개념 파악하기 | (1) 함수의 수렴이란 무엇일까?

함수의 수렴

함수 $f(x)$에서 x의 값이 어떤 수에 한없이 가까워질 때, $f(x)$의 값이
일정한 값에 한없이 가까워지는 경우에 대해 알아보자.
오른쪽 그림과 같이 함수 $f(x)=x-1$의 그래프에서 x의 값이 1이
아니면서 1에 한없이 가까워질 때, $f(x)$의 값은 0에 한없이
가까워짐을 알 수 있다.

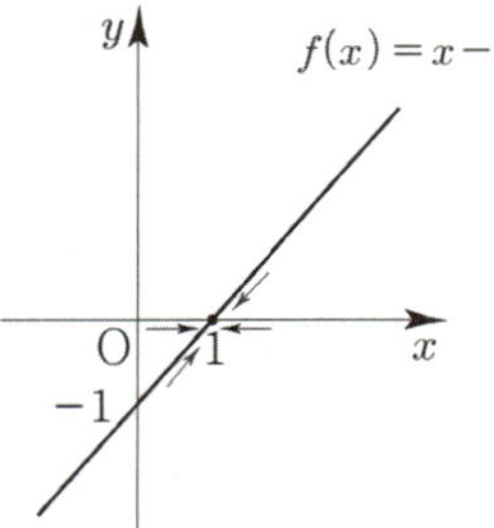

한편, 함수 $g(x)=\dfrac{(x-1)^2}{x-1}$은 $x=1$에서 분모가 0이 되어 정의되지

않지만, $x\neq 1$인 모든 실수 x에서 $g(x)=\dfrac{(x-1)^2}{x-1}=x-1$이다.

따라서 오른쪽 그림과 같은 함수 $g(x)=\dfrac{(x-1)^2}{x-1}$의 그래프에서

x의 값이 1이 아니면서 1에 한없이 가까워질 때,
$g(x)$의 값은 0에 한없이 가까워짐을 알 수 있다.

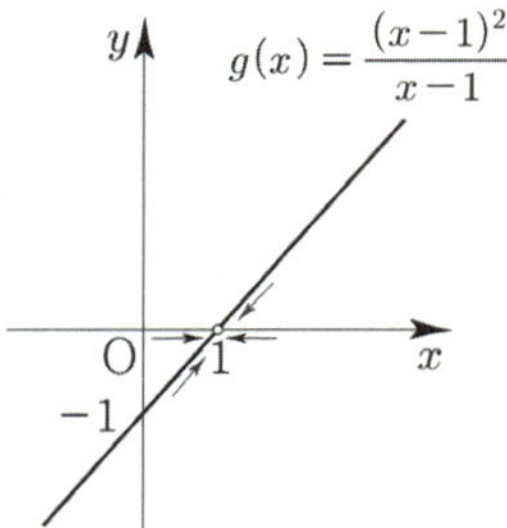

함수 $f(x)$에서 x의 값이 a가 아니면서 a에 한없이 가까워질 때,
$f(x)$의 값이 일정한 값 α에 한없이 가까워지면
함수 $f(x)$는 α에 **수렴**한다고 한다.
이때, α를 $x=a$에서 함수 $f(x)$의 **극한값** 또는 **극한**이라 하고,
기호로 $\displaystyle\lim_{x\to a}f(x)=\alpha$ 또는 $x\to a$일 때, $f(x)\to\alpha$와 같이 나타낸다.

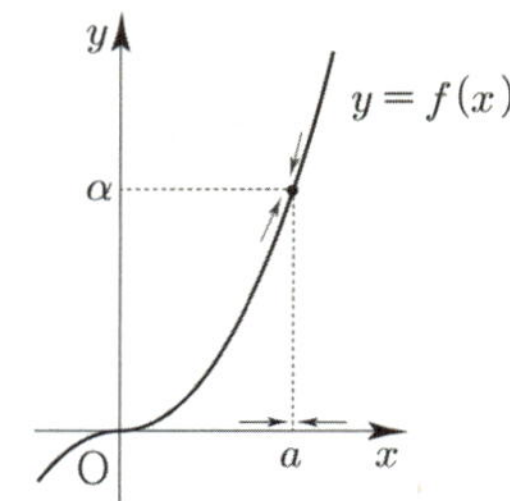

예를 들어 $\displaystyle\lim_{x\to 1}(x-1)=0$, $\displaystyle\lim_{x\to 1}\dfrac{(x-1)^2}{x-1}=0$로 나타낸다.

특히, 상수함수 $f(x)=c$ (c는 상수)는 모든 실수 x에서 함숫값이
항상 c이므로 a의 값에 관계없이 $\displaystyle\lim_{x\to a}f(x)=\lim_{x\to a}c=c$이다.

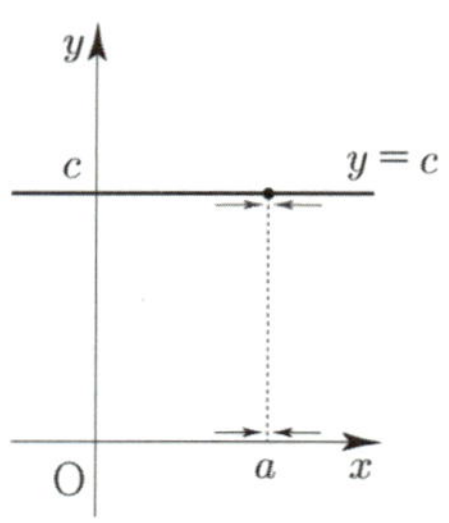

Tip 1   기호 $\lim$는 limit(극한)의 약자이다.

Tip 2   그래프를 통해 직관적으로 이해하면 된다.

Tip 3 $\displaystyle\lim_{x\to a}f(x)=\alpha$은 $f(a)=\alpha$와 다른 의미이다.

위의 예처럼 $g(x)=\dfrac{(x-1)^2}{x-1}$에서 $g(1)$은 정의되지 않지만 $\displaystyle\lim_{x\to 1}g(x)=0$ 이다.

예제 1

극한값 $\lim\limits_{x \to 1} \dfrac{x^2-1}{x-1}$ 를 그래프를 이용하여 구하시오.

풀이

$f(x) = \dfrac{x^2-1}{x-1}$ 라 하면 $x \neq 1$ 일 때, $f(x) = \dfrac{(x-1)(x+1)}{x-1} = x+1$ 이므로 $y = f(x)$ 의 그래프는 오른쪽 그림과 같다.

따라서 $x \to 1$ 일 때, $f(x) \to 2$ 이므로 $\lim\limits_{x \to 1} \dfrac{x^2-1}{x-1} = 2$ 이다.

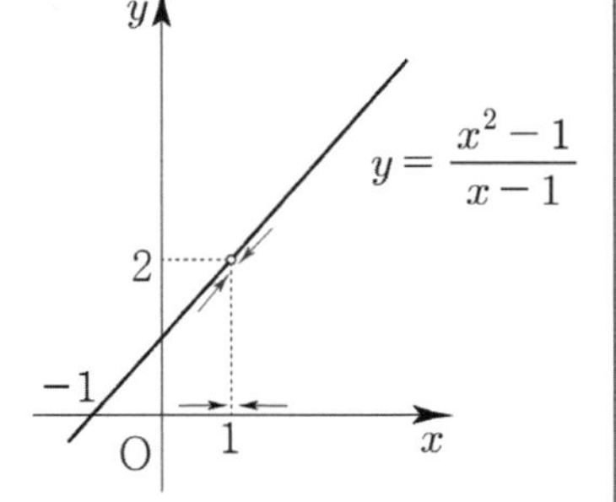

Tip 함수 $f(x)$ 가 $x = a$ 에서 정의되지 않을 때도 $\lim\limits_{x \to a} f(x)$ 가 존재할 수 있음에 유의하자.

개념 확인문제 1 다음 극한값을 그래프를 이용하여 구하시오.

(1) $\lim\limits_{x \to -1} (x^2 + 1)$

(2) $\lim\limits_{x \to 2} \dfrac{x^2 + x - 6}{x-2}$

무한대

함수 $f(x)$에서 x의 값이 한없이 커지거나 x의 값이 음수이면서
그 절댓값이 한없이 커질 때, $f(x)$의 값이 일정한 값에 한없이
가까워지는 경우에 대해 알아보자.

함수 $f(x)=\dfrac{1}{x}$의 그래프에서 x의 값이 한없이 커질 때 $f(x)$의 값은

0에 한없이 가까워지고, x의 값이 음수이면서 그 절댓값이 한없이
커질 때도 $f(x)$의 값은 0에 한없이 가까워짐을 알 수 있다.

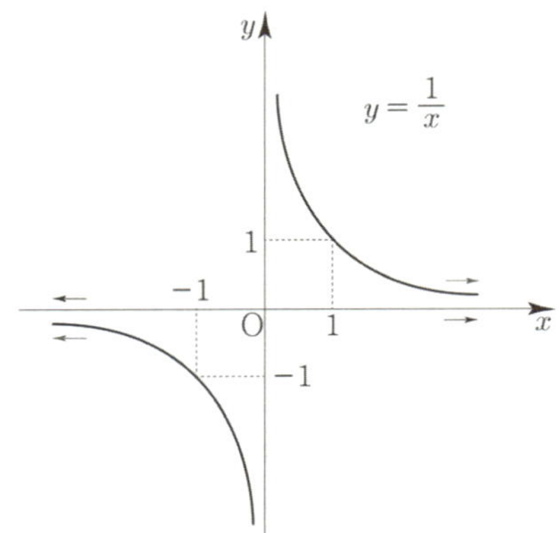

x의 값이 한없이 커지는 것을 기호 ∞를 사용하여 $x \to \infty$로 나타내고,
x의 값이 음수이면서 그 절댓값이 한없이 커지는 것을 $x \to -\infty$로 나타낸다.
이때 기호 ∞는 **무한대**라고 읽는다.

함수 $f(x)$에서 x의 값이 한없이 커질 때, $f(x)$의 값이 일정한 값 α에 한없이 가까워지면
함수 $f(x)$는 α에 수렴한다고 하고,
기호로 $\displaystyle\lim_{x \to \infty}f(x)=\alpha$ 또는 $x \to \infty$일 때, $f(x) \to \alpha$와 같이 나타낸다.

함수 $f(x)$에서 x의 값이 음수이면서 그 절댓값이 한없이 커질 때,
$f(x)$의 값이 일정한 값 β에 한없이 가까워지면 함수 $f(x)$는 β에 수렴한다고 하고,
기호로 $\displaystyle\lim_{x \to -\infty}f(x)=\beta$ 또는 $x \to -\infty$일 때, $f(x) \to \beta$와 같이 나타낸다.

> **Tip 1** ∞는 한없이 커지는 상태를 나타내는 기호이지 수는 아니다.

> **Tip 2** $\displaystyle\lim_{x \to \infty}\dfrac{1}{x}=0,\ \lim_{x \to -\infty}\dfrac{1}{x}=0$으로 나타낼 수 있다.

개념 확인문제 2 다음 극한을 조사하시오.

(1) $\displaystyle\lim_{x \to \infty}\dfrac{1}{x-1}$

(2) $\displaystyle\lim_{x \to -\infty}\dfrac{4x-1}{x}$

개념 파악하기 (2) 함수의 발산이란 무엇일까?

함수의 발산

함수 $f(x)$에서 x의 값이 어떤 수에 한없이 가까워질 때,
$f(x)$의 값이 수렴하지 않는 경우에 대해 알아보자.

두 함수 $f(x) = \dfrac{1}{x^2}$, $g(x) = -\dfrac{1}{x^2}$의 그래프를 컴퓨터 프로그램을 이용하여 그리면 다음과 같다.

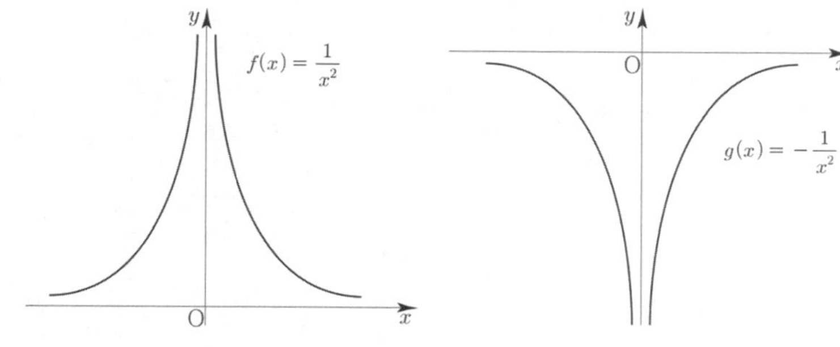

위의 그래프에서 x의 값이 0이 아니면서 0에 한없이 가까워질 때, $f(x)$의 값은 한없이 커지고,
$g(x)$의 값은 음수이면서 그 절댓값이 한없이 커짐을 알 수 있다.

함수 $f(x)$에서 x의 값이 a가 아니면서 a에 한없이 가까워질 때,
$f(x)$의 값이 한없이 커지면 함수 $f(x)$는 양의 무한대로 **발산**한다고 하고,
기호로 $\lim\limits_{x \to a} f(x) = \infty$ 또는 $x \to a$일 때, $f(x) \to \infty$와 같이 나타낸다.

또한 함수 $f(x)$에서 x의 값이 a가 아니면서 a에 한없이 가까워질 때,
$f(x)$의 값이 음수이면서 그 절댓값이 한없이 커지면 함수 $f(x)$는 음의 무한대로 **발산**한다고 하고,
기호로 $\lim\limits_{x \to a} f(x) = -\infty$ 또는 $x \to a$일 때, $f(x) \to -\infty$와 같이 나타낸다.

함수 $f(x)$에서 $x \to \infty$ 또는 $x \to -\infty$일 때, $f(x)$의 값이 양의 무한대나 음의 무한대로 발산하는 것을
기호로 $\lim\limits_{x \to \infty} f(x) = \infty$, $\lim\limits_{x \to \infty} f(x) = -\infty$, $\lim\limits_{x \to -\infty} f(x) = \infty$, $\lim\limits_{x \to -\infty} f(x) = -\infty$와 같이 나타낸다.

다음 극한을 조사하시오.

(1) $\displaystyle\lim_{x \to 0} \frac{1}{|x|}$

(2) $\displaystyle\lim_{x \to -\infty} (-x^2)$

풀이

(1) 함수 $f(x) = \dfrac{1}{|x|}$ 를 그리면 오른쪽 그림과 같다.

따라서 $x \to 0$ 일 때, $f(x) \to \infty$ 이므로 $\displaystyle\lim_{x \to 0} \frac{1}{|x|} = \infty$ 이다.

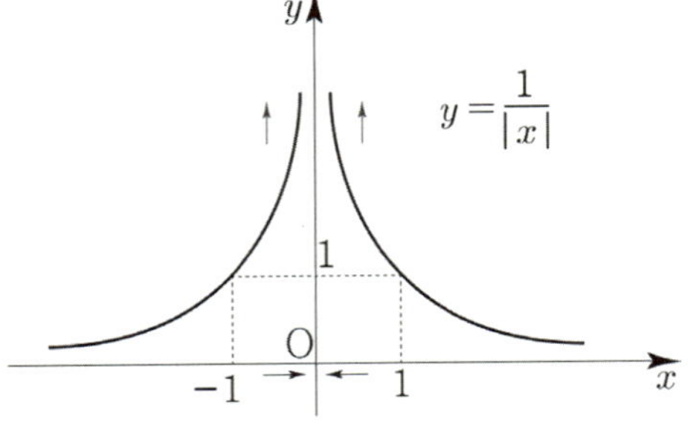

(2) 함수 $f(x) = -x^2$ 을 그리면 오른쪽 그림과 같다.

따라서 $x \to -\infty$ 일 때, $f(x) \to -\infty$ 이므로 $\displaystyle\lim_{x \to -\infty} (-x^2) = -\infty$ 이다.

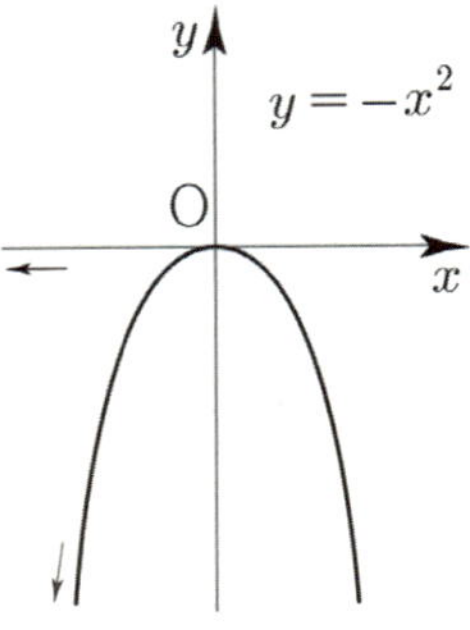

개념 확인문제 3 다음 극한을 조사하시오.

(1) $\displaystyle\lim_{x \to 0} \left(1 + \frac{1}{|x|} \right)$

(2) $\displaystyle\lim_{x \to 1} \frac{-1}{|x-1|}$

(3) $\displaystyle\lim_{x \to -\infty} (-2x + 2)$

개념 파악하기 ┃ **(3) 함수의 우극한과 좌극한이란 무엇일까?**

우(右)극한과 좌(左)극한

x의 값이 a보다 크면서 a에 한없이 가까워지는 것을
기호로 $x \to a+$와 같이 나타내고,
x의 값이 a보다 작으면서 a에 한없이 가까워지는 것을
기호로 $x \to a-$와 같이 나타낸다.

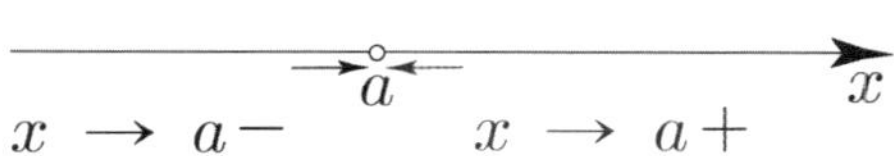

함수 $f(x)$에서 $x \to a+$일 때, $f(x)$의 값이 일정한 값 α에
한없이 가까워지면 α를 $x=a$에서 함수 $f(x)$의 **우극한**이라 하고,
기호로 $\lim\limits_{x \to a+} f(x) = \alpha$ 또는 $x \to a+$일 때, $f(x) \to \alpha$와 같이 나타낸다.

또한 함수 $f(x)$에서 $x \to a-$일 때, $f(x)$의 값이 일정한 값 β에
한없이 가까워지면 β를 $x=a$에서 함수 $f(x)$의 **좌극한**이라 하고,
기호로 $\lim\limits_{x \to a-} f(x) = \beta$ 또는 $x \to a-$일 때, $f(x) \to \beta$와 같이 나타낸다.

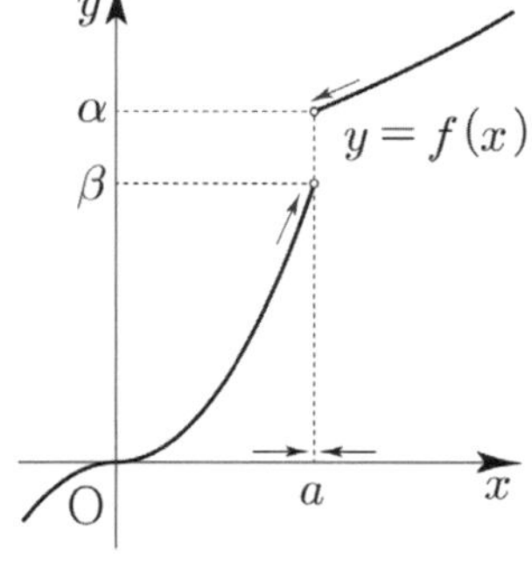

함수 $f(x)$에 대하여 $\lim\limits_{x \to a} f(x) = \alpha$ (α는 실수)이면

$x=a$에서 $f(x)$의 우극한과 좌극한이 모두 존재하고 그 값은 α로 같다. 또 그 역도 성립한다.

$$\lim_{x \to a} f(x) = \alpha \iff \lim_{x \to a+} f(x) = \lim_{x \to a-} f(x) = \alpha$$

Tip $x=a$에서 함수 $f(x)$의 우극한과 좌극한이 모두 존재하더라도 그 값이 서로 다르면
극한 $\lim\limits_{x \to a} f(x)$는 존재하지 않는다.

ex $\lim\limits_{x \to a+} f(x) = 1$, $\lim\limits_{x \to a-} f(x) = 0$ 이면 $\lim\limits_{x \to a} f(x)$는 존재하지 않는다.

예제 3

함수 $f(x) = \begin{cases} x^2 & (x > 0) \\ -x^2 + 1 & (x \le 0) \end{cases}$ 에서 다음 극한값을 구하시오.

(1) $\lim\limits_{x \to 0+} f(x)$ ㅤㅤㅤㅤㅤㅤㅤㅤㅤㅤ (2) $\lim\limits_{x \to 0-} f(x)$

풀이

함수 $f(x)$를 그리면 오른쪽 그림과 같다.

(1) $\lim\limits_{x \to 0+} f(x) = \lim\limits_{x \to 0+} x^2 = 0$

(2) $\lim\limits_{x \to 0-} f(x) = \lim\limits_{x \to 0-} (-x^2 + 1) = 1$

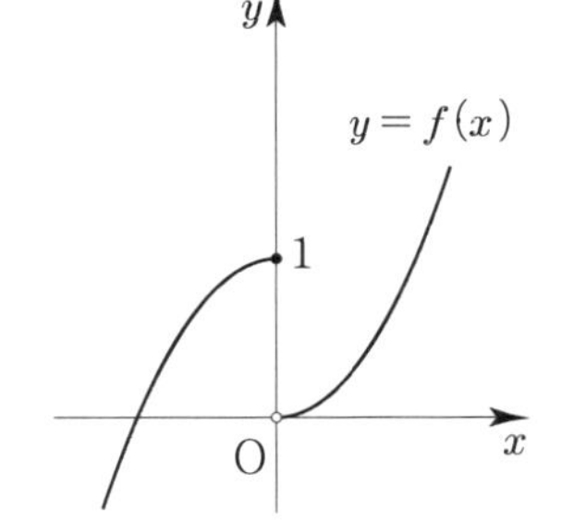

함수 $f(x) = \begin{cases} x-1 & (x > 1) \\ x^2 - 2x & (x \le 1) \end{cases}$ 에서 다음 극한값을 구하시오.

(1) $\displaystyle\lim_{x \to 1+} f(x)$

(2) $\displaystyle\lim_{x \to 1-} f(x)$

예제 4

극한 $\displaystyle\lim_{x \to 1} \frac{|x-1|}{x-1}$ 를 조사하시오.

풀이

$x = 1$ 에서 우극한과 좌극한을 구하면

$$\lim_{x \to 1+} \frac{|x-1|}{x-1} = \lim_{x \to 1+} \frac{x-1}{x-1} = 1$$

$$\lim_{x \to 1-} \frac{|x-1|}{x-1} = \lim_{x \to 1-} \frac{-(x-1)}{x-1} = -1$$

따라서 우극한과 좌극한이 다르므로 극한 $\displaystyle\lim_{x \to 1} \frac{|x-1|}{x-1}$ 는 존재하지 않는다.

Tip 1 절댓값을 포함한 극한은 절댓값을 벗겨내야 극한값을 계산할 수 있다.

$x \to 1+$ 는 1보다 큰 쪽에서 1로 가까이 가는 것이므로 $x > 1$ 에 해당한다.

$x > 1$ 에서 $x-1$ 이 양수이므로 $|x-1| = x-1$ 이다.

$x \to 1-$ 는 1보다 작은 쪽에서 1로 가까이 가는 것이므로 $x < 1$ 에 해당한다.

$x < 1$ 에서 $x-1$ 이 음수이므로 $|x-1| = -(x-1)$ 이다.

Tip 2 $\displaystyle\lim_{x \to 0} \frac{|x-1|}{x-1}$ 의 경우는 $x \to 0+$ or $x \to 0-$ 모두 $x < 1$ 에 해당한다.

$x < 1$ 에서 $x-1$ 이 음수이므로 $|x-1| = -(x-1)$ 이다.

따라서 $\displaystyle\lim_{x \to 0} \frac{|x-1|}{x-1} = \lim_{x \to 0} \frac{-(x-1)}{x-1} = -1$ 이다.

 다음 극한을 조사하시오.

(1) $\displaystyle\lim_{x \to -2} \frac{|x+2|}{x+2}$

(2) $\displaystyle\lim_{x \to 0} \frac{x^2 + x}{|x|}$

함수의 극한과 연속

함수의 극한값의 계산

성취 기준 – 함수의 극한에 대한 성질을 이해하고, 함수의 극한값을 구할 수 있다.

함수의 극한과 연속

개념 파악하기 (4) 함수의 극한에는 어떤 성질이 있을까?

함수의 극한에 대한 성질

함수 $f(x)=x$, $g(x)=2x$ 에서 $\lim_{x \to 1}f(x)=\lim_{x \to 1}x=1$, $\lim_{x \to 1}g(x)=\lim_{x \to 1}2x=2$ 이므로

$$\lim_{x \to 1}f(x)+\lim_{x \to 1}g(x)=3 \quad \cdots \quad ㉠$$

이고, $f(x)+g(x)=3x$ 이므로

$$\lim_{x \to 1}\{f(x)+g(x)\}=3 \quad \cdots \quad ㉡$$

따라서 ㉠, ㉡에서 $\lim_{x \to 1}\{f(x)+g(x)\}=\lim_{x \to 1}f(x)+\lim_{x \to 1}g(x)$ 임을 알 수 있다.

또한 $\lim_{x \to 1}f(x) \times \lim_{x \to 1}g(x)=2 \quad \cdots \quad ㉢$

이고, $f(x)g(x)=2x^2$ 이므로

$$\lim_{x \to 1}f(x)g(x)=2 \quad \cdots \quad ㉣$$

따라서 ㉢, ㉣에서 $\lim_{x \to 1}f(x)g(x)=\lim_{x \to 1}f(x) \times \lim_{x \to 1}g(x)$ 임을 알 수 있다.

함수의 극한에 대한 성질 요약

두 함수 $f(x)$, $g(x)$ 에 대하여 $\lim_{x \to a}f(x)=\alpha$, $\lim_{x \to a}g(x)=\beta$ (α, β는 실수)일 때,

① $\lim_{x \to a}kf(x)=k\lim_{x \to a}f(x)=k\alpha$ (단, k는 상수)

② $\lim_{x \to a}\{f(x)+g(x)\}=\lim_{x \to a}f(x)+\lim_{x \to a}g(x)=\alpha+\beta$

③ $\lim_{x \to a}\{f(x)-g(x)\}=\lim_{x \to a}f(x)-\lim_{x \to a}g(x)=\alpha-\beta$

④ $\lim_{x \to a}f(x)g(x)=\lim_{x \to a}f(x) \times \lim_{x \to a}g(x)=\alpha\beta$

⑤ $\lim_{x \to a}\dfrac{f(x)}{g(x)}=\dfrac{\lim_{x \to a}f(x)}{\lim_{x \to a}g(x)}=\dfrac{\alpha}{\beta}$ (단, $\beta \neq 0$)

Tip 1 함수의 극한에 대한 성질은 구체적인 예를 통해 직관적으로 이해하면 된다.

Tip 2 위의 성질들의 전제조건이 $\lim_{x \to a}f(x)=\alpha$, $\lim_{x \to a}g(x)=\beta$ 임을 기억하자.

즉, 함수의 극한에 대한 성질은 극한값이 존재할 때만 성립한다.

예를 들어 $f(x)=\dfrac{1}{x}$, $g(x)=x^2$ 일 때, $\lim_{x \to 0}f(x)$ 는 존재하지 않지만

$\lim_{x \to 0}f(x)g(x)=\lim_{x \to 0}x=0$ 이므로 함수의 극한에 대한 성질이 성립하지 않는다.

Tip 2 극한값이 존재한다면 위 성질은 $x \to a+$, $x \to a-$, $x \to \infty$, $x \to -\infty$ 일 때도 모두 성립한다.

다음 극한값을 구하시오.

(1) $\displaystyle\lim_{x \to 0}(x+1)$

(2) $\displaystyle\lim_{x \to 1}\frac{(x-5)x}{4x+1}$

(3) $\displaystyle\lim_{x \to \infty}\left(\frac{1}{x}-\frac{1}{x+5}\right)$

풀이

(1) $\displaystyle\lim_{x \to 0}(x+1)=\lim_{x \to 0}x+\lim_{x \to 0}1=0+1=1$

(2) $\displaystyle\lim_{x \to 1}\frac{(x-5)x}{4x+1}=\frac{\lim_{x \to 1}(x-5)\lim_{x \to 1}x}{\lim_{x \to 1}4x+\lim_{x \to 1}1}=\frac{\left(\lim_{x \to 1}x-\lim_{x \to 1}5\right)\lim_{x \to 1}x}{4\lim_{x \to 1}x+\lim_{x \to 1}1}=\frac{-4}{5}$

(3) $\displaystyle\lim_{x \to \infty}\left(\frac{1}{x}-\frac{1}{x+5}\right)=\lim_{x \to \infty}\frac{1}{x}-\lim_{x \to \infty}\frac{1}{x+5}=0-0=0$

개념 확인문제 6 다음 극한값을 구하시오.

(1) $\displaystyle\lim_{x \to 0}(10x+1)$

(2) $\displaystyle\lim_{x \to -1}\left(x^2+3x+2\right)$

(3) $\displaystyle\lim_{x \to 2}(x-5)(x-6)$

(4) $\displaystyle\lim_{x \to -1}\frac{x^2+5}{1-x}$

(5) $\displaystyle\lim_{x \to \infty}\left(\frac{1}{x}+\frac{10}{x+5}\right)$

(6) $\displaystyle\lim_{x \to \infty}\left(1+\frac{1}{x}\right)\left(2-\frac{1}{x}\right)$

개념 파악하기 **(5) 함수의 극한값은 어떻게 구할까?**

함수의 극한값 구하기

함수의 극한에 대한 성질을 이용하여 함수의 극한값을 구해보자.

① 함수 $\dfrac{f(x)}{g(x)}$ 에서 $\displaystyle\lim_{x \to a}f(x)=0$ 이고 $\displaystyle\lim_{x \to a}g(x)=0$ 일 때,

극한값 $\displaystyle\lim_{x \to a}\dfrac{f(x)}{g(x)}$ 는 분자나 분모를 인수분해하거나 유리화하여 식을 적절히 변형한 다음 구할 수 있다.

② 함수 $\dfrac{f(x)}{g(x)}$ 에서 $\displaystyle\lim_{x \to \infty}f(x)=\infty$ 이고 $\displaystyle\lim_{x \to \infty}g(x)=\infty$ 일 때,

극한값 $\displaystyle\lim_{x \to \infty}\dfrac{f(x)}{g(x)}$ 는 분자, 분모를 각각 분모의 최고차항으로 나누어 식을 적절히 변형한 다음 구할 수 있다.

③ 두 함수 $f(x)$, $g(x)$ 에 대하여 $\displaystyle\lim_{x \to a}\dfrac{f(x)}{g(x)}=\alpha$ (α 는 실수)이고 $\displaystyle\lim_{x \to a}g(x)=0$ 이면

함수의 극한에 대한 성질 $\left(\displaystyle\lim_{x \to a}f(x)g(x)=\lim_{x \to a}f(x)\times\lim_{x \to a}g(x)=\alpha\beta\right)$ 에 따라

$\displaystyle\lim_{x \to a}f(x)=\lim_{x \to a}\left\{\dfrac{f(x)}{g(x)}\times g(x)\right\}=\lim_{x \to a}\dfrac{f(x)}{g(x)}\times\lim_{x \to a}g(x)=\alpha\times 0=0$ 이므로 $\displaystyle\lim_{x \to a}f(x)=0$ 이다.

즉, 전체의 극한값이 존재(수렴)하고, 분모의 극한값이 0 이면 반드시 분자의 극한값은 0 이 되어야 한다.

예제 6

다음 극한값을 구하시오.

(1) $\displaystyle\lim_{x \to 2}\dfrac{x^2-x-2}{x-2}$

(2) $\displaystyle\lim_{x \to 3}\dfrac{\sqrt{x+6}-3}{x-3}$

풀이

(1) 분자를 인수분해하여 극한값을 구하면

$\displaystyle\lim_{x \to 2}\dfrac{x^2-x-2}{x-2}=\lim_{x \to 2}\dfrac{(x-2)(x+1)}{x-2}=\lim_{x \to 2}(x+1)=3$

(2) 분자를 유리화하여 극한값을 구하면

$\displaystyle\lim_{x \to 3}\dfrac{\sqrt{x+6}-3}{x-3}=\lim_{x \to 3}\dfrac{(\sqrt{x+6}-3)(\sqrt{x+6}+3)}{(x-3)(\sqrt{x+6}+3)}=\lim_{x \to 3}\dfrac{x-3}{(x-3)(\sqrt{x+6}+3)}=\lim_{x \to 3}\dfrac{1}{\sqrt{x+6}+3}=\dfrac{1}{6}$

Tip $x=0$ 에서 두 함수 $f(x)$, $g(x)$ 의 극한값이 모두 0 이면 반드시 $x=0$ 에서

함수 $\dfrac{f(x)}{g(x)}$ 의 극한값이 항상 존재할까?

답은 "아니다"이다.

반례 $f(x)=x$, $g(x)=x^2$ 이면 $\displaystyle\lim_{x \to 0}f(x)=0$, $\displaystyle\lim_{x \to 0}g(x)=0$ 이지만 극한값 $\displaystyle\lim_{x \to 0}\dfrac{f(x)}{g(x)}$ 는

존재하지 않는다.

　다음 극한값을 구하시오.

(1) $\displaystyle\lim_{x \to 1} \frac{x^3-1}{x-1}$　　　　　　　　(2) $\displaystyle\lim_{x \to -2} \frac{\sqrt{x+6}-2}{x+2}$

예제 **7**

극한값 $\displaystyle\lim_{x \to \infty} \frac{4x^2+x+1}{x^2+1}$ 을 구하시오.

풀이

분자, 분모를 각각 분모의 최고차항인 x^2 으로 나누어 극한값을 구하면

$$\lim_{x \to \infty} \frac{4x^2+x+1}{x^2+1} = \lim_{x \to \infty} \frac{4+\dfrac{1}{x}+\dfrac{1}{x^2}}{1+\dfrac{1}{x^2}} = \frac{4}{1} = 4$$

Tip　위의 풀이는 완전 정석적 방법으로 푼 것이고 실전에서는 분자, 분모에서 제일 큰 차수끼리만 비교하면 된다.

$x \to \infty$ 일 때, $4x^2+x+1$ 는 $4x^2$ 으로 봐도 된다.

x 가 무한대로 가는 상황에서 $x+1$ 은 $4x^2$ 과 비교했을 때 "새 발의 피"이기 때문이다.

위의 문제에서 분자와 분모의 최고차항은 x^2 이다. 결국 $\displaystyle\lim_{x \to \infty} \frac{4x^2+x+1}{x^2+1} = \lim_{x \to \infty} \frac{4x^2}{x^2} = 4$ 이다.

　다음 극한값을 구하시오.

(1) $\displaystyle\lim_{x \to \infty} \frac{4x-1}{2x+1}$　　　　　　　　(2) $\displaystyle\lim_{x \to \infty} \frac{3x^2+x+10}{4x^2-x-1}$

예제 8

$\lim\limits_{x \to 1} \dfrac{2x^2 + ax + b}{x - 1} = 6$ 일 때, 상수 a, b 의 값을 구하시오.

풀이

$\lim\limits_{x \to 1} \dfrac{2x^2 + ax + b}{x - 1} = 6$ 에서 $\lim\limits_{x \to 1}(x-1) = 0$ 이므로 $\lim\limits_{x \to 1}(2x^2 + ax + b) = 0 \ \Rightarrow\ 2 + a + b = 0 \ \Rightarrow\ b = -2 - a$

$b = -2 - a$ 을 분자에 대입하면 $\lim\limits_{x \to 1} \dfrac{2x^2 + ax - 2 - a}{x - 1} = \lim\limits_{x \to 1} \dfrac{(x-1)(2x+a+2)}{x-1} = \lim\limits_{x \to 1}(2x + a + 2) = 4 + a$

즉, $4 + a = 6$ 이므로 $a = 2$ 이다. 따라서 $a = 2$, $b = -4$ 이다.

> **Tip**
> $2x^2 + ax - 2 - a$ 을 인수분해하는 과정이 조금 힘들 수 있는데
> 애초에 분자 $2x^2 + ax + b$ 에 $x = 1$ 을 대입했을 때 0 이 되었으므로 $2x^2 + ax - 2 - a$ 는
> 인수 $(x-1)$ 를 가져야한다. 따라서 $2x^2 + ax - 2 - a = (x-1)(2x+a+2)$ 이다.

개념 확인문제　9　다음 등식이 성립할 때, 상수 a, b 의 값을 구하시오.

(1) $\lim\limits_{x \to -1} \dfrac{x^2 + ax + b}{x + 1} = 4$

(2) $\lim\limits_{x \to 2} \dfrac{\sqrt{x + a} - b}{x - 2} = \dfrac{1}{6}$

로피탈의 정리

지금까지 인수분해를 통한 정석적 방법으로 함수의 극한값을 구해왔지만
이번에는 실전에서 함수의 극한값을 더 빠르게 구할 수 있는 방법인 로피탈의 정리에 대해 알아보자.

로피탈의 정리란?

두 함수 $f(x)$, $g(x)$ 가 미분가능하고, $x = a$ 근방에서 $g'(x) \neq 0$ 이라 하자.
$\lim\limits_{x \to a} f(x) = 0$, $\lim\limits_{x \to a} g(x) = 0$ 이고 $\lim\limits_{x \to a} \dfrac{f'(x)}{g'(x)}$ 가 존재하면 $\lim\limits_{x \to a} \dfrac{f(x)}{g(x)} = \lim\limits_{x \to a} \dfrac{f'(x)}{g'(x)}$ 이다.

Tip 로피탈의 정리는 대학교 미적분학에서 배우는 내용이지만
계산과정을 현격하게 줄여주는 강력한 도구가 되기에 소개한다.
아직 수2 전 범위를 배우지 않은 학생의 경우 $f'(x)$ 의 기호가 다소 낯설 수 있는데
$f'(x)$ 는 $f(x)$ 를 x 에 대하여 한 번 미분했다는 뜻이다.
'두 함수 $f(x)$, $g(x)$ 가 미분가능하다.'라는 전제조건이 있는데,
우리는 $f(x)$, $g(x)$ 가 다항함수일 때만 로피탈의 정리를 적용시킬 예정이므로 미분조건을 무시해도
좋다. 다항함수는 실수 전체의 집합에서 미분가능하기 때문이다. (수2 전 범위를 배우지 않은 학생의
경우 다음 대단원을 학습하고 나면 자연스럽게 알게 될 것이므로 걱정하지 않아도 된다.)

미분에 대한 자세한 내용은 다음 대단원에서 배우도록 하고 우선 아래와 같은 간단한 규칙만 기억하자.
ax^n 를 미분하면 anx^{n-1} 이 된다. (단, 상수항은 미분하면 0 이다.)
예를 들어 $f(x) = 3x^2 - x + 2$ 를 미분해보자.
$3x^2 \Rightarrow 3 \times 2 \times x^{2-1} = 6x$
$-x \Rightarrow -1 \times 1 \times x^{1-1} = -1 \times x^0 = -1 \times 1 = -1$
$2 \Rightarrow 0$
따라서 $f'(x) = 6x - 1$ 이다.

예제 9

극한값 $\lim\limits_{x \to 1} \dfrac{x^2 + x - 2}{x - 1}$ 을 구하시오. (by 로피탈의 정리)

풀이

$f(x) = x^2 + x - 2$, $g(x) = x - 1$ 라 하면 $\lim\limits_{x \to 1} f(x) = 0$, $\lim\limits_{x \to 1} g(x) = 0$ 이므로 즉, $\dfrac{0}{0}$ 꼴이므로
로피탈의 정리를 사용할 수 있다.

$f'(x) = 2x + 1$, $g'(x) = 1$ 이므로 $\lim\limits_{x \to 1} \dfrac{x^2 + x - 2}{x - 1} = \lim\limits_{x \to 1} \dfrac{2x + 1}{1} = 3$ 이다.

개념 확인문제 10 다음 극한값을 구하시오. (by 로피탈의 정리)

(1) $\displaystyle\lim_{x \to -1} \frac{x^3 + 1}{x + 1}$

(2) $\displaystyle\lim_{x \to 2} \frac{3x^2 - 2x - 8}{2x - 4}$

예제 10

$\displaystyle\lim_{x \to 2} \frac{x^2 + ax + b}{x - 2} = 1$ 일 때, 상수 a, b의 값을 구하시오. (by 로피탈의 정리)

풀이

$\displaystyle\lim_{x \to 2} \frac{x^2 + ax + b}{x - 2} = 1$ 에서 $\displaystyle\lim_{x \to 2}(x - 2) = 0$ 이므로 $\displaystyle\lim_{x \to 2}(x^2 + ax + b) = 0 \Rightarrow 4 + 2a + b = 0 \Rightarrow b = -4 - 2a$

$f(x) = x^2 + ax + b$, $g(x) = x - 2$ 라 하면 $\displaystyle\lim_{x \to 2}f(x) = 0$, $\displaystyle\lim_{x \to 2}g(x) = 0$ 이므로 즉, $\dfrac{0}{0}$ 꼴이므로

로피탈의 정리를 사용할 수 있다.

$f'(x) = 2x + a$, $g'(x) = 1$ 이므로 $\displaystyle\lim_{x \to 2} \frac{x^2 + ax + b}{x - 2} = \lim_{x \to 2} \frac{2x + a}{1} = 4 + a = 1$

즉, $4 + a = 1$ 이므로 $a = -3$ 이다. 따라서 $a = -3$, $b = 2$ 이다.

개념 확인문제 11 $\displaystyle\lim_{x \to -2} \frac{x^2 + ax + b}{x + 2} = 4$ 일 때, 상수 a, b의 값을 구하시오. (by 로피탈의 정리)

함수의 극한의 대소 관계

두 함수 $f(x)$, $g(x)$ 에 대하여 $\lim\limits_{x \to a} f(x) = \alpha$, $\lim\limits_{x \to a} g(x) = \beta$ (α, β는 실수)일 때,

a 가 아니면서 a 에 가까운 모든 실수 x 에 대하여

① $f(x) \leq g(x)$ 이면 $\alpha \leq \beta$

② 함수 $h(x)$ 에 대하여 $f(x) \leq h(x) \leq g(x)$ 이고 $\alpha = \beta$ 이면 $\lim\limits_{x \to a} h(x) = \alpha$

Tip 1 위의 대소 관계는 $x \to a+$, $x \to a-$, $x \to \infty$, $x \to -\infty$ 일 때에도 모두 성립한다.

Tip 2 $f(x) < h(x) < g(x)$ 이면 $f(x) \leq h(x) \leq g(x)$ 가 성립하므로
a 가 아니면서 a 에 가까운 모든 실수 x 에 대하여 $f(x) < h(x) < g(x)$ 이고
$\lim\limits_{x \to a} f(x) = \lim\limits_{x \to a} g(x) = \alpha$ 이면 $\lim\limits_{x \to a} h(x) = \alpha$ 이다.

Tip 3 $f(x) < g(x)$ 이면 반드시 $\alpha < \beta$ 일까?
답은 "아니다"이다.
　반례　$f(x) = \dfrac{1}{x}$, $g(x) = \dfrac{2}{x}$ 이면 모든 양의 실수 x 에 대하여 $f(x) < g(x)$ 를 만족시키지만
$\lim\limits_{x \to \infty} f(x) = \lim\limits_{x \to \infty} g(x) = 0$ 이다.

Tip 4 ②을 샌드위치 정리(or 조임 정리)라고 부른다.

예제 11

함수 $f(x)$ 가 모든 실수 x 에 대하여 $-x^2 \leq f(x) \leq x^2$ 을 만족시킬 때, 극한값 $\lim\limits_{x \to 0} f(x)$ 를 구하시오.

풀이

$\lim\limits_{x \to 0} (-x^2) = 0$ 이고 $\lim\limits_{x \to 0} x^2 = 0$ 이다.
따라서 함수의 극한의 대소 관계(또는 샌드위치 정리)를 이용하면 $\lim\limits_{x \to 0} f(x) = 0$ 이다.

개념 확인문제　12 함수 $f(x)$ 가 모든 양의 실수 x 에 대하여 $2 - \dfrac{1}{x} < f(x) < 2 + \dfrac{2}{x}$ 를 만족시킬 때,

극한값 $\lim\limits_{x \to \infty} f(x)$ 를 구하시오.

개념 파악하기 | (8) 합성함수의 극한은 어떻게 구할 수 있을까?

합성함수의 극한

$\lim\limits_{x \to a} f(g(x))$

$x \to a$ 로 갈 때, $g(x) \to \triangle$

$\triangle$ 에 따라 크게 3가지 유형이 있다.

(① $\triangle+$ ② $\triangle-$ ③ 그냥 $\triangle$)

두 함수 $f(x)$, $g(x)$ 가 오른쪽 그림과 같을 때,

① $\lim\limits_{x \to -1-} f(g(x))$

 $x \to -1-$ 로 갈 때, 양수 쪽에서 0 으로 가까이 가므로

 $g(x) \to 0+$ 로 간다.

 $g(x) \to 0+$ 로 갈 때, $f(0+)=2$ 이다.

 이를 동그라미 세 개로 나타내면 오른쪽 그림과 같다.

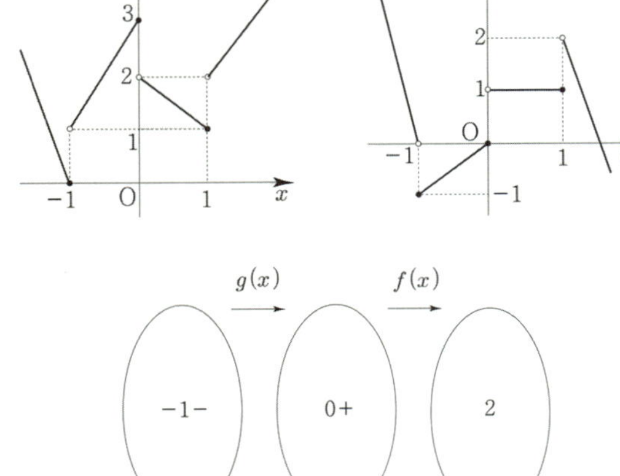

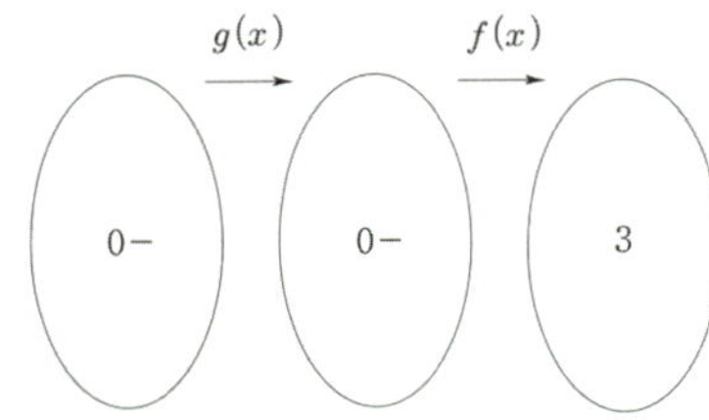

> **Tip 1** 합성함수는 Sensitive 하다! $x \to -1-$ 로 갈 때,
> $g(x) \to 0+$ 이지 $g(x) \to 0$ or $g(x) \to 0-$ 이 아니라는 점에 유의하자.

> **Tip 2** $1+$ 가 헷갈리면 1.1 이라 생각해보고 $1-$ 가 헷갈리면 0.9 라고 생각해보면 이해가 더 쉬울 수 있다.

② $\lim\limits_{x \to 0-} f(g(x))$

 $x \to 0-$ 로 갈 때, 음수 쪽에서 0 으로 가까이 가므로

 $g(x) \to 0-$ 로 간다.

 $g(x) \to 0-$ 로 갈 때, $f(0-)=3$ 이다.

 이를 동그라미 세 개로 나타내면 오른쪽 그림과 같다.

③ $\lim\limits_{x \to 0+} f(g(x))$

 $x \to 0+$ 로 갈 때, 그냥 함숫값이 계속 1 이므로

 $g(0+)=1$ 이다. (극한이 아니다. 그냥 1 이다.)

 $g(0+)=1$ 일 때, $f(g(0+))=f(1)=1$ 이다.

 이를 동그라미 세 개로 나타내면 오른쪽 그림과 같다.

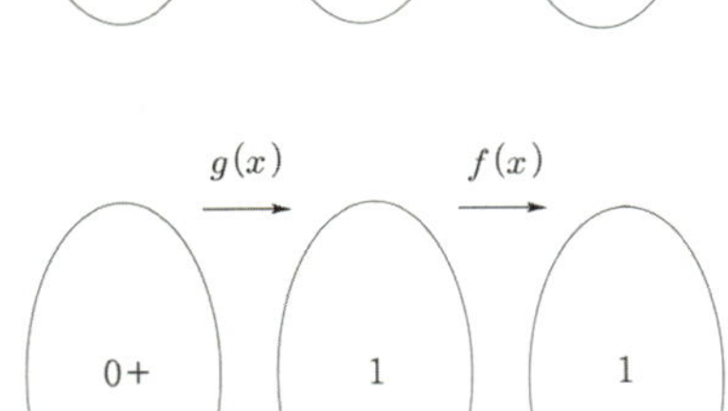

> **Tip 1** 합성함수는 무조건 동그라미 세 개를 그리고 판단한다.

> **Tip 2** ③번을 특히 조심하자. (그냥 함숫값이 나오는 경우)

> **Tip 2** 교육부가 발표한 2015개정 수학과 교육과정 中 함수의 극한과 연속 단원의 평가 방법 및
> 유의사항을 살펴보면 "**함수의 극한과 연속에 대한 평가에서는 함수의 극한과 연속의 뜻과 성질에
> 대한 이해 여부를 평가하는 데 중점을 두고, 복잡한 합성함수나 절댓값이 여러 개 포함된 함수와
> 같이 지나치게 복잡한 함수를 포함한 문제는 다루지 않는다.**"고 명시되어있다.
> "합성함수의 극한은 출제하지 않는다."라는 문장은 어디에도 없다. 다시 말해서 간단한 합성함수는
> 충분히 출제될 수 있다. 즉, 어떤 시험에서도 흔들리고 싶지 않다면 학습하길 추천한다.
> (참고로 2020년 3월 모의고사 가형 8번에서 출제되었고 EBS에서도 간접적으로 출제됨)

  두 함수 $f(x)$, $g(x)$ 가 그림과 같을 때, 다음 극한값을 구하시오.

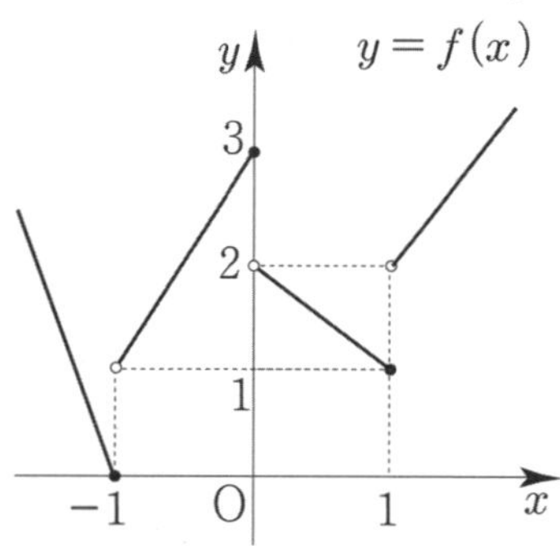 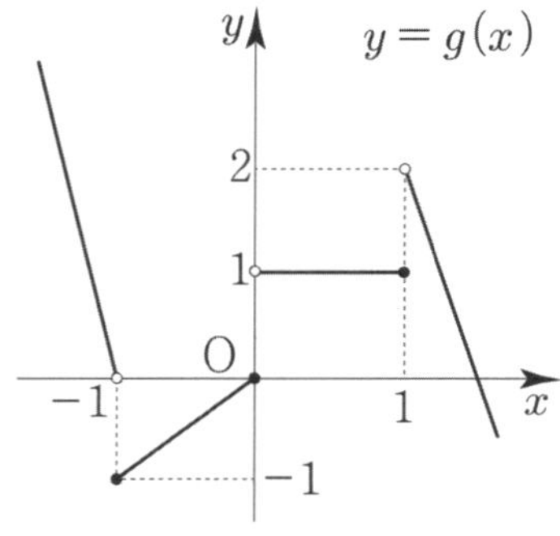

(1) $\displaystyle \lim_{x \to 1-} g(f(x))$

(2) $\displaystyle \lim_{x \to 1-} f(g(x))$

규토 라이트 N제
함수의 극한과 연속

Training – 1 step
필수 유형편

1. 함수의 극한

001

$\displaystyle\lim_{x \to 0}(x^2 + 4x + 5)$ 의 값을 구하시오.

002

$\displaystyle\lim_{x \to 1}\sqrt{10 - x}$ 의 값을 구하시오.

003

$\displaystyle\lim_{x \to 2}\frac{x^4 + 1}{x - 1}$ 의 값을 구하시오.

004

$\displaystyle\lim_{x \to -1}\frac{2x^2 + 6x}{x - 1}$ 의 값을 구하시오.

005

$\displaystyle\lim_{x \to 2}\frac{x^2 + x + a}{x + 1} = 6$ 일 때, 상수 a의 값을 구하시오.

006

함수 $y = f(x)$ 의 그래프가 그림과 같다.

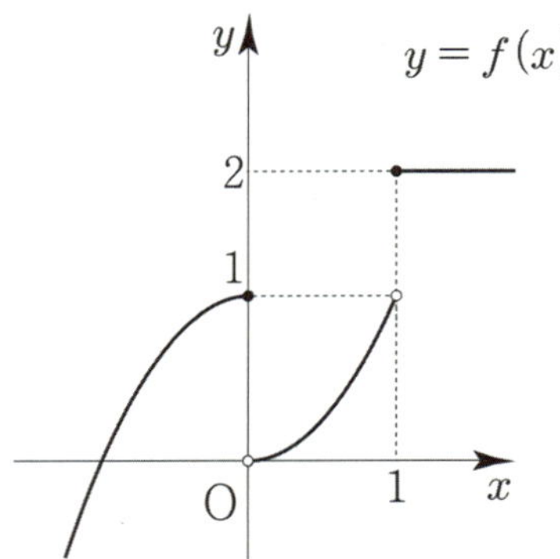

$\displaystyle\lim_{x \to 0-}f(x) - \lim_{x \to 1+}f(x)$ 의 값은?

① -2 ② -1 ③ 0

④ 1 ⑤ 2

007

함수 $y = f(x)$ 의 그래프가 그림과 같다.

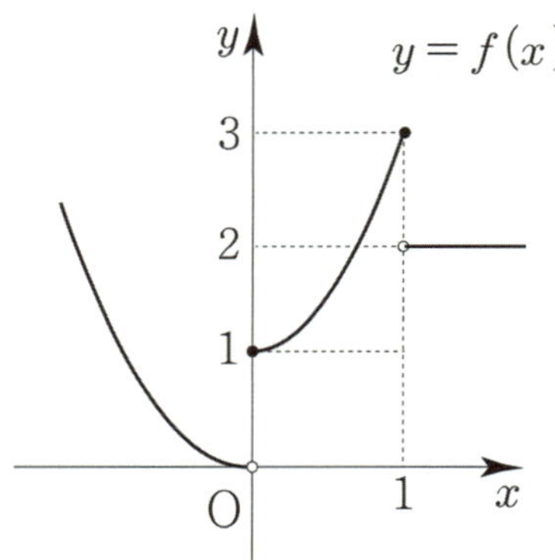

$\displaystyle\lim_{x \to 0+}f(x) + \lim_{x \to 1-}f(x)$ 의 값은?

① 1 ② 2 ③ 3

④ 4 ⑤ 5

008

함수 $y=f(x)$ 의 그래프가 그림과 같다.

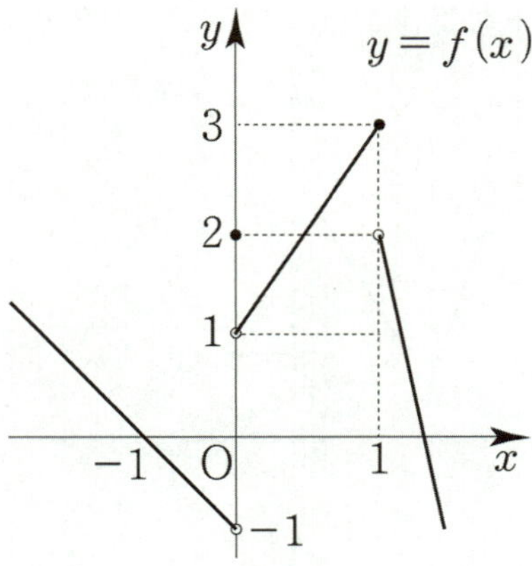

$\lim\limits_{x \to 0-} f(x) + \lim\limits_{x \to 1+} f(x)$ 의 값은?

① 1　　　　② 2　　　　③ 3

④ 4　　　　⑤ 5

009

함수 $y=f(x)$ 의 그래프가 그림과 같다.

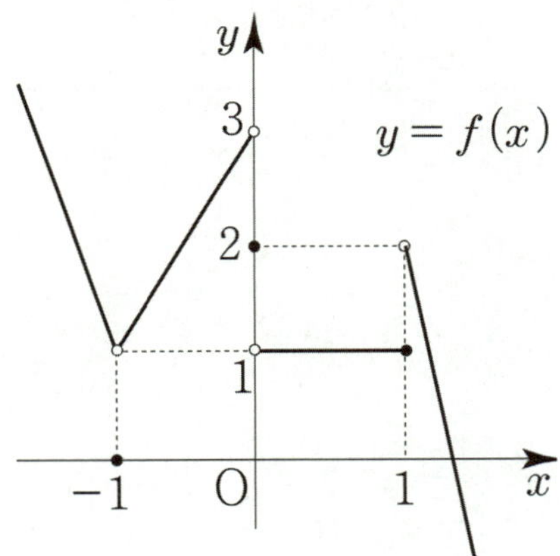

$\lim\limits_{x \to -1} f(x) + \lim\limits_{x \to 0-} f(x) - \lim\limits_{x \to 1+} f(x)$ 의 값은?

① 1　　　　② 2　　　　③ 3

④ 4　　　　⑤ 5

010

함수 $f(x)=\begin{cases} 3x^2-x & (x<2) \\ 9 & (x=2) \\ x^3-x+a & (x>2) \end{cases}$ 에 대하여

$\lim\limits_{x \to 2} f(x)$ 의 값이 존재하도록 하는 상수 a 의 값을

구하시오.

011

함수 $f(x)=\begin{cases} x^2-1 & (x<1) \\ -x+a & (1 \leq x < 2) \\ x^2+x+b & (x \geq 2) \end{cases}$ 가

$\lim\limits_{x \to 1} f(x) + \lim\limits_{x \to 2+} f(x) = 2$ 을 만족시킬 때,

$f(a+b)$ 의 값을 구하시오. (단, a, b 는 상수이다.)

012 ⬡⬡⬡⬡⬡

함수 $f(x)$ 가 $\lim_{x \to 2}(x+2)f(x) = 3$ 을 만족시킬 때,

$\lim_{x \to 2}(x^3 + 2x)f(x)$ 의 값을 구하시오.

013 ⬡⬡⬡⬡⬡

두 함수 $f(x),\ g(x)$ 가

$$\lim_{x \to 1}\left\{f(x) - \frac{6x}{x+1}\right\} = 2,\ \lim_{x \to 1}f(x)g(x) = 10$$

을 만족시킬 때, $\lim_{x \to 1}\dfrac{(3x+5)f(x)}{g(x)}$ 의 값을 구하시오.

014 ⬡⬡⬡⬡⬡

함수 $f(x)$ 가

$\lim_{x \to 0}\left\{\dfrac{f(x)}{x^2} - \dfrac{x+2}{x+1}\right\} = 1$ 을 만족시킬 때,

$\lim_{x \to 0}\dfrac{x^4 + ax^2 - 2f(x)}{x^2 + f(x)} = 5$ 이다. 상수 a의 값을 구하시오.

015 ⬡⬡⬡⬡⬡

두 함수 $f(x),\ g(x)$ 가

$$\lim_{x \to \infty}f(x) = \infty,\ \lim_{x \to \infty}\{3f(x) - g(x)\} = 1$$

을 만족시킬 때, $\lim_{x \to \infty}\dfrac{f(x) + 4g(x)}{4f(x) - g(x)}$ 의 값을 구하시오.

016 ⬡⬡⬡⬡⬡

두 함수 $y = f(x),\ y = g(x)$ 의 그래프가 그림과 같을 때, 〈보기〉에서 옳은 것만을 있는 대로 고르시오.

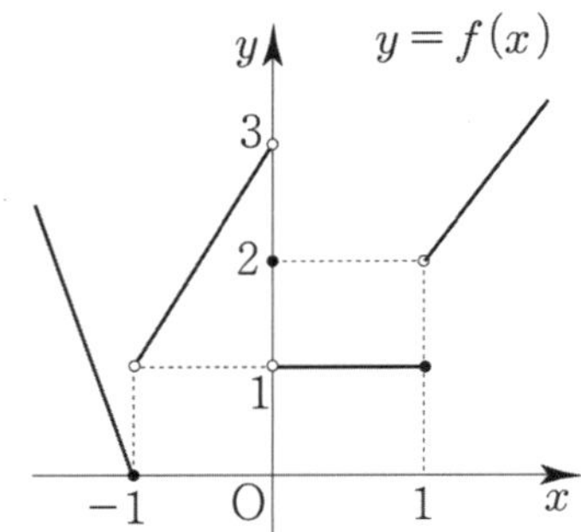

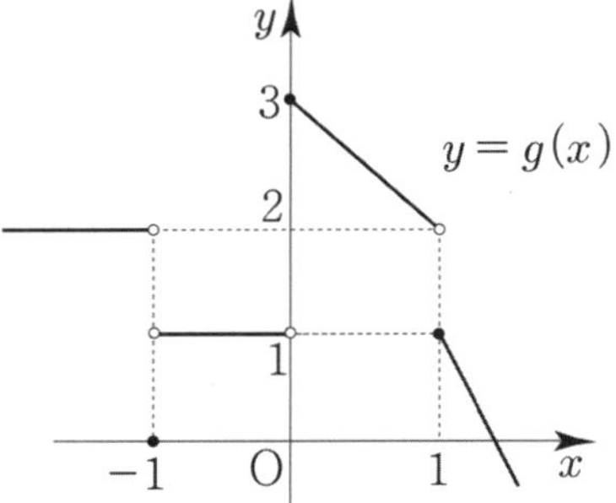

〈보기〉

ㄱ. $\displaystyle\lim_{x \to -1-}\{f(x) + f(1)\} = \lim_{x \to 1+}g(x)$

ㄴ. $\displaystyle\lim_{x \to 0}\{f(x) + g(x)\} = 4$

ㄷ. $\displaystyle\lim_{x \to 1}f(x)g(x) = 2$

ㄹ. $\displaystyle\lim_{x \to 1-}\{f(x) - g(x)\} = -f(1)$

Theme 4 — $\dfrac{0}{0}$ 꼴의 극한

017 ☐☐☐☐☐

$\displaystyle\lim_{x\to 1}\dfrac{x^2+4x-5}{x-1}$ 의 값을 구하시오.

018 ☐☐☐☐☐

$\displaystyle\lim_{x\to -1}\dfrac{x^2+8x+7}{x^3-x}$ 의 값을 구하시오.

019 ☐☐☐☐☐

$\displaystyle\lim_{x\to 1+}\dfrac{|x-1|(x+3)}{x-1}=\lim_{x\to 1-}\dfrac{|x-1|(x+3)}{x-1}+a$ 일 때,
상수 a의 값을 구하시오.

020 ☐☐☐☐☐

$\displaystyle\lim_{x\to 2}\dfrac{f(x)(x-2)}{x^2-4}=5$ 일 때, $\displaystyle\lim_{x\to 2}\dfrac{f(x)}{x}$ 의 값을 구하시오.

021 ☐☐☐☐☐

최고차항의 계수가 1인 이차함수 $f(x)$가
$f(-4)=f(2)=5$ 을 만족시킬 때,
$\displaystyle\lim_{x\to 1}\dfrac{\{f(x)\}^2}{(x-1)^2 x}$ 의 값을 구하시오.

022 ☐☐☐☐☐

함수 $f(x)=|x^2-x|$ 에 대하여
$\displaystyle\lim_{x\to 0+}\dfrac{f(x)}{x}+\lim_{x\to 1+}\dfrac{f(x)}{x-1}$ 의 값을 구하시오.

023 ☐☐☐☐☐

$\displaystyle\lim_{x\to 0}\dfrac{\sqrt{8x+1}-1}{x^2+x}$ 의 값을 구하시오.

024 ☐☐☐☐☐

함수 $f(x)=|x-1|$ 에 대하여
$$\lim_{x\to 1}\dfrac{f(x-k)-f(k+1)}{x-1}=1$$
을 만족시키는 정수 k의 최댓값은?

① -2　　② -1　　③ 0
④ 1　　⑤ 2

Theme 5 — $\dfrac{\infty}{\infty}$ 꼴의 극한

025 ☐☐☐☐☐

$\displaystyle\lim_{x\to-\infty}\dfrac{5x^2-x+1}{x^2+2x+10}$ 의 값을 구하시오.

026 ☐☐☐☐☐

$\displaystyle\lim_{x\to-\infty}\dfrac{-4x+1}{\sqrt{x^2+x}-x}$ 의 값을 구하시오.

Theme 6 — $\infty-\infty$ 꼴의 극한

027 ☐☐☐☐☐

$\displaystyle\lim_{x\to\infty}\left(\sqrt{x^2+6x}-x\right)$ 의 값을 구하시오.

028 ☐☐☐☐☐

$\displaystyle\lim_{x\to\infty}(3x+1)\left(\sqrt{x^2+2}-\sqrt{x^2-2}\right)$ 의 값을 구하시오.

029 ☐☐☐☐☐

$\displaystyle\lim_{x\to-\infty}\left(\sqrt{x^2-4x}+x\right)$ 의 값을 구하시오.

Theme 7 — $\infty\times 0$ 꼴의 극한

030 ☐☐☐☐☐

$\displaystyle\lim_{x\to1}\dfrac{1}{x-1}\left(2x-\dfrac{2}{x}\right)$ 의 값을 구하시오.

031 ☐☐☐☐☐

$\displaystyle\lim_{x\to\infty}(x+1)^2\left(\dfrac{2}{x^2}+\dfrac{3}{x}\right)^2$ 의 값을 구하시오.

Theme 8 — 미정계수의 결정

032 ☐☐☐☐☐

$\displaystyle\lim_{x\to1}\dfrac{x^2+ax+b}{x^2-1}=2$ 일 때, $a-b$의 값을 구하시오.
(단, $a,\ b$는 상수이다.)

033 ☐☐☐☐☐

$\displaystyle\lim_{x\to1}\dfrac{\sqrt{x^2+ax+b}-1}{x-1}=3$ 일 때, $a-b$의 값을 구하시오.
(단, $a,\ b$는 상수이다.)

034 ☐☐☐☐☐

$\lim\limits_{x \to 2} \dfrac{a\sqrt{x+2}+b}{x-2} = 1$ 일 때, a^2+b^2 의 값을 구하시오.

(단, a, b는 상수이다.)

035 ☐☐☐☐☐

$\lim\limits_{x \to 3} \dfrac{x^2-(a+3)x+3a}{x^2-b} = 1$ 일 때,

$a+b$의 값을 구하시오. (단, a, b는 상수이다.)

036 ☐☐☐☐☐

$\lim\limits_{x \to \infty} \dfrac{ax^2+x+2}{x^2+1} = 3$, $\lim\limits_{x \to 2} \dfrac{a(x^2-4)}{x-2} = b$ 일 때,

ab의 값을 구하시오. (단, a, b는 상수이다.)

037 ☐☐☐☐☐

$\lim\limits_{x \to 0} \dfrac{\sqrt{x^4+x^2+1}-(ax^2+b)}{x^n} = 2$ 일 때,

$n \times (a+3b)$ 의 값을 구하시오. (단, n은 자연수이고, a, b는 상수이다.)

Theme 9 함수식의 결정

038 ☐☐☐☐☐

다항함수 $f(x)$가

$\lim\limits_{x \to \infty} \dfrac{f(x)}{x^2-x+4} = 3$, $\lim\limits_{x \to 1} \dfrac{x-1}{f(x)} = \dfrac{1}{4}$ 을 만족시킬 때,

$f(2)$의 값을 구하시오.

039 ☐☐☐☐☐

다항함수 $f(x)$가

$\lim\limits_{x \to \infty} \dfrac{f(x)-2x^3}{x^2+1} = 4$, $\lim\limits_{x \to 0} \dfrac{f(x)}{x} = 3$ 을 만족시킬 때,

$f(1)$의 값을 구하시오.

040 ☐☐☐☐☐

최고차항의 계수가 음수인 다항함수 $f(x)$가

$\lim\limits_{x \to \infty} \dfrac{\{f(x)\}^2}{x^4} = 4$, $\lim\limits_{x \to -1} \dfrac{f(x)+3x^2}{x+1} = 2$ 을 만족시킬 때,

$f(1)$의 값을 구하시오.

다음 조건을 만족시키는 모든 다항함수 $f(x)$ 에 대하여
$f(1)$ 의 최댓값과 최솟값의 합은?

> (가) $\lim\limits_{x \to \infty} \dfrac{x^2 + f(x)}{2x} = 2$
>
> (나) 방정식 $f(|x|) = 6$ 의 서로 다른 실근의 개수는 4 이다.
>
> (다) $f(4)$ 는 자연수이다.

① 8   ② 10   ③ 12

④ 14   ⑤ 16

Theme 10 — 함수 극한의 대소 관계

042

양의 실수 전체의 집합에서 정의된 함수 $f(x)$ 가 모든 양의 실수 x 에 대하여

$$x^2 + ax \le \dfrac{f(x)}{3x} \le 2x^2 + ax$$ 를 만족시키고

$\lim\limits_{x \to 0+} \dfrac{f(x)}{x^2} = 9$ 일 때, 상수 a 의 값을 구하시오.

043

양의 실수 전체의 집합에서 정의된 함수 $f(x)$ 가 모든 양의 실수 x 에 대하여

$2x + 10 \le f(x) \le 4x + 10$ 를 만족시킬 때,

$\lim\limits_{x \to \infty} \dfrac{x^2 f\left(\dfrac{1}{x^2}\right)}{x^2 + 5x + 1}$ 의 값을 구하시오.

Theme 11 — 함수 극한의 활용

044

두 함수 $y = 4\sqrt{x}$, $y = \sqrt{x}$ 의 그래프와
직선 $x = t$ 가 만나는 점을 각각 A, B 라 하고,
직선 $x = t$ 가 x축과 만나는 점을 C 라 할 때,

$\lim\limits_{t \to 0+} \dfrac{\overline{OB} - \overline{BC}}{\overline{OA} - \overline{AC}}$ 의 값을 구하시오.

(단, $t > 0$ 이고 O 는 원점이다.)

045

그림과 같이 곡선 $y = x^2 (x > 0)$ 위의 원점이 아닌
점 $P(t,\ t^2)$ 에 대하여 점 P 와 원점 O 를 지나고
y축 위의 점 Q 를 중심으로 하는 원이 있다.

$\lim\limits_{t \to 0+} 2\overline{OQ}$ 의 값을 구하시오.

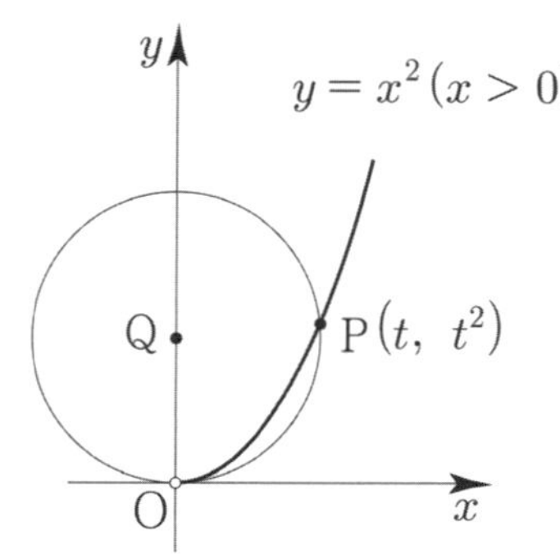

046

그림과 같이 곡선 $y=-2x^2$ 위의 점 $\mathrm{P}(t,\,-2t^2)$ 과
원점 O 에 대하여 선분 OP 의 중점을 M 이라 하고,
점 M 을 지나면서 x 축에 평행한 직선이 곡선 $y=-2x^2$
과 만나는 두 점을 각각 A, B 라 할 때,

$$\lim_{t\to 0+}\frac{\overline{\mathrm{OP}}}{\overline{\mathrm{AB}}}=k$$ 이다. $10k^2$ 의 값을 구하시오.

(단, $t>0$ 이다.)

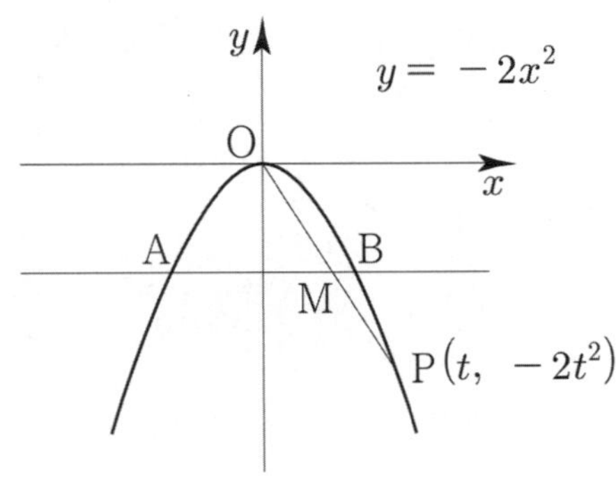

047

그림과 같이 두 점 $\mathrm{A}(t,\,0)$, $\mathrm{B}(0,\,4)$ 에 대하여 삼각형
OAB 에 내접하는 원 S 가 있다. 원 S 의 넓이를 $f(t)$ 라

할 때, $\displaystyle\lim_{t\to 0+}\frac{f(t)}{t^2}=k\pi$ 이다. $60k$ 의 값을 구하시오.

(단, O 는 원점이고 $t>0$ 이다.)

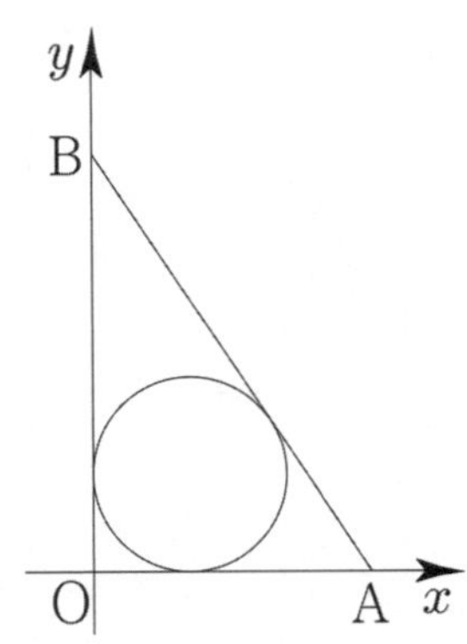

048

그림과 같이 곡선 $y=\sqrt{x}$ 위의 점 $\mathrm{P}(t,\,\sqrt{t})$ 를 지나고
선분 OP 에 수직인 직선 l 의 x 절편을 $f(t)$ 라 할 때,
$$\lim_{t\to\infty}\left(f(t)-\overline{\mathrm{OP}}\right)=k$$ 이다. $100k$ 의 값을 구하시오.

(단, O 는 원점이고 $t>0$ 이다.)

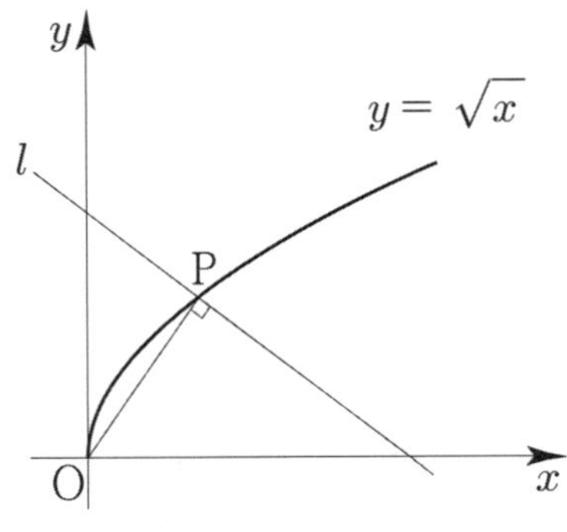

049

그림과 같이 곡선 $y=x^2$ 위의 점 $\mathrm{P}(t,\,t^2)$ 를 지나고
선분 OP 에 수직인 직선이 x 축과 만나는 점을 A,
y 축과 만나는 점을 B 라 하자. 삼각형 OAP 의 넓이를
$f(t)$, 삼각형 OBP 의 넓이를 $g(t)$ 라 할 때,

$$\lim_{t\to 0+}\frac{f(t)}{t\times\{g(t)\}^2}$$ 의 값을 구하시오.

(단, O 는 원점이고 $t>0$ 이다.)

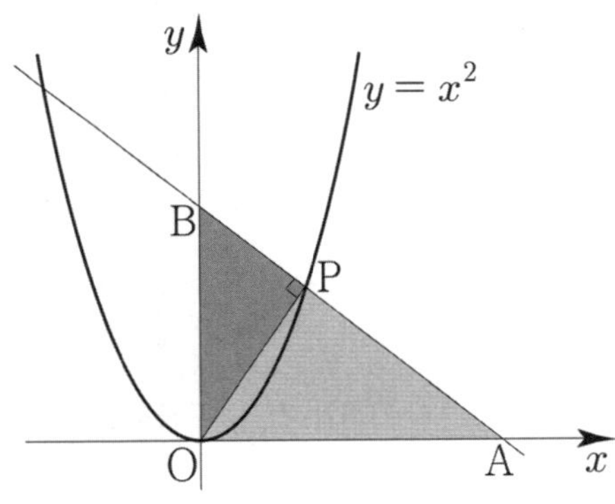

그림과 같이 곡선 $y = 3x^2$ 위의 점 $\mathrm{P}(t,\ 3t^2)\ (t > 0)$가 있다. 이때 선분 OP의 중점을 M이라 하자. 점 M을 지나고 직선 OP에 수직인 직선이 x축과 만나는 점을 A, y축과 만나는 점을 B라 할 때, $\displaystyle\lim_{t \to \infty} \frac{\overline{\mathrm{PA}} + t\,\overline{\mathrm{PB}}}{t^3}$의 값을 구하시오. (단, O는 원점이다.)

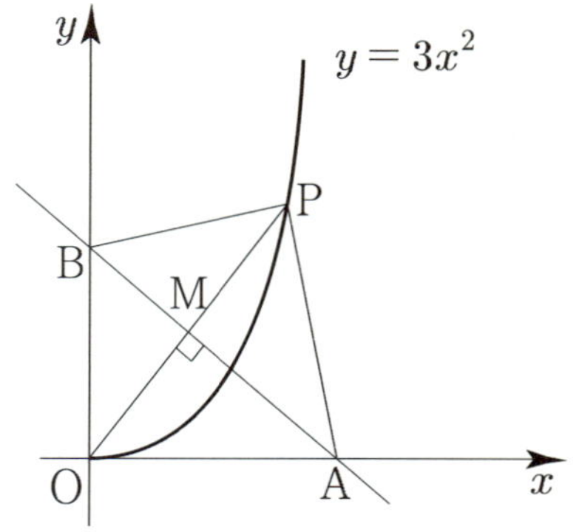

Theme

12

합성함수의 극한

051

함수 $y = f(x)$의 그래프가 그림과 같다.

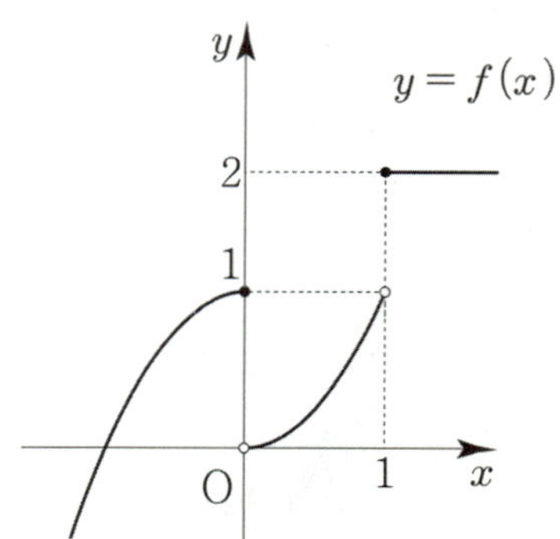

$\displaystyle\lim_{x \to 1+} \{f(x) + f(1-x)\}$의 값을 구하시오.

052

함수 $y = f(x)$의 그래프가 그림과 같다.

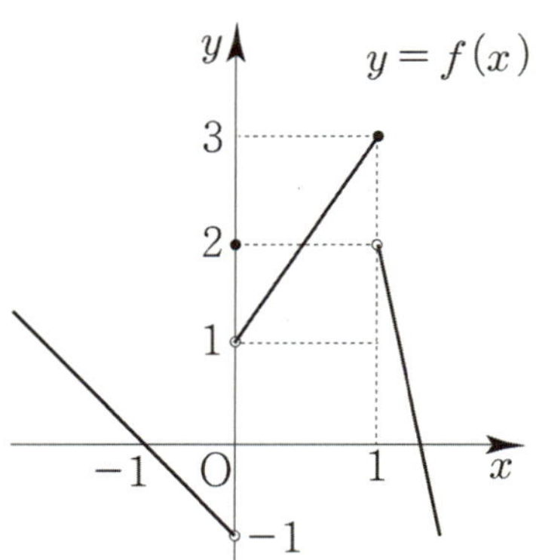

$\displaystyle\lim_{x \to 0+} f(-x)f(x+1)$의 값은?

① -2 ② -1 ③ 0

④ 1 ⑤ 2

053

함수 $y = f(x)$의 그래프가 그림과 같다.

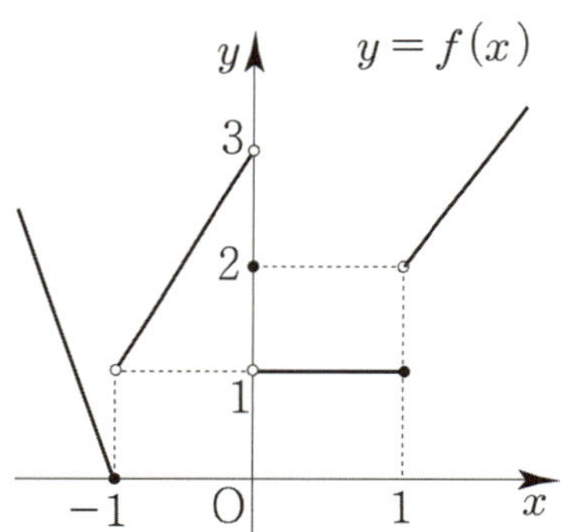

$\displaystyle\lim_{x \to -1+} f(f(x)) + \lim_{x \to 1-} f(f(x))$의 값을 구하시오.

규토 라이트 N제

함수의 극한과 연속

Training – 2 step

기출 적용편

1. 함수의 극한

054 2010학년도 고3 9월 평가원 가형 ☐☐☐☐☐

$\lim\limits_{x\to 1}\dfrac{x^2+ax-b}{x^3-1}=3$ 이 성립하도록 상수 a, b의 값을

정할 때, $a+b$의 값은? [2점]

① 9   ② 11   ③ 13

④ 15   ⑤ 17

---

055 2018학년도 수능 나형 ☐☐☐☐☐

함수 $f(x)$ 가 $\lim\limits_{x\to 1}(x+1)f(x)=1$ 을 만족시킬 때,

$\lim\limits_{x\to 1}(2x^2+1)f(x)=a$ 이다. $20a$의 값을 구하시오. [3점]

---

056 2012학년도 고3 6월 평가원 나형 ☐☐☐☐☐

함수 $f(x)=x^2+ax$ 가 $\lim\limits_{x\to 0}\dfrac{f(x)}{x}=4$ 를 만족시킬 때,

상수 a의 값은? [3점]

① 4   ② 5   ③ 6

④ 7   ⑤ 8

---

057 2020학년도 수능 나형 ☐☐☐☐☐

함수 $y=f(x)$ 의 그래프가 그림과 같다.

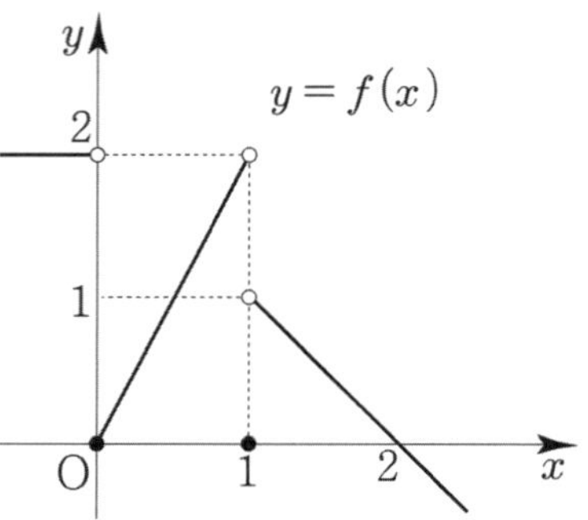

$\lim\limits_{x\to 0+}f(x)-\lim\limits_{x\to 1-}f(x)$ 의 값은? [3점]

① -2 ② -1 ③ 0

④ 1   ⑤ 2

---

058 2019학년도 수능 나형 ☐☐☐☐☐

함수 $y=f(x)$ 의 그래프가 그림과 같다.

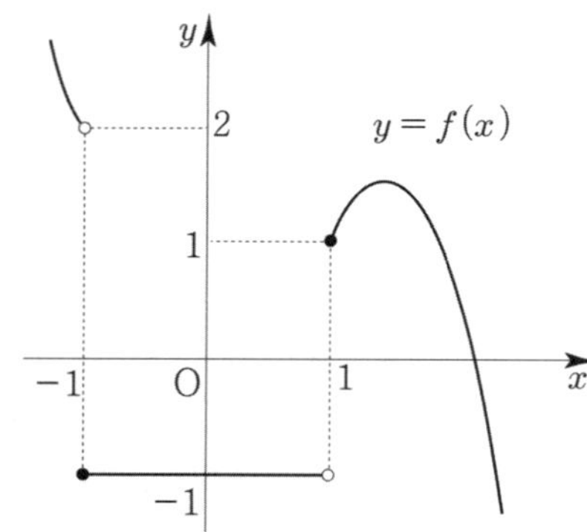

$\lim\limits_{x\to -1-}f(x)-\lim\limits_{x\to 1+}f(x)$ 의 값은? [3점]

① -2 ② -1 ③ 0

④ 1   ⑤ 2

059 2022학년도 수능 공통

함수 $y=f(x)$ 의 그래프가 그림과 같다.

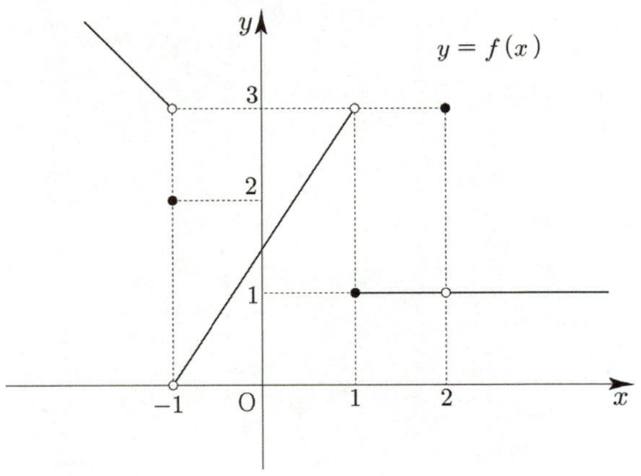

$\lim\limits_{x \to -1-} f(x) + \lim\limits_{x \to 2} f(x)$ 의 값은? [3점]

① 1   ② 2   ③ 3

④ 4   ⑤ 5

060 2009학년도 고3 6월 평가원 가형

다항함수 $g(x)$ 에 대하여 극한값 $\lim\limits_{x \to 1} \dfrac{g(x)-2x}{x-1}$ 가 존재한다. 다항함수 $f(x)$ 가 $f(x)+x-1=(x-1)g(x)$ 를 만족시킬 때, $\lim\limits_{x \to 1} \dfrac{f(x)g(x)}{x^2-1}$ 의 값은? [3점]

① 1   ② 2   ③ 3

④ 4   ⑤ 5

061 2014학년도 고3 6월 평가원 A형

함수 $f(x)$ 에 대하여 $\lim\limits_{x \to 2} \dfrac{f(x)-3}{x-2}=5$ 일 때,

$\lim\limits_{x \to 2} \dfrac{x-2}{\{f(x)\}^2-9}$ 의 값은? [3점]

① $\dfrac{1}{18}$ ② $\dfrac{1}{21}$ ③ $\dfrac{1}{24}$

④ $\dfrac{1}{27}$ ⑤ $\dfrac{1}{30}$

062 2014학년도 고3 6월 평가원 A형

두 상수 a, b 에 대하여 $\lim\limits_{x \to 2} \dfrac{\sqrt{x+a}-2}{x-2}=b$ 일 때,

$10a+4b$ 의 값을 구하시오. [3점]

063 2012학년도 수능 나형

그림과 같이 직선 $y=x+1$ 위의 두 점 $A(-1,\ 0)$ 과 $P(t,\ t+1)$ 이 있다. 점 P 를 지나고 직선 $y=x+1$ 에 수직인 직선이 y 축과 만나는 점을 Q 라 할 때,

$\lim\limits_{t \to \infty} \dfrac{\overline{AQ}^2}{\overline{AP}^2}$ 의 값은? [3점]

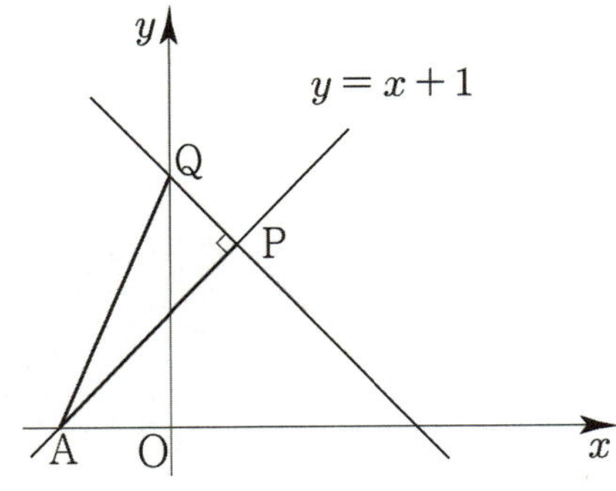

① 1   ② $\dfrac{3}{2}$ ③ 2

④ $\dfrac{5}{2}$ ⑤ 3

다항함수 $f(x)$ 가 다음 조건을 만족시킨다.

> (가) $\displaystyle\lim_{x \to \infty} \frac{f(x)}{x^2} = 2$
>
> (나) $\displaystyle\lim_{x \to 0} \frac{f(x)}{x} = 3$

$f(2)$ 의 값은? [3점]

① 11　　　② 14　　　③ 17

④ 20　　　⑤ 23

곡선 $y = \sqrt{x}$ 위의 점 $\mathrm{P}(t,\ \sqrt{t})$ $(t > 4)$ 에서

직선 $y = \dfrac{1}{2}x$ 에 내린 수선의 발을 H 라 하자.

$\displaystyle\lim_{t \to \infty} \dfrac{\overline{\mathrm{OH}}^2}{\overline{\mathrm{OP}}^2}$ 의 값은? (단, O 는 원점이다.) [3점]

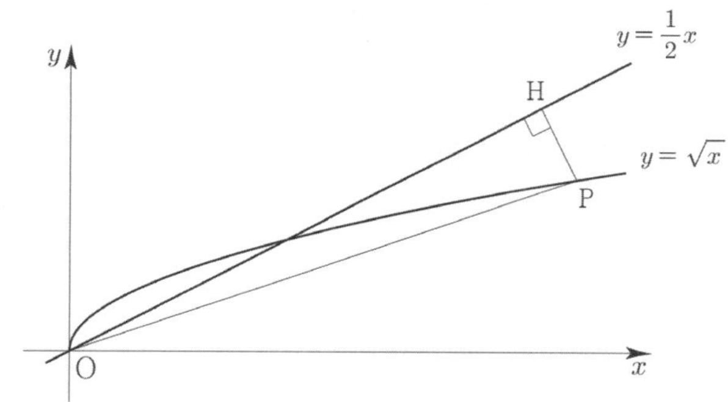

① $\dfrac{3}{5}$　　　② $\dfrac{2}{3}$　　　③ $\dfrac{11}{15}$

④ $\dfrac{4}{5}$　　　⑤ $\dfrac{13}{15}$

함수 $f(x) = a(x-1)^2 + 1$ 에 대하여

$\displaystyle\lim_{x \to \infty} \left\{ \sqrt{f(-x)} - \sqrt{f(x)} \right\} = 6$ 일 때,

양수 a 의 값은? [4점]

① 3　　　② 5　　　③ 7

④ 9　　　⑤ 11

다항함수 $f(x)$ 가 다음 조건을 만족시킬 때,

$f(2)$ 의 값을 구하시오. [4점]

> (가) $\displaystyle\lim_{x \to \infty} \frac{f(x) - x^3}{3x} = 2$
>
> (나) $\displaystyle\lim_{x \to 0} f(x) = -7$

068

다항함수 $f(x)$ 가

$$\lim_{x \to \infty} \frac{f(x) - x^3}{x^2} = -11, \quad \lim_{x \to 1} \frac{f(x)}{x - 1} = -9$$

를 만족시킬 때, $\lim\limits_{x \to \infty} x f\!\left(\dfrac{1}{x}\right)$ 의 값을 구하시오. [4점]

069

다항함수 $f(x)$ 가

$$\lim_{x \to \infty} \frac{f(x)}{x^3} = 1, \quad \lim_{x \to -1} \frac{f(x)}{x + 1} = 2$$

를 만족시킨다. $f(1) \le 12$ 일 때, $f(2)$ 의 최댓값은? [4점]

① 27   ② 30   ③ 33

④ 36   ⑤ 39

070

최고차항의 계수가 1인 이차함수 $f(x)$ 가

$\lim\limits_{x \to a} \dfrac{f(x) - (x - a)}{f(x) + (x - a)} = \dfrac{3}{5}$ 을 만족시킨다.

방정식 $f(x) = 0$ 의 두 근을 α, β 라 할 때, $|\alpha - \beta|$ 의 값은? (단, a 는 상수이다.) [4점]

① 1   ② 2   ③ 3

④ 4   ⑤ 5

071

실수 전체의 집합에서 정의된 함수 $y = f(x)$ 의 그래프가 그림과 같다.

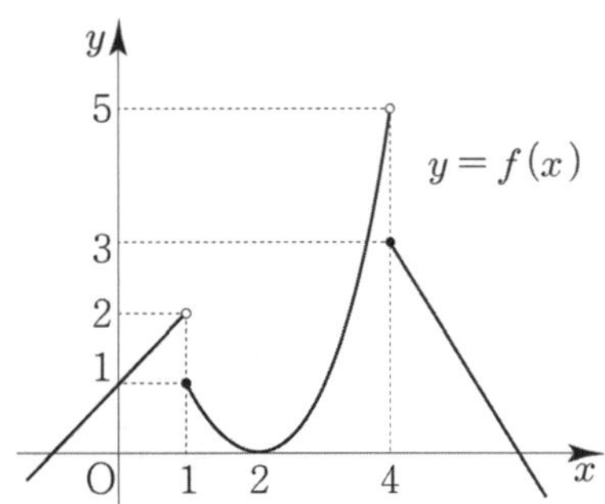

$\lim\limits_{t \to \infty} f\!\left(\dfrac{t - 1}{t + 1}\right) + \lim\limits_{t \to -\infty} f\!\left(\dfrac{4t - 1}{t + 1}\right)$ 의 값은? [3점]

① 3   ② 4   ③ 5

④ 6   ⑤ 7

072

다항함수 $f(x)$ 가

$$\lim_{x \to 0+} \frac{x^3 f\!\left(\dfrac{1}{x}\right) - 1}{x^3 + x} = 5, \quad \lim_{x \to 1} \frac{f(x)}{x^2 + x - 2} = \frac{1}{3}$$

을 만족시킬 때, $f(2)$ 의 값을 구하시오. [3점]

실수 t에 대하여 직선 $y=t$가 함수 $y=|x^2-1|$의 그래프와 만나는 점의 개수를 $f(t)$라 할 때, $\lim_{t\to 1-} f(t)$의 값은? [4점]

① 1 　　② 2 　　③ 3

④ 4 　　⑤ 5

상수항과 계수가 모두 정수인 두 다항함수 $f(x)$, $g(x)$가 다음 조건을 만족시킬 때, $f(2)$의 최댓값은? [4점]

> (가) $\lim_{x\to\infty} \dfrac{f(x)g(x)}{x^3} = 2$
>
> (나) $\lim_{x\to 0} \dfrac{f(x)g(x)}{x^2} = -4$

① 4 　　② 6 　　③ 8

④ 10 　　⑤ 12

그림과 같이 좌표평면에서 양의 실수 t에 대하여 함수 $f(x)=\sqrt{x}$의 그래프가 두 직선 $x=t$, $x=t+4$와 만나는 점을 각각 A, B라 하고, 점 A에서 직선 $x=t+4$에 내린 수선의 발을 C라 하자. 삼각형 ABC의 넓이를 $S(t)$라 할 때, $\lim_{t\to\infty} \dfrac{\sqrt{t}\times S(t)}{2}$의 값은? [4점]

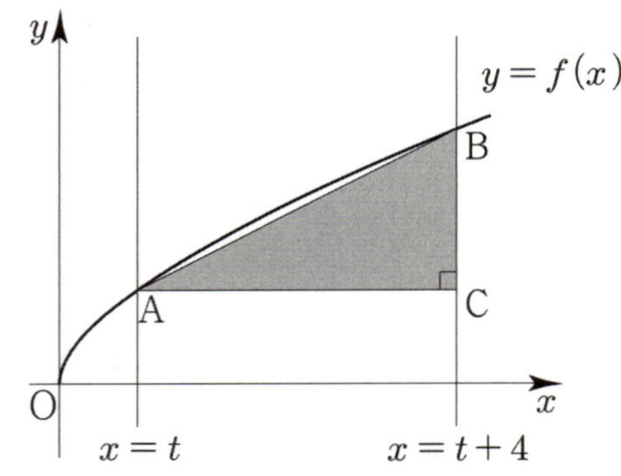

① $\dfrac{\sqrt{2}}{2}$ 　　② 1 　　③ $\sqrt{2}$

④ 2 　　⑤ $2\sqrt{2}$

정의역이 $\{x\,|-2\le x\le 2\}$인 함수 $y=f(x)$의 그래프가 구간 $[0,\,2]$에서 그림과 같고, 정의역에 속하는 모든 실수 x에 대하여 $f(-x)=-f(x)$이다. $\lim_{x\to-1+} f(x) + \lim_{x\to 2-} f(x)$의 값은? [4점]

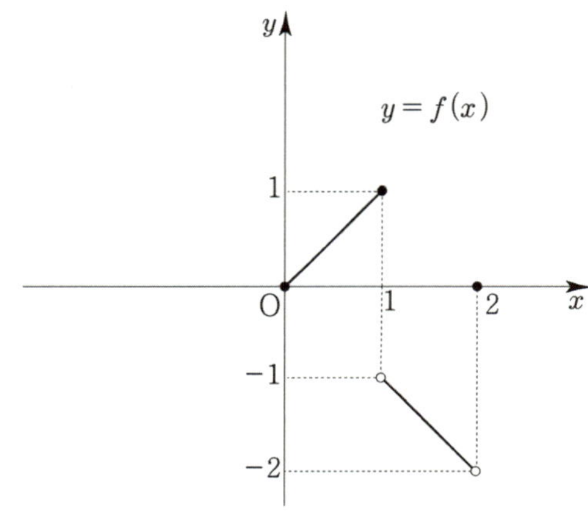

① -3 　　② -1 　　③ 0

④ 1 　　⑤ 3

077   2016년 고2 9월 교육청 나형

그림과 같이 제1사분면 위에 있는 점 A와 x축 위의 서로 다른 두 점 B, C를 꼭짓점으로 하고 $\overline{AB}=\overline{AC}$ 인 삼각형 ABC의 무게중심 G가 곡선 $y=\dfrac{1}{x}$ 위에 있다. 점 G의 x좌표가 t, 삼각형 ABC의 넓이가 $3t$일 때, 선분 BC의 길이가 $f(t)$라 하자.

$\displaystyle\lim_{t\to 1}\dfrac{f(t)-2t}{t-1}$ 의 값은? [4점]

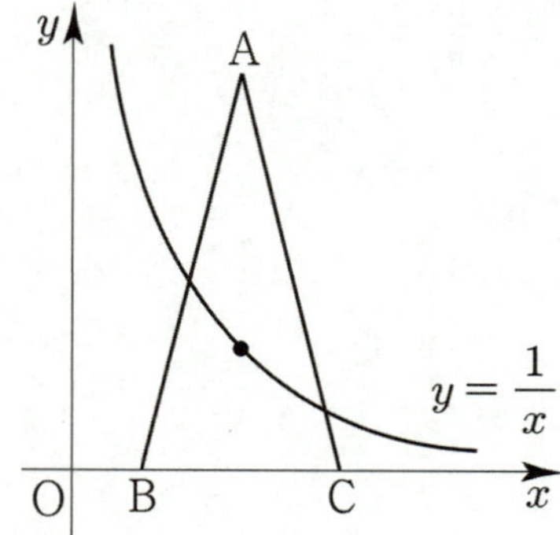

① 1   ② $\dfrac{3}{2}$ ③ 2   ④ $\dfrac{5}{2}$ ⑤ 3

078   2015년 고3 4월 교육청 A형

그림과 같이 곡선 $y=-x^2+6$과 직선 $y=x$가 제 1사분면에서 만나는 점을 A라 하고, 점 A에서 x축에 내린 수선의 발을 B라 하자. 직선 $y=x$ 위의 점 $P(a,\,a)$에서 선분 AB에 내린 수선의 발을 Q라 하고, 점 P를 지나고 y축에 평행한 직선이 곡선 $y=-x^2+6$과 만나는 점을 R라 할 때, $\displaystyle\lim_{a\to 2-}\dfrac{\overline{PQ}}{\overline{PR}}$ 의 값은?

(단, $0<a<2$) [4점]

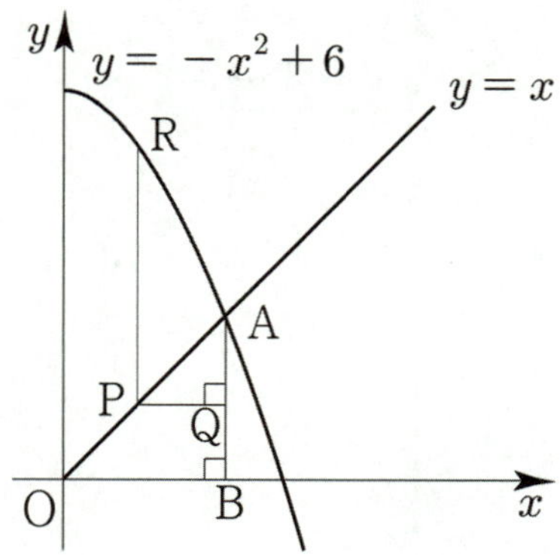

① $\dfrac{2}{15}$ ② $\dfrac{1}{5}$ ③ $\dfrac{4}{15}$ ④ $\dfrac{1}{3}$ ⑤ $\dfrac{2}{5}$

079   2020학년도 고3 6월 평가원 나형

다음 조건을 만족시키는 모든 다항함수 $f(x)$에 대하여 $f(1)$의 최댓값은? [4점]

$$\lim_{x\to\infty}\frac{f(x)-4x^3+3x^2}{x^{n+1}+1}=6,\quad \lim_{x\to 0}\frac{f(x)}{x^n}=4 \text{ 인}$$
자연수 n이 존재한다.

① 12   ② 13   ③ 14   ④ 15   ⑤ 16

080   2023학년도 고3 9월 평가원 공통

실수 $t\,(t>0)$에 대하여 직선 $y=x+t$와 곡선 $y=x^2$이 만나는 두 점을 A, B라 하자. 점 A를 지나고 x축에 평행한 직선이 곡선 $y=x^2$과 만나는 점 중 A가 아닌 점을 C, 점 B에서 선분 AC에 내린 수선의 발을 H라 하자.

$\displaystyle\lim_{t\to 0+}\dfrac{\overline{AH}-\overline{CH}}{t}$ 의 값은? (단, 점 A의 x좌표는 양수이다.)

[4점]

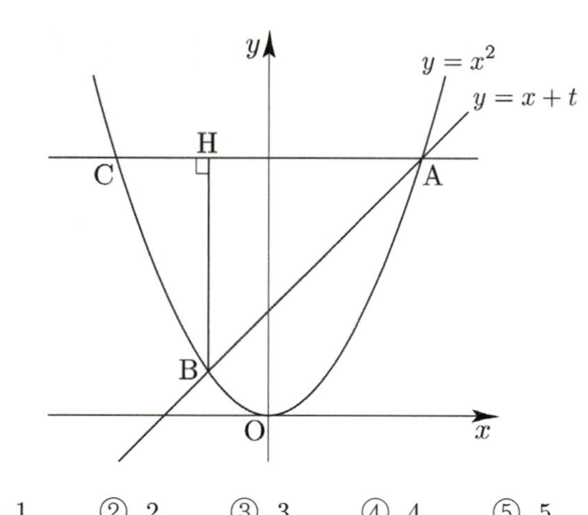

① 1   ② 2   ③ 3   ④ 4   ⑤ 5

최고차항의 계수가 1이고 다음 조건을 만족시키는 모든 삼차함수 $f(x)$에 대하여 $f(5)$의 최댓값을 구하시오. [4점]

> (가) $\displaystyle\lim_{x \to 0} \frac{|f(x)-1|}{x}$ 의 값이 존재한다.
>
> (나) 모든 실수 x에 대하여 $xf(x) \geq -4x^2 + x$이다.

실수 $t(t>0)$에 대하여 직선 $y = tx + t + 1$과 곡선 $y = x^2 - tx - 1$이 만나는 두 점을 A, B라 할 때, $\displaystyle\lim_{t \to \infty} \frac{\overline{AB}}{t^2}$ 의 값은? [4점]

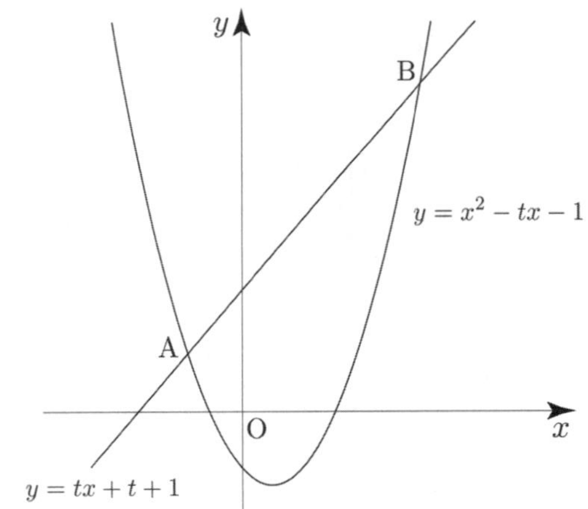

① $\dfrac{\sqrt{2}}{2}$ ② 1 ③ $\sqrt{2}$

④ 2 ⑤ $2\sqrt{2}$

최고차항의 계수가 1인 두 삼차함수 $f(x)$, $g(x)$가 다음 조건을 만족시킨다.

> (가) $g(1) = 0$
>
> (나) $\displaystyle\lim_{x \to n} \frac{f(x)}{g(x)} = (n-1)(n-2)$ $(n=1,\ 2,\ 3,\ 4)$

$g(5)$의 값은? [4점]

① 4 ② 6 ③ 8

④ 10 ⑤ 12

규토 라이트 N제

함수의 극한과 연속

Master step
심화 문제편

1. 함수의 극한

두 다항함수 $f(x)$, $g(x)$ 가 모든 실수 x 에 대하여

$$xf(x) = \left(-\frac{1}{2}x + 3\right)g(x) - x^3 + 2x^2$$

을 만족시킨다. 상수 $k\,(k \neq 0)$ 에 대하여

$$\lim_{x \to 2} \frac{g(x-1)}{f(x) - g(x)} \times \lim_{x \to \infty} \frac{\{f(x)\}^2}{g(x)} = k$$

일 때, k 의 값을 구하시오. [4점]

실수 t 에 대하여 함수 $y = |x - 1|$ 의 그래프와
원 $(x-t)^2 + y^2 = 2$ 가 만나는 서로 다른 점의 개수를
$f(t)$ 라 하고, 함수 $g(x)$ 를

$$g(x) = \begin{cases} a - 2 & (x < a) \\ -a + 6 & (x \geq a) \end{cases} \text{ 라 하자.}$$

$\displaystyle\lim_{x \to a} [\{f(a) - 1\} \times g(x)]$ 의 값이 존재하도록 하는

모든 실수 a 의 값의 합을 구하시오.

실수 k 와 함수 $f(x) = \begin{cases} 2^{x-2} & (x < 2) \\ 2^{-x+2} & (x \geq 2) \end{cases}$ 에 대하여

함수 $g(x)$ 를 $g(x) = |f(x) - k| + k$ 라 하자.
직선 $y = 2k$ 와 함수 $y = g(x)$ 의 그래프가 만나는 점의

개수를 $h(k)$ 라 할 때, $\displaystyle\lim_{k \to \frac{1}{4}^-} \left\{ h(k)h\left(k + \frac{1}{4}\right) \right\}$ 의 값을

구하시오. [4점]

함수 $f(x) = x^3 + ax^2 + bx + 4$ 가 다음 조건을 만족시키도록
하는 두 정수 a, b 에 대하여 $f(1)$ 의 최댓값을 구하시오.

[4점]

> 모든 실수 α 에 대하여
> $\displaystyle\lim_{x \to \alpha} \frac{f(2x+1)}{f(x)}$ 의 값이 존재한다.

규토 라이트 N제

함수의 극한과 연속

Guide step

개념 익히기편

2. 함수의 연속

01 함수의 연속

성취 기준 – 함수의 연속의 뜻을 안다.

개념 파악하기 　(1) 함수의 연속이란 무엇일까?

함수의 연속

함수 $f(x)$ 가 실수 a 에 대하여

① 함수 $f(x)$ 가 $x=a$ 에서 정의되어 있다.

② 극한값 $\lim\limits_{x \to a} f(x)$ 가 존재한다.

③ $\lim\limits_{x \to a} f(x) = f(a)$ (극한값과 함숫값이 같다.)

　일 때, 함수 $f(x)$ 는 $x=a$ 에서 **연속**이라고 한다.

함수의 불연속

함수 $f(x)$ 가 $x=a$ 에서 연속이 아닐 때, 함수 $f(x)$ 는 $x=a$ 에서 **불연속**이라고 한다.
즉, 함수 $f(x)$ 가 위의 세 조건 중 어느 하나라도 만족시키지 않으면 함수 $f(x)$ 는 $x=a$ 에서 불연속이다.
예를 들면 아래와 같다.

① 함수 $f(x)$ 가 $x=a$ 에서　　② 극한값 $\lim\limits_{x \to a} f(x)$ 가 존재하지 않는다.　　③ $\lim\limits_{x \to a} f(x) \neq f(a)$
　 정의되어 있지 않다.

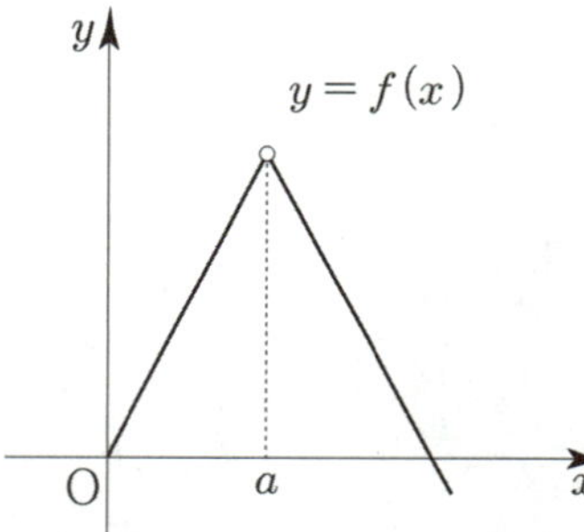

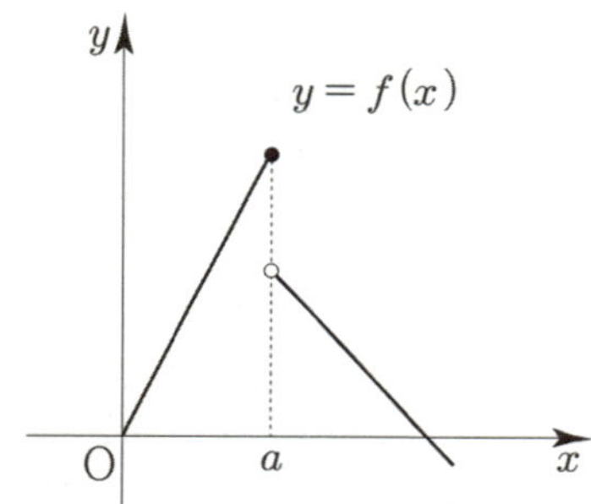

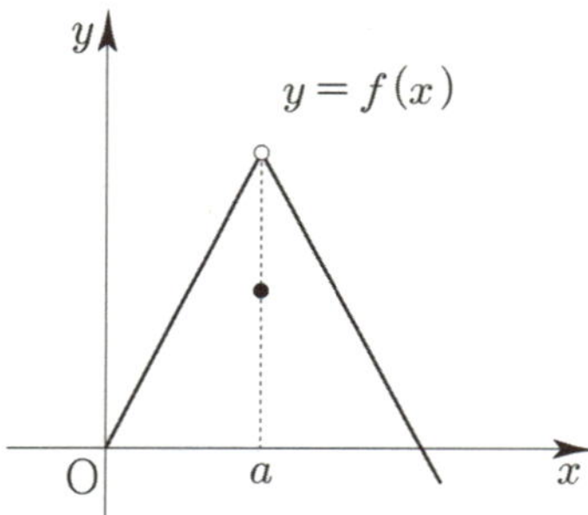

> **Tip**　그래프를 통해 직관적으로 이해하면 된다.
> $x=a$ 에서 연결되어 있으면 $x=a$ 에서 연속이고 $x=a$ 에서 끊어져 있으면 $x=a$ 에서 불연속이다.

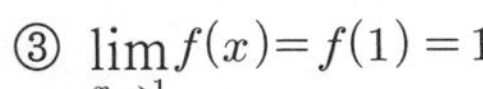

예제 1

다음 함수가 $x=1$에서 연속인지 불연속인지 판별하시오.

(1) $f(x) = x^2$

(2) $g(x) = \begin{cases} x & (x < 1) \\ x - 1 & (x \geq 1) \end{cases}$

풀이

(1) ① $f(1) = 1$이므로 함수 $f(x)$는 $x=1$에서 정의된다.

② $\lim\limits_{x \to 1} x^2 = 1$이므로 극한값 $\lim\limits_{x \to 1} f(x)$가 존재한다.

③ $\lim\limits_{x \to 1} f(x) = f(1) = 1$

따라서 함수 $f(x)$는 $x=1$에서 연속이다.

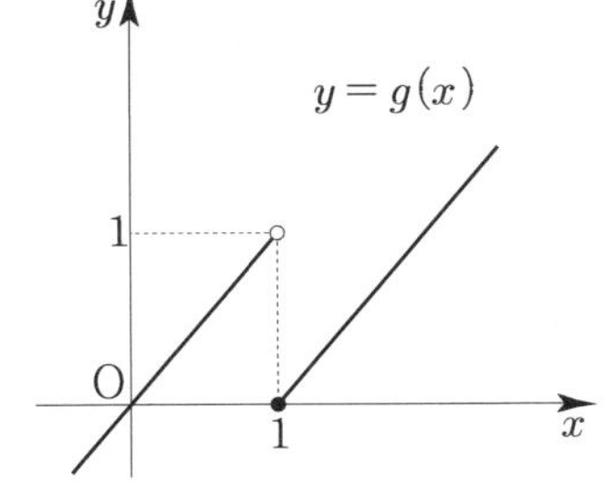

(2) ① $g(1) = 0$이므로 함수 $g(x)$는 $x=1$에서 정의된다.

② $\lim\limits_{x \to 1+} (x-1) = 0$, $\lim\limits_{x \to 1-} x = 1$이므로 극한값 $\lim\limits_{x \to 1} g(x)$가 존재하지 않는다.

따라서 함수 $g(x)$는 $x=1$에서 불연속이다.

Tip 1 실전에서는 $\lim\limits_{x \to a} f(x) = f(a)$만 빠르게 따지면 된다.

Tip 2 익숙해질 때까지는 불연속 그래프를 그리는 편이 좋다.
보통 난이도가 있는 문제에서는 그래프를 그려서 판단하는 유형이 대부분이므로
불연속 그래프를 그리는 것에 있어 거부감을 갖지 말도록 하자.

개념 확인문제 1 다음 함수가 $x=0$에서 연속인지 불연속인지 판별하시오.

(1) $f(x) = -x$

(2) $g(x) = \begin{cases} x+1 & (x < 0) \\ x^2 & (x \geq 0) \end{cases}$

구간

두 실수 a, b $(a < b)$ 에 대하여
집합 $\{x \mid a < x < b\}$, $\{x \mid a \le x \le b\}$, $\{x \mid a < x \le b\}$, $\{x \mid a \le x < b\}$ 를 **구간**이라고 하며,
이것을 기호로 각각 (a, b), $[a, b]$, $(a, b]$, $[a, b)$ 와 같이 나타낸다.

이때 (a, b) 를 **열린구간**, $[a, b]$ 를 **닫힌구간**이라 하고,
$(a, b]$ 와 $[a, b)$ 를 **반열린 구간** 또는 **반닫힌 구간**이라고 한다.

실수 a 에 대하여
집합 $\{x \mid x > a\}$, $\{x \mid x \ge a\}$, $\{x \mid x < a\}$, $\{x \mid x \le a\}$ 도 구간이라 하고,
이것을 기호로 각각 (a, ∞), $[a, \infty)$, $(-\infty, a)$, $(-\infty, a]$ 와 같이 나타낸다.
특히 실수 전체의 집합은 기호로 $(-\infty, \infty)$ 와 같이 나타낸다.

> **Tip 1** (a, ∞), $(-\infty, a)$, $(-\infty, \infty)$ 도 열린구간이다.
>
> **Tip 2** 열린구간은 $<$ or $>$ 에 대응되고 닫힌구간은 $\le$ or $\ge$ 에 대응된다.
>
> **Tip 3** (a, ∞) 라 써야지 $(a, \infty]$ 로 쓰지 않도록 유의하자.

예제 2

함수 $f(x) = \sqrt{2-x}$ 의 정의역을 구간의 기호로 나타내시오.

풀이

$f(x) = \sqrt{2-x}$ 가 정의되려면 $2-x \ge 0 \Rightarrow x \le 2$ 이어야 한다.
따라서 $f(x) = \sqrt{2-x}$ 의 정의역은 $\{x \mid x \le 2\}$ 이므로 구간의 기호로 표현하면 $(-\infty, 2]$ 이다.

개념 확인문제 2 다음 함수의 정의역을 구간의 기호로 나타내시오.

(1) $f(x) = \dfrac{1}{x-1}$

(2) $f(x) = \sqrt{x+1}$

연속함수

함수 $f(x)$ 가 어떤 구간에 속하는 모든 실수 x 에서 연속일 때, 함수 $f(x)$ 는 그 구간에서 연속이라고 한다.
어떤 구간에서 연속인 함수를 그 구간에서 **연속함수**라고 한다.

① 열린구간에서의 연속

함수 $f(x)$ 가 열린구간 $(a,\ b)$ 에 속하는 모든 실수 x 에서 연속일 때,
함수 $f(x)$ 는 열린구간 $(a,\ b)$ 에서 연속이라고 한다.

ex 함수 $f(x) = \dfrac{1}{x}$ 은 구간 $(-\infty,\ 0)$ 과 구간 $(0,\ \infty)$ 에서 연속이다.

Tip 구간을 어떻게 잡느냐에 따라 연속이 될 수도 있고 불연속이 될 수도 있다.

예를 들어 구간 $(-1,\ 1)$ 에서 $f(x) = \dfrac{1}{x}$ 는 $x=0$ 에서 불연속이다.

② 닫힌구간에서의 연속

닫힌구간 $[a,\ b]$ 에서 정의된 함수 $f(x)$ 가
열린구간 $(a,\ b)$ 에서 연속이고 $\displaystyle\lim_{x \to a+} f(x) = f(a),\ \lim_{x \to b-} f(x) = f(b)$ 일 때,
함수 $f(x)$ 는 닫힌구간 $[a,\ b]$ 에서 연속이라고 한다.

Tip $x=a$ 에서 연속이려면 $\displaystyle\lim_{x \to a} f(x) = f(a)$ 를 만족시켜야한다.

그런데 함수 $f(x)$ 가 $[a,\ b]$ 에서 정의되어 있으므로 $\displaystyle\lim_{x \to a-} f(x)$ 를 따질 수 없으니

$\displaystyle\lim_{x \to a} f(x) = f(a)$ 가 아니라 $\displaystyle\lim_{x \to a+} f(x) = f(a)$ 인 것으로 이해하면 된다.

$x=b$ 일 때도 마찬가지 논리로 이해하면 된다.

예제 3

다음 함수가 연속인 구간을 구하시오.

(1) $f(x) = 2x+1$ 　　　　　　　　　　　(2) $f(x) = \sqrt{x-3}$

풀이

(1) 함수 $f(x) = 2x+1$ 은 실수 전체의 집합에서 연속이므로 구간 $(-\infty,\ \infty)$ 에서 연속이다.

(2) 함수 $f(x) = \sqrt{x-3}$ 은 구간 $(3,\ \infty)$ 에서 연속이고, $\displaystyle\lim_{x \to 3+} \sqrt{x-3} = f(3) = 0$ 이므로

구간 $[3,\ \infty)$ 에서 연속이다.

개념 확인문제　3　다음 함수가 연속인 구간을 구하시오.

(1) $f(x) = x^2 + x - 1$ 　　　　　　　　　(2) $f(x) = \sqrt{3-x}$

함수 $f(x) = \begin{cases} \dfrac{x^2-x+a}{x-1} & (x \neq 1) \\ b+2 & (x=1) \end{cases}$ 이 모든 실수 x 에서 연속이 되도록 상수 $a,\ b$의 값을 정하시오.

풀이

함수 $f(x)$ 가 모든 실수 x 에서 연속이려면 $x=1$ 에서 연속이어야 한다.

$\lim\limits_{x \to 1} f(x) = f(1)$ 에서 $\lim\limits_{x \to 1} \dfrac{x^2-x+a}{x-1} = b+2$

극한값 $\lim\limits_{x \to 1} \dfrac{x^2-x+a}{x-1}$ 가 존재하고 $\lim\limits_{x \to 1}(x-1)=0$ 이므로 $\lim\limits_{x \to 1}(x^2-x+a)=0$ 이다.

$1-1+a=0 \Rightarrow a=0$

$\lim\limits_{x \to 1} \dfrac{x^2-x}{x-1} = \lim\limits_{x \to 1} \dfrac{x(x-1)}{x-1} = \lim\limits_{x \to 1} x = 1 = b+2 \Rightarrow b=-1$

따라서 $a=0,\ b=-1$ 이다.

이번에는 로피탈의 정리를 활용해서 구해보자.

극한값 $\lim\limits_{x \to 1} \dfrac{x^2-x+a}{x-1}$ 가 존재하고 $\lim\limits_{x \to 1}(x-1)=0$ 이므로 $\lim\limits_{x \to 1}(x^2-x+a)=0$ 이다.

즉, $\dfrac{0}{0}$ 꼴이므로 로피탈의 정리를 사용하면 $\lim\limits_{x \to 1} \dfrac{x^2-x+a}{x-1} = \lim\limits_{x \to 1} \dfrac{2x-1}{1} = 1$ 이다.

따라서 $a=0,\ b=-1$ 이다.

개념 확인문제 **4**

함수 $f(x) = \begin{cases} \dfrac{x^2-ax+6}{x-2} & (x \neq 2) \\ b & (x=2) \end{cases}$ 이 모든 실수 x 에서 연속이 되도록 상수 $a,\ b$의 값을 정하시오.

함수의 극한과 연속

02 연속함수의 성질

성취 기준 – 연속함수의 성질을 이해하고, 이를 활용할 수 있다.

개념 파악하기 (3) 연속함수에는 어떤 성질이 있을까?

연속함수의 성질

두 함수 $f(x)$, $g(x)$가 $x=a$에서 연속이면 $\lim\limits_{x \to a} f(x) = f(a)$, $\lim\limits_{x \to a} g(x) = g(a)$ 이므로

함수의 극한에 대한 성질에 따라 다음이 성립한다.

$$\lim\limits_{x \to a} cf(x) = c\lim\limits_{x \to a} f(x) = cf(a) \quad (\text{단, } c \text{는 상수})$$

$$\lim\limits_{x \to a} \{f(x) + g(x)\} = \lim\limits_{x \to a} f(x) + \lim\limits_{x \to a} g(x) = f(a) + g(a)$$

$$\lim\limits_{x \to a} \{f(x) - g(x)\} = \lim\limits_{x \to a} f(x) - \lim\limits_{x \to a} g(x) = f(a) - g(a)$$

$$\lim\limits_{x \to a} f(x)g(x) = \lim\limits_{x \to a} f(x) \times \lim\limits_{x \to a} g(x) = f(a)g(a)$$

$$\lim\limits_{x \to a} \frac{f(x)}{g(x)} = \frac{\lim\limits_{x \to a} f(x)}{\lim\limits_{x \to a} g(x)} = \frac{f(a)}{g(a)} \quad (\text{단, } g(a) \neq 0)$$

따라서 함수 $cf(x)$, $f(x) + g(x)$, $f(x) - g(x)$, $f(x)g(x)$, $\dfrac{f(x)}{g(x)}$ $(g(a) \neq 0)$도 모두 $x=a$에서 연속이다.

연속함수의 성질 요약

두 함수 $f(x)$, $g(x)$ 가 $x=a$에서 연속이면 다음 함수도 $x=a$에서 연속이다.

① $kf(x)$ (단, k는 상수) 　　② $f(x) + g(x)$ 　　③ $f(x) - g(x)$

④ $f(x)g(x)$ 　　⑤ $\dfrac{f(x)}{g(x)}$ (단, $g(a) \neq 0$)

> **Tip 1** 상수함수와 함수 $y=x$는 모든 실수 x에서 연속이므로 연속함수의 성질 ①, ②, ④에 따라
> 다항함수 $f(x) = a_n x^n + a_{n-1} x^{n-1} + \cdots + a_1 x + a_0$ $(a_0, a_1, \cdots, a_n$은 상수$)$은
> 모든 실수 x에서 연속이다.
> ex 함수 $f(x) = x^2 - 3x + 5$는 모든 실수 x에서 연속이다.

> **Tip 2** 다항함수 $f(x)$, $g(x)$에 대하여 유리함수 $\dfrac{f(x)}{g(x)}$는 연속함수의 성질 ⑤에 따라
> $g(x) \neq 0$인 모든 실수 x에서 연속이다.
> ex 함수 $h(x) = \dfrac{3x^2 + x + 1}{x-2}$은 $x \neq 2$인 모든 실수 x에서 연속이다.

두 함수 $f(x) = x+1$, $g(x) = x^2 - 2x$ 에서 함수 $\dfrac{f(x)}{g(x)}$ 의 연속성을 조사하시오.

풀이

두 함수 $f(x)$, $g(x)$ 는 다항함수이므로 모든 실수 x 에서 연속이다.

따라서 연속함수의 성질에 따라 함수 $\dfrac{f(x)}{g(x)} = \dfrac{x+1}{x^2-2x} = \dfrac{x+1}{x(x-2)}$ 은

$x(x-2) \neq 0$, 즉 $x \neq 0$, $x \neq 2$ 인 모든 실수 x 에서 연속이다.

개념 확인문제 5　두 함수 $f(x) = x$, $g(x) = x^2 - 4$ 에서 다음 함수의 연속성을 조사하시오.

(1) $f(x) + g(x)$

(2) $\dfrac{f(x)}{g(x)}$

개념 파악하기 (4) 최대 · 최소 정리란 무엇일까?

최대 · 최소 정리

함수 $f(x)$ 가 닫힌구간 $[a, b]$ 에서 연속이면 함수 $f(x)$ 는 이 구간에서 반드시 최댓값과 최솟값을 갖는다.

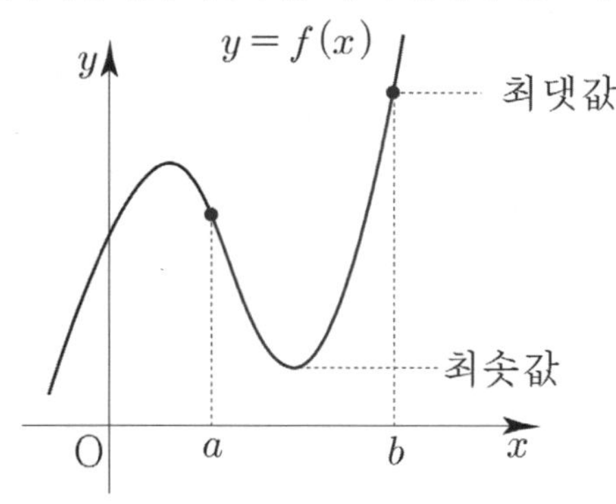

Tip 1 닫힌구간이라도 만약 $f(x)$ 가 불연속이라면 최댓값과 최솟값을 갖지 않을 수도 있다.
예를 들어 아래 그림과 같은 경우에는 최솟값이 존재하지 않는다.
즉, 최대 · 최소 정리의 전제조건이 연속함수라는 것에 유의하자.

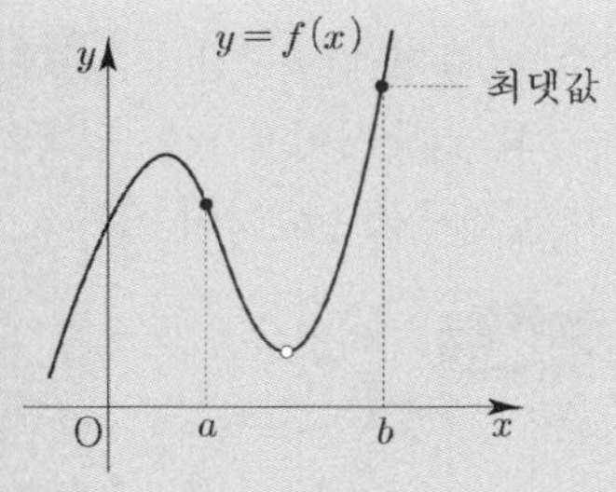

Tip 2 연속함수에서 최대 · 최소 정리는 그래프를 통해서 직관적으로 이해하면 된다.

예제 6

닫힌구간 $[1, 3]$ 에서 함수 $f(x) = x^2$ 의 최댓값과 최솟값을 구하시오.

풀이

함수 $f(x) = x^2$ 은 닫힌구간 $[1, 3]$ 에서 연속이므로 최대 · 최소정리에 의해 반드시 최댓값과 최솟값이 존재한다.

$x = 1$ 일 때, 최솟값 1
$x = 3$ 일 때, 최댓값 9

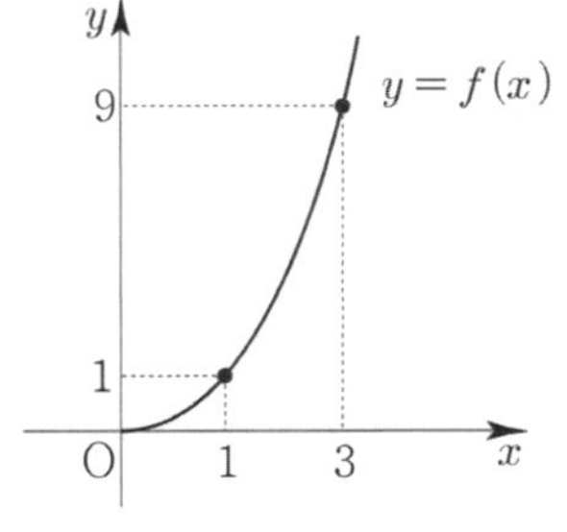

개념 확인문제 6 다음 구간에서 함수의 최댓값과 최솟값을 구하시오.

(1) $f(x) = x + 1$ $[-1, 3]$

(2) $f(x) = \dfrac{3}{x+1}$ $[0, 2]$

사잇값의 정리

함수 $f(x)$ 가 닫힌구간 $[a,\ b]$ 에서 연속이면 이 구간에서
함수 $y = f(x)$ 의 그래프는 끊어지지 않고 연결되어 있다.

따라서 $f(a) \neq f(b)$ 일 때, 오른쪽 그림과 같이
$f(a)$ 와 $f(b)$ 사이에 있는 임의의 값 k 에 대하여
직선 $y = k$ 와 함수 $y = f(x)$ 의 그래프는 적어도 한 점에서
만난다는 것을 알 수 있다.

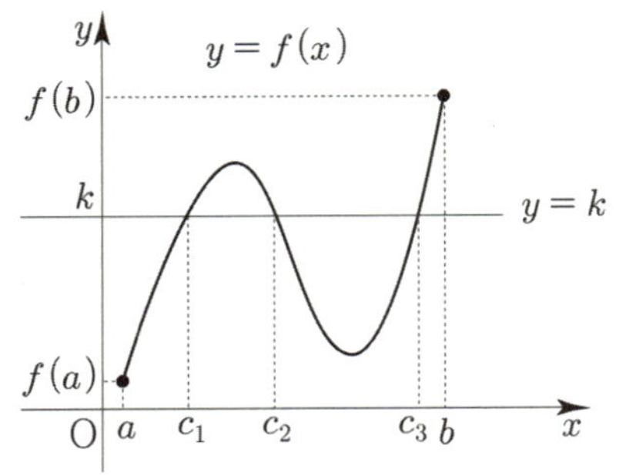

사잇값의 정리 요약

함수 $f(x)$ 가 닫힌구간 $[a,\ b]$ 에서 연속이고 $f(a) \neq f(b)$ 일 때,
$f(a)$ 와 $f(b)$ 사이에 있는 임의의 값 k 에 대하여 $f(c) = k$ 인
c 가 열린구간 $(a,\ b)$ 에 적어도 하나 존재한다.

> **Tip** 사잇값을 이용할 때는 주어진 전제조건들을 잘 살펴보아야 한다.
> 즉, a 와 b 사이의 구간은 닫힌구간이어야 하고, 그 구간 안에서 함수 $f(x)$ 는 연속이어야 하며
> $f(a) \neq f(b)$ 이어야 한다. 이러한 전제조건들 중 어느 하나라도 만족하지 않으면
> 사잇값의 정리를 이용할 수 없다.

사잇값의 정리의 활용

함수 $f(x)$ 가 닫힌구간 $[a,\ b]$ 에서 연속이고 $f(a)f(b) < 0$ 이면
사잇값의 정리에 의하여 $f(c) = 0$ 인
c 가 열린구간 $(a,\ b)$ 에 적어도 하나 존재한다.

> **Tip 1** 실전적으로 볼 때, 사잇값의 정리보다는 사잇값의 정리의 활용을 기억하는 편을 추천한다.

> **Tip 2** 사잇값의 정리의 활용에서 $f(a)f(b) < 0$ 라는 말은 $f(a)$ 와 $f(b)$ 의 부호가 다르다는 뜻이다.
> 만약 $f(a)f(b) > 0$ 즉, $f(a)$ 와 $f(b)$ 의 부호가 같다면 방정식 $f(x) = 0$ 은 열린구간 $(a,\ b)$ 에서
> 실근이 존재하지 않을 수도 있다.

> **Tip 3** 사잇값의 정리는 c 가 정확히 무엇인지 혹은 c 가 몇 개 존재하는지가 궁금한 것이 아니라
> 전제조건을 만족시키기만 하면 Simple하게
> "c 가 열린구간 $(a,\ b)$ 에 적어도 하나 존재한다." 라는 말을 하고 싶은 것이다.

Tip 4 구간을 쪼개서 사잇값의 정리를 사용하는 문제가 출제될 수도 있다.

예를 들어 함수 $f(x)$ 가 닫힌구간 $[1,\ 3]$ 에서 연속이고 $f(1) > 0$, $f(2) < 0$, $f(3) > 0$ 이라 할 때,
방정식 $f(x) = 0$ 은 열린구간 $(1,\ 3)$ 에서 적어도 몇 개의 실근을 가지는지 판단해보자.

관성적으로 접근하면 $f(1)f(3) < 0$ 이 아니라서 난감할 수 있는데
이때, 닫힌구간 $[1,\ 3]$ 을 $[1,\ 2]$ 와 $[2,\ 3]$ 로 쪼개서 생각해볼 수 있다.

함수 $f(x)$ 가 닫힌구간 $[1,\ 3]$ 에서 연속이므로 닫힌구간 $[1,\ 2]$, $[2,\ 3]$ 에서도 모두 연속이다.
$f(1)f(2) < 0$ 이므로 사잇값의 정리에 의해서 $f(c_1) = 0$ 인
c_1 가 열린구간 $(1,\ 2)$ 에 적어도 하나 존재하고
마찬가지로 $f(2)f(3) < 0$ 이므로 사잇값의 정리에 의해서 $f(c_2) = 0$ 인
c_2 가 열린구간 $(2,\ 3)$ 에 적어도 하나 존재한다.
따라서 방정식 $f(x) = 0$ 은 열린구간 $(1,\ 3)$ 에서 적어도 두 개의 실근을 갖는다.

Tip 5 만약 방정식이 $f(x) = 0$ 꼴이 아니라면 방정식을 변형하여 $f(x) = 0$ 꼴로 만들자.
예를 들어 방정식 $g(x) = 1$ 를 방정식 $g(x) - 1 = 0$ 로 변형한 뒤
$g(x) - 1 = f(x)$ 라 치환하면 $f(x) = 0$ 꼴로 만들 수 있다.
그 다음 사잇값의 정리의 활용을 사용하면 된다.

예제 7

방정식 $x^3 + x = 3$ 은 열린구간 $(1,\ 2)$ 에서 적어도 하나의 실근을 가짐을 보이시오.

__풀이__

$x^3 + x = 3 \ \Rightarrow\ x^3 + x - 3 = 0$
$f(x) = x^3 + x - 3$ 라 하면 함수 $f(x)$ 는 닫힌구간 $[1,\ 2]$ 에서 연속이고
$f(1) = -1 < 0$, $f(2) = 7 > 0$ 이므로 사잇값의 정리에 의하여 $f(c) = 0$ 인
c 가 열린구간 $(1,\ 2)$ 에 적어도 하나 존재한다.
따라서 방정식 $x^3 + x = 3$ 은 열린구간 $(1,\ 2)$ 에서 적어도 하나의 실근을 갖는다.

개념 확인문제 7 방정식 $x^4 - x - 1 = 0$ 은 열린구간 $(0,\ 2)$ 에서 적어도 하나의 실근을 가짐을 보이시오.

Training – 1 step

필수 유형편

2. 함수의 연속

001

함수 $f(x) = \begin{cases} 2x+1 & (x < 1) \\ x^2+a & (x \geq 1) \end{cases}$ 가 실수 전체의 집합에서

연속일 때, 상수 a의 값을 구하시오.

002

함수 $f(x) = \begin{cases} x^2-1 & (x \neq 2) \\ a & (x = 2) \end{cases}$ 가 실수 전체의 집합에서

연속일 때, 상수 a의 값을 구하시오.

003

함수 $f(x) = \begin{cases} \dfrac{x^2+ax-2}{x-1} & (x \neq 1) \\ b & (x = 1) \end{cases}$ 가 실수 전체의

집합에서 연속일 때, $a+b$의 값을 구하시오.
(단, a, b는 상수이다.)

004

함수 $f(x) = \begin{cases} -x^2+x & (|x| > 1) \\ x^2+ax+b & (|x| \leq 1) \end{cases}$ 가 실수 전체의

집합에서 연속일 때, $a-4b$의 값을 구하시오.
(단, a, b는 상수이다.)

005

함수 $f(x) = \dfrac{2x-1}{ax^2+ax+2}$ 이 실수 전체의 집합에서

연속이 되도록 하는 정수 a의 개수를 구하시오.

006

실수 전체의 집합에서 연속인 함수 $f(x)$ 가
$(x-2)f(x) = x^2+ax+4$를 만족시킬 때,
$f(2)+f(3)$ 의 값은? (단, a는 상수이다.)

① 1　　② 2　　③ 3　　④ 4　　⑤ 5

007 ☐☐☐☐☐

실수 전체의 집합에서 연속인 함수 $f(x)$가 다음 조건을 만족시킨다.

(가) $\displaystyle\lim_{x \to 2+}\{f(x)\}^2 + 4 = 5\lim_{x \to 0-}f(x+2) - f(2)$

(나) $(x-2)f(x) = (x^2 - x - 2)(x - a)$
　　(단, a는 상수이다.)

$f(5)$의 값을 구하시오.

008 ☐☐☐☐☐

함수 $f(x) = \begin{cases} x^2 + 2x + 1 & (x < 2) \\ ax - 1 & (x \geq 2) \end{cases}$ 에 대하여

함수 $|f(x)|$가 실수 전체의 집합에서 연속이 되도록 하는 모든 실수 a의 합을 구하시오.

009 ☐☐☐☐☐

함수 $f(x) = \begin{cases} x^2 + a + 1 & (x < a) \\ 2a + 3 & (x \geq a) \end{cases}$ 가 실수 전체의

집합에서 연속이고 $\displaystyle\lim_{x \to 2a}f(x) < 5$ 일 때,

$f(a-2)$의 값을 구하시오. (단, a는 상수이다.)

Theme 2 연속함수의 성질

010 ☐☐☐☐☐

두 함수

$$f(x) = \begin{cases} x^2 - 2x + 5 & (x < 3) \\ 2 & (x \geq 3) \end{cases}, \quad g(x) = ax - 9$$

에 대하여 함수 $\dfrac{g(x)}{f(x)}$ 가 실수 전체의 집합에서

연속일 때, 상수 a의 값을 구하시오.

011 ☐☐☐☐☐

함수 $f(x)$는 모든 실수 x에 대하여 $f(x+4) = f(x)$를 만족시키고,

$$f(x) = \begin{cases} -x^2 - 2ax + b & (-2 \leq x < 0) \\ ax + 3 & (0 \leq x < 2) \end{cases}$$

이다. 함수 $f(x)$가 실수 전체의 집합에서 연속일 때, $a+b$의 값을 구하시오. (단, a, b는 상수이다.)

다항함수 $f(x)$ 는 $\displaystyle\lim_{x \to \infty}\dfrac{x^2+2x-6}{f(x)}=2$ 를 만족시키고,

함수 $g(x)$ 는

$$g(x)=\begin{cases} \dfrac{1}{2-x} & (x \neq 2) \\[2mm] 1 & (x=2) \end{cases}$$

이다. 두 함수 $f(x)$, $g(x)$ 에 대하여 함수 $f(x)g(x)$ 가
실수 전체의 집합에서 연속일 때, $f(6)$ 의 값을 구하시오.

013

두 함수

$$f(x)=\begin{cases} x^2-x & (x<1) \\ x^2+ax & (x \geq 1) \end{cases}, \quad g(x)=\begin{cases} \dfrac{2}{x-1} & (x<1) \\[2mm] 2x+1 & (x \geq 1) \end{cases}$$

에 대하여 함수 $f(x)g(x)$ 가 $x=1$ 에서 연속이 되도록
하는 상수 a 의 값은?

① $-\dfrac{1}{3}$ ② $-\dfrac{2}{3}$ ③ -1

④ $-\dfrac{4}{3}$ ⑤ $-\dfrac{5}{3}$

다항함수 $f(x)$ 와 함수 $g(x)=\begin{cases} x-1 & (x<3) \\ x^2-9 & (x \geq 3) \end{cases}$ 가

다음 조건을 만족시킨다.

(가) $\displaystyle\lim_{x \to \infty}\dfrac{f(x)}{x^2}=1$

(나) 함수 $\dfrac{x+1}{f(x-1)}$ 는 $x=1$, $x=k$ 에서 불연속이다.

(다) 함수 $f(x)g(x)$ 는 실수 전체의 집합에서 연속이다.

$f(k+1)$ 의 값을 구하시오. (단, k 는 상수이다.)

015

두 함수 $f(x)$, $g(x)$ 에 대하여 〈보기〉에서 옳은 것만을
있는 대로 고르시오.

─〈보기〉─

ㄱ. $\displaystyle\lim_{x \to a}f(x)$ 와 $\displaystyle\lim_{x \to a}g(x)$ 가 모두 존재하지 않으면
$\displaystyle\lim_{x \to a}\{f(x)+g(x)\}$ 도 존재하지 않는다.

ㄴ. $y=f(x)$, $y=f(x)+g(x)$ 가 $x=a$ 에서 연속이면
$y=g(x)$ 도 $x=a$ 에서 연속이다.

ㄷ. $y=f(x)$, $y=f(x)g(x)$ 가 $x=a$ 에서 연속이면
$y=g(x)$ 도 $x=a$ 에서 연속이다.

ㄹ. $y=|f(x)|$ 가 $x=a$ 에서 연속이면 $y=f(x)$ 도
$x=a$ 에서 연속이다.

016 ☐☐☐☐☐

함수 $f(x)$ 가 $f(x) = \begin{cases} x^2 - 1 & (x < 2) \\ a & (x \geq 2) \end{cases}$ 일 때,

〈보기〉에서 옳은 것만을 있는 대로 고르시오.

(단, a 는 실수이다.)

―――― 〈보기〉 ――――

ㄱ. $\lim\limits_{x \to 2-} f(x) = 3$

ㄴ. $a = 3$ 이면 함수 $f(x)$ 는 $x = 2$ 에서 연속이다.

ㄷ. 임의의 실수 a 에 대하여 함수 $(x-2)f(x)$ 는
　　실수 전체의 집합에서 항상 연속이다.

017 ☐☐☐☐☐

함수 $f(x)$ 가 $f(x) = \begin{cases} \dfrac{x^2 + |x|}{x} & (x \neq 0) \\ a & (x = 0) \end{cases}$ 일 때,

〈보기〉에서 옳은 것만을 있는 대로 고르시오.

(단, a 는 실수이다.)

―――― 〈보기〉 ――――

ㄱ. $f(-2) = -3$

ㄴ. $\lim\limits_{x \to 0+} f(x) + \lim\limits_{x \to 0-} f(x) = 0$

ㄷ. 함수 $|f(x)|$ 가 실수 전체의 집합에서 연속이 되도록
　　하는 a 가 존재한다.

018 ☐☐☐☐☐

함수 $f(x)$ 가 $f(x) = \begin{cases} \dfrac{x^3 - 2x^2}{x - 2} & (x \neq 2) \\ 3 & (x = 2) \end{cases}$ 일 때,

〈보기〉에서 옳은 것만을 있는 대로 고르시오.

―――― 〈보기〉 ――――

ㄱ. $\lim\limits_{x \to 2} f(x) = 4$

ㄴ. 함수 $f(x-k)$ 가 실수 전체의 집합에서 연속이
　　되도록 하는 실수 k 가 존재한다.

ㄷ. 함수 $x f(x+2)$ 는 실수 전체의 집합에서 연속이다.

ㄹ. 함수 $(x-2)f(x)$ 는 실수 전체의 집합에서 연속이다.

019 ☐☐☐☐☐

함수 $y=f(x)$ 의 그래프가 그림과 같다.

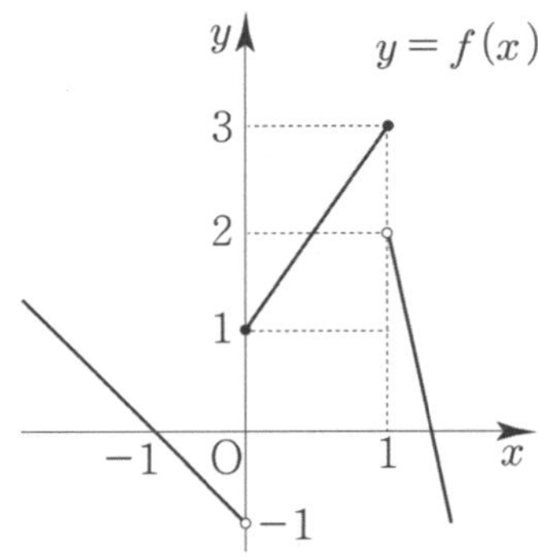

〈보기〉에서 옳은 것만을 있는 대로 고르시오.

―――――〈보기〉―――――

ㄱ. $\displaystyle\lim_{x\to 0+}f(x)+\lim_{x\to 1-}f(x)=4$

ㄴ. 함수 $|f(x)|$ 는 $x=0$ 에서 연속이다.

ㄷ. 함수 $f(x-2)f(x)$ 는 $x=1$ 에서 연속이다.

020 ☐☐☐☐☐

함수 $f(x)=\begin{cases} -x-1 & (x<0) \\ x+1 & (0\le x<2) \\ 1 & (x\ge 2) \end{cases}$ 와

이차함수 $g(x)$ 에 대하여 함수 $f(x)g(x)$ 가

실수 전체의 집합에서 연속이다. $g(-1)=6$ 일 때,

$g(4)$ 의 값을 구하시오.

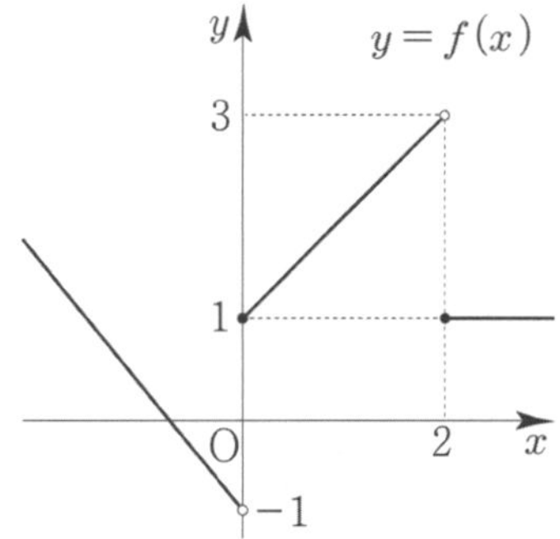

021 ☐☐☐☐☐

함수 $f(x)$ 가 $f(x)=\begin{cases} 1 & (x<-1) \\ 0 & (x=-1) \\ -x^2+2 & (-1<x<1) \\ x-2 & (x\ge 1) \end{cases}$

일 때, 〈보기〉에서 옳은 것만을 있는 대로 고르시오.

―――――〈보기〉―――――

ㄱ. $\displaystyle\lim_{x\to -1}f(x)f(x+1)=2$

ㄴ. 함수 $\{f(x)\}^2$ 은 $x=1$ 에서 연속이다.

ㄷ. 함수 $|f(x)|$ 가 불연속인 점은 1 개다.

ㄹ. 함수 $f(x)-|f(x)|$ 가 불연속인 점은 2 개다.

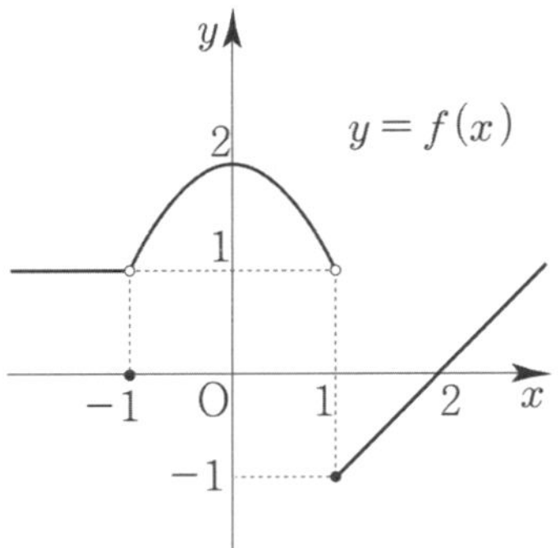

Theme 4 · 사잇값의 정리

022 ☐☐☐☐☐

모든 실수 x에 대하여 $f(x) = f(-x)$인 연속함수 $f(x)$
에 대하여 $f(0)f(1) < 0$, $f(1)f(2) < 0$일 때,
방정식 $f(x) = 0$은 적어도 n개의 실근을 갖는다.
n의 최댓값을 구하시오.

023 ☐☐☐☐☐

곡선 $y = -x^3$과 직선 $y = x - 8$이
오직 한 점 $\mathrm{A}(a,\ -a^3)$에서 만난다.
a가 열린구간 $(0,\ n)$에 존재할 때, 자연수 n의 최솟값을
구하시오.

024 ☐☐☐☐☐

함수 $f(x) = x(x-2)(x-4) - 1$에 대하여
〈보기〉에서 옳은 것만을 있는 대로 고르시오.

─── 〈보기〉 ───

ㄱ. 방정식 $f(x) = 0$은 열린구간 $(1,\ 2)$에서
   적어도 하나의 실근을 갖는다.
ㄴ. 방정식 $f(x) = x^2$은 열린구간 $(0,\ 1)$에서
   적어도 하나의 실근을 갖는다.
ㄷ. 방정식 $f(x-1) = (x-1)^2$은 열린구간 $(1,\ 3)$에서
   적어도 두 개의 실근을 갖는다.

Theme 5 연속함수의 활용

025 ⬡⬡⬡⬡⬡

실수 t에 대하여 원 $x^2+y^2=2$과 함수 $f(x)=|x-t|$가 만나는 서로 다른 점의 개수를 $g(t)$라 하자.

함수 $g(t)$가 $t=a-b$, $t=2a$에서 불연속일 때, $a+2b$의 값을 구하시오. (단, a, b는 상수이고 $b>0$이다.)

026 ⬡⬡⬡⬡⬡

실수 t에 대하여 함수 $\dfrac{x}{x^2+2tx+t}$가 불연속인 점의 개수를 $f(t)$라 하자. 최고차항의 계수가 1인 이차함수 $g(t)$에 대하여 함수 $f(t)g(t)$가 모든 실수 t에서 연속일 때, $\displaystyle\sum_{k=1}^{4} f(k-2)g(k)$의 값을 구하시오.

027 ⬡⬡⬡⬡⬡

함수 $f(x)=\begin{cases} -x^2+4 & (x<0) \\ x^2+4 & (x\geq 0) \end{cases}$ 가 있다.

실수 t에 대하여 직선 $y=tx$가 함수 $y=f(x)$의 그래프와 만나는 점의 개수를 $g(t)$라 하자.

함수 $g(t)$가 열린구간 $(-\infty,\ a)$에서 연속일 때, 실수 a의 최댓값을 구하시오.

Theme 6 — 합성함수의 연속

028 ⬚⬚⬚⬚⬚

함수 $y=f(x)$ 의 그래프가 그림과 같다.

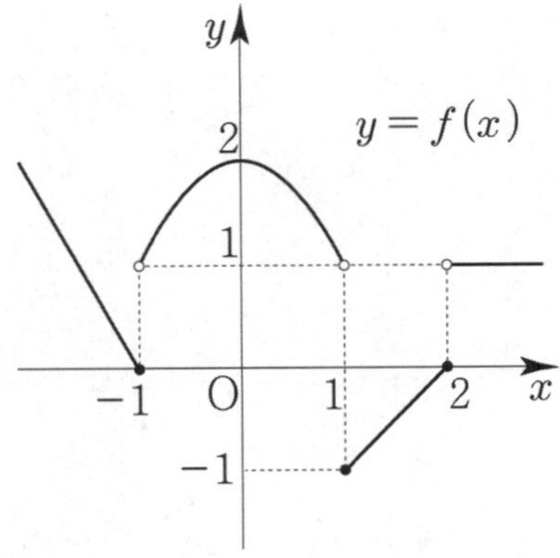

〈보기〉에서 옳은 것만을 있는 대로 고르시오.

〈보기〉
ㄱ. $\displaystyle\lim_{x\to 1-}f(-x+1)=2$
ㄴ. 함수 $f(-x+1)$ 는 $x=1$ 에서 연속이다.
ㄷ. 함수 $f(f(x))$ 는 $x=0$ 에서 연속이다.
ㄹ. 함수 $f(f(x))$ 는 $x=1$ 에서 연속이다.

---

029 ⬚⬚⬚⬚⬚

두 함수

$$f(x)=\begin{cases} \dfrac{|x|}{x} & (x\neq 0) \\ 1 & (x=0) \end{cases},$$

$$g(x)=\begin{cases} (x+2)^2 & (x<0) \\ 2(x-1)(x-2) & (x\geq 0) \end{cases}$$

에 대하여 합성함수 $(f\circ g)(x)$ 가 불연속이 되는 모든 x 의 값의 합을 구하시오.

030 ⬚⬚⬚⬚⬚

두 함수

$$f(x)=\begin{cases} x & (|x|\leq 1) \\ -x & (|x|>1) \end{cases}, \quad g(x)=x^2+ax-2a+5$$

에 대하여 합성함수 $(g\circ f)(x)$ 가 모든 실수 x 에서 연속일 때, $g(a-2)$ 의 값을 구하시오. (단, a 는 상수이다.)

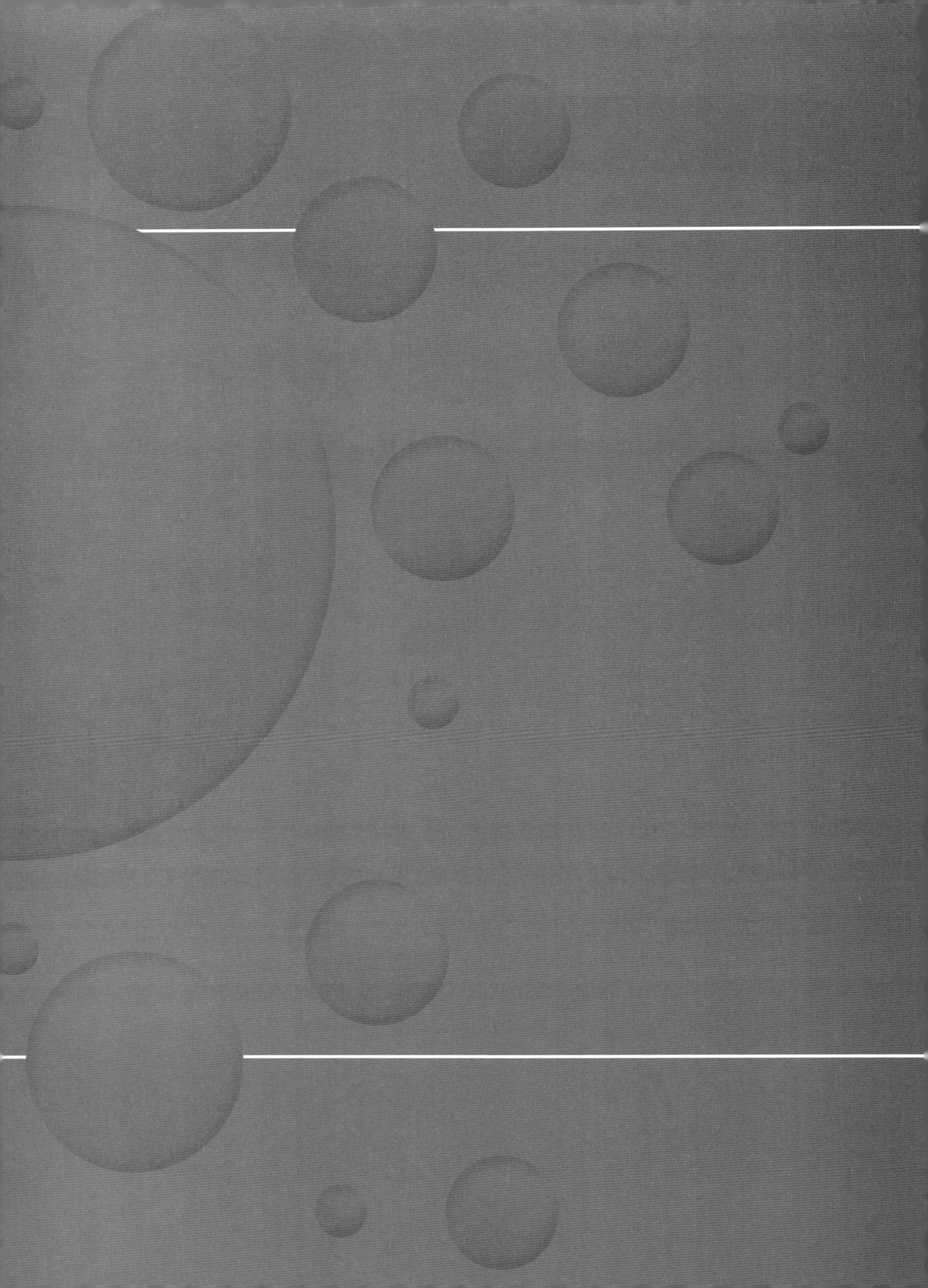

함수 $f(x)$ 가 $x=2$ 에서 연속이고

$$\lim_{x \to 2-} f(x) = a+2, \quad \lim_{x \to 2+} f(x) = 3a-2$$

를 만족시킬 때, $a+f(2)$ 의 값을 구하시오.
(단, a 는 상수이다.) [3점]

함수 $f(x) = \begin{cases} 4x^2 - a & (x < 1) \\ x^3 + a & (x \geq 1) \end{cases}$ 이 실수 전체의

집합에서 연속일 때, 상수 a 의 값은? [3점]

① $\dfrac{3}{2}$ ② 2 ③ $\dfrac{5}{2}$

④ 3 ⑤ $\dfrac{7}{2}$

실수 전체의 집합에서 연속인 함수 $f(x)$ 가

$\displaystyle\lim_{x \to 2} \dfrac{(x^2 - 4)f(x)}{x - 2} = 12$ 를 만족시킬 때,

$f(2)$ 의 값은? [3점]

① 1 ② 2 ③ 3

④ 4 ⑤ 5

함수 $y = f(x)$ 의 그래프가 그림과 같다.

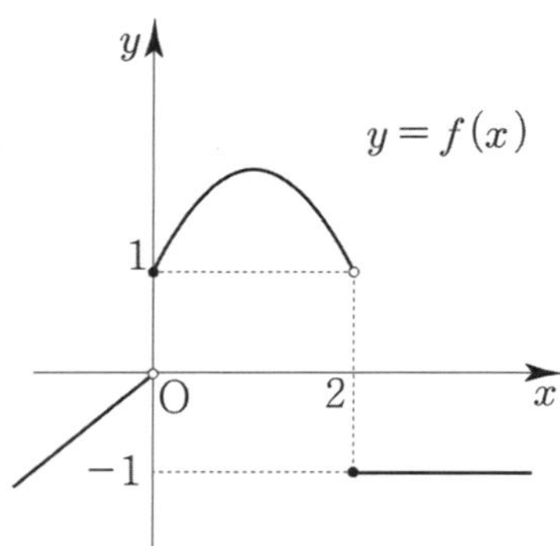

〈보기〉에서 옳은 것만을 있는 대로 고른 것은? [3점]

────── 〈보기〉 ──────
ㄱ. $\displaystyle\lim_{x \to 0+} f(x) = 1$
ㄴ. $\displaystyle\lim_{x \to 2-} f(x) = -1$
ㄷ. 함수 $|f(x)|$ 은 $x=2$ 에서 연속이다.

① ㄱ   ② ㄴ   ③ ㄱ, ㄷ

④ ㄴ, ㄷ   ⑤ ㄱ, ㄴ, ㄷ

함수 $f(x) = \begin{cases} x+2 & (x \leq 0) \\ -\dfrac{1}{2}x & (x > 0) \end{cases}$ 의 그래프가 그림과 같다.

다음 물음에 답하시오.

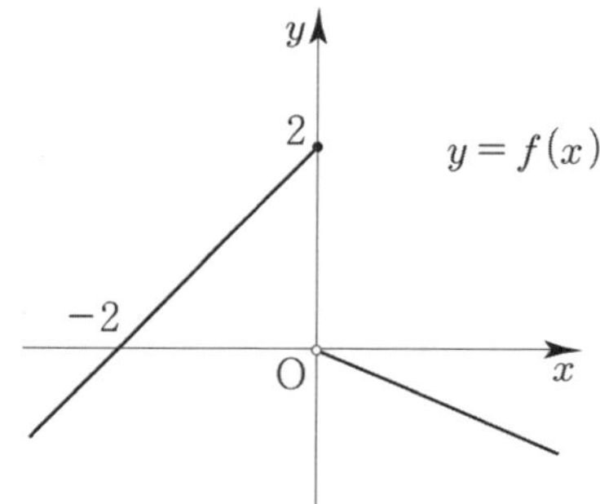

함수 $g(x) = f(x)\{f(x) + k\}$ 가 $x=0$ 에서 연속이 되도록
하는 상수 k 의 값은? [3점]

① -2 ② -1 ③ 0

④ 1 ⑤ 2

036 2012학년도 수능 나형

함수 $y=f(x)$의 그래프가 그림과 같을 때, 옳은 것만을 〈보기〉에서 있는 대로 고른 것은? [4점]

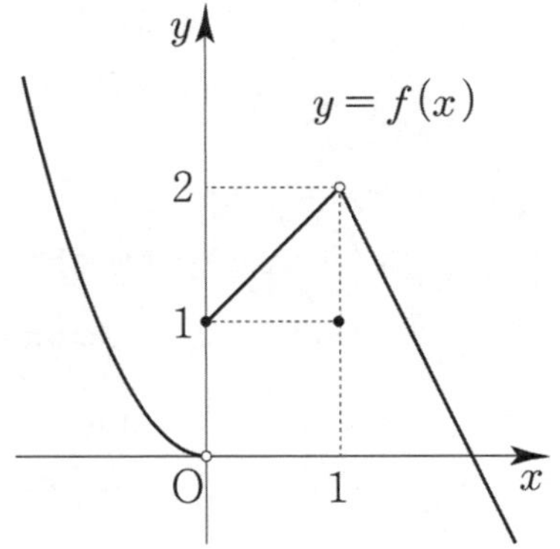

〈보기〉

ㄱ. $\lim\limits_{x\to 0+} f(x)=1$

ㄴ. $\lim\limits_{x\to 1} f(x)=f(1)$

ㄷ. 함수 $(x-1)f(x)$는 $x=1$에서 연속이다.

① ㄱ　　　　② ㄱ, ㄴ　　　　③ ㄱ, ㄷ

④ ㄴ, ㄷ　　　　⑤ ㄱ, ㄴ, ㄷ

037 2018학년도 고3 6월 평가원 나형

함수 $f(x)=\begin{cases} \dfrac{x^2-5x+a}{x-3} & (x\neq 3) \\ b & (x=3) \end{cases}$

이 실수 전체의 집합에서 연속일 때, $a+b$의 값은? (단, a와 b는 상수이다.) [4점]

① 1　　　　② 3　　　　③ 5

④ 7　　　　⑤ 9

038 2021학년도 수능 나형

함수 $f(x)=\begin{cases} -3x+a & (x\leq 1) \\ \dfrac{x+b}{\sqrt{x+3}-2} & (x>1) \end{cases}$

이 실수 전체의 집합에서 연속일 때, $a+b$의 값을 구하시오. (단, a와 b는 상수이다.) [4점]

039 2023학년도 고3 6월 평가원 공통

두 양수 a, b에 대하여 함수 $f(x)$가

$$f(x)=\begin{cases} x+a & (x<-1) \\ x & (-1\leq x<3) \\ bx-2 & (x\geq 3) \end{cases}$$

이다. 함수 $|f(x)|$가 실수 전체의 집합에서 연속일 때, $a+b$의 값은? [3점]

① $\dfrac{7}{3}$　　　　② $\dfrac{8}{3}$　　　　③ 3

④ $\dfrac{10}{3}$　　　　⑤ $\dfrac{11}{3}$

실수 전체의 집합에서 연속인 함수 $f(x)$ 가 모든 실수 x 에 대하여

$$\{f(x)\}^3 - \{f(x)\}^2 - x^2 f(x) + x^2 = 0$$

을 만족시킨다. 함수 $f(x)$ 의 최댓값이 1 이고 최솟값이 0 일 때, $f\left(-\dfrac{4}{3}\right) + f(0) + f\left(\dfrac{1}{2}\right)$ 의 값은? [4점]

① $\dfrac{1}{2}$　　② 1　　③ $\dfrac{3}{2}$

④ 2　　⑤ $\dfrac{5}{2}$

두 함수

$$f(x) = \begin{cases} \dfrac{1}{x-1} & (x < 1) \\[2mm] \dfrac{1}{2x+1} & (x \geq 1) \end{cases},$$

$$g(x) = 2x^3 + ax + b$$

에 대하여 함수 $f(x)g(x)$ 가 실수 전체의 집합에서 연속일 때, $b-a$ 의 값은? (단, $a,\ b$ 는 상수이다.) [3점]

① 10　　② 9　　③ 8

④ 7　　⑤ 6

함수

$$f(x) = \begin{cases} -2x+6 & (x < a) \\ 2x-a & (x \geq a) \end{cases}$$

에 대하여 함수 $\{f(x)\}^2$ 이 실수 전체의 집합에서 연속이 되도록 하는 모든 상수 a 의 값의 합은? [3점]

① 2　　② 4　　③ 6

④ 8　　⑤ 10

함수

$$f(x) = \begin{cases} (x-a)^2 & (x < 4) \\ 2x-4 & (x \geq 4) \end{cases}$$

가 실수 전체의 집합에서 연속이 되도록 하는 모든 상수 a 의 값의 곱은? [3점]

① 6　　② 9　　③ 12

④ 15　　⑤ 18

044 2025학년도 고3 6월 평가원 공통 ☐☐☐☐☐

함수

$$f(x) = \begin{cases} x - \dfrac{1}{2} & (x < 0) \\[2mm] -x^2 + 3 & (x \ge 0) \end{cases}$$

에 대하여 함수 $(f(x) + a)^2$이 실수 전체의 집합에서 연속일 때, 상수 a의 값은? [4점]

① $-\dfrac{9}{4}$ ② $-\dfrac{7}{4}$ ③ $-\dfrac{5}{4}$

④ $-\dfrac{3}{4}$ ⑤ $-\dfrac{1}{4}$

045 2017학년도 수능 나형 ☐☐☐☐☐

두 함수

$$f(x) = \begin{cases} x^2 - 4x + 6 & (x < 2) \\[2mm] 1 & (x \ge 2) \end{cases}, \quad g(x) = ax + 1$$

에 대하여 함수 $\dfrac{g(x)}{f(x)}$가 실수 전체의 집합에서 연속일 때, 상수 a의 값은? [4점]

① $-\dfrac{5}{4}$ ② -1 ③ $-\dfrac{3}{4}$

④ $-\dfrac{1}{2}$ ⑤ $-\dfrac{1}{4}$

046 2019년 고3 10월 교육청 나형 ☐☐☐☐☐

최고차항의 계수가 1인 이차함수 $f(x)$와 함수

$$g(x) = \begin{cases} -|x| + 2 & (|x| \le 2) \\[2mm] 1 & (|x| > 2) \end{cases}$$ 에 대하여

함수 $f(x)g(x)$가 실수 전체의 집합에서 연속이다.
함수 $f(x-a)g(x)$의 그래프가 한 점에서만
불연속이 되도록 하는 모든 실수 a의 값의 곱은? [4점]

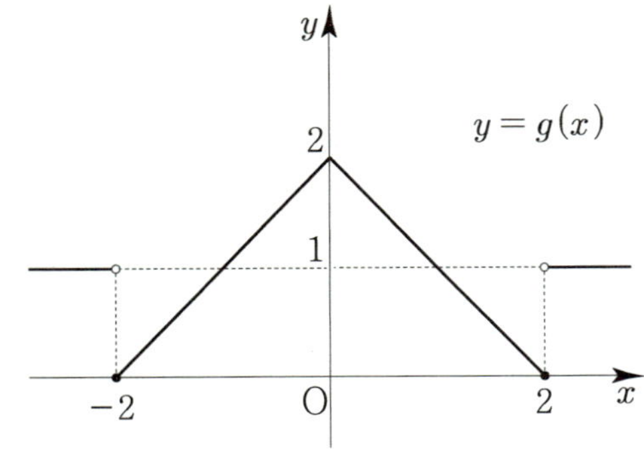

① -16 ② -12 ③ -8

④ -4 ⑤ -1

047 2018학년도 고3 9월 평가원 나형 ☐☐☐☐☐

실수 전체의 집합에서 정의된 두 함수 $f(x)$와 $g(x)$에
대하여

$$x < 0 \text{ 일 때, } f(x) + g(x) = x^2 + 4$$
$$x > 0 \text{ 일 때, } f(x) - g(x) = x^2 + 2x + 8$$

이다. 함수 $f(x)$가 $x = 0$에서 연속이고
$\displaystyle\lim_{x \to 0-} g(x) - \lim_{x \to 0+} g(x) = 6$ 일 때, $f(0)$의 값은? [4점]

① -3 ② -1 ③ 0

④ 1 ⑤ 3

함수 $f(x) = \begin{cases} x+2 & (x \le a) \\ x^2 - 4 & (x > a) \end{cases}$ 에 대하여

함수 $|f(x)|$ 가 실수 전체의 집합에서 연속이 되도록 하는 모든 실수 a의 값의 합은? [4점]

① -3 ② -2 ③ -1

④ 1 ⑤ 2

함수 $f(x) = \begin{cases} x & (|x| \ge 1) \\ -x & (|x| < 1) \end{cases}$ 에 대하여 옳은 것만을

〈보기〉에서 있는 대로 고른 것은? [4점]

〈보기〉

ㄱ. 함수 $f(x)$ 가 불연속인 점은 2개다.
ㄴ. 함수 $(x-1)f(x)$ 는 $x=1$ 에서 연속이다.
ㄷ. 함수 $\{f(x)\}^2$ 은 실수 전체의 집합에서 연속이다.

---

① ㄱ   ② ㄴ   ③ ㄱ, ㄴ

④ ㄱ, ㄷ   ⑤ ㄱ, ㄴ, ㄷ

-1이 아닌 실수 a에 대하여 함수 $f(x)$ 가

$$f(x) = \begin{cases} -x-1 & (x \le 0) \\ 2x+a & (x > 0) \end{cases}$$

일 때, 함수 $g(x) = f(x)f(x-1)$ 이 실수 전체의 집합에서 연속이 되도록 하는 a의 값은? [4점]

① $-\dfrac{7}{2}$ ② -3 ③ $-\dfrac{5}{2}$

④ -2 ⑤ $-\dfrac{3}{2}$

두 함수

$$f(x) = \begin{cases} -2x+3 & (x < 0) \\ -2x+2 & (x \ge 0) \end{cases}, \quad g(x) = \begin{cases} 2x & (x < a) \\ 2x-1 & (x \ge a) \end{cases}$$

가 있다. 함수 $f(x)g(x)$ 가 실수 전체의 집합에서 연속이 되도록 하는 상수 a의 값은? [4점]

① -2 ② -1 ③ 0

④ 1 ⑤ 2

052 2019학년도 고3 6월 평가원 나형 ☐☐☐☐☐

이차함수 $f(x)$가 다음 조건을 만족시킨다.

> (가) 함수 $\dfrac{x}{f(x)}$는 $x=1$, $x=2$에서 불연속이다.
>
> (나) $\displaystyle\lim_{x \to 2}\dfrac{f(x)}{x-2}=4$

$f(4)$의 값을 구하시오. [4점]

053 2022학년도 사관학교 공통 ☐☐☐☐☐

양의 실수 a에 대하여 함수 $f(x)$를

$$f(x)=\begin{cases} x^2-5a & (x<a) \\ -2x+4 & (x\geq a) \end{cases}$$

라 하자. 함수 $f(-x)f(x)$가 $x=a$에서 연속이 되도록 하는 모든 a의 값의 합은? [4점]

① 9　　　② 10　　　③ 11

④ 12　　　⑤ 13

054 2016학년도 수능 A형 ☐☐☐☐☐

두 함수

$$f(x)=\begin{cases} x+3 & (x \leq a) \\ x^2-x & (x>a) \end{cases},\quad g(x)=x-(2a+7)$$

에 대하여 함수 $f(x)g(x)$가 실수 전체의 집합에서 연속이 되도록 하는 모든 실수 a의 값의 곱을 구하시오. [4점]

055 2014학년도 수능 A형 ☐☐☐☐☐

함수 $f(x)=\begin{cases} x+1 & (x \leq 0) \\ -\dfrac{1}{2}x+7 & (x>0) \end{cases}$ 에 대하여

함수 $f(x)f(x-a)$가 $x=a$에서 연속이 되도록 하는 모든 실수 a의 값의 합을 구하시오. [4점]

함수 $f(x) = x^2 - x + a$에 대하여 함수 $g(x)$를

$$g(x) = \begin{cases} f(x+1) & (x \leq 0) \\ f(x-1) & (x > 0) \end{cases}$$

이라 하자. 함수 $\{g(x)\}^2$이 $x=0$에서 연속일 때, 상수 a의 값은? [4점]

① -2 ② -1 ③ 0

④ 1 ⑤ 2

두 함수

$$f(x) = \begin{cases} -1 & (|x| \geq 1) \\ 1 & (|x| < 1) \end{cases}, \quad g(x) = \begin{cases} 1 & (|x| \geq 1) \\ -x & (|x| < 1) \end{cases}$$

에 대하여 옳은 것만을 〈보기〉에서 있는 대로 고른 것은? [4점]

─── 〈보기〉 ───

ㄱ. $\lim\limits_{x \to 1} f(x)g(x) = -1$

ㄴ. 함수 $g(x+1)$은 $x=0$에서 연속이다.

ㄷ. 함수 $f(x)g(x+1)$은 $x=-1$에서 연속이다.

① ㄱ ② ㄴ ③ ㄱ, ㄴ

④ ㄱ, ㄷ ⑤ ㄱ, ㄴ, ㄷ

실수 t에 대하여 직선 $y=t$가 곡선 $y=|x^2-2x|$와 만나는 점의 개수를 $f(t)$라 하자. 최고차항의 계수가 1인 이차함수 $g(t)$에 대하여 함수 $f(t)g(t)$가 모든 실수 t에서 연속일 때, $f(3)+g(3)$의 값을 구하시오. [4점]

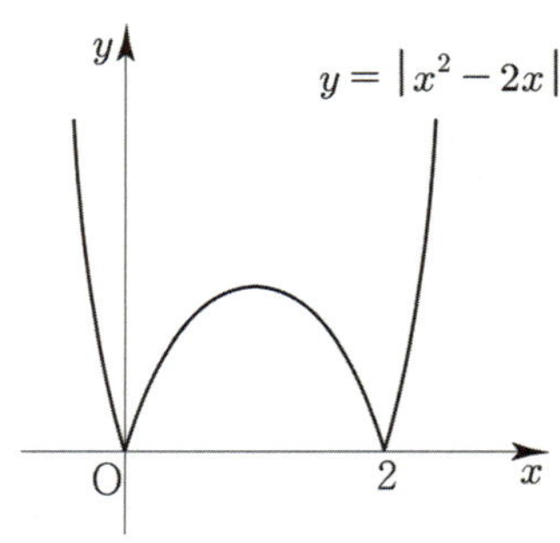

실수 m에 대하여 직선 $y=mx$와 함수

$$f(x) = 2x + 3 + |x-1|$$

의 그래프의 교점의 개수를 $g(m)$이라 하자. 최고차항의 계수가 1인 이차함수 $h(x)$에 대하여 함수 $g(x)h(x)$가 실수 전체의 집합에서 연속일 때, $h(5)$의 값을 구하시오. [4점]

060 2010학년도 수능 가형

실수 a에 대하여 집합

$$\{ x \mid ax^2+2(a-2)x-(a-2)=0, \ x는 \ 실수\}$$

의 원소의 개수를 $f(a)$라 할 때, 옳은 것만을
〈보기〉에서 있는 대로 고른 것은? [3점]

〈보기〉

ㄱ. $\lim\limits_{a\to 0} f(a) = f(0)$

ㄴ. $\lim\limits_{a\to c+} f(a) \neq \lim\limits_{a\to c-} f(a)$인 실수 c는 2개다.

ㄷ. 함수 $f(a)$가 불연속인 점은 3개다.

---

① ㄴ   ② ㄷ   ③ ㄱ, ㄴ

④ ㄴ, ㄷ   ⑤ ㄱ, ㄴ, ㄷ

061 2024년 고3 10월 교육청 공통

최고차항의 계수가 1인 삼차함수 $f(x)$와 실수 전체의
집합에서 정의된 함수 $g(x)$가 모든 실수 x에 대하여

$$(x-1)g(x) = |f(x)|$$

를 만족시킨다. 함수 $g(x)$가 $x=1$에서 연속이고
$g(3)=0$일 때, $f(4)$의 값은? [4점]

① 9   ② 12   ③ 15

④ 18   ⑤ 21

062 2024학년도 고3 9월 평가원 공통

최고차항의 계수가 1인 삼차함수 $f(x)$에 대하여
함수 $g(x)$를

$$g(x) = \begin{cases} \dfrac{f(x+3)\{f(x)+1\}}{f(x)} & (f(x) \neq 0) \\[2mm] 3 & (f(x) = 0) \end{cases}$$

이라 하자. $\lim\limits_{x\to 3} g(x) = g(3)-1$일 때, $g(5)$의 값은? [4점]

① 14   ② 16   ③ 18

④ 20   ⑤ 22

열린구간 $(-2,\ 2)$에서 정의된 함수 $y=f(x)$의 그래프가 다음 그림과 같다.

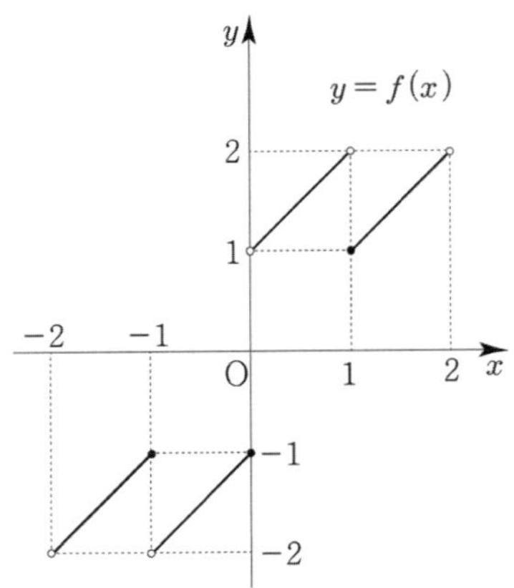

열린구간 $(-2,\ 2)$에서 함수 $g(x)$를
$g(x)=f(x)+f(-x)$로 정의할 때,
〈보기〉에서 옳은 것을 모두 고른 것은? [4점]

―――――― 〈보기〉 ――――――

ㄱ. $\displaystyle\lim_{x\to 0}f(x)$가 존재한다.

ㄴ. $\displaystyle\lim_{x\to 0}g(x)$가 존재한다.

ㄷ. 함수 $g(x)$는 $x=1$에서 연속이다.

① ㄴ   ② ㄷ   ③ ㄱ, ㄴ

④ ㄱ, ㄷ   ⑤ ㄴ, ㄷ

닫힌구간 $[-1,\ 1]$에서 정의된 함수 $y=f(x)$의 그래프가 그림과 같다.

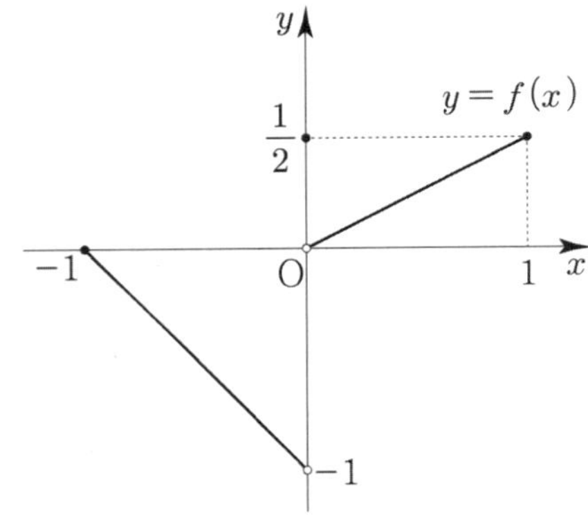

닫힌구간 $[-1,\ 1]$에서 두 함수 $g(x),\ h(x)$가
$g(x)=f(x)+|f(x)|,\ h(x)=f(x)+f(-x)$일 때,
〈보기〉에서 옳은 것만을 있는 대로 고른 것은? [4점]

―――――― 〈보기〉 ――――――

ㄱ. $\displaystyle\lim_{x\to 0}g(x)=0$

ㄴ. 함수 $|h(x)|$는 $x=0$에서 연속이다.

ㄷ. 함수 $g(x)|h(x)|$는 $x=0$에서 연속이다.

① ㄱ   ② ㄷ   ③ ㄱ, ㄴ

④ ㄴ, ㄷ   ⑤ ㄱ, ㄴ, ㄷ

규토 라이트 N제
함수의 극한과 연속

Master step

심화 문제편

2. 함수의 연속

x에 대한 방정식 $nx^3 = x^2 + 2x + 8$은 자연수 n의 값에 관계없이 오직 하나의 실근을 갖는다. 이 방정식의 실근이 닫힌구간 $[1, 2]$에 존재하도록 하는 모든 자연수 n의 값의 합을 구하시오.

최고차항의 계수가 1인 삼차함수 $f(x)$에 대하여 실수 전체의 집합에서 연속인 함수 $g(x)$가 다음 조건을 만족시킨다.

> (가) 모든 실수 x에 대하여 $f(x)g(x) = x(x+3)$이다.
> (나) $g(0) = 1$

$f(1)$이 자연수일 때, $g(2)$의 최솟값은? [4점]

① $\dfrac{5}{13}$ ② $\dfrac{5}{14}$ ③ $\dfrac{1}{3}$

④ $\dfrac{5}{16}$ ⑤ $\dfrac{5}{17}$

실수 t에 대하여 열린구간 $(t-1,\ t+1)$에서 함수

$$f(x) = \begin{cases} 1 & (x \neq 0) \\ 2 & (x = 0) \end{cases}$$

의 불연속인 점의 개수를 $g(t)$라 하자. 옳은 것만을 〈보기〉에서 있는 대로 고른 것은? [4점]

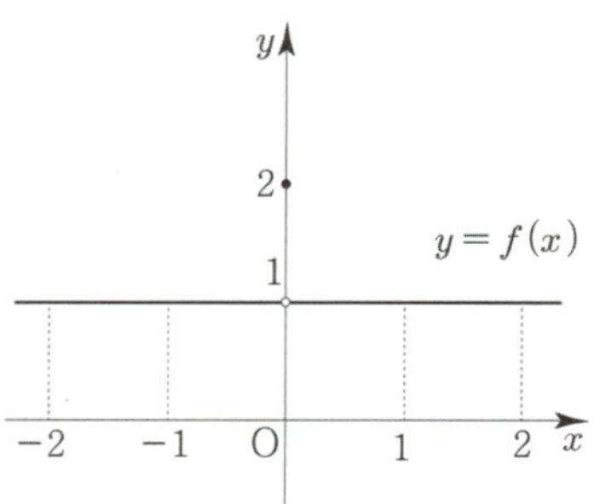

┌─── 〈보기〉 ───┐

ㄱ. $g(0) = 1$

ㄴ. $\displaystyle\lim_{x \to 1-} g(x) + \lim_{x \to -1+} g(x) = 2$

ㄷ. 함수 $\dfrac{g(x)}{f(x)}$ 는 $x = 0$에서 연속이다.

① ㄱ ② ㄱ, ㄴ ③ ㄱ, ㄷ

④ ㄴ, ㄷ ⑤ ㄱ, ㄴ, ㄷ

$t < 4$인 실수 t에 대하여 곡선 $y = -x^2 + 4x$와 직선 $y = t$가 만나는 두 점의 x좌표 중 작은 값을 α, 큰 값을 β라 하자.

두 함수

$$f(t) = \begin{cases} \beta - \alpha & (3 < t < 4) \\ \alpha\beta & (t \leq 3) \end{cases}, \quad g(t) = \begin{cases} \alpha + \beta & (3 < t < 4) \\ -k + 4 & (t \leq 3) \end{cases}$$

에 대하여 함수 $f(t)g(t)$가 열린구간 $(-\infty,\ 4)$에서 연속일 때, $60k$의 값을 구하시오. (단, k는 상수이다.)

069   2019학년도 고3 6월 평가원 나형

함수 $f(x) = \begin{cases} ax+b & (x<1) \\ cx^2 + \dfrac{5}{2}x & (x \geq 1) \end{cases}$

이 실수 전체의 집합에서 연속이고 역함수를 갖는다.
함수 $y=f(x)$ 의 그래프와 역함수 $y=f^{-1}(x)$ 의
그래프의 교점의 개수가 3 이고, 그 교점의 x 좌표가
각각 -1, 1, 2 일 때, $2a+4b-10c$ 의 값을 구하시오.
(단, a, b, c 는 상수이다.) [4점]

070   2018년 고2 9월 교육청 나형

양수 a 와 실수 b 에 대하여 함수 $f(x)$ 는

$$f(x) = \begin{cases} -3x(x+2) & (x<0) \\ |ax^2 + bx| & (x \geq 0) \end{cases}$$

이다. 실수 t 에 대하여 $f(x)=t$ 인 모든 x 를 작은 수부터
크기순으로 나열한 것을 x_1, x_2, x_3, $\cdots$, x_m (m 은 자연수)라
할 때, 함수 $g(t)$ 를 $g(t)=x_1$ 이라 하자.
함수 $g(t)$ 가 다음 조건을 만족시킨다.

> (가) 함수 $g(t)$ 는 $t=3$, $t=4$ 에서만 불연속이다.
> (나) $\displaystyle\lim_{t \to 3+} g(t) = \dfrac{2}{3}$

$30 \times g(4)$ 의 값을 구하시오. [4점]

071   2022년 고3 3월 교육청 공통

$a>2$ 인 상수 a 에 대하여 함수 $f(x)$ 를

$$f(x) = \begin{cases} x^2 - 4x + 3 & (x \leq 2) \\ -x^2 + ax & (x > 2) \end{cases}$$

라 하자. 최고차항의 계수가 1 인 삼차함수 $g(x)$ 에 대하여
실수 전체의 집합에서 연속인 함수 $h(x)$ 가 다음 조건을
만족시킬 때, $h(1)+h(3)$ 의 값은? [4점]

> (가) $x \neq 1$, $x \neq a$ 일 때, $h(x) = \dfrac{g(x)}{f(x)}$ 이다.
> (나) $h(1) = h(a)$

① $-\dfrac{15}{6}$ ② $-\dfrac{7}{3}$ ③ $-\dfrac{13}{6}$

④ -2 ⑤ $-\dfrac{11}{6}$

072   2023학년도 수능 공통

다항함수 $f(x)$ 에 대하여 함수 $g(x)$ 를 다음과 같이
정의한다.

$$g(x) = \begin{cases} x & (x < -1 \text{ 또는 } x > 1) \\ f(x) & (-1 \leq x \leq 1) \end{cases}$$

함수 $h(x) = \displaystyle\lim_{t \to 0+} g(x+t) \times \lim_{t \to 2+} g(x+t)$ 에 대하여

〈보기〉에서 옳은 것만을 있는 대로 고른 것은? [4점]

> ─── 〈보기〉 ───
> ㄱ. $h(1) = 3$
> ㄴ. 함수 $h(x)$ 는 실수 전체의 집합에서 연속이다.
> ㄷ. 함수 $g(x)$ 가 닫힌구간 $[-1,\ 1]$ 에서 감소하고
> $g(-1) = -2$ 이면 함수 $h(x)$ 는 실수 전체의 집합에서
>   최솟값을 갖는다.

① ㄱ   ② ㄴ   ③ ㄱ, ㄴ

④ ㄱ, ㄷ   ⑤ ㄴ, ㄷ

규토 라이트 N제

미분

1. 미분계수와 도함수
2. 도함수의 활용

Guide step
개념 익히기편

1. 미분계수와 도함수

01 미분계수

성취 기준 – 미분계수의 뜻을 알고, 그 값을 구할 수 있다.
 – 미분계수의 기하적 의미를 이해한다.
 – 미분가능성과 연속성의 관계를 이해한다.

개념 파악하기 | (1) 평균변화율이란 무엇일까?

평균변화율

함수 $f(x)$ 에서 x 의 값이 a 에서 b 까지 변할 때,
y 의 값은 $f(a)$ 에서 $f(b)$ 까지 변한다.
이때 x 의 값의 변화량 $b-a$ 를 x 의 **증분**,
y 의 값의 변화량 $f(b)-f(a)$ 를 y 의 **증분**이라 하고,
이것을 기호로 각각 Δx, Δy 와 같이 나타낸다.

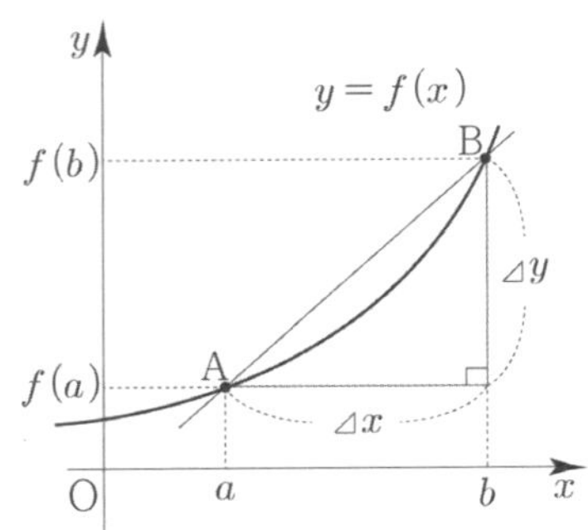

즉, $\Delta x = b-a$, $\Delta y = f(b)-f(a) = f(a+\Delta x)-f(a)$ 이다.

> **Tip** 기호 Δ 는 Difference(차)의 머리글자 D에 해당하는 그리스 문자로, 'delta' 라고 읽는다.

x 의 증분 Δx 에 대한 y 의 증분 Δy 의 비율

$$\frac{\Delta y}{\Delta x} = \frac{f(b)-f(a)}{b-a} = \frac{f(a+\Delta x)-f(a)}{\Delta x}$$ 를 x 의 값이 a 에서 b 까지 변할 때,

함수 $y=f(x)$ 의 **평균변화율**이라고 한다.

> **Tip** 평균변화율은 두 점 $A(a, f(a))$, $B(b, f(b))$ 를 지나는 직선의 기울기와 같다.

예제 1

함수 $f(x) = x^2 + 2$ 에서 x 의 값이 다음과 같이 변할 때, 평균변화율을 구하시오.

(1) 1에서 2까지

(2) 2에서 $2+\Delta x$ 까지

풀이

(1) $\dfrac{\Delta y}{\Delta x} = \dfrac{f(2)-f(1)}{2-1} = \dfrac{6-3}{1} = 3$

(2) $\dfrac{\Delta y}{\Delta x} = \dfrac{f(2+\Delta x)-f(2)}{\Delta x} = \dfrac{(2+\Delta x)^2+2-6}{\Delta x} = \dfrac{4\Delta x+(\Delta x)^2}{\Delta x} = 4+\Delta x$

개념 확인문제 1

함수 $f(x) = x^2 + x$ 에서 x 의 값이 다음과 같이 변할 때, 평균변화율을 구하시오.

(1) 1에서 3까지

(2) 1에서 $1+\Delta x$ 까지

   (2) 미분계수란 무엇일까?

미분계수

함수 $y=f(x)$ 에서 x 의 값이 a 에서 $a+\Delta x$ 까지 변할 때, 평균변화율은 $\dfrac{\Delta y}{\Delta x}=\dfrac{f(a+\Delta x)-f(a)}{\Delta x}$ 이다.

여기서 $\Delta x \to 0$ 일 때, 평균변화율의 극한값

$\displaystyle\lim_{\Delta x \to 0}\dfrac{\Delta y}{\Delta x}=\lim_{\Delta x \to 0}\dfrac{f(a+\Delta x)-f(a)}{\Delta x}$ 가 존재하면 함수 $y=f(x)$ 는 $x=a$ 에서 **미분가능**하다고 한다.

이때 이 극한값을 함수 $y=f(x)$ 의 $x=a$ 에서 **순간변화율** 또는 **미분계수**라 하고, 기호로 $f'(a)$ 와 같이 나타낸다.

> **Tip** 기호 $f'(a)$ 는 f prime a 라고 읽는다.

한편 $f'(a)=\displaystyle\lim_{\Delta x \to 0}\dfrac{f(a+\Delta x)-f(a)}{\Delta x}$ 에서 $\Delta x = h$ 라고 하면

$\Delta x \to 0$ 일 때, $h \to 0$ 이므로 $f'(a)=\displaystyle\lim_{h \to 0}\dfrac{f(a+h)-f(a)}{h}$ 와 같이 나타낼 수 있다.

$f'(a)=\displaystyle\lim_{\Delta x \to 0}\dfrac{f(a+\Delta x)-f(a)}{\Delta x}$ 에서 $a+\Delta x=x$ 라고 하면 $\Delta x=x-a$ 이고,

$\Delta x \to 0$ 일 때, $x \to a$ 이므로 $f'(a)=\displaystyle\lim_{x \to a}\dfrac{f(x)-f(a)}{x-a}$ 와 같이 나타낼 수 있다.

> **Tip** 함수 $y=f(x)$ 의 $x=a$ 에서의 미분계수는 $f'(a)=\displaystyle\lim_{h \to 0}\dfrac{f(a+h)-f(a)}{h}=\lim_{x \to a}\dfrac{f(x)-f(a)}{x-a}$ 이다.
> 두 가지 형태 모두 기억하자.

함수 $y=f(x)$ 가 어떤 구간에 속하는 모든 x 에서 미분가능하면 함수 $y=f(x)$ 는 그 구간에서 미분가능하다고 한다. 특히, 함수 $y=f(x)$ 가 정의역에 속하는 모든 x 에서 미분가능하면 함수 $y=f(x)$ 는 미분가능한 함수라고 한다.

예제 2

함수 $f(x)=x^2-1$ 의 $x=1$ 에서의 미분계수를 구하시오.

> **풀이**
>
> $f'(a)=\displaystyle\lim_{h \to 0}\dfrac{f(a+h)-f(a)}{h}=\lim_{x \to a}\dfrac{f(x)-f(a)}{x-a}$ 이므로 둘 중에 어떤 형태를 쓸지 고르면 된다.
>
> ① $f'(1)=\displaystyle\lim_{h \to 0}\dfrac{f(1+h)-f(1)}{h}=\lim_{h \to 0}\dfrac{(1+h)^2-1}{h}=\lim_{h \to 0}\dfrac{h^2+2h}{h}=\lim_{h \to 0}(h+2)=2$
>
> ② $f'(1)=\displaystyle\lim_{x \to 1}\dfrac{f(x)-f(1)}{x-1}=\lim_{x \to 1}\dfrac{x^2-1}{x-1}=\lim_{x \to 1}(x+1)=2$
>
> > **Tip** 보통 (특정한) $x=a$ 에서의 미분계수를 물어보면 $f'(a)=\displaystyle\lim_{x \to a}\dfrac{f(x)-f(a)}{x-a}$ 을 쓰는 편이 좋다.

　다음 함수의 $x=-1$ 에서의 미분계수를 구하시오.

(1) $f(x)=2x+1$　　　　　　　　　　　　(2) $f(x)=-x^2+2x$

예제 3

다항함수 $f(x)$ 에 대하여 다음 극한값을 미분계수 $f'(1)$ 를 사용하여 나타내시오.

(1) $\displaystyle\lim_{h\to 0}\frac{f(1+3h)-f(1)}{h}$　　　　　　(2) $\displaystyle\lim_{h\to 0}\frac{f(1+h)-f(1-3h)}{2h}$

풀이

(1) $\displaystyle\lim_{h\to 0}\frac{f(1+3h)-f(1)}{h}=\lim_{h\to 0}\frac{f(1+3h)-f(1)}{3h}\times 3$

$3h=t$ 라 하면 $h\to 0$ 일 때, $t\to 0$ 이므로 $\displaystyle\lim_{h\to 0}\frac{f(1+3h)-f(1)}{3h}=\lim_{t\to 0}\frac{f(1+t)-f(1)}{t}=f'(1)$ 이다.

따라서 $\displaystyle\lim_{h\to 0}\frac{f(1+3h)-f(1)}{h}=\lim_{h\to 0}\frac{f(1+3h)-f(1)}{3h}\times 3=3f'(1)$ 이다.

(2) $\displaystyle\lim_{h\to 0}\frac{f(1+h)-f(1-3h)}{2h}=\lim_{h\to 0}\frac{f(1+h)-f(1)-f(1-3h)+f(1)}{2h}$

$\displaystyle=\lim_{h\to 0}\left\{\frac{f(1+h)-f(1)}{2h}\right\}+\lim_{h\to 0}\left\{\frac{f(1-3h)-f(1)}{-2h}\right\}=\frac{1}{2}\lim_{h\to 0}\left\{\frac{f(1+h)-f(1)}{h}\right\}+\frac{3}{2}\lim_{h\to 0}\left\{\frac{f(1-3h)-f(1)}{-3h}\right\}$

$\displaystyle=\frac{1}{2}f'(1)+\frac{3}{2}f'(1)=2f'(1)$

Tip　보통 학생들이 처음 미분계수를 접할 때, (2)과 같이 미분계수의 정의를 사용해서 푸는
문제를 많이 어려워한다. 이는 로피탈의 정리와 합성함수의 미분법으로 충분히 극복가능하다.
합성함수의 미분법은 수2가 아니라 미적분에서 배우는 과정이지만 알아두는 편이 좋다.
수능 수학영역은 시간을 충분히 주는 대학교 전공시험이 아니라 100분 안에 30문제를 푸는
타임어택 시험이다. 다시 말해 수능에서 고득점을 받기 위해서는 쉬운 문제들은 빨리 풀어 소위
킬러문제들을 풀 시간을 확보하는 것이 무엇보다 중요하다.
즉, 정석적 방법을 다 알고 있다는 전제하에 로피탈의 정리와 합성함수의 미분법으로 빠르게 풀어
주는 편이 훨씬 이득이다. (당연히 정석적 방법도 알고 있어야 한다.)
꼭 로피탈을 써야 하는 것은 아니다. 쓰지 않는 것이 편하다면 굳이 억지로 쓸 필요는 없으니
너무 로피탈에 대해 강박을 가질 필요는 없다.

만약 아직 미분을 배우지 않았고 처음 수2를 배우는 학생이라면 2회독 때부터 봐도 되니 너무 부담 갖지 말자.

로피탈의 정리 (함수의 극한에서 배운 내용 복습)

두 함수 $f(x)$, $g(x)$ 가 미분가능하고, $x=a$ 근방에서 $g'(x) \neq 0$ 이라 하자.

$\lim\limits_{x \to a} f(x) = 0$, $\lim\limits_{x \to a} g(x) = 0$ 이고 $\lim\limits_{x \to a} \dfrac{f'(x)}{g'(x)}$ 가 존재하면 $\lim\limits_{x \to a} \dfrac{f(x)}{g(x)} = \lim\limits_{x \to a} \dfrac{f'(x)}{g'(x)}$ 이다.

합성함수의 미분법

$$\{f(g(x))\}' = g'(x) f'(g(x))$$

간단히 말해서 두 함수 $f(x)$, $g(x)$ 에 대하여 합성함수 $f(g(x))$ 를 미분하면 $g'(x) \times f'(g(x))$ 와 같다는 뜻이다.

ex1 $f(x) = x^3$, $g(x) = 2x+1$ 라 하면 $(2x+1)^3 = f(g(x))$ 이다.

$g'(x) = 2$, $f'(x) = 3x^2$ 이므로 $(2x+1)^3$ 을 x 에 대하여 미분하면 $2 \times 3(2x+1)^2 = 6(2x+1)^2$ 이다.

ex2 $f(-2x)$ 를 x 에 대하여 미분하면 $-2 \times f'(-2x) = -2f'(-2x)$ 이다.

ex3 $f(x^2+x)$ 를 x 에 대하여 미분하면 $(2x+1) \times f'(x^2+x) = (2x+1)f'(x^2+x)$ 이다.

위의 개념들을 활용하여 예제 3을 다시 풀어보자.

(1) $\lim\limits_{h \to 0} \dfrac{f(1+3h) - f(1)}{h}$ 은 $\dfrac{0}{0}$ 꼴이고 $f(x)$ 는 다항함수이므로 분자 $i(h) = f(1+3h) - f(1)$ 는 다항함수이고

분모 $g(h) = h$ 도 다항함수이므로 두 함수 모두 실수 전체의 집합에서 미분가능하다.

따라서 로피탈의 정리를 사용할 수 있다.

$f(1+3h) - f(1)$ 를 h 에 대하여 미분하면 $3f'(1+3h)$ 이고 h 를 h 에 대하여 미분하면 1 이므로

$$\lim\limits_{h \to 0} \dfrac{f(1+3h) - f(1)}{h} = \lim\limits_{h \to 0} \dfrac{3f'(1+3h)}{1} = 3f'(1)$$ 이다.

> **Tip 1** $h \to 0$ 일 때의 극한값을 조사하는 것이므로 h 에 대하여 미분해야 한다.

> **Tip 2** $f(1)$ 은 상수이므로 미분하면 0 이 된다.

(2) $\lim\limits_{h \to 0} \dfrac{f(1+h) - f(1-3h)}{2h}$ 은 $\dfrac{0}{0}$ 꼴이고 $f(x)$ 는 다항함수이므로 분자 $i(h) = f(1+h) - f(1-3h)$ 는

다항함수이고 분모 $g(h) = 2h$ 도 다항함수이므로 두 함수 모두 실수 전체의 집합에서 미분가능하다.

따라서 로피탈의 정리를 사용할 수 있다.

$f(1+h) - f(1-3h)$ 를 h 에 대하여 미분하면 $f'(1+h) + 3f'(1-3h)$ 이고 $2h$ 를 h 에 대하여 미분하면 2 이므로

$$\lim\limits_{h \to 0} \dfrac{f(1+h) - f(1-3h)}{2h} = \lim\limits_{h \to 0} \dfrac{f'(1+h) + 3f'(1-3h)}{2} = \dfrac{4}{2} f'(1) = 2f'(1)$$ 이다.

> **Tip 1** 로피탈의 정리를 쓸 때에는 분모 분자가 미분가능한지 확인해줘야 한다.
> 하지만 높은 확률로 미분가능한 함수가 나올 것이다.
> (가능하지 않은 경우는 나중에 Training step에서 다루기로 하자.)

　다항함수 $f(x)$ 에 대하여 $f'(1)=4$ 일 때, 다음 극한값을 구하시오.

(1) $\displaystyle \lim_{h \to 0} \frac{f(1-2h)-f(1)}{4h}$

(2) $\displaystyle \lim_{h \to 0} \frac{f(1+h)-f(1-h)}{h}$

개념 파악하기　(3) 미분계수의 기하학적 의미는 무엇일까?

미분계수의 기하학적 의미

미분가능한 함수의 그래프에서 미분계수의 의미를 알아보자.
함수 $f(x)$ 에서 x 의 값이 a 에서 $a+\triangle x$ 까지 변할 때,
평균변화율은 $\dfrac{\triangle y}{\triangle x} = \dfrac{f(a+\triangle x)-f(a)}{\triangle x}$ 이다.
이는 곡선 $y=f(x)$ 위의 두 점 $\mathrm{P}(a,\ f(a))$, $\mathrm{Q}(a+\triangle x,\ f(a+\triangle x))$
를 지나는 직선 PQ 의 기울기와 같다.

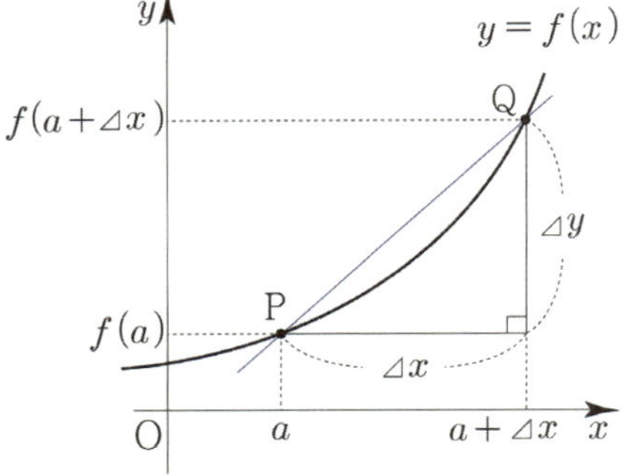

점 P 를 고정하였을 때, $\triangle x \to 0$ 이면 점 Q 는 곡선 $y=f(x)$ 를 따라
점 P 에 한없이 가까워지고, 직선 PQ 는 점 P 를 지나면서
기울기가 $\displaystyle \lim_{\triangle x \to 0} \frac{\triangle y}{\triangle x}$ 인 직선 l 에 한없이 가까워진다.

이 직선 l 을 곡선 $y=f(x)$ 위의 점 P 에서 접하는 접선이라 하고,
점 P 를 이 접선의 접점이라고 한다.

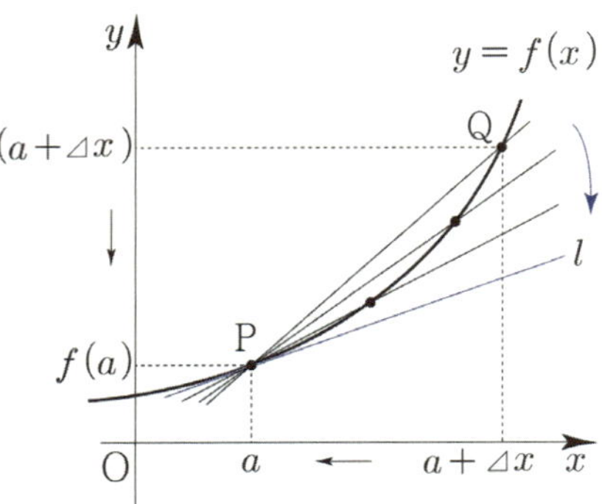

따라서 함수 $y=f(x)$ 의 $x=a$ 에서 미분계수

$$f'(a) = \lim_{\triangle x \to 0} \frac{\triangle y}{\triangle x} = \lim_{\triangle x \to 0} \frac{f(a+\triangle x)-f(a)}{\triangle x} = \lim_{x \to a} \frac{f(x)-f(a)}{x-a}$$

는 곡선 $y=f(x)$ 위의 점 $\mathrm{P}(a,\ f(a))$ 에서 접하는 접선 l 의 기울기와 같다.

미분계수의 기하학적 의미 요약

함수 $f(x)$ 의 $x=a$ 에서 미분계수 $f'(a)$ 는 곡선 $y=f(x)$ 위의 점 $(a,\ f(a))$ 에서 접하는 접선의 기울기와 같다.

Tip 1　미분계수의 기하학적 의미는 직관적으로 이해하면 된다.

Tip 2　즉, 평균변화율의 기하학적 의미는 두 점을 지나는 직선의 기울기이고,
미분계수의 기하학적 의미는 그 점에서의 접선의 기울기이다.

예제 4

곡선 $y = x^2 + 2x$ 위의 점 $(1,\ 3)$ 에서 접하는 접선의 기울기를 구하시오.

풀이

$f(x) = x^2 + 2x$ 라 하면 구하는 접선의 기울기는 함수 $f(x)$ 의 $x = 1$ 에서 미분계수 $f'(1)$ 과 같으므로

$$f'(1) = \lim_{x \to 1} \frac{f(x) - f(1)}{x - 1} = \lim_{x \to 1} \frac{x^2 + 2x - 3}{x - 1} = \lim_{x \to 1} \frac{(x-1)(x+3)}{x-1} = \lim_{x \to 1}(x+3) = 4$$

물론 $f'(1) = \lim\limits_{\Delta x \to 0} \dfrac{f(1 + \Delta x) - f(1)}{\Delta x}$ 로 구해도 된다.

$$f'(1) = \lim_{\Delta x \to 0} \frac{f(1 + \Delta x) - f(1)}{\Delta x} = \lim_{\Delta x \to 0} \frac{(1 + \Delta x)^2 + 2(1 + \Delta x) - 3}{\Delta x} = \lim_{\Delta x \to 0} \frac{(\Delta x)^2 + 4\Delta x}{\Delta x}$$

$$= \lim_{\Delta x \to 0}(\Delta x + 4) = 4$$

개념 확인문제 4 다음 곡선 위의 점에서 접하는 접선의 기울기를 구하시오.

(1) $y = 3x^2 - x + 1,\ (1,\ 3)$

(2) $y = x^3 + x,\ (-1,\ -2)$

미분가능성

함수 $f(x)$ 의 $x=a$ 에서의 미분계수 $f'(a)=\lim\limits_{\varDelta x\to 0}\dfrac{f(a+\varDelta x)-f(a)}{\varDelta x}=\lim\limits_{x\to a}\dfrac{f(x)-f(a)}{x-a}$ 가 존재하면

함수 $f(x)$ 는 $x=a$ 에서 미분가능하다고 한다.

> **Tip**
>
> 즉, 극한값 $\lim\limits_{x\to a}\dfrac{f(x)-f(a)}{x-a}$ 이 존재하면 함수 $f(x)$ 는 $x=a$ 에서 미분가능하다.
>
> 극한값 $\lim\limits_{x\to a}\dfrac{f(x)-f(a)}{x-a}$ 이 존재하려면 $\lim\limits_{x\to a+}\dfrac{f(x)-f(a)}{x-a}=\lim\limits_{x\to a-}\dfrac{f(x)-f(a)}{x-a}$ 이어야 한다.
>
> 이때, 우극한값 $\lim\limits_{x\to a+}\dfrac{f(x)-f(a)}{x-a}\left(=\lim\limits_{h\to 0+}\dfrac{f(a+h)-f(a)}{h}\right)$ 가 존재하면 이 값을 함수 $f(x)$ 의
>
> $x=a$ 에서의 **우미분계수**라 하고, 좌극한값 $\lim\limits_{x\to a-}\dfrac{f(x)-f(a)}{x-a}\left(=\lim\limits_{h\to 0-}\dfrac{f(a+h)-f(a)}{h}\right)$ 가 존재하면
>
> 이 값을 함수 $f(x)$ 의 $x=a$ 에서의 **좌미분계수**라 한다.
>
> 다시 말해 "함수 $f(x)$ 가 $x=a$ 에서 미분가능하다"는 말은 함수 $f(x)$ 의
>
> $x=a$ 에서의 좌미분계수와 우미분계수가 같다는 의미이다.

미분가능성과 연속성의 관계

함수 $f(x)$ 가 $x=a$ 에서 미분가능하면 미분계수 $f'(a)=\lim\limits_{x\to a}\dfrac{f(x)-f(a)}{x-a}$ 가 존재하므로

$$\lim\limits_{x\to a}\{f(x)-f(a)\}=\lim\limits_{x\to a}\left\{\dfrac{f(x)-f(a)}{x-a}\times(x-a)\right\}=\lim\limits_{x\to a}\dfrac{f(x)-f(a)}{x-a}\times\lim\limits_{x\to a}(x-a)=f'(a)\times 0=0$$

즉, $\lim\limits_{x\to a}f(x)=f(a)$ 이므로 함수 $f(x)$ 는 $x=a$ 에서 연속이다.

따라서 함수 $f(x)$ 가 $x=a$ 에서 미분가능하면 함수 $f(x)$ 는 $x=a$ 에서 연속이다.

이때 위 정리의 역은 성립하지 않는 것에 유의하자.

즉, $x=a$ 에서 연속인 함수 $f(x)$ 가 $x=a$ 에서 반드시 미분가능한 것은 아니다. (예제 5)

미분가능한 함수 $\subset$ 연속인 함수 $\subset$ 함수

> **Tip**
>
> "함수 $f(x)$ 가 $x=a$ 에서 미분가능하면 함수 $f(x)$ 는 $x=a$ 에서 연속이다." 의 대우는
>
> "함수 $f(x)$ 가 $x=a$ 에서 연속이 아니면 함수 $f(x)$ 는 $x=a$ 에서 미분가능하지 않다." 이다.
>
> 즉, 어떤 함수 $f(x)$ 가 $x=a$ 에서 미분가능한지 알고 싶다면 처음으로 해야 할 것은
>
> 함수 $f(x)$ 가 $x=a$ 에서 연속하는지 여부를 조사하는 것이다.

예제 5

함수 $f(x) = |x|$ 의 $x = 0$ 에서 연속성과 미분가능성을 조사하시오.

풀이

$f(0) = 0$ 이고 $\lim\limits_{x \to 0} f(x) = \lim\limits_{x \to 0} |x| = 0$ 이므로 $\lim\limits_{x \to 0} f(x) = f(0)$ 이다.

따라서 함수 $f(x)$ 는 $x = 0$ 에서 연속이다.

$$\lim_{x \to 0+} \frac{f(x) - f(0)}{x - 0} = \lim_{x \to 0+} \frac{|x|}{x} = \lim_{x \to 0+} \frac{x}{x} = 1, \quad \lim_{x \to 0-} \frac{f(x) - f(0)}{x - 0} = \lim_{x \to 0-} \frac{|x|}{x} = \lim_{x \to 0-} \frac{-x}{x} = -1$$

$\lim\limits_{x \to 0+} \dfrac{f(x) - f(0)}{x - 0} \neq \lim\limits_{x \to 0-} \dfrac{f(x) - f(0)}{x - 0}$ 이므로 극한값 $\lim\limits_{x \to 0} \dfrac{f(x) - f(0)}{x - 0}$ 이 존재하지 않는다.

따라서 함수 $f(x)$ 는 $x = 0$ 에서 미분가능하지 않다.

Tip 그래프를 그려서 판단할 수도 있는데 뾰족하면 미분가능하지 않고 smooth하면 미분가능하다.
이때 뾰족점을 첨점이라 하고, 첨점에서는 미분가능하지 않다.

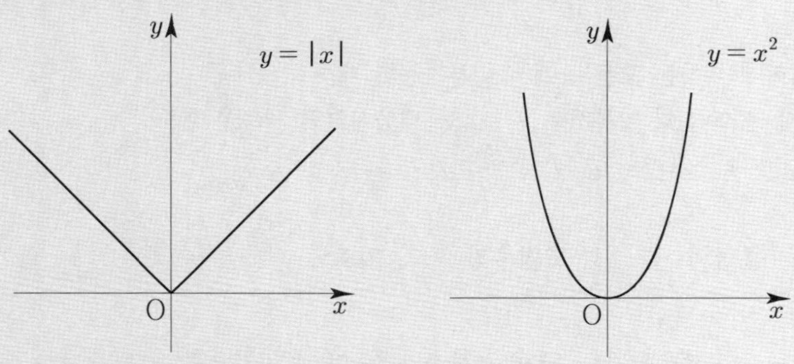

$y = |x|$ 는 $x = 0$ 에서 뾰족하므로 $x = 0$ 에서 미분가능하지 않고 (첨점=원점)
$y = x^2$ 은 $x = 0$ 에서 smooth하므로 $x = 0$ 에서 미분가능하다. ($x = 0$ 에서의 접선의 기울기 0)

개념 확인문제 **5** 함수 $f(x) = |x^2 - 4|$ 의 $x = 2$ 에서 연속성과 미분가능성을 조사하시오.

02 도함수

성취 기준 – 함수 $y = x^n$ (n은 양의 정수)의 도함수를 구할 수 있다.
– 함수의 실수배, 합, 차, 곱의 미분법을 알고, 다항함수의 도함수를 구할 수 있다.

개념 파악하기 | (5) 도함수란 무엇일까?

도함수

a가 실수일 때, $f(x) = x^2$ 의 $x = a$ 에서의 미분계수 $f'(a)$ 는

$$f'(a) = \lim_{\Delta x \to 0} \frac{f(a + \Delta x) - f(a)}{\Delta x} = \lim_{h \to 0} \frac{f(a+h) - f(a)}{h}$$

$$= \lim_{h \to 0} \frac{(a+h)^2 - a^2}{h} = \lim_{h \to 0}(2a+h) = 2a$$

이므로 $f'(0) = 0$, $f'(1) = 2$, $f'(2) = 4$, $f'(3) = 6$ 이다.

이처럼 함수 $f(x) = x^2$ 의 $x = a$ 에서의 미분계수 $f'(a)$ 는 a 의 값에 따라 하나씩 정해지므로
a 에서 $f'(a)$ 로의 대응은 함수가 될 수 있다.

함수 $f(x)$ 가 정의역에 속하는 모든 x 에서 미분가능할 때,
정의역에 속하는 각 원소 x 에 미분계수 $f'(x)$ 를 대응시키면 새로운 함수

$$f'(x) = \lim_{\Delta x \to 0} \frac{f(x + \Delta x) - f(x)}{\Delta x} = \lim_{h \to 0} \frac{f(x+h) - f(x)}{h}$$ 를 얻을 수 있다.

이때 이 함수 $f'(x)$ 를 함수 $f(x)$ 의 **도함수**라 하고, 기호로 $f'(x)$, y', $\dfrac{dy}{dx}$, $\dfrac{d}{dx}f(x)$ 와 같이 나타낸다.

예를 들어 함수 $y = f(x)$ 에서 $f(x) = x^2$ 의 도함수가 $2x$ 일 때

$f'(x) = 2x$, $y' = 2x$, $\dfrac{dy}{dx} = 2x$, $\dfrac{d}{dx}f(x) = 2x$ 와 같이 나타낼 수 있다.

> **Tip** 도함수의 기호 $\dfrac{dy}{dx}$ 는 극한값 $\lim\limits_{\Delta x \to 0} \dfrac{\Delta y}{\Delta x}$ 를 간단히 나타낸 것이다.
>
> 이때 기호 $\dfrac{dy}{dx}$ 는 dy 를 dx 로 나눈 분수를 의미하는 것이 아니라
>
> y 를 x 에 대하여 미분한다는 의미이다.

함수 $f(x)$ 에서 도함수 $f'(x)$ 를 구하는 것을 함수 $f(x)$ 를 x 에 대하여 미분한다고 하고,
그 계산법을 미분법이라고 한다.

함수 $f(x)$ 의 $x = a$ 에서 미분계수 $f'(a)$ 는 도함수 $f'(x)$ 의 식에 $x = a$ 를 대입한 것이다.

도함수 요약

미분가능한 함수 $y = f(x)$ 의 도함수는 $f'(x) = \lim\limits_{h \to 0} \dfrac{f(x+h) - f(x)}{h}$ 이다.

예제 **6**

함수 $f(x) = x^2 + 2x$ 의 도함수를 구하시오.

풀이

$$f'(x) = \lim_{h \to 0} \frac{f(x+h) - f(x)}{h} = \lim_{h \to 0} \frac{(x+h)^2 + 2(x+h) - (x^2 + 2x)}{h} = \lim_{h \to 0} \frac{2hx + h^2 + 2h}{h}$$

$$= \lim_{h \to 0}(2x + h + 2) = 2x + 2$$

개념 확인문제 6 다음 함수의 도함수를 구하시오.

(1) $f(x) = -x + 2$

(2) $f(x) = -2x^2 + x + 1$

함수 $f(x) = x^n$ ($n \geq 2$ 인 정수)의 도함수

$$f'(x) = \lim_{h \to 0} \frac{f(x+h) - f(x)}{h} = \lim_{h \to 0} \frac{(x+h)^n - x^n}{h} = \lim_{h \to 0} \frac{\{(x+h) - x\}\{(x+h)^{n-1} + (x+h)^{n-2}x + \cdots + x^{n-1}\}}{h}$$

$$= \lim_{h \to 0} \{(x+h)^{n-1} + (x+h)^{n-2}x + \cdots + x^{n-1}\} = n\,x^{n-1}$$

따라서 $f'(x) = nx^{n-1}$ 이다.

> **Tip** $a^n - b^n = (a-b)(a^{n-1} + a^{n-2}b + \cdots + ab^{n-2} + b^{n-1})$

함수 $f(x) = x$ 의 도함수

$$f'(x) = \lim_{h \to 0} \frac{f(x+h) - f(x)}{h} = \lim_{h \to 0} \frac{x + h - x}{h} = \lim_{h \to 0} \frac{h}{h} = 1$$

따라서 $f'(x) = 1$ 이다.

상수함수 $f(x) = c$ (c 는 상수)의 도함수

$$f'(x) = \lim_{h \to 0} \frac{f(x+h) - f(x)}{h} = \lim_{h \to 0} \frac{c - c}{h} = 0$$

따라서 $f'(x) = 0$ 이다.

> **Tip** $\lim\limits_{h \to 0} \dfrac{c-c}{h}$ 에서 분자는 0 이고 분모는 0 이 아니라 0 으로 가까이 가는 것이므로 극한값은 0 이다.

예제 7

다음 함수의 도함수를 구하시오.

(1) $y = x^3$ (2) $y = x$

풀이

(1) $y' = 3x^{3-1} = 3x^2$ (2) $y' = x^{1-1} = 1$

개념 확인문제 7 다음 함수의 도함수를 구하시오.

(1) $y = x^5$ (2) $y = x^4$ (3) $y = 100$

 (7) 함수의 실수배, 합, 차, 곱은 어떻게 미분할까?

함수의 실수배, 합, 차, 곱의 미분

두 함수 $f(x)$, $g(x)$ 가 미분가능할 때, 다음 함수
$kf(x)$, $f(x)+g(x)$, $f(x)-g(x)$, $f(x)g(x)$ 의 도함수를 구해보자.

① $\{kf(x)\}' = kf'(x)$ (단, k 는 상수)

$$\{kf(x)\}' = \lim_{h \to 0} \frac{kf(x+h) - kf(x)}{h} = \lim_{h \to 0} \frac{k\{f(x+h) - f(x)\}}{h} = k \times \lim_{h \to 0} \frac{f(x+h) - f(x)}{h} = kf'(x)$$

② $\{f(x)+g(x)\}' = f'(x) + g'(x)$

$$\{f(x)+g(x)\}' = \lim_{h \to 0} \frac{\{f(x+h)+g(x+h)\} - \{f(x)+g(x)\}}{h} = \lim_{h \to 0} \left\{ \frac{f(x+h)-f(x)}{h} + \frac{g(x+h)-g(x)}{h} \right\}$$

$$= \lim_{h \to 0} \frac{f(x+h)-f(x)}{h} + \lim_{h \to 0} \frac{g(x+h)-g(x)}{h} = f'(x) + g'(x)$$

③ $\{f(x)-g(x)\}' = f'(x) - g'(x)$

$$\{f(x)-g(x)\}' = \lim_{h \to 0} \frac{\{f(x+h)-g(x+h)\} - \{f(x)-g(x)\}}{h} = \lim_{h \to 0} \left\{ \frac{f(x+h)-f(x)}{h} - \frac{g(x+h)-g(x)}{h} \right\}$$

$$= \lim_{h \to 0} \frac{f(x+h)-f(x)}{h} - \lim_{h \to 0} \frac{g(x+h)-g(x)}{h} = f'(x) - g'(x)$$

④ $\{f(x)g(x)\}' = f'(x)g(x) + f(x)g'(x)$

$$\{f(x)g(x)\}' = \lim_{h \to 0} \frac{f(x+h)g(x+h) - f(x)g(x)}{h}$$

$$= \lim_{h \to 0} \frac{f(x+h)g(x+h) - f(x)g(x+h) + f(x)g(x+h) - f(x)g(x)}{h}$$

$$= \lim_{h \to 0} \frac{\{f(x+h)-f(x)\}g(x+h) + f(x)\{g(x+h)-g(x)\}}{h}$$

$$= \lim_{h \to 0} \frac{f(x+h)-f(x)}{h} \times \lim_{h \to 0} g(x+h) + \lim_{h \to 0} f(x) \times \lim_{h \to 0} \frac{g(x+h)-g(x)}{h}$$

$$= f'(x)g(x) + f(x)g'(x)$$

Tip 1 두 함수 $f(x)$, $g(x)$ 가 미분가능할 때, $\{f(x)g(x)\}' = f'(x)g'(x)$ 라고 생각하지 않도록
유의하자. 반례를 들어보면 $\{f(x)g(x)\}' \neq f'(x)g'(x)$ 임이 자명하다.
$f(x) = x$, $g(x) = x^3$ 이라 하면 $f(x)g(x) = x^4$ 이므로 $\{f(x)g(x)\}' = (x^4)' = 4x^3$ 이다.
$f'(x) = 1$, $g'(x) = 3x^2$ 이므로 $f'(x)g'(x) = 3x^2$ 이다.
따라서 $\{f(x)g(x)\}' \neq f'(x)g'(x)$ 이다.

Tip 2 함수의 곱의 미분을 이용하여 미분가능한 세 함수의 곱도 미분할 수 있다.
세 함수 $f(x)$, $g(x)$, $h(x)$ 가 미분가능할 때,
$$\{f(x)g(x)h(x)\}' = f'(x)\{g(x)h(x)\} + f(x)\{g(x)h(x)\}'$$
$$= f'(x)g(x)h(x) + f(x)g'(x)h(x) + f(x)g(x)h'(x)$$

Tip 3 함수의 곱의 미분을 이용하여 $\{f(x)\}^n$ 의 도함수를 구할 수 있다.

$$[\{f(x)\}^2]' = \{f(x)f(x)\}' = f'(x)f(x) + f(x)f'(x) = 2f(x)f'(x)$$

$$[\{f(x)\}^3]' = \{f(x)f(x)f(x)\}'$$

$$= f'(x)f(x)f(x) + f(x)f'(x)f(x) + f(x)f(x)f'(x)$$

$$= 3\{f(x)\}^2 f'(x)$$

$$\vdots$$

이를 바탕으로 추론하면 $[\{f(x)\}^n]' = n\{f(x)\}^{n-1}f'(x)$ 임을 알 수 있다.

따라서 $\{f(x)\}^n$ 의 도함수는 $n\{f(x)\}^{n-1}f'(x)$ 이다.

ex $\{(2x+1)^3\}' = 3 \times 2 \times (2x+1)^2 = 6(2x+1)^2$

Tip 4 다항함수 $f(x) = a_n x^n + a_{n-1}x^{n-1} + \cdots + a_1 x + a_0$ $(a_0,\ a_1,\ \cdots,\ a_n$ 은 상수)는

함수의 실수배, 합, 차의 미분에 따라 모든 실수 x 에 대하여

$$f'(x) = \lim_{h \to 0}\frac{f(x+h)-f(x)}{h} = na_n x^{n-1} + (n-1)a_{n-1}x^{n-2} + \cdots + a_1 \text{ 가 존재하므로}$$

모든 실수 x 에서 미분가능하다.

예제 8

다음 함수를 미분하시오.

(1) $y = x^3 - 2x^2 + x + 1$

(2) $y = (x^2 - 1)(2x + 1)$

풀이

(1) $y' = (x^3 - 2x^2 + x + 1)' = (x^3)' - 2(x^2)' + (x)' + (1)' = 3x^2 - 4x + 1$

(2) $y' = \{(x^2-1)(2x+1)\}' = (x^2-1)'(2x+1) + (x^2-1)(2x+1)' = 2x(2x+1) + (x^2-1)2 = 6x^2 + 2x - 2$

개념 확인문제 8 다음 함수를 미분하시오.

(1) $y = -x^4 + 4x^2 + 6x$

(2) $y = (3x-2)(-2x^2+5)$

규토 라이트 N제

미분

Training – 1 step

필수 유형편

1. 미분계수와 도함수

001

함수 $f(x) = x^3 - 3x^2$ 에서 x 의 값이 -1 에서 0 까지 변할 때의 평균변화율과 x 의 값이 2 에서 a 까지 변할 때의 평균변화율이 서로 같을 때, 양수 a 의 값을 구하시오.

002

함수 $f(x) = x^3 - x + 1$ 에서 x 의 값이 0 에서 2 까지 변할 때의 평균변화율이 $f'(k)$ 와 같을 때, $30k^2$ 의 값을 구하시오.

003

함수 $f(x) = ax^2$ 와 직선 $y = 3x$ 가 만나는 두 점 중 원점이 아닌 점의 x 값이 2 일 때, 함수 $f(x)$ 에서 x 의 값이 -2 에서 0 까지 변할 때의 평균변화율은 b 이다. $10(a-b)$ 의 값을 구하시오.

004

다항함수 $f(x)$ 에 대하여 $\displaystyle\lim_{h \to 0}\frac{f(1+3h)-f(1)}{h} = 12$ 일 때, $f'(1)$ 의 값을 구하시오.

005

다항함수 $f(x)$ 에 대하여 $\displaystyle\lim_{h \to 0}\frac{f(-1+2h)-f(-1)}{3h} = 6$ 일 때, $f'(-1)$ 의 값을 구하시오.

006

다항함수 $f(x)$ 에 대하여 $\displaystyle\lim_{x \to 2}\frac{f(x-1)-5}{x^2-4} = 2$ 일 때, $f(1) + f'(1)$ 의 값을 구하시오.

007

함수 $f(x)$ 가 $f(x+1) - f(1) = x^3 + 5x$ 를 만족시킬 때, $f'(1)$ 의 값을 구하시오.

008

다항함수 $f(x)$ 에 대하여

$f(2)=0$, $\displaystyle\lim_{x\to 2}\frac{\{f(x)\}^2+3f(x)}{x-2}=6$ 일 때,

$f'(2)$ 의 값은?

① 1   ② 2   ③ 3

④ 4   ⑤ 5

009

다항함수 $f(x)$ 에 대하여 $\displaystyle\lim_{x\to 3}\frac{f(x^2)-f(9)}{x-3}=36$ 일 때,

$f'(9)$ 의 값을 구하시오.

010

최고차항의 계수가 1인 이차함수 $f(x)$ 에 대하여

$\displaystyle\lim_{x\to 1}\frac{f(x)+2}{x-1}=f'(1)+f(-1)$ 일 때,

$f(5)$ 의 값을 구하시오.

Theme 3 미분계수를 이용한 극한값 계산 (1)

011

미분가능한 함수 $f(x)$ 에 대하여 $f'(1)=2$ 일 때,

$\displaystyle\lim_{h\to 0}\frac{f(1+h)-f(1-3h)}{2h}$ 의 값을 구하시오.

012

다항함수 $f(x)$ 에 대하여 $\displaystyle\lim_{x\to -2}\frac{f(x)-3}{x+2}=15$ 일 때,

$\displaystyle\lim_{h\to 0}\frac{f(-2+h)-f(-2-h)}{6h}$ 의 값을 구하시오.

013

다항함수 $f(x)$ 에 대하여 $\displaystyle\lim_{x\to 3}\frac{f(x)-f(3)}{x^2-9}=10$ 일 때,

$\displaystyle\lim_{h\to 0}\frac{f(3+h)-f(3-4h)}{6h}$ 의 값을 구하시오.

014

함수 $f(x)=x^2-ax$ 에서 x 의 값이 a 에서 $a+4$ 까지 변할 때의 평균변화율과 $x=3a$ 에서의 순간변화율이 서로 같을 때, $\lim\limits_{x\to 3a}\dfrac{\{f(x)\}^2-\{f(3a)\}^2}{x-3a}$ 의 값을 구하시오. (단, a 는 상수이다.)

다항함수 $f(x)$ 에 대하여 $f'(2)=12$ 일 때, $\lim\limits_{n\to\infty} n\left\{f\!\left(2+\dfrac{1}{3n}\right)-f\!\left(2-\dfrac{1}{2n}\right)\right\}$ 의 값을 구하시오.

곡선 $y=f(x)$ 위의 점 $(3,\ 3)$ 에서의 접선의 기울기가 19 일 때, $\lim\limits_{x\to 3}\dfrac{3f(x)-xf(3)}{x^2-9}$ 의 값을 구하시오.

다항함수 $f(x)$ 에 대하여 $f'(-1)=3$ 일 때, $\lim\limits_{h\to 0}\dfrac{1}{h}\left[\left\{\sum\limits_{k=1}^{10}f(-1+kh)\right\}-10f(-1)\right]$ 의 값을 구하시오.

Theme 4 관계식을 통한 도함수 구하기

018 ☐☐☐☐☐

미분가능한 함수 $f(x)$가 모든 실수 x, y에 대하여
$f(x+y)=f(x)+f(y)+xy$ 를 만족시킨다.
$f'(1)=3$일 때, $f'(3)$의 값을 구하시오.

019 ☐☐☐☐☐

미분가능한 함수 $f(x)$가 $f(x)>0$이고,
모든 실수 x, y에 대하여
$f(x+y)=2f(x)f(y)$ 를 만족시킨다.
$f'(0)=4$일 때, $\dfrac{f'(2)}{f(2)}$ 의 값을 구하시오.

020 ☐☐☐☐☐

미분가능한 함수 $f(x)$가 모든 실수 x, y에 대하여
$f(x+y)=f(x)+f(y)+2xy(x+y)$ 를 만족시킨다.
$f'(4)-f'(1)$의 값을 구하시오.

Theme 5 다항함수의 미분법

021 ☐☐☐☐☐

함수 $f(x)=2x^3-4x^2+5x+1$ 에 대하여
$f'(1)$의 값을 구하시오.

022 ☐☐☐☐☐

함수 $f(x)=-x^4+2x^2+6x$ 에 대하여
$f'(-1)$의 값을 구하시오.

023 ☐☐☐☐☐

함수 $f(x)=x^3+ax^2-x+1$ 에 대하여 $f'(1)=6$일 때,
$f'(a)$의 값을 구하시오. (단, a는 상수이다.)

024 ☐☐☐☐☐

다항함수 $f(x)$가 모든 실수 x에 대하여

$3f(x)-f(-x)=6x^2+16x$를 만족시킨다.

$f(2)+f'(2)$의 값을 구하시오.

025 ☐☐☐☐☐

함수 $f(x)=\displaystyle\sum_{k=1}^{a}\frac{x^k}{k}$ 에 대하여 $f'(2)=127$ 일 때,

상수 a의 값을 구하시오.

026 ☐☐☐☐☐

함수 $f(x)=|x-2|(x^2+ax)+x^2$에 대하여

$f'(2)=b$ 일 때, $f'(b-a)$의 값을 구하시오.

(단, a, b는 상수이다.)

Theme 6 미분계수를 이용한 극한값 계산 (2)

027 ☐☐☐☐☐

함수 $f(x) = x^3 + 2x + 4$ 에 대하여

$\displaystyle\lim_{h \to 0} \frac{f(1+2h) - f(1)}{h}$ 의 값을 구하시오.

030 ☐☐☐☐☐

함수 $f(x) = x^4 + 5x^2 - 3x + 2$ 에 대하여

$\displaystyle\lim_{n \to \infty} n\left\{ f\left(1 + \frac{2}{n}\right) - f\left(1 - \frac{1}{n}\right) \right\}$ 의 값을 구하시오.

028 ☐☐☐☐☐

함수 $f(x) = 4x^3 - ax$ 에 대하여

$\displaystyle\lim_{h \to 0} \frac{f(1+2h) - 1}{3h} = b$ 일 때, $a + b$ 의 값을 구하시오.

(단, a, b 는 상수이다.)

031 ☐☐☐☐☐

다항함수 $f(x)$ 에 대하여

$\displaystyle\lim_{x \to 2} \frac{xf(x) - 2x^2 - 4}{x - 2} = f(2)$ 일 때,

$f(2) + f'(2)$ 의 값을 구하시오.

029 ☐☐☐☐☐

함수 $f(x) = -x^2 + 6x + 2$ 에 대하여

$\displaystyle\lim_{h \to 0} \frac{f(a+h) - f(a-2h)}{h} = 6$ 일 때,

상수 a 의 값을 구하시오.

032 ☐☐☐☐☐

$\displaystyle\lim_{x \to 1} \frac{x^{11} + x^9 - 2}{x - 1}$ 의 값을 구하시오.

$$\lim_{x \to 2} \frac{x^n - x^3 + x^2 - 28}{x - 2} = a \text{ 일 때, } a - n \text{의 값을 구하시오.}$$

(단, n은 자연수이고 a는 상수이다.)

034

다항함수 $f(x)$가 다음 조건을 만족시킨다.

> (가) $\displaystyle\lim_{x \to \infty} \frac{f(x) + 3x^2}{x^2} = 1$
>
> (나) $\displaystyle\lim_{x \to 2} \frac{f(x)}{x^2 - x - 2} = 2$

$f(1) + f'(1)$의 값을 구하시오.

Theme 7 — 함수의 곱의 미분법

함수 $f(x) = (x^2 + 2x)(x^3 + x^2)$에 대하여
$f'(1)$의 값을 구하시오.

두 다항함수 $f(x)$, $g(x)$가
$$\lim_{x \to 2} \frac{f(x) - 5}{x - 2} = 3, \quad \lim_{x \to 2} \frac{g(x) - 3}{x - 2} = 4 \text{를 만족시킨다.}$$
함수 $f(x)g(x)$의 $x = 2$에서의 미분계수를 구하시오.

037

다항함수 $f(x)$가 $\displaystyle\lim_{x \to 1} \frac{f(x) - 4}{x - 1} = 3$을 만족시킨다.

$g(x) = (x^3 - 2x)f(x)$라 할 때, $g'(1)$의 값을 구하시오.

0**38**

두 다항함수 $f(x)$, $g(x)$ 가

$\lim\limits_{x \to 1} \dfrac{f(x-1)-2}{x-1}=5$, $\lim\limits_{x \to 0} \dfrac{g(x)-1}{x}=3$ 를 만족시킨다.

함수 $h(x)=\{f(x)+x\}g(x)$ 일 때,

$h'(0)$ 의 값을 구하시오.

0**39**

두 다항함수 $f(x)$, $g(x)$ 가 다음 조건을 만족시킨다.

(가) $\lim\limits_{x \to 1} \dfrac{f(x)-2}{x-1}=-3$

(나) $\lim\limits_{x \to 1} \dfrac{f(x)g(x)-6}{x-1}=11$

$g(1)+g'(1)$ 의 값을 구하시오.

0**40**

상수 k 에 대하여 다항함수 $f(x)$ 가 다음 조건을
만족시킨다.

(가) $\lim\limits_{x \to \infty} \dfrac{f(x)}{x^3-x}=1$

(나) $f(k)=f(1)=f(4)$

$f'(1)=3$ 일 때, $f'(k+3)$ 의 값을 구하시오.
(단, $k \neq 1$ 이고 $k \neq 4$)

0**41**

삼차함수 $f(x)$ 가 다음 조건을 만족시킨다.

(가) $\lim\limits_{x \to 1} \dfrac{f(x)}{(x-1)^2}=4$

(나) $f(2)=8$

$f'(-1)$ 의 값을 구하시오.

042

$x=2$에서 연속이지만 미분가능하지 않은 함수인 것만을 〈보기〉에서 있는 대로 고르시오.

〈보기〉

ㄱ. $y=3$

ㄴ. $y=|x-2|$

ㄷ. $y=x-2+|x-2|$

ㄹ. $y=\begin{cases} 4x+1 & (x>2) \\ x^2 & (x \leq 2) \end{cases}$

ㅁ. $y=|x-2|(x-2)$

ㅂ. $y=|x^2-4|$

ㅅ. $y=\begin{cases} 2x-3 & (x>2) \\ (x-1)^2 & (x \leq 2) \end{cases}$

043

함수 $f(x)=\begin{cases} 3x^2+ax+1 & (x<1) \\ 4x+a & (x \geq 1) \end{cases}$ 가

$x=1$에서 미분가능할 때, $f(a)$의 값을 구하시오.
(단, a는 상수이다.)

044

함수 $f(x)=\begin{cases} x^3+ax+b & (x<1) \\ -2x^2+a & (x \geq 1) \end{cases}$ 가

실수 전체의 집합에서 미분가능할 때, ab의 값을 구하시오.
(단, a, b는 상수이다.)

045

함수 $f(x)=\begin{cases} -2x+4 & (x<0) \\ a(x-2)^2+bx & (x \geq 0) \end{cases}$ 가

실수 전체의 집합에서 미분가능할 때, $a+b$의 값을 구하시오. (단, a, b는 상수이다.)

046

함수 $f(x)=|x-1|(x+a)$ 가 $x=1$에서 미분가능할 때, $f'(1)-f(a)$의 값을 구하시오. (단, a는 상수이다.)

047

함수 $f(x) = |x^2 + ax + 3|$ 가 $x = 1$, $x = b\,(b \neq 1)$ 에서만 미분가능하지 않을 때, $b - a$의 값을 구하시오.
(단, a, b는 상수이다.)

048

함수

$$f(x) = \begin{cases} x + 1 & (x \leq 0) \\ -x & (0 < x \leq 1) \\ -2x + 1 & (x > 1) \end{cases}$$

와 최고차항의 계수가 1인 삼차함수 $g(x)$에 대하여 함수 $f(x)g(x)$가 실수 전체의 집합에서 미분가능할 때, $g(4)$의 값을 구하시오.

049

함수 $f(x) = \begin{cases} -x + 2 & (x < 2) \\ 2x - 4 & (x \geq 2) \end{cases}$ 가 다음 조건을 만족시킨다.

$$\lim_{h \to 0+} \frac{f(2 + 3h) - f(2 - h)}{2h}$$
$$= \lim_{h \to 0-} \frac{f(2 + 3h) - f(2 - h)}{2h} + k$$

상수 k의 값을 구하시오.

050

$a > 0$인 상수 a에 대하여 함수

$$f(x) = \begin{cases} |x + 1| & (x < 0) \\ -x^2 + ax + 1 & (x \geq 0) \end{cases}$$

가 다음 조건을 만족시킨다.

$$\lim_{x \to k+} \frac{f(x) - f(k)}{x - k} \neq \lim_{x \to k-} \frac{f(x) - f(k)}{x - k} \ \text{를}$$
만족시키는 실수 k의 개수는 1이다.

$f(-5)f\left(\dfrac{1}{2}\right)$의 값을 구하시오.

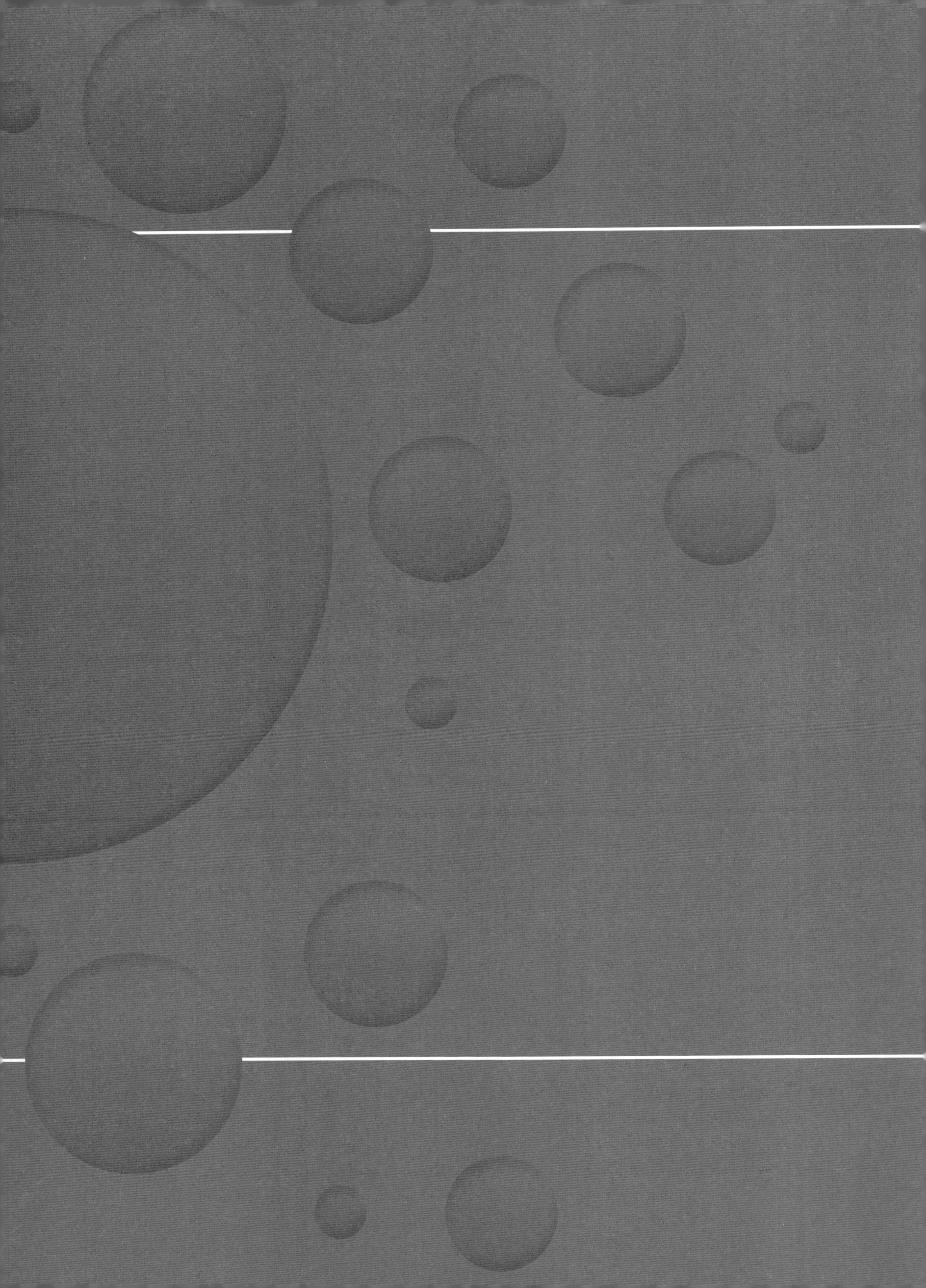

규토 라이트 N제

미분

Training – 2 step

기출 적용편

1. 미분계수와 도함수

051 2025학년도 수능 공통 

함수 $f(x)=x^3-8x+7$ 에 대하여 $\displaystyle\lim_{h\to0}\frac{f(2+h)-f(2)}{h}$ 의 값은? [2점]

① 1 ② 2 ③ 3
④ 4 ⑤ 5

055 2016학년도 고3 6월 평가원 A형

함수 $f(x)=x^2+8x$ 에 대하여
$\displaystyle\lim_{h\to0}\frac{f(1+2h)-f(1)}{h}$ 의 값은? [3점]

① 16 ② 17 ③ 18
④ 19 ⑤ 20

052 2020년 고3 4월 교육청 나형 

다항함수 $f(x)$ 가 $\displaystyle\lim_{h\to0}\frac{f(3+h)-4}{2h}=1$ 을 만족시킬 때,
$f(3)+f'(3)$ 의 값은? [3점]

① 6 ② 7 ③ 8
④ 9 ⑤ 10

056 2012학년도 고3 6월 평가원 나형

다항함수 $f(x)$ 에 대하여 $\displaystyle\lim_{x\to1}\frac{f(x)-2}{x^2-1}=3$ 일 때,
$\dfrac{f'(1)}{f(1)}$ 의 값은? [3점]

① 3 ② $\dfrac{7}{2}$ ③ 4
④ $\dfrac{9}{2}$ ⑤ 5

053 2023년 고3 4월 교육청 공통

0이 아닌 모든 실수 h 에 대하여 다항함수 $f(x)$ 에서 x 의 값이 1에서 $1+h$ 까지 변할 때의 평균변화율이 h^2+2h+3 일 때, $f'(1)$ 의 값은? [3점]

① 1 ② $\dfrac{3}{2}$ ③ 2
④ $\dfrac{5}{2}$ ⑤ 3

057 2021학년도 고3 9월 평가원 나형

함수 $f(x)=\begin{cases} x^3+ax+b & (x<1) \\ bx+4 & (x\geq1) \end{cases}$ 이
실수 전체의 집합에서 미분가능할 때, $a+b$ 의 값은?
(단, a, b는 상수이다.) [3점]

① 6 ② 7 ③ 8
④ 9 ⑤ 10

054 2019년 고2 11월 교육청 나형 

최고차항의 계수가 1인 이차함수 $f(x)$ 가
모든 실수 x 에 대하여 $2f(x)=(x+1)f'(x)$ 를
만족시킬 때, $f(3)$ 의 값을 구하시오. [4점]

058 2021학년도 고3 6월 평가원 나형

함수 $f(x)=x^3-3x^2+5x$ 에서 x 의 값이 0에서 a 까지 변할 때의 평균변화율이 $f'(2)$ 의 값과 같게 되도록 하는 양수 a 의 값을 구하시오. [4점]

059  2018학년도 고3 6월 평가원 나형

함수 $f(x) = \begin{cases} x^2 + ax + b & (x \leq -2) \\ 2x & (x > -2) \end{cases}$ 가

실수 전체의 집합에서 미분가능할 때, $a+b$의 값은?
(단, a와 b는 상수이다.) [4점]

① 6   ② 7   ③ 8

④ 9   ⑤ 10

060  2017학년도 고3 9월 평가원 나형

함수 $f(x) = \begin{cases} ax^2 + 1 & (x < 1) \\ x^4 + a & (x \geq 1) \end{cases}$ 이

$x = 1$에서 미분가능할 때, 상수 a의 값을 구하시오. [3점]

061  2019년 고2 11월 교육청 나형

함수 $f(x) = \begin{cases} x^3 - ax^2 + bx & (x \leq 1) \\ 2x + b & (x > 1) \end{cases}$ 이

실수 전체의 집합에서 미분가능할 때, $a \times b$의 값은?
(단, a와 b는 상수이다.) [3점]

① -3 ② -1 ③ 1

④ 3   ⑤ 5

062  2011년 고3 7월 교육청 나형

최고차항의 계수가 1인 다항함수 $f(x)$가

$f(x)f'(x) = 2x^3 - 9x^2 + 5x + 6$을 만족할 때,

$f(-3)$의 값을 구하시오. [3점]

063  2010학년도 고3 6월 평가원 가형

함수 $y = f(x)$의 그래프는 y축에 대하여 대칭이고,

$f'(2) = -3$, $f'(4) = 6$일 때,

$$\lim_{x \to -2} \frac{f(x^2) - f(4)}{f(x) - f(-2)}$$ 의 값은? [3점]

① -8 ② -4 ③ 4

④ 8   ⑤ 12

064  2021년 고3 10월 교육청 공통

두 함수 $f(x) = |x+3|$, $g(x) = 2x + a$에 대하여 함수
$f(x)g(x)$가 실수 전체의 집합에서 미분가능할 때,
상수 a의 값은? [3점]

① 2   ② 4   ③ 6

④ 8   ⑤ 10

함수 $f(x)$ 에 대하여 〈보기〉에서 항상 옳은 것을 모두 고른 것은? [3점]

〈보기〉

ㄱ. $\displaystyle\lim_{h\to 0}\frac{f(1+h)-f(1)}{h}=0$ 이면
$\displaystyle\lim_{x\to 1}f(x)=f(1)$ 이다.

ㄴ. $\displaystyle\lim_{h\to 0}\frac{f(1+h)-f(1)}{h}=0$ 이면
$\displaystyle\lim_{h\to 0}\frac{f(1+h)-f(1-h)}{2h}=0$ 이다.

ㄷ. $f(x)=|x-1|$ 일 때,
$\displaystyle\lim_{h\to 0}\frac{f(1+h)-f(1-h)}{2h}=0$ 이다.

① ㄱ 　② ㄷ 　③ ㄱ, ㄴ

④ ㄴ, ㄷ 　⑤ ㄱ, ㄴ, ㄷ

두 다항함수 $f(x)$, $g(x)$ 가 다음 조건을 만족시킬 때, $g'(0)$ 의 값을 구하시오. [4점]

(가) $f(0)=1$, $f'(0)=-6$, $g(0)=4$
(나) $\displaystyle\lim_{x\to 0}\frac{f(x)g(x)-4}{x}=0$

함수 $f(x)=x^3-6x^2+5x$ 에서 x 의 값이 0 에서 4 까지 변할 때의 평균변화율과 $f'(a)$ 의 값이 같게 되도록 하는 $0<a<4$ 인 모든 실수 a 의 값의 곱은 $\dfrac{q}{p}$ 이다. $p+q$ 의 값을 구하시오. (단, p 와 q 는 서로소인 자연수이다.) [3점]

다항함수 $f(x)$ 에 대하여 곡선 $y=f(x)$ 위의 점 $(2,\,1)$ 에서의 접선의 기울기가 2 이다. $g(x)=x^3 f(x)$ 일 때, $g'(2)$ 의 값을 구하시오. [4점]

양의 실수 전체의 집합에서 증가하는 함수 $f(x)$ 가 $x=1$ 에서 미분가능하다. 1 보다 큰 모든 실수 a 에 대하여 점 $(1,\,f(1))$ 과 점 $(a,\,f(a))$ 사이의 거리가 a^2-1 일 때, $f'(1)$ 의 값은? [4점]

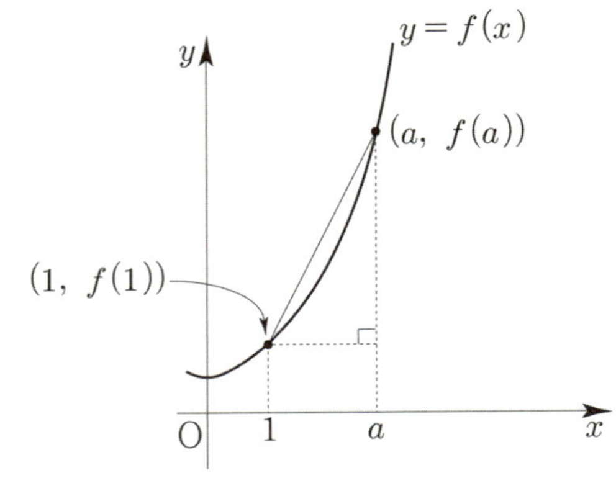

① 1 　② $\dfrac{\sqrt{5}}{2}$ 　③ $\dfrac{\sqrt{6}}{2}$

④ $\sqrt{2}$ 　⑤ $\sqrt{3}$

함수 $f(x)=ax^2+b$ 가 모든 실수 x 에 대하여 $4f(x)=\{f'(x)\}^2+x^2+4$ 를 만족시킨다. $f(2)$ 의 값은? (단, a, b 는 상수이다.) [4점]

① 3 　② 4 　③ 5

④ 6 　⑤ 7

071 2018년 고3 7월 교육청 나형 ☐☐☐☐☐

최고차항의 계수가 1이고 $f(0)=2$인 삼차함수 $f(x)$가

$\lim\limits_{x\to 1}\dfrac{f(x)-x^2}{x-1}=-2$를 만족시킨다.

곡선 $y=f(x)$ 위의 점 $(3,\,f(3))$에서의 접선의

기울기를 구하시오. [4점]

072 2018학년도 수능 나형 ☐☐☐☐☐

최고차항의 계수가 1이고 $f(1)=0$인 삼차함수 $f(x)$가

$\lim\limits_{x\to 2}\dfrac{f(x)}{(x-2)\{f'(x)\}^2}=\dfrac{1}{4}$을 만족시킬 때,

$f(3)$의 값은? [4점]

① 4 ② 6 ③ 8

④ 10 ⑤ 12

073 2012년 고3 3월 교육청 가형 ☐☐☐☐☐

함수 $f(x)=x|x|+|x-1|^3$에 대하여

$f'(0)+f'(1)$의 값은? [4점]

① -3 ② -1 ③ 1

④ 3 ⑤ 5

074 2014학년도 수능예비시행 B형 ☐☐☐☐☐

$x>0$에서 함수 $f(x)$가 미분가능하고

$2x\le f(x)\le 3x$이다. $f(1)=2$이고 $f(2)=6$일 때,

$f'(1)+f'(2)$의 값은? [4점]

① 8 ② 7 ③ 6

④ 5 ⑤ 4

075 2021학년도 수능 나형 ☐☐☐☐☐

두 다항함수 $f(x)$, $g(x)$가

$\lim\limits_{x\to 0}\dfrac{f(x)+g(x)}{x}=3$, $\lim\limits_{x\to 0}\dfrac{f(x)+3}{xg(x)}=2$를 만족시킨다.

함수 $h(x)=f(x)g(x)$에 대하여 $h'(0)$의 값은? [4점]

① 27 ② 30 ③ 33

④ 36 ⑤ 39

076 2011학년도 고3 6월 평가원 가형 ☐☐☐☐☐

최고차항의 계수가 1이 아닌 다항함수 $f(x)$가 다음 조건을

만족시킬 때, $f'(1)$의 값을 구하시오. [4점]

> (가) $\lim\limits_{x\to\infty}\dfrac{\{f(x)\}^2-f(x^2)}{x^3 f(x)}=4$
>
> (나) $\lim\limits_{x\to 0}\dfrac{f'(x)}{x}=4$

두 다항함수 $f(x)$, $g(x)$ 가 다음 조건을 만족시킨다.

> (가) $\displaystyle\lim_{x \to 1}\frac{f(x)-g(x)}{x-1}=5$
>
> (나) $\displaystyle\lim_{x \to 1}\frac{f(x)+g(x)-2f(1)}{x-1}=7$

두 실수 a, b 에 대하여 $\displaystyle\lim_{x \to 1}\frac{f(x)-a}{x-1}=b \times g(1)$ 일 때,

ab 의 값은? [4점]

① 4 ② 5 ③ 6

④ 7 ⑤ 8

다항함수 $f(x)$ 는 모든 실수 x, y 에 대하여

$f(x+y)=f(x)+f(y)+2xy-1$ 을 만족시킨다.

$\displaystyle\lim_{x \to 1}\frac{f(x)-f'(x)}{x^2-1}=14$ 일 때,

$f'(0)$ 의 값을 구하시오. [4점]

함수 $y=f(x)$ 의 그래프가 그림과 같을 때,

〈보기〉에서 옳은 것만을 있는 대로 고른 것은? [4점]

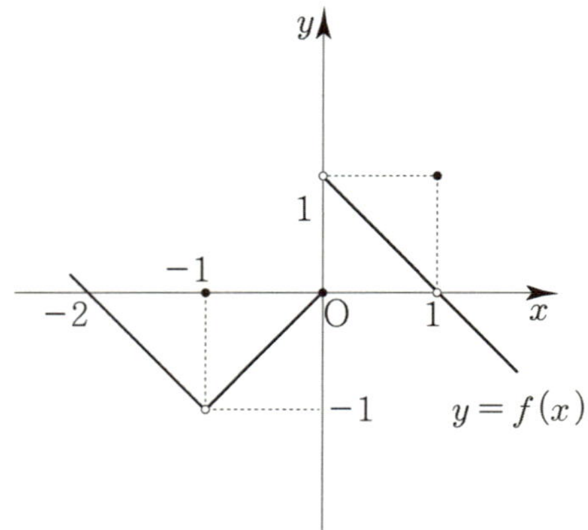

> ─── 〈보기〉 ───
>
> ㄱ. $\displaystyle\lim_{x \to 1}f(x)f(-x)=0$
>
> ㄴ. 함수 $y=f(x)f(-x)$ 는 $x=-1$ 에서 연속이다.
>
> ㄷ. 함수 $y=f(x)f(-x)$ 는 $x=0$ 에서 미분가능하다.

① ㄱ ② ㄷ ③ ㄱ, ㄴ

④ ㄴ, ㄷ ⑤ ㄱ, ㄴ, ㄷ

규토 라이트 N제

미분

Master step

심화 문제편

1. 미분계수와 도함수

080

연속함수 $f(x)$ 가 다음 조건을 만족시킨다.

> (가) 모든 실수 x 에 대하여
> $$f(2x+1) = f(x) + 3x^2 - ax \text{ 이다.}$$
> (나) 함수 $f(x)$ 에서 x 의 값이 $-\dfrac{1}{2}$ 에서 3 까지
> 변할 때의 평균변화율은 b 이다.

$10(b-a)$ 의 값을 구하시오. (단, a, b 는 상수이다.)

081 2015년 고3 3월 교육청 B형

삼차함수 $f(x) = x^3 - x^2 - 9x + 1$ 에 대하여 함수 $g(x)$ 를
$$g(x) = \begin{cases} f(x) & (x \geq k) \\ f(2k-x) & (x < k) \end{cases}$$
라 하자. 함수 $g(x)$ 가 실수 전체의 집합에서

미분가능하도록 하는 모든 실수 k 의 값의 합을 $\dfrac{q}{p}$ 라 할 때,

$p^2 + q^2$ 의 값을 구하시오. (단, p 와 q 는 서로소인 자연수

이다.) [4점]

082

함수 $f(x) = x^3 - 3x$ 에 대하여 함수
$$g(x) = \begin{cases} x^2 & (x \geq 0) \\ f(x-a)+b & (x < 0) \end{cases}$$
가 다음 조건을 만족시킨다.

> (가) 함수 $g(x)$ 는 실수 전체의 집합에서 미분가능하다.
> (나) 실수 t 에 대하여 방정식 $g(x) = t$ 의 서로 다른
> 실근의 개수를 $h(t)$ 라 할 때,
> $$\lim_{t \to c+} h(t) + h(c) = \lim_{t \to c-} h(t) \text{ 이다.}$$

$a + 2b + 3c$ 의 값을 구하시오. (단, a, b, c 는 상수이다.)

083 2014학년도 수능예비시행 A형

좌표평면 위에 그림과 같이 어두운 부분을 내부로 하는
도형이 있다. 이 도형과 네 점
$(0, 0), (t, 0), (t, t), (0, t)$ 를 꼭짓점으로 하는
정사각형이 겹치는 부분의 넓이를 $f(t)$ 라 하자.

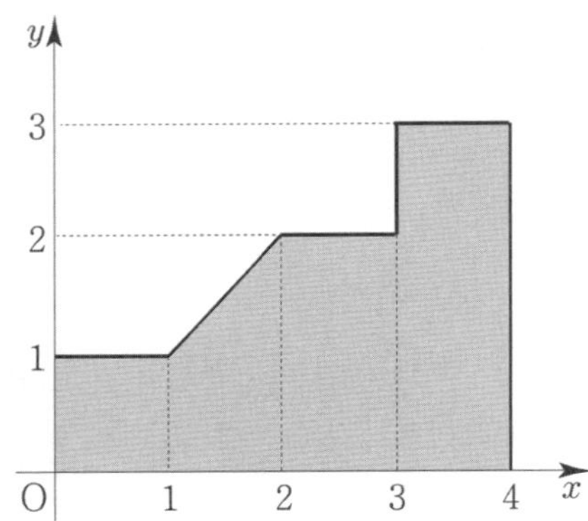

열린구간 $(0, 4)$ 에서 함수 $f(t)$ 가 미분가능하지 않은
모든 t 의 값의 합은? [4점]

① 2　　　　② 3　　　　③ 4

④ 5　　　　⑤ 6

084   2020학년도 수능 나형   □□□□□

함수

$$f(x) = \begin{cases} -x & (x \leq 0) \\ x-1 & (0 < x \leq 2) \\ 2x-3 & (x > 2) \end{cases}$$

와 상수가 아닌 다항식 $p(x)$ 에 대하여
〈보기〉에서 옳은 것만을 있는 대로 고른 것은? [4점]

〈보기〉

ㄱ. 함수 $p(x)f(x)$ 가 실수 전체의 집합에서 연속이면
　$p(0) = 0$ 이다.
ㄴ. 함수 $p(x)f(x)$ 가 실수 전체의 집합에서
　미분가능하면 $p(2) = 0$ 이다.
ㄷ. 함수 $p(x)\{f(x)\}^2$ 이 실수 전체의 집합에서
　미분가능하면 $p(x)$ 는 $x^2(x-2)^2$ 으로
　나누어떨어진다.

---

① ㄱ   ② ㄱ, ㄴ   ③ ㄱ, ㄷ

④ ㄴ, ㄷ   ⑤ ㄱ, ㄴ, ㄷ

085   2015학년도 고3 9월 평가원 A형   □□□□□

최고차항의 계수가 1인 다항함수 $f(x)$ 가 다음 조건을
만족시킬 때, $f(3)$ 의 값은? [4점]

(가) $f(0) = -3$
(나) 모든 양의 실수 x 에 대하여
　　$6x-6 \leq f(x) \leq 2x^3 - 2$ 이다.

---

① 36   ② 38   ③ 40

④ 42   ⑤ 44

086   2017학년도 고3 6월 평가원 나형   □□□□□

함수 $f(x)$ 는

$$f(x) = \begin{cases} x+1 & (x < 1) \\ -2x+4 & (x \geq 1) \end{cases}$$

이고, 좌표평면 위에 두 점 $A(-1, -1)$, $B(1, 2)$ 가 있다.
실수 x 에 대하여 점 $(x, f(x))$ 에서 점 A 까지의 거리의
제곱과 점 B 까지의 거리의 제곱 중 크지 않은 값을
$g(x)$ 라 하자. 함수 $g(x)$ 가 $x = a$ 에서 미분가능하지 않은
모든 a 의 값의 합이 p 일 때, $80p$ 의 값을 구하시오. [4점]

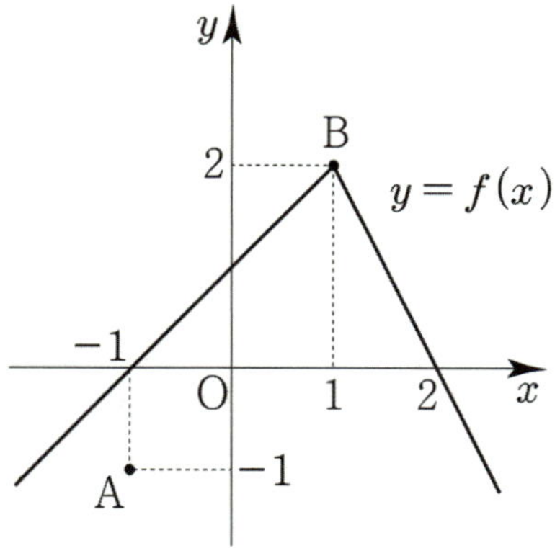

최고차항의 계수가 1인 이차함수 $f(x)$에 대하여 함수 $g(x)$를

$$g(x) = \begin{cases} f(x) & (x < 1) \\ 2f(1) - f(x) & (x \geq 1) \end{cases}$$

이라 하자. 함수 $g(x)$에 대하여 〈보기〉에서 옳은 것만을 있는 대로 고른 것은? [4점]

───〈보기〉───

ㄱ. 함수 $g(x)$는 실수 전체의 집합에서 연속이다.

ㄴ. $\displaystyle\lim_{h \to 0+} \frac{g(-1+h) + g(-1-h) - 6}{h} = a$ (a는 상수)이고 $g(1) = 1$이면 $g(a) = 1$이다.

ㄷ. $\displaystyle\lim_{h \to 0+} \frac{g(b+h) + g(b-h) - 6}{h} = 4$ (b는 상수)이면 $g(4) = 1$이다.

① ㄱ   ② ㄱ, ㄴ   ③ ㄱ, ㄷ

④ ㄴ, ㄷ   ⑤ ㄱ, ㄴ, ㄷ

상수 a와 최고차항의 계수가 1인 이차함수 $f(x)$에 대하여 함수 $g(x)$를

$$g(x) = (x^2 - x + a)f(x)$$

라 할 때, 두 함수 $f(x)$, $g(x)$는 다음 조건을 만족시킨다.

(가) $\displaystyle\lim_{x \to 1} \frac{g(x) - f(x)}{x - 1} = 0$

(나) $g'(1) \neq 0$

(다) $f(\alpha) = f'(\alpha)$이고 $g'(\alpha) = 2f'(\alpha)$인 실수 α가 존재한다.

$g(\alpha + 4) = \dfrac{q}{p}$일 때, $p + q$의 값을 구하시오.

(단, p와 q는 서로소인 자연수이다.) [4점]

다음 조건을 만족시키는 최고차항의 계수가 $\dfrac{1}{3}$인 모든 삼차함수 $f(x)$에 대하여 모든 $f(2)$의 값의 합을 구하시오.

(가) 도함수 $f'(x)$의 최솟값은 -2이다.

(나) $\displaystyle\lim_{h \to 0+} \frac{|f(1+h)| - |f(1-2h)|}{h} + 4$

$\quad = \displaystyle\lim_{h \to 0-} \frac{|f(1+h)| - |f(1-2h)|}{h}$

규토 라이트 N제

미분

Guide step

개념 익히기편

2. 도함수의 활용

Q 성취 기준 – 접선의 방정식을 구할 수 있다.

개념 파악하기 **(1) 접선의 방정식은 어떻게 구할까?**

접선의 방정식 유형 ① 곡선 위의 점에서의 접선의 방정식

함수 $f(x)$ 가 $x=t$ 에서 미분가능할 때,
곡선 $y=f(x)$ 위의 점 $(t,\ f(t))$ 에서의
접선의 기울기는 $x=t$ 에서의 미분계수 $f'(t)$ 와 같다.
따라서 곡선 $y=f(x)$ 위의 점 $(t,\ f(t))$ 에서 접하는 접선은
점 $(t,\ f(t))$ 를 지나고 기울기가 $f'(t)$ 인 직선이므로
접선의 방정식은 $y=f'(t)(x-t)+f(t)$ 이다.

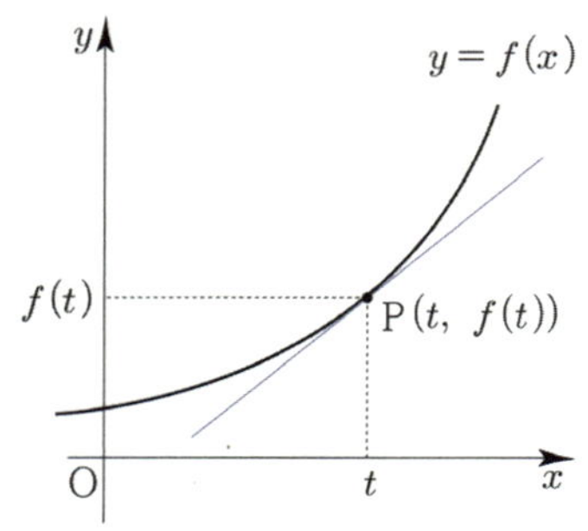

> **Tip 1** 점 $(a,\ b)$ 를 지나고 기울기가 m 인 직선의 방정식은
> $y=m(x-a)+b$ 이다.

> **Tip 2** 수직인 두 직선의 기울기의 곱은 -1 이므로
> 곡선 $y=f(x)$ 위의 점 $\mathrm{P}(t,\ f(t))$ 를 지나고
> 이 점에서의 접선에 수직인 직선 l 의 방정식은
> $y=-\dfrac{1}{f'(t)}(x-t)+f(t)$ (단, $f'(t)\neq 0$) 이다.

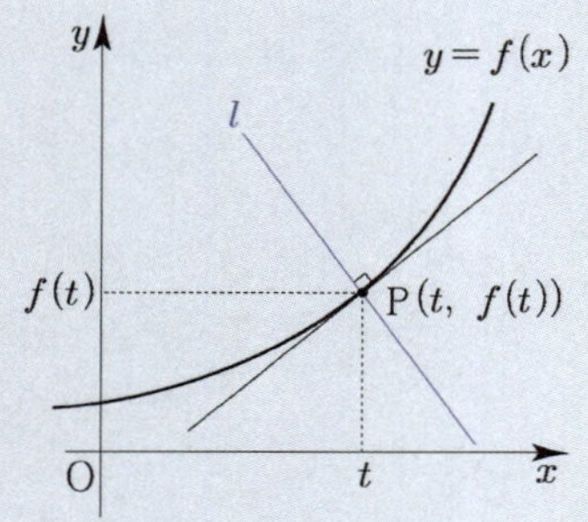

예제 1

다음 물음에 답하시오.

(1) 곡선 $y=x^2+x+2$ 위의 점 $(1,\ 4)$ 에서의 접선의 방정식을 구하시오.

(2) 곡선 $y=2x^2-x$ 위의 점 $(-1,\ 3)$ 을 지나고 이 점에서의 접선에 수직인 직선의 방정식을 구하시오.

풀이

(1) $f(x)=x^2+x+2$ 라 하면 $f'(x)=2x+1$
점 $(1,\ 4)$ 에서 접하는 접선의 기울기는 $f'(1)=3$ 이다.
따라서 구하는 접선의 방정식은 $y=3(x-1)+4$ 이므로 $y=3x+1$ 이다.

(2) $f(x)=2x^2-x$ 라 하면 $f'(x)=4x-1$
점 $(-1,\ 3)$ 에서 접하는 접선의 기울기는 $f'(-1)=-5$ 이다.

이 점에서의 접선에 수직인 직선의 기울기를 m 이라 하면 $f'(-1)\times m=-1$ 이므로 $m=-\dfrac{1}{f'(-1)}=\dfrac{1}{5}$

따라서 구하는 접선의 방정식은 $y=\dfrac{1}{5}(x+1)+3$ 이므로 $y=\dfrac{1}{5}x+\dfrac{16}{5}$ 이다.

개념 확인문제 1 다음 물음에 답하시오.

(1) 곡선 $y = -x^2 + 4x$ 위의 점 $(1,\ 3)$에서의 접선의 방정식을 구하시오.

(2) 곡선 $y = 2x^3$ 위의 점 $(1,\ 2)$를 지나고 이 점에서의 접선에 수직인 직선의 방정식을 구하시오.

접선의 방정식 유형 ② 기울기가 주어진 접선의 방정식

함수 $f(x)$가 미분가능할 때, 기울기가 m이고 곡선 $y = f(x)$에 접하는 직선의 방정식은 다음과 같은 방법으로 구한다.

① 접점의 좌표를 $(t,\ f(t))$라 한다.
② $f'(t) = m$임을 바탕으로 t의 값을 구한다.
③ t의 값을 $y = m(x-t) + f(t)$에 대입하여 직선의 방정식을 구한다.

Tip 접점의 x좌표를 모르니 미지수를 도입하자!

예제 2

곡선 $y = x^2 + 1$에 접하고 기울기가 4인 접선의 방정식을 구하시오.

풀이

$f(x) = x^2 + 1$이라 하면 $f'(x) = 2x$
접점의 좌표를 $(t,\ t^2+1)$이라 하면 이 점에서의 접선의 기울기가 4이고 $f'(t) = 2t = 4$이므로 $t = 2$이다.
즉, 기울기가 4인 접선의 접점의 좌표는 $(2,\ 5)$이다.
따라서 구하는 접선의 방정식은 $y = 4(x-2) + 5$이므로 $y = 4x - 3$이다.

개념 확인문제 2 다음 곡선에 접하고 기울기가 2인 접선의 방정식을 구하시오.

(1) $y = -x^2$

(2) $y = 2x^2 - 6x$

접선의 방정식 유형 ③ 곡선 위에 있지 않은 점에서 곡선에 그은 접선의 방정식

함수 $f(x)$ 가 미분가능할 때, 곡선 위에 있지 않은 점 $(p,\ q)$ 에서
곡선 $y=f(x)$ 에 그은 접선의 방정식은 다음과 같은 방법으로 구한다.

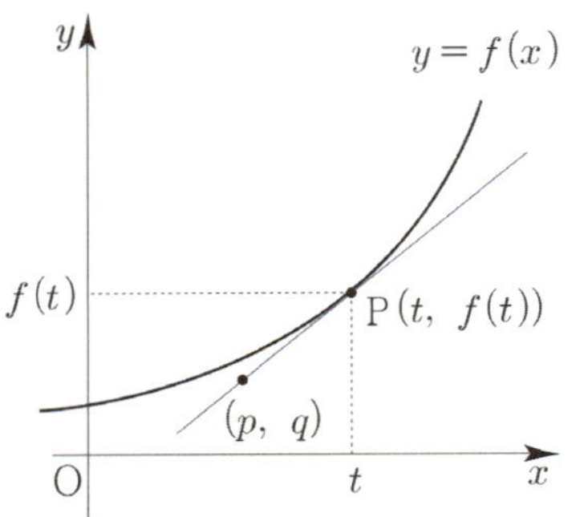

① 접점의 좌표를 $(t,\ f(t))$ 라 한다.
② 점 $(t,\ f(t))$ 에서의 접선의 방정식 $y=f'(t)(x-t)+f(t)$ 를 구한다.
③ 점 $(p,\ q)$ 는 접선 위의 점이므로 ②에서 구한 접선의 방정식에 대입하여
실수 t 의 값을 구한다.
④ ③에서 구한 t 의 값을 $y=f'(t)(x-t)+f(t)$ 에 대입하여 접선의 방정식을 구한다.

Tip 자주 틀리는 유형이니 메커니즘을 완벽히 숙지하도록 하자!

예제 3

점 $(1,\ 0)$ 에서 곡선 $y=x^2+3$ 에 그은 접선의 방정식을 구하시오.

풀이

$f(x)=x^2+3$ 라 하면 $f'(x)=2x$ 이다.
접점의 좌표를 $(t,\ t^2+3)$ 라 하면 이 점에서의 접선의 기울기가 $2t$ 이므로
접선의 방정식은 $y=2t(x-t)+t^2+3 \Rightarrow y=2tx-t^2+3$
이 직선이 $(1,\ 0)$ 을 지나므로 $0=2t-t^2+3 \Rightarrow t^2-2t-3=0 \Rightarrow (t-3)(t+1)=0 \Rightarrow t=-1 \ \text{or} \ t=3$
따라서 구하는 접선의 방정식은 $t=-1$ 일 때, $y=-2x+2$ 이고 $t=3$ 일 때, $y=6x-6$ 이다.

개념 확인문제 3   다음 점에서 곡선에 그은 접선의 방정식을 구하시오.

(1) $y=-x^2-2x,\ (-1,\ 2)$ 　　　　　　　(2) $y=x^2-x,\ (1,\ -1)$

접선의 방정식 유형 ④ 두 곡선에 동시에 접하는 접선

두 곡선 $y=f(x)$, $y=g(x)$ 에 동시에 접하는 직선은 다음과 같이 case분류할 수 있다.

(1) 접점의 x좌표가 동일한 경우

두 함수 $f(x)$, $g(x)$ 가 미분가능할 때, $x=t$ 에서 두 곡선 $y=f(x)$, $y=g(x)$ 에 동시에
접하는 직선의 방정식은 곡선 $y=f(x)$ 위의 점 $(t,\, f(t))$ 에서의
접선과 곡선 $y=g(x)$ 위의 점 $(t,\, g(t))$ 에서의 접선이 서로 일치하므로
다음과 같은 방법으로 구한다.

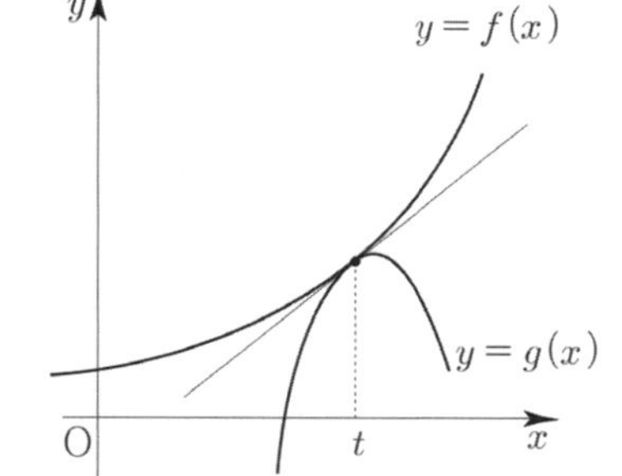

① $x=t$ 에서의 함숫값이 같다.
 $\Rightarrow\ f(t)=g(t)$
② $x=t$ 에서의 접선의 기울기가 같다.
 $\Rightarrow\ f'(t)=g'(t)$

(2) 접점의 x좌표가 동일하지 않은 경우

두 함수 $f(x)$, $g(x)$ 가 미분가능할 때, 두 곡선 $y=f(x)$, $y=g(x)$ 에 동시에
접하는 직선의 방정식은 곡선 $y=f(x)$ 위의 점 $(a,\, f(a))$ 에서의 접선과
곡선 $y=g(x)$ 위의 점 $(b,\, g(b))$ 에서의 접선이 서로 일치한다.
$y=f(x)$ 의 $x=a$ 에서의 미분계수, $y=g(x)$ 의 $x=b$ 에서의 미분계수,
두 점 $(a,\, f(a))$ 와 $(b,\, g(b))$ 를 지나는 직선의 기울기가 모두 같으므로
다음과 같은 방법으로 구한다. (단, $a\neq b$)

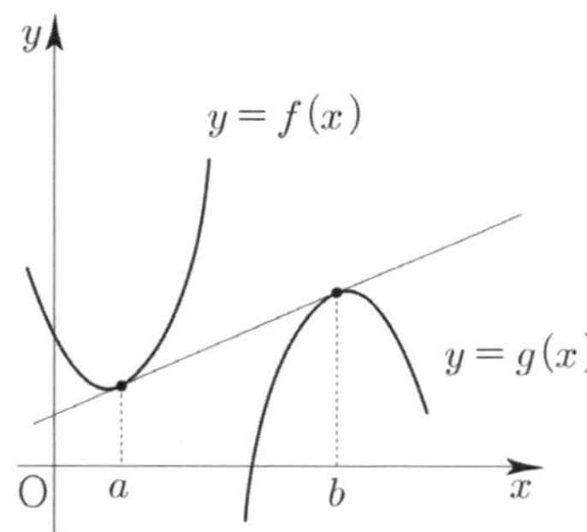

$$f'(a)=g'(b)=\frac{g(b)-f(a)}{b-a}$$

Tip $\quad y=f'(a)(x-a)+f(a)=f'(a)x-af'(a)+f(a)$ 와
$y=g'(b)(x-b)+g(b)=g'(b)x-bg'(b)+g(b)$ 가 같아야 하므로
① 기울기가 같다.
 $\Rightarrow\ f'(a)=g'(b)$
② y절편이 같다.
 $\Rightarrow\ -af'(a)+f(a)=-bg'(b)+g(b)$
 $\Rightarrow\ -af'(a)+f(a)=-bf'(a)+g(b)\ (\because f'(a)=g'(b))$
 $\Rightarrow\ f'(a)=\dfrac{g(b)-f(a)}{b-a}\ \ (\because a\neq b)$

따라서 $f'(a)=g'(b)=\dfrac{g(b)-f(a)}{b-a}$ 이다.

두 곡선 $y=x^3-x$, $y=x^2-1$ 이 $x=t$ 에서 동시에 접할 때, 접선의 방정식을 구하시오.

풀이

$f(x)=x^3-x$, $g(x)=x^2-1$ 이라 하면 $f'(x)=3x^2-1$, $g'(x)=2x$

두 곡선 $y=f(x)$, $y=g(x)$ 가 $x=t$ 에서 접하면 $f(t)=g(t)$ 이고 $f'(t)=g'(t)$ 이므로

$t^3-t=t^2-1 \Rightarrow t^3-t^2-t+1=0 \Rightarrow (t-1)^2(t+1)=0 \Rightarrow t=1 \text{ or } t=-1$

$3t^2-1=2t \Rightarrow 3t^2-2t-1=0 \Rightarrow (3t+1)(t-1)=0 \Rightarrow t=1 \text{ or } t=-\dfrac{1}{3}$

즉, $t=1$ 이므로 $f'(1)=g'(1)=2$ 이고 $f(1)=g(1)=0$ 이다.

따라서 구하는 접선의 방정식은 $y=2(x-1)$ 이므로 $y=2x-2$ 이다.

개념 확인문제 4   두 곡선 $y=-x^3+x$, $y=x^2-1$ 가 $x=t$ 에서 동시에 접할 때, 접선의 방정식을 구하시오.

미분

02 평균값 정리

성취 기준 – 함수에 대한 평균값 정리를 이해한다.

개념 파악하기 | **(2) 롤의 정리란 무엇일까?**

롤의 정리

함수 $f(x)$ 가 닫힌구간 $[a, b]$ 에서 연속이고 열린구간 (a, b) 에서 미분가능할 때,
$f(a) = f(b)$ 이면 $f'(c) = 0$ 인 c 가 열린구간 (a, b) 에 적어도 하나 존재한다.

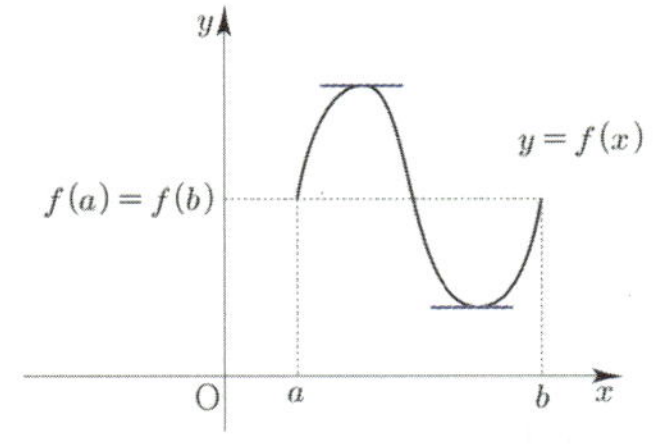

Tip 1   롤의 정리는 열린구간 (a, b) 에서 기울기가 0 인
곡선 $y = f(x)$ 의 접선이 적어도 하나 존재함을 의미한다.

Tip 2   롤의 정리에서 함수 $f(x)$ 가 열린구간 (a, b) 에서 미분가능하지 않으면
$f'(c) = 0$ 인 c 가 존재하지 않을 수도 있다.
예를 들어 함수 $f(x) = |x|$ 는 닫힌구간 $[-1, 1]$ 에서 연속이고
$f(-1) = f(1)$ 이지만 $f'(c) = 0$ 인 c 가 열린구간 $(-1, 1)$ 에 존재하지 않는다.

롤의 정리 증명

① 함수 $f(x)$ 가 상수함수인 경우 열린구간 (a, b) 에 속하는 모든 c 에 대하여 $f'(c) = 0$ 이다.

② 함수 $f(x)$ 가 상수함수가 아닌 경우

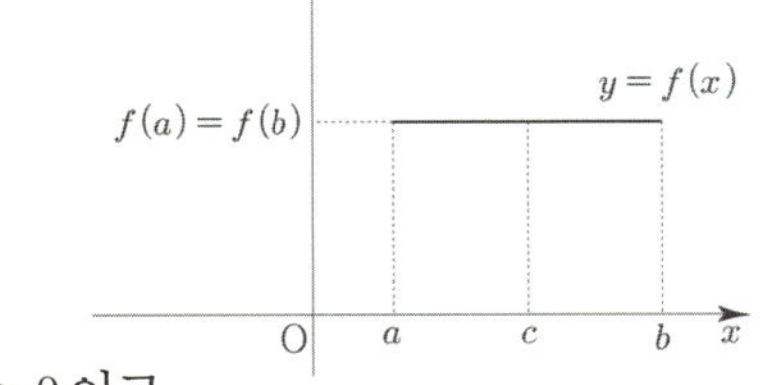

$f(a) = f(b)$ 를 만족하는 $a, b(a < b)$ 에서 함수 $f(x)$ 가 최댓값 또는 최솟값을
갖는 어떤 c 가 열린구간 (a, b) 에 존재한다.

(i) $x = c$ 에서 최댓값 $f(c)$ 를 가질 때, $a < c + h < b$ 인 임의의 h 에 대하여

$$f(c+h) - f(c) \leq 0 \text{이므로} \lim_{h \to 0+} \frac{f(c+h) - f(c)}{h} \leq 0, \quad \lim_{h \to 0-} \frac{f(c+h) - f(c)}{h} \geq 0 \text{이고,}$$

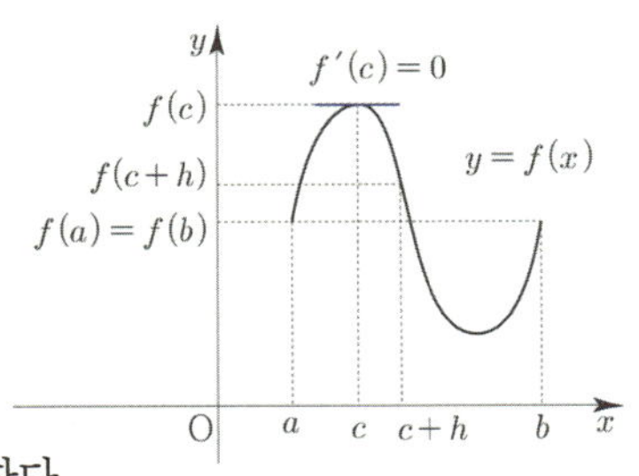

함수 $f(x)$ 는 $x = c$ 에서 미분가능하므로 우극한과 좌극한이 같아야 한다.

따라서 $0 \leq \lim_{h \to 0-} \dfrac{f(c+h) - f(c)}{h} = \lim_{h \to 0+} \dfrac{f(c+h) - f(c)}{h} \leq 0$ 이므로

다음이 성립한다.

$$f'(c) = \lim_{h \to 0} \frac{f(c+h) - f(c)}{h} = 0$$

(ii) $x = c$ 에서 최솟값 $f(c)$ 를 가질 때, (i)와 같은 방법으로 $f'(c) = 0$ 이 성립한다.

Tip 1   (i)에서 $h > 0$ 이면 $\dfrac{f(c+h) - f(c)}{h} \leq 0$ 이고 $h < 0$ 이면 $\dfrac{f(c+h) - f(c)}{h} \geq 0$ 이다.

Tip 2   롤의 정리는 함수의 그래프를 이용하여 직관적으로 이해하면 되고
만약 1회독 중인 학생이라면 증명과정은 넘어가도 된다.

평균값 정리

함수 $f(x)$ 가 닫힌구간 $[a, b]$ 에서 연속이고 열린구간 (a, b) 에서 미분가능하면

$$\frac{f(b)-f(a)}{b-a} = f'(c)$$ 인 c 가 열린구간 (a, b) 에 적어도 하나 존재한다.

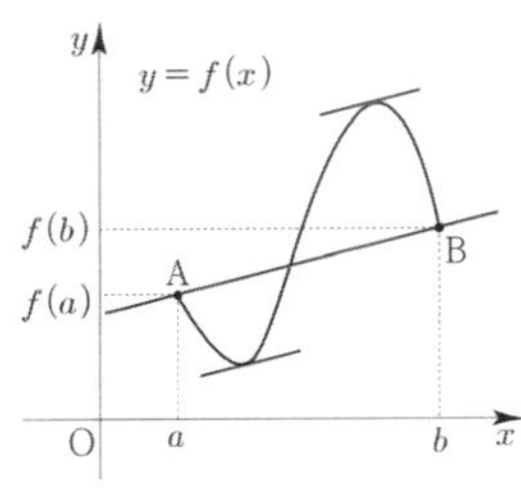

Tip 1　평균값 정리는 열린구간 (a, b) 에서 직선 AB 와 평행한
곡선 $y = f(x)$ 의 접선이 적어도 하나 존재함을 의미한다.

Tip 2　평균값 정리에서 $f(a) = f(b)$ 이면 두 점 $(a, f(a))$ 와 $(b, f(b))$ 를 지나는 직선의
기울기는 0 이므로 평균값 정리는 롤의 정리를 일반화한 것이다.

Tip 2　평균값 정리에서 함수 $f(x)$ 가 닫힌구간 $[a, b]$ 에서 연속이고, 열린구간 (a, b) 에서
미분가능하다는 조건 중 어느 하나라도 만족하지 않으면 평균값 정리가 성립하지 않는다.

(1) 불연속인 함수

함수 $f(x) = \begin{cases} 0 & (x < 1) \\ 1 & (x \geq 1) \end{cases}$ 는 열린구간 $(0, 1)$ 에서 미분가능하고

$f(0) = 0$, $f(1) = 1$ 이므로 $\dfrac{f(1)-f(0)}{1-0} = 1$ 이지만 $0 < c < 1$ 인 모든 c 에 대하여

$f'(c) = 0$ 이다. 따라서 $f'(c) = 1$ 을 만족시키는 실수 c 가 열린구간 $(0, 1)$ 에 존재하지 않는다.

(2) 미분가능하지 않은 함수

함수 $f(x) = |x|$ 은 닫힌구간 $[-1, 2]$ 에서 연속이지만 $-1 < c < 2$ 인 c 에 대하여

$f'(c) = \dfrac{f(2)-f(-1)}{2-(-1)} = \dfrac{2-1}{3} = \dfrac{1}{3}$ 을 만족시키는 실수 c 는 존재하지 않는다.

평균값 정리 증명

평균값 정리를 증명해보자.

곡선 $y = f(x)$ 위의 두 점 $(a, f(a))$, $(b, f(b))$ 를 지나는 직선의

방정식을 $y = g(x)$ 라고 하면 $g(x) = \dfrac{f(b)-f(a)}{b-a}(x-a) + f(a)$ 이다.

이때 함수 $h(x) = f(x) - g(x)$ 라 하면 $h(x)$ 는 닫힌구간 $[a, b]$ 에서
연속이고 열린구간 (a, b) 에서 미분가능하며 $h(a) = h(b) = 0$ 이다.
따라서 롤의 정리를 이용하면

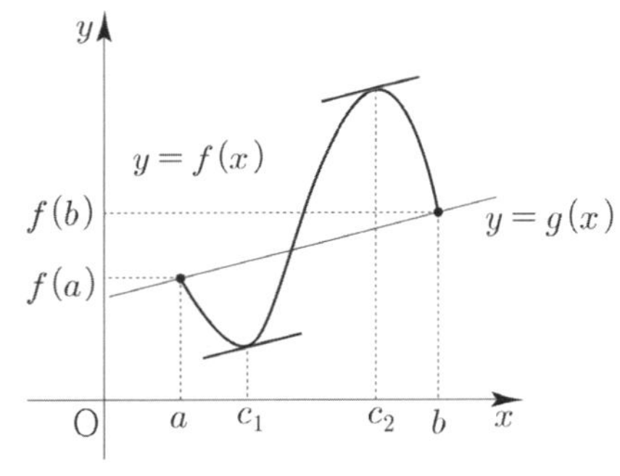

$h'(c) = f'(c) - g'(c) = f'(c) - \dfrac{f(b)-f(a)}{b-a} = 0$ 인 c 가 열린구간 (a, b) 에 적어도 하나 존재한다.

즉, $\dfrac{f(b)-f(a)}{b-a} = f'(c)$ 인 c 가 열린구간 (a, b) 에 적어도 하나 존재한다.

Tip　평균값 정리는 함수의 그래프를 이용하여 직관적으로 이해하면 되고
만약 1회독 중인 학생이라면 증명과정은 넘어가도 된다.

예제 5

함수 $f(x) = x^2 - 4$에 대하여 닫힌구간 $[0,\ 2]$에서 평균값 정리를 만족시키는 실수 c의 값을 구하시오.

풀이

함수 $f(x) = x^2 - 4$은 닫힌구간 $[0,\ 2]$에서 연속이고 열린구간 $(0,\ 2)$에서 미분가능하므로

$\dfrac{f(2) - f(0)}{2 - 0} = f'(c)$ 인 c가 열린구간 $(0,\ 2)$ 사이에 적어도 하나 존재한다.

이때 $\dfrac{f(2) - f(0)}{2 - 0} = \dfrac{0 - (-4)}{2 - 0} = 2$ 이고, $f'(x) = 2x$ 에서 $f'(c) = 2c$ 이므로 $2 = 2c$

따라서 $c = 1$ 이다.

개념 확인문제 5 다음 구간에서 평균값 정리를 만족시키는 실수 c의 값을 구하시오.

(1) $y = -x^2 - x,\ [0,\ 1]$

(2) $y = x^3 + 2,\ [-2,\ 0]$

03 함수의 증가와 감소, 극대와 극소

성취 기준 – 함수의 증가와 감소, 극대와 극소를 판정하고 설명할 수 있다.

개념 파악하기 (4) 함수의 증가와 감소는 어떻게 알 수 있을까?

함수의 증가

함수 $f(x)$ 가 어떤 구간에 속하는 임의의 두 실수 x_1, x_2 에 대하여
$x_1 < x_2$ 일 때, $f(x_1) < f(x_2)$ 이면 $f(x)$ 는 그 구간에서 **증가**한다고 한다.

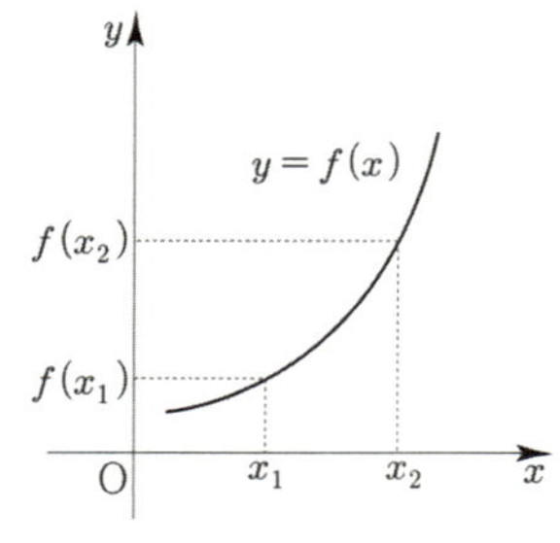

함수의 감소

함수 $f(x)$ 가 어떤 구간에 속하는 임의의 두 실수 x_1, x_2 에 대하여
$x_1 < x_2$ 일 때, $f(x_1) > f(x_2)$ 이면 $f(x)$ 는 그 구간에서 **감소**한다고 한다.

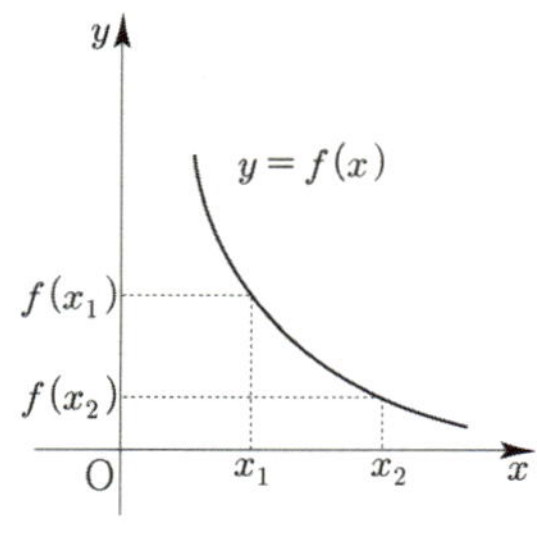

예제 6

다음 물음에 답하시오.

(1) $y = x^2$ 이 구간 $[0, \infty)$ 에서 증가함을 보이시오.

(2) $y = x^2$ 이 구간 $(-\infty, 0]$ 에서 감소함을 보이시오.

풀이

(1) $0 \le x_1 < x_2$ 인 임의의 두 실수 x_1, x_2 에 대하여

$\qquad f(x_2) - f(x_1) = x_2^2 - x_1^2 = (x_2 - x_1)(x_2 + x_1) > 0$ 이므로 $f(x_1) < f(x_2)$ 이다.

$\qquad$ 따라서 함수 $f(x) = x^2$ 은 구간 $[0, \infty)$ 에서 증가한다.

(2) $x_1 < x_2 \le 0$ 인 임의의 두 실수 x_1, x_2 에 대하여

$\qquad f(x_2) - f(x_1) = x_2^2 - x_1^2 = (x_2 - x_1)(x_2 + x_1) < 0$ 이므로 $f(x_1) > f(x_2)$ 이다.

$\qquad$ 따라서 함수 $f(x) = x^2$ 은 구간 $(-\infty, 0]$ 에서 감소한다.

개념 확인문제 6 주어진 구간에서 다음 함수의 증가와 감소를 조사하시오.

(1) $f(x) = x^3 \ (-\infty, \infty)$

(2) $y = \dfrac{1}{x-2} \ (2, \infty)$

개념 파악하기 | (5) 함수의 증가와 감소는 어떻게 판정할 수 있을까?

미분가능한 함수의 증가와 감소를 판정하는 방법

함수 $f(x)$ 가 열린구간 $(a,\ b)$ 에서 미분가능하면 열린구간 $(a,\ b)$ 에 속하고
$x_1 < x_2$ 인 임의의 두 실수 $x_1,\ x_2$ 에 대하여

$\dfrac{f(x_2)-f(x_1)}{x_2-x_1}=f'(c)$ 인 c 가 열린구간 $(x_1,\ x_2)$ 에 적어도 하나 존재한다.

$f'(x)$ 의 부호에 따라 case분류할 수 있다.

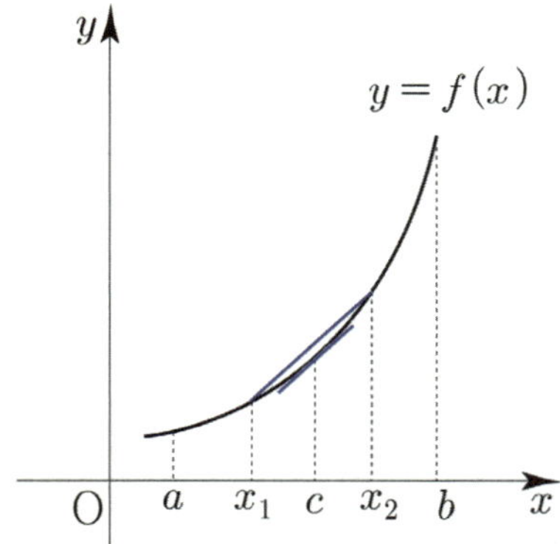

① 열린구간 $(a,\ b)$ 에 속하는 모든 x 에 대하여 $f'(x) > 0$ 일 때,

$\dfrac{f(x_2)-f(x_1)}{x_2-x_1}=f'(c) > 0$ 이고 $x_2-x_1 > 0$ 이므로

$f(x_2)-f(x_1) > 0$, 즉 $f(x_1) < f(x_2)$ 이다.
따라서 함수 $f(x)$ 는 이 구간에서 증가한다.

② 열린구간 $(a,\ b)$ 에 속하는 모든 x 에 대하여 $f'(x) < 0$ 일 때,

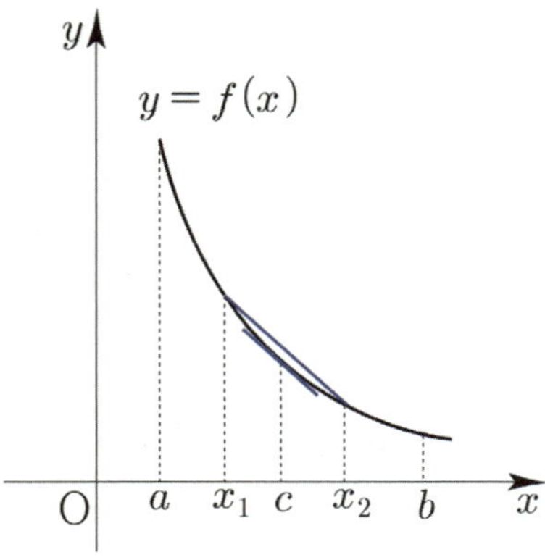

$\dfrac{f(x_2)-f(x_1)}{x_2-x_1}=f'(c) < 0$ 이고 $x_2-x_1 > 0$ 이므로

$f(x_2)-f(x_1) < 0$, 즉 $f(x_1) > f(x_2)$ 이다.
따라서 함수 $f(x)$ 는 이 구간에서 감소한다.

미분가능한 함수의 증가와 감소를 판정하는 방법 요약

함수 $f(x)$ 가 어떤 구간에서 미분가능할 때,

① 그 구간의 모든 x 에 대하여 $f'(x) > 0$ 이면 $f(x)$ 는 그 구간에서 증가한다.
② 그 구간의 모든 x 에 대하여 $f'(x) < 0$ 이면 $f(x)$ 는 그 구간에서 감소한다.

> **Tip 1** 일반적으로 위의 역은 성립하지 않는다. 대표적인 반례가 함수 $f(x)=x^3$ 인데
> 이 함수는 열린구간 $(-\infty,\ \infty)$ 에서 증가하지만 $f'(0)=0$ 이다.

> **Tip 2** 함수 $f(x)$ 가 상수함수가 아닌 다항함수라면
> (i) $f(x)$ 가 어떤 열린구간에서 증가하기 위한 필요충분조건은
> 　　　 이 열린구간에 속하는 모든 x 에 대하여 $f'(x) \geq 0$ 이다.
> (ii) $f(x)$ 가 어떤 열린구간에서 감소하기 위한 필요충분조건은
> 　　　 이 열린구간에 속하는 모든 x 에 대하여 $f'(x) \leq 0$ 이다.

함수 $f(x) = x^3 - 3x$ 의 증가와 감소를 조사하시오.

풀이

$f'(x) = 3x^2 - 3 = 3(x+1)(x-1)$ 이므로 $f'(x)$ 를 그리면 오른쪽 그림과 같다.

$f(x)$ 의 증가와 감소 여부는 $f'(x)$ 의 부호에 따라 결정된다.

따라서 함수 $f(x)$ 는 구간 $(-\infty, -1]$, $[1, \infty)$ 에서 증가하고,

구간 $[-1, 1]$ 에서 감소한다.

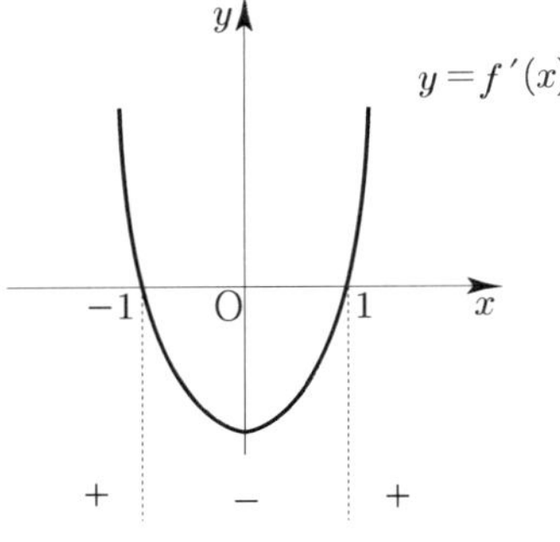

Tip 1 $f'(x) = 0$ 을 만족시키는 x 의 값은 증가하는 구간과 감소하는 구간에 모두 포함될 수 있다.

Tip 2 교과서에서는 증감표를 그려서 접근했지만 실전적으로 볼 때 이는 매우 비효율적인 방법이다.
따라서 위의 풀이처럼 $f'(x)$ 의 그래프를 그린 후 $f'(x)$ 의 부호만 따지는 것을 추천한다.
그래프를 그리는 방법은 **"개념 파악하기 – (7) 함수의 그래프의 개형은 어떻게 그릴까?"**에서
자세히 다루기로 하자.

개념 확인문제 7 다음 함수의 증가와 감소를 조사하시오.

(1) $f(x) = -x^3 + 12x + 2$

(2) $f(x) = x^3 + x + 10$

개념 파악하기 (6) 함수의 극대와 극소란 무엇일까?

함수의 극대와 극소

함수 $f(x)$에서 $x=a$를 포함하는 어떤 열린구간에 속하는 모든 x에 대하여
① $f(x) \leq f(a)$이면 $f(x)$는 $x=a$에서 **극대**가 된다고 하고,
  그 때의 함숫값 $f(a)$를 **극댓값**이라고 한다.
② $f(x) \geq f(a)$이면 $f(x)$는 $x=a$에서 **극소**가 된다고 하고,
  그 때의 함숫값 $f(a)$를 **극솟값**이라고 한다.

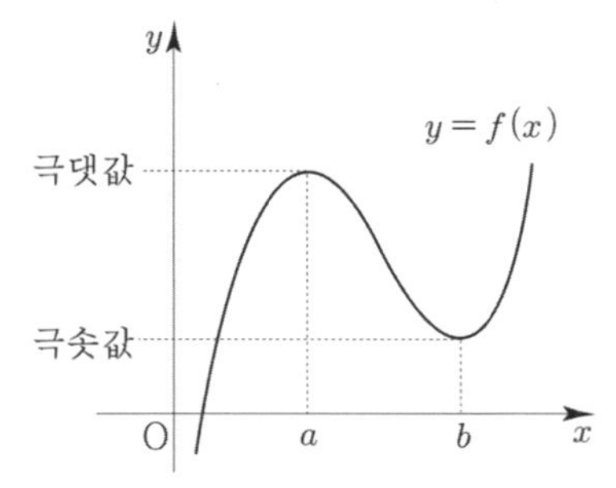

극댓값과 극솟값을 통틀어 **극값**이라고 한다.

Tip 1 $x=a$를 포함하는 어떤 열린구간이라는 뜻은
$x=a$를 포함하는 아주 작은 열린구간이라고 생각하면 된다.

Tip 2 극대 극소의 정의를 보면 $f(x)$가 연속이나 미분가능해야 한다는 전제조건이 없다.
따라서 불연속 혹은 미분가능하지 않아도 함숫값만 존재한다면 극대와 극소가 존재할 수 있다.

ex $x=a$에서 불연속해도 $x=a$에서 극대   ex $x=a$에서 미분가능하지 않아도 $x=a$에서 극소

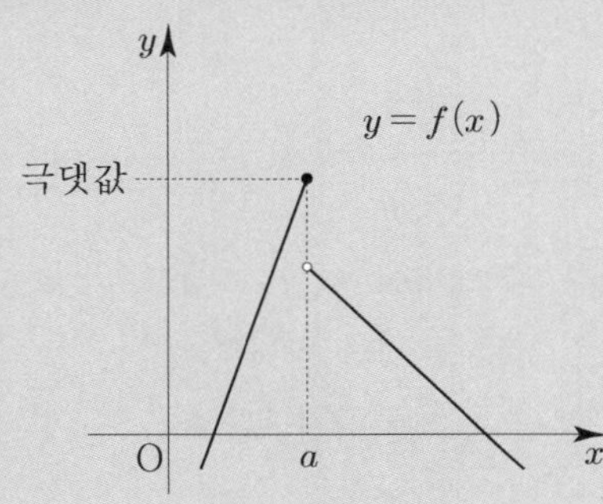
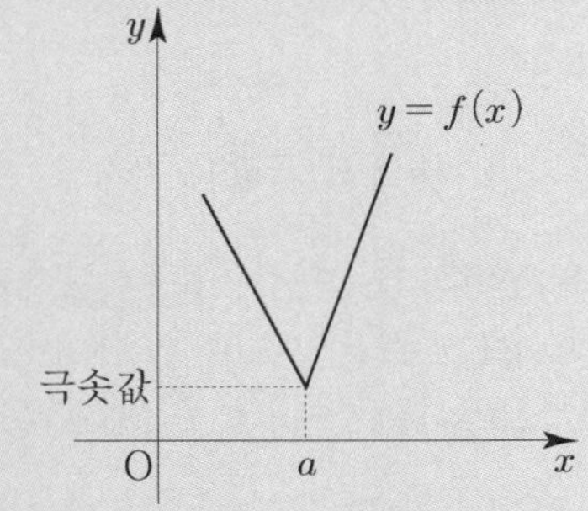

Tip 3 극대와 극소는 여러 개 존재할 수 있고
극댓값이 극솟값보다 항상 큰 것은 아니다.

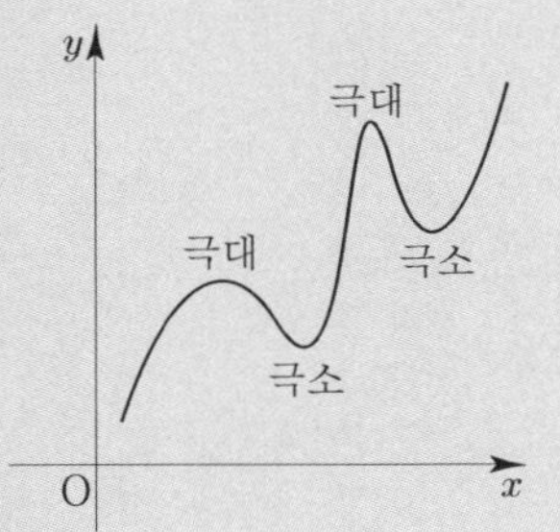

Tip 4 극댓값(극솟값)이 꼭 최댓값(최솟값)은 아니다.

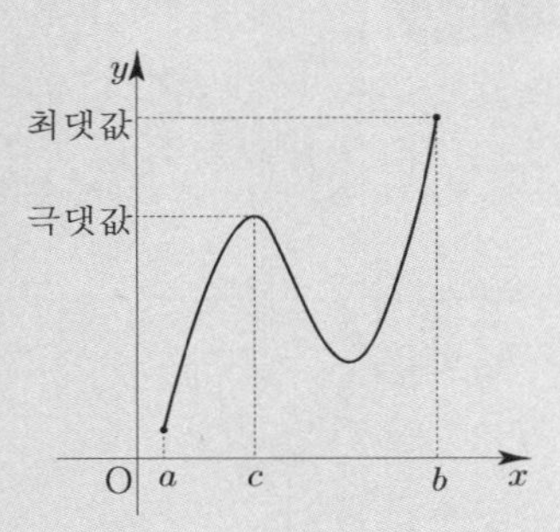

Tip 5 $f(x)$가 상수함수라면 $x=a$에서 극값을 갖는 a는 무수히 많다.
이때 함숫값 $f(a)$는 극댓값도 되고 극솟값도 된다.

극값과 미분계수

함수 $f(x)$ 가 $x=a$ 에서 극값을 갖고 a 를 포함하는 어떤 열린구간에서 미분가능할 때,
$f'(a)$ 의 값은 무엇일까?

(1) 함수 $f(x)$ 가 $x=a$ 에서 극댓값을 가지면 충분히 작은 실수 $h(h \neq 0)$ 에 대하여

$$f(a+h) \leq f(a) \ \Rightarrow \ f(a+h) - f(a) \leq 0 \ \text{이므로}$$

$$\lim_{h \to 0+} \frac{f(a+h)-f(a)}{h} \leq 0, \ \lim_{h \to 0-} \frac{f(a+h)-f(a)}{h} \geq 0 \ \text{이다.}$$

이때 함수 $f(x)$ 는 $x=a$ 에서 미분가능해야 하므로

$$0 \leq \lim_{h \to 0-} \frac{f(a+h)-f(a)}{h} = \lim_{h \to 0+} \frac{f(a+h)-f(a)}{h} \leq 0 \ \text{이다.}$$

따라서 $f'(a)=0$ 이다.

(2) 같은 방법으로 함수 $f(x)$ 가 $x=a$ 에서 극솟값을 갖는 경우에도 $f'(a)=0$ 임을 알 수 있다.

극값과 미분계수 요약

미분가능한 함수 $f(x)$ 가 $x=a$ 에서 극값을 가지면 $f'(a)=0$ 이다.

Tip 1 위의 역은 성립하지 않는다. 즉, 미분가능한 함수 $f(x)$ 에 대하여
$f'(a)=0$ 이라고 해서 반드시 $f(x)$ 가 $x=a$ 에서 극값을 갖는 것은 아니다.
예를 들어 함수 $f(x)=x^3$ 은 $f'(0)=0$ 이지만 $x=0$ 에서 극값을 갖지 않는다.

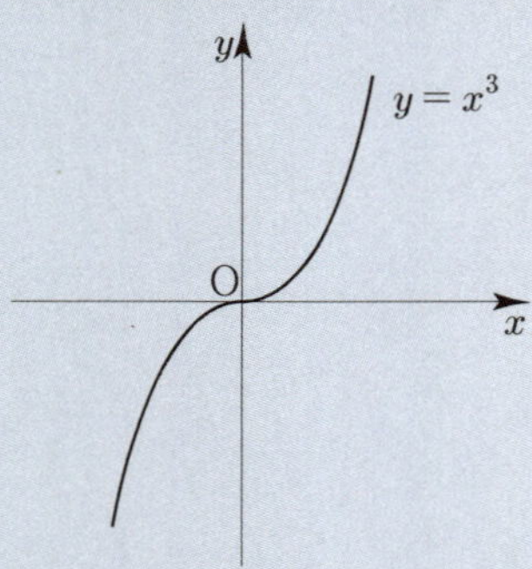

Tip 2 "개념파악하기 – (6) 함수의 극대와 극소란 무엇일까?"에서 배웠듯이
미분가능하지 않을 때도 $x=a$ 에서 극값을 가질 수 있다.
예를 들어 $f(x)=|x|$ 는 $x=0$ 에서 극솟값을 갖지만 $f'(0)$ 은 존재하지 않는다.

극대와 극소의 판정

미분가능한 함수 $f(x)$ 에 대하여 $f'(a)=0$ 일 때, $x=a$ 좌우에서

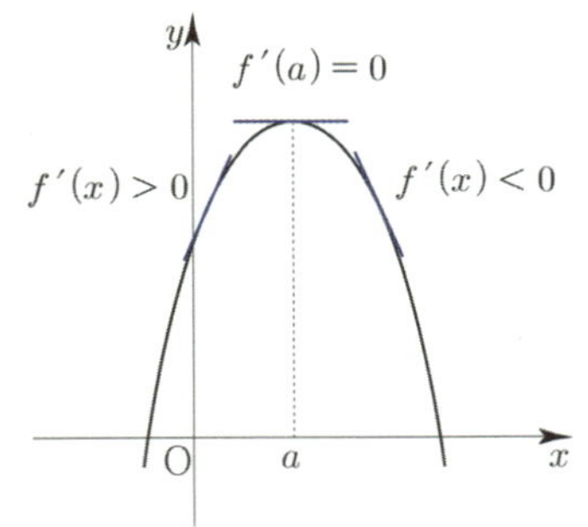

① $f'(x)$ 의 부호가 양$(+)$ 에서 음$(-)$ 으로 바뀌면
　 $f(x)$ 는 $x=a$ 에서 극대이고, 극댓값 $f(a)$ 를 갖는다.

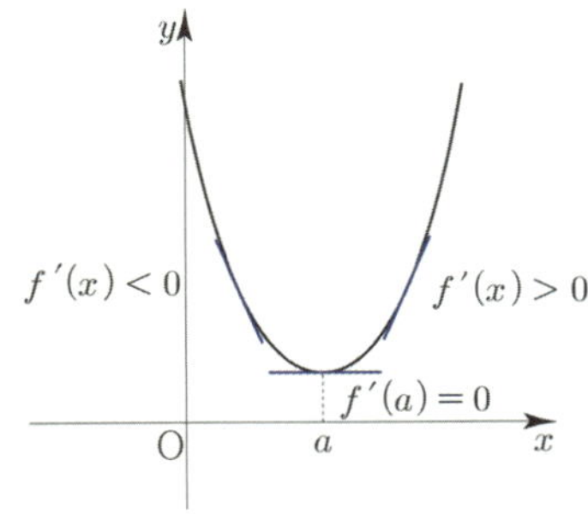

② $f'(x)$ 의 부호가 음$(-)$ 에서 양$(+)$ 으로 바뀌면
　 $f(x)$ 는 $x=a$ 에서 극소이고, 극솟값 $f(a)$ 를 갖는다.

> **Tip** 미분가능한 함수 $f(x)$ 의 극대와 극소는 다음 순서에 따라 판정할 수 있다.
> (i) $f'(x)=0$ 을 만족시키는 x 의 값을 구한다.
> (ii) $f'(x)=0$ 인 x 의 값의 좌우에서 $f'(x)$ 의 부호를 조사한다.
> (iii) 함수 $f(x)$ 의 극대와 극소를 판정한다.

예제 8

함수 $f(x) = 2x^3 - 3x^2 + 1$ 의 극값을 구하시오.

풀이

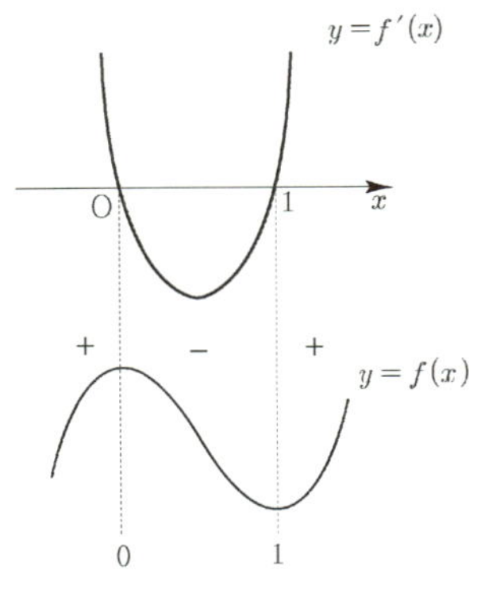

$f'(x) = 6x^2 - 6x = 6x(x-1)$ 이므로 $f'(x)$ 를 그리면 오른쪽 그림과 같다.
$f'(x)$ 의 부호에 따라 $f(x)$ 를 그려주면 된다.
($f'(x) > 0$ 일 때는 증가, $f'(x) < 0$ 일 때는 감소)

따라서 $f(x)$ 는 $x=0$ 에서 극대이고
극댓값은 1, $x=1$ 에서 극소이고 극솟값은 0 이다.

> **Tip** 미분가능한 함수 $f(x)$ 가 $x=a$ 에서 극값을 가지면 $f'(a)=0$ 이므로
> 극값을 구하기 위해서는 먼저 함수 $f(x)$ 의 도함수 $f'(x)$ 를 구하여 $f'(x)=0$ 을
> 만족시키는 x 의 값을 구한 후, 그 값의 좌우에서 부호가 바뀌는지 조사하면 된다.

　다음 함수의 극값을 구하시오.

(1) $f(x) = x^3 - 3x^2 + 2$

(2) $f(x) = -x^3 + 12x + 16$

예제 9

함수 $f(x) = x^3 + ax^2 + bx + 7$ 이 $x = 1$ 에서 극솟값 2 을 가질 때, 상수 $a,\ b$ 의 값과 극댓값을 구하시오.

풀이

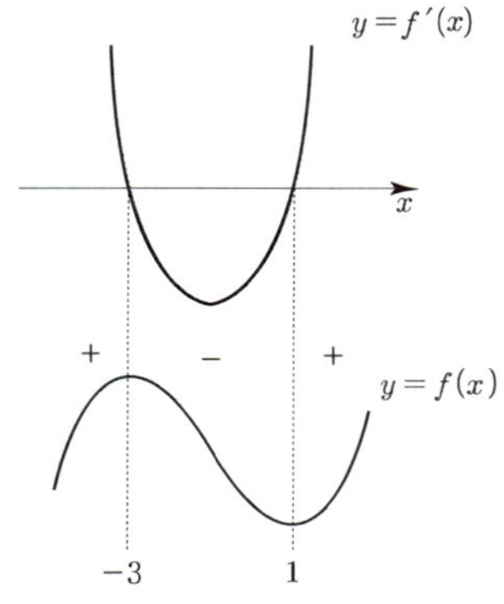

$f'(x) = 3x^2 + 2ax + b$ 이고, 함수 $f(x)$ 가 $x = 1$ 에서 극소이고 극솟값이 2 이므로

$f(1) = 2 \Rightarrow 1 + a + b + 7 = 2 \Rightarrow a + b = -6$

$f'(1) = 0 \Rightarrow 3 + 2a + b = 0$

위의 두 식을 연립하면 $a = 3,\ b = -9$ 이다.

즉, $f(x) = x^3 + 3x^2 - 9x + 7$ 이므로 $f'(x) = 3x^2 + 6x - 9 = 3(x+3)(x-1)$

따라서 $f(x)$ 는 $x = -3$ 에서 극대이고 극댓값은 34 이다.

Tip　 $f'(x)$ 의 부호만 판단하면 되므로 $f'(x)$ 를 그릴 때, y 축은 그리지 않아도 된다.

　함수 $f(x) = -2x^3 + ax^2 + bx + 4$ 이 $x = 1$ 에서 극댓값 11 을 가질 때,

상수 $a,\ b$ 의 값과 극솟값을 구하시오.

미분

함수의 그래프

성취 기준 – 함수의 그래프의 개형을 그릴 수 있다.

개념 파악하기 **(7) 함수의 그래프의 개형은 어떻게 그릴까?**

함수의 그래프의 개형 그리기

미분가능한 함수 $y = f(x)$ 의 그래프의 개형은 다음과 같은 과정으로 그릴 수 있다.

① 도함수 $f'(x)$ 를 그린다.

② $f'(x)$ 의 부호를 판단하여 증감을 고려한 대략적인 $f(x)$ 를 그린다.

③ 극댓값 or 극솟값 or x 절편 or y 절편 등을 고려하여 디테일하게 함숫값을 표시한다.

④ 최종적으로 ②+③을 고려하여 함수 $y = f(x)$ 의 그래프를 그린다.

> **Tip 1**   ①에서 $f'(x)$ 의 부호만 판단하면 되므로 $f'(x)$ 를 그릴 때, y 축은 생략가능하다.
>
> **Tip 2** $f'(x)$ 의 부호만 판단하면 되므로 $f'(x)$ 에서 항상 양수인 부분은 고려하지 않아도 된다.
> **ex1** $f'(x) = 10x(x-1)$ 이라면 $f'(x) = x(x-1)$ 라 두고 판단해도 된다.
> **ex2** $f'(x) = (x^2+1)x$ 이라면 $f'(x) = x$ 라 두고 판단해도 된다.
>   이때 두 번째 $f'(x)$ 를 Semi 도함수라고 하자. (소통을 위한 필자와의 약속)
>
> **Tip 3**   위와 같은 방식 즉, 증감표를 그리지 않고 $f'(x)$ 를 그려서 $f'(x)$ 의 부호를 판단하려면
> x 절편을 바탕으로 3차 이상의 다항함수를 빨리 그릴 수 있어야 한다. (방법은 아래와 같다.)

x 절편을 이용해 다항함수 빨리 그리기 [1단계] – 시작 방향 정하기

① 홀수차 함수
   ex 일차함수, 삼차함수, …

   (ⅰ) 최고차항의 계수가 양수일 때, 아래에서 위로 증가하는 방향으로 시작한다.

   (ⅱ) 최고차항의 계수가 음수일 때, 위에서 아래로 감소하는 방향으로 시작한다.

> **Tip**   일차함수를 생각하면 된다.

② 짝수차 함수

  ex 이차함수, 사차함수, …

(ⅰ) 최고차항의 계수가 양수일 때, 위에서 아래로 감소하는 방향으로 시작한다.

(ⅱ) 최고차항의 계수가 음수일 때, 아래에서 위로 증가하는 방향으로 시작한다.

Tip 이차함수를 생각하면 된다.

x 절편을 이용해 다항함수 빨리 그리기 [2단계] – x 절편 이용하기

$f(x)$ 가 $(x-a)^n$ 을 인수로 가질 때, n 에 따라 case분류할 수 있다.

① $n=1 \Rightarrow (x-a)$ ② $n=2 \Rightarrow (x-a)^2$ $(n \geq 2$ 인 짝수$)$ ③ $n=3 \Rightarrow (x-a)^3$ $(n \geq 3$ 인 홀수$)$

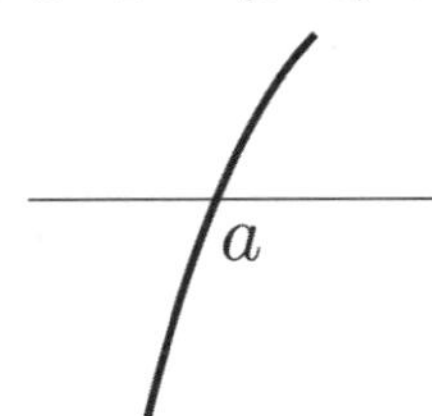
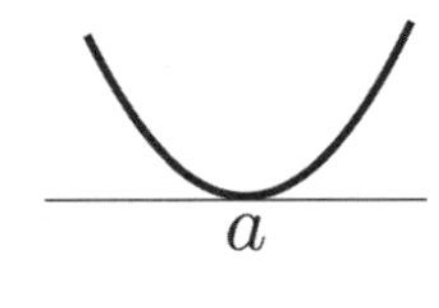
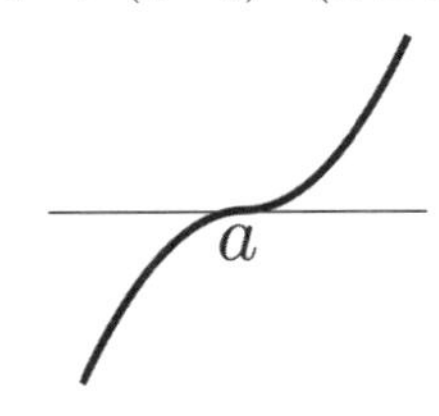

Tip ②은 스치는 접선형태(스접)를 갖고, ③은 뚫는 접선형태(뚫접)를 갖는다.
쉽게 말해서 ②은 $y=x^2$ 같은 느낌이고, ③은 $y=x^3$ 같은 느낌이다.

x 절편을 이용해 다항함수 빨리 그리기 [3단계] – 실전연습

ex1 $y=x(x-1)(x-2)$

  ① 삼차함수이고 최고차항의 계수가 양수이므로
    아래에서 위로 증가하는 방향으로 시작한다.
  ② x 절편이 0, 1, 2 이고 x, $(x-1)$, $(x-2)$ 를 인수로 가지므로
    $x=0, 1, 2$ 를 통과해서 그려주면 된다.

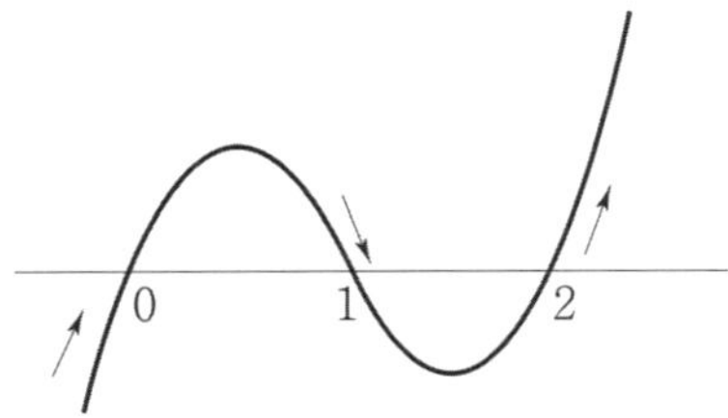

ex2 $y=-(x-1)(x-2)^2$

  ① 삼차함수이고 최고차항의 계수가 음수이므로
    위에서 아래로 감소하는 방향으로 시작한다.
  ② x 절편이 1, 2 이고 $(x-1)$, $(x-2)^2$ 를 인수로 가지므로
    $x=1$ 를 통과하고 $x=2$ 에서 스치는 접선을 갖도록 그려주면 된다.

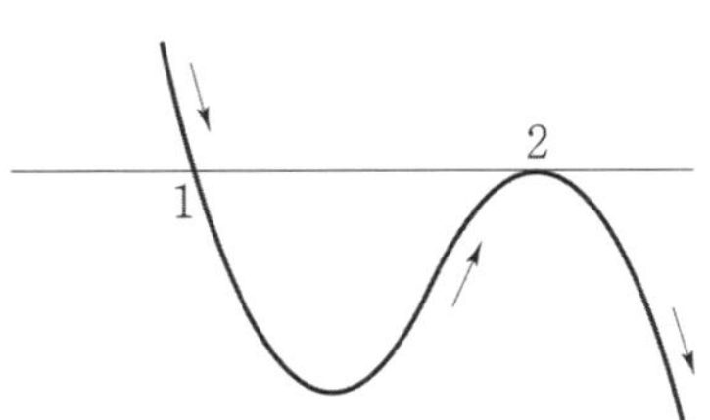

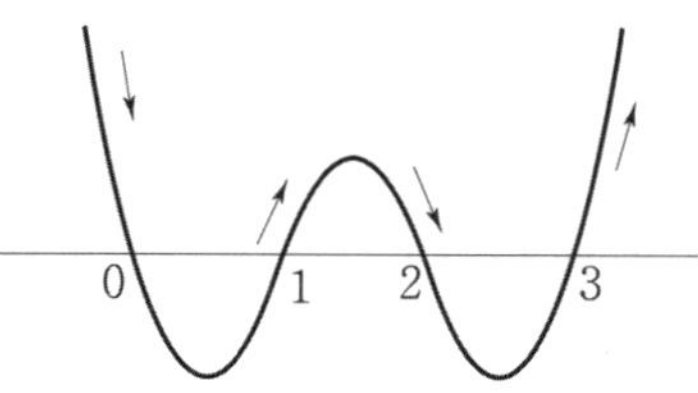

ex3 $y = x(x-1)(x-2)(x-3)$

① 사차함수이고 최고차항의 계수가 양수이므로
위에서 아래로 감소하는 방향으로 시작한다.
② x 절편이 0, 1, 2, 3 이고 x, $(x-1)$, $(x-2)$, $(x-3)$ 을 인수로 가지므로
$x = 0$, 1, 2, 3을 통과해서 그려주면 된다.

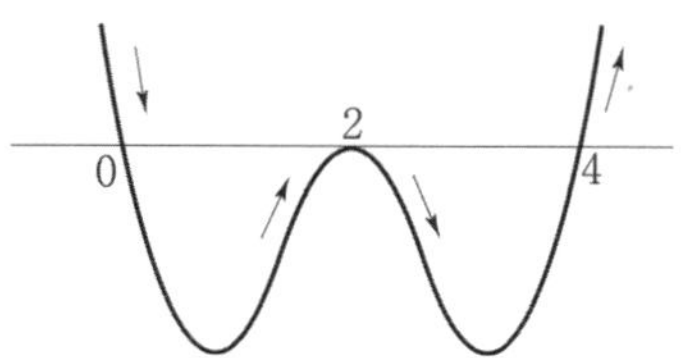

ex4 $y = x(x-2)^2(x-4)$

① 사차함수이고 최고차항의 계수가 양수이므로
위에서 아래로 감소하는 방향으로 시작한다.
② x 절편이 0, 2, 4 이고 x, $(x-2)^2$, $(x-4)$ 를 인수로 가지므로
$x = 0$, 4를 통과하고 $x = 2$ 에서 스치는 접선을 갖도록 그려주면 된다.

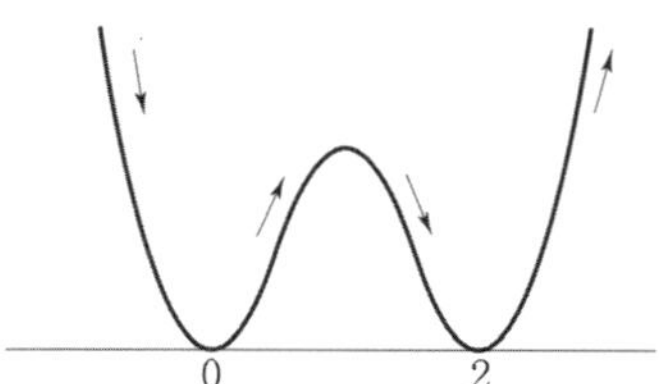

ex5 $y = x^2(x-2)^2$

① 사차함수이고 최고차항의 계수가 양수이므로
위에서 아래로 감소하는 방향으로 시작한다.
② x 절편이 0, 2 이고 x^2, $(x-2)^2$ 를 인수로 가지므로
$x = 0$, 2 에서 스치는 접선을 갖도록 그려주면 된다.

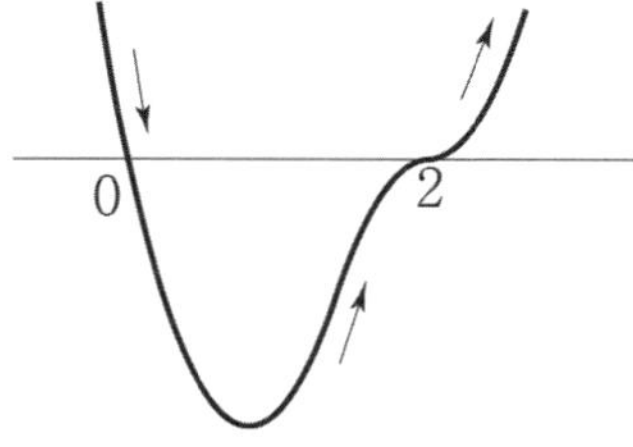

ex6 $y = x(x-2)^3$

① 사차함수이고 최고차항의 계수가 양수이므로
위에서 아래로 감소하는 방향으로 시작한다.
② x 절편이 0, 2 이고 x, $(x-2)^3$ 를 인수로 가지므로
$x = 0$ 을 통과하고 $x = 2$ 에서 뚫는 접선을 갖도록 그려주면 된다.

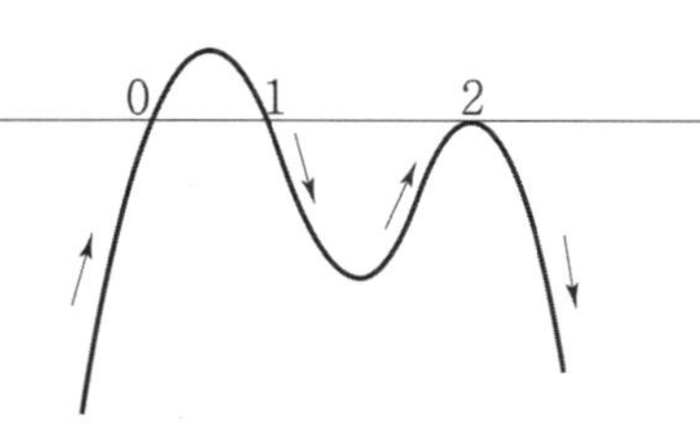

ex7 $y = -x(x-1)(x-2)^2$

① 사차함수이고 최고차항의 계수가 음수이므로
아래에서 위로 증가하는 방향으로 시작한다.
② x 절편이 0, 1, 2 이고 x, $(x-1)$, $(x-2)^2$ 를 인수로 가지므로
$x = 0$, 1 을 통과하고 $x = 2$ 에서 스치는 접선을 갖도록 그려주면 된다.

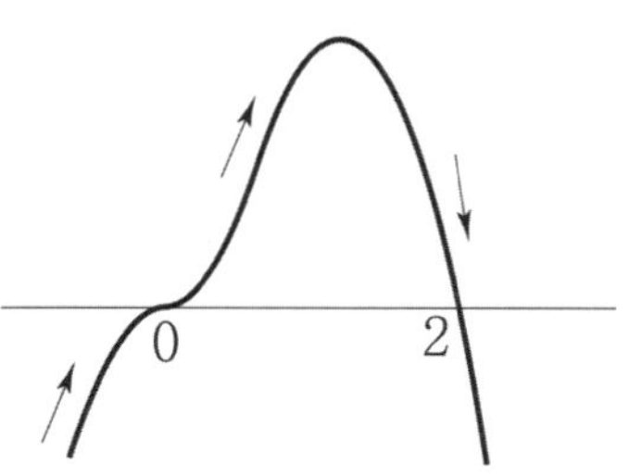

ex8 $y = -x^3(x-2)$

① 사차함수이고 최고차항의 계수가 음수이므로
아래에서 위로 증가하는 방향으로 시작한다.
② x 절편이 0, 2 이고 x^3, $(x-2)$ 를 인수로 가지므로
$x = 2$ 를 통과하고 $x = 0$ 에서 뚫는 접선을 갖도록 그려주면 된다.

함수 $y = x^3 - 6x^2 + 9x$ 의 그래프의 개형을 그리시오.

풀이

$f(x) = x^3 - 6x^2 + 9x$ 라 하면 $f'(x) = 3x^2 - 12x + 9 = 3(x-1)(x-3)$ 이므로
$f'(x)$ 를 그리면 오른쪽 그림과 같다.
이를 바탕으로 대략적인 $f(x)$ 의 개형을 알 수 있고
$f(0) = 0$, $f(3) = 0$, $f(1) = 4$ 이므로 함수 $f(x)$ 의 그래프는 오른쪽 그림과 같다.

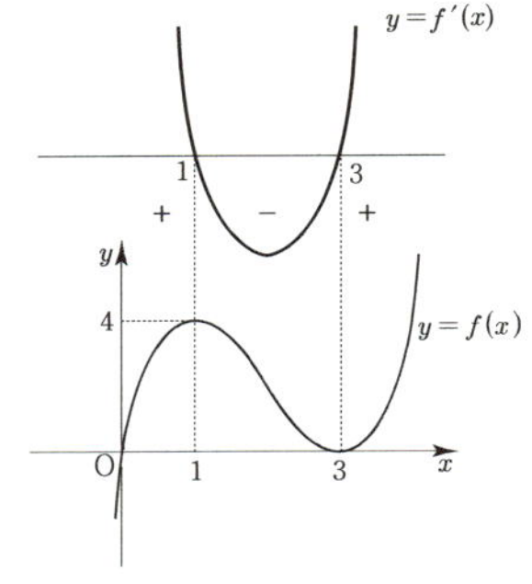

Tip $f(x) = x(x-3)^2$ 이므로 x 절편을 이용하여 바로 그래프를 그릴 수 있다.
① 삼차함수이고 최고차항의 계수가 양수이므로 아래에서 위로 증가하는 방향으로 시작한다.
② x 절편이 $0, 3$ 이고 $x, (x-3)^2$ 을 인수로 가지므로 $x=0$ 을 통과하고 $x=3$ 에서 스치는 접선을
갖도록 그려주면 된다.

개념 확인문제   10   다음 함수의 그래프의 개형을 그리시오.

(1) $y = 2x^3 - 3x^2 + 4$

(2) $y = -2x^3 + 3x^2 + 12x$

함수 $y = x^4 - 2x^2 + 2$ 의 그래프의 개형을 그리시오.

풀이

$f(x) = x^4 - 2x^2 + 2$ 라 하면 $f'(x) = 4x^3 - 4x = 4x(x+1)(x-1)$ 이므로
$f'(x)$ 를 그리면 오른쪽 그림과 같다.
이를 바탕으로 대략적인 $f(x)$ 의 개형을 알 수 있고
$f(0) = 2$, $f(-1) = 1$, $f(1) = 1$ 이므로
함수 $f(x)$ 의 그래프는 오른쪽 그림과 같다.

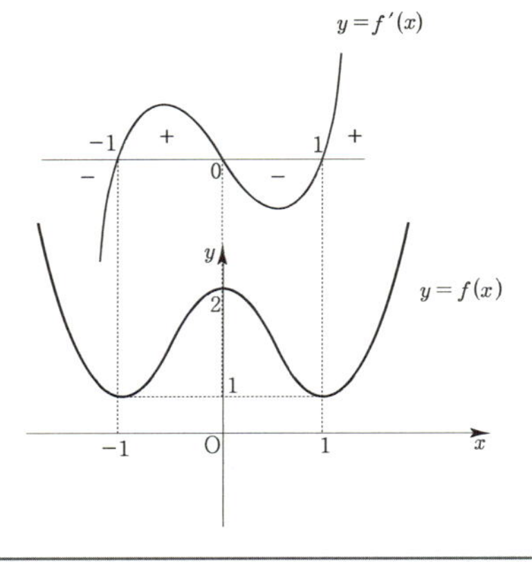

개념 확인문제   11   다음 함수의 그래프의 개형을 그리시오.

(1) $y = -3x^4 + 6x^2 + 2$

(2) $y = 3x^4 - 8x^3 + 6x^2$

개념 파악하기 **(8) 함수의 최댓값과 최솟값은 어떻게 구할까?**

함수의 최댓값과 최솟값

함수 $f(x)$ 가 닫힌구간 $[a, b]$ 에서 연속이면 최대 · 최소 정리에 의해 함수 $f(x)$ 는
이 구간에서 반드시 최댓값과 최솟값을 갖는다.
이때 이 구간에서 극값과 $f(a)$, $f(b)$ 중에서 가장 큰 값이 $f(x)$ 의 최댓값이고,
가장 작은 값이 $f(x)$ 의 최솟값이다.

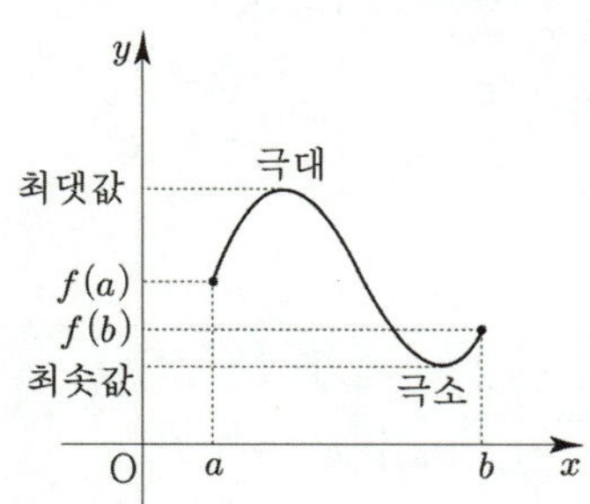
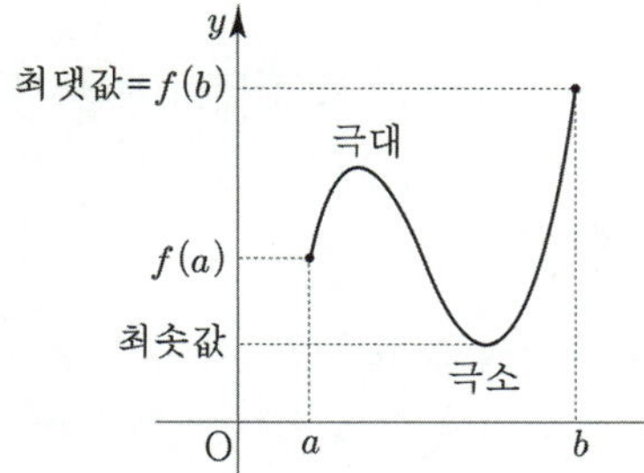
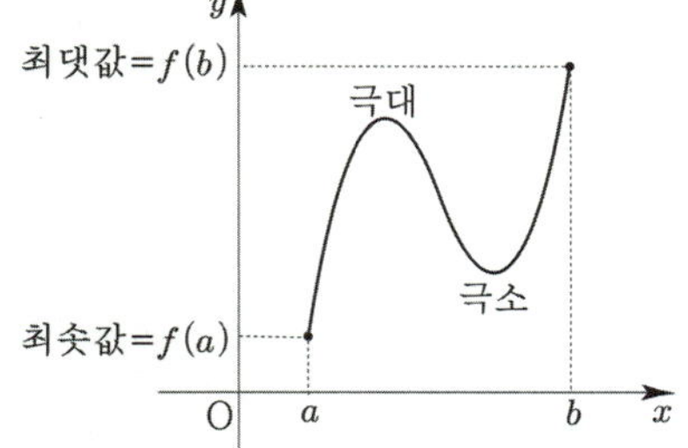

| Tip 1 | 극댓값과 극솟값이 반드시 최댓값과 최솟값이 되는 것은 아니다. |

| Tip 2 | 함수 $f(x)$ 의 그래프를 그린 후 최댓값과 최솟값을 판단하면 된다. $f(x)$ 의 그래프를 그릴 때, y축은 생략가능하다. 결국은 그래프다.!! |

| Tip 3 | 열린구간 (a, b) 에서 정의된 경우에는 최댓값이나 최솟값이 존재하지 않을 수도 있다. |

예제 12

닫힌구간 $[1, 3]$ 에서 함수 $f(x) = 2x^3 - 9x^2 + 12x + 1$ 의 최댓값과 최솟값을 구하시오.

풀이

$f(x) = 2x^3 - 9x^2 + 12x + 1$
$f'(x) = 6x^2 - 18x + 12 = 6(x-1)(x-2)$ 이므로
$f'(x)$ 를 그리면 오른쪽 그림과 같다.

이를 바탕으로 대략적인 $f(x)$ 의 개형을 알 수 있고
$f(1) = 6$, $f(2) = 5$, $f(3) = 10$ 이므로 $1 \le x \le 3$ 에서
함수 $f(x)$ 의 그래프는 오른쪽 그림과 같다.

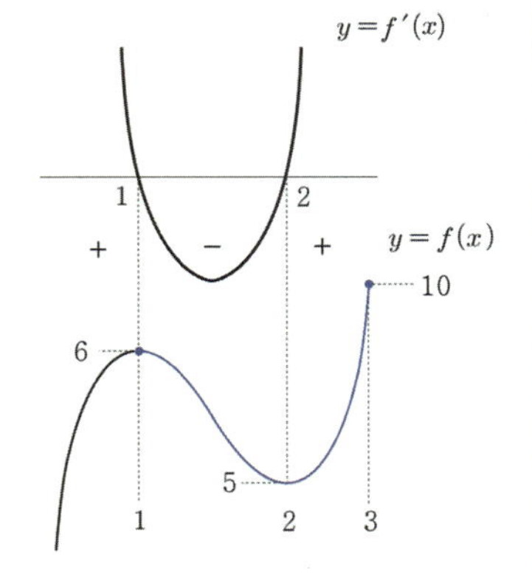

따라서 함수 $f(x)$ 는 $x = 3$ 에서 최대이고 최댓값은 10, $x = 2$ 에서 최소이고 최솟값은 5 이다.

개념 확인문제 **12** 다음 구간에서 함수의 최댓값과 최솟값을 구하시오.

(1) $f(x) = 2x^3 + 6x^2 - 1$ $[-2, 2]$

(2) $f(x) = -x^4 + 6x^2 + 3$ $[-1, 2]$

05 방정식과 부등식에의 활용

성취 기준 – 방정식과 부등식에 대한 문제를 해결할 수 있다.

개념 파악하기 | (9) 방정식의 실근의 개수는 어떻게 구할까?

방정식 $f(x)=0$ 의 실근의 개수

방정식 $f(x)=0$의 실근은 함수 $y=f(x)$의 그래프와 x축의 교점의 x좌표와 같다.
따라서 방정식 $f(x)=0$의 서로 다른 실근의 개수는
함수 $y=f(x)$의 그래프와 x축의 교점의 개수와 같다.

> **Tip** 방정식 $f(x)=0$의 실근의 개수를 구하라고 해서 반드시 $f(x)=0$ 형태로 접근하지 않아도 된다.
> 예를 들어 방정식 $x^2-1=0$의 서로 다른 실근의 개수를 구할 때, $x^2=1$으로 보고
> 두 함수 $y=x^2$, $y=1$의 그래프의 교점의 개수로 비교할 수 있다.

삼차방정식의 실근의 개수

삼차방정식 $ax^3+bx^2+cx+d=0 \ (a \neq 0)$ 에서 $f(x)=ax^3+bx^2+cx+d$ 라 할 때,
$f'(x)=0$의 서로 다른 두 실근을 $\alpha, \ \beta$라 하면

① 서로 다른 세 실근을 갖는다. $\Rightarrow \ f(\alpha) \times f(\beta) < 0$ (극댓값과 극솟값의 부호가 다르다.)

② 서로 다른 두 실근을 갖는다. $\Rightarrow \ f(\alpha) \times f(\beta) = 0$

③ 한 실근만을 갖는다. $\Rightarrow \ f(\alpha) \times f(\beta) > 0$ (극댓값과 극솟값의 부호가 같다.)

> **Tip** 삼차방정식의 실근의 개수 공식은 꼭 외우지 않아도 된다. 이해만 하고 넘어가도 좋다.
> 사실 필자는 위 공식을 실전에서 써본 기억조차 없다. 실전적으로 볼 때, 방정식 $x^3-3x^2+k=0$를
> $k=-x^3+3x^2$로 고친 후 방정식의 실근의 개수를 곡선 $y=-x^3+3x^2$의 그래프와
> 직선 $y=k$가 만나는 서로 다른 점의 개수로 해석하는 것을 추천한다.

방정식 $f(x)=g(x)$ 의 실근의 개수

방정식 $f(x)=g(x)$의 실근은 두 함수 $y=f(x)$, $y=g(x)$의 그래프의 교점의 x좌표와 같다.
따라서 방정식 $f(x)=g(x)$의 서로 다른 실근의 개수는
두 함수 $y=f(x)$, $y=g(x)$의 그래프의 교점의 개수와 같다.

예제 13

방정식 $x^3-3x^2+2=0$의 서로 다른 실근의 개수를 구하시오.

풀이

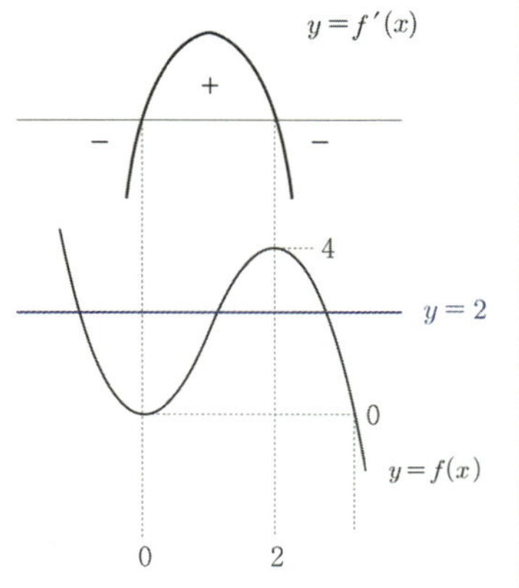

$x^3-3x^2+2=0 \Rightarrow 2=-x^3+3x^2$

$f(x)=-x^3+3x^2$라 두고 두 함수 $y=2$와 $y=f(x)$의

그래프를 이용하여 방정식을 해석해보자.

방정식 $f(x)=2$의 실근의 개수는

두 함수 $y=f(x)$와 $y=2$의 그래프의 교점의 개수와 같다.

$f'(x)=-3x^2+6x=-3x(x-2)$이므로 $f'(x)$를 그리면 오른쪽 그림과 같다.

이를 바탕으로 대략적인 $f(x)$의 개형을 알 수 있고

$f(0)=0,\ f(2)=4$이므로 함수 $f(x)$의 그래프는 오른쪽 그림과 같다.

두 함수 $y=2$와 $y=f(x)$는 서로 다른 세 점에서 만난다.

따라서 방정식 $x^3-3x^2+2=0$의 서로 다른 실근의 개수는 3이다.

개념 확인문제 13 방정식 $2x^3-6x-4=0$의 서로 다른 실근의 개수를 구하시오.

예제 14

방정식 $x^3-6x^2+9x=k$가 서로 다른 세 실근을 갖도록 하는 실수 k의 값의 범위를 구하시오.

풀이

$f(x)=x^3-6x^2+9x$라 두고 두 함수 $y=k$와 $y=f(x)$의 그래프를 이용하여 방정식을 해석해보자.

방정식 $f(x)=k$의 실근의 개수는 두 함수 $y=f(x)$와 $y=k$의 그래프의 교점의 개수와 같다.

$f'(x)=3x^2-12x+9=3(x-1)(x-3)$이므로 $f'(x)$를 그리면 오른쪽 그림과 같다.

이를 바탕으로 대략적인 $f(x)$의 개형을 알 수 있고

$f(1)=4,\ f(3)=0$이므로 함수 $f(x)$의 그래프는 오른쪽 그림과 같다.

두 함수 $y=k$와 $y=f(x)$는 서로 다른 세 점에서 만나려면 $0<k<4$이다.

따라서 방정식 $x^3-6x^2+9x=k$가 서로 다른 세 실근을 갖도록 하는 실수 k의 값의 범위는 $0<k<4$이다.

개념 확인문제 14 방정식 $2x^3-3x^2=k$가 서로 다른 세 실근을 갖도록 하는 실수 k의 값의 범위를 구하시오.

부등식의 증명

어떤 구간에서 부등식 $f(x) \geq 0$이 성립하는 것을 증명할 때는 그 구간에서 함수 $f(x)$의
최솟값이 0보다 크거나 같음을 보이면 된다.
또 어떤 구간에서 부등식 $f(x) \geq g(x)$가 성립하는 것을 증명할 때는 함수 $h(x) = f(x) - g(x)$로 놓고,
그 구간에서 $h(x)$의 최솟값이 0보다 크거나 같음을 보이면 된다.

> **Tip**　무조건 $f(x) \geq 0$와 같은 형태로 풀기보다는 문제에 따라서는 오히려
> $f(x) \geq k$와 같은 형태로 푸는 것이 더 편할 수 있다.
> 예를 들어 $f(x) = x^2$, $g(x) = x + k$ 라 하고 주어진 구간에서 부등식 $f(x) \geq g(x)$가 성립하는 것을
> 보일 때, $x^2 - x - k \geq 0$와 같은 형태보다는 오히려 $x^2 - x \geq k$와 같은 형태로 접근하여
> "주어진 구간에서 $y = x^2 - x$가 $y = k$보다 위에 있도록 하려면 k의 범위를 어떻게 설정해야 할까?"
> 라는 사고과정으로 푸는 것을 추천한다.

예제 15

$x \geq 0$일 때, 부등식 $x^3 - x^2 - x + 2 \geq 0$이 성립함을 보이시오.

> **풀이**
>
> $f(x) = x^3 - x^2 - x + 2$ 라 하면 $f'(x) = 3x^2 - 2x - 1 = (3x+1)(x-1)$ 이므로
> $f'(x)$를 그리면 오른쪽 그림과 같다.
>
> 이를 바탕으로 대략적인 $f(x)$의 개형을 알 수 있고
> $f(0) = 2$, $f(1) = 1$, $x \geq 0$이므로
> 함수 $f(x)$의 그래프는 오른쪽 그림과 같다.
>
> 함수 $f(x)$는 $x = 1$에서 최소이고 최솟값은 1이므로
> $x \geq 0$인 모든 x에 대하여 $f(x) \geq 0$이다.
> 따라서 $x \geq 0$일 때, 부등식 $x^3 - x^2 - x + 2 \geq 0$이 성립한다.

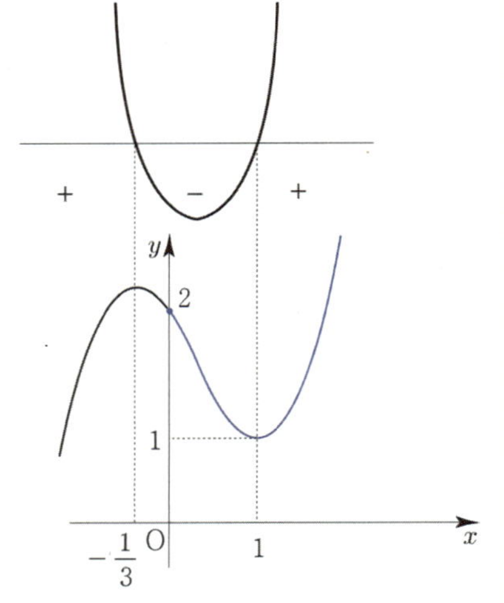

개념 확인문제　**15**　　$x \geq 0$일 때, 부등식 $4x^3 - 3x^2 - 6x + 5 \geq 0$이 성립함을 보이시오.

두 함수 $f(x) = 5x^3 - 9x^2 + k$, $g(x) = 6x^2 + 2$ 에 대하여 부등식 $f(x) \geq g(x)$ 가

닫힌구간 $[0,\ 3]$ 에서 항상 성립하도록 하는 실수 k의 값의 범위를 구하시오.

풀이

$5x^3 - 9x^2 + k \geq 6x^2 + 2 \;\; \Rightarrow\; k \geq -5x^3 + 15x^2 + 2$

$h(x) = -5x^3 + 15x^2 + 2$ 라 두고
두 함수 $y = k$ 와 $y = h(x)$ 의 그래프를 이용하여 부등식을 해석해보자.

$h'(x) = -15x^2 + 30x = -15x(x-2)$ 이므로
$h'(x)$ 를 그리면 오른쪽 그림과 같다.

이를 바탕으로 대략적인 $h(x)$ 의 개형을 알 수 있고
$h(0) = h(3) = 2$, $h(2) = 22$ 이므로 $0 \leq x \leq 3$ 에서
함수 $h(x)$ 의 그래프는 오른쪽 그림과 같다.

따라서 닫힌구간 $[0,\ 3]$ 에서 항상 $k \geq h(x)$ 이 성립하려면 $k \geq 22$ 이다.

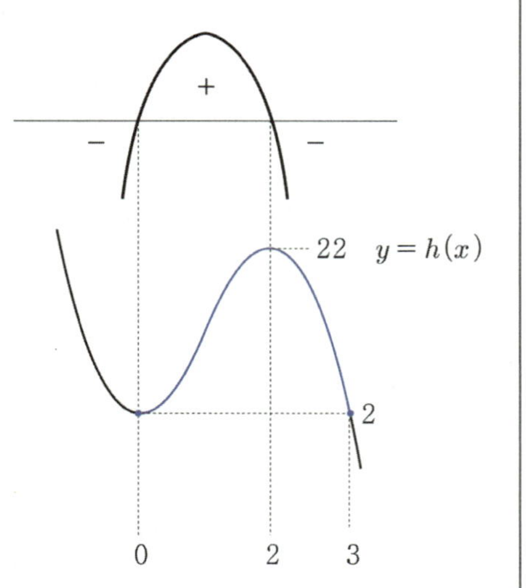

두 함수 $f(x) = 4x^3 + 3x^2$, $g(x) = 6x + k$ 에 대하여 부등식 $f(x) \geq g(x)$ 가
닫힌구간 $[-1,\ 1]$ 에서 항상 성립하도록 하는 실수 k의 값의 범위를 구하시오.

06 속도와 가속도

성취 기준 – 속도와 가속도에 대한 문제를 해결할 수 있다.

개념 파악하기 (11) 속도와 가속도는 어떻게 구할까?

속도와 가속도

점 P가 수직선 위를 움직일 때, 시각 t에서 점 P의 위치를
그 점의 좌표 x로 나타내면 x는 t의 함수이므로 $x = f(t)$와 같이 나타낼 수 있다.
시각 t에서 $t + \varDelta t$까지 변할 때의 점 P의 위치의 변화량 $\varDelta x$는
$\varDelta x = f(t + \varDelta t) - f(t)$ 이므로 점 P의 평균 속도는
$\dfrac{\varDelta x}{\varDelta t} = \dfrac{f(t + \varDelta t) - f(t)}{\varDelta t}$ 이고, 이것은 함수 $x = f(t)$의 평균변화율이다.

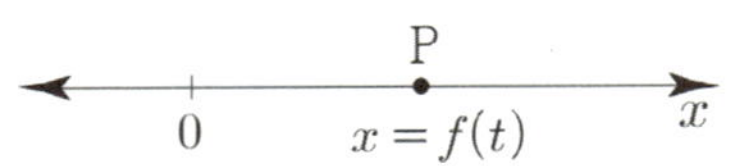

> **Tip** 평균속도 $= \dfrac{\text{위치의 변화량}}{\text{시간의 변화량}}$

이때 시각 t에서의 함수 $x = f(t)$의 순간변화율을 시각 t에서의 점 P의 순간 속도 또는 속도라고 한다.
즉, 속도 v는 다음과 같이 나타낸다.

$$v = \lim_{\varDelta t \to 0} \frac{\varDelta x}{\varDelta t} = \lim_{\varDelta t \to 0} \frac{f(t + \varDelta t) - f(t)}{\varDelta t} = \frac{dx}{dt}$$

점 P의 속도 v도 시각 t의 함수이므로 이 함수 v의 순간변화율을 생각할 수 있다.
이때 시각 t에서의 속도 v의 순간변화율을 시각 t에서의 점 P의 가속도라고 한다.
즉, 가속도 a는 다음과 같이 나타낸다.

$$a = \lim_{\varDelta t \to 0} \frac{\varDelta v}{\varDelta t} = \frac{dv}{dt}$$

속도와 가속도 요약

수직선 위를 움직이는 점 P의 시각 t에서 위치를 $x = f(t)$라고 할 때,
시각 t에서의 점 P의 속도 v와 가속도 a는 $v = \dfrac{dx}{dt} = f'(t), \quad a = \dfrac{dv}{dt} = f''(t)$

> **Tip 1** 위치를 한 번 미분하면 속도이고, 위치를 두 번 미분하면 가속도이다.

> **Tip 2** 속도의 절댓값 $|v|$를 시각 t에서의 점 P의 속력이라고 한다.

> **Tip 3** **수직선 위**를 움직이는 점 P의 운동 방향은 $v > 0$일 때
> 양의 방향이고, $v < 0$일 때 음의 방향이다.
> 따라서 속도의 부호가 바뀔 때 운동 방향이 바뀐다.
> 속도와 가속도는 크기와 방향을 가지는 양이다. 속도의 부호는 운동 방향이 양의 방향인지
> 음의 방향인지를 나타내고, 가속도의 부호는 속도가 증가하는지 감소하는지를 나타낸다.

Tip 4 시간 t에 대한 함수 $f(t)$에 대하여 $t=a$일 때, 미분계수 $f'(a)$는 시각 $t=a$에서의 순간변화율이다.
예를 들어 넓이 $S(t)=t^2$에 대하여 시각 $t=3$일 때, 순간변화율은 $S'(3)=2\times 3=6$이다.
즉, $f(t)$ (길이 $l(t)$, 넓이 $S(t)$, 부피 $V(t)$)를 t로 나타내기만 하면 나머지는 죽 먹기다.

예제 17

수직선 위를 움직이는 점 P의 시각 $t(t \geq 0)$에서 위치 x가 $x=-t^3+6t^2$일 때, 다음을 구하시오.

(1) $t=1$일 때, 점 P의 속도와 가속도

(2) 점 P가 운동 방향을 바꾸는 시각

풀이

(1) 시각 t에서 점 P의 속도를 v, 가속도를 a라 하면 $v=\dfrac{dx}{dt}=-3t^2+12t$, $a=\dfrac{dv}{dt}=-6t+12$

따라서 $t=1$일 때, 점 P의 속도 $v=9$, 가속도 $a=6$이다.

(2) 운동 방향을 바꾸는 순간의 속도는 0이므로 $v=0$에서
$-3t^2+12t=-3t(t-4)=0$이므로 $t=4$이다. $(t>0)$
$t=4$를 경계로 v의 부호가 변하므로 점 P가 운동 방향을 바꾸는 시각은 4이다.

개념 확인문제 17 수직선 위를 움직이는 점 P의 시각 $t(t \geq 0)$에서 위치 x가 $x=t^3-6t^2+9t$일 때, 다음을 구하시오.

(1) $t=4$일 때, 점 P의 속도와 가속도

(2) 점 P가 운동 방향을 처음으로 바꾸는 시각

개념 확인문제 18 수직선 위를 움직이는 점 P의 시각 $t(t \geq 0)$에서 위치 x가 $x=t^3-3t^2+kt$이다.
점 P의 시각 $t=4$에서의 속도가 27일 때, $t=k$에서의 가속도를 구하시오.
(단, k는 상수이다.)

성취 기준 – 삼차함수와 사차함수의 그래프의 개형을 설명할 수 있다.
- 삼차함수와 사차함수의 특징을 설명할 수 있다.
- 식세우기 Technique을 이용하여 삼차함수와 사차함수에 관한 식을 빠르게 세울 수 있다.

개념 파악하기　(12) 곡선의 오목과 볼록은 어떻게 알 수 있을까?

이계도함수

함수 $f'(x)$ 의 도함수를 함수 $y = f(x)$ 의 **이계도함수**라 하고 기호로 $f''(x)$ 와 같이 나타낸다.

곡선의 오목과 볼록

이계도함수를 이용하여 곡선의 오목과 볼록을 조사해 보자.
어떤 구간에서 곡선 $y = f(x)$ 위의 임의의 서로 다른 두 점 P, Q 에 대하여

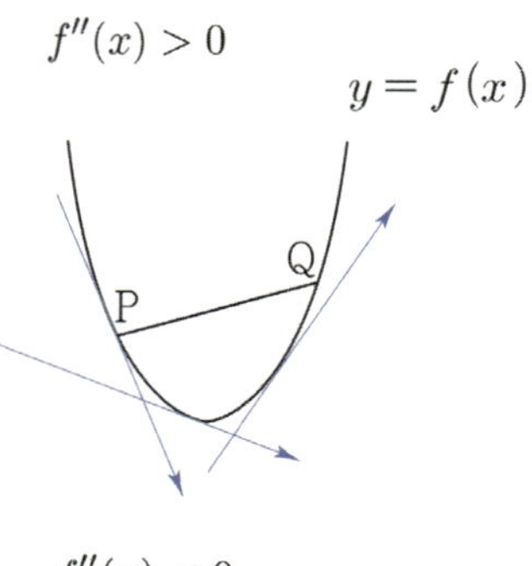

① 두 점 P, Q를 잇는 곡선 부분이 선분 PQ보다 아래쪽에 있으면
곡선 $y = f(x)$ 는 이 구간에서 **아래로 볼록**하다고 한다.
함수 $f(x)$ 가 어떤 구간에서 항상 $f''(x) > 0$ 이면 곡선 $y = f(x)$ 의
접선의 기울기인 $f'(x)$ 는 증가하므로 이 구간에서 곡선 $y = f(x)$ 는
아래로 볼록하다.

> **ex** $f(x) = x^2 \Rightarrow f'(x) = 2x \Rightarrow f''(x) = 2 > 0$

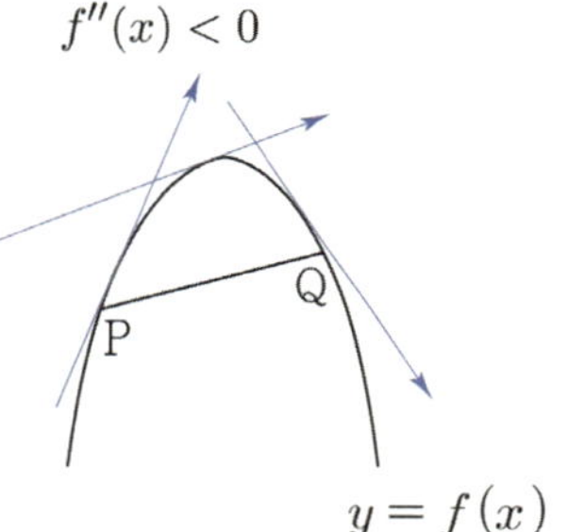

② 두 점 P, Q를 잇는 곡선 부분이 선분 PQ보다 위쪽에 있으면
곡선 $y = f(x)$ 는 이 구간에서 위로 볼록하다고 한다.
함수 $f(x)$ 가 어떤 구간에서 항상 $f''(x) < 0$ 이면 곡선 $y = f(x)$ 의
접선의 기울기인 $f'(x)$ 는 감소하므로 이 구간에서 곡선 $y = f(x)$ 는
위로 볼록하다.

> **ex** $f(x) = -x^2 \Rightarrow f'(x) = -2x \Rightarrow f''(x) = -2 < 0$

Tip 1　$f''(x)$ 는 $f'(x)$ 의 도함수이므로 $f''(x)$ 의 부호로 $f'(x)$ 의 증감을 파악할 수 있다.
즉, $f''(x)$ 의 부호는 접선의 기울기의 증감에 관련되어 있다.

Tip 2　사실 이계도함수는 수2가 아닌 미적분에서 배우는 내용이다.
하지만 이계도함수를 학습하고 나면 삼차함수와 사차함수를 가볍게 위에서 내려다 볼 수 있다.
그렇게 어려운 개념도 아니고 학습하는 것을 추천한다.

변곡점

곡선의 모양이 곡선 $y = f(x)$ 위의 점 $P(a, f(a))$를 경계로 하여 위로 볼록에서 아래로 볼록으로 바뀌거나
아래로 볼록에서 위로 볼록으로 바뀔 때, 점 P를 곡선 $y = f(x)$의 **변곡점**이라 한다.
즉, 함수 $f(x)$에서 $f''(a) = 0$이고, $x = a$의 좌우에서 $f''(x)$의 **부호가 바뀌면** 점 $(a, f(a))$는 곡선 $y = f(x)$의
변곡점이다.

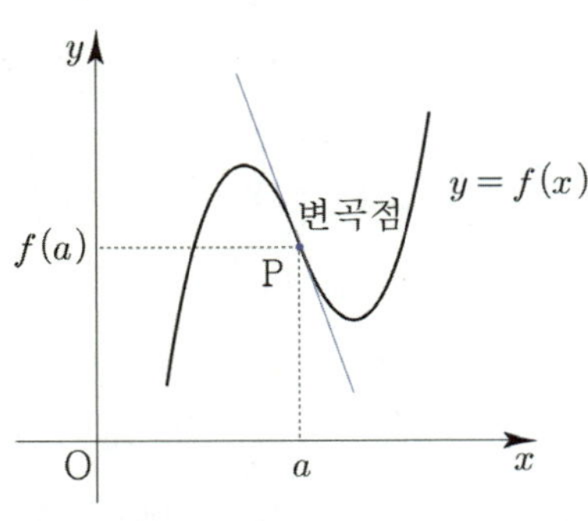

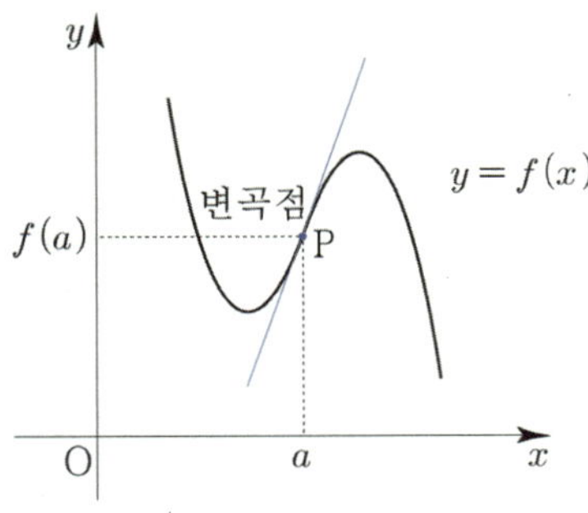

Tip 1 $f''(a) = 0$이면 항상 변곡점일까? 답은 "아니다."이다. 예를 들어 $f(x) = x^4$는 $f''(0) = 0$이지만
$x = 0$의 좌우에서 $f''(x) > 0$이므로 점 $(0, 0)$은 곡선 $y = f(x)$의 변곡점이 아니다.
따라서 $f''(a) = 0$인 것뿐만 아니라 $x = a$의 좌우에서 $f''(x)$의 부호가 바뀌는지 확인해줘야 한다.

Tip 2 특별히 변곡점에서의 접선을 **변곡접선**이라 부른다. 곡선이 변곡점에서 접선을 가지면 곡선은
그 점에서 접선과 교차한다. 즉, 뚫접(뚫는 접선)이 그려진다.
참고로 수2에서도 변곡접선을 출제하기 시작했으니 이번 기회에 확실히 알아두자.

특히 삼차함수에서의 변곡접선은 접선들 중 기울기가 $f(x)$의 최고차항의 계수의 부호에 따라
제일 작거나 제일 크기 때문에 출제하기 아주 좋은 포인트이다.
(곡선 $y = f(x)$ 위의 점 $(a, f(a))$에서 접하는 접선의 기울기는 $f'(a)$와 같다.)

① $f(x)$의 최고차항의 계수가 양수 ② $f(x)$의 최고차항의 계수가 음수

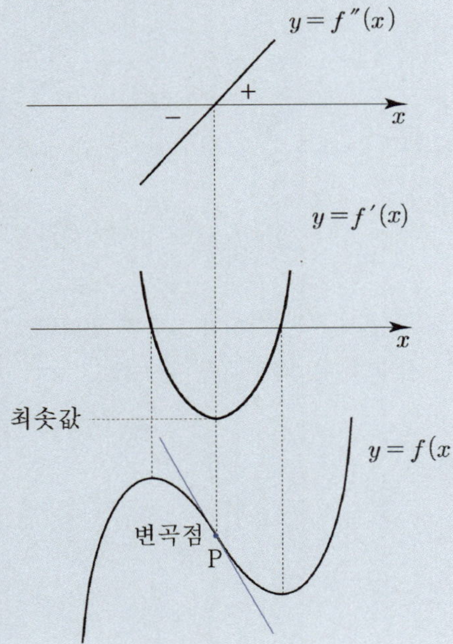

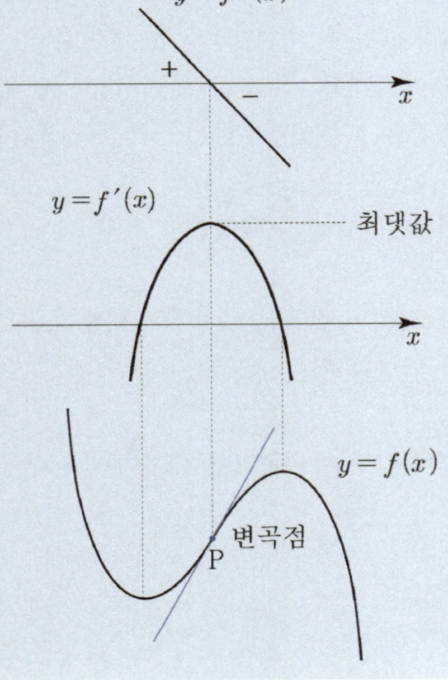

삼차함수의 그래프의 개형

최고차항의 계수가 양수인 삼차함수 $f(x)$에 대하여 방정식 $f'(x)=0$의 실근의 개수에 따라 case분류할 수 있다.

①   ②   ③

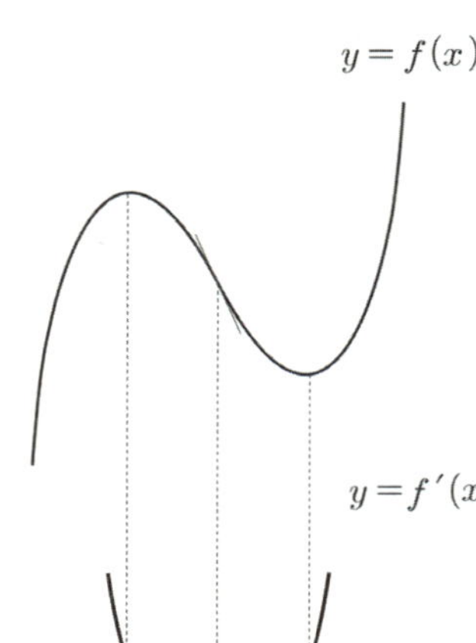
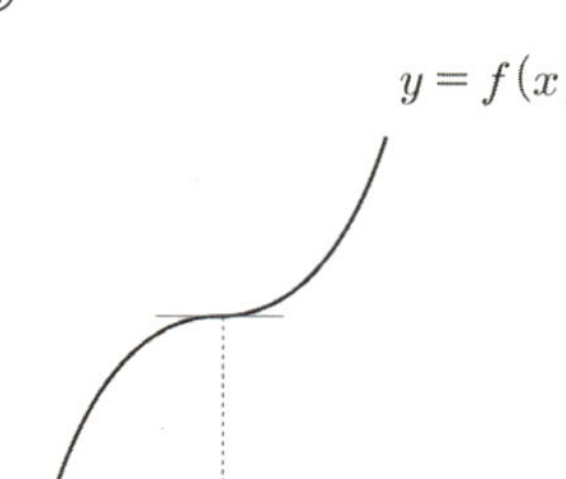
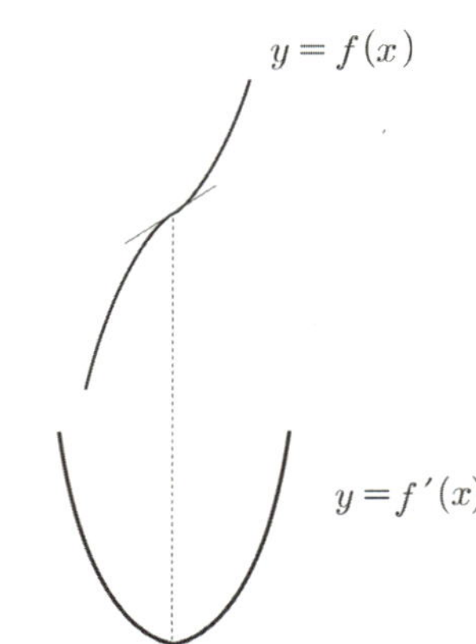

Tip 1   위의 세 유형은 머릿속에 완벽히 각인 시켜야한다. 삼차함수 개형은 몇 가지? 3가지!

Tip 2   ①에서 $(c, f(c))$가 $y=f(x)$의 변곡점이다. $y=f''(x)$를 그리지 않고도 $y=f(x)$의 변곡점을 찾을 수 있다. $x=c$에서 $f''(x)$의 부호가 변하므로 $x=c$에서 $f'(x)$는 극값을 갖는다. 즉, $f'(x)$가 극값을 갖는 점의 x값이 $y=f(x)$의 변곡점의 x값이 된다.

Tip 3   (1) 증가함수   (2) 감소함수 (최고차항의 계수가 음수일 때)   (3) 일대일 대응
(4) 역함수 존재   (5) 극값 존재 X
$\Rightarrow$ ②, ③ 개형
$\Rightarrow$ 방정식 $f'(x)=0$이 중근 또는 서로 다른 두 허근을 해로 갖는다. (판별식 $D \leq 0$)

Tip 4   ③에서 $y=f'(x)$의 꼭짓점의 x좌표가 c이므로 $(c, f(c))$은 $y=f(x)$의 변곡점이다.

Tip 5   삼차함수를 두 번 미분하면 일차함수이므로 $f''(x)=Ax+B$는 반드시 x축과 만나고, x축과 만나는 점을 경계로 부호가 변하므로 모든 삼차함수는 변곡점을 갖는다.

Tip 6   모든 삼차함수는 변곡점에 대하여 대칭되어 있다.

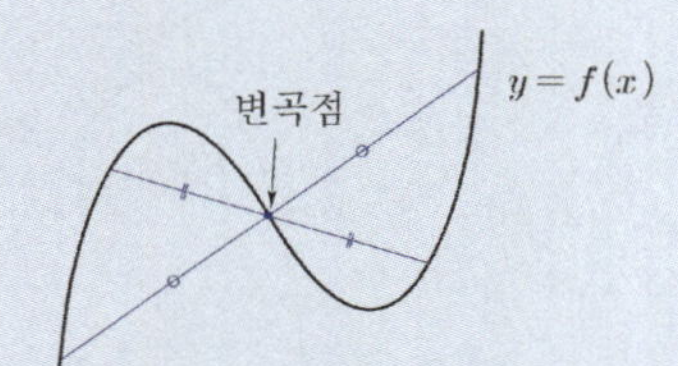

삼차함수의 변곡점임을 알려주는 식

(i) $f(x) + f(2a - x) = 2b$

위의 식은 $f(x)$ 는 점 $(a,\ b)$ 에 대칭되어 있다는 뜻이다.

모든 삼차함수는 변곡점에 대하여 대칭되어 있으므로 $(a,\ b)$ 는 $y = f(x)$ 의 변곡점이다.

(ii) $f(x)$ 가 삼차함수일 때, $f'(x)$ 는 $x = a$ 에서 음수인 최솟값을 갖는다.

$f'(x)$ 가 $x = a$ 에서 최솟값, 최댓값을 갖는다는 의미는 $f'(x)$ 의 꼭짓점의 x좌표가 a 라는

의미이므로 $(a,\ f(a))$ 가 $y = f(x)$ 의 변곡점임을 알려주지만

굳이 음수라고 한 이유는 극대와 극소를 모두 가지고 있는 삼차함수의 개형(①개형)임을 알려주기 위함이다.

(iii) $f(x)$ 가 삼차함수일 때, $f'(x) = f'(2a - x) \Leftrightarrow f'(a - x) = f'(a + x)$

$f'(x)$ 가 $x = a$ 에 대하여 대칭되어 있다는 의미이다.

즉, $f'(x)$ 의 꼭짓점의 x좌표가 a 이므로 $(a,\ f(a))$ 는 $y = f(x)$ 의 변곡점이다.

(iv) $f(x)$ 가 삼차함수일 때, $f'(1) = 0,\ f'(3) = 0$

$f'(x)$ 는 이차함수이므로 꼭짓점의 x좌표는 $x = 1$ 과 $x = 3$ 의 중점인 $x = 2$ 이다.

따라서 $(2,\ f(2))$ 는 $y = f(x)$ 의 변곡점이다.

삼차함수의 비율관계

극소와 극대를 모두 가지는 삼차함수는 아래 **BOX**에 넣을 수 있다.

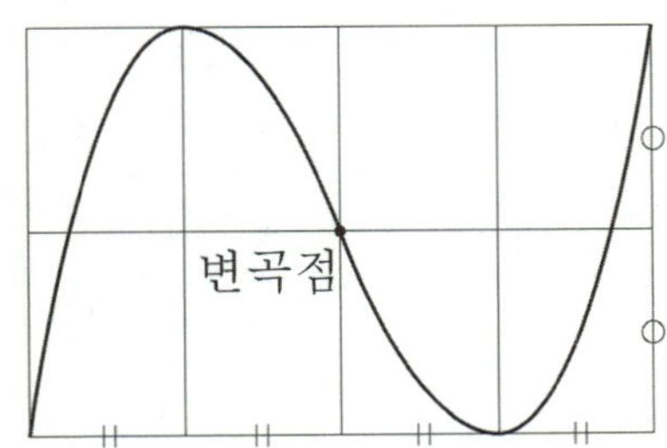

Tip 1 작은 사각형은 직사각형이 될 수도 있고 정사각형이 될 수도 있다. 즉, 문제조건에 따라 달라진다.

Tip 2 위 BOX를 통해 자연스럽게 삼차함수의 비율관계를 알 수 있다.

극값차 공식

오른쪽 그림과 같이 $f'(x)$ 가 x 축으로 둘러싸인 부분의 넓이는 $\int_\alpha^\beta |f'(x)|dx = S$ (표현형)

$\int_\alpha^\beta -f'(x)dx = f(\alpha) - f(\beta)$ 이므로 넓이 S 는 극값차이다.

여기서 넓이 S 를 구할 때 우리가 자주 쓰는 적분 공식을 적용시켜보자.

$f'(x)$ 의 최고차항의 계수를 A 라고 하면 $S = \dfrac{|A|}{6}(\beta-\alpha)^3$

여기서 $f(x)$ 의 최고차항의 계수를 a 라 하면 $3a = A$ 이므로

즉, $S = \dfrac{|a|}{2}(\beta-\alpha)^3$ 이다. 따라서 극값차 $= \dfrac{|a|}{2}(\beta-\alpha)^3$ 이다.

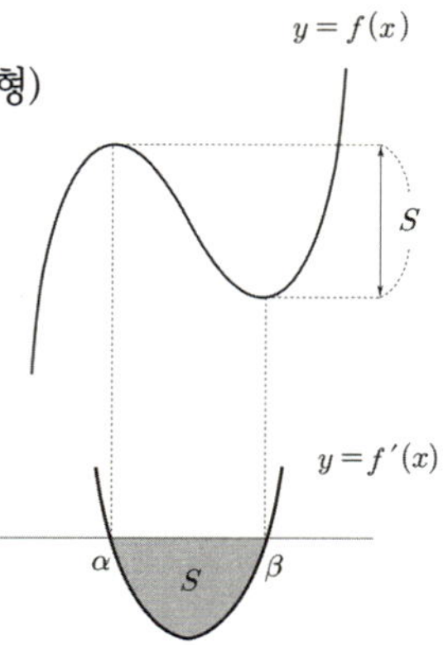

> **Tip** 적분을 배우지 않은 학생은 우선 공식만이라도 외워두도록 하자.
> 계산과정을 현격하게 줄여줄 수 있으니 외우는 것을 추천한다.

ex 삼차함수 $f(x) = 4x^3 + ax^2 + bx + c$ 가 $x=1$, $x=2$ 에서 극값을 가지고 $f(1) = 10$ 일 때,
$f(2)$ 의 값을 구하시오.

$f(x)$ 는 $x=1$ 에서 극대이고, $x=2$ 에서 극소이므로

$$f(1) - f(2) = \frac{|4|}{2}(2-1)^3 \Rightarrow f(2) = 10 - 2 = 8$$

> **Tip** 물론 $f'(1) = 0$, $f'(2) = 0$, $f(1) = 10$ 을 이용하여 상수 a, b, c 를 찾아서 $f(2)$ 를 구해도 된다.

식세우기 Technique

삼차함수 $f(x)$ 의 최고차항의 계수가 1 일 때,

① $f(1) = f(2) = f(3)$

    $f(1) = f(2) = f(3) = k$ 라 두면 $f(1) - k = 0$, $f(2) - k = 0$, $f(3) - k = 0$
    $f(x) - k = g(x)$ 라 하면 $g(1) = 0$, $g(2) = 0$, $g(3) = 0$ 을 만족하므로
    $g(x)$ 는 $(x-1)(x-2)(x-3)$ 를 인수로 갖는다.
    $-k$ 는 $f(x)$ 의 최고차항의 계수에 영향을 끼치지 않으므로 $g(x)$ 는 최고차항의 계수가 1 인 삼차함수이다.

    따라서 $g(x) = (x-1)(x-2)(x-3) \Rightarrow f(x) - k = (x-1)(x-2)(x-3)$ 이다.

② $f(1) = 1$, $f(2) = 2$, $f(3) = 3$

    $f(1) - 1 = 0$, $f(2) - 2 = 0$, $f(3) - 3 = 0$
    $f(x) - x = g(x)$ 라 하면 $g(1) = 0$, $g(2) = 0$, $g(3) = 0$ 을 만족하므로
    $g(x)$ 는 $(x-1)(x-2)(x-3)$ 를 인수로 갖는다.
    $-x$ 는 $f(x)$ 의 최고차항의 계수에 영향을 끼치지 않으므로 $g(x)$ 는 최고차항의 계수가 1 인 삼차함수이다.

    따라서 $g(x) = (x-1)(x-2)(x-3) \Rightarrow f(x) - x = (x-1)(x-2)(x-3)$ 이다.

③ 모든 실수 x 에 대하여 $f(-x) = -f(x)$

기함수이므로 x^n (n 은 홀수)만 존재해야 한다. 즉, $f(x) = x^3 - ax$ 이다.

④ $f(x)$ 는 $x = 1$ 일 때, 극댓값 4 를 갖고, $x = 3$ 일 때, 극솟값을 갖는다.

Box를 그리면 다음과 같다.

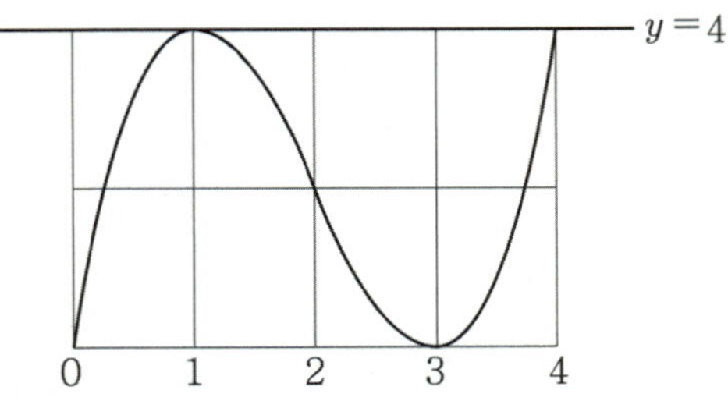

방정식 $f(x) = 4$ 는 $x = 1$ 에서 중근과 $x = 4$ 에서 하나의 실근을 갖는다.

$f(x) - 4 = g(x)$ 라 하면 방정식 $g(x) = 0$ 은 $x = 1$ 에서 중근과 $x = 4$ 에서 하나의 실근을 가지므로

$g(x)$ 는 $(x-1)^2(x-4)$ 를 인수로 갖는다.

따라서 $g(x) = (x-1)^2(x-4) \Rightarrow f(x) - 4 = (x-1)^2(x-4)$ 이다.

⑤ 직선 $h(x)$ 가 삼차함수 $f(x)$ 에 대하여 $x = 2$ 에서 접하고 $x = 3$ 에서 $f(x)$ 와 만난다.

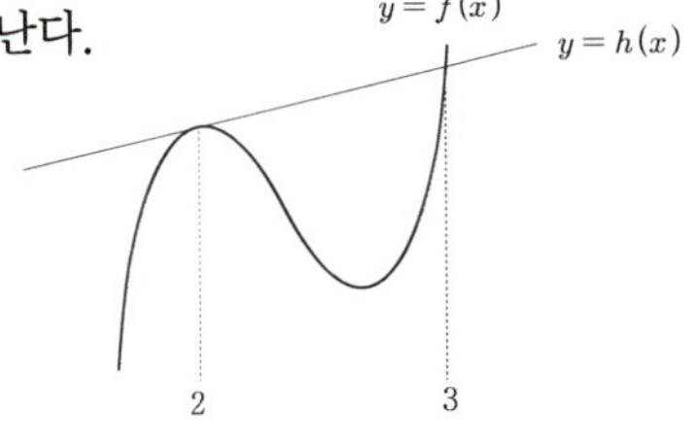

방정식 $f(x) = h(x)$ 는 $x = 2$ 에서 중근 $x = 3$ 에서 하나의 실근을 갖는다.

$f(x) - h(x) = g(x)$ 라 하면 방정식 $g(x) = 0$ 은 $x = 2$ 에서 중근과

$x = 3$ 에서 하나의 실근을 가지므로 $g(x)$ 는 $(x-2)^2(x-3)$ 를 인수로 갖는다.

따라서 $g(x) = (x-2)^2(x-3) \Rightarrow f(x) - h(x) = (x-2)^2(x-3)$ 이다.

⑥ $y = 2x$ 와 삼차함수 $f(x)$ 가 $x = 1, 2, 3$ 에서 만난다.

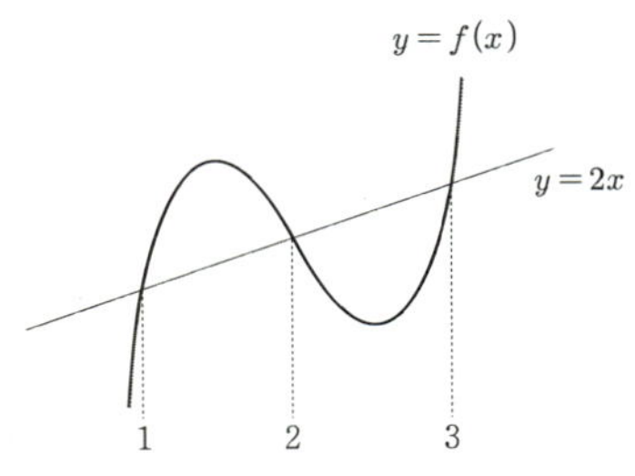

$g(x) = f(x) - 2x$ 라 하면 $g(1) = 0, g(2) = 0, g(3) = 0$ 이므로

$g(x)$ 는 $(x-1)(x-2)(x-3)$ 를 인수로 갖는다.

따라서 $g(x) = (x-1)(x-2)(x-3) \Rightarrow f(x) - 2x = (x-1)(x-2)(x-3)$ 이다.

식세우기 응용

삼차함수 $y=f(x)$ 의 그래프 위의 한 점 $A(a,\ f(a))$ 에서의 접선이 이 곡선과 만나는 점 중 접점이 아닌
점을 $B(b,\ f(b))$ 라 하자. 함수 $f(x)$ 의 구간 $[a,\ b]$ 에서의 평균변화율과 $x=c$ 에서의 접선의
기울기가 서로 같을 때, c 를 $a,\ b$ 로 표현해보자.

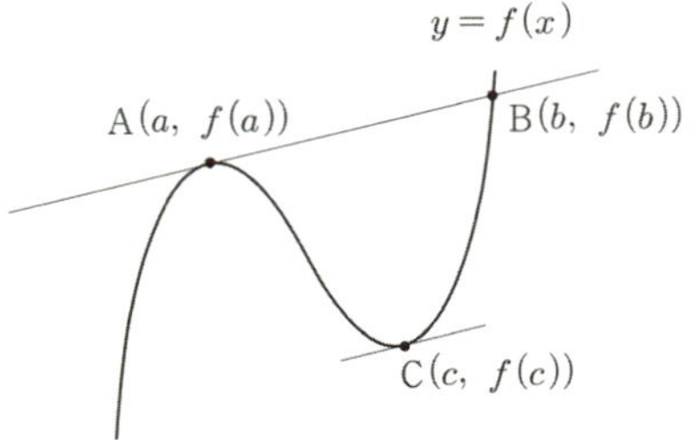

$f'(a)=f'(c)=m$

접선의 방정식은

$y=f'(a)(x-a)+f(a)=g(x)$

최고차항의 계수를 k 라 두고 식을 세우면

$f(x)-g(x)=k(x-a)^2(x-b)$

양변을 미분하면

$f'(x)-g'(x)=2k(x-a)(x-b)+k(x-a)^2 \ \Rightarrow \ f'(x)-m=2k(x-a)(x-b)+k(x-a)^2$

$x=c$ 를 대입하면

$f'(c)-m=2k(c-a)(c-b)+k(c-a)^2$

$0=k(c-a)(2(c-b)+c-a) \ \Rightarrow \ 0=k(c-a)(3c-2b-a)$

$a\neq c$ 이므로 $c=\dfrac{a+2b}{3}$ 이다.

즉, c 는 선분 AB 의 $2:1$ 내분점의 x 좌표와 같다.

Tip 위에서 배운 Box를 이용하면 $c=\dfrac{a+2b}{3}$ 임이 자명하다.

사차함수의 그래프의 개형

최고차항의 계수가 양수인 사차함수 $f(x)$에 대하여 방정식 $f'(x)=0$의 실근의 개수에 따라 case분류할 수 있다.

① 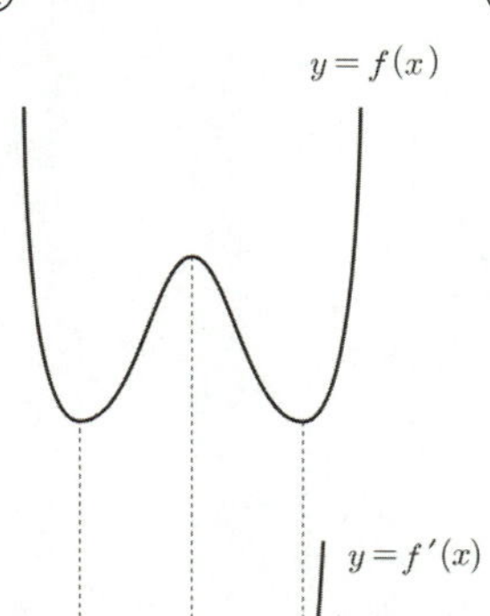 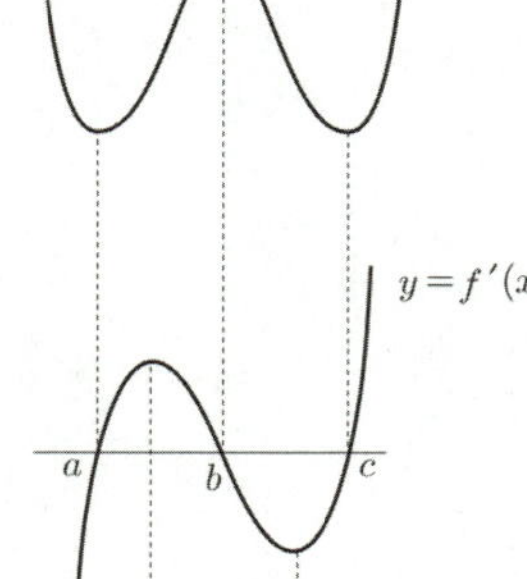 ② 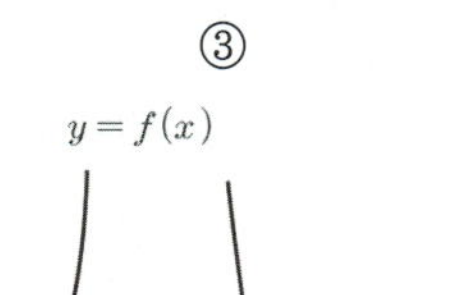 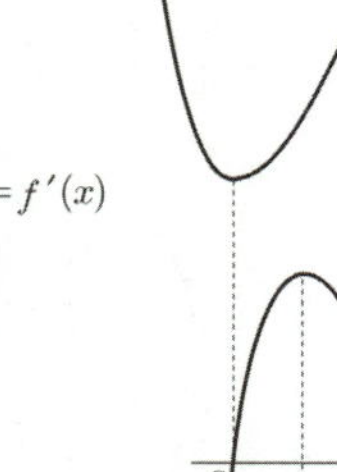 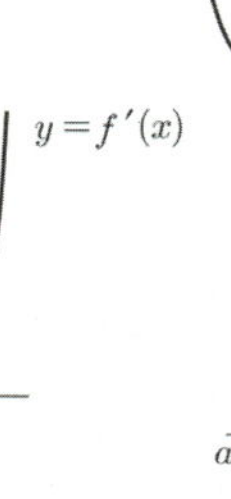 ③ 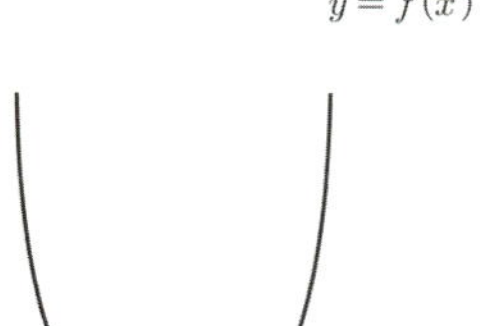 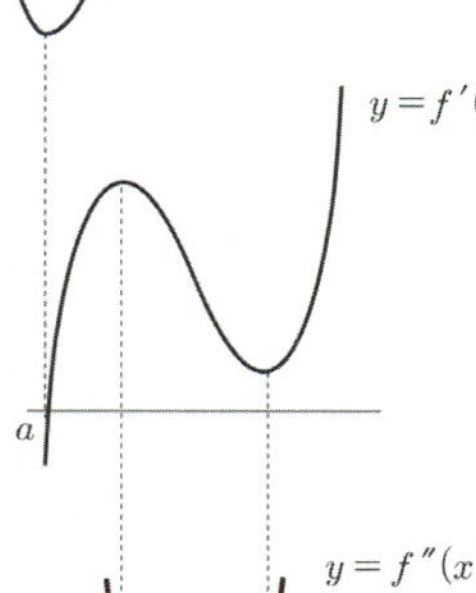 ④ 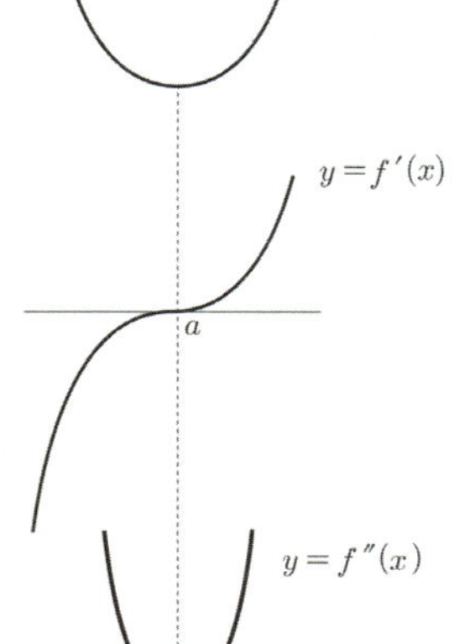

Tip 1　위의 네 유형은 머릿속에 완벽히 각인시켜야 한다. 사차함수 개형은 몇 가지? 4가지

Tip 2　①의 경우 방정식 $f'(x)=0$이 서로 다른 세 실근을 가질 때이다.
이는 다시 $f(a)$와 $f(c)$의 대소관계에 따라 case분류할 수 있다.
(ⅰ) $f(a)<f(c)$　　　　(ⅱ) $f(a)>f(c)$　　　　(ⅲ) $f(a)=f(c)$

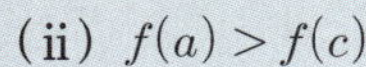 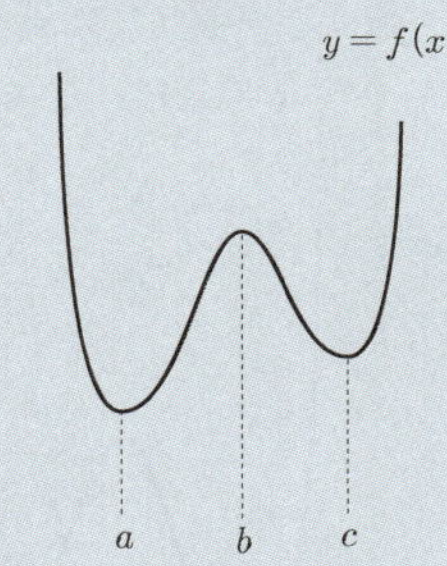 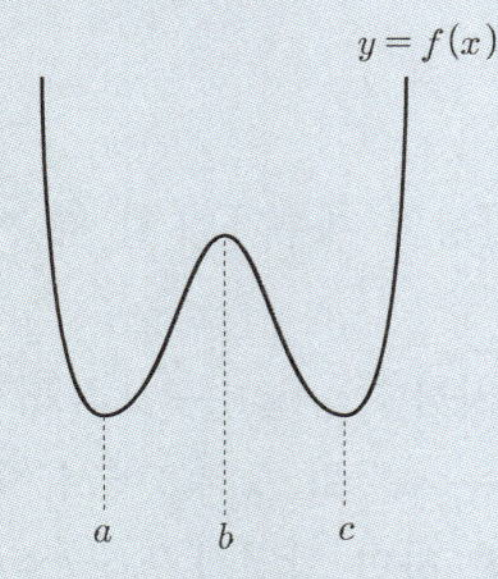

(ⅲ)의 경우 $f(x)$는 $x=b$에 대칭되어 있다. 즉, $f(2b-x)=f(x)$
$f'(x)$에서 $b-a=c-b \Rightarrow 2b=a+c$ 이면 (ⅲ)와 같은 개형이 나온다.
$2b=a+c$를 만족시키면 $f'(x)$는 $(b,\,0)$에 점대칭 되어 있으므로 적분을 배운 학생이라면
$$\int_a^b f'(x)dx = \int_b^c -f'(x)dx \Rightarrow f(b)-f(a) = -f(c)+f(b) \Rightarrow f(a)=f(c)$$
(해당 내용은 적분단원에서 자세히 다루기로 하자.)

Tip 3　사차함수에서 출제하기 좋은 개형은 ②과 ①-(ⅲ)이다.
(개형추론 문제에서 조사해야할 우선순위 1순위다.)

Tip 4　④의 경우 $f(x)=x^4$와 같은 개형을 말한다.

③의 경우 방정식 $f'(x)=0$이 하나의 실근과 두 개의 허근을 가질 때이다.
이는 다시 방정식 $f''(x)=0$의 실근의 개수에 따라 case분류할 수 있다.
(i) $f''(x)=0$이 서로 다른 두 실근을 가질 때   (ii) $f''(x)=0$이 실근을 갖지 않을 때

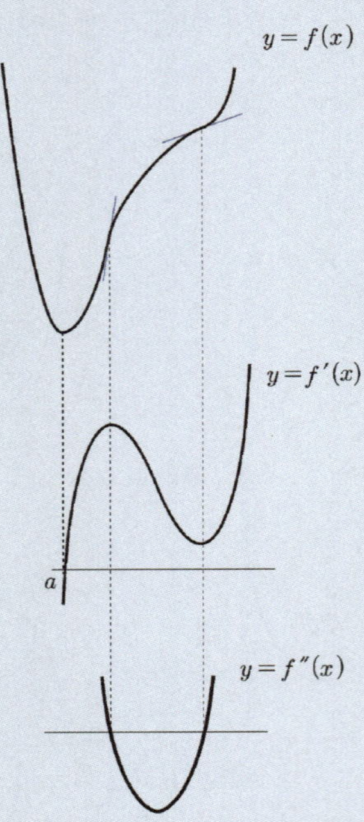

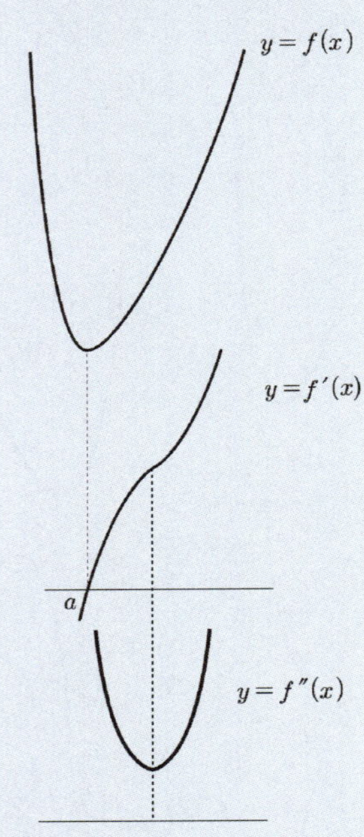

(i)는 $f'(x)$가 극댓값과 극솟값을 갖고 x축과 한 점에서 만나는 경우이므로
$f(x)$는 변곡점이 2개 있고 극값은 오직 하나 존재한다.

(ii)는 $f'(x)$가 극값을 갖지 않고 x축과 한 점에서 만나는 경우 (삼중근 X)이므로
$f(x)$는 변곡점이 존재하지 않고 극값은 오직 하나 존재한다.
만약 미적분을 응시하지 않는 학생이라면 이 부분은 가볍게 보고 넘어가도록 하자.

식세우기 Technique

사차함수 $f(x)$의 최고차항의 계수가 1일 때,

① 사차함수 $f(x)$와 일차함수 $g(x)$는 x좌표가 2, 3인 두 점에서 접한다.
   방정식 $f(x)=g(x)$는 $x=2$, $x=3$에서 중근을 갖는다.
   $f(x)-g(x)=h(x)$라 하면 방정식 $h(x)=0$은 $x=2$, $x=3$에서 중근을
   가지므로 $h(x)$는 $(x-2)^2(x-3)^2$를 인수로 갖는다.
   $h(x)=(x-2)^2(x-3)^2$ 이므로 $f(x)-g(x)=(x-2)^2(x-3)^2$이다.

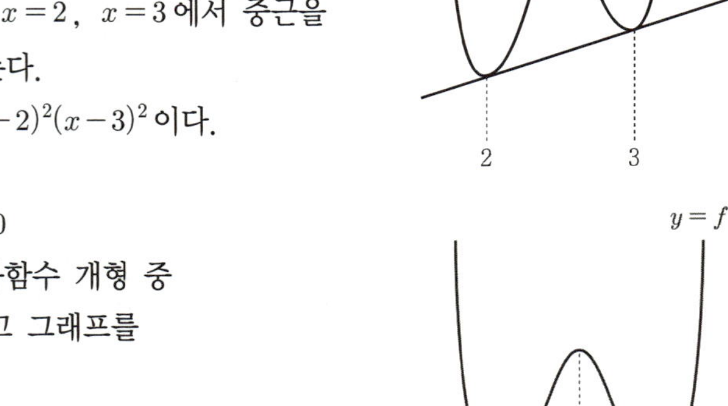

② 모든 실수 x에 대하여 $f(x)=f(4-x)$, $f'(1)=0$
   $f(x)$는 $x=2$에 대하여 대칭되어 있으므로 사차함수 개형 중
   ①-(iii) or ④이다. $f'(1)=0$이므로 ①-(iii)이고 그래프를
   그리면 오른쪽 그림과 같다.
   대칭성을 이용하여 a를 구하면 $a+1=2\times2=4 \Rightarrow a=3$
   $f(1)=f(3)=k$라 하자.
   마찬가지로 식을 세우면 $f(x)-k=(x-1)^2(x-3)^2$이다.

③ $f'(x) = 4(x-1)(x-4)^2$

$f'(x)$를 바탕으로 $f(x)$의 그래프를 그리면 오른쪽 그림과 같다.

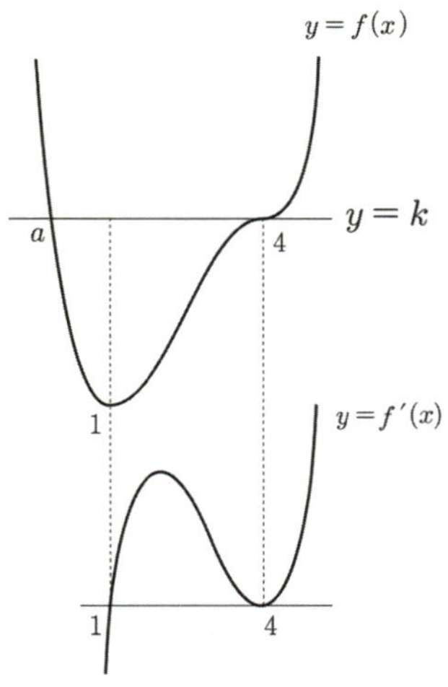

풀이 1) 미지수 Technique

$f(4) = f(x) = k$를 만족시키는 4가 아닌 x의 값을 a라 하자.
방정식 $f(x) = k$는 $x = a$에서 하나의 실근, $x = 4$에서 삼중근을 갖는다.
$f(x) - k = g(x)$라 하면 방정식 $g(x) = 0$은 $x = a$에서 하나의 실근,
$x = 4$에서 삼중근을 가지므로 $g(x)$는 $(x-a)(x-4)^3$를 인수로 갖는다.
따라서 $f(x) - k = (x-a)(x-4)^3$이다.

이제 a를 구해보자.

$f'(1) = 0$이므로 미분하면
$f'(x) = (x-4)^3 + (x-a)\{3(x-4)^2\} \Rightarrow f'(1) = -27 + (1-a)27 = 0$
즉, $a = 0$이다.
따라서 $f(x) - k = x(x-4)^3$이다.

풀이 2) 사차함수의 특성을 이용한 비례식 풀이

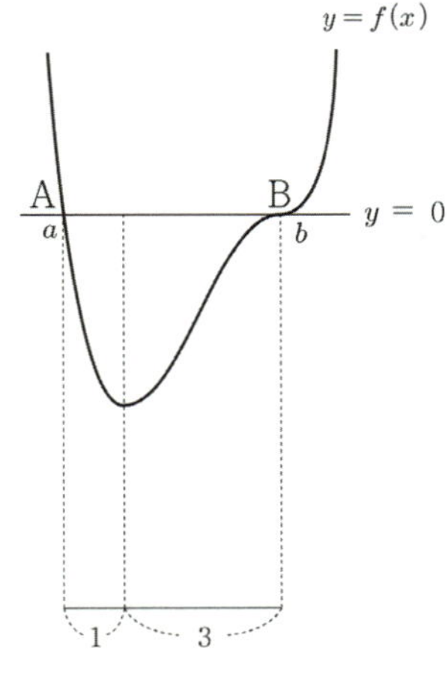

$f(x) = (x-a)(x-b)^3$
$f'(x) = (x-b)^3 + 3(x-a)(x-b)^2 = (x-b)^2\{x-b+3(x-a)\}$

$\qquad = (x-b)^2(4x-3a-b) \Rightarrow x = \dfrac{3a+b}{4}$

따라서 $A(a, 0)$, $B(b, 0)$에 대하여 선분 AB를 $1:3$으로 내분하는 점의
x값이 극솟점의 x값이다.

즉, $b = 4 \Rightarrow f(x) - k = (x-a)(x-4)^3$이므로 비례식에 의해서
$a = 0$임을 바로 찾을 수 있다.

> **Tip** 사차함수의 특성(풀이2)을 몰라도 미지수 Technique으로 처리하면 그만이다.
> 솔직히 사차함수 개형 ② 꼴만 쓸 수 있는 비례식보다는 일반적인 미지수 Technique이
> 더 유용하다고 생각하지만 시간 절약을 위해 비례식도 알아두자!

④ 극값이 오직 하나 존재하는 사차함수 $f(x)$에 대하여 $f(2)=f(3)=1$
　 (단, $f'(2)f'(3)\neq0$)

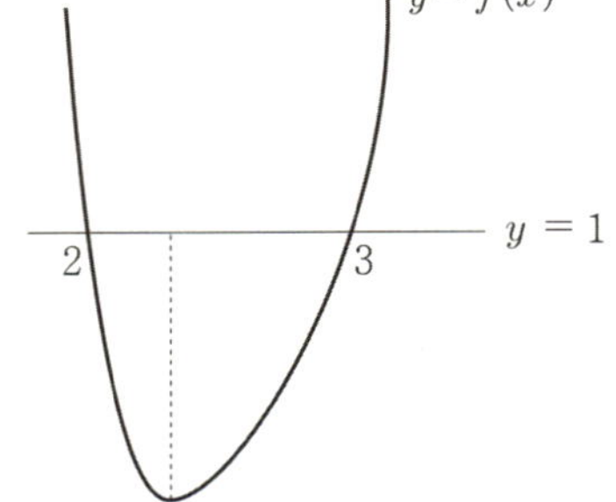

방정식 $f(x)=1$는 $x=2$, $x=3$에서 실근을 갖는다.
$f(x)-1=g(x)$라 하면 방정식 $g(x)=0$은 $x=2$, $x=3$에서
실근을 가지므로 $g(x)$는 $(x-2)(x-3)$를 인수로 갖는다.

$g(x)=(x-2)(x-3)\left(x^2+ax+b\right)$ 이므로
$f(x)-1=(x-2)(x-3)\left(x^2+ax+b\right)$ 이다.

Tip　"방정식 $f(x)-1=0$의 실근이 $x=2$ or $x=3$인 것은 알겠는데 인수 $\left(x^2+ax+b\right)$는
도대체 무엇일까?" 라는 의문이 들 수 있다.
n차방정식의 근의 개수는 복소수 범위 내에서 반드시 n개이므로
사차방정식 $f(x)-1=0$은 4개의 근을 갖는다.
그래프에서는 실근만 표현되고 허근은 표현되지 않는다.
즉, 그래프 $y=f(x)$와 $y=1$이 만나는 두 점의 x값 2, 3이 방정식 $f(x)-1=0$의 실근이 된다.
방정식 $f(x)-1=0$은 4개의 근을 가지므로 두 실근이 아닌 나머지는 두 허근으로 처리하면 된다.
따라서 인수 $\left(x^2+ax+b\right)$는 허근을 나타낸 것이라 할 수 있다.

ex　방정식 $x^2+1=0$을 생각해보면 자명하다. 이차방정식이므로 2개의 근을 가져야 한다.
　　그래프 $y=x^2+1$와 $y=0$이 만나는 점은 존재하지 않으므로 서로 다른 두 허근을 가져야 한다.

또한 허근은 쌍으로 존재하므로 $x=a+bi$이 근이면 $x=a-bi$도 근이다.
즉, $x=a\pm bi$ 이다.

규토 라이트 N제

미분

Training – 1 step

필수 유형편

2. 도함수의 활용

Theme 1 접선의 기울기

001

곡선 $y = 2x^3 - ax^2 + 3x + b$ 가 점 $(1, 2)$를 지나고
이 점에서의 접선의 기울기가 -1일 때, $a+b$의 값을
구하시오. (단, a, b는 상수이다.)

002

곡선 $y = -x^3 + ax^2 + bx + c$ 위의 두 점
$(-1, 4), (1, -2)$에서의 접선이 서로 평행할 때,
$a - 3b + 4c$의 값을 구하시오. (단, a, b, c는 상수이다.)

003

다항함수 $f(x)$에 대하여 $\lim\limits_{x \to 1} \dfrac{f(x)-3}{x^2-1} = 4$일 때,
곡선 $y = f(x)$ 위의 점 $(1, a)$에서의 기울기는 m이다.
$a+m$의 값을 구하시오. (단, a, m은 상수이다.)

004

곡선 $y = x^3 - 3x^2 + 5x + 2$의 접선의 기울기의 최솟값을
m이라 하면 이때 접점의 좌표는 (a, b)이다.
$m + 2a + 3b$의 값을 구하시오. (단, m, a, b는 상수이다.)

005

곡선 $y = -\dfrac{1}{3}x^3 + ax^2 + x + 1$의 접선의 기울기의
최댓값이 $2a$일 때, 상수 a의 값을 구하시오.

006

곡선 $y = x^3 - 3x + 2$에 접하는 직선의 기울기를 m이라
할 때, 접점의 개수를 $f(m)$이라 하자.
$f(-3) + f(-1) + f(1)$의 값을 구하시오.

Theme 2 접선의 방정식 – 곡선 위의 점이 주어질 때

0007 ☐☐☐☐☐

곡선 $y = x^3 - 6x + 5$ 위의 점 $(-1, 10)$에서의 접선의 방정식을 $y = mx + n$이라 할 때, $m + 3n$의 값을 구하시오. (단, m, n은 상수이다.)

0008 ☐☐☐☐☐

곡선 $y = -2x^3 + 4x$ 위의 점 $(1, a)$에서의 접선이 점 $(-5, b)$를 지날 때, ab의 값을 구하시오. (단, a, b는 상수이다.)

0009 ☐☐☐☐☐

곡선 $y = x^3 - 3x^2 + 2$ 위의 두 점 $(-1, -2)$, $(1, 0)$에서의 접선을 각각 l_1, l_2라 할 때, 두 직선 l_1, l_2의 교점은 (a, b)이다. $3a + b$의 값을 구하시오. (단, a, b는 상수이다.)

0010 ☐☐☐☐☐

함수 $f(x) = x^3 - ax^2 + 4x$에 대하여 곡선 $y = f(x)$ 위의 점 $P(0, f(0))$에서의 접선이 이 곡선과 만나는 점 중에서 P가 아닌 점을 Q라 하자. $\overline{PQ} = \sqrt{17}$일 때, 점 Q의 y좌표를 구하시오. (단, a는 양의 상수이다.)

0011 ☐☐☐☐☐

곡선 $y = x^3 - 2x^2 + 1$ 위의 점 $P(2, 1)$에서의 접선이 y축과 만나는 점을 Q라 할 때, 삼각형 OPQ의 넓이를 구하시오. (단, O는 원점이다.)

0012 ☐☐☐☐☐

곡선 $y = -2x^3 + 4x$ 위의 점 $(1, 2)$를 지나고 이 점에서의 접선과 수직인 직선의 방정식이 $y = ax + b$일 때, $4ab$의 값을 구하시오. (단, a, b는 상수이다.)

0013 ☐☐☐☐☐

곡선 $y = x^3 + ax + b$ 위의 점 $(2, -1)$에서의 접선과 수직인 직선의 기울기가 $-\dfrac{1}{7}$일 때, $b - 2a$의 값을 구하시오. (단, a, b는 상수이다.)

0014 ☐☐☐☐☐

다항함수 $f(x)$에 대하여 $\displaystyle\lim_{x \to -2} \dfrac{f(x) - 3}{x^2 - 4} = -4$일 때, 곡선 $y = f(x)$ 위의 점 $(-2, f(-2))$에서의 접선의 방정식은 $y = mx + n$이다. $m + 2n$의 값을 구하시오. (단, m, n은 상수이다.)

015 ☐☐☐☐☐

곡선 $y = x^3 - x + 2$ 위의 점 $P(1, 2)$ 에서의
접선이 점 P 가 아닌 점 (a, b) 에서 곡선과 만난다.
$a - b$ 의 값을 구하시오. (단, a, b 는 상수이다.)

016 ☐☐☐☐☐

다항함수 $y = f(x)$ 의 그래프 위의 점 $(1, 3)$ 에서의 접선의
y 절편이 5 일 때, 곡선 $y = 2x^2 f(x)$ 위의 점 $(1, 2f(1))$
에서의 접선은 점 $(3, a)$ 를 지난다. 상수 a 의 값을
구하시오.

017 ☐☐☐☐☐

최고차항의 계수가 1 인 삼차함수 $f(x)$ 가 다음 조건을
만족시킨다.

> (가) 모든 실수 x 에 대하여 $f(-x) = -f(x)$ 이다.
> (나) 곡선 $y = f(x)$ 위의 점 $(1, f(1))$ 에서의 접선이
> x 축, y 축과 만나는 점을 각각 A, B 라 할 때,
> $\overline{AB} = 2\sqrt{2}$

모든 $f(3)$ 의 값의 합을 구하시오.

Theme 3 — 접선의 방정식 - 기울기가 주어질 때

018 ☐☐☐☐☐

곡선 $y = x^4 - 2x + 4$ 에 접하고 직선 $y = 2x + 5$ 에
평행한 직선의 방정식이 $y = mx + n$ 일 때,
$m + 3n$ 의 값을 구하시오. (단, m, n 은 상수이다.)

019 ☐☐☐☐☐

직선 $x + 3y - 2 = 0$ 에 수직이고 곡선 $y = x^4 + 7x$ 에 접하는
직선은 $(5, a)$ 를 지난다. 상수 a 의 값을 구하시오.

020 ☐☐☐☐☐

곡선 $y = x^4 - 2x^2 + k$ 가 직선 $y = 24x - 3k$ 에 접할 때,
상수 k 의 값을 구하시오.

021 ☐☐☐☐☐

곡선 $y = -x^3 + 3x^2$ 위의 서로 다른 두 점 P, Q 에서의 접선
이 서로 평행하다. 점 P 의 x 좌표가 -2 일 때,
점 Q 에서의 접선의 방정식은 $y = mx + n$ 이다.
$m + 2n$ 의 값을 구하시오. (단, m, n 은 상수이다.)

022

곡선 $y = -x^3 + 5x$ 에 접하고 기울기가 -7 인 접선 중 제 3사분면을 지나지 않는 직선의 y 절편을 구하시오.

023

함수 $f(x) = x(x-1)^2$ 의 그래프와 직선 $y = 8x + a$ 가 서로 다른 두 점에서 만날 때, 양수 a 의 값을 구하시오.

024

곡선 $y = \dfrac{1}{4}x^4 + 2x$ 위의 점 P 에서의 접선 l_1 이 직선 $l_2 : y = 10x - 2$ 와 평행할 때, 두 직선 l_1, l_2 사이의 거리는 $\dfrac{q}{p}\sqrt{101}$ 이다. $p + q$ 의 값을 구하시오.

(단, p 와 q 는 서로소인 자연수이다.)

Theme 4 — 접선의 방정식 – 곡선 밖의 점이 주어질 때

025

점 $(0, -1)$ 에서 곡선 $y = -4x^3 + x$ 에 그은 접선의 방정식은 $y = mx + n$ 이다. $m^2 + n^2$ 의 값을 구하시오.

(단, m, n 은 상수이다.)

026

점 $A(0, -2)$ 에서 곡선 $y = x^3 - 2x$ 에 그은 접선이 직선 $y = 4$ 와 만나는 점을 B 라 할 때, 삼각형 OAB 의 넓이를 구하시오. (단, O 는 원점이다.)

027

점 $P(-1, -2)$ 에서 곡선 $y = x^2 + 2x + 3$ 에 그은 두 접선의 접점을 각각 A, B 라 할 때, 삼각형 PAB 의 넓이를 구하시오.

028

점 $(0, k)$에서 곡선 $y = \dfrac{1}{2}x^2 + 2$에 그은 두 접선이
서로 수직일 때, $10k$의 값을 구하시오. (단, $k < 2$)

029

점 $(0, 5)$에서 곡선 $y = -x^2 - 4$에 그은 두 접선의
기울기를 각각 $m_1,\ m_2\ (m_1 > m_2)$라 할 때,
$m_1 - m_2$의 값을 구하시오.

030

양수 k에 대하여 점 $(k, 0)$에서 곡선 $y = \dfrac{1}{3}x^3$에 그은
접선과 점 $(0, k)$에서 곡선 $y = \dfrac{1}{3}x^3$에 그은 접선이
서로 평행할 때, $60k$의 값을 구하시오.

접선의 방정식 – 두 곡선에 동시에 접하는 접선

031

상수 $k\,(k > 0)$에 대하여
함수 $f(x) = x^3 - 4x,\ g(x) = -2x^2 + k$의 그래프가
점 $(a,\ b)$에서 동시에 접할 때, $a + b + k$의 값을 구하시오.

032

두 곡선 $y = x^3 + ax + b,\ y = 3x^2 + c$가 점 $(1,\ 0)$에서
동시에 접할 때, $a - b - c$의 값을 구하시오.
(단, $a,\ b,\ c$는 상수이다.)

033

직선 $y = h(x)$가 두 함수 $f(x) = -x^2 + 4$,
$g(x) = x^2 - 6x + 9$의 그래프와 동시에 접할 때,
모든 $h(-1)$의 값의 합을 구하시오.

Theme 6 접선의 방정식 – 교점에서의 접선

034 ☐☐☐☐☐

두 곡선 $y=-x^3$, $y=x^2+ax+b$ 가 점 $(1, -1)$ 에서 만나고, 이 점에서의 접선이 서로 수직일 때, $b-5a$ 의 값을 구하시오. (단, a, b 는 상수이다.)

035 ☐☐☐☐☐

두 곡선 $y=f(x)$, $y=g(x)$ 가 점 $(2, 3)$ 에서 만나고 이 점에서의 접선은 서로 수직이다. 곡선 $y=f(x)g(x)$ 위의 점 $(2, f(2)g(2))$ 에서의 접선의 방정식이 $y=8x-7$ 일 때, $27\{f'(2)-g'(2)\}$ 의 값을 구하시오. (단, $f'(2)>g'(2)$)

Theme 7 접선의 방정식의 활용

036 ☐☐☐☐☐

곡선 $y=\dfrac{1}{3}x^3+\dfrac{4}{3}\ (x>0)$ 위를 움직이는 점 P 와 직선 $4x-y-8=0$ 사이의 거리를 최소가 되게 하는 곡선 위의 점 P 의 좌표를 (a, b) 라 할 때, $a+b$ 의 값을 구하시오.

037 ☐☐☐☐☐

그림과 같이 곡선 $y=x^2-4x+5$ 위의 임의의 점 P 와 두 점 $\mathrm{A}(-1, 1)$, $\mathrm{B}(-2, 3)$ 에 대하여 삼각형 ABP 의 넓이의 최솟값은 m 이다. $10m$ 의 값을 구하시오.

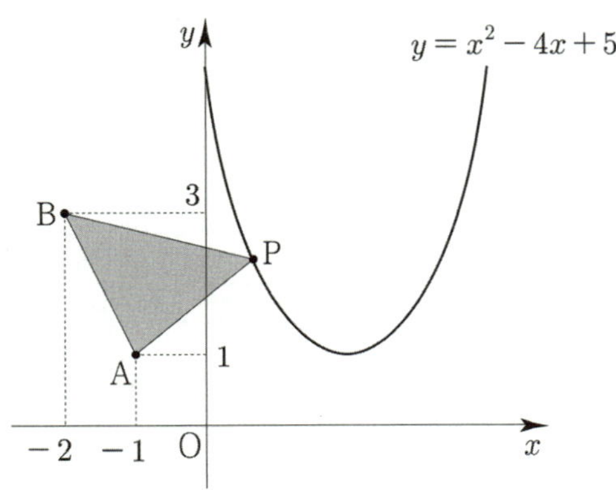

038

그림과 같이 중심의 좌표가 $(0,\ 2)$인 원 C가 곡선 $y=\dfrac{1}{2}x^2$과 서로 다른 두 점에서 접할 때, 원 C의 넓이는 $a\pi$ 이다. a의 값을 구하시오.

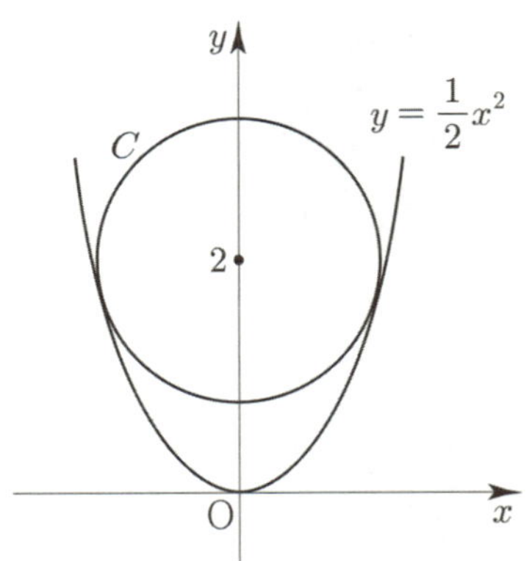

함수 $f(x)=-\sqrt{3}\,x^3+\sqrt{3}\,x$에 대하여 곡선 $y=f(x)$ 위의 점 $\mathrm{A}(a,\ f(a))$에서의 접선을 l이라 하고, l이 x축과 만나는 점을 B라 하자. 원점 O와 직선 l 사이의 거리가 선분 OA의 길이와 같을 때, 삼각형 OAB의 넓이는 $\dfrac{q}{p}\sqrt{3}$ 이다. $p+q$의 값을 구하시오. (단, p와 q는 서로소인 자연수이다.)

$\overline{\mathrm{PA}}=\overline{\mathrm{PB}}=\sqrt{5}$, $\cos(\angle\mathrm{APB})=\dfrac{3}{5}$인 삼각형 PAB의 두 꼭짓점 A, B는 x축 위에 있고 꼭짓점 P는 y축 위에 있다. 변 PA와 변 PB가 각각 두 점 D, C에서 사차함수 $y=-4x^4+k$의 그래프에 접할 때, 사각형 ABCD의 넓이는 s 이다. $20(k+s)$의 값을 구하시오. (단, k는 상수이다.)

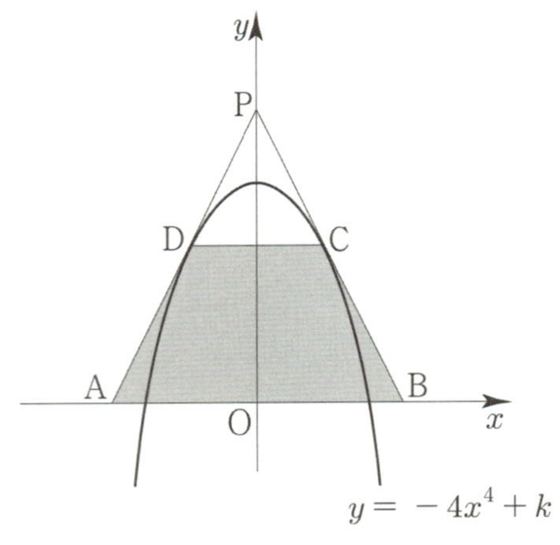

041

실수 t에 대하여 두 함수 $f(x)=\dfrac{1}{3}x^3$, $g(x)=|x-t|$ 의 그래프가 만나는 점의 개수를 $h(t)$라 하자. $h(a)+\displaystyle\lim_{t\to a+}h(t)=\lim_{t\to a-}h(t)$ 를 만족시키는 상수 a에 대하여 $30a$의 값을 구하시오.

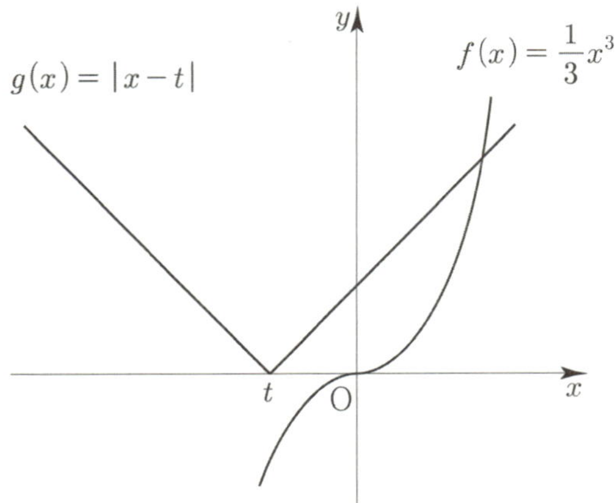

Theme 8 롤의 정리

042 ☐☐☐☐☐

함수 $f(x)=(x-1)^2(x-4)$ 에 대하여 닫힌구간 $[1, 4]$ 에서 롤의 정리를 만족시키는 실수 c 의 값을 구하시오.

043 ☐☐☐☐☐

자연수 n 과 함수 $f(x)=\dfrac{1}{3}x^3-x^2-3x$ 에 대하여

닫힌구간 $[-n, n]$ 에서 롤의 정리를 만족시키는 실수 c 의 값이 존재할 때, $n+c$ 의 값을 구하시오.
(단, $f(-n)=f(n)$)

Theme 9 평균값 정리

044 ☐☐☐☐☐

함수 $f(x)=x^3-3x+4$ 에 대하여 닫힌구간 $[-3, 3]$ 에서 평균값 정리를 만족시키는 모든 실수 c 의 곱은 $-k$ 이다. k 의 값을 구하시오.

045 ☐☐☐☐☐

함수 $f(x)=-x^3+3x^2+1$ 에 대하여
두 점 $(0, f(0))$, $(2, f(2))$ 를 지나는 직선의 기울기와
곡선 $y=f(x)$ 위의 점 $(c, f(c))\ (0<c<2)$ 에서의
접선의 기울기가 같도록 하는 모든 실수 c 의 값의 합을
구하시오.

046

닫힌구간 $[1, 4]$에서 연속이고 열린구간 $(1, 4)$에서 미분가능하며 다음 조건을 만족시키는 모든 함수 $f(x)$에 대하여 $f(4)$의 최솟값과 최댓값의 합을 구하시오.

(가) $f(1) = 3$

(나) $1 < c < 4$인 모든 실수 c에 대하여
$0 \leq f'(c) \leq 3$이다.

047

$f(0) = 0$, $f(2) = k$인 다항함수 $f(x)$에 대하여 〈보기〉에서 옳은 것만을 있는 대로 고르시오.

〈보기〉

ㄱ. $k = 0$이면 $f'(a) = 0$을 만족시키는 a가 열린구간 $(0, 2)$에 적어도 하나 존재한다.

ㄴ. $k > 0$이면 $f'(b) > 0$을 만족시키는 b가 열린구간 $(0, 2)$에 적어도 하나 존재한다.

ㄷ. $k > 0$이고 $f'(0) < 0$, $f'(2) < 0$이면 $f'(c) = 0$을 만족시키는 c가 열린구간 $(0, 2)$에 적어도 두개 존재한다.

Theme 10 함수의 증가, 감소

048

함수 $f(x) = x^3 - 12x^2 + 4$가 감소하는 구간이 $[a, b]$일 때, $a + b$의 값을 구하시오. (단, a, b는 상수이다.)

049

함수 $f(x) = -2x^3 - 3x^2 + ax + 5$가 증가하는 x값의 범위가 $-2 \leq x \leq b$일 때, $a + b$의 값을 구하시오. (단, a, b는 상수이다.)

050

함수 $f(x) = -x^3 + ax^2 + bx + 3$이 $1 \leq x \leq 3$에서 증가하고, $x \leq 1$ 또는 $x \geq 3$에서 감소할 때, $a - b$의 값을 구하시오. (단, a, b는 상수이다.)

051

함수 $f(x) = -\dfrac{1}{3}x^3 + 16x - 2$이 열린구간 $(-a, a)$에서 증가할 때, 양수 a의 최댓값을 구하시오.

052 ☐☐☐☐☐

함수 $f(x) = \dfrac{1}{6}x^3 - ax^2 + 4ax$ 가 실수 전체의 집합에서

증가하도록 하는 실수 a 의 최댓값을 M, 최솟값을 m 이라

할 때, $M+m$ 의 값을 구하시오.

053 ☐☐☐☐☐

함수 $f(x) = \dfrac{1}{3}x^3 - ax^2 - 3a^2x$ 가 $3 < x_1 < x_2$ 인

임의의 두 실수 x_1, x_2 에 대하여 $f(x_1) < f(x_2)$ 를

만족시키는 양의 실수 a 의 최댓값을 구하시오.

054 ☐☐☐☐☐

함수 $f(x) = -\dfrac{1}{3}x^3 + \dfrac{k}{2}x^2 - 4x + 1$ 의 역함수가

존재하도록 하는 정수 k 의 개수를 구하시오.

055 ☐☐☐☐☐

실수 t 에 대하여 정의역이 $\{x \mid x \geq t\}$ 인

함수 $f(x) = x^3 - 6x^2 + kx$ 의 역함수가 존재하도록 하는

실수 k 의 최솟값을 $g(t)$ 라 하자. $g(1) + g(3)$ 의 값을

구하시오.

056 ☐☐☐☐☐

다음 조건을 만족시키는 모든 함수 $f(x) = -x^3 + ax + 5$

에 대하여 $f(3)$ 의 최솟값을 구하시오. (단, a 는 실수이다.)

> $-2 < x_1 < x_2 < 2$ 인 임의의 두 실수 x_1, x_2 에
> 대하여 $f(x_1) < f(x_2)$ 이다.

057

함수 $f(x) = x^3 - 6x^2 + 9x + 2$ 는 $x = a$ 에서 극솟값 b 를 갖는다. $a + b$ 의 값을 구하시오.

058

함수 $f(x) = \dfrac{1}{4}x^4 - 2x^2 + 3$ 의 극댓값을 구하시오.

059

함수 $f(x) = -\dfrac{1}{3}x^3 - kx^2 + 3k^2x$ 의 극댓값과

극솟값의 차가 64 일 때, k^3 의 값을 구하시오.

(단, $k > 0$)

060

함수 $f(x) = x^3 + ax^2 + bx + 5$ 이 $x = 2$ 에서 극솟값 1 을 가질 때, $x = c$ 에서 극댓값 d 를 갖는다.

$a + b + c + d$ 를 구하시오. (단, a, b 는 상수이다.)

061

함수 $f(x) = x^3 + ax^2 + (a^2 - 6a)x - 2$ 이 극값을 갖도록 하는 모든 정수 a 의 개수를 구하시오.

062

삼차함수 $f(x)$ 의 도함수 $y = f'(x)$ 의 그래프가 아래 그림과 같다.

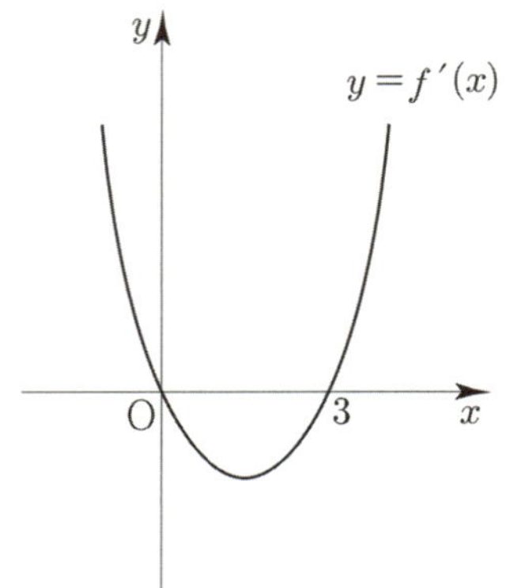

함수 $f(x)$ 의 극솟값이 0 이고 극댓값이 27 일 때, $f(1)$ 의 값을 구하시오.

063

상수 $a\,(a > 0)$ 에 대하여

삼차함수 $f(x) = x^3 - 3ax^2 + 16a$ 의 그래프가 x 축에 접할 때, $f(a)$ 의 값을 구하시오.

064

함수 $f(x) = x^3 - 3x^2 + k$의 극댓값과 극솟값의 곱이 12 이하가 되도록 하는 정수 k의 개수를 구하시오.

065

최고차항의 계수가 -1인 삼차함수 $f(x)$가 다음 조건을 만족시킨다.

(가) 모든 실수 x에 대하여 $f'(x) = f'(-x)$이다.
(나) 함수 $f(x)$는 $x = -2$에서 극솟값 0을 갖는다.

$f(x)$의 극댓값을 구하시오.

066

최고차항의 계수가 1인 사차함수 $y = f(x)$가 다음 조건을 만족시킨다.

(가) 모든 실수 x에 대하여 $f(x) = f(4-x)$이다.
(나) 함수 $f(x)$는 $x = 0$에서 극솟값을 갖는다.

$f(1) = 10$일 때, $f(x)$의 극댓값을 구하시오.

067

함수 $f(x) = -\dfrac{1}{4}x^4 + 2x^3 + ax$가 극솟값을 갖도록 하는 정수 a의 개수를 구하시오.

068

함수 $f(x) = \dfrac{1}{3}x^3 - \dfrac{3}{2}x^2 + kx + 1$이 열린구간 $(0, 2)$에서 극댓값과 극솟값을 모두 갖도록 하는 실수 k의 범위는 $a < k < b$이다. $16(a+b)$의 값을 구하시오. (단, a, b는 상수이다.)

069

함수 $f(x) = -x^4 + 2x^3 + kx^2$이 극솟값을 갖도록 하는 10 이하의 정수 k의 개수를 구하시오.

070

함수 $f(x) = \dfrac{1}{4}x^4 - \dfrac{(a+1)}{2}x^2 + ax + 2$가 극댓값을 갖지 않도록 하는 실수 a의 최댓값을 구하시오.

071

상수 $a(a>0)$에 대하여 함수

$$f(x)=\begin{cases} -x^3(x+4a) & (x<0) \\ x^2(x-3a) & (x\geq 0)\end{cases}$$

의 극댓값과 극솟값의 절댓값이 같고 부호가 서로 다를 때, $81a$의 값을 구하시오.

함수 $f(x)$의 도함수

$$f'(x)=\begin{cases} |x+1| & (x<0) \\ \dfrac{1}{2}(x-1)(x-2) & (x\geq 0)\end{cases}$$

에 대하여 〈보기〉에서 옳은 것만을 있는 대로 고르시오.

<보기>

ㄱ. 열린구간 $(-2, 3)$에서 $f'(x)$는 3개의 극값을 갖는다.
ㄴ. 함수 $f(x)$는 열린구간 $(-1, 1)$에서 증가한다.
ㄷ. 함수 $f(x)$는 $x=-1$과 $x=0$에서 미분가능하지 않다.
ㄹ. 열린구간 $(-2, 3)$에서 함수 $f(x)$는 2개의 극값을 갖는다.
ㅁ. 두 함수 $y=f(x)$, $y=f(1)$의 그래프는 서로 다른 세 점에서 만난다.

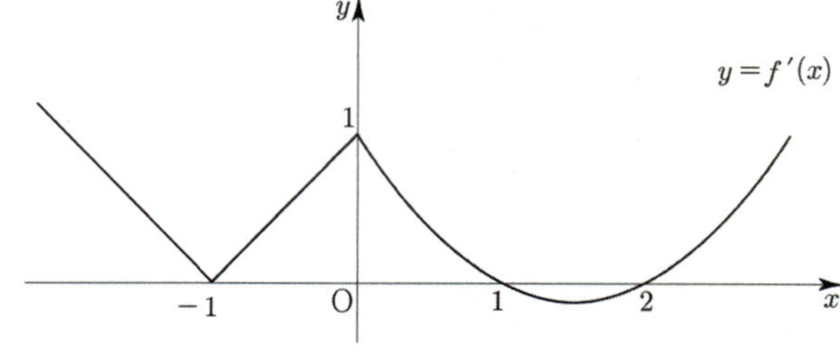

Theme 12 — 함수의 극대, 극소의 활용

함수 $f(x)=-\dfrac{1}{3}x^3+2x^2-3x$는 $x=a$에서 극댓값 b를 갖는다. 곡선 $y=f(x)$ 위의 점 $(0, f(0))$에서의 접선을 l이라 할 때, 점 (a, b)와 직선 l 사이의 거리는 d이다. $20d^2$의 값을 구하시오.

함수 $f(x)=x^3-(a+1)x^2+b$는 $x=a$에서 극솟값 1을 갖는다. 곡선 $y=f(x)$ 위의 점 $A(a, f(a))$에서의 접선이 점 A가 아닌 점 B에서 곡선과 만나고, 점 B에서의 접선이 점 B가 아닌 점 C에서 곡선과 만날 때, 삼각형 ABC의 넓이를 구하시오. (단, a, b는 상수이다.)

075

최고차항의 계수가 자연수인 삼차함수 $f(x)$는 다음 조건을 만족시킨다.

(가) 함수 $(x^2+2)f(x)$는 $x=0$에서 극값 6을 갖는다.
(나) 함수 $f(x)$는 $x=0$에서 극값을 갖지 않는다.
(다) $\dfrac{12}{f'(2)}$는 자연수이다.

$f(4)$의 값을 구하시오.

076 ⬠⬠⬠⬠⬠

최고차항의 계수가 1인 삼차함수 $f(x)$는 다음 조건을 만족시킨다.

> (가) 모든 실수 x에 대하여 $f(-x)=-f(x)$이다.
> (나) $f'(-1)=0$

곡선 $y=f(x)$와 x축이 만나는 점 중 x좌표가 음수인 점을 A라 하고, 함수 $f(x)$의 극대, 극소인 점을 각각 B, C라 할 때, 삼각형 ABC의 넓이는 k이다. k^2의 값을 구하시오.

077 ⬠⬠⬠⬠⬠

삼차함수 $f(x)$와 사차함수 $g(x)$의 도함수 $y=f'(x)$, $y=g'(x)$의 그래프가 다음 그림과 같을 때, 함수 $h(x)=f(x)-g(x)$가 극대인 x값을 구하시오.

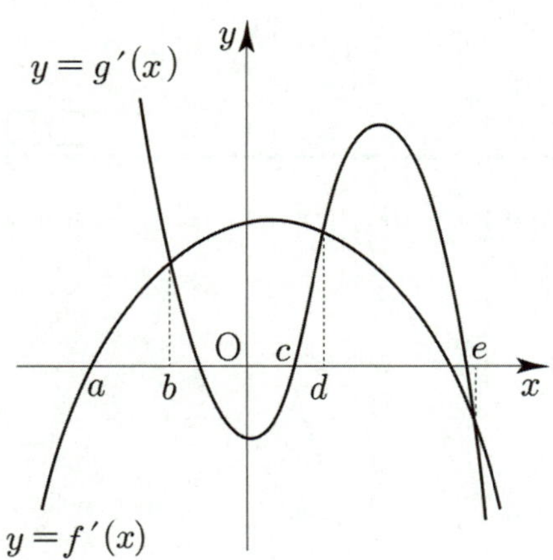

078 ⬠⬠⬠⬠⬠

최고차항의 계수가 1인 이차함수 $f(x)$와 $a<-2$인 실수 a에 대하여 함수 $g(x)=|(x-a)f(x)|$가 $x=-2$에서만 미분가능하지 않다. 함수 $g(x)$의 극댓값이 4일 때, $g(1)$의 값을 구하시오.

Theme 13 함수의 최대, 최소

079 ⬠⬠⬠⬠⬠

닫힌구간 $[-3,\ 0]$에서 함수 $f(x)=x^3-3x^2-9x+10$의 최댓값을 M, 최솟값을 m이라 할 때, $M-2m$의 값을 구하시오.

080 ⬠⬠⬠⬠⬠

닫힌구간 $[0,\ 3]$에서 함수 $f(x)=-x^3+9x^2-15x+k$의 최댓값이 20일 때, 최솟값을 구하시오. (단, k는 상수이다.)

081 ⬠⬠⬠⬠⬠

상수 $a(a>0)$, b에 대하여 함수 $f(x)=ax^4+4ax^3-b$가 닫힌구간 $[-4,\ 1]$에서 최댓값 2, 최솟값 -30을 가질 때, $a+3b$의 값을 구하시오.

082 ⬠⬠⬠⬠⬠

$0\leq x\leq \pi$에서 함수 $f(x)=(2\sin x)^3-6\sin x+5$의 최댓값을 M, 최솟값을 m이라 할 때, Mm의 값을 구하시오.

083 ⬠⬠⬠⬠⬠

두 함수 $f(x)=x^2-x+\dfrac{k}{4}$, $g(x)=2x^3-9x^2+12x+3$에 대하여 함수 $(g\circ f)(x)$의 최솟값이 7이 되도록 하는 실수 k의 최솟값을 구하시오.

084

점 $A(2, 0)$ 과 곡선 $y = \dfrac{1}{\sqrt{2}}x^2$ 위를 움직이는 점 P

사이의 거리의 최솟값은 m 이다. $10m^2$ 의 값을 구하시오.

085

곡선 $y = \dfrac{1}{4}x^4 - x^3 + 2 \ (x > 0)$ 위의 점에서 그은 접선

중에서 기울기가 최소인 접선과 x 축, y 축으로 둘러싸인
도형의 넓이는 k 이다. $10k$ 의 값을 구하시오.

086

상수 $a(a > 0)$ 에 대하여 곡선 $y = x(x - 2a)^2$ 이 x 축과
두 점 O, A 에서 만난다. 두 점 O 와 A 사이에 있는
곡선 위의 한 점 P 에서 x 축에 내린 수선의 발을 H 라
할 때, 삼각형 POH 의 넓이의 최댓값은 $3a^3$ 이다.
a 의 값을 구하시오. (단, O 는 원점이다.)

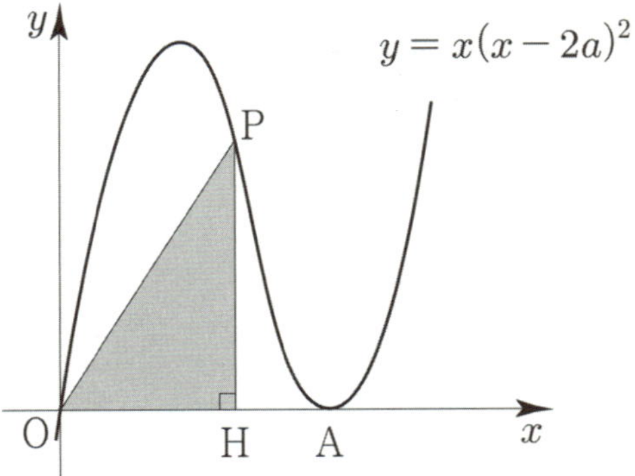

087

한 변의 길이가 $6\,\mathrm{cm}$ 인 정사각형 모양의 종이가 있다.
그림과 같이 네 귀퉁이에서 같은 크기의 정사각형을 잘라
내고 남은 부분을 접어서 뚜껑이 없는 직육면체 모양의
상자를 만들려고 한다. 상자의 부피의 최댓값이 $k\,\mathrm{cm}^3$
일 때, k 의 값을 구하시오.

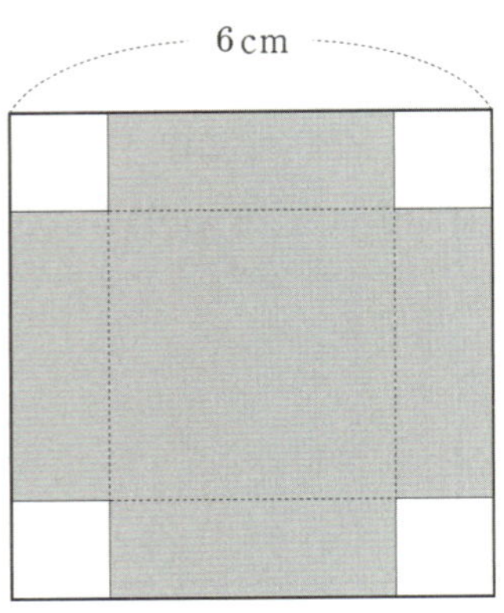

088

그림과 같이 밑면의 반지름의 길이가 2, 높이가 6인
원뿔에 내접하는 원기둥의 부피의 최댓값이 $k\pi$ 일 때,
$270k$ 의 값을 구하시오.

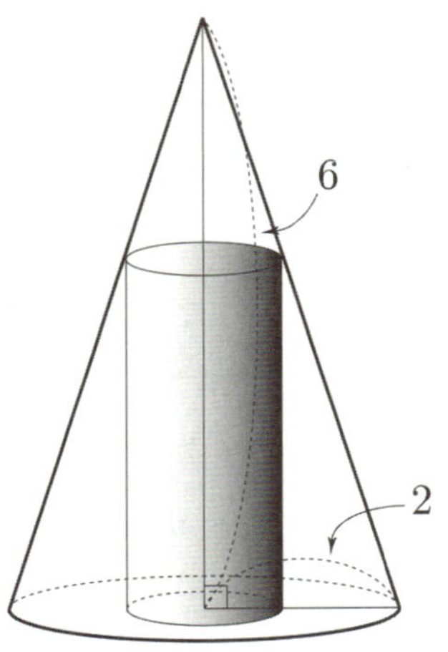

Theme 15 방정식의 실근의 개수

089 ☐☐☐☐☐

방정식 $x^3+6x^2+9x+k=0$이 서로 다른 세 실근을 갖도록 하는 모든 정수 k의 값의 합을 구하시오.

090 ☐☐☐☐☐

곡선 $y=x^3-3x^2$와 직선 $y=9x+k$가 서로 다른 세 점에서 만나도록 하는 정수 k의 최댓값을 M, 최솟값을 m이라 할 때, $M-m$의 값을 구하시오.

091 ☐☐☐☐☐

방정식 $x^3-4x^2+3=2x^2-k$의 서로 다른 실근의 개수가 2가 되도록 하는 모든 정수 k의 값의 합을 구하시오.

092 ☐☐☐☐☐

방정식 $2x^3-3x^2+5=12x+k$가 한 개의 양의 실근과 서로 다른 두 개의 음의 실근을 갖도록 하는 모든 정수 k의 값의 합을 구하시오.

093 ☐☐☐☐☐

방정식 $3x^4-4x^3-12x^2=k-10$이 한 중근과 서로 다른 두 개의 실근을 갖도록 하는 모든 실수 k의 값의 합을 구하시오.

094 ☐☐☐☐☐

두 함수 $f(x)=x^4+x^2-5x+\dfrac{k}{2}$, $g(x)=x-\dfrac{k}{2}$의 그래프가 오직 한 점에서 만날 때, 실수 k의 값을 구하시오.

095 ☐☐☐☐☐

방정식 $3x^4-6x^3-5x^2+12x=2x^3+x^2-12x+k$가 서로 다른 세 개의 양의 실근과 한 개의 음의 실근을 갖도록 하는 모든 정수 k의 값의 합을 구하시오.

096

두 함수 $f(x) = x^4 - k$, $g(x) = -4x^2 + 2$ 에 대하여
집합 S 는

$$S = \{x \mid f(x) = g(x) \text{이고 } -2 < x < 1\}$$

이다. $n(S) = 1$ 이 되도록 하는 정수 k 의 개수를 구하시오.

097

함수 $f(x) = x^3 + k$ 의 역함수를 $g(x)$ 라 하자. 두 함수
$y = f(x)$, $y = g(x)$ 의 그래프가 서로 다른 두 점에서
만나도록 하는 모든 실수 k 의 값의 곱이 $-a$ 일 때,
$81a$ 의 값을 구하시오.

098

함수 $f(x) = x^2 - 3x$ 에 대하여 x 에 대한 방정식

$$x\,|f(x)| = \frac{k}{2}$$

의 서로 다른 실근의 개수가 1이 되지 않도록 하는
모든 정수 k 의 개수를 구하시오.

Theme 16 방정식의 활용

099

방정식 $2x^3 - 3x^2 + k = 0$ 이 열린구간 $(0,\ 2)$ 에서
적어도 하나의 실근을 갖도록 하는 모든 정수 k 의 개수를
구하시오.

100

서로 다른 두 실수 a, b 가 사차방정식 $f(x) = 0$ 의
근일 때, 〈보기〉에서 옳은 것만을 있는 대로 고르시오.

〈보기〉

ㄱ. 다항식 $f(x)$ 는 $(x-a)(x-b)$ 으로 나누어
  떨어진다.
ㄴ. $f'(a) = 0$ 이면 다항식 $f(x)$ 는 $(x-a)^2(x-b)$ 으로
  나누어 떨어진다.
ㄷ. $f'(a)f'(b) = 0$ 이면 방정식 $f(x) = 0$ 은 허근을
  갖지 않는다.
ㄹ. $f'(a) = 0$ 이고 함수 $f(x)$ 가 $x = a$ 에서
  극값을 갖지 않으면 방정식 $f(x) = 0$ 은 서로 다른
  두 실근을 갖는다.
ㅁ. $f'(a)f'(b) > 0$ 이면 방정식 $f(x) = 0$ 은
  서로 다른 네 실근을 갖는다.
ㅂ. 방정식 $f(x) = 0$ 이 허근을 갖지 않고 서로 다른
  두 실근을 가지면 함수 $f(x)$ 는 극솟값을 가진다.

101 ▢▢▢▢▢

점 $(3, a)$에서 곡선 $y = x^3 - 4$에 서로 다른 두 개의 접선을 그을 수 있도록 하는 양수 a의 값을 구하시오.

102 ▢▢▢▢▢

좌표평면 위의 점 $(0, k)$를 지나고
곡선 $y = x^3 - 6x^2 + 3x + 3$에 접하는 서로 다른 모든
직선의 개수를 $f(k)$라 할 때, $\displaystyle\sum_{k=1}^{15} f(k)$의 값을 구하시오.

103 ▢▢▢▢▢

삼차함수 $f(x) = \dfrac{\sqrt{3}}{3} x(x-3)(x+3)$와 모든 자연수 n에
대하여 구간 $[-3, \infty)$에서 정의된 함수 $g(x)$는
$$g(x) = \begin{cases} f(x) & (-3 \le x < 3) \\ \dfrac{1}{n+1} f(x-6n) & (6n-3 \le x < 6n+3) \end{cases}$$
이다. 직선 $y = k$와 함수 $y = g(x)$의 그래프가 만나는 점의
개수를 $h(k)$라 할 때, $\displaystyle\sum_{k=1}^{6} h(k)$의 값을 구하시오.

Theme 17 부등식의 활용

104 ▢▢▢▢▢

두 함수 $f(x) = x^4 - 4x^3 + x + 30$, $g(x) = x + k$가 있다.
모든 실수 x에 대하여 부등식 $f(x) \ge g(x)$가 성립하도록
하는 실수 k의 최댓값을 구하시오.

105 ▢▢▢▢▢

$x \ge 0$인 모든 실수 x에 대하여 부등식 $x^3 + k \ge 3x^2$이
성립하도록 하는 실수 k의 최솟값을 구하시오.

106 ▢▢▢▢▢

두 함수 $f(x) = x^3 - 2x^2$, $g(x) = 12x - k$에 대하여
부등식 $3f(x) \ge g(x)$가 닫힌구간 $[0, 3]$에서 항상
성립하도록 하는 실수 k의 최솟값을 구하시오.

107

$x \geq 3$인 모든 실수 x에 대하여 부등식 $x^3 - x > 2x + n$이 성립하도록 하는 정수 n의 최댓값을 구하시오.

108

모든 실수 x에 대하여 부등식 $x^4 - 4a^3 x + 12a^2 \geq 0$이 성립하도록 하는 정수 a의 개수를 구하시오.

109

모든 실수 x에 대하여 부등식 $x^4 + 4x - a^2 + 3a + 13 \geq 0$이 성립하도록 하는 모든 정수 a의 개수를 구하시오.

Theme 18 속도와 가속도

110

수직선 위를 움직이는 점 P의 시각 $t\,(t > 0)$에서의 위치 x가 $x = t^3 + 2t^2 - 3t$이다. $t = 2$에서 P의 속도는 a이고, 가속도는 b이다. $a + b$의 값을 구하시오.

111

수직선 위를 움직이는 점 P의 시각 $t\,(t > 0)$에서의 위치 x가 $x = -t^4 + 4t + 6$이다. 점 P가 운동 방향을 바꾸는 시각에서의 점 P의 위치를 구하시오.

112

수직선 위를 움직이는 점 P의 시각 $t\,(t > 0)$에서의 위치 x가 $x = t^3 - 27t + k$이다. 점 P의 운동 방향이 원점에서 바뀔 때, 상수 k의 값을 구하시오.

113

수직선 위를 움직이는 점 P의 시각 $t\,(t > 0)$에서의 위치 x가 $x = -\dfrac{1}{3}t^3 + 2t^2 + 2t$이다. 점 P의 속도가 처음으로 5가 되는 순간의 점 P의 가속도를 구하시오.

114

수직선 위를 움직이는 점 P의 시각 $t\,(t>0)$에서의 위치 x가 $x=\dfrac{1}{4}t^4-t^3-\dfrac{9}{2}t^2$이다.

$0<t\le4$에서 점 P의 속도를 v라 할 때, $|v|$의 최댓값을 구하시오.

115

수직선 위를 움직이는 점 P의 시각 $t\,(t>0)$에서의 위치 x가 $x=t^3+at+b$이다. 점 P가 원점을 지날 때의 속도와 가속도가 각각 13, 12일 때, $a-b$의 값을 구하시오. (단, a, b는 상수이다.)

116

원점을 출발하여 수직선 위를 움직이는 점 P의 시각 t에서의 속도 $v(t)$의 그래프가 그림과 같을 때, 〈보기〉에서 옳은 것만을 있는 대로 고르시오.

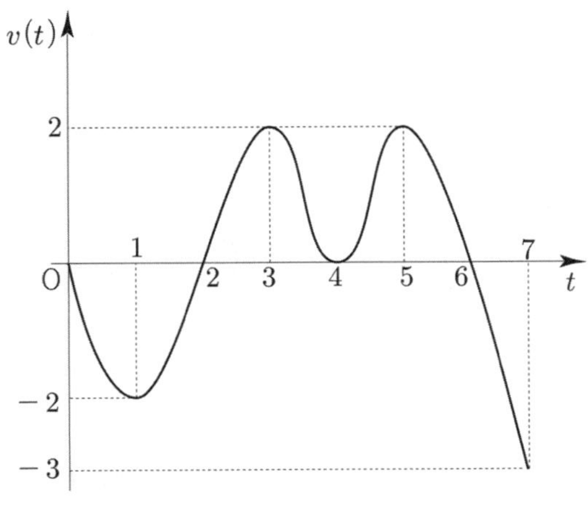

〈보기〉

ㄱ. $t=1$일 때와 $t=3$일 때, 점 P의 운동 방향은 서로 반대이다.
ㄴ. $0<t<7$일 때, 점 P의 가속도가 0이 되는 순간은 4번이다.
ㄷ. $5<t<7$일 때, 점 P의 속도는 감소한다.
ㄹ. $t=6$일 때, 점 P의 가속도는 음의 값이다.
ㅁ. $t=2$일 때, 점 P는 원점을 지난다.
ㅂ. 점 P는 7초 동안 운동 방향을 2번 바꾼다.
ㅅ. $t=3$일 때, 점 P는 정지한다.
ㅇ. $t=3$일 때와 $t=5$일 때, 점 P의 위치는 서로 같다.

117

원점을 출발하여 수직선 위를 움직이는 점 P의 시각 t에서의 위치 $x(t)$의 그래프가 그림과 같을 때, 〈보기〉에서 옳은 것만을 있는 대로 고르시오.

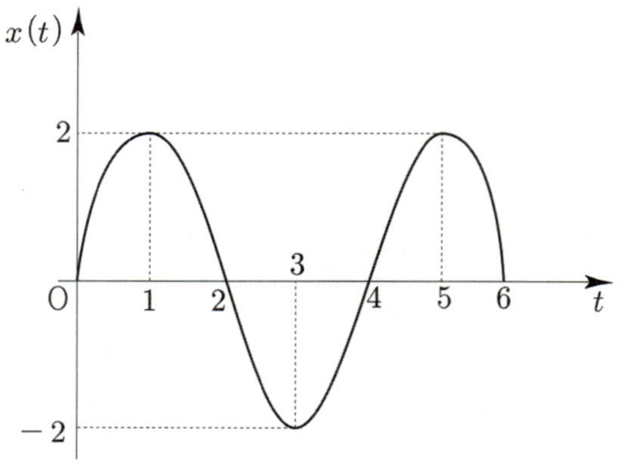

Theme 19 속도와 가속도의 활용

118

어떤 물체를 지면으로부터 높이가 15 m인 지점에서 위로 던진 공의 t초 후의 지면으로부터의 높이를 x m라 하면 $x=15+10t-5t^2$인 관계가 있다. 물체가 지면에 닿는 순간의 속도는 $-k$ m/s이다. k의 값을 구하시오.

119

지면에서 a m/s $(a>0)$의 속도로 똑바로 위로 던진 공의 t초 후의 높이를 h m라 하면 $h=at-5t^2$인 관계가 있다. 이 공이 지면으로부터 높이가 최소 5 m인 지점까지 도달하기 위한 a의 최솟값을 구하시오.

Theme 20 변화율

120 ⬜⬜⬜⬜⬜

한 변의 길이가 $5\,\text{cm}$인 정사각형의 각 변의 길이가 매초 $2\,\text{cm}$씩 길어질 때, 정사각형의 넓이가 $121\,\text{cm}^2$가 되는 순간의 넓이의 변화율은 $k\,\text{cm}^2/\text{s}$이다. k의 값을 구하시오.

121 ⬜⬜⬜⬜⬜

밑면의 반지름의 길이가 $4\,\text{cm}$, 높이가 $8\,\text{cm}$인 원기둥이 있다. 원기둥의 밑면의 반지름의 길이는 매초 $1\,\text{cm}$씩 짧아지고, 높이는 매초 $2\,\text{cm}$씩 길어진다. 원기둥의 높이가 $12\,\text{cm}$가 되는 순간의 부피의 변화율은 $-k\pi\,\text{cm}^3/\text{s}$이다. k의 값을 구하시오.

122 ⬜⬜⬜⬜⬜

중심각이 $\dfrac{\pi}{3}$이고 반지름의 길이가 $6\,\text{cm}$인 부채꼴이 있다. 부채꼴의 반지름의 길이가 매초 $3\,\text{cm}$씩 길어진다. 부채꼴의 넓이가 $24\pi\,\text{cm}^2$가 되는 순간의 넓이의 변화율은 $k\pi\,\text{cm}^2/\text{s}$이다. k의 값을 구하시오.

123 ⬜⬜⬜⬜⬜

그림과 같이 밑면의 반지름의 길이가 $5\,\text{cm}$이고 높이가 $10\,\text{cm}$인 원뿔 모양의 그릇이 있다. 비어 있는 이 그릇에 매초 $2\,\text{cm}$의 속도로 수면의 높이가 상승하도록 물을 부을 때, 3초 후 그릇에 담긴 물의 부피의 변화율은 $a\pi\,\text{cm}^3/\text{s}$이다. a의 값을 구하시오. (단, 그릇의 두께는 무시한다.)

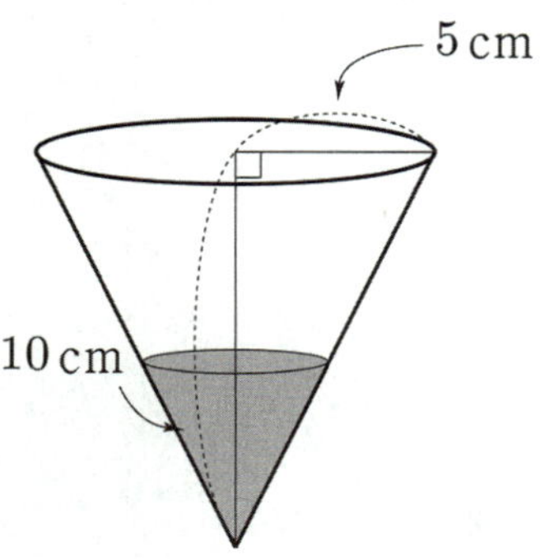

양수 a에 대하여 함수 $f(x)$를
$$f(x) = 2x^3 - 3ax^2 - 12a^2x$$
라 하자. 함수 $f(x)$의 극댓값이 $\dfrac{7}{27}$일 때, $f(3)$의 값을 구하시오. [3점]

함수 $f(x) = (x-1)^2(x-4) + a$의 극솟값이 10일 때, 상수 a의 값을 구하시오. [3점]

닫힌구간 $[-1,\ 3]$에서 함수 $f(x) = x^3 - 3x + 5$의 최솟값은? [3점]

① 1   ② 2   ③ 3

④ 4   ⑤ 5

곡선 $y = x^3 - 3x^2 + 2x + 2$ 위의 점 $A(0,\ 2)$에서의 접선과 수직이고 점 A를 지나는 직선의 x절편은? [3점]

① 4   ② 6   ③ 8

④ 10   ⑤ 12

곡선 $y = x^3 - 6x^2 + 6$ 위의 점 $(1,\ 1)$에서의 접선이 점 $(0,\ a)$를 지날 때, a의 값을 구하시오. [3점]

함수 $f(x) = x^3 - (a+2)x^2 + ax$에 대하여 곡선 $y = f(x)$ 위의 점 $(t,\ f(t))$에서의 접선의 y절편을 $g(t)$라 하자. 함수 $g(t)$가 열린구간 $(0,\ 5)$에서 증가할 때, a의 최솟값을 구하시오. [3점]

함수 $f(x) = x^3 - 3x^2 + a$의 모든 극값의 곱이 -4일 때, 상수 a의 값은? [4점]

① 2   ② 4   ③ 6

④ 8   ⑤ 10

수직선 위를 움직이는 점 P의 시각 $t\,(t > 0)$에서의 위치 x가 $x = t^3 - 5t^2 + 6t$이다. $t = 3$에서 점 P의 가속도를 구하시오. [3점]

132 2023학년도 고3 9월 평가원 공통

곡선 $y = x^3 - 4x + 5$ 위의 점 $(1,\ 2)$에서의 접선이 곡선 $y = x^4 + 3x + a$에 접할 때, 상수 a의 값은? [3점]

① 6 　② 7 　③ 8 　④ 9 　⑤ 10

133 2023학년도 수능 공통

점 $(0,\ 4)$에서 곡선 $y = x^3 - x + 2$에 그은 접선의 x절편은? [3점]

① $-\dfrac{1}{2}$ 　② -1 　③ $-\dfrac{3}{2}$ 　④ -2 　⑤ $-\dfrac{5}{2}$

134 2023학년도 수능 공통

방정식 $2x^3 - 6x^2 + k = 0$의 서로 다른 양의 실근의 개수가 2가 되도록 하는 정수 k의 개수를 구하시오. [3점]

135 2023학년도 고3 6월 평가원 공통

실수 전체의 집합에서 미분가능하고 다음 조건을 만족시키는 모든 함수 $f(x)$에 대하여 $f(5)$의 최솟값은? [3점]

(가) $f(1) = 3$

(나) $1 < x < 5$인 모든 실수 x에 대하여 $f'(x) \geq 5$이다.

---

① 21 　② 22 　③ 23 　④ 24 　⑤ 25

136 2022학년도 수능 공통

방정식 $2x^3 - 3x^2 - 12x + k = 0$이 서로 다른 세 실근을 갖도록 하는 정수 k의 개수는? [3점]

① 20 　② 23 　③ 26 　④ 29 　⑤ 32

137 2020학년도 수능 나형

함수 $f(x) = -x^4 + 8a^2x^2 - 1$이 $x = b$와 $x = 2 - 2b$에서 극대일 때, $a + b$의 값은? (단, $a,\ b$는 $a > 0,\ b > 1$인 상수이다.) [3점]

① 3 　② 5 　③ 7 　④ 9 　⑤ 11

138 2024년 고3 3월 교육청 공통

실수 a에 대하여 함수 $f(x) = x^3 - \dfrac{5}{2}x^2 + ax + 2$이다.

곡선 $y = f(x)$ 위의 두 점 $\mathrm{A}(0,\ 2)$, $\mathrm{B}(2,\ f(2))$에서의 접선을 각각 $l,\ m$이라 하자. 두 직선 $l,\ m$이 만나는 점이 x축 위에 있을 때, $60 \times |f(2)|$의 값을 구하시오. [3점]

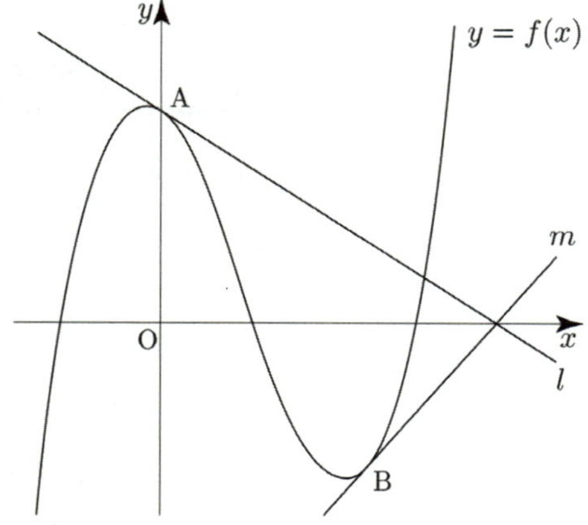

139 2016학년도 고3 9월 평가원 A형 ☐☐☐☐☐

함수 $f(x)$ 의 도함수 $f'(x)$ 가 $f'(x) = x^2 - 1$ 일 때,
다음 물음에 답하시오.

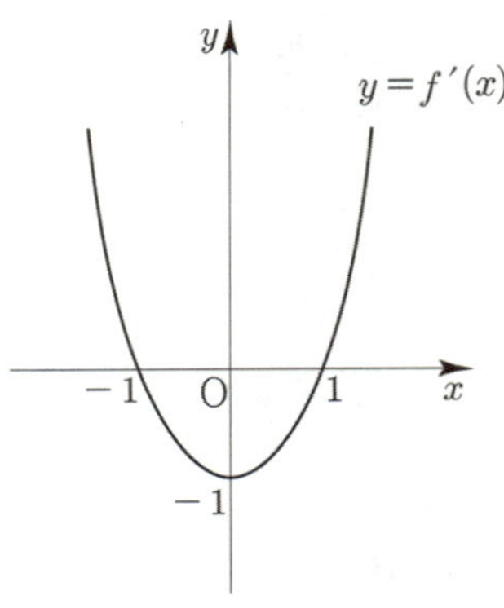

함수 $g(x) = f(x) - kx$ 가 $x = -3$ 에서 극값을 가질 때,
상수 k 의 값은? [3점]

① 4　　② 5　　③ 6　　④ 7　　⑤ 8

140 2020년 고3 3월 교육청 나형 ☐☐☐☐☐

최고차항의 계수가 1인 이차함수 $y = f(x)$ 의 그래프가
x 축에 접한다. 함수 $g(x) = (x-3)f'(x)$ 에 대하여
곡선 $y = g(x)$ 가 y 축에 대하여 대칭일 때,
$f(0)$ 의 값은? [3점]

① 1　　② 4　　③ 9　　④ 16　　⑤ 25

141 2015학년도 고3 6월 평가원 A형 ☐☐☐☐☐

곡선 $y = -x^3 + 2x$ 위의 점 $(1, 1)$ 에서의 접선이
점 $(-10, a)$ 를 지날 때, a 의 값을 구하시오. [4점]

142 2013학년도 고3 6월 평가원 나형 ☐☐☐☐☐

닫힌구간 $[1, 4]$ 에서 함수 $f(x) = x^3 - 3x^2 + a$ 의
최댓값을 M, 최솟값을 m 이라 하자. $M + m = 20$ 일 때,
상수 a 의 값은? [3점]

① 1　　　② 2　　　③ 3

④ 4　　　⑤ 5

143 2022학년도 사관학교 공통 ☐☐☐☐☐

모든 양의 실수 x 에 대하여 부등식

$$x^3 - 5x^2 + 3x + n \geq 0$$

이 항상 성립하도록 하는 자연수 n 의 최솟값을 구하시오.

[3점]

144 2016학년도 고3 6월 평가원 A형 ☐☐☐☐☐

함수 $f(x)$ 가 $f(x) = (x-3)^2$ 일 때, 다음 물음에 답하시오.

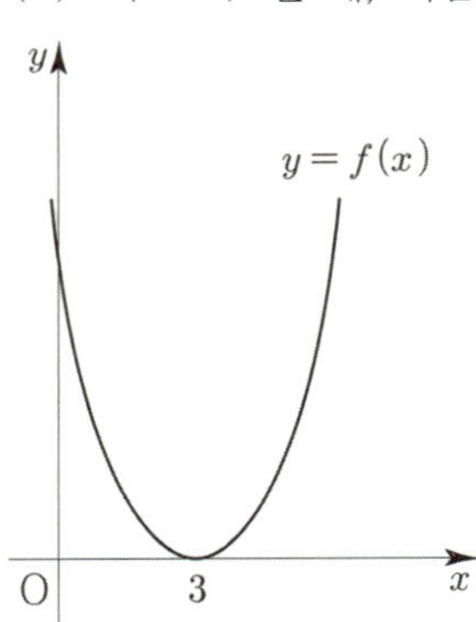

함수 $g(x)$ 의 도함수가 $f(x)$ 이고 곡선 $y = g(x)$ 위의
점 $(2, g(2))$ 에서의 접선의 y 절편이 -5 일 때, 이 접선의
x 절편은? [3점]

① 1　　　② 2　　　③ 3

④ 4　　　⑤ 5

145 2010학년도 고3 6월 평가원 가형 

곡선 $y=x^2$ 위의 점 $(-2, 4)$ 에서의 접선이 곡선 $y=x^3+ax-2$ 에 접할 때, 상수 a 의 값은? [3점]

① -9 ② -7 ③ -5

④ -3 ⑤ -1

146 2019학년도 수능 나형

수직선 위를 움직이는 점 P 의 시각 $t\,(t \geq 0)$ 에서의 위치 x 가 $x=-\dfrac{1}{3}t^3+3t^2+k$ (k 는 상수)이다.

점 P 의 가속도가 0 일 때 점 P 의 위치는 40 이다. k 의 값을 구하시오. [4점]

147 2025학년도 고3 6월 평가원 공통

최고차항의 계수가 1 이고 $f(0)=0$ 인 삼차함수 $f(x)$ 가

$$\lim_{x \to a}\frac{f(x)-1}{x-a}=3$$

을 만족시킨다. 곡선 $y=f(x)$ 위의 점 $(a,\ f(a))$ 에서의 접선의 y 절편이 4 일 때, $f(1)$ 의 값은? (단, a 는 상수이다.) [4점]

① -1 ② -2 ③ -3

④ -4 ⑤ -5

148 2019학년도 고3 9월 평가원 나형 

수직선 위를 움직이는 점 P 의 시각 $t\,(t \geq 0)$ 에서의 위치 x 가 $x=t^3-5t^2+at+5$ 이다. 점 P 가 움직이는 방향이 바뀌지 않도록 하는 자연수 a 의 최솟값은? [4점]

① 9 ② 10 ③ 11

④ 12 ⑤ 13

149 2012학년도 고3 9월 평가원 나형 

점 $(0,\ -4)$ 에서 곡선 $y=x^3-2$ 에 그은 접선이 x 축과 만나는 점의 좌표를 $(a,\ 0)$ 이라 할 때, a 의 값은? [4점]

① $\dfrac{7}{6}$ ② $\dfrac{4}{3}$ ③ $\dfrac{3}{2}$

④ $\dfrac{5}{3}$ ⑤ $\dfrac{11}{6}$

150 2025학년도 수능 공통

시각 $t=0$ 일 때 출발하여 수직선 위를 움직이는 점 P 의 시각 $t\,(t \geq 0)$ 에서의 위치 x 가

$$x=t^3-\frac{3}{2}t^2-6t$$

이다. 출발한 후 점 P 의 운동 방향이 바뀌는 시각에서의 점 P 의 가속도는? [4점]

① 6 ② 9 ③ 12

④ 15 ⑤ 18

함수 $f(x) = x^3 + ax^2 - (a^2 - 8a)x + 3$ 이 실수 전체의
집합에서 증가하도록 하는 실수 a의 최댓값을 구하시오.

[3점]

곡선 $y = x^3 - ax + b$ 위의 점 $(1, 1)$ 에서의 접선과 수직인
직선의 기울기가 $-\dfrac{1}{2}$ 이다. 두 상수 a, b 에 대하여 $a+b$ 의
값을 구하시오. [4점]

수직선 위를 움직이는 점 P의 시각 $t\,(t \geq 0)$ 에서의
위치 x 가 $x = t^3 + at^2 + bt$ $(a, b$ 는 상수$)$이다.
시각 $t=1$ 에서 점 P가 운동 방향을 바꾸고,
시각 $t=2$ 에서 점 P의 가속도는 0이다.
$a+b$ 의 값은? [4점]

① 3   ② 4   ③ 5

④ 6   ⑤ 7

원점을 지나고 곡선 $y = -x^3 - x^2 + x$ 에 접하는
모든 직선의 기울기의 합은? [4점]

① 2   ② $\dfrac{9}{4}$ ③ $\dfrac{5}{2}$

④ $\dfrac{11}{4}$ ⑤ 3

함수 $f(x) = \dfrac{1}{3}x^3 - ax^2 + 3ax$ 의 역함수가 존재하도록
하는 상수 a의 최댓값은? [4점]

① 3   ② 4   ③ 5

④ 6   ⑤ 7

삼차함수 $f(x)$ 에 대하여 곡선 $y = f(x)$ 위의 점 $(0, 0)$
에서의 접선과 곡선 $y = xf(x)$ 위의 점 $(1, 2)$ 에서의
접선이 일치할 때, $f'(2)$ 의 값은? [4점]

① -18 ② -17 ③ -16

④ -15 ⑤ -14

157 2023학년도 고3 6월 평가원 공통

두 함수

$$f(x) = x^3 - x + 6, \quad g(x) = x^2 + a$$

가 있다. $x \geq 0$인 모든 실수 x에 대하여 부등식

$$f(x) \geq g(x)$$

가 성립할 때, 실수 a의 최댓값은? [4점]

① 1   ② 2   ③ 3

④ 4   ⑤ 5

---

158 2010년 고3 10월 교육청 가형

함수 $f(x) = x^3 + 6x^2 + 15|x - 2a| + 3$이 실수 전체의 집합에서 증가하도록 하는 실수 a의 최댓값은? [3점]

① $-\dfrac{5}{2}$ ② -2 ③ $-\dfrac{3}{2}$

④ -1 ⑤ $-\dfrac{1}{2}$

---

159 2018학년도 고3 6월 평가원 나형

수직선 위를 움직이는 점 P의 시각 $t\,(t > 0)$에서의 위치 x가 $x = t^3 - 12t + k$ (k는 상수)이다.
점 P의 운동 방향이 원점에서 바뀔 때, k의 값은? [4점]

① 10   ② 12   ③ 14

④ 16   ⑤ 18

---

160 2019학년도 고3 9월 평가원 나형

방정식 $x^3 - 3x^2 - 9x - k = 0$의 서로 다른 실근의 개수가 3이 되도록 하는 정수 k의 최댓값은? [4점]

① 2   ② 4   ③ 6

④ 8   ⑤ 10

---

161 2013학년도 고3 6월 평가원 나형

곡선 $y = x^3 - 5x$ 위의 점 $A(1, \ -4)$에서의 접선이 점 A가 아닌 점 B에서 곡선과 만난다.
선분 AB의 길이는? [4점]

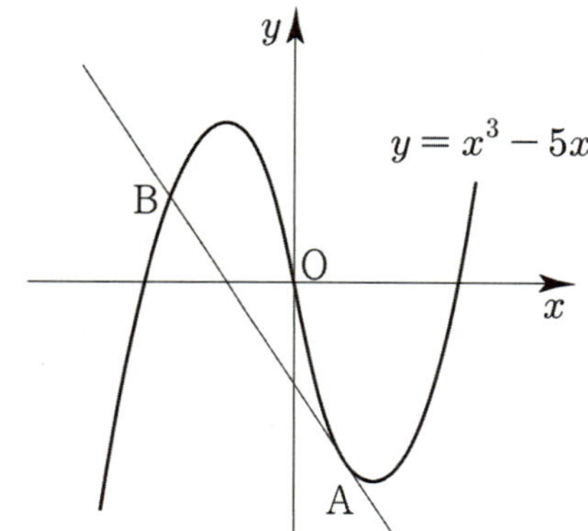

① $\sqrt{30}$ ② $\sqrt{35}$ ③ $2\sqrt{10}$

④ $3\sqrt{5}$ ⑤ $5\sqrt{2}$

곡선 $y = x^3 - 3x^2 + x + 1$ 위의 서로 다른 두 점 A, B에서의 접선이 서로 평행하다. 점 A의 x좌표가 3일 때, 점 B에서의 접선의 y절편의 값은? [4점]

① 5 ② 6 ③ 7

④ 8 ⑤ 9

수직선 위를 움직이는 두 점 P, Q의 시각 $t\,(t \geq 0)$에서의 위치 x_1, x_2가 $x_1 = t^3 - 2t^2 + 3t$, $x_2 = t^2 + 12t$이다. 두 점 P, Q의 속도가 같아지는 순간 두 점 P, Q 사이의 거리를 구하시오. [4점]

삼차함수 $f(x) = x^3 + ax^2 + 2ax$가 구간 $(-\infty, \infty)$에서 증가하도록 하는 실수 a의 최댓값을 M이라 하고, 최솟값을 m이라 할 때, $M - m$의 값은? [4점]

① 3 ② 4 ③ 5

④ 6 ⑤ 7

두 함수 $f(x) = x^3 + 3x^2 - k$, $g(x) = 2x^2 + 3x - 10$에 대하여 부등식 $f(x) \geq 3g(x)$가 닫힌구간 $[-1, 4]$에서 항상 성립하도록 하는 실수 k의 최댓값을 구하시오. [4점]

함수 $f(x) = x^3 - 3ax^2 + 3(a^2 - 1)x$의 극댓값이 4이고 $f(-2) > 0$일 때, $f(-1)$의 값은? (단, a는 상수이다.) [4점]

① 1 ② 2 ③ 3

④ 4 ⑤ 5

두 함수 $f(x) = 3x^3 - x^2 - 3x$, $g(x) = x^3 - 4x^2 + 9x + a$에 대하여 방정식 $f(x) = g(x)$가 서로 다른 두 개의 양의 실근과 한 개의 음의 실근을 갖도록 하는 모든 정수 a의 개수는? [4점]

① 6 ② 7 ③ 8

④ 9 ⑤ 10

168 2016학년도 고3 6월 평가원 A형 ☐☐☐☐☐

함수 $f(x) = \dfrac{1}{3}x^3 - 9x + 3$이 열린구간 $(-a,\ a)$에서 감소할 때, 양수 a의 최댓값을 구하시오. [4점]

169 2021학년도 사관학교 나형 ☐☐☐☐☐

최고차항의 계수가 1인 사차함수 $f(x)$가 다음 조건을 만족시킨다.

> (가) 모든 실수 x에 대하여 $f(-x) = f(x)$이다.
> (나) 함수 $f(x)$는 극댓값 7을 갖는다.

$f(1) = 2$일 때, 함수 $f(x)$의 극솟값은? [4점]

① -6 ② -5 ③ -4

④ -3 ⑤ -2

170 2022학년도 수능예비시행 ☐☐☐☐☐

최고차항의 계수가 1인 삼차함수 $f(x)$가 다음 조건을 만족시킨다.

> 방정식 $f(x) = 9$는 서로 다른 세 실근을 갖고, 이 세 실근은 크기 순서대로 등비수열을 이룬다.

$f(0) = 1$, $f'(2) = -2$일 때, $f(3)$의 값은? [4점]

① 6 ② 7 ③ 8

④ 9 ⑤ 10

171 2010학년도 고3 6월 평가원 가형 ☐☐☐☐☐

좌표평면 위에 점 $A(0,\ 2)$가 있다. $0 < t < 2$일 때, 원점 O와 직선 $y = 2$ 위의 점 $P(t,\ 2)$를 잇는 선분 OP의 수직이등분선과 y축의 교점을 B라 하자. 삼각형 ABP의 넓이를 $f(t)$라 할 때, $f(t)$의 최댓값은 $\dfrac{b}{a}\sqrt{3}$이다. $a+b$의 값을 구하시오.

(단, $a,\ b$는 서로소인 자연수이다.) [3점]

172 2020학년도 고3 9월 평가원 나형 ☐☐☐☐☐

곡선 $y = x^3 - 3x^2 + 2x - 3$과 직선 $y = 2x + k$가 서로 다른 두 점에서만 만나도록 하는 모든 실수 k의 값의 곱을 구하시오. [4점]

173 2016학년도 수능 A형 ☐☐☐☐☐

두 다항함수 $f(x),\ g(x)$가 다음 조건을 만족시킨다.

> (가) $g(x) = x^3 f(x) - 7$
> (나) $\displaystyle\lim_{x \to 2} \dfrac{f(x) - g(x)}{x - 2} = 2$

곡선 $y = g(x)$ 위의 점 $(2,\ g(2))$에서의 접선의 방정식이 $y = ax + b$일 때, $a^2 + b^2$의 값을 구하시오.

(단, $a,\ b$는 상수이다.) [4점]

$f(1) = -2$ 인 다항함수 $f(x)$ 에 대하여 일차함수 $g(x)$ 가 다음 조건을 만족시킨다.

> (가) $\displaystyle\lim_{x \to 1} \frac{f(x)g(x)+4}{x-1} = 8$
>
> (나) $g(0) = g'(0)$

$f'(1)$ 의 값은? [4점]

① 5   ② 6   ③ 7

④ 8   ⑤ 9

방정식 $2x^3 + 6x^2 + a = 0$ 이 $-2 \le x \le 2$ 에서 서로 다른 두 실근을 갖도록 하는 정수 a 의 개수는? [4점]

① 4   ② 6   ③ 8

④ 10   ⑤ 12

그림은 삼차함수 $f(x) = x^3 - 3x^2 + 3x$ 의 그래프이다.

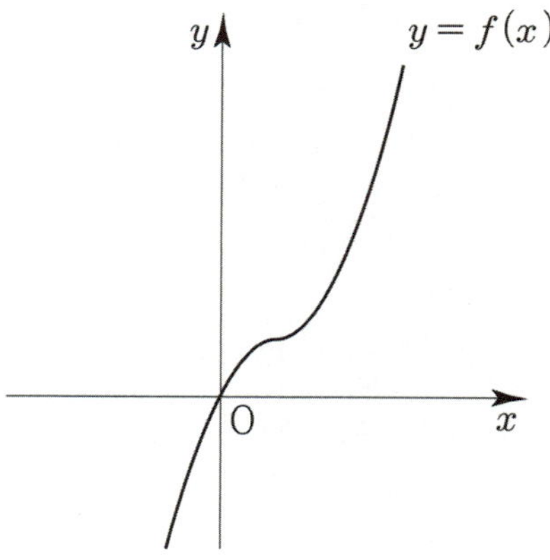

원점을 지나고 곡선 $y = f(x)$ 에 접하는 직선은 두 개이다. 두 접선과 곡선 $y = f(x)$ 의 교점 중 원점이 아닌 점들의 x 좌표의 합을 S 라 하자. $10S$ 의 값을 구하시오. [4점]

두 함수 $f(x) = x^2$ 과 $g(x) = -(x-3)^2 + k \ (k > 0)$ 에 대하여 다음 물음에 답하시오.

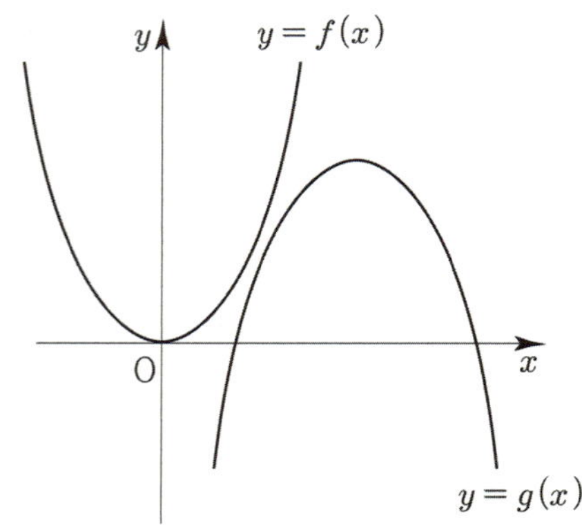

곡선 $y = f(x)$ 위의 점 $P(1, 1)$ 에서의 접선을 l 이라 하자. 직선 l 에 곡선 $y = g(x)$ 가 접할 때의 접점을 Q, 곡선 $y = g(x)$ 와 x 축이 만나는 두 점을 각각 R, S 라 할 때, 삼각형 QRS 의 넓이는? [4점]

① 4   ② $\dfrac{9}{2}$ ③ 5

④ $\dfrac{11}{2}$ ⑤ 6

그림과 같이 정사각형 ABCD 의 두 꼭짓점 A, C 는 y 축 위에 있고, 두 꼭짓점 B, D 는 x 축 위에 있다. 변 AB 와 변 CD 가 각각 삼차함수 $y = x^3 - 5x$ 의 그래프에 접할 때, 정사각형 ABCD 의 둘레의 길이를 구하시오. [4점]

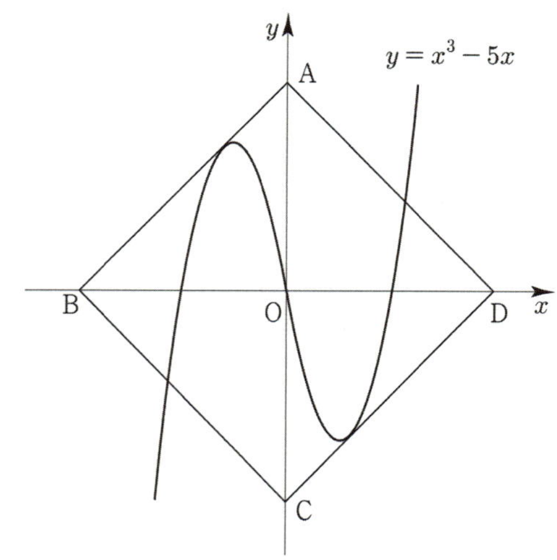

179  2025학년도 고3 9월 평가원 공통 ☐☐☐☐☐

최고차항의 계수가 1인 삼차함수 $f(x)$가 모든 정수 k에 대하여

$$2k-8 \le \frac{f(k+2)-f(k)}{2} \le 4k^2+14k$$

를 만족시킬 때, $f'(3)$의 값을 구하시오. [4점]

180  2025학년도 사관학교 공통 ☐☐☐☐☐

최고차항의 계수가 1인 삼차함수 $f(x)$와
함수 $g(x)=|f(x)|$가 다음 조건을 만족시킬 때,
$g(8)$의 값을 구하시오. [4점]

(가) 함수 $y=f'(x)$의 그래프는 직선 $x=2$에 대하여
대칭이다.
(나) 함수 $g(x)$는 $x=5$에서 미분가능하고,
곡선 $y=g(x)$ 위의 점 $(5,\ g(5))$에서의 접선은
곡선 $y=g(x)$와 점 $(0,\ g(0))$에서 접한다.

---

181  2014학년도 고3 6월 평가원 B형 ☐☐☐☐☐

실수 t에 대하여 곡선 $y=x^3$ 위의 점 $(t,\ t^3)$과
직선 $y=x+6$ 사이의 거리를 $g(t)$라 하자.
〈보기〉에서 옳은 것만을 있는 대로 고른 것은? [4점]

— 〈보기〉 —

ㄱ. 함수 $g(t)$는 실수 전체의 집합에서 연속이다.
ㄴ. 함수 $g(t)$는 0이 아닌 극솟값을 갖는다.
ㄷ. 함수 $g(t)$는 $t=2$에서 미분가능하다.

---

① ㄱ　　　　② ㄷ　　　　③ ㄱ, ㄴ

④ ㄴ, ㄷ　　　⑤ ㄱ, ㄴ, ㄷ

182  2022학년도 사관학교 공통 ☐☐☐☐☐

닫힌구간 $[-1,\ 3]$에서 정의된 함수

$$f(x)=\begin{cases} x^3-6x^2+5 & (-1 \le x \le 1) \\ x^2-4x+a & (1 < x \le 3) \end{cases}$$

의 최댓값과 최솟값의 합이 0일 때, $\displaystyle\lim_{x\to 1+} f(x)$의 값은?

(단, a는 상수이다.) [4점]

① -5　　　② $-\dfrac{9}{2}$　　　③ -4

④ $-\dfrac{7}{2}$　　　⑤ -3

183 2019년 고3 10월 교육청 나형 ☐☐☐☐☐

삼차함수 $f(x)$에 대하여 방정식 $f'(x)=0$의 두 실근
$\alpha,\ \beta$는 다음 조건을 만족시킨다.

(가) $|\alpha-\beta|=10$
(나) 두 점 $(\alpha,\ f(\alpha)),\ (\beta,\ f(\beta))$ 사이의 거리는
26이다.

함수 $f(x)$의 극댓값과 극솟값의 차는? [4점]

① $12\sqrt{2}$　　　② 18　　　③ 24

④ 30　　　⑤ $24\sqrt{2}$

184 2012학년도 고3 6월 평가원 나형 ⬠

삼차함수 $f(x)$의 도함수의 그래프와 이차함수 $g(x)$의 도함수의 그래프가 그림과 같다. 함수 $h(x)$를 $h(x) = f(x) - g(x)$라 하자. $f(0) = g(0)$일 때, 〈보기〉에서 옳은 것만을 있는 대로 고른 것은? [4점]

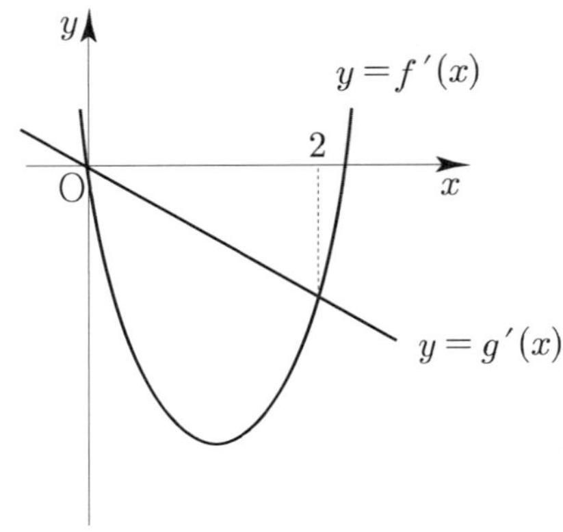

─── 〈보기〉 ───

ㄱ. $0 < x < 2$에서 $h(x)$는 감소한다.
ㄴ. $h(x)$는 $x = 2$에서 극솟값을 갖는다.
ㄷ. 방정식 $h(x) = 0$은 서로 다른 세 실근을 갖는다.

① ㄱ　　　　② ㄴ　　　　③ ㄱ, ㄴ

④ ㄱ, ㄷ　　　⑤ ㄱ, ㄴ, ㄷ

185 2017년 고3 10월 교육청 나형 ⬠

함수 $y = x^3 + 2$의 그래프와 직선 $y = kx$가 만나는 교점의 개수를 $f(k)$라 할 때, $\displaystyle\sum_{k=1}^{6} f(k)$의 값을 구하시오. [4점]

186 2019년 고3 10월 교육청 나형 ⬠

최고차항의 계수가 1인 삼차함수 $f(x)$가 다음 조건을 만족시킬 때, $f(4)$의 값을 구하시오. [4점]

(가) $\displaystyle\lim_{x \to 0} \frac{f(x) - 3}{x} = 0$

(나) 곡선 $y = f(x)$와 직선 $y = -1$의 교점의 개수는 2이다.

187 2015학년도 수능 A형 ⬠

두 다항함수 $f(x)$와 $g(x)$가 모든 실수 x에 대하여 $g(x) = (x^3 + 2) f(x)$를 만족시킨다. $g(x)$가 $x = 1$에서 극솟값 24를 가질 때, $f(1) - f'(1)$의 값을 구하시오. [4점]

188 2024학년도 사관학교 공통 ⬠

x에 대한 방정식 $x^3 - \dfrac{3n}{2}x^2 + 7 = 0$의 1보다 큰 서로 다른 실근의 개수가 2가 되도록 하는 모든 자연수 n의 값의 합을 구하시오. [3점]

189 2024학년도 고3 6월 평가원 공통 〇〇〇〇〇

그림과 같이 실수 $t\,(0 < t < 1)$에 대하여 곡선 $y = x^2$ 위의 점 중에서 직선 $y = 2tx - 1$과의 거리가 최소인 점을 P라 하고, 직선 OP가 직선 $y = 2tx - 1$과 만나는 점을 Q라 할 때, $\displaystyle\lim_{t \to 1-} \dfrac{\overline{PQ}}{1-t}$의 값은? (단, O는 원점이다.) [4점]

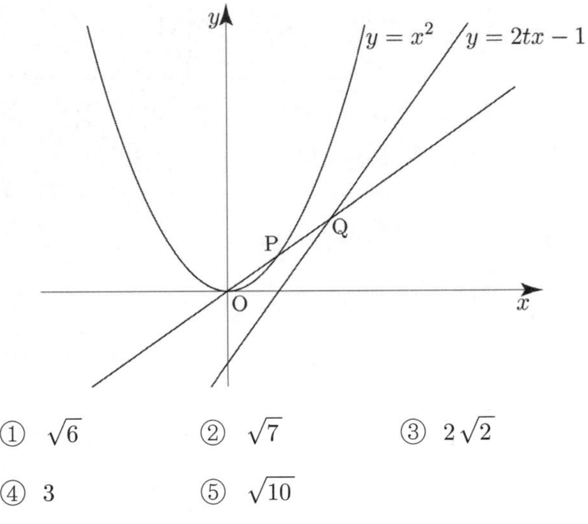

① $\sqrt{6}$ ② $\sqrt{7}$ ③ $2\sqrt{2}$

④ 3 ⑤ $\sqrt{10}$

190 2024학년도 고3 9월 평가원 공통 〇〇〇〇〇

최고차항의 계수가 1인 삼차함수 $f(x)$에 대하여 곡선 $y = f(x)$ 위의 점 $(-2, f(-2))$에서의 접선과 곡선 $y = f(x)$ 위의 점 $(2, 3)$에서의 접선이 점 $(1, 3)$에서 만날 때, $f(0)$의 값은? [4점]

① 31 ② 33 ③ 35 ④ 37 ⑤ 39

191 2024학년도 수능 공통 〇〇〇〇〇

$a > \sqrt{2}$인 실수 a에 대하여 함수 $f(x)$를
$$f(x) = -x^3 + ax^2 + 2x$$
라 하자. 곡선 $y = f(x)$ 위의 점 $O(0, 0)$에서의 접선이 곡선 $y = f(x)$와 만나는 점 중 O가 아닌 점을 A라 하고, 곡선 $y = f(x)$ 위의 점 A에서의 접선이 x축과 만나는 점을 B라 하자. 점 A가 선분 OB를 지름으로 하는 원 위의 점일 때, $\overline{OA} \times \overline{AB}$의 값을 구하시오. [4점]

192 2007년 고3 7월 교육청 가형 〇〇〇〇〇

그림과 같이 삼차함수 $f(x) = -x^3 + 4x^2 - 3x$의 그래프 위의 점 $(a, f(a))$에서 기울기가 양의 값인 접선을 그어 x축과 만나는 점을 A, 점 $B(3, 0)$에서 접선을 그어 두 접선이 만나는 점을 C, 점 C에서 x축에 수선을 그어 만나는 점을 D라 하고 $\overline{AD} : \overline{DB} = 3 : 1$일 때, a의 값들의 곱은? [4점]

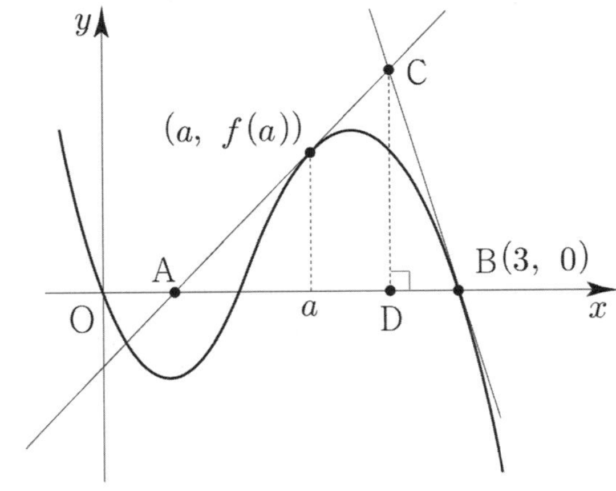

① $\dfrac{1}{3}$ ② $\dfrac{2}{3}$ ③ 1 ④ $\dfrac{4}{3}$ ⑤ $\dfrac{5}{3}$

최고차항의 계수가 a인 이차함수 $f(x)$가

모든 실수 x에 대하여 $|f'(x)| \leq 4x^2 + 5$를 만족시킨다.

함수 $y = f(x)$의 그래프의 대칭축이 직선 $x = 1$일 때,

실수 a의 최댓값은? [4점]

① $\dfrac{3}{2}$ ② 2 ③ $\dfrac{5}{2}$

④ 3 ⑤ $\dfrac{7}{2}$

삼차함수 $f(x)$와 실수 t에 대하여 곡선 $y = f(x)$와

직선 $y = -x + t$의 교점의 개수를 $g(t)$라 하자.

〈보기〉에서 옳은 것만을 있는 대로 고른 것은? [4점]

〈보기〉

ㄱ. $f(x) = x^3$이면 함수 $g(t)$는 상수함수이다.

ㄴ. 삼차함수 $f(x)$에 대하여, $g(1) = 2$이면 $g(t) = 3$인 t가 존재한다.

ㄷ. 함수 $g(t)$가 상수함수이면, 삼차함수 $f(x)$의 극값은 존재하지 않는다.

---

① ㄱ   ② ㄷ   ③ ㄱ, ㄴ

④ ㄴ, ㄷ   ⑤ ㄱ, ㄴ, ㄷ

두 함수 $f(x) = x^3 - 12x$, $g(x) = a(x-2) + 2\,(a \neq 0)$에

대하여 함수 $h(x)$는

$$h(x) = \begin{cases} f(x) & (f(x) \geq g(x)) \\ g(x) & (f(x) < g(x)) \end{cases}$$

이다. 함수 $h(x)$가 다음 조건을 만족시키도록 하는

모든 실수 a의 값의 범위는 $m < a < M$이다.

함수 $y = h(x)$의 그래프와 직선 $y = k$가 서로 다른
네 점에서 만나도록 하는 실수 k가 존재한다.

$10 \times (M - m)$의 값을 구하시오. [4점]

최고차항의 계수가 1인 삼차함수 $f(x)$에 대하여 함수

$g(x)$는

$$g(x) = \begin{cases} \dfrac{1}{2} & (x < 0) \\ f(x) & (x \geq 0) \end{cases}$$

이다. $g(x)$가 실수 전체의 집합에서 미분가능하고

$g(x)$의 최솟값이 $\dfrac{1}{2}$보다 작을 때, 〈보기〉에서 옳은

것만을 있는 대로 고른 것은? [4점]

〈보기〉

ㄱ. $g(0) + g'(0) = \dfrac{1}{2}$

ㄴ. $g(1) < \dfrac{3}{2}$

ㄷ. 함수 $g(x)$의 최솟값이 0일 때, $g(2) = \dfrac{5}{2}$이다.

---

① ㄱ   ② ㄱ, ㄴ   ③ ㄱ, ㄷ

④ ㄴ, ㄷ   ⑤ ㄱ, ㄴ, ㄷ

197 2024년 고3 5월 교육청 공통 ○○○○○

최고차항의 계수가 1인 삼차함수 $f(x)$와 실수 t에 대하여 곡선 $y=f(x)$ 위의 점 $(t, f(t))$에서의 접선의 y절편을 $g(t)$라 하자. 두 함수 $f(x)$, $g(t)$가 다음 조건을 만족시킨다.

> $|f(k)|+|g(k)|=0$을 만족시키는 실수 k의 개수는 2이다.

$4f(1)+2g(1)=-1$일 때, $f(4)$의 값은? [4점]

① 46   ② 49   ③ 52

④ 55   ⑤ 58

198 2020년 고3 3월 교육청 나형 ○○○○○

$a>0$인 상수 a에 대하여 함수 $f(x)=|(x^2-9)(x+a)|$가 오직 한 개의 x값에서만 미분가능하지 않을 때, 함수 $f(x)$의 극댓값은? [4점]

① 32   ② 34   ③ 36

④ 38   ⑤ 40

199 2024년 고3 10월 교육청 공통 ○○○○○

최고차항의 계수가 1인 사차함수 $f(x)$에 대하여 함수

$$g(x)=\begin{cases} f(x) & (x \le 1) \\ f(x-1)+2 & (x>1) \end{cases}$$

은 실수 전체의 집합에서 미분가능하고, 곡선 $y=g(x)$ 위의 점 $(0, g(0))$에서의 접선의 방정식이 $y=2x+1$이다. $g'(t)=2$인 서로 다른 모든 실수 t의 값의 합은? [4점]

① 4   ② $\dfrac{9}{2}$ ③ 5

④ $\dfrac{11}{2}$ ⑤ 6

200 2025학년도 고3 6월 평가원 공통 ○○○○○

최고차항의 계수가 1인 사차함수 $f(x)$가 다음 조건을 만족시킨다.

> (가) $f'(a) \le 0$인 실수 a의 최댓값은 2이다.
> (나) 집합 $\{x \mid f(x)=k\}$의 원소의 개수가 3 이상이 되도록 하는 실수 k의 최솟값은 $\dfrac{8}{3}$이다.

$f(0)=0$, $f'(1)=0$일 때, $f(3)$의 값을 구하시오. [4점]

201 2022년 고3 7월 교육청 공통 ☐☐☐☐☐

최고차항의 계수가 1 이고 $f(0) = \dfrac{1}{2}$ 인 삼차함수 $f(x)$ 에 대하여 함수 $g(x)$ 를

$$g(x) = \begin{cases} f(x) & (x < -2) \\ f(x) + 8 & (x \geq -2) \end{cases}$$

라 하자. 방정식 $g(x) = f(-2)$ 의 실근이 2 뿐일 때, 함수 $f(x)$ 의 극댓값은? [4점]

① 3　　② $\dfrac{7}{2}$　　③ 4

④ $\dfrac{9}{2}$　　⑤ 5

202 2022학년도 고3 9월 평가원 공통 ☐☐☐☐☐

함수 $f(x) = \dfrac{1}{2}x^3 - \dfrac{9}{2}x^2 + 10x$ 에 대하여 x 에 대한 방정식

$$f(x) + |f(x) + x| = 6x + k$$

의 서로 다른 실근의 개수가 4 가 되도록 하는 모든 정수 k 의 값의 합을 구하시오. [4점]

203 2020년 고3 3월 교육청 나형 ☐☐☐☐☐

자연수 a 에 대하여 두 함수

$$f(x) = -x^4 - 2x^3 - x^2, \quad g(x) = 3x^2 + a$$

가 있다. 다음을 만족시키는 a 의 값을 구하시오. [4점]

> 모든 실수 x 에 대하여 부등식
> $$f(x) \leq 12x + k \leq g(x)$$
> 를 만족시키는 자연수 k 의 개수는 3 이다.

204 2011학년도 고3 9월 평가원 가형 ☐☐☐☐☐

함수 $f(x) = -3x^4 + 4(a-1)x^3 + 6ax^2 \, (a > 0)$ 과 실수 t 에 대하여, $x \leq t$ 에서 $f(x)$ 의 최댓값을 $g(t)$ 라 하자. 함수 $g(t)$ 가 실수 전체의 집합에서 미분가능하도록 하는 a 의 최댓값은? [4점]

① 1　　② 2　　③ 3

④ 4　　⑤ 5

205 2018학년도 고3 6월 평가원 나형

함수 $f(x) = \dfrac{1}{3}x^3 - kx^2 + 1$ ($k > 0$인 상수)

의 그래프 위의 서로 다른 두 점 A, B에서의 접선 l, m의 기울기가 모두 $3k^2$이다. 곡선 $y = f(x)$에 접하고 x축에 평행한 두 직선과 접선 l, m으로 둘러싸인 도형의 넓이가 24일 때, k의 값은? [4점]

① $\dfrac{1}{2}$ ② 1 ③ $\dfrac{3}{2}$

④ 2 ⑤ $\dfrac{5}{2}$

206 2024년 고3 7월 교육청 공통

양수 a에 대하여 함수 $f(x)$는
$$f(x) = \begin{cases} -2(x+1)^2 + 4 & (x \le 0) \\ a(x-5) & (x > 0) \end{cases}$$
이다. 함수 $f(x)$와 최고차항의 계수가 1인 삼차함수 $g(x)$에 대하여 $f(k) = g(k)$를 만족시키는 서로 다른 모든 실수 k의 값이 -2, 0, 2일 때, $g(2a)$의 값은? [4점]

① 14 ② 18 ③ 22

④ 26 ⑤ 30

207 2017학년도 고3 9월 평가원 나형

삼차함수 $f(x)$가 다음 조건을 만족시킨다.

> (가) $x = -2$에서 극댓값을 갖는다.
> (나) $f'(-3) = f'(3)$

〈보기〉에서 옳은 것만을 있는 대로 고른 것은? [4점]

> ─── 〈보기〉 ───
> ㄱ. 도함수 $f'(x)$는 $x = 0$에서 최솟값을 갖는다.
> ㄴ. 방정식 $f(x) = f(2)$는 서로 다른 두 실근을 갖는다.
> ㄷ. 곡선 $y = f(x)$ 위의 점 $(-1, f(-1))$에서의 접선은 점 $(2, f(2))$를 지난다.

① ㄱ   ② ㄷ   ③ ㄱ, ㄴ

④ ㄴ, ㄷ   ⑤ ㄱ, ㄴ, ㄷ

208 2021년 고3 3월 교육청 공통

최고차항의 계수가 1인 삼차함수 $f(x)$에 대하여 함수 $g(x)$를
$$g(x) = f(x) + |f'(x)|$$
라 할 때, 두 함수 $f(x)$, $g(x)$가 다음 조건을 만족시킨다.

> (가) $f(0) = g(0) = 0$
> (나) 방정식 $f(x) = 0$은 양의 실근을 갖는다.
> (다) 방정식 $|f(x)| = 4$의 서로 다른 실근의 개수는 3이다.

$g(3)$의 값은? [4점]

① 9 ② 10 ③ 11

④ 12 ⑤ 13

두 양수 p, q와 함수 $f(x)=x^3-3x^2-9x-12$에 대하여 실수 전체의 집합에서 연속인 함수 $g(x)$가 다음 조건을 만족시킬 때, $p+q$의 값은? [4점]

> (가) 모든 실수 x에 대하여 $xg(x)=|xf(x-p)+qx|$ 이다.
> (나) 함수 $g(x)$가 $x=a$에서 미분가능하지 않은 실수 a의 개수는 1이다.

① 6 ② 7 ③ 8
④ 9 ⑤ 10

최고차항의 계수가 1인 사차함수 $f(x)$가 다음 조건을 만족시킨다.

> (가) $f'(0)=0$, $f'(2)=16$
> (나) 어떤 양수 k에 대하여 두 열린구간 $(-\infty,\,0)$, $(0,\,k)$에서 $f'(x)<0$이다.

〈보기〉에서 옳은 것만을 있는 대로 고른 것은? [4점]

> ─── 〈보기〉 ───
> ㄱ. 방정식 $f'(x)=0$은 열린구간 $(0,\,2)$에서 한 개의 실근을 갖는다.
> ㄴ. 함수 $f(x)$는 극댓값을 갖는다.
> ㄷ. $f(0)=0$이면, 모든 실수 x에 대하여 $f(x)\geq-\dfrac{1}{3}$이다.

① ㄱ ② ㄴ ③ ㄱ, ㄷ
④ ㄴ, ㄷ ⑤ ㄱ, ㄴ, ㄷ

사차함수 $f(x)$가 다음 조건을 만족시킨다.

> (가) $f'(x)=x(x-2)(x-a)$ (단, a는 실수)
> (나) 방정식 $|f(x)|=f(0)$은 실근을 갖지 않는다.

〈보기〉에서 옳은 것만을 있는 대로 고른 것은? [4점]

> ─── 〈보기〉 ───
> ㄱ. $a=0$이면 방정식 $f(x)=0$은 서로 다른 두 실근을 갖는다.
> ㄴ. $0<a<2$이고 $f(a)>0$이면, 방정식 $f(x)=0$은 서로 다른 네 실근을 갖는다.
> ㄷ. 함수 $|f(x)-f(2)|$가 $x=k$에서만 미분가능하지 않으면 $k<0$이다.

① ㄱ ② ㄱ, ㄴ ③ ㄱ, ㄷ
④ ㄴ, ㄷ ⑤ ㄱ, ㄴ, ㄷ

상수 $a\,(a\neq3\sqrt{5})$와 최고차항의 계수가 음수인 이차함수 $f(x)$에 대하여 함수

$$g(x)=\begin{cases} x^3+ax^2+15x+7 & (x\leq0) \\ f(x) & (x>0)\end{cases}$$

이 다음 조건을 만족시킨다.

> (가) 함수 $g(x)$는 실수 전체의 집합에서 미분가능하다.
> (나) x에 대한 방정식 $g'(x)\times g'(x-4)=0$의 서로 다른 실근의 개수는 4이다.

$g(-2)+g(2)$의 값은? [4점]

① 30 ② 32 ③ 34
④ 36 ⑤ 38

규토 라이트 N제

미분

Master step

심화 문제편

2. 도함수의 활용

213 ⬡⬡⬡⬡⬡

함수 $f(x)=x^3$ 와 자연수 n 에 대하여 두 함수
$y=f(x)$, $y=f(x)+n$ 의 그래프와 모두 접하는
직선 $y=g(x)$ 가 있다. 모든 실수 x 에 대하여
$g'(x)\le 27$ 이 되도록 하는 모든 자연수 n 의 개수를
구하시오.

---

215 2021학년도 사관학교 나형 ⬡⬡⬡⬡⬡

0 이 아닌 실수 k 에 대하여 다항함수 $f(x)$ 의 도함수
$f'(x)$ 가 $f'(x)=3(x-k)(x-2k)$ 이다.
함수

$$g(x)=\begin{cases} f(x) & (x\le 1 \text{ 또는 } x\ge 4) \\[2mm] \dfrac{f(4)-f(1)}{3}(x-1)+f(1) & (1<x<4) \end{cases}$$

의 역함수가 존재하도록 하는 모든 실수 k 의 값의 범위가
$\alpha\le k<\beta$ 일 때, $\beta-\alpha$ 의 값은? [4점]

① $\dfrac{3}{8}$　　　② $\dfrac{1}{2}$　　　③ $\dfrac{5}{8}$

④ $\dfrac{3}{4}$　　　⑤ $\dfrac{7}{8}$

---

214 2012학년도 수능 나형 ⬡⬡⬡⬡⬡

최고차항의 계수가 1 인 삼차함수 $f(x)$ 가 모든 실수 x 에
대하여 $f(-x)=-f(x)$ 를 만족시킨다. 방정식
$|f(x)|=2$ 의 서로 다른 실근의 개수가 4 일 때,
$f(3)$ 의 값은? [4점]

① 12　　　② 14　　　③ 16

④ 18　　　⑤ 20

---

216 2020년 고3 3월 교육청 나형 ⬡⬡⬡⬡⬡

이차함수 $g(x)=x^2-6x+10$ 에 대하여 삼차함수 $f(x)$ 가
다음 조건을 만족시킨다.

> (가) 방정식 $f(x)=0$ 은 서로 다른 세 실근을 갖는다.
> (나) 함수 $(g\circ f)(x)$ 의 최솟값을 m 이라 할 때,
> 　　 방정식 $g(f(x))=m$ 의 서로 다른 실근의 개수는
> 　　 2 이다.
> (다) 방정식 $g(f(x))=17$ 은 서로 다른 세 실근을
> 　　 갖는다.

함수 $f(x)$ 의 극댓값과 극솟값의 합은? [4점]

① 2　　　② 4　　　③ 6

④ 8　　　⑤ 10

217

좌표평면에서 삼차함수 $f(x) = x^3 + ax^2 + bx$ 와 실수 t 에 대하여 곡선 $y = f(x)$ 위의 점 $(t, f(t))$ 에서의 접선이 y 축과 만나는 점을 P 라 할 때, 원점에서 점 P 까지의 거리를 $g(t)$ 라 하자. 함수 $f(x)$ 와 함수 $g(t)$ 는 다음 조건을 만족시킨다.

(가) $f(1) = 2$
(나) 함수 $g(t)$ 는 실수 전체의 집합에서 미분가능하다.

$f(3)$ 의 값은? (단, a, b 는 상수이다.) [4점]

① 21 ② 24 ③ 27
④ 30 ⑤ 33

219 · 2016학년도 고3 6월 평가원 A형

자연수 n 에 대하여 최고차항의 계수가 1 이고 다음 조건을 만족시키는 삼차함수 $f(x)$ 의 극댓값을 a_n 이라 하자.

(가) $f(n) = 0$
(나) 모든 실수 x 에 대하여 $(x+n)f(x) \geq 0$ 이다.

a_n 이 자연수가 되도록 하는 n 의 최솟값은? [4점]

① 1 ② 2 ③ 3
④ 4 ⑤ 5

218 · 2014학년도 고3 6월 평가원 A형

함수

$$f(x) = \begin{cases} a(3x - x^3) & (x < 0) \\ x^3 - ax & (x \geq 0) \end{cases}$$

의 극댓값이 5 일 때, $f(2)$ 의 값은?
(단, a 는 상수이다.) [4점]

① 5 ② 7 ③ 9
④ 11 ⑤ 13

220

삼차함수 $f(x)$ 와 함수

$$g(x) = \begin{cases} \dfrac{f(x)}{x} & (x \neq 0) \\ 0 & (x = 0) \end{cases}$$

에 대하여 함수 $|f(x) + g(x)|$ 가 $x = k$ $(k \neq 0$ 인 상수$)$ 에서만 미분가능하지 않을 때, $\dfrac{f(5+k)}{g(k)}$ 의 값을 구하시오.

함수 $f(x)=x^3-x$ 와 상수 $a\,(a>-1)$ 에 대하여
곡선 $y=f(x)$ 위의 두 점 $(-1,\ f(-1)),\ (a,\ f(a))$ 를
지나는 직선을 $y=g(x)$ 라 하자. 함수

$$h(x)=\begin{cases} f(x) & (x<-1) \\ g(x) & (-1\le x\le a) \\ f(x-m)+n & (x>a) \end{cases}$$

가 다음 조건을 만족시킨다.

> (가) 함수 $h(x)$ 는 실수 전체의 집합에서 미분가능하다.
> (나) 함수 $h(x)$ 는 일대일대응이다.

$m+n$ 의 값은? (단, $m,\ n$ 은 상수이다.) [4점]

① 1   ② 3   ③ 5

④ 7   ⑤ 9

함수 $f(x)=2x^3-3(a+1)x^2+6ax$ 에 대하여
방정식 $f(x)=0$ 이 서로 다른 세 실근을 갖도록 하는
자연수 a 의 값을 가장 작은 수부터 차례대로 나열할 때
n 번째 수를 a_n 이라 하자. $a=a_n$ 일 때,
$f(x)$ 의 극댓값을 b_n 이라 하자. $\displaystyle\sum_{n=1}^{10}(b_n-a_n)$ 의 값을
구하시오. [4점]

실수 t 에 대하여 직선 $x=t$ 가 두 함수
$y=x^4-4x^3+10x-30,\ y=2x+2$ 의 그래프와
만나는 점을 각각 A, B 라 할 때, 점 A와 점 B
사이의 거리를 $f(t)$ 라 하자.

$$\lim_{h\to 0+}\frac{f(t+h)-f(t)}{h}\times\lim_{h\to 0-}\frac{f(t+h)-f(t)}{h}\le 0$$

을 만족시키는 모든 실수 t 의 값의 합은? [4점]

① -7 ② -3 ③ 1

④ 5   ⑤ 9

사차함수 $f(x)$ 는 $f'(3)=f(3)$ 이고, 다항함수 $g(x)$ 는
$g'(0)=3$ 이다. 함수

$$h(x)=\begin{cases} f(x) & (x\ge 0) \\ g(x) & (x<0) \end{cases}$$

이 실수 전체의 집합에서 미분가능하고 다음 조건을
만족시킨다.

> (가) $a<0,\ b<0$ 인 임의의 두 실수 $a,\ b$ 에 대하여
> $\dfrac{b}{h(b)-36}=\dfrac{a}{h(a)-36}$ 이다.
> (나) 함수 $|h(x)|$ 는 $x=p,\ x=3,\ x=4$ 에서만
> 극솟값을 갖는다.

$\dfrac{h(8)}{p}$ 의 값을 구하시오.

225

□□□□□

함수

$$f(x) = \begin{cases} x(x-a)^2 & (x \geq 0) \\ (x+a)^2 x(x-a) & (x < 0) \end{cases}$$

에 대하여 집합 A와 B는

$$A = \left\{ t \mid \lim_{x \to t+} \frac{f(x)-f(t)}{x-t} \neq \lim_{x \to t-} \frac{f(x)-f(t)}{x-t} \right\}$$

$$B = \{ t \mid f(x) \text{ 는 } x=t \text{ 에서 극솟값을 갖고 } t \neq 0 \}$$

이다. A와 B가 다음 조건을 만족시킨다.

> $A \cup B = B$ 이고, $B \neq \varnothing$ 이다.

$f(4)$ 의 값은? (단, a 는 상수이다.)

① 100   ② 121   ③ 144

④ 196   ⑤ 256

226

□□□□□

다항함수 $f(x)$ 의 도함수 $f'(x)$ 가 $f'(x) = (x+1)(x-3)$ 이다. 양수 t 에 대하여 닫힌구간 $[1-t,\ 1+t]$ 에서 $f(x)$ 의 최댓값을 M, 최솟값을 m 이라 하자.
집합 $\{x \mid (f(x)-M)(f(x)-m)=0,\ x \text{ 는 실수} \}$의 모든 원소의 합을 $g(t)$ 라 할 때, 방정식 $g(t) = \dfrac{n}{10}t$ $(t > 0)$ 의 실근이 존재하지 않도록 하는 모든 자연수 n 의 값의 합을 구하시오.

227   2014년 고3 7월 교육청 A형

□□□□□

최고차항의 계수가 1 이고 $f(0) < f(2)$ 인 사차함수 $f(x)$ 가 모든 실수 x 에 대하여 $f(2+x) = f(2-x)$ 를 만족시킨다. 방정식 $f(|x|) = 1$ 의 서로 다른 실근의 개수가 3 일 때, 함수 $f(x)$ 의 극댓값은? [4점]

① 11   ② 13   ③ 15

④ 17   ⑤ 19

228   2013학년도 고3 9월 평가원 나형

□□□□□

좌표평면에서 두 함수
$f(x) = 6x^3 - x,\ g(x) = |x-a|$ 의 그래프가 서로 다른 두 점에서 만나도록 하는 모든 실수 a 의 값의 합은? [4점]

① $-\dfrac{11}{18}$ ② $-\dfrac{5}{9}$ ③ $-\dfrac{1}{2}$

④ $-\dfrac{4}{9}$ ⑤ $-\dfrac{7}{18}$

두 실수 a와 k에 대하여 두 함수 $f(x)$와 $g(x)$는

$$f(x)=\begin{cases} 0 & (x \le a) \\ (x-1)^2(2x+1) & (x > a) \end{cases}$$

$$g(x)=\begin{cases} 0 & (x \le k) \\ 12(x-k) & (x > k) \end{cases}$$

이고, 다음 조건을 만족시킨다.

(가) 함수 $f(x)$는 실수 전체의 집합에서 미분가능하다.
(나) 모든 실수 x에 대하여 $f(x) \ge g(x)$이다.

---

k의 최솟값이 $\dfrac{q}{p}$일 때, $a+p+q$의 값을 구하시오.

(단, p와 q는 서로소인 자연수이다.) [4점]

다음 조건을 만족시키는 모든 삼차함수 $f(x)$에 대하여 $\dfrac{f'(0)}{f(0)}$의 최댓값을 M, 최솟값을 m이라 하자. Mm의 값은? [4점]

(가) 함수 $|f(x)|$는 $x=-1$에서만 미분가능하지 않다.
(나) 방정식 $f(x)=0$은 닫힌구간 $[3, 5]$에서 적어도
　　 하나의 실근을 갖는다.

---

① $\dfrac{1}{15}$　　　② $\dfrac{1}{10}$　　　③ $\dfrac{2}{15}$

④ $\dfrac{1}{6}$　　　⑤ $\dfrac{1}{5}$

최고차항의 계수가 1인 삼차함수 $f(x)$와 최고차항의 계수가 2인 이차함수 $g(x)$가 다음 조건을 만족시킨다.

(가) $f(\alpha)=g(\alpha)$이고 $f'(\alpha)=g'(\alpha)=-16$인 실수
　　 α가 존재한다.
(나) $f'(\beta)=g'(\beta)=16$인 실수 β가 존재한다.

$g(\beta+1)-f(\beta+1)$의 값을 구하시오. [4점]

다음 조건을 만족시키는 모든 삼차함수 $f(x)$에 대하여 $f(2)$의 최솟값은? [4점]

(가) $f(x)$의 최고차항의 계수는 1이다.
(나) $f(0)=f'(0)$
(다) $x \ge -1$인 모든 실수 x에 대하여
　　 $f(x) \ge f'(x)$이다.

---

① 28　　　② 33　　　③ 38

④ 43　　　⑤ 48

---

233 2021학년도 고3 9월 평가원 나형 ☐☐☐☐☐

삼차함수 $f(x)$ 가 다음 조건을 만족시킨다.

> (가) $f(1) = f(3) = 0$
> (나) 집합 $\{x \mid x \geq 1$ 이고 $f'(x) = 0\}$ 의 원소의
>   개수는 1 이다.

상수 a 에 대하여 함수 $g(x) = |f(x)f(a-x)|$ 가
실수 전체의 집합에서 미분가능할 때,

$$\dfrac{g(4a)}{f(0) \times f(4a)}$$ 의 값을 구하시오. [4점]

---

234 2021학년도 수능 나형 ☐☐☐☐☐

함수 $f(x)$ 는 최고차항의 계수가 1 인 삼차함수이고,
함수 $g(x)$ 는 일차함수이다. 함수 $h(x)$ 를

$$h(x) = \begin{cases} |f(x) - g(x)| & (x < 1) \\ f(x) + g(x) & (x \geq 1) \end{cases}$$

이라 하자. 함수 $h(x)$ 가 실수 전체의 집합에서
미분가능하고, $h(0) = 0$, $h(2) = 5$ 일 때, $h(4)$ 의 값을
구하시오. [4점]

---

235 2020학년도 고3 9월 평가원 나형 ☐☐☐☐☐

최고차항의 계수가 1 인 사차함수 $f(x)$ 에 대하여 네 개의
수 $f(-1)$, $f(0)$, $f(1)$, $f(2)$ 가 순서대로 등차수열을
이루고, 곡선 $y = f(x)$ 위의 점 $(-1, f(-1))$ 에서의
접선과 점 $(2, f(2))$ 에서의 접선이 점 $(k, 0)$ 에서
만난다. $f(2k) = 20$ 일 때, $f(4k)$ 의 값을 구하시오.
(단, k 는 상수이다.) [4점]

---

236 ☐☐☐☐☐

최고차항의 계수가 1 이고 $|f'(3)| + |f(3)| = 0$ 을
만족시키는 사차함수 $f(x)$ 에 대하여 함수 $g(x)$ 를
$g(x) = |f(x)|$ 라 하자. 함수 $f(x)$, $g(x)$ 에 대하여
집합 A, B 는

$$A = \left\{ a \mid \lim_{x \to a+} \frac{g(x) - g(a)}{x - a} \neq \lim_{x \to a-} \frac{g(x) - g(a)}{x - a} \right\}$$

$$B = \{ f(a) \mid f'(a) = 0 \text{ 이고 } f(a) < 0 \}$$

이다. A 와 B 가 다음 조건을 만족시킬 때,
모든 $f(5)$ 의 값의 합은?

> $A \subset \{2, 4\}$ 이고, $n(B) = 1$ 이다.

① 20   ② 24   ③ 32

④ 36   ⑤ 44

최고차항의 계수가 양수인 삼차함수 $f(x)$ 가 다음 조건을 만족시킨다.

> (가) 방정식 $f(x)-x=0$ 의 서로 다른 실근의 개수는 2 이다.
> (나) 방정식 $f(x)+x=0$ 의 서로 다른 실근의 개수는 2 이다.

$f(0)=0$, $f'(1)=1$ 일 때, $f(3)$ 의 값을 구하시오. [4점]

좌표평면 위의 점 $(0,\ t)$ 를 지나고 곡선

$y = x^3 - ax^2 + 3x - 5$ (a 는 자연수)에 접하는 서로 다른 모든 직선의 개수를 $f(t)$ 라 할 때, 함수 $f(t)$ 에 대하여 합성함수 $g(t) = (f \circ f)(t)$ 라 하자. 다음 조건을 만족시키는 a 의 최솟값을 m 이라 할 때, $m + g(m)$ 의 값은? [4점]

> (가) 모든 실수 t 에 대하여 $g(t) > 1$ 이다.
> (나) 함수 $g(t)$ 의 치역의 원소의 개수는 1 이다.

① 4　　　　② 6　　　　③ 8

④ 10　　　　⑤ 12

양수 a 에 대하여 함수 $f(x)$ 는

$$f(x) = \begin{cases} x(x+a)^2 & (x < 0) \\ x(x-a)^2 & (x \ge 0) \end{cases}$$

이다. 실수 t 에 대하여 곡선 $y = f(x)$ 와 직선 $y = 4x + t$ 의 서로 다른 교점의 개수를 $g(t)$ 라 할 때, 함수 $g(t)$ 가 다음 조건을 만족시킨다.

> (가) 함수 $g(t)$ 의 최댓값은 5 이다.
> (나) 함수 $g(t)$ 가 $t = \alpha$ 에서 불연속인 α 의 개수는 2 이다.

$f'(0)$ 의 값을 구하시오. [4점]

이차함수 $f(x)$ 는 $x = -1$ 에서 극대이고, 삼차함수 $g(x)$ 는 이차항의 계수가 0 이다. 함수

$$h(x) = \begin{cases} f(x) & (x \le 0) \\ g(x) & (x > 0) \end{cases}$$

이 실수 전체의 집합에서 미분가능하고 다음 조건을 만족시킬 때, $h'(-3) + h'(4)$ 의 값을 구하시오. [4점]

> (가) 방정식 $h(x) = h(0)$ 의 모든 실근의 합은 1 이다.
> (나) 닫힌구간 $[-2,\ 3]$ 에서 함수 $h(x)$ 의 최댓값과 최솟값의 차는 $3 + 4\sqrt{3}$ 이다.

241 2011학년도 수능 가형 ☐☐☐☐☐

최고차항의 계수가 1이고, $f(0)=3$, $f'(3)<0$인 사차함수 $f(x)$가 있다. 실수 t에 대하여 집합 S를

$$S=\{a \mid 함수 \ |f(x)-t| 가 \ x=a 에서 \ 미분가능하지 \ 않다.\}$$

라 하고, 집합 S의 원소의 개수를 $g(t)$라 하자. 함수 $g(t)$가 $t=3$과 $t=19$에서만 불연속일 때, $f(-2)$의 값을 구하시오. [4점]

242 2017학년도 수능 나형 ☐☐☐☐☐

실수 k에 대하여 함수 $f(x)=x^3-3x^2+6x+k$의 역함수를 $g(x)$라 하자. 방정식 $4f'(x)+12x-18=(f' \circ g)(x)$가 닫힌구간 $[0,\ 1]$에서 실근을 갖기 위한 k의 최솟값을 m, 최댓값을 M이라 할 때, m^2+M^2의 값을 구하시오. [4점]

243 2020학년도 고3 6월 평가원 나형 ☐☐☐☐☐

최고차항의 계수가 1이고 $f(2)=3$인 삼차함수 $f(x)$에 대하여 함수

$$g(x)=\begin{cases} \dfrac{ax-9}{x-1} & (x<1) \\ f(x) & (x \geq 1) \end{cases}$$

이 다음 조건을 만족시킨다.

> 함수 $y=g(x)$의 그래프와 직선 $y=t$가
> 서로 다른 두 점에서만 만나도록 하는 모든 실수 t의
> 값의 집합은 $\{t \mid t=-1 \ 또는 \ t \geq 3\}$이다.

$(g \circ g)(-1)$의 값을 구하시오. (단, a는 상수이다.) [4점]

244 2022학년도 고3 6월 평가원 공통 ☐☐☐☐☐

삼차함수 $f(x)$가 다음 조건을 만족시킨다.

> (가) 방정식 $f(x)=0$의 서로 다른 실근의 개수는 2이다.
> (나) 방정식 $f(x-f(x))=0$의 서로 다른 실근의 개수는 3이다.

$f(1)=4$, $f'(1)=1$, $f'(0)>1$일 때, $f(0)=\dfrac{q}{p}$이다. $p+q$의 값을 구하시오. (단, p와 q는 서로소인 자연수이다.) [4점]

최고차항의 계수가 1인 삼차함수 $f(x)$에 대하여 함수

$$g(x) = f(x-3) \times \lim_{h \to 0+} \frac{|f(x+h)| - |f(x-h)|}{h}$$

가 다음 조건을 만족시킬 때, $f(5)$의 값을 구하시오. [4점]

> (가) 함수 $g(x)$는 실수 전체의 집합에서 연속이다.
> (나) 방정식 $g(x) = 0$은 서로 다른 네 실근
> α_1, α_2, α_3, α_4를 갖고
> $\alpha_1 + \alpha_2 + \alpha_3 + \alpha_4 = 7$이다.

최고차항의 계수가 $\dfrac{1}{2}$인 삼차함수 $f(x)$와 실수 t에 대하여 방정식 $f'(x) = 0$이 닫힌구간 $[t, t+2]$에서 갖는 실근의 개수를 $g(t)$라 할 때, 함수 $g(t)$는 다음 조건을 만족시킨다.

> (가) 모든 실수 a에 대하여 $\displaystyle\lim_{t \to a+} g(t) + \lim_{t \to a-} g(t) \leq 2$
> 이다.
> (나) $g(f(1)) = g(f(4)) = 2$, $g(f(0)) = 1$

$f(5)$의 값을 구하시오. [4점]

최고차항의 계수가 1인 삼차함수 $f(x)$와 최고차항의 계수가 -1인 이차함수 $g(x)$가 다음 조건을 만족시킨다.

> (가) 곡선 $y = f(x)$ 위의 점 $(0, 0)$에서의 접선과
> 곡선 $y = g(x)$ 위의 점 $(2, 0)$에서의 접선은
> 모두 x축이다.
> (나) 점 $(2, 0)$에서 곡선 $y = f(x)$에 그은 접선의
> 개수는 2이다.
> (다) 방정식 $f(x) = g(x)$는 오직 하나의 실근을 가진다.

$x > 0$인 모든 실수 x에 대하여 $g(x) \leq kx - 2 \leq f(x)$를 만족시키는 실수 k의 최댓값과 최솟값을 각각 α, β라 할 때, $\alpha - \beta = a + b\sqrt{2}$이다. $a^2 + b^2$의 값을 구하시오. (단, a, b는 유리수이다.) [4점]

양의 실수 t와 최고차항의 계수가 1인 삼차함수 $f(x)$에 대하여 함수 $g(t) = \dfrac{f(t) - f(0)}{t}$이라 하자.

두 함수 $f(x)$와 $g(t)$가 다음 조건을 만족시킨다.

> (가) 함수 $g(t)$의 최솟값은 0이다.
> (나) x에 대한 방정식 $f'(x) = g(a)$를 만족시키는
> x의 값은 a와 $\dfrac{5}{3}$이다.
> (단, $a > \dfrac{5}{3}$인 상수이다.)

자연수 m에 대하여 집합 A_m을

$$A_m = \{x \mid f'(x) = g(m),\ 0 < x \leq m\}$$

이라 할 때, $n(A_m) = 2$를 만족시키는 모든 자연수 m의 값의 합을 구하시오. [4점]

249 2022학년도 수능예비시행

함수 $f(x)=x^3-3px^2+q$가 다음 조건을 만족시키도록 하는 25 이하의 두 자연수 p, q의 모든 순서쌍 $(p,\ q)$의 개수를 구하시오. [4점]

> (가) 함수 $|f(x)|$가 $x=a$에서 극대 또는 극소가 되도록 하는 모든 실수 a의 개수는 5이다.
> (나) 닫힌구간 $[-1,\ 1]$에서 함수 $|f(x)|$의 최댓값과 닫힌구간 $[-2,\ 2]$에서 함수 $|f(x)|$의 최댓값은 같다.

250

최고차항의 계수가 1이고 $f'(1)=f(1)=0$을 만족시키는 사차함수 $f(x)$에 대하여 집합 S를

$$S=\{\,a\,|\ \text{실수}\ t\ \text{에 대하여 함수}\ |f(x)-t|\ \text{는}$$
$$x=a\ \text{에서 극값을 갖는다.}\}$$

라 하고, 집합 S의 원소의 개수를 $g(t)$라 하자. 함수 $g(t)$에 대하여 집합 A와 B는

$$A=\left\{a\,\Big|\ \lim_{t\to a-}g(t)\neq g(a)\right\}$$

$$B=\left\{a+16\,\Big|\ \lim_{t\to a+}g(t)\neq g(a)\right\}$$

이다. $A=B$일 때, 서로 다른 모든 $f(2)$의 값의 합은?

① 27　　　② 30　　　③ 34

④ 37　　　⑤ 41

251 2023학년도 고3 6월 평가원 공통

두 양수 a, b $(b>3)$과 최고차항의 계수가 1인 이차함수 $f(x)$에 대하여 함수

$$g(x)=\begin{cases}(x+3)f(x) & (x<0)\\[4pt](x+a)f(x-b) & (x\geq 0)\end{cases}$$

이 실수 전체의 집합에서 연속이고 다음 조건을 만족시킬 때, $g(4)$의 값을 구하시오. [4점]

> $\displaystyle\lim_{x\to -3}\dfrac{\sqrt{|g(x)|+\{g(t)\}^2}-|g(t)|}{(x+3)^2}$ 의 값이 <u>존재하지 않는</u> 실수 t의 값은 -3과 6뿐이다.

252 2023학년도 고3 9월 평가원 공통

최고차항의 계수가 1이고 $x=3$에서 극댓값 8을 갖는 삼차함수 $f(x)$가 있다. 실수 t에 대하여 함수 $g(x)$를

$$g(x)=\begin{cases}f(x) & (x\geq t)\\[4pt]-f(x)+2f(t) & (x<t)\end{cases}$$

라 할 때, 방정식 $g(x)=0$의 서로 다른 실근의 개수를 $h(t)$라 하자. 함수 $h(t)$가 $t=a$에서 불연속인 a의 값이 두 개일 때, $f(8)$의 값을 구하시오. [4점]

최고차항의 계수가 1인 삼차함수 $f(x)$와 실수 전체의
집합에서 연속인 함수 $g(x)$가 다음 조건을 만족시킬 때,
$f(4)$의 값을 구하시오. [4점]

(가) 모든 실수 x에 대하여
$$f(x)=f(1)+(x-1)f'(g(x))\ \text{이다.}$$
(나) 함수 $g(x)$의 최솟값은 $\dfrac{5}{2}$이다.
(다) $f(0)=-3$, $f(g(1))=6$

정수 $a\,(a\neq 0)$에 대하여 함수 $f(x)$를
$$f(x)=x^3-2ax^2$$
이라 하자. 다음 조건을 만족시키는 모든 정수 k의 값의
곱이 -12가 되도록 하는 a에 대하여 $f'(10)$의 값을
구하시오. [4점]

함수 $f(x)$에 대하여
$$\left\{\frac{f(x_1)-f(x_2)}{x_1-x_2}\right\}\times\left\{\frac{f(x_2)-f(x_3)}{x_2-x_3}\right\}<0$$
을 만족시키는 세 실수 x_1, x_2, x_3이
열린구간 $\left(k,\ k+\dfrac{3}{2}\right)$에 존재한다.

두 실수 a, b에 대하여 함수
$$f(x)=\begin{cases}-\dfrac{1}{3}x^3-ax^2-bx & (x<0)\\[2mm]\dfrac{1}{3}x^3+ax^2-bx & (x\geq 0)\end{cases}$$
이 구간 $(-\infty,\ -1]$에서 감소하고 구간 $[-1,\ \infty)$에서
증가할 때, $a+b$의 최댓값을 M, 최솟값을 m이라 하자.
$M-m$의 값은? [4점]

① $\dfrac{3}{2}+3\sqrt{2}$ ② $3+3\sqrt{2}$ ③ $\dfrac{9}{2}+3\sqrt{2}$

④ $6+3\sqrt{2}$ ⑤ $\dfrac{15}{2}+3\sqrt{2}$

두 자연수 a, b에 대하여 함수 $f(x)$는
$$f(x)=\begin{cases}2x^3-6x+1 & (x\leq 2)\\ a(x-2)(x-b)+9 & (x>2)\end{cases}$$
이다. 실수 t에 대하여 함수 $y=f(x)$의 그래프와 직선
$y=t$가 만나는 점의 개수를 $g(t)$라 하자.
$$g(k)+\lim_{t\to k-}g(t)+\lim_{t\to k+}g(t)=9$$
를 만족시키는 실수 k의 개수가 1이 되도록 하는
두 자연수 a, b의 순서쌍 $(a,\ b)$에 대하여 $a+b$의
최댓값은? [4점]

① 51 ② 52 ③ 53

④ 54 ⑤ 55

257 2024학년도 수능 공통

최고차항의 계수가 1인 삼차함수 $f(x)$가 다음 조건을 만족시킨다.

> 함수 $f(x)$에 대하여
> $$f(k-1)f(k+1)<0$$
> 을 만족시키는 정수 k는 존재하지 않는다.

$f'\left(-\dfrac{1}{4}\right)=-\dfrac{1}{4}$, $f'\left(\dfrac{1}{4}\right)<0$일 때, $f(8)$의 값을 구하시오.

[4점]

258

실수 t에 대하여 방정식 $|x^3-tx-6|=2x^2-2$의 서로 다른 실근의 개수를 $f(t)$라 하자.
$$\lim_{t\to a+}f(t)+\lim_{t\to a-}f(t)<\{f(a)\}^2$$
를 만족시키는 실수 a의 최솟값을 m이라 할 때,
$$\sum_{k=1}^{12}f(k-m-3)$$
의 값을 구하시오.

259

양의 상수 a와 최고차항의 계수가 1인 삼차함수 $f(x)$에 대하여 $g(x)$를
$$g(x)=|x-3a|\,f(x)$$
라 하자. 두 함수 $f(x)$, $g(x)$가 다음 조건을 만족시킨다.

> (가) $\displaystyle\lim_{x\to a}\dfrac{f(x)}{x-a}=0$
> (나) 함수 $g(x)$는 실수 전체의 집합에서 미분가능하다.

방정식 $g(x)=t$의 서로 다른 실근의 합을 $h(t)$라 할 때, $\displaystyle\sum_{n=1}^{5}h(2n-6)=18a$이다. $g(4a)$의 값을 구하시오.

260

함수 $f(x)=-x^2(|x|-4)^2+8$에 대하여 함수 $g(x)$는
$$g(x)=-f(x)+2|f(x)|$$
이다. 함수 $g(x)$와 자연수 k에 대하여 실수 전체의 부분집합인 S_k는
$$S_k=\{\,|x|\mid g(x)=k-1\,\}$$
이다. $\displaystyle\sum_{k=1}^{30}n(S_k)$의 값을 구하시오.

261

$f'(1) = f'(3) = 0$ 을 만족시키는 사차함수 $f(x)$ 에 대하여 집합 S 를

$$S = \{ x \mid f(1) \leq t \leq f(3) \text{ 인 실수 } t \text{ 에 대하여 } f(x) = t \}$$

라 할 때, S 의 원소의 개수를 $g(t)$ 라 하자.

$$\lim_{t \to f(1)+} \{ g(t) - 1 \} = | g(f(3)) - g(f(1)) |$$

일 때, $\dfrac{f'(-3)}{f'(0)}$ 의 최댓값은? (단, $f(1) < f(3)$ 이다.)

① 16 ② 24 ③ 32

④ 40 ⑤ 48

262

최고차항의 계수가 1 이고 $f'(1) = 2$ 인 사차함수 $f(x)$ 와 실수 t 에 대하여 집합 S 는

$$S = \{ x \mid f(x) - 2x = t \}$$

이다. 집합 S 의 원소의 개수를 $g(t)$, 집합 S 의 모든 원소의 합을 $h(t)$ 라 할 때, 실수 k 에 대하여 두 함수 $g(t)$, $h(t)$ 는 다음 조건을 만족시킨다.

> (가) 함수 $g(t)$ 는 $t = k$ 와 $t = k+1$ 에서만 불연속이다.
> (나) $h(k+1) < g(k+1)$

$f'(4)$ 의 값을 구하시오.

263

양의 실수 t 와 삼차함수 $f(x) = \dfrac{x^3}{3} - x$ 에 대하여 집합

$$S_t = \{ x \mid f(f(x-t)-t) = x \text{ 이고 } x \text{ 는 실수이다.} \}$$

의 원소 중 최댓값을 $g(t)$ 라 하자. $n(S_m) = 2$ 인 양의 실수 m 에 대하여 $\dfrac{m}{g(m)}$ 의 값은?

① $\dfrac{1}{5}$ ② $\dfrac{3}{10}$ ③ $\dfrac{2}{5}$

④ $\dfrac{1}{2}$ ⑤ $\dfrac{3}{5}$

264

□□□□□

두 상수 $a\,(a>0)$, b 에 대하여 함수 $f(x)$ 는

$$f(x)=\begin{cases}\dfrac{-2ax+b}{x-1} & (x>1)\\[2mm] a(x^3-3x) & (x\le 1)\end{cases}$$

이다. 실수 전체의 부분집합인 S 를

$$S=\{\,x\mid f(f(x))=f(x)\,\}$$

라 할 때, $-1\in S$ 이고 $n(S)=7$ 이다.
$27f(f(a+b))$ 의 값을 구하시오.

265

□□□□□

정수 k 와 상수 a 에 대하여 함수

$$f(x)=\begin{cases}x^3-12x+a & (x\ge 0)\\[2mm] \left|\dfrac{kx-36}{x}\right| & (x<0)\end{cases}$$

는 다음 조건을 만족시킨다.

> (가) 함수 $f(x)$ 의 최솟값은 0 이다.
> (나) 방정식 $f(f(x))=0$ 의 서로 다른 실근의 개수는
> 4 이다.
> (다) 방정식 $f(-f(x))=0$ 의 서로 다른 실근의 개수는
> 3 이다.

모든 k 의 값의 합을 b 라 할 때, a^2+b^2 의 값을 구하시오.

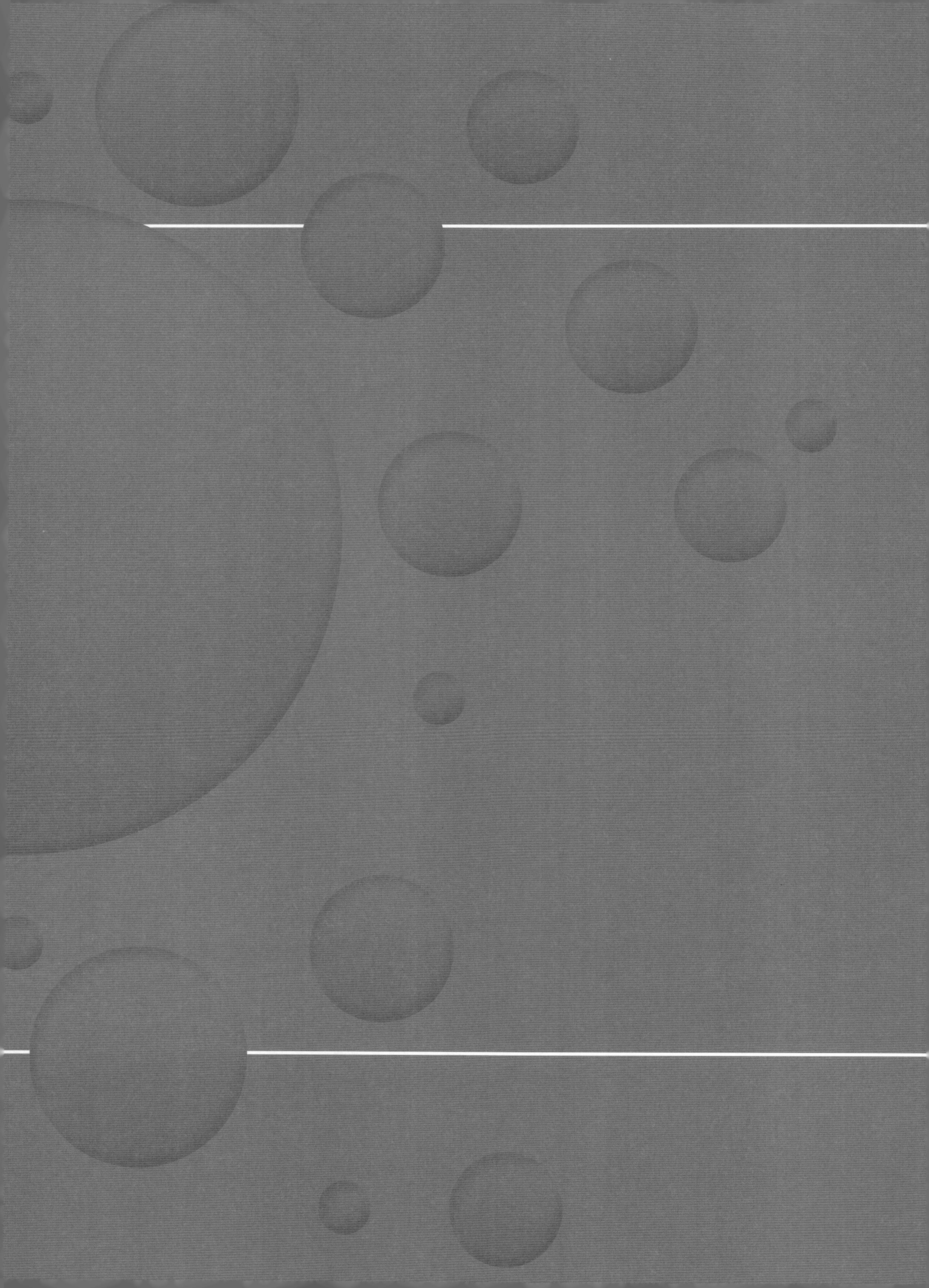

1. 부정적분과 정적분

01 부정적분

성취 기준 – 부정적분의 뜻을 안다.
– 함수의 실수배, 합, 차의 부정적분을 알고, 다항함수의 부정적분을 구할 수 있다.

개념 파악하기 (1) 부정적분이란 무엇일까?

부정적분

함수 $F(x)$ 의 도함수가 $f(x)$ 일 때, 즉 $F'(x) = f(x)$ 일 때,

함수 $F(x)$ 를 $f(x)$ 의 **부정적분**이라 하고, 기호로 $\int f(x)\,dx$ 와 같이 나타낸다.

예를 들어 x^3, x^3+1, x^3+2 는 모두 함수 $3x^2$ 의 부정적분이다.

즉, 함수 $3x^2$ 의 부정적분은 무수히 많고 상수항만 다름을 알 수 있다.

> **Tip** 기호 $\int$ 은 integral이라고 읽는다.

두 함수 $F(x)$, $G(x)$ 가 모두 $f(x)$ 의 부정적분이라고 하면 $F'(x) = f(x)$, $G'(x) = f(x)$ 이므로
$\{G(x) - F(x)\}' = G'(x) - F'(x) = f(x) - f(x) = 0$ 이다.

그런데 도함수가 0 인 함수는 상수함수이므로 이 상수를 C 라고 하면
$G(x) - F(x) = C \Rightarrow G(x) = F(x) + C$ 이다.

따라서 $f(x)$ 의 한 부정적분을 $F(x)$ 라고 하면 $f(x)$ 의 임의의 부정적분은

$F(x) + C$ (C는 상수)와 같이 나타낼 수 있다. 이때 상수 C 를 **적분상수**라고 하고

함수 $f(x)$ 의 부정적분을 구하는 것을 $f(x)$ 를 적분한다고 한다.

부정적분의 정의

$F'(x) = f(x)$ 일 때, $\int f(x)\,dx = F(x) + C$ (단, C는 적분상수)

> **Tip** $f(x)$ 의 부정적분은 $F(x) + C$이고, $F(x) + C$ 의 도함수는 $f(x)$ 이다.

부정적분과 미분의 관계

① $\dfrac{d}{dx} \int f(x)\,dx = f(x)$

$\int f(x)\,dx = F(x) + C$ 이므로 $\dfrac{d}{dx} \int f(x)\,dx = \dfrac{d}{dx}\{F(x) + C\} = f(x)$

② $\int \left\{ \dfrac{d}{dx} f(x) \right\} dx = f(x) + C$ (단, C는 적분상수)

$\dfrac{d}{dx} f(x) = f'(x)$ 이므로 $\int \left\{ \dfrac{d}{dx} f(x) \right\} dx = \int f'(x)\,dx = f(x) + C$

> **Tip** ①, ②의 차이를 잘 구분해야 한다. 외우려고 하지 말고 직접 계산해보고 자명함을 느껴보자.

예제 1

다음 부정적분을 구하시오.

(1) $\displaystyle\int 2\,dx$ 　　　　　　　　(2) $\displaystyle\int 3x^2\,dx$

풀이

(1) $(2x)' = 2$ 이므로 $\displaystyle\int 2\,dx = 2x + C$

(2) $(x^3)' = 3x^2$ 이므로 $\displaystyle\int 3x^2\,dx = x^3 + C$

개념 확인문제　1　다음 부정적분을 구하시오.

(1) $\displaystyle\int 6\,dx$ 　　　　　　　　(2) $\displaystyle\int 4x^3\,dx$

개념 파악하기　**(2) 함수 $y = x^n$ (n은 양의 정수)과 $y = k$ (k는 상수)의 부정적분은 어떻게 구할까?**

함수 $y = x^n$ (n은 양의 정수)의 부정적분

함수 $x,\ x^2,\ x^3,\ \cdots,\ x^n$의 부정적분은 다음과 같이 미분의 역과정임을 이용하여 구할 수 있다.

$$\left(\frac{1}{2}x^2\right)' = x \text{ 이므로} \qquad \int x\,dx = \frac{1}{2}x^2 + C$$

$$\left(\frac{1}{3}x^3\right)' = x^2 \text{ 이므로} \qquad \int x^2\,dx = \frac{1}{3}x^3 + C$$

$$\left(\frac{1}{4}x^4\right)' = x^3 \text{ 이므로} \qquad \int x^3\,dx = \frac{1}{4}x^4 + C$$

$$\vdots \qquad\qquad\qquad \vdots$$

n이 양의 정수일 때, 다음이 성립한다.

$$\left(\frac{1}{n+1}x^{n+1}\right)' = x^n \text{ 이므로} \quad \int x^n\,dx = \frac{1}{n+1}x^{n+1} + C \ (\text{단, } C\text{는 적분상수})$$

함수 $y = k$ (k는 상수)의 부정적분

k가 상수일 때, 다음이 성립한다.

$$(kx)' = k \text{ 이므로} \int k\,dx = kx + C \ (\text{단, } C\text{는 적분상수})$$

다음 부정적분을 구하시오.

(1) $\displaystyle\int 5\,dx$

(2) $\displaystyle\int x^2\,dx$

풀이

(1) $\displaystyle\int 5\,dx = 5x + C$

(2) $\displaystyle\int x^2\,dx = \frac{1}{3}x^3 + C$

개념 확인문제 2 다음 부정적분을 구하시오.

(1) $\displaystyle\int 4\,dx$

(2) $\displaystyle\int x^4\,dx$

개념 파악하기 (3) 함수의 실수배, 합, 차의 부정적분은 어떻게 구할까?

함수의 실수배, 합, 차의 부정적분

두 함수 $f(x)$, $g(x)$의 한 부정적분을 각각 $F(x)$, $G(x)$라고 할 때,

즉, $\int f(x)\,dx = F(x) + C_1$, $\int g(x)\,dx = G(x) + C_2$ (C_1, C_2는 적분상수)일 때,

함수의 실수배, 합, 차의 부정적분을 구해 보자.

① $\int kf(x)\,dx = k\int f(x)\,dx$ (단, k는 0이 아닌 상수)

$\{kF(x)\}' = kF'(x) = kf(x)$ 이므로

$\int kf(x)\,dx = kF(x) + C_3$ (C_3은 적분상수)

$k\int f(x)\,dx = k\{F(x) + C_1\} = kF(x) + kC_1$

그런데 C_1, C_3는 임의의 상수이므로 $\int kf(x)\,dx = k\int f(x)\,dx$ 이다.

② $\int \{f(x) + g(x)\}dx = \int f(x)\,dx + \int g(x)\,dx$

$\{F(x) + G(x)\}' = F'(x) + G'(x) = f(x) + g(x)$ 이므로

$\int \{f(x) + g(x)\}\,dx = F(x) + G(x) + C_4$ (C_4는 적분상수)

$\int f(x)\,dx + \int g(x)\,dx = F(x) + C_1 + G(x) + C_2$

그런데 C_1, C_2, C_4는 임의의 상수이므로 $\int \{f(x) + g(x)\}dx = \int f(x)\,dx + \int g(x)\,dx$ 이다.

③ $\int \{f(x) - g(x)\}dx = \int f(x)\,dx - \int g(x)\,dx$

$\{F(x) - G(x)\}' = F'(x) - G'(x) = f(x) - g(x)$ 이므로

$\int \{f(x) - g(x)\}\,dx = F(x) - G(x) + C_5$ (C_5는 적분상수)

$\int f(x)\,dx - \int g(x)\,dx = F(x) + C_1 - G(x) - C_2$

그런데 C_1, C_2, C_5는 임의의 상수이므로 $\int \{f(x) - g(x)\}dx = \int f(x)\,dx - \int g(x)\,dx$ 이다.

Tip $\sum$의 성질과 비슷하기 때문에 기억하기 쉽다.

부정적분 $\int (x^3 - 3x^2 + 2x + 4)\,dx$ 를 구하시오.

풀이

$$\int (x^3 - 3x^2 + 2x + 4)\,dx = \int x^3\,dx - 3\int x^2\,dx + 2\int x\,dx + \int 4\,dx$$

$$= \left(\frac{1}{4}x^4 + C_1\right) - 3\left(\frac{1}{3}x^3 + C_2\right) + 2\left(\frac{1}{2}x^2 + C_3\right) + (4x + C_4)$$

$$= \frac{1}{4}x^4 - x^3 + x^2 + 4x + (C_1 - 3C_2 + 2C_3 + C_4)$$

C_1, C_2, C_3, C_4 는 모두 임의의 상수이므로 $C = C_1 - 3C_2 + 2C_3 + C_4$ 이라고 하면

$$\int (x^3 - 3x^2 + 2x + 4)\,dx = \frac{1}{4}x^4 - x^3 + x^2 + 4x + C$$

Tip 앞에서 배운 성질을 보여주기 위해서 위와 같이 푼 것이지 실전에서는

차례대로 x^3, $-3x^2$, $2x$, 4 의 부정적분을 구해서 더하고 나중에 적분상수 C 만 붙여주면 된다.

즉, 바로 $\int (x^3 - 3x^2 + 2x + 4)\,dx = \frac{1}{4}x^4 - x^3 + x^2 + 4x + C$ 라고 쓰는 편을 추천한다.

개념 확인문제 3 다음 부정적분을 구하시오.

(1) $\int (5x^4 + 12x^3 - 4x)\,dx$

(2) $\int (x-1)(x^2+2)\,dx$

개념 확인문제 4 $f'(x) = 4x^3 - 6x^2 + 2$ 이고 $f(0) = 1$ 을 만족시키는 함수 $f(x)$ 를 구하시오.

  (4) 함수 $y = (ax+b)^n$ (n은 양의 정수)의 부정적분은 어떻게 구할까? (심화특강)

함수 $y = (ax+b)^n$ (n은 양의 정수)의 부정적분

합성함수의 미분법 $\{f(g(x))\}' = g'(x)f'(g(x))$ 을 이용하면

$f(x) = x^{n+1},\ f'(x) = (n+1)x^n,\ g(x) = ax+b,\ g'(x) = a$

$\left\{ \dfrac{1}{a(n+1)}(ax+b)^{n+1} \right\}' = (ax+b)^n$ 이므로 $\displaystyle\int (ax+b)^n\, dx = \dfrac{1}{a(n+1)}(ax+b)^{n+1} + C$ 이다.

Tip 1 미적분을 응시하지 않은 학생은 굳이 억지로 학습할 필요는 없지만 미적분을 응시하는 학생이라면 반드시 알아두길 권한다.
미적분을 응시하지 않은 학생도 계산의 편리성을 위해 알아두길 권한다.

Tip 2 반드시 1차의 n승 꼴이어야 한다. 즉, $(ax^2+b)^n$ 와 같이 2차의 n승 꼴은 성립하지 않는다.
미적분을 응시하지 않은 학생의 경우 (또는 미적분을 아직 배우지 않은 학생의 경우)
"반드시 1차의 n승 꼴이어야 하는구나"로 정리하고 아래 내용은 생략해도 된다.

$$\left\{ \dfrac{1}{(2ax)(n+1)}(ax^2+b)^{n+1} \right\}' \neq (ax^2+b)^n$$

$\dfrac{1}{(2ax)(n+1)}(ax^2+b)^{n+1}$ 은 분모에 x 가 들어가 있으므로 몫의 미분법을 적용시켜야 하는데

$\dfrac{1}{(2ax)(n+1)}(ax^2+b)^{n+1}$ 를 몫의 미분법으로 미분해보면

$$\left\{ \dfrac{1}{(2ax)(n+1)}(ax^2+b)^{n+1} \right\}' \neq (ax^2+b)^n \text{ 임이 자명하다.}$$

예제 4

다음 부정적분을 구하시오.

(1) $\displaystyle\int (2x+1)^2\, dx$ 　　　　　　　　　　(2) $\displaystyle\int (x+2)^3\, dx$

풀이

(1) $\displaystyle\int (2x+1)^2\, dx = \dfrac{1}{2\times 3}(2x+1)^3 + C = \dfrac{1}{6}(2x+1)^3 + C$

Tip 1 계산이 맞는지 확인하려면 $\dfrac{1}{6}(2x+1)^3 + C$ 을 미분해서 $(2x+1)^2$ 이 나오는지 확인해보면 된다.

Tip 2 $\displaystyle\int (2x+1)^2\, dx = \int (4x^2+4x+1)\, dx$ 로 보고 적분해도 된다. 시간이 조금 더 걸릴 뿐이지 우직하게 잘만 계산하면 문제없다.

(2) $\displaystyle\int (x+2)^3\, dx = \dfrac{1}{4}(x+2)^4 + C$

Tip $(ax+b)^n$ 의 부정적분 공식은 n 의 차수가 커지면 커질수록 빛을 발한다.

개념 확인문제 5 부정적분 $\displaystyle\int (2x-1)^3\, dx$ 를 구하시오.

성취 기준 – 정적분의 뜻을 안다.
– 다항함수의 정적분을 구할 수 있다.

개념 파악하기 (5) 정적분이란 무엇일까?

정적분

함수 $f(x) = 3x^2$ 의 한 부정적분을 $F(x)$ 라고 하면

$F(x) = \displaystyle\int 3x^2 dx = x^3 + C$ (C는 적분상수)이므로 $F(3) - F(1) = (27 + C) - (1 + C) = 26$ 이다.

따라서 $F(3) - F(1)$ 의 값은 적분상수 C에 관계없이 일정함을 알 수 있다.

닫힌 구간 $[a, b]$ 에서 연속인 함수 $f(x)$ 의 두 부정적분을 각각 $F(x),\ G(x)$ 라고 하면

$F(x) = G(x) + C$ (C는 적분상수)이므로 $F(b) - F(a) = \{G(b) + C\} - \{G(a) + C\} = G(b) - G(a)$ 이다.

따라서 함수 $f(x)$ 의 어떤 부정적분 $F(x)$ 에서도 $F(b) - F(a)$ 의 값은 하나로 결정된다.

이 값을 함수 $f(x)$ 의 a 에서 b까지의 **정적분**이라 하고, 기호로 $\displaystyle\int_a^b f(x)\,dx$ 와 같이 나타낸다.

이때 정적분의 값 $F(b) - F(a)$ 를 기호로 $\left[F(x) \right]_a^b$ 와 같이 나타낸다.

정적분의 정의

닫힌구간 $[a, b]$ 에서 연속인 함수 $f(x)$ 의 한 부정적분을 $F(x)$ 라고 하면 $\displaystyle\int_a^b f(x)\,dx = \left[F(x) \right]_a^b = F(b) - F(a)$

Tip 1 $[F(x) + C]_a^b = \{F(b) + C\} - \{F(a) + C\} = F(b) - F(a) = [F(x)]_a^b$ 이므로
정적분의 값을 구할 때 적분상수를 고려하지 않아도 된다.

Tip 2   정적분 $\displaystyle\int_a^b f(x)\,dx$ 에서 변수 x 대신 다른 문자를 사용하여 나타내어도 값은 변하지 않는다.

즉, $\displaystyle\int_a^b f(x)\,dx = \int_a^b f(t)\,dt = \int_a^b f(s)\,ds$

Tip 3 $a = b$ 이면 $\displaystyle\int_a^a f(x)\,dx = F(a) - F(a) = 0$ 이다.

Tip 4 $\displaystyle\int_a^b f(x)\,dx = F(b) - F(a) = -\{F(a) - F(b)\} = -\int_b^a f(x)\,dx$

ex $\displaystyle\int_1^2 2x\,dx = -\int_2^1 2x\,dx$

따라서 정적분은 $a,\ b$ 의 대소에 관계없이 $\displaystyle\int_a^b f(x)\,dx = F(b) - F(a)$ 와 같이 정의할 수 있다.

정적분과 미분의 관계

함수 $f(t)$ 가 실수 a 를 포함하는 구간에서 연속이면 이 구간에 속하는 임의의 x 에 대하여

함수 $f(t)$ 의 a 에서 x 까지의 정적분 $\displaystyle\int_a^x f(t)dt$ 를 정의할 수 있다.

이때 함수 $f(t)$ 의 한 부정적분을 $F(t)$ 라고 하면

$\displaystyle\int_a^x f(t)dt = F(x) - F(a)$ 이고, x 의 값에 따라 그 값이 하나로 정해진다.

따라서 정적분 $\displaystyle\int_a^x f(t)dt$ 는 x 의 함수라고 할 수 있다.

> **Tip**   정적분 $\displaystyle\int_a^x f(t)dt$ 는 적분변수 t 의 함수가 아니라 x 의 함수이다.

$\displaystyle\int_a^x f(t)dt = F(x) - F(a)$ 의 양변을 x 에 대하여 미분하면

$$\frac{d}{dx}\int_a^x f(t)\,dt = \frac{d}{dx}\{F(x) - F(a)\} = F'(x) = f(x) \text{ 이다.}$$

정적분과 미분의 관계 요약

함수 $f(t)$ 가 실수 a 를 포함하는 구간에서 연속이면
이 구간에 속하는 임의의 x 에 대하여

$$\frac{d}{dx}\int_a^x f(t)\,dt = f(x)$$

> **Tip 1** $\displaystyle\int_a^x f(t)dt$ 를 $F(x) - F(a)$ 꼴로 바꾼 후 미분하는 것을 추천한다.
>
> ex1 $\displaystyle\frac{d}{dx}\int_x^{x+a} f(t)\,dt = \frac{d}{dx}\{F(x+a) - F(x)\} = f(x+a) - f(x)$
>
> ex2 $\displaystyle\lim_{x\to a}\frac{1}{x-a}\int_a^x f(t)\,dt = \lim_{x\to a}\frac{F(x)-F(a)}{x-a} = F'(a) = f(a)$ (미분계수의 정의)

> **Tip 2**   함수 $f(t)$ 가 실수 전체의 집합에서 연속이면 정적분 $\displaystyle\int_a^x f(t)dt$ 는 실수 전체의 집합에서
>
> 정의된 미분가능한 함수이다.
>
> ex 함수 $f(t) = |t-1|$ 는 실수 전체의 집합에서 연속이므로 $\displaystyle\int_a^x |t-1|\,dt$ 는 실수 전체의
>
> 집합에서 미분가능한 함수이다.

> **Tip 3** $\displaystyle\int_a^x f(t)dt$ 는 함수 $f(t)$ 의 a 에서 x 까지의 정적분이다. 또한 $f(t)$ 의 한 부정적분을 $F(t)$ 라고
>
> 하면 $\displaystyle\int_a^x f(t)dt = F(x) - F(a)$ 이므로 $\displaystyle\int_a^x f(t)dt$ 는 $f(x)$ 의 한 부정적분이기도 하다.

다음 정적분을 구하시오.

(1) $\displaystyle\int_{1}^{3} 3x^2\,dx$

(2) $\displaystyle\int_{1}^{1} (x^3+1)\,dx$

풀이

(1) $\displaystyle\int_{1}^{3} 3x^2\,dx = \Big[\,x^3\,\Big]_{1}^{3} = 27 - 1 = 26$

(2) $\displaystyle\int_{1}^{1} (x^3+1)\,dx = 0$

개념 확인문제 6 다음 정적분을 구하시오.

(1) $\displaystyle\int_{2}^{4} \frac{1}{4}x^3\,dx$

(2) $\displaystyle\int_{2}^{2} (x^2-x+5)\,dx$

(3) $\displaystyle\int_{2}^{-1} 6x^2\,dx$

(4) $\displaystyle\int_{0}^{-2} 5x^4\,dx$

예제 6

다음을 구하시오.

(1) $\dfrac{d}{dx}\displaystyle\int_0^x (3t^2-1)\,dt$

(2) $\dfrac{d}{dx}\displaystyle\int_1^x f(t^2)\,dt$

풀이

(1) $f(t)=3t^2-1$ 라 하자. 함수 $f(t)$ 의 부정적분을 $F(t)$ 라 하면

$\dfrac{d}{dx}\displaystyle\int_0^x f(t)\,dt = \dfrac{d}{dx}(F(x)-F(0))=f(x)$ 이므로 $\dfrac{d}{dx}\displaystyle\int_0^x (3t^2-1)\,dt = 3x^2-1$ 이다.

(2) $g(t)=f(t^2)$ 라 치환해보자. 함수 $g(t)$ 의 부정적분은 $G(t)$ 라 하면

$\dfrac{d}{dx}\displaystyle\int_1^x g(t)\,dt = \dfrac{d}{dx}(G(x)-G(1))=g(x)$ 이므로 $\dfrac{d}{dx}\displaystyle\int_1^x f(t^2)\,dt = f(x^2)$ 이다.

Tip 익숙해질 때까지는 치환을 활용하면 된다. $\dfrac{d}{dx}\displaystyle\int_a^x \triangle\,dt$ (a 는 상수)에서 만약 $\triangle$ 가 t 로만 이루어져 있으면 $\triangle\,(t)$ 에 x 를 집어넣어서 바로 구할 수 있다. 절대 쫄지 말자!

ex $\dfrac{d}{dx}\displaystyle\int_1^x f(t^3+1)\,dt = f(x^3+1)$

개념 확인문제 7 다음을 구하시오.

(1) $\dfrac{d}{dx}\displaystyle\int_0^x (2t^3-3t+2)\,dt$

(2) $\dfrac{d}{dx}\displaystyle\int_1^x (t-2)^3\,dt$

예제 7

임의의 실수 x 에 대하여 $\displaystyle\int_1^x f(t)\,dt = x^3-2x^2+a$ 를 만족시키는 연속함수 $f(x)$ 와 상수 a 의 값을 구하시오.

풀이

$\displaystyle\int_1^x f(t)\,dt = x^3-2x^2+a$ 의 양변을 x 에 대하여 미분하면 $f(x)=3x^2-4x$ 이고

$\displaystyle\int_1^x f(t)\,dt = x^3-2x^2+a$ 의 양변에 $x=1$ 을 대입하면 $0=1-2+a \Rightarrow a=1$

개념 확인문제 8 임의의 실수 x 에 대하여 $\displaystyle\int_{-1}^x f(t)\,dt = 2x^3+3x+a$ 를 만족시키는 연속함수 $f(x)$ 와 상수 a 의 값을 구하시오.

함수의 실수배, 합, 차의 정적분

닫힌구간 $[a,\ b]$에서 연속인 두 함수 $f(x),\ g(x)$의 한 부정적분을 각각 $F(x),\ G(x)$라 하고, 적분상수를 C라고 할 때,

① $\displaystyle\int_a^b kf(x)\,dx = k\int_a^b f(x)\,dx$ (단, k는 상수)

$$\int_a^b kf(x)\,dx = \left[\,kF(x)\,\right]_a^b = kF(b) - kF(a) = k\{F(b) - F(a)\} = k\int_a^b f(x)\,dx$$

② $\displaystyle\int_a^b \{f(x) + g(x)\}\,dx = \int_a^b f(x)\,dx + \int_a^b g(x)\,dx$

$$\int_a^b \{f(x) + g(x)\}\,dx = \left[\,F(x) + G(x)\,\right]_a^b = \{F(b) + G(b)\} - \{F(a) + G(a)\}$$
$$= \{F(b) - F(a)\} + \{G(b) - G(a)\}$$
$$= \int_a^b f(x)\,dx + \int_a^b g(x)\,dx$$

③ $\displaystyle\int_a^b \{f(x) - g(x)\}\,dx = \int_a^b f(x)\,dx - \int_a^b g(x)\,dx$

$$\int_a^b \{f(x) - g(x)\}\,dx = \left[\,F(x) - G(x)\,\right]_a^b = \{F(b) - G(b)\} - \{F(a) - G(a)\}$$
$$= \{F(b) - F(a)\} - \{G(b) - G(a)\}$$
$$= \int_a^b f(x)\,dx - \int_a^b g(x)\,dx$$

다음 정적분을 구하시오.

(1) $\displaystyle\int_1^2 (3x^2 - 2x + 4)dx$

(2) $\displaystyle\int_{-1}^2 (3x^2 + 2x)dx + \int_{-1}^2 (-2x^2 - 2x)dx$

풀이

(1) $\displaystyle\int_1^2 (3x^2 - 2x + 4)dx = 3\int_1^2 x^2 dx - 2\int_1^2 x dx + \int_1^2 4 dx = 3\left[\frac{1}{3}x^3\right]_1^2 - 2\left[\frac{1}{2}x^2\right]_1^2 + \left[4x\right]_1^2$

$\displaystyle = 3\left(\frac{8}{3} - \frac{1}{3}\right) - 2\left(\frac{4}{2} - \frac{1}{2}\right) + (8 - 4) = 8$

[예제3]의 Tip에서 설명했던 것처럼 실전에서는 다음과 같이 풀도록 하자.

$\displaystyle\int_1^2 (3x^2 - 2x + 4)dx = \left[x^3 - x^2 + 4x\right]_1^2 = (8 - 4 + 8) - (1 - 1 + 4) = 8$

(2) $\displaystyle\int_{-1}^2 (3x^2 + 2x)dx + \int_{-1}^2 (-2x^2 - 2x)dx = \int_{-1}^2 x^2 dx = \left[\frac{1}{3}x^3\right]_{-1}^2 = \frac{8}{3} - \left(\frac{-1}{3}\right) = 3$

 다음 정적분을 구하시오.

(1) $\displaystyle\int_0^2 (-6x^2 + 2x + 3)dx$

(2) $\displaystyle\int_1^2 (3x+1)^2 dx - \int_1^2 (3x-1)^2 dx$

$\dfrac{d}{dx}\displaystyle\int_0^x x\,t^2\,dt$ 을 구하시오.

__풀이__

$$\int_a^x f(t)\,dt = \int_0^x x\,t^2\,dt$$

t 에 대해서 적분하는 것이므로 $f(t)$ 안에 있는 x 는 상수이므로 $\displaystyle\int$ 앞으로 나올 수 있다.

$$\frac{d}{dx}\int_0^x x\,t^2\,dt = \frac{d}{dx}\left(x\int_0^x t^2\,dt\right) = \frac{d}{dx}\left(x\times\frac{x^3}{3}\right) = \frac{d}{dx}\left(\frac{x^4}{3}\right) = \frac{4}{3}x^3$$

__Tip__ 정적분으로 정의된 함수 $\displaystyle\int_a^x f(t)\,dt$ 를 x 에 대하여 미분할 때는 $f(t)$ 안의 식에 문자 x 가 포함되어 있는지 주의해야 한다. 만약 문자 x 가 포함된 경우에는 x 를 $\displaystyle\int$ 앞에 위치시키고 곱의 미분법을 이용하여 미분한다. (꼭 기억하자!)

$x = f(x),\ \displaystyle\int_0^x t^2\,dt = g(x)$ 라 하면 $\dfrac{d}{dx}\left(x\displaystyle\int_0^x t^2\,dt\right) = \dfrac{d}{dx}\{f(x)g(x)\}$ 와 같다.

즉, 곱의 미분법으로 처리해주면 $\dfrac{d}{dx}\{f(x)g(x)\} = f'(x)g(x) + f(x)g'(x)$ 이다.

$f'(x) = 1,\ g'(x) = x^2$ 이므로

$$\frac{d}{dx}\int_0^x x\,t^2\,dt = \frac{d}{dx}\left(x\int_0^x t^2\,dt\right) = 1\times\int_0^x t^2\,dt + x\times x^2 = \frac{x^3}{3} + x^3 = \frac{4}{3}x^3$$

ex1 $\dfrac{d}{dx}\displaystyle\int_a^x x(t^2+t)\,dt = \dfrac{d}{dx}\left\{x\displaystyle\int_a^x (t^2+t)\,dt\right\} = \displaystyle\int_a^x (t^2+t)\,dt + x(x^2+x)$

ex2 $\dfrac{d}{dx}\displaystyle\int_a^x (x+1)f(t)\,dt = \dfrac{d}{dx}\left\{x\displaystyle\int_a^x f(t)\,dt + \displaystyle\int_a^x f(t)\,dt\right\}$
$$= \int_a^x f(t)\,dt + xf(x) + f(x)$$

물론 다음과 같이 구해도 된다.

$$\frac{d}{dx}\int_a^x (x+1)f(t)\,dt = \frac{d}{dx}\left\{(x+1)\int_a^x f(t)\,dt\right\}$$
$$= \int_a^x f(t)\,dt + (x+1)f(x)$$

__개념 확인문제 10__ 함수 $f(x)$ 가 임의의 실수 x 에 대하여 $\displaystyle\int_1^x x f(t)\,dt = x^4 - ax^2$ 를 만족시킬 때, $f(a)$ 의 값을 구하시오. (단, a 는 상수이다.)

개념 파악하기 **(8) 정적분은 어떠한 성질이 있을까?**

정적분의 성질

함수 $f(x)$ 가 임의의 실수 $a,\ b,\ c$ 를 포함하는 구간에서 연속일 때,

$$\int_a^c f(x)\,dx + \int_c^b f(x)\,dx = \int_a^b f(x)\,dx$$

함수 $f(x)$ 의 한 부정적분을 $F(x)$ 라고 하면 다음이 성립한다.

$$\int_a^c f(x)\,dx + \int_c^b f(x)\,dx = \{F(c)-F(a)\}+\{F(b)-F(c)\}=F(b)-F(a)=\int_a^b f(x)\,dx$$

> **Tip** 정적분의 성질은 $a,\ b,\ c$ 의 대소에 관계없이 성립한다.

우함수와 기함수의 정적분

① 연속함수 $f(x)$ 가 우함수이면 $\displaystyle\int_{-a}^a f(x)\,dx = 2\int_0^a f(x)\,dx$

(함수 $f(x)$ 가 우함수이면 모든 실수 x 에 대하여 $f(-x)=f(x)$ 이고 그래프는 y 축에 대하여 대칭이다.)
자연수 n 에 대하여

$$f(x) = a_{2n}x^{2n}+a_{2n-2}x^{2n-2}+\cdots+a_2x^2+a_0 \quad (a_0,\ a_2,\ \cdots,\ a_{2n} \text{은 상수})$$

$$F(x) = \frac{a_{2n}}{2n+1}x^{2n+1}+\frac{a_{2n-2}}{2n-1}x^{2n-1}+\cdots+a_0x+C$$

$F(a)-F(0)=F(0)-F(-a)$ 이므로

$$\int_{-a}^0 f(x)\,dx = \int_0^a f(x)\,dx \ \Rightarrow\ \int_{-a}^a f(x)\,dx = \int_{-a}^0 f(x)\,dx + \int_0^a f(x)\,dx = 2\int_0^a f(x)\,dx$$

ex $\displaystyle\int_{-1}^1 x^2\,dx = 2\int_0^1 x^2\,dx = 2\left[\frac{1}{3}x^3\right]_0^1 = \frac{2}{3}$

> **Tip** $f(x)$ 가 짝수 차수 항의 합 또는 상수함수의 합으로 표현되면 $f(x)$ 는 우함수이다.

② 연속함수 $f(x)$ 가 기함수이면 $\displaystyle\int_{-a}^a f(x)\,dx = 0$

(함수 $f(x)$ 가 기함수이면 모든 실수 x 에 대하여 $f(-x)=-f(x)$ 이고 그래프는 원점에 대하여 대칭이다.)
자연수 n 에 대하여

$$f(x) = a_{2n-1}x^{2n-1}+a_{2n-3}x^{2n-3}+\cdots+a_3x^3+a_1x \quad (a_1,\ a_3,\ \cdots,\ a_{2n-1} \text{은 상수})$$

$$F(x) = \frac{a_{2n-1}}{2n}x^{2n}+\frac{a_{2n-3}}{2n-2}x^{2n-2}+\cdots+\frac{a_1}{2}x^2+C$$

$F(a)-F(0)=F(-a)-F(0)$ 이므로

$$\int_{-a}^0 f(x)\,dx = -\int_0^a f(x)\,dx \ \Rightarrow\ \int_{-a}^a f(x)\,dx = \int_{-a}^0 f(x)\,dx + \int_0^a f(x)\,dx = 0$$

ex $\displaystyle\int_{-1}^1 (x^3+x)\,dx = 0$

> **Tip** $f(x)$ 가 홀수 차수 항의 합으로 표현되면 $f(x)$ 는 기함수이다.

주기함수의 정적분

함수 $f(x)$ 가 주기가 p 인 주기함수이면 모든 실수 x 에 대하여 $f(x+p)=f(x)$
(불연속 함수의 정적분은 다루지 않으므로 $f(x)$ 는 연속함수)

① $\displaystyle\int_a^b f(x)dx = \int_{a+p}^{b+p} f(x)dx$

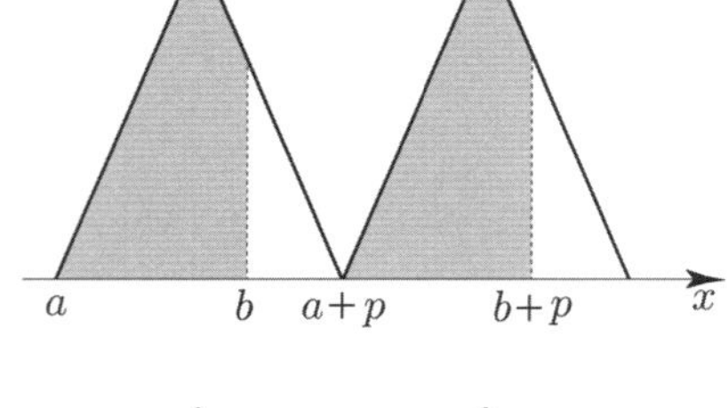

위 명제를 증명해보자.

$$f(x+p)=f(x) \;\Rightarrow\; \int_a^b f(x+p)\,dx = \int_a^b f(x)dx$$

평행이동에 의하여 $\displaystyle\int_a^b f(x+p)\,dx = \int_{a+p}^{b+p} f(x)dx$ 이므로

$$\int_a^b f(x)dx = \int_{a+p}^{b+p} f(x)dx$$

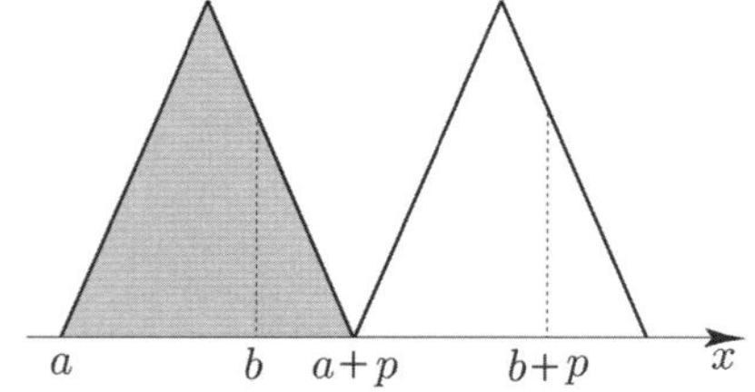

② $\displaystyle\int_a^{a+p} f(x)dx = \int_b^{b+p} f(x)dx$

즉, 한 주기에 해당하는 구간에서의 정적분의 값은 항상 일정하다.

위 명제를 증명해보자.
함수 $f(x)$ 의 한 부정적분을 $F(x)$ 라고 하면

$$\int_a^b f(x)dx = \int_{a+p}^{b+p} f(x)dx \;\Rightarrow\; F(b)-F(a) = F(b+p)-F(a+p)$$

$$\Rightarrow\; F(a+p)-F(a) = F(b+p)-F(b)$$

$$\Rightarrow\; \int_a^{a+p} f(x)dx = \int_b^{b+p} f(x)dx$$

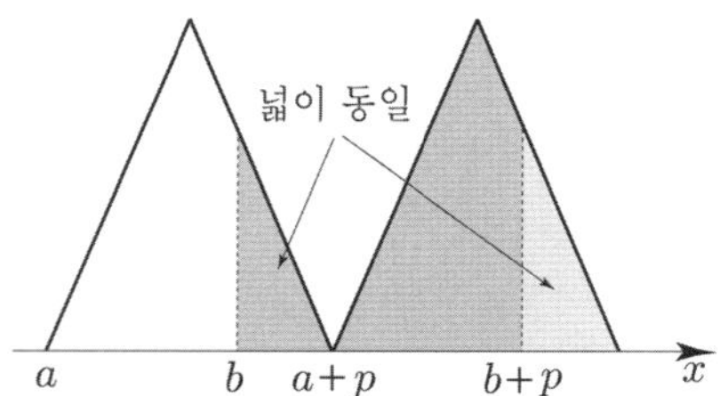

ex 연속함수 $f(x)$ 가 모든 실수 x 에 대하여 $f(x+1)=f(x)$ 를

만족시키고 $\displaystyle\int_{-1}^1 f(x)dx = 2$ 일 때, $\displaystyle\int_{-2}^4 f(x)dx$ 의 값을 구하시오.

$f(x)$ 는 주기가 1 인 주기함수

$$\int_{-2}^{-1} f(x)dx = \int_{-1}^0 f(x)dx = \int_0^1 f(x)dx = \int_1^2 f(x)dx = \int_2^3 f(x)dx = \int_3^4 f(x)dx \;\;(\text{by ②})$$

$$\int_{-1}^1 f(x)dx = \int_{-1}^0 f(x)dx + \int_0^1 f(x)dx = 2\int_0^1 f(x)dx = 2 \;\Rightarrow\; \int_0^1 f(x)dx = 1$$

$$\int_{-2}^4 f(x)dx = \int_{-2}^{-1} f(x)dx + \int_{-1}^0 f(x)dx + \int_0^1 f(x)dx + \int_1^2 f(x)dx + \int_2^3 f(x)dx + \int_3^4 f(x)dx$$

$$= 6\int_0^1 f(x)dx = 6$$

> **Tip 1** 함수 $f(x)$ 가 닫힌구간 $[a,\,b]$ 에서 연속이고 $f(x) \geq 0$ 일 때,
>
> 곡선 $y=f(x)$ 와 x 축 및 두 직선 $x=a$, $x=b$ 로 둘러싸인 도형의 넓이 S 는 $S=\displaystyle\int_a^b f(x)dx$ 이다.
>
> (정적분과 넓이의 관계는 정적분의 활용에서 배울 예정이지만 위 성질을 이해하는데 도움이 되므로 소개한다.)

Tip 2 〈평행이동과 정적분〉

함수 $f(x-p)$ 의 그래프는 함수 $f(x)$ 의 그래프를 x축의
방향으로 p만큼 평행이동하여 그릴 수 있으므로
적분구간 역시 x축의 방향으로 p만큼 평행이동하면
평행이동 전과 정적분값은 서로 같다.

$$\int_a^b f(x)\,dx = \int_{a+p}^{b+p} f(x-p)\,dx$$

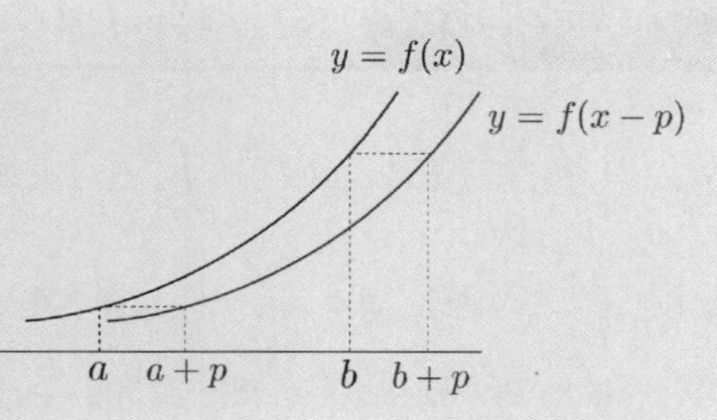

예제 10

정적분 $\displaystyle\int_0^1 (2x-1)\,dx + \int_1^2 (2x-1)\,dx$ 를 구하시오.

풀이

$$\int_0^1 (2x-1)\,dx + \int_1^2 (2x-1)\,dx = \int_0^2 (2x-1)\,dx = \left[x^2 - x\right]_0^2 = (4-2)-(0-0) = 2$$

개념 확인문제 11 정적분 $\displaystyle\int_{-1}^2 (3x^3+6x^2-x)\,dx + \int_2^1 (3x^3+6x^2-x)\,dx$ 를 구하시오.

개념 확인문제 12 함수 $f(x) = \begin{cases} -4x & (x < 0) \\ 2x & (x \geq 0) \end{cases}$ 에 대하여 정적분 $\displaystyle\int_{-1}^3 f(x)\,dx$ 를 구하시오.

$g(x) = \int f(x)\,dx$ 와 $g(x) = \int_a^x f(t)\,dt$ 의 **차이**

$g'(x) = f(x)$ 이므로 함수 $g(x)$ 의 도함수가 $f(x)$ 이다. 즉, $f(x)$ 의 그래프를 기초로 $g(x)$ 를 그릴 수 있다.

다만 $g(x) = \int f(x)\,dx$ 는 x 축을 설정할 수 없고 $g(x) = \int_a^x f(t)\,dt$ 는 $g(a) = 0$ 이므로 x 축을 설정할 수 있다.

① $g(x) = \int f(x)\,dx$

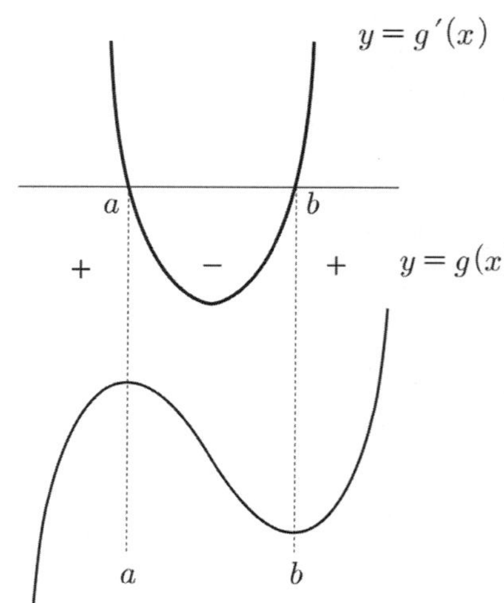

② $g(x) = \int_a^x f(t)\,dt$

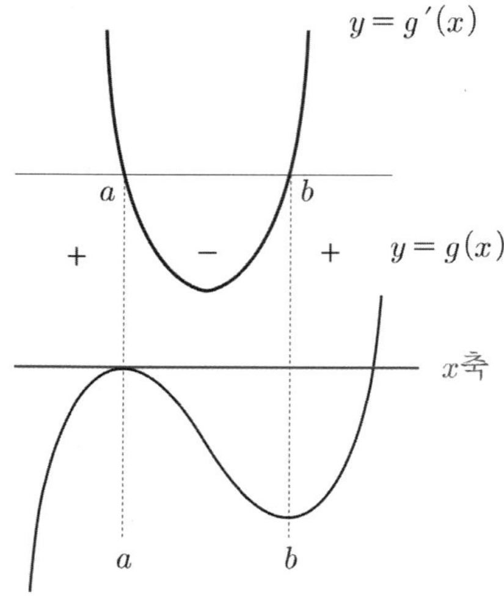

New함수 Technique!

$\int_0^x f(t)\,dt$ 라고 주어지더라도 이를 새로운 함수 $g(x)$ 로 정의하여

$g(x) = \int_0^x f(t)\,dt$ 라 두고 문제를 풀면 좀 더 쉽게 접근할 수 있다.

$\Rightarrow g'(x) = f(x),\ g(0) = 0$

Training – 1 step
필수 유형편

1. 부정적분과 정적분

001

함수 $f(x) = \int (3x^2 - 4x + 2)\,dx$ 에 대하여

$f(0) = 10$ 일 때, $f(1)$ 의 값을 구하시오.

002

다항함수 $f(x)$ 의 도함수 $f'(x)$ 가 $f'(x) = 4x^3 - 2x + 6$ 이다. $f(1) = 1$ 일 때, $f(2)$ 의 값을 구하시오.

003

다항함수 $f(x)$ 의 도함수가 $f'(x) = -2x^2 + 6x$ 이다. $f(x)$ 의 극솟값이 9 일 때, 극댓값을 구하시오.

004

상수 $a\,(a > 0)$ 에 대하여 다항함수 $f(x)$ 의 도함수가 $f'(x) = 4x^3 - a^2 x$ 이다. $f(x)$ 의 극댓값이 4 이고 극솟값이 3 일 때, $f(a) + f'(a)$ 의 값을 구하시오.

005

정의역이 $\{x \mid x < 1 \ \text{or} \ x > 1\}$ 인 함수 $f(x)$ 에 대하여

$f(x) = \int \dfrac{3x^3}{x-1}\,dx - \int \dfrac{3}{x-1}\,dx$ 이고 $f(0) = 2$ 일 때, $f(2)$ 의 값을 구하시오.

006

다항함수 $f(x)$ 의 도함수가 $f'(x) = \displaystyle\sum_{k=1}^{17} \dfrac{1}{k} x^k$ 이다.

$f(0) = \dfrac{19}{18}$ 일 때, $f(1)$ 의 값을 구하시오.

Theme **2** 부정적분의 활용

007

함수 $f(x)$ 의 그래프 위의 임의의 점 $(x, f(x))$ 에서의 접선의 기울기가 $2x + 1$ 이고 $f(1) = 3$ 일 때, $f(4)$ 의 값을 구하시오.

008

두 다항함수 $f(x),\ g(x)$ 에 대하여
$$f'(x) - g'(x) = 6x^2 - 4x + 3, \quad f(1) - g(1) = 3$$
일 때, $f(3) - g(3)$ 의 값을 구하시오.

009

삼차함수 $f(x)$의 도함수 $f'(x)$가 다음 조건을 만족시킨다.

(가) $\displaystyle\lim_{x\to\infty}\dfrac{f'(x)}{x^2}=f(0)$

(나) 모든 실수 x에 대하여 $f'(2-x)=f'(x)$이다.

(다) $f'(x)$의 최솟값은 3이다.

$f(1)=7$일 때, $f(2)$의 값을 구하시오.

010

삼차함수 $f(x)$의 도함수 $y=f'(x)$의 그래프가 그림과 같다.

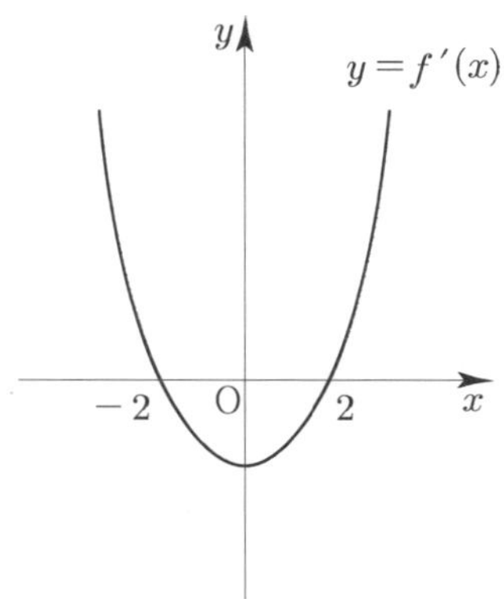

$f'(-2)=f'(2)=0$이고 함수 $f(x)$의 극댓값이 20, 극솟값이 -12일 때, $f(4)$의 값을 구하시오.

011

사차함수 $f(x)$가 다음 조건을 만족시킬 때, $30\times f(2)$의 값을 구하시오.

(가) 부등식 $xf'(x)>0$을 만족시키는 모든 실수 x의 값의 범위는 $1<x<4$이다.

(나) $f'(-1)=10$, $f(0)=1$

Theme 3 · 부정적분과 미분의 관계

012

함수 $f(x)=\displaystyle\int\left\{\dfrac{d}{dx}(x^2-3x)\right\}dx$에 대하여 $f(x)$의

최솟값이 $\dfrac{7}{4}$일 때, $f(2)$의 값을 구하시오.

013

함수 $f(x)=\displaystyle\int(x^3+4x)dx$에 대하여

$\displaystyle\lim_{h\to 0}\dfrac{f(3+h)-f(3-2h)}{h}$의 값을 구하시오.

014

두 함수

$$f(x)=\int\left\{\dfrac{d}{dx}(x^3+2x)\right\}dx,\quad g(x)=\dfrac{d}{dx}\int(x^3+2x)dx$$

에 대하여 $f(-1)=g(1)$일 때, $f(2)-g(-1)$의 값을 구하시오.

015

함수 $f(x)=-x^2+2x+8$에 대하여 함수

$$g(x)=\dfrac{d}{dx}\int(x+1)f(x)\,dx+\int\left\{\dfrac{d}{dx}f(x)\right\}dx$$

의 극솟값이 1일 때, $g(x)$의 극댓값을 구하시오.

016 

다항함수 $f(x)$ 가 $\displaystyle\int f(x)\,dx + 2x^3 = xf(x)$ 를 만족시킨다. $f(0) = 2$ 일 때, $f(5)$ 의 값을 구하시오.

017

다항함수 $f(x)$ 가

$$\int xf(x)\,dx + f(x) = x^4 + \frac{1}{3}x^3 + \frac{7}{2}x^2 + x$$ 를

만족시킬 때, $f(1)$ 의 값을 구하시오.

018 

다항함수 $f(x)$ 의 도함수 $f'(x)$ 가

$$\int (x-1)f'(x)\,dx = (x-1)^3(x-3)$$ 이고 $f(0) = 0$

일 때, $f(3)$ 의 값을 구하시오.

019 

다항함수 $f(x)$ 에 대하여 $\dfrac{d}{dx}F(x) = f(x)$ 이고,

$F(x) + xf(x) = 4x^3 - 6x + 2$ 이다.

함수 $g(x) = \displaystyle\int F(x)\,dx$ 의 극솟값이 0 일 때,

$g(2)$ 의 값을 구하시오.

020 

함수 $f(x)$ 의 도함수 $f'(x)$ 가

$$f'(x) = \begin{cases} 4x+1 & (x<0) \\ k & (x>0) \end{cases}$$ 이고 $f(-1) = 0$, $f(1) = 1$

일 때, $f(x)$ 가 $x = 0$ 에서 연속이 되도록 하는 상수 k 의 값을 구하시오.

021 

실수 전체의 집합에서 연속인 함수 $f(x)$ 의 도함수 $f'(x)$ 가 $f'(x) = |x-1| + x$ 이고 $f(0) = 3$ 일 때, $f(-2) + f(2)$ 의 값을 구하시오.

022 

실수 전체의 집합에서 연속인 함수 $f(x)$ 의 도함수 $f'(x)$ 가

$$f'(x) = \begin{cases} -3x^2 & (|x|<1) \\ 2 & (|x|>1) \end{cases}$$ 이고 $f(-2) = 3$ 일 때,

$f(-2)f(0)f(2)$ 의 값을 구하시오.

023

$\int_0^2 (3x^2 + 4x)\,dx$ 의 값을 구하시오.

024

$\int_0^1 (2x^2 - 1)^2\,dx = k$ 일 때, $30k$ 의 값을 구하시오.

025

함수 $f(x) = 4x^3 + 3ax^2$ 가 $\int_0^1 f(x)\,dx = f(-1)$ 을 만족시킬 때, $10a$ 의 값을 구하시오. (단, a 는 상수이다.)

026

함수 $y = 6x^2$ 의 그래프를 x 축의 방향으로 a 만큼 평행이동한 그래프를 나타내는 함수를 $y = f(x)$ 라 하자.

$\int_a^3 f(x)\,dx = 16$ 을 만족시키는 상수 a 의 값을 구하시오.

027

$\int_{-1}^2 (x+2)^2\,dx - \int_{-1}^2 (x-2)^2\,dx$ 의 값을 구하시오.

028

$\int_{-2}^0 \dfrac{3x^3}{x-1}\,dx + \int_0^{-2} \dfrac{3}{t-1}\,dt$ 의 값을 구하시오.

029

함수 $f(x) = 3x^2 - 2x + 5$ 에 대하여 정적분

$\int_0^4 f(x)\,dx - \int_1^6 f(x)\,dx - \int_6^4 f(x)\,dx$ 의 값을 구하시오.

030

연속함수 $f(x)$ 가

$$\int_1^3 f(x)\,dx = -1, \quad \int_1^3 \{f(x)\}^2\,dx = 4$$

를 만족시킬 때, $\int_1^3 \{3f(x) - 1\}^2\,dx$ 의 값을 구하시오.

031

함수 $f(x) = 4x^3 + 2ax$ 가

$$\int_0^3 (x-1)f(x)\,dx = \int_0^3 \{xf(x) - f'(x)\}\,dx$$

를 만족시킬 때, 상수 a 의 값을 구하시오.

032

함수 $f(x) = \begin{cases} 3x+2 & (x < 0) \\ -4x^2+4 & (x \geq 0) \end{cases}$ 에 대하여

$\displaystyle\int_{-2}^{1} xf(x)dx$ 의 값을 구하시오.

033

$\displaystyle\int_{0}^{2} |x^2-1| dx$ 의 값을 구하시오.

034

$\displaystyle\int_{0}^{3} 6x|x-1| dx$ 의 값을 구하시오.

035

함수 $y=f(x)$ 의 그래프가 그림과 같을 때,

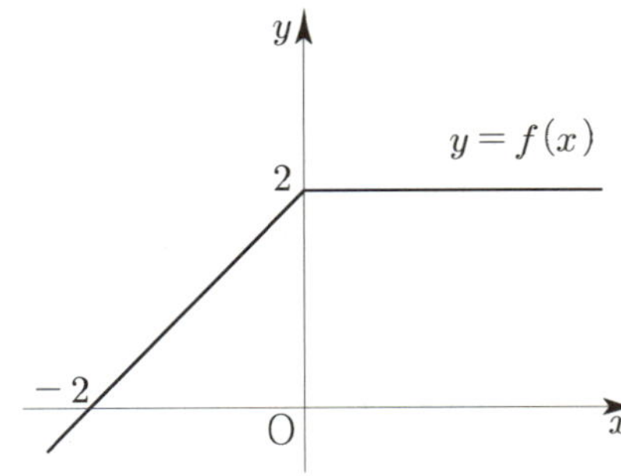

$\displaystyle\int_{0}^{3} 3xf(2-x)dx$ 의 값을 구하시오.

036

$\displaystyle\int_{-1}^{1} (2x^3+6x^2+5)dx$ 의 값을 구하시오.

037

실수 a 에 대하여 $\displaystyle\int_{-a}^{a} (4x^3+6x^2-x)dx = \dfrac{4}{27}$ 일 때,

$60a$ 의 값을 구하시오.

038

함수 $f(x) = 5x^2+ax+b$ 가

$$\int_{-1}^{1} xf(x)dx = 2, \quad \int_{-1}^{1} x^2f(x)dx = -4$$

를 만족시킬 때, $f(3)$ 의 값을 구하시오.

039

다항함수 $f(x)$ 가 모든 실수 x 에 대하여 $f(-x)=f(x)$

이고 $\displaystyle\int_{0}^{2} f(x)dx = 3$ 일 때, $\displaystyle\int_{-2}^{2} (5x^3-2x+1)f(x)\,dx$

의 값을 구하시오.

040

다항함수 $f(x)$ 가 모든 실수 x 에 대하여 $f(-x)=-f(x)$

이고 $\displaystyle\int_0^1 xf(x)\,dx=-4$ 일 때, $\displaystyle\int_{-1}^1 (x-3)^2 f(x)\,dx$ 의

값을 구하시오.

041

연속함수 $f(x)$ 가 다음 조건을 만족시킨다.

> (가) 모든 실수 x 에 대하여 $f(-x)=f(x)$ 이다.
> (나) 모든 실수 x 에 대하여 $f(x+4)=f(x)$ 이다.

$\displaystyle\int_{-2}^0 f(x)\,dx=4$ 일 때, $\displaystyle\int_{-8}^4 f(x)\,dx$ 의 값을 구하시오.

042

연속함수 $f(x)$ 가 다음 조건을 만족시킨다.

> (가) $f(x)=\begin{cases} 6x^2 & (0 \le x \le 1) \\ -6x+12 & (1 < x < 2) \end{cases}$
>
> (나) 모든 실수 x 에 대하여 $f(x+2)=f(x)$ 이다.

$\displaystyle\int_{-2}^{-1} f(x)\,dx+\int_3^4 f(x)\,dx$ 의 값을 구하시오.

Theme 10 정적분으로 정의된 함수
– 적분 구간이 상수인 경우

043

다항함수 $f(x)$ 에 대하여 $f(x)=3x^2-2x+\displaystyle\int_0^2 f(t)\,dt$

일 때, $f(4)$ 의 값을 구하시오.

044

다항함수 $f(x)$ 에 대하여 $f(x)=4x+\displaystyle\int_0^1 tf'(t)\,dt$

일 때, $f(2)$ 의 값을 구하시오.

045

다항함수 $f(x)$ 에 대하여

$$f(x)=-9x^2-2x\int_0^1 f(t)\,dt+\left\{\int_0^1 f(t)\,dt\right\}^2$$

이고 $f'(0)<0$ 일 때, $f(0)$ 의 값을 구하시오.

046

다항함수 $f(x)$ 에 대하여

$f(x)=4x^3+\displaystyle\int_{-1}^0 (x+2)f(t)\,dt$ 일 때,

$f\!\left(\displaystyle\int_{-1}^0 f(t)\,dt\right)$ 의 값을 구하시오.

047

다항함수 $f(x)$ 에 대하여

$f(x)=12x^2+\displaystyle\int_0^1 (6x+t)f(t)\,dt$ 일 때,

$\left\{f\!\left(\dfrac{1}{6}\right)\right\}^2$ 의 값을 구하시오.

048

함수 $F(x) = \displaystyle\int_0^x (t^3 - 2t + 1)\,dt$ 에 대하여

$F'(3)$ 의 값을 구하시오.

049

다항함수 $f(x)$ 가 모든 실수 x 에 대하여

$$\int_1^x f(t)\,dt = 2x^2 + 3x - a \text{ 를 만족시킬 때,}$$

$f(a)$ 의 값을 구하시오. (단, a 는 상수이다.)

050

다항함수 $f(x)$ 가 모든 실수 x 에 대하여

$$\int_2^x f(t)\,dt = -x^3 + ax^2 + x\int_0^1 f(t)\,dt \text{ 를 만족시킬 때,}$$

$f(1)$ 의 값을 구하시오.

051

다항함수 $f(x)$ 가 모든 실수 x 에 대하여

$$xf(x) = x^3 - 2x^2 + \int_1^x f(t)\,dt \text{를 만족시킬 때,}$$

$f(3)$ 의 값을 구하시오.

052

함수 $f(x) = \displaystyle\int_x^{x+2} (t-1)(t-3)\,dt$ 의 최솟값은 $-k$ 이다.

$60k$ 의 값을 구하시오.

053

함수 $f(x) = \displaystyle\int_0^x (6t^2 + at + b)\,dt$ 가 $x = 2$ 에서

극솟값 -20 를 가질 때, $f(x)$ 의 극댓값을 구하시오.

054

모든 실수 x 에 대하여 함수 $f(x)$ 가

$$\int_1^x (x-t)f(t)\,dt = 3x^3 - ax^2 + 3x \text{ 를 만족시킬 때,}$$

$f(a)$ 의 값을 구하시오. (단, a 는 상수이다.)

055

모든 실수 x 에 대하여 함수 $f(x)$ 가

$$\int_0^x (x-t)f(t)\,dt = -\frac{1}{4}x^4 + x^3 \text{를 만족시킬 때,}$$

$f(x)$ 의 최댓값을 구하시오.

Theme 12 정적분으로 정의된 함수 – New 함수

056 ☐☐☐☐☐

함수 $f(x) = \int_{\sqrt{2}}^{x} \{3|t| - t\} dt$ 에 대하여

원점에서 곡선 $y = f(x)$ 에 접선을 그을 때,

접점을 A라 하자. $\overline{OA}^2$ 의 값을 구하시오.

(단, 점 O는 원점이다.)

057 ☐☐☐☐☐

$-1 \le x \le 1$ 에서 함수 $f(x) = \int_{-1}^{1} |t - x| dt$ 의

최댓값과 최솟값의 합을 구하시오.

058 ☐☐☐☐☐

함수 $f(x) = \begin{cases} -2x - 2 & (x < 0) \\ x^2 - x - 2 & (x \ge 0) \end{cases}$ 에 대하여

방정식 $\int_{a}^{x} f(t) \, dt = 0$ 이 서로 다른 두 실근을 갖도록

하는 상수 a 의 개수를 구하시오.

059 ☐☐☐☐☐

함수 $f(x) = x^3 - 3x^2$ 에 대하여 함수 $g(x)$ 가

$g(x) = \int_{0}^{x} |f'(t)| dt$ 일 때, 〈보기〉에서 옳은 것만을

있는 대로 고르시오.

───〈보기〉───

ㄱ. $g(0) = 0$

ㄴ. $0 < x < 2$ 인 모든 실수 x 에 대하여
   $g'(x) + f'(x) = 0$ 이다.

ㄷ. 모든 실수 a 에 대하여 $\lim_{x \to a} g(x) = g(a)$ 이다.

ㄹ. 함수 $g(x)$ 는 실수 전체의 집합에서 미분가능하다.

ㅁ. $x_1 < x_2$ 인 임의의 두 실수 x_1, x_2 에 대하여
   $g(x_1) < g(x_2)$ 이다.

ㅂ. 함수 $g(x)$ 의 역함수는 존재하지 않는다.

ㅅ. 함수 $g(x)$ 는 $x = 2$ 에서 극값을 갖는다.

ㅇ. 함수 $|g(x) - g(2)|$ 는 실수 전체의 집합에서
   미분가능하다.

ㅈ. $g(-1) + g(1) + g(4) = 22$

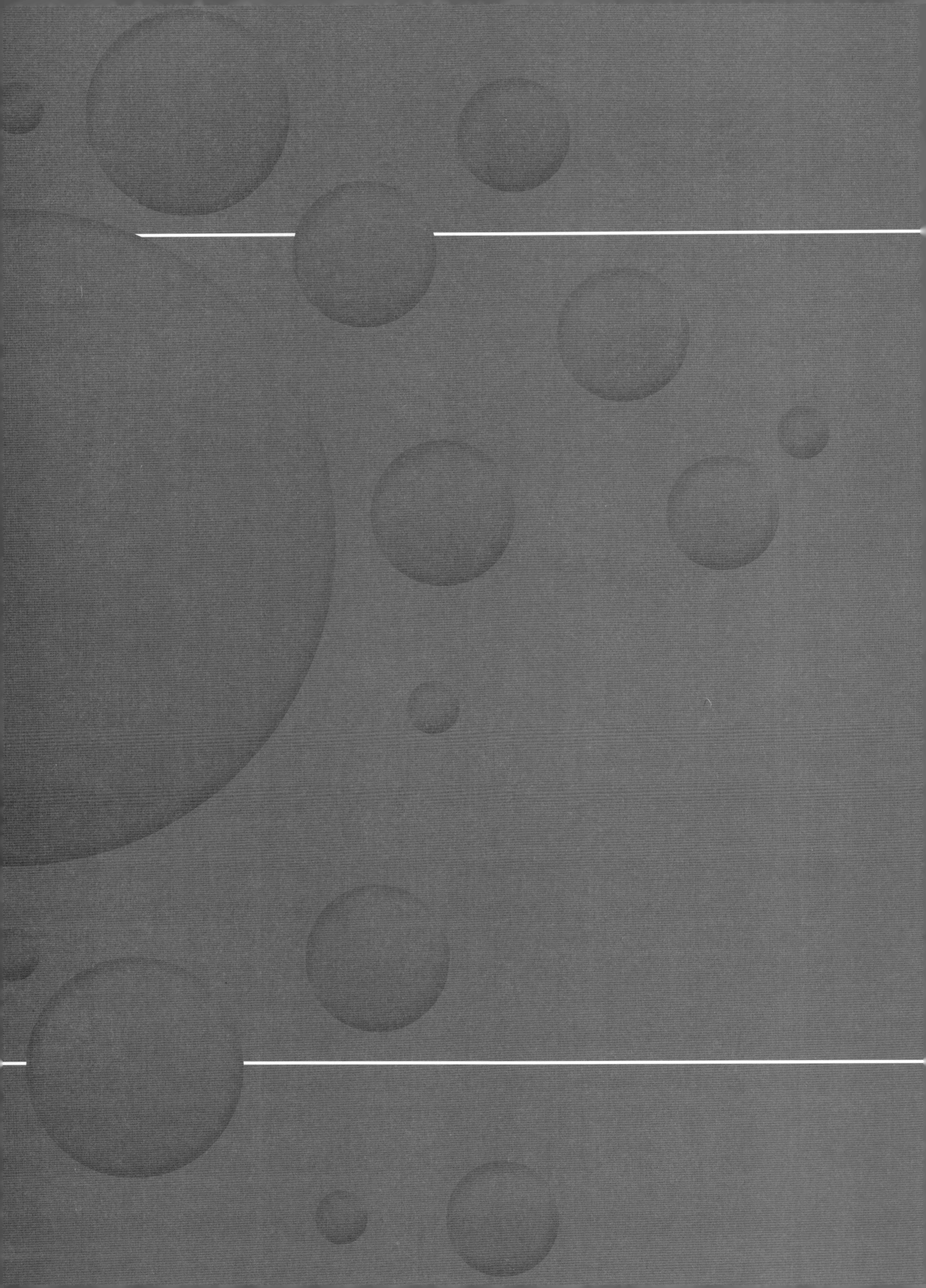

Training - 2 step
기출 적용편

1. 부정적분과 정적분

$\displaystyle\int_0^2 (3x^2 + 6x)\,dx$ 의 값은? [3점]

① 20　　　② 22　　　③ 24

④ 26　　　⑤ 28

함수 $f(x) = \displaystyle\int_1^x (t-2)(t-3)\,dt$ 에 대하여

$f'(4)$ 의 값은? [3점]

① 1　　　② 2　　　③ 3

④ 4　　　⑤ 5

함수 $f(x)$ 가 $f(x) = x^2 - 2x + \displaystyle\int_0^1 t f(t)\,dt$ 를

만족시킬 때, $f(3)$ 의 값은? [3점]

① $\dfrac{13}{6}$　　　② $\dfrac{5}{2}$　　　③ $\dfrac{17}{6}$

④ $\dfrac{19}{6}$　　　⑤ $\dfrac{7}{2}$

실수 a 에 대하여

$$\int_{-a}^{a} (3x^2 + 2x)\,dx = \frac{1}{4}$$

일 때, $50a$ 의 값을 구하시오. [3점]

함수 $f(x)$ 가 $f(x) = \displaystyle\int_0^x (2at+1)\,dt$ 이고

$f'(2) = 17$ 일 때, 상수 a의 값을 구하시오. [3점]

실수 전체에서 정의된 연속함수 $f(x)$ 가

$f(x) = f(x+4)$ 를 만족하고

$$f(x) = \begin{cases} -4x + 2 & (0 \le x < 2) \\ x^2 - 2x + a & (2 \le x \le 4) \end{cases}$$

일 때, $\displaystyle\int_9^{11} f(x)\,dx$ 의 값은? [3점]

① -8　　　② $-\dfrac{26}{3}$　　　③ $-\dfrac{28}{3}$

④ -10　　　⑤ $-\dfrac{32}{3}$

함수 $f(x) = x + 1$ 에 대하여

$$\int_{-1}^{1} \{f(x)\}^2\,dx = k\left(\int_{-1}^{1} f(x)\,dx\right)^2$$

일 때, 상수 k의 값은? [3점]

① $\dfrac{1}{6}$　　　② $\dfrac{1}{3}$　　　③ $\dfrac{1}{2}$

④ $\dfrac{2}{3}$　　　⑤ $\dfrac{5}{6}$

067 2025학년도 수능 공통

함수 $f(x)=3x^2-16x-20$ 에 대하여
$$\int_{-2}^{a}f(x)dx=\int_{-2}^{0}f(x)dx$$
일 때, 양수 a의 값은? [4점]

① 16　② 14　③ 12　④ 10　⑤ 8

068 2019학년도 수능 나형

$\int_{1}^{4}(x+|x-3|)dx$ 의 값을 구하시오. [3점]

069 2025학년도 고3 9월 평가원 공통

함수 $f(x)=x^2+x$ 에 대하여
$$5\int_{0}^{1}f(x)dx-\int_{0}^{1}(5x+f(x))dx$$
의 값은? [4점]

① $\dfrac{1}{6}$　② $\dfrac{1}{3}$　③ $\dfrac{1}{2}$　④ $\dfrac{2}{3}$　⑤ $\dfrac{5}{6}$

070 2019학년도 사관학교 나형

다항함수 $f(x)$가 모든 실수 x에 대하여
$$f(x)=\dfrac{3}{4}x^2+\left(\int_{0}^{1}f(x)dx\right)^2$$
을 만족시킬 때, $\int_{0}^{2}f(x)dx$ 의 값은? [4점]

① $\dfrac{9}{4}$　② $\dfrac{5}{2}$　③ $\dfrac{11}{4}$　④ 3　⑤ $\dfrac{13}{4}$

071 2012년 고3 7월 교육청 나형

함수 $f(x)=\int\left\{\dfrac{d}{dx}(x^2-6x)\right\}dx$ 에 대하여 $f(x)$ 의
최솟값이 8일 때, $f(1)$ 의 값을 구하시오. [4점]

072 2020년 고3 4월 교육청 나형

다항함수 $f(x)$가 모든 실수 x에 대하여
$$3xf(x)=9\int_{1}^{x}f(t)dt+2x$$
를 만족시킬 때, $f'(1)$ 의 값은? [4점]

① -2　② -1　③ 0　④ 1　⑤ 2

073 2021년 고3 3월 교육청 공통

실수 전체의 집합에서 미분가능한 함수 $F(x)$ 의 도함수 $f(x)$ 가
$$f(x)=\begin{cases} -2x & (x<0) \\ k(2x-x^2) & (x\geq 0) \end{cases}$$
이다. $F(2)-F(-3)=21$ 일 때, 상수 k의 값을 구하시오. [3점]

074 2024학년도 고3 9월 평가원 공통

다항함수 $f(x)$가
$$f'(x)=6x^2-2f(1)x, \quad f(0)=4$$
를 만족시킬 때, $f(2)$ 의 값은? [3점]

① 5　② 6　③ 7　④ 8　⑤ 9

081 2022학년도 수능예비시행

$0 < a < b$인 모든 실수 a, b에 대하여

$$\int_a^b (x^3 - 3x + k)\,dx > 0$$

이 성립하도록 하는 실수 k의 최솟값은? [4점]

① 1   ② 2   ③ 3

④ 4   ⑤ 5

082 2015년 고3 10월 교육청 A형

함수 $f(x) = x(x+2)(x+4)$에 대하여 다음 물음에 답하시오.

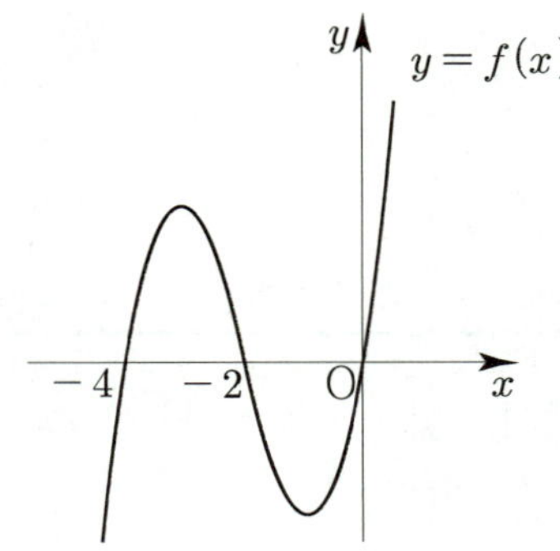

함수 $g(x) = \int_2^x f(t)\,dt$는 $x = a$에서 극댓값을 갖는다.

$g(a)$의 값은? [4점]

① -28 ② -29 ③ -30

④ -31 ⑤ -32

083 2013학년도 고3 9월 평가원 나형

이차함수 $f(x)$에 대하여 함수 $g(x)$가

$$g(x) = \int \{x^2 + f(x)\}\,dx, \quad f(x)g(x) = -2x^4 + 8x^3$$

을 만족시킬 때, $g(1)$의 값은? [4점]

① 1   ② 2   ③ 3

④ 4   ⑤ 5

084 2020년 고3 7월 교육청 나형

다항함수 $f(x)$가 다음 조건을 만족시킨다.

> (가) $\displaystyle \lim_{x \to \infty} \frac{f(x) + f(-x)}{x^2} = 3$
>
> (나) $f(0) = -1$

$\displaystyle \int_{-3}^3 f(x)\,dx$의 값은? [4점]

① 13   ② 15   ③ 17

④ 19   ⑤ 21

085 2021학년도 고3 9월 평가원 나형

함수 $f(x) = -x^2 - 4x + a$에 대하여

함수 $g(x) = \int_0^x f(t)\,dt$가 닫힌구간 $[0, 1]$에서 증가하도록

하는 실수 a의 최솟값을 구하시오. [4점]

086 2020년 고3 10월 교육청 나형

다항함수 $f(x)$의 한 부정적분 $g(x)$가 다음 조건을 만족시킨다.

> (가) $\displaystyle f(x) = 2x + 2\int_0^1 g(t)\,dt$
>
> (나) $\displaystyle g(0) - \int_0^1 g(t)\,dt = \frac{2}{3}$

$g(1)$의 값은? [4점]

① -2 ② $-\dfrac{5}{3}$ ③ $-\dfrac{4}{3}$

④ -1 ⑤ $-\dfrac{2}{3}$

함수 $f(x)$ 가 모든 실수 x 에 대하여

$$f(x) = x^3 - 4x \int_0^1 |f(t)| \, dt$$

를 만족시킨다. $f(1) > 0$ 일 때, $f(2)$ 의 값은? [4점]

① 6   ② 7   ③ 8

④ 9   ⑤ 10

함수 $y = f(x)$ 가 모든 실수에서 연속이고, $|x| \neq 1$ 인 모든 x 의 값에 대하여 미분계수 $f'(x)$ 가

$$f'(x) = \begin{cases} x^2 & (|x| < 1) \\ -1 & (|x| > 1) \end{cases}$$

일 때, 〈보기〉에서 옳은 것을 모두 고른 것은? [3점]

〈보기〉

ㄱ. 함수 $y = f(x)$ 는 $x = -1$ 에서 극값을 갖는다.
ㄴ. 모든 실수 x 에 대하여 $f(x) = f(-x)$ 이다.
ㄷ. $f(0) = 0$ 이면 $f(1) > 0$ 이다.

---

① ㄱ   ② ㄴ   ③ ㄷ

④ ㄱ, ㄷ   ⑤ ㄱ, ㄴ, ㄷ

함수 $y = f(x)$ 를

$$f(x) = \begin{cases} 2x + 2 & (x < 0) \\ -x^2 + 2x + 2 & (x \geq 0) \end{cases}$$

라 하자. 양의 실수 a 에 대하여 $\int_{-a}^{a} f(x) \, dx$ 의 최댓값은? [4점]

① 5   ② $\dfrac{16}{3}$ ③ $\dfrac{17}{3}$

④ 6   ⑤ $\dfrac{19}{3}$

최고차항의 계수가 1 이고 $f(0) = 0$ 인 삼차함수 $f(x)$ 가 다음 조건을 만족시킨다.

(가) $f(2) = f(5)$
(나) 방정식 $f(x) - p = 0$ 의 서로 다른 실근의 개수가 2 가 되게 하는 실수 p 의 최댓값은 $f(2)$ 이다.

$\int_0^2 f(x) \, dx$ 의 값은? [4점]

① 25   ② 28   ③ 31

④ 34   ⑤ 37

091 2016학년도 수능 A형 ▢▢▢▢▢

두 다항함수 $f(x)$, $g(x)$ 가 모든 실수 x 에 대하여

$$f(-x) = -f(x), \quad g(-x) = g(x)$$

를 만족시킨다. 함수 $h(x) = f(x)g(x)$ 에 대하여

$$\int_{-3}^{3} (x+5)h'(x)\,dx = 10 \text{ 일 때, } h(3) \text{ 의 값은? [4점]}$$

① 1   ② 2   ③ 3

④ 4   ⑤ 5

092 2016년 고3 7월 교육청 나형 ▢▢▢▢▢

두 다항함수 $f(x)$, $g(x)$ 가

$$f(x) = \int x g(x)\,dx, \quad \frac{d}{dx}\{f(x) - g(x)\} = 4x^3 + 2x$$

를 만족시킬 때, $g(1)$ 의 값은? [4점]

① 10   ② 11   ③ 12

④ 13   ⑤ 14

093 2014년 고3 7월 교육청 A형 ▢▢▢▢▢

양수 a, b 에 대하여 함수 $f(x) = \int_{0}^{x} (t-a)(t-b)\,dt$ 가

다음 조건을 만족시킬 때, $a+b$ 의 값은? [4점]

> (가) 함수 $f(x)$ 는 $x = \dfrac{1}{2}$ 에서 극값을 갖는다.
>
> (나) $f(a) - f(b) = \dfrac{1}{6}$

① 1   ② 2   ③ 3

④ 4   ⑤ 5

094 2019학년도 사관학교 나형 ▢▢▢▢▢

삼차함수 $f(x)$ 가 다음 조건을 만족시킬 때, $f(3)$ 의 값을 구하시오. [4점]

> (가) $\displaystyle \lim_{x \to -2} \frac{1}{x+2} \int_{-2}^{x} f(t)\,dt = 12$
>
> (나) $\displaystyle \lim_{x \to \infty} x f\left(\frac{1}{x}\right) + \lim_{x \to 0} \frac{f(x+1)}{x} = 1$

이차함수 $f(x)$ 가 $f(0)=0$ 이고 다음 조건을 만족시킨다.

> (가) $\displaystyle\int_0^2 |f(x)|\,dx = -\int_0^2 f(x)\,dx = 4$
>
> (나) $\displaystyle\int_2^3 |f(x)|\,dx = \int_2^3 f(x)\,dx$

$f(5)$ 의 값을 구하시오. [4점]

함수 $f(x)=(x-1)|x-a|$ 의 극댓값이 1 일 때,
$\displaystyle\int_0^4 f(x)\,dx$ 의 값은? (단, a 는 상수이다.) [4점]

① $\dfrac{4}{3}$ ② $\dfrac{3}{2}$ ③ $\dfrac{5}{3}$

④ $\dfrac{11}{6}$ ⑤ 2

삼차함수 $f(x)=x^3-3x+a$ 에 대하여

함수 $F(x)=\displaystyle\int_0^x f(t)\,dt$ 가 오직 하나의 극값을 갖도록

하는 양수 a 의 최솟값은? [4점]

① 1 ② 2 ③ 3

④ 4 ⑤ 5

모든 실수 x 에 대하여 두 다항함수 $f(x)$, $g(x)$ 가
다음 조건을 만족시킨다.

> (가) $f(x)g(x)=x^3+3x^2-x-3$
> (나) $f'(x)=1$
> (다) $g(x)=2\displaystyle\int_1^x f(t)\,dt$

$\displaystyle\int_0^3 3g(x)\,dx$ 의 값을 구하시오. [4점]

099 2022학년도 고3 6월 평가원 공통 ☐☐☐☐☐

닫힌구간 $[0,\ 1]$에서 연속인 함수 $f(x)$가

$$f(0)=0,\ f(1)=1,\ \int_0^1 f(x)dx=\frac{1}{6}$$

을 만족시킨다. 실수 전체의 집합에서 정의된 함수 $g(x)$가

다음 조건을 만족시킬 때, $\int_{-3}^{2} g(x)dx$의 값은? [4점]

(가) $g(x)=\begin{cases} -f(x+1)+1 & (-1<x<0) \\ f(x) & (0 \le x \le 1) \end{cases}$

(나) 모든 실수 x에 대하여 $g(x+2)=g(x)$이다.

① $\dfrac{5}{2}$ ② $\dfrac{17}{6}$ ③ $\dfrac{19}{6}$

④ $\dfrac{7}{2}$ ⑤ $\dfrac{23}{6}$

---

100 2022학년도 고3 9월 평가원 공통 ☐☐☐☐☐

다항함수 $f(x)$가 모든 실수 x에 대하여

$$xf(x)=2x^3+ax^2+3a+\int_1^x f(t)dt$$

를 만족시킨다. $f(1)=\displaystyle\int_0^1 f(t)dt$일 때, $a+f(3)$의 값은?

(단, a는 상수이다.) [4점]

① 5 ② 6 ③ 7

④ 8 ⑤ 9

---

101 2020학년도 수능 나형 ☐☐☐☐☐

다항함수 $f(x)$가 다음 조건을 만족시킨다.

(가) 모든 실수 x에 대하여
$$\int_1^x f(t)dt=\frac{x-1}{2}\{f(x)+f(1)\}\ \text{이다.}$$

(나) $\displaystyle\int_0^2 f(x)dx=5\int_{-1}^1 xf(x)dx$

$f(0)=1$일 때, $f(4)$의 값을 구하시오. [4점]

---

102 2009학년도 고3 9월 평가원 가형 ☐☐☐☐☐

함수 $f(x)=\begin{cases} -1 & (x<1) \\ -x+2 & (x \ge 1) \end{cases}$ 에 대하여 함수 $g(x)$를

$g(x)=\displaystyle\int_{-1}^x (t-1)f(t)dt$라 하자.

〈보기〉에서 옳은 것만을 있는 대로 고른 것은? [4점]

─── 〈보기〉 ───

ㄱ. $g(x)$는 구간 $(1,\ 2)$에서 증가한다.
ㄴ. $g(x)$는 $x=1$에서 미분가능하다.
ㄷ. 방정식 $g(x)=k$가 서로 다른 세 실근을 갖도록 하는 실수 k가 존재한다.

① ㄴ ② ㄷ ③ ㄱ, ㄴ

④ ㄱ, ㄷ ⑤ ㄱ, ㄴ, ㄷ

최고차항의 계수가 1인 삼차함수 $f(x)$에 대하여 함수 $g(x)$를

$$g(x) = \int_0^x f(t)dt + f(x)$$

라 할 때, 함수 $g(x)$는 다음 조건을 만족시킨다.

> (가) 함수 $g(x)$는 $x=0$에서 극댓값 0을 갖는다.
> (나) 함수 $g(x)$의 도함수 $y = g'(x)$의 그래프는 원점에 대하여 대칭이다.

$f(2)$의 값은? [4점]

① -5　　　② -4　　　③ -3

④ -2　　　⑤ -1

최고차항의 계수가 4인 삼차함수 $f(x)$에 대하여 함수 $g(x)$를

$$g(x) = \int_0^x f(t)dt - xf(x)$$

라 하자. 모든 실수 x에 대하여 $g(x) \le g(3)$이고 함수 $g(x)$는 오직 1개의 극값만 가진다.

$\int_0^1 g'(x)dx$의 값은? [4점]

① 8　　　② 9　　　③ 10

④ 11　　　⑤ 12

실수 a와 함수 $f(x) = x^3 - 12x^2 + 45x + 3$에 대하여 함수

$$g(x) = \int_a^x \{f(x) - f(t)\} \times \{f(t)\}^4 \, dt$$

가 오직 하나의 극값을 갖도록 하는 모든 a의 값의 합을 구하시오. [4점]

실수 전체의 집합에서 미분가능한 함수 $f(x)$가 다음 조건을 만족시킨다.

> (가) 닫힌구간 $[0, 1]$에서 $f(x) = x$이다.
> (나) 어떤 상수 a, b에 대하여 구간 $[0, \infty)$에서 $f(x+1) - xf(x) = ax + b$이다.

$60 \times \int_1^2 f(x)dx$의 값을 구하시오. [4점]

107 ☐☐☐☐☐

실수 전체의 집합에서 연속인 두 함수 $f(x)$와 $g(x)$가 모든 실수 x에 대하여 다음 조건을 만족시킨다.

> (가) $f(x) \geq g(x)$
> (나) $f(x) + g(x) = x^2 + 3x$
> (다) $f(x)g(x) = (x^2 + 1)(3x - 1)$

$\displaystyle\int_0^2 f(x)dx$의 값은? [4점]

① $\dfrac{23}{6}$ ② $\dfrac{13}{3}$ ③ $\dfrac{29}{6}$

④ $\dfrac{16}{3}$ ⑤ $\dfrac{35}{6}$

108 ☐☐☐☐☐

모든 실수 x에 대하여

$$f(x) \geq 0, \quad f(x+3) = f(x)$$

이고 $\displaystyle\int_{-1}^2 \{f(x) + x^2 - 1\}^2 dx$의 값이 최소가 되도록

하는 연속함수 $f(x)$에 대하여 $\displaystyle\int_{-1}^{26} f(x)dx$의 값을

구하시오. [4점]

109 ☐☐☐☐☐

최고차항의 계수가 2인 이차함수 $f(x)$에 대하여

함수 $g(x) = \displaystyle\int_x^{x+1} |f(t)| dt$는 $x = 1$과 $x = 4$에서 극소이다.

$f(0)$의 값을 구하시오. [4점]

110 ☐☐☐☐☐

최고차항의 계수가 3인 이차함수 $f(x)$에 대하여 함수

$$g(x) = x^2 \int_0^x f(t)dt - \int_0^x t^2 f(t)dt$$

가 다음 조건을 만족시킨다.

> (가) 함수 $g(x)$는 극값을 갖지 않는다.
> (나) 방정식 $g'(x) = 0$의 모든 실근은 0, 3이다.

$\displaystyle\int_0^3 |f(x)| dx$의 값을 구하시오. [4점]

삼차함수 $f(x)=x^3-3x-1$ 이 있다. 실수 $t\,(t\geq-1)$ 에 대하여 $-1\leq x\leq t$ 에서 $|f(x)|$ 의 최댓값을 $g(t)$ 라고 하자. $\displaystyle\int_{-1}^{1}g(t)\,dt=\dfrac{q}{p}$ 일 때, $p+q$ 의 값을 구하시오. (단, $p,\ q$ 는 서로소인 자연수이다.) [4점]

최고차항의 계수가 1 인 이차함수 $f(x)$ 에 대하여 함수
$$g(x)=\int_{0}^{x}f(t)\,dt$$
가 다음 조건을 만족시킬 때, $f(9)$ 의 값을 구하시오. [4점]

> $x\geq1$ 인 모든 실수 x 에 대하여
> $g(x)\geq g(4)$ 이고 $|g(x)|\geq|g(3)|$ 이다.

두 다항함수 $f(x)$, $g(x)$ 에 대하여 $f(x)$ 의 한 부정적분을 $F(x)$ 라 하고 $g(x)$ 의 한 부정적분을 $G(x)$ 라 할 때, 이 함수들은 모든 실수 x 에 대하여 다음 조건을 만족시킨다.

> (가) $\displaystyle\int_{1}^{x}f(t)\,dt=xf(x)-2x^2-1$
>
> (나) $f(x)G(x)+F(x)g(x)=8x^3+3x^2+1$

$\displaystyle\int_{1}^{3}g(x)\,dx$ 의 값을 구하시오. [4점]

최고차항의 계수가 1 이고 $f'(0)=f'(2)=0$ 인 삼차함수 $f(x)$ 와 양수 p 에 대하여 함수 $g(x)$ 를
$$g(x)=\begin{cases} f(x)-f(0) & (x\leq0) \\ f(x+p)-f(p) & (x>0) \end{cases}$$
이라 하자. 〈보기〉에서 옳은 것만을 있는 대로 고른 것은? [4점]

> ── 〈보기〉 ──
>
> ㄱ. $p=1$ 일 때, $g'(1)=0$ 이다.
> ㄴ. $g(x)$ 가 실수 전체의 집합에서 미분가능하도록 하는 양수 p 의 개수는 1 이다.
> ㄷ. $p\geq2$ 일 때, $\displaystyle\int_{-1}^{1}g(x)\,dx\geq0$ 이다.

① ㄱ   ② ㄱ, ㄴ   ③ ㄱ, ㄷ

④ ㄴ, ㄷ   ⑤ ㄱ, ㄴ, ㄷ

115 2017년 고3 7월 교육청 나형

최고차항의 계수가 양수인 이차함수 $f(x)$ 에 대하여 $g(x) = \displaystyle\int_0^x tf(t)dt$ 라 할 때, 〈보기〉에서 옳은 것만을 있는 대로 고른 것은? [4점]

―――――― 〈보기〉 ――――――

ㄱ. $g'(0) = 0$
ㄴ. 양수 α 에 대하여 $g(\alpha) = 0$ 이면 방정식 $f(x) = 0$ 은 열린구간 $(0, \alpha)$ 에서 적어도 하나의 실근을 갖는다.
ㄷ. 양수 β 에 대하여 $f(\beta) = g(\beta) = 0$ 이면 모든 실수 x 에 대하여 $\displaystyle\int_\beta^x tf(t)\,dt \geq 0$ 이다.

① ㄱ 　　② ㄷ 　　③ ㄱ, ㄴ

④ ㄴ, ㄷ 　　⑤ ㄱ, ㄴ, ㄷ

116 2017학년도 수능 나형

최고차항의 계수가 양수인 삼차함수 $f(x)$ 가 다음 조건을 만족시킨다.

―――――――――――――――

(가) 함수 $f(x)$ 는 $x = 0$ 에서 극댓값, $x = k$ 에서 극솟값을 가진다. (단, k 는 상수이다.)
(나) 1보다 큰 모든 실수 t 에 대하여
$\displaystyle\int_0^t |f'(x)|dx = f(t) + f(0)$ 이다.

〈보기〉에서 옳은 것만을 있는 대로 고른 것은? [4점]

―――――――― 〈보기〉 ――――――――

ㄱ. $\displaystyle\int_0^k f'(x)dx < 0$
ㄴ. $0 < k \leq 1$
ㄷ. 함수 $f(x)$ 의 극솟값은 0 이다.

① ㄱ 　　② ㄷ 　　③ ㄱ, ㄴ

④ ㄴ, ㄷ 　　⑤ ㄱ, ㄴ, ㄷ

117 2024년 고3 3월 교육청 공통

실수 a 에 대하여 함수 $f(x)$ 는
$$f(x) = \begin{cases} 3x^2 + 3x + a & (x < 0) \\ 3x + a & (x \geq 0) \end{cases}$$
이다. 함수
$$g(x) = \int_{-4}^x f(t)dt$$
가 $x = 2$ 에서 극솟값을 가질 때, 함수 $g(x)$ 의 극댓값은? [4점]

① 18 　　② 20 　　③ 22

④ 24 　　⑤ 26

118 2024년 고3 7월 교육청 공통

두 상수 a, b 에 대하여 실수 전체의 집합에서 미분가능한 함수 $f(x)$ 가 다음 조건을 만족시킨다.

―――――――――――――――

(가) $0 \leq x < 4$ 일 때, $f(x) = x^3 + ax^2 + bx$ 이다.
(나) 모든 실수 x 에 대하여 $f(x+4) = f(x) + 16$ 이다.

$\displaystyle\int_4^7 f(x)dx$ 의 값은? [4점]

① $\dfrac{255}{4}$ 　　② $\dfrac{261}{4}$ 　　③ $\dfrac{267}{4}$

④ $\dfrac{273}{4}$ 　　⑤ $\dfrac{279}{4}$

두 다항함수 $f(x)$, $g(x)$는 모든 실수 x에 대하여 다음 조건을 만족시킨다.

> (가) $\displaystyle\int_1^x tf(t)\,dt + \int_{-1}^x tg(t)\,dt = 3x^4 + 8x^3 - 3x^2$
>
> (나) $f(x) = xg'(x)$

$\displaystyle\int_0^3 g(x)\,dx$ 의 값은? [4점]

① 72　　　② 76　　　③ 80

④ 84　　　⑤ 88

실수 전체의 집합에서 미분가능한 함수 $f(x)$가 모든 실수 x에 대하여

$$\{f(x)\}^2 = 2\int_3^x (t^2 + 2t)f(t)\,dt$$

를 만족시킬 때, $\displaystyle\int_{-3}^0 f(x)\,dx$ 의 최댓값을 M,

최솟값을 m 이라 하자. $M - m$ 의 값을 구하시오. [4점]

구간 $[0,\ 8]$에서 정의된 함수 $f(x)$는

$$f(x) = \begin{cases} -x(x-4) & (0 \le x < 4) \\ x - 4 & (4 \le x \le 8) \end{cases}$$

이다. 실수 $a\,(0 \le a \le 4)$에 대하여 $\displaystyle\int_a^{a+4} f(x)\,dx$ 의

최솟값은 $\dfrac{q}{p}$ 이다. $p+q$의 값을 구하시오.

(단, p와 q는 서로소인 자연수이다.) [4점]

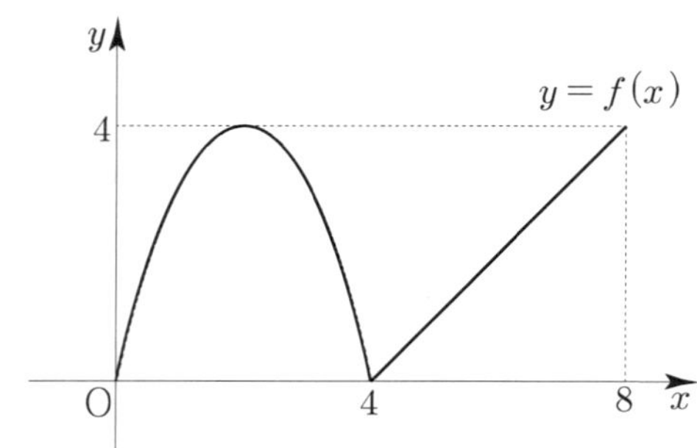

실수 전체의 집합에서 연속인 함수 $f(x)$가 다음 조건을 만족시킨다.

> $n-1 \le x < n$ 일 때, $|f(x)| = |6(x-n+1)(x-n)|$ 이다. (단, n은 자연수이다.)

열린구간 $(0,\ 4)$에서 정의된 함수

$$g(x) = \int_0^x f(t)\,dt - \int_x^4 f(t)\,dt$$

가 $x = 2$에서 최솟값 0을 가질 때, $\displaystyle\int_{\frac{1}{2}}^4 f(x)\,dx$ 의 값은?

[4점]

① $-\dfrac{3}{2}$　　　② $-\dfrac{1}{2}$　　　③ $\dfrac{1}{2}$

④ $\dfrac{3}{2}$　　　⑤ $\dfrac{5}{2}$

Master step
기출 적용편

1. 부정적분과 정적분

123

다항함수 $f(x)$ 가 상수 a, b 에 대하여

$$\int_0^x (x-t)\{f(t)\}^2 dt = \frac{1}{12}x^4 + x^3 + ax^2 + bx$$

를 만족시킨다. $f(1) = -4$ 일 때, $f(-2a+b)$ 의 값을 구하시오.

124

함수 $f(x) = \displaystyle\int_0^2 |t-x|\,dt$ 에 대하여

〈보기〉에서 옳은 것만을 있는 대로 고르시오.

〈보기〉

ㄱ. 방정식 $f(x) = 2$ 의 서로 다른 실근의 개수는 2 이다.

ㄴ. $f(x)$ 의 최솟값은 1 이다.

ㄷ. $\displaystyle\lim_{x \to a+} \frac{f(x)-f(a)}{x-a} \neq \lim_{x \to a-} \frac{f(x)-f(a)}{x-a}$ 를 만족시키는 실수 a 가 존재한다.

ㄹ. 곡선 $y = f(x)$ 와 직선 $y = x+2$ 로 둘러싸인 도형의 넓이는 $\dfrac{16}{3}$ 이다.

125

함수 $f(x) = x^2 - nx$ 에 대하여 함수

$$g(x) = \int_0^x (|x|-t) f(t)\,dt$$

가 열린구간 $\left(-\dfrac{n^2}{6},\ \dfrac{n^2}{6} \right)$ 에서 오직 하나의 극값을 갖도록 하는 모든 자연수 n 의 값의 합을 구하시오.

126 2013학년도 수능 가형

삼차함수 $f(x)$ 가 $f(0) > 0$ 을 만족시킨다. 함수 $g(x)$ 를 $g(x) = \left| \displaystyle\int_0^x f(t)\,dt \right|$ 라 할 때, 함수 $y = g(x)$ 의 그래프가 그림과 같다.

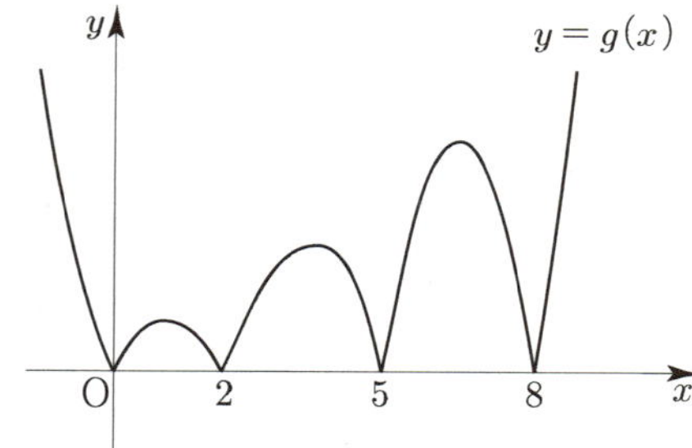

〈보기〉에서 옳은 것만을 있는 대로 고른 것은? [4점]

〈보기〉

ㄱ. 방정식 $f(x) = 0$ 은 서로 다른 3 개의 실근을 갖는다.

ㄴ. $f'(0) < 0$

ㄷ. $\displaystyle\int_m^{m+2} f(x)\,dx > 0$ 을 만족시키는 자연수 m 의 개수는 3 이다.

---

① ㄴ 　② ㄷ 　③ ㄱ, ㄴ

④ ㄱ, ㄷ 　⑤ ㄱ, ㄴ, ㄷ

127

최고차항의 계수가 1 이고 $\left(\dfrac{f'(k)}{k}\right)^k = 1\ (k=1,\ 2,\ 3)$ 을

만족시키는 사차함수 $f(x)$ 에 대하여 집합 S 를

$$S = \left\{\, x \mid \int_1^x \{f'(t) - t\}dt = 0 \text{ 이고 } x \neq 3 \right\}$$

라 하고, $n(S) = 2$ 일 때, 집합 S 의 모든 원소의 합은?

① $\dfrac{10}{3}$ ② $\dfrac{11}{3}$ ③ $\dfrac{14}{3}$

④ $\dfrac{17}{3}$ ⑤ $\dfrac{20}{3}$

128

최고차항의 계수가 1 인 사차함수 $f(x)$ 와 일차함수 $g(x)$
가 다음 조건을 만족시킨다.

> (가) $\displaystyle\lim_{x \to a} \dfrac{f(x) - g(x)}{x - a} = 0$
>
> (나) $f(x) - f(4-x) = g(x) - g(4-x)$
>
> (다) $\displaystyle\int_a^2 f'(x)\,dx = \int_a^2 g'(x)\,dx + 16$

$f(6) - g(6)$ 의 값은? (단, a 는 실수이다.)

① 142 ② 144 ③ 146

④ 148 ⑤ 150

129

실수 t 에 대하여 곡선 $y = x^4$ 위의 점 $(t,\ t^4)$ 에서의

접선의 방정식을 $y = f(x)$ 라 할 때,

함수 $y = \left| \dfrac{x^4}{8} - f(x) + a \right|$ 가 양의 실수 전체의 집합에서

미분가능하도록 하는 실수 a 의 최솟값을 $g(t)$ 라 하자.

$\displaystyle\int_{-1}^2 g(t)\,dt = \dfrac{q}{p}$ 일 때, $p+q$ 의 값을 구하시오.

(단, p 와 q 는 서로소인 자연수이다.)

130   2020년 고3 7월 교육청 나형

두 다항함수 $f(x),\ g(x)$ 가 다음 조건을 만족시킨다.

> (가) $f'(x) = x^2 - 4x,\ g'(x) = -2x$
>
> (나) 함수 $y = f(x)$ 의 그래프와 함수 $y = g(x)$ 의
> 그래프는 서로 다른 두 점에서만 만난다.

〈보기〉에서 옳은 것만을 있는 대로 고른 것은? [4점]

> ──────〈보기〉──────
>
> ㄱ. 두 함수 $f(x)$ 와 $g(x)$ 는 모두 $x=0$ 에서 극대이다.
>
> ㄴ. $\{f(0) - g(0)\} \times \{f(2) - g(2)\} = 0$
>
> ㄷ. 모든 실수 x 에 대하여
> $$\int_{-1}^x \{f(t) - g(t)\}dt \geq 0 \text{ 이면}$$
> $$\int_{-1}^1 \{f(x) - g(x)\}dx = 2 \text{ 이다.}$$

① ㄱ ② ㄱ, ㄴ ③ ㄱ, ㄷ

④ ㄴ, ㄷ ⑤ ㄱ, ㄴ, ㄷ

실수 전체의 집합에서 연속인 함수 $f(x)$ 와 최고차항의 계수가 1인 삼차함수 $g(x)$ 가

$$g(x) = \begin{cases} -\displaystyle\int_0^x f(t)\,dt & (x < 0) \\[4mm] \displaystyle\int_0^x f(t)\,dt & (x \geq 0) \end{cases}$$

을 만족시킬 때, 〈보기〉에서 옳은 것만을 있는 대로 고른 것은? [4점]

---〈보기〉---

ㄱ. $f(0) = 0$
ㄴ. 함수 $f(x)$ 는 극댓값을 갖는다.
ㄷ. $2 < f(1) < 4$ 일 때, 방정식 $f(x) = x$ 의 서로 다른 실근의 개수는 3 이다.

① ㄱ   ② ㄷ   ③ ㄱ, ㄴ

④ ㄱ, ㄷ   ⑤ ㄱ, ㄴ, ㄷ

최고차항의 계수가 1 이고 $f(0) = 0$, $f(1) = 0$ 인 삼차함수 $f(x)$ 에 대하여 함수 $g(t)$ 를

$$g(t) = \int_t^{t+1} f(x)\,dx - \int_0^1 |f(x)|\,dx$$

라 할 때, 〈보기〉에서 옳은 것만을 있는 대로 고른 것은? [4점]

---〈보기〉---

ㄱ. $g(0) = 0$ 이면 $g(-1) < 0$ 이다.
ㄴ. $g(-1) > 0$ 이면 $f(k) = 0$ 을 만족시키는 $k < -1$ 인 실수 k 가 존재한다.
ㄷ. $g(-1) > 1$ 이면 $g(0) < -1$ 이다.

① ㄱ   ② ㄱ, ㄴ   ③ ㄱ, ㄷ

④ ㄴ, ㄷ   ⑤ ㄱ, ㄴ, ㄷ

사차함수 $f(x) = x^4 + ax^2 + b$ 에 대하여 $x \geq 0$ 에서 정의된 함수 $g(x) = \displaystyle\int_{-x}^{2x} \{f(t) - |f(t)|\}\,dt$ 가 다음 조건을 만족시킨다.

(가) $0 < x < 1$ 에서 $g(x) = C_1$ (C_1 은 상수)
(나) $1 < x < 5$ 에서 $g(x)$ 는 감소한다.
(다) $x > 5$ 에서 $g(x) = C_2$ (C_2 는 상수)

$f(\sqrt{2})$ 의 값은? (단, a, b 는 상수이다.) [4점]

① 40   ② 42   ③ 44

④ 46   ⑤ 48

실수 $a\,(a > 1)$ 에 대하여 함수 $f(x)$ 를
$f(x) = (x+1)(x-1)(x-a)$ 라 하자.
함수

$$g(x) = x^2 \int_0^x f(t)\,dt - \int_0^x t^2 f(t)\,dt$$

가 오직 하나의 극값을 갖도록 하는 a 의 최댓값은? [4점]

① $\dfrac{9\sqrt{2}}{8}$ ② $\dfrac{3\sqrt{6}}{4}$ ③ $\dfrac{3\sqrt{2}}{2}$

④ $\sqrt{6}$ ⑤ $2\sqrt{2}$

135 · 2020년 고3 10월 교육청 나형

함수 $f(x) = \begin{cases} -3x^2 & (x < 1) \\ 2(x-3) & (x \geq 1) \end{cases}$ 에 대하여

함수 $g(x)$ 를

$$g(x) = \int_0^x (t-1)f(t)dt$$

라 할 때, 실수 t 에 대하여 직선 $y = t$ 와 곡선 $y = g(x)$ 가

만나는 서로 다른 점의 개수를 $h(t)$ 라 하자.

$\left| \lim\limits_{t \to a+} h(t) - \lim\limits_{t \to a-} h(t) \right| = 2$ 를 만족시키는

모든 실수 a 에 대하여 $|a|$ 의 값의 합을 S 라 할 때,

$30S$ 의 값을 구하시오. [4점]

137 · 2020년 고3 3월 교육청 가형

최고차항의 계수가 4인 삼차함수 $f(x)$ 와 실수 t 에

대하여 함수 $g(x)$ 를

$$g(x) = \int_t^x f(s)ds$$

라 하자. 상수 a 에 대하여 두 함수 $f(x)$ 와 $g(x)$ 가

다음 조건을 만족시킨다.

> (가) $f'(a) = 0$
> (나) 함수 $|g(x) - g(a)|$ 가 미분가능하지 않은
> x 의 개수는 1이다.

실수 t 에 대하여 $g(a)$ 의 값을 $h(t)$ 라 할 때, $h(3) = 0$ 이고

함수 $h(t)$ 는 $t = 2$ 에서 최댓값 27을 가진다. $f(5)$ 의 값을

구하시오. [4점]

136 · 2020학년도 고3 9월 평가원 나형

함수 $f(x) = x^3 + x^2 + ax + b$ 에 대하여 함수 $g(x)$ 를

$g(x) = f(x) + (x-1)f'(x)$ 라 하자.

〈보기〉에서 옳은 것만을 있는 대로 고른 것은?

(단, a, b 는 상수이다.) [4점]

> ─── 〈보기〉 ───
> ㄱ. 함수 $h(x)$ 가 $h(x) = (x-1)f(x)$ 이면
> $h'(x) = g(x)$ 이다.
> ㄴ. 함수 $f(x)$ 가 $x = -1$ 에서 극값 0을 가지면
> $\int_0^1 g(x)dx = -1$ 이다.
> ㄷ. $f(0) = 0$ 이면 방정식 $g(x) = 0$ 은 열린구간
> $(0, 1)$ 에서 적어도 하나의 실근을 갖는다.

① ㄱ ② ㄴ ③ ㄱ, ㄴ

④ ㄱ, ㄷ ⑤ ㄱ, ㄴ, ㄷ

138 · 2010년 고3 10월 교육청 가형

실수 전체의 집합에서 정의된 연속함수 $y = f(x)$ 의

그래프의 일부가 그림과 같다.

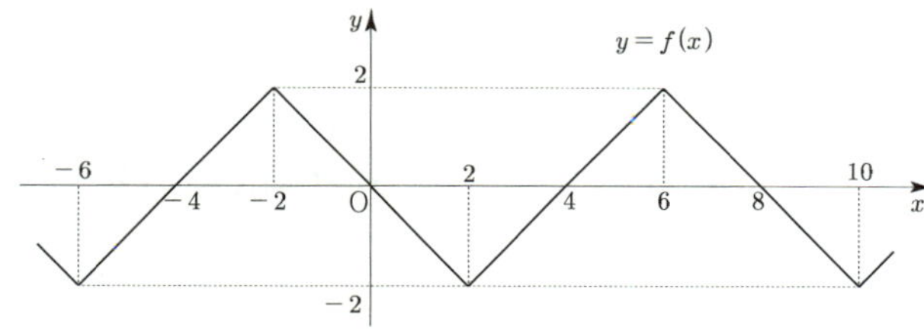

실수 전체의 집합에서 함수 $g(x)$ 를

$$g(x) = \int_x^{x+2} f(t)dt$$ 라 할 때,

〈보기〉에서 옳은 것만을 있는 대로 고른 것은? [4점]

> ─── 〈보기〉 ───
> ㄱ. $g(-1) = 0$
> ㄴ. 함수 $g(x)$ 는 열린구간 $(-2, 2)$ 에서 감소한다.
> ㄷ. $-4 \leq x \leq 6$ 에서 방정식 $g(x) = 2$ 의 모든 실근의
>   합은 4이다.

① ㄱ ② ㄴ ③ ㄱ, ㄴ

④ ㄱ, ㄷ ⑤ ㄱ, ㄴ, ㄷ

양수 a와 일차함수 $f(x)$에 대하여 실수 전체의 집합에서 정의된 함수

$$g(x) = \int_0^x (t^2-4)\{|f(t)|-a\}dt$$

가 다음 조건을 만족시킨다.

> (가) 함수 $g(x)$는 극값을 갖지 않는다.
> (나) $g(2) = 5$

$g(0) - g(-4)$의 값을 구하시오. [4점]

최고차항의 계수가 1인 사차함수 $f(x)$의 도함수 $f'(x)$에 대하여 방정식 $f'(x)=0$의 서로 다른 세 실근 $\alpha,\ 0,\ \beta\ (\alpha<0<\beta)$가 이 순서대로 등차수열을 이룰 때, 함수 $f(x)$는 다음 조건을 만족시킨다.

> (가) 방정식 $f(x)=9$는 서로 다른 세 실근을 가진다.
> (나) $f(\alpha) = -16$

함수 $g(x) = |f'(x)| - f'(x)$에 대하여 $\displaystyle\int_0^{10} g(x)dx$의 값은? [4점]

① 48   ② 50   ③ 52

④ 54   ⑤ 56

일차함수 $f(x)$에 대하여 함수 $g(x)$를

$$g(x) = \int_0^x (x-2)f(s)ds$$

라 하자. 실수 t에 대하여 직선 $y=tx$와 곡선 $y=g(x)$가 만나는 점의 개수를 $h(t)$라 할 때, 다음 조건을 만족시키는 모든 함수 $g(x)$에 대하여 $g(4)$의 값의 합을 구하시오. [4점]

> $g(k)=0$을 만족시키는 모든 실수 k에 대하여 함수 $h(t)$는 $t=-k$에서 불연속이다.

$x=-3$과 $x=a\,(a>-3)$에서 극값을 갖는 삼차함수 $f(x)$에 대하여 실수 전체의 집합에서 정의된 함수

$$g(x) = \begin{cases} f(x) & (x<-3) \\ \displaystyle\int_0^x |f'(t)|dt & (x \geq -3) \end{cases}$$

이 다음 조건을 만족시킨다.

> (가) $g(-3) = -16,\ g(a) = -8$
> (나) 함수 $g(x)$는 실수 전체의 집합에서 연속이다.
> (다) 함수 $g(x)$는 극솟값을 갖는다.

$\left| \displaystyle\int_a^4 \{f(x)+g(x)\}dx \right|$의 값을 구하시오. [4점]

143

최고차항의 계수가 양수인 $f(0)=f(2)=f(4)$ 를
만족시키는 삼차함수 $f(x)$ 에 대하여 함수 $g(x)$ 를

$$g(x)=k+\int_0^x \{f(t)-f(2)\}\,dt$$

라 하자. 임의의 실수 x 에 대하여 $\log_2 g(x)$ 가 항상
정의될 때, 자연수 n 에 대하여
방정식 $\log_2 g(x)=\log_2 n$ 의 서로 다른 실근의 개수를
a_n 이라고 하자. $a_1+a_{17}=5$ 를 만족시킬 때,
$g(5k)$ 의 값은? (단, k 는 상수이고 $a_{17}>a_1$ 이다.)

① 24　　　② 26　　　③ 28

④ 30　　　⑤ 32

144

최고차항의 계수가 1 이고 $f'(1)=f(1)=0$ 인 삼차함수
$f(x)$ 에 대하여 함수 $g(x)$ 를

$$g(x)=\int_x^{x-2} f'(t)\,dt+k$$

라 하자. $f(x)$ 와 $g(x)$ 가 다음 조건을 만족시킨다.

> (가) $g(x)$ 는 $x=2$ 에서 최댓값을 갖는다.
> (나) 모든 실수 x 에 대하여 $f(x)g'(x) \leq \dfrac{g(2)}{f(5)}$ 이다.

$g(1)$ 의 최솟값은? (단, k 는 실수이다.)

① 75　　　② 77　　　③ 79

④ 81　　　⑤ 83

145

$x=0$ 에서 음수인 최솟값을 갖는 최고차항의 계수가 1 인
이차함수 $f(x)$ 에 대하여 함수 $g(x)$ 를

$$g(x)=\left| f(x)+\int_0^x \{f(t)-f(0)\}\,dt \right|$$

라 하자. 함수 $g(x)$ 는 $x=\alpha$, $x=\beta$ $(\alpha<\beta)$ 에서만
극솟값을 갖고, $\beta-\alpha=5$ 이다. $g(2\alpha+\beta)=\dfrac{q}{p}$ 일 때,
$p+q$ 의 값을 구하시오. (단, α, β 는 상수이고, p 와 q 는
서로소인 자연수이다.)

146

자연수 n 과 함수 $f(x)$ 에 대하여 $f'(x)=x^3-3nx^2+2n^2x$
이다. $f(x)$ 가 모든 실수 x 에 대하여

$$\int_n^x \{f(t)-|f(t)|\}\,dt \geq 0$$

이다. $f(n)$ 의 최솟값을 a_n 이라고 할 때, $\sqrt{a_n}<90$ 을
만족시키는 n 의 최댓값은?

① 9　　　② 11　　　③ 13

④ 15　　　⑤ 17

최고차항의 계수가 1 인 삼차함수 $f(x)$ 와 $1 \le a \le b$ 인 모든 실수 a, b 에 대하여

$$\int_1^a (t-2)f'(t)\,dt \le \int_1^b (t-2)f'(t)\,dt$$

이고 $f'(3) \le 12$ 이다. $\int_0^2 f'(x)\,dx$ 의 최댓값을 M, 최솟값을 m 이라고 할 때, $M-m$ 의 값은?

① 10 ② 12 ③ 14

④ 16 ⑤ 18

$|f(x)| = |x^3 - n^2 x|$ 인 삼차함수 $f(x)$ 에 대하여

$$\int_{-n}^x \frac{f(t) + f(|t|)}{2}\,dt \ge 0$$

를 만족시키는 실수 x 의 최댓값을 $g(n)$ 이라고 하자. $(x+n)f(x) \ge 0$ 을 만족하는 모든 정수 x 의 합이 45 가 되도록 하는 n 을 k 라 할 때, $g(k)$ 의 값은?
(단, n 은 자연수이다.)

① $8\sqrt{2}$ ② $10\sqrt{2}$ ③ $12\sqrt{2}$

④ $14\sqrt{2}$ ⑤ $16\sqrt{2}$

상수 $a(a>0)$ 와 함수 $f(x) = (x-a)(x-2a)$ 에 대하여 함수 $g(x)$ 를

$$g(x) = \int_0^x t\,|f(t)|\,dt - \int_0^x tf(t)\,dt$$

라 하자. 모든 실수 x 에 대하여 $g(\alpha) \le g(x) \le g(\beta)$ 를 만족시키는 실수 α 의 최댓값을 M, 실수 β 의 최솟값을 m 이라 할 때, $\dfrac{g(m) - g(M)}{m - M} = \dfrac{1}{2}$ 이다.

$\int_{-4}^4 g(x)\,dx = \dfrac{q}{p}$ 일 때, $p+q$ 의 값을 구하시오.
(단, p 와 q 는 서로소인 자연수이다.)

삼차함수 $f(x)$ 는 다음 조건을 만족시킨다.

> (가) $\int_0^4 f(x)\,dx > 0$
>
> (나) $f'(0)f'(4) \ge 0$
>
> (다) 방정식 $f(x) = f(4)$ 의 실근은 모두 정수이다.

$f(x)$ 에 대하여 집합 S 를

$$S = \left\{ a \,\middle|\, \lim_{x \to a} \frac{f(x)}{x-a} = f'(a) \text{ 이고 } a \text{ 는 } 1 \text{ 이 아닌 정수} \right\}$$

라 하고, S 의 원소의 개수를 $n(S)$ 라 하자.
$\{0, 4\} \subset S$ 를 만족시키는 모든 $f(x)$ 에 대하여 서로 다른 모든 $\dfrac{n(S)f(-1)}{f(5)}$ 의 값의 곱은?

① 24 ② 36 ③ 48

④ 60 ⑤ 72

151

최고차항의 계수가 1인 삼차함수 $f(x)$에 대하여 실수 전체의 집합에서 미분가능한 함수 $g(x)$를

$$g(x) = \begin{cases} (x-1)f(x) & (x \geq 0) \\ \displaystyle\int_0^x tf'(t)dt & (x < 0) \end{cases}$$

라 하고 집합 S를

$S = \{a \,|\, 함수 \,|g(x)|\, 는 \, x=a \, 에서 \, 미분가능하지 \, 않다.\}$

라 하자. S의 모든 원소의 합이 -3일 때,

$\dfrac{g(4)}{g(-2)}$의 값은?

① -30 ② -32 ③ -34

④ -36 ⑤ -38

152

$f(0)=0$이고, 최고차항의 계수가 1인 삼차함수 $f(x)$와 양수 t에 대하여 닫힌구간 $[0,\,t]$에서 함수 $f(x)$의 최댓값을 함수 $g(t)$라 하고, 닫힌구간 $[0,\,t]$에서 함수 $f(x)$의 최솟값을 함수 $h(t)$라 하자. 양의 실수 k에 대하여 두 함수 $g(t),\ h(t)$는 다음 조건을 만족시킨다.

(가) $0 < t \leq \alpha$인 모든 실수 t에 대하여 $g(t)=f(t)$를 만족시키는 실수 α의 최댓값은 1이고, $\beta \leq t$인 모든 실수 t에 대하여 $g(t)=f(t)$를 만족시키는 실수 β의 최솟값은 $3k+1$이다.

(나) 함수 $h(t)$는 양의 실수 전체의 집합에서 미분가능하다.

(다) $\displaystyle\int_1^{3k+1} \{g(t) - h(t)\}dt \geq 2$

$f(1)$의 최댓값과 최솟값의 합을 구하시오.

153

함수 $f(x) = \dfrac{-x^3 + 3x}{k}$ (k는 $0 < k < 2$인 상수)에 대하여 함수 $\displaystyle\int_0^x |f'(t)|\,dt$의 역함수를 $g(x)$라 할 때,

$\displaystyle\int_0^a |f'(t)|\,dt = g(a)$를 만족시키는 모든 실수 a의 값을 작은 수부터 크기순으로 나열하면 $a_1,\ a_2,\ a_3$이다.

$\{g(a_3)\}^3 - \{g(a_1)\}^3$의 값을 구하시오.

154

최고차항의 계수가 1인 삼차함수 $f(x)$가 $f'(0)=0$을 만족시킬 때, 함수 $g(x)$는

$$g(x) = \begin{cases} f(2a-x) & (x < a) \\ f(x) & (x \geq a) \end{cases}$$

이다. $g(x)$가 다음 조건을 만족시킨다.

(가) $g(x)$는 실수 전체의 집합에서 미분가능하다.

(나) $g'(x)$의 역함수를 $h(x)$라고 할 때, $g'(3) = h(3)$이다.

$27\displaystyle\int_{\frac{4}{3}}^{\frac{8}{3}} \{f'(x) - g'(x)\}dx$의 값을 구하시오.

사차함수 $f(x)$ 가 다음 조건을 만족시킨다.

> (가) 함수 $|f(x)+f(-1)|$ 는 $x=m$, $x=n$ 에서만
>   극솟값을 갖는다.
> (나) $f(0)=5$

$f(x)$ 에 대하여 집합 A 와 B 는

$$A = \left\{ a \mid \lim_{x \to a} \frac{f(x)}{x-a} = 0 \right\}$$

$$B = \left\{ -a \mid \int_1^a f'(x)\,dx = 0 \right\}$$

이다. $A=B$ 를 만족시키는 모든 $f(x)$ 에 대하여
서로 다른 모든 $f(2)$ 의 값의 합을 구하시오.
(단, $m \neq n$ 이다.)

최고차항의 계수가 1인 삼차함수 $f(x)$ 와 상수 $k(k \geq 0)$ 에
대하여 함수

$$g(x) = \begin{cases} 2x-k & (x \leq k) \\ f(x) & (x > k) \end{cases}$$

가 다음 조건을 만족시킨다.

> (가) 함수 $g(x)$ 는 실수 전체의 집합에서 증가하고
>   미분가능하다.
> (나) 모든 실수 x 에 대하여
> $$\int_0^x g(t)\{|t(t-1)|+t(t-1)\}dt \geq 0 \text{ 이고}$$
> $$\int_3^x g(t)\{|(t-1)(t+2)|-(t-1)(t+2)\}dt \geq 0$$
>   이다.

$g(k+1)$ 의 최솟값은? [4점]

① $4-\sqrt{6}$ ② $5-\sqrt{6}$ ③ $6-\sqrt{6}$

④ $7-\sqrt{6}$ ⑤ $8-\sqrt{6}$

규토 라이트 N제

적분

Guide step

개념 익히기편

2. 정적분의 활용

01 넓이

성취 기준 – 곡선으로 둘러싸인 도형의 넓이를 구할 수 있다.

개념 파악하기 | (1) 정적분과 넓이는 어떤 관계가 있을까?

정적분과 넓이의 관계

닫힌구간 $[a,\ b]$에 속하는 임의의 실수 t에 대하여 함수 $f(x)=x+2$의
그래프와 x축 및 두 직선 $x=a$, $x=t$로 둘러싸인 도형의 넓이를 $S(t)$라 하면

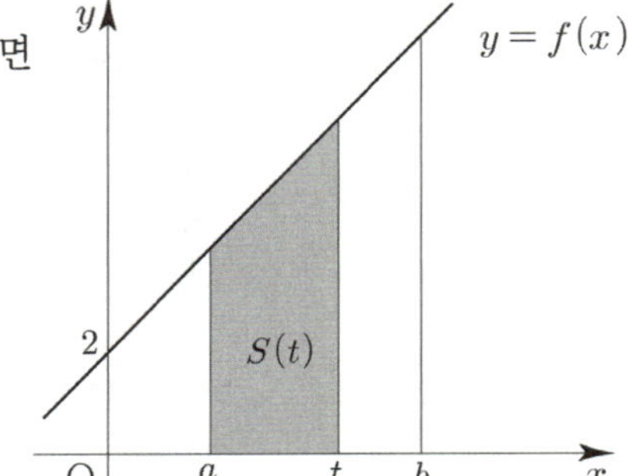

$$S(t)=\frac{1}{2}\times\{(a+2)+(t+2)\}\times(t-a)=\frac{1}{2}(t^2+4t-a^2-4a)$$

이므로 $S'(t)=t+2$이다.

따라서 $S'(t)=f(t)$이므로 정적분의 정의에 따라
$$\int_a^b f(x)dx=\Big[S(x)\Big]_a^b=S(b)-S(a)$$ 이다.

이때 $S(a)=0$이므로 $\displaystyle\int_a^b f(x)dx=S(b)$이다.

이와 같이 넓이는 정적분을 이용하여 구할 수 있다.

정적분과 넓이의 관계 요약

함수 $f(x)$가 닫힌구간 $[a,\ b]$에서 연속이고 $f(x)\geq 0$일 때,
곡선 $y=f(x)$와 x축 및 두 직선 $x=a$, $x=b$로 둘러싸인
도형의 넓이 S는
$$S=\int_a^b f(x)dx$$ 이다.

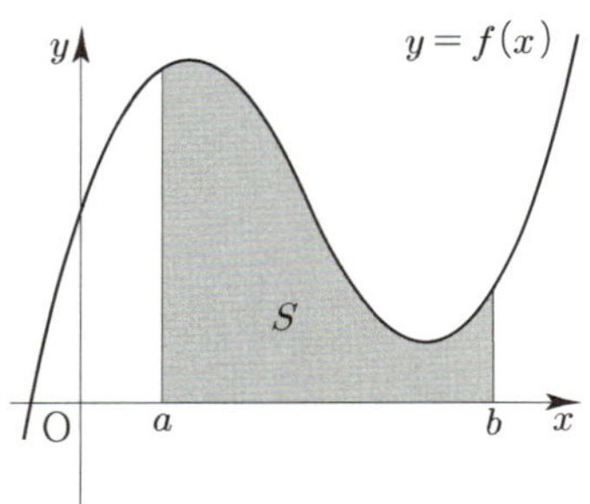

예제 1

다음 물음에 답하시오.

(1) 곡선 $y=x^2+2$과 x축 및 두 직선 $x=0$, $x=1$로 둘러싸인 도형의 넓이를 구하시오.

(2) 곡선 $y=-x^2+2x$와 x축으로 둘러싸인 도형의 넓이를 구하시오.

풀이

(1) 닫힌구간 $[0,\ 1]$에서 $y>0$이므로 구하는 넓이 S는

$$S=\int_0^1 (x^2+2)dx=\left[\frac{1}{3}x^3+2x\right]_0^1=\frac{7}{3}$$

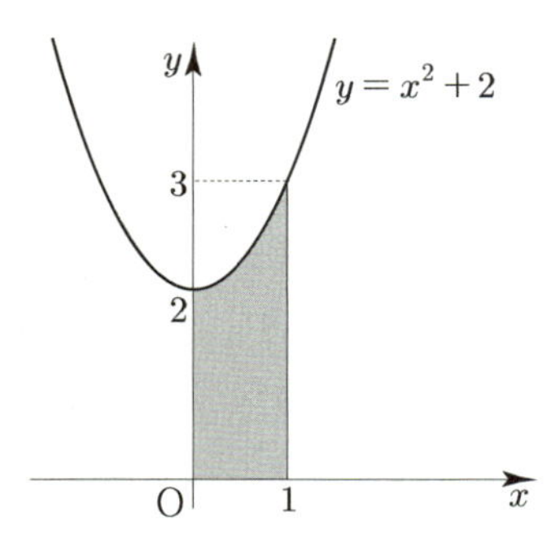

(2) 곡선 $y=-x^2+2x$와 x축의 교점의 x좌표는 $x=0$, $x=2$

닫힌구간 $[0,\ 2]$에서 $y\geq 0$이므로 구하는 넓이 S는

$$S=\int_0^2 (-x^2+2x)dx=\left[-\frac{1}{3}x^3+x^2\right]_0^2=\frac{4}{3}$$

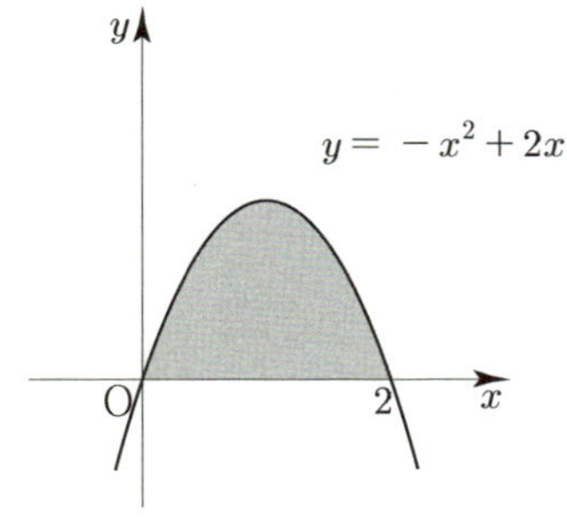

개념 확인문제 1 다음 물음에 답하시오.

(1) 곡선 $y=4x^3$과 x축 및 두 직선 $x=1$, $x=2$로 둘러싸인 도형의 넓이를 구하시오.

(2) 곡선 $y=-x^2+4$와 x축으로 둘러싸인 도형의 넓이를 구하시오.

곡선과 x축 사이의 넓이

함수 $f(x)$가 닫힌구간 $[a,\ b]$에서 연속일 때, 곡선 $y=f(x)$와 x축 및
두 직선 $x=a$, $x=b$로 둘러싸인 도형의 넓이 S를 구해 보자.

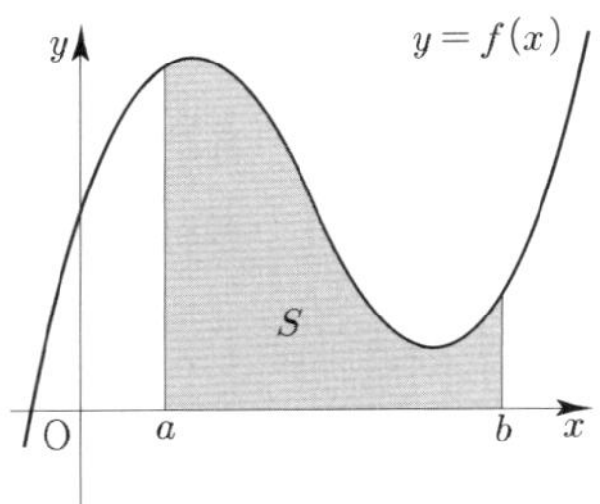

① 닫힌구간 $[a,\ b]$에서 $f(x) \geq 0$일 때, 정적분과 넓이의 관계에 따라

$$S=\int_a^b f(x)dx$$

② 닫힌구간 $[a,\ b]$에서 $f(x) \leq 0$일 때, 곡선 $y=f(x)$는 곡선 $y=-f(x)$와
  x축에 대하여 대칭이고 $-f(x) \geq 0$이므로

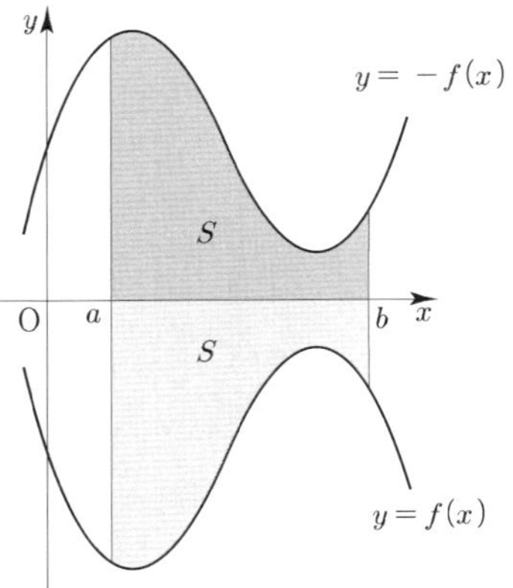

$$S=\int_a^b \{-f(x)\}dx = \int_a^b |f(x)|dx$$

③ 닫힌구간 $[a,\ c]$에서 $f(x) \geq 0$이고, 닫힌구간 $[c,\ b]$에서 $f(x) \leq 0$일 때,

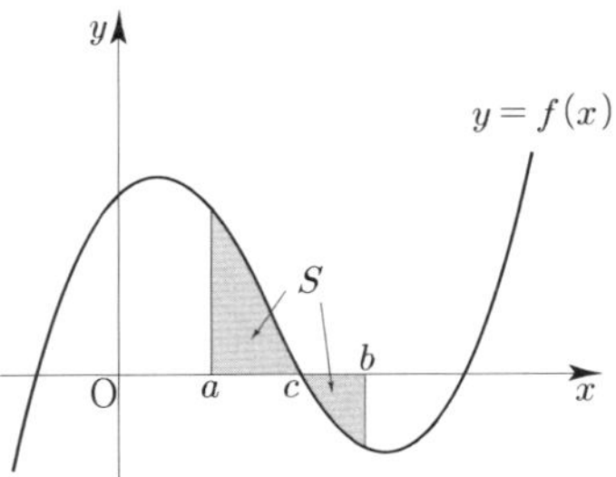

$$S=\int_a^c f(x)dx + \int_c^b \{-f(x)\}dx = \int_a^c |f(x)|dx + \int_c^b |f(x)|dx = \int_a^b |f(x)|dx$$

곡선과 x축 사이의 넓이 요약

함수 $f(x)$가 닫힌구간 $[a,\ b]$에서 연속일 때,

곡선 $y=f(x)$와 x축 및 두 직선 $x=a$, $x=b$로 둘러싸인 도형의 넓이 S는 $S=\int_a^b |f(x)|dx$ 이다.

Tip 1 닫힌구간 $[a,\ b]$에서 함수 $f(x)$가 양의 값과 음의 값을 모두 가질 때는
$f(x)$의 값이 양수인 구간과 음수인 구간으로 적분 구간을 나누어 계산한다.

Tip 2 $\int_a^b |f(x)|dx$는 곡선 $y=f(x)$와 x축 및 두 직선 $x=a$, $x=b$로 둘러싸인 도형의 넓이 S를

나타내는 **표현형**이다. 즉, 보자마자 x축으로 둘러싸인 넓이라고 Reading할 수 있어야한다.
실제 계산할 때는 절댓값을 벗긴 후 계산하고 이때 절댓값을 벗긴 적분형태인

① $\int_a^b f(x)dx$, ② $\int_a^b \{-f(x)\}dx$, ③ $\int_a^c f(x)dx + \int_c^b \{-f(x)\}dx$ 는

곡선 $y=f(x)$와 x축 및 두 직선 $x=a$, $x=b$로 둘러싸인 도형의 넓이 S를 나타내는 **계산형**이다.

Tip 3 $\int_a^b |f(x)|dx$는 함수 $|f(x)|$ ($y=f(x)$의 그래프에서 x축 아래에 있는 부분을 x축 위로

접어올린 형태)를 a에서 b까지 적분했다고 볼 수도 있다.

예제 2

곡선 $y = x^2 - 2x$ 와 x 축 및 두 직선 $x = 0$, $x = 4$ 로 둘러싸인 도형의 넓이를 구하시오.

풀이

곡선 $y = x^2 - 2x$ 와 x 축의 교점의 x 좌표는 $x = 0$, $x = 2$

닫힌구간 $[0, 2]$ 에서 $y \leq 0$, 닫힌구간 $[2, 4]$ 에서 $y \geq 0$ 이므로

구하는 넓이 S 는

$$S = \int_0^2 (-x^2 + 2x)dx + \int_2^4 (x^2 - 2x)dx = \left[-\frac{1}{3}x^3 + x^2\right]_0^2 + \left[\frac{1}{3}x^3 - x^2\right]_2^4$$

$$= \frac{4}{3} + \frac{20}{3} = 8$$

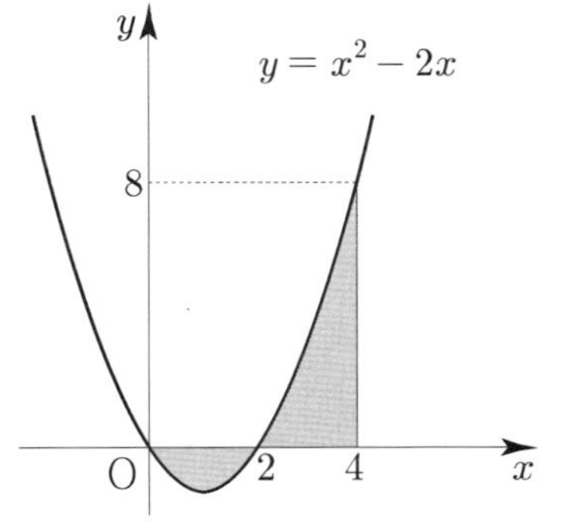

개념 확인문제 2 다음 곡선과 x 축 및 두 직선 $x = 0$, $x = 2$ 으로 둘러싸인 도형의 넓이를 구하시오.

(1) $y = -x^2 + 3x - 2$

(2) $y = x^3 - x$

두 곡선 사이의 넓이

두 함수 $f(x)$, $g(x)$가 닫힌구간 $[a, b]$에서 연속일 때, 두 곡선 $y=f(x)$, $y=g(x)$와 두 직선 $x=a$, $x=b$로 둘러싸인 도형의 넓이 S를 구해보자.

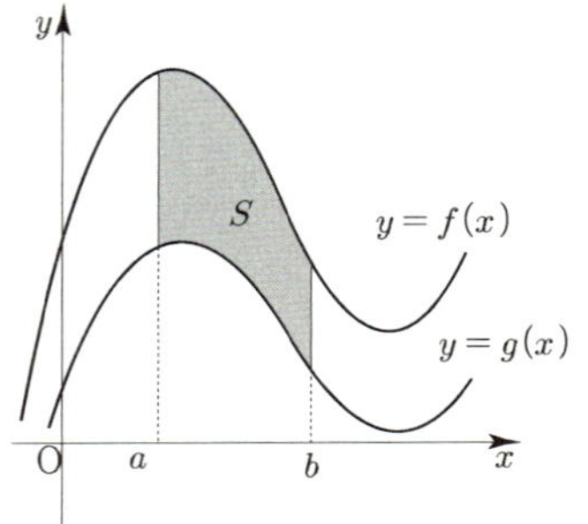

① 닫힌구간 $[a, b]$에서 $f(x) \geq g(x) \geq 0$일 때,

$$S = \int_a^b f(x)dx - \int_a^b g(x)dx = \int_a^b \{f(x) - g(x)\}dx$$

② 닫힌구간 $[a, b]$에서 $f(x) \geq g(x)$이고 $g(x)$의 값이 음수인 경우가 있을 때, 두 곡선 $y=f(x)$, $y=g(x)$를 y축의 방향으로 k만큼 평행이동하여 $f(x)+k \geq g(x)+k \geq 0$이 되도록 할 수 있다.
이때 평행이동한 도형의 넓이는 변하지 않으므로

$$S = \int_a^b \{f(x)+k\}dx - \int_a^b \{g(x)+k\}dx = \int_a^b \{f(x)-g(x)\}dx$$

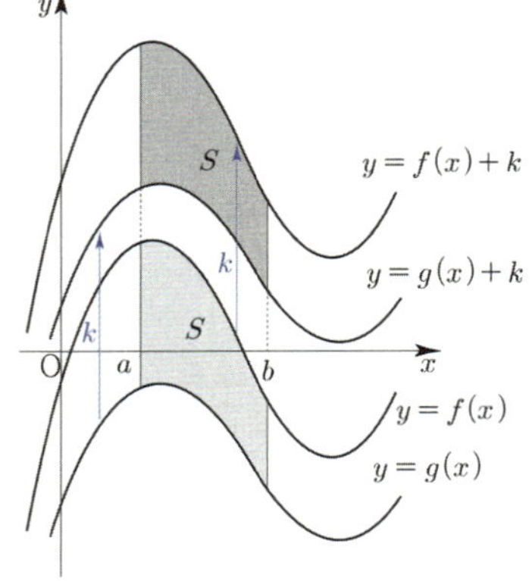

③ 닫힌구간 $[a, c]$에서 $f(x) \leq g(x)$이고, 닫힌구간 $[c, b]$에서 $f(x) \geq g(x)$일 때,

$$S = \int_a^c \{g(x)-f(x)\}dx + \int_c^b \{f(x)-g(x)\}dx$$
$$= \int_a^c |f(x)-g(x)|dx + \int_c^b |f(x)-g(x)|dx$$
$$= \int_a^b |f(x)-g(x)|dx$$

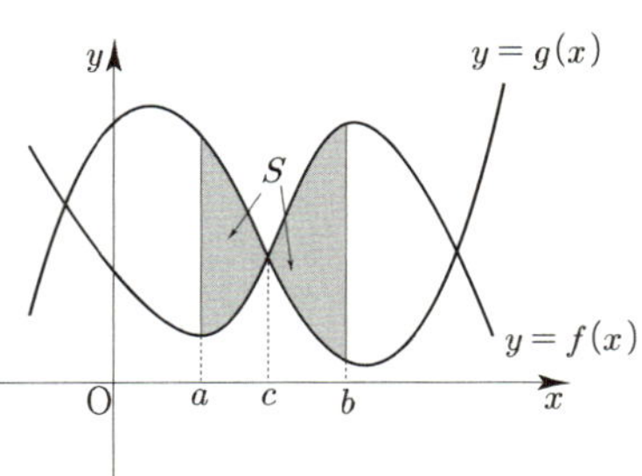

두 곡선 사이의 넓이 요약

두 함수 $f(x)$, $g(x)$가 닫힌구간 $[a, b]$에서 연속일 때, 두 곡선 $y=f(x)$, $y=g(x)$와 두 직선 $x=a$, $x=b$로 둘러싸인 도형의 넓이 S는 $S = \int_a^b |f(x)-g(x)|dx$이다.

Tip 1 닫힌구간 $[a, b]$에서 두 함수 $f(x)$, $g(x)$의 대소가 바뀔 때는 $f(x)-g(x)$의 값이 양수인 구간과 음수인 구간으로 나누어 구한다.

Tip 2 $\int_a^b |f(x)-g(x)|dx$는 두 곡선 $y=f(x)$, $y=g(x)$와 두 직선 $x=a$, $x=b$로 둘러싸인 도형의 넓이 S를 나타내는 **표현형**이다.
즉, 보자마자 두 곡선 $y=f(x)$, $y=g(x)$으로 둘러싸인 넓이라고 Reading할 수 있어야 한다.
실제 계산할 때는 절댓값을 벗긴 후 계산하고 이때 절댓값을 벗긴 적분형태인

① $\int_a^b \{f(x)-g(x)\}dx$, ② $\int_a^b \{f(x)-g(x)\}dx$, ③ $\int_a^c \{g(x)-f(x)\}dx + \int_c^b \{f(x)-g(x)\}dx$는

두 곡선 $y=f(x)$, $y=g(x)$ 및 두 직선 $x=a$, $x=b$로 둘러싸인 도형의 넓이 S를 나타내는 **계산형**이다.

예제 3

두 곡선 $y = x^2 - x$, $y = -x^2 + 3x$ 로 둘러싸인 도형의 넓이를 구하시오.

풀이

$x^2 - x = -x^2 + 3x \Rightarrow 2x^2 - 4x = 2x(x-2) = 0$

두 곡선의 교점의 x좌표는 $x = 0$, $x = 2$

닫힌구간 $[0, 2]$에서 $x^2 - x \leq -x^2 + 3x$ 이므로 구하는 넓이 S는

$$S = \int_0^2 \{(-x^2 + 3x) - (x^2 - x)\}dx = \int_0^2 (-2x^2 + 4x)dx$$

$$= \left[-\frac{2}{3}x^3 + 2x^2 \right]_0^2 = \frac{8}{3}$$

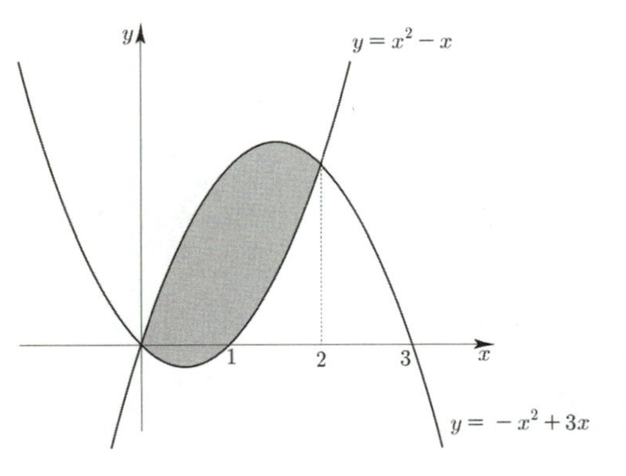

Tip 위에 있는 그래프에서 아래에 있는 그래프를 뺀 후 적분한다.

개념 확인문제 3 곡선 $y = -x^2 + 2$와 직선 $y = x$로 둘러싸인 도형의 넓이를 구하시오.

예제 4

곡선 $y = x^2 + 2x$와 세 직선 $y = x$, $x = -1$, $x = 1$로 둘러싸인 도형의 넓이를 구하시오.

풀이

$x^2 + 2x = x \Rightarrow x^2 + x = x(x+1) = 0$

곡선 $y = x^2 + 2x$와 직선 $y = x$의 교점의 x좌표는 $x = -1$, $x = 0$

닫힌구간 $[-1, 0]$에서 $x^2 + 2x \leq x$, 닫힌구간 $[0, 1]$에서

$x^2 + 2x \geq x$이므로 구하는 넓이 S는

$$S = \int_{-1}^0 \{x - (x^2 + 2x)\}dx + \int_0^1 \{(x^2 + 2x) - x\}dx$$

$$= \int_{-1}^0 (-x^2 - x)dx + \int_0^1 (x^2 + x)dx$$

$$= \left[-\frac{1}{3}x^3 - \frac{1}{2}x^2 \right]_{-1}^0 + \left[\frac{1}{3}x^3 + \frac{1}{2}x^2 \right]_0^1 = \frac{1}{6} + \frac{5}{6} = 1$$

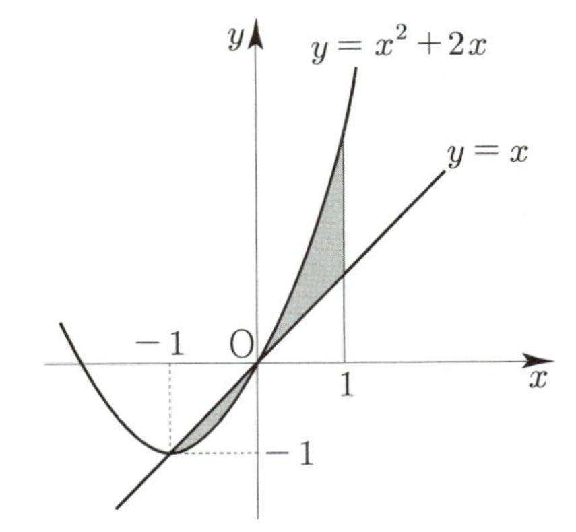

개념 확인문제 4 두 곡선 $y = -x^2$, $y = x^2 - 2x$와 두 직선 $x = -1$, $x = 1$로 둘러싸인 도형의 넓이를 구하시오.

두 곡선 사이의 넓이의 활용

오른쪽 그림에서 곡선 $y=f(x)$와 x축 및 두 직선 $x=0$, $x=a$로
둘러싸인 부분의 넓이를 A라 하고 x축 및 두 직선 $x=a$, $x=b$로
둘러싸인 부분의 넓이를 B라 하자.

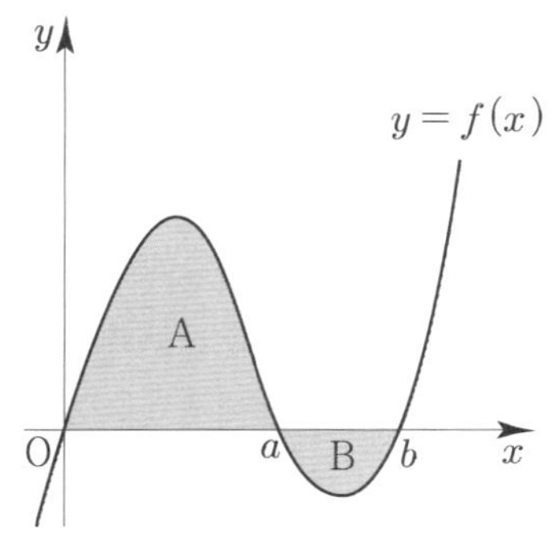

① A의 표현형은 $\displaystyle\int_0^a |f(x)|dx$ 이고 계산형은 $\displaystyle\int_0^a f(x)dx$ 이다.

　B의 표현형은 $\displaystyle\int_a^b |f(x)|dx$ 이고 계산형은 $\displaystyle\int_a^b \{-f(x)\}dx$ 이다.

> **Tip**　여기서 $\displaystyle\int_a^b f(x)dx = -\text{B}$ 인 것을 쉽게 알 수 있다.
>
> 　즉, $f(x) \leq 0$ 일 때(x축 아래에 있을 때) 정적분을 하면 넓이에 마이너스가 붙는다.

② $\displaystyle\int_0^b f(x)dx = \text{A}-\text{B}$

$$\int_0^b f(x)dx = \int_0^a f(x)dx + \int_a^b f(x)dx = \int_0^a f(x)dx - \int_a^b \{-f(x)\}dx = \text{A}-\text{B}$$

> **Tip**　위와 같이 식으로 접근할 수도 있지만 자연스럽게 곡선 $y=f(x)$ 가 $a \leq x \leq b$ 에서
>
> 　x축 아래에 있으므로 $\displaystyle\int_a^b f(x)dx = -\text{B}$ (넓이에 마이너스)이니 A에서 B를 빼면
>
> 　$\displaystyle\int_0^b f(x)dx = \text{A}-\text{B}$ 가 된다. 라는 사고과정으로 접근하는 것을 추천한다.
>
> 　즉, A에서 B만큼의 넓이가 상쇄된다고 생각하면 된다.

③ A가 B보다 크니 $\displaystyle\int_0^b f(x)dx > 0$ 이다.

> **Tip**　부정적분과 정적분 단원에서 $f(x)=x^3-x$ 라 할 때, $f(x)=x^3-x$ 가
>
> 　기함수이므로 식 계산에 의해 $\displaystyle\int_{-1}^1 f(x)dx=0$ 임을 보였다.
>
> 　이와 달리 위에서 배운 개념을 바탕으로 넓이로 접근해보자.
>
> 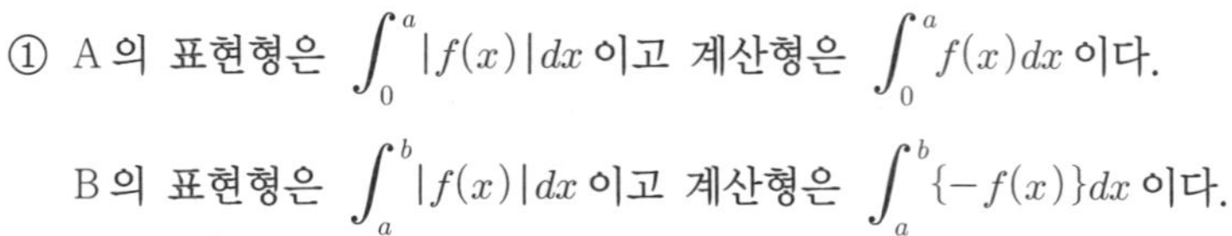
>
> 　곡선 $y=f(x)$ 는 기함수이므로 $\displaystyle\int_{-1}^0 f(x)dx = \text{A}$ 라 하면
>
> 　$\displaystyle\int_0^1 f(x)dx = -\text{A}$ 이므로 $\displaystyle\int_{-1}^1 f(x)dx = \text{A}-\text{A}=0$ 이라고
>
> 　볼 수도 있다. 즉, A에서 A만큼의 넓이가 상쇄되니 0이 된다.
> 　이와 마찬가지로 만약 두 곡선 $y=f(x)$, $y=g(x)$ 으로 이루어진
> 　두 부분의 넓이가 서로 같을 때,
>
> 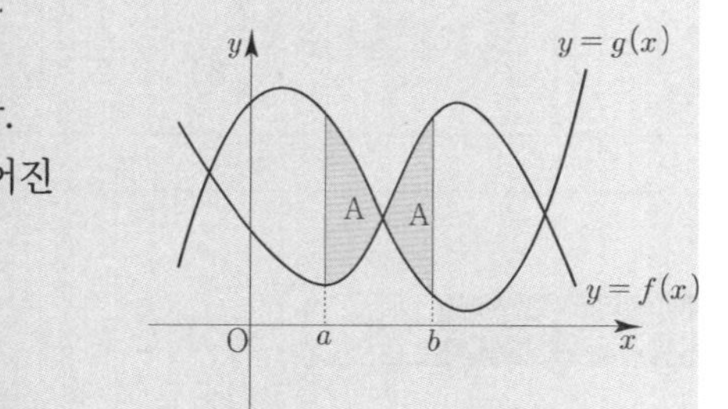
>
> 　$\displaystyle\int_a^b \{f(x)-g(x)\}dx = \text{A}-\text{A}=0$ 이다.

두 곡선 $y=f(x)$, $y=f^{-1}(x)$ 사이의 넓이

함수 $y=f(x)$와 역함수 $y=f^{-1}(x)$의 그래프로 둘러싸인 부분의 넓이 S는
함수 $y=f(x)$의 그래프와 직선 $y=x$ 사이의 넓이의 2배이다. (대칭성 활용)

$$S=\int_a^b |f(x)-f^{-1}(x)|\,dx = 2\int_a^b |x-f(x)|\,dx$$

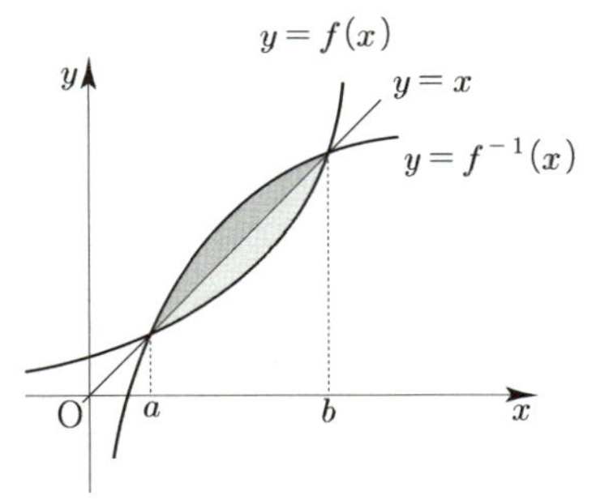

Tip 역함수를 직접 구해서 적분하는 것이 아니라 직선 $y=x$와 곡선 $y=f(x)$ 사이의 넓이를 2배하여
계산하는 것이 핵심이다. (by 대칭성)

함수 $y=f(x)$의 그래프로 역함수 $y=f^{-1}(x)$의 그래프 해석하기

오른쪽 그림과 같이 증가함수 $y=f(x)$가
$f(a)=c$, $f(b)=d$일 때, a, b를 역함수로 표현하면?
단순히 x좌표와 y좌표를 서로 바꾸어 일차원적으로
$f^{-1}(c)=a$, $f^{-1}(d)=b$라고 할 수도 있다.

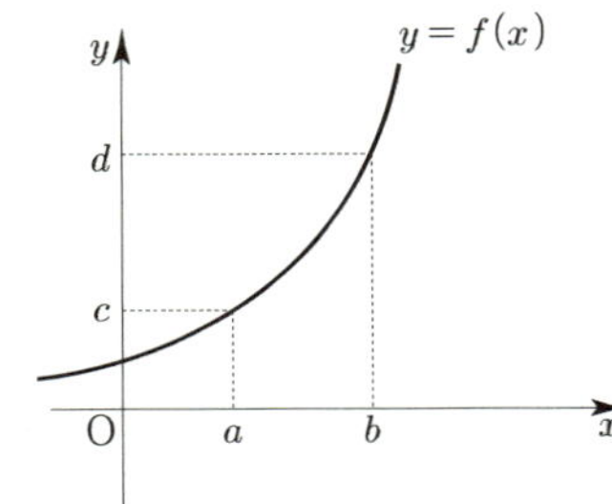

이와 달리 그래프로 접근하는 방법을 알아보자.
$y=f(x)$를 $y=x$에 대하여 대칭시키면 $y=f^{-1}(x)$가 되는 것을 알고 있다.
즉, x 대신 y를 넣고 y 대신 x를 넣어서 역함수를 구할 수 있다.
여기서 아이디어를 얻어 x축을 y축으로 보고 y축을 x축으로 봐도 된다.
이를 이행하려면 시계 반대 방향으로 $90°$ 회전을 시켜주기만 하면 된다.
즉, 너무나 자명하게 $y=f^{-1}(x)$에 $x=c$, $x=d$를 대입하면 함숫값이
$f^{-1}(c)=a$, $f^{-1}(d)=b$가 된다는 것을 바로 알 수 있다.

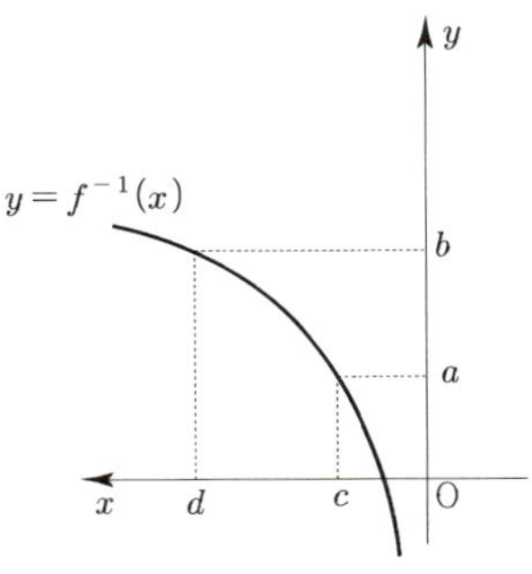

Tip 1 실제 $y=x$에 대하여 대칭시켜서 역함수를 구하면 오른쪽 그림에서
좌우 반전된 그림이 나온다. 시계 반대 방향으로 $90°$ 만큼 회전시켰기에 x축이 오른쪽에서
왼쪽으로 증가하기 때문이다. 정확한 그래프 개형이 중요한 것이 아니라
$y=f^{-1}(x)$에 $x=c$, $x=d$를 대입하면 함숫값이 $f^{-1}(c)=a$, $f^{-1}(d)=b$가 된다는 사실이 중요하다.

Tip 2 실전에서는 아래와 같이 옆에서 바라본다고 생각하면 된다.

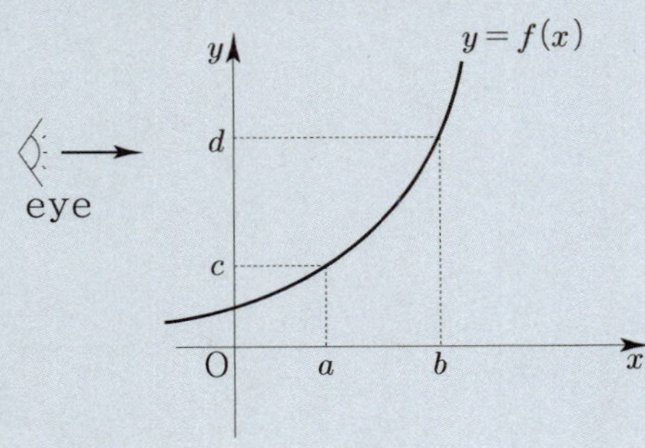

함수 $f(x)=x^2\,(x\geq 0)$ 의 그래프와 그 역함수 $f^{-1}(x)$ 의 그래프로 둘러싸인 도형의 넓이를 구하시오.

풀이

$x^2=x \Rightarrow x=0,\ x=1$

$y=x^2$ 와 $y=x$ 의 교점의 x 좌표는 $x=0,\ x=1$

$2\displaystyle\int_0^1 (x-x^2)dx=\dfrac{1}{3}$

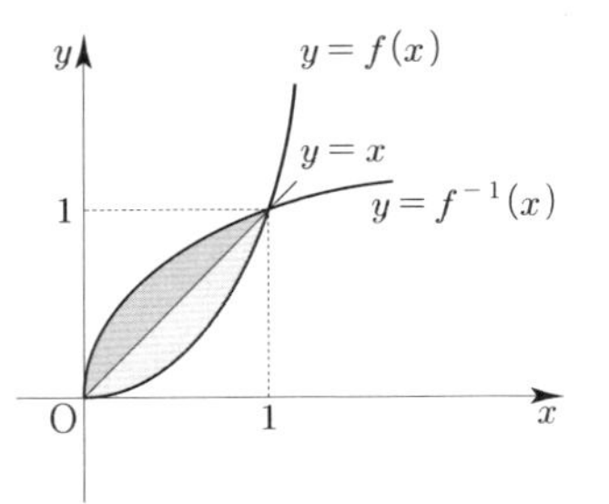

함수 $f(x)=x^2+1\ (x\geq 0)$ 의 역함수를 $g(x)$ 라 할 때, 정적분 $\displaystyle\int_0^1 f(x)dx+\int_1^2 g(x)dx$ 의 값을 구하시오.

풀이

$\displaystyle\int_0^1 f(x)dx=\mathrm{A}$ 이고 옆에서 바라보면 $\displaystyle\int_1^2 g(x)dx=\mathrm{B}$ 이므로

$\displaystyle\int_0^1 f(x)dx+\int_1^2 g(x)dx=\mathrm{A}+\mathrm{B}$ 이다.

즉, 직사각형의 넓이이므로 $1\times 2=2$ 이다.

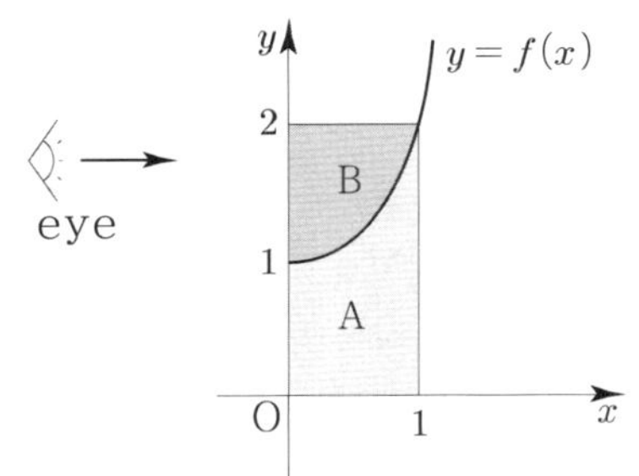

Tip 역함수 $g(x)$ 의 그래프를 직접 그리는 것이 아니라 $f(x)$ 의 그래프를 이용하여 $\displaystyle\int_1^2 g(x)dx$ 를 해석하는 것이 핵심이다.

$f'(x)$ 의 넓이와 $f(x)$ 의 함숫값의 차이

$y=f'(x)$ 와 x 축과 둘러싸인 부분의 넓이를 S 라 하면

$$S = \int_{\alpha}^{\beta} |f'(x)|\,dx = \int_{\alpha}^{\beta} \{-f'(x)\}\,dx = \left[-f(x)\right]_{\alpha}^{\beta}$$
$$= -f(\beta) - (-f(\alpha)) = f(\alpha) - f(\beta)$$

즉, 극값차가 S 이다. $f'(x)$ 의 넓이는 $f(x)$ 의 함숫값의 차이와 같다.
$f'(x) < 0$ 이므로 $f(x)$ 는 열린구간 (α, β) 에서 감소한다.
이때 얼마만큼 감소할까? 넓이 S 만큼 감소한다.

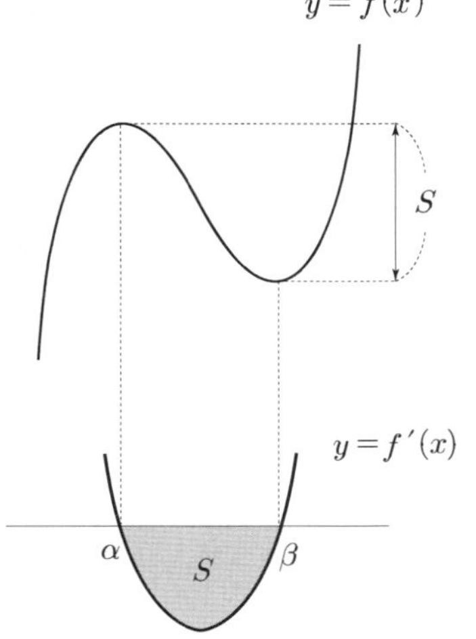

$f'(x)$ 의 넓이 차이에 따른 $f(x)$ 의 그래프 개형

$$A = \int_{a}^{b} |f'(x)|\,dx, \quad B = \int_{b}^{c} |f'(x)|\,dx \ \text{라 하면}$$

A와 B의 대소관계에 따라 $f(x)$ 의 그래프 개형은 달라진다.

① $A = B$

$$\int_{a}^{c} f'(x)\,dx = f(c) - f(a) = 0 \ \Rightarrow\ f(a) = f(c)$$

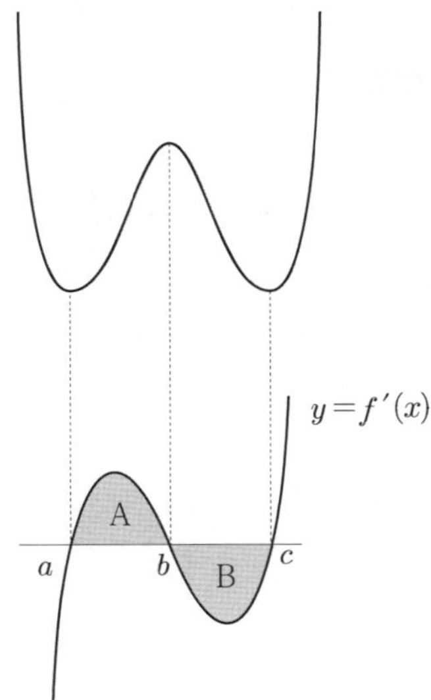

② $A > B$

$$\int_{a}^{c} f'(x)\,dx = f(c) - f(a) > 0 \ \Rightarrow\ f(c) > f(a)$$

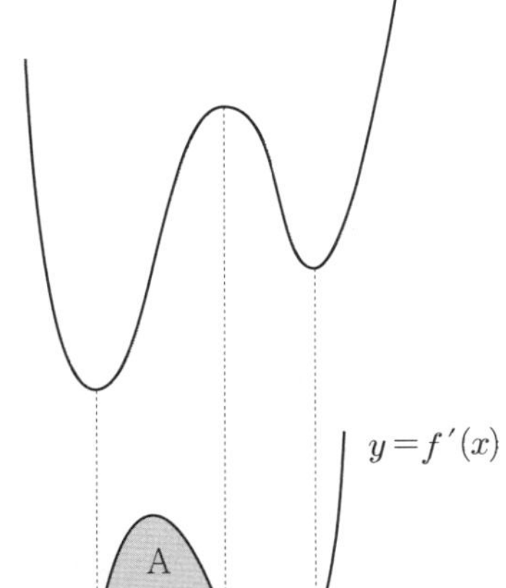

이차함수와 넓이 공식

① 이차함수와 x축으로 둘러싸인 부분의 넓이

곡선 $y=ax^2+bx+c$와 x축이 서로 다른 두 점 $x=\alpha$, $x=\beta\,(\alpha<\beta)$에서
만날 때, 곡선과 x축으로 둘러싸인 부분의 넓이 S는

$$S=\int_{\alpha}^{\beta}|ax^2+bx+c|\,dx=\int_{\alpha}^{\beta}|a(x-\alpha)(x-\beta)|\,dx=\frac{|a|}{6}(\beta-\alpha)^3$$

$$y=ax^2+bx+c$$

증명 $S=\int_{\alpha}^{\beta}(ax^2+bx+c)dx=\int_{\alpha}^{\beta}a(x-\alpha)(x-\beta)dx$

$$=a\left[\frac{1}{3}x^3-\frac{\alpha+\beta}{2}x^2+\alpha\beta x\right]_{\alpha}^{\beta}$$

$$=a\left\{\frac{\beta^3}{3}-\frac{\alpha\beta^2+\beta^3}{2}+\alpha\beta^2-\left(\frac{\alpha^3}{3}-\frac{\alpha^3+\beta\alpha^2}{2}+\alpha^2\beta\right)\right\}$$

$$=a\left\{-\frac{1}{6}(\beta^3-\alpha^3)+\frac{\alpha\beta}{2}(\beta-\alpha)\right\}$$

$$=-\frac{a}{6}(\beta-\alpha)(\beta^2+\alpha\beta+\alpha^2-3\alpha\beta)$$

$$=-\frac{a}{6}(\beta-\alpha)^3$$

따라서 곡선 $y=ax^2+bx+c$와 x축으로 둘러싸인 도형의 넓이는 $\dfrac{|a|}{6}(\beta-\alpha)^3$ 이다.

ex $y=x^2-4x+3$과 x축으로 둘러싸인 도형의 넓이를 구하시오.

$y=x^2-4x+3=(x-1)(x-3)$ 이므로 $S=\dfrac{|1|}{6}(3-1)^3=\dfrac{4}{3}$ 이다.

② **이차함수와 직선으로 둘러싸인 부분의 넓이**

곡선 $y=ax^2+bx+c$ 와 직선 $y=mx+n$ 이 서로 다른 두 점
$x=\alpha,\ x=\beta\,(\alpha<\beta)$ 에서 만날 때, 곡선과 직선으로 둘러싸인
부분의 넓이 S는

$$S=\int_{\alpha}^{\beta}\left|ax^2+bx+c-(mx+n)\right|dx=\int_{\alpha}^{\beta}\left|a(x-\alpha)(x-\beta)\right|dx$$

$$=\frac{|a|}{6}(\beta-\alpha)^3$$

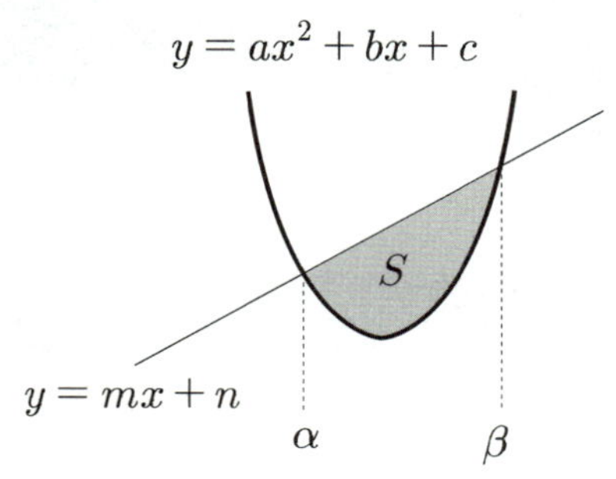

ex $y=-x^2+3x$ 과 $y=-x$ 로 둘러싸인 도형의 넓이를 구하시오.

$$-x^2+3x=-x \Rightarrow x^2-4x=x(x-4)=0 \text{ 이므로 } S=\frac{|-1|}{6}(4-0)^3=\frac{32}{3} \text{ 이다.}$$

③ **이차함수와 이차함수로 둘러싸인 부분의 넓이**

곡선 $y=ax^2+bx+c$ 와 $y=px^2+qx+r$ 이 서로 다른 두 점
$x=\alpha,\ x=\beta\,(\alpha<\beta)$ 에서 만날 때, 두 곡선으로 둘러싸인 부분의 넓이 S는

$$S=\int_{\alpha}^{\beta}\left|ax^2+bx+c-(px^2+qx+r)\right|dx=\int_{\alpha}^{\beta}\left|(a-p)(x-\alpha)(x-\beta)\right|dx$$

$$=\frac{|a-p|}{6}(\beta-\alpha)^3$$

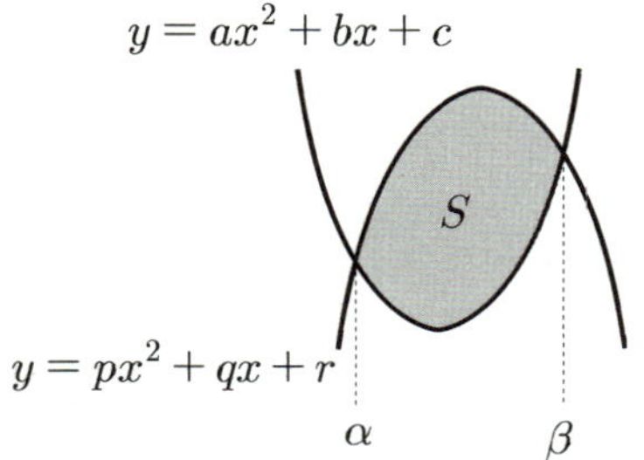

ex $y=x^2-3x$ 과 $y=-x^2+x+6$ 로 둘러싸인 도형의 넓이를 구하시오.

$$x^2-3x=-x^2+x+6 \Rightarrow 2x^2-4x-6=2(x+1)(x-3)=0 \text{ 이므로}$$

$$S=\frac{|1-(-1)|}{6}\{3-(-1)\}^3=\frac{64}{3} \text{ 이다.}$$

Tip 어차피 수능에서는 구간을 나눠서 직접 정적분을 구하는 문제가 나올 것이다.
그렇지만 위에서 언급한 3가지 공식(평가원에서 출제된 적 있음) 정도는 기억하는 편이 좋다.
이것 말고도 정말 다양한 넓이 공식이 있지만 외우지 않아도 된다.
다른 넓이 공식 외울 시간에 영어단어 하나를 더 외우도록 하자.

성취 기준 – 속도와 거리에 대한 문제를 해결할 수 있다.

개념 파악하기 | (8) 속도와 거리는 어떻게 구할까?

수직선 위를 움직이는 점의 위치

수직선 위를 움직이는 점 P의 시각 t에서 속도가 $v(t)$일 때, 점 P의 위치 $x = f(t)$를 구해보자.

시각 t_0에서 점 P의 위치를 $f(t_0) = x_0$이라고 하면 $v(t) = f'(t)$이므로

$$\int_{t_0}^{t} v(t)dt = f(t) - f(t_0) = f(t) - x_0 \text{이다.}$$

따라서 시각 t에서의 점 P의 위치 $x = f(t)$는 $x = f(t) = x_0 + \int_{t_0}^{t} v(t)dt$ 이다.

또한 시각 $t = a$에서 $t = b$까지 점 P의 위치의 변화량 $f(b) - f(a)$는

$$f(b) - f(a) = \int_{a}^{b} f'(t)\,dt = \int_{a}^{b} v(t)dt \text{ 이다.}$$

수직선 위를 움직이는 점이 움직인 거리

수직선 위를 움직이는 점 P가 시각 $t = a$에서 $t = b$까지 움직인 거리 s를 구해보자.

점 P의 시각 t에서 속도 $v(t)$를 나타내는 그래프가 오른쪽 그림과 같을 때,

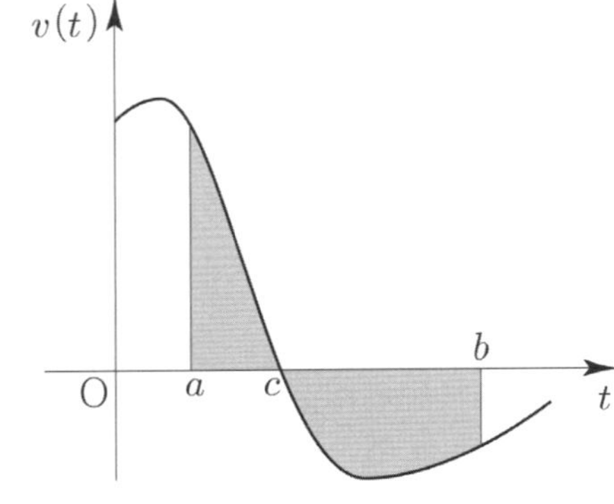

① $a \le t \le c$에서 $v(t) \ge 0$이므로 점 P가 움직인 거리는

$$f(c) - f(a) = \int_{a}^{c} v(t)dt \text{ 이다.}$$

② $c \le t \le b$에서 $v(t) \le 0$이므로 점 P가 움직인 거리는

$$f(c) - f(b) = \int_{b}^{c} v(t)dt \text{ 이다.}$$

따라서 시각 $t = a$에서 $t = b$까지 점 P가 움직인 거리는

$$\{f(c) - f(a)\} + \{f(c) - f(b)\} = \int_{a}^{c} v(t)dt + \int_{b}^{c} v(t)dt = \int_{a}^{c} v(t)dt + \int_{c}^{b} \{-v(t)\}dt$$

$$= \int_{a}^{c} |v(t)|dt + \int_{c}^{b} |v(t)|dt = \int_{a}^{b} |v(t)|dt$$

이다.

Tip $a \leq t \leq b$에서

(1) $v(t) \geq 0$일 때, 점 P가 움직인 거리는

$$f(b) - f(a)$$

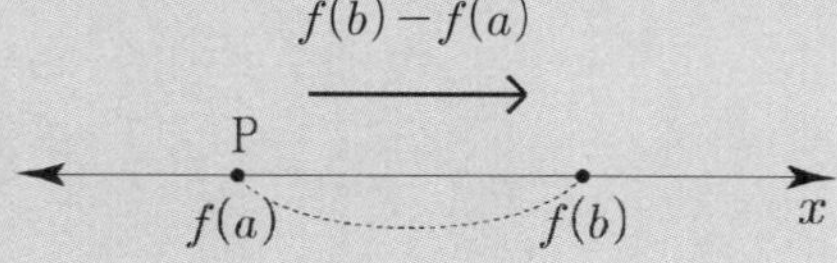

(2) $v(t) \leq 0$일 때, 점 P가 움직인 거리는

$$f(a) - f(b)$$

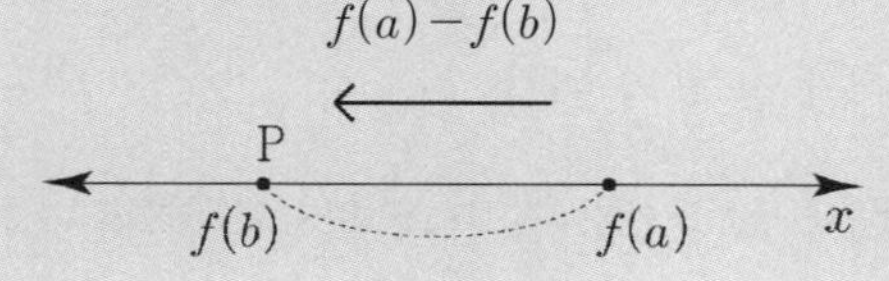

수직선 위를 움직이는 점의 위치와 움직인 거리 요약

수직선 위를 움직이는 점 P의 시각 t에서 속도가 $v(t)$이고, 시각 t_0에서 위치를 x_0이라고 할 때,

① 시각 t에서 점 P의 위치 x는 $x = x_0 + \displaystyle\int_{t_0}^{t} v(t)dt$이다.

② 시각 $t=a$에서 $t=b$까지 점 P의 위치의 변화량은 $\displaystyle\int_{a}^{b} v(t)dt$이다.

③ 시각 $t=a$에서 $t=b$까지 점 P가 움직인 거리는 $\displaystyle\int_{a}^{b} |v(t)|dt$이다.

Tip 위치를 미분하면 속도이고 속도를 적분하면 위치이다.
$f(x)$ $(=$위치$)$와 $f'(x)$ $(=$속도$)$의 관계와 같다.

좌표가 1인 점에서 출발하여 수직선 위를 움직이는 점 P의 시각 $t\,(t \geq 0)$에서 속도가 $v(t)=2-t$일 때, 다음을 구하시오.

(1) 시각 $t=3$에서 점 P의 위치

(2) 시각 $t=1$에서 $t=3$까지 점 P의 위치의 변화량

(3) 시각 $t=1$에서 $t=3$까지 점 P가 움직인 거리

풀이

풀이1) $v(t)$를 **활용하는 방법**

(1) $1+\displaystyle\int_0^3 (2-t)dt = 1+\left[2t-\dfrac{1}{2}t^2\right]_0^3 = \dfrac{5}{2}$

(2) $\displaystyle\int_1^3 (2-t)dt = \left[2t-\dfrac{1}{2}t^2\right]_1^3 = 0$

(3) $\displaystyle\int_1^3 |2-t|dt = \int_1^2 (2-t)dt + \int_2^3 (-2+t)dt = \left[2t-\dfrac{1}{2}t^2\right]_1^2 + \left[-2t+\dfrac{1}{2}t^2\right]_2^3 = 1$

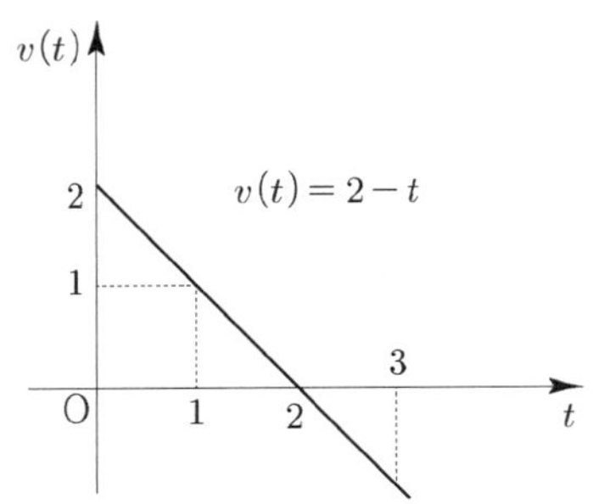

Tip 무조건 공식을 외우지 말고 $v(t)=2-t$의 그래프를 그려서 판단하는 편이 좋다. 즉, 이해를 하자! 괜히 적분단원에 있을 리가 없다! 앞에서 배운 것과 완벽하게 똑같다. 얼마만큼 증가하나? 도함수의 넓이만큼 증가한다! 얼마만큼 감소하나? 도함수의 넓이만큼 감소한다!

(1) 처음 좌표가 1이라고 했다. 0에서 2초까지 위치는 $\displaystyle\int_0^2 v(t)dt$만큼 증가하고 2에서 3초까지 위치는 $\displaystyle\int_2^3 -v(t)dt$만큼 감소한다. 즉, $1+\displaystyle\int_0^2 v(t)dt - \int_2^3 -v(t)\,dt = 1+\int_0^3 v(t)dt$와 같다.

(2) $v(t)$ 그래프를 보면 $\displaystyle\int_1^2 |v(t)|dt = \int_2^3 |v(t)|dt$이므로 위치의 증가와 감소량이 서로 같다. 따라서 0이다.

(3) 움직인 거리이므로 감소량과 증가량을 모두 더해야 하므로 $\displaystyle\int_1^3 |v(t)|dt$를 계산하면 된다.

풀이2) $x(t)$를 **활용하는 방법**

공식을 쓰지 않고 적분상수 C를 찾고 $x(t)$를 직접 구해도 된다.

(1) $v(t)$의 부정적분 $x(t)=2t-\dfrac{t^2}{2}+C$, $x(0)=1$

$\Rightarrow x(t)=-\dfrac{t^2}{2}+2t+1 \Rightarrow x(3)=\dfrac{5}{2}$

(2) $x(t)=-\dfrac{t^2}{2}+2t+1 \Rightarrow x(1)=x(3)=\dfrac{5}{2}$ 이므로 $x(3)-x(1)=0$

(3) $x(t)=-\dfrac{t^2}{2}+2t+1$ 이므로

$x(2)-x(1)=3-\dfrac{5}{2}=\dfrac{1}{2}$, $x(2)-x(3)=3-\dfrac{5}{2}=\dfrac{1}{2}$ 이므로

이동거리는 $\{x(2)-x(1)\}+\{x(2)-x(3)\}=\dfrac{1}{2}+\dfrac{1}{2}=1$ 이다.

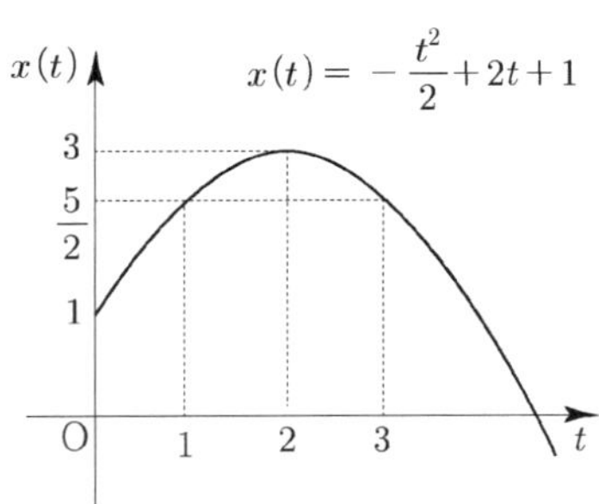

개념 확인문제 5 원점에서 출발하여 수직선 위를 움직이는 점 P의 시각 $t\,(t \geq 0)$에서
속도가 $v(t) = 6t - 3t^2$일 때, 다음을 구하시오.

(1) 시각 $t = 3$에서 점 P의 위치

(2) 시각 $t = 1$에서 $t = 3$까지 점 P의 위치의 변화량

(3) 시각 $t = 1$에서 $t = 3$까지 점 P가 움직인 거리

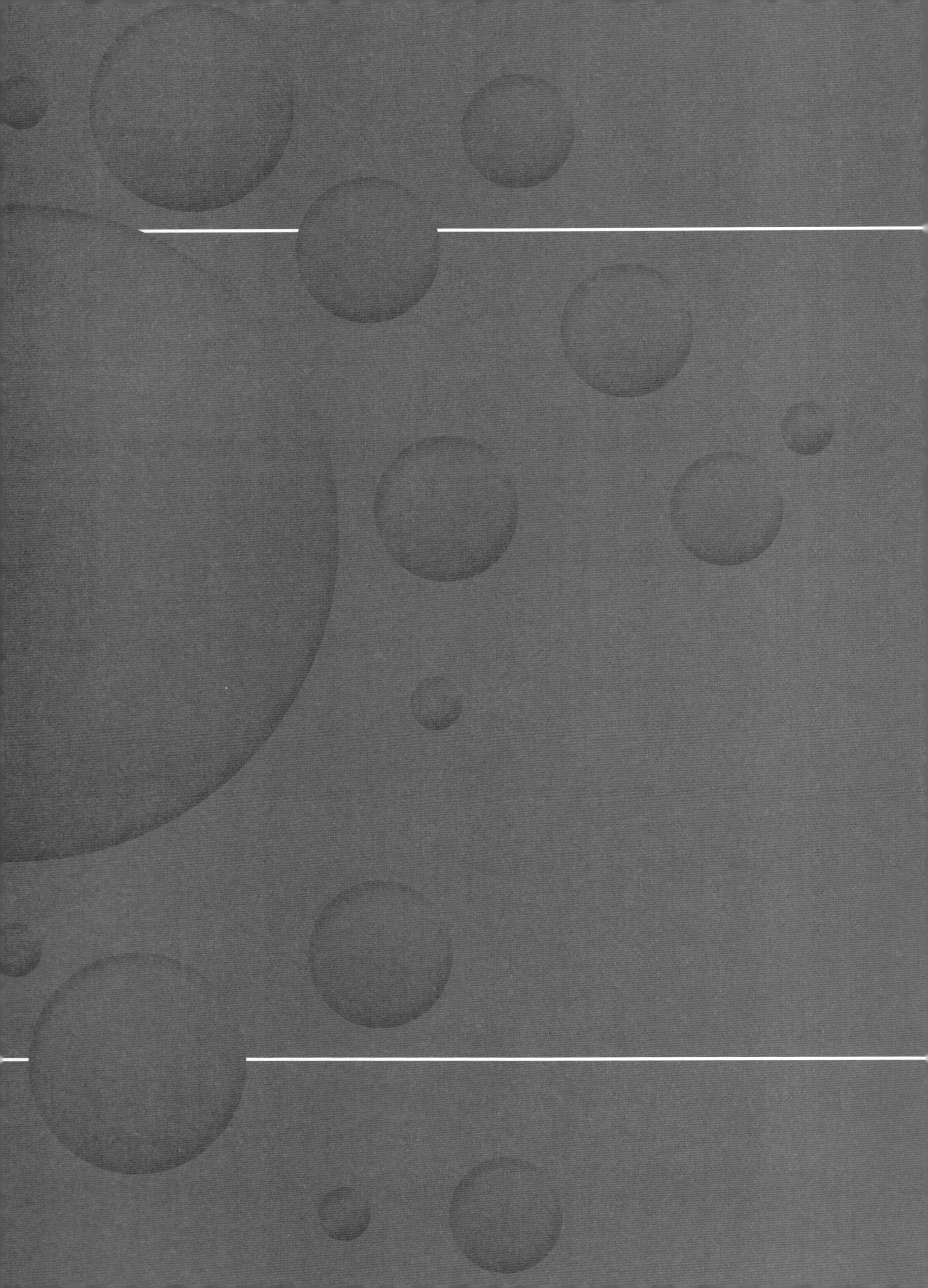

규토 라이트 N제

적분

Training − 1 step
필수 유형편

2. 정적분의 활용

Theme 1 — 곡선과 x축 사이의 넓이

001 ☐☐☐☐☐

함수 $y = 12x^3 - 12x^2 - 24x$ 의 그래프와 x축으로
둘러싸인 부분의 넓이를 구하시오.

002 ☐☐☐☐☐

함수 $f(x)$ 의 도함수 $f'(x)$ 가 $f'(x) = 3x^2 - 4$ 이고
$f(0) = 0$ 일 때, 곡선 $y = f(x)$ 와 x축으로 둘러싸인
부분의 넓이를 구하시오.

003 ☐☐☐☐☐

곡선 $y = 8x^3$ 과 x축 및 두 직선 $x = -1$, $x = a$ 로
둘러싸인 도형의 넓이가 34 일 때, 양의 상수 a 의 값을
구하시오.

004 ☐☐☐☐☐

곡선 $y = n(x-2)^2(x-3)$ 과 x축으로 둘러싸인 부분의
넓이가 자연수가 되도록 하는 50 이하의 모든 자연수 n 의
값의 합을 구하시오.

005 ☐☐☐☐☐

최고차항의 계수가 양수인 삼차함수 $f(x)$ 의
도함수 $f'(x)$ 가 다음 조건을 만족시킨다.

> (가) $f'(0) = f'(4) = 0$
> (나) 곡선 $y = f'(x)$ 와 x축으로 둘러싸인 부분의
>   넓이는 6 이다.

$f(0) = 10$ 일 때, $f(2)$ 의 값을 구하시오.

006 ☐☐☐☐☐

곡선 $y = (x-1)|x-2|$ 과 x축 및 두 직선 $x = 0$, $x = 3$
으로 둘러싸인 부분의 넓이는 k 이다. $12k$ 의 값을 구하시오.

007 ☐☐☐☐☐

아래 그림과 같이 곡선 $y = f(x)$ 와 x축으로 둘러싸인
두 도형의 넓이를 각각 A, B 라 하자.

$A = 10$, $B = 2$ 일 때, $\displaystyle\int_{-4}^{1} \{2f(x) + |f(x)| - 3\}\,dx$ 의

값을 구하시오.

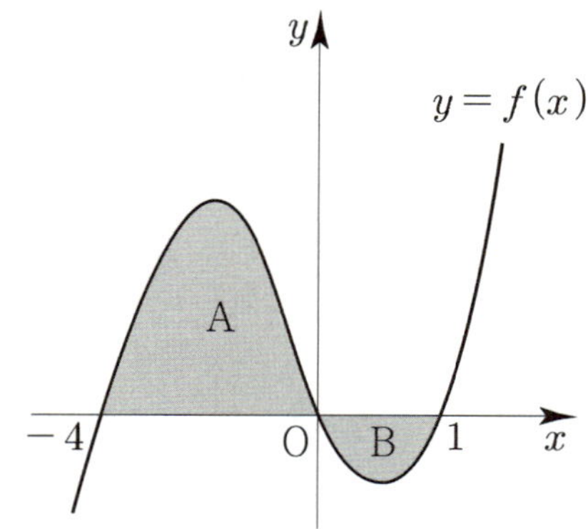

Theme 2 곡선과 직선 사이의 넓이

008

곡선 $y = x^2 - 2x + 4$와 직선 $y = 4$로 둘러싸인 부분의 넓이는 k이다. $30k$의 값을 구하시오.

009

곡선 $y = -x^2 + 2$와 직선 $y = -2x - 1$으로 둘러싸인 부분의 넓이는 k이다. $15k$의 값을 구하시오.

010

곡선 $y = x^3$과 이 곡선 위의 점 $(-1, \ -1)$에서의 접선으로 둘러싸인 부분의 넓이는 k이다. $4k$의 값을 구하시오.

011

두 함수 $f(x) = \dfrac{1}{3}x^2 - \dfrac{2}{3}x$, $g(x) = -|x - 2| + 2$

의 그래프로 둘러싸인 부분의 넓이가 $\dfrac{q}{p}$일 때, $p + q$의 값을 구하시오. (단, p와 q는 서로소인 자연수이다.)

012

곡선 $y = |x^2 - 2x|$과 직선 $y = 2x$으로 둘러싸인 부분의 넓이를 구하시오.

013

2 이상인 자연수 n에 대하여 $x \geq 0$에서 곡선 $y = x^n$과 직선 $y = x$로 둘러싸인 부분의 넓이를 S_n이라 하자. S_{m+1}, S_{m+3}, S_{m+7}이 순서대로 등차수열을 이룰 때, 자연수 m의 값을 구하시오.

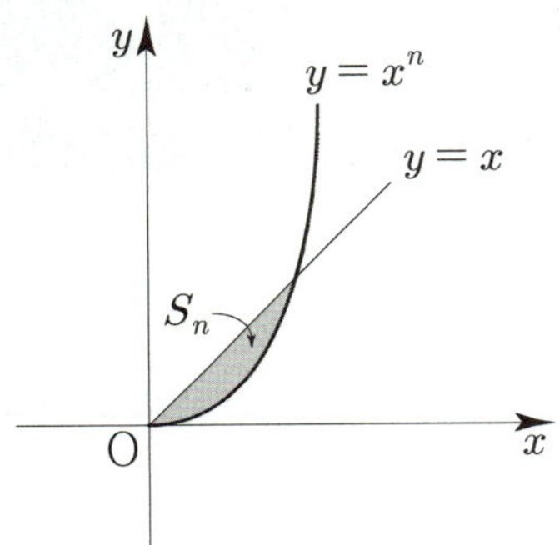

014

곡선 $y = x^2 - 4x$와 x축 및 직선 $y = -x$로 둘러싸인 부분의 넓이가 $\dfrac{q}{p}$일 때, $p + q$의 값을 구하시오. (단, p와 q는 서로소인 자연수이다.)

015

상수 $a\,(a>0)$에 대하여 최고차항의 계수가 -2인 삼차함수 $y=f(x)$의 그래프 위의 점 $(a,\ f(a))$에서의 접선 $y=g(x)$가 곡선 $y=f(x)$와 원점에서 만난다. 곡선 $y=f(x)$와 직선 $y=g(x)$로 둘러싸인 부분의 넓이가 $\sqrt{a}$일 때, a^7의 값을 구하시오.

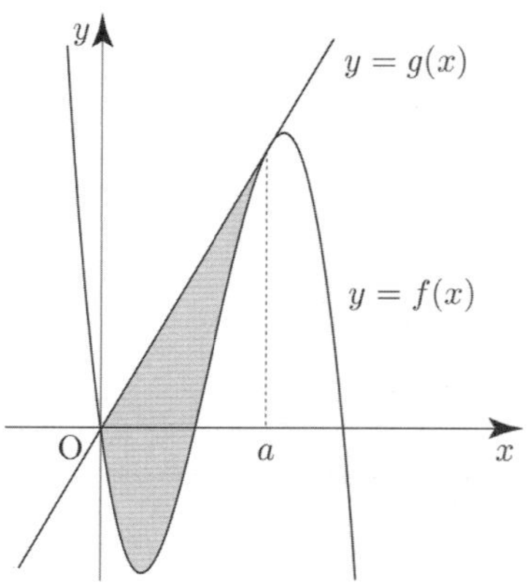

Theme 3 · 두 곡선 사이의 넓이

016

두 곡선 $y=-x^2$, $y=x^3+x^2$으로 둘러싸인 부분의 넓이는 k이다. $15k$의 값을 구하시오.

017

두 곡선 $y=-x^3+x$, $y=x^2-x$로 둘러싸인 부분의 넓이가 $\dfrac{q}{p}$일 때, $p+q$의 값을 구하시오.
(단, p와 q는 서로소인 자연수이다.)

018

함수 $f(x)=(x-1)^2$에 대하여 두 곡선 $y=f(x)-5$, $y=-f(-x+1)$로 둘러싸인 부분의 넓이를 구하시오.

019

최고차항의 계수가 1인 두 사차함수 $f(x)$, $g(x)$가 다음 조건을 만족시킨다.

> (가) 방정식 $f(x)=g(x)$의 세 실근은 -3, 0, 1이다.
>
> (나) $\displaystyle\int_0^1 f(x)\,dx=1,\ \int_0^1 g(x)\,dx=8$

$\displaystyle\int_{-3}^1 |f(x)-g(x)|\,dx$의 값을 구하시오.

Theme 4 · 두 도형의 넓이가 같을 조건

020

그림과 같이 곡선 $y=-x^2+4x$와 x축으로 둘러싸인 도형의 넓이를 A, 이 곡선과 x축 및 직선 $x=a\,(a>4)$로 둘러싸인 도형의 넓이를 B라 하자. A$=$B일 때, 상수 a의 값을 구하시오.

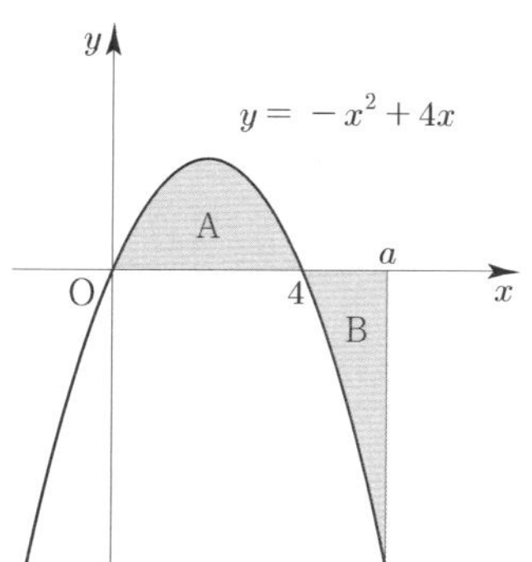

021 ☐☐☐☐☐

곡선 $y=x^3-ax^2+2ax$ 와 직선 $y=4x$ 로 둘러싸인 두 부분의 넓이가 서로 같을 때, 상수 a 의 값을 구하시오. (단, $2<a<4$)

022 ☐☐☐☐☐

두 곡선 $y=-x^2(x-a)$, $y=x(x-a)$ 로 둘러싸인 두 부분이 넓이가 서로 같을 때, 상수 a 의 값을 구하시오. (단, $a>0$)

023 ☐☐☐☐☐

곡선 $y=4x^3+2$ 과 y축 및 직선 $y=-2x+a$로 둘러싸인 부분의 넓이를 S_1, 곡선 $y=4x^3+2$과 두 직선 $y=-2x+a$, $x=1$ 로 둘러싸인 부분의 넓이를 S_2 라 하자. $S_1=S_2$ 일 때, 상수 a 의 값을 구하시오. (단, $2<a<9$)

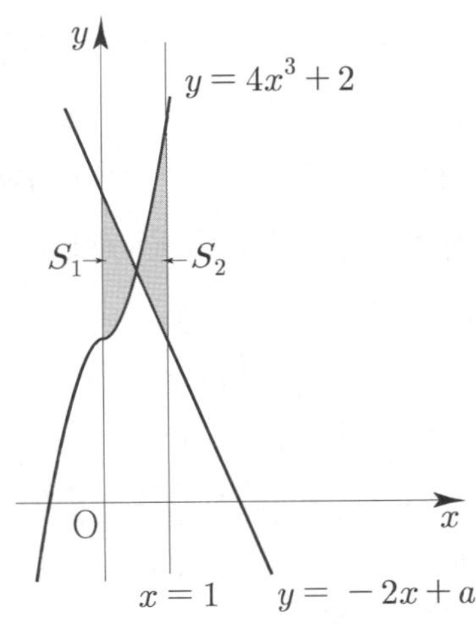

Theme 5 — 도형의 넓이를 분할하는 경우

024 ☐☐☐☐☐

그림과 같이 곡선 $f(x)=-x^2+5x-4$와 x축 및 y축으로 둘러싸인 부분의 넓이를 S_1, 곡선 $y=f(x)$와 x축으로 둘러싸인 부분의 넓이를 S_2, 곡선 $y=f(x)$와 x축 및 $x=a(a>4)$로 둘러싸인 부분의 넓이를 S_3이라 하자. S_1, S_2, S_3이 이 순서대로 등차수열을 이룰 때, $\int_0^a 2|f(x)|\,dx$ 의 값을 구하시오.

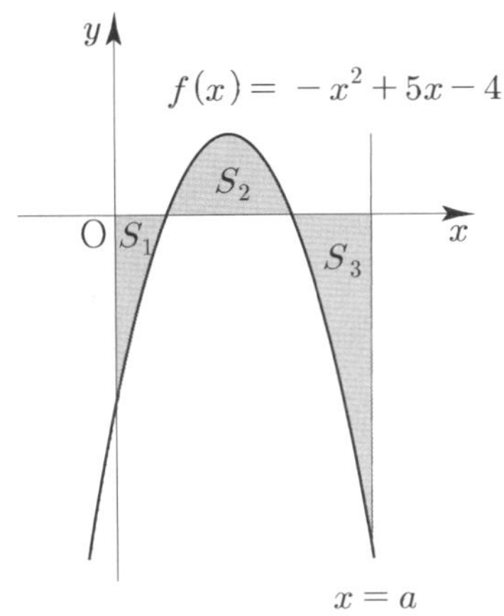

025 ☐☐☐☐☐

곡선 $y=-x^2+x$와 x축으로 둘러싸인 도형의 넓이가 직선 $y=mx$에 의하여 이등분될 때, $4(1-m)^3$의 값을 구하시오. (단, m은 $0<m<1$인 상수이다.)

026 ☐☐☐☐☐

세 점 $O(0,\ 0)$, $A(4,\ 0)$, $B(2,\ 2\sqrt{3})$을 꼭짓점으로 하는 삼각형 OAB의 넓이가 두 점 O, A를 지나는 이차함수 $y=f(x)$의 그래프에 의하여 이등분될 때, $64f(1)f(2)$의 값을 구하시오. (단, 곡선 $y=f(x)$와 삼각형 OAB는 두 점 O, A에서만 만난다.)

027

함수 $f(x) = x^3 + 3 \, (x \geq 0)$ 의 역함수를 $g(x)$ 라 할 때,
$\displaystyle\int_0^1 f(x)dx + \int_3^4 g(x)dx$ 의 값을 구하시오.

028

함수 $f(x) = x^3 - 2x^2 + 2x$ 의 역함수를 $g(x)$ 라 할 때,
두 곡선 $y = f(x)$, $y = g(x)$ 로 둘러싸인 부분의 넓이는
k 이다. $60k$ 의 값을 구하시오.

029

함수 $f(x) = x^3 + 2x \, (x \geq 0)$ 의 역함수를 $g(x)$ 라 할 때,
$\displaystyle\int_3^{12} g(x)dx = k$ 이다. $4k$ 의 값을 구하시오.

030

수직선 위를 움직이는 점 P의 시각 $t \, (t \geq 0)$ 에서의
속도 $v(t)$ 가 $v(t) = t^2 - t - 2$ 일 때,
$t = 0$ 부터 $t = 3$ 까지 점 P가 움직인 거리는 k 이다.
$6k$ 의 값을 구하시오.

031

원점을 출발하여 수직선 위를 움직이는 점 P의
시각 t 에서의 속도 $v(t)$ 가

$$v(t) = \begin{cases} 6t - 3t^2 & (0 \leq t < 2) \\ |t - 4| - 2 & (t \geq 2) \end{cases}$$

이다. 점 P가 시각 $t = 0$ 에서 시각 $t = 8$ 까지 움직인
거리를 구하시오.

032

원점에서 동시에 출발하여 수직선 위를 움직이는 두 점
P, Q의 시각 $t \, (t \geq 0)$ 에서의 속도가 각각
$6t^2 - 6t - 12$, $12t - 12$ 이다. 두 점 P, Q가 출발 후
$t = a$ 에서 다시 만날 때, $10a$ 의 값을 구하시오.
(단, a 는 상수이다.)

33

시각 $t=0$일 때 동시에 원점을 출발하여 수직선 위를
움직이는 두 점 P, Q의 시각 $t\,(t \geq 0)$에서의 속도가 각각
$$v_p(t)=3t^2-3t, \quad v_q(t)=5t$$
이다. 두 점 P, Q가 시각 $t=a\,(a>0)$에서 만날 때,
시각 $t=0$에서 $t=a$까지 점 P가 움직인 거리를 구하시오.

34

수직선 위를 움직이는 두 점 P, Q의 시각 $t\,(t \geq 0)$에서의
속도가 각각
$$v_p(t)=3t^2-4, \quad v_q(t)=8$$
이다. 시각 $t=0$에서 점 P의 위치는 2이고,
시각 $t=0$에서 점 Q의 위치는 n이다. 두 점 P, Q가
동시에 출발한 후 2번 만나도록 하는 정수 n의 개수를
구하시오. (단, $n \neq 2$)

35

원점을 출발하여 수직선 위를 움직이는 점 P의 시각
t에서의 속도가
$$v(t)=\begin{cases} 3t^2-4 & (0 \leq t < 1) \\ a(t-1)-1 & (t \geq 1) \end{cases}$$
이다. 점 P가 출발한 후 시각 $t=7$일 때, 다시 원점을
지난다. $10a$의 값을 구하시오. (단, a는 상수이다.)

36

원점을 출발하여 수직선 위를 움직이는 점 P의
시각 $t\,(0 \leq t \leq 5)$에서의 속도 $v(t)$의 그래프가
그림과 같다.

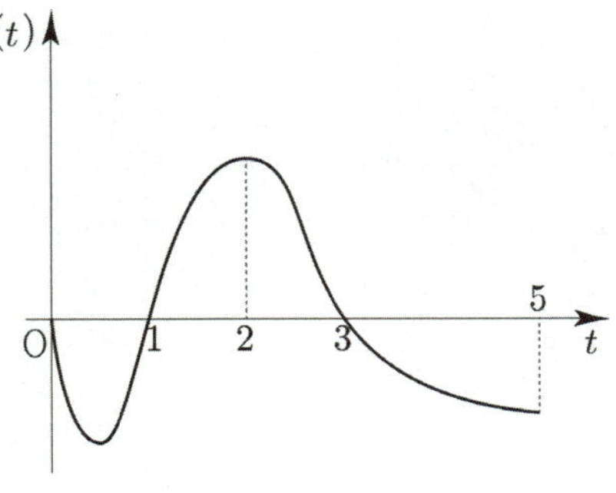

$\displaystyle\int_0^2 v(t)\,dt=0, \quad \int_2^5 |v(t)|\,dt=5, \quad \int_0^5 v(t)\,dt=1$일 때,

〈보기〉에서 옳은 것만을 있는 대로 고르시오.

〈보기〉

ㄱ. $t=5$에서의 점 P의 위치는 1이다.
ㄴ. $t=2$에서 점 P는 운동 방향을 바꾼다.
ㄷ. $t=3$에서의 점 P의 위치는 3이다.
ㄹ. $\displaystyle\int_1^5 v(t)\,dt=5$이면 $t=0$에서 $t=5$까지 점 P가
    움직인 거리는 13이다.
ㅁ. 출발 후 5초 동안 점 P의 위치가 2인 시점이
    두 번 존재한다.

37

두 점 P와 Q는 시각 $t=0$일 때 각각 점 A(2)와 점 B(k)
에서 출발하여 수직선 위를 움직인다. 두 점 P, Q의
시각 $t\,(t \geq 0)$에서의 속도는 각각
$$v_1(t)=3t^2-4, \quad v_2(t)=8$$
이다. 두 점 P, Q가 동시에 출발한 후 $t=a\,(a>0)$에서
한 번만 만나도록 하는 모든 실수 k에 대하여 시각 $t=0$
에서 $t=a$까지 점 P가 움직인 거리의 최솟값은?

① $\dfrac{8\sqrt{3}}{3}$ ② $\dfrac{26\sqrt{3}}{9}$ ③ $\dfrac{28\sqrt{3}}{9}$

④ $\dfrac{10\sqrt{3}}{3}$ ⑤ $\dfrac{32\sqrt{3}}{9}$

Training - 2 step
기출 적용편

2. 정적분의 활용

그림과 같이 두 함수 $y=ax^2+2$와 $y=2|x|$의 그래프가
두 점 A, B에서 각각 접한다. 두 함수 $y=ax^2+2$와
$y=2|x|$의 그래프로 둘러싸인 부분의 넓이는?
(단, a는 상수이다.) [3점]

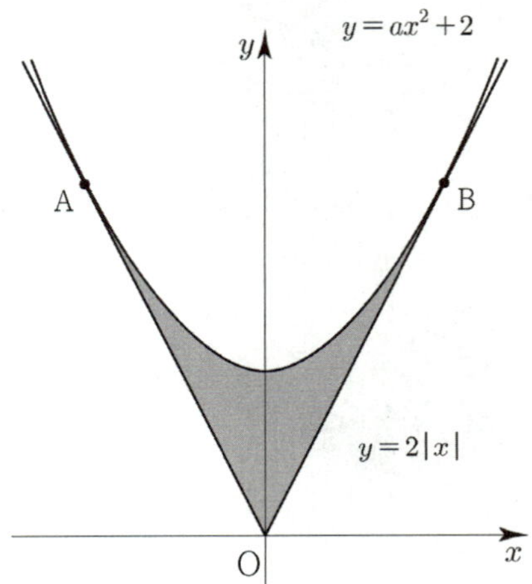

① $\dfrac{13}{6}$　　② $\dfrac{7}{3}$　　③ $\dfrac{5}{2}$

④ $\dfrac{8}{3}$　　⑤ $\dfrac{17}{6}$

두 곡선 $y=x^2$, $y=(x-4)^2$과 y축으로 둘러싸인 부분의
넓이를 S_1, 두 곡선 $y=x^2$, $y=(x-4)^2$과 직선 $x=4$로
둘러싸인 부분의 넓이를 S_2라 할 때,
S_1+S_2의 값은? [3점]

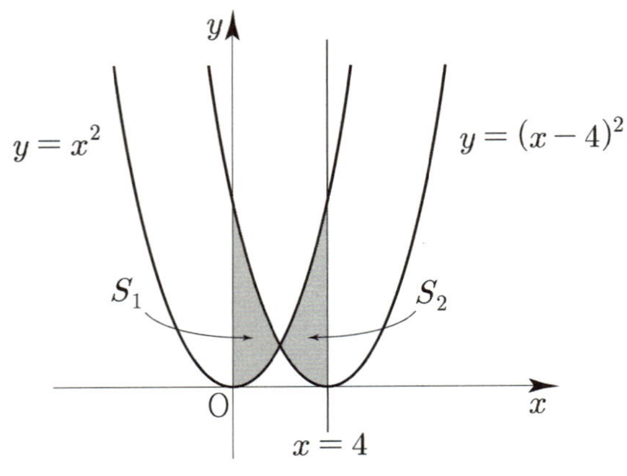

① 30　　② 32　　③ 34

④ 36　　⑤ 38

곡선 $y=-x^3+3x^2+4$에 접하는 직선 중에서
기울기가 최대인 직선을 l이라 하자. 직선 l과 x축 및
y축으로 둘러싸인 부분의 넓이는? [4점]

① $\dfrac{3}{2}$　　② 2　　③ $\dfrac{5}{2}$

④ 3　　⑤ $\dfrac{7}{2}$

원점을 출발하여 수직선 위를 움직이는 점 P의 시각
$t\,(0 \le t \le 6)$에서의 속도 $v(t)$의 그래프가 그림과 같다.
점 P가 시각 $t=0$에서 시각 $t=6$까지 움직인
거리는? [3점]

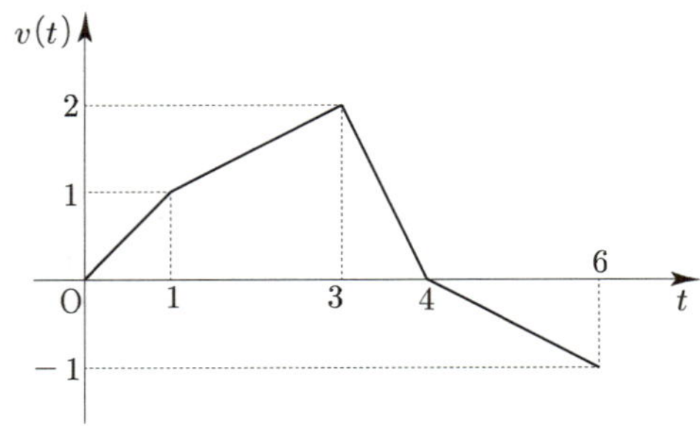

① $\dfrac{3}{2}$　　② $\dfrac{5}{2}$　　③ $\dfrac{7}{2}$

④ $\dfrac{9}{2}$　　⑤ $\dfrac{11}{2}$

042 2018년 고3 10월 교육청 나형 ☐☐☐☐☐

수직선 위를 움직이는 점 P의 시각 $t\,(t \geq 0)$에서의 위치 x가 $x = t^4 + at^3$ (a는 상수)이다.
$t = 2$에서 점 P의 속도가 0일 때, $t = 0$에서 $t = 2$까지 점 P가 움직인 거리는? [3점]

① $\dfrac{16}{3}$　　② $\dfrac{20}{3}$　　③ 8

④ $\dfrac{28}{3}$　　⑤ $\dfrac{32}{3}$

043 2014학년도 고3 9월 평가원 A형 ☐☐☐☐☐

그림은 두 곡선 $y = x^2$, $y = \dfrac{1}{4}x^2$과 꼭짓점의 좌표가 O$(0,\ 0)$, A$(n,\ 0)$, B$(n,\ n^2)$, C$(0,\ n^2)$인 직사각형 OABC를 나타낸 것이다. (단, n은 자연수이다.)

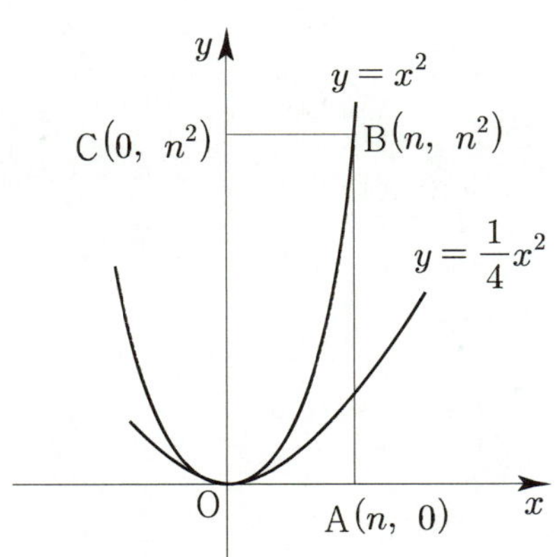

$n = 4$일 때, 두 곡선 $y = x^2$, $y = \dfrac{1}{4}x^2$과 직선 AB로 둘러싸인 부분의 넓이는? [3점]

① 14　　② 16　　③ 18

④ 20　　⑤ 22

044 2022학년도 고3 6월 평가원 공통 ☐☐☐☐☐

수직선 위를 움직이는 점 P의 시각 $t\,(t \geq 0)$에서의 속도 $v(t)$가 $v(t) = 3t^2 - 4t + k$이다. 시각 $t = 0$에서 점 P의 위치는 0이고, 시각 $t = 1$에서 점 P의 위치는 -3이다. 시각 $t = 1$에서 $t = 3$까지 점 P의 위치의 변화량을 구하시오. (단, k는 상수이다.) [3점]

045 2021학년도 수능 나형 ☐☐☐☐☐

수직선 위를 움직이는 점 P의 시각 $t\,(t \geq 0)$에서의 속도 $v(t)$가 $v(t) = 2t - 6$이다. 점 P가 시각 $t = 3$에서 $t = k\,(k > 3)$까지 움직인 거리가 25일 때, 상수 k의 값은? [4점]

① 6　　② 7　　③ 8

④ 9　　⑤ 10

046 2018학년도 수능 나형 ☐☐☐☐☐

곡선 $y = -2x^2 + 3x$와 직선 $y = x$로 둘러싸인 부분의 넓이가 $\dfrac{q}{p}$일 때, $p + q$의 값을 구하시오.
(단, p와 q는 서로소인 자연수이다.) [4점]

047 2021학년도 고3 6월 평가원 나형

수직선 위를 움직이는 점 P의 시각 $t\,(t \geq 0)$에서의 속도 $v(t)$가 $v(t) = -4t+5$이다. 시각 $t=3$에서 점 P의 위치가 11일 때, 시각 $t=0$에서 점 P의 위치는? [4점]

① 11 ② 12 ③ 13

④ 14 ⑤ 15

048 2021학년도 고3 9월 평가원 나형

수직선 위를 움직이는 점 P의 시각 $t\,(t \geq 0)$에서의 속도 $v(t)$가 $v(t) = t^2 - at\ (a > 0)$이다. 점 P가 시각 $t=0$일 때부터 움직이는 방향이 바뀔 때까지 움직인 거리가 $\dfrac{9}{2}$이다. 상수 a의 값은? [3점]

① 1 ② 2 ③ 3

④ 4 ⑤ 5

049 2010학년도 고3 9월 평가원 가형

두 곡선 $y = x^4 - x^3$, $y = -x^4 + x$로 둘러싸인 도형의 넓이가 곡선 $y = ax(1-x)$에 의하여 이등분될 때, 상수 a의 값은? (단, $0 < a < 1$) [3점]

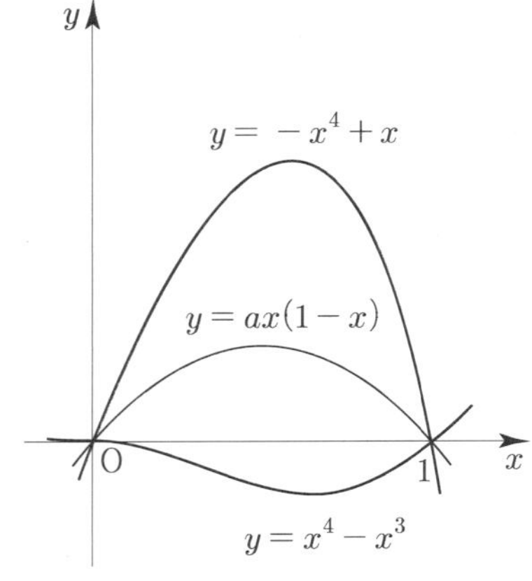

① $\dfrac{1}{4}$ ② $\dfrac{3}{8}$ ③ $\dfrac{5}{8}$

④ $\dfrac{3}{4}$ ⑤ $\dfrac{7}{8}$

050 2022학년도 수능 공통

곡선 $y = x^2 - 5x$와 직선 $y = x$로 둘러싸인 부분의 넓이를 직선 $x = k$가 이등분할 때, 상수 k의 값은? [3점]

① 3 ② $\dfrac{13}{4}$ ③ $\dfrac{7}{2}$

④ $\dfrac{15}{4}$ ⑤ 4

051 2024학년도 고3 9월 평가원 공통   ☐☐☐☐☐

두 곡선 $y = 3x^3 - 7x^2$ 과 $y = -x^2$ 으로 둘러싸인 부분의 넓이를 구하시오. [3점]

052 2022학년도 고3 9월 평가원 공통   ☐☐☐☐☐

수직선 위를 움직이는 점 P 의 시각 $t\,(t \geq 0)$ 에서의 속도가 $v(t) = -4t^3 + 12t^2$ 이다. 시각 $t = k$ 에서 점 P 의 가속도가 12 일 때, 시각 $t = 3k$ 에서 $t = 4k$ 까지 점 P 가 움직인 거리는? (단, k 는 상수이다.) [4점]

① 23   ② 25   ③ 27

④ 29   ⑤ 31

053 2020년 고3 3월 교육청 나형   ☐☐☐☐☐

수직선 위를 움직이는 점 P 의 시각 t 에서의 속도 $v(t)$ 가 $v(t) = 3t^2 - 12t + 9$ 이다. 점 P 가 $t = 0$ 일 때 원점을 출발하여 처음으로 운동 방향을 바꾼 순간의 위치를 A 라 하자. 점 P 가 A 에서 방향을 바꾼 순간부터 다시 A 로 돌아올 때까지 움직인 거리를 구하시오. [4점]

054 2007학년도 수능 가형   ☐☐☐☐☐

다음은 원점을 출발하여 수직선 위를 움직이는 점 P 의 시각 $t\,(0 \leq t \leq d)$ 에서의 속도 $v(t)$ 를 나타내는 그래프이다.

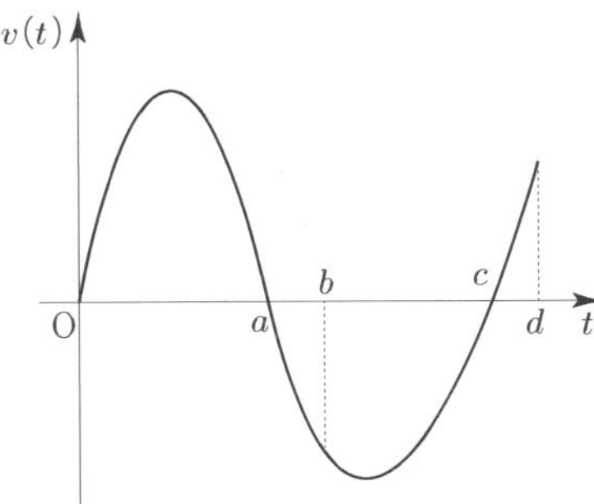

$\displaystyle \int_0^a |v(t)|\,dt = \int_a^d |v(t)|\,dt$ 일 때,

〈보기〉에서 옳은 것만을 있는 대로 고른 것은? (단, $0 < a < b < c < d$ 이다.) [3점]

---〈보기〉---

ㄱ. 점 P 는 출발하고 나서 원점을 다시 지난다.

ㄴ. $\displaystyle \int_0^c v(t)\,dt = \int_c^d v(t)\,dt$

ㄷ. $\displaystyle \int_0^b v(t)\,dt = \int_b^d |v(t)|\,dt$

---

① ㄴ   ② ㄷ   ③ ㄱ, ㄴ

④ ㄴ, ㄷ   ⑤ ㄱ, ㄴ, ㄷ

양수 k에 대하여 함수 $f(x)$는
$$f(x) = kx(x-2)(x-3)$$
이다. 곡선 $y=f(x)$와 x축이 원점 O와
두 점 P, Q $(\overline{\text{OP}} < \overline{\text{OQ}})$에서 만난다. 곡선 $y=f(x)$와
선분 OP로 둘러싸인 영역을 A, 곡선 $y=f(x)$와
선분 PQ로 둘러싸인 영역을 B라 하자.
$$(A\text{의 넓이}) - (B\text{의 넓이}) = 3$$
일 때, k의 값은? [4점]

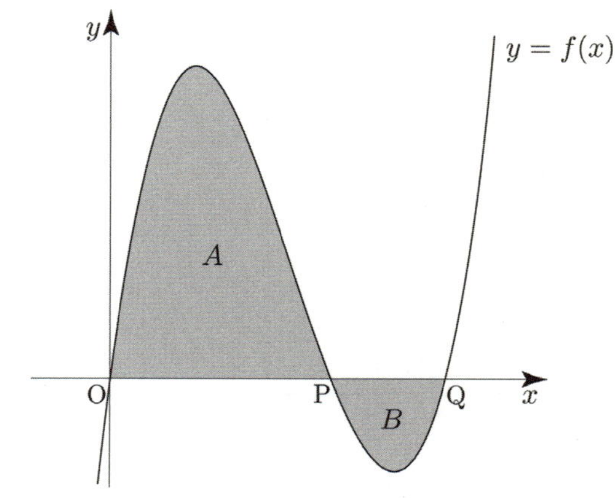

① $\dfrac{7}{6}$ ② $\dfrac{4}{3}$ ③ $\dfrac{3}{2}$

④ $\dfrac{5}{3}$ ⑤ $\dfrac{11}{6}$

그림과 같이 네 점 $(0, -1)$, $(2, -1)$, $(2, 4)$, $(0, 4)$를
꼭짓점으로 하는 직사각형 내부가 곡선 $y=x^3-x^2$에
의하여 나누어지는 두 부분을 A, B, 직선 $y=ax$에
의하여 나누어지는 두 부분을 C, D라 하자.
영역 A의 넓이와 영역 C의 넓이가 같을 때,
$300a$의 값을 구하시오. [4점]

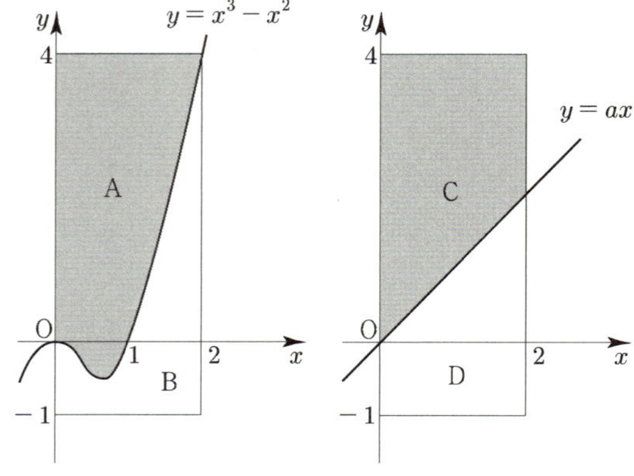

두 함수 $f(x) = \dfrac{1}{3}x(4-x)$, $g(x) = |x-1|-1$의
그래프로 둘러싸인 부분의 넓이를 S라 할 때,
$4S$의 값을 구하시오. [4점]

058 2019년 고3 7월 교육청 나형

함수 $f(x) = \dfrac{1}{2}x^3$ 의 그래프 위의 점 $P(a, b)$ 에 대하여

곡선 $y = f(x)$ 와 x축 및 직선 $x = 1$ 로 둘러싸인 부분의

넓이를 S_1, 곡선 $y = f(x)$ 와 두 직선 $x = 1$, $y = b$ 로

둘러싸인 부분의 넓이를 S_2 라 하자. $S_1 = S_2$ 일 때,

$30a$ 의 값을 구하시오. (단, $a > 1$) [4점]

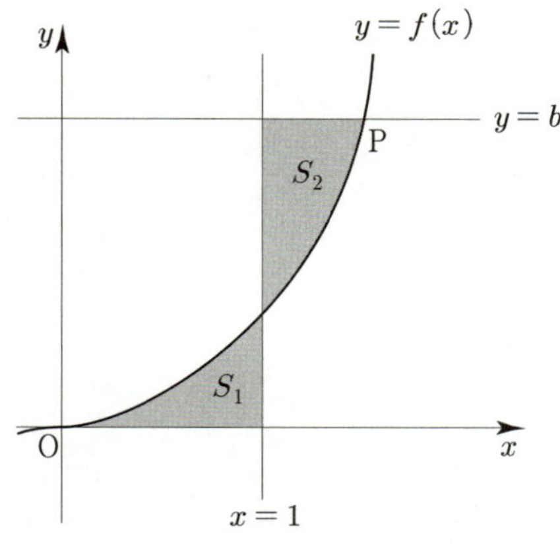

059 2020학년도 고3 9월 평가원 나형

함수 $f(x) = x^2 - 2x$ 에 대하여 두 곡선 $y = f(x)$,

$y = -f(x-1)-1$ 로 둘러싸인 부분의 넓이는? [4점]

① $\dfrac{1}{6}$ ② $\dfrac{1}{4}$ ③ $\dfrac{1}{3}$

④ $\dfrac{5}{12}$ ⑤ $\dfrac{1}{2}$

060 2020년 고3 3월 교육청 가형

원점을 출발하여 수직선 위를 움직이는 점 P 의

시각 $t\,(t \geq 0)$ 에서의 속도 $v(t)$ 의 그래프가 그림과 같다.

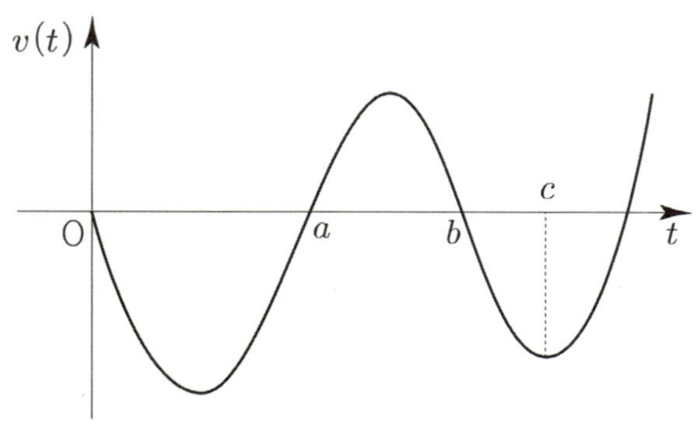

점 P 가 출발한 후 처음으로 운동 방향을 바꿀 때의

위치는 -8 이고 점 P 의 시각 $t = c$ 에서의 위치는 -6 이다.

$\displaystyle\int_0^b v(t)\,dt = \int_b^c v(t)\,dt$ 일 때, 점 P 가 $t = a$ 부터 $t = b$ 까지

움직인 거리는? [4점]

① 3   ② 4   ③ 5

④ 6   ⑤ 7

061 2012년 고3 7월 교육청 나형

함수 $f(x) = x^3 + x - 1$ 의 역함수를 $g(x)$ 라 할 때,

$\displaystyle\int_1^9 g(x)\,dx$ 의 값은? [4점]

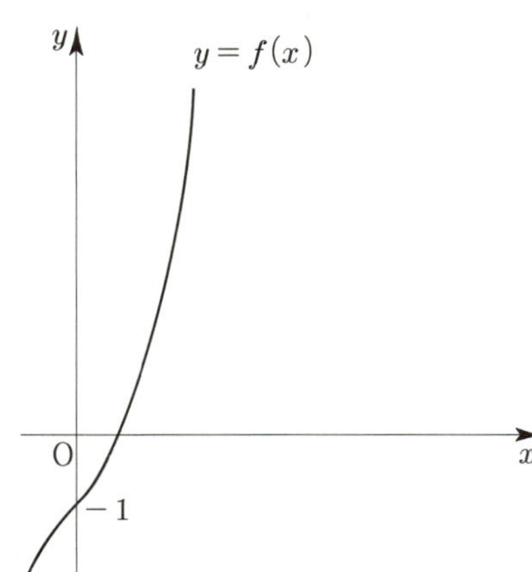

① $\dfrac{47}{4}$ ② $\dfrac{49}{4}$ ③ $\dfrac{51}{4}$

④ $\dfrac{53}{4}$ ⑤ $\dfrac{55}{4}$

062 2013학년도 수능 나형 ☐☐☐☐☐

최고차항의 계수가 1인 이차함수 $f(x)$가 $f(3) = 0$이고,

$$\int_0^{2013} f(x)dx = \int_3^{2013} f(x)dx$$를 만족시킨다.

곡선 $y = f(x)$와 x축으로 둘러싸인 부분의 넓이가 S일 때, $30S$의 값을 구하시오. [4점]

063 2019학년도 고3 9월 평가원 나형 ☐☐☐☐☐

시작 $t = 0$일 때 동시에 원점을 출발하여 수직선 위를 움직이는 두 점 P, Q의 시각 $t(t \geq 0)$에서의 속도가 각각 $v_1(t) = 3t^2 + t$, $v_2(t) = 2t^2 + 3t$이다.

출발한 두 점 P, Q의 속도가 같아지는 순간 두 점 P, Q 사이의 거리를 a라 할 때, $9a$의 값을 구하시오. [4점]

064 2013년 고3 10월 교육청 A형 ☐☐☐☐☐

원점을 동시에 출발하여 수직선 위를 움직이는 두 점 P, Q의 시각 $t(0 \leq t \leq 8)$에서의 속도가 각각 $2t^2 - 8t$, $t^3 - 10t^2 + 24t$이다. 두 점 P, Q 사이의 거리의 최댓값을 구하시오. [4점]

065 2024년 고3 10월 교육청 공통 ☐☐☐☐☐

시간 $t = 0$일 때 동시에 원점을 출발하여 수직선 위를 움직이는 두 점 P, Q의 시각 $t(t \geq 0)$에서의 속도가 각각 $v_1(t) = -3t^2 + at$, $v_2(t) = -t + 1$이다.

출발한 후 두 점 P, Q가 한 번만 만나도록 하는 양수 a의 대하여 점 P가 시각 $t = 0$에서 시각 $t = 3$까지 움직인 거리는? [4점]

① $\dfrac{29}{2}$ ② 15 ③ $\dfrac{31}{2}$

④ 16 ⑤ $\dfrac{33}{2}$

066 2024년 고3 5월 교육청 공통

실수 m에 대하여 수직선 위를 움직이는 두 점 P, Q의 시각 $t\,(t \geq 0)$에서의 속도를 각각

$$v_1(t) = 3t^2 + 1, \quad v_2(t) = mt - 4$$

라 하자. 시각 $t = 0$에서 $t = 2$까지 두 점 P, Q가 움직인 거리가 같도록 하는 모든 m의 값의 합은? [4점]

① 3   ② 4   ③ 5

④ 6   ⑤ 7

067 2025학년도 고3 6월 평가원 공통

시각 $t = 0$일 때 원점을 출발하여 수직선 위를 움직이는 점 P의 시각 $t\,(t \geq 0)$에서의 속도 $v(t)$가

$$v(t) = \begin{cases} -t^2 + t + 2 & (0 \leq t \leq 3) \\ k(t-3) - 4 & (t > 3) \end{cases}$$

이다. 출발한 후 점 P의 운동 방향이 두 번째로 바뀌는 시각에서의 점 P의 위치가 1일 때, 양수 k의 값을 구하시오. [3점]

068 2011년 고3 10월 교육청 가형

그림과 같이 삼차함수 $f(x) = -(x+1)^3 + 8$의 그래프가 x축과 만나는 점을 A라 하고, 점 A를 지나고 x축에 수직인 직선을 l이라 하자. 또, 곡선 $y = f(x)$와 y축 및 직선 $y = k\,(0 < k < 7)$로 둘러싸인 부분의 넓이를 S_1이라 하고, 곡선 $y = f(x)$와 직선 l 및 직선 $y = k$로 둘러싸인 부분의 넓이를 S_2라 하자. 이때, $S_1 = S_2$가 되도록 하는 상수 k에 대하여 $4k$의 값을 구하시오. [4점]

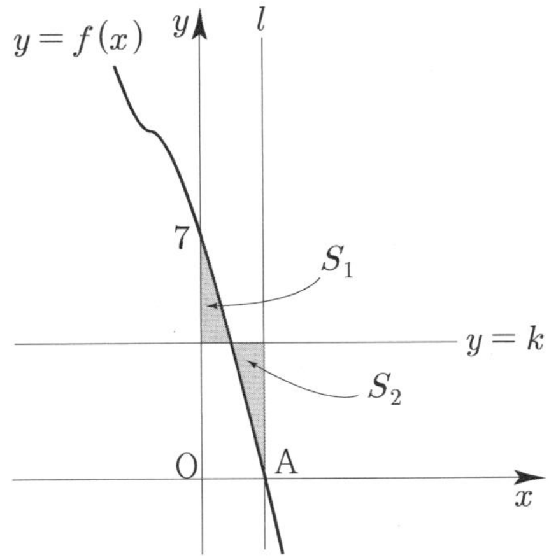

069 2021년 고3 4월 교육청 공통

두 양수 a, $b\,(a < b)$에 대하여 함수 $f(x)$를 $f(x) = (x-a)(x-b)$라 하자.

$$\int_0^a f(x)\,dx = \frac{11}{6}, \quad \int_0^b f(x)\,dx = -\frac{8}{3}$$

일 때, 곡선 $y = f(x)$와 x축으로 둘러싸인 부분의 넓이는? [4점]

① 4   ② $\dfrac{9}{2}$ ③ 5

④ $\dfrac{11}{2}$ ⑤ 6

실수 전체의 집합에서 연속인 함수 $f(x)$ 가 다음 조건을 만족시킨다.

> (가) $f(x) = ax^2 \, (0 \leq x < 2)$
> (나) 모든 실수 x 에 대하여 $f(x+2) = f(x)+2$ 이다.

$\displaystyle\int_1^7 f(x)dx$ 의 값은? (단, a 는 상수이다.) [4점]

① 20
② 21
③ 22
④ 23
⑤ 24

원점을 동시에 출발하여 수직선 위를 움직이는 두 점 P, Q 의 시각 $t \, (t \geq 0)$ 에서의 속도가 각각

$f(t) = t^2 - t$, $g(t) = -3t^2 + 6t$ 일 때,

〈보기〉에서 옳은 것만을 있는 대로 고른 것은? [4점]

> ─── 〈보기〉 ───
> ㄱ. 점 P 는 출발 후 운동 방향을 1번 바꾼다.
> ㄴ. $t=2$ 에서 두 점 P, Q 의 가속도를 각각 p, q 라 할 때, $pq < 0$ 이다.
> ㄷ. $t=0$ 부터 $t=3$ 까지 점 Q 가 움직인 거리는 8 이다.

① ㄱ
② ㄷ
③ ㄱ, ㄴ
④ ㄴ, ㄷ
⑤ ㄱ, ㄴ, ㄷ

함수 $f(x) = -x^2 + x + 2$ 에 대하여 그림과 같이 곡선 $y = f(x)$ 와 x 축으로 둘러싸인 부분을 y 축과 직선 $x = k \, (0 < k < 2)$ 로 나눈 세 부분의 넓이를 각각 S_1, S_2, S_3 이라 하자. S_1, S_2, S_3 이 이 순서대로 등차수열을 이룰 때, S_2 의 값은? [4점]

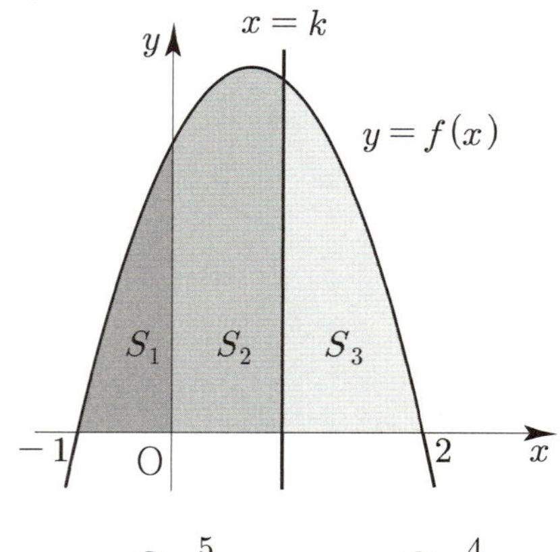

① 1
② $\dfrac{5}{4}$
③ $\dfrac{4}{3}$
④ $\dfrac{3}{2}$
⑤ 2

최고차항의 계수가 양수인 사차함수 $f(x)$ 의 도함수 $f'(x)$ 에 대하여 방정식 $f'(x) = 0$ 이 세 실근 $\alpha, 0, \beta \, (\alpha < 0 < \beta)$ 를 갖는다.

$S = \displaystyle\int_\alpha^0 |f'(x)| dx$, $T = \displaystyle\int_0^\beta |f'(x)| dx$ 라 할 때,

〈보기〉에서 옳은 것만을 있는 대로 고른 것은? [4점]

> ─── 〈보기〉 ───
> ㄱ. 함수 $f(x)$ 는 $x = 0$ 에서 극댓값을 갖는다.
> ㄴ. $\alpha + \beta = 0$ 이면 $S = T$ 이다.
> ㄷ. $S < T$ 이고 $f(\alpha) = 0$ 이면 방정식 $f(x) = 0$ 의 양의 실근의 개수는 2 이다.

① ㄱ
② ㄷ
③ ㄱ, ㄴ
④ ㄴ, ㄷ
⑤ ㄱ, ㄴ, ㄷ

074 2011년 고3 7월 교육청 나형

원점 O를 출발하여 수직선 위를 16초 동안 움직이는
점 P의 t초 후의 속도 $v(t)$가

$$v(t) = \begin{cases} \dfrac{1}{2}t - 1 & (0 \le t < 2) \\[2mm] -t^2 + 10t - 16 & (2 \le t < 8) \\[2mm] 2 - \dfrac{1}{4}t & (8 \le t \le 16) \end{cases}$$

일 때, 선분 OP의 길이의 최댓값을 구하시오. [4점]

076 2023학년도 고3 9월 평가원 공통

수직선 위의 점 $\mathrm{A}(6)$과 시작 $t = 0$일 때 원점을 출발하여
이 수직선 위를 움직이는 점 P가 있다. 시각 $t(t \ge 0)$에서의
점 P의 속도 $v(t)$를

$$v(t) = 3t^2 + at \ (a > 0)$$

이라 하자. 시작 $t = 2$에서 점 P와 점 A 사이의 거리가
10일 때, 상수 a의 값은? [4점]

① 1 ② 2 ③ 3

④ 4 ⑤ 5

075 2007년 고3 10월 교육청 가형

그림과 같이 중심이 O이고 반지름의 길이가 2인 원의
둘레를 6등분하는 점을 각각 A, B, C, D, E, F라 하자.
두 점 A, B에서 두 직선 OA, OB에 접하는 포물선 C_1
을 그리고, 두 점 B, C에서 두 직선 OB, OC에 접하는
포물선 C_2를 그린다.

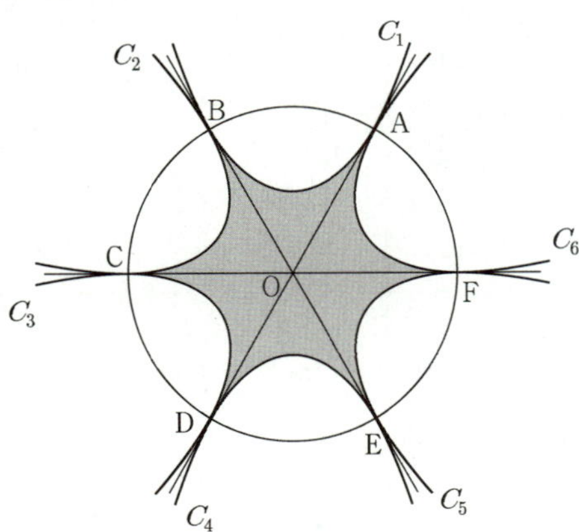

이와 같은 방법으로 포물선 C_3, C_4, C_5, C_6을 그릴 때,
6개의 포물선으로 둘러싼 부분의 넓이는? [4점]

① $2\sqrt{3}$ ② $\dfrac{5\sqrt{3}}{2}$ ③ $3\sqrt{3}$

④ $\dfrac{7\sqrt{3}}{2}$ ⑤ $4\sqrt{3}$

077 2023학년도 수능 공통

두 곡선 $y = x^3 + x^2$, $y = -x^2 + k$와 y축으로 둘러싸인
부분의 넓이를 A, 두 곡선 $y = x^3 + x^2$, $y = -x^2 + k$와
직선 $x = 2$로 둘러싸인 부분의 넓이를 B라 하자.
$A = B$일 때, 상수 k의 값은? (단, $4 < k < 5$) [4점]

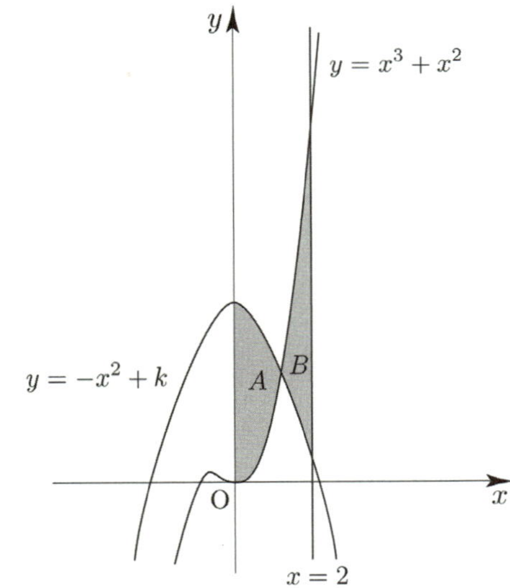

① $\dfrac{25}{6}$ ② $\dfrac{13}{3}$ ③ $\dfrac{9}{2}$

④ $\dfrac{14}{3}$ ⑤ $\dfrac{29}{6}$

시각 $t=0$ 일 때 동시에 원점을 출발하여 수직선 위를 움직이는 두 점 P, Q의 시각 $t\,(t \geq 0)$ 에서의 속도가 각각

$$v_1(t) = 2 - t, \quad v_2(t) = 3t$$

이다. 출발한 시각부터 점 P가 원점으로 돌아올 때까지 점 Q가 움직인 거리는? [4점]

① 16　　　　② 18　　　　③ 20

④ 22　　　　⑤ 24

상수 $k\,(k < 0)$ 에 대하여 두 함수

$$f(x) = x^3 + x^2 - x, \quad g(x) = 4|x| + k$$

의 그래프가 만나는 점의 개수가 2일 때, 두 함수의 그래프로 둘러싸인 부분의 넓이를 S라 하자. $30 \times S$의 값을 구하시오. [4점]

수직선 위를 움직이는 점 P의 시각 $t\,(t \geq 0)$ 에서의 속도 $v(t)$ 와 가속도 $a(t)$ 가 다음 조건을 만족시킨다.

> (가) $0 \leq t \leq 2$ 일 때, $v(t) = 2t^3 - 8t$ 이다.
> (나) $t \geq 2$ 일 때, $a(t) = 6t + 4$ 이다.

시각 $t=0$ 에서 $t=3$ 까지 점 P가 움직인 거리를 구하시오. [4점]

시각 $t=0$ 일 때 원점을 출발하여 수직선 위를 움직이는 점 P의 시각 $t\,(t \geq 0)$ 에서의 속도 $v(t)$ 가 $v(t) = 3t^2 - 6t$ 일 때, 〈보기〉에서 옳은 것만을 있는 대로 고른 것은? [4점]

> ─── 〈보기〉 ───
> ㄱ. 시각 $t=2$ 에서 점 P의 움직이는 방향이 바뀐다.
> ㄴ. 점 P가 출발한 후 움직이는 방향이 바뀔 때 점 P의 위치는 -4 이다.
> ㄷ. 점 P가 시각 $t=0$ 일 때부터 가속도가 12가 될 때까지 움직인 거리는 8이다.

① ㄱ　　　　② ㄱ, ㄴ　　　　③ ㄱ, ㄷ

④ ㄴ, ㄷ　　　　⑤ ㄱ, ㄴ, ㄷ

082 2022학년도 수능예비시행

수직선 위를 움직이는 점 P의 시각 t에서의 가속도가

$a(t) = 3t^2 - 12t + 9 \ (t \geq 0)$ 이고, 시각 $t = 0$에서의

속도가 k일 때, 〈보기〉에서 옳은 것만을 있는 대로

고른 것은? [4점]

〈보기〉

ㄱ. 구간 $(3, \infty)$에서 점 P의 속도는 증가한다.

ㄴ. $k = -4$이면 구간 $(0, \infty)$에서 점 P의 운동 방향이
　　두 번 바뀐다.

ㄷ. 시각 $t = 0$에서 시각 $t = 5$까지 점 P의 위치의
　　변화량과 점 P가 움직인 거리가 같도록 하는 k의
　　최솟값은 0이다.

---

① ㄱ　　　　② ㄴ　　　　③ ㄱ, ㄴ

④ ㄱ, ㄷ　　　⑤ ㄱ, ㄴ, ㄷ

083 2021학년도 사관학교 나형

양수 a와 함수 $f(x)$가 다음 조건을 만족시킨다.

(가) $0 \leq x < 1$일 때, $f(x) = 2x^2 + ax$ 이다.

(나) 모든 실수 x에 대하여 $f(x+1) = f(x) + a^2$ 이다.

함수 $f(x)$가 실수 전체의 집합에서 연속일 때,

곡선 $y = f(x)$와 x축 및 직선 $x = 3$으로 둘러싸인

부분의 넓이를 구하시오. [4점]

084 2022학년도 사관학교 공통

양의 실수 a에 대하여 함수 $f(x)$를

$$f(x) = \begin{cases} \dfrac{3}{a}x^2 & (-a \leq x \leq a) \\[2mm] 3a & (x < -a \ \text{또는} \ x > a) \end{cases}$$

라 하자. 함수 $y = f(x)$의 그래프와 x축 및 두 직선

$x = -3$, $x = 3$으로 둘러싸인 부분의 넓이가 8이 되도록

하는 모든 a의 값의 합은 S이다. $40S$의 값을 구하시오.

[4점]

085 2016년 고2 9월 교육청 가형

그림과 같이 중심이 $\left(0, \dfrac{3}{2}\right)$이고, 반지름의 길이가

$r \left(r < \dfrac{3}{2} \right)$인 원 C가 있다.

원 C가 함수 $y = \dfrac{1}{2}x^2$의 그래프와 서로 다른 두 점에서

만날 때, 원 C와 함수 $y = \dfrac{1}{2}x^2$의 그래프로 둘러싸인

모양의 넓이는 $a + b\pi$이다. $120(a+b)$의

값을 구하시오. (단, a, b는 유리수이다.) [4점]

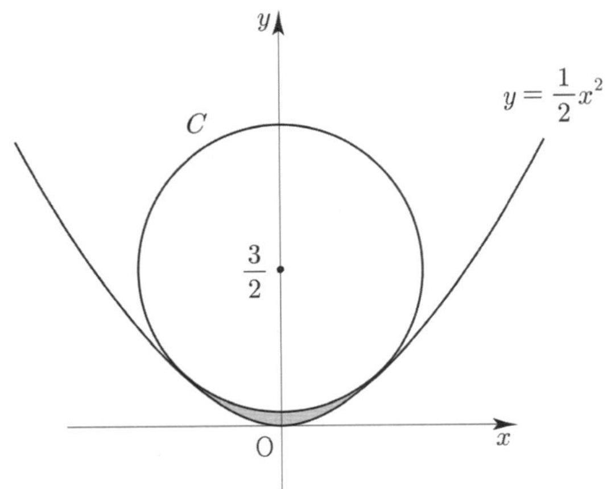

실수 전체의 집합에서 증가하는 연속함수 $f(x)$ 가 다음 조건을 만족시킨다.

> (가) 모든 실수 x 에 대하여 $f(x)=f(x-3)+4$ 이다.
> (나) $\displaystyle\int_0^6 f(x)dx=0$

함수 $y=f(x)$ 의 그래프와 x 축 및 두 직선 $x=6$, $x=9$ 로 둘러싸인 부분의 넓이는? [4점]

① 9　　　② 12　　　③ 15

④ 18　　　⑤ 21

그림과 같이 좌표평면 위의 두 점 $A(2,\ 0)$, $B(0,\ 3)$ 을 지나는 직선과 곡선 $y=ax^2\,(a>0)$ 및 y 축으로 둘러싸인 부분 중에서 제 1사분면에 있는 부분의 넓이를 S_1 이라 하자. 또, 직선 AB 와 곡선 $y=ax^2$ 및 x 축으로 둘러싸인 부분의 넓이를 S_2 라 하자. $S_1:S_2=13:3$ 일 때, 상수 a 의 값은? [4점]

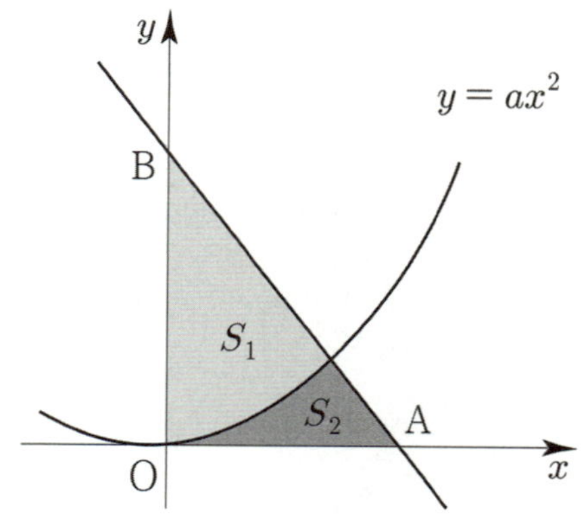

① $\dfrac{2}{9}$　　　② $\dfrac{1}{3}$　　　③ $\dfrac{4}{9}$

④ $\dfrac{5}{9}$　　　⑤ $\dfrac{2}{3}$

최고차항의 계수가 1인 사차함수 $f(x)$ 가 모든 실수 x 에 대하여 $f'(-x)=-f'(x)$ 를 만족시킨다. $f'(1)=0$, $f(1)=2$ 일 때, 〈보기〉에서 옳은 것만을 있는 대로 고른 것은? [4점]

> ───〈보기〉───
> ㄱ. $f'(-1)=0$
> ㄴ. 모든 실수 k 에 대하여
> $\quad\displaystyle\int_{-k}^0 f(x)dx=\int_0^k f(x)dx$ 이다.
> ㄷ. $0<t<1$ 인 모든 실수 t 에 대하여
> $\quad\displaystyle\int_{-t}^t f(x)dx<6t$ 이다.

① ㄱ　　　② ㄷ　　　③ ㄱ, ㄴ

④ ㄴ, ㄷ　　　⑤ ㄱ, ㄴ, ㄷ

첫째항이 1이고 공차가 2인 등차수열 $\{a_n\}$ 이 있다. 자연수 n 에 대하여 좌표평면 위의 점 P_n 을 다음 규칙에 따라 정한다.

> (가) 점 P_1 의 좌표는 $(1,\ 1)$ 이다.
> (나) 점 P_n 의 x 좌표는 a_n 이다.
> (다) 직선 P_nP_{n+1} 의 기울기는 $\dfrac{1}{2}a_{n+1}$ 이다.

$x\geq 1$ 에서 정의된 함수 $y=f(x)$ 의 그래프가 모든 자연수 n 에 대하여 닫힌구간 $[a_n,\ a_{n+1}]$ 에서 선분 P_nP_{n+1} 과 일치할 때, $\displaystyle\int_1^{11} f(x)dx$ 의 값은? [4점]

① 140　　　② 145　　　③ 150

④ 155　　　⑤ 160

090 2025학년도 고3 6월 평가원 공통

곡선 $y=\dfrac{1}{4}x^3+\dfrac{1}{2}x$와 직선 $y=mx+2$ 및 y축으로

둘러싸인 부분의 넓이를 A, 곡선 $y=\dfrac{1}{4}x^3+\dfrac{1}{2}x$와

두 직선 $y=mx+2$, $x=2$로 둘러싸인 부분의 넓이를

B라 하자. $B-A=\dfrac{2}{3}$일 때, 상수 m의 값은?

(단, $m<-1$) [4점]

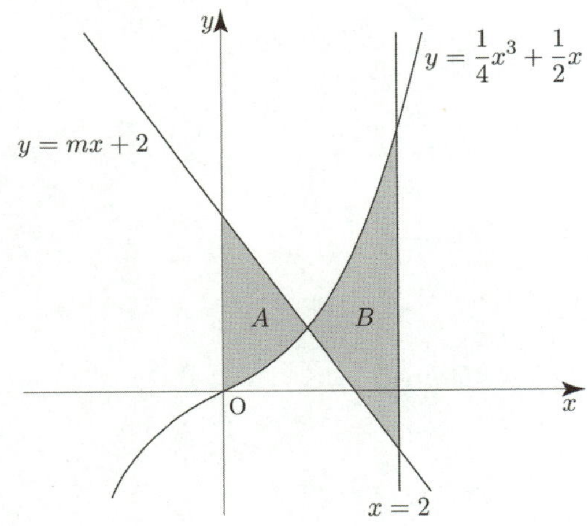

① $-\dfrac{3}{2}$ ② $-\dfrac{17}{12}$ ③ $-\dfrac{4}{3}$

④ $-\dfrac{5}{4}$ ⑤ $-\dfrac{7}{6}$

091 2025학년도 고3 9월 평가원 공통

함수

$$f(x)=\begin{cases} -x^2-2x+6 & (x<0) \\ -x^2+2x+6 & (x\geq0) \end{cases}$$

의 그래프가 x축과 만나는 서로 다른 두 점을 P, Q라

하고, 상수 $k\,(k>4)$에 대하여 직선 $x=k$가 x축과

만나는 점을 R이라 하자. 곡선 $y=f(x)$와 선분 PQ로

둘러싸인 부분의 넓이를 A, 곡선 $y=f(x)$와 직선 $x=k$

및 선분 QR로 둘러싸인 부분의 넓이를 B라 하자.

$A=2B$일 때, k의 값은? (단, 점 P의 x좌표는 음수이다.)

[4점]

① $\dfrac{9}{2}$ ② 5 ③ $\dfrac{11}{2}$

④ 6 ⑤ $\dfrac{13}{2}$

092 2024학년도 수능 공통

시각 $t=0$일 때 동시에 원점을 출발하여 수직선 위를

움직이는 두 점 P, Q의 시각 $t\,(t\geq0)$에서의 속도가 각각

$$v_1(t)=t^2-6t+5, \qquad v_2(t)=2t-7$$

이다. 시각 t에서의 두 점 P, Q 사이의 거리를 $f(t)$라

할 때, 함수 $f(t)$는 구간 $[0,\,a]$에서 증가하고,

구간 $[a,\,b]$에서 감소하고, 구간 $[b,\,\infty)$에서 증가한다.

시각 $t=a$에서 $t=b$까지 점 Q가 움직인 거리는?

(단, $0<a<b$) [4점]

① $\dfrac{15}{2}$ ② $\dfrac{17}{2}$ ③ $\dfrac{19}{2}$

④ $\dfrac{21}{2}$ ⑤ $\dfrac{23}{2}$

093 2024학년도 고3 9월 평가원 공통

두 점 P와 Q는 시각 $t=0$일 때 각각 점 A(1)과

점 B(8)에서 출발하여 수직선 위를 움직인다.

두 점 P, Q의 시각 $t\,(t\geq0)$에서의 속도는 각각

$$v_1(t)=3t^2+4t-7, \qquad v_2(t)=2t+4$$

이다. 출발한 시각부터 두 점 P, Q 사이의 거리가

처음으로 4가 될 때까지 점 P가 움직인 거리는? [4점]

① 10 ② 14 ③ 19

④ 25 ⑤ 32

그림과 같이 삼차함수 $f(x) = x^3 - 6x^2 + 8x + 1$ 의 그래프와 최고차항의 계수가 양수인 이차함수 $y = g(x)$ 의 그래프가 점 $A(0, 1)$, 점 $B(k, f(k))$ 에서 만나고, 곡선 $y = f(x)$ 위의 점 B 에서의 접선이 점 A 를 지난다.

곡선 $y = f(x)$ 와 직선 AB 로 둘러싸인 부분의 넓이를 S_1, 곡선 $y = g(x)$ 와 직선 AB 로 둘러싸인 부분의 넓이를 S_2 라 하자. $S_1 = S_2$ 일 때, $\int_0^k g(x)dx$ 의 값은?

(단, k 는 양수이다.) [4점]

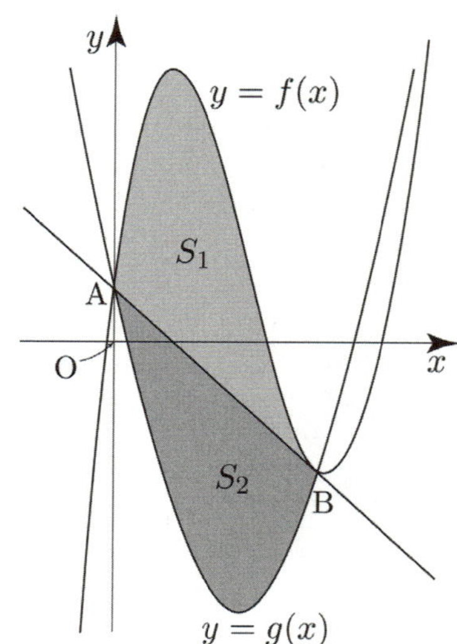

① $-\dfrac{17}{2}$ ② $-\dfrac{33}{4}$ ③ -8

④ $-\dfrac{31}{4}$ ⑤ $-\dfrac{15}{2}$

함수 $f(x) = \dfrac{1}{9}x(x-6)(x-9)$ 와 실수 $t\,(0 < t < 6)$ 에 대하여 함수 $g(x)$ 는

$$g(x) = \begin{cases} f(x) & (x < t) \\ -(x-t) + f(t) & (x \geq t) \end{cases}$$

이다. 함수 $y = g(x)$ 의 그래프와 x 축으로 둘러싸인 영역의 넓이의 최댓값은? [4점]

① $\dfrac{125}{4}$ ② $\dfrac{127}{4}$ ③ $\dfrac{129}{4}$

④ $\dfrac{131}{4}$ ⑤ $\dfrac{133}{4}$

실수 $a\,(a \geq 0)$ 에 대하여 수직선 위를 움직이는 점 P 의 시각 $t\,(t \geq 0)$ 에서의 속도 $v(t)$ 를

$$v(t) = -t(t-1)(t-a)(t-2a)$$

라 하자. 점 P 가 시각 $t = 0$ 일 때 출발한 후 운동 방향을 한 번만 바꾸도록 하는 a 에 대하여, 시각 $t = 0$ 에서 $t = 2$ 까지 점 P 의 위치의 변화량의 최댓값은? [4점]

① $\dfrac{1}{5}$ ② $\dfrac{7}{30}$ ③ $\dfrac{4}{15}$

④ $\dfrac{3}{10}$ ⑤ $\dfrac{1}{3}$

실수 $t\left(\sqrt{3} < t < \dfrac{13}{4}\right)$ 에 대하여 두 함수

$$f(x) = |x^2 - 3| - 2x, \quad g(x) = -x + t$$

의 그래프가 만나는 서로 다른 네 점의 x 좌표를 작은 수부터 크기순으로 $x_1,\ x_2,\ x_3,\ x_4$ 라 하자. $x_4 - x_1 = 5$ 일 때, 닫힌구간 $[x_3,\ x_4]$ 에서 두 함수 $y = f(x)$, $y = g(x)$ 의 그래프로 둘러싸인 부분의 넓이는 $p - q\sqrt{3}$ 이다. $p \times q$ 의 값을 구하시오. (단, $p,\ q$ 는 유리수이다.) [4점]

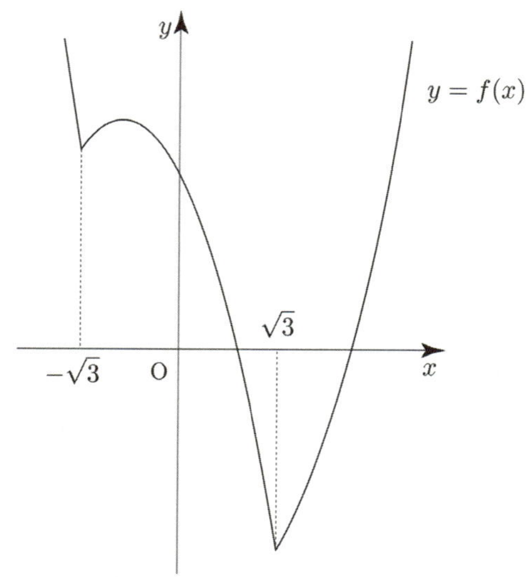

098 2024년 고3 5월 교육청 공통

최고차항의 계수가 1인 사차함수 $f(x)$에 대하여
곡선 $y=f(x)$와 직선 $y=\dfrac{1}{2}x$가 원점 O에서 접하고
x좌표가 양수인 두 점 A, B$(\overline{OA}<\overline{OB})$에서 만난다.
곡선 $y=f(x)$와 선분 OA로 둘러싼 영역의 넓이를
S_1, 곡선 $y=f(x)$와 선분 AB로 둘러싼 영역의 넓이를
S_2라 하자. $\overline{AB}=\sqrt{5}$이고 $S_1=S_2$일 때, $f(1)$의 값은?

[4점]

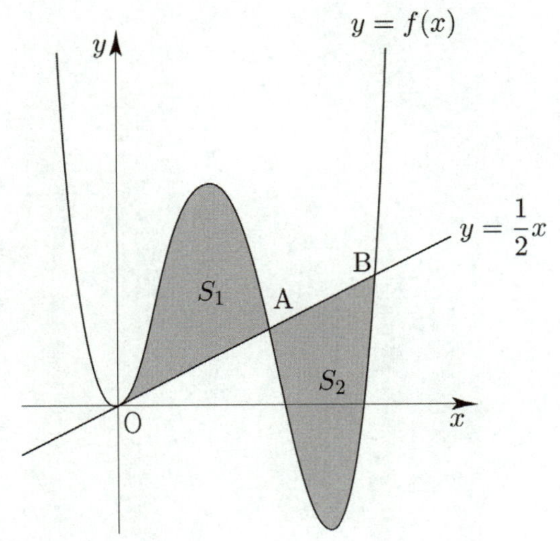

① $\dfrac{9}{2}$ ② $\dfrac{11}{2}$ ③ $\dfrac{13}{2}$

④ $\dfrac{15}{2}$ ⑤ $\dfrac{17}{2}$

099 2025학년도 수능 공통

최고차항의 계수가 1인 삼차함수 $f(x)$가
$$f(1)=f(2)=0, \quad f'(0)=-7$$
을 만족시킨다. 원점 O와 점 P$(3, f(3))$에 대하여
선분 OP가 곡선 $y=f(x)$와 만나는 점 중 P가 아닌
점을 Q라 하자. 곡선 $y=f(x)$와 y축 및 선분 OQ로
둘러싸인 부분의 넓이를 A, 곡선 $y=f(x)$와 선분 PQ로
둘러싸인 부분의 넓이를 B라 할 때, $B-A$의 값은? [4점]

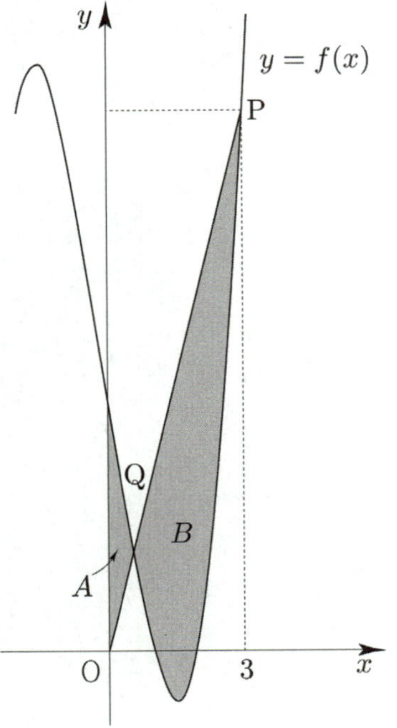

① $\dfrac{37}{4}$ ② $\dfrac{39}{4}$ ③ $\dfrac{41}{4}$

④ $\dfrac{43}{4}$ ⑤ $\dfrac{45}{4}$

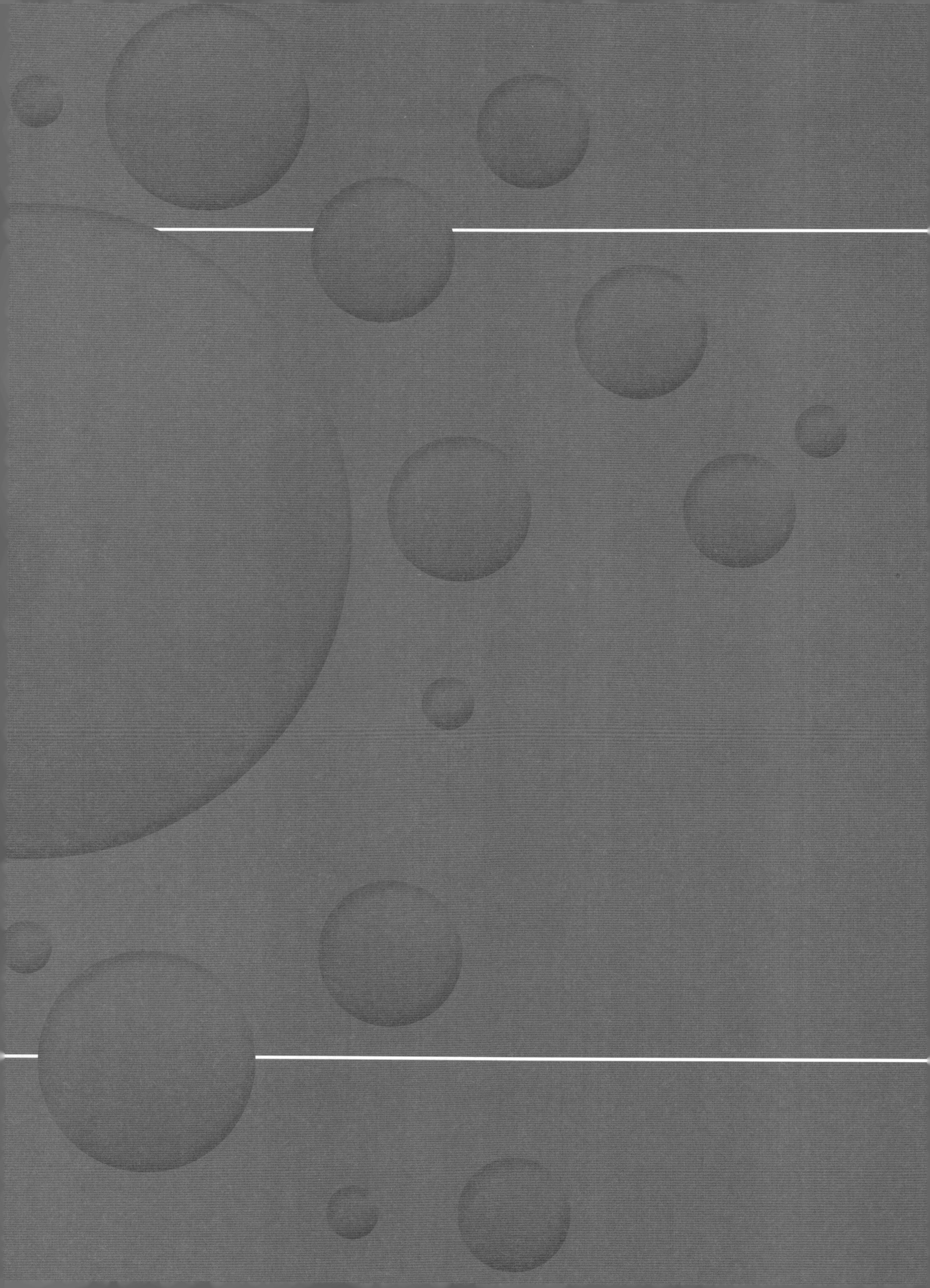

규토 라이트 N제

적분

Master step

심화 문제편

2. 정적분의 활용

점 $A(3, 0)$와 함수 $f(x)=x^2$의 그래프 위의 점 P에 대하여 선분 AP의 길이가 최소일 때, 점 P에서의 접선을 $y=g(x)$라 하자. 곡선 $y=f(x)$와 x축 및 직선 $y=g(x)$로 둘러싸인 부분의 넓이를 S라 할 때, $60S$의 값을 구하시오.

사차함수 $f(x)$가 다음 조건을 만족시킨다.

> (가) 함수 $f(x)$는 $x=0$과 $x=2$에서 동일한 극댓값 5를 갖는다.
> (나) 방정식 $f(x)=3$의 실근의 개수는 3이다.

$f(a)=-13$인 양수 a에 대하여 $a\times\displaystyle\int_0^a |f'(x)|\,dx$의 값을 구하시오.

최고차항의 계수가 양수이고 $f(1)=f(2)=f(3)$인 삼차함수 $f(x)$가 다음 조건을 만족시킨다.

> (가) 모든 실수 x에 대하여 $f(x)+f(4-x)=0$이다.
> (나) $\displaystyle\int_1^3 |f(x)|\,dx=4$

함수 $\displaystyle\int_{x-1}^{x} f(t)\,dt$는 $x=a$에서 극댓값을 M, $x=b$에서 극솟값을 m을 갖는다. $a-b+M-m$의 값을 구하시오.

 2022학년도 수능

수직선 위를 움직이는 점 P의 시각 $t\,(t\geq 0)$에서의 위치 $x(t)$가 두 상수 a, b에 대하여
$$x(t)=t(t-1)(at+b) \quad (a\neq 0)$$
이다. 점 P의 시각 t에서의 속도 $v(t)$가 $\displaystyle\int_0^1 |v(t)|\,dt=2$를 만족시킬 때, 〈보기〉에서 옳은 것만을 있는 대로 고른 것은? [4점]

> ─── 〈보기〉 ───
> ㄱ. $\displaystyle\int_0^1 v(t)\,dt=0$
> ㄴ. $|x(t_1)|>1$인 t_1이 열린구간 $(0,\ 1)$에 존재한다.
> ㄷ. $0\leq t\leq 1$인 모든 t에 대하여 $|x(t)|<1$이면 $x(t_2)=0$인 t_2가 열린구간 $(0,\ 1)$에 존재한다.

① ㄱ 　② ㄱ, ㄴ 　③ ㄱ, ㄷ

④ ㄴ, ㄷ 　⑤ ㄱ, ㄴ, ㄷ

104 · 2020년 고3 3월 교육청 나형

닫힌구간 $[-1,\ 1]$에서 정의된 연속함수 $f(x)$는 정의역에서 증가하고 모든 실수 x에 대하여 $f(-x)=-f(x)$가 성립할 때, 함수 $g(x)$가 다음 조건을 만족시킨다.

> (가) 닫힌구간 $[-1,\ 1]$에서 $g(x)=f(x)$이다.
> (나) 닫힌구간 $[2n-1,\ 2n+1]$에서 함수 $y=g(x)$의 그래프는 함수 $y=f(x)$의 그래프를 x축의 방향으로 $2n$만큼, y축의 방향으로 $6n$만큼 평행이동한 그래프이다. (단, n은 자연수이다.)

$f(1)=3$이고 $\displaystyle\int_0^1 f(x)dx=1$일 때,

$\displaystyle\int_3^6 g(x)dx$의 값을 구하시오. [4점]

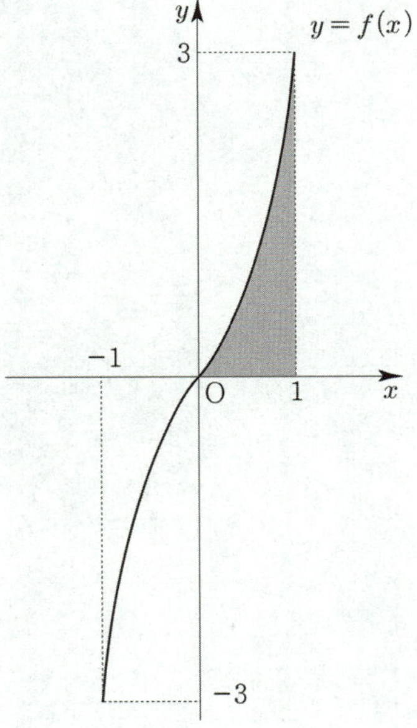

105

최고차항의 계수가 1인 삼차함수 $f(x)$와 $g(0)=g(1)$인 함수 $g(x)$는 다음 조건을 만족시킨다.

> (가) 함수 $\dfrac{1}{f(x)}$는 $x=0$과 $x=1$에서만 불연속이다.
> (나) 모든 실수 x에 대하여
> $\quad (x^2-x)g(x)=|(x-1)f(x)|$이다.
> (다) 함수 $g(x)$는 $x=a$에서만 불연속이다.

함수 $g(x)$와 세 상수 $a,\ b,\ c$에 대하여 함수

$$h(x)=\begin{cases} g(x)+b & (x<a) \\ g(a)+c & (x=a) \\ g(x) & (x>a) \end{cases}$$

는 실수 전체의 집합에서 연속이다. 곡선 $y=h(x)$와 x축으로 둘러싸인 부분의 넓이를 S라 할 때, $h(a-b-c)+S$의 값은?

① $\dfrac{4\sqrt{2}+6}{3}$ ② $\dfrac{4\sqrt{2}+7}{3}$ ③ $\dfrac{4\sqrt{2}+8}{3}$

④ $\dfrac{4\sqrt{2}+9}{3}$ ⑤ $\dfrac{4\sqrt{2}+10}{3}$

함수의 극한과 연속

함수의 극한 | Guide step

1	(1) 2 (2) 5
2	(1) 0 (2) 4
3	(1) ∞ (2) $-\infty$ (3) ∞
4	(1) 0 (2) -1
5	(1) 존재하지 않는다. (2) 존재하지 않는다.
6	(1) 1 (2) 0 (3) 12 (4) 3 (5) 0 (6) 2
7	(1) 3 (2) $\dfrac{1}{4}$
8	(1) 2 (2) $\dfrac{3}{4}$
9	(1) $a=6,\ b=5$ (2) $a=7,\ b=3$
10	(1) 3 (2) 5
11	$a=8,\ b=12$
12	2
13	(1) 2 (2) 1

함수의 극한 | Training － 1 step

1	5	28	6
2	3	29	2
3	17	30	4
4	2	31	9
5	12	32	5
6	②	33	8
7	④	34	80
8	①	35	6
9	②	36	36
10	4	37	3
11	8	38	7
12	9	39	9
13	20	40	5
14	26	41	④
15	13	42	3
16	ㄱ, ㄴ, ㄷ, ㄹ	43	10
17	6	44	4
18	3	45	1
19	8	46	5
20	10	47	15
21	16	48	50
22	2	49	2
23	4	50	6
24	②	51	3
25	5	52	①
26	2	53	3
27	3		

함수의 극한 | Training – 2 step

54	④	69	③
55	30	70	④
56	①	71	③
57	①	72	10
58	④	73	④
59	④	74	③
60	①	75	④
61	⑤	76	①
62	21	77	③
63	③	78	②
64	②	79	③
65	④	80	②
66	④	81	226
67	13	82	④
68	10	83	⑤

함수의 극한 | Master step

84	25	86	4
85	6	87	16

함수의 연속 | Guide step

1	(1) 연속 (2) 불연속
2	(1) $(-\infty,\ 1)\ \cup\ (1,\ \infty)$ (2) $[-1,\ \infty)$
3	(1) $(-\infty,\ \infty)$ (2) $(-\infty,\ 3]$
4	$a=5,\ b=-1$
5	(1) 모든 실수 x에서 연속 (2) $x\neq -2,\ x\neq 2$인 모든 실수 x에서 연속
6	(1) 최댓값 4, 최솟값 0 (2) 최댓값 3, 최솟값 1
7	풀이 참고

함수의 연속 | Training – 1 step

1	2	16	ㄱ, ㄴ, ㄷ
2	3	17	ㄱ, ㄴ, ㄷ
3	4	18	ㄱ, ㄷ, ㄹ
4	9	19	ㄱ, ㄴ, ㄷ
5	8	20	16
6	①	21	ㄱ, ㄴ, ㄷ
7	22	22	4
8	1	23	2
9	9	24	ㄱ, ㄴ, ㄷ
10	3	25	7
11	5	26	32
12	8	27	4
13	①	28	ㄱ, ㄴ, ㄷ
14	10	29	3
15	ㄴ	30	9

31	6	48	⑤
32	①	49	⑤
33	③	50	④
34	③	51	④
35	①	52	24
36	③	53	①
37	④	54	21
38	6	55	13
39	⑤	56	②
40	③	57	8
41	④	58	④
42	①	59	8
43	③	60	④
44	③	61	①
45	④	62	④
46	①	63	⑤
47	⑤	64	③

함수의 연속 | Master step

65	65	69	20
66	①	70	40
67	②	71	③
68	80	72	①

미분

미분계수와 도함수 | Guide step

1	(1) 5 (2) $3+\triangle x$
2	(1) 2 (2) 4
3	(1) -2 (2) 8
4	(1) 5 (2) 4
5	함수 $f(x)$는 $x=2$에서 연속이지만 미분가능하지 않다.
6	(1) $f'(x)=-1$ (2) $f'(x)=-4x+1$
7	(1) $y'=5x^4$ (2) $y'=4x^3$ (3) $y'=0$
8	(1) $y'=-4x^3+8x+6$ (2) $y'=-18x^2+8x+15$

미분계수와 도함수 | Training - 1 step

1	3	26	76
2	40	27	10
3	45	28	9
4	4	29	2
5	9	30	33
6	13	31	10
7	5	32	20
8	②	33	67
9	6	34	2
10	18	35	23
11	4	36	29
12	5	37	1
13	50	38	12
14	60	39	13
15	10	40	19
16	9	41	32
17	165	42	ㄴ, ㄷ, ㅂ
18	5	43	17
19	8	44	21
20	30	45	3
21	3	46	4
22	6	47	7
23	19	48	48
24	36	49	3
25	7	50	5

미분계수와 도함수 | Training - 2 step

51	④	66	24
52	①	67	11
53	⑤	68	28
54	16	69	⑤
55	⑤	70	①
56	①	71	20
57	④	72	④
58	3	73	②
59	⑤	74	④
60	2	75	①
61	④	76	19
62	16	77	③
63	①	78	28
64	③	79	③
65	⑤		

미분계수와 도함수 | Master step

80	45	85	①
81	13	86	186
82	15	87	②
83	③	88	61
84	②	89	3

1	(1) $y = 2x + 1$ (2) $y = -\dfrac{1}{6}x + \dfrac{13}{6}$
2	(1) $y = 2x + 1$ (2) $y = 2x - 8$
3	(1) $y = 2x + 4$ or $y = -2x$ (2) $y = 3x - 4$ or $y = -x$
4	$y = -2x - 2$
5	(1) $c = \dfrac{1}{2}$ (2) $c = -\dfrac{2\sqrt{3}}{3}$
6	(1) 증가 (2) 감소
7	(1) $(-\infty,\ -2],\ [2,\ \infty)$에서 감소, $[-2,\ 2]$에서 증가 (2) $(-\infty,\ \infty)$에서 증가
8	(1) $x = 0$에서 극댓값 2, $x = 2$에서 극솟값 -2 (2) $x = 2$에서 극댓값 32, $x = -2$에서 극솟값 0
9	$a = -3,\ b = 12,\ x = -2$에서 극솟값 -16
10	(1) 풀이 참고 (2) 풀이 참고
11	(1) 풀이 참고 (2) 풀이 참고
12	(1) $x = 2$에서 최댓값 39, $x = 0$에서 최솟값 -1 (2) $x = \sqrt{3}$에서 최댓값 12, $x = 0$에서 최솟값 3
13	2
14	$-1 < k < 0$
15	풀이 참고
16	$k \le -\dfrac{7}{4}$
17	(1) $v = 9,\ a = 12$ (2) 1
18	12

1	7	36	6
2	10	37	25
3	11	38	3
4	19	39	31
5	1	40	55
6	5	41	20
7	18	42	3
8	28	43	2
9	3	44	3
10	4	45	2
11	7	46	15
12	3	47	ㄱ, ㄴ, ㄷ
13	11	48	8
14	86	49	13
15	2	50	15
16	22	51	4
17	36	52	2
18	5	53	1
19	12	54	9
20	10	55	21
21	136	56	14
22	16	57	5
23	4	58	3
24	111	59	6
25	5	60	2
26	6	61	8
27	16	62	20
28	15	63	16
29	12	64	9
30	40	65	32
31	6	66	17
32	10	67	31
33	19	68	68
34	8	69	11
35	90	70	2

번호	답	번호	답
71	12	98	9
72	ㄱ, ㄴ, ㄹ	99	5
73	162	100	ㄱ, ㄴ, ㄷ, ㄹ, ㅁ
74	81	101	23
75	67	102	31
76	12	103	24
77	d	104	3
78	108	105	4
79	49	106	24
80	4	107	17
81	10	108	5
82	21	109	8
83	3	110	33
84	15	111	9
85	45	112	54
86	6	113	2
87	16	114	27
88	960	115	11
89	6	116	ㄱ, ㄴ, ㄷ, ㄹ, ㅂ
90	30	117	ㄱ, ㄷ, ㅂ, ㅅ, ㅇ
91	26	118	20
92	51	119	10
93	15	120	44
94	4	121	40
95	42	122	12
96	28	123	18
97	12		

번호	답	번호	답
124	41	161	④
125	14	162	②
126	③	163	27
127	①	164	④
128	10	165	3
129	13	166	②
130	①	167	①
131	8	168	3
132	①	169	⑤
133	④	170	②
134	7	171	11
135	③	172	21
136	③	173	97
137	①	174	①
138	80	175	③
139	⑤	176	45
140	③	177	⑤
141	12	178	32
142	④	179	31
143	9	180	118
144	⑤	181	③
145	②	182	③
146	22	183	③
147	⑤	184	③
148	①	185	13
149	②	186	19
150	②	187	16
151	6	188	12
152	①	189	③
153	①	190	③
154	2	191	25
155	②	192	⑤
156	⑤	193	②
157	⑤	194	③
158	①	195	35
159	④	196	⑤
160	②	197	②

198	①	206	④
199	③	207	⑤
200	15	208	①
201	③	209	③
202	21	210	③
203	34	211	③
204	①	212	②
205	③		

도함수의 활용 | Master step

213	108	240	38
214	④	241	147
215	④	242	65
216	①	243	19
217	④	244	61
218	⑤	245	108
219	③	246	9
220	64	247	5
221	④	248	35
222	160	249	14
223	④	250	①
224	75	251	19
225	①	252	58
226	290	253	13
227	④	254	380
228	④	255	③
229	32	256	①
230	⑤	257	483
231	243	258	24
232	⑤	259	36
233	105	260	102
234	39	261	③
235	42	262	242
236	⑤	263	③
237	51	264	44
238	④	265	580
239	36		

적분

부정적분과 정적분 | Guide step

1	(1) $6x + C$ (2) $x^4 + C$
2	(1) $4x + C$ (2) $\dfrac{1}{5}x^5 + C$
3	(1) $x^5 + 3x^4 - 2x^2 + C$ (2) $\dfrac{x^4}{4} - \dfrac{x^3}{3} + x^2 - 2x + C$
4	$f(x) = x^4 - 2x^3 + 2x + 1$
5	$\dfrac{1}{8}(2x - 1)^4 + C$
6	(1) 15 (2) 0 (3) -18 (4) -32
7	(1) $2x^3 - 3x + 2$ (2) $(x - 2)^3$
8	$f(x) = 6x^2 + 3$, $a = 5$
9	(1) -6 (2) 18
10	2
11	4
12	11

1	11	31	9
2	19	32	5
3	18	33	2
4	36	34	29
5	22	35	23
6	2	36	14
7	21	37	20
8	45	38	45
9	11	39	6
10	20	40	48
11	70	41	24
12	2	42	5
13	117	43	36
14	21	44	10
15	33	45	9
16	77	46	40
17	4	47	4
18	3	48	22
19	8	49	23
20	2	50	1
21	7	51	3
22	60	52	80
23	16	53	7
24	14	54	96
25	25	55	3
26	1	56	17
27	12	57	3
28	8	58	4
29	5	59	ㄱ, ㄴ, ㄷ, ㄹ, ㅁ, ㅇ, ㅈ
30	44		

60	①	92	⑤
61	②	93	②
62	①	94	42
63	25	95	45
64	4	96	①
65	②	97	②
66	④	98	27
67	④	99	②
68	10	100	④
69	⑤	101	7
70	②	102	③
71	12	103	②
72	⑤	104	②
73	9	105	8
74	④	106	110
75	②	107	③
76	50	108	12
77	40	109	13
78	①	110	8
79	⑤	111	17
80	①	112	39
81	②	113	10
82	⑤	114	⑤
83	②	115	⑤
84	⑤	116	⑤
85	5	117	⑤
86	③	118	④
87	②	119	①
88	④	120	54
89	②	121	43
90	②	122	②
91	①		

번호	답	번호	답
123	6	140	②
124	ㄱ, ㄴ, ㄹ	141	56
125	45	142	80
126	⑤	143	②
127	③	144	①
128	②	145	55
129	98	146	③
130	⑤	147	②
131	④	148	②
132	⑤	149	67
133	④	150	①
134	④	151	③
135	80	152	6
136	⑤	153	4
137	432	154	128
138	④	155	18
139	16	156	②

번호	답
1	(1) 15 (2) $\dfrac{32}{3}$
2	(1) 1 (2) $\dfrac{5}{2}$
3	$\dfrac{9}{2}$
4	2
5	(1) 원점 (2) -2 (3) 6

번호	답	번호	답
1	37	20	6
2	8	21	3
3	2	22	1
4	120	23	4
5	7	24	27
6	22	25	2
7	13	26	81
8	40	27	4
9	160	28	10
10	27	29	57
11	9	30	31
12	8	31	10
13	4	32	45
14	43	33	41
15	36	34	15
16	20	35	5
17	49	36	ㄱ,ㄷ,ㄹ,ㅁ
18	9	37	⑤
19	142		

38	④		**69**	②
39	①		**70**	③
40	②		**71**	⑤
41	⑤		**72**	④
42	①		**73**	⑤
43	②		**74**	35
44	6		**75**	①
45	③		**76**	④
46	4		**77**	④
47	④		**78**	⑤
48	③		**79**	80
49	④		**80**	17
50	①		**81**	⑤
51	4		**82**	④
52	③		**83**	17
53	8		**84**	290
54	④		**85**	140
55	②		**86**	④
56	200		**87**	②
57	14		**88**	⑤
58	40		**89**	②
59	③		**90**	③
60	③		**91**	④
61	③		**92**	②
62	40		**93**	⑤
63	12		**94**	②
64	64		**95**	③
65	①		**96**	③
66	⑤		**97**	54
67	16		**98**	⑤
68	17		**99**	⑤

100	5		**103**	③
101	66		**104**	41
102	3		**105**	③

규 토
라이트
N 제

CONTENTS

규토 라이트 N제

해설편

빠른정답
함수의 극한과 연속
미분
적분

함수의 극한 | Guide step

1	(1) 2 (2) 5
2	(1) 0 (2) 4
3	(1) ∞ (2) $-\infty$ (3) ∞
4	(1) 0 (2) -1
5	(1) 존재하지 않는다. (2) 존재하지 않는다.
6	(1) 1 (2) 0 (3) 12 (4) 3 (5) 0 (6) 2
7	(1) 3 (2) $\dfrac{1}{4}$
8	(1) 2 (2) $\dfrac{3}{4}$
9	(1) $a=6,\ b=5$ (2) $a=7,\ b=3$
10	(1) 3 (2) 5
11	$a=8,\ b=12$
12	2
13	(1) 2 (2) 1

함수의 극한 | Training – 1 step

1	5	28	6
2	3	29	2
3	17	30	4
4	2	31	9
5	12	32	5
6	②	33	8
7	④	34	80
8	①	35	6
9	②	36	36
10	4	37	3
11	8	38	7
12	9	39	9
13	20	40	5
14	26	41	④
15	13	42	3
16	ㄱ, ㄴ, ㄷ, ㄹ	43	10
17	6	44	4
18	3	45	1
19	8	46	5
20	10	47	15
21	16	48	50
22	2	49	2
23	4	50	6
24	②	51	3
25	5	52	①
26	2	53	3
27	3		

함수의 극한 | Training - 2 step

54	④	69	③
55	30	70	④
56	①	71	③
57	①	72	10
58	④	73	④
59	④	74	③
60	①	75	④
61	⑤	76	①
62	21	77	③
63	③	78	②
64	②	79	③
65	④	80	②
66	④	81	226
67	13	82	④
68	10	83	⑤

함수의 극한 | Master step

84	25	86	4
85	6	87	16

함수의 연속 | Guide step

1	(1) 연속 (2) 불연속
2	(1) $(-\infty,\ 1)\ \cup\ (1,\ \infty)$ (2) $[-1,\ \infty)$
3	(1) $(-\infty,\ \infty)$ (2) $(-\infty,\ 3]$
4	$a=5,\ b=-1$
5	(1) 모든 실수 x에서 연속 (2) $x \neq -2,\ x \neq 2$인 모든 실수 x에서 연속
6	(1) 최댓값 4, 최솟값 0 (2) 최댓값 3, 최솟값 1
7	풀이 참고

함수의 연속 | Training - 1 step

1	2	16	ㄱ, ㄴ, ㄷ
2	3	17	ㄱ, ㄴ, ㄷ
3	4	18	ㄱ, ㄷ, ㄹ
4	9	19	ㄱ, ㄴ, ㄷ
5	8	20	16
6	①	21	ㄱ, ㄴ, ㄷ
7	22	22	4
8	1	23	2
9	9	24	ㄱ, ㄴ, ㄷ
10	3	25	7
11	5	26	32
12	8	27	4
13	①	28	ㄱ, ㄴ, ㄷ
14	10	29	3
15	ㄴ	30	9

함수의 연속 | Training – 2 step

31	6	48	⑤
32	①	49	⑤
33	③	50	④
34	③	51	④
35	①	52	24
36	③	53	①
37	④	54	21
38	6	55	13
39	⑤	56	②
40	③	57	8
41	④	58	④
42	①	59	8
43	③	60	④
44	③	61	①
45	④	62	④
46	①	63	⑤
47	⑤	64	③

함수의 연속 | Master step

65	65	69	20
66	①	70	40
67	②	71	③
68	80	72	①

미분

미분계수와 도함수 | Guide step

1	(1) 5 (2) $3+\Delta x$
2	(1) 2 (2) 4
3	(1) -2 (2) 8
4	(1) 5 (2) 4
5	함수 $f(x)$ 는 $x=2$ 에서 연속이지만 미분가능하지 않다.
6	(1) $f'(x)=-1$ (2) $f'(x)=-4x+1$
7	(1) $y'=5x^4$ (2) $y'=4x^3$ (3) $y'=0$
8	(1) $y'=-4x^3+8x+6$ (2) $y'=-18x^2+8x+15$

1	3	26	76
2	40	27	10
3	45	28	9
4	4	29	2
5	9	30	33
6	13	31	10
7	5	32	20
8	②	33	67
9	6	34	2
10	18	35	23
11	4	36	29
12	5	37	1
13	50	38	12
14	60	39	13
15	10	40	19
16	9	41	32
17	165	42	ㄴ, ㄷ, ㅂ
18	5	43	17
19	8	44	21
20	30	45	3
21	3	46	4
22	6	47	7
23	19	48	48
24	36	49	3
25	7	50	5

51	④	66	24
52	①	67	11
53	⑤	68	28
54	16	69	⑤
55	⑤	70	①
56	①	71	20
57	④	72	④
58	3	73	②
59	⑤	74	④
60	2	75	①
61	④	76	19
62	16	77	③
63	①	78	28
64	③	79	③
65	⑤		

80	45	85	①
81	13	86	186
82	15	87	②
83	③	88	61
84	②	89	3

1	(1) $y = 2x + 1$ (2) $y = -\dfrac{1}{6}x + \dfrac{13}{6}$
2	(1) $y = 2x + 1$ (2) $y = 2x - 8$
3	(1) $y = 2x + 4$ or $y = -2x$ (2) $y = 3x - 4$ or $y = -x$
4	$y = -2x - 2$
5	(1) $c = \dfrac{1}{2}$ (2) $c = -\dfrac{2\sqrt{3}}{3}$
6	(1) 증가 (2) 감소
7	(1) $(-\infty,\ -2]$, $[2,\ \infty)$ 에서 감소, $[-2,\ 2]$ 에서 증가 (2) $(-\infty,\ \infty)$ 에서 증가
8	(1) $x = 0$ 에서 극댓값 2, $x = 2$ 에서 극솟값 -2 (2) $x = 2$ 에서 극댓값 32, $x = -2$ 에서 극솟값 0
9	$a = -3$, $b = 12$, $x = -2$ 에서 극솟값 -16
10	(1) 풀이 참고 (2) 풀이 참고
11	(1) 풀이 참고 (2) 풀이 참고
12	(1) $x = 2$ 에서 최댓값 39, $x = 0$ 에서 최솟값 -1 (2) $x = \sqrt{3}$ 에서 최댓값 12, $x = 0$ 에서 최솟값 3
13	2
14	$-1 < k < 0$
15	풀이 참고
16	$k \leq -\dfrac{7}{4}$
17	(1) $v = 9$, $a = 12$ (2) 1
18	12

1	7	36	6
2	10	37	25
3	11	38	3
4	19	39	31
5	1	40	55
6	5	41	20
7	18	42	3
8	28	43	2
9	3	44	3
10	4	45	2
11	7	46	15
12	3	47	ㄱ, ㄴ, ㄷ
13	11	48	8
14	86	49	13
15	2	50	15
16	22	51	4
17	36	52	2
18	5	53	1
19	12	54	9
20	10	55	21
21	136	56	14
22	16	57	5
23	4	58	3
24	111	59	6
25	5	60	2
26	6	61	8
27	16	62	20
28	15	63	16
29	12	64	9
30	40	65	32
31	6	66	17
32	10	67	31
33	19	68	68
34	8	69	11
35	90	70	2

71	12	98	9
72	ㄱ, ㄴ, ㄹ	99	5
73	162	100	ㄱ, ㄴ, ㄷ, ㄹ, ㅁ
74	81	101	23
75	67	102	31
76	12	103	24
77	d	104	3
78	108	105	4
79	49	106	24
80	4	107	17
81	10	108	5
82	21	109	8
83	3	110	33
84	15	111	9
85	45	112	54
86	6	113	2
87	16	114	27
88	960	115	11
89	6	116	ㄱ, ㄴ, ㄷ, ㄹ, ㅂ
90	30	117	ㄱ, ㄷ, ㅂ, ㅅ, ㅇ
91	26	118	20
92	51	119	10
93	15	120	44
94	4	121	40
95	42	122	12
96	28	123	18
97	12		

124	41	161	④
125	14	162	②
126	③	163	27
127	①	164	④
128	10	165	3
129	13	166	②
130	①	167	①
131	8	168	3
132	①	169	⑤
133	④	170	②
134	7	171	11
135	③	172	21
136	③	173	97
137	①	174	①
138	80	175	③
139	⑤	176	45
140	③	177	⑤
141	12	178	32
142	④	179	31
143	9	180	118
144	⑤	181	③
145	②	182	③
146	22	183	③
147	⑤	184	③
148	①	185	13
149	②	186	19
150	②	187	16
151	6	188	12
152	①	189	③
153	①	190	③
154	2	191	25
155	②	192	⑤
156	⑤	193	②
157	⑤	194	③
158	①	195	35
159	④	196	⑤
160	②	197	②

198	①	206	④
199	③	207	⑤
200	15	208	①
201	③	209	③
202	21	210	③
203	34	211	③
204	①	212	②
205	③		

도함수의 활용 | Master step

213	108	240	38
214	④	241	147
215	④	242	65
216	①	243	19
217	④	244	61
218	⑤	245	108
219	③	246	9
220	64	247	5
221	④	248	35
222	160	249	14
223	④	250	①
224	75	251	19
225	①	252	58
226	290	253	13
227	④	254	380
228	④	255	③
229	32	256	①
230	⑤	257	483
231	243	258	24
232	⑤	259	36
233	105	260	102
234	39	261	③
235	42	262	242
236	⑤	263	③
237	51	264	44
238	④	265	580
239	36		

적분

부정적분과 정적분 | Guide step

1	(1) $6x + C$ (2) $x^4 + C$
2	(1) $4x + C$ (2) $\frac{1}{5}x^5 + C$
3	(1) $x^5 + 3x^4 - 2x^2 + C$ (2) $\frac{x^4}{4} - \frac{x^3}{3} + x^2 - 2x + C$
4	$f(x) = x^4 - 2x^3 + 2x + 1$
5	$\frac{1}{8}(2x-1)^4 + C$
6	(1) 15 (2) 0 (3) -18 (4) -32
7	(1) $2x^3 - 3x + 2$ (2) $(x-2)^3$
8	$f(x) = 6x^2 + 3,\ a = 5$
9	(1) -6 (2) 18
10	2
11	4
12	11

1	11	31	9
2	19	32	5
3	18	33	2
4	36	34	29
5	22	35	23
6	2	36	14
7	21	37	20
8	45	38	45
9	11	39	6
10	20	40	48
11	70	41	24
12	2	42	5
13	117	43	36
14	21	44	10
15	33	45	9
16	77	46	40
17	4	47	4
18	3	48	22
19	8	49	23
20	2	50	1
21	7	51	3
22	60	52	80
23	16	53	7
24	14	54	96
25	25	55	3
26	1	56	17
27	12	57	3
28	8	58	4
29	5	59	ㄱ, ㄴ, ㄷ, ㄹ, ㅁ, ㅇ, ㅈ
30	44		

60	①	92	⑤
61	②	93	②
62	①	94	42
63	25	95	45
64	4	96	①
65	②	97	②
66	④	98	27
67	④	99	②
68	10	100	④
69	⑤	101	7
70	②	102	③
71	12	103	②
72	⑤	104	②
73	9	105	8
74	④	106	110
75	②	107	③
76	50	108	12
77	40	109	13
78	①	110	8
79	⑤	111	17
80	①	112	39
81	②	113	10
82	⑤	114	⑤
83	②	115	⑤
84	⑤	116	⑤
85	5	117	⑤
86	③	118	④
87	②	119	①
88	④	120	54
89	②	121	43
90	②	122	②
91	①		

123	6	140	②
124	ㄱ, ㄴ, ㄹ	141	56
125	45	142	80
126	⑤	143	②
127	③	144	①
128	②	145	55
129	98	146	③
130	⑤	147	②
131	④	148	②
132	⑤	149	67
133	④	150	①
134	④	151	③
135	80	152	6
136	⑤	153	4
137	432	154	128
138	④	155	18
139	16	156	②

정적분의 활용 | Guide step

1	(1) 15 (2) $\dfrac{32}{3}$
2	(1) 1 (2) $\dfrac{5}{2}$
3	$\dfrac{9}{2}$
4	2
5	(1) 원점 (2) -2 (3) 6

정적분의 활용 | Training – 1 step

1	37	20	6
2	8	21	3
3	2	22	1
4	120	23	4
5	7	24	27
6	22	25	2
7	13	26	81
8	40	27	4
9	160	28	10
10	27	29	57
11	9	30	31
12	8	31	10
13	4	32	45
14	43	33	41
15	36	34	15
16	20	35	5
17	49	36	ㄱ, ㄷ, ㄹ, ㅁ
18	9	37	⑤
19	142		

38	④	69	②
39	①	70	③
40	②	71	⑤
41	⑤	72	④
42	①	73	⑤
43	②	74	35
44	6	75	①
45	③	76	④
46	4	77	④
47	④	78	⑤
48	③	79	80
49	④	80	17
50	①	81	⑤
51	4	82	④
52	③	83	17
53	8	84	290
54	④	85	140
55	②	86	④
56	200	87	②
57	14	88	⑤
58	40	89	②
59	③	90	③
60	③	91	④
61	③	92	②
62	40	93	⑤
63	12	94	②
64	64	95	③
65	①	96	③
66	⑤	97	54
67	16	98	⑤
68	17	99	⑤

100	5	103	③
101	66	104	41
102	3	105	③

함수의 극한 | Guide step

1	(1) 2 (2) 5
2	(1) 0 (2) 4
3	(1) ∞ (2) $-\infty$ (3) ∞
4	(1) 0 (2) -1
5	(1) 존재하지 않는다. (2) 존재하지 않는다.
6	(1) 1 (2) 0 (3) 12 (4) 3 (5) 0 (6) 2
7	(1) 3 (2) $\dfrac{1}{4}$
8	(1) 2 (2) $\dfrac{3}{4}$
9	(1) $a=6,\ b=5$ (2) $a=7,\ b=3$
10	(1) 3 (2) 5
11	$a=8,\ b=12$
12	2
13	(1) 2 (2) 1

개념 확인문제 1

(1) $\lim\limits_{x \to -1}(x^2+1)$

$f(x)=x^2+1$ 라 하면

$y=f(x)$ 의 그래프는 아래 그림과 같다.

따라서 $\lim\limits_{x \to -1}(x^2+1)=2$

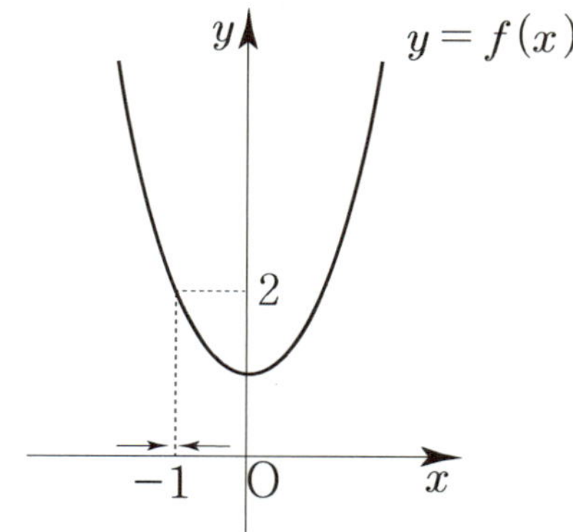

(2) $\lim\limits_{x \to 2}\dfrac{x^2+x-6}{x-2}$

$f(x)=\dfrac{x^2+x-6}{x-2}$ 라 하면

$x \neq 2$ 일 때,

$f(x)=\dfrac{(x-2)(x+3)}{x-2}=x+3$

이므로 $y=f(x)$ 의 그래프는 아래 그림과 같다.

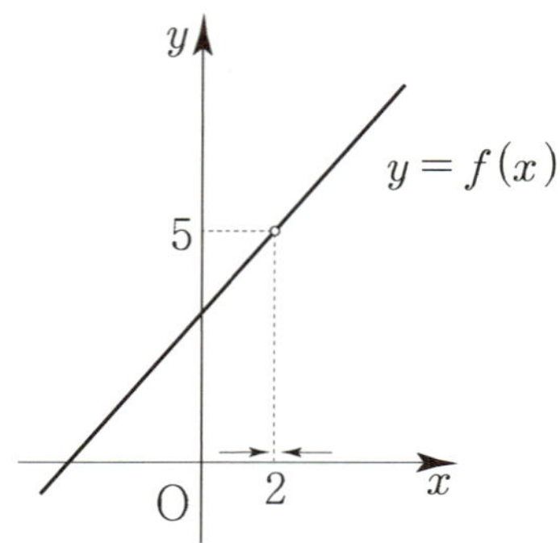

따라서 $\lim\limits_{x \to 2}\dfrac{x^2+x-6}{x-2}=5$

답 (1) 2 (2) 5

개념 확인문제 2

(1) $\lim\limits_{x \to \infty}\dfrac{1}{x-1}$

$f(x)=\dfrac{1}{x-1}$ 라 하면

$y=f(x)$ 의 그래프는 아래 그림과 같다.

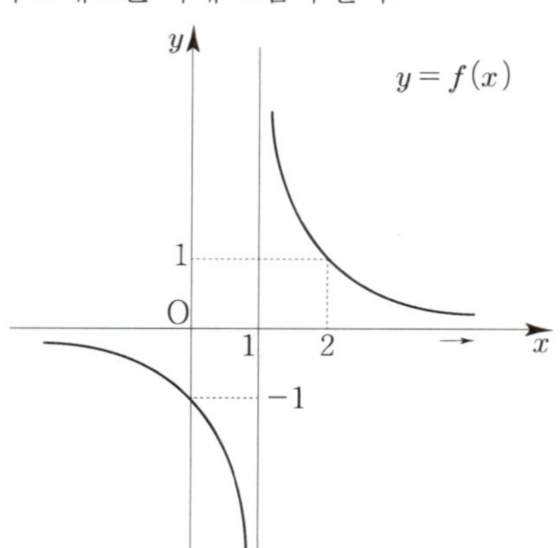

따라서 $\lim\limits_{x \to \infty}\dfrac{1}{x-1}=0$

(2) $\displaystyle\lim_{x \to -\infty} \frac{4x-1}{x}$

$f(x) = \dfrac{4x-1}{x} = 4 - \dfrac{1}{x}$ 라 하면

$y = f(x)$ 의 그래프는 아래 그림과 같다.

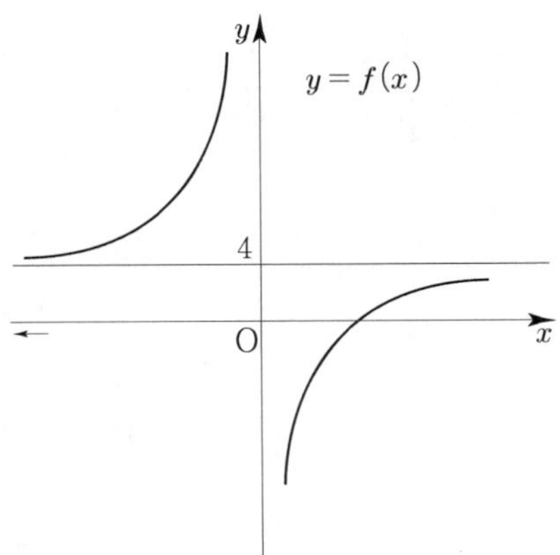

따라서 $\displaystyle\lim_{x \to -\infty} \frac{4x-1}{x} = 4$

답 (1) 0 (2) 4

개념 확인문제 3

(1) $\displaystyle\lim_{x \to 0}\left(1 + \frac{1}{|x|}\right)$

$f(x) = 1 + \dfrac{1}{|x|}$ 라 하면

$y = f(x)$ 의 그래프는 아래 그림과 같다.

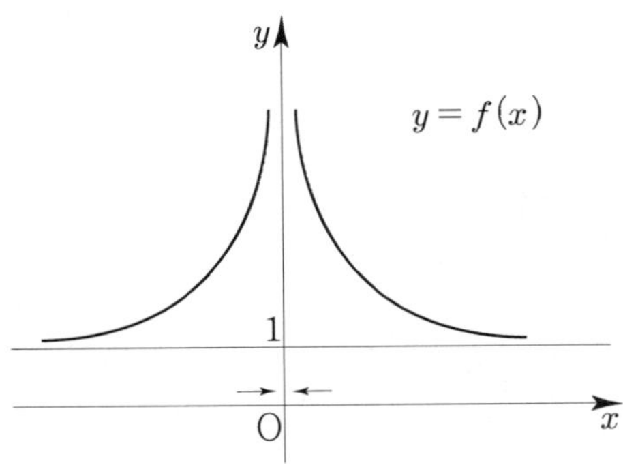

따라서 $\displaystyle\lim_{x \to 0}\left(1 + \frac{1}{|x|}\right) = \infty$

(2) $\displaystyle\lim_{x \to 1} \frac{-1}{|x-1|}$

$f(x) = \dfrac{-1}{|x-1|}$ 라 하면

$y = f(x)$ 의 그래프는 아래 그림과 같다.

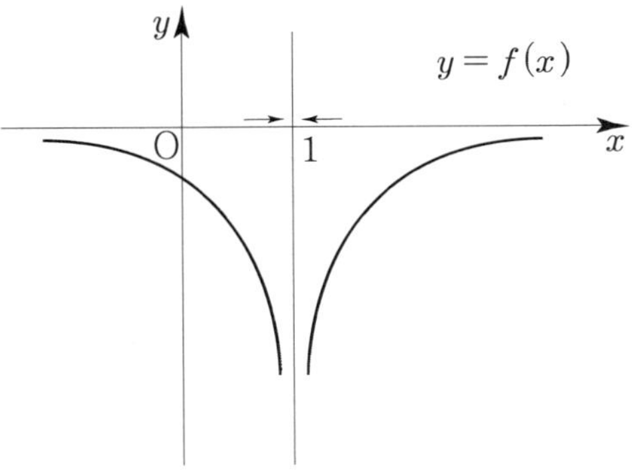

따라서 $\displaystyle\lim_{x \to 1} \frac{-1}{|x-1|} = -\infty$

(3) $\displaystyle\lim_{x \to -\infty}(-2x+2)$

$f(x) = -2x+2$ 라 하면

$y = f(x)$ 의 그래프는 아래 그림과 같다.

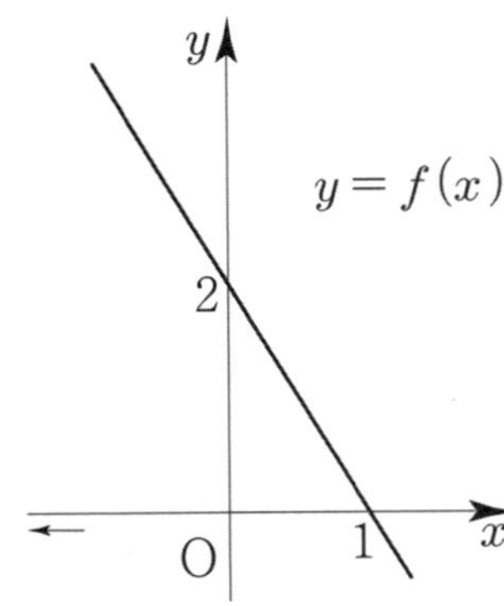

따라서 $\displaystyle\lim_{x \to -\infty}(-2x+2) = \infty$

답 (1) ∞ (2) $-\infty$ (3) ∞

개념 확인문제 4

$f(x) = \begin{cases} x-1 & (x > 1) \\ x^2 - 2x & (x \le 1) \end{cases}$

$y = f(x)$ 의 그래프는 아래 그림과 같다.

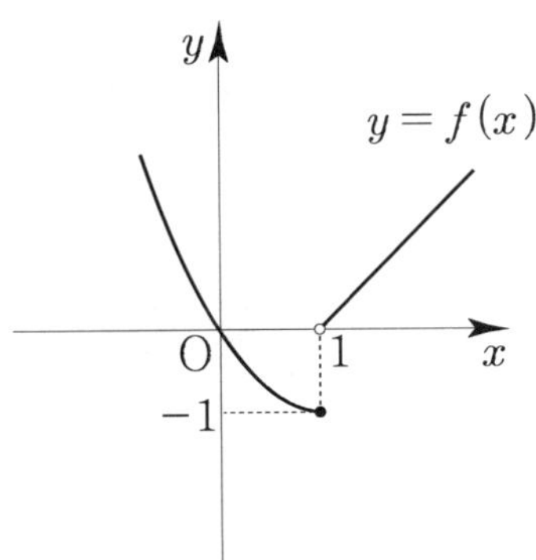

(1) $\lim\limits_{x \to 1+} f(x) = \lim\limits_{x \to 1+} (x-1) = 0$

(2) $\lim\limits_{x \to 1-} f(x) = \lim\limits_{x \to 1-} (x^2 - 2x) = -1$

$\boxed{답}$ (1) 0 (2) -1

개념 확인문제 5

(1) $\lim\limits_{x \to -2} \dfrac{|x+2|}{x+2}$

$\lim\limits_{x \to -2+} \dfrac{|x+2|}{x+2} = \lim\limits_{x \to -2+} \dfrac{x+2}{x+2} = 1$

$\lim\limits_{x \to -2-} \dfrac{|x+2|}{x+2} = \lim\limits_{x \to -2-} \dfrac{-(x+2)}{x+2} = -1$

따라서 우극한과 좌극한이 다르므로

극한 $\lim\limits_{x \to -2} \dfrac{|x+2|}{x+2}$ 는 존재하지 않는다.

> **Tip**
>
> $x \to -2-$ 가 헷갈리면 $x = -2.1$를 대입하거나
> $x \to -2+$ 가 헷갈리면 $x = -1.9$를
> 대입해서 절댓값이 양수인지 음수인지 판단할 수 있다.

(2) $\lim\limits_{x \to 0} \dfrac{x^2 + x}{|x|}$

$\lim\limits_{x \to 0+} \dfrac{x^2 + x}{x} = \lim\limits_{x \to 0+} (x+1) = 1$

$\lim\limits_{x \to 0-} \dfrac{x^2 + x}{-x} = \lim\limits_{x \to 0-} -(x+1) = -1$

따라서 우극한과 좌극한이 다르므로

극한 $\lim\limits_{x \to 0} \dfrac{x^2 + x}{|x|}$ 는 존재하지 않는다.

$\boxed{답}$ (1) 존재하지 않는다.
(2) 존재하지 않는다.

개념 확인문제 6

(1) $\lim\limits_{x \to 0} (10x+1) = 10 \lim\limits_{x \to 0} x + \lim\limits_{x \to 0} 1 = 1$

(2) $\lim\limits_{x \to -1} (x^2 + 3x + 2) = \lim\limits_{x \to -1} x^2 + 3 \lim\limits_{x \to -1} x + \lim\limits_{x \to -1} 2$

$= 1 - 3 + 2 = 0$

(3) $\lim\limits_{x \to 2} (x-5)(x-6) = \lim\limits_{x \to 2} (x-5) \lim\limits_{x \to 2} (x-6)$

$= \left(\lim\limits_{x \to 2} x - \lim\limits_{x \to 2} 5 \right) \left(\lim\limits_{x \to 2} x - \lim\limits_{x \to 2} 6 \right)$

$= (2-5)(2-6) = 12$

(4) $\lim\limits_{x \to -1} \dfrac{x^2 + 5}{1 - x} = \dfrac{\lim\limits_{x \to -1} x^2 + \lim\limits_{x \to -1} 5}{\lim\limits_{x \to -1} 1 - \lim\limits_{x \to -1} x} = \dfrac{1+5}{1+1} = 3$

(5) $\lim\limits_{x \to \infty} \left(\dfrac{1}{x} + \dfrac{10}{x+5} \right) = \lim\limits_{x \to \infty} \dfrac{1}{x} + \lim\limits_{x \to \infty} \dfrac{10}{x+5} = 0 + 0 = 0$

(6) $\lim\limits_{x \to \infty} \left(1 + \dfrac{1}{x} \right) \left(2 - \dfrac{1}{x} \right) = \lim\limits_{x \to \infty} \left(1 + \dfrac{1}{x} \right) \lim\limits_{x \to \infty} \left(2 - \dfrac{1}{x} \right)$

$= 1 \times 2 = 2$

$\boxed{답}$ (1) 1 (2) 0 (3) 12 (4) 3 (5) 0 (6) 2

개념 확인문제 7

(1) $\lim\limits_{x \to 1} \dfrac{x^3 - 1}{x - 1} = \lim\limits_{x \to 1} (x^2 + x + 1) = 3$

(2) $\lim\limits_{x \to -2} \dfrac{\sqrt{x+6} - 2}{x+2} = \lim\limits_{x \to -2} \dfrac{x+2}{(x+2)(\sqrt{x+6} + 2)}$

$= \lim\limits_{x \to -2} \dfrac{1}{\sqrt{x+6} + 2} = \dfrac{1}{4}$

$\boxed{답}$ (1) 3 (2) $\dfrac{1}{4}$

개념 확인문제 8

(1) $\lim\limits_{x \to \infty} \dfrac{4x - 1}{2x + 1} = \lim\limits_{x \to \infty} \dfrac{4 - \dfrac{1}{x}}{2 + \dfrac{1}{x}} = 2$

(2) $\lim\limits_{x \to \infty} \dfrac{3x^2 + x + 10}{4x^2 - x - 1} = \lim\limits_{x \to \infty} \dfrac{3 + \dfrac{1}{x} + \dfrac{10}{x^2}}{4 - \dfrac{1}{x} - \dfrac{1}{x^2}} = \dfrac{3}{4}$

$\boxed{답}$ (1) 2 (2) $\dfrac{3}{4}$

(1) $\displaystyle\lim_{x \to -1} \frac{x^2+ax+b}{x+1} = 4$

$\displaystyle\lim_{x \to -1}(x+1)=0$ 이므로 $\displaystyle\lim_{x \to -1}(x^2+ax+b)=0$

$\Rightarrow 1-a+b=0$

$b=a-1$ 을 분자에 대입하면

$\displaystyle\lim_{x \to -1} \frac{x^2+ax+a-1}{x+1} = \lim_{x \to -1} \frac{(x+1)(x+a-1)}{x+1}$

$$= -2+a = 4$$

$a=6$ 이므로 $b=5$ 이다.

(2) $\displaystyle\lim_{x \to 2} \frac{\sqrt{x+a}-b}{x-2} = \frac{1}{6}$

$\displaystyle\lim_{x \to 2}(x-2)=0$ 이므로 $\displaystyle\lim_{x \to 2}(\sqrt{x+a}-b)=0$

$\Rightarrow \sqrt{2+a}-b=0$

$b=\sqrt{2+a}$ 을 분자에 대입하면

$\displaystyle\lim_{x \to 2} \frac{\sqrt{x+a}-\sqrt{2+a}}{x-2}$

$\displaystyle= \lim_{x \to 2} \frac{(x-2)}{(x-2)(\sqrt{x+a}+\sqrt{2+a})} = \frac{1}{2\sqrt{2+a}} = \frac{1}{6}$

$\sqrt{2+a}=3 \Rightarrow a=7$

$a=7$ 이므로 $b=3$ 이다.

답 (1) $a=6,\ b=5$
(2) $a=7,\ b=3$

(1) $\dfrac{0}{0}$ 꼴이므로 로피탈 정리를 사용하면

$\displaystyle\lim_{x \to -1} \frac{x^3+1}{x+1} = \lim_{x \to -1} \frac{3x^2}{1} = 3$

(2) $\dfrac{0}{0}$ 꼴이므로 로피탈 정리를 사용하면

$\displaystyle\lim_{x \to 2} \frac{3x^2-2x-8}{2x-4} = \lim_{x \to 2} \frac{6x-2}{2} = 5$

답 (1) 3 (2) 5

$\displaystyle\lim_{x \to -2} \frac{x^2+ax+b}{x+2} = 4$

$\displaystyle\lim_{x \to -2}(x+2)=0$ 이므로

$\displaystyle\lim_{x \to -2}(x^2+ax+b)=4-2a+b=0 \Rightarrow b=2a-4$

$\dfrac{0}{0}$ 꼴이므로 로피탈 정리를 사용하면

$\displaystyle\lim_{x \to -2} \frac{x^2+ax+b}{x+2} = \lim_{x \to -2} \frac{2x+a}{1} = -4+a = 4$

$a=8$ 이므로 $b=12$ 이다.

답 $a=8,\ b=12$

$2-\dfrac{1}{x} < f(x) < 2+\dfrac{2}{x}$

$\displaystyle\lim_{x \to \infty}\left(2-\frac{1}{x}\right)=2,\quad \lim_{x \to \infty}\left(2+\frac{2}{x}\right)=2$ 이므로

샌드위치 정리에 의해서 $\displaystyle\lim_{x \to \infty} f(x)=2$ 이다.

답 2

(1) $\displaystyle\lim_{x \to 1-} g(f(x))$

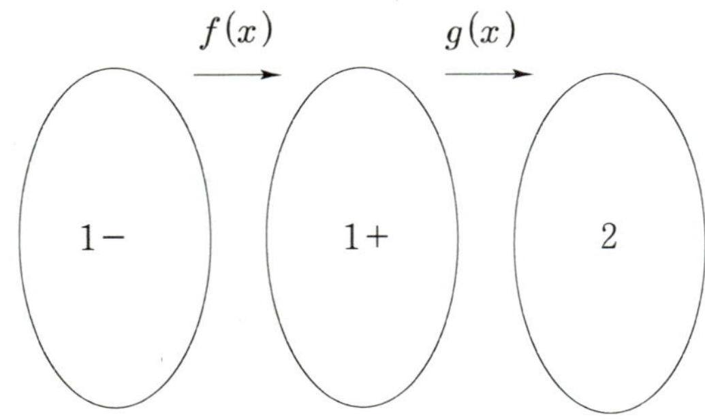

$\displaystyle\lim_{x \to 1-} g(f(x)) = 2$

(2) $\displaystyle\lim_{x \to 1-} f(g(x))$

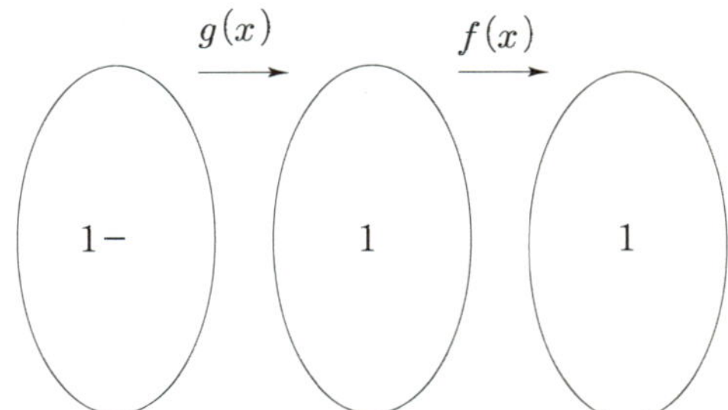

$$\lim_{x \to 1-} f(g(x)) = 1$$

> **Tip**
>
> $\displaystyle\lim_{x \to 1-} g(x) = 1$ 인 것에 유의하자.
>
> 즉, 극한이 아니라 그냥 1 이다.

답 (1) 2 (2) 1

1	5	28	6
2	3	29	2
3	17	30	4
4	2	31	9
5	12	32	5
6	②	33	8
7	④	34	80
8	①	35	6
9	②	36	36
10	4	37	3
11	8	38	7
12	9	39	9
13	20	40	5
14	26	41	④
15	13	42	3
16	ㄱ, ㄴ, ㄷ, ㄹ	43	10
17	6	44	4
18	3	45	1
19	8	46	5
20	10	47	15
21	16	48	50
22	2	49	2
23	4	50	6
24	②	51	3
25	5	52	①
26	2	53	3
27	3		

001

$$\lim_{x \to 0}\left(x^2 + 4x + 5\right) = 0 + 0 + 5 = 5$$

답  5

002

$$\lim_{x \to 1} \sqrt{10-x} = \sqrt{9} = 3$$

답 3

003

$$\lim_{x \to 2} \frac{x^4+1}{x-1} = \frac{16+1}{2-1} = 17$$

답 17

> **Tip**
>
> $\frac{0}{0}$ 꼴이 아니므로 로피탈의 정리를 쓸 수 없다.
> 관성적으로 접근하지 않도록 조심하자.

004

$$\lim_{x \to -1} \frac{2x^2+6x}{x-1} = \frac{2-6}{-1-1} = \frac{-4}{-2} = 2$$

답 2

005

$$\lim_{x \to 2} \frac{x^2+x+a}{x+1} = \frac{6+a}{3} = 6 \Rightarrow a = 12$$

답 12

006

$$\lim_{x \to 0-} f(x) - \lim_{x \to 1+} f(x) = 1 - 2 = -1$$

답 ②

007

$$\lim_{x \to 0+} f(x) + \lim_{x \to 1-} f(x) = 1 + 3 = 4$$

답 ④

008

$$\lim_{x \to 0-} f(x) + \lim_{x \to 1+} f(x) = -1 + 2 = 1$$

답 ①

009

$$\lim_{x \to -1} f(x) + \lim_{x \to 0-} f(x) - \lim_{x \to 1+} f(x) = 1 + 3 - 2 = 2$$

답 ②

010

$$\lim_{x \to 2+} f(x) = \lim_{x \to 2+} (x^3 - x + a) = 6 + a$$

$$\lim_{x \to 2-} f(x) = \lim_{x \to 2-} (3x^2 - x) = 10$$

$$6 + a = 10 \Rightarrow a = 4$$

답 4

> **Tip**
>
> $x \to 2$ 일 때의 $f(x)$ 의 극한값의 존재는
> $x = 2$ 에서의 함숫값, 또는 함숫값의 존재와
> 상관없다는 점을 알 수 있다.

011

$$\lim_{x \to 1} f(x) + \lim_{x \to 2+} f(x) = \lim_{x \to 1} f(x) + 6 + b = 2$$

$$\lim_{x \to 1} f(x) = -b - 4$$

$x = 1$ 에서 극한값이 존재하려면 우극한과 좌극한이
같아야 하므로

$$\lim_{x \to 1+} (-x+a) = -1 + a, \quad \lim_{x \to 1-} (x^2 - 1) = 0$$

$$-1 + a = 0 \Rightarrow a = 1$$

$$\lim_{x \to 1} f(x) = -b - 4 = 0 \Rightarrow b = -4$$

따라서 $f(a+b) = f(-3) = 9 - 1 = 8$

답 8

12

$$\lim_{x \to 2}(x+2)f(x) = \lim_{x \to 2}(x+2)\lim_{x \to 2}f(x) = 4\lim_{x \to 2}f(x) = 3$$

$$\lim_{x \to 2}f(x) = \frac{3}{4}$$

$$\lim_{x \to 2}(x^3+2x)f(x) = \lim_{x \to 2}(x^3+2x)\lim_{x \to 2}f(x) = 12\lim_{x \to 2}f(x)$$

$$= 12 \times \frac{3}{4} = 9$$

답 9

> **Tip**
>
> $\lim\limits_{x \to 2}f(x)$ 가 수렴하는지 모르는 상태에서
>
> $$\lim_{x \to 2}(x+2)f(x) = \lim_{x \to 2}(x+2)\lim_{x \to 2}f(x)$$
>
> 이 가능한지 궁금할 수 있다.
>
> 치환을 통해 $\lim\limits_{x \to 2}f(x)$ 가 수렴함을 증명해보자.
>
> $(x+2)f(x) = g(x)$ 라고 치환하면
>
> $f(x) = \dfrac{g(x)}{x+2}$ 이고 $\lim\limits_{x \to 2}g(x) = 3$ 이다.
>
> $$\lim_{x \to 2}f(x) = \lim_{x \to 2}\frac{g(x)}{x+2} = \frac{\lim\limits_{x \to 2}g(x)}{\lim\limits_{x \to 2}(x+2)} = \frac{3}{4}$$
>
> 이므로 수렴함을 알 수 있다.
>
> 물론 $\lim\limits_{x \to 2}f(x)$ 가 발산하면 $\lim\limits_{x \to 2}(x+2)f(x) = 3$ 을
> 만족시키지 않기 때문에 수렴해야만 한다는 것을
> 직관적으로 판단할 수 있다.

13

$$\lim_{x \to 1}\left\{f(x) - \frac{6x}{x+1}\right\} = 2, \quad \lim_{x \to 1}f(x)g(x) = 10$$

$$\lim_{x \to 1}f(x) - \lim_{x \to 1}\frac{6x}{x+1} = 2 \implies \lim_{x \to 1}f(x) = 5$$

$$\lim_{x \to 1}f(x)g(x) = \lim_{x \to 1}f(x)\lim_{x \to 1}g(x) = 5\lim_{x \to 1}g(x) = 10$$

$$\implies \lim_{x \to 1}g(x) = 2$$

$$\lim_{x \to 1}\frac{(3x+5)f(x)}{g(x)} = \frac{\lim\limits_{x \to 1}(3x+5)\lim\limits_{x \to 1}f(x)}{\lim\limits_{x \to 1}g(x)} = \frac{40}{2} = 20$$

답 20

> **Tip**
>
> 12번과 마찬가지로
> 치환을 통해 $\lim\limits_{x \to 1}f(x)$ 가 수렴함을 증명해보자.
>
> $f(x) - \dfrac{6x}{x+1} = h(x)$ 라고 치환하면
>
> $f(x) = h(x) + \dfrac{6x}{x+1}$ 이고 $\lim\limits_{x \to 1}h(x) = 2$ 이다.
>
> $$\lim_{x \to 1}f(x) = \lim_{x \to 1}h(x) + \lim_{x \to 1}\frac{6x}{x+1} = 5$$
>
> 이므로 수렴함을 알 수 있다.
>
> 물론 $\lim\limits_{x \to 1}f(x)$ 가 발산하면 $\lim\limits_{x \to 1}\left\{f(x) - \dfrac{6x}{x+1}\right\} = 2$
> 을 만족시키지 않기 때문에 수렴해야만 한다는 것을
> 직관적으로 판단할 수 있다.

14

$$\lim_{x \to 0}\left\{\frac{f(x)}{x^2} - \frac{x+2}{x+1}\right\} = 1$$

$$\lim_{x \to 0}\frac{f(x)}{x^2} = 3$$

$$\lim_{x \to 0}\frac{x^4+ax^2-2f(x)}{x^2+f(x)} = \lim_{x \to 0}\frac{x^2+a-\dfrac{2f(x)}{x^2}}{1+\dfrac{f(x)}{x^2}}$$

$$= \frac{\lim\limits_{x \to 0}x^2 + \lim\limits_{x \to 0}a - 2\lim\limits_{x \to 0}\dfrac{f(x)}{x^2}}{\lim\limits_{x \to 0}1 + \lim\limits_{x \to 0}\dfrac{f(x)}{x^2}} = \frac{a-6}{1+3} = 5$$

$$a-6 = 20 \implies a = 26$$

답 26

15

$$\lim_{x \to \infty}f(x) = \infty, \quad \lim_{x \to \infty}\{3f(x) - g(x)\} = 1$$

$$h(x) = 3f(x) - g(x) \quad \text{라 치환하면} \quad \lim_{x \to \infty}h(x) = 1$$

$$g(x) = 3f(x) - h(x)$$

$$\lim_{x\to\infty}\frac{f(x)+4g(x)}{4f(x)-g(x)}=\lim_{x\to\infty}\frac{13f(x)-4h(x)}{f(x)+h(x)}$$

$$=\lim_{x\to\infty}\frac{13-\dfrac{4h(x)}{f(x)}}{1+\dfrac{h(x)}{f(x)}}=13$$

답 13

16

ㄱ. $\displaystyle\lim_{x\to-1-}\{f(x)+f(1)\}=\lim_{x\to1+}g(x)$

$0+1=1$ 이므로 ㄱ은 참이다.

ㄴ. $\displaystyle\lim_{x\to0}\{f(x)+g(x)\}=4$

x	$f(x)$	$g(x)$	$f(x)+g(x)$
$0+$	1	3	4
$0-$	3	1	4

우극한 좌극한 모두 4이므로 ㄴ은 참이다.

ㄷ. $\displaystyle\lim_{x\to1}f(x)g(x)=2$

x	$f(x)$	$g(x)$	$f(x)g(x)$
$1+$	2	1	2
$1-$	1	2	2

우극한 좌극한 모두 2이므로 ㄷ은 참이다.

ㄹ. $\displaystyle\lim_{x\to1-}\{f(x)-g(x)\}=-f(1)$

$1-2=-1$ 이므로 ㄹ은 참이다.

> **Tip**
>
> $f(x)\pm g(x)$ or $f(x)\times g(x)$ 와 같은 형태의 함수의 극한은 표를 그려서 접근하는 편이 좋다.

답 ㄱ,ㄴ,ㄷ,ㄹ

17

$$\lim_{x\to1}\frac{x^2+4x-5}{x-1}=\lim_{x\to1}\frac{(x-1)(x+5)}{(x-1)}=\lim_{x\to1}(x+5)=6$$

$\dfrac{0}{0}$ 꼴이므로 로피탈 정리를 사용하면

$$\lim_{x\to1}\frac{x^2+4x-5}{x-1}=\lim_{x\to1}\frac{2x+4}{1}=6$$

답 6

18

$$\lim_{x\to-1}\frac{x^2+8x+7}{x^3-x}=\lim_{x\to-1}\frac{(x+1)(x+7)}{x(x+1)(x-1)}$$

$$=\lim_{x\to-1}\frac{(x+7)}{x(x-1)}=\frac{6}{2}=3$$

$\dfrac{0}{0}$ 꼴이므로 로피탈 정리를 사용하면

$$\lim_{x\to-1}\frac{x^2+8x+7}{x^3-x}=\lim_{x\to-1}\frac{2x+8}{3x^2-1}=\frac{6}{2}=3$$

답 3

19

$$\lim_{x\to1+}\frac{|x-1|(x+3)}{x-1}=\lim_{x\to1-}\frac{|x-1|(x+3)}{x-1}+a$$

$$\lim_{x\to1+}\frac{|x-1|(x+3)}{x-1}=\lim_{x\to1+}\frac{(x-1)(x+3)}{x-1}=4$$

$$\lim_{x\to1-}\frac{|x-1|(x+3)}{x-1}+a=\lim_{x\to1-}\frac{-(x-1)(x+3)}{x-1}+a$$

$$=-4+a$$

$$4=-4+a \Rightarrow a=8$$

답 8

20

$$\lim_{x\to2}\frac{f(x)(x-2)}{x^2-4}=\lim_{x\to2}\frac{f(x)(x-2)}{(x-2)(x+2)}=\lim_{x\to2}\frac{f(x)}{(x+2)}=5$$

$$\Rightarrow \lim_{x\to2}f(x)=20$$

따라서 $\displaystyle\lim_{x\to2}\frac{f(x)}{x}=10$ 이다.

답 10

021

최고차항의 계수가 1 인 이차함수 $f(x)$ 가

$f(-4) = f(2) = 5$

$f(x) = (x+4)(x-2)+5 = x^2+2x-3 = (x+3)(x-1)$

$$\lim_{x \to 1} \frac{\{f(x)\}^2}{(x-1)^2 x} = \lim_{x \to 1} \frac{(x+3)^2(x-1)^2}{(x-1)^2 x} = \lim_{x \to 1} \frac{(x+3)^2}{x} = 16$$

답 16

022

$f(x) = |x^2 - x|$

$$\lim_{x \to 0+} \frac{f(x)}{x} = \lim_{x \to 0+} \frac{|x^2-x|}{x} = \lim_{x \to 0+} \frac{-x^2+x}{x}$$

$$= \lim_{x \to 0+} \frac{-2x+1}{1} = 1 \, (by \ \text{로피탈 정리})$$

$$\lim_{x \to 1+} \frac{f(x)}{x-1} = \lim_{x \to 1+} \frac{|x^2-x|}{x-1} = \lim_{x \to 1+} \frac{x^2-x}{x-1}$$

$$= \lim_{x \to 1+} \frac{x(x-1)}{x-1} = \lim_{x \to 1+} x = 1$$

따라서 $\displaystyle \lim_{x \to 0+} \frac{f(x)}{x} + \lim_{x \to 1+} \frac{f(x)}{x-1} = 1+1 = 2$ 이다.

답 2

> **Tip**
>
> $x \to 0+$ 에서 $x^2 - x < 0$ 인 것은
> $y = x^2 - x$ 의 그래프를 그려보면 자명하다.

023

$$\lim_{x \to 0} \frac{\sqrt{8x+1}-1}{x^2+x} = \lim_{x \to 0} \frac{8x}{(x^2+x)(\sqrt{8x+1}+1)}$$

$$= \lim_{x \to 0} \frac{8}{(x+1)(\sqrt{8x+1}+1)} = \frac{8}{2} = 4$$

답 4

024

$f(x) = |x-1|$ 이므로 대입하면

$$\lim_{x \to 1} \frac{f(x-k)-f(k+1)}{x-1} = \lim_{x \to 1} \frac{|x-k-1|-|k|}{x-1} = 1$$

x 가 1 로 가는 상황이니 분자 $|x-k-1|$ 의 계산을 위해
1 과 $k+1$ 사이의 대소관계에 따라 case분류하면

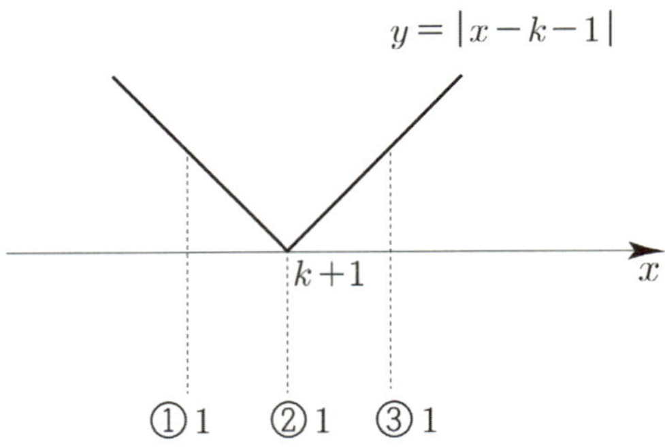

① $1 < k+1 \Rightarrow 0 < k$

$$\lim_{x \to 1} \frac{|x-k-1|-|k|}{x-1} = \lim_{x \to 1} \frac{-x+k+1-k}{x-1} = -1 \neq 1$$

이므로 모순이다.

② $1 = k+1 \Rightarrow k = 0$

$$\lim_{x \to 1} \frac{|x-1|}{x-1}$$

$$\lim_{x \to 1+} \frac{|x-1|}{x-1} = \lim_{x \to 1+} \frac{x-1}{x-1} = 1$$

$$\lim_{x \to 1-} \frac{|x-1|}{x-1} = \lim_{x \to 1-} \frac{-x+1}{x-1} = -1$$

극한값이 존재하지 않으므로 모순이다.

③ $k+1 < 1 \Rightarrow k < 0$

$$\lim_{x \to 1} \frac{|x-k-1|-|k|}{x-1} = \lim_{x \to 1} \frac{x-k-1+k}{x-1} = 1$$

이므로 조건을 만족한다.

따라서 정수 k의 최댓값은 -1 이다.

답 ②

$$\lim_{x \to -\infty} \frac{5x^2 - x + 1}{x^2 + 2x + 10}$$

$x \to -\infty$ 상황을 물어봤으면 무조건 치환부터 하도록 하자.

$x = -t$ 라 치환하면 $x \to -\infty \Rightarrow t \to \infty$

$$\lim_{t \to \infty} \frac{5t^2 + t + 1}{t^2 - 2t + 10} = \lim_{t \to \infty} \frac{5 + \dfrac{1}{t} + \dfrac{1}{t^2}}{1 - \dfrac{2}{t} + \dfrac{10}{t^2}} = 5$$

물론 Guide Step에서 언급한 것처럼 t^2 의 계수만 비교해서 바로 $\dfrac{5}{1} = 5$ 라고 판단해도 된다.

답 5

026

$$\lim_{x \to -\infty} \frac{-4x + 1}{\sqrt{x^2 + x} - x}$$

$x = -t$ 라 치환하면 $x \to -\infty \Rightarrow t \to \infty$

$$\lim_{t \to \infty} \frac{4t + 1}{\sqrt{t^2 - t} + t} = \lim_{t \to \infty} \frac{4 + \dfrac{1}{t}}{\sqrt{1 - \dfrac{1}{t}} + 1} = \frac{4}{1 + 1} = 2$$

아니면 분모와 분자의 최고차항은 1 차이므로 $\left(\because \sqrt{t^2} = t \right)$

$\lim\limits_{t \to \infty} \dfrac{4t}{t + t} = 2$ 라고 바로 판단해도 된다.

> **Tip**
>
> 쉬운 유형이기 때문에 어떻게 풀어도 상관없다.
> 치환만 조심하도록 하자.

답 2

027

$$\lim_{x \to \infty} \left(\sqrt{x^2 + 6x} - x \right) = \lim_{x \to \infty} \frac{6x}{\sqrt{x^2 + 6x} + x}$$

$$= \lim_{x \to \infty} \frac{6}{\sqrt{1 + \dfrac{6}{x}} + 1} = 3$$

답 3

028

$$\lim_{x \to \infty} (3x + 1)\left(\sqrt{x^2 + 2} - \sqrt{x^2 - 2} \right)$$

$$= \lim_{x \to \infty} \frac{(3x + 1)4}{\sqrt{x^2 + 2} + \sqrt{x^2 - 2}}$$

$$= \lim_{x \to \infty} \frac{12 + \dfrac{4}{x}}{\sqrt{1 + \dfrac{2}{x^2}} + \sqrt{1 - \dfrac{2}{x^2}}} = \frac{12}{2} = 6$$

답 6

029

$$\lim_{x \to -\infty} \left(\sqrt{x^2 - 4x} + x \right)$$

$x = -t$ 라 치환하면 $x \to -\infty \Rightarrow t \to \infty$

$$\lim_{t \to \infty} \left(\sqrt{t^2 + 4t} - t \right) = \lim_{t \to \infty} \frac{4t}{\sqrt{t^2 + 4t} + t}$$

$$= \lim_{t \to \infty} \frac{4}{\sqrt{1 + \dfrac{4}{t}} + 1} = \frac{4}{2} = 2$$

답 2

030

$$\lim_{x \to 1} \frac{1}{x - 1}\left(2x - \frac{2}{x} \right) = \lim_{x \to 1} \frac{1}{x - 1}\left(\frac{2x^2 - 2}{x} \right)$$

$$= \lim_{x \to 1} \frac{2(x - 1)(x + 1)}{(x - 1)x}$$

$$= \lim_{x \to 1} \frac{2(x + 1)}{x} = \frac{4}{1} = 4$$

답 4

$$\lim_{x \to \infty}(x+1)^2\left(\frac{2}{x^2}+\frac{3}{x}\right)^2 = \lim_{x \to \infty}(x+1)^2\left(\frac{2+3x}{x^2}\right)^2$$

$$= \lim_{x \to \infty}\frac{(x+1)^2(3x+2)^2}{x^4}$$

$$= \lim_{x \to \infty}\frac{9x^4+\cdots+4}{x^4}=9$$

답 9

$$\lim_{x \to 1}\frac{x^2+ax+b}{x^2-1}=2$$

$$\lim_{x \to 1}(x^2-1)=0 \Rightarrow \lim_{x \to 1}(x^2+ax+b)=0 \Rightarrow 1+a+b=0$$

$\frac{0}{0}$ 꼴이므로 로피탈을 사용할 수 있다.

$$\lim_{x \to 1}\frac{x^2+ax+b}{x^2-1}=\lim_{x \to 1}\frac{2x+a}{2x}=\frac{2+a}{2}=2 \Rightarrow a=2$$

$1+a+b=0$, $a=2 \Rightarrow b=-3$

따라서 $a-b=2-(-3)=5$ 이다.

답 5

$$\lim_{x \to 1}\frac{\sqrt{x^2+ax+b}-1}{x-1}=3$$

$$\lim_{x \to 1}(x-1)=0 \Rightarrow \lim_{x \to 1}\left(\sqrt{x^2+ax+b}-1\right)=0$$

$$\Rightarrow \sqrt{1+a+b}=1 \Rightarrow a+b=0$$

$b=-a$ 이므로

$$\lim_{x \to 1}\frac{\sqrt{x^2+ax-a}-1}{x-1}=\lim_{x \to 1}\frac{x^2+ax-a-1}{(x-1)\left(\sqrt{x^2+ax-a}+1\right)}$$

$$=\lim_{x \to 1}\frac{(x-1)(x+a+1)}{(x-1)\left(\sqrt{x^2+ax-a}+1\right)}$$

$$=\lim_{x \to 1}\frac{x+a+1}{\sqrt{x^2+ax-a}+1}$$

$$=\frac{2+a}{2}=3 \Rightarrow a=4$$

$a=4$ 이므로 $b=-4$ 이다.

따라서 $a-b=4-(-4)=8$ 이다.

답 8

$$\lim_{x \to 2}\frac{a\sqrt{x+2}+b}{x-2}=1$$

$$\lim_{x \to 2}(x-2)=0 \Rightarrow \lim_{x \to 2}(a\sqrt{x+2}+b)=0 \Rightarrow 2a+b=0$$

$b=-2a$ 이므로

$$\lim_{x \to 2}\frac{a\sqrt{x+2}-2a}{x-2}=a\lim_{x \to 2}\frac{x-2}{(x-2)\left(\sqrt{x+2}+2\right)}$$

$$=a\lim_{x \to 2}\frac{1}{\sqrt{x+2}+2}=\frac{a}{4}=1 \Rightarrow a=4$$

$a=4$ 이므로 $b=-8$ 이다.

따라서 $a^2+b^2=16+64=80$ 이다.

답 80

$$\lim_{x \to 3}\frac{x^2-(a+3)x+3a}{x^2-b}=1$$

$\lim_{x \to 3}\{x^2-(a+3)x+3a\}=0$ 인데 극한값이 1 이므로

(극한값이 0 이 아닌 상수이므로)

$\lim_{x \to 3}(x^2-b)=0$ 이어야 한다.

즉, $b=9$

$$\lim_{x \to 3}\frac{x^2-(a+3)x+3a}{x^2-9}$$

$$=\lim_{x \to 3}\frac{(x-3)(x-a)}{(x-3)(x+3)}$$

$$=\lim_{x \to 3}\frac{x-a}{x+3}=\frac{3-a}{6}=1 \Rightarrow a=-3$$

따라서 $a+b=-3+9=6$ 이다.

답 6

036

$$\lim_{x \to \infty} \frac{ax^2 + x + 2}{x^2 + 1} = 3, \quad \lim_{x \to 2} \frac{a(x^2 - 4)}{x - 2} = b$$

$$\lim_{x \to \infty} \frac{ax^2 + x + 2}{x^2 + 1} = \lim_{x \to \infty} \frac{a + \dfrac{1}{x} + \dfrac{2}{x^2}}{1 + \dfrac{1}{x^2}} = a = 3$$

$$\lim_{x \to 2} \frac{3(x^2 - 4)}{x - 2} = \lim_{x \to 2} \frac{3(x + 2)}{1} = 12 = b$$

따라서 $ab = 36$ 이다.

답   36

037

$$\lim_{x \to 0} \frac{\sqrt{x^4 + x^2 + 1} - (ax^2 + b)}{x^n} = 2$$

$$\lim_{x \to 0} x^n = 0 \;\Rightarrow\; \lim_{x \to 0} \left\{ \sqrt{x^4 + x^2 + 1} - (ax^2 + b) \right\} = 0$$

$$\Rightarrow\; 1 - b = 0 \;\Rightarrow\; b = 1$$

$$\lim_{x \to 0} \frac{\sqrt{x^4 + x^2 + 1} - (ax^2 + 1)}{x^n}$$

$$= \lim_{x \to 0} \frac{x^4 + x^2 + 1 - (a^2 x^4 + 2ax^2 + 1)}{x^n \left\{ \sqrt{x^4 + x^2 + 1} + ax^2 + 1 \right\}}$$

$$= \lim_{x \to 0} \frac{(1 - a^2)x^4 + (1 - 2a)x^2}{x^n \left\{ \sqrt{x^4 + x^2 + 1} + ax^2 + 1 \right\}} = 2$$

n 의 값에 따라 case분류해 보자.

① $n = 1$ 이면 극한값이 0이므로 모순이다.

② $n = 2$ 이면 → 일단 보류

③ $n = 3$ 일 때 극한값이 존재하려면
분모의 x^3 이 약분되어야 한다.

즉, 분자의 x^2 의 계수가 0 이 되어야 한다.
(만약 x^2 의 계수가 0 이 아니라면 분모 x^3 이 약분되지
않으므로 수렴하지 않는다.)

따라서 $a = \dfrac{1}{2}$ 이다.

하지만 이렇게 되더라도 극한값은 2가 아니라
0이므로 모순이다.

④ $n = 4$ 일 때 극한값이 존재하려면
위의 경우와 마찬가지로 $a = \dfrac{1}{2}$ 가 되어야 한다.

하지만 $a = \dfrac{1}{2}$ 가 되더라도 극한값은 2가 아니라
$\dfrac{3}{8}$ 이므로 모순

⑤ $n \geq 5$ 이면 분자에서는 분모 x^n 이 약분되지 않으므로
수렴하지 않는다.

따라서 극한값 2가 되려면 $n = 2$ 이어야 한다.

$$\lim_{x \to 0} \frac{(1 - a^2)x^4 + (1 - 2a)x^2}{x^2 \left\{ \sqrt{x^4 + x^2 + 1} + ax^2 + 1 \right\}}$$

$$= \lim_{x \to 0} \frac{(1 - a^2)x^2 + (1 - 2a)}{\sqrt{x^4 + x^2 + 1} + ax^2 + 1} = \frac{1 - 2a}{2} = 2$$

$$\Rightarrow\; a = -\frac{3}{2}$$

따라서 $n \times (a + 3b) = 2\left(-\dfrac{3}{2} + 3 \right) = -3 + 6 = 3$ 이다.

답   3

038

$$\lim_{x \to \infty} \frac{f(x)}{x^2 - x + 4} = 3, \quad \lim_{x \to 1} \frac{x - 1}{f(x)} = \frac{1}{4}$$

$$\lim_{x \to \infty} \frac{f(x)}{x^2 - x + 4} = 3$$

$$\Rightarrow f(x) = 3x^2 + ax + b$$

$$\lim_{x \to 1} \frac{x - 1}{3x^2 + ax + b} = \frac{1}{4}$$

$\lim_{x \to 1} (x - 1) = 0$ 인데 극한값이 $\dfrac{1}{4}$ 이므로

$\lim_{x \to 1} (3x^2 + ax + b) = 0$ 이다.

즉, $3 + a + b = 0$ 이므로 $b = -a - 3$

$$\lim_{x \to 1} \frac{x - 1}{3x^2 + ax - a - 3} = \lim_{x \to 1} \frac{x - 1}{(x - 1)(3x + a + 3)}$$

$$= \frac{1}{6 + a} = \frac{1}{4} \;\Rightarrow\; a = -2$$

$a=-2$ 이므로 $b=-1$

$f(x)=3x^2-2x-1$ 이므로

따라서 $f(2)=12-4-1=7$ 이다.

물론 $\displaystyle\lim_{x\to 1}\frac{x-1}{3x^2+ax+b}=\frac{1}{4}$ 에서

$3+a+b=0$ 이므로

$\dfrac{0}{0}$ 꼴임을 확인한 후 로피탈 정리를 써도 된다.

$$\lim_{x\to 1}\frac{x-1}{3x^2+ax+b}=\lim_{x\to 1}\frac{1}{6x+a}=\frac{1}{6+a}=\frac{1}{4}$$

$\therefore a=-2$

답　7

039

$$\lim_{x\to\infty}\frac{f(x)-2x^3}{x^2+1}=4,\quad \lim_{x\to 0}\frac{f(x)}{x}=3$$

$$\lim_{x\to\infty}\frac{f(x)-2x^3}{x^2+1}=4 \Rightarrow f(x)=2x^3+4x^2+ax+b$$

$$\lim_{x\to 0}\frac{f(x)}{x}=\lim_{x\to 0}\frac{2x^3+4x^2+ax+b}{x}=3$$

$$\lim_{x\to 0}x=0 \Rightarrow \lim_{x\to 0}(2x^3+4x^2+ax+b)=0 \Rightarrow b=0$$

$$\lim_{x\to 0}\frac{2x^3+4x^2+ax}{x}=\lim_{x\to 0}\frac{2x^2+4x+a}{1}=a=3$$

$f(x)=2x^3+4x^2+3x$ 이므로

따라서 $f(1)=2+4+3=9$ 이다.

답　9

040

$$\lim_{x\to\infty}\frac{\{f(x)\}^2}{x^4}=4,\quad \lim_{x\to -1}\frac{f(x)+3x^2}{x+1}=2$$

최고차항의 계수가 음수이므로

$$\lim_{x\to\infty}\frac{\{f(x)\}^2}{x^4}=4 \Rightarrow f(x)=-2x^2+ax+b$$

$$\lim_{x\to -1}\frac{f(x)+3x^2}{x+1}=\lim_{x\to -1}\frac{x^2+ax+b}{x+1}=2$$

$$\lim_{x\to -1}(x+1)=0 \Rightarrow \lim_{x\to -1}(x^2+ax+b)=0$$

$$\Rightarrow 1-a+b=0$$

$b=a-1$ 이므로

$$\lim_{x\to -1}\frac{x^2+ax+a-1}{x+1}=\lim_{x\to -1}\frac{(x+1)(x+a-1)}{x+1}$$

$$=-2+a=2 \Rightarrow a=4$$

$a=4$ 이므로 $b=3$ 이다.

$f(x)=-2x^2+4x+3$ 이므로

$f(1)=-2+4+3=5$ 이다.

답　5

041

(가) $\displaystyle\lim_{x\to\infty}\frac{x^2+f(x)}{2x}=2 \Rightarrow f(x)=-x^2+4x+a$

(나) 방정식 $f(|x|)=6$ 의 서로 다른 실근의 개수는 4 이다.

이는 두 그래프 $y=f(|x|)$, $y=6$ 의 교점이 4 개인 것과 같다.

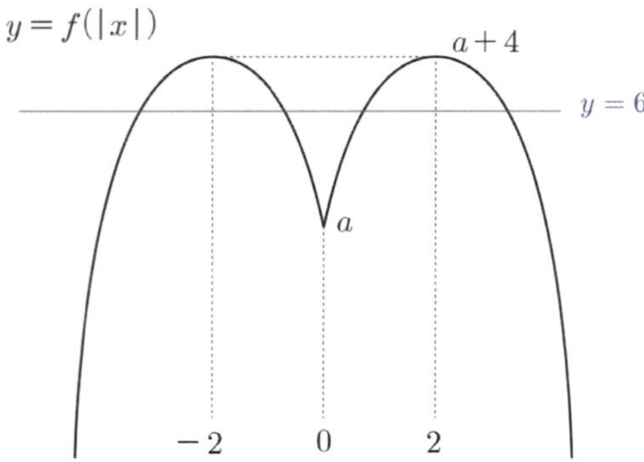

교점이 4 개 존재하려면 $a<6<a+4$ 이므로

$a<6$ and $6<a+4 \Rightarrow 2<a<6$

$f(4)=-16+16+a=a$ 가 자연수이므로

$a=3,\ 4,\ 5$

따라서 $f(1)=3+a$ 의 최댓값은 8, 최솟값은 6 이므로

최댓값과 최솟값의 합은 14 이다.

답　④

$$x^2 + ax \le \frac{f(x)}{3x} \le 2x^2 + ax$$

$$3x + 3a \le \frac{f(x)}{x^2} \le 6x + 3a$$

($x > 0$이므로 부등호 방향은 변하지 않는다.)

$$\lim_{x \to 0+}(3x+3a) \le \lim_{x \to 0+}\frac{f(x)}{x^2} \le \lim_{x \to 0+}(6x+3a)$$

$$3a \le \lim_{x \to 0+}\frac{f(x)}{x^2} \le 3a$$

샌드위치 정리에 의해서

$$\lim_{x \to 0+}\frac{f(x)}{x^2} = 3a \text{이다.}$$

$$\lim_{x \to 0+}\frac{f(x)}{x^2} = 9 \text{이므로 } a = 3 \text{이다.}$$

답 3

$$\lim_{x \to \infty}\frac{x^2 f\left(\frac{1}{x^2}\right)}{x^2 + 5x + 1} = \lim_{x \to \infty}\frac{f\left(\frac{1}{x^2}\right)}{1 + \frac{5}{x} + \frac{1}{x^2}} = \lim_{x \to \infty}f\left(\frac{1}{x^2}\right)$$

$\dfrac{1}{x^2} = t$ 라 치환하면 $x \to \infty \Rightarrow t \to 0+$ 이므로

(합성함수는 Sensitive !)

$\lim\limits_{t \to 0+}f(t)$ 의 값을 구하면 된다.

$f(x)$ 의 정의역이 양의 실수이므로
$2x + 10 \le f(x) \le 4x + 10$ 를 이용하면

$$\lim_{x \to 0+}(2x+10) \le \lim_{x \to 0+}f(x) \le \lim_{x \to 0+}(4x+10)$$

$$10 \le \lim_{x \to 0+}f(x) \le 10$$

샌드위치 정리에 의해서
$$\lim_{x \to 0+}f(x) = 10 \text{이다.}$$

따라서 $\lim\limits_{x \to \infty}\dfrac{x^2 f\left(\frac{1}{x^2}\right)}{x^2 + 5x + 1}$ 의 값은 10이다.

답 10

044

$A(t, 4\sqrt{t})$, $B(t, \sqrt{t})$, $C(t, 0)$ 이므로
$$\overline{OA} = \sqrt{t^2 + 16t}, \quad \overline{OB} = \sqrt{t^2 + t}$$
$$\overline{BC} = \sqrt{t}, \quad \overline{AC} = 4\sqrt{t}$$

$$\lim_{t \to 0+}\frac{\overline{OB} - \overline{BC}}{\overline{OA} - \overline{AC}}$$

$$= \lim_{t \to 0+}\frac{\sqrt{t^2 + t} - \sqrt{t}}{\sqrt{t^2 + 16t} - 4\sqrt{t}}$$

$$= \lim_{t \to 0+}\frac{\sqrt{t+1} - 1}{\sqrt{t+16} - 4}$$

$$= \lim_{t \to 0+}\frac{t(\sqrt{t+16}+4)}{t(\sqrt{t+1}+1)} = \frac{8}{2} = 4$$

답 4

045

원의 반지름을 r 이라 하면 원의 방정식은
$x^2 + (y-r)^2 = r^2$ 이다.

$\overline{OQ} = r$ 이므로 r 만 t 로 표현하면 된다.
점 $P(t, t^2)$ 가 원 위에 있으므로 원의 방정식에 대입하면

$$t^2 + (t^2 - r)^2 = r^2 \Rightarrow t^4 + (1-2r)t^2 = 0 \Rightarrow r = \frac{t^2 + 1}{2}$$

따라서 $\lim\limits_{t \to 0+}2\overline{OQ} = \lim\limits_{t \to 0+}(t^2 + 1) = 1$ 이다.

답 1

$M\left(\dfrac{t}{2}, -t^2\right)$ 이므로
점 A, B 의 y좌표는 $-t^2$ 이다.

$$-2x^2 = -t^2 \Rightarrow x = \pm\frac{t}{\sqrt{2}} \quad (t > 0)$$

$A\left(-\dfrac{t}{\sqrt{2}}, -t^2\right)$, $B\left(\dfrac{t}{\sqrt{2}}, -t^2\right)$ 이므로

$$\overline{AB} = \frac{2t}{\sqrt{2}} = \sqrt{2}\,t, \quad \overline{OP} = \sqrt{t^2 + 4t^4}$$

$$\lim_{t \to 0+} \frac{\overline{OP}}{\overline{AB}} = \lim_{t \to 0+} \frac{\sqrt{t^2 + 4t^4}}{\sqrt{2}\,t} = \lim_{t \to 0+} \frac{\sqrt{t^2(1 + 4t^2)}}{\sqrt{2}\,t}$$

$$= \lim_{t \to 0+} \frac{|t|\,\sqrt{1 + 4t^2}}{\sqrt{2}\,t} = \lim_{t \to 0+} \frac{t\,\sqrt{1 + 4t^2}}{\sqrt{2}\,t}$$

$$= \lim_{t \to 0+} \frac{\sqrt{1 + 4t^2}}{\sqrt{2}} = \frac{1}{\sqrt{2}} = k$$

따라서 $10k^2 = 5$ 이다.

$$\boxed{답}\quad 5$$

Tip

$\displaystyle\lim_{t \to 0-} \frac{\sqrt{t^2 + 4t^4}}{\sqrt{2}\,t}$ 일 때, 특히 조심해야 한다.

풀이 1) $\displaystyle\lim_{t \to 0-} \frac{\sqrt{t^2 + 4t^4}}{\sqrt{2}\,t} = \lim_{t \to 0-} \frac{\sqrt{t^2(1 + 4t^2)}}{\sqrt{2}\,t}$

$$= \lim_{t \to 0-} \frac{|t|\,\sqrt{1 + 4t^2}}{\sqrt{2}\,t} = \lim_{t \to 0-} \frac{-t\,\sqrt{1 + 4t^2}}{\sqrt{2}\,t}$$

$$= \lim_{t \to 0-} \frac{-\sqrt{1 + 4t^2}}{\sqrt{2}} = -\frac{1}{\sqrt{2}} = k$$

(수1 개념 참고 : $\sqrt{t^2} = |t|$)

풀이 2) $\displaystyle\lim_{t \to 0-} \frac{\sqrt{t^2 + 4t^4}}{\sqrt{2}\,t} = \lim_{t \to 0-} -\sqrt{\frac{t^2 + 4t^4}{2t^2}}$

$$= \lim_{t \to 0-} -\sqrt{\frac{1 + 4t^2}{2}} = -\frac{1}{\sqrt{2}}$$

풀이 2) 의 첫 번째 줄을 조심해야 한다.
$t \to 0-$ 이므로 분모의 t 가 루트 안으로 들어갈 때 반드시 $-$ 을 붙여주고 루트 안으로 들어가야 한다.

이는 역과정으로 생각해보면 자명하다.

$$\lim_{t \to 0-} -\sqrt{\frac{t^2 + 4t^4}{2t^2}} = \lim_{t \to 0-} -\frac{\sqrt{t^2 + 4t^4}}{\sqrt{2}\,|t|}$$

$t < 0$ 이므로 $|t| = -t$

$$\lim_{t \to 0-} -\frac{\sqrt{t^2 + 4t^4}}{\sqrt{2}\,|t|} = \lim_{t \to 0-} -\frac{\sqrt{t^2 + 4t^4}}{\sqrt{2}\,(-t)}$$

$$= \lim_{t \to 0-} \frac{\sqrt{t^2 + 4t^4}}{\sqrt{2}\,t}$$

참고로 이러한 개념이 2019학년도 6월 평가원 가형 21번 문제에 출제되어 높은 오답률을 기록하기도 하였다.

047

원 S 의 반지름을 r 이라 하면
내접원 공식에 의해서
$$\frac{\overline{AB} + \overline{OA} + \overline{OB}}{2} \times r = (\text{삼각형 } OAB \text{의 넓이})$$

$$\frac{\sqrt{16 + t^2} + t + 4}{2} \times r = 2t$$

$$\Rightarrow r = \frac{4t}{t + 4 + \sqrt{16 + t^2}}$$

$$f(t) = r^2\pi = \frac{16t^2}{\left(t + 4 + \sqrt{16 + t^2}\right)^2}\pi$$

$$\lim_{t \to 0+} \frac{f(t)}{t^2} = \lim_{t \to 0+} \frac{16\pi t^2}{t^2\left(t + 4 + \sqrt{16 + t^2}\right)^2}$$

$$= \lim_{t \to 0+} \frac{16\pi}{\left(t + 4 + \sqrt{16 + t^2}\right)^2} = \frac{16}{64}\pi = \frac{1}{4}\pi = k\pi$$

$k = \dfrac{1}{4}$ 이므로 따라서 $60k = 15$ 이다.

$$\boxed{답}\quad 15$$

048

$P(t,\ \sqrt{t})$

직선 l 의 방정식을 구하면
$$y = -\frac{t}{\sqrt{t}}(x - t) + \sqrt{t} = -\sqrt{t}\,x + (t + 1)\sqrt{t}$$

x 절편은 $t + 1$ 이므로 $f(t) = t + 1$ 이다.

$$\overline{OP} = \sqrt{t^2 + t}$$

$$\lim_{t \to \infty}\left(t + 1 - \sqrt{t^2 + t}\right) = \lim_{t \to \infty} \frac{(t+1)^2 - (t^2 + t)}{t + 1 + \sqrt{t^2 + t}}$$

$$= \lim_{t \to \infty} \frac{t + 1}{t + 1 + \sqrt{t^2 + t}} = \frac{1}{2} = k$$

따라서 $100k = 50$ 이다.

$$\boxed{답}\quad 50$$

049

점 $P(t, t^2)$를 지나고 선분 OP에 수직인 직선의 방정식을 구하면

$$y = -\frac{1}{t}(x-t)+t^2 = -\frac{1}{t}x+t^2+1$$

$A(t^3+t, 0)$, $B(0, t^2+1)$ $(t>0)$

$$f(t) = \frac{1}{2}\times\overline{OP}\times\overline{AP} = \frac{1}{2}\times\sqrt{t^2+t^4}\times\sqrt{t^6+t^4}$$
$$= \frac{1}{2}\times t\sqrt{1+t^2}\times t^2\sqrt{t^2+1} = \frac{t^3}{2}(t^2+1)$$

$$g(t) = \frac{1}{2}\times\overline{OP}\times\overline{BP} = \frac{1}{2}\times\sqrt{t^2+t^4}\times\sqrt{t^2+1}$$
$$= \frac{1}{2}\times t\sqrt{1+t^2}\times\sqrt{t^2+1} = \frac{t}{2}(t^2+1)$$

$$\lim_{t\to 0+}\frac{f(t)}{t\times\{g(t)\}^2} = \lim_{t\to 0+}\frac{\dfrac{t^3}{2}(t^2+1)}{t\times\dfrac{t^2}{4}(t^2+1)^2}$$

$$= \lim_{t\to 0+}\frac{2}{(t^2+1)} = 2$$

따라서 $\displaystyle\lim_{t\to 0+}\frac{f(t)}{t\times\{g(t)\}^2} = 2$ 이다.

답 2

050

선분 OP의 중점이 $M\left(\dfrac{1}{2}t, \dfrac{3}{2}t^2\right)$ 이므로 삼각형 OBP와 삼각형 OAP는 이등변삼각형이다.

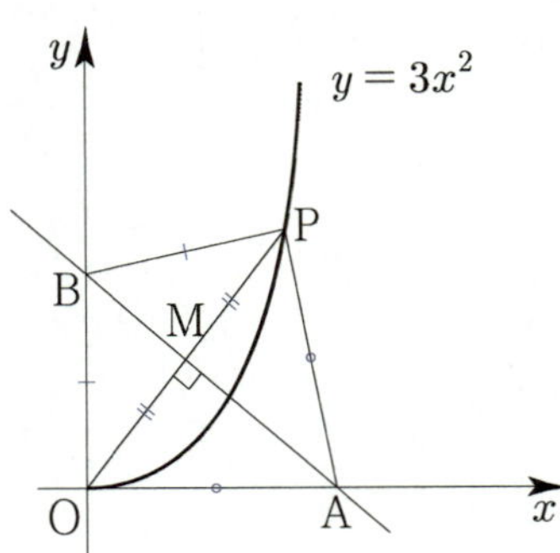

직선 AB의 방정식을 구하면

$$y = -\frac{1}{3t}\left(x-\frac{t}{2}\right)+\frac{3}{2}t^2 = -\frac{1}{3t}x+\frac{3}{2}t^2+\frac{1}{6}$$

이므로 $A\left(\dfrac{9}{2}t^3+\dfrac{t}{2}, 0\right)$, $B\left(0, \dfrac{3}{2}t^2+\dfrac{1}{6}\right)$

$\overline{PA}=\overline{OA}$, $\overline{PB}=\overline{OB}$ 이므로

$$\lim_{t\to\infty}\frac{\overline{PA}+t\,\overline{PB}}{t^3} = \lim_{t\to\infty}\frac{\dfrac{9}{2}t^3+\dfrac{t}{2}+\dfrac{3}{2}t^3+\dfrac{t}{6}}{t^3} = \frac{12}{2} = 6$$

답 6

051

$\displaystyle\lim_{x\to 1+}\{f(x)+f(1-x)\}$ 을 구해보자.

$$\lim_{x\to 1+}f(x)=2$$

$\displaystyle\lim_{x\to 1+}f(1-x)$ 를 구하는 방법은 크게 2가지가 있다.

$y=f(1-x)$ 의 그래프를 그려서 푸는 방법과
합성함수의 극한을 이용하는 방법이 있다.

$y=f(1-x)$ 는 $y=f(x)$ 를 $x=\dfrac{1}{2}$ 에 대하여 대칭시킨
그래프로 보아 그릴 수도 있고

라이트 N제 수1에서 배운 것처럼 단계를 설계하여
$y=f(1-x)$ 의 그래프를 그릴수도 있다.

1단계) $y=f(x)$ 를 기본함수로 두자.
2단계) $x \to -x$ (y축 대칭)
   $\quad y=f(-x)$
3단계) $x \to x-1$ (x축 방향으로 1만큼 평행이동)
   $\quad y=f(-(x-1))=f(1-x)$

출제의도인 합성함수로 접근해보자.

$g(x)=1-x$ 라 하면 $\displaystyle\lim_{x\to 1+}f(1-x)=\lim_{x\to 1+}f(g(x))$

즉, **Guide Step**에서 배웠던 합성함수의 극한꼴이 된다.

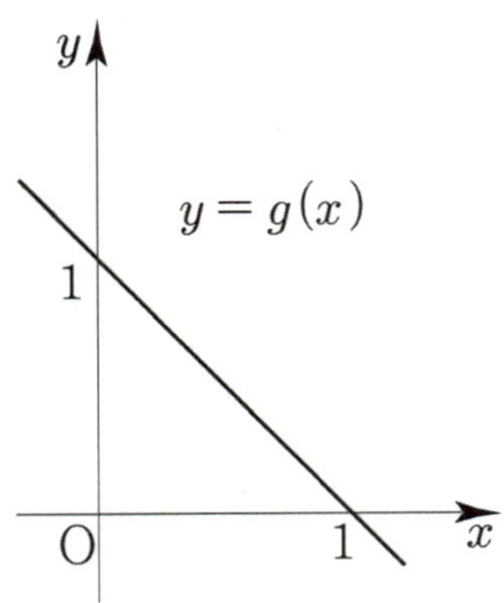

합성함수는 무조건 동그라미 3 개!

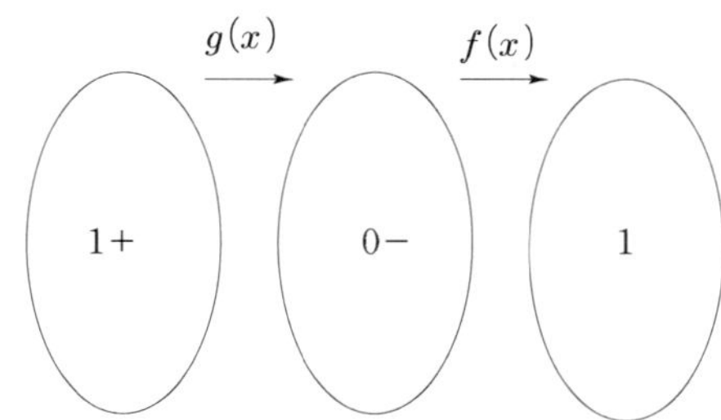

$$\lim_{x \to 1+} f(1-x) = \lim_{x \to 1+} f(g(x)) = 1$$

따라서 $\lim_{x \to 1+} \{f(x) + f(1-x)\} = 2 + 1 = 3$ 이다.

답 3

052

$$\lim_{x \to 0+} f(-x)f(x+1)$$ 을 구해보자.

49번과 마찬가지로 그래프를 그려서 풀 수도 있지만 합성함수로 접근해보자.

$g(x) = -x,\ h(x) = x+1$ 라 하면
$$\lim_{x \to 0+} f(-x)f(x+1) = \lim_{x \to 0+} f(g(x))f(h(x))$$

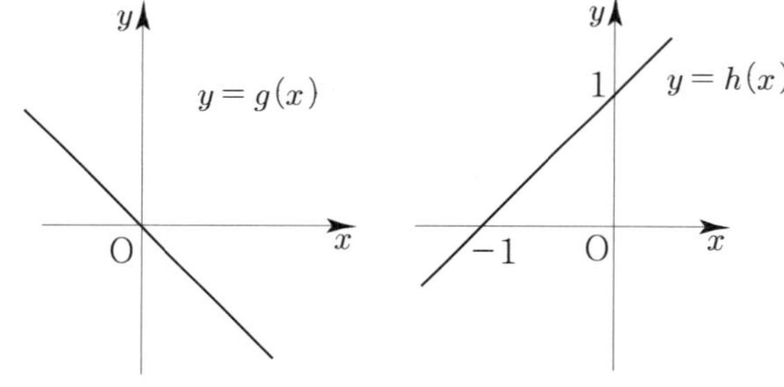

동그라미 3 개를 그리면

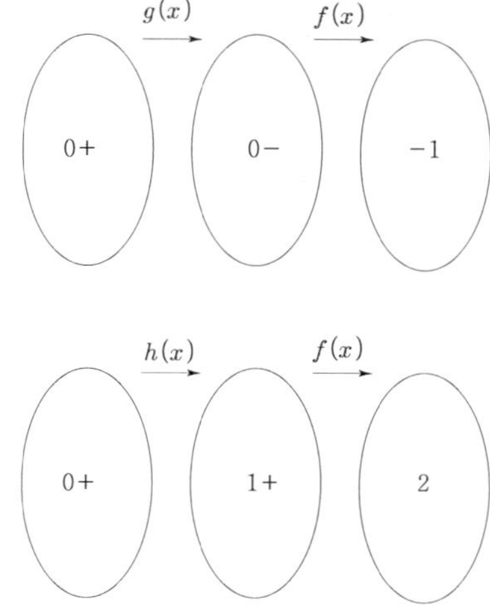

이를 바탕으로 표를 그려보자.

x	$f(g(x))$	$f(h(x))$	$f(g(x))f(h(x))$
$0+$	-1	2	-2
$1-$	1	2	2

따라서 $\lim_{x \to 0+} f(-x)f(x+1) = -2$ 이다.

답 ①

053

$$\lim_{x \to -1+} f(f(x)) + \lim_{x \to 1-} f(f(x))$$

동그라미 3 개를 그리면

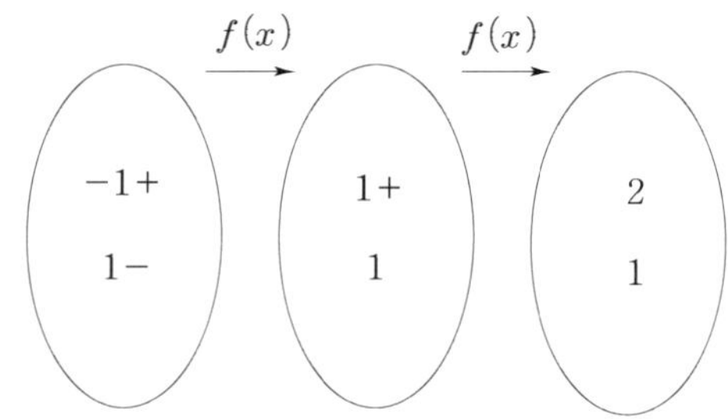

따라서 $\lim_{x \to -1+} f(f(x)) + \lim_{x \to 1-} f(f(x)) = 3$ 이다.

답 3

Tip

가운데 동그라미에서 두 번째 줄이 그냥 1 임을 유의하자.

54	④	**69**	③
55	30	**70**	④
56	①	**71**	③
57	①	**72**	10
58	④	**73**	④
59	④	**74**	③
60	①	**75**	④
61	⑤	**76**	①
62	21	**77**	③
63	③	**78**	②
64	②	**79**	③
65	④	**80**	②
66	④	**81**	226
67	13	**82**	④
68	10	**83**	⑤

054

$$\lim_{x \to 1} \frac{x^2 + ax - b}{x^3 - 1} = 3$$

$$\lim_{x \to 1}(x^3 - 1) = 0 \;\Rightarrow\; \lim_{x \to 1}(x^2 + ax - b) = 0$$

$$\Rightarrow\; 1 + a - b = 0 \;\Rightarrow\; b = 1 + a$$

$$\lim_{x \to 1} \frac{x^2 + ax - 1 - a}{x^3 - 1} = \lim_{x \to 1} \frac{(x-1)(x+a+1)}{(x-1)(x^2+x+1)}$$

$$= \lim_{x \to 1} \frac{x+a+1}{x^2+x+1} = \frac{2+a}{3} = 3 \;\Rightarrow\; a = 7$$

$a = 7$ 이므로 $b = 8$ 이다.

따라서 $a + b = 15$ 이다.

답 ④

로피탈 정리로도 풀어보자.

$$\lim_{x \to 1} \frac{x^2 + ax - b}{x^3 - 1} = \lim_{x \to 1} \frac{2x + a}{3x^2} = \frac{2+a}{3} = 3$$

$$\Rightarrow\; a = 7$$

055

$$\lim_{x \to 1}(x+1)f(x) = \lim_{x \to 1}(x+1)\lim_{x \to 1}f(x) = 2\lim_{x \to 1}f(x) = 1$$

$$\Rightarrow\; \lim_{x \to 1}f(x) = \frac{1}{2}$$

$$\lim_{x \to 1}(2x^2 + 1)f(x) = \lim_{x \to 1}(2x^2 + 1)\lim_{x \to 1}f(x) = 3 \times \frac{1}{2} = \frac{3}{2}$$

$a = \dfrac{3}{2}$ 이므로

따라서 $20a = 30$ 이다.

답 30

056

$$f(x) = x^2 + ax$$

$$\lim_{x \to 0} \frac{f(x)}{x} = \lim_{x \to 0} \frac{x^2 + ax}{x} = \lim_{x \to 0} \frac{x + a}{1} = a = 4$$

답 ①

057

$$\lim_{x \to 0+} f(x) = 0, \;\; \lim_{x \to 1-} f(x) = 2 \text{ 이므로}$$

$$\lim_{x \to 0+} f(x) - \lim_{x \to 1-} f(x) = 0 - 2 = -2$$

답 ①

058

$$\lim_{x \to -1-} f(x) = 2, \;\lim_{x \to 1+} f(x) = 1 \text{ 이므로}$$

$$\lim_{x \to -1-} f(x) - \lim_{x \to 1+} f(x) = 2 - 1 = 1$$

답 ④

059

$$\lim_{x \to -1-} f(x) = 3, \;\lim_{x \to 2} f(x) = 1 \text{ 이므로}$$

$$\lim_{x \to -1-} f(x) + \lim_{x \to 2} f(x) = 3 + 1 = 4$$

답 ④

060

$$\lim_{x \to 1} \frac{g(x) - 2x}{x - 1} = \alpha$$

$$\lim_{x \to 1}(x-1) = 0 \;\Rightarrow\; \lim_{x \to 1}(g(x) - 2x) = 0$$

$$\Rightarrow\; \lim_{x \to 1} g(x) = 2$$

$f(x) + x - 1 = (x-1)g(x)$ 이므로
$$f(x) = (x-1)g(x) - (x-1) = (x-1)(g(x) - 1)$$

$$\lim_{x \to 1} \frac{f(x)g(x)}{x^2 - 1} = \lim_{x \to 1} \frac{(x-1)(g(x)-1)g(x)}{(x-1)(x+1)}$$

$$= \lim_{x \to 1} \frac{(g(x)-1)g(x)}{(x+1)} = \frac{(2-1)2}{2} = 1$$

따라서 $\displaystyle \lim_{x \to 1} \frac{f(x)g(x)}{x^2 - 1} = 1$ 이다.

답 ①

061

$$\lim_{x \to 2} \frac{f(x) - 3}{x - 2} = 5$$

$$\lim_{x \to 2}(x-2) = 0 \;\Rightarrow\; \lim_{x \to 2}(f(x) - 3) = 0$$

$$\Rightarrow\; \lim_{x \to 2} f(x) = 3$$

$$\lim_{x \to 2} \frac{x-2}{\{f(x)\}^2 - 9} = \lim_{x \to 2} \frac{x-2}{\{f(x)-3\}\{f(x)+3\}}$$

$$= \frac{1}{5} \times \frac{1}{(3+3)} = \frac{1}{30}$$

따라서 $\displaystyle \lim_{x \to 2} \frac{x-2}{\{f(x)\}^2 - 9} = \frac{1}{30}$ 이다.

답 ⑤

062

$$\lim_{x \to 2} \frac{\sqrt{x+a} - 2}{x - 2} = b$$

$$\lim_{x \to 2}(x-2) = 0 \;\Rightarrow\; \lim_{x \to 2}(\sqrt{x+a} - 2) = 0$$

$$\Rightarrow\; \sqrt{2+a} - 2 = 0 \;\Rightarrow\; a = 2$$

$a = 2$ 를 대입하면

$$\lim_{x \to 2} \frac{\sqrt{x+2} - 2}{x - 2} = \lim_{x \to 2} \frac{x-2}{(x-2)(\sqrt{x+2} + 2)}$$

$$= \lim_{x \to 2} \frac{1}{\sqrt{x+2} + 2} = \frac{1}{4} = b$$

따라서 $10a + 4b = 20 + 1 = 21$ 이다.

답 21

063

$A(-1,\ 0)$, $P(t,\ t+1)$

직선 PQ 의 방정식을 구하면
$$y = -(x-t) + t + 1 = -x + 2t + 1$$

$Q(0,\ 2t+1)$ 이므로
$$\overline{AQ}^2 = 1 + (2t+1)^2 = 4t^2 + 4t + 2$$

$$\overline{AP}^2 = (t+1)^2 + (t+1)^2 = 2t^2 + 4t + 2$$

따라서 $\displaystyle \lim_{t \to \infty} \frac{\overline{AQ}^2}{\overline{AP}^2} = \lim_{t \to \infty} \frac{4t^2 + 4t + 2}{2t^2 + 4t + 2} = 2$ 이다.

답 ③

064

$$\lim_{x \to \infty} \frac{f(x)}{x^2} = 2 \;\Rightarrow\; f(x) = 2x^2 + ax + b$$

$$\lim_{x \to 0} \frac{f(x)}{x} = \lim_{x \to 0} \frac{2x^2 + ax + b}{x} = 3$$

$$\lim_{x \to 0} x = 0 \;\Rightarrow\; \lim_{x \to 0}(2x^2 + ax + b) = 0 \;\Rightarrow\; b = 0$$

$$\lim_{x \to 0} \frac{f(x)}{x} = \lim_{x \to 0} \frac{2x^2 + ax}{x} = \lim_{x \to 0} \frac{2x + a}{1} = a = 3$$

$f(x) = 2x^2 + 3x$ 이므로 $f(2) = 8 + 6 = 14$ 이다.

답 ②

로피탈 정리로도 풀어보자.

$$\lim_{x \to 0} \frac{f(x)}{x} = \lim_{x \to 0} \frac{2x^2 + ax}{x} = \lim_{x \to 0} \frac{4x + a}{1} = a = 3$$

065

삼각형 PHO 는 직각삼각형이므로
피타고라스의 정리에 의해
$$\overline{OH}^2 = \overline{OP}^2 - \overline{PH}^2$$
$P(t, \sqrt{t})$ 이므로 $\overline{OP}^2 = t^2 + t$
선분 PH 의 길이는 점 P 와 직선 $x - 2y = 0$ 사이의 거리와
같으므로 $\overline{PH} = \dfrac{|t - 2\sqrt{t}|}{\sqrt{5}}$
$$\overline{OH}^2 = \overline{OP}^2 - \overline{PH}^2$$
$$\Rightarrow t^2 + t - \frac{(t - 2\sqrt{t})^2}{5} = \frac{4t^2 + 4t\sqrt{t} + t}{5}$$
이므로 $\displaystyle\lim_{t \to \infty} \frac{\overline{OH}^2}{\overline{OP}^2} = \lim_{t \to \infty} \frac{4t^2 + 4t\sqrt{t} + t}{5(t^2 + t)} = \frac{4}{5}$ 이다.

답 ④

$$f(x) = a(x-1)^2 + 1$$

$$\sqrt{f(-x)} = \sqrt{a(-x-1)^2 + 1} = \sqrt{a(x+1)^2 + 1}$$
$$\sqrt{f(x)} = \sqrt{a(x-1)^2 + 1}$$

$$\lim_{x \to \infty}\left\{ \sqrt{f(-x)} - \sqrt{f(x)} \right\}$$
$$= \lim_{x \to \infty}\left\{ \sqrt{a(x+1)^2 + 1} - \sqrt{a(x-1)^2 + 1} \right\}$$
$$= \lim_{x \to \infty} \frac{a(x+1)^2 + 1 - \{a(x-1)^2 + 1\}}{\left\{ \sqrt{a(x+1)^2 + 1} + \sqrt{a(x-1)^2 + 1} \right\}}$$
$$= \lim_{x \to \infty} \frac{4ax}{\left\{ \sqrt{a(x+1)^2 + 1} + \sqrt{a(x-1)^2 + 1} \right\}} = \frac{4a}{2\sqrt{a}}$$
$$= 2\sqrt{a} = 6 \Rightarrow a = 9$$

따라서 $a = 9$ 이다.

답 ④

> **Tip**
>
> 아마 이 문제를 풀지 못한 학생은 루트를 보고 지레 겁을 먹었을
> 확률이 높다. 풀이를 보면 알겠지만 그냥 한번 해보면
> 기본계산 문제임이 자명하다.
>
> "그냥 한번 해본다"는 마인드는 굉장히 강력한 Tool 이다.

$$\lim_{x \to \infty} \frac{f(x) - x^3}{3x} = 2 \Rightarrow f(x) = x^3 + 6x + a$$
$$\lim_{x \to 0} f(x) = \lim_{x \to 0}(x^3 + 6x + a) = a = -7$$

$f(x) = x^3 + 6x - 7$ 이므로
$f(2) = 8 + 12 - 7 = 13$ 이다.

답 13

$$\lim_{x \to \infty} \frac{f(x) - x^3}{x^2} = -11 \Rightarrow f(x) = x^3 - 11x^2 + ax + b$$

$$\lim_{x \to 1} \frac{f(x)}{x-1} = \lim_{x \to 1} \frac{x^3 - 11x^2 + ax + b}{x-1} = -9$$
$$\lim_{x \to 1}(x-1) = 0 \Rightarrow \lim_{x \to 1}(x^3 - 11x^2 + ax + b) = 0$$
$$\Rightarrow 1 - 11 + a + b = 0 \Rightarrow a + b = 10$$

$b = 10 - a$ 를 대입하면
$$\lim_{x \to 1} \frac{x^3 - 11x^2 + ax + b}{x-1} = \lim_{x \to 1} \frac{x^3 - 11x^2 + ax + 10 - a}{x-1}$$
$$= \lim_{x \to 1} \frac{(x-1)(x^2 - 10x - 10 + a)}{x-1} = \lim_{x \to 1} \frac{x^2 - 10x - 10 + a}{1}$$
$$= -19 + a = -9 \Rightarrow a = 10$$

$a = 10$ 이면 $b = 0$ 이므로
$f(x) = x^3 - 11x^2 + 10x$ 이다.

따라서 $\displaystyle\lim_{x \to \infty} xf\left(\frac{1}{x}\right) = \lim_{x \to \infty} x\left(\frac{1}{x^3} - \frac{11}{x^2} + \frac{10}{x}\right)$
$$= \lim_{x \to \infty}\left(\frac{1}{x^2} - \frac{11}{x} + 10\right) = 10$$
이다.

답 10

로피탈 정리로도 풀어보자.
$$\lim_{x \to 1} \frac{x^3 - 11x^2 + ax + b}{x-1}$$
$$= \lim_{x \to 1} \frac{3x^2 - 22x + a}{1}$$
$$= -19 + a = -9 \Rightarrow a = 10$$

069

$$\lim_{x \to \infty} \frac{f(x)}{x^3} = 1 \Rightarrow f(x) = x^3 + ax^2 + bx + c$$

$$\lim_{x \to -1} \frac{f(x)}{x+1} = \lim_{x \to -1} \frac{x^3 + ax^2 + bx + c}{x+1} = 2$$

$$\lim_{x \to -1}(x+1) = 0 \Rightarrow \lim_{x \to -1}(x^3 + ax^2 + bx + c) = 0$$

$$\Rightarrow -1 + a - b + c = 0$$

$c = 1 - a + b$를 대입하면

$$\lim_{x \to -1} \frac{x^3 + ax^2 + bx + 1 - a + b}{x+1}$$

$$= \lim_{x \to -1} \frac{(x+1)\{x^2 + (a-1)x + 1 - a + b\}}{x+1}$$

$$= \lim_{x \to -1} \frac{x^2 + (a-1)x + 1 - a + b}{1}$$

$$= 1 - a + 1 + 1 - a + b$$

$$= 3 - 2a + b = 2 \Rightarrow b = 2a - 1$$

$b = 2a - 1$, $c = a$이므로
$$f(x) = x^3 + ax^2 + (2a-1)x + a$$
$$f(1) = 1 + a + 2a - 1 + a = 4a$$

$f(1) \leq 12$이므로 $4a \leq 12 \Rightarrow a \leq 3$이다.

$f(2) = 8 + 4a + 4a - 2 + a = 9a + 6$이고 $a \leq 3$이므로
$f(2)$의 최댓값은 33이다.

답   ③

로피탈 정리로도 풀어보자.
$$\lim_{x \to -1} \frac{x^3 + ax^2 + bx + 1 - a + b}{x+1}$$

$$= \lim_{x \to -1} \frac{3x^2 + 2ax + b}{1} = 3 - 2a + b = 2$$

$$\Rightarrow b = 2a - 1$$

ex $-1 + a - b + c = 0$, $b = 2a - 1$
문제에서 주어진 식은 2개이고 문자가 3개
이므로 b와 c를 a로 나타낼 수 있다.

어느 정도 레벨에 도달하면 아래와 같은
사고과정을 느낄 수 있게 된다.

① 식이 두 개고 문자가 3개니까
   a로 나머지 문자들을 표현할 수 있겠군
② $f(1) \leq 12$로 a의 범위를 알 수 있겠군
③ a의 범위를 아니까 $f(2)$의 최댓값을
   구할 수 있겠군

이는 사실 문제를 만들 때,
출제자가 느끼는 사고과정과 유사하다.

① $f(x)$를 그냥 주면 너무 쉬우니까 교과개념을
   사용해서 직접 구하게 만들어야겠다.
$$\Rightarrow \lim_{x \to \infty} \frac{f(x)}{x^3} = 1, \quad \lim_{x \to -1} \frac{f(x)}{x+1} = 2$$
② $f(2)$의 최댓값을 구하게 하고 싶군. 그렇게 하려면
   범위가 필요한데?
③ $f(1) \leq 12$ 너로 정했다!

070

$$\lim_{x \to a} \frac{f(x) - (x-a)}{f(x) + (x-a)} = \frac{3}{5}$$

만약 $\lim_{x \to a} f(x) \neq 0$이면

$$\lim_{x \to a} \frac{f(x) - (x-a)}{f(x) + (x-a)} = \frac{f(a)}{f(a)} = 1$$이므로

$$\lim_{x \to a} f(x) = 0$$이다.

$f(x)$는 최고차항의 계수가 1인 이차함수이고
$f(a) = 0$이므로 $f(x) = (x-a)(x-b)$ 라 둘 수 있다.

$$\lim_{x \to a} \frac{f(x) - (x-a)}{f(x) + (x-a)} = \lim_{x \to a} \frac{(x-a)(x-b) - (x-a)}{(x-a)(x-b) + (x-a)}$$

$$= \lim_{x \to a} \frac{x - b - 1}{x - b + 1} = \frac{a - b - 1}{a - b + 1} = \frac{3}{5}$$

$$5(a-b)-5=3(a-b)+3 \implies a-b=4$$

$f(x)=0$의 두 근을 α, β라 했으므로

a, b는 각각 α, β이거나 β, α이다.

따라서 $|\alpha-\beta|=4$이다.

답 ④

071

$$g(x)=\frac{x-1}{x+1}=1+\frac{-2}{x+1}, \quad h(x)=\frac{4x-1}{x+1}=4+\frac{-5}{x+1}$$

라 하면

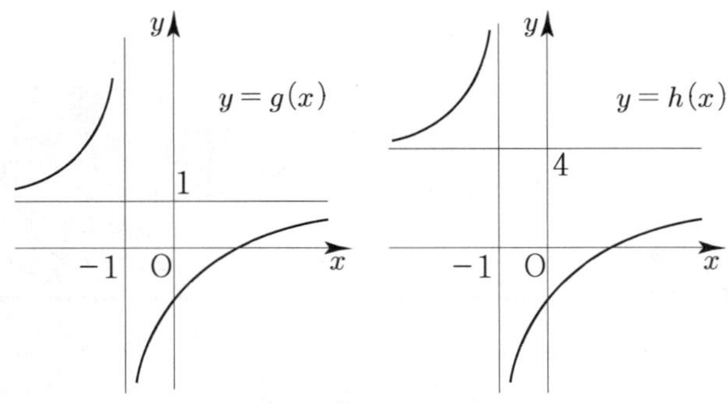

합성함수의 극한으로 접근해보자!

$$\lim_{t\to\infty}f\left(\frac{t-1}{t+1}\right)+\lim_{t\to-\infty}f\left(\frac{4t-1}{t+1}\right)$$

$$=\lim_{x\to\infty}f(g(x))+\lim_{x\to-\infty}f(h(x))$$

동그라미 3개를 그리면

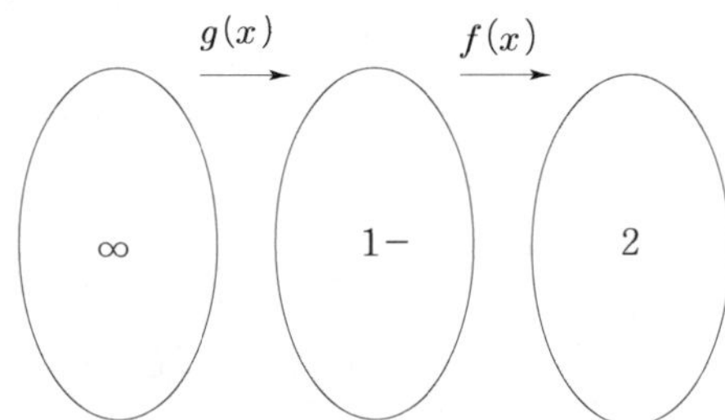

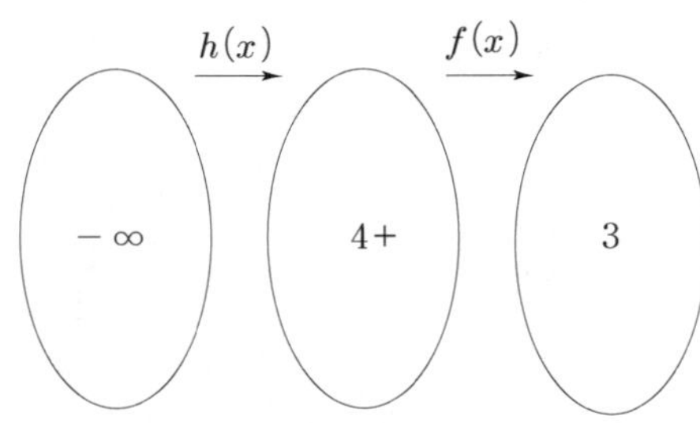

따라서 $\displaystyle\lim_{t\to\infty}f\left(\frac{t-1}{t+1}\right)+\lim_{t\to-\infty}f\left(\frac{4t-1}{t+1}\right)=5$이다.

답 ③

072

$$\lim_{x\to0+}\frac{x^3f\left(\frac{1}{x}\right)-1}{x^3+x}=5$$

$\dfrac{1}{x}=t$라 하면 $(x\to0+ \implies t\to\infty)$

$$\lim_{t\to\infty}\frac{\frac{1}{t^3}f(t)-1}{\frac{1}{t^3}+\frac{1}{t}}=\lim_{t\to\infty}\frac{f(t)-t^3}{1+t^2}=5$$

$$\implies f(x)=x^3+5x^2+ax+b$$

$$\lim_{x\to1}\frac{f(x)}{x^2+x-2}=\lim_{x\to1}\frac{x^3+5x^2+ax+b}{x^2+x-2}=\frac{1}{3}$$

$$\lim_{x\to1}(x^2+x-2)=0$$

$$\implies \lim_{x\to1}(x^3+5x^2+ax+b)=0$$

$$\implies 6+a+b=0 \implies b=-a-6$$

$b=-a-6$을 대입하면

$$\lim_{x\to1}\frac{x^3+5x^2+ax-a-6}{x^2+x-2}=\lim_{x\to1}\frac{(x-1)(x^2+6x+a+6)}{(x-1)(x+2)}$$

$$=\lim_{x\to1}\frac{x^2+6x+a+6}{x+2}=\frac{13+a}{3}=\frac{1}{3} \implies a=-12$$

$a=-12$이므로 $b=6$

$f(x)=x^3+5x^2-12x+6$이므로

$f(2)=8+20-24+6=10$이다.

답 10

로피탈 정리로도 풀어보자.

$$\lim_{x\to1}\frac{x^3+5x^2+ax-a-6}{x^2+x-2}=\lim_{x\to1}\frac{3x^2+10x+a}{2x+1}$$

$$=\frac{13+a}{3}=\frac{1}{3} \implies a=-12$$

073

실수 t에 대하여 직선 $y=t$가 함수 $y=|x^2-1|$의 그래프와 만나는 점의 개수를 $f(t)$라 한다.

$y=|x^2-1|$을 그려서 판단해보자.

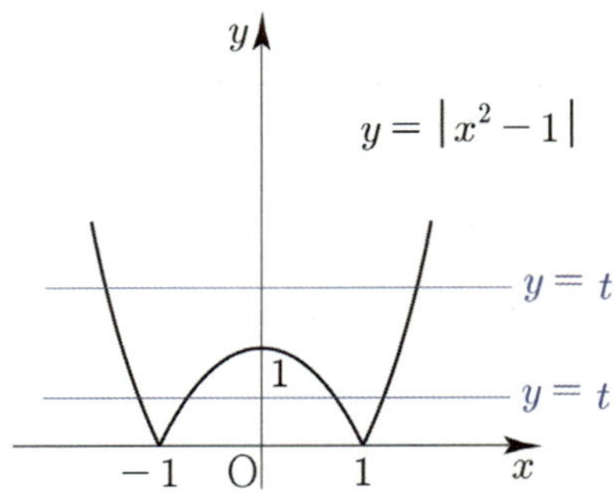

$$f(t) = \begin{cases} 0 & (t < 0) \\ 2 & (t = 0) \\ 4 & (0 < t < 1) \\ 3 & (t = 1) \\ 2 & (t > 1) \end{cases}$$

이를 바탕으로 $y = f(t)$ 를 그리면

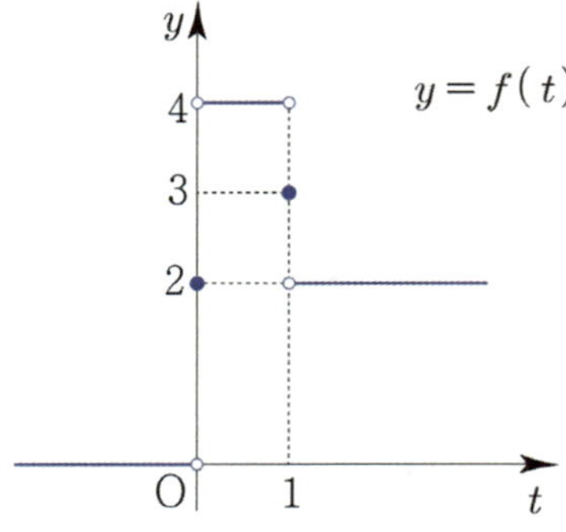

따라서 $\lim\limits_{t \to 1-} f(t) = 4$ 이다.

답 ④

074

상수항과 계수가 모두 정수인 두 다항함수 $f(x),\ g(x)$

(가) 조건에 의해서
$$f(x)g(x) = 2x^3 + ax^2 + bx + c$$

(나) 조건에 의해서
$$f(x)g(x) = 2x^3 - 4x^2$$

$$f(x)g(x) = 2x^2(x-2)$$

주어진 조건을 만족시키고 $f(2)$ 가 최대가 되려면
$f(x) = 2x^2$ 이므로 $f(2)$ 의 최댓값은 8 이다.

답 ③

075

$$\overline{AC} = 4,\ \ \overline{BC} = \sqrt{t+4} - \sqrt{t}$$

$$S(t) = \frac{1}{2} \times \overline{AC} \times \overline{BC} = 2(\sqrt{t+4} - \sqrt{t})$$

$$\lim_{t \to \infty} \frac{\sqrt{t} \times S(t)}{2}$$

$$= \lim_{t \to \infty} \frac{\sqrt{t} \times 2(\sqrt{t+4} - \sqrt{t})}{2}$$

$$= \lim_{t \to \infty} \frac{\sqrt{t^2 + 4t} - t}{1}$$

$$= \lim_{t \to \infty} \frac{4t}{\left(\sqrt{t^2 + 4t} + t\right)} = \frac{4}{2} = 2$$

답 ④

076

모든 실수 x 에 대하여 $f(-x) = -f(x)$
$\Rightarrow\ y = f(x)$ 는 기함수 (원점대칭)

이를 바탕으로 그림을 그리면

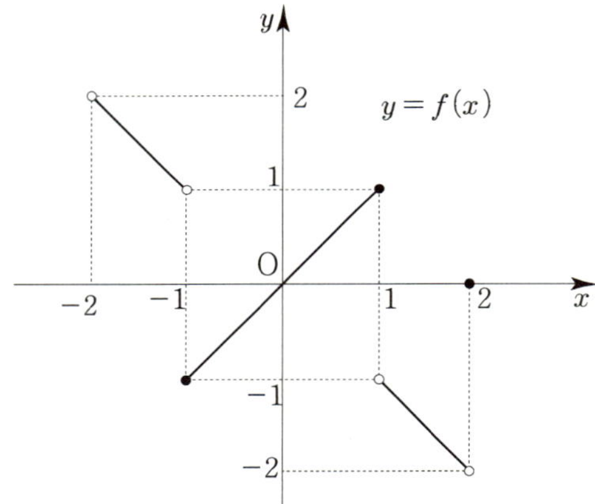

따라서 $\lim\limits_{x \to -1+} f(x) + \lim\limits_{x \to 2-} f(x) = -1 - 2 = -3$ 이다.

답 ①

무게중심 $\mathrm{G}\left(t, \ \dfrac{1}{t}\right)$ 이므로 $\mathrm{A}\left(t, \ \dfrac{3}{t}\right)$ 이다.

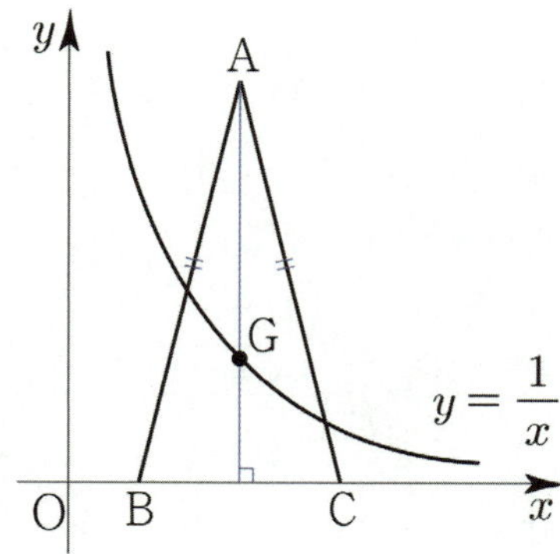

삼각형 ABC 의 넓이 $= 3t$, $\overline{\mathrm{BC}} = f(t)$ 이므로

$$3t = \dfrac{1}{2} \times f(t) \times \dfrac{3}{t} \ \Rightarrow \ f(t) = 2t^2$$

따라서 $\displaystyle\lim_{t \to 1} \dfrac{f(t) - 2t}{t - 1} = \lim_{t \to 1} \dfrac{2t^2 - 2t}{t - 1} = \lim_{t \to 1} \dfrac{2t}{1} = 2$ 이다.

답 ③

Tip

삼각형의 무게중심은 출제자 입장에서 굉장히 매력적인 소재이다.

<삼각형의 무게중심>

① 삼각형의 중선
⇒ 삼각형에서 한 꼭짓점과 그 대변의 중점을 이은 선분

② 삼각형의 무게중심
⇒ 삼각형의 세 중선의 교점

③ 삼각형의 무게중심의 성질
⇒ 삼각형의 무게중심은 세 중선의 길이를 각 꼭짓점으로부터
  $2 : 1$ 로 나눈다.

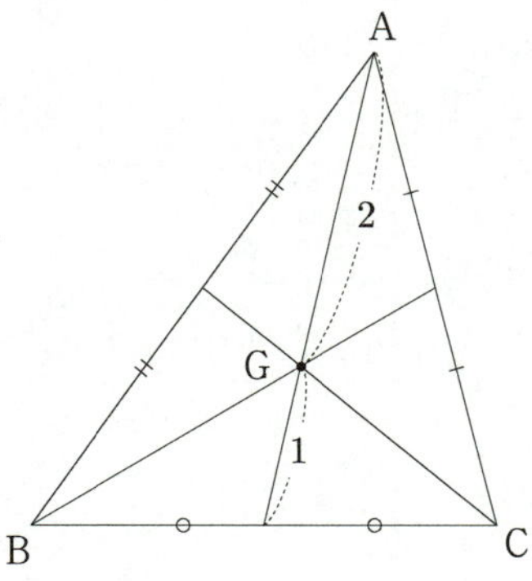

④ 삼각형의 무게중심과 넓이
⇒ $\triangle \mathrm{ABG} = \triangle \mathrm{BCG} = \triangle \mathrm{CAG} = \dfrac{1}{3} \triangle \mathrm{ABC}$

⑤ $\mathrm{A}(a_1, \ a_2)$, $\mathrm{B}(b_1, \ b_2)$, $\mathrm{C}(c_1, \ c_2)$ 일 때,
  삼각형 ABC 의 무게중심은
  $$\mathrm{G}\left(\dfrac{a_1 + b_1 + c_1}{3}, \ \dfrac{a_2 + b_2 + c_2}{3} \right) \text{이다.}$$

078

점 A 는 $y = -x^2 + 6$ 과 $y = x$ 의 교점이므로

$$-x^2 + 6 = x \ \Rightarrow \ x^2 + x - 6 = (x+3)(x-2) = 0$$

$$\Rightarrow \ x = 2 \ (\because \text{제 1사분면 위의 점})$$

$\mathrm{A}(2, \ 2)$, $\mathrm{B}(2, \ 0)$, $\mathrm{P}(a, \ a)$ $\Rightarrow$ $\mathrm{Q}(2, \ a)$

$\overline{\mathrm{PQ}} = 2 - a$, $\overline{\mathrm{PR}} = -a^2 + 6 - a = -(a+3)(a-2)$

$$\lim_{a \to 2^-} \dfrac{\overline{\mathrm{PQ}}}{\overline{\mathrm{PR}}} = \lim_{a \to 2^-} \dfrac{-(a-2)}{-(a+3)(a-2)} = \lim_{a \to 2^-} \dfrac{1}{a+3} = \dfrac{1}{5}$$

답 ②

$$\lim_{x \to \infty} \dfrac{f(x) - 4x^3 + 3x^2}{x^{n+1} + 1} = 6, \ \lim_{x \to 0} \dfrac{f(x)}{x^n} = 4$$

n 에 따라 **case**분류하면 다음과 같다.

① $n = 1$

$$\lim_{x \to \infty} \dfrac{f(x) - 4x^3 + 3x^2}{x^2 + 1} = 6 \text{이므로}$$

$$f(x) = 4x^3 + 3x^2 + ax + b$$

$$\lim_{x \to 0} \dfrac{f(x)}{x} = 4$$

$$\lim_{x \to 0} x = 0 \ \Rightarrow \ \lim_{x \to 0}(4x^3 + 3x^2 + ax + b) = 0 \ \Rightarrow \ b = 0$$

$$\lim_{x \to 0} \dfrac{4x^3 + 3x^2 + ax}{x} = a = 4$$

$f(x) = 4x^3 + 3x^2 + 4x$ 이므로 $f(1) = 11$ 이다.

② $n = 2$

$\displaystyle\lim_{x \to \infty} \frac{f(x) - 4x^3 + 3x^2}{x^3 + 1} = 6$ 이므로

$f(x) = 10x^3 + ax^2 + bx + c$

$\displaystyle\lim_{x \to 0} \frac{f(x)}{x^2} = 4$

분모의 x^2이 약분되어야 하므로

함수 $f(x)$는 x^2을 인수로 가지고 있어야 한다.

즉, $f(x) = 10x^3 + ax^2$

$\displaystyle\lim_{x \to 0} \frac{f(x)}{x^2} = \lim_{x \to 0} \frac{10x^3 + ax^2}{x^2} = a = 4$

$f(x) = 10x^3 + 4x^2$ 이므로 $f(1) = 14$ 이다.

③ $n \geq 3$

$\displaystyle\lim_{x \to \infty} \frac{f(x) - 4x^3 + 3x^2}{x^{n+1} + 1} = 6$ 이므로

$f(x) = 6x^{n+1} + ax^n + \cdots$

$\displaystyle\lim_{x \to 0} \frac{f(x)}{x^n} = 4$

분모의 x^n이 약분되어야 하므로

함수 $f(x)$는 x^n을 인수로 가지고 있어야 한다.

즉, $f(x) = 6x^{n+1} + ax^n$

$\displaystyle\lim_{x \to 0} \frac{f(x)}{x^n} = \lim_{x \to 0} \frac{6x^{n+1} + ax^n}{x^n} = a = 4$

$f(x) = 6x^{n+1} + 4x^n$ 이므로 $f(1) = 10$ 이다.

따라서 $f(1)$의 최댓값은 14이다.

답 ③

> **Tip**
>
> **case**분류는 평가원이 정말 좋아하는
> 사고과정 중 하나이다. 익숙해지도록 노력하자!

080

두 점 H, A의 x좌표를 각각 a, b라 하면

방정식 $x^2 = x + t \Rightarrow x^2 - x - t = 0$의 두 실근이

a, b이므로 근과 계수의 관계에 의해

$a + b = 1$, $ab = -t$이다.

$(a-b)^2 = (a+b)^2 - 4ab = 1 + 4t$

$\Rightarrow |a - b| = \sqrt{4t + 1}$

$\Rightarrow b - a = \sqrt{4t + 1} \quad (\because \ b > a)$

$\overline{\text{AH}} = b - a = \sqrt{4t + 1}$

대칭성에 의해서 C의 x좌표는 $-b$이므로

$\overline{\text{CH}} = a - (-b) = a + b = 1$

따라서 $\displaystyle\lim_{t \to 0+} \frac{\overline{\text{AH}} - \overline{\text{CH}}}{t} = \lim_{t \to 0+} \frac{\sqrt{4t + 1} - 1}{t}$

$\displaystyle \qquad\qquad = \lim_{t \to 0+} \frac{4}{\sqrt{4t + 1} + 1} = 2$

이다.

답 ②

081

$\displaystyle\lim_{x \to 0} \frac{|f(x) - 1|}{x}$ 의 값이 존재하고

$\displaystyle\lim_{x \to 0} x = 0$이므로 $\displaystyle\lim_{x \to 0} |f(x) - 1| = 0 \Rightarrow f(0) - 1 = 0$ 이다.

즉, 삼차함수 $f(x) - 1$은 x를 인수로 갖는다.

이차함수 $g(x)$에 대하여 $f(x) - 1 = xg(x)$ 라 하자.

$\displaystyle\lim_{x \to 0+} \frac{|f(x) - 1|}{x} = \lim_{x \to 0+} \frac{|xg(x)|}{x}$

$\displaystyle \qquad = \lim_{x \to 0+} \frac{|x||g(x)|}{x} = \lim_{x \to 0+} \frac{x|g(x)|}{x}$

$\displaystyle \qquad = \lim_{x \to 0+} |g(x)| = |g(0)|$

$\displaystyle\lim_{x \to 0-} \frac{|f(x) - 1|}{x} = \lim_{x \to 0-} \frac{|xg(x)|}{x}$

$\displaystyle \qquad = \lim_{x \to 0-} \frac{|x||g(x)|}{x} = \lim_{x \to 0-} \frac{-x|g(x)|}{x}$

$\displaystyle \qquad = \lim_{x \to 0-} -|g(x)| = -|g(0)|$

$|g(0)| = -|g(0)| \Rightarrow g(0) = 0$

이차함수 $g(x)$도 x를 인수로 가지므로

$f(x) - 1 = x^2(x + a) \Rightarrow f(x) = x^3 + ax^2 + 1$

$$xf(x) \geq -4x^2 + x \Rightarrow x(x^3 + ax^2 + 1) \geq -4x^2 + x$$

$$\Rightarrow x^4 + ax^3 + 4x^2 \geq 0 \Rightarrow x^2(x^2 + ax + 4) \geq 0$$

$$\Rightarrow x^2 + ax + 4 \geq 0 \ (\because \ x^2 \geq 0)$$

모든 실수 x에 대하여 $x^2 + ax + 4 \geq 0$를 만족시켜야 하므로 판별식을 사용하면 $D = a^2 - 16 \leq 0 \Rightarrow -4 \leq a \leq 4$이다.

$f(5) = 25a + 126$이므로 $f(5)$의 최댓값은 $a = 4$일 때 226이다.

답 226

082

두 점 A, B의 x좌표를 각각 a, b $(a < b)$라 하면 a, b는 이차방정식 $x^2 - tx - 1 = tx + t + 1$의 두 실근과 같다.

$$x^2 - tx - 1 = tx + t + 1$$

$$\Rightarrow x^2 - 2tx - 2 - t = 0$$

$$\Rightarrow a = t - \sqrt{t^2 + t + 2}, \ b = t + \sqrt{t^2 + t + 2}$$

직선 AB의 기울기가 t이므로 $\overline{AB} = (b-a)\sqrt{t^2 + 1}$이다.

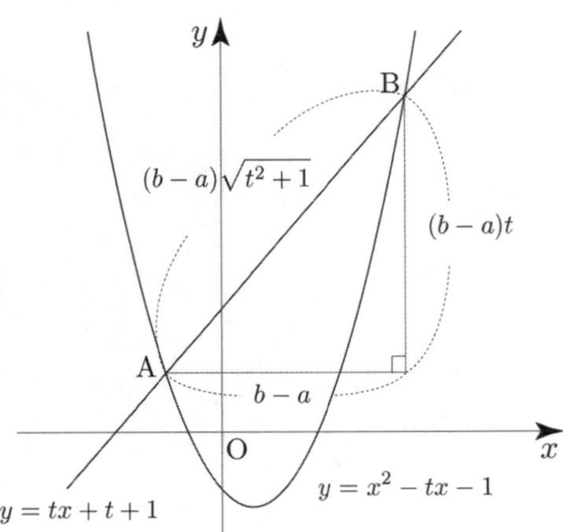

$b - a = 2\sqrt{t^2 + t + 2}$이므로 $\overline{AB} = 2\sqrt{t^2 + t + 2}\sqrt{t^2 + 1}$

따라서 $\displaystyle\lim_{t \to \infty} \frac{\overline{AB}}{t^2} = \frac{2\sqrt{t^4 + t^3 + 3t^2 + t + 2}}{t^2} = 2$이다.

답 ④

083

(가) $g(1) = 0$

(나) $\displaystyle\lim_{x \to n} \frac{f(x)}{g(x)} = (n-1)(n-2) \ (n = 1, \ 2, \ 3, \ 4)$

(나) 조건에 $n = 1, \ 2, \ 3, \ 4$를 대입하면

$$\lim_{x \to 1}\frac{f(x)}{g(x)} = 0, \ \lim_{x \to 2}\frac{f(x)}{g(x)} = 0,$$

$$\lim_{x \to 3}\frac{f(x)}{g(x)} = 2, \ \lim_{x \to 4}\frac{f(x)}{g(x)} = 6$$

$$\lim_{x \to 1}\frac{f(x)}{g(x)} = 0$$

$g(x)$는 삼차함수이므로 $x = 1$에서 연속이므로

$$\lim_{x \to 1} g(x) = g(1) = 0 \ \text{이다.}$$

$$\Rightarrow \lim_{x \to 1} f(x) = f(1) = 0$$

(분모가 0으로 가는데 극한 값이 수렴하므로)

즉, $f(x) = (x-1)(x^2 + px + q)$

$g(x) = (x-1)(x^2 + ax + b)$라 하면 $(\because \ g(1) = 0)$

$$\lim_{x \to 1}\frac{f(x)}{g(x)} = \lim_{x \to 1}\frac{(x-1)(x^2 + px + q)}{(x-1)(x^2 + ax + b)} = 0$$

$(x^2 + px + q) = (x-1)(x-\beta)$이어야 하므로 $f(x) = (x-1)^2(x-\beta)$이다.

$\displaystyle\lim_{x \to 2}\frac{f(x)}{g(x)} = 0$이므로 $\displaystyle\lim_{x \to 2} f(x) = 0$

즉, $f(x) = (x-1)^2(x-2)$

$$\lim_{x \to 3}\frac{f(x)}{g(x)} = 2, \ \lim_{x \to 4}\frac{f(x)}{g(x)} = 6$$

$$\lim_{x \to 3}\frac{f(x)}{g(x)} = 2 \Rightarrow g(3) = \frac{f(3)}{2} = 2$$

$$\lim_{x \to 4}\frac{f(x)}{g(x)} = 6 \Rightarrow g(4) = \frac{f(4)}{6} = 3$$

$$g(3) = 2(9 + 3a + b) = 2 \Rightarrow 3a + b = -8$$

$$g(4) = 3(16 + 4a + b) = 3 \Rightarrow 4a + b = -15$$

이므로 $a = -7$, $b = 13$이다.

따라서 $g(5) = 4(25 - 35 + 13) = 12$이다.

답 ⑤

84	25	**86**	4
85	6	**87**	16

084

$xf(x) = \left(-\dfrac{1}{2}x+3\right)g(x)-x^3+2x^2$ 의 양변에

$x=0$ 을 대입하면 $g(0)=0$
$x=2$ 을 대입하면 $f(2)=g(2)$

$\displaystyle\lim_{x\to 2}\frac{g(x-1)}{f(x)-g(x)}\times\lim_{x\to\infty}\frac{\{f(x)\}^2}{g(x)}=k \ \ (k\neq 0)$

$\displaystyle\lim_{x\to 2}\frac{g(x-1)}{f(x)-g(x)}$ 의 값은 0 이 아닌 실수이고

$\displaystyle\lim_{x\to 2}\{f(x)-g(x)\}=f(2)-g(2)=0$ 이므로

$\displaystyle\lim_{x\to 2}g(x-1)=g(1)=0$

$g(0)=g(1)=0$ 이므로 함수 $g(x)$ 는 상수함수 또는
차수가 2 이상이다.

만약 $g(x)$ 가 상수함수이면 $g(x)=0$ 이므로

$\displaystyle\lim_{x\to\infty}\frac{\{f(x)\}^2}{g(x)}$ 의 값이 존재하지 않는다.

즉, 함수 $g(x)$ 의 차수는 2 이상이다.

$\displaystyle\lim_{x\to\infty}\frac{\{f(x)\}^2}{g(x)}$ 의 값이 0 이 아닌 실수이므로

함수 $\{f(x)\}^2$ 의 차수는 함수 $g(x)$ 의 차수와 같다.
두 함수 $f(x)$, $g(x)$ 의 차수를 각각 n, $2n$ 이라 하자.

$n\geq 2$ 이면 $xf(x)=\left(-\dfrac{1}{2}x+3\right)g(x)-x^3+2x^2$ 의 좌변과

우변의 차수가 각각 $n+1$, $2n+1$ 이고 $n+1\neq 2n+1$ 이므로
모순이다.

즉, $n=1$ 이다.

함수 $g(x)$ 의 차수가 2 이고 $g(0)=g(1)=0$ 이므로
$g(x)=ax(x-1) \ (a\neq 0)$

$xf(x)=\left(-\dfrac{1}{2}x+3\right)g(x)-x^3+2x^2$ 에서 양변의 x^3 의 계수가

같아야 하므로

$0=-\dfrac{1}{2}\times a-1 \Rightarrow a=-2$

$\therefore \ g(x)=-2x(x-1)=-2x^2+2x$

$xf(x)=\left(-\dfrac{1}{2}x+3\right)g(x)-x^3+2x^2$

$\Rightarrow xf(x)=-5x^2+6x \Rightarrow f(x)=-5x+6$

$\displaystyle\lim_{x\to 2}\frac{g(x-1)}{f(x)-g(x)}=\lim_{x\to 2}\frac{-2(x-1)(x-2)}{(2x-3)(x-2)}=-2$

$\displaystyle\lim_{x\to\infty}\frac{\{f(x)\}^2}{g(x)}=\lim_{x\to\infty}\frac{(-5x+6)^2}{-2x^2+2x}=-\dfrac{25}{2}$

따라서 $k=-2\times\left(-\dfrac{25}{2}\right)=25$ 이다.

답 25

085

실수 t 에 대하여 함수 $y=|x-1|$ 의 그래프와
원 $(x-t)^2+y^2=2$ 가 만나는 서로 다른 점의 개수를 $f(t)$

t 가 점점 커지면서 처음으로 $y=|x-1|$ 와 접할 때를
구해보자.

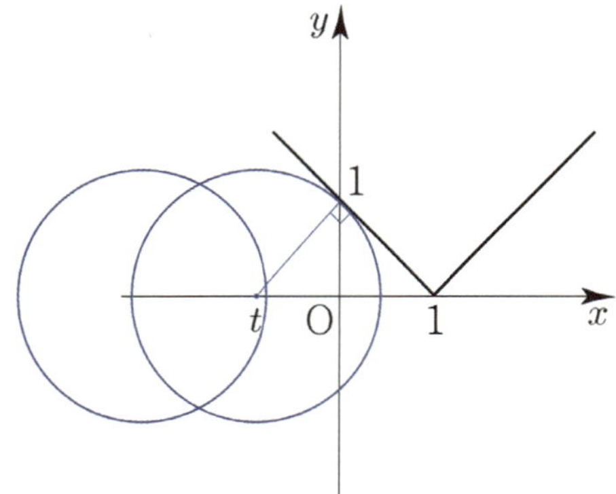

원과 직선이 접할 때는, 중심과 직선사이 거리가
원의 반지름과 같을 때이므로

중심 $(t,\ 0)$ 과 직선 $y=-x+1 \Rightarrow x+y-1=0$ 사이의
거리가 반지름 $\sqrt{2}$ 와 같아야 하므로
$\dfrac{|t-1|}{\sqrt{2}}=\sqrt{2} \Rightarrow t=-1 \ (t<1)$

$t = -1$ 보다 조금 더 커지면 2 개의 점에서 만나다가
$y = |x-1|$ 에 다시 접한다.

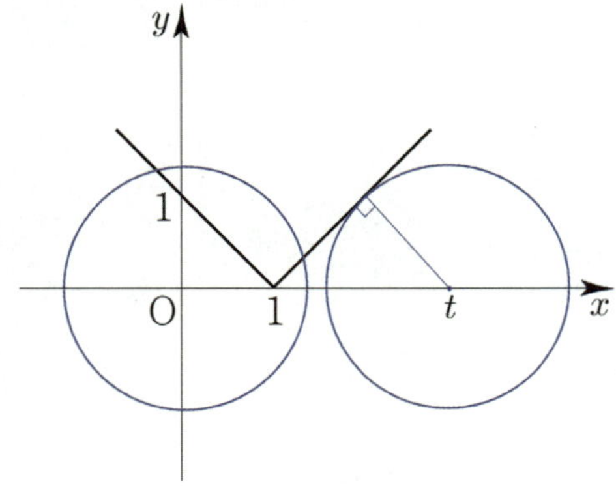

마찬가지로
중심 $(t,\ 0)$ 과 직선 $y = x-1 \Rightarrow x-y-1 = 0$ 사이의
거리가 반지름 $\sqrt{2}$ 와 같아야 하므로
$$\frac{|t-1|}{\sqrt{2}} = \sqrt{2} \Rightarrow t = 3 \ (t > 1)$$

$t = 3$ 보다 조금 더 커지면 만나지 않는다.

이를 바탕으로 함수 $f(t)$ 의 그래프를 그리면
$$y = f(t)$$

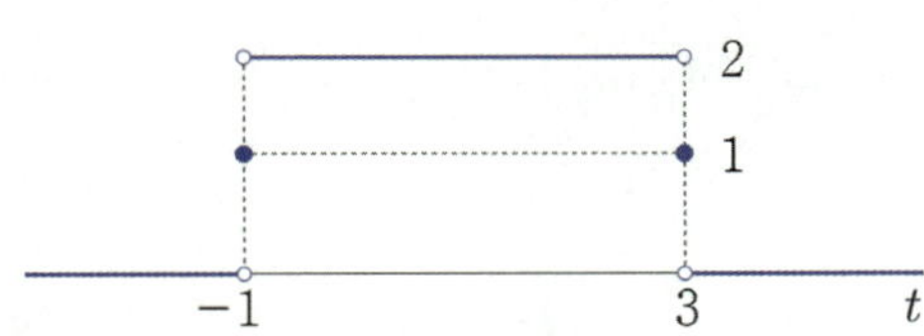

$$g(x) = \begin{cases} a-2 & (x < a) \\ -a+6 & (x \geq a) \end{cases}$$

$\lim\limits_{x \to a} [\{f(a)-1\} \times g(x)]$ 의 존재여부를 알아보기 위해서
표를 그려보자.

x	$f(a)-1$	$g(x)$	$\{f(a)-1\}g(x)$
$a+$	$f(a)-1$	$-a+6$	$\{f(a)-1\}(-a+6)$
$a-$	$f(a)-1$	$a-2$	$\{f(a)-1\}(a-2)$

$\lim\limits_{x \to a} [\{f(a)-1\} \times g(x)]$ 의 극한값이 존재하려면
$\{f(a)-1\}(-a+6) = \{f(a)-1\}(a-2)$
$\{f(a)-1\}(2a-8) = 0 \Rightarrow f(a) = 1 \text{ or } a = 4$
$f(a) = 1$ 을 만족시키는 a 값은 -1 과 3 이다.

따라서 $\lim\limits_{x \to a} [\{f(a)-1\} \times g(x)]$ 의 값이 존재하도록 하는
모든 실수 a 의 값의 합은 $-1+3+4 = 6$ 이다.

 6

$\lim\limits_{x \to a} [\{f(a)-1\} \times g(x)]$ 여기서
$f(a)$ 가 변수라고 착각하기 쉬운데
a 가 정해지는 순간 $f(a)$ 는 상수이다.
예를 들어 $a = 3$ 일 때,
$\lim\limits_{x \to 3} [\{f(3)-1\} \times g(x)]$ 이므로 상수임이 자명하다.

086

$$f(x) = \begin{cases} 2^{x-2} & (x < 2) \\ 2^{-x+2} & (x \geq 2) \end{cases}$$
$y = f(x)$ 의 그래프를 그리면

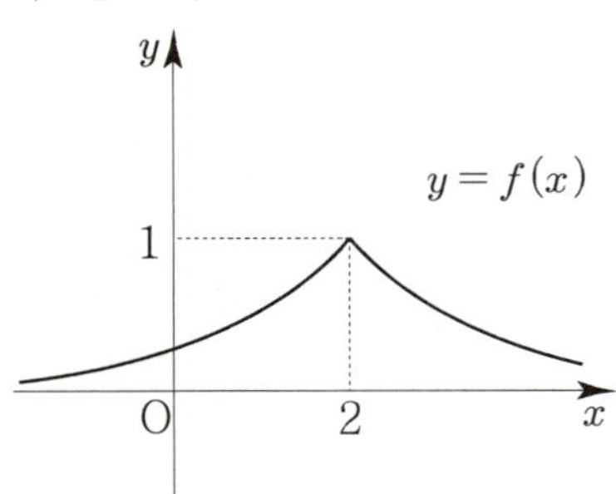

$g(x) = |f(x)-k| + k$

직선 $y = 2k$ 와 함수 $y = g(x)$ 의 그래프가 만나는 점의
개수는 방정식 $g(x) = 2k$ 의 실근의 개수와 같다.

즉, $|f(x)-k| + k = 2k \Rightarrow |f(x)-k| = k$
좌변이 절댓값이므로 방정식의 실근이 존재하려면 최소한
$k \geq 0$ 이어야 한다. 즉, $k < 0 \Rightarrow h(k) = 0$ 이다.

$k(k \geq 0)$ 에 따라 case분류하면

① $k = 0$
방정식 $|f(x)| = 0$ 의 실근의 개수는 0 이므로
$h(0) = 0$ 이다.

② $k > 0$
방정식 $|f(x)-k| = k$ 의 실근은
방정식 $f(x) = 0 \text{ or } f(x) = 2k$ 의 합집합과 같다.
방정식 $f(x) = 0$ 에서는 실근이 존재하지 않으므로
방정식 $f(x) = 2k$ 만 고려하면 된다.

$k(k > 0)$ 에 따라 다시 case분류하면

② - ⅰ) $0 < k < \dfrac{1}{2} \;\Rightarrow\; 0 < 2k < 1$

두 그래프 $y = f(x)$, $y = 2k$의 교점이 2개 존재하므로
방정식 $f(x) = 2k$의 실근의 개수는 2이다.
따라서 $h(k) = 2$이다.

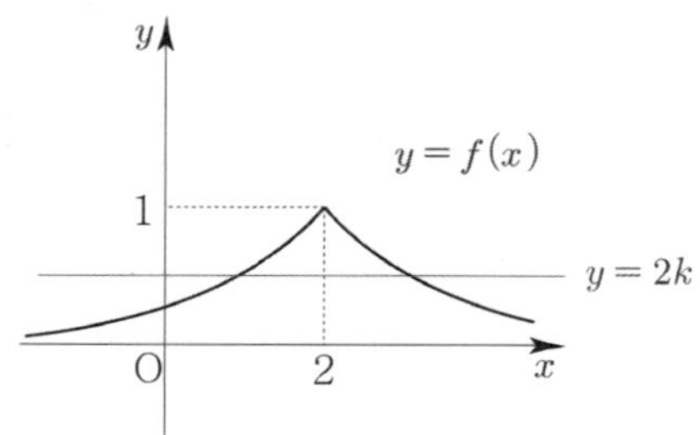

② - ⅱ) $k = \dfrac{1}{2} \;\Rightarrow\; 2k = 1$

두 그래프 $y = f(x)$, $y = 2k$의 교점이 1개 존재하므로
방정식 $f(x) = 2k$의 실근의 개수는 1이다.

따라서 $h\left(\dfrac{1}{2}\right) = 1$이다.

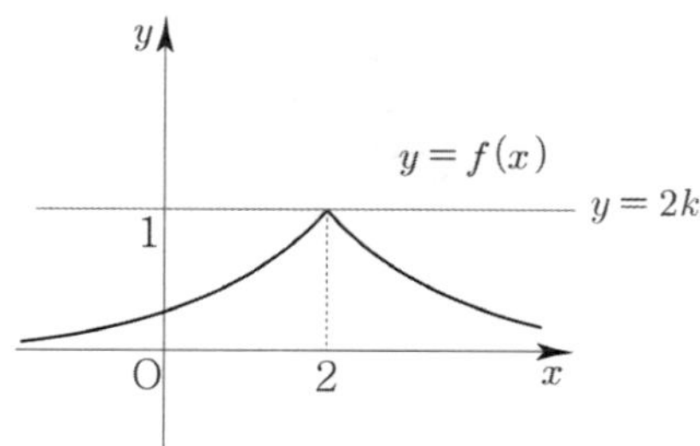

② - ⅲ) $\dfrac{1}{2} < k \;\Rightarrow\; 1 < 2k$

두 그래프 $y = f(x)$, $y = 2k$의 교점이 0개 존재하므로
방정식 $f(x) = 2k$의 실근의 개수는 0이다.
따라서 $h(k) = 0$이다.

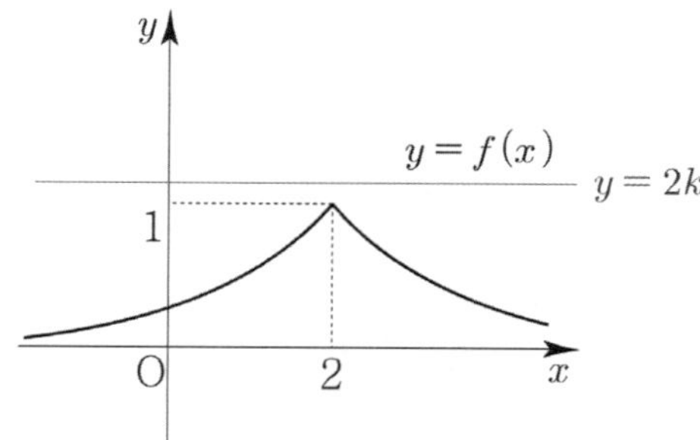

이를 바탕으로 $h(k)$를 그리면

표를 그려서 극한값을 판단해보자.

x	$h(k)$	$h\left(k+\dfrac{1}{4}\right)$	$h(k)h\left(k+\dfrac{1}{4}\right)$
$\dfrac{1}{4}-$	2	2	4

따라서 $\displaystyle\lim_{k \to \frac{1}{4}-}\left\{ h(k)h\left(k+\dfrac{1}{4}\right)\right\} = 4$이다.

답 4

087

방정식 $f(x) = x^3 + ax^2 + bx + 4 = 0$은 적어도 하나의
실근을 가지므로 $f(\beta) = 0$인 실수 β가 존재한다.

모든 실수 α에 대하여 $\displaystyle\lim_{x \to \alpha}\dfrac{f(2x+1)}{f(x)}$의 값이
존재하므로 $\displaystyle\lim_{x \to \beta}f(x) = 0 \;\Rightarrow\; \lim_{x \to \beta}f(2x+1) = 0$
즉, $f(2\beta+1) = 0$

같은 방식으로
$f(2\beta+1) = 0 \;\Rightarrow\; f(2(2\beta+1)+1) = 0 \;\Rightarrow\; f(4\beta+3) = 0$
이고,

$f(4\beta+3) = 0 \;\Rightarrow\; f(2(4\beta+3)+1) = 0 \;\Rightarrow\; f(8\beta+7) = 0$

$\beta \neq 2\beta+1 \;\Rightarrow\; \beta \neq -1$이면
β, $2\beta+1$, $4\beta+3$, $8\beta+7$는 방정식 $f(x) = 0$의
서로 다른 네 실근이다.
이때 방정식 $f(x) = 0$은 삼차방정식이므로 서로 다른
네 개 이상의 실근이 나올 수 없어 모순이다.

방정식 $f(x) = 0$는 $x = -1$만 실근으로 갖는다.

$f(-1) = 0 \;\Rightarrow\; -1 + a - b + 4 = 0 \;\Rightarrow\; b = a + 3$
$f(x) = (x+1)\left\{x^2 + (a-1)x + 4\right\}$

만약 $f(x) = (x+1)^3$이면 $f(x) = x^3 + ax^2 + bx + 4$일 수
없으므로 모순이다.

이차방정식 $x^2 + (a-1)x + 4 = 0$의 실근은 존재하지
않아야 하므로 판별식을 사용하면

$D=(a-1)^2-16<0$

$\Rightarrow\ -4<a-1<4$

$\Rightarrow\ -3<a<5$

$f(1)=2\times(1+a-1+4)=2(a+4)=2a+8$
따라서 $f(1)$ 의 최댓값은 $a=4$ 일 때, 16이다.

 16

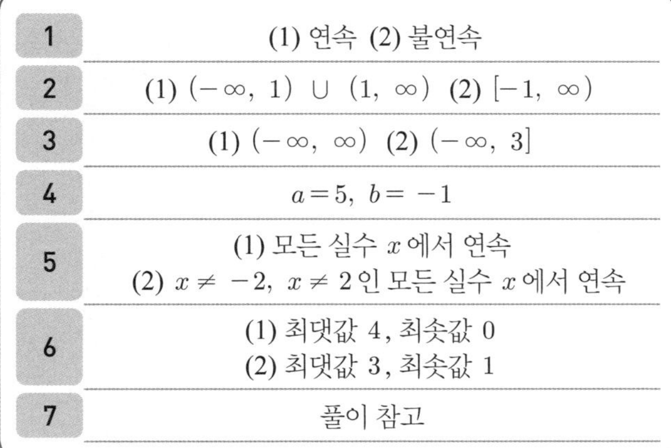

1	(1) 연속 (2) 불연속
2	(1) $(-\infty,\ 1)\ \cup\ (1,\ \infty)$ (2) $[-1,\ \infty)$
3	(1) $(-\infty,\ \infty)$ (2) $(-\infty,\ 3]$
4	$a=5,\ b=-1$
5	(1) 모든 실수 x 에서 연속 (2) $x\neq -2$, $x\neq 2$ 인 모든 실수 x 에서 연속
6	(1) 최댓값 4, 최솟값 0 (2) 최댓값 3, 최솟값 1
7	풀이 참고

개념 확인문제 1

(1) ① $f(0)=0$ 이므로 함수 $f(x)$ 는 $x=0$ 에서 정의된다.

② $\lim\limits_{x\to 0}(-x)=0$ 이므로 극한값 $\lim\limits_{x\to 0}f(x)$ 가 존재한다.

③ $\lim\limits_{x\to 0}f(x)=f(0)=0$

따라서 함수 $f(x)$ 는 $x=0$ 에서 연속이다.

(2) ① $g(0)=0$ 이므로 함수 $g(x)$ 는 $x=0$ 에서 정의된다.

② $\lim\limits_{x\to 0+}x^2=0$, $\lim\limits_{x\to 0-}(x+1)=1$ 이므로

극한값 $\lim\limits_{x\to 0}g(x)$ 가 존재하지 않는다.

따라서 함수 $g(x)$ 는 $x=0$ 에서 불연속이다.

답 (1) 연속 (2) 불연속

개념 확인문제 2

(1) $f(x)=\dfrac{1}{x-1}$ 가 정의되려면 $x\neq 1$ 이어야 한다.

정의역이 $\{x\,|\,x<1\ \text{or}\ x>1\}$ 이므로
$(-\infty,\ 1)\ \cup\ (1,\ \infty)$ 이다.

(2) $f(x)=\sqrt{x+1}$ 가 정의되려면 $x\geq -1$ 이어야 한다.
정의역이 $\{x\,|\,x\geq -1\}$ 이므로 $[-1,\ \infty)$ 이다.

답 (1) $(-\infty,\ 1)\ \cup\ (1,\ \infty)$ (2) $[-1,\ \infty)$

(1) $f(x)=x^2+x-1$ 은 실수 전체의 집합에서 연속이므로
구간 $(-\infty,\ \infty)$ 에서 연속이다.

(2) $f(x)=\sqrt{3-x}$ 은 구간 $(-\infty,\ 3)$ 에서 연속이고,
$\displaystyle\lim_{x\to 3^-}\sqrt{3-x}=f(3)=0$ 이므로
구간 $(-\infty,\ 3]$ 에서 연속이다.

답　(1) $(-\infty,\ \infty)$　(2) $(-\infty,\ 3]$

$$f(x)=\begin{cases}\dfrac{x^2-ax+6}{x-2} & (x\neq 2)\\[2mm] b & (x=2)\end{cases}$$

함수 $f(x)$ 가 모든 실수 x 에서 연속이려면 $x=2$ 에서
연속이어야 한다.

$\displaystyle\lim_{x\to 2}f(x)=f(2)$ 에서 $\displaystyle\lim_{x\to 2}\frac{x^2-ax+6}{x-2}=b$

$\displaystyle\lim_{x\to 2}(x-2)=0 \Rightarrow \lim_{x\to 2}(x^2-ax+6)=0 \Rightarrow 4-2a+6=0$

$a=5$ 를 대입하면

$\displaystyle\lim_{x\to 2}\frac{x^2-5x+6}{x-2}=\lim_{x\to 2}\frac{(x-2)(x-3)}{x-2}$

$\displaystyle=\lim_{x\to 2}\frac{(x-3)}{1}=-1=b$

따라서 $a=5,\ b=-1$ 이다.

답　$a=5,\ b=-1$

$f(x)=x,\ g(x)=x^2-4$

(1) $f(x)+g(x)$
두 함수 $f(x),\ g(x)$ 는 다항함수이므로 모든 실수 x 에서
연속이다.
따라서 연속함수의 성질에 따라 함수 $f(x)+g(x)$ 는
모든 실수 x 에 대하여 연속이다.

(2) $\dfrac{f(x)}{g(x)}$

두 함수 $f(x),\ g(x)$ 는 다항함수이므로 모든 실수 x 에서
연속이다.

따라서 연속함수의 성질에 따라

함수 $\dfrac{f(x)}{g(x)}=\dfrac{x}{x^2-4}=\dfrac{x}{(x+2)(x-2)}$ 은

$(x+2)(x-2)\neq 0$, 즉, $x\neq -2,\ x\neq 2$ 인 모든 실수
x 에 대하여 연속이다.

답　(1) 모든 실수 x 에서 연속
(2) $x\neq -2,\ x\neq 2$ 인 모든 실수 x 에서 연속

(1) $f(x)=x+1\ \ [-1,\ 3]$
함수 $f(x)=x+1$ 은 닫힌구간 $[-1,\ 3]$ 에서 연속이므로
최대 · 최소정리에 의해 반드시 최댓값과 최솟값이 존재한다.

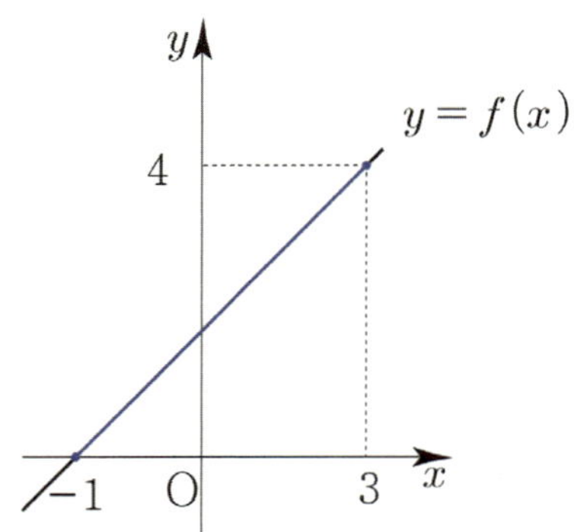

$x=-1$ 일 때, 최솟값 0
$x=3$ 일 때, 최댓값 4

(2) $f(x)=\dfrac{3}{x+1}\ \ [0,\ 2]$

함수 $f(x)=\dfrac{3}{x+1}$ 은 닫힌구간 $[0,\ 2]$ 에서 연속이므로

최대 · 최소정리에 의해 반드시 최댓값과 최솟값이 존재한다.

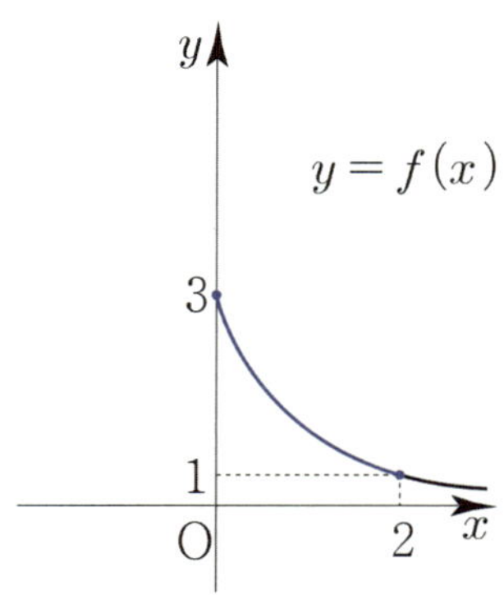

$x = 2$ 일 때, 최솟값 1
$x = 0$ 일 때, 최댓값 3

> **답** (1) 최댓값 4, 최솟값 0
> (2) 최댓값 3, 최솟값 1

개념 확인문제 7

$f(x) = x^4 - x - 1$ 이라 하면 함수 $f(x)$ 는 닫힌구간 $[0, 2]$ 에서 연속이고 $f(0)f(2) < 0$ 이므로 사잇값의 정리에 의하여 $f(c) = 0$ 인 c 가 열린구간 $(0, 2)$ 에 적어도 하나 존재한다. 따라서 방정식 $x^4 - x - 1 = 0$ 은 열린구간 $(0, 2)$ 에서 적어도 하나의 실근을 갖는다.

1	2	16	ㄱ, ㄴ, ㄷ
2	3	17	ㄱ, ㄴ, ㄷ
3	4	18	ㄱ, ㄷ, ㄹ
4	9	19	ㄱ, ㄴ, ㄷ
5	8	20	16
6	①	21	ㄱ, ㄴ, ㄷ
7	22	22	4
8	1	23	2
9	9	24	ㄱ, ㄴ, ㄷ
10	3	25	7
11	5	26	32
12	8	27	4
13	①	28	ㄱ, ㄴ, ㄷ
14	10	29	3
15	ㄴ	30	9

001

$\lim_{x \to 1} f(x) = f(1)$ 을 만족해야 하므로

$\lim_{x \to 1+} f(x) = \lim_{x \to 1+} (x^2 + a) = 1 + a$

$\lim_{x \to 1-} f(x) = \lim_{x \to 1-} (2x + 1) = 3$

$f(1) = 1 + a$

$1 + a = 3$ 이므로 $a = 2$ 이다.

> **답** 2

002

$\lim_{x \to 2} f(x) = f(2)$ 을 만족해야하므로

$\lim_{x \to 2} f(x) = \lim_{x \to 2} (x^2 - 1) = 3$

$f(2) = a$
따라서 $a = 3$ 이다.

> **답** 3

$\lim\limits_{x \to 1} f(x) = f(1)$ 을 만족해야 하므로

$$\lim\limits_{x \to 1} f(x) = \lim\limits_{x \to 1} \frac{x^2 + ax - 2}{x - 1}$$

$$f(1) = b$$

$$\lim\limits_{x \to 1} \frac{x^2 + ax - 2}{x - 1} = b$$

$$\lim\limits_{x \to 1} (x - 1) = 0 \Rightarrow \lim\limits_{x \to 1} (x^2 + ax - 2) = 0 \Rightarrow 1 + a - 2 = 0$$

$a = 1$ 을 대입하면

$$\lim\limits_{x \to 1} \frac{x^2 + x - 2}{x - 1} = \lim\limits_{x \to 1} \frac{(x-1)(x+2)}{x-1} = \lim\limits_{x \to 1} (x + 2) = 3 = b$$

따라서 $a + b = 4$ 이다.

답 4

$\lim\limits_{x \to 1} f(x) = f(1)$, $\lim\limits_{x \to -1} f(x) = f(-1)$ 을 만족해야 하므로

$$\lim\limits_{x \to 1+} f(x) = \lim\limits_{x \to 1+} (-x^2 + x) = 0$$

$$\lim\limits_{x \to 1-} f(x) = \lim\limits_{x \to 1-} (x^2 + ax + b) = 1 + a + b$$

$$f(1) = 1 + a + b$$

즉, $1 + a + b = 0 \Rightarrow a + b = -1$

$$\lim\limits_{x \to -1+} f(x) = \lim\limits_{x \to -1+} (x^2 + ax + b) = 1 - a + b$$

$$\lim\limits_{x \to -1-} f(x) = \lim\limits_{x \to -1-} (-x^2 + x) = -2$$

$$f(-1) = 1 - a + b$$

즉, $1 - a + b = -2 \Rightarrow -a + b = -3$

$a + b = -1$, $-a + b = -3 \Rightarrow a = 1$, $b = -2$

따라서 $a - 4b = 1 + 8 = 9$ 이다.

답 9

$f(x)$ 가 실수 전체의 집합에서 연속이 되려면
모든 실수 x 에 대하여 분모 $ax^2 + ax + 2$ 가 0 이 되어서는
안 된다.

<유의 사항>
최고차항의 계수 a 가 0 일 때,
방정식 $ax^2 + ax + 2 = 0$ 은 이차방정식이 아니므로
판별식을 쓸 수 없다.
즉, $a = 0$, $a \neq 0$ 일 때로 case분류해줘야 한다.

① $a = 0$

$f(x) = \dfrac{2x - 1}{2}$ 이므로 실수 전체의 집합에서 연속이다.

② $a \neq 0$

판별식 $D < 0 \Rightarrow a^2 - 8a < 0 \Rightarrow a(a - 8) < 0$
$$\Rightarrow 0 < a < 8$$

따라서 $0 \leq a < 8$ 이므로 정수 a 의 개수는 8 이다.

답 8

> **Tip**
>
> 라이트 N제 수학1 삼각함수의 그래프 해설
> 85번 tip에서도 해당 내용을 언급했었는데
> 만약 문제를 풀 때, 기억이 났다면 Good이다.

$$(x - 2)f(x) = x^2 + ax + 4$$

양변에 $x = 2$ 를 넣으면
$$0 = 4 + 2a + 4 \Rightarrow a = -4$$

$$(x - 2)f(x) = x^2 - 4x + 4$$

$x \neq 2$ 일 때, $f(x) = \dfrac{x^2 - 4x + 4}{x - 2}$

함수 $f(x)$ 는 실수 전체의 집합에서 연속이므로 $x = 2$ 에서도
연속이다. 즉, $\lim\limits_{x \to 2} f(x) = f(2)$

$$\lim_{x \to 2} f(x) = \lim_{x \to 2} \frac{x^2 - 4x + 4}{x - 2} = \lim_{x \to 2} \frac{(x-2)^2}{x-2}$$

$$= \lim_{x \to 2} (x-2) = 0 = f(2)$$

$x \neq 2$ 일 때, $f(x) = \dfrac{x^2 - 4x + 4}{x - 2}$ 이므로

$$f(3) = \frac{9 - 12 + 4}{1} = 1 \text{ 이다.}$$

따라서 $f(2) + f(3) = 0 + 1 = 1$ 이다.

답 ①

007

$f(x)$ 는 $x = 2$ 에서 연속이므로

$$\lim_{x \to 2+} \{f(x)\}^2 + 4 = 5 \lim_{x \to 0-} f(x+2) - f(2)$$

$$\Rightarrow \{f(2)\}^2 + 4 = 5f(2) - f(2)$$

$$\Rightarrow \{f(2)\}^2 - 4f(2) + 4 = 0$$

$$\Rightarrow \{f(2) - 2\}^2 = 0$$

$$\Rightarrow f(2) = 2$$

$(x-2)f(x) = (x^2 - x - 2)(x - a)$

$x \neq 2$ 일 때,

$$f(x) = \frac{(x^2 - x - 2)(x - a)}{x - 2}$$

$$\lim_{x \to 2} f(x) = f(2)$$

$$\lim_{x \to 2} f(x) = \lim_{x \to 2} \frac{(x^2 - x - 2)(x - a)}{x - 2} = \lim_{x \to 2} (x+1)(x-a)$$

$$= 6 - 3a = 2$$

$$\therefore a = \frac{4}{3}$$

$$f(x) = (x+1)\left(x - \frac{4}{3}\right) \ (x \neq 2)$$

따라서 $f(5) = 6 \times \left(5 - \dfrac{4}{3}\right) = 22$ 이다.

답 22

008

$$f(x) = \begin{cases} x^2 + 2x + 1 & (x < 2) \\ ax - 1 & (x \geq 2) \end{cases}$$

함수 $|f(x)|$ 가 실수 전체의 집합에서 연속이 되려면
$\lim\limits_{x \to 2} |f(x)| = |f(2)|$ 이어야 한다.

$$\lim_{x \to 2+} |f(x)| = \lim_{x \to 2+} |ax - 1| = |2a - 1|$$

$$\lim_{x \to 2-} |f(x)| = \lim_{x \to 2-} |x^2 + 2x + 1| = 9$$

$$|f(2)| = |2a - 1|$$

$$|2a - 1| = 9 \Rightarrow a = 5 \text{ or } a = -4$$

따라서 모든 실수 a 의 합은 1 이다.

답 1

009

$$f(x) = \begin{cases} x^2 + a + 1 & (x < a) \\ 2a + 3 & (x \geq a) \end{cases}$$

함수 $f(x)$ 는 실수 전체의 집합에서 연속이므로 $x = a$ 에서도
연속이다. 즉, $\lim\limits_{x \to a} f(x) = f(a)$

$$\lim_{x \to a+} f(x) = \lim_{x \to a+} (2a + 3) = 2a + 3$$

$$\lim_{x \to a-} f(x) = \lim_{x \to a-} (x^2 + a + 1) = a^2 + a + 1$$

$$f(a) = 2a + 3$$

$$a^2 + a + 1 = 2a + 3 \Rightarrow a^2 - a - 2 = 0$$

$$\Rightarrow (a - 2)(a + 1) = 0 \Rightarrow a = 2 \text{ or } a = -1$$

① $a = 2$ 일 때,

$$f(x) = \begin{cases} x^2 + 2 + 1 & (x < 2) \\ 7 & (x \geq 2) \end{cases}$$

$\lim\limits_{x \to 2a} f(x) = \lim\limits_{x \to 4} f(x) = 7$ 이므로

$\lim\limits_{x \to 2a} f(x) < 5$ 를 만족시키지 않는다.

② $a = -1$ 일 때,

$$f(x) = \begin{cases} x^2 & (x < -1) \\ 1 & (x \geq -1) \end{cases}$$

$$\lim_{x \to 2a} f(x) = \lim_{x \to -2} f(x) = 4 \text{이므로}$$

$$\lim_{x \to 2a} f(x) < 5 \text{ 을 만족시킨다.}$$

따라서 $f(a-2) = f(-3) = 9$ 이다.

답   9

10

$$f(x) = \begin{cases} x^2 - 2x + 5 & (x < 3) \\ 2 & (x \geq 3) \end{cases}, \quad g(x) = ax - 9$$

함수 $\dfrac{g(x)}{f(x)}$ 가 실수 전체의 집합에서 연속이므로

$x = 3$ 에서도 연속이다. 즉, $\lim\limits_{x \to 3} \dfrac{g(x)}{f(x)} = \dfrac{g(3)}{f(3)}$

$$\lim_{x \to 3+} \frac{g(x)}{f(x)} = \lim_{x \to 3+} \frac{ax-9}{2} = \frac{3a-9}{2}$$

$$\lim_{x \to 3-} \frac{g(x)}{f(x)} = \lim_{x \to 3-} \frac{ax-9}{x^2-2x+5} = \frac{3a-9}{8}$$

$$\frac{g(3)}{f(3)} = \frac{3a-9}{2}$$

$\dfrac{3a-9}{2} = \dfrac{3a-9}{8}$ 이므로 $a = 3$ 이다.

답   3

11

모든 실수 x 에 대하여 $f(x+4) = f(x)$
$\Rightarrow$ 함수 $f(x)$ 는 주기가 4 이다.

함수 $f(x)$ 가 실수 전체의 집합에서 연속이므로
$x = 0$, $x = 2$ 에서 연속이다.
즉, $\lim\limits_{x \to 0} f(x) = f(0)$, $\lim\limits_{x \to 2} f(x) = f(2)$

$$\lim_{x \to 0+} f(x) = \lim_{x \to 0+} (ax+3) = 3$$

$$\lim_{x \to 0-} f(x) = \lim_{x \to 0-} (-x^2 - 2ax + b) = b$$

$f(0) = 3$
$\Rightarrow b = 3$

$$\lim_{x \to 2+} f(x) = \lim_{x \to -2+} f(x) = \lim_{x \to -2+} (-x^2 - 2ax + 3) = -1 + 4a$$

$$\lim_{x \to 2-} f(x) = \lim_{x \to 2-} (ax+3) = 2a + 3$$

$f(2) = f(-2) = -1 + 4a$
$\Rightarrow -1 + 4a = 2a + 3 \Rightarrow 2a = 4 \Rightarrow a = 2$

따라서 $a + b = 5$ 이다.

답   5

> **Tip**
>
> 위 풀이가 이해가 잘 안 된다면
> 아래 해설강의를 참고하도록 하자.
>
> **t1 011번 해설강의**
> https://youtu.be/oyDWrqmzzI8

12

$$\lim_{x \to \infty} \frac{x^2 + 2x - 6}{f(x)} = 2 \Rightarrow f(x) = \frac{1}{2}x^2 + ax + b$$

$$g(x) = \begin{cases} \dfrac{1}{2-x} & (x \neq 2) \\ 1 & (x = 2) \end{cases}$$

이므로 함수 $f(x)g(x)$ 는 다음과 같다.

$$f(x)g(x) = \begin{cases} \dfrac{\frac{1}{2}x^2 + ax + b}{2-x} & (x \neq 2) \\ 2 + 2a + b & (x = 2) \end{cases}$$

함수 $f(x)g(x)$ 가 실수 전체의 집합에서 연속이므로
$x = 2$ 에서도 연속이다. 즉, $\lim\limits_{x \to 2} f(x)g(x) = f(2)g(2)$

$$\lim_{x \to 2} \frac{\frac{1}{2}x^2 + ax + b}{2-x} = 2 + 2a + b$$

$$\lim_{x \to 2} (2-x) = 0 \Rightarrow \lim_{x \to 2} \left(\frac{1}{2}x^2 + ax + b \right) = 0 \Rightarrow 2 + 2a + b = 0$$

정석적 방법은 많이 다루었으니 이번에는 실전적으로

$\dfrac{0}{0}$ 꼴이므로 로피탈 정리를 사용하여 구해보자.

$$\lim_{x \to 2} \frac{x + a}{-1} = 0 \Rightarrow a = -2$$

이므로 $b = 2$

$f(x) = \dfrac{1}{2}x^2 - 2x + 2$ 이므로

$f(6) = 18 - 12 + 2 = 8$ 이다.

답　8

013

함수 $f(x)g(x)$ 가 $x = 1$ 에서 연속이므로

$\lim\limits_{x \to 1} f(x)g(x) = f(1)g(1)$ 이다.

$$\lim_{x \to 1+} f(x)g(x) = \lim_{x \to 1+}(x^2 + ax)(2x + 1) = 3 + 3a$$

$$\lim_{x \to 1-} f(x)g(x) = \lim_{x \to 1-}(x^2 - x)\left(\frac{2}{x-1}\right) = \lim_{x \to 1-} 2x = 2$$

$$f(1)g(1) = 3 + 3a$$

$3 + 3a = 2$ 이므로 $a = -\dfrac{1}{3}$ 이다.

답　①

Tip

$\lim\limits_{x \to 1-} g(x) = \lim\limits_{x \to 1-} \dfrac{2}{x-1}$ 은 발산하므로

$\lim\limits_{x \to 1-} f(x)g(x) = \lim\limits_{x \to 1-} f(x) \times \lim\limits_{x \to 1-} g(x)$ 을 통해

계산할 수 없고 해설지와 같이 직접 $f(x)g(x)$ 를

구한 뒤 $\lim\limits_{x \to 1-} f(x)g(x)$ 의 값을 계산해줘야 한다.

014

다항함수 $f(x)$ 와 함수 $g(x) = \begin{cases} x - 1 & (x < 3) \\ x^2 - 9 & (x \geq 3) \end{cases}$

(가) $\lim\limits_{x \to \infty} \dfrac{f(x)}{x^2} = 1 \Rightarrow f(x) = x^2 + ax + b$

(나) 함수 $\dfrac{x+1}{f(x-1)}$ 는 $x = 1$, $x = k$ 에서 불연속이다.

$\quad \Rightarrow f(0) = 0,\ f(k-1) = 0$

$\quad$ 즉, $f(x) = x(x - k + 1)$

(혹시나 $f(0) = 0,\ f(k-1) = 0$ 가 이해되지 않는 학생은

개념 파악하기-(3) 연속함수의 성질 **tip2**를 참고하도록 하자.)

(다) 함수 $f(x)g(x)$ 는 실수 전체의 집합에서 연속이다.

함수 $f(x)g(x)$ 는 $x = 3$ 에서도 연속이다.

즉, $\lim\limits_{x \to 3} f(x)g(x) = f(3)g(3)$

표를 그리면

x	$f(x)$	$g(x)$	$f(x)g(x)$
$3+$	$f(3)$	0	0
$3-$	$f(3)$	2	$2f(3)$
3	$f(3)$	0	0

$2f(3) = 0 \Rightarrow f(3) = 0 \Rightarrow 3(3 - k + 1) = 0 \Rightarrow k = 4$

따라서 $f(k+1) = f(5) = 5(5 - 4 + 1) = 10$ 이다.

답　10

015

ㄱ. $\lim\limits_{x \to a} f(x)$ 와 $\lim\limits_{x \to a} g(x)$ 가 모두 존재하지 않으면

$\quad \lim\limits_{x \to a} \{f(x) + g(x)\}$ 도 존재하지 않는다.

반례 $f(x) = \begin{cases} 1 & (x \geq 0) \\ 0 & (x < 0) \end{cases},\ g(x) = \begin{cases} 0 & (x \geq 0) \\ 1 & (x < 0) \end{cases}$

x	$f(x)$	$g(x)$	$f(x) + g(x)$
$0+$	1	0	1
$0-$	0	1	1

$\lim\limits_{x \to 0} f(x)$ 와 $\lim\limits_{x \to 0} g(x)$ 가 모두 존재하지 않아도

$\lim\limits_{x \to 0} \{f(x) + g(x)\}$ 는 존재하므로 ㄱ은 거짓이다.

ㄴ. $y = f(x)$, $y = f(x) + g(x)$ 가 $x = a$ 에서 연속이면

$\quad y = g(x)$ 도 $x = a$ 에서 연속이다.

$\quad \lim\limits_{x \to a} f(x) = f(a),\ \lim\limits_{x \to a} \{f(x) + g(x)\} = f(a) + g(a)$

$\quad f(x) + g(x) = h(x)$ 라 하면 $\lim\limits_{x \to a} h(x) = f(a) + g(a)$

$\quad g(x) = h(x) - f(x)$

$\quad \lim\limits_{x \to a} g(x) = \lim\limits_{x \to a} \{h(x) - f(x)\}$

$\quad = \lim\limits_{x \to a} h(x) - \lim\limits_{x \to a} f(x) = f(a) + g(a) - f(a) = g(a)$

$\quad$ 이므로 $y = g(x)$ 도 $x = a$ 에서 연속이다.

$\quad$ 따라서 ㄴ은 참이다.

ㄷ. $y = f(x)$, $y = f(x)g(x)$ 가 $x = a$ 에서 연속이면

$\quad y = g(x)$ 도 $x = a$ 에서 연속이다.

반례 $f(x) = x$, $\quad g(x) = \begin{cases} 0 & (x \geq 0) \\ 1 & (x < 0) \end{cases}$

x	$f(x)$	$g(x)$	$f(x)g(x)$
$0+$	0	0	0
$0-$	0	1	0
0	0	0	0

$y = f(x)$, $y = f(x)g(x)$ 가 $x = 0$에서 연속이라도
$y = g(x)$는 $x = 0$에서 불연속이므로 ㄷ은 거짓이다.

ㄹ. $y = |f(x)|$ 가 $x = a$에서 연속이면 $y = f(x)$도
$x = a$에서 연속이다.

반례 $f(x) = \begin{cases} 1 & (x \geq 0) \\ -1 & (x < 0) \end{cases}$

$\displaystyle\lim_{x \to 0} |f(x)| = 1 = |f(0)|$

$y = |f(x)|$ 는 $x = 0$에서 연속이지만
$y = f(x)$는 $x = 0$에서 불연속이므로 ㄹ은 거짓이다.

답 ㄴ

016

$f(x) = \begin{cases} x^2 - 1 & (x < 2) \\ a & (x \geq 2) \end{cases}$

ㄱ. $\displaystyle\lim_{x \to 2-} f(x) = 3$

$\displaystyle\lim_{x \to 2-} (x^2 - 1) = 3$이므로 ㄱ은 참이다.

ㄴ. $a = 3$이면 함수 $f(x)$는 $x = 2$에서 연속이다.

$\displaystyle\lim_{x \to 2+} f(x) = 3$, $\displaystyle\lim_{x \to 2-} f(x) = 3$, $f(2) = 3$이므로
$x = 2$에서 연속이다.
따라서 ㄴ은 참이다.

ㄷ. 임의의 실수 a에 대하여 함수 $(x-2)f(x)$는
실수 전체의 집합에서 항상 연속이다.

함수 $f(x)$는 $x \neq 2$인 모든 실수에서 연속이고
함수 $g(x) = x - 2$는 실수 전체의 집합에서 연속이다.
즉, 함수 $(x-2)f(x)$가 $x = 2$에서 연속이면
실수 전체의 집합에서 연속이다.

표를 그리면

x	$(x-2)$	$f(x)$	$(x-2)f(x)$
$2+$	0	a	0
$2-$	0	3	0
2	0	a	0

함수 $(x-2)f(x)$ 가 $x = 2$에서 연속이므로
ㄷ은 참이다.

답 ㄱ, ㄴ, ㄷ

017

$f(x) = \begin{cases} \dfrac{x^2 + |x|}{x} & (x \neq 0) \\ a & (x = 0) \end{cases}$

ㄱ. $f(-2) = -3$

$f(-2) = \dfrac{4 + |-2|}{-2} = \dfrac{6}{-2} = -3$이므로
ㄱ은 참이다.

ㄴ. $\displaystyle\lim_{x \to 0+} f(x) + \lim_{x \to 0-} f(x) = 0$

$\displaystyle\lim_{x \to 0+} \dfrac{x^2 + x}{x} = \lim_{x \to 0+} (x + 1) = 1$

$\displaystyle\lim_{x \to 0-} \dfrac{x^2 - x}{x} = \lim_{x \to 0-} (x - 1) = -1$

$\displaystyle\lim_{x \to 0+} f(x) + \lim_{x \to 0-} f(x) = 0$이므로 ㄴ은 참이다.

ㄷ. 함수 $|f(x)|$ 가 실수 전체의 집합에서 연속이 되도록
하는 a가 존재한다.

$\displaystyle\lim_{x \to 0+} |f(x)| = \lim_{x \to 0+} \left| \dfrac{x^2 + x}{x} \right| = 1$

$\displaystyle\lim_{x \to 0-} |f(x)| = \lim_{x \to 0-} \left| \dfrac{x^2 - x}{x} \right| = 1$

$|f(0)| = |a|$

$a = 1$ or $a = -1$이면 함수 $|f(x)|$ 는 실수 전체의
집합에서 연속이므로 ㄷ은 참이다.

답 ㄱ, ㄴ, ㄷ

$$f(x) = \begin{cases} \dfrac{x^3-2x^2}{x-2} & (x \neq 2) \\[2mm] 3 & (x = 2) \end{cases}$$

ㄱ. $\displaystyle\lim_{x \to 2} f(x) = 4$

$\displaystyle\lim_{x \to 2} \frac{x^3-2x^2}{x-2} = \lim_{x \to 2} \frac{x^2(x-2)}{x-2} = \lim_{x \to 2} x^2 = 4$ 이므로

ㄱ은 참이다.

ㄴ. 함수 $f(x-k)$ 가 실수 전체의 집합에서 연속이
되도록 하는 실수 k가 존재한다.

함수 $f(x) = \begin{cases} x^2 & (x \neq 2) \\ 3 & (x = 2) \end{cases}$ 는 $x = 2$ 에서 불연속이다.

불연속함수 $f(x)$ 를 x축의 방향으로 k만큼
평행이동시킨다고 해서 연속함수가 되진 않는다.
따라서 ㄴ은 거짓이다.

ㄷ. 함수 $x f(x+2)$ 는 실수 전체의 집합에서 연속이다.
$y = f(x+2)$ 의 그래프는 $y = f(x)$ 의 그래프를
x축의 방향으로 -2만큼 평행이동시킨 것이므로

$$f(x+2) = \begin{cases} (x+2)^2 & (x \neq 0) \\ 3 & (x = 0) \end{cases}$$

함수 $f(x+2)$ 는 $x \neq 0$ 인 모든 실수에서 연속이고
함수 $g(x) = x$는 실수 전체의 집합에서 연속이다.
즉, 함수 $x f(x+2)$ 가 $x = 0$ 에서 연속이면
실수 전체의 집합에서 연속이다.

표를 그리면

x	x	$f(x+2)$	$x f(x+2)$
$0+$	0	4	0
$0-$	0	4	0
0	0	3	0

함수 $x f(x+2)$ 가 $x = 0$ 에서 연속이므로
ㄷ은 참이다.

ㄹ. 함수 $(x-2)f(x)$ 는 실수 전체의 집합에서 연속이다.
함수 $f(x)$ 는 $x \neq 2$ 인 모든 실수에서 연속이고
함수 $g(x) = x-2$는 실수 전체의 집합에서 연속이다.
즉, 함수 $(x-2)f(x)$ 가 $x = 2$ 에서 연속이면
실수 전체의 집합에서 연속이다.

표를 그리면

x	$(x-2)$	$f(x)$	$(x-2)f(x)$
$2+$	0	4	0
$2-$	0	4	0
2	0	3	0

함수 $(x-2)f(x)$ 가 $x = 2$ 에서 연속이므로
ㄹ은 참이다.

답 ㄱ, ㄷ, ㄹ

019

ㄱ. $\displaystyle\lim_{x \to 0+} f(x) + \lim_{x \to 1-} f(x) = 4$

$\displaystyle\lim_{x \to 0+} f(x) = 1, \quad \lim_{x \to 1-} f(x) = 3$

$\displaystyle\lim_{x \to 0+} f(x) + \lim_{x \to 1-} f(x) = 4$ 이므로 ㄱ은 참이다.

ㄴ. 함수 $|f(x)|$ 은 $x = 0$ 에서 연속이다.

$\displaystyle\lim_{x \to 0+} |f(x)| = 1, \quad \lim_{x \to 0-} |f(x)| = |-1| = 1$

$|f(0)| = 1$

$\displaystyle\lim_{x \to 0} |f(x)| = |f(0)|$ 이므로 ㄴ은 참이다.

ㄷ. 함수 $f(x-2)f(x)$ 는 $x = 1$ 에서 연속이다.
$g(x) = x-2$ 라 하면

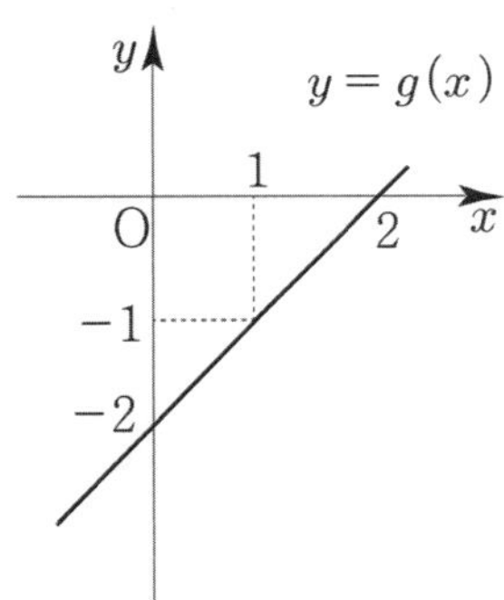

동그라미 3개를 그리면

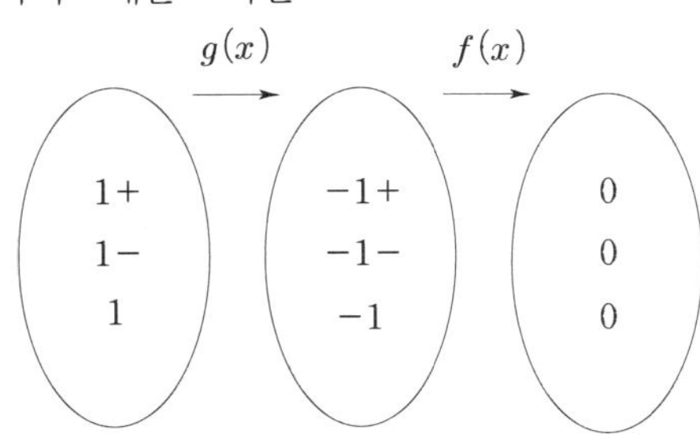

이를 바탕으로 표를 그리면

x	$f(x-2)$	$f(x)$	$f(x-2)f(x)$
$1+$	0	2	0
$1-$	0	3	0
1	0	3	0

함수 $f(x-2)f(x)$ 가 $x=1$ 에서 연속이므로 ㄷ은 참이다.

답 ㄱ, ㄴ, ㄷ

20

$$f(x) = \begin{cases} -x-1 & (x < 0) \\ x+1 & (0 \le x < 2) \\ 1 & (x \ge 2) \end{cases}, \ \text{이차함수 } g(x)$$

함수 $f(x)g(x)$ 가 실수 전체의 집합에서 연속이다.

표를 그리면

x	$f(x)$	$g(x)$	$f(x)g(x)$
$0+$	1	$g(0)$	$g(0)$
$0-$	-1	$g(0)$	$-g(0)$
0	1	$g(0)$	$g(0)$
$2+$	1	$g(2)$	$g(2)$
$2-$	3	$g(2)$	$3g(2)$
2	1	$g(2)$	$g(2)$

$g(0) = -g(0) \Rightarrow g(0) = 0$

$g(2) = 3g(2) \Rightarrow g(2) = 0$

$g(x) = ax(x-2)$

$g(-1) = 6$ 이므로 $a = 2$ 이다.

따라서 $g(4) = 16$ 이다.

답 16

21

ㄱ. $\displaystyle\lim_{x \to -1} f(x)f(x+1) = 2$

표를 그리면

x	$f(x)$	$f(x+1)$	$f(x)f(x+1)$
$-1+$	1	2	2
$-1-$	1	2	2

따라서 ㄱ은 참이다.

ㄴ. 함수 $\{f(x)\}^2$ 은 $x=1$ 에서 연속이다.

표를 그리면

x	$f(x)$	$f(x)$	$\{f(x)\}^2$
$1+$	-1	-1	1
$1-$	1	1	1
1	-1	-1	1

따라서 ㄴ은 참이다.

ㄷ. 함수 $|f(x)|$ 가 불연속인 점은 1 개다.

함수 $|f(x)|$ 의 그래프를 그리면

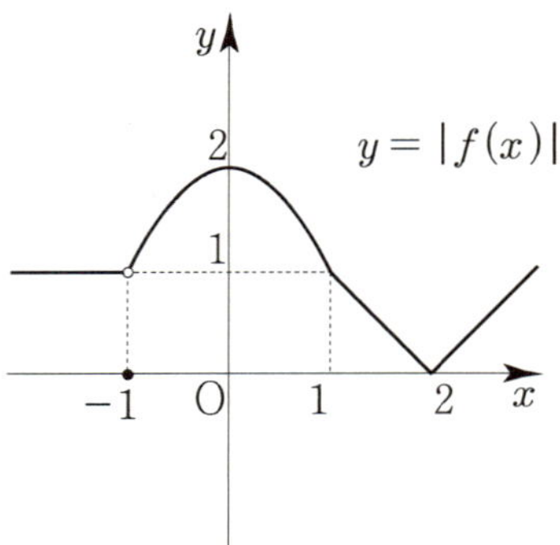

함수 $|f(x)|$ 는 $x=-1$ 에서만 불연속하므로
ㄷ은 참이다.

ㄹ. 함수 $f(x) - |f(x)|$ 가 불연속인 점은 2 개다.

> **Tip**
>
> 모든 절댓값 함수는 절댓값 안에 있는 식이
> 양수인지 음수인지에 따라 case 분류하면 다 풀 수 있다.
> (라이트 N제 수학1 지수함수와 로그함수
> 가이드스텝에서도 언급)
>
> 함수
> $$f(x) - |f(x)| = \begin{cases} f(x) - f(x) = 0 & (f(x) \ge 0) \\ f(x) - \{-f(x)\} = 2f(x) & (f(x) < 0) \end{cases}$$

함수 $f(x) - |f(x)| = \begin{cases} 0 & (f(x) \ge 0) \\ 2f(x) & (f(x) < 0) \end{cases}$ 의 그래프를

그리면

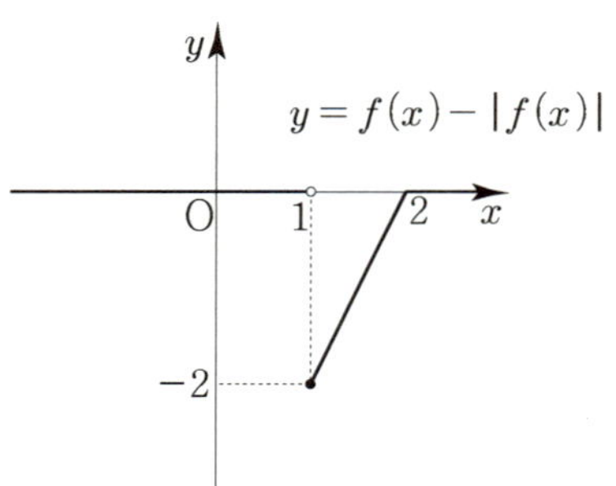

함수 $f(x)-|f(x)|$ 는 $x=1$ 에서만 불연속하므로
ㄹ은 거짓이다.

 ㄱ, ㄴ, ㄷ

022

함수 $f(x)$ 는 닫힌구간 $[0,\ 1]$ 에서 연속이고
$f(0)f(1)<0$ 이므로 사잇값의 정리에 의해서 $f(c_1)=0$ 인
c_1 가 열린구간 $(0,\ 1)$ 에 적어도 하나 존재한다.
마찬가지로 함수 $f(x)$ 는 닫힌구간 $[1,\ 2]$ 에서 연속이고
$f(1)f(2)<0$ 이므로 사잇값의 정리에 의해서 $f(c_2)=0$ 인
c_2 가 열린구간 $(1,\ 2)$ 에 적어도 하나 존재한다.
즉, 방정식 $f(x)=0$ 은 열린구간 $(0,\ 2)$ 에서
적어도 두 개의 실근을 갖는다.
함수 $f(x)$ 는 모든 실수 x 에 대하여 $f(x)=f(-x)$ 이므로
우함수이다. 즉, 함수 $f(x)$ 는 y 축에 대하여 대칭되어
있으므로 방정식 $f(x)=0$ 은 열린구간 $(-2,\ 0)$ 에서
적어도 두 개의 실근을 갖는다.

따라서 방정식 $f(x)=0$ 은 적어도 4개의 실근을 갖는다.

답 4

023

곡선 $y=-x^3$ 과 직선 $y=x-8$ 이 오직 한 점에서 만난다는
의미는 방정식 $-x^3=x-8$ 의 서로 다른 실근이 오직 하나
존재한다는 의미이다.

$$-x^3=x-8 \ \Rightarrow\ x^3+x-8=0$$
$f(x)=x^3+x-8$ 이라 하면
$f(a)=0$ 인 a 가 열린구간 $(0,\ n)$ 에 존재한다.

함수 $f(x)$ 는 닫힌구간 $[0,\ n]$ 에서 연속이므로
$f(0)f(n)<0$ 를 만족시키면 사잇값의 정리에 의해서
"$f(a)=0$ 인 a 가 열린구간 $(0,\ n)$ 에 존재한다." 라고 말할
수 있다.

$$f(0)f(n)<0\ \Rightarrow\ -8(n^3+n-8)<0\ \Rightarrow\ n^3+n-8>0$$

따라서 자연수 n 의 최솟값은 2 이다.

답 2

024

ㄱ. 방정식 $f(x)=0$ 은 열린구간 $(1,\ 2)$ 에서 적어도
하나의 실근을 갖는다.

함수 $f(x)$ 는 닫힌구간 $[1,\ 2]$ 에서 연속이고
$f(1)f(2)<0$ 이므로 사잇값의 정리에 의해서
$f(c)=0$ 인 c 가 열린구간 $(1,\ 2)$ 에 적어도 하나
존재하므로 ㄱ은 참이다.

ㄴ. 방정식 $f(x)=x^2$ 은 열린구간 $(0,\ 1)$ 에서 적어도
하나의 실근을 갖는다.

$g(x)=f(x)-x^2$ 라 하면
함수 $g(x)$ 는 닫힌구간 $[0,\ 1]$ 에서 연속이고
$g(0)g(1)<0$ 이므로 사잇값의 정리에 의해서
$g(c)=0$ 인 c 가 열린구간 $(0,\ 1)$ 에 적어도 하나
존재하므로 ㄴ은 참이다.

ㄷ. 방정식 $f(x-1)=(x-1)^2$ 은 열린구간 $(1,\ 3)$ 에서
적어도 두 개의 실근을 갖는다.
$g(x)=f(x-1)-(x-1)^2$ 라 하면
함수 $g(x)$ 는 닫힌구간 $[1,\ 2]$ 에서 연속이고
$g(1)g(2)<0$ 이므로 사잇값의 정리에 의해서
$g(c_1)=0$ 인 c_1 가 열린구간 $(1,\ 2)$ 에 적어도 하나
존재한다.
또한 함수 $g(x)$ 는 닫힌구간 $[2,\ 3]$ 에서 연속이고
$g(2)g(3)<0$ 이므로 사잇값의 정리에 의해서
$g(c_2)=0$ 인 c_2 가 열린구간 $(2,\ 3)$ 에 적어도 하나
존재한다.

따라서 ㄷ은 참이다.

 ㄱ, ㄴ, ㄷ

> **Tip**
>
> ㄱ,ㄴ,ㄷ 문제를 풀 때는 항상 ㄱ,ㄴ,ㄷ이 유기적으로 연결되어
> 있다는 생각을 해야 한다.
> 간단히 말해서 바로 ㄷ을 물어보면 어려우니 ㄷ을 풀기 위해
> ㄱ,ㄴ과 같은 징검다리를 놓아준 것이라 생각하면 된다.
> 이 문제에서도 ㄷ을 풀 때, ㄱ과 ㄴ이 활용된 것을 볼 수 있다.
> 즉, ㄷ을 풀 때 ㄴ의 꼴을 이용하여 열린구간 $(1,\ 3)$ 을
> $(1,\ 2),\ (2,\ 3)$ 으로 나누어 생각할 수 있도록 유도한 것이다.

025

실수 t에 대하여 원 $x^2+y^2=2$과 함수 $f(x)=|x-t|$가 만나는 서로 다른 점의 개수를 $g(t)$라 한다.

t가 점점 커지면서 처음으로 원과 접할 때를 구해보자.

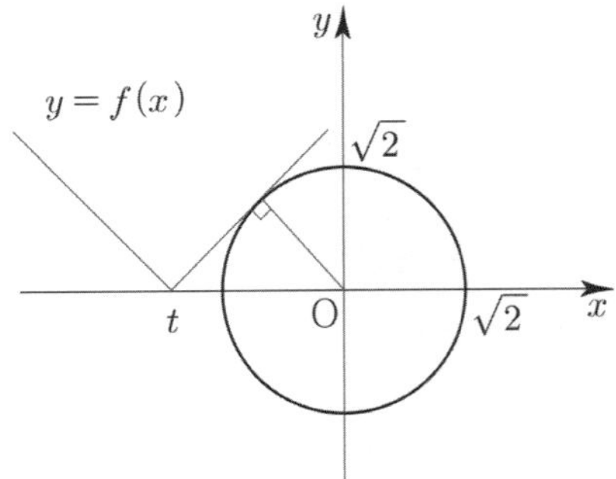

원과 직선이 접할 때는, 중심과 직선사이 거리가 원의 반지름과 같을 때이므로

중심 $(0,\ 0)$과 직선 $y=x-t \Rightarrow x-y-t=0$ 사이의 거리가 반지름 $\sqrt{2}$ 와 같아야하므로

$$\frac{|-t|}{\sqrt{2}}=\sqrt{2} \Rightarrow t=-2\ (t<0)$$

t가 -2보다 커지면서 두 점에서 만나다가 다시 한번 원과 접할 때를 구해보자.

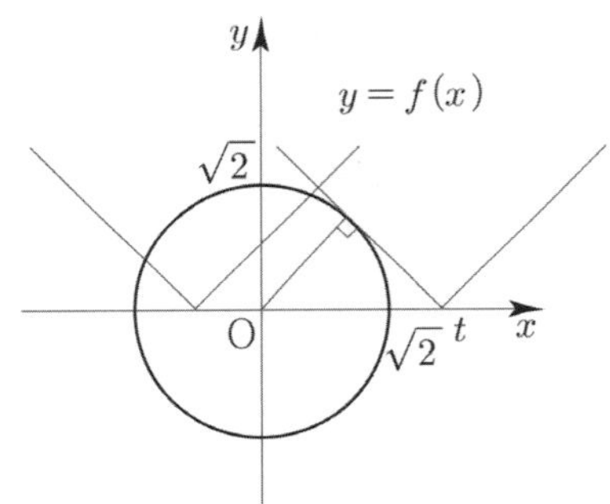

중심 $(0,\ 0)$과 직선 $y=-x+t \Rightarrow x+y-t=0$ 사이의 거리가 반지름 $\sqrt{2}$ 와 같아야 하므로

$$\frac{|-t|}{\sqrt{2}}=\sqrt{2} \Rightarrow t=2\ (t>0)$$

이를 바탕으로 $y=g(t)$의 그래프를 그리면

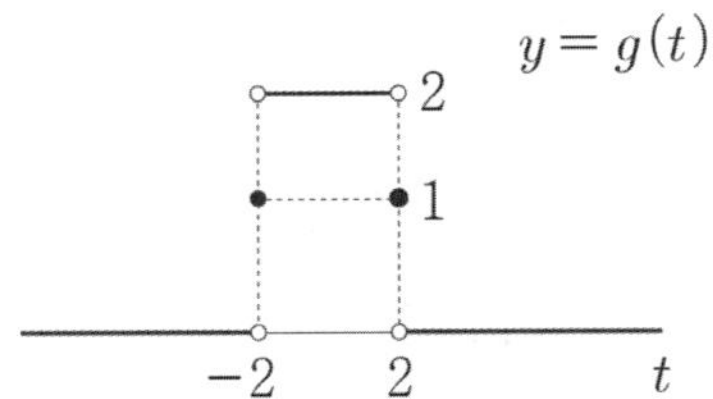

함수 $g(t)$는 $t=-2$, $t=2$에서 불연속이다.

① $a-b=2,\ 2a=-2$

$a=-1,\ b=-3$이므로 $b>0$를 만족시키지 않는다.

② $a-b=-2,\ 2a=2$

$a=1,\ b=3$이므로 $b>0$를 만족시킨다.

따라서 $a+2b=7$이다.

답 7

함수 $\dfrac{x}{x^2+2tx+t}$가 불연속인 점의 개수를 $f(t)$라 한다.

불연속점의 개수는 함수 $\dfrac{x}{x^2+2tx+t}$의 분모가 0이 되는 x 값의 개수에 따라 결정된다.

방정식 $x^2+2tx+t=0$에서 판별식을 쓰면

① $\dfrac{D}{4}<0$인 경우

$t^2-t<0 \Rightarrow t(t-1)<0 \Rightarrow 0<t<1$
즉, $f(t)=0\ (0<t<1)$

② $\dfrac{D}{4}=0$인 경우

$t^2-t=0 \Rightarrow t(t-1)=0 \Rightarrow t=0\ \text{or}\ t=1$
즉, $f(0)=1,\ f(1)=1$

③ $\dfrac{D}{4}>0$인 경우

$t^2-t>0 \Rightarrow t(t-1)>0 \Rightarrow t<0\ \text{or}\ t>1$
즉, $f(t)=2\ (t<0\ \text{or}\ t>1)$

이를 바탕으로 함수 $f(t)$의 그래프를 그리면

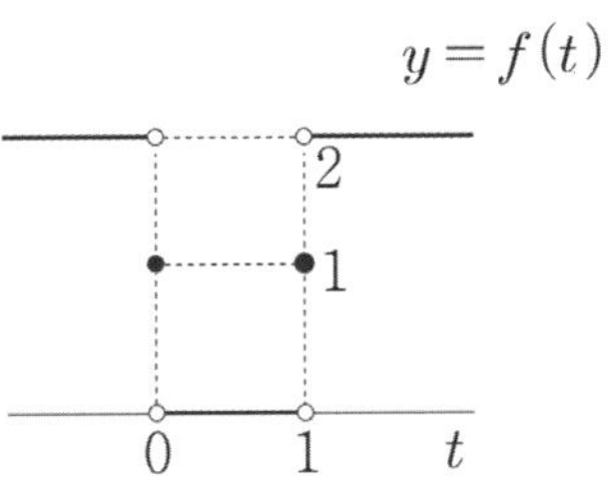

최고차항의 계수가 1인 이차함수 $g(t)$는 실수 전체의 집합에서 연속이고 함수 $f(t)$는 $t=0$, $t=1$에서

불연속이므로 함수 $f(t)g(t)$ 는 $t=0$ 과 $t=1$ 에서만
연속이면 실수 전체의 집합에서 연속이다.

표를 그리면

t	$f(t)$	$g(t)$	$f(t)g(t)$
$0+$	0	$g(0)$	0
$0-$	2	$g(0)$	$2g(0)$
0	1	$g(0)$	$g(0)$
$1+$	2	$g(1)$	$2g(1)$
$1-$	0	$g(1)$	0
1	1	$g(1)$	$g(1)$

$g(0)=0$, $g(1)=0$ 이므로 $g(t)=t(t-1)$

$\displaystyle\sum_{k=1}^{4} f(k-2)g(k)$

$= f(-1)g(1)+f(0)g(2)+f(1)g(3)+f(2)g(4)$

$= (2\times0)+(1\times2)+(1\times6)+(2\times12)=2+6+24=32$

답   32

027

실수 t 에 대하여 직선 $y=tx$ 가 함수 $y=f(x)$ 의
그래프와 만나는 점의 개수를 $g(t)$ 라 한다.

함수 $f(x)=\begin{cases} -x^2+4 & (x<0) \\ x^2+4 & (x\geq0) \end{cases}$ 와 $y=tx$ 의 그래프를

그려서 판단해보자.

여기서 $y=tx$ 는 정점이 $(0,\ 0)$ 이고 기울기가 t 인 일차함수
라고 해석할 수 있다. 즉, 원점을 고정시켜 빙글빙글 돈다고
볼 수 있다.

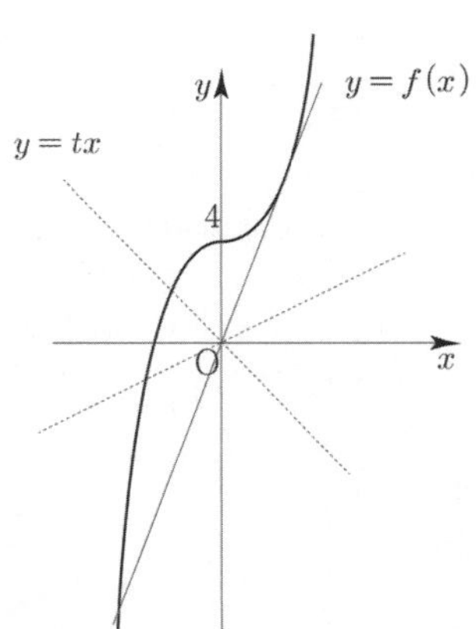

$t\leq0$ 일 때, 한 점에서 만나므로 $g(t)=1$ 이다.

점점 t 가 커지면서 $y=tx$ 와 $y=f(x)$ 가 접할 때
$g(t)=2$ 이다.

접할 때 t 를 찾기 위해 판별식을 쓰면

$tx=x^2+4 \Rightarrow x^2-tx+4=0$

$D=0 \Rightarrow t^2-16=0 \Rightarrow t=4 \ (t>0)$

즉, $g(4)=2$ 이고 $g(t)=1 \ (t<4)$

$t>4$ 일 때, 세 점에서 만나므로 $g(t)=3$ 이다.
이를 바탕으로 $y=g(t)$ 를 그리면

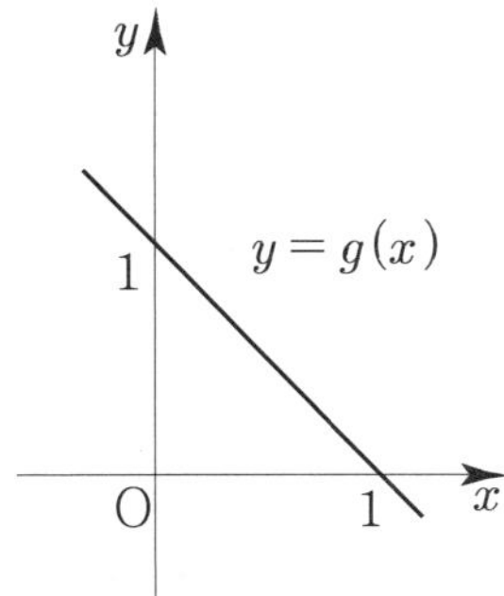

따라서 함수 $g(t)$ 가 열린구간 $(-\infty,\ a)$ 에서 연속이도록
하는 실수 a 의 최댓값은 4 이다.

답   4

> **Tip**
>
> 이런 문제들은 항상 **경계**를 조심해야 한다.
> "만약 $a=4$ 가 되면 연속이 될까?" 직접 해보고 판단하면 된다.
> "a 가 4보다 조금 더 커지면 불연속이므로 최댓값이
> 4구나"라고 판단할 수 있는 능력을 기르도록 하자.
> 이 문제에서는 실수를 물어보았지만 특히, 자연수나 정수의
> 개수를 묻는 문제에서 조심해야 한다. 경계를 조심하자!

028

ㄱ. $\displaystyle\lim_{x\to1-} f(-x+1)=2$

$g(x)=-x+1$ 라 하면 $\displaystyle\lim_{x\to1-} f(g(x))=2$

동그라미 3개를 그리면

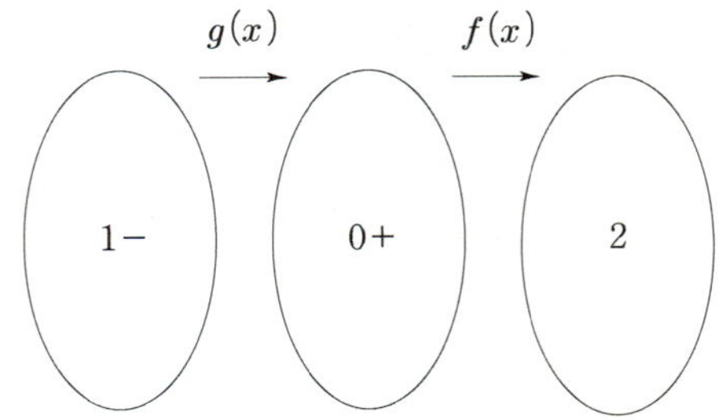

$$\lim_{x \to 1-} f(g(x)) = 2 \text{ 이므로 ㄱ은 참이다.}$$

ㄴ. 함수 $f(-x+1)$ 는 $x=1$ 에서 연속이다.
　ㄱ과 마찬가지로 동그라미 3개를 그리면

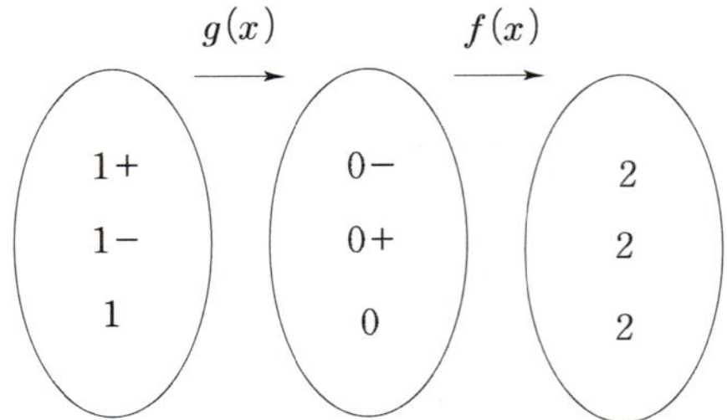

$$\lim_{x \to 1} f(g(x)) = f(g(1)) \text{ 이므로 ㄴ은 참이다.}$$

ㄷ. 함수 $f(f(x))$ 는 $x=0$ 에서 연속이다.
　동그라미 3개를 그리면

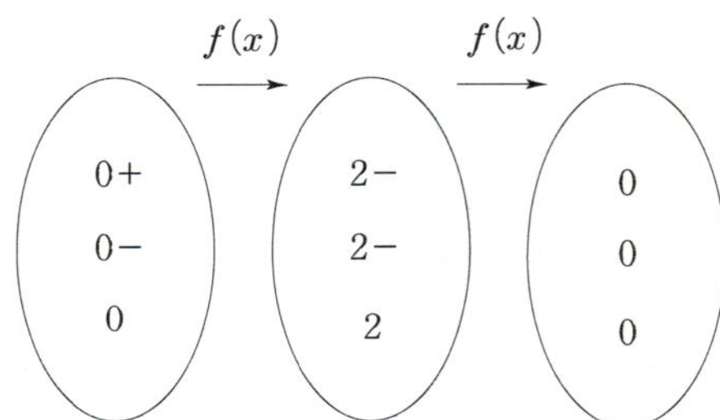

$$\lim_{x \to 0} f(f(x)) = f(f(0)) \text{ 이므로 ㄷ은 참이다.}$$

ㄹ. 함수 $f(f(x))$ 는 $x=1$ 에서 연속이다.
　동그라미 3개를 그리면

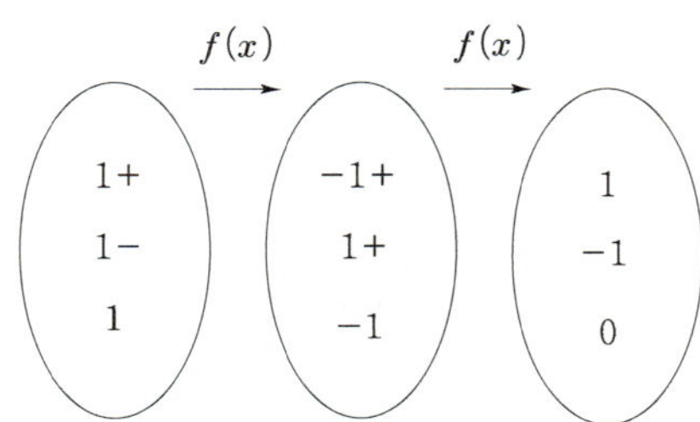

$$\lim_{x \to 1+} f(f(x)) \neq \lim_{x \to 1-} f(f(x))$$

$x=1$ 에서 극한값이 존재하지 않으므로 ㄹ은 거짓이다.

답 ㄱ, ㄴ, ㄷ

함수 $f(x) = \begin{cases} \dfrac{|x|}{x} & (x \neq 0) \\ 1 & (x = 0) \end{cases}$ 의 그래프를 그리면

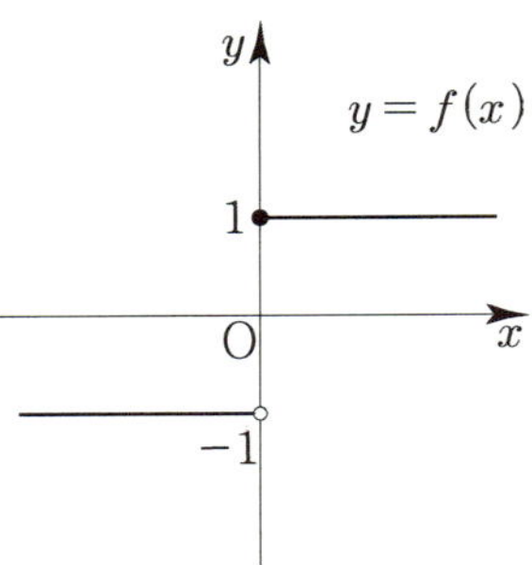

함수 $g(x) = \begin{cases} (x+2)^2 & (x < 0) \\ 2(x-1)(x-2) & (x \geq 0) \end{cases}$

의 그래프를 그리면

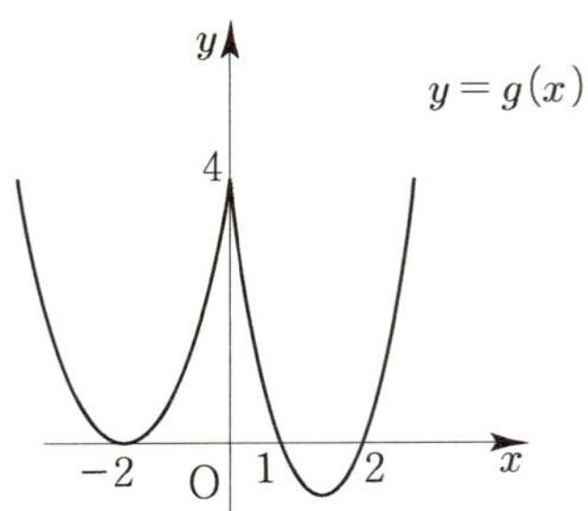

함수 $g(x)$ 는 실수 전체의 집합에서 연속이고
함수 $f(x)$ 는 $x=0$ 에서 불연속이다.

합성함수 $(f \circ g)(x) = f(g(x))$ 가 불연속이 되는
x 의 값의 후보를 조사해보자.

함수 $f(x)$ 가 $x=0$ 에서 불연속이므로 $g(x)=0$ 이 되는
x 값이 조사할 후보가 된다.

즉, $g(x)=0$ 이 되는 $x=-2$, $x=1$, $x=2$ 만 조사하면
된다.

$x=-2$ 일 때, 동그라미 3개를 그리면

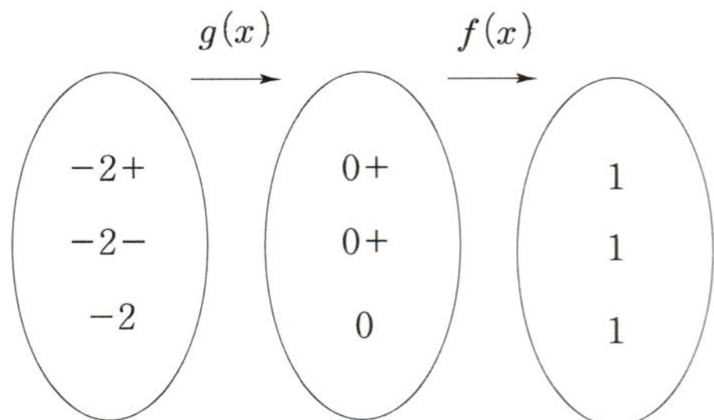

$\lim\limits_{x \to -2} f(g(x)) = f(g(-2))$ 이므로

함수 $f(g(x))$ 는 $x = -2$ 에서 연속이다.

$x = 1$ 일 때, 동그라미 3개를 그리면

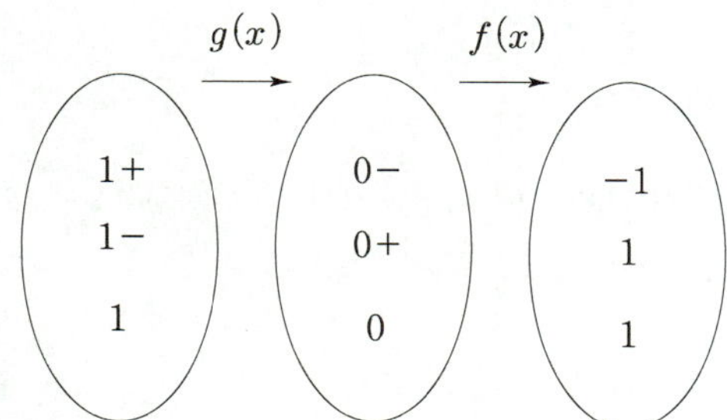

$\lim\limits_{x \to 1+} f(g(x)) \neq \lim\limits_{x \to 1-} f(g(x))$

$x = 1$ 에서 극한값이 존재하지 않으므로
함수 $f(g(x))$ 는 $x = 1$ 에서 불연속이다.

$x = 2$ 일 때, 동그라미 3개를 그리면

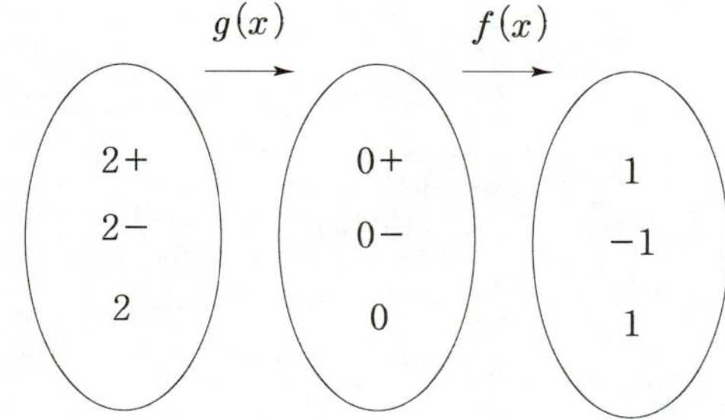

$\lim\limits_{x \to 2+} f(g(x)) \neq \lim\limits_{x \to 2-} f(g(x))$

$x = 2$ 에서 극한값이 존재하지 않으므로
함수 $f(g(x))$ 는 $x = 2$ 에서 불연속이다.

따라서 함성함수 $f(g(x))$ 가 불연속이 되는 모든 x 의
값의 합은 3 이다.

답 3

> **Tip**
>
> 만약 합성함수 $g(f(x))$ 가 불연속이 되도록
> 하는 x 의 값의 후보를 정한다면
> $x = 0$ 뿐이고 조사하면 $x = 0$ 에서 불연속이다.

030

두 함수

$$f(x) = \begin{cases} x & (|x| \leq 1) \\ -x & (|x| > 1) \end{cases}, \quad g(x) = x^2 + ax - 2a + 5$$

에 대하여 합성함수 $(g \circ f)(x)$ 가 모든 실수 x 에서 연속이다.

$|x| \leq 1 \Rightarrow -1 \leq x \leq 1$

$|x| > 1 \Rightarrow x < -1 \text{ or } x > 1$

함수 $f(x)$ 를 그리면

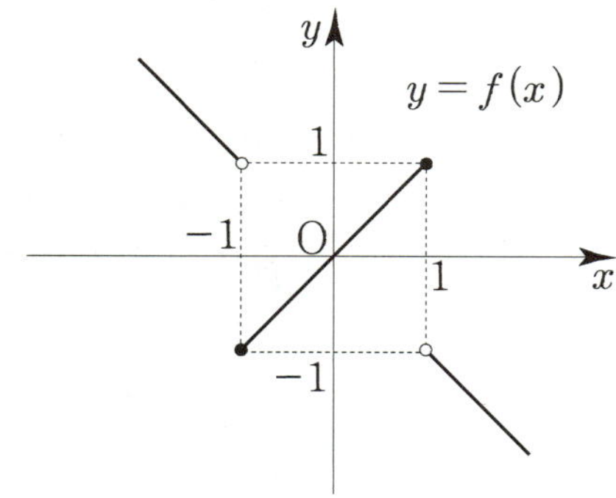

029 에서 했던 것처럼 불연속이 나올 수 있는 x 의 값의
후보를 조사하면 된다. 이 문제에서는 $g(x)$ 가 실수 전체의
집합에서 연속이고 $f(x)$ 는 $x = -1$, $x = 1$ 에서
불연속이다. 즉, 조사할 후보는 $x = -1$, $x = 1$ 이다.

함수 $g(f(x))$ 가 모든 실수 x 에서 연속이므로
$x = -1$, $x = 1$ 에서도 연속이다.

$x = -1$ 일 때, 동그라미 3개를 그리면

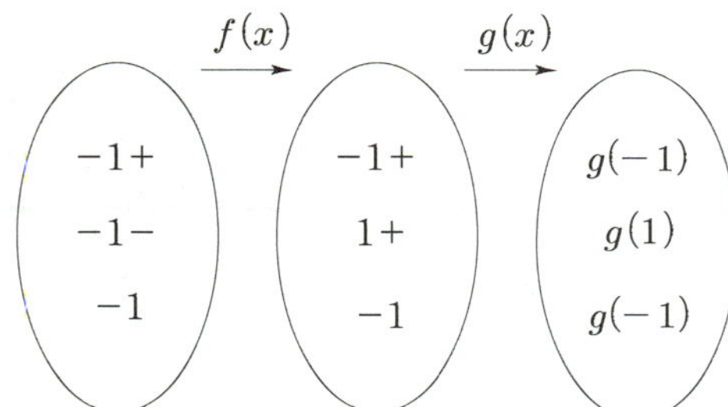

$g(-1) = g(1) \Rightarrow 6 - 3a = 6 - a \Rightarrow a = 0$
즉, $g(x) = x^2 + 5$

$x = 1$ 일 때, 동그라미 3개를 그리면

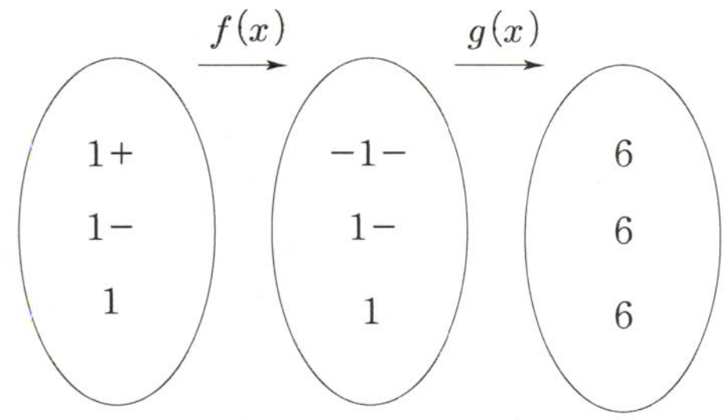

$\lim\limits_{x \to 1} g(f(x)) = g(f(1))$ 이므로 $x = 1$ 에서 연속이다.

따라서 $g(a-2) = g(-2) = 9$ 이다.

답 9

31	6	48	⑤
32	①	49	⑤
33	③	50	④
34	③	51	④
35	①	52	24
36	③	53	①
37	④	54	21
38	6	55	13
39	⑤	56	②
40	③	57	8
41	④	58	④
42	①	59	8
43	③	60	④
44	③	61	①
45	④	62	④
46	①	63	⑤
47	⑤	64	③

031

$f(x)$ 가 $x=2$ 에서 연속이므로 $\lim\limits_{x \to 2} f(x) = f(2)$

$\lim\limits_{x \to 2-} f(x) = \lim\limits_{x \to 2+} f(x)$

$a+2 = 3a-2 \Rightarrow 2a = 4 \Rightarrow a = 2$

$\lim\limits_{x \to 2} f(x) = f(2) = 4$ 이므로 $a+f(2) = 6$ 이다.

답 6

032

함수 $f(x)$ 가 실수 전체의 집합에서 연속이므로 $x=1$ 에서도 연속이다.

$\lim\limits_{x \to 1} f(x) = f(1) \Rightarrow 4-a = 1+a \Rightarrow 3 = 2a \Rightarrow a = \dfrac{3}{2}$

답 ①

033

$$\lim_{x \to 2} \frac{(x^2-4)f(x)}{x-2} = \lim_{x \to 2}(x+2)f(x)$$

$$= \lim_{x \to 2}(x+2)\lim_{x \to 2}f(x) = 4\lim_{x \to 2}f(x) = 12$$

$$\Rightarrow \lim_{x \to 2}f(x) = 3$$

함수 $f(x)$ 는 실수 전체의 집합에서 연속이므로 $x=2$ 에서도 연속이다. $\lim\limits_{x \to 2}f(x) = f(2)$ 이므로 $f(2) = 3$ 이다.

답 ③

034

ㄱ. $\lim\limits_{x \to 0+} f(x) = 1$

$\lim\limits_{x \to 0+} f(x) = 1$ 이므로 ㄱ은 참이다.

ㄴ. $\lim\limits_{x \to 2-} f(x) = -1$

$\lim\limits_{x \to 2-} f(x) = 1$ 이므로 ㄴ은 거짓이다.

ㄷ. 함수 $|f(x)|$ 은 $x=2$ 에서 연속이다.

$\lim\limits_{x \to 2+} |f(x)| = |-1| = 1$

$\lim\limits_{x \to 2-} |f(x)| = |1| = 1$

$|f(2)| = |-1| = 1$

$\lim\limits_{x \to 2} |f(x)| = |f(2)|$ 이므로 ㄷ은 참이다.

답 ③

035

$$f(x) = \begin{cases} x+2 & (x \le 0) \\ -\dfrac{1}{2}x & (x > 0) \end{cases}$$

함수 $g(x) = f(x)\{f(x)+k\}$ 가 $x=0$ 에서 연속이다.

표를 그리면

x	$f(x)$	$f(x)+k$	$f(x)\{f(x)+k\}$
$0+$	0	k	0
$0-$	2	$2+k$	$4+2k$
0	2	$2+k$	$4+2k$

$4+2k = 0 \Rightarrow k = -2$

답 ①

036

ㄱ. $\lim\limits_{x\to 0+}f(x)=1$

$\lim\limits_{x\to 0+}f(x)=1$ 이므로 ㄱ은 참이다.

ㄴ. $\lim\limits_{x\to 1}f(x)=f(1)$

함수 $f(x)$ 는 $x=1$ 에서 불연속이므로
ㄴ은 거짓이다.

ㄷ. 함수 $(x-1)f(x)$ 는 $x=1$ 에서 연속이다.

표를 그리면

x	$x-1$	$f(x)$	$(x-1)f(x)$
$1+$	0	2	0
$1-$	0	2	0
1	0	1	0

따라서 ㄷ은 참이다.

 ③

$$f(x)=\begin{cases}\dfrac{x^2-5x+a}{x-3} & (x\neq 3)\\[2mm] b & (x=3)\end{cases}$$

함수 $f(x)$ 는 실수 전체의 집합에서 연속이므로
$x=3$ 에서도 연속이다.

$$\lim_{x\to 3}f(x)=\lim_{x\to 3}\frac{x^2-5x+a}{x-3}=b=f(3)$$

$$\lim_{x\to 3}(x-3)=0 \Rightarrow \lim_{x\to 3}(x^2-5x+a)=0 \Rightarrow -6+a=0$$

$$\Rightarrow a=6$$

$$\lim_{x\to 3}\frac{x^2-5x+6}{x-3}$$

$$=\lim_{x\to 3}\frac{(x-3)(x-2)}{x-3}=\lim_{x\to 3}(x-2)=1=b$$

따라서 $a+b=7$ 이다.

답 ④

$$f(x)=\begin{cases}-3x+a & (x\leq 1)\\[2mm] \dfrac{x+b}{\sqrt{x+3}-2} & (x>1)\end{cases}$$

함수 $f(x)$ 는 실수 전체의 집합에서 연속이므로
$x=1$ 에서도 연속이다.

$$\lim_{x\to 1}f(x)=\lim_{x\to 1+}\frac{x+b}{\sqrt{x+3}-2}=-3+a=f(1)$$

$$\lim_{x\to 1+}(\sqrt{x+3}-2)=0 \Rightarrow \lim_{x\to 1+}(x+b)=0 \Rightarrow 1+b=0$$

$$\Rightarrow b=-1$$

$$\lim_{x\to 1+}\frac{x-1}{\sqrt{x+3}-2}=\lim_{x\to 1+}\frac{(x-1)(\sqrt{x+3}+2)}{x-1}$$

$$=\lim_{x\to 1+}(\sqrt{x+3}+2)=4=-3+a \Rightarrow a=7$$

따라서 $a+b=6$ 이다.

답 6

039

함수 $|f(x)|$ 는 $x=-1$ 에서 연속이므로
$$\lim_{x\to -1+}|f(x)|=|-1|=1$$

$$\lim_{x\to -1-}|f(x)|=|-1+a|$$

$$|f(-1)|=|-1|=1$$

$$\lim_{x\to -1+}|f(x)|=\lim_{x\to -1-}|f(x)|=|f(-1)|$$

$$\Rightarrow |-1+a|=1 \Rightarrow a=2 \ (\because a>0)$$

함수 $|f(x)|$ 는 $x=3$ 에서 연속이므로
$$\lim_{x\to 3+}|f(x)|=|3b-2|$$

$$\lim_{x\to 3-}|f(x)|=|3|=3$$

$$|f(3)|=|3b-2|$$

$$\lim_{x\to 3+}|f(x)|=\lim_{x\to 3-}|f(x)|=|f(3)|$$

$$\Rightarrow |3b-2|=3 \Rightarrow b=\frac{5}{3} \ (\because b>0)$$

따라서 $a+b=2+\dfrac{5}{3}=\dfrac{11}{3}$ 이다.

답 ⑤

실수 전체의 집합에서 연속인 함수 $f(x)$

$$\{f(x)\}^3 - \{f(x)\}^2 - x^2 f(x) + x^2 = 0$$

$$\Rightarrow \{f(x)\}^2\{f(x)-1\} - x^2\{f(x)-1\} = 0$$

$$\Rightarrow \{f(x)-1\}\big[\{f(x)\}^2 - x^2\big] = 0$$

$$\Rightarrow \{f(x)-1\}\{f(x)-x\}\{f(x)+x\} = 0$$

$$\Rightarrow f(x) = 1 \ \text{or} \ f(x) = x \ \text{or} \ f(x) = -x$$

실수 전체의 집합에서 연속인 함수 $f(x)$ 의 최댓값이 1 이고,
최솟값이 0 이므로 이를 만족시키도록 교차점에서
$y=1$, $y=x$, $y=-x$ 중 $f(x)$ 를 선택하면 다음 그림과 같다.

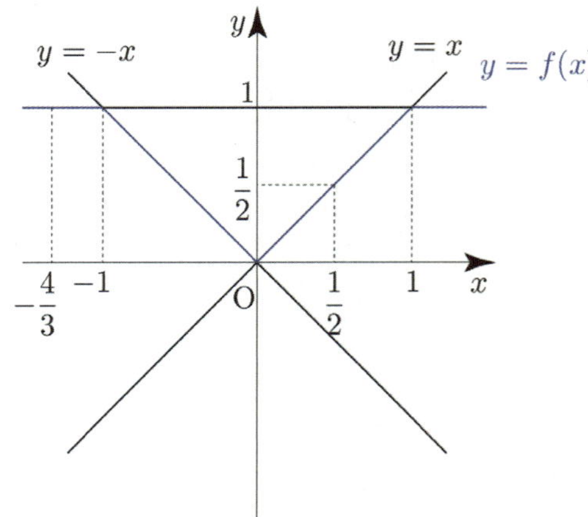

$$f(x) = \begin{cases} 1 & (x < -1 \ \text{or} \ x > 1) \\ x & (0 \le x \le 1) \\ -x & (-1 \le x < 0) \end{cases}$$

따라서 $f\left(-\dfrac{4}{3}\right) + f(0) + f\left(\dfrac{1}{2}\right) = 1 + 0 + \dfrac{1}{2} = \dfrac{3}{2}$ 이다.

답 ③

$$f(x) = \begin{cases} -2x+6 & (x < a) \\ 2x-a & (x \ge a) \end{cases}$$

함수 $\{f(x)\}^2$ 는 $x=a$ 에서 연속이다.

$$\lim_{x \to a}\{f(x)\}^2 = \{f(a)\}^2$$

$$\lim_{x \to a+}\{f(x)\}^2 = (2a-a)^2 = a^2$$

$$\lim_{x \to a-}\{f(x)\}^2 = (-2a+6)^2 = 4a^2 - 24a + 36$$

$$\{f(a)\}^2 = (2a-a)^2 = a^2$$

$$4a^2 - 24a + 36 = a^2 \ \Rightarrow \ 3a^2 - 24a + 36 = 0$$

$$\Rightarrow \ a^2 - 8a + 12 = 0$$

$$\dfrac{D}{4} = 16 - 12 = 4 > 0 \text{이므로}$$

근과 계수의 관계에 의해 모든 상수 a 의 값의 합은 8 이다.

답 ④

$$f(x) = \begin{cases} \dfrac{1}{x-1} & (x < 1) \\[2mm] \dfrac{1}{2x+1} & (x \ge 1) \end{cases}$$

$$g(x) = 2x^3 + ax + b$$

$$f(x)g(x) = \begin{cases} \dfrac{2x^3 + ax + b}{x-1} & (x < 1) \\[2mm] \dfrac{2x^3 + ax + b}{2x+1} & (x \ge 1) \end{cases}$$

$$\lim_{x \to 1} f(x)g(x) = \lim_{x \to 1-} \dfrac{2x^3 + ax + b}{x-1} = \dfrac{2+a+b}{3} = f(1)g(1)$$

$$\lim_{x \to 1-}(x-1) = 0 \ \Rightarrow \ \lim_{x \to 1-}(2x^3 + ax + b) = 0 \ \Rightarrow \ 2 + a + b = 0$$

$$\Rightarrow b = -2 - a$$

$$\lim_{x \to 1-} \dfrac{2x^3 + ax - 2 - a}{x-1} = \lim_{x \to 1-} \dfrac{(x-1)(2x^2 + 2x + a + 2)}{x-1}$$

$$= 6 + a = 0 \ \Rightarrow \ a = -6, \ b = 4$$

따라서 $b - a = 4 + 6 = 10$ 이다.

답 ①

로피탈정리를 활용하여 풀어보자.

$$\lim_{x \to 1-} \dfrac{2x^3 + ax + b}{x-1} = \lim_{x \to 1-} \dfrac{6x^2 + a}{1} = 6 + a = 0$$

$$\Rightarrow a = -6, \ b = 4$$

$$f(x) = \begin{cases} (x-a)^2 & (x < 4) \\ 2x - 4 & (x \geq 4) \end{cases}$$

함수 $f(x)$ 가 실수 전체의 집합에서 연속이므로
$x = 4$ 에서도 연속이다.

$$\lim_{x \to 4+} f(x) = \lim_{x \to 4+} (2x-4) = 4$$

$$\lim_{x \to 4-} f(x) = \lim_{x \to 4-} (x-a)^2 = (4-a)^2$$

$$f(4) = 4$$

$$4 = (4-a)^2 \Rightarrow a^2 - 8a + 12 = 0 \Rightarrow (a-2)(a-6) = 0$$

$$\Rightarrow a = 2 \text{ or } a = 6$$

따라서 모든 상수 a 의 값의 곱은 12 이다.

답 ③

$$f(x) = \begin{cases} x - \dfrac{1}{2} & (x < 0) \\ -x^2 + 3 & (x \geq 0) \end{cases}$$

$$(f(x)+a)^2 = \begin{cases} \left(x - \dfrac{1}{2} + a\right)^2 & (x < 0) \\ (-x^2 + 3 + a)^2 & (x \geq 0) \end{cases}$$

함수 $(f(x)+a)^2$ 가 실수 전체의 집합에서 연속이므로
$x = 0$ 에서도 연속이다.

$$\lim_{x \to 0+} (f(x)+a)^2 = \lim_{x \to 0+} (-x^2 + 3 + a)^2 = (3+a)^2$$

$$\lim_{x \to 0-} (f(x)+a)^2 = \lim_{x \to 0+} \left(x - \dfrac{1}{2} + a\right)^2 = \left(-\dfrac{1}{2} + a\right)^2$$

$$(f(0)+a)^2 = (3+a)^2$$

$$(3+a)^2 = \left(-\dfrac{1}{2} + a\right)^2 \Rightarrow 3 + a = \dfrac{1}{2} - a \Rightarrow a = -\dfrac{5}{4}$$

따라서 상수 a 의 값은 $-\dfrac{5}{4}$ 이다.

답 ③

$$f(x) = \begin{cases} x^2 - 4x + 6 & (x < 2) \\ 1 & (x \geq 2) \end{cases}, \quad g(x) = ax + 1$$

함수 $\dfrac{g(x)}{f(x)}$ 가 실수 전체의 집합에서 연속이므로
$x = 2$ 에서도 연속이다.

$$\lim_{x \to 2+} \frac{g(x)}{f(x)} = \lim_{x \to 2+} \frac{ax+1}{1} = 2a + 1$$

$$\lim_{x \to 2-} \frac{g(x)}{f(x)} = \lim_{x \to 2-} \frac{ax+1}{x^2 - 4x + 6} = \frac{2a+1}{2}$$

$$\frac{g(2)}{f(2)} = \frac{2a+1}{1} = 2a + 1$$

$$2a + 1 = \frac{2a+1}{2} \Rightarrow 4a + 2 = 2a + 1 \Rightarrow a = -\frac{1}{2}$$

답 ④

046

최고차항의 계수가 1 인 이차함수 $f(x)$ 는 실수 전체의
집합에서 연속이고 함수 $g(x)$ 는 $x = -2$, $x = 2$ 에서
불연속이다.

함수 $f(x)g(x)$ 가 실수 전체의 집합에서 연속이므로
$x = -2$, $x = 2$ 에서도 연속이다.

표를 그리면

x	$f(x)$	$g(x)$	$f(x)g(x)$
$-2+$	$f(-2)$	0	0
$-2-$	$f(-2)$	1	$f(-2)$
-2	$f(-2)$	0	0
$2+$	$f(2)$	1	$f(2)$
$2-$	$f(2)$	0	0
2	$f(2)$	0	0

$$f(-2) = 0, \ f(2) = 0 \Rightarrow f(x) = (x+2)(x-2)$$

$f(x-a)$ 는 $f(x)$ 의 그래프를 x 축의 방향으로 a 만큼
평행이동한 것이다.
함수 $f(x-a)g(x)$ 의 그래프가 한 점에서만
불연속이어야 하므로 $x = -2$ 또는 $x = 2$ 에서 연속이어야
한다.

표를 그리면

x	$f(x-a)$	$g(x)$	$f(x-a)g(x)$
$-2+$	$f(-2-a)$	0	0
$-2-$	$f(-2-a)$	1	$f(-2-a)$
-2	$f(-2-a)$	0	0
$2+$	$f(2-a)$	1	$f(2-a)$
$2-$	$f(2-a)$	0	0
2	$f(2-a)$	0	0

① 함수 $f(x-a)g(x)$ 가 $x=-2$ 에서 연속이고
$x=2$ 에서 불연속일 때,
$f(-2-a)=-a(-4-a)=0$, $f(2-a)=(4-a)(-a)\neq 0$
$\Rightarrow a=-4$

② 함수 $f(x-a)g(x)$ 가 $x=-2$ 에서 불연속이고
$x=2$ 에서 연속일 때,
$f(-2-a)=-a(-4-a)\neq 0$, $f(2-a)=(4-a)(-a)=0$
$\Rightarrow a=4$

따라서 함수 $f(x-a)g(x)$ 의 그래프가 한 점에서만
불연속이 되도록 하는 모든 실수 a의 값의 곱은 -16 이다.

 ①

$f(x)=\begin{cases} x+2 & (x \leq a) \\ x^2-4 & (x > a) \end{cases}$

$y=|x+2|$ 와 $y=|x^2-4|$ 의 그래프를 그리면

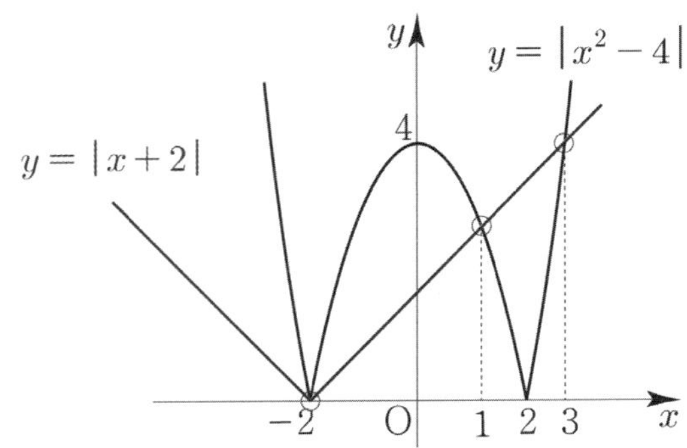

함수 $|f(x)|$ 가 실수 전체의 집합에서 연속이 되려면
a 는 $y=|x+2|$ 와 $y=|x^2-4|$ 가 만나는 점의 x 값인
$-2,\ 1,\ 3$ 중 하나여야 한다.

따라서 모든 실수 a의 값의 합은 2 이다.

 ⑤

$\lim_{x\to 0-}\{f(x)+g(x)\}=\lim_{x\to 0-}f(x)+\lim_{x\to 0-}g(x)=4$
$\lim_{x\to 0+}\{f(x)-g(x)\}=\lim_{x\to 0+}f(x)-\lim_{x\to 0+}g(x)=8$

위 두 식을 더하면
$\lim_{x\to 0-}f(x)+\lim_{x\to 0+}f(x)+\lim_{x\to 0-}g(x)-\lim_{x\to 0+}g(x)=12$

$\lim_{x\to 0-}g(x)-\lim_{x\to 0+}g(x)=6$ 이므로
$\lim_{x\to 0-}f(x)+\lim_{x\to 0+}f(x)+6=12$

$\Rightarrow \lim_{x\to 0-}f(x)+\lim_{x\to 0+}f(x)=6$

함수 $f(x)$ 가 $x=0$ 에서 연속이므로
$\lim_{x\to 0+}f(x)=\lim_{x\to 0-}f(x)=f(0)$

$\Rightarrow \lim_{x\to 0-}f(x)+\lim_{x\to 0+}f(x)=2f(0)=6 \Rightarrow f(0)=3$

답 ⑤

$f(x)=\begin{cases} x & (|x| \geq 1) \\ -x & (|x| < 1) \end{cases}$
함수 $f(x)$ 의 그래프를 그리면

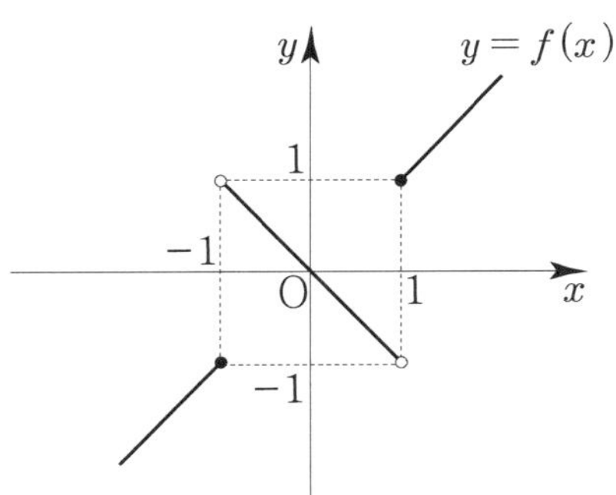

ㄱ. 함수 $f(x)$ 가 불연속인 점은 2 개다.
　　$x=-1,\ x=1$ 에서 불연속이므로 ㄱ은 참이다.

ㄴ. 함수 $(x-1)f(x)$ 는 $x=1$ 에서 연속이다.
　　표를 그리면

x	$(x-1)$	$f(x)$	$(x-1)f(x)$
$1+$	0	1	0
$1-$	0	-1	0
1	0	1	0

따라서 ㄴ은 참이다.

ㄷ. 함수 $\{f(x)\}^2$은 실수 전체의 집합에서 연속이다.

함수 $f(x)$는 $x=-1$, $x=1$에서 불연속이므로

$x=-1$, $x=1$만 조사하면 된다.

표를 그리면

x	$f(x)$	$f(x)$	$\{f(x)\}^2$
$-1+$	1	1	1
$-1-$	-1	-1	1
-1	-1	-1	1
$1+$	1	1	1
$1-$	-1	-1	1
1	1	1	1

따라서 ㄷ은 참이다.

답 ⑤

050

$$f(x)=\begin{cases} -x-1 & (x \leq 0) \\ 2x+a & (x > 0) \end{cases}$$

$a \neq -1$이므로 함수 $f(x)$는 $x=0$에서 불연속이다.

$g(x)=f(x)f(x-1)$

$$f(x-1)=\begin{cases} -(x-1)-1 & (x \leq 1) \\ 2(x-1)+a & (x > 1) \end{cases}$$

함수 $f(x-1)$는 $x=1$에서 불연속이므로

$x=0$, $x=1$만 조사하면 된다.

표를 그리면

x	$f(x)$	$f(x-1)$	$f(x)f(x-1)$
$0+$	a	0	0
$0-$	-1	0	0
0	-1	0	0
$1+$	$2+a$	a	a^2+2a
$1-$	$2+a$	-1	$-2-a$
1	$2+a$	-1	$-2-a$

$a^2+2a=-2-a \Rightarrow a^2+3a+2=0$

$\Rightarrow (a+2)(a+1)=0 \Rightarrow a=-2 \ (a \neq -1)$

답 ④

051

$$f(x)=\begin{cases} -2x+3 & (x < 0) \\ -2x+2 & (x \geq 0) \end{cases}, \quad g(x)=\begin{cases} 2x & (x < a) \\ 2x-1 & (x \geq a) \end{cases}$$

함수 $f(x)g(x)$는 실수 전체의 집합에서 연속이다.

함수 $f(x)$는 $x=0$에서 불연속이고,

직선 $y=2x$와 직선 $y=2x-1$은 서로 평행한 직선이므로

함수 $g(x)$는 $x=a$에서 불연속이다.

즉, $x=0$, $x=a$만 조사하면 된다.

a에 따라 case분류 하면

① $a>0$

x	$f(x)$	$g(x)$	$f(x)g(x)$
$0+$	2	0	0
$0-$	3	0	0
0	2	0	0
$a+$	$-2a+2$	$2a-1$	$(-2a+2)(2a-1)$
$a-$	$-2a+2$	$2a$	$(-2a+2)2a$
a	$-2a+2$	$2a-1$	$(-2a+2)(2a-1)$

$(-2a+2)(2a-1)=(-2a+2)2a \Rightarrow (-2a+2)(-1)=0$

$\Rightarrow a=1$

② $a=0$

x	$f(x)$	$g(x)$	$f(x)g(x)$
$0+$	2	-1	-2
$0-$	3	0	0
0	2	-1	-2

$x=0$에서 불연속이므로 조건을 만족하지 않는다.

③ $a<0$

x	$f(x)$	$g(x)$	$f(x)g(x)$
$0+$	2	-1	-2
$0-$	3	-1	-3
0	2	-1	-2

$x=0$에서 불연속이므로 조건을 만족하지 않는다.

($x=0$에서 이미 불연속하므로 굳이 $x=a$일 때를 조사할 필요는 없다.)

따라서 $a=1$이다.

답 ④

052

(가) 함수 $\dfrac{x}{f(x)}$ 는 $x=1$, $x=2$ 에서 불연속이다.

$\Rightarrow f(x)=a(x-1)(x-2)$

> **Tip**
>
> 최고차항의 계수를 모르기 때문에 미지수를
> 도입해야 하고 최고차항의 계수가 음수도
> 될 수 있다는 생각을 항상 가지고 있어야 한다.
> (대다수 학생들이 최고차항의 계수는 보통
> 양수라는 고정관념을 갖고 있으므로 출제자가
> 이를 역이용하여 출제할 수도 있기 때문)

(나) $\displaystyle\lim_{x\to 2}\dfrac{f(x)}{x-2}=4$

$\Rightarrow \displaystyle\lim_{x\to 2}\dfrac{f(x)}{x-2}=\lim_{x\to 2}\dfrac{a(x-2)(x-1)}{x-2}$

$\qquad\qquad\qquad = \displaystyle\lim_{x\to 2}a(x-1)=a=4$

$f(x)=4(x-1)(x-2)$ 이므로 $f(4)=24$ 이다.

답 24

053

$a>0$

$f(x)=\begin{cases} x^2-5a & (x<a) \\ -2x+4 & (x\geq a) \end{cases}$

함수 $f(-x)f(x)$ 가 $x=a$ 에서 연속이다.

$-x=t$ 라 하면

$x\to a+ \Rightarrow t\to -a-$

$x\to a- \Rightarrow t\to -a+$

x	$f(-x)$	$f(x)$	$f(-x)f(x)$
$a+$	a^2-5a	$-2a+4$	$(a^2-5a)(-2a+4)$
$a-$	a^2-5a	a^2-5a	$(a^2-5a)^2$
a	a^2-5a	$-2a+4$	$(a^2-5a)(-2a+4)$

$(a^2-5a)(-2a+4)=(a^2-5a)^2 \Rightarrow a(a-5)(a-4)(a+1)=0$

$\Rightarrow a=5$ or $a=4$ $(\because a>0)$

따라서 모든 a의 합은 9이다.

답 ①

054

$f(x)=\begin{cases} x+3 & (x\leq a) \\ x^2-x & (x>a) \end{cases}$, $g(x)=x-(2a+7)$

함수 $f(x)$ 는 $x=a$ 에서 연속일 수도 있고 불연속일 수도
있다. 또한 함수 $g(x)$ 는 실수 전체의 집합에서 연속이므로
$x=a$ 에서만 조사하면 된다.

표를 그리면

x	$f(x)$	$g(x)$	$f(x)g(x)$
$a+$	a^2-a	$-a-7$	$(a^2-a)(-a-7)$
$a-$	$a+3$	$-a-7$	$(a+3)(-a-7)$
a	$a+3$	$-a-7$	$(a+3)(-a-7)$

$(a^2-a)(-a-7)=(a+3)(-a-7)$

$\Rightarrow (a^2-2a-3)(-a-7)=0 \Rightarrow (a-3)(a+1)(a+7)=0$

$\Rightarrow a=-7$ or $a=-1$ or $a=3$

따라서 모든 실수 a의 값의 곱은 21이다.

답 21

055

$f(x)=\begin{cases} x+1 & (x\leq 0) \\ -\dfrac{1}{2}x+7 & (x>0) \end{cases}$

a를 모르기 때문에 $x=a$ 에서의 좌극한, 우극한, 함숫값을
알 수 없으므로 a 에 따라 case 분류하면

① $a>0$

x	$f(x)$	$f(x-a)$	$f(x)f(x-a)$
$a+$	$-\dfrac{1}{2}a+7$	7	$-\dfrac{7}{2}a+49$
$a-$	$-\dfrac{1}{2}a+7$	1	$-\dfrac{1}{2}a+7$
a	$-\dfrac{1}{2}a+7$	1	$-\dfrac{1}{2}a+7$

$-\dfrac{7}{2}a+49 = -\dfrac{1}{2}a+7 \Rightarrow a=14$

② $a=0$

x	$f(x)$	$f(x)$	$f(x)f(x)$
$0+$	7	7	49
$0-$	1	1	1
0	1	1	1

$x=0$에서 불연속이므로 조건을 만족하지 않는다.

③ $a<0$

x	$f(x)$	$f(x-a)$	$f(x)f(x-a)$
$a+$	$a+1$	7	$7a+7$
$a-$	$a+1$	1	$a+1$
a	$a+1$	1	$a+1$

$7a+7=a+1 \Rightarrow a=-1$

따라서 모든 실수 a의 값의 합은 13이다.

답 13

056

$f(x)=x^2-x+a$

$g(x)=\begin{cases} f(x+1) & (x \leq 0) \\ f(x-1) & (x>0) \end{cases}$

$f(-1)=2+a, \ f(1)=a$

함수 $\{g(x)\}^2$이 $x=0$에서 연속이므로 표를 그리면

x	$g(x)$	$g(x)$	$g(x)g(x)$
$0+$	$2+a$	$2+a$	$(2+a)^2$
$0-$	a	a	a^2
0	a	a	a^2

$(a+2)^2=a^2 \Rightarrow a^2+4a+4=a^2 \Rightarrow a=-1$

답 ②

057

직선 $y=t$가 곡선 $y=|x^2-2x|$와 만나는 점의 개수를 $f(t)$라 한다.

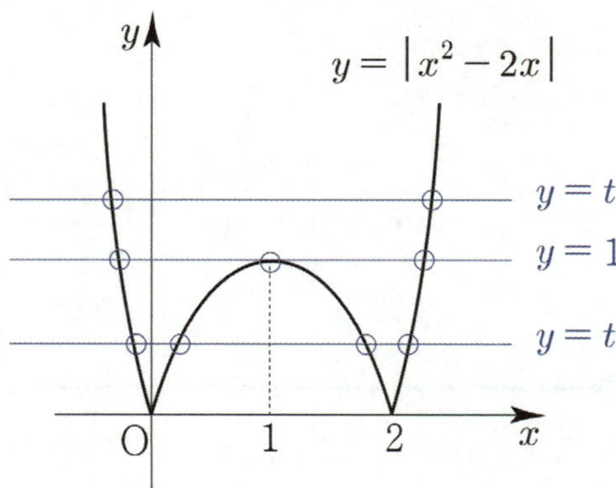

이를 바탕으로 $f(t)$를 그리면

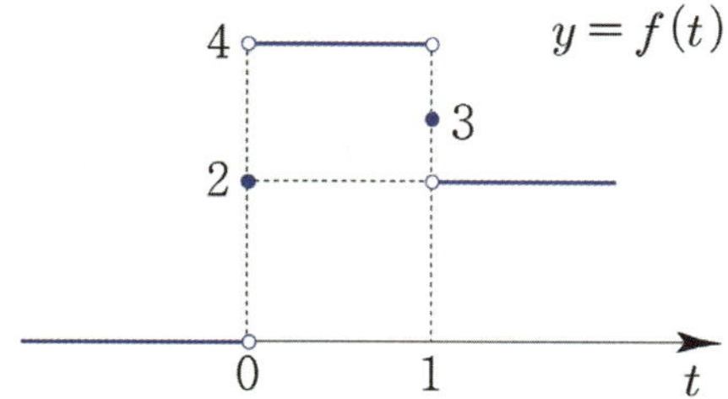

함수 $f(t)$는 $x=0$, $x=1$에서 불연속이고 함수 $g(t)$는 실수 전체의 집합에서 연속이므로 $x=0$, $x=1$만 조사하면 된다.

표를 그리면

t	$f(t)$	$g(t)$	$f(t)g(t)$
$0+$	4	$g(0)$	$4g(0)$
$0-$	0	$g(0)$	0
0	2	$g(0)$	$2g(0)$
$1+$	2	$g(1)$	$2g(1)$
$1-$	4	$g(1)$	$4g(1)$
1	3	$g(1)$	$3g(1)$

$g(0)=g(1)=0 \Rightarrow g(t)=t(t-1)$

따라서 $f(3)+g(3)=2+6=8$이다.

답 8

058

$f(x)=\begin{cases} -1 & (|x| \geq 1) \\ 1 & (|x|<1) \end{cases}, \quad g(x)=\begin{cases} 1 & (|x| \geq 1) \\ -x & (|x|<1) \end{cases}$

두 그래프를 그리면

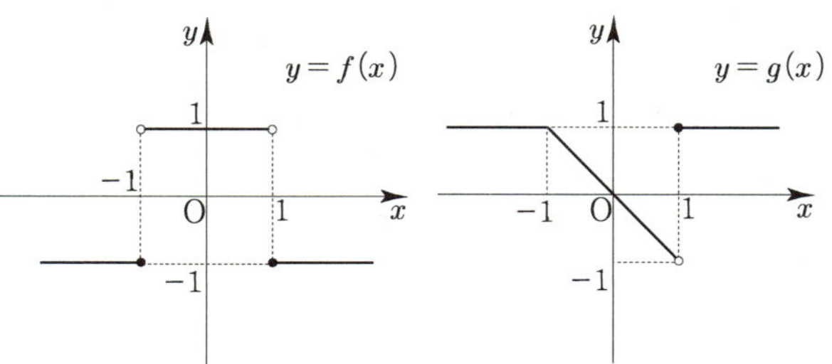

ㄱ. $\displaystyle\lim_{x \to 1} f(x)g(x)=-1$

표를 그리면

x	$f(x)$	$g(x)$	$f(x)g(x)$
$1+$	-1	1	-1
$1-$	1	-1	-1

따라서 ㄱ은 참이다.

ㄴ. 함수 $g(x+1)$ 는 $x=0$ 에서 연속이다.

　　$y=g(x+1)$ 의 그래프는 $y=g(x)$ 의 그래프를
　　x 축의 방향으로 -1 만큼 평행이동시켜서 구할 수 있다.
　　$y=g(x+1)$ 의 그래프를 그리면

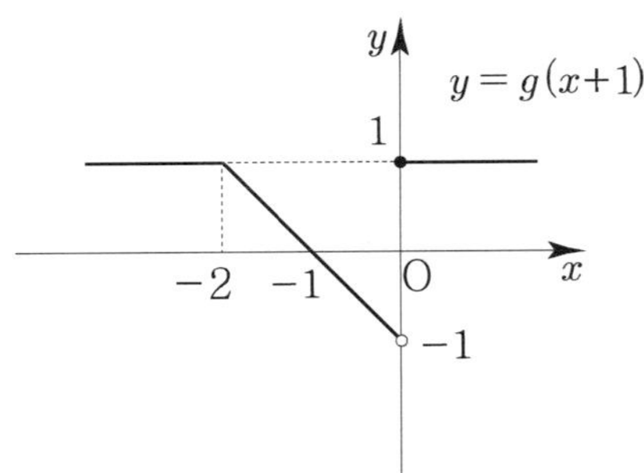

함수 $g(x+1)$ 은 $x=0$ 에서 불연속이므로 ㄴ은
거짓이다.

ㄷ. 함수 $f(x)g(x+1)$ 은 $x=-1$ 에서 연속이다.

　표를 그리면

x	$f(x)$	$g(x+1)$	$f(x)g(x+1)$
$-1+$	1	0	0
$-1-$	-1	0	0
-1	-1	0	0

따라서 ㄷ은 참이다.

답 ④

059

$f(x)=2x+3+|x-1|$

$$f(x)=\begin{cases} 3x+2 & (x \geq 1) \\ x+4 & (x < 1) \end{cases}$$

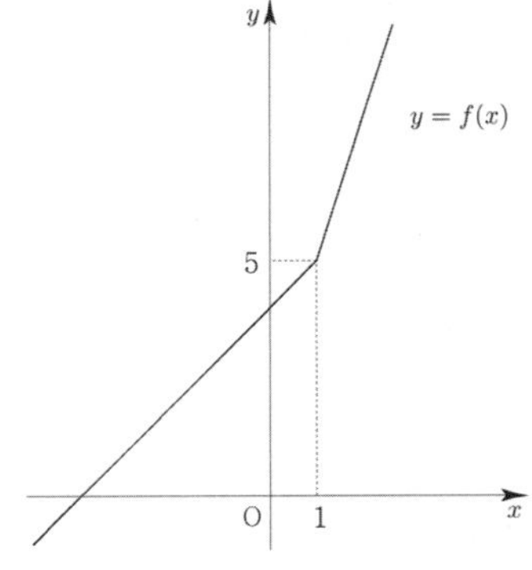

m 에 따라 직선 $y=mx$ 와 함수 $f(x)$ 의 그래프의 교점의
개수를 파악해보자.

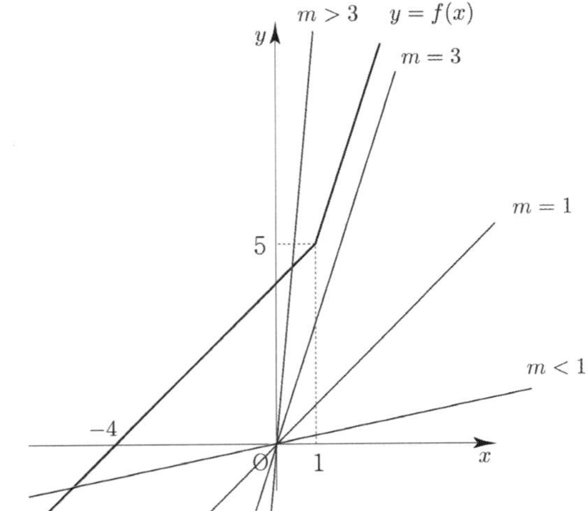

위 그래프를 바탕으로 함수 $g(m)$ 를 구하면 다음과 같다.
$$g(m)=\begin{cases} 1 & (m<1 \text{ or } m>3) \\ 0 & (1 \leq m \leq 3) \end{cases}$$
즉, 함수 $g(m)$ 은 $m=1$ 과 $m=3$ 에서 불연속이다.

함수 $g(x)h(x)$ 가 실수 전체의 집합에서 연속이므로
$x=1$ 과 $x=3$ 에서도 연속이어야 한다.

x	$g(x)$	$h(x)$	$g(x)h(x)$
$1+$	0	$h(1)$	0
$1-$	1	$h(1)$	$h(1)$
1	0	$h(1)$	0

$\therefore\ h(1)=0$

x	$g(x)$	$h(x)$	$g(x)h(x)$
$3+$	1	$h(3)$	$h(3)$
$3-$	0	$h(3)$	0
3	0	$h(3)$	0

$\therefore\ h(3)=0$

$h(1)=h(3)=0$ 이므로 최고차항의 계수가 1 인
이차함수 $h(x)$ 는 $h(x)=(x-1)(x-3)$ 이다.
따라서 $h(5)=8$ 이다.

답 8

060

집합 $\{\,x\,|\,ax^2+2(a-2)x-(a-2)=0,\ x$ 는 실수$\}$
의 원소의 개수를 $f(a)$ 라 한다.

$a=0$이면 이차방정식으로 해석할 수 없으므로
a에 따라 case분류하면

① $a \neq 0$

$\dfrac{D}{4} > 0 \Rightarrow (a-2)^2 + a(a-2) = (a-2)(2a-2) > 0$

$\Rightarrow (a-2)(a-1) > 0 \Rightarrow a < 1 \ \text{or} \ a > 2$

$a < 1 \ \text{or} \ a > 2$와 $a \neq 0$의 교집합을 나타내면

$a < 0 \ \text{or} \ 0 < a < 1 \ \text{or} \ a > 2$이므로

$f(a) = 2 \ (a < 0 \ \text{or} \ 0 < a < 1 \ \text{or} \ a > 2)$

(이차방정식의 서로 다른 실근의 개수 $= f(a)$)

Tip

실수 포인트 !

$a \neq 0$이라는 전제조건을 잊기 쉬우니 유의하자.

$\dfrac{D}{4} < 0 \Rightarrow (a-2)^2 + a(a-2) = (a-2)(2a-2) < 0$

$f(a) = 0 \ (1 < a < 2)$

$\dfrac{D}{4} = 0 \Rightarrow (a-2)^2 + a(a-2) = (a-2)(2a-2) = 0$

$f(1) = 1, \ f(2) = 1$

② $a = 0$

$-4x + 2 = 0 \Rightarrow x = \dfrac{1}{2}$

$f(0) = 1$

이를 바탕으로 $y = f(a)$의 그래프를 그리면

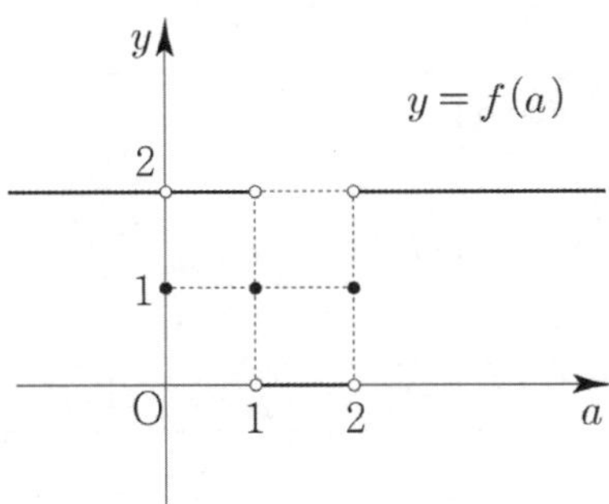

ㄱ. $\lim\limits_{a \to 0} f(a) = f(0)$

$x = 0$에서 불연속이므로 ㄱ은 거짓이다.

ㄴ. $\lim\limits_{a \to c+} f(a) \neq \lim\limits_{a \to c-} f(a)$인 실수 c는 2개다.

$x = 1, \ x = 2$에서 극한값이 존재하지 않으므로 ㄴ은 참이다.

ㄷ. 함수 $f(a)$가 불연속인 점은 3개다.

$x = 0, \ x = 1, \ x = 2$에서 불연속이므로 ㄷ은 참이다.

답 ④

061

$(x-1)g(x) = |f(x)|$의 양변에 $x = 1$을 대입하면

$f(1) = 0$이고, $x = 3$을 대입하면 $2g(3) = |f(3)|$

$g(3) = 0 \Rightarrow f(3) = 0$

즉, $f(x) = (x-1)(x-3)(x-a)$

$g(x) = \dfrac{|(x-1)(x-3)(x-a)|}{x-1} \ (x \neq 1)$

함수 $g(x)$가 $x = 1$에서 연속이므로

$\lim\limits_{x \to 1+} g(x) = \lim\limits_{x \to 1+} \dfrac{|(x-1)(x-3)(x-a)|}{x-1} = 2|1-a|$

$\lim\limits_{x \to 1-} g(x) = \lim\limits_{x \to 1-} \dfrac{|(x-1)(x-3)(x-a)|}{x-1} = -2|1-a|$

$2|1-a| = -2|1-a| \Rightarrow a = 1$

$f(x) = (x-1)^2(x-3)$

따라서 $f(4) = 9$이다.

답 ①

062

$g(x) = \begin{cases} \dfrac{f(x+3)\{f(x)+1\}}{f(x)} & (f(x) \neq 0) \\ 3 & (f(x) = 0) \end{cases}$

① $f(3) \neq 0$인 경우

$\lim\limits_{x \to 3} g(x) = \lim\limits_{x \to 3} \dfrac{f(x+3)\{f(x)+1\}}{f(x)} = \dfrac{f(6)\{f(3)+1\}}{f(3)}$

$g(3) = \dfrac{f(6)\{f(3)+1\}}{f(3)}$

이므로 $\lim\limits_{x \to 3} g(x) = g(3) - 1$를 만족시키지 않아 모순이다.

② $f(3) = 0$인 경우

$\lim\limits_{x \to 3} g(x) = \lim\limits_{x \to 3} \dfrac{f(x+3)\{f(x)+1\}}{f(x)}$

x 가 3 으로 가까이 갈 때, $g(x) = \dfrac{f(x+3)\{f(x)+1\}}{f(x)}$

를 선택하는 것이 다소 이해가 되지 않을 수 있다.

$f(x)=0$ 을 만족시키는 x 에 한해서만 $g(x)$ 의
함숫값이 3 으로 확정되는 것이다.

이때, $\lim\limits_{x \to 3} g(x)$ 는 $x=3$ 으로 가까이 가는

상황이지 $x=3$ 인 상황이 아니다.

따라서 $f(3)=0$ 이더라도

$\lim\limits_{x \to 3} g(x) = \lim\limits_{x \to 3} \dfrac{f(x+3)\{f(x)+1\}}{f(x)}$ 이다.

예를 들어 $f(x) = x-2$ 라 했을 때

$g(x) = \begin{cases} x+1 & (f(x) \neq 0) \\ 4 & (f(x)=0) \end{cases}$

$g(x) = \begin{cases} x+1 & (x \neq 2) \\ 4 & (x=2) \end{cases}$

와 같은 맥락으로 이해하면 된다.

$g(3)=3$ 이므로

$\lim\limits_{x \to 3} \dfrac{f(x+3)\{f(x)+1\}}{f(x)} = 2$

극한값이 존재하는데 $\lim\limits_{x \to 3} f(x) = 0$ 이므로

$\lim\limits_{x \to 3} f(x+3)\{f(x)+1\} = 0 \Rightarrow f(6)=0$

$f(3) = f(6) = 0$ 이므로 $f(x) = (x-3)(x-6)(x-a)$

$\lim\limits_{x \to 3} \dfrac{f(x+3)\{f(x)+1\}}{f(x)}$

$= \lim\limits_{x \to 3} \dfrac{x(x-3)(x+3-a)\{(x-3)(x-6)(x-a)+1\}}{(x-3)(x-6)(x-a)}$

$= \lim\limits_{x \to 3} \dfrac{x(x+3-a)\{(x-3)(x-6)(x-a)+1\}}{(x-6)(x-a)}$

$= \dfrac{3(6-a)}{-3(3-a)} = \dfrac{6-a}{a-3} = 2$

$\Rightarrow a=4$

즉, $f(x) = (x-3)(x-6)(x-4)$

$f(5) \neq 0$ 이므로 $g(5) = \dfrac{f(8)\{f(5)+1\}}{f(5)}$ 이다.

따라서 $g(5) = \dfrac{40 \times (-1)}{-2} = 20$ 이다.

답 ④

063

열린구간 $(-2,\ 2)$ 에서 함수 $g(x) = f(x) + f(-x)$
라고 정의한다.

ㄱ. $\lim\limits_{x \to 0} f(x)$ 가 존재한다.

$\lim\limits_{x \to 0+} f(x) = 1, \quad \lim\limits_{x \to 0-} f(x) = -1$

$\Rightarrow \lim\limits_{x \to 0+} f(x) \neq \lim\limits_{x \to 0-} f(x)$

이므로 ㄱ은 거짓이다.

ㄴ. $\lim\limits_{x \to 0} g(x)$ 가 존재한다.

$y = f(-x)$ 의 그래프는 $y = f(x)$ 의 그래프를 y 축에
대하여 대칭시켜 그릴 수 있다.

$y = f(-x)$ 의 그래프를 그리면

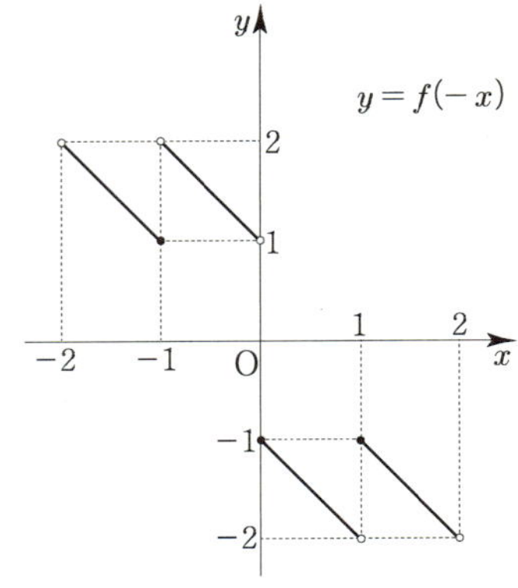

표를 그리면

x	$f(x)$	$f(-x)$	$f(x)+f(-x)$
$0+$	1	-1	0
$0-$	-1	1	0

따라서 ㄴ은 참이다.

ㄷ. 함수 $g(x)$ 는 $x=1$ 에서 연속이다.
표를 그리면

x	$f(x)$	$f(-x)$	$f(x)+f(-x)$
$1+$	1	-1	0
$1-$	2	-2	0
1	1	-1	0

따라서 ㄷ은 참이다.

답 ⑤

$$f(x) = \begin{cases} -x-1 & (-1 \leq x < 0) \\[2mm] \dfrac{1}{2} & (x=0) \\[2mm] \dfrac{1}{2}x & (0 < x \leq 1) \end{cases}$$

닫힌구간 $[-1, \ 1]$에서 두 함수 $g(x), \ h(x)$는
$$g(x) = f(x) + |f(x)|, \quad h(x) = f(x) + f(-x)$$

$$f(x) \geq 0 \ \Rightarrow \ g(x) = f(x) + f(x) = 2f(x)$$

$$f(x) < 0 \ \Rightarrow \ g(x) = f(x) - f(x) = 0$$
이를 바탕으로 $y = g(x)$의 그래프를 그리면

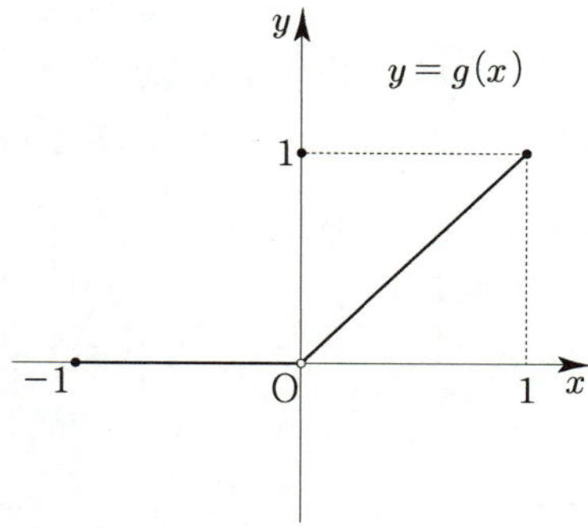

$y = f(-x)$의 그래프는 $y = f(x)$의 그래프를 y축에 대하여 대칭시켜 그릴 수 있다.
$y = f(-x)$의 그래프를 그리면

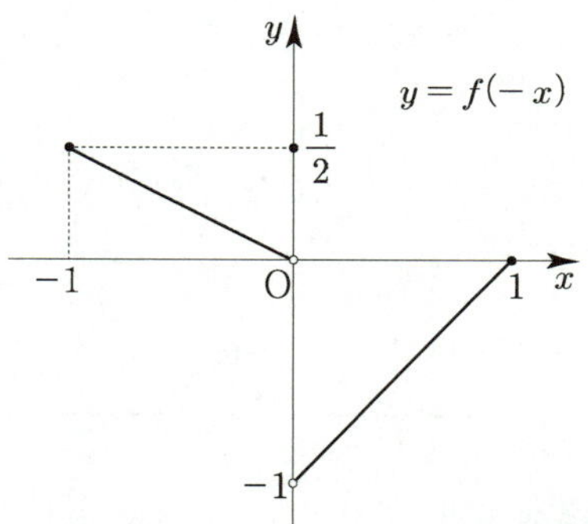

ㄱ. $\displaystyle\lim_{x \to 0} g(x) = 0$

　　$\displaystyle\lim_{x \to 0+} g(x) = \lim_{x \to 0-} g(x) = 0$이므로 ㄱ은 참이다.

ㄴ. 함수 $|h(x)|$는 $x = 0$에서 연속이다.
　　표를 그리면

x	$f(x)$	$f(-x)$	$f(x)+f(-x)$
$0+$	0	-1	-1
$0-$	-1	0	-1
0	$\dfrac{1}{2}$	$\dfrac{1}{2}$	1

$\displaystyle\lim_{x \to 0} |h(x)| = 1 = |h(0)|$ 이므로 ㄴ은 참이다.

ㄷ. 함수 $g(x)|h(x)|$는 $x = 0$에서 연속이다.
　　표를 그리면

x	$g(x)$	$|h(x)|$	$g(x)|h(x)|$
$0+$	0	1	0
$0-$	0	1	0
0	1	1	1

따라서 ㄷ은 거짓이다.

답 ③

65	65	**69**	20
66	①	**70**	40
67	②	**71**	③
68	80	**72**	①

065

x 에 대한 방정식 $nx^3 - x^2 - 2x - 8 = 0$ 은 자연수 n 의
값에 관계없이 오직 하나의 실근을 갖는다.
실근이 닫힌구간 $[1,\ 2]$ 에 존재

실근에 따라 case분류하면

① 실근이 열린구간 $(1,\ 2)$ 에 존재하는 경우
$f(x) = nx^3 - x^2 - 2x - 8$ 라 하면
함수 $f(x)$ 는 닫힌구간 $[1,\ 2]$ 에서 연속이므로
$f(1)f(2) < 0$ 이기만 하면 사잇값 정리에 의해서
$f(c) = 0$ 인 c 가 열린구간 $(1,\ 2)$ 에 적어도 하나 존재한다.
(문제 조건에서 오직 하나의 실근을 갖는다고 했으므로
적어도 하나의 실근이 아니라 오직 하나의 실근이 존재한다.)

$f(1)f(2) < 0 \Rightarrow (n-11)(8n-16) < 0 \Rightarrow 2 < n < 11$

② 실근이 $x = 1$ or $x = 2$ 인 경우
$f(1) = n - 11 = 0 \Rightarrow n = 11$
$f(2) = 8n - 16 = 0 \Rightarrow n = 2$

따라서 조건을 만족시키는 $n = 2,\ 3,\ \cdots,\ 11$ 이므로
모든 자연수 n 의 값의 합은 $\dfrac{10(2+11)}{2} = 65$ 이다.

답   65

066

최고차항의 계수가 1 인 삼차함수 $f(x)$
함수 $g(x)$ 는 실수 전체의 집합에서 연속

(가) 모든 실수 x 에 대하여 $f(x)g(x) = x(x+3)$
(나) $g(0) = 1$
$f(x)g(x) = x(x+3)$ 에 $x = 0$ 을 대입하면

$f(0)g(0) = 0 \Rightarrow f(0) = 0 \ (\because g(0) = 1)$
$f(0) = 0$ 이므로 $f(x) = x(x^2 + ax + b)$

$f(x)g(x) = x(x+3)$ 에 $f(x) = x(x^2 + ax + b)$ 를 대입하면
$x(x^2 + ax + b)g(x) = x(x+3)$
$\Rightarrow g(x) = \dfrac{x(x+3)}{x(x^2 + ax + b)} \ (x \neq 0)$

$\qquad\quad = \dfrac{x+3}{x^2 + ax + b} \ (x \neq 0)$

$g(0) = 1$ 이고 $g(x)$ 는 $x = 0$ 에서 연속이므로
$\displaystyle\lim_{x \to 0} g(x) = 1 \Rightarrow \lim_{x \to 0} \dfrac{x+3}{x^2 + ax + b} = 1 \Rightarrow \dfrac{3}{b} = 1 \Rightarrow b = 3$
$b = 3$ 을 대입하면
$g(x) = \dfrac{x+3}{x^2 + ax + 3} (x \neq 0)$

방정식 $x^2 + ax + 3 = 0$ 의 실근이 존재하고 그 실근을
k 라고 가정하면 극한값 $\displaystyle\lim_{x \to k} g(x)$ 이 존재하지 않아서
$x = k$ 에서 불연속이다. 즉, 함수 $g(x)$ 는 실수 전체의
집합에서 연속이므로 모순이다.
따라서 방정식 $x^2 + ax + 3 = 0$ 의 실근은 존재하지 않는다.
$D < 0 \Rightarrow a^2 - 12 < 0 \Rightarrow (a + 2\sqrt{3})(a - 2\sqrt{3}) < 0$
$\Rightarrow -2\sqrt{3} < a < 2\sqrt{3}$

$f(1) = 1 + a + 3 = 4 + a$ 가 자연수이므로
a 는 -3 이상인 정수이다.

$-2\sqrt{3} < a < 2\sqrt{3}$ 를 만족하는 -3 이상인 정수 a 는
$-3,\ -2,\ -1,\ 0,\ 1,\ 2,\ 3$ 이다. $(\because \sqrt{3} = 1.7\cdots)$

따라서 $g(2) = \dfrac{5}{7 + 2a}$ 의 최솟값은 $\dfrac{5}{13}$ 이다.

답   ①

> **Tip**
>
> $f(1) = 4 + a$ 이 자연수라고 해서 a 가 자연수만
> 가능하다고 생각해서는 안 된다.
> 정확히는 -3 이상인 정수가 가능하다.
> 즉, $g(2)$ 의 최댓값이 아니라 최솟값을 물어본
> 것은 평가원의 자비라고 생각하면 된다.

067

실수 t에 대하여 열린구간 $(t-1,\ t+1)$에서 함수
$$f(x) = \begin{cases} 1 & (x \neq 0) \\ 2 & (x = 0) \end{cases}$$
의 불연속인 점의 개수를 $g(t)$라 한다.

열린구간의 간격은 2이고 열린구간의 시작인 $t-1$을
기준으로 case분류하면

① $t-1 \leq -2 \Rightarrow t \leq -1$
　열린구간 $(t-1,\ t+1)$에서 함수 $f(x)$의 불연속인
　점이 없으므로 $g(t) = 0$

> **Tip**
>
> $t = -1$일 때에도 열린구간 $(-2,\ 0)$이므로
> 불연속인 점이 존재하지 않는다.
> 항상 경계를 조심하자 !

② $-2 < t-1 < 0 \Rightarrow -1 < t < 1$
　열린구간 $(t-1,\ t+1)$에서 함수 $f(x)$의 불연속인 점이
　한 개 존재하므로($x = 0$에서 불연속) $g(t) = 1$

③ $0 \leq t-1 \Rightarrow 1 \leq t$
　열린구간 $(t-1,\ t+1)$에서 함수 $f(x)$의 불연속인
　점이 없으므로 $g(t) = 0$

이를 바탕으로 $g(t)$의 그래프를 그리면

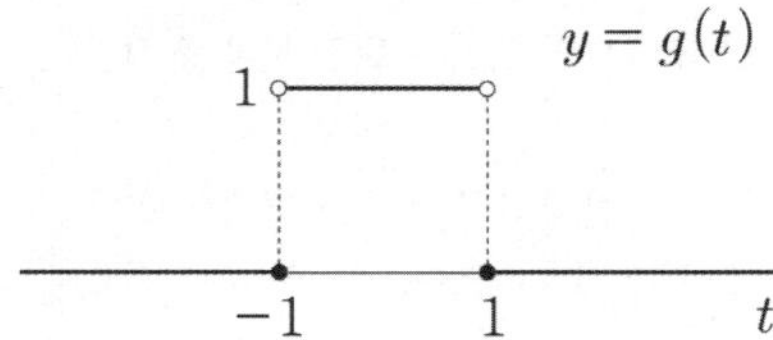

ㄱ. $g(0) = 1$
　$g(0) = 1$이므로 ㄱ은 참이다.

ㄴ. $\displaystyle\lim_{x \to 1-} g(x) + \lim_{x \to -1+} g(x) = 2$
　$\displaystyle\lim_{x \to 1-} g(x) = 1,\ \lim_{x \to -1+} g(x) = 1$

　$\Rightarrow \displaystyle\lim_{x \to 1-} g(x) + \lim_{x \to -1+} g(x) = 2$
　이므로 ㄴ은 참이다.

ㄷ. 함수 $\dfrac{g(x)}{f(x)}$는 $x = 0$에서 연속이다.

$$\lim_{x \to 0} \frac{g(x)}{f(x)} = \frac{1}{1} = 1,\quad \frac{g(0)}{f(0)} = \frac{1}{2}$$

$\displaystyle\lim_{x \to 0} \frac{g(x)}{f(x)} \neq \frac{g(0)}{f(0)}$ 이므로 ㄷ은 거짓이다.

답 ②

$t < 4$인 실수 t에 대하여 곡선 $y = -x^2 + 4x$와
직선 $y = t$가 만나는 두 점의 x좌표 중 작은 값을 α,
큰 값을 β라 한다.

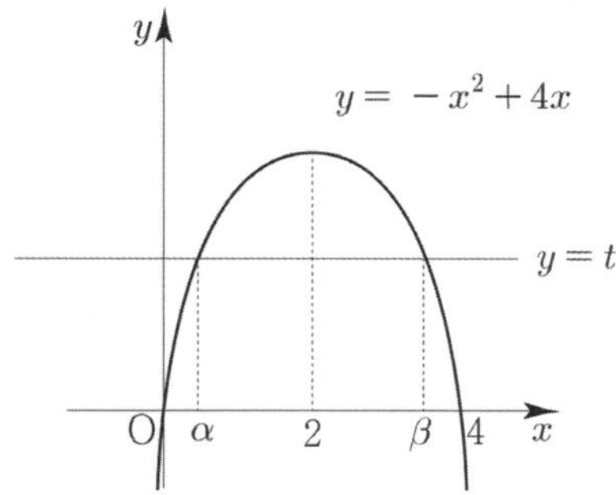

방정식 $-x^2 + 4x = t \Rightarrow x^2 - 4x + t = 0$의
두 실근이 $\alpha,\ \beta$이므로 근과 계수의 관계에 의해서
$\alpha + \beta = 4,\ \alpha\beta = t$ 이다.

$(\beta - \alpha)^2 = (\beta + \alpha)^2 - 4\alpha\beta = 16 - 4t$

$\Rightarrow \sqrt{(\beta - \alpha)^2} = \sqrt{16 - 4t} \Rightarrow |\beta - \alpha| = \sqrt{16 - 4t}$

$\Rightarrow \beta - \alpha = \sqrt{16 - 4t} = 2\sqrt{4 - t} \quad (\because\ \beta > \alpha)$

$\alpha + \beta = 4,\ \alpha\beta = t,\ \beta - \alpha = 2\sqrt{4 - t}$ 를 대입하면

$$f(t) = \begin{cases} 2\sqrt{4 - t} & (3 < t < 4) \\ t & (t \leq 3) \end{cases}$$

$$g(t) = \begin{cases} 4 & (3 < t < 4) \\ -k + 4 & (t \leq 3) \end{cases}$$

함수 $f(t)g(t)$는 열린구간 $(-\infty,\ 4)$에서 연속이므로
$x = 3$에서도 연속이다.

표를 그리면

x	$f(t)$	$g(t)$	$f(t)g(t)$
$3+$	2	4	8
$3-$	3	$-k + 4$	$-3k + 12$
3	3	$-k + 4$	$-3k + 12$

$$8 = -3k + 12 \;\Rightarrow\; k = \frac{4}{3}$$

따라서 $60k = 80$ 이다.

답 80

069

$$f(x) = \begin{cases} ax + b & (x < 1) \\[2mm] cx^2 + \dfrac{5}{2}x & (x \geq 1) \end{cases}$$

함수 $f(x)$ 는 실수 전체의 집합에서 연속이므로
$x = 1$ 에서도 연속이다.

$$\lim_{x \to 1+} f(x) = \lim_{x \to 1+}\left(cx^2 + \frac{5}{2}x\right) = c + \frac{5}{2}$$

$$\lim_{x \to 1-} f(x) = \lim_{x \to 1-}(ax + b) = a + b$$

$$f(1) = c + \frac{5}{2}$$

$$\Rightarrow a + b = c + \frac{5}{2} \;\Rightarrow\; a + b - c = \frac{5}{2}$$

함수 $f(x)$ 의 역함수가 존재하므로 증가함수이거나
감소함수이어야 한다.

① 증가함수 $\Rightarrow a > 0,\ c > 0$

함수 $y = f(x)$ 의 그래프와 역함수 $y = f^{-1}(x)$ 의
그래프의 교점의 개수가 3 이고, 그 교점의 x 좌표가
각각 $-1,\ 1,\ 2$

$f(x)$ 가 증가함수이면 두 함수 $y = f(x)$, $y = f^{-1}(x)$ 의
그래프의 교점은 $y = x$ 와 $y = f(x)$ 의 교점과 같으므로
$f(-1) = -1,\ f(1) = 1,\ f(2) = 2$

$$f(1) = c + \frac{5}{2} = 1 \;\Rightarrow\; c = -\frac{3}{2}$$

$c > 0$ 이어야 하므로 모순이다.

② 감소함수 $\Rightarrow a < 0,\ c < 0$

함수 $y = f(x)$ 의 그래프와 역함수 $y = f^{-1}(x)$ 의
그래프의 교점의 개수가 3 이고, 그 교점의 x 좌표가
각각 $-1,\ 1,\ 2$

위 조건을 만족시키도록 두 함수 $y = f(x)$, $y = f^{-1}(x)$ 의
그래프를 그리면

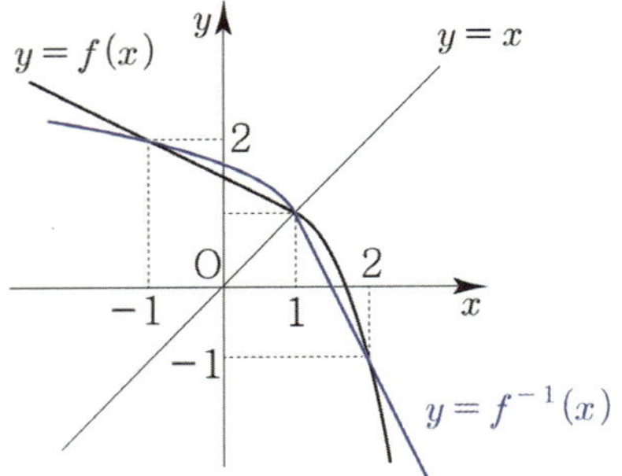

세 교점의 좌표를 $(-1,\ p),\ (1,\ 1),\ (2,\ q)$ 라 하면
$(-1,\ p)$ 와 $(2,\ q)$ 는 $y = x$ 에 대하여 대칭이므로
$p = 2,\ q = -1$ 이다.
즉, 세 교점의 좌표는 $(-1,\ 2),\ (1,\ 1),\ (2,\ -1)$ 이다.

$f(-1) = 2,\ f(1) = 1,\ f(2) = -1$ 이므로
$f(-1) = -a + b = 2$
$f(1) = c + \dfrac{5}{2} = 1$
$f(2) = 4c + 5 = -1$

연속조건으로 구했던 $a + b - c = \dfrac{5}{2}$ 와 연립하면

$$a = -\frac{1}{2},\ b = \frac{3}{2},\ c = -\frac{3}{2}$$ 이다.

따라서 $2a + 4b - 10c = -1 + 6 + 15 = 20$ 이다.

답 20

> **Tip**
>
> 아래 성질을 알고 있으면 역함수 교점 문제를 접근하기 용이하다.
>
> 함수 $f(x)$ 가 실수 전체의 집합에서 연속이고
> 역함수가 존재할 때,
>
> ① 함수 $f(x)$ 가 증가함수이면
> 두 함수 $y = f(x)$, $y = f^{-1}(x)$ 의 그래프의
> 교점은 모두 $y = x$ 위에 존재한다.
>
> 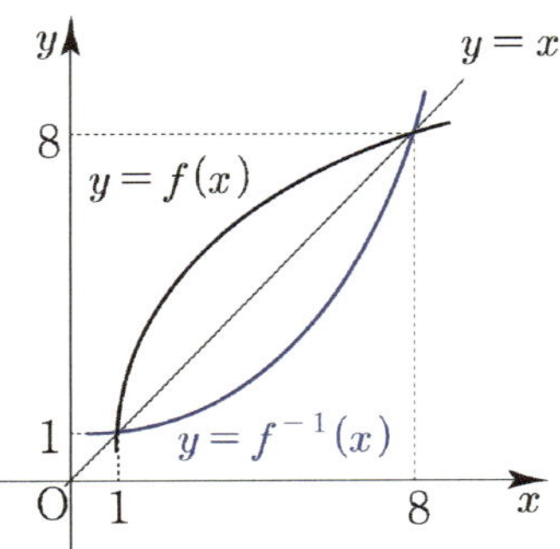

② 함수 $f(x)$ 가 감소함수이면
두 함수 $y=f(x)$, $y=f^{-1}(x)$ 의 그래프의
교점 중 하나는 반드시 $y=x$ 위에 있고,
나머지 점들은 직선 $y=x$ 에 대하여 대칭인
상태로 존재한다. 즉, 나머지 점들은
기울기가 -1 인 직선 위에 쌍으로 존재한다.

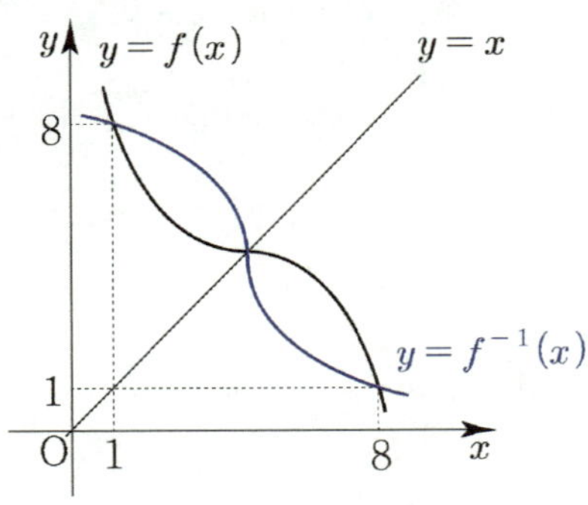

Q1. Tip ②에서 왜 함수 $f(x)$ 가 감소함수면 $y=x$ 에
대칭된 쌍으로 존재할까?

$y=f(x)$ 와 $y=f^{-1}(x)$ 가 $(1,\ 8)$ 에서 만나려면
$f(1)=8$, $f^{-1}(1)=8$ 이 성립해야 한다.
$f^{-1}(1)=8$ 이므로 $f(8)=1$ 이고, $f(1)=8$ 이므로
$f^{-1}(8)=1$ 이다.
$\therefore\ f(8)=f^{-1}(8)=1$

즉, $y=f(x)$ 와 $y=f^{-1}(x)$ 가 $(8,\ 1)$ 에서도 만나야 하므로
$y=x$ 에 대칭된 쌍으로 존재하는 것이다.

Q2. 왜 세 교점이 $(-1,\ 2)$, $(1,\ 1)$, $(2,\ -1)$ 일까?

tip에도 명시했듯이 $f(x)$ 가 감소함수이면 역함수와의 교점
중 하나는 반드시 $y=x$ 위에 있고 나머지 점들은 $y=x$ 에
대칭인 상태로 존재해야 하기 때문이다.
만약 교점이 3개라면 하나는 무조건 $y=x$ 위에 있고
나머지 점들은 $y=x$ 에 대칭 즉, x 와 y 좌표가 서로 반대가
되어야 한다. 예를 들어 $(-1,\ -1)$ 이 $y=x$ 위의 점이라면
교점이 $(-1,\ -1)$, $(1,\ 2)$, $(2,\ 1)$ 이 되어야 하는데 이는
감소함수가 아니므로 모순이다. (감소함수는 x 값이
커질수록 함숫값이 작아져야 하므로)

마찬가지로 $(2,\ 2)$ 이 $y=x$ 위의 점이라면
교점이 $(-1,\ 1)$, $(1,\ -1)$, $(2,\ 2)$ 이 되어야 하는데
이는 감소함수가 아니므로 모순이다.

따라서 $(1,\ 1)$ 이 $y=x$ 위의 점이어야 하고
세 교점의 좌표는 $(-1,\ 2)$, $(1,\ 1)$, $(2,\ -1)$ 이다.

$a>0$, b 는 실수
$$f(x)=\begin{cases} -3x(x+2) & (x<0) \\ |ax^2+bx| & (x\geq 0) \end{cases}$$

$y=\left|ax^2+bx\right|=\left|ax\left(x+\dfrac{b}{a}\right)\right|$ 의 x 절편은

$x=-\dfrac{b}{a}$, $x=0$ 이므로 b 에 따라 case분류해서

$f(x)$ 를 그리면 다음과 같다.

① $b>0$

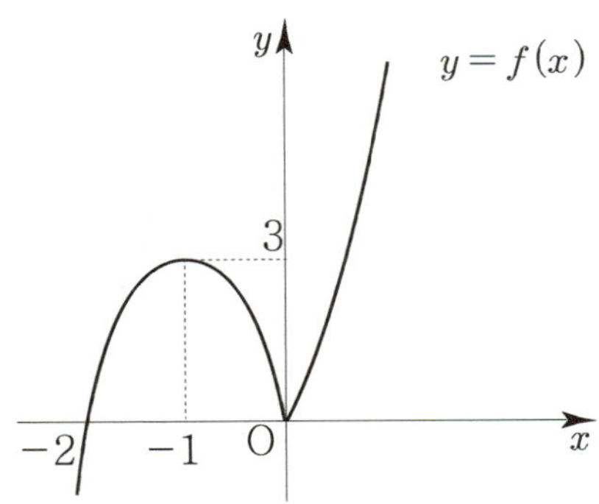

② $b=0$

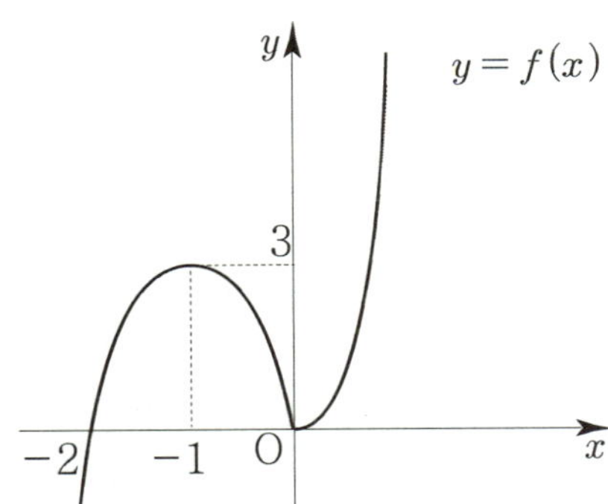

③ $b<0$

ⅰ) $x>0$ 에서 $f(x)$ 의 극댓값이 3보다 큰 경우

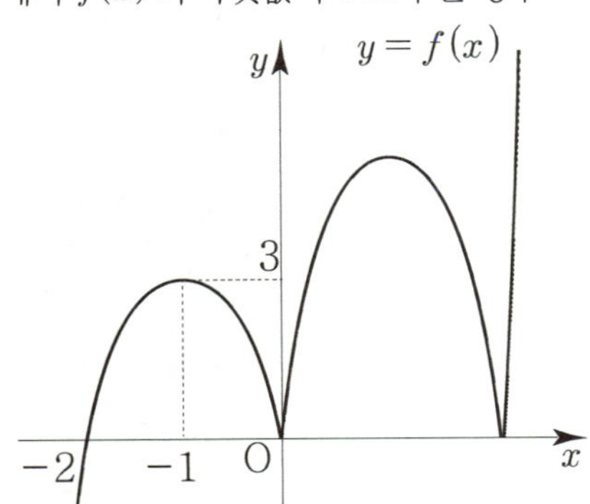

ii) $x > 0$ 에서 $f(x)$ 의 극댓값이 3인 경우

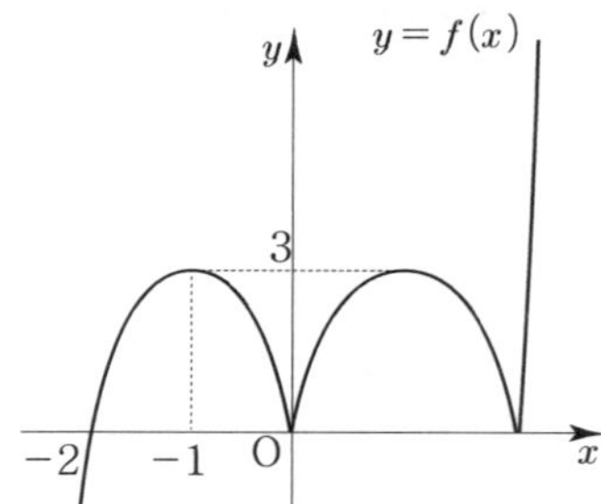

iii) $x > 0$ 에서 $f(x)$ 의 극댓값이 3보다 작은 경우

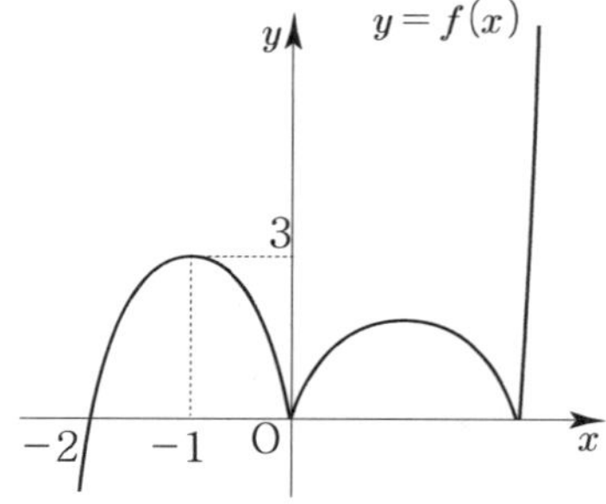

실수 t 에 대하여 $f(x) = t$ 인 모든 x 를 작은 수부터 크기순으로 나열한 것을 $x_1,\ x_2,\ x_3,\ \cdots,\ x_m\,(m$ 은 자연수$)$ 라 할 때, 함수 $g(t)$ 를 $g(t) = x_1$

$y = f(x)$ 의 그래프와 직선 $y = t$ 가 만나는 점 중 x 좌표가 가장 작은 것이 $g(t)$ 라는 뜻이므로 (가) 조건을 만족시킬 수 있는 것은 ③- i) 뿐이다.

함수 $g(t)$ 가 $t = 4$ 에서 불연속이려면 $x > 0$ 에서 $f(x)$ 의 극댓값이 4이어야 한다.
즉, $y = ax^2 + bx$ 의 최솟값이 -4

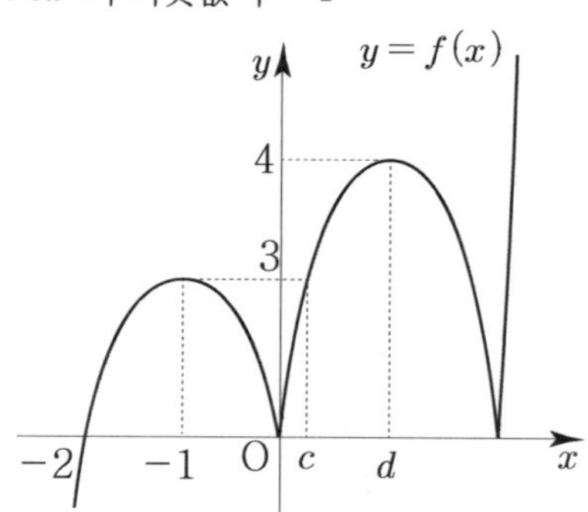

(나) $\lim\limits_{t \to 3+} g(t) = \dfrac{2}{3}$ 이므로 $c = \dfrac{2}{3}$ 이다.

즉, $y = ax^2 + bx$ 는 $\left(\dfrac{2}{3},\ -3\right)$ 을 지난다.

이차함수 $y = ax^2 + bx$ 는 최고차항의 계수가 a 이고 $x = d$ 일 때, 최솟값이 -4 이므로
$$y = a(x-d)^2 - 4$$

두 점 $(0,\ 0),\ \left(\dfrac{2}{3},\ -3\right)$ 을 지나므로

$$ad^2 = 4$$

$$a\left(\dfrac{2}{3} - d\right)^2 - 4 = -3 \Rightarrow a\left(\dfrac{4}{9} - \dfrac{4}{3}d + d^2\right) = 1$$

두 식을 연립하면

$$\dfrac{4}{9} - \dfrac{4}{3}d + d^2 = \dfrac{d^2}{4} \Rightarrow \dfrac{3}{4}d^2 - \dfrac{4}{3}d + \dfrac{4}{9} = 0$$

$$\Rightarrow 27d^2 - 48d + 16 = 0 \Rightarrow (9d - 4)(3d - 4) = 0$$

$$\Rightarrow d = \dfrac{4}{3} \ \left(\because d > \dfrac{2}{3}\right)$$

$g(4) = d = \dfrac{4}{3}$ 이므로 $30g(4) = 40$ 이다.

답 40

071

$f(1) = 0,\ f(a) = 0$

$$\lim_{x \to 2-} f(x) = -1,\quad \lim_{x \to 2+} f(x) = -4 + 2a$$

$$\Rightarrow \lim_{x \to 2-} f(x) \neq \lim_{x \to 2+} f(x)$$

$(\because\ a > 2$ 이므로 $2a - 4 > 0)$
이므로 $f(x)$ 는 $x = 2$ 에서 불연속이다.

함수 $h(x)$ 는 실수 전체의 집합에서 연속이므로 함수 $h(x)$ 는 $x = 1,\ x = a,\ x = 2$ 에서 연속이다.

$$\lim_{x \to 1} \frac{g(x)}{f(x)} = h(1),\quad \lim_{x \to a} \frac{g(x)}{f(x)} = h(a)\ \text{이고,}$$

$$\lim_{x \to 1} f(x) = 0,\quad \lim_{x \to a} f(x) = 0 \text{ 이므로}$$

$$\lim_{x \to 1} g(x) = 0,\quad \lim_{x \to a} g(x) = 0 \Rightarrow g(1) = 0,\ g(a) = 0 \text{ 이다.}$$

$$\lim_{x \to 2-} \frac{g(x)}{f(x)} = \lim_{x \to 2+} \frac{g(x)}{f(x)} \Rightarrow \frac{g(2)}{-1} = \frac{g(2)}{-4 + 2a}$$

$$\Rightarrow g(2) = 0 \ (\because\ a > 2)$$

$g(1) = g(2) = g(a) = 0$ 이므로
$$g(x) = (x-1)(x-2)(x-a)$$

$$\lim_{x \to 1} h(x) = \lim_{x \to 1} \frac{(x-1)(x-2)(x-a)}{(x-1)(x-3)}$$

$$= \lim_{x \to 1} \frac{(x-2)(x-a)}{x-3} = \frac{1-a}{2}$$

$$\lim_{x \to a} h(x) = \lim_{x \to a} \frac{(x-1)(x-2)(x-a)}{-x(x-a)}$$

$$= \lim_{x \to a} \frac{(x-1)(x-2)}{-x} = -\frac{(a-1)(a-2)}{a}$$

조건 (나)에 의해

$$h(1) = h(a) \Rightarrow \frac{1-a}{2} = -\frac{(a-1)(a-2)}{a}$$

$$\Rightarrow a = 4 \ (\because \ a > 2)$$

$$h(x) = \frac{g(x)}{f(x)} = \begin{cases} \dfrac{(x-2)(x-4)}{x-3} & (x \leq 2) \\[2mm] -\dfrac{(x-1)(x-2)}{x} & (x > 2) \end{cases}$$

이므로 $h(1) + h(3) = -\dfrac{3}{2} + \left(-\dfrac{2}{3}\right) = -\dfrac{13}{6}$ 이다.

답 ③

072

ㄱ. $h(1) = 3$

$$h(1) = \lim_{t \to 0+} g(1+t) \times \lim_{t \to 2+} g(1+t)$$

$$= \lim_{s \to 1+} g(s) \times \lim_{s \to 3+} g(s) = 1 \times 3 = 3$$

이므로 ㄱ은 참이다.

ㄴ. 함수 $h(x)$ 는 실수 전체의 집합에서 연속이다.

$$h(x) = \lim_{t \to 0+} g(x+t) \times \lim_{t \to 2+} g(x+t)$$

$$= g(x+) \times g(x+2+)$$

$g(x)$ 는 -1 과 1 이 경계이므로 이를 고려하여 t 의 범위에 따라 $h(t)$ 를 구하면 다음과 같다.

① $t < -3$ 일 때, $h(t) = t(t+2)$

② $-3 \leq t < -1$ 일 때, $h(t) = tf(t+2)$

③ $t = -1$ 일 때, $h(-1) = f(-1)$

④ $-1 < t < 1$ 일 때, $h(t) = f(t)(t+2)$

⑤ $t \geq 1$ 일 때, $h(t) = t(t+2)$

$x = 1$ 에서 연속이려면 $f(1) = 1$ 이어야 하는데 $f(1) = 1$ 이라는 보장이 없으므로 ㄴ은 거짓이다.

ㄷ. 함수 $g(x)$ 가 닫힌구간 $[-1, 1]$ 에서 감소하고 $g(-1) = -2$ 이면 함수 $h(x)$ 는 실수 전체의 집합에서 최솟값을 갖는다.

만약 $g(x)$ 가 아래 그림과 같다고 가정하자.

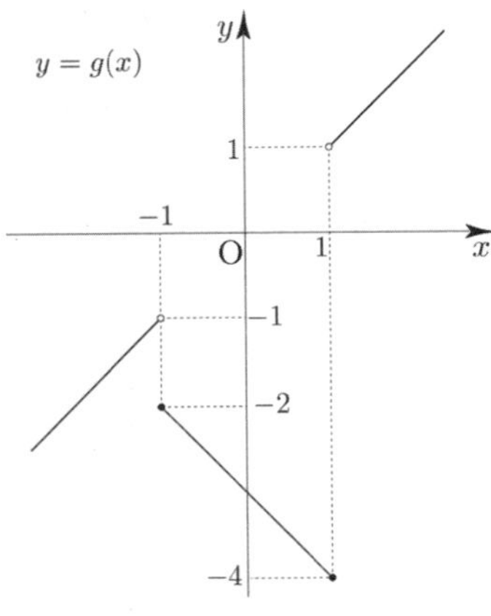

$f(x) = -x - 3$ 이므로

① $t < -3$ 일 때, $h(t) = t(t+2)$

② $-3 \leq t < -1$ 일 때, $h(t) = t(-t-5)$

③ $t = -1$ 일 때, $h(-1) = -2$

④ $-1 < t < 1$ 일 때, $h(t) = (-t-3)(t+2)$

⑤ $t \geq 1$ 일 때, $h(t) = t(t+2)$

$h(t)$ 를 그리면 다음과 같다.

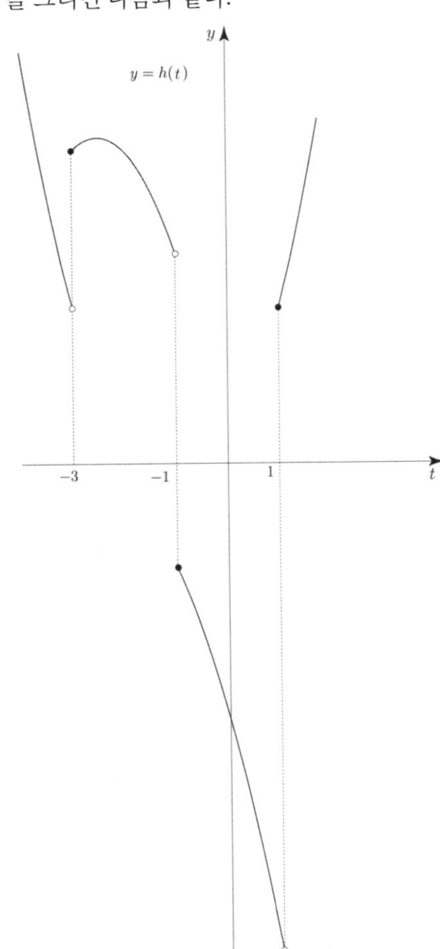

$h(t)$ 는 최솟값이 존재하지 않으므로 ㄷ의 반례이다. 따라서 ㄷ은 거짓이다.

답 ①

미분

미분계수와 도함수 | Guide step

1	(1) 5 (2) $3 + \varDelta x$
2	(1) 2 (2) 4
3	(1) -2 (2) 8
4	(1) 5 (2) 4
5	함수 $f(x)$ 는 $x = 2$ 에서 연속이지만 미분가능하지 않다.
6	(1) $f'(x) = -1$ (2) $f'(x) = -4x + 1$
7	(1) $y' = 5x^4$ (2) $y' = 4x^3$ (3) $y' = 0$
8	(1) $y' = -4x^3 + 8x + 6$ (2) $y' = -18x^2 + 8x + 15$

개념 확인문제 1

(1) $\dfrac{\varDelta y}{\varDelta x} = \dfrac{f(3) - f(1)}{3 - 1} = \dfrac{12 - 2}{2} = 5$

(2) $\dfrac{\varDelta y}{\varDelta x} = \dfrac{f(1 + \varDelta x) - f(1)}{\varDelta x}$

$\qquad = \dfrac{(1 + \varDelta x)^2 + 1 + \varDelta x - 2}{\varDelta x}$

$\qquad = \dfrac{3\varDelta x + (\varDelta x)^2}{\varDelta x} = 3 + \varDelta x$

답 (1) 5   (2) $3 + \varDelta x$

개념 확인문제 2

(1) $f'(-1) = \lim\limits_{x \to -1} \dfrac{f(x) - f(-1)}{x + 1} = \lim\limits_{x \to -1} \dfrac{2x + 2}{x + 1} = 2$

(2) $f'(-1) = \lim\limits_{x \to -1} \dfrac{f(x) - f(-1)}{x + 1}$

$\qquad = \lim\limits_{x \to -1} \dfrac{-x^2 + 2x + 3}{x + 1}$

$\qquad = \lim\limits_{x \to -1} \dfrac{(x + 1)(-x + 3)}{x + 1} = 4$

답 (1) 2   (2) 4

개념 확인문제 3

(1) $\lim\limits_{h \to 0} \dfrac{f(1 - 2h) - f(1)}{4h} = \lim\limits_{h \to 0} \dfrac{f(1 - 2h) - f(1)}{-2h} \times \left(-\dfrac{1}{2} \right)$

$\qquad = -\dfrac{1}{2} f'(1) = -2$

로피탈의 정리를 사용하면

$\lim\limits_{h \to 0} \dfrac{f(1 - 2h) - f(1)}{4h} = \lim\limits_{h \to 0} \dfrac{-2f'(1 - 2h)}{4} = -\dfrac{1}{2} f'(1)$

$\qquad = -2$

(2) $\lim\limits_{h \to 0} \dfrac{f(1 + h) - f(1 - h)}{h}$

$\qquad = \lim\limits_{h \to 0} \dfrac{f(1 + h) - f(1) - f(1 - h) + f(1)}{h}$

$\qquad = \lim\limits_{h \to 0} \dfrac{f(1 + h) - f(1)}{h} + \lim\limits_{h \to 0} \dfrac{f(1 - h) - f(1)}{-h}$

$\qquad = f'(1) + f'(1) = 2f'(1) = 8$

로피탈의 정리를 사용하면

$\lim\limits_{h \to 0} \dfrac{f(1 + h) - f(1 - h)}{h}$

$= \lim\limits_{h \to 0} \dfrac{f'(1 + h) + f'(1 - h)}{1} =$

$= 2f'(1) = 8$

답 (1) -2 (2) 8

개념 확인문제 4

(1) $y = 3x^2 - x + 1, \ (1, \ 3)$

$f(x) = 3x^2 - x + 1$ 라 하면 접선의 기울기는 함수 $f(x)$ 의 $x = 1$ 에서 미분계수 $f'(1)$ 과 같으므로

$f'(1) = \lim\limits_{x \to 1} \dfrac{f(x) - f(1)}{x - 1} = \lim\limits_{x \to 1} \dfrac{3x^2 - x - 2}{x - 1}$

$\qquad = \lim\limits_{x \to 1} \dfrac{(x - 1)(3x + 2)}{x - 1} = \lim\limits_{x \to 1} (3x + 2) = 5$

(2) $y = x^3 + x, \ (-1, \ -2)$

$f(x) = x^3 + x$ 라 하면 접선의 기울기는 함수 $f(x)$ 의 $x = -1$ 에서 미분계수 $f'(-1)$ 과 같으므로

$$f'(-1) = \lim_{x \to -1} \frac{f(x) - f(-1)}{x+1} = \lim_{x \to -1} \frac{x^3 + x + 2}{x+1}$$

$$= \lim_{x \to -1} \frac{(x+1)(x^2 - x + 2)}{x+1} = \lim_{x \to -1} (x^2 - x + 2) = 4$$

답   (1) 5   (2) 4

개념 확인문제 5

$f(2) = 0$ 이고 $\lim\limits_{x \to 2} f(x) = \lim\limits_{x \to 2} |x^2 - 4| = 0$ 이므로

$\lim\limits_{x \to 2} f(x) = f(2)$ 이다.

따라서 함수 $f(x)$ 는 $x = 2$ 에서 연속이다.

$$\lim_{x \to 2+} \frac{f(x) - f(2)}{x - 2}$$

$$= \lim_{x \to 2+} \frac{|x^2 - 4|}{x - 2} = \lim_{x \to 2+} \frac{(x^2 - 4)}{x - 2}$$

$$= \lim_{x \to 2+} \frac{(x+2)(x-2)}{x-2} = \lim_{x \to 2+} (x+2) = 4$$

$$\lim_{x \to 2-} \frac{f(x) - f(2)}{x - 2}$$

$$= \lim_{x \to 2-} \frac{|x^2 - 4|}{x - 2} = \lim_{x \to 2-} \frac{-(x^2 - 4)}{x - 2}$$

$$= \lim_{x \to 2-} \frac{-(x+2)(x-2)}{x-2} = \lim_{x \to 2-} -(x+2) = -4$$

$$\lim_{x \to 2+} \frac{f(x) - f(2)}{x - 2} \neq \lim_{x \to 2-} \frac{f(x) - f(2)}{x - 2} \text{ 이므로}$$

극한값 $\lim\limits_{x \to 2} \dfrac{f(x) - f(2)}{x - 2}$ 이 존재하지 않는다.

따라서 함수 $f(x)$ 는 $x = 2$ 에서 미분가능하지 않다.

답   함수 $f(x)$ 는 $x = 2$ 에서
연속이지만 미분가능하지 않다.

개념 확인문제 6

(1) $f(x) = -x + 2$

$$f'(x) = \lim_{h \to 0} \frac{f(x+h) - f(x)}{h} = \lim_{h \to 0} \frac{-(x+h) + 2 + x - 2}{h}$$

$$= \lim_{h \to 0} \frac{-h}{h} = -1$$

(2) $f(x) = -2x^2 + x + 1$

$$f'(x) = \lim_{h \to 0} \frac{f(x+h) - f(x)}{h}$$

$$= \lim_{h \to 0} \frac{-2(x+h)^2 + (x+h) + 1 + 2x^2 - x - 1}{h}$$

$$= \lim_{h \to 0} \frac{-4hx - 2h^2 + h}{h} = \lim_{h \to 0} (-4x - 2h + 1) = -4x + 1$$

답   (1) $f'(x) = -1$
(2) $f'(x) = -4x + 1$

개념 확인문제 7

(1) $y = x^5$

$y' = 5x^{5-1} = 5x^4$

(2) $y = x^4$

$y' = 4x^{4-1} = 4x^3$

(3) $y = 100$

$y' = 0$

답   (1) $y' = 5x^4$
(2) $y' = 4x^3$ (3) $y' = 0$

개념 확인문제 8

(1) $y = -x^4 + 4x^2 + 6x$

$$y' = (-x^4 + 4x^2 + 6x)' = -(x^4)' + 4(x^2)' + 6(x)'$$

$$= -4x^3 + 8x + 6$$

(2) $y = (3x - 2)(-2x^2 + 5)$

$$y' = \{(3x - 2)(-2x^2 + 5)\}'$$

$$= (3x - 2)'(-2x^2 + 5) + (3x - 2)(-2x^2 + 5)'$$

$$= 3(-2x^2 + 5) + (3x - 2)(-4x)$$

$$= -18x^2 + 8x + 15$$

답   (1) $y' = -4x^3 + 8x + 6$
(2) $y' = -18x^2 + 8x + 15$

1	3	26	76
2	40	27	10
3	45	28	9
4	4	29	2
5	9	30	33
6	13	31	10
7	5	32	20
8	②	33	67
9	6	34	2
10	18	35	23
11	4	36	29
12	5	37	1
13	50	38	12
14	60	39	13
15	10	40	19
16	9	41	32
17	165	42	ㄴ, ㄷ, ㅂ
18	5	43	17
19	8	44	21
20	30	45	3
21	3	46	4
22	6	47	7
23	19	48	48
24	36	49	3
25	7	50	5

001

$$\frac{f(0)-f(-1)}{0-(-1)}=\frac{f(a)-f(2)}{a-2}$$

$$\Rightarrow 4=\frac{a^3-3a^2+4}{a-2} \Rightarrow 4a-8=a^3-3a^2+4$$

$$\Rightarrow a^3-3a^2-4a+12=0 \Rightarrow (a-2)(a^2-a-6)=0$$

$$\Rightarrow (a-2)(a-3)(a+2)=0 \Rightarrow a=3 \ (\because a>2)$$

답 3

002

$$\frac{f(2)-f(0)}{2-0}=f'(k)$$

$$\Rightarrow 3=3k^2-1 \Rightarrow 4=3k^2$$

$$\Rightarrow k^2=\frac{4}{3}$$

따라서 $30k^2=40$ 이다.

답 40

003

방정식 $ax^2=3x$ 은 $x=2$ 를 실근으로 가지므로

$$4a=6 \Rightarrow a=\frac{3}{2}$$

$$\frac{f(0)-f(-2)}{0-(-2)}=\frac{-6}{2}=-3=b$$

따라서 $10(a-b)=10\left(\frac{3}{2}+3\right)=15+30=45$ 이다.

답 45

004

$$\lim_{h\to 0}\frac{f(1+3h)-f(1)}{h}=\lim_{h\to 0}\frac{f(1+3h)-f(1)}{3h}\times 3$$

$$=f'(1)\times 3=12 \Rightarrow f'(1)=4$$

답 4

로피탈의 정리를 사용하면

$$\lim_{h\to 0}\frac{f(1+3h)-f(1)}{h}=\lim_{h\to 0}\frac{3f'(1+3h)}{1}$$

$$=3f'(1)=12 \Rightarrow f'(1)=4$$

005

$$\lim_{h\to 0}\frac{f(-1+2h)-f(-1)}{3h}$$

$$=\lim_{h\to 0}\frac{f(-1+2h)-f(-1)}{2h}\times\frac{2}{3}=f'(-1)\times\frac{2}{3}=6$$

$$\Rightarrow f'(-1)=9$$

답 9

로피탈의 정리를 사용하면

$$\lim_{h\to 0}\frac{f(-1+2h)-f(-1)}{3h}=\lim_{h\to 0}\frac{2f'(-1+2h)}{3}$$

$$=\frac{2}{3}f'(-1)=6 \Rightarrow f'(-1)=9$$

$$\lim_{x\to 2}\frac{f(x-1)-5}{x^2-4}=2$$

$x-1=t$ 라 치환하면 $x \to 2 \Rightarrow t \to 1$

$$\lim_{t\to 1}\frac{f(t)-5}{(t+1)^2-4}=\lim_{t\to 1}\frac{f(t)-5}{t^2+2t-3}$$

$$=\lim_{t\to 1}\frac{f(t)-5}{(t-1)(t+3)}=2$$

$$\lim_{t\to 1}(t-1)(t+3)=0 \Rightarrow \lim_{t\to 1}\{f(t)-5\}=0$$

$$\Rightarrow \lim_{t\to 1}f(t)=5$$

$f(t)$ 는 다항함수이므로 실수 전체의 집합에서 연속이다.

따라서 $f(1)=5$ 이다.

$$\lim_{t\to 1}\frac{f(t)-5}{(t-1)(t+3)}=\lim_{t\to 1}\frac{f(t)-f(1)}{(t-1)(t+3)}$$

$$=\lim_{t\to 1}\frac{f(t)-f(1)}{t-1}\times\frac{1}{t+3}=f'(1)\times\frac{1}{4}=2 \Rightarrow f'(1)=8$$

따라서 $f(1)+f'(1)=5+8=13$ 이다.

답   13

실전적으로 풀어보자.

$\lim_{x\to 2}\dfrac{f(x-1)-5}{x^2-4}=2$ 이므로

$$\lim_{x\to 2}(x^2-4)=0 \Rightarrow \lim_{x\to 2}\{f(x-1)-5\}=0$$

$f(x)$ 는 다항함수이므로 함수 $f(x-1)-5$ 는 $x=2$ 에서
연속이다. 즉, $f(1)=5$ 이다.

$\dfrac{0}{0}$ 꼴이므로 로피탈의 정리를 사용하면

$$\lim_{x\to 2}\frac{f(x-1)-5}{x^2-4}=\lim_{x\to 2}\frac{f'(x-1)}{2x}=\frac{1}{4}f'(1)=2$$

$$\Rightarrow f'(1)=8$$

$f(x+1)-f(1)=x^3+5x$

양변을 x 로 나누면

$$\frac{f(x+1)-f(1)}{x}=\frac{x^3+5x}{x}$$

$$\lim_{x\to 0}\frac{f(1+x)-f(1)}{x}=f'(1)=\lim_{x\to 0}\frac{x^3+5x}{x}=5$$

따라서 $f'(1)=5$ 이다.

답   5

$f(2)=0$

$$\lim_{x\to 2}\frac{\{f(x)\}^2+3f(x)}{x-2}=\lim_{x\to 2}\frac{f(x)\{f(x)+3\}}{x-2}$$

$$=\lim_{x\to 2}\frac{f(x)-f(2)}{x-2}\times\{f(x)+3\}=3f'(2)=6$$

따라서 $f'(2)=2$ 이다.

답   ②

로피탈의 정리를 사용하면

$$\lim_{x\to 2}\frac{\{f(x)\}^2+3f(x)}{x-2}=\lim_{x\to 2}\frac{2f'(x)f(x)+3f'(x)}{1}$$

$$=2f'(2)f(2)+3f'(2)=3f'(2)=6$$

$$\lim_{x\to 3}\frac{f(x^2)-f(9)}{x-3}=\lim_{x\to 3}\frac{f(x^2)-f(9)}{x^2-9}\times(x+3)$$

$x^2=t$ 라 치환하면 $x \to 3 \Rightarrow t \to 9$

$$\lim_{x\to 3}\frac{f(x^2)-f(9)}{x^2-9}\times 6=\lim_{t\to 9}\frac{f(t)-f(9)}{t-9}\times 6=6f'(9)=36$$

따라서 $f'(9)=6$ 이다.

답   6

로피탈의 정리를 사용하면

$$\lim_{x\to 3}\frac{f(x^2)-f(9)}{x-3}=\lim_{x\to 3}\frac{2xf'(x^2)}{1}$$

$$=f'(9)\times 6=36$$

$$\lim_{x \to 1} \frac{f(x)+2}{x-1} = f'(1) + f(-1)$$

$f(x)$ 는 이차함수이므로 $f'(1)$ 과 $f(-1)$ 의 값이 존재한다.

즉, 극한값 $\displaystyle\lim_{x \to 1} \frac{f(x)+2}{x-1}$ 가 존재한다.

$$\lim_{x \to 1}(x-1) = 0 \;\Rightarrow\; \lim_{x \to 1}\{f(x)+2\} = 0$$

$$\Rightarrow\; \lim_{x \to 1} f(x) = -2$$

이차함수 $f(x)$ 는 $x=1$ 에서 연속이므로
$\displaystyle\lim_{x \to 1} f(x) = f(1) = -2$ 이다.

$$\lim_{x \to 1} \frac{f(x)+2}{x-1} = \lim_{x \to 1} \frac{f(x)-f(1)}{x-1} = f'(1)$$

$$= f'(1) + f(-1) \;\Rightarrow\; f(-1) = 0$$

$f(x) = x^2 + ax + b$ 라 하면
$f(1) = -2 \;\Rightarrow\; 1+a+b = -2 \;\Rightarrow\; a+b = -3$
$f(-1) = 0 \;\Rightarrow\; 1-a+b = 0 \;\Rightarrow\; -a+b = -1$
위 두 식을 연립하면 $a = -1$, $b = -2$

$f(x) = x^2 - x - 2$ 이므로 $f(5) = 25 - 5 - 2 = 18$ 이다.

답 18

011

미분가능한 함수 $f(x)$ 에 대하여 $f'(1) = 2$

$$\lim_{h \to 0} \frac{f(1+h) - f(1-3h)}{2h}$$

$$= \lim_{h \to 0} \frac{f(1+h) - f(1) - f(1-3h) + f(1)}{2h}$$

$$= \frac{1}{2}\left\{\lim_{h \to 0} \frac{f(1+h)-f(1)}{h}\right\} + \frac{3}{2}\left\{\lim_{h \to 0} \frac{f(1-3h)-f(1)}{-3h}\right\}$$

$$= \frac{1}{2}f'(1) + \frac{3}{2}f'(1) = 2f'(1) = 4$$

답 4

로피탈의 정리를 사용하면
$$\lim_{h \to 0} \frac{f(1+h) - f(1-3h)}{2h} = \lim_{h \to 0} \frac{f'(1+h) + 3f'(1-3h)}{2}$$

$$= \frac{4}{2}f'(1) = 2f'(1)$$

012

다항함수 $f(x)$

$$\lim_{x \to -2} \frac{f(x)-3}{x+2} = 15$$

$$\lim_{x \to -2}(x+2) = 0 \;\Rightarrow\; \lim_{x \to -2}\{f(x)-3\} = 0$$

$$\Rightarrow\; \lim_{x \to -2} f(x) = 3 \;\Rightarrow\; f(-2) = 3$$

($\because$ 다항함수는 $x = -2$ 에서 연속)

$$\lim_{x \to -2} \frac{f(x)-3}{x+2} = \lim_{x \to -2} \frac{f(x)-f(-2)}{x-(-2)} = f'(-2) = 15$$

$$\lim_{h \to 0} \frac{f(-2+h) - f(-2-h)}{6h}$$

$$= \lim_{h \to 0} \frac{f(-2+h) - f(-2) - f(-2-h) + f(-2)}{6h}$$

$$= \frac{1}{6}\left\{\lim_{h \to 0} \frac{f(-2+h)-f(-2)}{h}\right\} + \frac{1}{6}\left\{\lim_{h \to 0} \frac{f(-2-h)-f(-2)}{-h}\right\}$$

$$= \frac{1}{6}f'(-2) + \frac{1}{6}f'(-2) = \frac{1}{3}f'(-2) = 5$$

답 5

로피탈의 정리를 사용하면
$$\lim_{h \to 0} \frac{f(-2+h) - f(-2-h)}{6h}$$

$$= \lim_{h \to 0} \frac{f'(-2+h) + f'(-2-h)}{6} = \frac{2}{6}f'(-2) = \frac{1}{3}f'(-2)$$

$$\lim_{x \to 3} \frac{f(x)-f(3)}{x^2-9} = \lim_{x \to 3} \frac{f(x)-f(3)}{x-3} \times \frac{1}{x+3}$$

$$= f'(3) \times \frac{1}{6} = 10 \;\Rightarrow\; f'(3) = 60$$

$$\lim_{h \to 0} \frac{f(3+h) - f(3-4h)}{6h}$$

$$= \lim_{h \to 0} \frac{f(3+h) - f(3) - f(3-4h) + f(3)}{6h}$$

$$= \frac{1}{6}\left\{\lim_{h \to 0} \frac{f(3+h)-f(3)}{h}\right\} + \frac{4}{6}\left\{\lim_{h \to 0} \frac{f(3-4h)-f(3)}{-4h}\right\}$$

$$= \frac{1}{6}f'(3) + \frac{4}{6}f'(3) = \frac{5}{6}f'(3) = 50$$

답 50

로피탈의 정리를 사용하면

$$\lim_{x \to 3} \frac{f(x)-f(3)}{x^2-9} = \lim_{x \to 3} \frac{f'(x)}{2x}$$

$$= \frac{f'(3)}{6} = 10 \implies f'(3) = 60$$

$$\lim_{h \to 0} \frac{f(3+h)-f(3-4h)}{6h} = \lim_{h \to 0} \frac{f'(3+h)+4f'(3-4h)}{6}$$

$$= \frac{5}{6}f'(3) = 50$$

014

$$\frac{f(a+4)-f(a)}{4} = f'(3a)$$

$$\implies \frac{(a+4)^2-a(a+4)}{4} = 6a-a$$

$$\implies a+4 = 5a \implies a = 1$$

$$f(x) = x^2-x$$

$$\lim_{x \to 3a} \frac{\{f(x)\}^2-\{f(3a)\}^2}{x-3a} = \lim_{x \to 3} \frac{\{f(x)\}^2-\{f(3)\}^2}{x-3}$$

$$= \lim_{x \to 3} \frac{f(x)-f(3)}{x-3} \times \{f(x)+f(3)\} = f'(3) \times 2f(3) = 60$$

답 60

015

$$f'(2) = 12$$

$$\lim_{n \to \infty} n\left\{f\left(2+\frac{1}{3n}\right)-f\left(2-\frac{1}{2n}\right)\right\}$$

$\dfrac{1}{n} = t$ 라 치환하면 $n \to \infty \implies t \to 0+$

$$\lim_{t \to 0+} \frac{1}{t}\left\{f\left(2+\frac{1}{3}t\right)-f\left(2-\frac{1}{2}t\right)\right\}$$

$$= \lim_{t \to 0+} \frac{f\left(2+\frac{t}{3}\right)-f\left(2-\frac{t}{2}\right)}{t}$$

$$= \lim_{t \to 0+} \frac{f\left(2+\frac{t}{3}\right)-f(2)-f\left(2-\frac{t}{2}\right)+f(2)}{t}$$

$$= \frac{1}{3}\left\{\lim_{t \to 0+} \frac{f\left(2+\frac{t}{3}\right)-f(2)}{\frac{t}{3}}\right\} + \frac{1}{2}\left\{\lim_{t \to 0+} \frac{f\left(2-\frac{t}{2}\right)-f(2)}{-\frac{t}{2}}\right\}$$

$\dfrac{t}{3} = h$ 라 치환하면 $t \to 0+ \implies h \to 0+$

$-\dfrac{t}{2} = s$ 라 치환하면 $t \to 0+ \implies s \to 0-$

$$\frac{1}{3}\left\{\lim_{t \to 0+} \frac{f\left(2+\frac{t}{3}\right)-f(2)}{\frac{t}{3}}\right\} + \frac{1}{2}\left\{\lim_{t \to 0+} \frac{f\left(2-\frac{t}{2}\right)-f(2)}{-\frac{t}{2}}\right\}$$

$$= \frac{1}{3}\left\{\lim_{h \to 0+} \frac{f(2+h)-f(2)}{h}\right\} + \frac{1}{2}\left\{\lim_{s \to 0-} \frac{f(2+s)-f(2)}{s}\right\}$$

$\displaystyle\lim_{h \to 0+} \frac{f(2+h)-f(2)}{h}$ 는 $x=2$ 에서의 우미분계수이다.

$f(x)$ 는 다항함수이므로 $x=2$ 에서 미분가능하다.

(사실 $f'(2) = 12$ 이므로 $x=2$ 에서 미분가능한 것이 자명하다.)

즉, $\displaystyle\lim_{h \to 0} \frac{f(2+h)-f(2)}{h} = f'(2)$ 이므로

$$\lim_{h \to 0+} \frac{f(2+h)-f(2)}{h} = f'(2) \text{ 이다.}$$

마찬가지로

$\displaystyle\lim_{s \to 0-} \frac{f(2+s)-f(2)}{s}$ 는 $x=2$ 에서의 좌미분계수이다.

$f(x)$ 는 다항함수이므로 $x=2$ 에서 미분가능하다.

즉, $\displaystyle\lim_{s \to 0} \frac{f(2+s)-f(2)}{s} = f'(2)$ 이므로

$$\lim_{s \to 0-} \frac{f(2+s)-f(2)}{s} = f'(2) \text{ 이다.}$$

$$\frac{1}{3}\left\{\lim_{h \to 0+} \frac{f(2+h)-f(2)}{h}\right\} + \frac{1}{2}\left\{\lim_{s \to 0-} \frac{f(2+s)-f(2)}{s}\right\}$$

$$= \frac{1}{3}f'(2) + \frac{1}{2}f'(2) = \frac{5}{6}f'(2) = 10$$

답 10

로피탈의 정리를 사용하면

$$\lim_{t \to 0+} \frac{f\left(2+\frac{t}{3}\right)-f\left(2-\frac{t}{2}\right)}{t}$$

$$= \lim_{t \to 0+} \frac{\frac{1}{3}f'\left(2+\frac{t}{3}\right)+\frac{1}{2}f'\left(2-\frac{t}{2}\right)}{1}$$

$$= \frac{1}{3}f'(2) + \frac{1}{2}f'(2) = \frac{5}{6}f'(2) = 10$$

$f(3) = 3, \ f'(3) = 19$

$$\lim_{x \to 3} \frac{3f(x) - xf(3)}{x^2 - 9}$$

$$= \lim_{x \to 3} \left(\frac{3f(x) - 3f(3) + 3f(3) - xf(3)}{x - 3} \times \frac{1}{x + 3} \right)$$

$$= \frac{1}{6} \times 3 \times \lim_{x \to 3} \frac{f(x) - f(3)}{x - 3} + \frac{1}{6} \times \lim_{x \to 3} \frac{-f(3)(x - 3)}{x - 3}$$

$$= \frac{1}{2} f'(3) - \frac{1}{6} f(3) = \frac{19}{2} - \frac{1}{2} = \frac{18}{2} = 9$$

답 9

로피탈의 정리를 사용하면

$$\lim_{x \to 3} \frac{3f(x) - xf(3)}{x^2 - 9} = \lim_{x \to 3} \frac{3f'(x) - f(3)}{2x}$$

$$= \frac{3f'(3) - f(3)}{6} = \frac{57 - 3}{6} = 9$$

$f'(-1) = 3$

$$\lim_{h \to 0} \frac{1}{h} \left[\left\{ \sum_{k=1}^{10} f(-1 + kh) \right\} - 10 f(-1) \right]$$

$$= \lim_{h \to 0} \frac{f(-1 + h) + \cdots + f(-1 + 10h) - 10 f(-1)}{h}$$

$$= \lim_{h \to 0} \frac{f(-1 + h) - f(-1)}{h} + \lim_{h \to 0} \frac{f(-1 + 2h) - f(-1)}{h}$$

$$+ \cdots + \lim_{h \to 0} \frac{f(-1 + 10h) - f(-1)}{h}$$

$$= \lim_{h \to 0} \frac{f(-1 + h) - f(-1)}{h} + \lim_{h \to 0} \frac{f(-1 + 2h) - f(-1)}{2h} \times 2$$

$$+ \cdots + \lim_{h \to 0} \frac{f(-1 + 10h) - f(-1)}{10h} \times 10$$

$$= f'(-1) + 2f'(-1) + \cdots + 10 f'(-1)$$

$$= f'(-1)(1 + 2 + \cdots + 10) = 55 f'(-1) = 165$$

답 165

Tip

절대 쫄지 말자!! "그냥 한번 해본다"는 마인드는
문제를 푸는 강력한 tool이다.

$f(x + y) = f(x) + f(y) + xy$

y에 h를 대입해서 정리하면

$f(x + h) - f(x) = f(h) + xh$

$x = 0, \ h = 0$을 대입하면 $f(0) = 0$

$$\lim_{h \to 0} \frac{f(x + h) - f(x)}{h} = f'(x) \ \text{를 이용하면}$$

$$\lim_{h \to 0} \frac{f(h) + xh}{h} = \lim_{h \to 0} \frac{f(h) - f(0)}{h - 0} + x = f'(0) + x$$

$$= f'(x)$$

$f'(1) = 3 \ \Rightarrow \ f'(0) + 1 = 3 \ \Rightarrow \ f'(0) = 2$

$f'(x) = x + 2$이므로 $f'(3) = 5$이다.

답 5

Tip

아마 이 문제를 푸는데 편미분을 사용한 학생이 있을 수 있다.
수능을 준비하는 학생이라면 편미분보다는 도함수의 정의로
푸는 것을 추천한다. 수능에 출제된다면 도함수의 정의를
물어보는 문제가 나올 것이다.

$f(x + y) = 2 f(x) f(y)$

y에 h를 대입하면

$f(x + h) = 2 f(x) f(h)$

$x = 0, \ h = 0$을 대입하면

$$f(0) = 2f(0)^2 \ \Rightarrow \ f(0) = \frac{1}{2} \ (\because f(x) > 0)$$

$$\lim_{h \to 0} \frac{f(x + h) - f(x)}{h} = f'(x) \ \text{를 이용하면}$$

$$\lim_{h \to 0} \frac{2 f(x) f(h) - f(x)}{h} = \lim_{h \to 0} \frac{2 f(x) \left\{ f(h) - \frac{1}{2} \right\}}{h}$$

$$= 2 f(x) \times \lim_{h \to 0} \frac{f(h) - \frac{1}{2}}{h}$$

$(\because \ h \to 0$이므로 h가 변수이니 $2 f(x)$는 상수$)$

$$= 2 f(x) \times \lim_{h \to 0} \frac{f(h) - f(0)}{h - 0} = 2 f(x) f'(0) = f'(x)$$

$f'(0) = 4 \ \Rightarrow \ f'(x) = 8 f(x)$

$$\frac{f'(x)}{f(x)}=8 \text{이므로} \quad \frac{f'(2)}{f(2)}=8 \text{이다.}$$

답 8

020

$$f(x+y)=f(x)+f(y)+2xy(x+y)$$

y에 h를 대입해서 정리하면
$$f(x+h)-f(x)=f(h)+2xh(x+h)$$
$x=0,\ h=0$을 대입하면 $f(0)=0$

$$\lim_{h\to0}\frac{f(x+h)-f(x)}{h}=f'(x) \text{ 를 이용하면}$$

$$\lim_{h\to0}\frac{f(h)+2xh(x+h)}{h}$$

$$=\lim_{h\to0}\frac{f(h)-f(0)}{h-0}+\lim_{h\to0}\frac{2xh(x+h)}{h}$$

$$=f'(0)+2x^2=f'(x)$$

$f'(4)=32+f'(0),\ f'(1)=2+f'(0)$ 이므로
$f'(4)-f'(1)=30$ 이다.

답 30

021

$$f(x)=2x^3-4x^2+5x+1$$
$$f'(x)=6x^2-8x+5 \text{이므로}$$
$$f'(1)=3 \text{이다.}$$

답 3

022

$$f(x)=-x^4+2x^2+6x$$
$$f'(x)=-4x^3+4x+6 \text{이므로}$$
$$f'(-1)=6 \text{이다.}$$

답 6

023

$$f(x)=x^3+ax^2-x+1$$
$$f'(x)=3x^2+2ax-1$$
$$f'(1)=6 \implies 2a+2=6 \implies a=2$$

따라서 $f'(a)=f'(2)=12+8-1=19$ 이다.

답 19

024

다항함수 $f(x)$
$$3f(x)-f(-x)=6x^2+16x$$

$f(x)$ 의 최고차항을 ax^n 이라 하자.
$n=3$ 이면 $3ax^3-a(-x)^3=4ax^3$ 이므로 조건을
만족시키지 않는다. ($\because$ 삼차함수이므로 $a\neq0$)

$n>3$ 이면 같은 논리로 우변의 최고차항이 $6x^2$ 가
될 수 없다.

$n=1$ 이어도 우변의 최고차항이 $6x^2$ 이 될 수 없으므로
$n=2$ 이어야 한다.

$f(x)=ax^2+bx+c$ 를 대입하면
$$3ax^2+3bx+3c-(ax^2-bx+c)=2ax^2+4bx+2c$$

$$=6x^2+16x \implies a=3,\ b=4,\ c=0$$
$f(x)=3x^2+4x$ 이므로 $f(2)=12+8=20$ 이고
$f'(x)=6x+4$ 이므로 $f'(2)=16$ 이다.
따라서 $f(2)+f'(2)=36$ 이다.

답 36

다르게 풀어보자.

모든 실수 x 에 대하여 $3f(x)-f(-x)=6x^2+16x$
주어진 식에 x 대신 $-x$ 를 대입하면
$$3f(-x)-f(x)=6x^2-16x$$

이제 두 식을 연립하면
$$8f(x)=24x^2+32x \implies f(x)=3x^2+4x$$
$$f'(x)=6x+4$$

따라서 $f(2)+f'(2)=36$ 이다.

$$f(x) = \sum_{k=1}^{a} \frac{x^k}{k} = x + \frac{x^2}{2} + \frac{x^3}{3} + \cdots + \frac{x^a}{a}$$

$$f'(x) = 1 + x + x^2 + \cdots + x^{a-1}$$

$$f'(2) = 1 + 2 + 2^2 + \cdots + 2^{a-1} = \frac{1(2^a - 1)}{2-1} = 127$$

$$\Rightarrow a = 7$$

답 7

$$f(x) = |x-2|(x^2+ax) + x^2$$

$$f(x) = \begin{cases} (x-2)(x^2+ax)+x^2 & (x \geq 2) \\ -(x-2)(x^2+ax)+x^2 & (x < 2) \end{cases}$$

$f'(2) = b$ 이므로 $x = 2$ 에서 좌미분계수와 우미분계수가 서로 같아야한다.

$$\lim_{x \to 2+} \frac{f(x)-f(2)}{x-2} = \lim_{x \to 2+} \frac{(x-2)(x^2+ax)+x^2-4}{x-2}$$

$$= \lim_{x \to 2+}(x^2+ax) + \lim_{x \to 2+}(x+2) = 4+2a+4 = 8+2a$$

$$\lim_{x \to 2-} \frac{f(x)-f(2)}{x-2} = \lim_{x \to 2-} \frac{-(x-2)(x^2+ax)+x^2-4}{x-2}$$

$$= \lim_{x \to 2-}\{-(x^2+ax)\} + \lim_{x \to 2-}(x+2) = -4-2a+4 = -2a$$

$$\lim_{x \to 2+} \frac{f(x)-f(2)}{x-2} = \lim_{x \to 2-} \frac{f(x)-f(2)}{x-2}$$

이므로 $8+2a = -2a \Rightarrow 4a = -8 \Rightarrow a = -2$

$$\lim_{x \to 2} \frac{f(x)-f(2)}{x-2} = 4 = f'(2) = b$$

$f'(b-a) = f'(6)$ 의 값을 구하면

$x \geq 2$ 에서 $f(x) = (x-2)(x^2-2x)+x^2$

$f'(x) = (x^2-2x)+(x-2)(2x-2)+2x$ 이므로

$f'(6) = (36-12)+40+12 = 76$ 이다.

답 76

★ 조금 더 실전적으로 풀어보자.

$f(x)$ 가

$$f(x) = \begin{cases} (x-2)(x^2+ax)+x^2 & (x \geq 2) \\ -(x-2)(x^2+ax)+x^2 & (x < 2) \end{cases}$$

이므로

$x \geq 2$ 에서 $f(x) = (x-2)(x^2+ax)+x^2$

$g(x) = (x-2)(x^2+ax)+x^2$ 라 하면 $y = g(x)$ 는 다항함수이므로 실수 전체의 집합에서 미분가능하다. 즉, $x = 2$ 에서 미분가능하다.

$x = 2$ 에서 미분가능하므로

$$\lim_{x \to 2+} \frac{g(x)-g(2)}{x-2} = \lim_{x \to 2-} \frac{g(x)-g(2)}{x-2} = g'(2)$$

결국 극한값 $\displaystyle\lim_{x \to 2+} \frac{f(x)-f(2)}{x-2} = \lim_{x \to 2+} \frac{g(x)-g(2)}{x-2}$ 를 직접 구하지 않고 $g'(2)$ 를 구하면 된다.

$$g(x) = (x-2)(x^2+ax)+x^2$$

$$g'(x) = (x^2+ax)+(x-2)(2x+a)+2x$$

$$\Rightarrow g'(2) = 4+2a+4 = 8+2a$$

$$\lim_{x \to 2+} \frac{f(x)-f(2)}{x-2} = g'(2) = 8+2a$$

$x < 2$ 에서 $f(x) = -(x-2)(x^2+ax)+x^2$.
위와 마찬가지 논리로
$h(x) = -(x-2)(x^2+ax)+x^2$ 라 하면

$$\lim_{x \to 2-} \frac{f(x)-f(2)}{x-2} = h'(2) = -2a$$

$8+2a = -2a \Rightarrow 4a = -8 \Rightarrow a = -2$

> **Tip**
>
> **1** 실전적인 풀이도 알고 있고 미분계수의 정의를 활용하는 정석적 풀이도 알고 있어야 한다.
>
> **2** 도함수의 극한과 미분계수의 관계에 대한 자세한 내용은 도함수의 활용 Master step 229번 해설에서 자세히 다루기로 하자.

$$f(x) = x^3 + 2x + 4 \Rightarrow f'(x) = 3x^2 + 2$$

$$\lim_{h \to 0} \frac{f(1+2h)-f(1)}{h} = \lim_{h \to 0} \frac{f(1+2h)-f(1)}{2h} \times 2$$

$$= 2f'(1) = 10$$

답 10

$f(x) = 4x^3 - ax \implies f'(x) = 12x^2 - a$

$\lim\limits_{h \to 0} \dfrac{f(1+2h)-1}{3h} = b$

$\lim\limits_{h \to 0} 3h = 0 \implies \lim\limits_{h \to 0}\{f(1+2h)-1\} = 0$

$\implies \lim\limits_{h \to 0} f(1+2h) = 1 \implies f(1) = 1 \implies a = 3$

($\because f(x)$는 다항함수이므로 $x=1$에서 연속)

$\lim\limits_{h \to 0} \dfrac{f(1+2h)-1}{3h} = \lim\limits_{h \to 0} \dfrac{f(1+2h)-f(1)}{3h}$

$= \lim\limits_{h \to 0} \dfrac{f(1+2h)-f(1)}{2h} \times \dfrac{2}{3} = \dfrac{2}{3} f'(1) = \dfrac{2}{3}(12-3)$

$= 6 = b$

따라서 $a + b = 3 + 6 = 9$이다.

답 9

$\dfrac{0}{0}$꼴인 것을 확인 후 로피탈의 정리를 사용하면

$\lim\limits_{h \to 0} \dfrac{f(1+2h)-1}{3h} = \lim\limits_{h \to 0} \dfrac{2f'(1+2h)}{3}$

$= \dfrac{2}{3} f'(1) = b = 6$

$f(x) = -x^2 + 6x + 2 \implies f'(x) = -2x + 6$

$\lim\limits_{h \to 0} \dfrac{f(a+h)-f(a-2h)}{h}$

$= \lim\limits_{h \to 0} \dfrac{f(a+h)-f(a)-f(a-2h)+f(a)}{h}$

$= \left\{\lim\limits_{h \to 0} \dfrac{f(a+h)-f(a)}{h}\right\} + 2\left\{\lim\limits_{h \to 0} \dfrac{f(a-2h)-f(a)}{-2h}\right\}$

$= f'(a) + 2f'(a) = 3f'(a) = 3(-2a+6) = 6$

따라서 $a = 2$이다.

답 2

로피탈의 정리를 사용하면

$\lim\limits_{h \to 0} \dfrac{f(a+h)-f(a-2h)}{h} = \lim\limits_{h \to 0} \dfrac{f'(a+h)+2f'(a-2h)}{1}$

$= 3f'(a) = 6$

$f(x) = x^4 + 5x^2 - 3x + 2 \implies f'(x) = 4x^3 + 10x - 3$

$\lim\limits_{n \to \infty} n\left\{f\left(1+\dfrac{2}{n}\right) - f\left(1-\dfrac{1}{n}\right)\right\}$

$\dfrac{1}{n} = t$로 치환하면 $n \to \infty \implies t \to 0+$

$\lim\limits_{n \to \infty} n\left\{f\left(1+\dfrac{2}{n}\right) - f\left(1-\dfrac{1}{n}\right)\right\}$

$= \lim\limits_{t \to 0+} \dfrac{f(1+2t)-f(1-t)}{t}$

$= \lim\limits_{t \to 0+} \dfrac{f(1+2t)-f(1)-f(1-t)+f(1)}{t}$

$= 2\left\{\lim\limits_{t \to 0+} \dfrac{f(1+2t)-f(1)}{2t}\right\} + \left\{\lim\limits_{t \to 0+} \dfrac{f(1-t)-f(1)}{-t}\right\}$

$= 2f'(1) + f'(1) = 3f'(1) = 3(4+10-3) = 33$

($\because f(x)$는 $x=1$에서 미분가능)

답 33

로피탈의 정리를 사용하면

$\lim\limits_{t \to 0+} \dfrac{f(1+2t)-f(1-t)}{t} = \lim\limits_{t \to 0+} \dfrac{2f'(1+2t)+f'(1-t)}{1}$

$= 3f'(1)$

031

다항함수 $f(x)$

$\lim\limits_{x \to 2} \dfrac{xf(x)-2x^2-4}{x-2} = f(2)$

$\lim\limits_{x \to 2}(x-2) = 0 \implies \lim\limits_{x \to 2}(xf(x)-2x^2-4) = 0 \implies f(2) = 6$

($\because f(x)$는 $x=2$에서 연속)

$\lim\limits_{x \to 2} \dfrac{xf(x)-2x^2-4}{x-2} = 6$

$g(x) = xf(x) - 2x^2 - 4$라 하면 $g(2) = 2f(2) - 12 = 0$

$\lim\limits_{x \to 2} \dfrac{g(x)}{x-2} = \lim\limits_{x \to 2} \dfrac{g(x)-g(2)}{x-2} = g'(2) = 6$

$g'(x) = f(x) + xf'(x) - 4x$

$g'(2) = f(2) + 2f'(2) - 8 = 6$

$\implies f'(2) = 4$

따라서 $f(2) + f'(2) = 10$이다.

답 10

032

$$\lim_{x \to 1} \frac{x^{11} + x^9 - 2}{x - 1}$$

$f(x) = x^{11} + x^9 - 2$ 라 하면 $f(1) = 0$

$$\lim_{x \to 1} \frac{x^{11} + x^9 - 2}{x - 1} = \lim_{x \to 1} \frac{f(x) - f(1)}{x - 1} = f'(1)$$

$f'(x) = 11x^{10} + 9x^8$ 이므로 $f'(1) = 20$ 이다.

답 20

033

$$\lim_{x \to 2} \frac{x^n - x^3 + x^2 - 28}{x - 2} = a$$

$$\lim_{x \to 2}(x - 2) = 0 \Rightarrow \lim_{x \to 2}(x^n - x^3 + x^2 - 28) = 0$$

$$\Rightarrow 2^n - 8 + 4 - 28 = 0 \Rightarrow 2^n = 32 \Rightarrow n = 5$$

$f(x) = x^5 - x^3 + x^2 - 28$ 라 하면 $f(2) = 0$

$$\lim_{x \to 2} \frac{x^5 - x^3 + x^2 - 28}{x - 2} = \lim_{x \to 2} \frac{f(x) - f(2)}{x - 2} = f'(2) = a$$

$f'(x) = 5x^4 - 3x^2 + 2x$ 이므로 $f'(2) = 80 - 12 + 4 = 72$
이다.

따라서 $a - n = 72 - 5 = 67$ 이다.

답 67

034

(가) $\lim\limits_{x \to \infty} \dfrac{f(x) + 3x^2}{x^2} = 1$

$f(x) = -2x^2 + ax + b \Rightarrow f'(x) = -4x + a$

(나) $\lim\limits_{x \to 2} \dfrac{f(x)}{x^2 - x - 2} = 2$

$$\lim_{x \to 2}(x^2 - x - 2) = 0 \Rightarrow \lim_{x \to 2}f(x) = 0 \Rightarrow f(2) = 0$$

$$\lim_{x \to 2}\left(\frac{f(x) - f(2)}{x - 2} \times \frac{1}{x + 1} \right) = \frac{1}{3} f'(2) = 2 \Rightarrow f'(2) = 6$$

$f'(2) = 6$ 이므로 $a = 14$ 이고
$f(2) = -8 + 2a + b = 0$ 이므로 $b = -20$ 이다.

따라서 $f(1) + f'(1) = -6 + 2a + b = 2$ 이다.

답 2

035

$f(x) = (x^2 + 2x)(x^3 + x^2)$
$f'(x) = (2x + 2)(x^3 + x^2) + (x^2 + 2x)(3x^2 + 2x)$ 이므로
$f'(1) = 8 + 15 = 23$ 이다.

답 23

036

$$\lim_{x \to 2} \frac{f(x) - 5}{x - 2} = 3, \ \lim_{x \to 2} \frac{g(x) - 3}{x - 2} = 4$$

$f(2) = 5, \ f'(2) = 3, \ g(2) = 3, \ g'(2) = 4$

$\{f(x)g(x)\}' = f'(x)g(x) + f(x)g'(x)$ 이므로
함수 $f(x)g(x)$ 의 $x = 2$ 에서의 미분계수는
$f'(2)g(2) + f(2)g'(2) = 9 + 20 = 29$ 이다.

답 29

037

$$\lim_{x \to 1} \frac{f(x) - 4}{x - 1} = 3$$
$f(1) = 4, \ f'(1) = 3$

$g(x) = (x^3 - 2x)f(x)$ 의 양변을 x 에 대해 미분하면
$g'(x) = (3x^2 - 2)f(x) + (x^3 - 2x)f'(x)$ 이므로
$g'(1) = f(1) - f'(1) = 4 - 3 = 1$ 이다.

답 1

038

$$\lim_{x \to 1} \frac{f(x-1) - 2}{x - 1} = 5, \ \lim_{x \to 0} \frac{g(x) - 1}{x} = 3$$
$f(0) = 2, \ f'(0) = 5, \ g(0) = 1, \ g'(0) = 3$

$h(x) = \{f(x) + x\}g(x)$ 의 양변을 x 에 대해 미분하면
$h'(x) = \{f'(x) + 1\}g(x) + \{f(x) + x\}g'(x)$ 이므로
$h'(0) = \{f'(0) + 1\}g(0) + f(0)g'(0) = 6 + 6 = 12$
이다.

답 12

039

(가) $\lim\limits_{x \to 1} \dfrac{f(x)-2}{x-1} = -3$

$f(1)=2,\ f'(1)=-3$

(나) $\lim\limits_{x \to 1} \dfrac{f(x)g(x)-6}{x-1} = 11$

$h(x)=f(x)g(x)-6$ 라 하면

$h(1)=0 \Rightarrow f(1)g(1)=6 \Rightarrow g(1)=3$

$h'(1)=0 \Rightarrow f'(1)g(1)+f(1)g'(1)=11$

$\Rightarrow -9+2g'(1)=11 \Rightarrow g'(1)=10$

따라서 $g(1)+g'(1)=13$ 이다.

 13

(가) $\lim\limits_{x \to \infty} \dfrac{f(x)}{x^3-x} = 1$

$f(x)$ 는 최고차항의 계수가 1 인 삼차함수

(나) $f(k)=f(1)=f(4)$

$f(k)=f(1)=f(4)=p$ 라 하면

$f(k)-p=0,\ f(1)-p=0,\ f(4)-p=0$

$g(x)=f(x)-p$ 라 하면 $g(k)=g(1)=g(4)=0$ 이므로

$g(x)=(x-k)(x-1)(x-4)$ 이다.

($\because\ g(x)$ 는 최고차항의 계수가 1 인 삼차함수)

$g(x)$ 에 $f(x)-p$ 를 대입해서 정리하면

$f(x)=(x-k)(x-1)(x-4)+p$

$f'(x)=(x-1)(x-4)+(x-k)(x-4)+(x-k)(x-1)$

이므로 $f'(1)=(1-k)(1-4)=3 \Rightarrow k=2$

따라서 $f'(k+3)=f'(5)=4+3+12=19$ 이다.

 19

041

(가) $\lim\limits_{x \to 1} \dfrac{f(x)}{(x-1)^2} = 4$

분모 $(x-1)^2$ 을 약분해주려면

$f(x)$ 는 $(x-1)^2$ 을 인수로 가져야하므로

$f(x)=a(x-1)^2(x-b)$ 이다.

$\lim\limits_{x \to 1} \dfrac{a(x-1)^2(x-b)}{(x-1)^2} = \lim\limits_{x \to 1} \dfrac{a(x-b)}{1} = a(1-b)=4$

(나) $f(2)=8$

$f(2)=a(2-b)=8$

$a(1-b)=4$, $a(2-b)=8$ 을 연립하면

$a=4,\ b=0$ 이므로 $f(x)=4(x-1)^2 x$ 이다.

$f'(x)=4\{2(x-1)x+(x-1)^2\}$ 이므로

$f'(-1)=4(4+4)=32$ 이다.

답 32

$x=2$ 에서 연속이지만 미분가능하지 않은 함수

ㄱ. $y=3$

$f(x)=3$ 이라 하면

$\lim\limits_{x \to 2} f(x)=f(2)=3$ 이므로

$x=2$ 에서 연속이다.

$\lim\limits_{x \to 2} \dfrac{f(x)-f(2)}{x-2}=0$ 이므로

$x=2$ 에서 미분가능하다.

따라서 ㄱ은 거짓이다.

ㄴ. $y=|x-2|$

$f(x)=|x-2|$ 라 하면

$\lim\limits_{x \to 2} f(x)=f(2)=0$ 이므로

$x=2$ 에서 연속이다.

$\lim\limits_{x \to 2+} \dfrac{f(x)-f(2)}{x-2}=\lim\limits_{x \to 2+}\dfrac{x-2}{x-2}=1$

$\lim\limits_{x \to 2-} \dfrac{f(x)-f(2)}{x-2}=\lim\limits_{x \to 2-}\dfrac{-(x-2)}{x-2}=-1$

$\lim\limits_{x \to 2+} \dfrac{f(x)-f(2)}{x-2} \neq \lim\limits_{x \to 2-} \dfrac{f(x)-f(2)}{x-2}$ 이므로

$x=2$ 에서 미분가능하지 않다.

따라서 ㄴ은 참이다.

ㄷ. $y=x-2+|x-2|$

$f(x)=x-2+|x-2|$ 라 하면

$\lim\limits_{x \to 2} f(x)=f(2)=0$ 이므로

$x=2$에서 연속이다.

$$\lim_{x\to2+}\frac{f(x)-f(2)}{x-2}=\lim_{x\to2+}\frac{x-2+x-2}{x-2}=2$$

$$\lim_{x\to2-}\frac{f(x)-f(2)}{x-2}=\lim_{x\to2-}\frac{0}{x-2}=0$$

$$\lim_{x\to2+}\frac{f(x)-f(2)}{x-2}\neq\lim_{x\to2-}\frac{f(x)-f(2)}{x-2}\text{ 이므로}$$

$x=2$에서 미분가능하지 않다.

따라서 ㄷ은 참이다.

ㄹ. $y=\begin{cases} 4x+1 & (x>2) \\ x^2 & (x\le2) \end{cases}$

$f(x)=\begin{cases} 4x+1 & (x>2) \\ x^2 & (x\le2) \end{cases}$ 라 하면

$$\lim_{x\to2+}f(x)=9,\ \lim_{x\to2-}f(x)=4$$

$$\lim_{x\to2+}f(x)\neq\lim_{x\to2-}f(x)\text{ 이므로}$$

$x=2$에서 불연속이다.

따라서 ㄹ은 거짓이다.

ㅁ. $y=|x-2|(x-2)$

$f(x)=|x-2|(x-2)$ 라 하면

$$\lim_{x\to2}f(x)=f(2)=0\text{ 이므로}$$

$x=2$에서 연속이다.

$$\lim_{x\to2+}\frac{f(x)-f(2)}{x-2}=\lim_{x\to2+}\frac{(x-2)(x-2)}{x-2}=0$$

$$\lim_{x\to2-}\frac{f(x)-f(2)}{x-2}=\lim_{x\to2-}\frac{-(x-2)(x-2)}{x-2}=0$$

$$\lim_{x\to2}\frac{f(x)-f(2)}{x-2}=0\text{ 이므로}$$

$x=2$에서 미분가능하다.

따라서 ㅁ은 거짓이다.

ㅂ. $y=|x^2-4|$

$f(x)=|x^2-4|$ 라 하면

$$\lim_{x\to2}f(x)=f(2)=0\text{ 이므로}$$

$x=2$에서 연속이다.

$$\lim_{x\to2+}\frac{f(x)-f(2)}{x-2}=\lim_{x\to2+}\frac{(x-2)(x+2)}{x-2}=4$$

$$\lim_{x\to2-}\frac{f(x)-f(2)}{x-2}=\lim_{x\to2-}\frac{-(x-2)(x+2)}{x-2}=-4$$

$$\lim_{x\to2+}\frac{f(x)-f(2)}{x-2}\neq\lim_{x\to2-}\frac{f(x)-f(2)}{x-2}\text{ 이므로}$$

$x=2$에서 미분가능하지 않다.

따라서 ㅂ은 참이다.

ㅅ. $y=\begin{cases} 2x-3 & (x>2) \\ (x-1)^2 & (x\le2) \end{cases}$

$f(x)=\begin{cases} 2x-3 & (x>2) \\ (x-1)^2 & (x\le2) \end{cases}$

$$\lim_{x\to2}f(x)=f(2)=1\text{ 이므로}$$

$x=2$에서 연속이다.

$$\lim_{x\to2+}\frac{f(x)-f(2)}{x-2}=\lim_{x\to2+}\frac{2x-3-1}{x-2}=2$$

$$\lim_{x\to2-}\frac{f(x)-f(2)}{x-2}=\lim_{x\to2-}\frac{(x-1)^2-1}{x-2}$$

$$=\lim_{x\to2-}\frac{(x-2)x}{x-2}=2$$

$$\lim_{x\to2}\frac{f(x)-f(2)}{x-2}=2\text{ 이므로}$$

$x=2$에서 미분가능하다.

따라서 ㅅ은 거짓이다.

답 ㄴ, ㄷ, ㅂ

Tip

026번 해설에서 제시한 실전적 풀이를 적용해서 판단할 수 있다. 예를 들어 ㅅ의 $x=2$에서 미분가능성을 판단하는 과정에서 다음과 같이 우미분계수와 좌미분계수를 구할 수 있다.

$$g(x)=2x-3,\ h(x)=(x-1)^2$$

$$\lim_{x\to2+}\frac{f(x)-f(2)}{x-2}=g'(2)=2$$

$$\lim_{x\to2-}\frac{f(x)-f(2)}{x-2}=h'(2)=2(2-1)=2$$

043

$$f(x)=\begin{cases} 3x^2+ax+1 & (x<1) \\ 4x+a & (x\ge1) \end{cases}$$

$x=1$에서 미분가능하면 $x=1$에서 연속이어야 한다.

$$\lim_{x\to1}f(x)=f(1)\ \Rightarrow\ 4+a=4+a\text{ 이므로}$$

$x=1$에서 연속이다.

026번 해설에서 제시한 실전적 풀이를 적용해보자.

$$g(x) = 3x^2 + ax + 1, \ h(x) = 4x + a$$

$$\lim_{x \to 1+} \frac{f(x) - f(1)}{x - 1} = h'(1) = 4$$

$$\lim_{x \to 1-} \frac{f(x) - f(1)}{x - 1} = g'(1) = 6 + a$$

$$4 = 6 + a \Rightarrow a = -2$$

$$f(x) = \begin{cases} 3x^2 - 2x + 1 & (x < 1) \\ 4x - 2 & (x \geq 1) \end{cases} \text{이므로}$$

$$f(a) = f(-2) = 12 + 4 + 1 = 17 \text{이다.}$$

답　17

044

$$f(x) = \begin{cases} x^3 + ax + b & (x < 1) \\ -2x^2 + a & (x \geq 1) \end{cases}$$

$x = 1$에서 미분가능하면 $x = 1$에서 연속이어야 한다.

$$\lim_{x \to 1} f(x) = f(1) \Rightarrow 1 + a + b = -2 + a \Rightarrow b = -3$$

$$g(x) = x^3 + ax - 3, \ h(x) = -2x^2 + a$$

$$\lim_{x \to 1+} \frac{f(x) - f(1)}{x - 1} = h'(1) = -4$$

$$\lim_{x \to 1-} \frac{f(x) - f(1)}{x - 1} = g'(1) = 3 + a$$

$$-4 = 3 + a \Rightarrow a = -7$$

따라서 $ab = 21$이다.

답　21

045

$$f(x) = \begin{cases} -2x + 4 & (x < 0) \\ a(x-2)^2 + bx & (x \geq 0) \end{cases}$$

실수 전체의 집합에서 미분가능하므로 $x = 0$에서 미분가능하다.

$x = 0$에서 미분가능하면 $x = 0$에서 연속이어야 한다.

$$\lim_{x \to 0} f(x) = f(0) \Rightarrow 4 = 4a \Rightarrow a = 1$$

$$g(x) = -2x + 4, \ h(x) = (x-2)^2 + bx$$

$$\lim_{x \to 0+} \frac{f(x) - f(0)}{x - 0} = h'(0) = -4 + b$$

$$\lim_{x \to 0-} \frac{f(x) - f(0)}{x - 0} = g'(0) = -2$$

$$-4 + b = -2 \Rightarrow b = 2$$

따라서 $a + b = 3$이다.

답　3

046

$f(x) = |x - 1|(x + a)$가 $x = 1$에서 미분가능하다.

$$\lim_{x \to 1+} \frac{f(x) - f(1)}{x - 1} = \lim_{x \to 1+} \frac{(x-1)(x+a)}{x-1} = 1 + a$$

$$\lim_{x \to 1-} \frac{f(x) - f(1)}{x - 1} = \lim_{x \to 1-} \frac{-(x-1)(x+a)}{x-1} = -1 - a$$

$$1 + a = -1 - a \Rightarrow 2 = -2a \Rightarrow a = -1$$

즉, $\lim\limits_{x \to 1} \dfrac{f(x) - f(1)}{x - 1} = f'(1) = 0$

$$f(x) = |x - 1|(x - 1)$$

따라서 $f'(1) - f(a) = f'(1) - f(-1) = 0 + 4 = 4$이다.

답　4

026번 해설에서 제시한 실전적 풀이를 적용해보자.

$f(x) = |x - 1|(x + a)$이므로 범위를 구분하면 다음과 같다.

$$f(x) = \begin{cases} (x-1)(x+a) & (x \geq 1) \\ (-x+1)(x+a) & (x < 1) \end{cases}$$

$f(x)$는 $x = 1$에서 연속이므로 $x = 1$에서 미분가능성만 조사하면 된다.

$g(x) = (x-1)(x+a), \ h(x) = (-x+1)(x+a)$라 하면
$g'(x) = 2x + a - 1, \ h'(x) = -2x - a + 1$이므로

$$\lim_{x \to 1+} \frac{f(x) - f(1)}{x - 1} = g'(1) = 1 + a$$

$$\lim_{x \to 1-} \frac{f(x) - f(1)}{x - 1} = h'(1) = -1 - a$$

$$1 + a = -1 - a \Rightarrow 2 = -2a \Rightarrow a = -1$$

047

$f(x) = \left| x^2 + ax + 3 \right|$ 가 $x = 1$, $x = b$ 에서만
미분가능하지 않으려면 $f(1) = 0$, $f(b) = 0$ 이어야 한다.
(미분가능하지 않으려면 첨점이 존재해야 한다.
이는 그래프를 그려보면 자명하다.)

$f(1) = 4 + a = 0 \Rightarrow a = -4$

$f(b) = b^2 - 4b + 3 = (b-3)(b-1) = 0 \Rightarrow b = 3 \;\; (b \neq 1)$

따라서 $b - a = 3 + 4 = 7$ 이다.

답 7

048

$$f(x) = \begin{cases} x+1 & (x \leq 0) \\ -x & (0 < x \leq 1) \\ -2x+1 & (x > 1) \end{cases}$$

와 최고차항의 계수가 1 인 삼차함수 $g(x)$

함수 $f(x)g(x) = \begin{cases} (x+1)g(x) & (x \leq 0) \\ -xg(x) & (0 < x \leq 1) \\ (-2x+1)g(x) & (x > 1) \end{cases}$

는 실수 전체의 집합에서 미분가능하다.

① $x = 0$

$x = 0$ 에서 연속이므로
$\lim\limits_{x \to 0} f(x)g(x) = f(0)g(0) \Rightarrow g(0) = 0$

$x = 0$ 에서 미분가능하므로

$h(x) = (x+1)g(x), \;\; j(x) = -xg(x)$

$\lim\limits_{x \to 0+} \dfrac{f(x)g(x) - f(0)g(0)}{x - 0} = j'(0) = -g(0) = 0$

$\lim\limits_{x \to 0-} \dfrac{f(x)g(x) - f(0)g(0)}{x - 0} = h'(0) = g(0) + g'(0) = 0$

즉, $g(0) = 0, \;\; g'(0) = 0$

② $x = 1$

$x = 1$ 에서 연속이므로
$\lim\limits_{x \to 1} f(x)g(x) = f(1)g(1)$

$x = 1$ 에서 미분가능하므로
$j(x) = -xg(x), \;\; k(x) = (-2x+1)g(x)$

$\lim\limits_{x \to 1+} \dfrac{f(x)g(x) - f(1)g(1)}{x - 1} = k'(1) = -2g(1) - g'(1)$

$\lim\limits_{x \to 1-} \dfrac{f(x)g(x) - f(1)g(1)}{x - 1} = j'(1) = -g(1) - g'(1)$

$-2g(1) - g'(1) = -g(1) - g'(1)$
즉, $g(1) = 0$

$g(0) = g'(0) = g(1) = 0$ 이므로 $g(x) = x^2(x-1)$ 이다.
따라서 $g(4) = 16 \times 3 = 48$ 이다.

답 48

049

$$f(x) = \begin{cases} -x+2 & (x < 2) \\ 2x-4 & (x \geq 2) \end{cases}$$

$\lim\limits_{h \to 0+} \dfrac{f(2+3h) - f(2-h)}{2h} = \lim\limits_{h \to 0-} \dfrac{f(2+3h) - f(2-h)}{2h} + k$

아래와 같이 전개할 수 있을까?

$$\lim_{h \to 0} \frac{f(2+3h)-f(2-h)}{2h}$$

$$=\lim_{h \to 0} \frac{f(2+3h)-f(2)-f(2-h)+f(2)}{2h}$$

$$=\frac{3}{2}\left\{\lim_{h \to 0}\frac{f(2+3h)-f(2)}{3h}\right\}+\frac{1}{2}\left\{\lim_{h \to 0}\frac{f(2-h)-f(2)}{-h}\right\} \cdots ①$$

$$=2f'(2) \cdots ②$$

①에서 ②가 되려면 $f'(2)$ 가 존재해야 한다.
즉, "$f(x)$ 가 $x=2$ 에서 미분가능하다"는 전제조건이
있어야 한다.

하지만 $f(x)$ 는

$$\lim_{x \to 2+} \frac{f(x)-f(2)}{x-2}=2, \quad \lim_{x \to 2-} \frac{f(x)-f(2)}{x-2}=-1$$

$$\lim_{x \to 2+} \frac{f(x)-f(2)}{x-2} \neq \lim_{x \to 2-} \frac{f(x)-f(2)}{x-2}$$

이므로 $x=2$ 에서 미분가능하지 않다.

따라서

$$\lim_{h \to 0+} \frac{f(2+3h)-f(2-h)}{2h}, \quad \lim_{h \to 0-} \frac{f(2+3h)-f(2-h)}{2h}$$

은 순수하게 극한값 계산으로 봐야 한다.

$$\boxed{\lim_{h \to 0+} \frac{f(2+3h)-f(2-h)}{2h} = \lim_{h \to 0-} \frac{f(2+3h)-f(2-h)}{2h}+k}$$

ⅰ) $\displaystyle\lim_{h \to 0+} \frac{f(2+3h)-f(2-h)}{2h}$

$2+3h=t$ 라 하면
$h \to 0+ \Rightarrow t \to 2+$ 이므로 (합성함수로 생각)
$f(2+3h) = 2(2+3h)-4 = 6h$

$2-h=t$ 라 하면
$h \to 0+ \Rightarrow t \to 2-$ 이므로 (합성함수로 생각)
$f(2-h) = -(2-h)+2 = h$

$$\lim_{h \to 0+} \frac{f(2+3h)-f(2-h)}{2h} = \lim_{h \to 0+}\frac{6h-h}{2h} = \frac{5}{2}$$

ⅱ) $\displaystyle\lim_{h \to 0-} \frac{f(2+3h)-f(2-h)}{2h}$

$2+3h=t$ 라 하면

$h \to 0- \Rightarrow t \to 2-$ (합성함수로 생각)
$f(2+3h) = -(2+3h)+2 = -3h$

$2-h=t$ 라 하면
$h \to 0- \Rightarrow t \to 2+$ 이므로 (합성함수로 생각)
$f(2-h) = 2(2-h)-4 = -2h$

$$\lim_{h \to 0-} \frac{f(2+3h)-f(2-h)}{2h} = \lim_{h \to 0-}\frac{-3h+2h}{2h} = -\frac{1}{2}$$

$$\lim_{h \to 0+} \frac{f(2+3h)-f(2-h)}{2h} = \lim_{h \to 0-}\frac{f(2+3h)-f(2-h)}{2h}+k$$

$$\Rightarrow \frac{5}{2} = -\frac{1}{2}+k$$

따라서 $k=3$ 이다.

답   3

이번에는 우미분계수와 좌미분계수로 쪼개서
보는 관점에서 풀어보자.

편의상 $f'(2+)$ 를 $x=2$ 에서의 우미분계수라 하고,
$f'(2-)$ 를 $x=2$ 에서의 좌미분계수라 하자.

$$f(x)=\begin{cases} -x+2 & (x<2) \\ 2x-4 & (x \geq 2) \end{cases}$$

$f'(2+)=2, \ f'(2-)=-1$ 이므로

$$\lim_{h \to 0+} \frac{f(2+3h)-f(2-h)}{2h}$$

$$=\lim_{h \to 0+} \frac{f(2+3h)-f(2)-f(2-h)+f(2)}{2h}$$

$$=\frac{3}{2}\left\{\lim_{h \to 0+}\frac{f(2+3h)-f(2)}{3h}\right\}+\frac{1}{2}\left\{\lim_{h \to 0+}\frac{f(2-h)-f(2)}{-h}\right\}$$

$$=\frac{3}{2}f'(2+)+\frac{1}{2}f'(2-) = 3-\frac{1}{2} = \frac{5}{2}$$

> **Tip**
>
> $-h=t$ 라 하면 $h \to 0+ \Rightarrow t \to 0-$ 이므로
>
> $$\lim_{h \to 0+} \frac{f(2-h)-f(2)}{-h}$$
>
> $$= \lim_{t \to 0-} \frac{f(2+t)-f(2)}{t} = f'(2-)$$

마찬가지로

$$\lim_{h \to 0-} \frac{f(2+3h)-f(2-h)}{2h}$$

$$= \lim_{h \to 0-} \frac{f(2+3h)-f(2)-f(2-h)+f(2)}{2h}$$

$$= \frac{3}{2}\left\{\lim_{h \to 0-} \frac{f(2+3h)-f(2)}{3h}\right\} + \frac{1}{2}\left\{\lim_{h \to 0-} \frac{f(2-h)-f(2)}{-h}\right\}$$

$$= \frac{3}{2}f'(2-)+\frac{1}{2}f'(2+) = -\frac{3}{2}+1 = -\frac{1}{2}$$

$$\lim_{h \to 0+} \frac{f(2+3h)-f(2-h)}{2h} = \lim_{h \to 0-} \frac{f(2+3h)-f(2-h)}{2h} + k$$

$$\Rightarrow \frac{5}{2} = -\frac{1}{2}+k$$

따라서 $k=3$ 이다.

050

$a>0$ 인 상수 a

$$f(x) = \begin{cases} |x+1| & (x<0) \\ -x^2+ax+1 & (x \geq 0) \end{cases}$$

$\lim_{x \to 0} f(x) = f(0) = 1$ 이므로 $f(x)$ 는 $x=0$ 에서 연속이다.

$$y = -x^2+ax+1 = -\left(x-\frac{a}{2}\right)^2 + 1 + \frac{a^2}{4}$$

$a>0 \Rightarrow \dfrac{a}{2}>0$ 이므로 꼭짓점의 x 좌표는 양수이다.

이를 바탕으로 $f(x)$ 의 그래프를 그리면

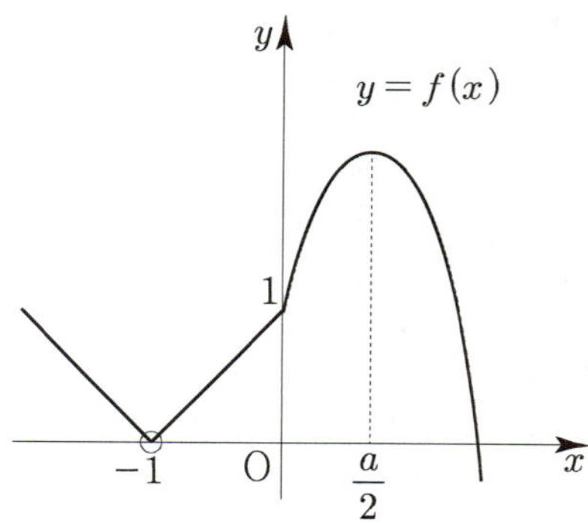

$$\lim_{x \to k+} \frac{f(x)-f(k)}{x-k} \neq \lim_{x \to k-} \frac{f(x)-f(k)}{x-k}$$

위 조건은 우미분계수와 좌미분계수가 같지 않으므로 $x=k$ 에서 미분가능하지 않다는 의미이다.

$k=-1$ 일 때,

$$\lim_{x \to -1+} \frac{f(x)-f(-1)}{x+1} \neq \lim_{x \to -1-} \frac{f(x)-f(-1)}{x+1} \text{ 이고}$$

$$\lim_{x \to k+} \frac{f(x)-f(k)}{x-k} \neq \lim_{x \to k-} \frac{f(x)-f(k)}{x-k} \text{ 를}$$

만족시키는 실수 k 의 개수가 1 이므로 함수 $f(x)$ 는 $x=0$ 에서 미분가능하다.

함수 $x=0$ 에서 연속이므로 미분가능성만 조사하면 된다.

$$\lim_{x \to 0-} \frac{f(x)-f(0)}{x-0} = \lim_{x \to 0-} \frac{x+1-1}{x-0} = 1$$

$$\lim_{x \to 0+} \frac{f(x)-f(0)}{x-0} = \lim_{x \to 0+} \frac{-x^2+ax+1-1}{x-0} = a$$

$$\Rightarrow a=1$$

$$f(x) = \begin{cases} |x+1| & (x<0) \\ -x^2+x+1 & (x \geq 0) \end{cases} \text{ 이므로}$$

$$f(-5)f\left(\frac{1}{2}\right) = 4 \times \frac{5}{4} = 5 \text{ 이다.}$$

답 5

51	④	**66**	24
52	①	**67**	11
53	⑤	**68**	28
54	16	**69**	⑤
55	⑤	**70**	①
56	①	**71**	20
57	④	**72**	④
58	3	**73**	②
59	⑤	**74**	④
60	2	**75**	①
61	④	**76**	19
62	16	**77**	③
63	①	**78**	28
64	③	**79**	③
65	⑤		

51

$$f(x) = x^3 - 8x + 7 \implies f'(x) = 3x^2 - 8$$

따라서 $\displaystyle\lim_{h \to 0} \frac{f(2+h) - f(2)}{h} = f'(2) = 4$ 이다.

답 ④

52

$$\lim_{h \to 0} \frac{f(3+h) - 4}{2h} = 1$$

$\displaystyle\lim_{h \to 0} 2h = 0 \implies \lim_{h \to 0}(f(3+h) - 4) = 0 \implies f(3) = 4$

($\because f(x)$ 는 다항함수이므로 $\displaystyle\lim_{x \to 3} f(x) = f(3)$)

$$\lim_{h \to 0} \frac{f(3+h) - 4}{2h} = \frac{1}{2} \lim_{h \to 0} \frac{f(3+h) - f(3)}{h} = \frac{f'(3)}{2} = 1$$

$$\implies f'(3) = 2$$

따라서 $f(3) + f'(3) = 6$ 이다.

답 ①

53

$$\frac{f(1+h) - f(1)}{1 + h - 1} = \frac{f(1+h) - f(1)}{h} = h^2 + 2h + 3 \text{ 이므로}$$

$$\lim_{h \to 0} \frac{f(1+h) - f(1)}{h} = \lim_{h \to 0}(h^2 + 2h + 3) = 3 = f'(1)$$

따라서 $f'(1) = 3$ 이다.

답 ⑤

54

$$f(x) = x^2 + ax + b \implies f'(x) = 2x + a$$
$$2f(x) = (x+1)f'(x)$$
$$2x^2 + 2ax + 2b = (x+1)(2x+a)$$
$$\implies 2x^2 + 2ax + 2b = 2x^2 + (2+a)x + a$$

$$2a = 2 + a, \ 2b = a \implies a = 2, \ b = 1$$

$f(x) = x^2 + 2x + 1$ 이므로 $f(3) = 9 + 6 + 1 = 16$ 이다.

답 16

55

$$f(x) = x^2 + 8x \implies f'(x) = 2x + 8$$
$$\lim_{h \to 0} \frac{f(1+2h) - f(1)}{h} = \lim_{h \to 0} \frac{f(1+2h) - f(1)}{2h} \times 2$$
$$= 2f'(1) = 20$$

답 ⑤

56

$$\lim_{x \to 1} \frac{f(x) - 2}{x^2 - 1} = 3$$

$\displaystyle\lim_{x \to 1}(x^2 - 1) = 0 \implies \lim_{x \to 1}\{f(x) - 2\} = 0$

$\implies \displaystyle\lim_{x \to 1} f(x) = 2 \implies f(1) = 2$

($\because f(x)$ 는 다항함수이므로 $x = 1$ 에서 연속)

$$\lim_{x \to 1} \frac{f(x) - 2}{x^2 - 1} = \lim_{x \to 1} \frac{f(x) - f(1)}{x - 1} \times \frac{1}{x+1}$$

$$= \frac{1}{2} f'(1) = 3 \implies f'(1) = 6$$

따라서 $\dfrac{f'(1)}{f(1)}=\dfrac{6}{2}=3$ 이다.

답 ①

057

$$f(x)=\begin{cases} x^3+ax+b & (x<1) \\ bx+4 & (x\geq 1)\end{cases}$$

이 실수 전체의 집합에서 미분가능하므로
$x=1$ 에서 미분가능하다.

$x=1$ 에서 연속이므로
$$\lim_{x\to 1}f(x)=f(1) \ \Rightarrow\ 1+a+b=b+4 \ \Rightarrow\ a=3$$

$x=1$ 에서 미분가능하므로
$$g(x)=x^3+3x+b,\ h(x)=bx+4$$
$$\lim_{x\to 1+}\frac{f(x)-f(1)}{x-1}=h'(1)=b$$
$$\lim_{x\to 1-}\frac{f(x)-f(1)}{x-1}=g'(1)=6$$
$$b=6$$

따라서 $a+b=9$ 이다.

답 ④

058

$$\frac{f(a)-f(0)}{a-0}=\frac{a^3-3a^2+5a}{a}=a^2-3a+5$$
$$f'(x)=3x^2-6x+5 \ \Rightarrow\ f'(2)=5$$
$$a^2-3a+5=5 \ \Rightarrow\ a=3\ (\because a>0)$$

답 3

059

$$f(x)=\begin{cases} x^2+ax+b & (x\leq -2) \\ 2x & (x>-2)\end{cases}$$

가 실수 전체의 집합에서 미분가능하므로
$x=-2$ 에서 미분가능하다.

$x=-2$ 에서 연속이므로
$$\lim_{x\to -2}f(x)=f(-2) \ \Rightarrow\ -4=4-2a+b \ \Rightarrow\ 2a-b=8$$

$x=-2$ 에서 미분가능하므로
$$g(x)=x^2+ax+b,\ h(x)=2x$$
$$\lim_{x\to -2+}\frac{f(x)-f(-2)}{x+2}=h'(-2)=2$$
$$\lim_{x\to -2-}\frac{f(x)-f(-2)}{x+2}=g'(-2)=-4+a$$
$$2=-4+a \ \Rightarrow\ a=6$$

$a=6,\ 2a-b=8 \ \Rightarrow\ b=4$
따라서 $a+b=10$ 이다.

답 ⑤

060

$$f(x)=\begin{cases} ax^2+1 & (x<1) \\ x^4+a & (x\geq 1)\end{cases}$$
$$\lim_{x\to 1}f(x)=f(1)=1+a \text{ 이므로}$$
$x=1$ 에서 연속이다.

$x=1$ 에서 미분가능하므로
$$g(x)=ax^2+1,\ h(x)=x^4+a$$
$$\lim_{x\to 1+}\frac{f(x)-f(1)}{x-1}=h'(1)=4$$
$$\lim_{x\to 1-}\frac{f(x)-f(1)}{x-1}=g'(1)=2a$$
$$4=2a \ \Rightarrow\ a=2$$

답 2

061

$$f(x)=\begin{cases} x^3-ax^2+bx & (x\leq 1) \\ 2x+b & (x>1)\end{cases}$$

$x=1$ 에서 연속이므로
$$\lim_{x\to 1}f(x)=f(1) \ \Rightarrow\ 1-a+b=2+b \ \Rightarrow\ a=-1$$

$$f(x)=\begin{cases} x^3+x^2+bx & (x \le 1) \\ 2x+b & (x > 1) \end{cases}$$

$x=1$ 에서 미분가능하므로

$g(x)=x^3+x^2+bx,\ h(x)=2x+b$

$$\lim_{x \to 1+}\frac{f(x)-f(1)}{x-1}=h'(1)=2$$

$$\lim_{x \to 1-}\frac{f(x)-f(1)}{x-1}=g'(1)=3+2+b=5+b$$

$2=5+b \Rightarrow b=-3$

따라서 $a \times b=3$ 이다.

답　④

062

$f(x)f'(x)=2x^3-9x^2+5x+6$

$f(x)$ 의 최고차항을 x^n 이라 하면

$f'(x)$ 의 최고차항은 nx^{n-1} 이므로

$f(x)f'(x)$ 의 최고차항은 nx^{2n-1} 이므로

$n=2$ 이고

$f(x)=x^2+bx+c,\ f'(x)=2x+b$

$$\begin{aligned} f(x)f'(x)&=(x^2+bx+c)(2x+b)\\ &=2x^3+2bx^2+2cx+bx^2+b^2x+bc\\ &=2x^3+3bx^2+(2c+b^2)x+bc \end{aligned}$$

$f(x)f'(x)=2x^3-9x^2+5x+6$ 이므로

$3b=-9,\ 2c+b^2=5,\ bc=6$

연립하면 $b=-3,\ c=-2$ 이다.

$f(x)=x^2-3x-2$ 이므로 $f(-3)=9+9-2=16$ 이다.

답　16

063

$f'(2)=-3,\ f'(4)=6$

함수 $y=f(x)$ 는 y 축에 대하여 대칭이므로

$f'(-2)=3$ 이다.

($\because y$ 축에 대하여 대칭인 함수는 모든 x 에서

$f(-x)=f(x)$ 이므로 Guide step에서 언급했던

합성함수 미분법을 사용하여 양변을 미분하면

$-f'(-x)=f'(x) \Rightarrow f'(x)$ 는 원점에 대하여 대칭인 함수

따라서 $f'(-2)=-f'(2)=3$)

$$\lim_{x \to -2}\frac{f(x^2)-f(4)}{f(x)-f(-2)}=\lim_{x \to -2}\frac{\dfrac{f(x^2)-f(4)}{x^2-4}\times(x-2)}{\dfrac{f(x)-f(-2)}{x+2}}$$

$$=\frac{-4f'(4)}{f'(-2)}=\frac{-24}{3}=-8$$

답　①

로피탈의 정리를 사용하면

$$\lim_{x \to -2}\frac{f(x^2)-f(4)}{f(x)-f(-2)}=\lim_{x \to -2}\frac{2xf'(x^2)}{f'(x)}$$

$$=\frac{-4f'(4)}{f'(-2)}=-8$$

064

$f(x)=|x+3|,\ g(x)=2x+a$

$f(x)g(x)=|x+3|(2x+a)$

함수 $f(x)g(x)$ 는 실수 전체의 집합에서 미분가능하므로

$x=-3$ 에서도 미분가능하다.

함수 $f(x)g(x)$ 는 $x=-3$ 에서 연속이므로 $x=-3$ 에서의

미분가능성만 조사하면 된다.

046번과 완벽히 똑같은 문제이다.

046번을 복습하는 의미에서 정석적 방법으로도 풀어보고

실전적 방법으로도 풀어보자.

<정석적 방법>

$f(x)g(x)=h(x)$ 라 하면

$h(x)=|x+3|(2x+a)$

$$\lim_{x \to -3+}\frac{h(x)-h(-3)}{x+3}=\lim_{x \to -3+}\frac{(x+3)(2x+a)}{x+3}=a-6$$

$$\lim_{x \to -3-}\frac{h(x)-h(-3)}{x+3}=\lim_{x \to -3-}\frac{-(x+3)(2x+a)}{x+3}=-a+6$$

$a-6=-a+6 \Rightarrow 2a=12 \Rightarrow a=6$

따라서 상수 $a=6$ 이다.

<실전적 방법>

$f(x)g(x) = h(x)$ 라 하면

$$h(x) = \begin{cases} (x+3)(2x+a) & (x \geq -3) \\ (-x-3)(2x+a) & (x < -3) \end{cases}$$

$A(x) = (x+3)(2x+a) \Rightarrow A'(x) = 4x+a+6$

$B(x) = (-x-3)(2x+a) \Rightarrow B'(x) = -4x-a-6$

$$\lim_{x \to -3+} \frac{h(x)-h(-3)}{x+3} = A'(-3) = a-6$$

$$\lim_{x \to -3-} \frac{h(x)-h(-3)}{x+3} = B'(-3) = -a+6$$

$a-6 = -a+6 \Rightarrow 2a = 12 \Rightarrow a = 6$

따라서 상수 $a = 6$ 이다.

답 ③

065

ㄱ. $\lim\limits_{h \to 0} \dfrac{f(1+h)-f(1)}{h} = 0$ 이면 $\lim\limits_{x \to 1} f(x) = f(1)$ 이다.

$$\lim_{h \to 0} \frac{f(1+h)-f(1)}{h} = 0 \Rightarrow f'(1) = 0$$

$x = 1$ 에서 미분가능하면 $x = 1$ 에서 연속이므로
ㄱ은 참이다.

ㄴ. $\lim\limits_{h \to 0} \dfrac{f(1+h)-f(1)}{h} = 0$ 이면

$$\lim_{h \to 0} \frac{f(1+h)-f(1-h)}{2h} = 0 \, \text{이다.}$$

$$\lim_{h \to 0} \frac{f(1+h)-f(1)}{h} = 0 \Rightarrow f'(1) = 0$$

$$\lim_{h \to 0} \frac{f(1+h)-f(1-h)}{2h}$$

$$= \lim_{h \to 0} \frac{f(1+h)-f(1)-f(1-h)+f(1)}{2h}$$

$$= \frac{1}{2} \left\{ \lim_{h \to 0} \frac{f(1+h)-f(1)}{h} \right\}$$

$$+ \frac{1}{2} \left\{ \lim_{h \to 0} \frac{f(1-h)-f(1)}{-h} \right\}$$

$$= \frac{1}{2} f'(1) + \frac{1}{2} f'(1) = f'(1) = 0$$

이므로 ㄴ은 참이다.

ㄷ. $f(x) = |x-1|$ 일 때,

$$\lim_{h \to 0} \frac{f(1+h)-f(1-h)}{2h} = 0 \, \text{이다.}$$

049번 해설과 같은 논리로

$f(x)$ 가 $x = 1$ 에서 미분가능하지 않으므로

$$\lim_{h \to 0} \frac{f(1+h)-f(1-h)}{2h} = 0$$

은 순수하게 극한값 계산으로 봐야 한다.

$$\lim_{h \to 0} \frac{|h|-|-h|}{2h} = \lim_{h \to 0} \frac{0}{2h} = 0 \, \text{이므로}$$

ㄷ은 참이다.

답 ⑤

> **Tip**
>
> ㄷ을 풀 때, 다음과 같은 오류를 범할 수 있다.
>
> ① $f(x)$ 는 $x = 1$ 에서 미분가능하지 않다.
>
> ② $\lim\limits_{h \to 0} \dfrac{f(1+h)-f(1-h)}{2h} = f'(1) = 0$
>
> ③ $f(x)$ 는 $x = 1$ 에서 미분가능하지 않은데
> $f'(1) = 0$ 일 수 없다! 따라서 ㄷ은 거짓이다.
>
> 여기서 ②의 사고과정이 잘못되었다.
> $f(x)$ 는 $x = 1$ 에서 미분가능하지 않으므로
> $f'(1)$ 로 변환될 수 없다. 즉, 순수하게 극한값
> 계산으로 봐야 한다.

**이번에는 ㄷ을 049번 풀이에서 학습했던 우미분계수와
좌미분계수로 쪼개서 보는 관점에서 풀어보자.**

편의상 $f'(1+)$ 를 $x = 1$ 에서의 우미분계수라 하고,
$f'(1-)$ 를 $x = 1$ 에서의 좌미분계수라 하자.

$$f(x) = \begin{cases} -x+1 & (x < 1) \\ x-1 & (x \geq 1) \end{cases}$$

$f'(1+) = 1$, $f'(1-) = -1$ 이므로

$$\lim_{h \to 0+} \frac{f(1+h)-f(1-h)}{2h}$$

$$= \lim_{h \to 0+} \frac{f(1+h)-f(1)-f(1-h)+f(1)}{2h}$$

$$= \frac{1}{2} \left\{ \lim_{h \to 0+} \frac{f(1+h)-f(1)}{h} \right\} + \frac{1}{2} \left\{ \lim_{h \to 0+} \frac{f(1-h)-f(1)}{-h} \right\}$$

$$= \frac{1}{2} f'(1+) + \frac{1}{2} f'(1-) = \frac{1}{2} - \frac{1}{2} = 0$$

$$\lim_{h \to 0-} \frac{f(1+h)-f(1-h)}{2h}$$

$$= \lim_{h \to 0-} \frac{f(1+h)-f(1)-f(1-h)+f(1)}{2h}$$

$$= \frac{1}{2}\left\{\lim_{h \to 0-} \frac{f(1+h)-f(1)}{h}\right\} + \frac{1}{2}\left\{\lim_{h \to 0-} \frac{f(1-h)-f(1)}{-h}\right\}$$

$$= \frac{1}{2}f'(1-) + \frac{1}{2}f'(1+) = -\frac{1}{2}+\frac{1}{2} = 0$$

따라서 $\displaystyle\lim_{h \to 0} \frac{f(1+h)-f(1-h)}{2h} = 0$ 이므로 ㄷ은 참이다.

066

(가) $f(0)=1,\ f'(0)=-6,\ g(0)=4$

(나) $\displaystyle\lim_{x \to 0} \frac{f(x)g(x)-4}{x} = 0$

$h(x) = f(x)g(x)-4$ 라 하면

$h(0) = f(0)g(0)-4 = 0$

$$\lim_{x \to 0} \frac{f(x)g(x)-4}{x} = \lim_{x \to 0} \frac{h(x)-h(0)}{x-0} = h'(0) = 0$$

$h'(x) = f'(x)g(x)+f(x)g'(x)$ 이므로

$h'(0) = f'(0)g(0)+f(0)g'(0) = -24+g'(0) = 0$

따라서 $g'(0) = 24$ 이다.

답 24

067

$f(x) = x^3-6x^2+5x,\ f'(x) = 3x^2-12x+5$

$$\frac{f(4)-f(0)}{4-0} = \frac{64-96+20}{4} = \frac{-12}{4} = -3$$

$3a^2-12a+5 = -3 \ \Rightarrow\ 3a^2-12a+8 = 0$

$$\frac{D}{4} = 36-24 = 12 > 0$$

$g(a) = 3a^2-12a+8$ 라 하면 $g(0) > 0,\ g(4) > 0$ 이므로
방정식 $g(a)=0$ 의 서로 다른 두 실근은 0과 4 사이에 존재한다.

근과 계수의 관계에 의해 $0 < a < 4$ 인 모든 실수 a 의
곱은 $\dfrac{8}{3}$ 이다.

따라서 $p+q = 11$ 이다.

답 11

068

$f(2)=1,\ f'(2)=2$

$g(x) = x^3 f(x)$

$g'(x) = 3x^2 f(x)+x^3 f'(x)$ 이므로

$g'(2) = 12f(2)+8f'(2) = 12+16 = 28$ 이다.

답 28

069

$a > 1$

점 $(1, f(1))$ 과 점 $(a, f(a))$ 사이의 거리가 a^2-1

$\sqrt{(a-1)^2+(f(a)-f(1))^2} = a^2-1 = (a-1)(a+1)$

$\Rightarrow (a-1)^2+(f(a)-f(1))^2 = (a-1)^2(a+1)^2$

$\Rightarrow (f(a)-f(1))^2 = (a-1)^2\{(a+1)^2-1\}$

$\Rightarrow \left\{\dfrac{f(a)-f(1)}{a-1}\right\}^2 = a^2+2a$

$\Rightarrow \dfrac{f(a)-f(1)}{a-1} = \sqrt{a^2+2a} \quad \left(\because \dfrac{f(a)-f(1)}{a-1} > 0\right)$

$f(x)$ 는 $x=1$ 에서 미분가능하므로

$\displaystyle\lim_{a \to 1+} \frac{f(a)-f(1)}{a-1} = f'(1)$ 이다.

$\displaystyle\lim_{a \to 1+} \frac{f(a)-f(1)}{a-1} = \lim_{a \to 1+} \sqrt{a^2+2a} = \sqrt{3} = f'(1)$

답 ⑤

070

$f(x) = ax^2+b \ \Rightarrow\ f'(x) = 2ax$

$4f(x) = \{f'(x)\}^2+x^2+4$

$4ax^2+4b = (4a^2+1)x^2+4$

$\Rightarrow 4a = 4a^2+1,\ b = 1$

$4a^2-4a+1 = 0 \ \Rightarrow\ (2a-1)^2 = 0 \ \Rightarrow\ a = \dfrac{1}{2}$

$f(x) = \dfrac{1}{2}x^2+1$ 이므로 $f(2) = 3$ 이다.

답 ①

최고차항의 계수가 1 이고 $f(0) = 2$ 인 삼차함수 $f(x)$

$$\lim_{x \to 1} \frac{f(x) - x^2}{x - 1} = -2$$

$$\lim_{x \to 1}(x-1) = 0 \Rightarrow \lim_{x \to 1}\{f(x) - x^2\} = 0$$

$$\Rightarrow \lim_{x \to 1}f(x) = 1 \Rightarrow f(1) = 1$$

($\because f(x)$ 는 삼차함수이므로 $x = 1$ 에서 연속)

$g(x) = f(x) - x^2$ 라 하면 $g(1) = f(1) - 1 = 0$

$$\lim_{x \to 1} \frac{f(x) - x^2}{x - 1} = \lim_{x \to 1} \frac{g(x) - g(1)}{x - 1} = g'(1) = -2$$

$$g'(x) = f'(x) - 2x \Rightarrow g'(1) = f'(1) - 2 = -2$$

$$\Rightarrow f'(1) = 0$$

$f(1) = 1, \ f'(1) = 0, \ f(0) = 2$ 이므로

$$f(x) = x^3 + ax^2 + bx + 2$$

$$f'(x) = 3x^2 + 2ax + b$$

$$f(1) = 1 \Rightarrow 3 + a + b = 1 \Rightarrow a + b = -2$$

$$f'(1) = 0 \Rightarrow 3 + 2a + b = 0$$

연립하면 $a = -1, \ b = -1$

곡선 $y = f(x)$ 위의 점 $(3, \ f(3))$ 에서의 접선의
기울기는 $f'(3)$

$f'(x) = 3x^2 - 2x - 1$ 이므로
$f'(3) = 27 - 6 - 1 = 20$ 이다.

답   20

최고차항의 계수가 1 이고
$f(1) = 0$ 인 삼차함수 $f(x)$

$$\lim_{x \to 2} \frac{f(x)}{(x - 2)\{f'(x)\}^2} = \frac{1}{4}$$

$$\lim_{x \to 2}(x-2)\{f'(x)\}^2 = 0 \Rightarrow \lim_{x \to 2}f(x) = 0 \Rightarrow f(2) = 0$$

($\because f(x)$ 는 삼차함수이므로 $x = 2$ 에서 연속)

$$\lim_{x \to 2} \frac{f(x)}{(x-2)\{f'(x)\}^2} = \lim_{x \to 2} \frac{f(x) - f(2)}{(x-2)\{f'(x)\}^2}$$

$$= \lim_{x \to 2}\left(\frac{f(x) - f(2)}{x - 2} \times \frac{1}{\{f'(x)\}^2} \right) = f'(2) \times \frac{1}{\{f'(2)\}^2}$$

$$= \frac{1}{f'(2)} = \frac{1}{4} \Rightarrow f'(2) = 4$$

$f(1) = 0, \ f(2) = 0, \ f'(2) = 4$ 이므로
$$f(x) = (x-1)(x-2)(x-a)$$

$$f'(x) = (x-2)(x-a) + (x-1)(x-a) + (x-1)(x-2)$$

$$f'(2) = 4 \Rightarrow 4 = 2 - a \Rightarrow a = -2$$

$f(x) = (x-1)(x-2)(x+2)$ 이므로 $f(3) = 10$ 이다.

답   ④

$$f(x) = x|x| + |x-1|^3$$
$$f(0) = 1, \ f(1) = 1$$

$$\lim_{x \to 0+} \frac{f(x) - f(0)}{x - 0} = \lim_{x \to 0+} \frac{x^2 - (x-1)^3 - 1}{x}$$

$$= \lim_{x \to 0+} \frac{x^2 - (x^3 - 1 - 3x^2 + 3x) - 1}{x}$$

$$= \lim_{x \to 0+} \frac{-x^3 + 4x^2 - 3x}{x} = -3$$

$$\lim_{x \to 0-} \frac{f(x) - f(0)}{x - 0} = \lim_{x \to 0-} \frac{-x^2 - (x-1)^3 - 1}{x}$$

$$= \lim_{x \to 0-} \frac{-x^2 - (x^3 - 1 - 3x^2 + 3x) - 1}{x}$$

$$= \lim_{x \to 0-} \frac{-x^3 + 2x^2 - 3x}{x} = -3$$

$$\Rightarrow f'(0) = -3$$

> **Tip**
>
> 문제에서 $f'(0)$ 을 구하라고 했으므로
> 좌미분계수와 우미분계수가 $f'(0)$ 으로 서로 같다.
> 즉, 좌미분계수와 우미분계수 둘 중에 하나만 조사하면 된다.

$$\lim_{x \to 1+} \frac{f(x)-f(1)}{x-1} = \lim_{x \to 1+} \frac{x^2+(x-1)^3-1}{x-1}$$

$$= \lim_{x \to 1+} \frac{x^2+(x^3-1-3x^2+3x)-1}{x-1}$$

$$= \lim_{x \to 1+} \frac{x^3-2x^2+3x-2}{x-1} = \lim_{x \to 1+} \frac{(x-1)(x^2-x+2)}{x-1} = 2$$

$$\lim_{x \to 1-} \frac{f(x)-f(1)}{x-1} = \lim_{x \to 1-} \frac{x^2-(x-1)^3-1}{x-1}$$

$$= \lim_{x \to 1-} \frac{x^2-(x^3-1-3x^2+3x)-1}{x-1}$$

$$= \lim_{x \to 1-} \frac{-x^3+4x^2-3x}{x-1} = \lim_{x \to 1-} \frac{-x(x-3)(x-1)}{x-1} = 2$$

$$\Rightarrow f'(1) = 2$$

따라서 $f'(0)+f'(1) = -1$ 이다.

답 ②

074

$x > 0$ 에서 함수 $f(x)$ 가 미분가능
$f(1)=2$, $f(2)=6$

$$2x \leq f(x) \leq 3x$$

그래프로 접근해보자.

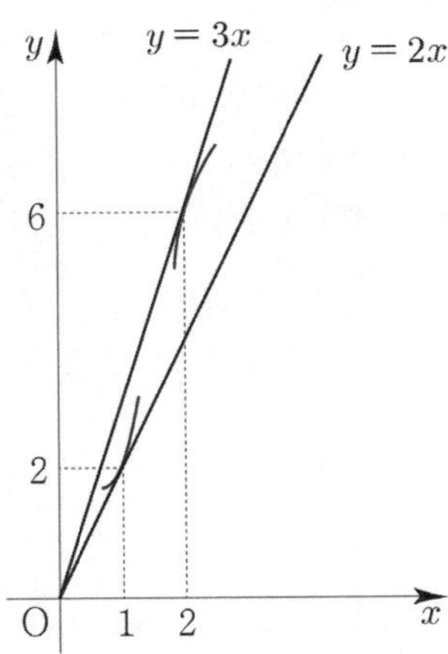

주어진 조건을 만족하려면 $f'(1)=2$, $f'(2)=3$ 이 되어야만 한다는 것을 직관적으로 알 수 있다.

정말 $f'(1)=2$, $f'(2)=3$ 인지 식으로 증명해보자.

①- ⅰ) $x > 1$ 일 때,

$$2x \leq f(x) \leq 3x$$
$$2x-2 \leq f(x)-f(1) \leq 3x-2$$

부등식의 각 변을 $x-1$로 나누면 부등호 방향은 바뀌지 않는다.

$$\frac{2x-2}{x-1} \leq \frac{f(x)-f(1)}{x-1} \leq \frac{3x-2}{x-1}$$

부등식의 각 변에 극한을 취하면

$$\lim_{x \to 1+} \frac{2x-2}{x-1} \leq \lim_{x \to 1+} \frac{f(x)-f(1)}{x-1} \leq \lim_{x \to 1+} \frac{3x-2}{x-1}$$
$$2 \leq f'(1) \leq \infty$$

> **Tip**
>
> $y = \dfrac{3x-2}{x-1} = 3 + \dfrac{1}{x-1}$ 의 그래프를 그리면
>
> $x \to 1+ \ \Rightarrow \ y \to \infty$ 임을 쉽게 알 수 있다.

①- ⅱ) $x < 1$ 일 때,
$$2x \leq f(x) \leq 3x$$
$$2x-2 \leq f(x)-f(1) \leq 3x-2$$

부등식의 각 변을 $x-1$로 나누면 부등호 방향은 바뀐다.

$$\frac{3x-2}{x-1} \leq \frac{f(x)-f(1)}{x-1} \leq \frac{2x-2}{x-1}$$

부등식의 각 변에 극한을 취하면

$$\lim_{x \to 1-} \frac{3x-2}{x-1} \leq \lim_{x \to 1-} \frac{f(x)-f(1)}{x-1} \leq \lim_{x \to 1-} \frac{2x-2}{x-1}$$
$$-\infty \leq f'(1) \leq 2$$

$2 \leq f'(1) \leq \infty$ 과 $-\infty \leq f'(1) \leq 2$ 를 모두 만족시켜야하므로 $f'(1)=2$ 이다.

②- ⅰ) $x > 2$
$$2x \leq f(x) \leq 3x$$
$$2x-6 \leq f(x)-f(2) \leq 3x-6$$

부등식의 각 변을 $x-2$로 나누면 부등호 방향은 바뀌지 않는다.

$$\frac{2x-6}{x-2} \leq \frac{f(x)-f(2)}{x-2} \leq \frac{3x-6}{x-2}$$

부등식의 각 변에 극한을 취하면

$$\lim_{x \to 2+} \frac{2x-6}{x-2} \leq \lim_{x \to 2+} \frac{f(x)-f(2)}{x-2} \leq \lim_{x \to 2+} \frac{3x-6}{x-2}$$
$$-\infty \leq f'(2) \leq 3$$

②-ii) $x < 2$

$$2x \le f(x) \le 3x$$

$$2x - 6 \le f(x) - f(2) \le 3x - 6$$

부등식의 각 변을 $x - 2$ 로 나누면 부등호 방향은 바뀐다.

$$\frac{3x-6}{x-2} \le \frac{f(x)-f(2)}{x-2} \le \frac{2x-6}{x-2}$$

부등식의 각 변에 극한을 취하면

$$\lim_{x \to 2-} \frac{3x-6}{x-2} \le \lim_{x \to 2-} \frac{f(x)-f(2)}{x-2} \le \lim_{x \to 2-} \frac{2x-6}{x-2}$$

$$3 \le f'(2) \le \infty$$

$-\infty \le f'(2) \le 3$ 과 $3 \le f'(2) \le \infty$ 를 모두
만족시켜야하므로 $f'(2) = 3$ 이다.

따라서 $f'(1) + f'(2) = 5$ 이다.

답 ④

075

$$\lim_{x \to 0} \frac{f(x)+g(x)}{x} = 3, \quad \lim_{x \to 0} \frac{f(x)+3}{xg(x)} = 2$$

① $\displaystyle \lim_{x \to 0} \frac{f(x)+g(x)}{x} = 3$

$\displaystyle \lim_{x \to 0} x = 0 \Rightarrow \lim_{x \to 0}(f(x)+g(x)) = 0 \Rightarrow f(0)+g(0) = 0$

$J(x) = f(x) + g(x)$ 라 하면 $J(0) = 0$ 이므로

$$\lim_{x \to 0} \frac{f(x)+g(x)}{x} = \lim_{x \to 0} \frac{J(x)-J(0)}{x-0} = J'(0) = 3$$

$$\Rightarrow f'(0) + g'(0) = 3$$

② $\displaystyle \lim_{x \to 0} \frac{f(x)+3}{xg(x)} = 2$

$\displaystyle \lim_{x \to 0} xg(x) = 0 \Rightarrow \lim_{x \to 0}(f(x)+3) = 0 \Rightarrow f(0) = -3, \ g(0) = 3$

$$\lim_{x \to 0} \frac{f(x)+3}{xg(x)} = \lim_{x \to 0}\left(\frac{f(x)-f(0)}{x-0} \times \frac{1}{g(x)} \right)$$

$$= \frac{f'(0)}{g(0)} = \frac{f'(0)}{3} = 2$$

$$\Rightarrow f'(0) = 6, \ g'(0) = -3$$

$h(x) = f(x)g(x)$
$h'(x) = f'(x)g(x) + f(x)g'(x)$ 이므로

$h'(0) = f'(0)g(0) + f(0)g'(0)$

$\qquad = 6 \times 3 + (-3) \times (-3) = 27$

이다.

답 ①

$\dfrac{0}{0}$ 꼴이니 로피탈을 이용하면

$$\lim_{x \to 0} \frac{f(x)+g(x)}{x} = \lim_{x \to 0} \frac{f'(x)+g'(x)}{1}$$

$$= f'(0) + g'(0) = 3$$

$$\lim_{x \to 0} \frac{f(x)+3}{xg(x)} = \lim_{x \to 0} \frac{f'(x)}{g(x)+xg'(x)} = \frac{f'(0)}{g(0)} = 2$$

076

최고차항의 계수가 1 이 아닌 다항함수 $f(x)$
$f(x)$ 의 최고차항을 $ax^n \ (a \ne 1)$ 이라 하면

(가) $\displaystyle \lim_{x \to \infty} \frac{\{f(x)\}^2 - f(x^2)}{x^3 f(x)} = 4$

$$\lim_{x \to \infty} \frac{\{f(x)\}^2 - f(x^2)}{x^3 f(x)}$$

$$= \lim_{x \to \infty} \frac{a^2 x^{2n} + \cdots - (ax^{2n} + \cdots)}{ax^{n+3} + \cdots}$$

$$= \lim_{x \to \infty} \frac{(a^2 - a)x^{2n} + \cdots}{ax^{n+3} + \cdots} = 4$$

$a \ne 1, \ a \ne 0$ 이므로 $a^2 - a \ne 0$ 이다.
$2n > n+3$ 이면 수렴하지 않고
$2n < n+3$ 이면 극한값이 0 이므로
$2n = n+3$ 이어야 한다.
즉, $n = 3$ 이다.

$$\lim_{x \to \infty} \frac{(a^2-a)x^6 + \cdots}{ax^6 + \cdots} = 4$$

$$\Rightarrow \frac{a^2-a}{a} = 4 \Rightarrow a^2 - 5a = 0 \Rightarrow a = 5 \ (a \ne 0)$$

(나) $\displaystyle \lim_{x \to 0} \frac{f'(x)}{x} = 4$

$\displaystyle \lim_{x \to 0} x = 0 \Rightarrow \lim_{x \to 0} f'(x) = 0 \Rightarrow f'(0) = 0$

($\because f'(x)$ 는 이차함수이므로 $x = 0$ 에서 연속)

$f(x) = 5x^3 + ax^2 + bx + c$

$\Rightarrow f'(x) = 15x^2 + 2ax \quad (\because f'(0) = 0)$

$\lim\limits_{x \to 0} \dfrac{f'(x)}{x} = \lim\limits_{x \to 0} \dfrac{15x^2 + 2ax}{x} = 2a = 4 \Rightarrow a = 2$

$f'(x) = 15x^2 + 4x$ 이므로 $f'(1) = 19$ 이다.

답   19

077

(가) $\lim\limits_{x \to 1} \dfrac{f(x) - g(x)}{x - 1} = 5$

$f(x) - g(x) = h(x)$ 라 하면

$\lim\limits_{x \to 1}(x - 1) = 0 \Rightarrow \lim\limits_{x \to 1} h(x) = 0 \Rightarrow h(1) = f(1) - g(1) = 0$

$\Rightarrow f(1) = g(1)$

$\lim\limits_{x \to 1} \dfrac{f(x) - g(x)}{x - 1} = \lim\limits_{x \to 1} \dfrac{h(x) - h(1)}{x - 1}$
$= h'(1) = f'(1) - g'(1) = 5$

(나) $\lim\limits_{x \to 1} \dfrac{f(x) + g(x) - 2f(1)}{x - 1} = 7$

$f(x) + g(x) - 2f(1) = J(x)$ 라 하면
$\lim\limits_{x \to 1}(x - 1) = 0 \Rightarrow \lim\limits_{x \to 1} J(x) = 0$

$\Rightarrow J(1) = f(1) + g(1) - 2f(1) = 0$

$\Rightarrow g(1) = f(1)$

$\lim\limits_{x \to 1} \dfrac{f(x) + g(x) - 2f(1)}{x - 1} = \lim\limits_{x \to 1} \dfrac{J(x) - J(1)}{x - 1}$
$= J'(1) = f'(1) + g'(1) = 7$

$f'(1) - g'(1) = 5, \quad f'(1) + g'(1) = 7$
$\Rightarrow f'(1) = 6, \; g'(1) = 1$

$\lim\limits_{x \to 1} \dfrac{f(x) - a}{x - 1} = b \times g(1)$

$\lim\limits_{x \to 1}(x - 1) = 0 \Rightarrow \lim\limits_{x \to 1}\{f(x) - a\} = 0 \Rightarrow f(1) = a$

$\lim\limits_{x \to 1} \dfrac{f(x) - a}{x - 1} = \lim\limits_{x \to 1} \dfrac{f(x) - f(1)}{x - 1} = f'(1) = 6$ 이므로

$6 = b \times g(1) \Rightarrow b = \dfrac{6}{g(1)} \Rightarrow b = \dfrac{6}{a} \quad (\because f(1) = g(1) = a)$

따라서 $ab = 6$ 이다.

답   ③

078

$f(x + y) = f(x) + f(y) + 2xy - 1$
y 에 h 를 대입해서 정리하면
$f(x + h) - f(x) = f(h) + 2xh - 1$
$x = 0, \; h = 0$ 을 대입하면 $f(0) = 1$

$\lim\limits_{h \to 0} \dfrac{f(x + h) - f(x)}{h} = f'(x)$ 를 이용하면

$\lim\limits_{h \to 0} \dfrac{f(h) + 2xh - 1}{h} = \lim\limits_{h \to 0} \dfrac{f(h) - f(0)}{h - 0} + 2x$

$= f'(0) + 2x = f'(x)$

$\lim\limits_{x \to 1} \dfrac{f(x) - f'(x)}{x^2 - 1} = 14$

$\lim\limits_{x \to 1}(x^2 - 1) = 0 \Rightarrow \lim\limits_{x \to 1}\{f(x) - f'(x)\} = 0$

$\Rightarrow f(1) = f'(1)$
$(\because f(x), \; f'(x)$ 는 다항함수이므로 $x = 1$ 에서 연속)

$f'(0) + 2x = f'(x)$ 에 $x = 1$ 을 대입하면
$f'(1) = 2 + f'(0)$
$f(1) = f'(1)$ 이므로 $f(1) - 2 = f'(0)$

$\lim\limits_{x \to 1} \dfrac{f(x) - f'(x)}{x^2 - 1} = \lim\limits_{x \to 1} \dfrac{f(x) - 2x - f'(0)}{x^2 - 1}$

$= \lim\limits_{x \to 1} \dfrac{f(x) - 2x - f(1) + 2}{x^2 - 1}$

$= \dfrac{1}{2} \lim\limits_{x \to 1} \dfrac{f(x) - f(1)}{x - 1} + \dfrac{1}{2} \lim\limits_{x \to 1} \dfrac{-2x + 2}{x - 1}$

$= \dfrac{1}{2} f'(1) - 1 = 14 \Rightarrow f'(1) = 30$

따라서 $f'(0) = f'(1) - 2 = 28$ 이다.

답   28

ㄱ. $\lim_{x \to 1} f(x)f(-x) = 0$

$y = f(-x)$ 의 그래프는 $y = f(x)$ 의 그래프를 y 축에
대하여 대칭시켜서 구할 수 있다.

$y = f(-x)$ 를 그리면

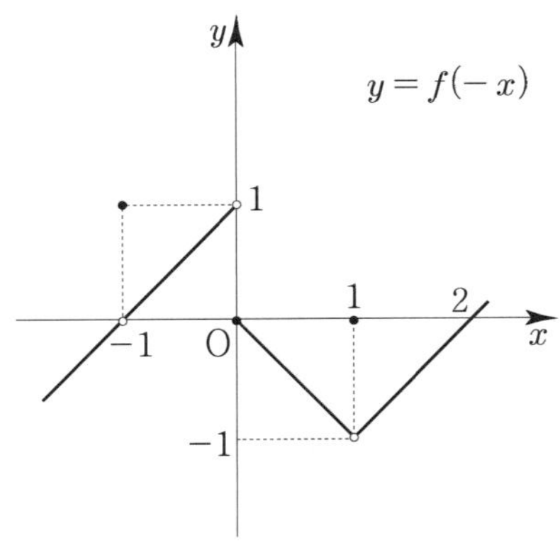

표를 그리면

x	$f(x)$	$f(-x)$	$f(x)f(-x)$
$1+$	0	-1	0
$1-$	0	-1	0

따라서 ㄱ은 참이다.

ㄴ. 함수 $y = f(x)f(-x)$ 는 $x = -1$ 에서 연속이다.

표를 그리면

x	$f(x)$	$f(-x)$	$f(x)f(-x)$
$-1+$	-1	0	0
$-1-$	-1	0	0
-1	0	1	0

따라서 ㄴ은 참이다.

ㄷ. 함수 $y = f(x)f(-x)$ 는 $x = 0$ 에서 미분가능하다.

$$f(x) = \begin{cases} -x+1 & (0 < x < 1) \\ x & (-1 < x \le 0) \end{cases}$$

$$f(-x) = \begin{cases} -x & (0 \le x < 1) \\ x+1 & (-1 < x < 0) \end{cases}$$

이므로

$$f(x)f(-x) = \begin{cases} x^2 - x & (0 \le x < 1) \\ x^2 + x & (-1 < x < 0) \end{cases}$$

($x = 0$ 일 때, 함숫값이 0 이므로 등호는 어디에
있어도 상관없다.)

$g(x) = x^2 - x, \ h(x) = x^2 + x$

$$\lim_{x \to 0+} \frac{f(x)f(-x) - f(0)f(0)}{x - 0} = g'(0) = -1$$

$$\lim_{x \to 0-} \frac{f(x)f(-x) - f(0)f(0)}{x - 0} = h'(0) = 1$$

좌미분계수와 우미분계수가 다르므로
함수 $y = f(x)f(-x)$ 는 $x = 0$ 에서 미분가능하지 않다.

따라서 ㄷ은 거짓이다.

답 ③

80	45	**85**	①
81	13	**86**	186
82	15	**87**	②
83	③	**88**	61
84	②	**89**	3

080

(가) 모든 실수 x에 대하여
$$f(2x+1)=f(x)+3x^2-ax$$
$$2x+1=x \Rightarrow x=-1$$
$x=-1$을 대입하면
$$f(-1)=f(-1)+3+a \Rightarrow a=-3$$

(나) 함수 $f(x)$에서 x의 값이 $-\dfrac{1}{2}$에서 3까지

변할 때의 평균변화율은 b이다.

$$\frac{f(3)-f\left(-\dfrac{1}{2}\right)}{3-\left(-\dfrac{1}{2}\right)}=\frac{f(3)-f\left(-\dfrac{1}{2}\right)}{\dfrac{7}{2}}=b$$

$$\Rightarrow f(3)-f\left(-\frac{1}{2}\right)=\frac{7}{2}b$$

(가)조건을 이용하면
$$f(2x+1)=f(x)+3x^2+3x$$
$$f(2x+1)-f(x)=3x^2+3x$$

$x=-\dfrac{1}{2}$을 대입하면 $f(0)-f\left(-\dfrac{1}{2}\right)=\dfrac{3}{4}-\dfrac{3}{2}=-\dfrac{3}{4}$

$x=0$을 대입하면 $f(1)-f(0)=0$

$x=1$을 대입하면 $f(3)-f(1)=3+3=6$

위 세 식을 모두 더하면
$$f(3)-f\left(-\frac{1}{2}\right)=\frac{21}{4}$$

$f(3)-f\left(-\dfrac{1}{2}\right)=\dfrac{7}{2}b$이므로 $b=\dfrac{3}{2}$이다.

따라서 $10(b-a)=10\left(\dfrac{3}{2}+3\right)=15+30=45$이다.

답 **45**

081

$$f(x)=x^3-x^2-9x+1$$
$$g(x)=\begin{cases} f(x) & (x \geq k) \\ f(2k-x) & (x < k) \end{cases}$$

$y=f(2k-x)$의 그래프는 $y=f(x)$의 그래프를 $x=k$에
대하여 대칭시켜 구할 수 있다.

$$f'(x)=3x^2-2x-9$$
$f'(x)=0$의 두 근을 $a,\ b\ (a<b)$라 하자.
$f(x)$를 그리면

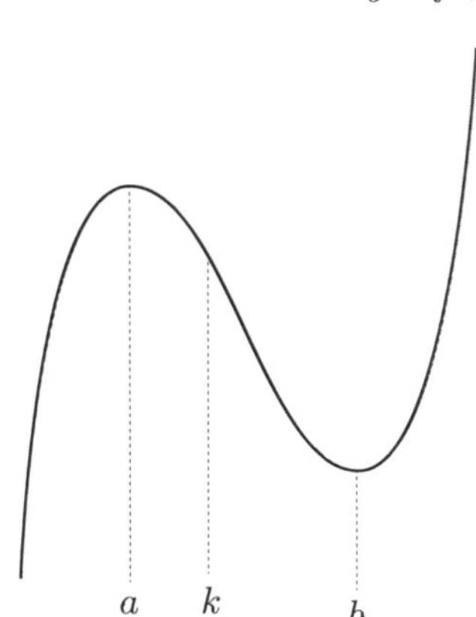

k가 $a<k<b$일 때,
$f(x)$를 활용하여 $g(x)$를 그리면

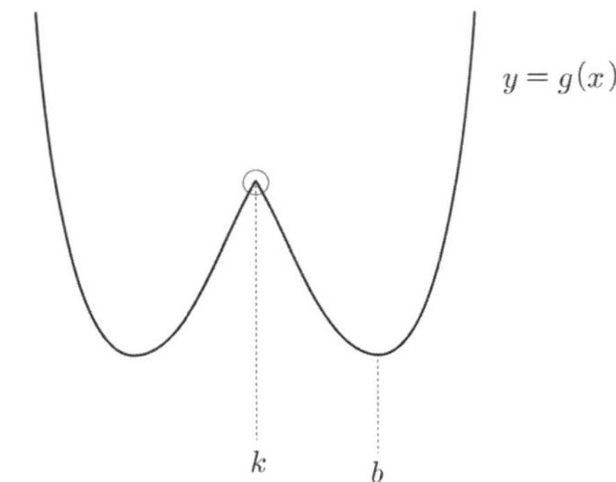

$(k,\ g(k))$가 첨점이므로 $x=k$에서 미분가능하지 않다.

$y=g(x)$가 $x=k$에서 미분가능하려면
$g'(k)=0$이어야 한다. 즉, $f'(k)=0$이다.

예를 들어 $k=b$이면 아래와 같이 $g'(b)=0$이므로
실수 전체의 집합에서 미분가능하다.

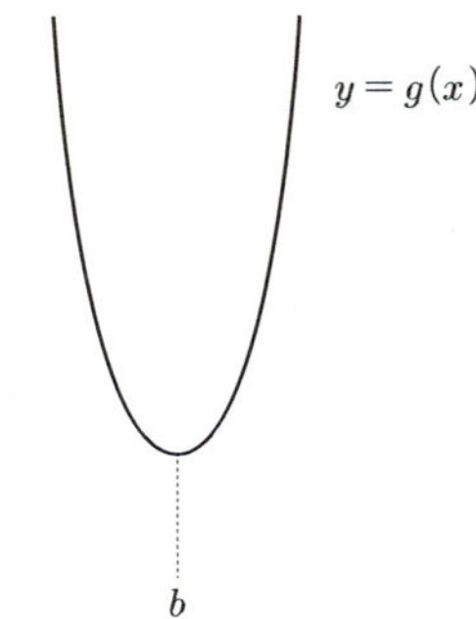

방정식 $f'(x) = 3x^2 - 2x - 9 = 0$ 의 서로 다른 두

실근의 합은 근과 계수의 관계에 의해 $a+b = \dfrac{2}{3}$ 이다.

따라서 $p^2 + q^2 = 9 + 4 = 13$ 이다.

답 13

082

$f(x) = x^3 - 3x, \ f'(x) = 3x^2 - 3$
$f(x)$ 의 그래프를 그리면

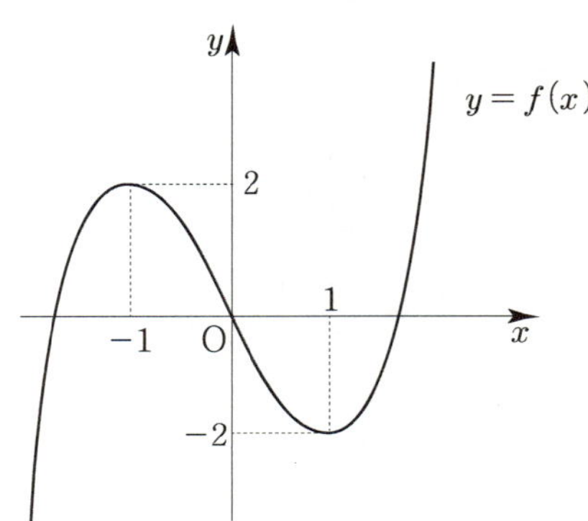

$$g(x) = \begin{cases} x^2 & (x \geq 0) \\ f(x-a)+b & (x < 0) \end{cases}$$

$y = f(x-a)+b$ 의 그래프는 $y = f(x)$ 의 그래프를
x 축의 방향으로 a 만큼, y 축의 방향으로 b 만큼 평행이동시켜
구할 수 있다.

(가) 함수 $g(x)$ 는 실수 전체의 집합에서 미분가능하다.
$g(x)$ 는 $x=0$ 에서 미분가능하므로 좌미분계수와
우미분계수가 같고, 우미분계수가 0 이므로 $g'(0) = 0$ 이다.
따라서 좌미분계수도 0 이 되어야한다.
이를 만족시키도록 $a, \ b$ 를 결정하면 2가지로 case분류할
수 있다.

① $a=1, \ b=-2$
$g(x)$ 를 그리면

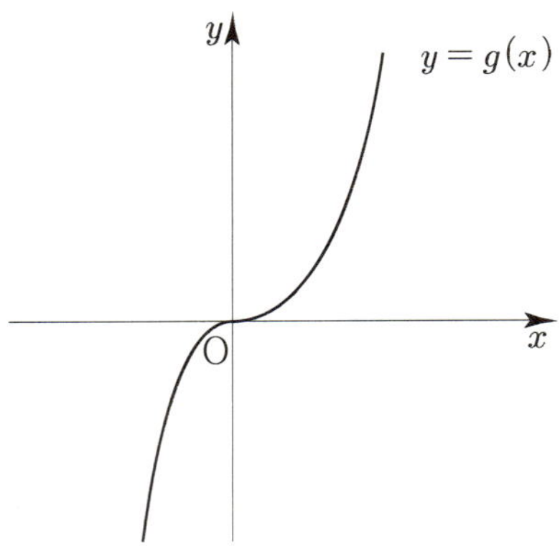

(나) 실수 t 에 대하여 방정식 $g(t) = t$ 의 서로 다른
실근의 개수를 $h(t)$ 라 할 때,
$$\lim_{t \to c+} h(t) + h(c) = \lim_{t \to c-} h(t) \text{ 이다.}$$

모든 실수 t 에 대하여 $h(t) = 1$ 이므로 (나)조건을
만족시키지 않는다.

② $a=-1, \ b=2$
$g(x)$ 를 그리면

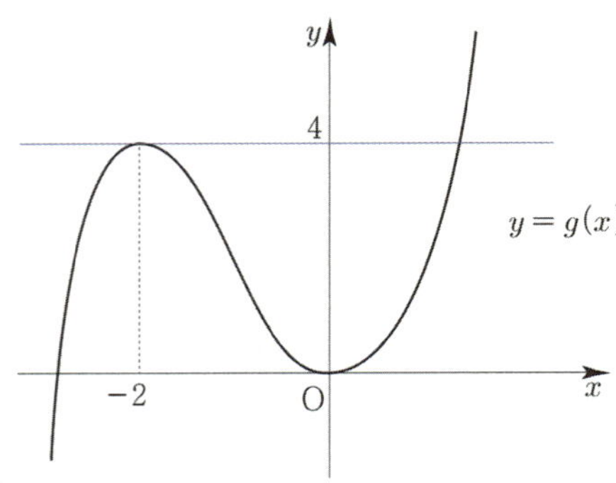

$g(x)$ 를 바탕으로 $h(t)$ 를 그리면

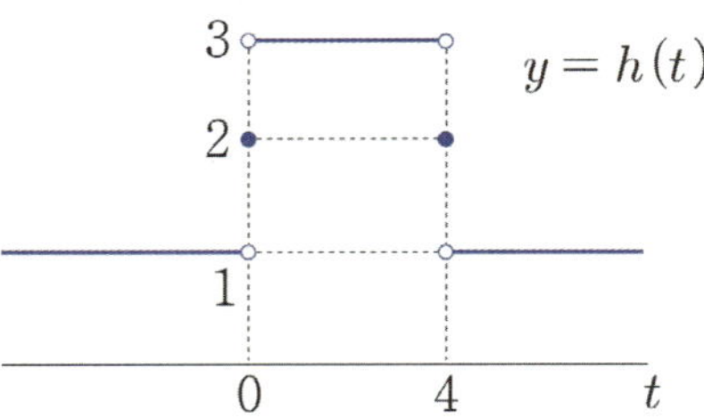

$$\lim_{t \to 4+} h(t) + h(4) = \lim_{t \to 4-} h(t)$$

$\Rightarrow \ 1 + 2 = 3$
이므로 $c = 4$ 일 때, $\lim\limits_{t \to c+} h(t) + h(c) = \lim\limits_{t \to c-} h(t)$

따라서 $a + 2b + 3c = -1 + 4 + 12 = 15$ 이다.

답 15

t 의 범위에 따라 case분류하면

① $0 < t \leq 1$

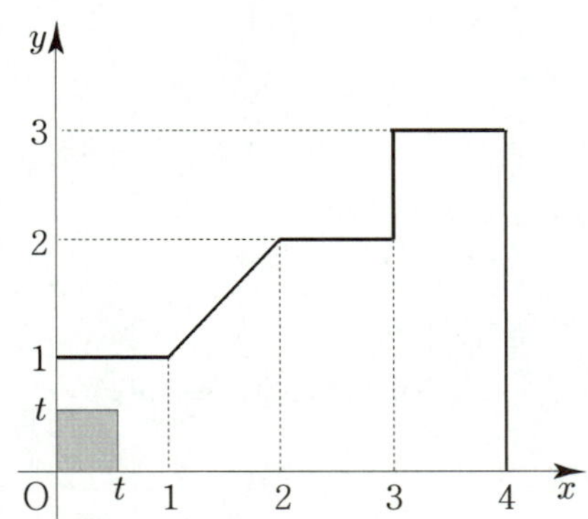

겹치는 부분은 한 변의 길이가 t 인 정사각형이므로
$$f(t) = t^2$$

② $1 < t \leq 2$

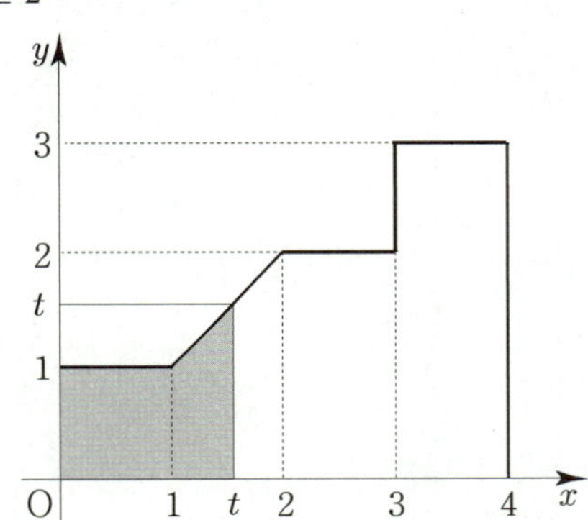

겹치는 부분은
한 변의 길이가 1 인 정사각형 + 사다리꼴
이므로

$$f(t) = 1 + \frac{1}{2}(t+1)(t-1) = \frac{1}{2}t^2 + \frac{1}{2}$$

③ $2 < t \leq 3$

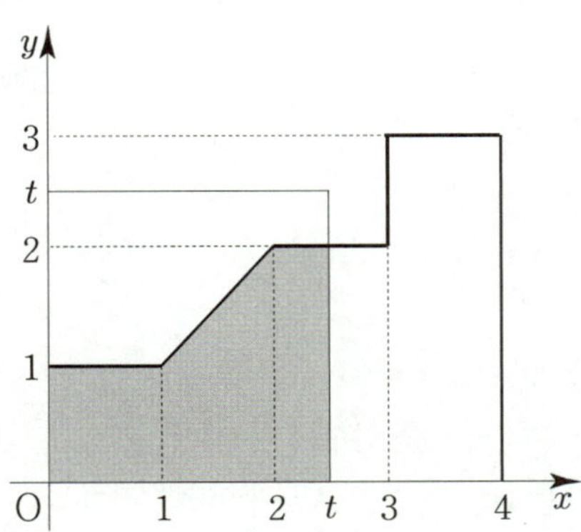

겹치는 부분은
한 변의 길이가 1 인 정사각형 + 사다리꼴 + 직사각형
이므로

$$f(t) = 1 + \frac{3}{2} + 2(t-2) = 2t - \frac{3}{2}$$

④ $3 < t < 4$

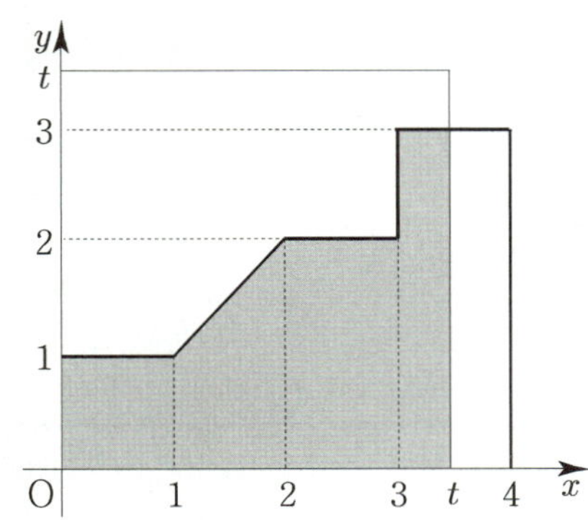

겹치는 부분은
한 변의 길이가 1 인 정사각형 + 사다리꼴 + 직사각형(높이2)
+ 직사각형 이므로

$$f(t) = 1 + \frac{3}{2} + 2 + 3(t-3) = 3t - \frac{9}{2}$$

①, ②, ③, ④에 의해서

$$f(t) = \begin{cases} t^2 & (0 < t \leq 1) \\[2mm] \dfrac{1}{2}t^2 + \dfrac{1}{2} & (1 < t \leq 2) \\[2mm] 2t - \dfrac{3}{2} & (2 < t \leq 3) \\[2mm] 3t - \dfrac{9}{2} & (3 < t < 4) \end{cases}$$

$$g(t) = t^2, \; h(t) = \frac{1}{2}t^2 + \frac{1}{2}, \; i(t) = 2t - \frac{3}{2}, \; j(t) = 3t - \frac{9}{2}$$

❶ $t = 1$

$$\lim_{t \to 1+} \frac{f(t) - f(1)}{t - 1} = h'(1) = 1$$

$$\lim_{t \to 1-} \frac{f(t) - f(1)}{t - 1} = g'(1) = 2$$

이므로 $t = 1$ 에서 미분가능하지 않다.

❷ $t = 2$

$$\lim_{t \to 2+} \frac{f(t) - f(2)}{t - 2} = i'(2) = 2$$

$$\lim_{t \to 2-} \frac{f(t) - f(2)}{t - 2} = h'(2) = 2$$

이므로 $t = 2$ 에서 미분가능하다.

❸ $t=3$

$$\lim_{t \to 3+} \frac{f(t)-f(3)}{t-3} = j'(3) = 3$$

$$\lim_{t \to 3-} \frac{f(t)-f(3)}{t-3} = i'(3) = 2$$

이므로 $t=3$에서 미분가능하지 않다.

따라서 열린구간 $(0, 4)$에서 함수 $f(t)$가 미분가능하지
않은 모든 t의 값의 합은 4이다.

답 ③

084

$$f(x) = \begin{cases} -x & (x \le 0) \\ x-1 & (0 < x \le 2) \\ 2x-3 & (x > 2) \end{cases}$$

상수가 아닌 다항식 $p(x)$
즉, $p(x)$는 실수 전체의 집합에서 연속이고 미분가능하다.

ㄱ. 함수 $p(x)f(x)$가 실수 전체의 집합에서 연속이면
$p(0)=0$이다.

$$p(x)f(x) = \begin{cases} -xp(x) & (x \le 0) \\ (x-1)p(x) & (0 < x \le 2) \\ (2x-3)p(x) & (x > 2) \end{cases}$$

$x=0$에서 연속이므로
$$\lim_{x \to 0} p(x)f(x) = p(0)f(0) \Rightarrow p(0)=0$$
따라서 ㄱ은 참이다.

ㄴ. 함수 $p(x)f(x)$가 실수 전체의 집합에서
미분가능하면 $p(2)=0$이다.

$$p(x)f(x) = \begin{cases} -xp(x) & (x \le 0) \\ (x-1)p(x) & (0 < x \le 2) \\ (2x-3)p(x) & (x > 2) \end{cases}$$

$\lim_{x \to 2} p(x)f(x) = p(2)f(2)$ 이므로 $x=2$에서 연속이다.

$x=2$에서 미분가능하므로
$g(x)=(x-1)p(x),\ h(x)=(2x-3)p(x)$ 라 하면
$$\lim_{x \to 2+} \frac{p(x)f(x)-p(2)f(2)}{x-2} = h'(2) = 2p(2)+p'(2)$$

$$\lim_{x \to 2-} \frac{p(x)f(x)-p(2)f(2)}{x-2} = g'(2) = p(2)+p'(2)$$

$2p(2)+p'(2) = p(2)+p'(2) \Rightarrow p(2)=0$
따라서 ㄴ은 참이다.

ㄷ. 함수 $p(x)\{f(x)\}^2$이 실수 전체의 집합에서
미분가능하면 $p(x)$는 $x^2(x-2)^2$으로 나누어떨어진다.

$$p(x)\{f(x)\}^2 = \begin{cases} x^2 p(x) & (x \le 0) \\ (x-1)^2 p(x) & (0 < x \le 2) \\ (2x-3)^2 p(x) & (x > 2) \end{cases}$$

$p(x)\{f(x)\}^2$이 실수 전체의 집합에서 미분가능하므로
$x=0,\ x=2$에서 연속이다.

$x=0$에서 연속이므로
$$\lim_{x \to 0} p(x)\{f(x)\}^2 = p(0)\{f(0)\}^2 \Rightarrow p(0)=0$$

$\lim_{x \to 2} p(x)\{f(x)\}^2 = p(2)\{f(2)\}^2$ 이므로 $x=2$에서
연속이다.

$x=0$에서 미분가능하므로
$g(x)=x^2 p(x),\ h(x)=(x-1)^2 p(x)$ 라 하면
$$\lim_{x \to 0+} \frac{p(x)\{f(x)\}^2 - p(0)\{f(0)\}^2}{x-0}$$
$$= h'(0) = -2p(0)+p'(0)$$
$$\lim_{x \to 0-} \frac{p(x)\{f(x)\}^2 - p(0)\{f(0)\}^2}{x-0}$$
$$= g'(0) = 0$$
$\Rightarrow -2p(0)+p'(0) = 0$
$p(0)=0$이므로 $p'(0)=0$이다.

$x=2$에서 미분가능하므로
$h(x)=(x-1)^2 p(x),\ i(x)=(2x-3)^2 p(x)$ 라 하면
$$\lim_{x \to 2+} \frac{p(x)\{f(x)\}^2 - p(2)\{f(2)\}^2}{x-2} = i'(2)$$
$$= 4p(2)+p'(2)$$
$$\lim_{x \to 2-} \frac{p(x)\{f(x)\}^2 - p(2)\{f(2)\}^2}{x-2} = h'(2)$$
$$= 2p(2)+p'(2)$$
$\Rightarrow 4p(2)+p'(2) = 2p(2)+p'(2)$
$\Rightarrow p(2)=0$

$p(0)=p'(0)=0,\ p(2)=0$이므로
$p(x)$는 $x^2(x-2)$를 인수로 갖는다.
즉, $p(x)$는 $x^2(x-2)$으로 나누어떨어진다.
따라서 ㄷ은 거짓이다.

답 ②

085

최고차항의 계수가 1 인 다항함수 $f(x)$

(가) $f(0) = -3$
(나) 모든 양의 실수 x 에 대하여
　　$6x - 6 \leq f(x) \leq 2x^3 - 2$ 이다.

직선 $y = 6x - 6$ 와 곡선 $y = 2x^3 - 2$ 은 모두 $(1,\ 0)$ 을
지나고 곡선 $y = 2x^3 - 2$ 위의 점 $(1,\ 0)$ 에서의
접선의 방정식은 $y = 6(x-1) = 6x - 6$ 이다.

이를 바탕으로 두 그래프를 그리면

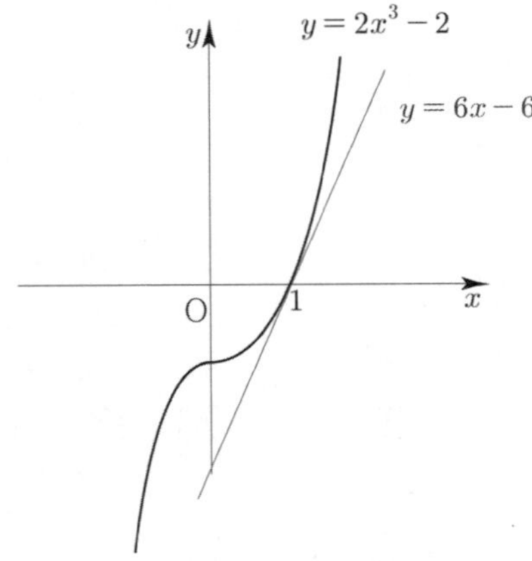

$f(x)$ 는 다항함수이므로 (나)조건을 만족시키려면
$f(x)$ 의 차수는 일차 이상 삼차 이하이다.
($\because f(x)$ 가 사차 이상이면 $2x^3 - 2 < f(x)$ 를
만족시키는 양수 x 가 반드시 존재)

$6x - 6 \leq f(x) \leq 2x^3 - 2$ 에 $x = 1$ 을 대입하면
$0 \leq f(1) \leq 0$ 이므로 $f(1) = 0$ 이다.

(직관적으로 볼 때, $f'(1) = 6$ 인 것 같지만 식으로
정확히 확인해보자.)

① $x > 1$
$6x - 6 \leq f(x) - f(1) \leq 2x^3 - 2$
부등식의 각 변을 $x - 1$ 로 나누면 부등호의 방향은 바뀌지
않는다.
$$\frac{6x-6}{x-1} \leq \frac{f(x)-f(1)}{x-1} \leq \frac{2x^3-2}{x-1}$$

부등식의 각 변에 극한을 취하면
$$\lim_{x \to 1+} \frac{6x-6}{x-1} \leq \lim_{x \to 1+} \frac{f(x)-f(1)}{x-1} \leq \lim_{x \to 1+} \frac{2x^3-2}{x-1}$$
$$6 \leq f'(1) \leq 6$$

② $x < 1$
$6x - 6 \leq f(x) - f(1) \leq 2x^3 - 2$
부등식의 각 변을 $x - 1$ 로 나누면 부등호의 방향이 바뀐다.
$$\frac{2x^3-2}{x-1} \leq \frac{f(x)-f(1)}{x-1} \leq \frac{6x-6}{x-1}$$

부등식의 각 변에 극한을 취하면
$$\lim_{x \to 1-} \frac{2x^3-2}{x-1} \leq \lim_{x \to 1-} \frac{f(x)-f(1)}{x-1} \leq \lim_{x \to 1-} \frac{6x-6}{x-1}$$
$$6 \leq f'(1) \leq 6$$

따라서 $f'(1) = 6$ 이다.

$f(0) = -3,\ f(1) = 0,\ f'(1) = 6$
$f(x)$ 는 일차 이상 삼차 이하의 다항함수이므로
차수에 따라 case분류하면

❶ $f(x)$ 가 일차함수
$f(x) = x + a$
$f'(1) = 1$ 이므로 조건을 만족시키지 않는다.

❷ $f(x)$ 가 이차함수
$f(x) = x^2 + ax + b$
$f(0) = -3,\ f(1) = 0 \Rightarrow a = 2,\ b = -3$
$f(x) = x^2 + 2x - 3$
$f'(1) = 4$ 이므로 조건을 만족시키지 않는다.

❸ $f(x)$ 가 삼차함수
$f(x) = x^3 + ax^2 + bx + c$
$f(0) = -3,\ f(1) = 0 \Rightarrow c = -3,\ a + b = 2$
$f'(1) = 6 \Rightarrow 2a + b = 3$
연립하면 $a = 1,\ b = 1,\ c = -3$

$f(x) = x^3 + x^2 + x - 3$ 이므로 $f(3) = 36$ 이다.

답 ①

$$f(x) = \begin{cases} x + 1 & (x < 1) \\ -2x + 4 & (x \geq 1) \end{cases}$$
좌표평면 위에 두 점 $A(-1,\ -1)$, $B(1,\ 2)$ 가 있다.
실수 x 에 대하여 점 $(x,\ f(x))$ 에서 점 A 까지의 거리의
제곱과 점 B 까지의 거리의 제곱 중 크지 않은 값을 $g(x)$

함수 $f(x)$ 위의 점 $(x,\ f(x))$ 를 P 라 하자.

$x=1$을 경계로 $f(x)$가 변하므로
두 범위에 따라 case분류하면

① $x < 1$

$f(x) = x+1$이므로 $\mathrm{P}(x,\ x+1)$이다.
$\overline{\mathrm{AP}}^2 = (x+1)^2 + (x+2)^2 = 2x^2+6x+5$
$\overline{\mathrm{BP}}^2 = (x-1)^2 + (x-1)^2 = 2x^2-4x+2$

①- i) $\overline{\mathrm{AP}}^2 \geq \overline{\mathrm{BP}}^2$

$2x^2+6x+5 \geq 2x^2-4x+2 \Rightarrow x \geq -\dfrac{3}{10}$

즉, $g(x) = \overline{\mathrm{BP}}^2 \ \left(-\dfrac{3}{10} \leq x < 1\right)$

①- ii) $\overline{\mathrm{AP}}^2 < \overline{\mathrm{BP}}^2$

$2x^2+6x+5 < 2x^2-4x+2 \Rightarrow x < -\dfrac{3}{10}$

즉, $g(x) = \overline{\mathrm{AP}}^2 \ \left(x < -\dfrac{3}{10}\right)$

② $x \geq 1$

$f(x) = -2x+4$이므로 $\mathrm{P}(x,\ -2x+4)$이다.
$\overline{\mathrm{AP}}^2 = (x+1)^2 + (-2x+5)^2 = 5x^2-18x+26$
$\overline{\mathrm{BP}}^2 = (x-1)^2 + (-2x+2)^2 = 5x^2-10x+5$

②- i) $\overline{\mathrm{AP}}^2 \geq \overline{\mathrm{BP}}^2$

$5x^2-18x+26 \geq 5x^2-10x+5 \Rightarrow -8x \geq -21$

$\Rightarrow x \leq \dfrac{21}{8}$

즉, $g(x) = \overline{\mathrm{BP}}^2 \ \left(1 \leq x \leq \dfrac{21}{8}\right)$

②- ii) $\overline{\mathrm{AP}}^2 < \overline{\mathrm{BP}}^2$

$5x^2-18x+26 < 5x^2-10x+5 \Rightarrow -8x < -21$

$\Rightarrow x > \dfrac{21}{8}$

즉, $g(x) = \overline{\mathrm{AP}}^2 \ \left(x > \dfrac{21}{8}\right)$

①, ②에 의해서

$$g(x) = \begin{cases} 2x^2+6x+5 & \left(x < -\dfrac{3}{10}\right) \\[2mm] 2x^2-4x+2 & \left(-\dfrac{3}{10} \leq x < 1\right) \\[2mm] 5x^2-10x+5 & \left(1 \leq x \leq \dfrac{21}{8}\right) \\[2mm] 5x^2-18x+26 & \left(x > \dfrac{21}{8}\right) \end{cases}$$

$g(x)$는 실수 전체의 집합에서 연속이므로
$g(x)$의 미분가능성만 조사하면 된다.

$h(x) = 2x^2+6x+5,\ i(x) = 2x^2-4x+2$
$j(x) = 5x^2-10x+5,\ k(x) = 5x^2-18x+26$

❶ $x = -\dfrac{3}{10}$

$$\lim_{x \to -\frac{3}{10}+} \frac{g(x) - g\left(-\frac{3}{10}\right)}{x + \frac{3}{10}} = i'\left(-\frac{3}{10}\right) = -\frac{26}{5}$$

$$\lim_{x \to -\frac{3}{10}-} \frac{g(x) - g\left(-\frac{3}{10}\right)}{x + \frac{3}{10}} = h'\left(-\frac{3}{10}\right) = \frac{24}{5}$$

우미분계수와 좌미분계수가 다르므로
$x = -\dfrac{3}{10}$에서 미분가능하지 않다.

❷ $x = 1$

$$\lim_{x \to 1+} \frac{g(x) - g(1)}{x - 1} = j'(1) = 0$$

$$\lim_{x \to 1-} \frac{g(x) - g(1)}{x - 1} = i'(1) = 0$$

우미분계수와 좌미분계수가 같으므로
$x = 1$에서 미분가능하다.

❸ $x = \dfrac{21}{8}$

$$\lim_{x \to \frac{21}{8}+} \frac{g(x) - g\left(\frac{21}{8}\right)}{x - \frac{21}{8}} = k'\left(\frac{21}{8}\right) = \frac{33}{4}$$

$$\lim_{x \to \frac{21}{8}-} \frac{g(x) - g\left(\frac{21}{8}\right)}{x - \frac{21}{8}} = j'\left(\frac{21}{8}\right) = \frac{65}{4}$$

우미분계수와 좌미분계수가 다르므로
$x = \dfrac{21}{8}$에서 미분가능하지 않다.

함수 $g(x)$ 가 $x = a$ 에서 미분가능하지 않은
모든 a 의 값의 합 $p = -\dfrac{3}{10} + \dfrac{21}{8} = \dfrac{186}{80}$ 이다.

따라서 $80p = 186$ 이다.

답 186

087

$y = 2f(1) - f(x)$ 는 $y = f(x)$ 를 $y = f(1)$ 에 대하여
대칭이동한 것이므로 $g(x)$ 를 $x = 1$ 의 위치에 따라
case분류하면 다음 그림과 같다.

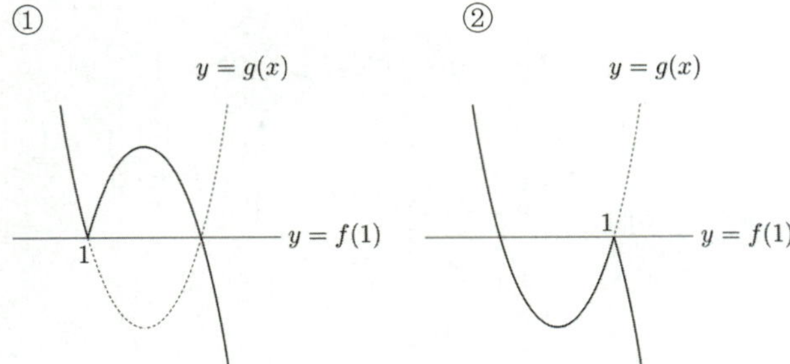

ㄱ. 함수 $g(x)$ 는 실수 전체의 집합에서 연속이다.

$f(x)$ 는 이차함수이므로 $2f(1) - f(x)$ 도 이차함수이다.
즉, 경계인 $x = 1$ 에서만 연속유무를 판정하면 된다.
$$\lim_{x \to 1+} g(x) = f(1), \quad \lim_{x \to 1-} g(x) = f(1), \quad g(1) = f(1)$$
$$\Rightarrow \lim_{x \to 1} g(x) = g(1)$$
이므로 ㄱ은 참이다.
(그림으로 봐도 연속인 것이 자명하다.)

ㄴ. $\displaystyle\lim_{h \to 0+} \dfrac{g(-1+h) + g(-1-h) - 6}{h} = a$ (a 는 상수)이고
$g(1) = 1$ 이면 $g(a) = 1$ 이다.

$$\lim_{h \to 0+} \dfrac{g(-1+h) + g(-1-h) - 6}{h} = a \text{이고}$$
$$\lim_{h \to 0+} h = 0 \text{이므로}$$
$$\lim_{h \to 0+} \{g(-1+h) + g(-1-h) - 6\} = 0 \Rightarrow g(-1) = 3 \text{이다.}$$

좌미분계수와 우미분계수로 쪼개서 보는 관점으로
접근해보자.

편의상 $g'(k+)$ 를 $x = k$ 에서의 우미분계수라 하고,

$g'(k-)$ 를 $x = k$ 에서의 좌미분계수라 하자.

$$\lim_{h \to 0+} \dfrac{g(-1+h) + g(-1-h) - 6}{h}$$
$$= \lim_{h \to 0+} \dfrac{g(-1+h) - g(-1) + g(-1-h) - g(-1)}{h}$$
$$= \lim_{h \to 0+} \dfrac{g(-1+h) - g(-1)}{h} - \lim_{h \to 0+} \dfrac{g(-1-h) - g(-1)}{-h}$$
$$= g'(-1+) - g'(-1-) = a$$

함수 $g(x)$ 는 $x = -1$ 에서 미분가능하므로
$g'(-1+) - g'(-1-) = a \Rightarrow a = 0$ 이다.
$g(-1) = 3, \ g(1) = 1 \Rightarrow f(-1) = 3, \ f(1) = 1$
$f(x) = x^2 + px + q$ 라 하면
$1 - p + q = 3, \ 1 = 1 + p + q \Rightarrow p = -1, \ q = 1$ 이다.
$g(a) = g(0) = f(0) = q = 1$
따라서 ㄴ은 참이다.

ㄷ. $\displaystyle\lim_{h \to 0+} \dfrac{g(b+h) + g(b-h) - 6}{h} = 4$ (b 는 상수)이면
$g(4) = 1$ 이다.

$$\lim_{h \to 0+} \dfrac{g(b+h) + g(b-h) - 6}{h} = 4 \text{이고} \lim_{h \to 0+} h = 0 \text{이므로}$$
$$\lim_{h \to 0+} \{g(b+h) + g(b-h) - 6\} = 0 \Rightarrow g(b) = 3 \text{이다.}$$

좌미분계수와 우미분계수로 쪼개서 보는 관점으로
접근해보자.

$$\lim_{h \to 0+} \dfrac{g(b+h) + g(b-h) - 6}{h}$$
$$= \lim_{h \to 0+} \dfrac{g(b+h) - g(b) + g(b-h) - g(b)}{h}$$
$$= \lim_{h \to 0+} \dfrac{g(b+h) - g(b)}{h} - \lim_{h \to 0+} \dfrac{g(b-h) - g(b)}{-h}$$
$$= g'(b+) - g'(b-) = 4$$

만약 함수 $g(x)$ 가 $x = b$ 에서 미분가능하면
$g'(b+) - g'(b-) = 0$ 이므로 모순이다.
즉, 함수 $g(x)$ 는 $x = b$ 에서 미분가능하지 않아야 하므로
$b = 1$ 이다. (첨점)

$g'(1+) - g'(1-) = 4$ 이므로 앞서 조사한 $g(x)$ 의 개형 중
①번 개형이어야 한다.

$g'(1+) = -f'(1),\ g'(1-) = f'(1)$ 이므로
$g'(1+) - g'(1-) = 4 \Rightarrow f'(1) = -2$ 이다.
$g(b) = g(1) = 3 \Rightarrow f(1) = 3$

$f(x) = x^2 + px + q$ 라 하면
$-2 = 2 + p,\ 3 = 1 + p + q \Rightarrow p = -4,\ q = 6$ 이므로
$f(x) = x^2 - 4x + 6$ 이다.

$g(4) = 2f(1) - f(4) = 6 - 6 = 0$
따라서 ㄷ은 거짓이다.

답 ②

088

상수 a 와 최고차항의 계수가 1 인 이차함수 $f(x)$
$$f(x) = x^2 + bx + c$$

$$g(x) = (x^2 - x + a)f(x)$$

(가) $\displaystyle\lim_{x \to 1}\frac{g(x) - f(x)}{x - 1} = 0$

$\displaystyle\lim_{x \to 1}(x - 1) = 0 \Rightarrow \lim_{x \to 1}\{g(x) - f(x)\} = 0$

$\Rightarrow g(1) = f(1)$
($\because\ g(x) - f(x)$ 는 다항함수이므로 $x = 1$ 에서 연속)

$g(1) = f(1) \Rightarrow af(1) = f(1) \Rightarrow (a - 1)f(1) = 0$
$a = 1$ or $f(1) = 0$ 이다.

① $a \neq 1$
만약 $a \neq 1$ 이라 가정하면 $f(1) = 0$ 이므로

$1 + b + c = 0 \Rightarrow c = -b - 1$
$f(x) = x^2 + bx - b - 1 = (x - 1)(x + b + 1)$
$g(x) - f(x) = (x^2 - x + a)f(x) - f(x)$
$$= (x^2 - x + a - 1)f(x)$$
$$= (x^2 - x + a - 1)(x - 1)(x + b + 1)$$

$\displaystyle\lim_{x \to 1}\frac{g(x) - f(x)}{x - 1}$

$\displaystyle= \lim_{x \to 1}\frac{(x^2 - x + a - 1)(x - 1)(x + b + 1)}{x - 1}$

$= (a - 1)(b + 2) = 0 \Rightarrow b = -2\,(a \neq 1)$
즉, $f(x) = (x - 1)^2$ 이다.

$g'(x) = (2x - 1)(x - 1)^2 + (x^2 - x + a)(2x - 2)$ 이므로
$g'(1) = 0$ 이다.
따라서 조건 (나) $g'(1) \neq 0$ 를 만족시키지 않는다.

② $f(1) \neq 0$
만약 $f(1) \neq 0$ 이라고 가정하면 $a = 1$ 이므로
$\displaystyle\lim_{x \to 1}\frac{g(x) - f(x)}{x - 1} = \lim_{x \to 1}\frac{x(x - 1)f(x)}{x - 1} = f(1) = 0$
이는 $f(1) \neq 0$ 에 모순이다.

③ $a = 1$ 이고 $f(1) = 0$
$f(x) = (x - 1)(x + b + 1),\ f'(x) = 2x + b$
$g(x) = (x^2 - x + 1)f(x)$
$g'(x) = (2x - 1)f(x) + (x^2 - x + 1)f'(x)$

(다) $f(\alpha) = f'(\alpha)$ 이고 $g'(\alpha) = 2f'(\alpha)$ 인 실수 α 가
　　존재한다.

$f(\alpha) = f'(\alpha)$ 이므로
$(\alpha - 1)(\alpha + b + 1) = (2\alpha + b)$

$g'(\alpha) = (2\alpha - 1)f(\alpha) + (\alpha^2 - \alpha + 1)f'(\alpha)$

$f(\alpha) = f'(\alpha)$ 이므로
$g'(\alpha) = (2\alpha - 1)f'(\alpha) + (\alpha^2 - \alpha + 1)f'(\alpha)$
$$= (\alpha^2 + \alpha)f'(\alpha)$$

$g'(\alpha) = 2f'(\alpha)$ 이므로
$2f'(\alpha) = (\alpha^2 + \alpha)f'(\alpha)$
$\Rightarrow (\alpha^2 + \alpha - 2)f'(\alpha) = 0$
$\Rightarrow (\alpha + 2)(\alpha - 1)(2\alpha + b) = 0$
$\alpha = -2$ or $\alpha = 1$ or $\alpha = -\dfrac{b}{2}$

❶ $\alpha = 1$ or $\alpha = -\dfrac{b}{2}$

만약 $\alpha = 1$ or $\alpha = -\dfrac{b}{2}$ 일 때,

$f(\alpha) = f'(\alpha) \Rightarrow (\alpha - 1)(\alpha + b + 1) = (2\alpha + b)$ 이므로
$b = -2$ 이다.

$b = -2$ 가 되면 $f(x) = (x - 1)(x + b + 1) = (x - 1)^2$
이므로 $f'(1) = 0$ 이고
$f'(1) = 0$ 이면 $g'(1) = 0$ 이므로
조건 (나) $g'(1) \neq 0$ 를 만족시키지 않는다.

❷ $\alpha = -2$

$\alpha = -2$ 일 때,

$(\alpha-1)(\alpha+b+1) = (2\alpha+b)$ 이므로

$b = \dfrac{7}{4}$ 이다.

$g(x) = (x^2-x+1)(x-1)\left(x+\dfrac{11}{4}\right)$

$g(\alpha+4) = g(2) = \dfrac{57}{4}$ 이므로 $p+q = 61$ 이다.

답 61

089

$f(x)$ 의 최고차항의 계수가 $\dfrac{1}{3}$ 이므로 $f'(x)$ 의 최고차항의

계수는 1 인 것을 알 수 있다.

이때 (가) 조건에 의해서 $f'(x) = (x-a)^2-2$ 라 하자.

이제 (나) 조건을 해석해보자.

절댓값 때문에 복잡해 보이니 $g(x) = |f(x)|$ 라 두면

$$\lim_{h \to 0+}\frac{g(1+h)-g(1-2h)}{h} + 4 = \lim_{h \to 0-}\frac{g(1+h)-g(1-2h)}{h}$$

편의상 $g'(1+)$ 를 $x=1$ 에서의 우미분계수라고 하고,

$g'(1-)$ 를 $x=1$ 에서의 좌미분계수라 하자.

$$\lim_{h \to 0+}\frac{g(1+h)-g(1-2h)}{h}$$

$$= \lim_{h \to 0+}\frac{g(1+h)-g(1)}{h} + \lim_{h \to 0+}\frac{g(1-2h)-g(1)}{-2h} \times 2$$

$$= g'(1+) + 2g'(1-)$$

($-2h = t$ 라 하면 $h \to 0+ \Rightarrow t \to 0-$ 이므로

$\lim\limits_{h \to 0+}\dfrac{g(1-2h)-g(1)}{-2h} = \lim\limits_{t \to 0-}\dfrac{g(1+t)-g(1)}{t} = g'(1-)$)

$$\lim_{h \to 0-}\frac{g(1+h)-g(1-2h)}{h}$$

$$= \lim_{h \to 0-}\frac{g(1+h)-g(1)}{h} + \lim_{h \to 0-}\frac{g(1-2h)-g(1)}{-2h} \times 2$$

$$= g'(1-) + 2g'(1+)$$

($-2h = t$ 라 하면 $h \to 0- \Rightarrow t \to 0+$ 이므로

$\lim\limits_{h \to 0-}\dfrac{g(1-2h)-g(1)}{-2h} = \lim\limits_{t \to 0+}\dfrac{g(1+t)-g(1)}{t} = g'(1+)$)

$$\lim_{h \to 0+}\frac{g(1+h)-g(1-2h)}{h} + 4 = \lim_{h \to 0-}\frac{g(1+h)-g(1-2h)}{h}$$

$$\Rightarrow g'(1+) + 2g'(1-) + 4 = g'(1-) + 2g'(1+) \quad \cdots \;\; \text{㉠}$$

$g(x)$ 가 $x=1$ 에서 미분가능하다면 $g'(1+) = g'(1-)$ 이므로

(나) 조건이 성립하지 않는다.

즉, $g(x)$ 는 $x=1$ 에서 미분가능하지 않다.

$g(x) = |f(x)|$ 이고 $f(x)$ 가 삼차함수이기 때문에

$g(x)$ 가 $x=1$ 에서 미분가능하지 않으려면

$f(1) = 0, \; f'(1) \neq 0$ 이어야 한다.

즉, $x=1$ 에서 첨점을 가져야 한다.

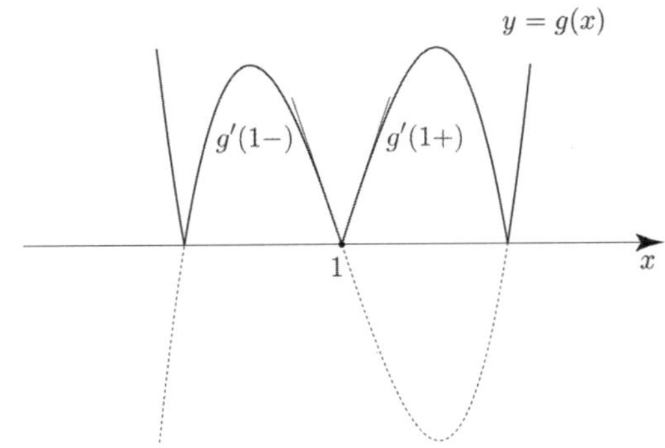

이때 $g'(1+) = k\,(k>0)$ 라 하면 $g'(1-) = -k$ 이고,

이를 ㉠에 대입하면

$$k + 2(-k) + 4 = -k + 2k \Rightarrow -k+4 = k \Rightarrow k = 2$$

$g'(1+) = 2$ 이므로 $f'(1)$ 의 값은

$$f'(1) = 2 \;\; \text{or} \;\; f'(1) = -2$$

$f(x)$ 는 최고차항의 계수가 $\dfrac{1}{3}$ 인 삼차함수이므로 $f'(x)$ 는

최고차항의 계수가 1 인 이차함수이다.

$f'(x)$ 의 최솟값이 -2 이므로 가능한 경우는

총 3 가지가 나온다.

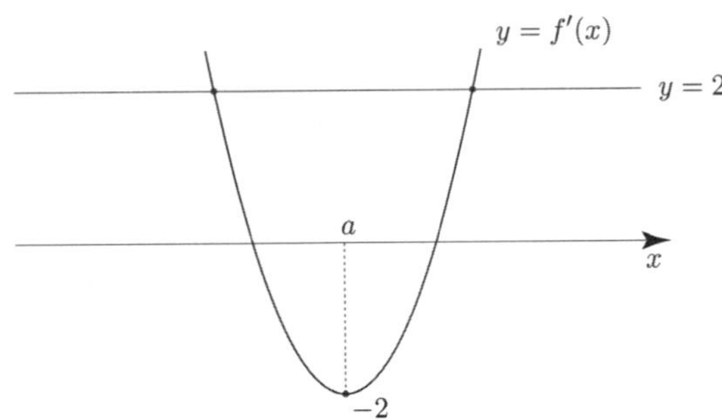

$f'(x) = (x-a)^2-2$ 라고 식을 세운 후 case분류하여

접근해보자.

① $f'(1) = 2$

$(1-a)^2 - 2 = 2 \Rightarrow (1-a)^2 = 4 \Rightarrow a = -1 \text{ or } a = 3$

①- ⅰ) $a = -1$

$f'(x) = (x+1)^2 - 2 = x^2 + 2x - 1$ 이고, $f(1) = 0$ 이므로

$f(x) = \dfrac{1}{3}x^3 + x^2 - x - \dfrac{1}{3}$

즉, $f(2) = \dfrac{13}{3}$

①- ⅱ) $a = 3$

$f'(x) = (x-3)^2 - 2 = x^2 - 6x + 7$ 이고, $f(1) = 0$ 이므로

$f(x) = \dfrac{1}{3}x^3 - 3x^2 + 7x - \dfrac{13}{3}$

즉, $f(2) = \dfrac{1}{3}$

② $f'(1) = -2$

$(1-a)^2 - 2 = -2 \Rightarrow (1-a)^2 = 0 \Rightarrow a = 1$

$f'(x) = (x-1)^2 - 2 = x^2 - 2x - 1$ 이고, $f(1) = 0$ 이므로

$f(x) = \dfrac{1}{3}x^3 - x^2 - x + \dfrac{5}{3}$

즉, $f(2) = -\dfrac{5}{3}$

따라서 모든 $f(2)$ 의 값의 합은 $\dfrac{13}{3} + \dfrac{1}{3} - \dfrac{5}{3} = \dfrac{9}{3} = 3$ 이다.

답 3

1	(1) $y = 2x + 1$ (2) $y = -\dfrac{1}{6}x + \dfrac{13}{6}$
2	(1) $y = 2x + 1$ (2) $y = 2x - 8$
3	(1) $y = 2x + 4$ or $y = -2x$ (2) $y = 3x - 4$ or $y = -x$
4	$y = -2x - 2$
5	(1) $c = \dfrac{1}{2}$ (2) $c = -\dfrac{2\sqrt{3}}{3}$
6	(1) 증가 (2) 감소
7	(1) $(-\infty, \ -2], \ [2, \ \infty)$ 에서 감소, $[-2, \ 2]$ 에서 증가 (2) $(-\infty, \ \infty)$ 에서 증가
8	(1) $x = 0$ 에서 극댓값 2, $x = 2$ 에서 극솟값 -2 (2) $x = 2$ 에서 극댓값 32, $x = -2$ 에서 극솟값 0
9	$a = -3, \ b = 12, \ x = -2$ 에서 극솟값 -16
10	(1) 풀이 참고 (2) 풀이 참고
11	(1) 풀이 참고 (2) 풀이 참고
12	(1) $x = 2$ 에서 최댓값 39, $x = 0$ 에서 최솟값 -1 (2) $x = \sqrt{3}$ 에서 최댓값 12, $x = 0$ 에서 최솟값 3
13	2
14	$-1 < k < 0$
15	풀이 참고
16	$k \leq -\dfrac{7}{4}$
17	(1) $v = 9, \ a = 12$ (2) 1
18	12

개념 확인문제  **1**

(1) $f(x) = -x^2 + 4x$ 라 하면 $f'(x) = -2x + 4$

점 $(1, \ 3)$ 에서 접하는 접선의 기울기는 $f'(1) = 2$ 이다.

따라서 구하는 접선의 방정식은

$y = 2(x - 1) + 3$ 이므로 $y = 2x + 1$ 이다.

(2) $f(x) = 2x^3$ 라 하면 $f'(x) = 6x^2$

점 $(1, \ 2)$ 에서 접하는 접선의 기울기는 $f'(1) = 6$

이 점에서의 접선에 수직인 직선의 기울기를 m 이라 하면

$f'(1) \times m = -1$ 이므로

$m = -\dfrac{1}{f'(1)} = -\dfrac{1}{6}$

따라서 구하는 접선의 방정식은

$y = -\dfrac{1}{6}(x-1)+2$ 이므로

$y = -\dfrac{1}{6}x + \dfrac{13}{6}$ 이다.

$$\boxed{\text{답}}\ \ (1)\ \ y=2x+1\ \ (2)\ \ y=-\dfrac{1}{6}x+\dfrac{13}{6}$$

개념 확인문제 **2**

(1) $f(x) = -x^2$ 라 하면 $f'(x) = -2x$

접점의 좌표를 $(t,\ -t^2)$ 라 하면 이 점에서의 접선의

기울기가 2 이고 $f'(t) = -2t$ 이므로 $t = -1$

즉, 기울기가 2 인 접선의 접점의 좌표는 $(-1,\ -1)$ 이다.

따라서 구하는 접선의 방정식은 $y = 2(x+1)-1$ 이므로

$y = 2x+1$ 이다.

(2) $f(x) = 2x^2 - 6x$ 라 하면 $f'(x) = 4x - 6$

접점의 좌표를 $(t,\ 2t^2 - 6t)$ 라 하면 이 점에서의 접선의

기울기가 2 이고 $f'(t) = 4t - 6$ 이므로 $t = 2$

즉, 기울기가 2 인 접선의 접점의 좌표는 $(2,\ -4)$ 이다.

따라서 구하는 접선의 방정식 $y = 2(x-2)-4$ 이므로

$y = 2x-8$ 이다.

$$\boxed{\text{답}}\ \ (1)\ \ y=2x+1\ \ (2)\ \ y=2x-8$$

개념 확인문제 **3**

(1) $f(x) = -x^2 - 2x$ 라 하면 $f'(x) = -2x - 2$

접점의 좌표를 $(t,\ -t^2 - 2t)$ 라 하면 이 점에서의 접선의

기울기가 $-2t - 2$ 이므로 접선의 방정식은

$y = (-2t-2)(x-t) - t^2 - 2t \ \Rightarrow\ y = (-2t-2)x + t^2$

이 직선이 $(-1,\ 2)$ 을 지나므로

$2 = 2t+2+t^2 \ \Rightarrow\ t^2 + 2t = 0 \ \Rightarrow\ (t+2)t = 0$

$\Rightarrow\ t = 0\ \text{or}\ t = -2$

따라서 구하는 접선의 방정식은

$t = 0$ 일 때, $y = -2x$ 이고

$t = -2$ 일 때, $y = 2x+4$ 이다.

(2) $f(x) = x^2 - x$ 라 하면 $f'(x) = 2x - 1$

접점의 좌표를 $(t,\ t^2 - t)$ 라 하면 이 점에서의 접선의

기울기가 $2t - 1$ 이므로 접선의 방정식은

$y = (2t-1)(x-t) + t^2 - t \ \Rightarrow\ y = (2t-1)x - t^2$

이 직선이 $(1,\ -1)$ 을 지나므로

$-1 = 2t - 1 - t^2 \ \Rightarrow\ t^2 - 2t = 0 \ \Rightarrow\ t(t-2) = 0$

$\Rightarrow\ t = 0\ \text{or}\ t = 2$

따라서 구하는 접선의 방정식은

$t = 0$ 일 때, $y = -x$ 이고

$t = 2$ 일 때, $y = 3x - 4$ 이다.

$$\boxed{\text{답}}\ \ (1)\ \ y=2x+4\ \ \text{or}\ \ y=-2x$$
$$(2)\ \ y=3x-4\ \ \text{or}\ \ y=-x$$

개념 확인문제 **4**

$f(x) = -x^3 + x$, $g(x) = x^2 - 1$ 이라 하면

$f'(x) = -3x^2 + 1$, $g'(x) = 2x$

두 곡선 $y = f(x)$, $y = g(x)$ 가 $x = t$ 에서 접하면

$f(t) = g(t)$ 이고 $f'(t) = g'(t)$ 이므로

$-t^3 + t = t^2 - 1 \ \Rightarrow\ t^3 + t^2 - t - 1 = 0$

$\Rightarrow\ (t-1)(t+1)^2 = 0 \ \Rightarrow\ t = 1\ \text{or}\ t = -1$

$-3t^2 + 1 = 2t \ \Rightarrow\ 3t^2 + 2t - 1 = 0 \ \Rightarrow\ (3t-1)(t+1) = 0$

$\Rightarrow\ t = -1,\ t = \dfrac{1}{3}$

즉, $t = -1$ 이므로 $f'(-1) = g'(-1) = -2$ 이고

$f(-1) = g(-1) = 0$ 이다.

따라서 구하는 접선의 방정식은

$y = -2(x+1)$ 이므로 $y = -2x - 2$ 이다.

$$\boxed{\text{답}}\ \ y = -2x - 2$$

개념 확인문제 **5**

(1) 함수 $f(x) = -x^2 - x$ 는 닫힌구간 $[0,\ 1]$ 에서 연속이고

열린구간 $(0,\ 1)$ 에서 미분가능하므로

$\dfrac{f(1) - f(0)}{1 - 0} = f'(c)$ 인 c 가 열린구간 $(0,\ 1)$ 사이에 적어도

하나 존재한다.

이때 $\dfrac{f(1) - f(0)}{1 - 0} = \dfrac{-2 - 0}{1} = -2$ 이고,

$f'(x) = -2x - 1$ 에서 $f'(c) = -2c - 1$ 이므로

$$-2c-1 = -2$$

따라서 $c = \dfrac{1}{2}$ 이다.

(2) 함수 $f(x) = x^3 + 2$ 는 닫힌구간 $[-2,\ 0]$ 에서 연속이고
열린구간 $(-2,\ 0)$ 에서 미분가능하므로
$$\dfrac{f(0)-f(-2)}{0-(-2)} = f'(c)$$ 인 c 가 열린구간 $(-2,\ 0)$ 사이에
적어도 하나 존재한다.

이때 $\dfrac{f(0)-f(-2)}{0-(-2)} = \dfrac{2-(-6)}{2} = 4$ 이고,

$f'(x) = 3x^2$ 에서 $f'(c) = 3c^2$ 이므로

$$3c^2 = 4 \Rightarrow c = \pm\sqrt{\dfrac{4}{3}}$$

따라서 $c = -\dfrac{2\sqrt{3}}{3}$ $(\because\ c < 0)$ 이다.

$$\boxed{답}\quad (1)\ c = \dfrac{1}{2}\quad (2)\ c = -\dfrac{2\sqrt{3}}{3}$$

개념 확인문제 6

(1) $x_1 < x_2$ 인 임의의 두 실수 $x_1,\ x_2$ 에 대하여
$$f(x_2) - f(x_1) = x_2^3 - x_1^3 = (x_2 - x_1)(x_2^2 + x_2 x_1 + x_1^2) > 0$$
이므로 $f(x_1) < f(x_2)$ 이다.

따라서 함수 $f(x) = x^3$ 은 구간 $(-\infty,\ \infty)$ 에서 증가한다.

> **Tip**
>
> $x_1 = x_2 = 0$ 이 아닌
> 임의의 두 실수 $x_1,\ x_2$ 에 대하여
> $$x_2^2 + x_2 x_1 + x_1^2 = \left(\dfrac{1}{2}x_2 + x_1\right)^2 + \dfrac{3}{4}x_2^2 > 0$$

(2) $2 < x_1 < x_2$ 인 임의의 두 실수 $x_1,\ x_2$ 에 대하여
$$f(x_2) - f(x_1) = \dfrac{1}{x_2 - 2} - \dfrac{1}{x_1 - 2} = \dfrac{x_1 - x_2}{(x_2 - 2)(x_1 - 2)} < 0$$
이므로 $f(x_2) < f(x_1)$ 이다.

따라서 함수 $f(x) = \dfrac{1}{x-2}$ 는 구간 $(2,\ \infty)$ 에서 감소한다.

$$\boxed{답}\quad (1)\ 증가\quad (2)\ 감소$$

개념 확인문제 7

(1) $f'(x) = -3x^2 + 12 = -3(x-2)(x+2)$ 이므로
$f'(x)$ 를 그리면

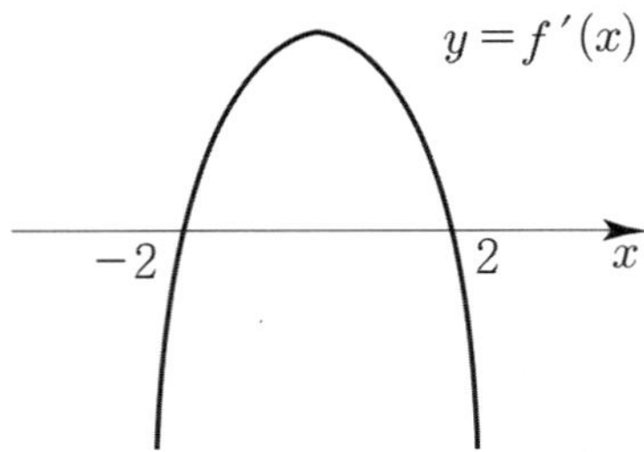

따라서 함수 $f(x)$ 는 $(-\infty,\ -2]$, $[2,\ \infty)$ 에서 감소하고
$[-2,\ 2]$ 에서 증가한다.

(2) $f'(x) = 3x^2 + 1$ 이므로
$f'(x)$ 를 그리면

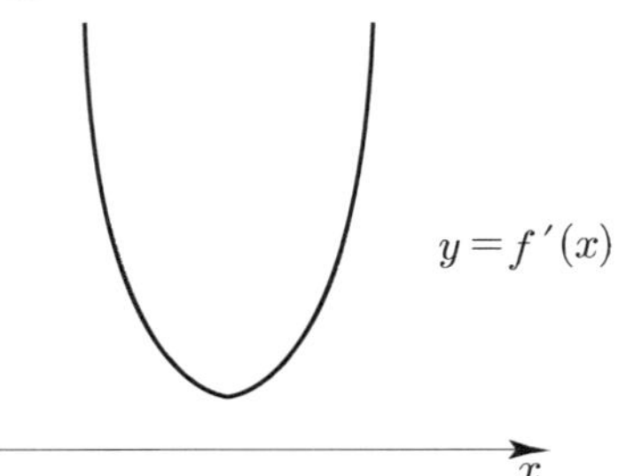

따라서 함수 $f(x)$ 는 $(-\infty,\ \infty)$ 에서 증가한다.

$$\boxed{답}\quad (1)\ (-\infty,\ -2],\ [2,\ \infty)\ 에서\ 감소,$$
$$[-2,\ 2]\ 에서\ 증가$$
$$(2)\ (-\infty,\ \infty)\ 에서\ 증가$$

개념 확인문제 8

(1) $f'(x) = 3x^2 - 6x = 3x(x-2)$ 이므로
$f'(x)$ 를 바탕으로 $f(x)$ 를 그리면

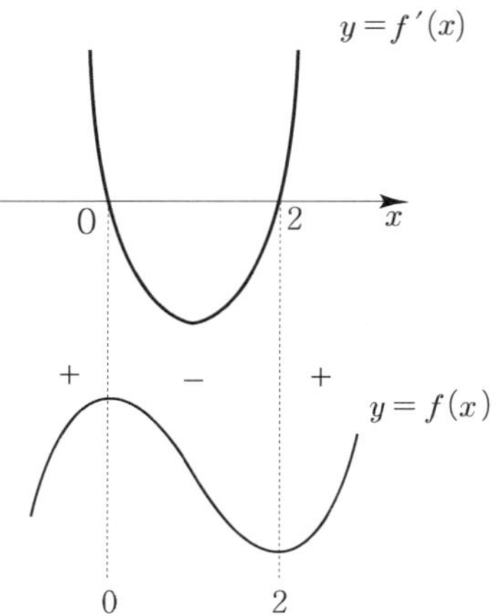

따라서 $f(x)$는 $x=0$에서 극대이고 극댓값은 2,
$x=2$에서 극소이고 극솟값은 -2이다.

(2) $f'(x) = -3x^2+12 = -3(x-2)(x+2)$이므로
$f'(x)$를 바탕으로 $f(x)$를 그리면

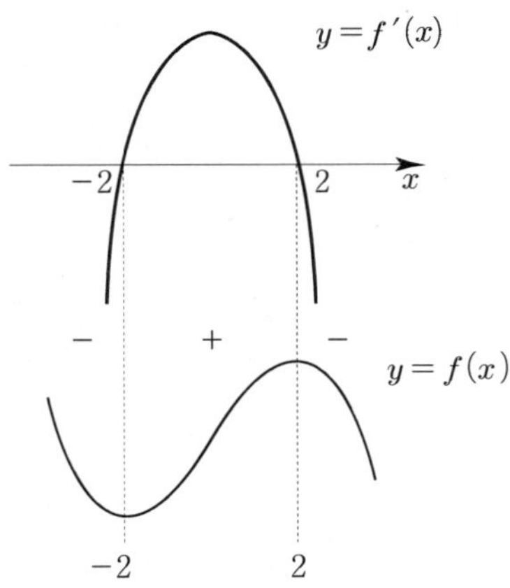

따라서 $f(x)$는 $x=2$에서 극대이고 극댓값은 32,
$x=-2$에서 극소이고 극솟값은 0이다.

> **답** (1) $x=0$에서 극댓값 2, $x=2$에서 극솟값 -2
> (2) $x=2$에서 극댓값 32, $x=-2$에서 극솟값 0

개념 확인문제 9

$f'(x) = -6x^2+2ax+b$이고, 함수 $f(x)$가 $x=1$에서
극대이고 극댓값이 11이므로
$f(1)=11 \Rightarrow a+b=9$

$f'(1)=0 \Rightarrow 2a+b=6$
두 식을 연립하면 $a=-3$, $b=12$이다.
즉, $f(x) = -2x^3-3x^2+12x+4$이므로
$f'(x) = -6x^2-6x+12 = -6(x+2)(x-1)$

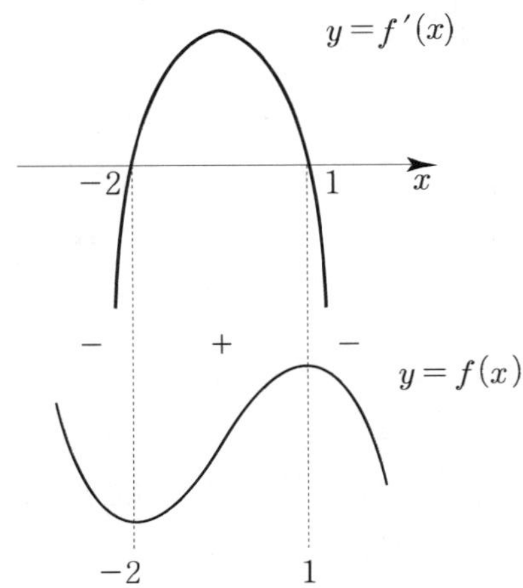

따라서 $f(x)$는 $x=-2$에서 극소이고 극솟값은 -16이다.

> **답** $a=-3$, $b=12$, $x=-2$에서 극솟값 -16

개념 확인문제 10

(1) $f(x) = 2x^3-3x^2+4$라 하면

$f'(x) = 6x^2-6x = 6x(x-1)$, $f(0)=4$, $f(1)=3$

$f'(x)$를 바탕으로 $f(x)$를 그리면

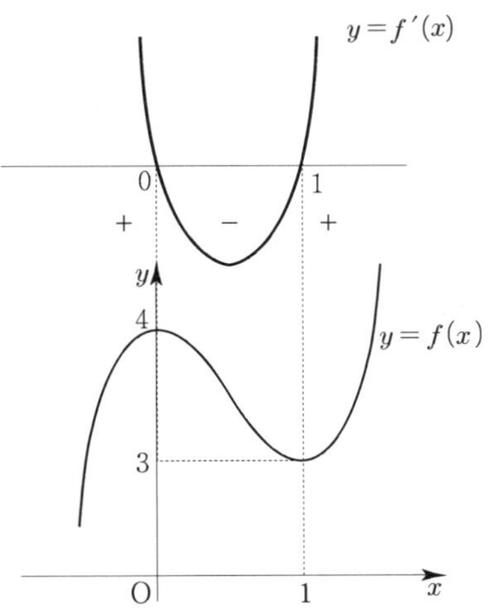

(2) $f(x) = -2x^3+3x^2+12x$라 하면
$f'(x) = -6x^2+6x+12 = -6(x-2)(x+1)$
$f(0)=0$, $f(-1)=-7$, $f(2)=20$

$f'(x)$를 바탕으로 $f(x)$를 그리면

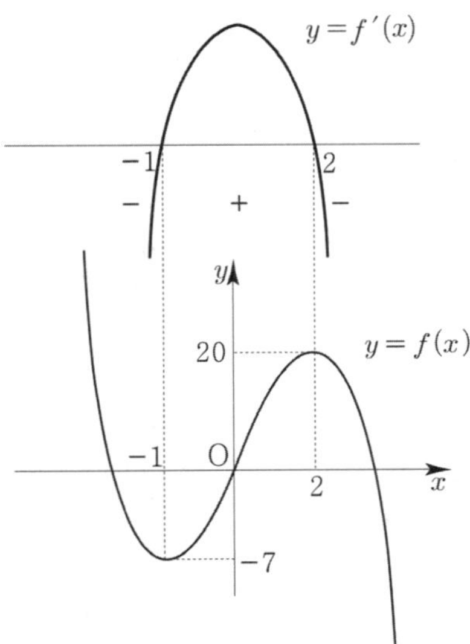

(1) $f(x) = -3x^4 + 6x^2 + 2$ 라 하면

$f'(x) = -12x^3 + 12x = -12x(x-1)(x+1)$

$f(0) = 2,\ f(1) = 5,\ f(-1) = 5$

$f'(x)$ 를 바탕으로 $f(x)$ 를 그리면

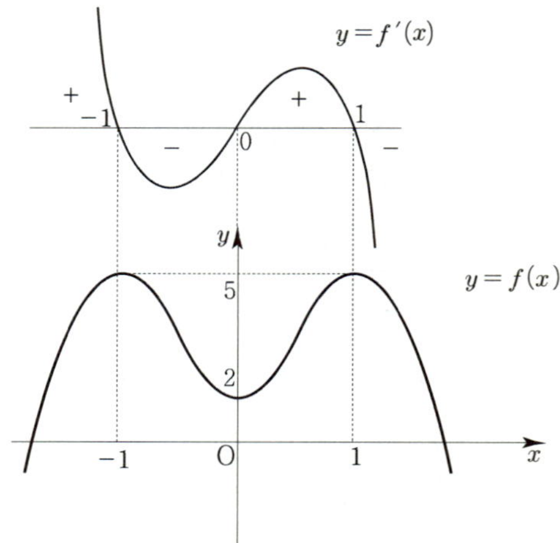

Tip

$f(x) = f(-x)$ 이므로 $f(x)$ 는 우함수이다.

즉, y 축에 대하여 대칭되어 있는 그래프이다.

(2) $f(x) = 3x^4 - 8x^3 + 6x^2$ 라 하면

$f'(x) = 12x^3 - 24x^2 + 12x = 12x(x-1)^2$

$f(0) = 0,\ f(1) = 1$

$f'(x)$ 를 바탕으로 $f(x)$ 를 그리면

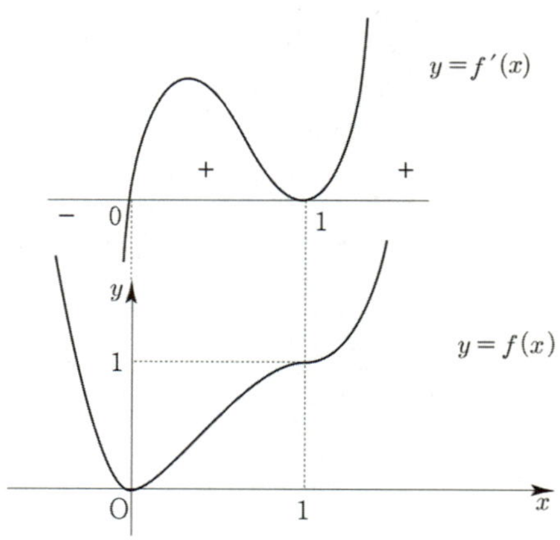

(1) $f(x) = 2x^3 + 6x^2 - 1$

$f'(x) = 6x^2 + 12x = 6x(x+2)$

$f(-2) = 7,\ f(0) = -1,\ f(2) = 39$

$f'(x)$ 를 바탕으로 $-2 \le x \le 2$ 에서 $f(x)$ 를 그리면

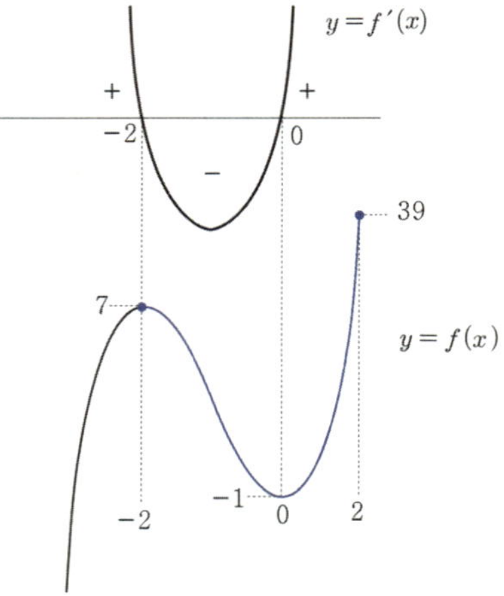

따라서 함수 $f(x)$ 는 $x = 2$ 에서 최대이고 최댓값은 39,

$x = 0$ 에서 최소이고 최솟값은 -1 이다.

(2) $f(x) = -x^4 + 6x^2 + 3$

$f'(x) = -4x^3 + 12x = -4x(x - \sqrt{3})(x + \sqrt{3})$

$f(0) = 3,\ f(-\sqrt{3}) = 12,\ f(\sqrt{3}) = 12$

$f(2) = 11,\ f(-1) = 8$

$f'(x)$ 를 바탕으로 $-1 \le x \le 2$ 에서 $f(x)$ 를 그리면

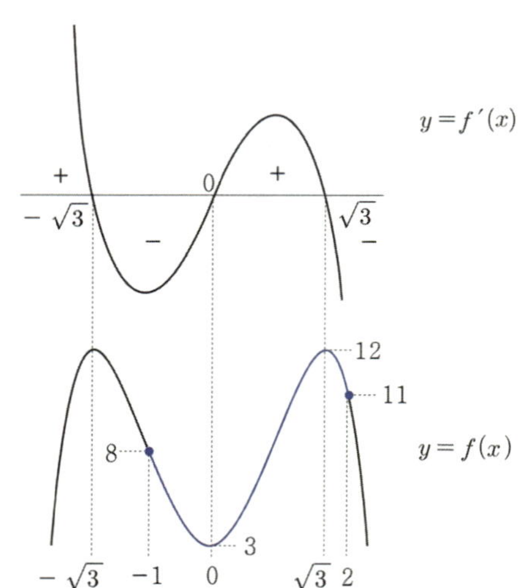

따라서 함수 $f(x)$ 는 $x = \sqrt{3}$ 에서 최대이고 최댓값은 12,

$x = 0$ 에서 최소이고 최솟값은 3 이다.

답 (1) $x = 2$ 에서 최댓값 39, $x = 0$ 에서 최솟값 -1

(2) $x = \sqrt{3}$ 에서 최댓값 12, $x = 0$ 에서 최솟값 3

$2x^3-6x-4=0 \;\Rightarrow\; 2x^3-6x=4$

$f(x)=2x^3-6x$ 라 두고

두 함수 $y=4$ 와 $y=f(x)$ 의 그래프를 이용하여 방정식을 해석해보자.

방정식 $f(x)=4$ 의 실근의 개수는 두 함수 $y=f(x)$ 와 $y=4$ 의 그래프의 교점의 개수와 같다.

$f'(x)=6x^2-6=6(x+1)(x-1)$ 이므로

$f'(x)$ 를 바탕으로 $f(x)$ 를 그리면

$f(-1)=4,\ f(1)=-4$

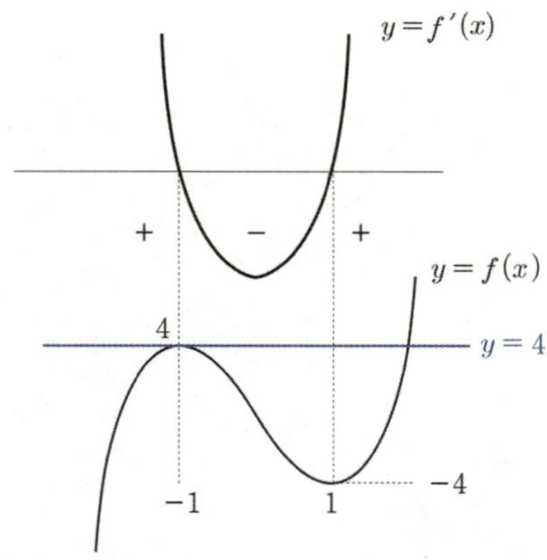

두 함수 $y=4$ 와 $y=f(x)$ 는 서로 다른 두 점에서 만난다.

따라서 방정식 $2x^3-6x-4=0$ 의 서로 다른 실근의 개수는 2 이다.

답　2

$f(x)=2x^3-3x^2$ 라 두고

두 함수 $y=k$ 와 $y=f(x)$ 의 그래프를 이용하여 방정식을 해석해보자.

방정식 $f(x)=k$ 의 실근의 개수는 두 함수 $y=f(x)$ 와 $y=k$ 의 그래프의 교점의 개수와 같다.

$f'(x)=6x^2-6x=6x(x-1)$ 이므로

$f'(x)$ 를 바탕으로 $f(x)$ 를 그리면

$f(0)=0,\ f(1)=-1$

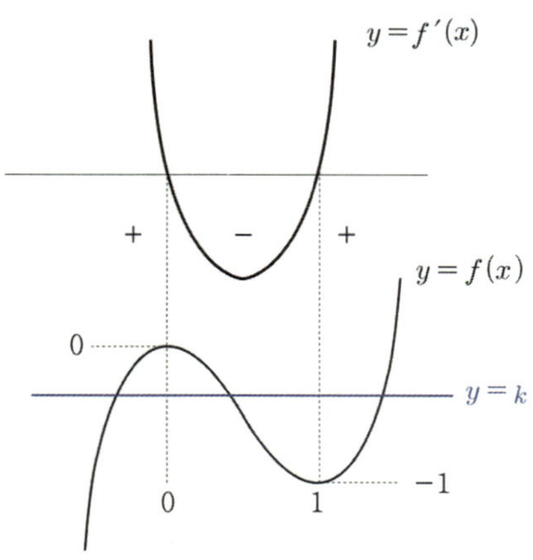

두 함수 $y=k$ 와 $y=f(x)$ 가 서로 다른 세 점에서 만나려면 $-1<k<0$ 이다.

따라서 방정식 $2x^3-3x^2=k$ 가 서로 다른 세 실근을 갖도록 하는 실수 k 의 값의 범위는 $-1<k<0$ 이다.

답　$-1<k<0$

$f(x)=4x^3-3x^2-6x+5$ 라 하면

$f'(x)=12x^2-6x-6=6(2x+1)(x-1)$

$f(0)=5,\ f(1)=0$

$f'(x)$ 를 바탕으로 $x \geq 0$ 에서 $f(x)$ 를 그리면

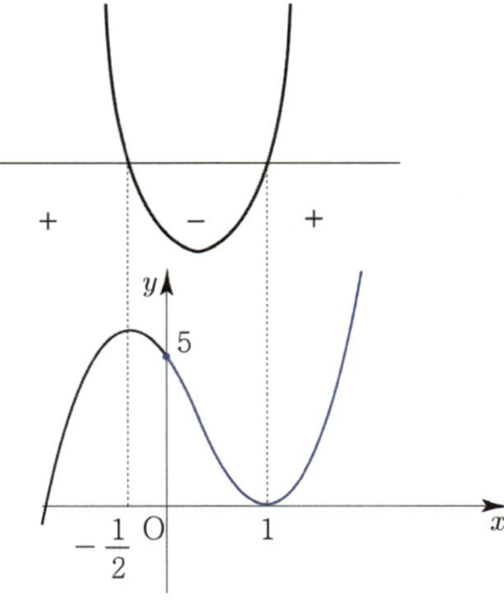

함수 $f(x)$ 는 $x=1$ 에서 최소이고 최솟값은 0 이므로 $x \geq 0$ 인 모든 x 에 대하여 $f(x) \geq 0$ 이다.

따라서 $x \geq 0$ 일 때, 부등식 $4x^3-3x^2-6x+5 \geq 0$ 이 성립한다.

$4x^3 + 3x^2 \geq 6x + k \;\Rightarrow\; 4x^3 + 3x^2 - 6x \geq k$

$h(x) = 4x^3 + 3x^2 - 6x$ 라 두고

두 함수 $y = k$ 와 $y = h(x)$ 의 그래프를 이용하여
부등식을 해석해보자.

$h'(x) = 12x^2 + 6x - 6 = 6(2x-1)(x+1)$

$h(-1) = 5, \; h\!\left(\dfrac{1}{2}\right) = -\dfrac{7}{4}, \; h(1) = 1$

$h'(x)$ 를 바탕으로 $-1 \leq x \leq 1$ 에서 $h(x)$ 를 그리면

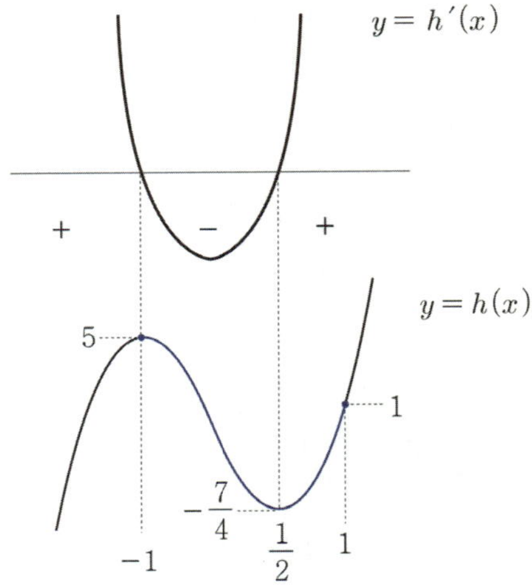

따라서 닫힌구간 $[-1,\ 1]$ 에서 항상 $h(x) \geq k$ 이 성립하려면
$k \leq -\dfrac{7}{4}$ 이다.

답 $\quad k \leq -\dfrac{7}{4}$

(1) 시각 t 에서 점 P 의 속도를 v, 가속도를 a 라 하면

$v = \dfrac{dx}{dt} = 3t^2 - 12t + 9, \; a = \dfrac{dv}{dt} = 6t - 12$

따라서 $t = 4$ 일 때, 점 P 의 속도 $v = 9$,
가속도 $a = 12$ 이다.

(2) 운동 방향을 바꾸는 순간의 속도는 0 이므로 $v = 0$ 에서
$3t^2 - 12t + 9 = 3\left(t^2 - 4t + 3\right) = 3(t-1)(t-3) = 0$ 이므로
$t = 1$ 이다. ($\because$ 처음으로 바꾸는 시각)
$t = 1$ 을 경계로 v 의 부호가 변하므로 점 P 가 운동 방향을
처음으로 바꾸는 시각은 1 이다.

답 $\quad$ (1) $v = 9, \; a = 12$ $\quad$ (2) 1

시각 t 에서 점 P 의 속도를 v, 가속도를 a 라 하면

$v = \dfrac{dx}{dt} = 3t^2 - 6t + k, \; a = \dfrac{dv}{dt} = 6t - 6$

$t = 4$ 일 때, 점 P 의 속도가 27 이므로
$48 - 24 + k = 27 \;\Rightarrow\; k = 3$

따라서 $t = 3$ 일 때, 점 P 의 가속도는 12 이다.

답 $\quad 12$

1	7	36	6
2	10	37	25
3	11	38	3
4	19	39	31
5	1	40	55
6	5	41	20
7	18	42	3
8	28	43	2
9	3	44	3
10	4	45	2
11	7	46	15
12	3	47	ㄱ, ㄴ, ㄷ
13	11	48	8
14	86	49	13
15	2	50	15
16	22	51	4
17	36	52	2
18	5	53	1
19	12	54	9
20	10	55	21
21	136	56	14
22	16	57	5
23	4	58	3
24	111	59	6
25	5	60	2
26	6	61	8
27	16	62	20
28	15	63	16
29	12	64	9
30	40	65	32
31	6	66	17
32	10	67	31
33	19	68	68
34	8	69	11
35	90	70	2

71	12	98	9
72	ㄱ, ㄴ, ㄹ	99	5
73	162	100	ㄱ, ㄴ, ㄷ, ㄹ, ㅁ
74	81	101	23
75	67	102	31
76	12	103	24
77	d	104	3
78	108	105	4
79	49	106	24
80	4	107	17
81	10	108	5
82	21	109	8
83	3	110	33
84	15	111	9
85	45	112	54
86	6	113	2
87	16	114	27
88	960	115	11
89	6	116	ㄱ, ㄴ, ㄷ, ㄹ, ㅂ
90	30	117	ㄱ, ㄷ, ㅂ, ㅅ, ㅇ
91	26	118	20
92	51	119	10
93	15	120	44
94	4	121	40
95	42	122	12
96	28	123	18
97	12		

001

$f(x) = 2x^3 - ax^2 + 3x + b$ 라 하면

$f'(x) = 6x^2 - 2ax + 3$

$f(1) = 2 \Rightarrow 5 - a + b = 2 \Rightarrow -a + b = -3$

$f'(1) = -1 \Rightarrow 6 - 2a + 3 = -1 \Rightarrow a = 5$

$a = 5$이므로 $b = 2$이다. 따라서 $a + b = 7$이다.

답 7

002

$f(x) = -x^3 + ax^2 + bx + c$ 라 하면

$f'(x) = -3x^2 + 2ax + b$

$f(-1) = 4 \Rightarrow 1 + a - b + c = 4 \Rightarrow a - b + c = 3$

$f(1) = -2 \Rightarrow -1 + a + b + c = -2 \Rightarrow a + b + c = -1$

$f'(-1) = f'(1) \Rightarrow -3 - 2a + b = -3 + 2a + b \Rightarrow a = 0$

세 식을 연립하면 $a = 0$, $b = -2$, $c = 1$ 이므로

$a - 3b + 4c = 0 + 6 + 4 = 10$ 이다.

답　10

003

$\lim_{x \to 1} \dfrac{f(x) - 3}{x^2 - 1} = 4$

$\lim_{x \to 1}(x^2 - 1) = 0 \Rightarrow \lim_{x \to 1}\{f(x) - 3\} = 0 \Rightarrow \lim_{x \to 1}f(x) = 3$

$\Rightarrow f(1) = 3$

($\because f(x)$ 는 다항함수이므로 $x = 1$ 에서 연속)

$\lim_{x \to 1} \dfrac{f(x) - 3}{x^2 - 1} = \lim_{x \to 1} \dfrac{f(x) - f(1)}{x - 1} \times \dfrac{1}{x + 1} = \dfrac{f'(1)}{2} = 4$

$\Rightarrow f'(1) = 8$

$a = 3$, $m = 8$ 이므로 $a + b = 11$ 이다.

답　11

004

$f(x) = x^3 - 3x^2 + 5x + 2$ 라 하면

$f'(x) = 3x^2 - 6x + 5$

$f'(x)$ 는 $x = 1$ 에서 최소이고 최솟값은 2 이므로 $m = 2$

$f(1) = 5$ 이므로 $(a, \ b) = (1, \ 5)$

따라서 $m + 2a + 3b = 19$ 이다.

답　19

005

$f(x) = -\dfrac{1}{3}x^3 + ax^2 + x + 1$ 라 하면

$f'(x) = -x^2 + 2ax + 1$

$f'(x)$ 는 $x = a$ 에서 최대이고 최댓값은 $a^2 + 1$ 이므로

$a^2 + 1 = 2a \Rightarrow (a - 1)^2 = 0 \Rightarrow a = 1$

답　1

006

$g(x) = x^3 - 3x + 2$ 라 하면

$g'(x) = 3x^2 - 3$

방정식 $3x^2 - 3 = m$ 의 서로 다른 실근의 개수가

$f(m)$ 이므로 $y = 3x^2 - 3$ 과 $y = m$ 가 만나는 점의 개수로

해석하면

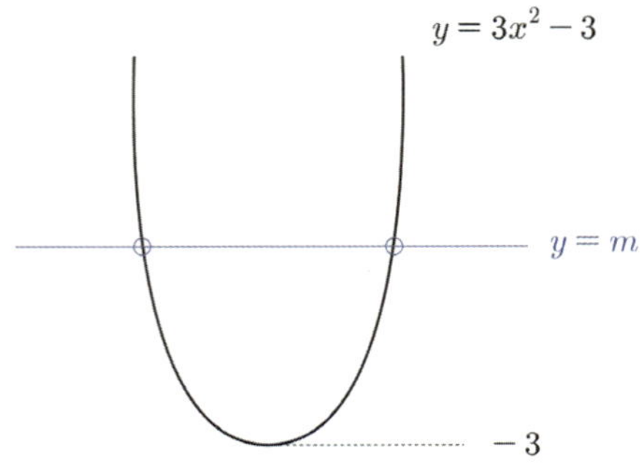

$f(-3) = 1$, $f(-1) = 2$, $f(1) = 2$ 이다.

따라서 $f(-3) + f(-1) + f(1) = 5$ 이다.

답　5

> **Tip**
>
> 만나는 점의 개수로 해석한 이유는?
>
> $3x^2 - 3 = m$ 의 실근이 의미하는 것은 접선의 기울기가 m 이 되는 접점의 x 값이다. 즉, $y = 3x^2 - 3$ 와 $y = m$ 의 교점의 x 좌표는 접선의 기울기가 m 이 되도록 하는 접점의 x 좌표와 동일하다. 이때 접점의 x 좌표의 개수가 곧 접점의 개수이기 때문이다.

007

$f(x) = x^3 - 6x + 5$ 라 하면

$f'(x) = 3x^2 - 6$

$f'(-1) = 3 - 6 = -3$

따라서 점 $(-1, \ 10)$ 에서의 접선의 방정식은

$y = -3(x + 1) + 10 \Rightarrow y = -3x + 7$ 이고,

$m = -3$, $n = 7$ 이므로 $m + 3n = -3 + 21 = 18$ 이다.

답　18

008

$f(x) = -2x^3 + 4x$ 라 하면

$f(1) = a \Rightarrow -2 + 4 = a \Rightarrow a = 2$

$f'(x) = -6x^2 + 4$

$f'(1) = -2$

점 $(1,\ 2)$ 에서의 접선의 방정식은

$y = -2(x-1) + 2 \Rightarrow y = -2x + 4$

접선이 점 $(-5,\ b)$ 를 지나므로 $10 + 4 = b \Rightarrow b = 14$

따라서 $ab = 28$ 이다.

답   28

009

$f(x) = x^3 - 3x^2 + 2$ 라 하면

$f'(x) = 3x^2 - 6x$

$f'(-1) = 9,\ f'(1) = -3$ 이므로

$l_1 : y = 9(x+1) - 2 \Rightarrow y = 9x + 7$

$l_2 : y = -3(x-1) \Rightarrow y = -3x + 3$

$9x + 7 = -3x + 3 \Rightarrow 12x = -4 \Rightarrow x = -\dfrac{1}{3}$

두 직선 $l_1,\ l_2$ 의 교점은 $\left(-\dfrac{1}{3},\ 4\right) = (a,\ b)$ 이므로

$3a + b = -1 + 4 = 3$ 이다.

답   3

010

$f(x) = x^3 - ax^2 + 4x$

$f'(x) = 3x^2 - 2ax + 4$

$f'(0) = 4,\ f(0) = 0$

점 $P\,(0,\ 0)$ 에서의 접선의 방정식은 $y = 4x$ 이다.

$x^3 - ax^2 + 4x = 4x \Rightarrow x^2(x-a) = 0$ 이므로

점 Q 의 x 좌표는 a 이고 y 좌표는 $4a$ 이다.

$\overline{PQ} = \sqrt{a^2 + (4a)^2} = \sqrt{17a^2} = \sqrt{17}$

$\Rightarrow a = 1\,(\because a > 0)$

따라서 점 Q 의 y 좌표는 $4a = 4$ 이다.

답   4

011

$f(x) = x^3 - 2x^2 + 1$ 이라 하면

$f'(x) = 3x^2 - 4x$

$f'(2) = 4$

점 $P\,(2,\ 1)$ 에서의 접선의 방정식은

$y = 4(x-2) + 1 \Rightarrow y = 4x - 7$ 이므로

Q 의 좌표는 $Q(0,\ -7)$ 이다.

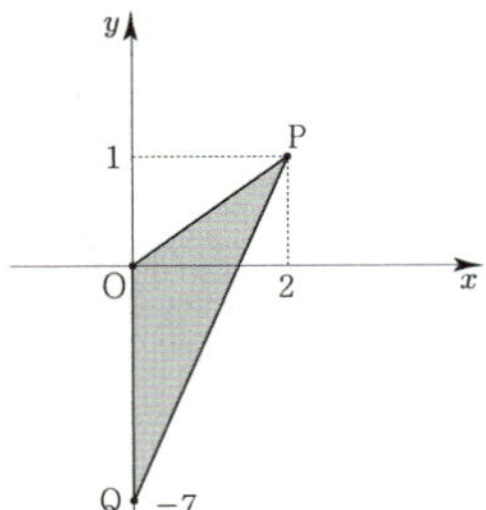

따라서 삼각형 OPQ 의 넓이는 $\dfrac{1}{2} \times 7 \times 2 = 7$ 이다.

답   7

012

$f(x) = -2x^3 + 4x$ 라 하면

$f'(x) = -6x^2 + 4$

$f'(1) = -2$

수직 조건을 이용해서 접선과 수직인 직선의 방정식을 구하면

$y = \dfrac{1}{2}(x-1) + 2 \Rightarrow y = \dfrac{1}{2}x + \dfrac{3}{2}$

$a = \dfrac{1}{2},\ b = \dfrac{3}{2}$ 이므로 $4ab = 3$ 이다.

답   3

013

$f(x) = x^3 + ax + b$ 라 하면

$f'(x) = 3x^2 + a$

$f(2) = -1 \Rightarrow 8 + 2a + b = -1 \Rightarrow 2a + b = -9$

$f'(2) = 12 + a$

점 $(2,\ -1)$ 에서의 접선과 수직인 직선의 기울기가 $-\dfrac{1}{7}$

$\Rightarrow f'(2) \times \left(-\dfrac{1}{7}\right) = -1$

$f'(2) = 7$ 이므로 $a = -5$ 이다.

$a = -5$ 이므로 $b = 1$ 이다. 따라서 $b - 2a = 11$ 이다.

답   11

014

$$\lim_{x \to -2} \frac{f(x)-3}{x^2-4} = -4$$

$$\lim_{x \to -2}(x^2-4)=0 \Rightarrow \lim_{x \to -2}\{f(x)-3\}=0$$

$$\Rightarrow \lim_{x \to -2} f(x)=3 \Rightarrow f(-2)=3$$

($\because f(x)$ 는 다항함수이므로 $x=-2$ 에서 연속)

$$\lim_{x \to -2} \frac{f(x)-3}{x^2-4} = \lim_{x \to -2} \frac{f(x)-f(-2)}{x+2} \times \frac{1}{x-2}$$

$$= \frac{f'(-2)}{-4} = -4 \Rightarrow f'(-2)=16$$

$(-2,\ 3)$ 에서의 접선의 방정식은

$$y=16(x+2)+3 \Rightarrow y=16x+35$$

$m=16,\ n=35$ 이므로 $m+2n=86$ 이다.

답   86

015

$f(x)=x^3-x+2$ 라 하면

$f'(x)=3x^2-1$

$f'(1)=2$

점 $P(1,\ 2)$ 에서의 접선의 방정식은

$$y=2(x-1)+2 \Rightarrow y=2x$$

$$x^3-x+2=2x \Rightarrow x^3-3x+2=0$$

$$\Rightarrow (x+2)(x-1)^2=0$$

이므로 $a=-2$ 이다.

$f(-2)=-4=b$

따라서 $a-b=2$ 이다.

답   2

> **Tip**
>
> 근과 계수의 관계 Technique을 적용시켜 보자.
>
> 방정식 $ax^3+bx^2+cx+d=0$ 의 세 실근을
> $\alpha,\ \beta,\ \gamma$ 라 하면
>
> $$\alpha+\beta+\gamma = -\frac{b}{a},\quad \alpha\beta+\beta\gamma+\alpha\gamma = \frac{c}{a},\quad \alpha\beta\gamma = -\frac{d}{a}$$
>
> $$x^3-x+2=2x \Rightarrow x^3-3x+2=0$$

점 P 에서 접하므로 위 방정식은
1(점 P 의 x 좌표)을 중근으로 갖는다.
다른 실근을 a 라 하고 세 근의 합을 구하면

$$1+1+a = -\frac{0}{1}=0 \text{이므로 } a=-2 \text{이다.}$$

특히 x^2 의 계수가 0 일 때, 근과 계수의 관계 Technique을
쓰면 매우 편리하다.

더 나아가서 근과 계수의 관계 Technique을 응용해보자.
곡선 $y=x^3+ax^2+bx+c$ 과 직선 $y=mx+n$ 가
만나는 점의 x 좌표를 $\alpha,\ \beta,\ \gamma$ 라 했을 때,
방정식 $x^3+ax^2+bx+c=mx+n$

$$\Rightarrow x^3+ax^2+(b-m)x+c-n=0$$

의 실근은 $\alpha,\ \beta,\ \gamma$ 이다.
직선 $y=mx+n$ 은 일차함수이므로 좌변으로
넘겼을 때 x^2 의 계수에 영향을 주지 않는다.
즉, $m,\ n$ 의 값과 관계없이 세 실근의 합은
항상 $-a$ 로 일정하다.

016

$y=f(x)$ 가 $(1,\ 3)$ 을 지나므로 $f(1)=3$
$(1,\ 3)$ 에서의 접선의 방정식은

$$y=f'(1)(x-1)+3 \Rightarrow y=f'(1)x-f'(1)+3$$

y 절편이 5 이므로 $f'(1)=-2$ 이다.

$g(x)=2x^2f(x)$ 라 하면

$g'(x)=4xf(x)+2x^2f'(x)$

$g'(1)=4f(1)+2f'(1)=12-4=8$

$(1,\ 2f(1)) \Rightarrow (1,\ 6)$ 에서의 접선의 방정식은

$$y=8(x-1)+6 \Rightarrow y=8x-2$$

접선이 $(3,\ a)$ 를 지나므로 $a=22$ 이다.

답   22

017

(가) 모든 실수 x 에 대하여 $f(-x)=-f(x)$ 이다.
$f(x)$ 는 기함수이고 원점에 대하여 대칭되어 있다.

$$\Rightarrow f(x)=x^3-ax$$

$$f'(x)=3x^2-a$$

$$f'(1)=3-a$$

(나) 곡선 $y = f(x)$ 위의 점 $(1, f(1))$ 에서의 접선이
x 축, y 축과 만나는 점을 각각 A, B 라 할 때,
$\overline{AB} = 2\sqrt{2}$

$(1, 1-a)$ 에서의 접선의 방정식은
$$y = (3-a)(x-1)+1-a \Rightarrow y = (3-a)x-2$$
이므로 $A\left(\dfrac{2}{3-a},\ 0\right)$, $B(0,\ -2)$ 이다.

$$\overline{AB} = \sqrt{\left(\dfrac{2}{3-a}\right)^2+4} = 2\sqrt{2} = \sqrt{8}$$

$$\Rightarrow \left(\dfrac{2}{3-a}\right)^2 = 4 \Rightarrow a = 2 \text{ or } a = 4$$

$f(3) = 27-3a$ 이므로 모든 $f(3)$ 의 합은 $21+15 = 36$ 이다.

답 36

018

$f(x) = x^4-2x+4$ 라 하면
$f'(x) = 4x^3-2$

직선 $y = 2x+5$ 에 평행하려면 기울기가 같아야 하므로
$m = 2$ 이다.

접점의 x 좌표를 t 라 하면
$4t^3-2 = 2 \Rightarrow t = 1$.
$f(1) = 3$ 이므로
$$y = mx+n \Rightarrow y = 2(x-1)+3 \Rightarrow y = 2x+1$$
$m = 2$, $n = 1$ 이므로 $m+3n = 5$ 이다.

답 5

019

$x+3y-2 = 0 \Rightarrow y = -\dfrac{1}{3}x+\dfrac{2}{3}$ 이므로
직선 $x+3y-2 = 0$ 에 수직인 직선의 기울기는 3 이다.

$f(x) = x^4+7x$ 라 하면
$f'(x) = 4x^3+7$ 이므로

접점의 x 좌표를 t 라 하면
$4t^3+7 = 3 \Rightarrow 4t^3 = -4 \Rightarrow t = -1$
$f(-1) = -6$

$(-1,\ -6)$ 에서의 접선의 방정식은
$$y = 3(x+1)-6 \Rightarrow y = 3x-3$$
접선이 $(5, a)$ 를 지나므로 $a = 12$ 이다.

답 12

020

$f(x) = x^4-2x^2+k$ 라 하면
$f'(x) = 4x^3-4x$
$g(x) = 24x-3k$ 라 하면
$g'(x) = 24$

접점의 x 좌표를 t 라 하면
$$f'(t) = g'(t) \Rightarrow 4t^3-4t = 24 \Rightarrow t^3-t-6 = 0$$
$$\Rightarrow (t-2)(t^2+2t+3) = 0 \Rightarrow t = 2$$
이므로 접점의 x 좌표는 2 이다.

$$f(2) = g(2) \Rightarrow 8+k = 48-3k \Rightarrow 4k = 40$$
$$\Rightarrow k = 10$$

답 10

021

$P(-2,\ 20)$
$f(x) = -x^3+3x^2$ 라 하면
$f'(x) = -3x^2+6x$
$f'(-2) = -12-12 = -24$

Q 의 x 좌표를 t 라하면
$$-3t^2+6t = -24 \Rightarrow t^2-2t-8 = 0$$
$$\Rightarrow (t-4)(t+2) = 0 \Rightarrow t = 4\ (\because t \neq -2)$$

$Q(4,\ -16)$ 에서의 접선의 방정식은
$$y = -24(x-4)-16 \Rightarrow y = -24x+80$$
$m = -24$, $n = 80$ 이므로 $m+2n = 136$ 이다.

답 136

$f(x) = -x^3 + 5x$ 라 하면

$f'(x) = -3x^2 + 5$

접점의 x 좌표를 t 라 하면

$-3t^2 + 5 = -7 \implies 3t^2 = 12 \implies t = 2 \text{ or } t = -2$

① $t = -2$

$(-2,\ f(-2))$ 에서의 접선의 방정식은

$y = -7(x+2) - 2 \implies y = -7x - 16$

제 3사분면을 지나므로 조건을 만족시키지 않는다.

② $t = 2$

$(2,\ f(2))$ 에서의 접선의 방정식은

$y = -7(x-2) + 2 \implies y = -7x + 16$

제 3사분면을 지나지 않으므로 조건을 만족한다.

따라서 직선의 y 절편은 16 이다.

답 16

함수 $f(x) = x(x-1)^2 = x^3 - 2x^2 + x$ 의 그래프와

직선 $y = 8x + a$ 가 서로 다른 두 점에서 만나려면

직선 $y = 8x + a$ 가 함수 $f(x)$ 의 그래프에 접해야 한다.

접점의 x 좌표를 t 라 하면

$f'(t) = 8 \implies 3t^2 - 4t + 1 = 8 \implies 3t^2 - 4t - 7 = 0$

$\implies (3t-7)(t+1) = 0 \implies t = \dfrac{7}{3} \text{ or } t = -1$

① $t = \dfrac{7}{3}$

$\left(\dfrac{7}{3},\ f\left(\dfrac{7}{3}\right)\right)$ 에서의 접선의 방정식은

$y = 8\left(x - \dfrac{7}{3}\right) + \dfrac{112}{27} \implies y = 8x - \dfrac{392}{27}$ 이다.

a 가 음수이므로 조건을 만족시키지 않는다.

② $t = -1$

$(-1,\ f(-1))$ 에서의 접선의 방정식은

$y = 8(x+1) - 4 \implies y = 8x + 4$ 이다.

a 가 양수이므로 조건을 만족시킨다.

따라서 $a = 4$ 이다.

답 4

$f(x) = \dfrac{1}{4}x^4 + 2x$

$f'(x) = x^3 + 2$

직선 l_1, l_2 는 서로 평행하므로 기울기는 같다.

즉, l_1 의 기울기는 10 이다.

접점의 x 좌표를 t 라 하면

$f'(t) = 10 \implies t^3 + 2 = 10 \implies t = 2$

즉, 접점의 좌표는 $(2,\ 8)$ 이다.

두 직선 l_1, l_2 사이의 거리는 접점과 직선 l_2 사이의

거리와 같다.

접점 $(2,\ 8)$ 와 직선 $l_2 : 10x - y - 2 = 0$ 사이의 거리는

$\dfrac{|20 - 8 - 2|}{\sqrt{100 + 1}} = \dfrac{10}{\sqrt{101}} = \dfrac{10\sqrt{101}}{101}$ 이므로

$p + q = 111$ 이다.

답 111

Tip

고1 때 배운 <점과 직선 사이의 거리> 복습

점 $(x_1,\ y_1)$ 와 직선 $ax + by + c = 0$ 사이의 거리 d 는

$$d = \dfrac{|ax_1 + by_1 + c|}{\sqrt{a^2 + b^2}}$$

$f(x) = -4x^3 + x$ 라 하면

$f'(x) = -12x^2 + 1$

접점의 x 좌표를 t 라 하면

접선의 방정식은

$y = (-12t^2 + 1)(x - t) - 4t^3 + t$

$\implies y = (-12t^2 + 1)x + 8t^3$

접선의 방정식이 $(0,\ -1)$ 을 지나므로

$-1 = 8t^3 \implies t = -\dfrac{1}{2}$

즉, $y = -2x - 1$

$m = -2$, $n = -1$ 이므로 $m^2 + n^2 = 5$ 이다.

답 5

026

$f(x) = x^3 - 2x$ 라 하면

$f'(x) = 3x^2 - 2$

접점의 x좌표를 t라 하면
접선의 방정식은

$y = (3t^2 - 2)(x - t) + t^3 - 2t$

$\Rightarrow y = (3t^2 - 2)x - 2t^3$

접선의 방정식이 $(0,\ -2)$ 를 지나므로

$-2 = -2t^3 \Rightarrow t = 1$

즉, 접선의 방정식은 $y = x - 2$ 이다.

$x - 2 = 4 \Rightarrow x = 6$

즉, B$(6,\ 4)$ 이다.

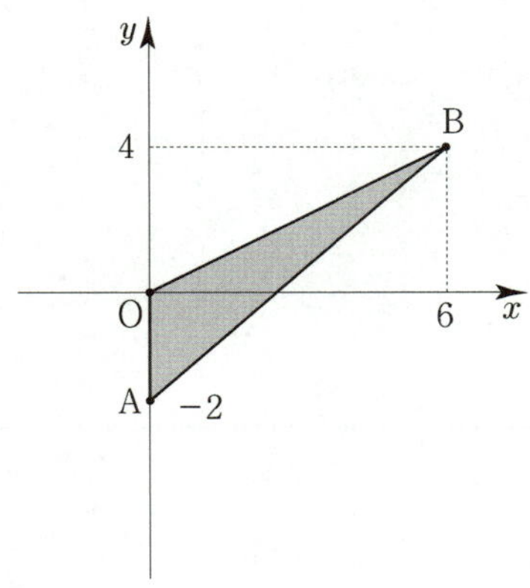

따라서 삼각형 OAB의 넓이는 $\dfrac{1}{2} \times 2 \times 6 = 6$ 이다.

답   6

027

$f(x) = x^2 + 2x + 3$ 라 하면

$f'(x) = 2x + 2$

접점의 x좌표를 t라 하면
접선의 방정식은

$y = (2t + 2)(x - t) + t^2 + 2t + 3$

$\Rightarrow y = (2t + 2)x - t^2 + 3$

접선의 방정식이 P$(-1,\ -2)$ 을 지나므로

$-2 = -2t - 2 - t^2 + 3 \Rightarrow t^2 + 2t - 3 = 0$

$\Rightarrow (t + 3)(t - 1) = 0 \Rightarrow t = -3 \text{ or } t = 1$

A$(-3,\ 6)$, B$(1,\ 6)$
(A$(1,\ 6)$, B$(-3,\ 6)$ 이어도 답은 같다.)

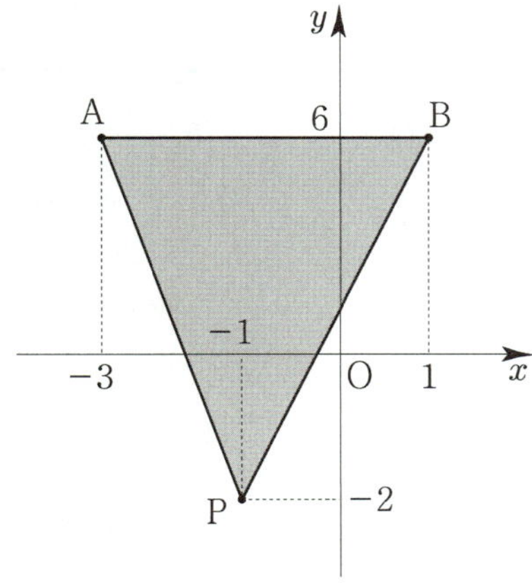

따라서 삼각형 PAB의 넓이는 $\dfrac{1}{2} \times 4 \times 8 = 16$ 이다.

답   16

028

$f(x) = \dfrac{1}{2}x^2 + 2$ 라 하면

$f'(x) = x$

$f(-x) = f(x)$ 이므로 $f(x)$ 는 우함수이고 y축 대칭

점 $(0,\ k)$ 에서 곡선 $y = f(x)$ 에 접선을 그었을 때,
x좌표가 양수인 접점을 $(t,\ f(t))$ 라 하면 대칭성에 의해서
x좌표가 음수인 접점은 $(-t,\ f(-t))$ 이다.

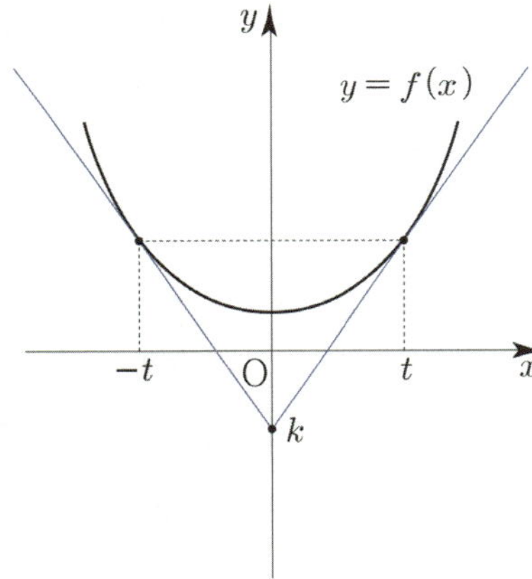

$f'(t) = t,\ f'(-t) = -t$
두 접선이 서로 수직이므로

$t \times (-t) = -1 \Rightarrow t^2 = 1 \Rightarrow t = 1 \ (\because t > 0)$

$(t,\ f(t)) \Rightarrow \left(1,\ \dfrac{5}{2}\right)$ 에서의 접선의 방정식은

$y = (x - 1) + \dfrac{5}{2} \Rightarrow y = x + \dfrac{3}{2}$

$k = \dfrac{3}{2}$ 이므로 $10k = 15$ 이다.

답   15

029

$f(x) = -x^2 - 4$ 라 하면

$f'(x) = -2x$

접점의 x 좌표를 t 라 하면
접선의 방정식은

$y = -2t(x-t) - t^2 - 4 \Rightarrow y = -2tx + t^2 - 4$

접선이 $(0, 5)$ 를 지나므로

$t^2 - 4 = 5 \Rightarrow t^2 = 9 \Rightarrow t = -3 \text{ or } t = 3$

$f'(-3) = 6, \ f'(3) = -6$

$m_1 = 6, \ m_2 = -6$ 이므로 $m_1 - m_2 = 12$ 이다.

답   12

030

$f(x) = \dfrac{1}{3}x^3$ 라 하면

$f'(x) = x^2$

점 $(k, 0)$ 에서 곡선 $y = f(x)$ 에 그은 접선을 그었을 때,
접점의 x 좌표를 t 라 하자.

점 $(0, k)$ 에서 곡선 $y = f(x)$ 에 그은 접선을 그었을 때,
접점의 x 좌표를 T 라 하자.

점 $(k, 0)$ 에서 곡선 $y = \dfrac{1}{3}x^3$ 에 그은 접선과

점 $(0, k)$ 에서 곡선 $y = \dfrac{1}{3}x^3$ 에 그은 접선이

서로 평행하므로 기울기가 같다.

$f'(t) = f'(T) \Rightarrow t^2 = T^2 \Rightarrow T = -t \ (\because t \neq T)$

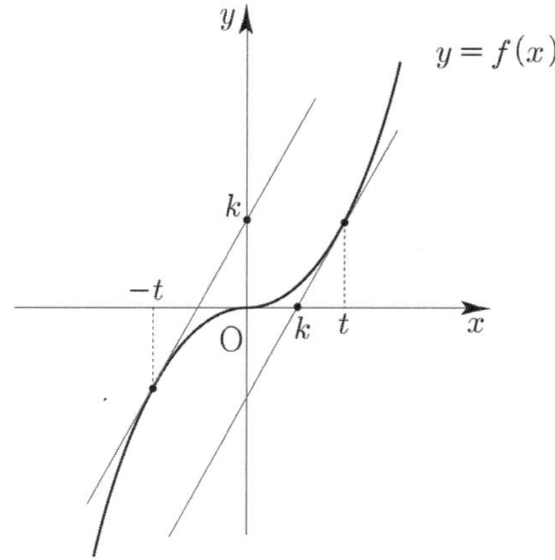

접점이 t 일 때, 접선의 방정식은

$y = t^2(x-t) + \dfrac{1}{3}t^3 \Rightarrow y = t^2 x - \dfrac{2}{3}t^3$

접선이 $(k, 0)$ 을 지나므로

$t^2 k = \dfrac{2}{3}t^3 \Rightarrow t^2\left(k - \dfrac{2}{3}t\right) = 0 \Rightarrow k = \dfrac{2}{3}t \ (\because t \neq 0)$

접점이 $-t$ 일 때, 접선의 방정식은

$y = t^2(x+t) - \dfrac{1}{3}t^3 \Rightarrow y = t^2 x + \dfrac{2}{3}t^3$

접선은 $(0, k)$ 을 지나므로

$k = \dfrac{2}{3}t^3$

$k = \dfrac{2}{3}t, \ k = \dfrac{2}{3}t^3 \Rightarrow \dfrac{2}{3}t = \dfrac{2}{3}t^3 \Rightarrow t^3 - t = 0$

$\Rightarrow t(t-1)(t+1) = 0 \Rightarrow t = 1 \ (\because t > 0)$

$k = \dfrac{2}{3}$ 이므로 $60 \times \dfrac{2}{3} = 40$ 이다.

답   40

031

상수 $k \, (k > 0)$

$f(x) = x^3 - 4x, \ g(x) = -2x^2 + k$

$f'(x) = 3x^2 - 4, \ g'(x) = -4x$

접점의 x 좌표를 t 라 하면

$f(t) = g(t) \Rightarrow t^3 - 4t = -2t^2 + k \Rightarrow t^3 + 2t^2 - 4t = k$

$f'(t) = g'(t) \Rightarrow 3t^2 - 4 = -4t \Rightarrow (3t-2)(t+2) = 0$

$\Rightarrow t = -2 \text{ or } t = \dfrac{2}{3}$

① $t = \dfrac{2}{3}$

$t^3 + 2t^2 - 4t = k \Rightarrow \dfrac{8}{27} + \dfrac{8}{9} - \dfrac{8}{3} = -\dfrac{40}{27} = k$

$k < 0$ 이므로 조건을 만족하지 않는다.

② $t = -2$

$t^3 + 2t^2 - 4t = k \Rightarrow 8 = k$

$k > 0$ 이므로 조건을 만족한다.

$t = -2$ 이므로 접점 $(a, b) = (-2, 0)$ 이다.
따라서 $a + b + k = -2 + 0 + 8 = 6$ 이다.

답   6

$f(x) = x^3 + ax + b,\ g(x) = 3x^2 + c$ 라 하면
$f'(x) = 3x^2 + a,\ g'(x) = 6x$
접점이 $(1,\ 0)$ 이므로

$f(1) = g(1) = 0 \Rightarrow 1 + a + b = 0,\ c = -3$
$f'(1) = g'(1) \Rightarrow 3 + a = 6 \Rightarrow a = 3$
이므로 $1 + a + b = 0,\ a = 3 \Rightarrow b = -4$
따라서 $a - b - c = 3 + 4 + 3 = 10$ 이다.

답 10

$f(x) = -x^2 + 4$
$g(x) = x^2 - 6x + 9 = (x-3)^2$
의 접점을 각각 $(a,\ f(a)),\ (b,\ g(b))$ 라 하자.

$f'(a) = g'(b) \Rightarrow -2a = 2b - 6 \Rightarrow a + b = 3$
$$\Rightarrow b = 3 - a$$

$f'(a) = \dfrac{g(b) - f(a)}{b - a}$

$\Rightarrow -2a = \dfrac{(b-3)^2 - (-a^2 + 4)}{b - a}$

$\Rightarrow -2a = \dfrac{a^2 + a^2 - 4}{3 - 2a}$

$\Rightarrow 4a^2 - 6a = 2a^2 - 4$

$\Rightarrow a^2 - 3a + 2 = 0$

$\Rightarrow (a-1)(a-2) = 0$

$\Rightarrow a = 1\ \text{or}\ a = 2$

① $a = 1,\ b = 2$
$$h(x) = -2(x-1) + 3 = -2x + 5$$

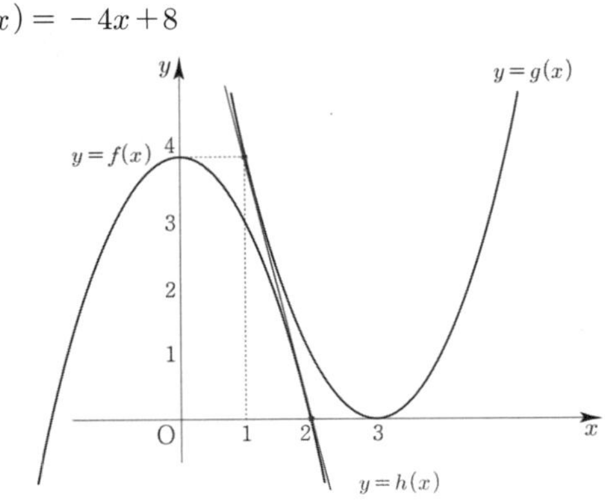

② $a = 2,\ b = 1$
$$h(x) = -4x + 8$$

따라서 모든 $h(-1)$ 의 합은 $7 + 12 = 19$ 이다.

답 19

$f(x) = -x^3,\ g(x) = x^2 + ax + b$ 라 하면
$f'(x) = -3x^2,\ g'(x) = 2x + a$

두 곡선 $y = f(x),\ y = g(x)$ 가 점 $(1,\ -1)$ 에서 만나므로
$f(1) = g(1) = -1 \Rightarrow -1 = 1 + a + b \Rightarrow a + b = -2$

점 $(1,\ -1)$ 에서의 접선이 서로 수직이므로
$f'(1) \times g'(1) = -1 \Rightarrow -3 \times (2 + a) = -1$

$\Rightarrow a = -\dfrac{5}{3}$

$a + b = -2,\ a = -\dfrac{5}{3} \Rightarrow b = -\dfrac{1}{3}$

따라서 $b - 5a = -\dfrac{1}{3} + \dfrac{25}{3} = \dfrac{24}{3} = 8$ 이다.

답 8

$f(2) = g(2) = 3$
$f'(2) \times g'(2) = -1$

$\{f(x)g(x)\}' = f'(x)g(x) + f(x)g'(x)$ 이므로
곡선 $y = f(x)g(x)$ 위의 점 $(2,\ f(2)g(2))$ 에서의
접선의 방정식은
$y = \{f'(2)g(2) + f(2)g'(2)\}(x-2) + f(2)g(2)$
$y = 3\{f'(2) + g'(2)\}(x-2) + 9 = 8x - 7$ 이므로

$$f'(2)+g'(2)=\frac{8}{3}\ \text{이다.}$$

$$\{f'(2)-g'(2)\}^2=\{f'(2)+g'(2)\}^2-4f'(2)g'(2)$$

$$=\frac{64}{9}+4=\frac{100}{9}$$

$$\sqrt{\{f'(2)-g'(2)\}^2}=\frac{10}{3}\ \Rightarrow\ |f'(2)-g'(2)|=\frac{10}{3}$$

$$\Rightarrow\ f'(2)-g'(2)=\frac{10}{3}\ (\because f'(2)>g'(2))$$

따라서 $27\{f'(2)-g'(2)\}=90$ 이다.

답   90

036

$f(x)=\dfrac{1}{3}x^3+\dfrac{4}{3}\ (x>0)$ 라 하면

$$f'(x)=x^2$$

직선 $y=4x-8$ 와 거리가 일정한 점들의 집합은
기울기가 4 인 직선이다. 즉, $y=4x+k$

따라서 곡선 $y=f(x)$ 위를 움직이는 점 P 와
직선 $y=4x-8$ 사이의 거리를 최소가 될 때는
점 P 에서의 접선의 기울기가 4 가 될 때이다.

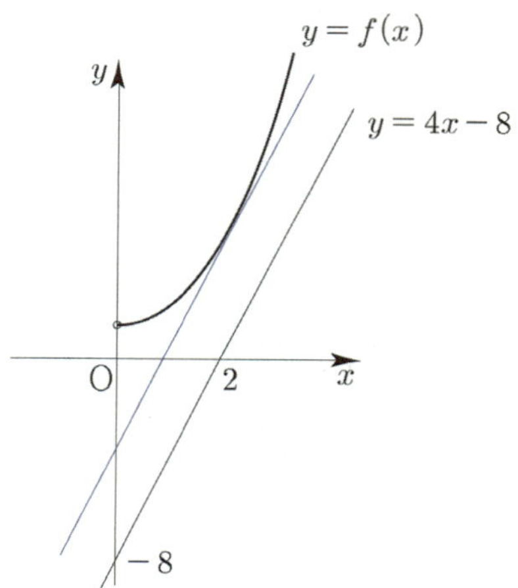

$$f'(a)=4\ \Rightarrow\ a^2=4\ \Rightarrow\ a=2\ (\because a>0)$$
$$f(2)=\frac{8}{3}+\frac{4}{3}=4=b$$

따라서 $a+b=6$ 이다.

답   6

037

삼각형 ABP 의 밑변을 $\overline{AB}=\sqrt{5}$ 라 하면
높이가 최소일 때, 삼각형 ABP 의 넓이가 최소이다.

직선 AB 의 방정식은 $y=-2x-1$ 이므로
점 P 에서의 접선의 기울기가 -2 일 때, 높이가 최소이다.

$f(x)=x^2-4x+5$ 라 하면
$$f'(x)=2x-4$$
$2x-4=-2\ \Rightarrow\ x=1$ 이므로 $P(1,\ 2)$ 이다.

삼각형 ABP 의 높이 h 는 점 $P(1,\ 2)$ 와
직선 $y=-2x-1\ \Rightarrow\ 2x+y+1=0$ 사이의 거리와 같다.

$$h=\frac{|2+2+1|}{\sqrt{4+1}}=\frac{5}{\sqrt{5}}=\sqrt{5}$$

삼각형 ABP 의 넓이의 최솟값은 $\dfrac{1}{2}\times\sqrt{5}\times\sqrt{5}=\dfrac{5}{2}=m$
이므로 $10m=25$ 이다.

답   25

> **Tip**
>
> <신발끈 공식>
>
> 삼각형의 세 꼭짓점의 좌표를 알면 신발끈 공식을
> 이용하여 삼각형의 넓이를 구할 수 있다.
>
> 삼각형의 세 꼭짓점의 좌표가
> $(a,\ b),\ (c,\ d),\ (e,\ f)$ 일 때,
> 삼각형의 넓이 S 는
>
> $$S=\frac{1}{2}\left|\begin{matrix} a & c & e & a \\ b & d & f & b \end{matrix}\right|=\frac{1}{2}|ad+cf+eb-(cb+ed+af)|$$
>
> **ex** $A(-1,\ 1),\ B(-2,\ 3),\ P(1,\ 2)$ 일 때,
> 삼각형 ABP 의 넓이 S 를 구하시오.
>
> $$S=\frac{1}{2}\left|\begin{matrix} -1 & -2 & 1 & -1 \\ 1 & 3 & 2 & 1 \end{matrix}\right|$$
>
> $$=\frac{1}{2}|-3-4+1-(-2+3-2)|$$
>
> $$=\frac{1}{2}|-5|=\frac{5}{2}$$

$f(x) = \dfrac{1}{2}x^2$ 라 하면

$f'(x) = x$

접점의 x좌표를 t $(t > 0)$ 라 하면

두 점 $\left(t, \ \dfrac{1}{2}t^2\right)$, $(0, \ 2)$ 를 지나는 직선의 기울기와

$\left(t, \ \dfrac{1}{2}t^2\right)$ 에서의 접선의 기울기는 서로 수직이다.

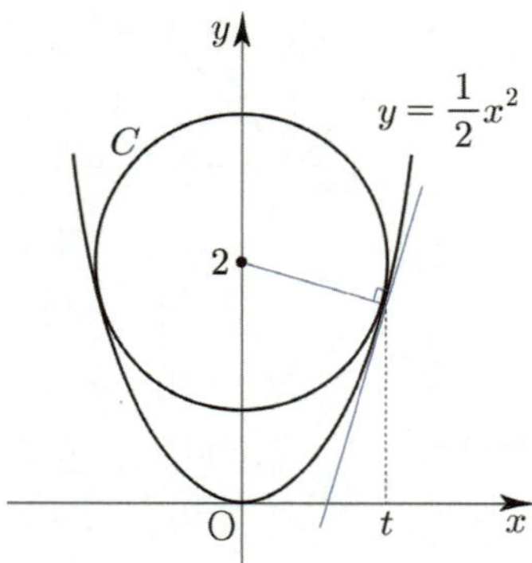

$\dfrac{\frac{1}{2}t^2 - 2}{t - 0} \times t = -1 \ \Rightarrow \ \dfrac{1}{2}t^2 = 1 \ \Rightarrow \ t = \sqrt{2} \ (\because t > 0)$

$\left(t, \ \dfrac{1}{2}t^2\right) \Rightarrow (\sqrt{2}, \ 1)$

두 점 $(\sqrt{2}, \ 1)$, $(0, \ 2)$ 사이의 거리가 원 C 의

반지름 r 이므로 $r = \sqrt{(\sqrt{2})^2 + (1-2)^2} = \sqrt{3}$ 이다.

원 C 의 넓이는 3π 이므로 $a = 3$ 이다.

답 3

Tip

원의 중심과 접점을 이은 수직 보조선은
문제를 풀어나가는 key point일 때가 많다.
즉, 반드시 그어야 하는 보조선 중 하나이다.

아래 그림과 같이 점 A 에서 원 C 에 접선을
그었을 때, 그어야 하는 보조선은 다음과 같다.

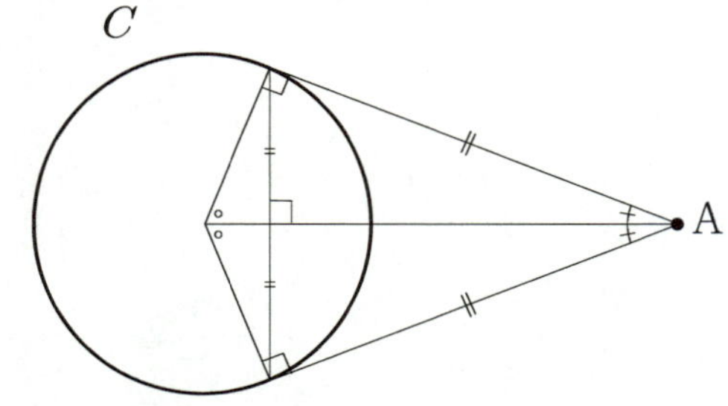

자주 출제되는 도형이니 반드시 기억하자.

$f(x) = -\sqrt{3}\,x^3 + \sqrt{3}\,x$

$f'(x) = -3\sqrt{3}\,x^2 + \sqrt{3} = -3\sqrt{3}\left(x - \dfrac{1}{\sqrt{3}}\right)\left(x + \dfrac{1}{\sqrt{3}}\right)$

곡선 $y = f(x)$ 위의 점 $\mathrm{A}(a, \ f(a))$ 에서의 접선을 l

원점 O 와 직선 l 사이의 거리가 직선 OA 의 길이와
같으려면 직선 OA 의 기울기와 직선 l 의 기울기가
수직이어야 한다.

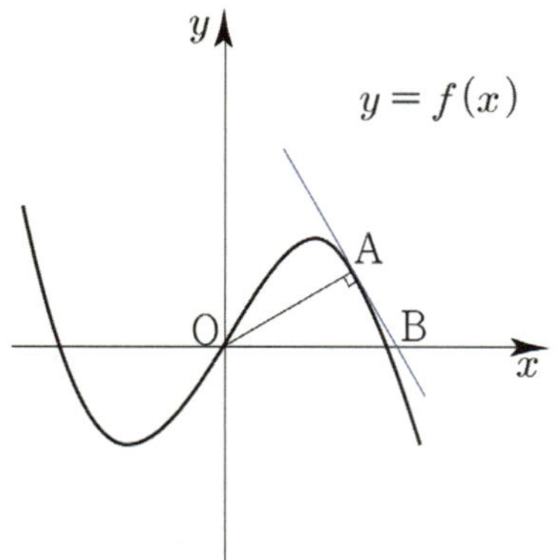

$\dfrac{f(a)}{a} \times f'(a) = -1$

$\Rightarrow \dfrac{-\sqrt{3}\,a^3 + \sqrt{3}\,a}{a} \times (-3\sqrt{3}\,a^2 + \sqrt{3}) = -1$

$\Rightarrow 3(a^2 - 1)(3a^2 - 1) = -1 \ \Rightarrow \ 9a^4 - 12a^2 + 4 = 0$

$\Rightarrow (3a^2 - 2)^2 = 0 \ \Rightarrow \ a^2 = \dfrac{2}{3}$

$\Rightarrow a = -\dfrac{\sqrt{2}}{\sqrt{3}} \ \text{or} \ a = \dfrac{\sqrt{2}}{\sqrt{3}}$

$f(x)$ 는 기함수이므로 원점에 대하여 대칭되어 있다.

따라서 $a = -\dfrac{\sqrt{2}}{\sqrt{3}}$ 일 때와 $a = \dfrac{\sqrt{2}}{\sqrt{3}}$ 일 때 삼각형 OAB 의

넓이는 서로 같다.

$a = \dfrac{\sqrt{2}}{\sqrt{3}}$ 라 하면

$\mathrm{A}\left(\dfrac{\sqrt{2}}{\sqrt{3}}, \ \dfrac{\sqrt{2}}{3}\right)$ 에서의 접선 l 의 방정식은

$f'\left(\dfrac{\sqrt{2}}{\sqrt{3}}\right) = -\sqrt{3}$ 이므로

$y = -\sqrt{3}\left(x - \dfrac{\sqrt{2}}{\sqrt{3}}\right) + \dfrac{\sqrt{2}}{3} \ \Rightarrow \ y = -\sqrt{3}\,x + \dfrac{4}{3}\sqrt{2}$

접선 l 의 x 절편은 $\dfrac{4\sqrt{2}}{3\sqrt{3}}$ 이므로 $\mathrm{B}\left(\dfrac{4\sqrt{2}}{3\sqrt{3}}, \ 0\right)$

삼각형 OAB 의 넓이는

$$\frac{1}{2} \times \frac{4\sqrt{2}}{3\sqrt{3}} \times \frac{\sqrt{2}}{3} = \frac{4}{9\sqrt{3}} = \frac{4\sqrt{3}}{27} = \frac{q}{p}\sqrt{3} \text{ 이므로}$$

$p+q=31$ 이다.

답   31

040

$\overline{\mathrm{PA}} = \overline{\mathrm{PB}} = \sqrt{5}$, $\cos(\angle \mathrm{APB}) = \dfrac{3}{5}$

$\overline{\mathrm{AB}} = x$ 라 하자.

삼각형 ABP 에서 코사인법칙을 사용하면

$$\cos(\angle \mathrm{APB}) = \frac{(\sqrt{5})^2 + (\sqrt{5})^2 - x^2}{2 \times \sqrt{5} \times \sqrt{5}}$$

$$\Rightarrow \frac{3}{5} = \frac{10 - x^2}{10} \Rightarrow 30 = 50 - 5x^2 \Rightarrow x = 2 \quad (\because x > 0)$$

$\overline{\mathrm{AB}} = 2$ 이고 삼각형 ABP 는 이등변삼각형이므로

$\mathrm{A}(-1,\ 0)$, $\mathrm{B}(1,\ 0)$ 이다.

$\overline{\mathrm{OP}} = \sqrt{\overline{\mathrm{PB}}^2 - \overline{\mathrm{OB}}^2} = \sqrt{5-1} = 2$

즉, $\mathrm{P}(0,\ 2)$

직선 BP 의 기울기는 -2 이므로

점 C 에서의 접선의 기울기는 -2 이다.

$f(x) = -4x^4 + k$ 라 하면 $f'(x) = -16x^3$

점 C 의 x 좌표를 t 라 하면

$$f'(t) = -2 \Rightarrow -16t^3 = -2 \Rightarrow t = \frac{1}{2}$$

직선 BP 의 방정식은 $y = -2x+2$ 이고,

점 C 은 직선 BP 위의 점이므로 C 의 y 좌표는 1 이다.

$\mathrm{C}\left(\dfrac{1}{2},\ 1\right)$ 은 곡선 $y = f(x)$ 위의 점이기도 하므로

$$f\left(\frac{1}{2}\right) = 1 \Rightarrow -\frac{1}{4} + k = 1 \Rightarrow k = \frac{5}{4}$$

$\mathrm{C}\left(\dfrac{1}{2},\ 1\right)$ 이므로 대칭성에 의해서 $\mathrm{D}\left(-\dfrac{1}{2},\ 1\right)$

사각형 ABCD 는 등변사다리꼴이므로

넓이 $s = \dfrac{1}{2} \times (\overline{\mathrm{AB}} + \overline{\mathrm{DC}}) \times h = \dfrac{1}{2} \times (2+1) \times 1 = \dfrac{3}{2}$

따라서 $20(k+s) = 20\left(\dfrac{5}{4} + \dfrac{3}{2}\right) = 25 + 30 = 55$ 이다.

답   55

041

실수 t 에 대하여 두 함수 $f(x) = \dfrac{1}{3}x^3$, $g(x) = |x-t|$ 의

그래프가 만나는 점의 개수를 $h(t)$

$y = g(x)$ 가 $y = f(x)$ 에 접할 때 t 를 구해보자.

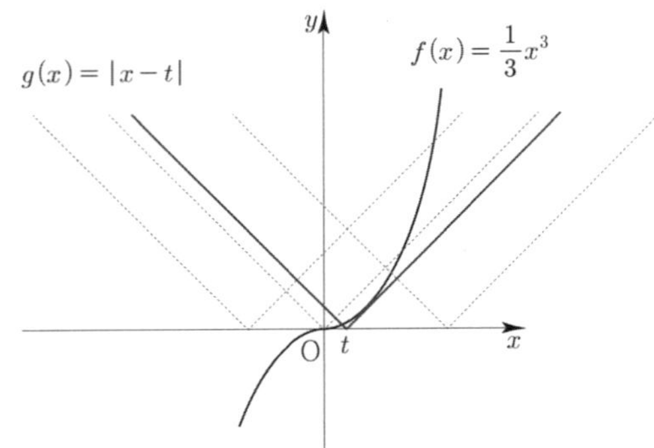

$x > t$ 일 때, $g(x) = x - t$ 이므로

$g(x) = x - t$ 가 $f(x) = \dfrac{1}{3}x^3$ 에 접한다.

접점의 x 좌표를 k 라 하면

$f'(k) = 1 \Rightarrow k^2 = 1 \Rightarrow k = 1 \quad (\because k > 0)$

$f(1) = g(1) \Rightarrow \dfrac{1}{3} = 1 - t \Rightarrow t = \dfrac{2}{3}$

$t < 0$ 이면 한 점에서 만나므로 $h(t) = 1$

$t = 0$ 이면 두 점에서 만나므로 $h(0) = 2$

$0 < t < \dfrac{2}{3}$ 이면 세 점에서 만나므로 $h(t) = 3$

$\dfrac{2}{3} = t$ 이면 두 점에서 만나므로 $h\left(\dfrac{2}{3}\right) = 2$

$\dfrac{2}{3} < t$ 이면 한 점에서 만나므로 $h(t) = 1$

이를 바탕으로 $h(t)$ 를 그리면

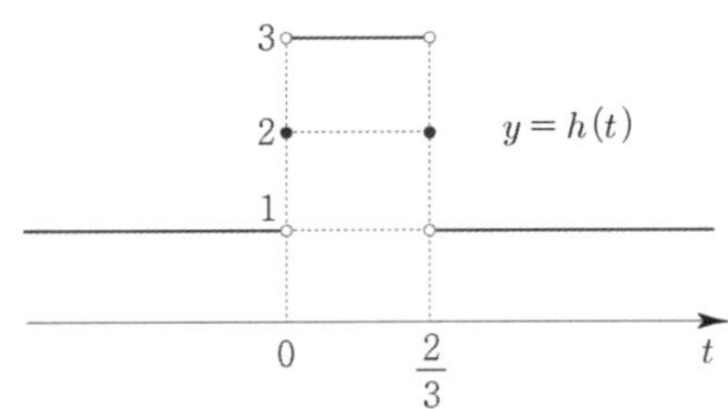

$a = \dfrac{2}{3}$ 일 때,

$h\left(\dfrac{2}{3}\right) + \lim\limits_{t \to \frac{2}{3}+} h(t) = \lim\limits_{t \to \frac{2}{3}-} h(t) \Rightarrow 2 + 1 = 3$

이므로 조건을 만족시킨다.

$a = \dfrac{2}{3}$ 이므로 $30a = 20$ 이다.

답   20

함수 $f(x)=(x-1)^2(x-4)$ 는 닫힌구간 $[1,\ 4]$ 에서
연속이고 $(1,\ 4)$ 에서 미분가능하다.

$f(1)=f(4)=0$ 이므로 롤의 정리에 의해서
$f'(c)=3c^2-12c+9=3(c-3)(c-1)=0$
인 c 가 열린구간 $(1,\ 4)$ 에 적어도 하나 존재하므로
$c=3$ 이다.

답 3

함수 $f(x)=\dfrac{1}{3}x^3-x^2-3x$ 는 닫힌구간 $[-n,\ n]$ 에서
연속이고 $(-n,\ n)$ 에서 미분가능하다.

$f(-n)=-\dfrac{1}{3}n^3-n^2+3n,\ f(n)=\dfrac{1}{3}n^3-n^2-3n$

$f(-n)=f(n)\ \Rightarrow\ \dfrac{2}{3}n^3-6n=0$

$\Rightarrow\ n(n+3)(n-3)=0\ \Rightarrow\ n=3\ (\because\ n$ 은 자연수$)$

$f(-3)=f(3)$ 이므로 롤의 정리에 의해서
$f'(c)=c^2-2c-3=(c-3)(c+1)=0$
인 c 가 열린구간 $(-3,\ 3)$ 에 적어도 하나 존재하므로
$c=-1$ 이다.

따라서 $n+c=2$ 이다.

답 2

044

함수 $f(x)=x^3-3x+4$ 는 닫힌구간 $[-3,\ 3]$ 에서
연속이고 $(-3,\ 3)$ 에서 미분가능하다.

평균값 정리에 의해서
$\dfrac{f(3)-f(-3)}{3-(-3)}=\dfrac{36}{6}=6=f'(c)$ 를 만족시키는

c 가 열린구간 $(-3,\ 3)$ 에 적어도 하나 존재한다.

$f'(c)=3c^2-3=6\ \Rightarrow\ c^2=3\ \Rightarrow\ c=\sqrt{3}\ \text{or}\ c=-\sqrt{3}$

따라서 $k=3$ 이다.

답 3

$\dfrac{f(2)-f(0)}{2-0}=\dfrac{5-1}{2}=2=f'(c)$

$-3c^2+6c=2\ \Rightarrow\ 3c^2-6c+2=0$
$g(c)=3c^2-6c+2$ 라 하면
이차함수 $y=g(c)$ 의 대칭축은 $c=1$ 이고
$g(1)<0,\ \ g(0)=g(2)=2>0$ 이므로
$g(c)=0$ 을 만족시키는 c 는 $0<c<2$ 에 2 개 존재한다.
따라서 근과 계수의 관계에 의해서

모든 실수 c 의 값의 합은 $-\dfrac{-6}{3}=2$ 이다.

답 2

046

함수 $f(x)$ 는 닫힌구간 $[1,\ 4]$ 에서 연속이고 열린구간
$(1,\ 4)$ 에서 미분가능하므로 평균값 정리에 의해서
$\dfrac{f(4)-f(1)}{4-1}=f'(c)$ 를 만족시키는 c 가
열린구간 $(1,\ 4)$ 에 적어도 하나 존재한다.

$\dfrac{f(4)-f(1)}{4-1}=\dfrac{f(4)-3}{3}=f'(c)$

(나) 조건에 의해서
$0\leq\dfrac{f(4)-3}{3}\leq 3\ \Rightarrow\ 3\leq f(4)\leq 12$

$f(4)$ 의 최솟값은 3, 최댓값은 12 이므로
최솟값과 최댓값의 합은 15 이다.

답 15

$f(0)=0,\ f(2)=k$ 인 다항함수 $f(x)$

ㄱ. $k=0$ 이면 $f'(a)=0$ 을 만족시키는 a 가
　　열린구간 $(0,\ 2)$ 에 적어도 하나 존재한다.

　　$f(x)$ 는 다항함수이므로 닫힌구간 $[0,\ 2]$ 에서
　　연속이고 열린구간 $(0,\ 2)$ 에서 미분가능하다.
　　$f(0)=f(2)$ 이므로 롤의 정리에 의해서
　　$f'(a)=0$ 을 만족시키는 a 가 열린구간 $(0,\ 2)$ 에
　　적어도 하나 존재한다.
　　따라서 ㄱ은 참이다.

ㄴ. $k>0$이면 $f'(b)>0$을 만족시키는 b가
열린구간 $(0,\ 2)$에 적어도 하나 존재한다.

$f(x)$는 다항함수이므로 닫힌구간 $[0,\ 2]$에서
연속이고 열린구간 $(0,\ 2)$에서 미분가능하므로
평균값 정리에 의해서
$\dfrac{f(2)-f(0)}{2-0}=\dfrac{k}{2}=f'(b)>0$를 만족시키는
b가 열린구간 $(0,\ 2)$에 적어도 하나 존재한다.
따라서 ㄴ은 참이다.

ㄷ. $k>0$이고 $f'(0)<0$, $f'(2)<0$이면
$f'(c)=0$을 만족시키는 c가 열린구간 $(0,\ 2)$에
적어도 두 개 존재한다.

ㄴ을 이용하면 $f'(b)>0$을 만족시키는 b가
열린구간 $(0,\ 2)$에 적어도 하나 존재한다.

① 함수 $f'(x)$는 닫힌구간 $[0,\ b]$에서 연속이고
$f'(0)f'(b)<0$이므로 사잇값의 정리에 의해서
$f'(c_1)=0$을 만족시키는 c_1이 열린구간 $(0,\ b)$
에 적어도 하나 존재한다.

② 함수 $f'(x)$는 닫힌구간 $[b,\ 2]$에서 연속이고
$f'(b)f'(2)<0$이므로 사잇값의 정리에 의해서
$f'(c_2)=0$를 만족시키는 c_2가 열린구간 $(b,\ 2)$
에 적어도 하나 존재한다.

①, ②에 의해서 ㄷ은 참이다.

답 ㄱ, ㄴ, ㄷ

Tip

ㄱ, ㄴ, ㄷ 문제를 풀 때는 ㄱ, ㄴ, ㄷ이 유기적으로 연결되어 있다는
생각을 해주는 것이 좋다.

48

$f(x)=x^3-12x^2+4$
$f'(x)=3x^2-24x=3x(x-8)$
$0\le x\le 8$에서 $f'(x)\le 0$이므로
닫힌구간 $[0,\ 8]$에서 감소한다.

따라서 $a+b=8$이다.

답 8

49

$f(x)=-2x^3-3x^2+ax+5$
$f'(x)=-6x^2-6x+a$
$-2\le x\le b$에서 $f'(x)\ge 0$
$f'(-2)=0 \ \Rightarrow\ -12+a=0 \ \Rightarrow\ a=12$
$f'(b)=0 \ \Rightarrow\ -6b^2-6b+12=0 \ \Rightarrow\ b^2+b-2=0$
$\Rightarrow\ (b+2)(b-1)=0 \ \Rightarrow\ b=1 \ (\because b\neq -2)$

따라서 $a+b=13$이다.

답 13

50

$f(x)=-x^3+ax^2+bx+3$
$f'(x)=-3x^2+2ax+b$
$f'(1)=f'(3)=0$이므로 근과 계수의 관계에 의해서
$1+3=-\dfrac{2a}{-3} \ \Rightarrow\ 4=\dfrac{2a}{3} \ \Rightarrow\ a=6$
$1\times 3=-\dfrac{b}{3} \ \Rightarrow\ b=-9$

따라서 $a-b=6+9=15$이다.

답 15

51

$f(x)=-\dfrac{1}{3}x^3+16x-2$
$f'(x)=-x^2+16=-(x-4)(x+4)$

$-a<x<a$에서 $f'(x)\ge 0$이어야 하므로
양수 a의 최댓값은 4이다.

답 4

52

$f(x)=\dfrac{1}{6}x^3-ax^2+4ax$
$f'(x)=\dfrac{1}{2}x^2-2ax+4a$

실수 전체의 집합에서 증가하려면
모든 실수 x에 대하여 $f'(x)\ge 0$이어야 한다.

$$\frac{1}{2}x^2 - 2ax + 4a = 0$$

판별식을 사용하면

$$\frac{D}{4} \le 0 \Rightarrow a^2 - 2a \le 0 \Rightarrow a(a-2) \le 0$$

$$\Rightarrow 0 \le a \le 2$$

$M=2,\ m=0$이므로 $M+m=2$이다.

답   2

Tip

왜 판별식을 쓸까?

<생략된 사고과정>

① 모든 실수 x에 대하여 $f'(x) \ge 0$

② $=y$를 붙여서 함수로 해석하면 $y = f'(x)$는 x축과 접하거나 x축 위에 있어야 한다.

③ $f'(x) = 0$은 중근을 갖거나 서로 다른 두 개의 허근을 갖는다. 즉, $y = f'(x)$는 x축에 접하거나 만나지 않아야 한다.

따라서 판별식 $D \le 0$이다.

53

$$f(x) = \frac{1}{3}x^3 - ax^2 - 3a^2 x$$

$$f'(x) = x^2 - 2ax - 3a^2 = (x-3a)(x+a)$$

$3 < x_1 < x_2$인 임의의 두 실수 $x_1,\ x_2$에 대하여 $f(x_1) < f(x_2)$이므로 $x > 3$에서 $f(x)$가 증가한다.

즉, $x > 3$에서 $f'(x) \ge 0$

$a > 0$이므로 $f'(x)$를 그리면

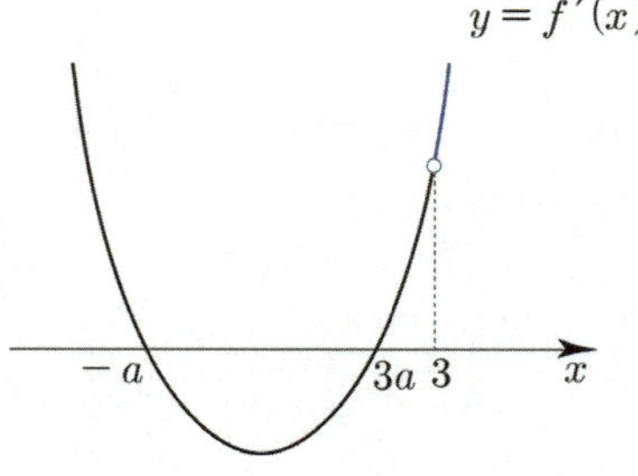

조건을 만족하려면 $3a < 3$이어야 하므로 $a < 1$이다.

위와 같은 그림은 직관적으로 당연하게 받아들일 수 있지만 만약 $3a = 3$일 때에도 조건을 만족시킬 수 있을까?

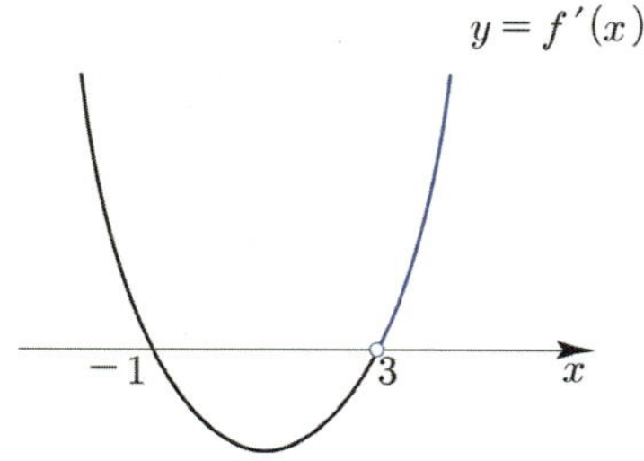

$3a = 3 \Rightarrow a = 1$이어도 조건을 만족시킨다.

$0 < a \le 1$이므로 a의 최댓값은 1이다.

답   1

Tip

항상 경계를 조심해야 한다.
a가 자연수나 정수일 때, a의 개수나 합을 물어보는 문제에서 특히 조심해야 한다.

위 문제에서는 $a = 1$일 때가 경계가 되는데 $a = 1$인 상황을 그려보고 특히 유의하면서 판단하면 된다.

54

$$f(x) = -\frac{1}{3}x^3 + \frac{k}{2}x^2 - 4x + 1$$

$$f'(x) = -x^2 + kx - 4$$

$f(x)$의 역함수가 존재하려면 실수 전체에서 감소함수나 증가함수이어야 한다.
$f(x)$의 최고차항의 계수가 음수이므로 감소함수이어야 한다.

모든 실수 x에 대하여 $f'(x) \le 0$를 만족시키면 된다.

판별식을 사용하면

$$D \le 0 \Rightarrow k^2 - 16 \le 0 \Rightarrow (k+4)(k-4) \le 0$$

$$\Rightarrow -4 \le k \le 4$$

따라서 정수 k의 개수는 9이다.

답   9

왜 판별식을 쓸까?

<생략된 사고과정>

① 모든 실수 x에 대하여 $f'(x) \leq 0$
② $= y$를 붙여서 함수로 해석하면 $y = f'(x)$는 x축과 접하거나 x축 아래에 있어야 한다.
③ $f'(x) = 0$은 중근을 갖거나 서로 다른 두 개의 허근을 갖는다. 즉, $y = f'(x)$는 x축에 접하거나 만나지 않아야 한다.

따라서 판별식 $D \leq 0$이다.

055

실수 t에 대하여 정의역이 $\{x \,|\, x \geq t\}$인
함수 $f(x) = x^3 - 6x^2 + kx$의 역함수가 존재하도록 하는
실수 k의 최솟값을 $g(t)$

① $t = 1$

$x \geq 1$에서 함수 $f(x) = x^3 - 6x^2 + kx$의 역함수가
존재해야 하므로 $f(x)$는 $x \geq 1$에서 증가함수이거나
감소함수이어야 한다.
즉, $x \geq 1$에서 $f'(x) \geq 0$이거나
$x \geq 1$에서 $f'(x) \leq 0$이어야 한다.

$f'(x)$의 최고차항의 계수가 양수이므로
$x \geq 1$에서 $f'(x) \geq 0$이어야 한다.

$f'(x) = 3x^2 - 12x + k$
$f'(x)$를 그리면

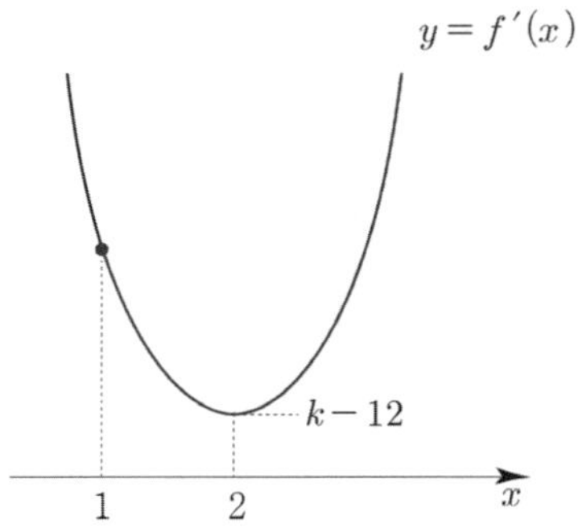

최솟값 $k - 12$가 0 이상이면 된다.
$k - 12 \geq 0 \implies k \geq 12$이므로
$g(1) = 12$이다.

② $t = 3$
마찬가지로 $f'(x)$를 그리면

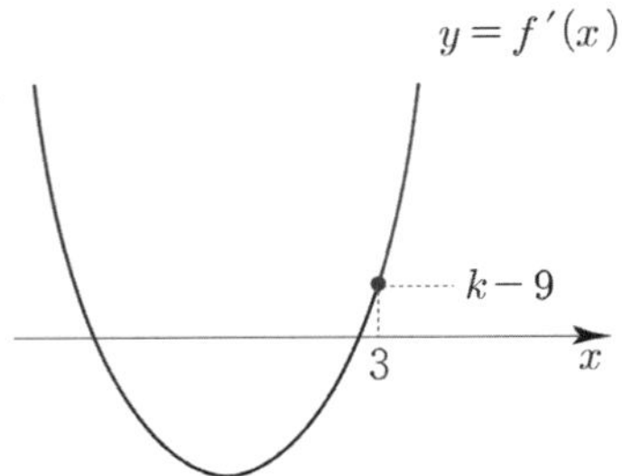

최솟값 $k - 9$가 0 이상이면 된다.
$k - 9 \geq 0 \implies k \geq 9$이므로
$g(3) = 9$이다.

따라서 $g(1) + g(3) = 21$이다.

답   21

056

$f(x) = -x^3 + ax + 5$
$f'(x) = -3x^2 + a$

$-2 < x_1 < x_2 < 2$인 임의의 두 실수 x_1, x_2에 대하여
$f(x_1) < f(x_2)$이므로
$-2 < x < 2$에서 $f(x)$가 증가한다.

즉, $-2 < x < 2$에서 $f'(x) \geq 0$

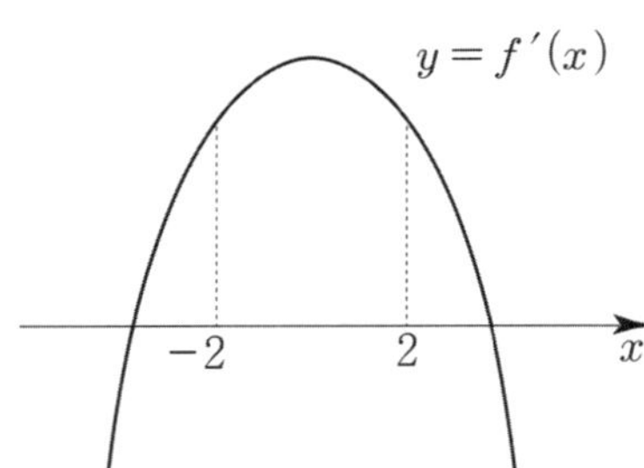

$f'(x)$는 y축 대칭이므로 위 그림과 같이 되려면
$f'(2) \geq 0$만 만족시키면 된다.
$f'(2) = -12 + a$이므로
$-12 + a \geq 0 \implies a \geq 12$

$f(3) = -22 + 3a$이므로 $f(3)$의 최솟값은 14이다.

답   14

$f(x) = x^3 - 6x^2 + 9x + 2$

$f'(x) = 3x^2 - 12x + 9 = 3(x^2 - 4x + 3) = 3(x-3)(x-1)$

$f'(x)$를 바탕으로 $f(x)$를 그리면

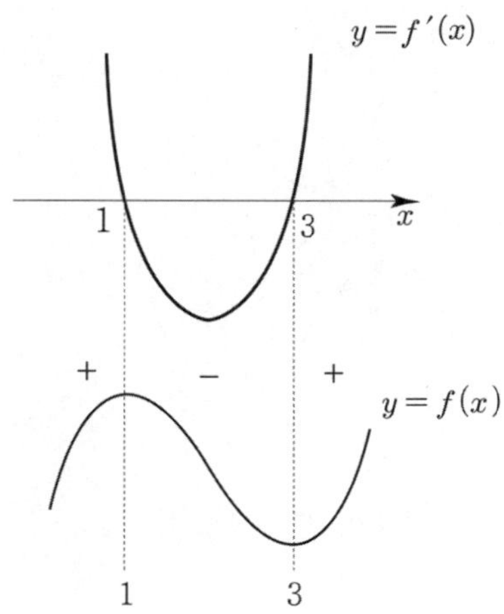

$x = 3$에서 극소이고 극솟값은 $f(3) = 27 - 54 + 27 + 2 = 2$
이다.

따라서 $a + b = 3 + 2 = 5$이다.

답 5

$f(x) = \dfrac{1}{4}x^4 - 2x^2 + 3$

$f'(x) = x^3 - 4x = x(x+2)(x-2)$

$f'(x)$를 바탕으로 $f(x)$를 그리면

$x = 0$에서 극대이고 극댓값은 $f(0) = 3$이다.

답 3

$f(x) = -\dfrac{1}{3}x^3 - kx^2 + 3k^2x$

$f'(x) = -x^2 - 2kx + 3k^2 = -(x+3k)(x-k)$

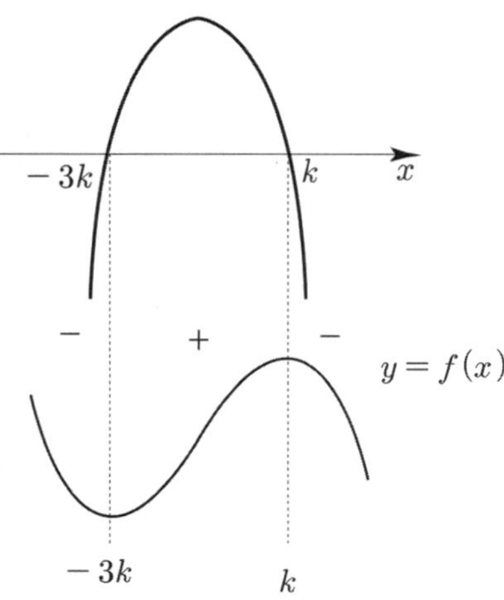

$x = k$에서 극대이고 극댓값은 $f(k) = \dfrac{5}{3}k^3$

$x = -3k$에서 극소이고 극솟값은 $f(-3k) = -9k^3$

극댓값과 극솟값의 차가 64이므로

$f(k) - f(-3k) = \dfrac{5}{3}k^3 + \dfrac{27}{3}k^3 = \dfrac{32}{3}k^3 = 64$

따라서 $k^3 = 6$이다.

답 6

> **Tip**
>
> Guide step에서 배운 극값차 공식을 적용해도 된다.
>
> <극값차 공식>
>
> 삼차함수의 최고차항의 계수를 a라 하고
> $f'(\alpha) = f'(\beta) = 0 \ (\alpha < \beta)$라 할 때,
> 극값차 $= \dfrac{|a|}{2}(\beta - \alpha)^3$
>
> 059번에 적용시켜 보자.
>
> $f(x) = -\dfrac{1}{3}x^3 - kx^2 + 3k^2x$
>
> $f'(x) = -x^2 - 2kx + 3k^2 = -(x+3k)(x-k)$
> 이므로
>
> 극값차 $= \dfrac{1}{6}(k+3k)^3 = \dfrac{64k^3}{6} = \dfrac{32}{3}k^3$이다.

$$f(x) = x^3 + ax^2 + bx + 5$$
$$f'(x) = 3x^2 + 2ax + b$$

$x = 2$에서 극솟값 1를 가지므로
$$f(2) = 1 \implies 4a + 2b + 13 = 1 \implies 2a + b = -6$$
$$f'(2) = 0 \implies 12 + 4a + b = 0 \implies 4a + b = -12$$

두 식을 연립하면 $a = -3$, $b = 0$
$$f(x) = x^3 - 3x^2 + 5$$
$$f'(x) = 3x^2 - 6x = 3x(x-2)$$

$x = 0$에서 극대이고 극댓값 5를 가지므로
$c = 0$, $d = 5$이다.

따라서 $a + b + c + d = -3 + 0 + 0 + 5 = 2$이다.

답 2

$$f(x) = x^3 + ax^2 + (a^2 - 6a)x - 2$$
$$f'(x) = 3x^2 + 2ax + a^2 - 6a$$

$f(x)$가 극값을 가지려면 방정식 $f'(x) = 0$이
서로 다른 두 실근을 가져야 한다.

판별식을 사용하면
$$\frac{D}{4} > 0 \implies -2a^2 + 18a > 0 \implies a(a-9) < 0$$

$$\implies 0 < a < 9$$

따라서 조건을 만족시키는 모든 정수 a의 개수는 8이다.

답 8

$f'(x)$를 바탕으로 $f(x)$를 그리면

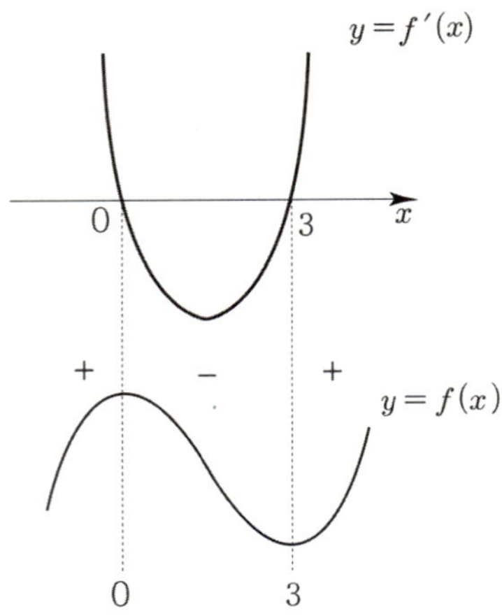

극솟값이 0이고 극댓값이 27이므로
$$f(0) = 27, \ f(3) = 0$$
$$f'(0) = 0, \ f'(3) = 0$$

$$f(x) = ax^3 + bx^2 + cx + d$$
$$f(0) = 27 \implies d = 27$$
$$f'(0) = 0 \implies c = 0$$
$$f(x) = ax^3 + bx^2 + 27, \ f'(x) = 3ax^2 + 2bx$$
$$f(3) = 0 \implies 27a + 9b + 27 = 0 \implies 9a + 3b = -9$$
$$f'(3) = 0 \implies 27a + 6b = 0 \implies 9a + 2b = 0$$
위 두 식을 연립하면 $a = 2$, $b = -9$

$f(x) = 2x^3 - 9x^2 + 27$이므로 $f(1) = 20$이다.

답 20

실전적으로 풀어보자.
Guide step에서 배운 Box를 적용시켜 보자.

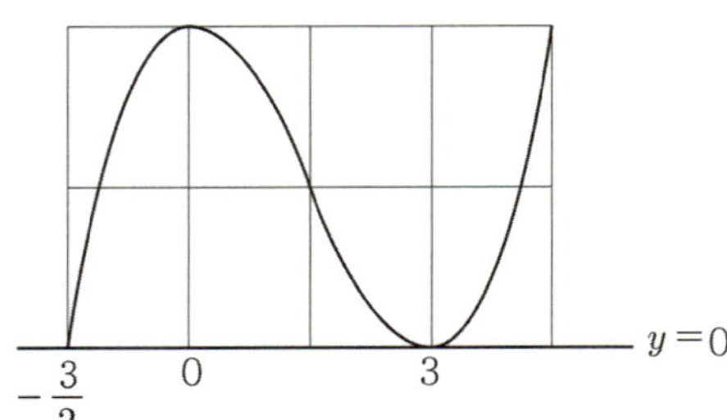

식을 세우면 $f(x) = a\left(x + \dfrac{3}{2}\right)(x-3)^2$

$$f(0) = 27 \implies \frac{27}{2}a = 27 \implies a = 2$$

따라서 $f(x) = 2\left(x + \dfrac{3}{2}\right)(x-3)^2$이므로 $f(1) = 20$이다.

또는 극값차 공식으로 처음부터 a를 구할 수도 있다.
$$\frac{|a|}{2}(3-0)^3 = 27 \implies a = 2$$

$f(x) = x^3 - 3ax^2 + 16a$

$f'(x) = 3x^2 - 6ax = 3x(x - 2a)$

$f'(x)$를 바탕으로 $f(x)$를 그리면

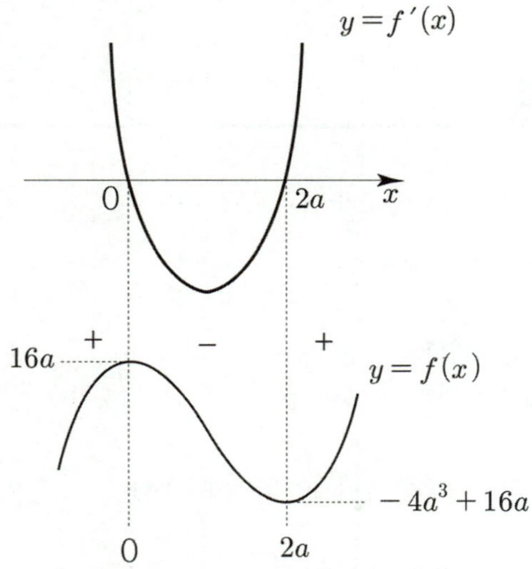

$a > 0$이므로 x축에 접하려면 $f(2a) = 0$이어야 한다.

$f(2a) = -4a^3 + 16a = 0 \Rightarrow a(a-2)(a+2) = 0$

$\Rightarrow a = 2 \ (\because a > 0)$

$f(x) = x^3 - 6x^2 + 32$

따라서 $f(a) = f(2) = 8 - 24 + 32 = 16$이다.

답 16

$f(x) = x^3 - 3x^2 + k$

$f'(x) = 3x^2 - 6x = 3x(x - 2)$

극댓값 $f(0) = k$, 극솟값 $f(2) = -4 + k$

이므로 극댓값과 극솟값의 곱은 $k(-4 + k) = -4k + k^2$

$k^2 - 4k \leq 12 \Rightarrow (k-6)(k+2) \leq 0$

$\Rightarrow -2 \leq k \leq 6$

따라서 조건을 만족시키는 정수 k의 개수는 9이다.

답 9

065

최고차항의 계수가 -1인 삼차함수 $f(x)$

(가) 모든 실수 x에 대하여 $f'(x) = f'(-x)$이다.

$f'(x)$가 우함수이므로 $f'(x)$는 y축에 대칭되어 있다.

(나) 함수 $f(x)$는 $x = -2$에서 극솟값 0을 갖는다.

극솟값이 존재하므로 최고차항의 계수의 부호를
고려해서 $f(x)$를 그리면

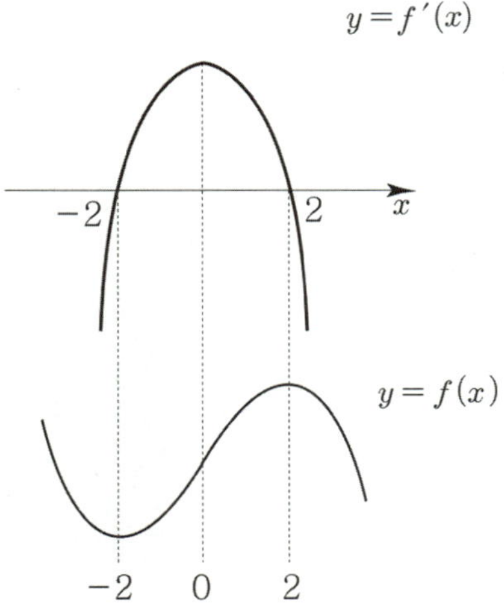

즉, $x = 2$에서 극댓값을 갖는다.

$f'(-2) = 0, \ f'(2) = 0, \ f(-2) = 0$

$f(x) = -x^3 + ax^2 + bx + c$라 하면 미지수가 3개이고
식이 3개이니 연립하면 $f(x)$를 구할 수 있지만
실전적으로 풀어보자.

Guide step에서 배운 Box를 적용시켜 보자.

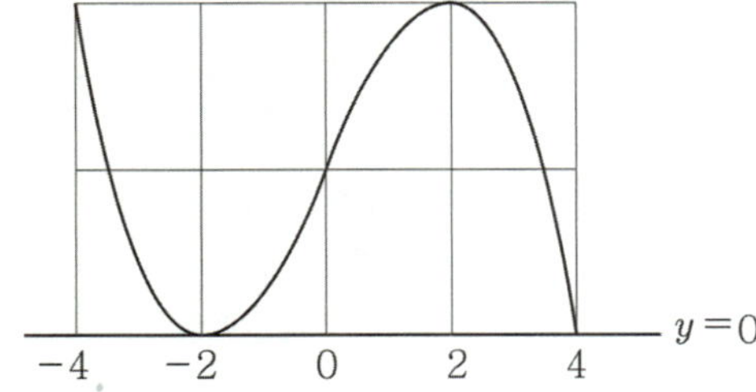

식을 세우면 $f(x) = -(x+2)^2(x-4)$

따라서 극댓값 $f(2) = 32$이다.

답 32

극값차 공식을 사용해보자.

극값차 $= \dfrac{|-1|}{2}(2+2)^3 = 32$이고 극솟값이 0이므로

극댓값은 32이다.

066

최고차항의 계수가 1 인 사차함수 $f(x)$

(가) 모든 실수 x 에 대하여 $f(x) = f(4-x)$ 이다.
$f(x)$ 는 $x = 2$ 에 대하여 대칭이므로
(가) 조건을 만족하려면 사차함수 개형 중에
다음 그림과 같은 두 가지 case가 가능하다.

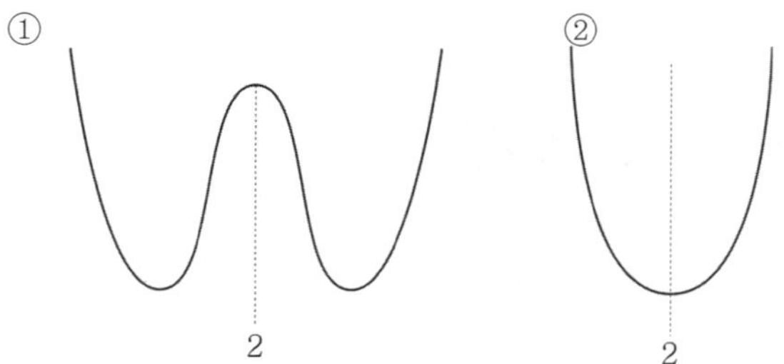

(나) 함수 $f(x)$ 는 $x = 0$ 에서 극솟값을 갖는다.
$x = 0$ 에서 극솟값을 가지려면 ①이어야 한다.
대칭성에 의해서 $x = 4$ 에서 극솟값을 갖는다.

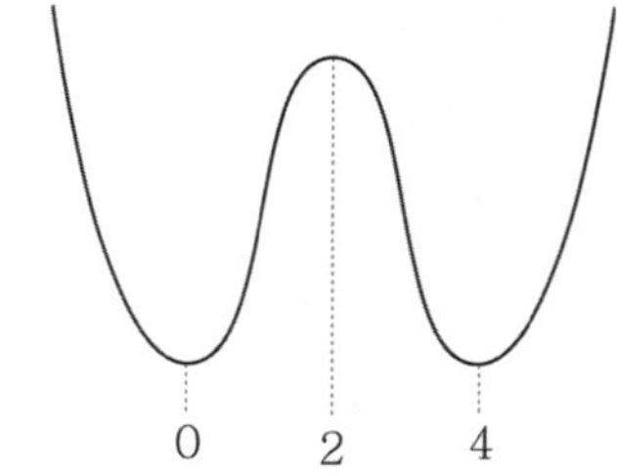

이 문제에서도 065번 문제와 마찬가지로
$f(x) = x^4 + ax^3 + bx^2 + cx + d$ 라 두고
$f'(0) = f'(2) = f'(4) = 0$, $f(1) = 10$ 을
이용하여 미지수를 찾을 수 있지만
실전적으로 풀어보자.

$x = 2$ 에 대칭되어 있으므로 $f(0) = f(4)$ 이다.
$f(0) = f(4) = k$ 라 하면
$f(x) - k = x^2(x-4)^2$ 이다.
(위 식이 이해가 되지 않는다면 Guide step 중
개념 파악하기 - (14)에서 배운 사차함수 식 세우기 Technique
파트를 정독하고 다시 돌아오길 추천한다.)

$f(x) = x^2(x-4)^2 + k$
$f(1) = 10$ 이므로 $f(1) = 9 + k = 10 \implies k = 1$
$f(x) = x^2(x-4)^2 + 1$ 이므로 $f(x)$ 의 극댓값은
$f(2) = 17$ 이다.

답 17

067

$f(x) = -\dfrac{1}{4}x^4 + 2x^3 + ax$

$f'(x) = -x^3 + 6x^2 + a$

$f(x)$ 는 최고차항의 계수가 음수이므로
극솟값을 가지려면 Guide step에서 제시한 사차함수 개형 중
①개형이 되어야 한다.
(개형이 머릿속에 잘 정리되어 있어야 한다.)

①개형이 되려면 방정식 $f'(x) = 0$ 이 서로 다른 세 실근을
가져야 한다.

$f'(x) = 0 \implies a = x^3 - 6x^2$
$= y$ 를 붙여서 그래프로 접근해보자.

$g(x) = x^3 - 6x^2$ 라 하면
$g'(x) = 3x^2 - 12x = 3x(x-4)$

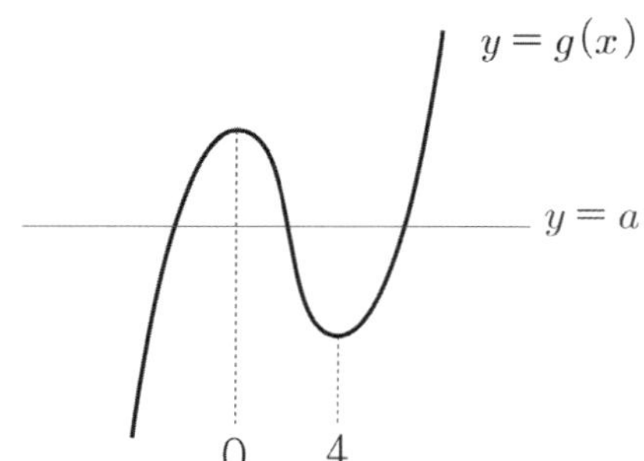

서로 다른 세 실근을 가지려면
$g(4) < a < g(0) \implies -32 < a < 0$

따라서 조건을 만족시키는 정수 a 의 개수는 31 이다.

답 31

$$f(x) = \frac{1}{3}x^3 - \frac{3}{2}x^2 + kx + 1$$

$$f'(x) = x^2 - 3x + k$$

함수 $f(x) = \frac{1}{3}x^3 - \frac{3}{2}x^2 + kx + 1$ 이 열린구간 $(0,\ 2)$

에서 극댓값과 극솟값을 모두 가지려면
방정식 $f'(x) = 0$ 의 서로 다른 두 실근이
열린구간 $(0,\ 2)$ 에 존재해야 한다.
즉, 아래 그림과 같아야 한다.

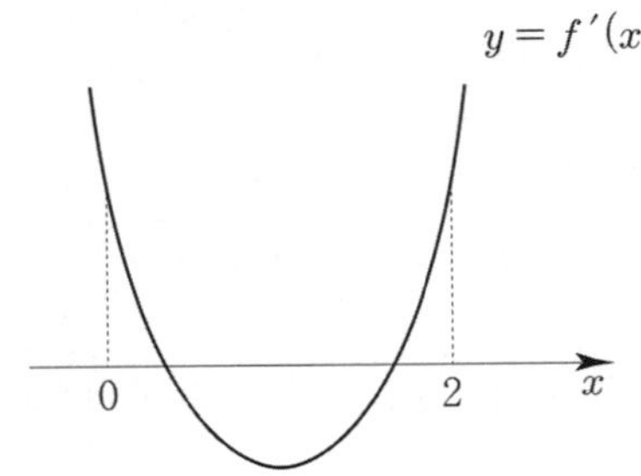

함판대를 사용하면

① 함숫값
$$f'(0) > 0 \implies k > 0$$

$$f'(2) > 0 \implies -2 + k > 0 \implies k > 2$$

② 판별식
$$D > 0 \implies 9 - 4k > 0 \implies \frac{9}{4} > k$$

③ 대칭축
$f'(x)$ 의 $x = \frac{3}{2}$ 은

$0 < \frac{3}{2} < 2$ 이므로 조건을 만족한다.

①, ②, ③에 의해서 $2 < k < \frac{9}{4}$ 이다.

따라서 $16(a+b) = 16\left(2 + \frac{9}{4}\right) = 32 + 36 = 68$ 이다.

답 68

$$f(x) = -x^4 + 2x^3 + kx^2$$

$$f'(x) = -4x^3 + 6x^2 + 2kx = -2x(2x^2 - 3x - k)$$

$f(x)$ 는 최고차항의 계수가 음수이므로
극솟값을 가지려면 방정식 $f'(x) = 0$ 이 서로 다른 세
실근을 가져야 한다. (067번 참고)

$$f'(x) = -2x(2x^2 - 3x - k) = 0$$

방정식 $2x^2 - 3x - k = 0$ 은 서로 다른 실근을 가져야 하므로
판별식을 사용하면

$$D > 0 \implies 9 + 8k > 0 \implies k > -\frac{9}{8}$$

만약 방정식 $2x^2 - 3x - k = 0$ 의 실근 중에 0 이 있다면
방정식 $f'(x) = 0$ 은 서로 다른 세 실근을 가질 수 없다.
$$2 \times 0^2 - 3 \times 0 - k = 0 \implies k = 0$$
즉, $k \neq 0$ 이어야 한다.

따라서 조건을 만족시키는 10 이하의 정수 k 는
$-1,\ 1,\ 2,\ 3,\ 4,\ 5,\ 6,\ 7,\ 8,\ 9,\ 10$ 이므로
k 의 개수는 11 이다.

답 11

> **Tip**
>
> 아마 $k \neq 0$ 임을 고려하지 않아서 틀린 학생들이
> 많을 것 같다. 항상 조심하자 !
>
> $$f'(x) = -2x(2x^2 - 3x - k) = 0$$
> 반대로 서로 다른 세 실근을 갖지 않도록
> 할 때에도 방정식 $2x^2 - 3x - k = 0$ 만 고려하여
> 판별식 $D \leq 0$ 만 따지는 것이 아니라
> $-2x$ 도 고려하여
> 방정식 $2x^2 - 3x - k = 0$ 이 $x = 0$ 을
> 근으로 갖기만 해도 전체적으로는 $x = 0$ 에서
> 중근이 생길 수도 있으니 각별히 조심해야 한다.
> (070번 참고)

$$f(x) = \frac{1}{4}x^4 - \frac{(a+1)}{2}x^2 + ax + 2$$

$$f'(x) = x^3 - (a+1)x + a = (x-1)(x^2 + x - a)$$

$f(x)$ 는 최고차항의 계수가 양수이므로
극댓값을 가지지 않으려면 방정식 $f'(x) = 0$ 이
서로 다른 세 실근을 가지지 않으면 된다.

$$f'(x) = (x-1)(x^2 + x - a)$$

방정식 $x^2 + x - a = 0$ 은 중근 또는 서로 다른 두 개의
허근을 가져야 하므로 판별식을 사용하면

$$D \leq 0 \;\Rightarrow\; 1 + 4a \leq 0 \;\Rightarrow\; a \leq -\frac{1}{4}$$

방정식 $x^2 + x - a = 0$ 이 서로 다른 두 실근을 갖더라도
$x = 1$ 을 근으로 가진다면 방정식 $f'(x) = 0$ 은
서로 다른 세 실근을 가질 수 없다.
$1^2 + 1 - a = 0 \;\Rightarrow\; a = 2$ 이면

$$f'(x) = (x-1)(x^2 + x - 2) = (x+2)(x-1)^2$$

이므로 조건을 만족시킨다.
따라서 조건을 만족시키는 실수 a 는

$a \leq -\dfrac{1}{4}$ $\;$ or $\;$ $a = 2$ 이므로 a 의 최댓값은 2 이다.

답 $\;$ 2

> **Tip**
>
> 실수하기 좋은 유형이니 완벽히 체화시키자!

$a(a > 0)$

$$f(x) = \begin{cases} -x^3(x+4a) & (x < 0) \\ x^2(x-3a) & (x \geq 0) \end{cases}$$

를 그리면

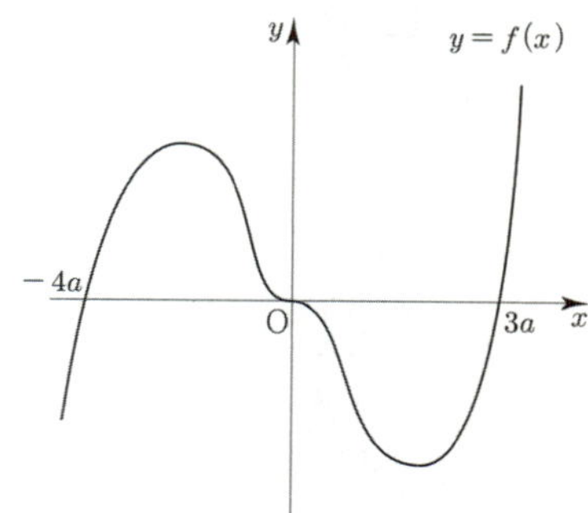

$g(x) = -x^3(x+4a)$ 라 하면
$g'(x) = -4x^3 - 12ax^2 = -4x^2(x+3a)$ 이므로
$f(x)$ 는 $x = -3a$ 에서 극대이고 극댓값 $g(-3a) = 27a^4$
를 갖는다.

$h(x) = x^2(x-3a)$ 라 하면
$h'(x) = 3x^2 - 6ax = 3x(x-2a)$ 이므로
$f(x)$ 는 $x = 2a$ 에서 극소이고 극솟값 $h(2a) = -4a^3$
를 갖는다.

극댓값과 극솟값의 절댓값이 같고 부호가 다르므로

$$27a^4 = 4a^3 \;\Rightarrow\; a = \frac{4}{27} \quad (\because a > 0)$$

따라서 $81a = 12$ 이다.

답 $\;$ 12

Guide step에서 배운 사차함수와 삼차함수의 비율관계를
활용해보자,

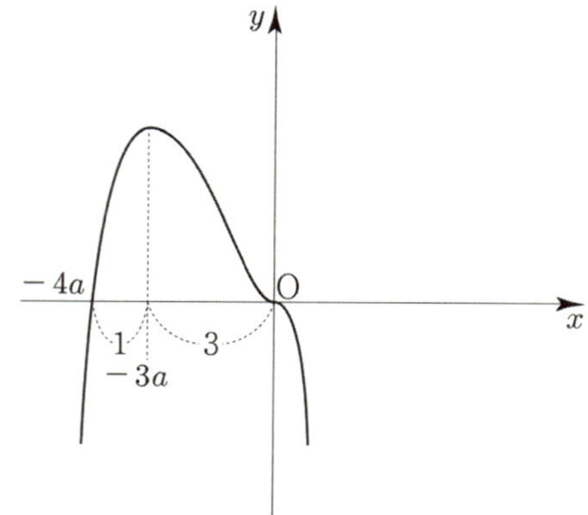

$g(x)$ 는 $x = -3a$ 에서 극대이다.

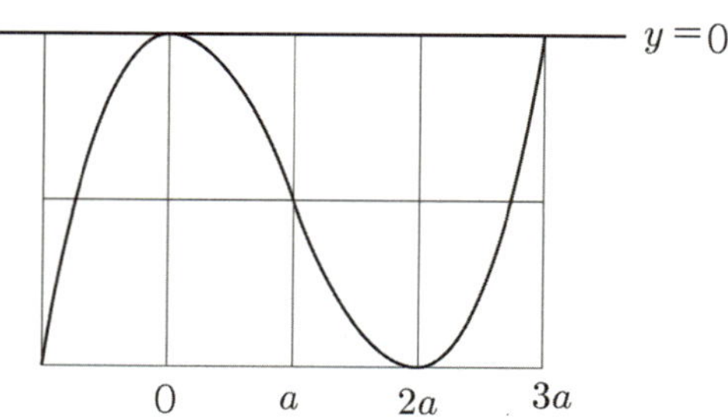

$h(x)$ 는 $x = 2a$ 에서 극소이다.

072

ㄱ. 열린구간 $(-2, 3)$에서 $f'(x)$는 3개의 극값을 갖는다.

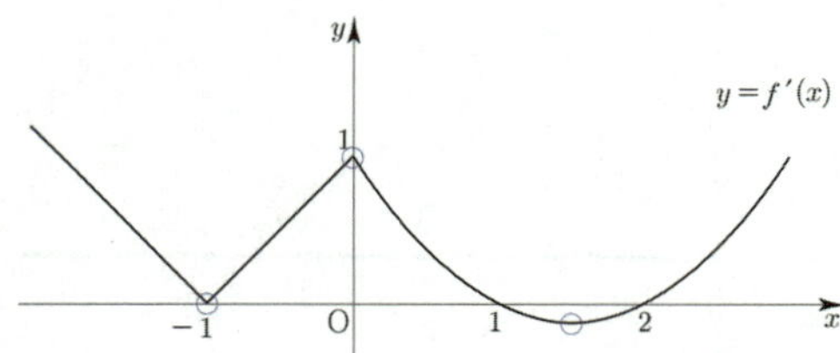

위 그림과 같이 3개의 극값을 가지므로 ㄱ은 참이다.

ㄴ. 함수 $f(x)$는 열린구간 $(-1, 1)$에서 증가한다.

열린구간 $(-1, 1)$에서 $f'(x) > 0$이므로 ㄴ은 참이다.

ㄷ. 함수 $f(x)$는 $x = -1$과 $x = 0$에서 미분가능하지 않다.

$f'(-1) = 0$, $f'(0) = 1$

즉, $x = -1$과 $x = 0$에서 $f'(x)$의 함숫값이

존재하므로 $x = -1$과 $x = 0$에서 미분가능하다.

따라서 ㄷ은 거짓이다.

ㄹ. 열린구간 $(-2, 3)$에서 함수 $f(x)$는 2개의 극값을

갖는다.

열린구간 $(-2, 3)$에서 $f'(x)$의 부호가 바뀌는 x값이

$x = 1$과 $x = 2$이므로 ㄹ은 참이다.

ㅁ. 두 함수 $y = f(x)$, $y = f(1)$의 그래프는

서로 다른 세 점에서 만난다.

$f'(x)$를 바탕으로 $f(x)$를 그리면

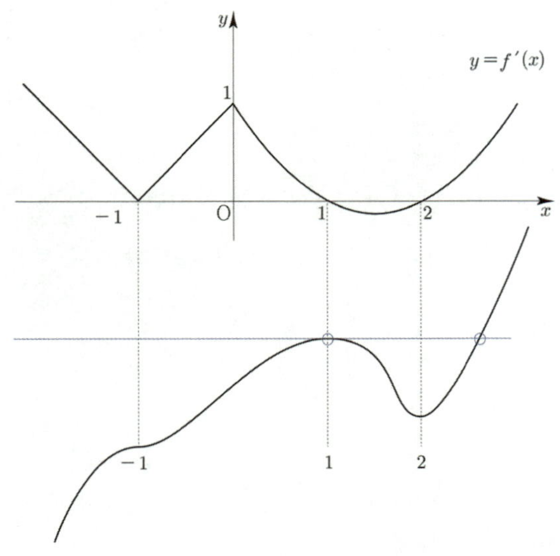

서로 다른 두 점에서 만나므로 ㅁ은 거짓이다.

답 ㄱ, ㄴ, ㄹ

$$f(x) = -\frac{1}{3}x^3 + 2x^2 - 3x$$

$$f'(x) = -x^2 + 4x - 3 = -(x-1)(x-3)$$

$f'(x)$를 바탕으로 $f(x)$를 그리면

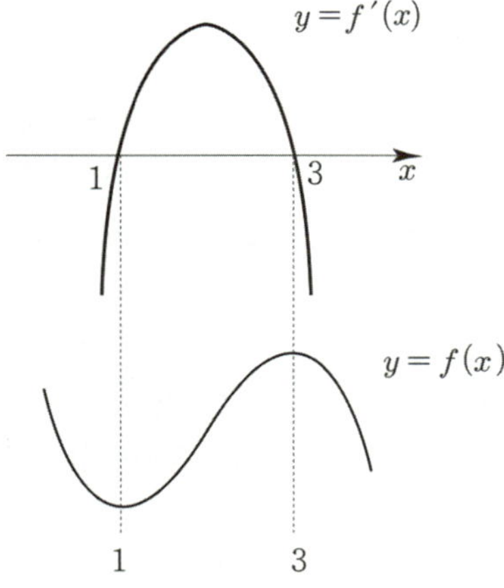

$f(x)$는 $x = 3$에서 극댓값 $f(3) = 0$을 가지므로

$a = 3$, $b = 0$이다.

$f'(0) = -3$이므로

$(0, f(0)) \Rightarrow (0, 0)$에서의 접선의 방정식은

$$y = -3(x-0) + 0 \Rightarrow y = -3x$$

점 $(3, 0)$과 직선 $l : 3x + y = 0$ 사이의 거리 d는

$$d = \frac{|9|}{\sqrt{9+1}} = \frac{9}{\sqrt{10}} \Rightarrow d^2 = \frac{81}{10}$$

따라서 $20d^2 = 81$이다.

답 162

074

함수 $f(x)$는 $x = a$에서 극솟값 1을 가지므로

$f'(a) = 0$, $f(a) = 1$이다.

$$f'(x) = 3x^2 - 2(a+1)x$$

$$f'(a) = a^2 - 2a = 0 \Rightarrow a = 0 \text{ or } a = 2$$

① $a = 0$일 때

$$f'(x) = 3x^2 - 2x = x(3x-2)$$

$x = a = 0$에서 극댓값을 가지므로 조건에 모순이다.

② $a = 2$일 때

$$f'(x) = 3x(x-2)$$

$$f(x) = x^3 - 3x^2 + b$$
$$f(2) = 1 \implies b = 5$$
즉, $f(x) = x^3 - 3x^2 + 5$

A$(2,\ 1)$ 이고, 점 A 에서의 접선은 $y = 1$ 이므로
$$x^3 - 3x^2 + 5 = 1 \implies x^3 - 3x^2 + 4 = 0 \implies (x+1)(x-2)^2 = 0$$
즉, B$(-1,\ 1)$

물론 점 B 에서의 접선의 방정식을 직접 찾아 방정식을 세워
점 C 의 x 좌표를 찾아도 되겠지만 이전 t1 15번에서 배운
근과 계수의 관계 technique를 사용하여 구해보자.

점 B 에서의 접선의 방정식을 $y = mx + n$ 이라 하자.
$$f(x) = mx + n \implies f(x) - mx - n = 0$$
$f(x) - mx - n = 0$ 는 삼차방정식이고 좌변의 x^2 의 계수는
-3 이다.
점 C 의 x 좌표를 p 라 하면 근과 계수의 관계에 의해
$$-1 - 1 + p = 3 \implies p = 5$$
$$\therefore \ \text{C}(5,\ 55)$$

따라서 삼각형 ABC 의 넓이는
$$\frac{1}{2} \times \overline{\text{AB}} \times h = \frac{1}{2} \times 3 \times (55 - 1) = 81 \text{ 이다.}$$

 81

075

최고차항의 계수가 자연수인 삼차함수 $f(x)$

(가) 함수 $(x^2 + 2)f(x)$ 는 $x = 0$ 에서 극값 6 을 갖는다.

$$2f(0) = 6 \implies f(0) = 3$$
$$2 \times 0 \times f(0) + (0^2 + 2)f'(0) = 0 \implies f'(0) = 0$$

(나) 함수 $f(x)$ 는 $x = 0$ 에서 극값을 갖지 않는다.
$f'(0) = 0$ 인데 극값을 갖지 않으려면
$f(x) = ax^3 + b$ 꼴이어야 한다.
(Guide step에서 배운 삼차함수 개형 ②번 꼴)
$f(0) = 3$ 이므로 $f(x) = ax^3 + 3$

(다) $\dfrac{12}{f'(2)}$ 는 자연수이다.

$$\frac{12}{f'(2)} = \frac{12}{12a} = \frac{1}{a}$$

a 가 자연수이므로 조건을 만족시키려면 $a = 1$ 이어야 한다.

$f(x) = x^3 + 3$ 이므로 $f(4) = 67$ 이다.

 67

076

최고차항의 계수가 1 인 삼차함수 $f(x)$

(가) 모든 실수 x 에 대하여 $f(-x) = -f(x)$ 이다.
$f(x)$ 는 기함수이고 원점에 대하여 대칭되어 있다.
$$f(x) = x^3 - ax$$

(나) $f'(-1) = 0$
$$f'(x) = 3x^2 - a \implies f'(-1) = 3 - a = 0 \implies a = 3$$

$$f(x) = x^3 - 3x$$
$$f'(x) = 3x^2 - 3 = 3(x+1)(x-1)$$
$f'(x)$ 를 바탕으로 $f(x)$ 를 그리면

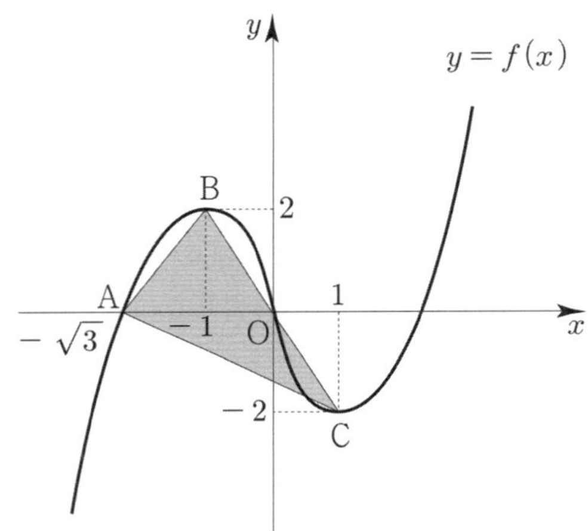

삼각형 ABC 의 넓이는
삼각형 ABO 의 넓이 + 삼각형 OAC 의 넓이이므로
$$\left(\frac{1}{2} \times \sqrt{3} \times 2\right) + \left(\frac{1}{2} \times \sqrt{3} \times 2\right) = 2\sqrt{3} = k \text{ 이다.}$$

따라서 $k^2 = 12$ 이다.

 12

077

$$h(x) = f(x) - g(x)$$
$$h'(x) = f'(x) - g'(x)$$

$h(x)$의 증가 감소는 $h'(x)$가 양수인지 음수인지에
따라 결정된다.
$h'(x)$의 부호에 따라 $h(x)$를 그리면

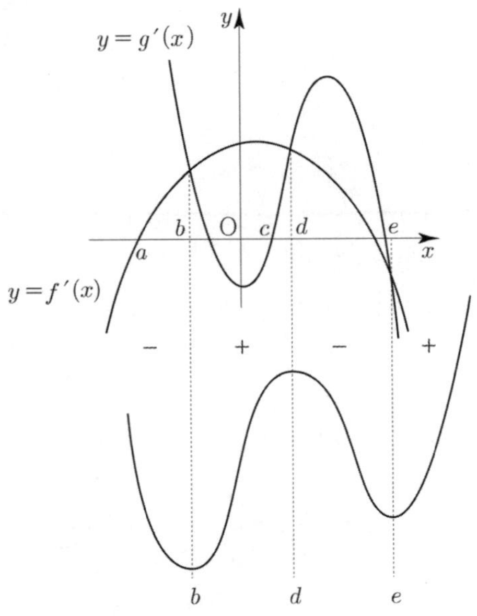

따라서 $h(x)$는 $x = d$에서 극대이다.

답 d

만약 $f(x) - g(x)$라고만 나와있어도
New 함수 Technique을 사용하여
$h(x) = f(x) - g(x)$라 두면 된다.

<빼기함수 Technique>

$f'(x) = x^2 - 1$이라 했을 때,
$f'(x)$를 그려서 부호를 판단할 수도 있지만
$g(x) = x^2$이라 하고 $h(x) = 1$이라 하고
빼기함수 Technique을 적용시켜 $f(x)$를 그릴 수 있다.

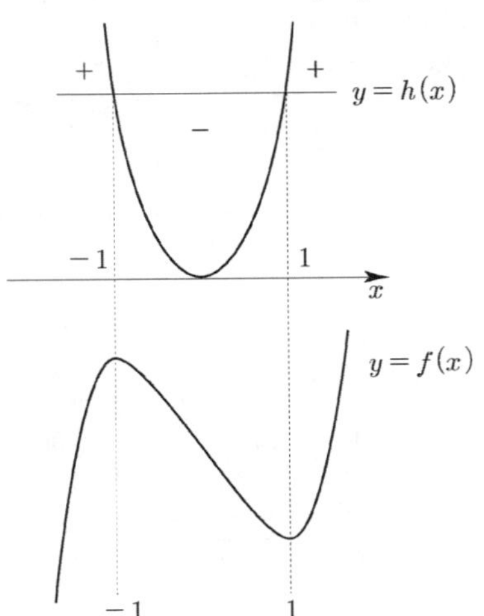

$f'(x)$가 복잡해지면 빼기함수 Technique을 사용하는 것이
훨씬 유리하다.

Q. $f'(x) = x^2 + x$이면 빼기함수 Technique을
적용시킬 수 있을까?

$f'(x) = x^2 + x = x^2 - (-x)$
$g(x) = x^2$, $h(x) = -x$라 하면
빼기함수 Technique을 적용시킬 수 있다.
$f'(x) = g(x) - h(x)$

최고차항의 계수가 1인 이차함수 $f(x)$, $a < -2$
$g(x) = |(x-a)f(x)|$가 $x = -2$에서만 미분가능하지
않으므로 $x = a$에서 미분가능해야 한다.

$g(a) = 0$이므로
$$\lim_{x \to a^-} \frac{g(x) - g(a)}{x-a} = \lim_{x \to a^+} \frac{g(x) - g(a)}{x-a}$$

$$\Rightarrow \lim_{x \to a^-} \frac{|(x-a)f(x)|}{x-a} = \lim_{x \to a^+} \frac{|(x-a)f(x)|}{x-a}$$

$$\Rightarrow \lim_{x \to a^-} \frac{-(x-a)|f(x)|}{x-a} = \lim_{x \to a^+} \frac{(x-a)|f(x)|}{x-a}$$

$$\Rightarrow -|f(a)| = |f(a)| \Rightarrow f(a) = 0$$

$f(x) = (x-a)(x-b)$라 하면
함수 $g(x) = |(x-a)^2(x-b)|$가
$x = -2$에서만 미분가능하지 않으므로 $b = -2$이다.
즉, $g(x) = |(x-a)^2(x+2)|$

$h(x) = (x-a)^2(x+2)$라 하면 $a < -2$이고 함수 $g(x)$의
극댓값이 4이므로 함수 $h(x)$의 극솟값은 -4이다.

$h'(x) = 2(x-a)(x+2) + (x-a)^2 = (x-a)(3x+4-a)$
함수 $h(x)$는 $x = \dfrac{a-4}{3}$에서 극소이다.

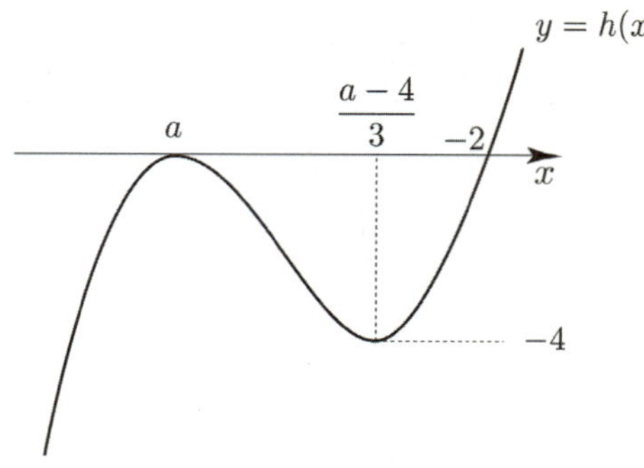

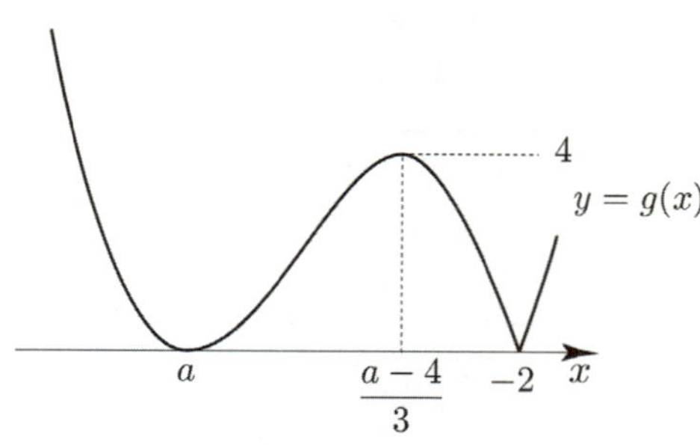

$$h\left(\frac{a-4}{3}\right)=\left(\frac{-4-2a}{3}\right)^2\left(\frac{a+2}{3}\right)=4\left(\frac{a+2}{3}\right)^3=-4$$

$$\Rightarrow a=-5$$

$g(x)=\left|(x+5)^2(x+2)\right|$ 이므로 $g(1)=36\times3=108$ 이다.

답　108

079

$f(x)=x^3-3x^2-9x+10$

$f'(x)=3x^2-6x-9=3(x-3)(x+1)$

$f(0)=10,\ f(-3)=-17,\ f(-1)=15$

$f'(x)$ 를 바탕으로 $f(x)$ 를 그리면

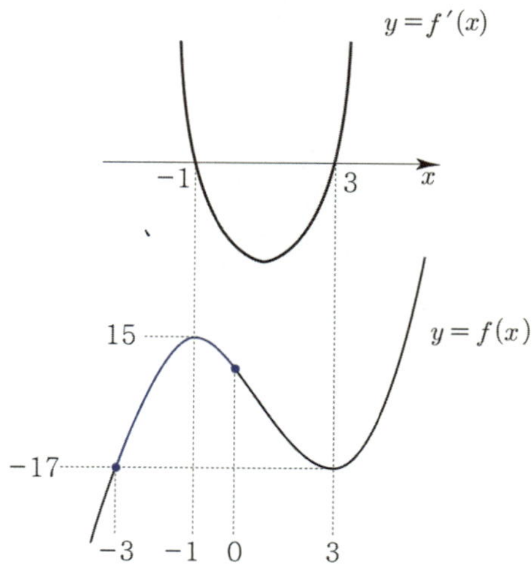

닫힌구간 $[-3,\ 0]$ 에서

최댓값 $M=15$, 최솟값 $m=-17$ 이므로

$M-2m=15+34=49$ 이다.

답　49

080

$f(x)=-x^3+9x^2-15x+k$

$f'(x)=-3x^2+18x-15=-3(x-5)(x-1)$

$f(0)=k,\ f(1)=k-7,\ f(3)=k+9$

$f'(x)$ 를 바탕으로 $f(x)$ 를 그리면

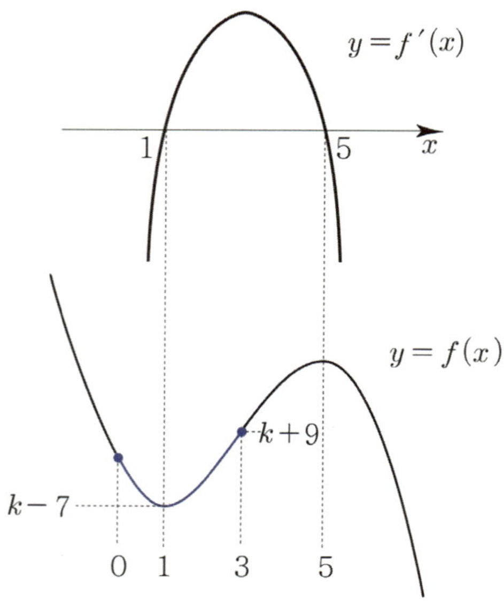

닫힌구간 $[0,\ 3]$ 에서 최댓값은 $k+9=20$ 이므로

$k=11$ 이다.

따라서 최솟값은 $k-7=11-7=4$ 이다.

답　4

081

상수 $a(a>0),\ b$

$f(x)=ax^4+4ax^3-b$

$f'(x)=4ax^3+12ax^2=4ax^2(x+3)$

$f(-4)=-b,\ f(-3)=-27a-b,\ f(1)=5a-b$

$f'(x)$ 를 바탕으로 $f(x)$ 를 그리면

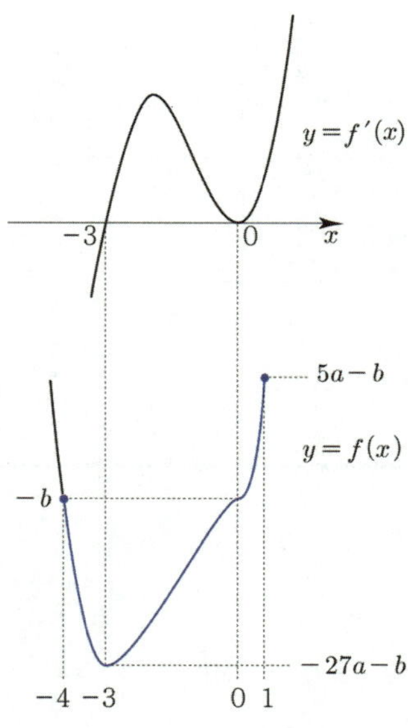

닫힌구간 $[-4,\ 1]$에서 최댓값 $5a-b=2$

최솟값 $-27a-b=-30$이므로

두 식을 연립하면 $a=1,\ b=3$이다.

따라서 $a+3b=10$이다.

답 10

082

$f(x)=(2\sin x)^3-6\sin x+5$

$2\sin x=t$라 치환하면 $0 \le x \le \pi$에서 t의 범위는

$0 \le t \le 2$이다.

즉, $0 \le t \le 2$에서 $g(t)=t^3-3t+5$의 최댓값과

최솟값을 구하는 것과 동일하다.

$g'(t)=3t^2-3=3(t-1)(t+1)$

$g(0)=5,\ g(1)=3,\ g(2)=7$

$g'(t)$를 바탕으로 $g(t)$를 그리면

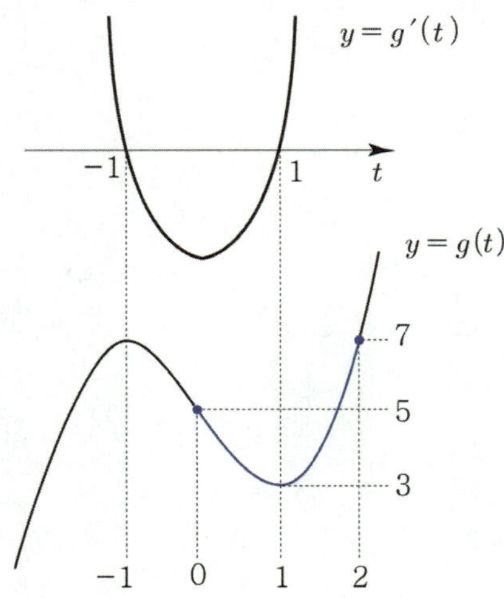

$0 \le t \le 2$에서 $g(t)$의 최댓값 $M=7$, 최솟값 $m=3$

이므로 $Mm=21$이다.

답 21

083

$f(x)=x^2-x+\dfrac{k}{4}$는 $x=\dfrac{1}{2}$에서 최솟값 $\dfrac{k-1}{4}$을 갖는다.

$f(x)=t$라 치환하면 $t \ge \dfrac{k-1}{4}$이고, $g(f(x))=g(t)$이다.

즉, $t \ge \dfrac{k-1}{4}$에서 $g(t)$의 최솟값이 7이 되도록 하는

실수 k의 최솟값을 구하면 된다.

$g'(t)=6t^2-18t+12=6(t-1)(t-2)$

$g(2)=7$

$g'(t)$를 바탕으로 $g(t)$를 그리면

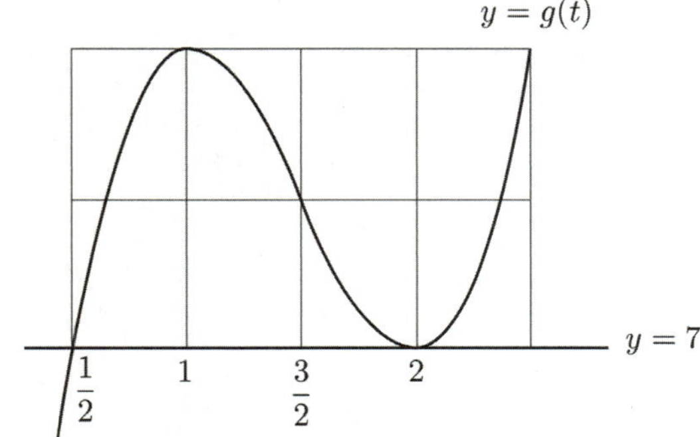

$t \ge \dfrac{k-1}{4}$에서 $g(t)$의 최솟값이 7이어야 하므로

$\dfrac{1}{2} \le \dfrac{k-1}{4} \le 2 \Rightarrow 2 \le k-1 \le 8 \Rightarrow 3 \le k \le 9$이다.

따라서 조건을 만족시키는 실수 k의 최솟값은 3이다.

답 3

084

$\mathrm{P}\left(x,\ \dfrac{1}{\sqrt{2}}x^2\right)$

$\overline{\mathrm{AP}}=\sqrt{(x-2)^2+\left(\dfrac{1}{\sqrt{2}}x^2\right)^2}=\sqrt{\dfrac{x^4}{2}+x^2-4x+4}$

$f(x)=\dfrac{x^4}{2}+x^2-4x+4$라 하면

$$f'(x) = 2x^3 + 2x - 4 = 2(x^3 + x - 2)$$
$$= 2(x-1)(x^2 + x + 2)$$

모든 실수 x 에 대하여 $x^2 + x + 2 > 0$ 이므로
Semi 도함수는 $(x-1)$ 이다.
(실질적으로 부호에 영향을 주는 도함수를 Semi 도함수라
하기로 Guide step에서 약속함)

$f(x)$ 는 $x=1$ 에서 최소이고 최솟값은 $f(1) = \dfrac{3}{2}$

이므로 $\overline{AP}$ 의 최솟값은 $\sqrt{\dfrac{3}{2}} = m$ 이다.

따라서 $10m^2 = 15$ 이다.

답   15

다르게 풀어보자.

한 점에서 거리가 같은 점들의 집합은 원이다.
즉, 점 $A(2, \ 0)$ 을 중심으로 하는 원의 반지름의
길이를 점점 키웠을 때, 곡선 $y = \dfrac{1}{\sqrt{2}}x^2$ 에
접하는 순간 $\overline{AP}$ 는 최소이다.

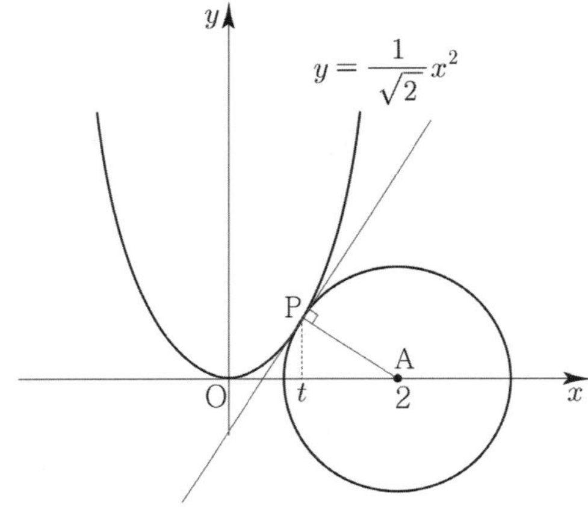

P 의 x 좌표를 t 라 하면
$$P\left(t, \ \dfrac{1}{\sqrt{2}}t^2\right)$$

직선 AP 의 기울기는 점 P 에서의 접선의 기울기와
수직이므로

$$\dfrac{\dfrac{1}{\sqrt{2}}t^2}{t-2} \times \dfrac{2}{\sqrt{2}}t = -1 \ \Rightarrow \ t^3 + t - 2 = 0$$

$$\Rightarrow \ (t-1)(t^2 + t + 2) = 0 \ \Rightarrow \ t = 1$$

따라서 $P\left(1, \ \dfrac{1}{\sqrt{2}}\right)$ 일 때,

$\overline{AP}$ 은 최솟값은 $\sqrt{1 + \dfrac{1}{2}} = \sqrt{\dfrac{3}{2}}$ 이다.

> **Tip**
>
> 원은 거리를 나타내는 틀이다.

085

$$y = \dfrac{1}{4}x^4 - x^3 + 2 \ \ (x > 0)$$
$$y' = x^3 - 3x^2 \ \ (x > 0)$$
$$f(x) = x^3 - 3x^2 \ \ (x > 0) \ \text{라 하면}$$
$$f'(x) = 3x^2 - 6x = 3x(x-2)$$

$f'(x)$ 를 바탕으로 $f(x)$ 를 그리면

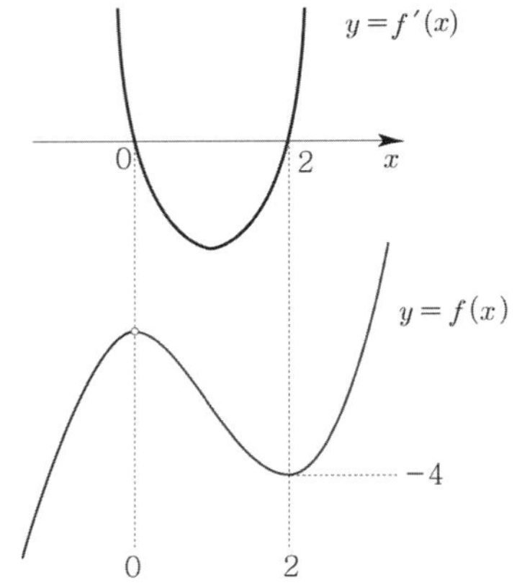

$x > 0$ 에서 $f(x)$ 의 최솟값은 $f(2) = -4$ 이다.

곡선 $y = \dfrac{1}{4}x^4 - x^3 + 2 \ \ (x > 0)$ 위의 점 $(2, \ -2)$ 에서의
접선의 기울기가 최소이다.
점 $(2, \ -2)$ 에서의 접선의 방정식은
$$y = -4(x-2) - 2 \ \Rightarrow \ y = -4x + 6$$

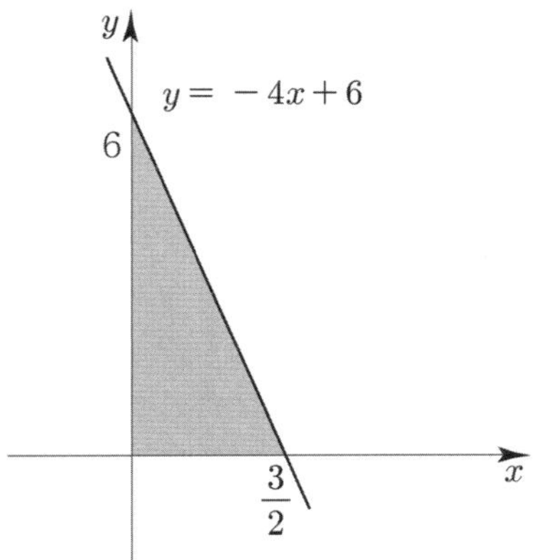

접선 $y=-4x+6$과 x축, y축으로 둘러싸인 도형의 넓이

$k=\dfrac{1}{2}\times 6\times\dfrac{3}{2}=\dfrac{9}{2}$ 이므로 $10k=45$ 이다.

답 45

086

상수 $a(a>0)$

점 $\mathrm{P}(x,\ x(x-2a)^2)\ (0<x<2a)$

삼각형 POH 의 넓이는

$\dfrac{1}{2}\times\overline{\mathrm{OH}}\times\overline{\mathrm{PH}}=\dfrac{1}{2}\times x\times x(x-2a)^2=\dfrac{1}{2}x^2(x-2a)^2$

$f(x)=\dfrac{1}{2}x^2(x-2a)^2$ 라 하면

$f'(x)=x(x-2a)^2+x^2(x-2a)=2x(x-a)(x-2a)$

$f'(x)$ 를 바탕으로 $f(x)$ 를 그리면

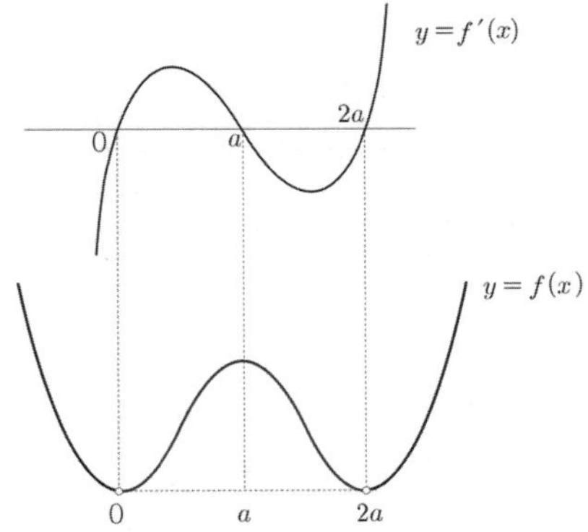

$0\le x\le 2a$ 에서 최댓값은 $f(a)=\dfrac{1}{2}a^4=3a^3$

$\dfrac{1}{2}a^4=3a^3\ \Rightarrow\ a=6\ (\because a>0)$

답 6

087

잘라낸 정사각형의 한 변의 길이를 x 라 하면

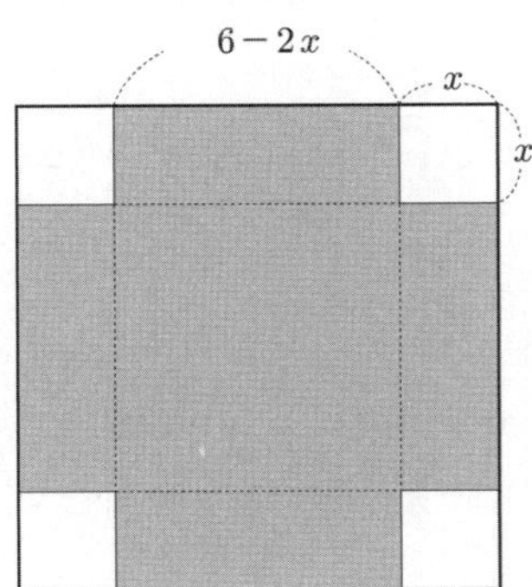

상자의 부피는 $(6-2x)^2\times x=4x(x-3)^2$ 이다.

$f(x)=4x(x-3)^2\ (0<x<3)$ 라 하면

$f'(x)=4(x-3)^2+8x(x-3)=12(x-1)(x-3)$

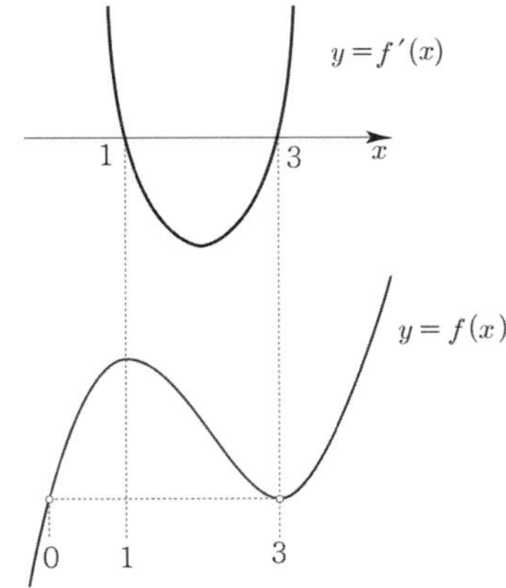

$0<x<3$ 에서 최댓값은 $f(1)=16=k$ 이다.

따라서 $k=16$ 이다.

답 16

088

원기둥의 윗면의 반지름의 길이를 x 라 하고
원기둥의 높이를 y 라 하면 원기둥의 부피는

$x^2\pi\times y=x^2y\pi$

$6-y:6=x:2$ 이므로

$6x=2(6-y)\ \Rightarrow\ 3x=6-y\ \Rightarrow\ y=6-3x$

$x^2y\pi$ 에 대입하면

$x^2(6-3x)\pi=3x^2(2-x)\pi\ (0<x<2)$

$f(x)=3x^2(2-x)\ (0<x<2)$ 라 하면

$f'(x)=12x-9x^2=-3x(3x-4)$

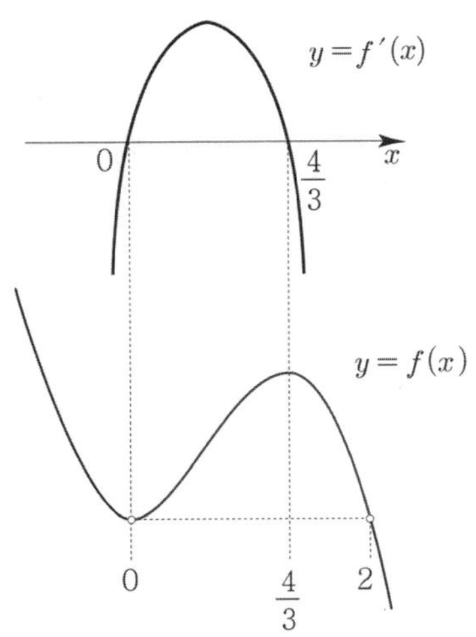

$0 < x < 2$ 에서 최댓값은 $f\left(\dfrac{4}{3}\right) = \dfrac{32}{9} = k$ 이므로

$270k = 960$ 이다.

답 960

089

$x^3 + 6x^2 + 9x + k = 0$

$k = -x^3 - 6x^2 - 9x$

$f(x) = -x^3 - 6x^2 - 9x$ 라 하면

$f'(x) = -3x^2 - 12x - 9 = -3(x+1)(x+3)$

$f'(x)$ 을 바탕으로 $f(x)$ 를 그리면

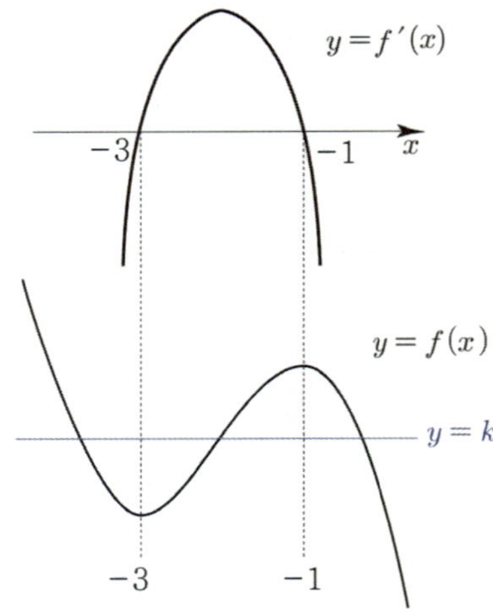

$f(-3) < k < f(-1) \ \Rightarrow\ 0 < k < 4$

따라서 조건을 만족시키는 정수 k 의 값의 합은

$1 + 2 + 3 = 6$ 이다.

답 6

090

방정식 $x^3 - 3x^2 = 9x + k$ 이 서로 다른 세 실근을 가지면 된다.

$x^3 - 3x^2 = 9x + k \ \Rightarrow\ x^3 - 3x^2 - 9x = k$

$f(x) = x^3 - 3x^2 - 9x$ 라 하면

$f'(x) = 3x^2 - 6x - 9 = 3(x-3)(x+1)$

$f'(x)$ 를 바탕으로 $f(x)$ 를 그리면

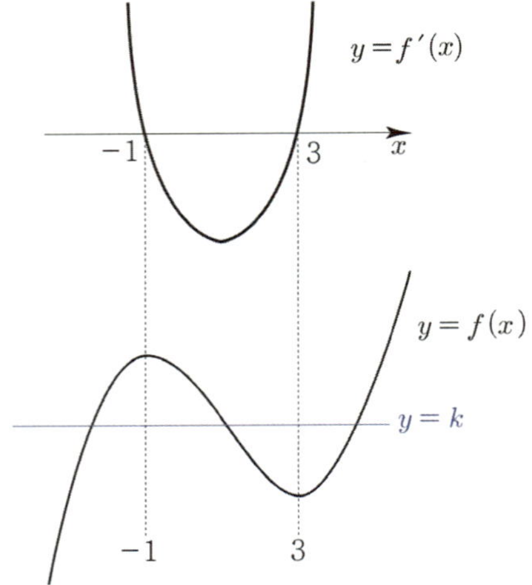

$f(3) < k < f(-1) \ \Rightarrow\ -27 < k < 5$

정수 k 의 최댓값은 $M = 4$, 최솟값은 $m = -26$ 이므로

$M - m = 30$ 이다.

답 30

091

$x^3 - 4x^2 + 3 = 2x^2 - k$

$k = -x^3 + 6x^2 - 3$

$f(x) = -x^3 + 6x^2 - 3$ 라 하면

$f'(x) = -3x^2 + 12x = -3x(x-4)$

$f'(x)$ 를 바탕으로 $f(x)$ 를 그리면

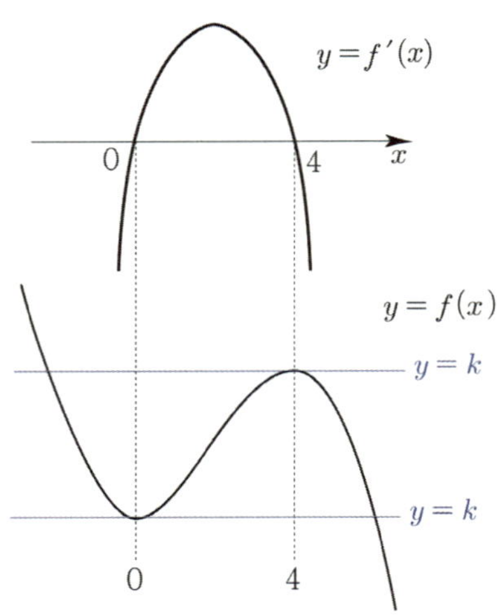

$k = f(0) = -3 \ \ or \ \ k = f(4) = 29$ 이므로

조건을 만족시키는 모든 정수 k 의 값의 합은 26 이다.

답 26

092

$2x^3 - 3x^2 + 5 = 12x + k$
$2x^3 - 3x^2 - 12x + 5 = k$

$f(x) = 2x^3 - 3x^2 - 12x + 5$ 라 하면
$f'(x) = 6x^2 - 6x - 12 = 6(x^2 - x - 2) = 6(x-2)(x+1)$

$f'(x)$ 를 바탕으로 $f(x)$ 를 구하면

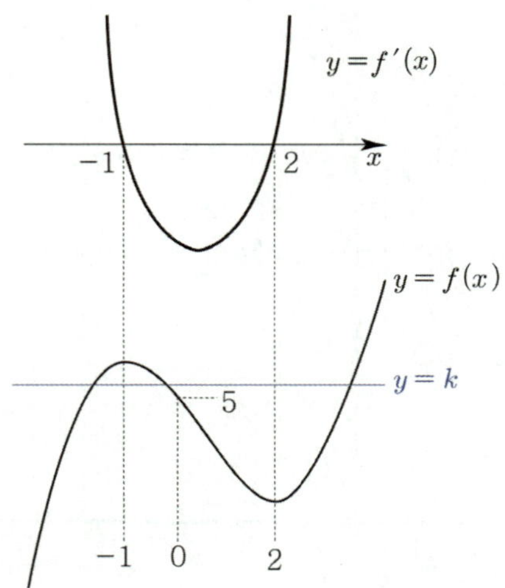

$f(0) < k < f(-1) \implies 5 < k < 12$

따라서 조건을 만족시키는 정수 k의 값의 합은
$\dfrac{6(6+11)}{2} = 51$ 이다. ($\because$ 등차수열의 합 공식 $\dfrac{n(a+l)}{2}$)

답 51

093

$3x^4 - 4x^3 - 12x^2 = k - 10$
$3x^4 - 4x^3 - 12x^2 + 10 = k$

$f(x) = 3x^4 - 4x^3 - 12x^2 + 10$ 라 하면
$f'(x) = 12x^3 - 12x^2 - 24x = 12x(x-2)(x+1)$

$f'(x)$ 를 바탕으로 $f(x)$ 를 구하면

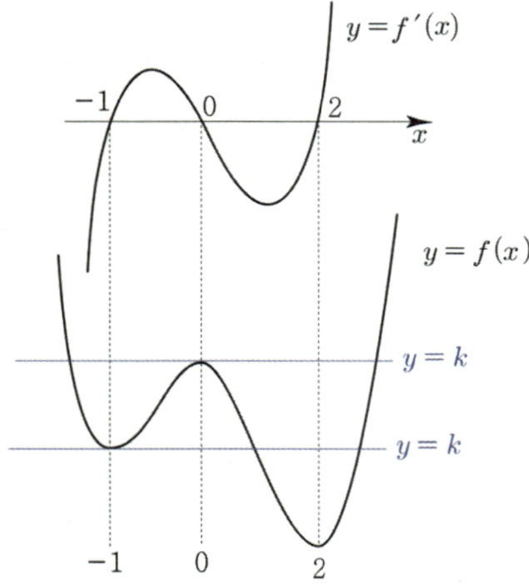

$k = f(0) = 10 \ \text{or} \ k = f(-1) = 5$ 이므로
조건을 만족시키는 모든 실수 k의 값의 합은 15 이다.

답 15

094

두 함수 $f(x) = x^4 + x^2 - 5x + \dfrac{k}{2}$, $g(x) = x - \dfrac{k}{2}$
의 그래프가 오직 한 점에서 만난다.
즉, 방정식 $x^4 + x^2 - 5x + \dfrac{k}{2} = x - \dfrac{k}{2}$ 이 한 중근과
서로 다른 두 개의 허근을 가지면 된다.

$k = -x^4 - x^2 + 6x$
$h(x) = -x^4 - x^2 + 6x$ 라 하면
$h'(x) = -4x^3 - 2x + 6 = -2(x-1)(2x^2 + 2x + 3)$

모든 실수 x에 대하여 $2(2x^2 + 2x + 3) > 0$ 이므로
Semi 도함수는 $-(x-1)$ 이다.

Semi $h'(x)$ 를 바탕으로 $h(x)$ 를 그리면

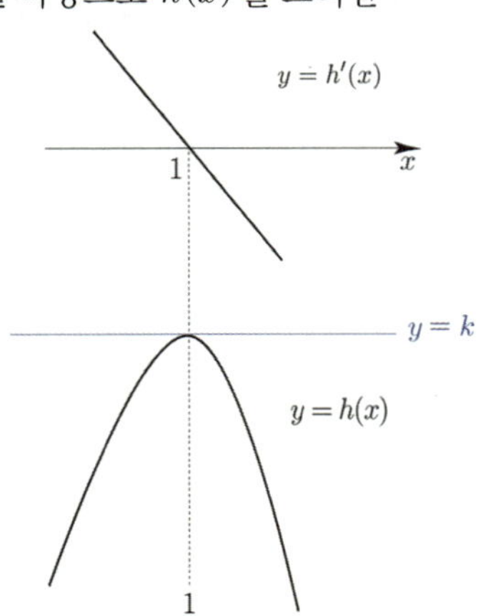

따라서 $k = h(1) = 4$ 이다.

답 4

$$3x^4 - 6x^3 - 5x^2 + 12x = 2x^3 + x^2 - 12x + k$$
$$3x^4 - 8x^3 - 6x^2 + 24x = k$$

$f(x) = 3x^4 - 8x^3 - 6x^2 + 24x$ 라 하면
$f'(x) = 12x^3 - 24x^2 - 12x + 24 = 12(x+1)(x-1)(x-2)$
$f(2) = 8$, $f(1) = 13$, $f(0) = 0$

$f'(x)$ 를 바탕으로 $f(x)$ 를 그리면

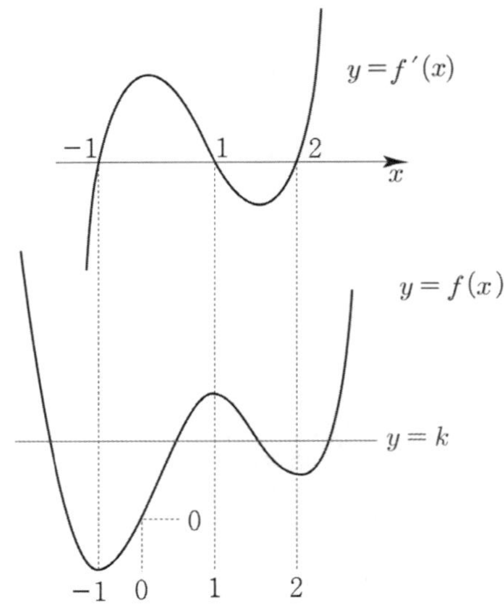

$f(2) < k < f(1) \implies 8 < k < 13$
따라서 조건을 만족시키는 모든 정수 k의 값의 합은
$9 + 10 + 11 + 12 = 42$ 이다.

답   42

$$x^4 - k = -4x^2 + 2$$
$$x^4 + 4x^2 - 2 = k$$

$h(x) = x^4 + 4x^2 - 2$ 라 하면
$h'(x) = 4x^3 + 8x = 4x(x^2 + 2)$

모든 실수 x 에 대하여 $4(x^2 + 2) > 0$ 이므로
Semi 도함수는 x 이다.

Semi $h'(x)$ 를 바탕으로 $h(x)$ 를 그리면

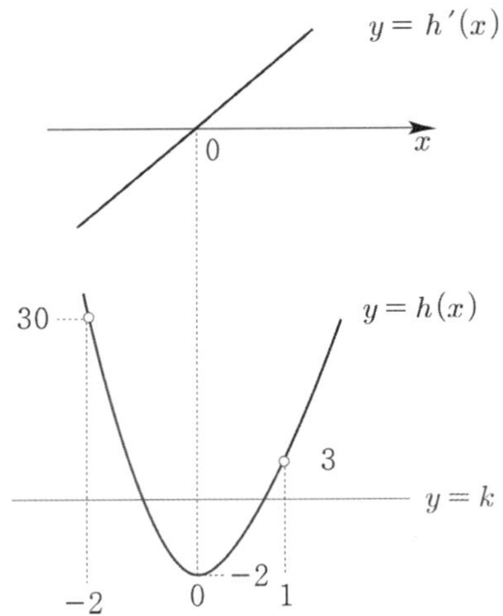

$-2 < x < 1$ 에서 곡선 $y = h(x)$ 와 직선 $y = k$가
한 점에서 만나려면 $3 \leq k < 30$ or $k = -2$
이므로 조건을 만족시키는 정수 k의 개수는 28 이다.

답   28

$f(x)$ 의 역함수를 $g(x)$

$f(x)$ 는 증가함수이므로
$y = f(x)$ 와 $y = g(x)$ 와 만나는 점은
$y = f(x)$ 와 $y = x$ 와 만나는 점과 같다.
즉, 방정식 $x^3 + k = x$ 이 서로 다른 두 실근을 가지면 된다.

$k = -x^3 + x$
$h(x) = -x^3 + x$ 라 하면
$h'(x) = -3x^2 + 1 = -3\left(x + \dfrac{1}{\sqrt{3}}\right)\left(x - \dfrac{1}{\sqrt{3}}\right)$

$h'(x)$ 를 바탕으로 $h(x)$ 를 그리면

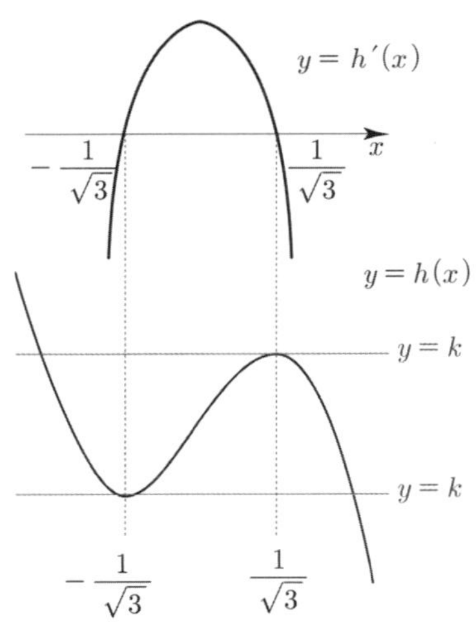

$$k = h\left(\frac{1}{\sqrt{3}}\right) = \frac{2}{3\sqrt{3}}, \quad k = h\left(-\frac{1}{\sqrt{3}}\right) = -\frac{2}{3\sqrt{3}}$$

이므로 조건을 만족시키는 모든 실수 k의 곱은

$$-\frac{4}{27} = -a \implies a = \frac{4}{27} \text{ 이다.}$$

따라서 $81a = 12$ 이다.

답   12

098

$$f(x) = x^2 - 3x = x(x-3)$$
$$x\,|f(x)| = \frac{k}{2} \implies 2x\,|f(x)| = k$$

$g(x) = 2x\,|f(x)|$ 라 하면
$x < 0 \ \text{or} \ x > 3$ 에서 $f(x) > 0 \implies |f(x)| = f(x)$
$0 \leq x \leq 3$ 에서 $f(x) \leq 0 \implies |f(x)| = -f(x)$
이므로

$$g(x) = \begin{cases} 2x^2(x-3) & (x < 0 \ \text{or} \ x > 3) \\[2mm] -2x^2(x-3) & (0 \leq x \leq 3) \end{cases}$$

$h(x) = -2x^3 + 6x^2$ 라 하면
$h'(x) = -6x^2 + 12x = -6x(x-2)$ 이므로
$x = 2$ 에서 극댓값 8 을 갖는다.
이를 바탕으로 $g(x)$ 를 그리면 다음과 같다.

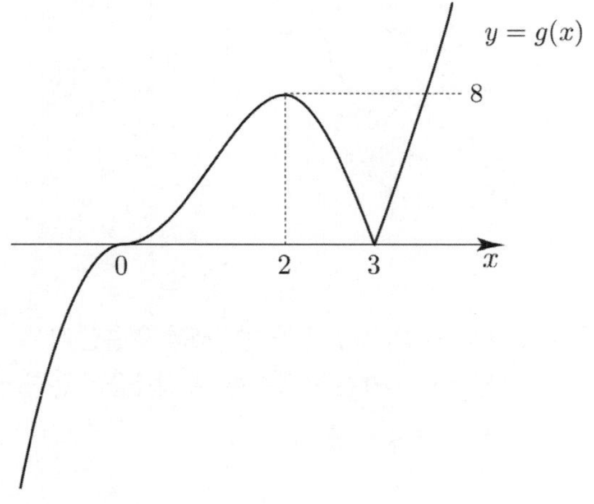

함수 $y = g(x)$ 의 그래프와 $y = k$ 의 그래프가 한 점에서 만나지 않도록 하는 k의 범위는 $0 \leq k \leq 8$ 이다.

따라서 조건을 만족시키는 모든 정수 k의 개수는 9 이다.

답   9

099

$$2x^3 - 3x^2 + k = 0$$
$$k = -2x^3 + 3x^2$$

$f(x) = -2x^3 + 3x^2 \ (0 < x < 2)$ 라 하면
$f'(x) = -6x^2 + 6x = -6x(x-1)$

$f'(x)$ 를 바탕으로 $f(x)$ 를 그리면

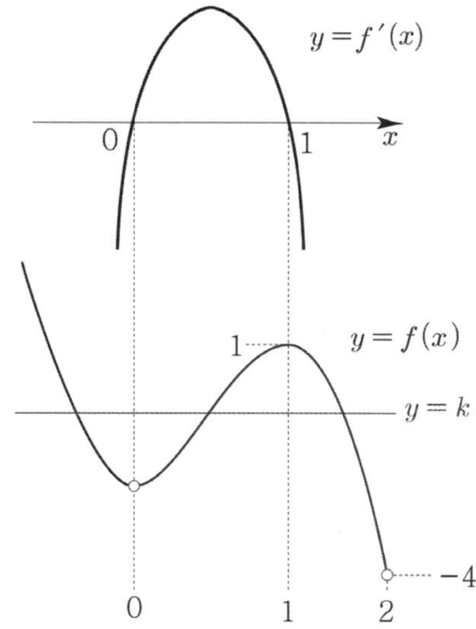

$-4 < k \leq 1$ 이므로 조건을 만족시키는 모든 정수 k의 개수는 5 이다.

답   5

100

서로 다른 두 실근 a, b가 사차방정식 $f(x) = 0$의 근

ㄱ. 다항식 $f(x)$ 는 $(x-a)(x-b)$ 으로 나누어 떨어진다.

    $f(a) = 0$, $f(b) = 0$ 이므로 $f(x)$ 는 인수 $(x-a)(x-b)$ 를 가져야 하므로 ㄱ은 참이다.

ㄴ. $f'(a) = 0$ 이면 다항식 $f(x)$ 는 $(x-a)^2(x-b)$ 으로 나누어 떨어진다.

    $f(a) = 0$ 이므로 $f(x) = (x-a)g(x)$
    $f'(x) = g(x) + (x-a)g'(x)$

$f'(a) = 0$이므로 $f'(a) = g(a) = 0$

즉, $g(x)$는 인수 $(x-a)$를 가져야 한다.

$f(a) = f'(a) = 0$이므로 $f(x)$는 인수 $(x-a)^2$를
가져야 한다. $f(b) = 0$도 만족해야 하므로 $f(x)$는
인수 $(x-a)^2(x-b)$를 가져야 한다.

따라서 ㄴ은 참이다.

ㄷ. $f'(a)f'(b) = 0$이면 방정식 $f(x) = 0$은 허근을
갖지 않는다.

$$f'(a)f'(b) = 0 \Rightarrow f'(a) = 0 \text{ or } f'(b) = 0$$

① $f'(a) = 0$

$$f(x) = (x-a)^2(x-b)(px+q_1)$$

② $f'(b) = 0$

$$f(x) = (x-b)^2(x-a)(px+q_2)$$

①, ② 모두 사차방정식 $f(x) = 0$은 실수인 중근과
한 실근을 가지므로 반드시 나머지 한 근도
실근이어야 한다.

③ $f'(a) = 0$ 이고 $f'(b) = 0$

$$f(x) = p(x-a)^2(x-b)^2 \text{이므로}$$

③ 또한 실수인 중근을 2개 가지므로 허근을
갖지 않는다.

따라서 ㄷ은 참이다.

ㄹ. $f'(a) = 0$이고 함수 $f(x)$가 $x = a$에서
극값을 갖지 않으면 방정식 $f(x) = 0$은 서로 다른
두 실근을 갖는다.

$f(a) = f'(a) = 0$이므로 $f(x)$는 인수 $(x-a)^2$를
가져야 한다. $f(x)$가 $x = a$에서 극값을 갖지 않아야
하므로 인수 $(x-a)^3$를 가져야 한다.

$$f(x) = p(x-a)^3(x-b) \text{이므로 ㄹ은 참이다.}$$

ㅁ. $f'(a)f'(b) > 0$이면 방정식 $f(x) = 0$은
서로 다른 네 실근을 갖는다.

$f'(a)f'(b) > 0$
$\Rightarrow f'(a) > 0,\ f'(b) > 0 \text{ or } f'(a) < 0,\ f'(b) < 0$

① $f'(a) > 0,\ f'(b) > 0$

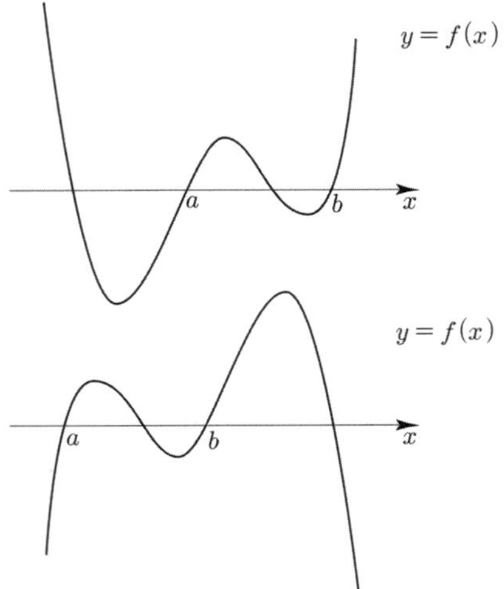

$f(x)$의 최고차항의 계수가 양수일 때와 음수일 때
모두 방정식 $f(x) = 0$은 서로 다른 네 실근을 갖는다.

② $f'(a) < 0,\ f'(b) < 0$

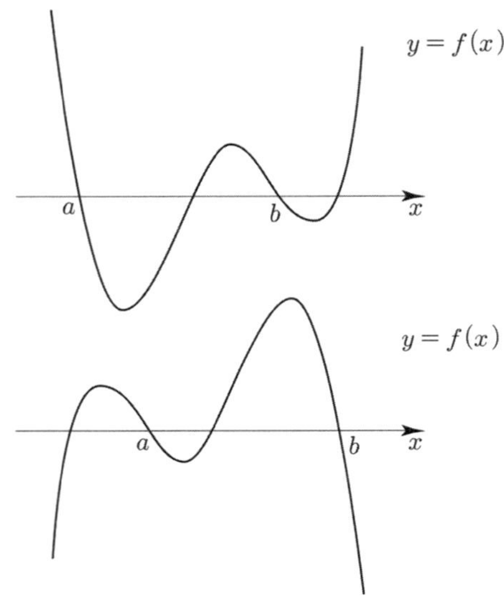

$f(x)$의 최고차항의 계수가 양수일 때와 음수일 때
모두 방정식 $f(x) = 0$은 서로 다른 네 실근을 갖는다.

따라서 ㅁ은 참이다.

ㅂ. 방정식 $f(x) = 0$이 허근을 갖지 않고 서로 다른
두 실근을 가지면 함수 $f(x)$는 극솟값을 가진다.

반례 $f(x) = -(x-a)^3(x-b)\quad (a < b)$

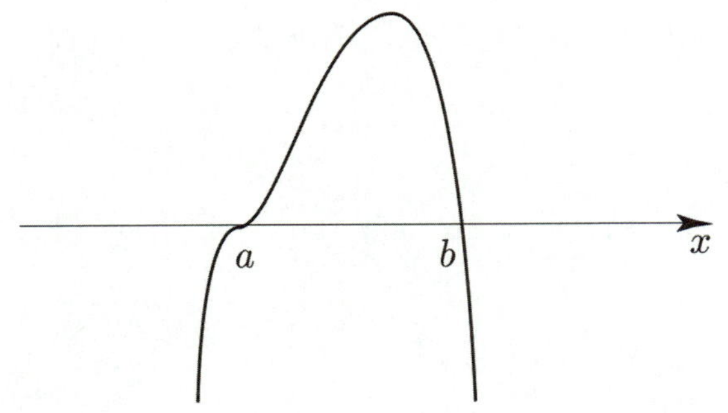

따라서 ㅂ은 거짓이다.

답   ㄱ, ㄴ, ㄷ, ㄹ, ㅁ

101

삼차함수의 접선의 개수는 접점의 개수와 같으므로
서로 다른 두 개의 접선을 그을 수 있도록 하려면
서로 다른 두 개의 접점이 존재하면 된다.

> **Tip**
>
> 접선의 개수 = 접점의 개수?
>
> 접선의 개수와 접점의 개수가 반드시 같은 것은 아니다.
> 예를 들어 $f(x)$ 가 사차함수일 때, 아래와 같은 경우가
> 가능하다.
>
> 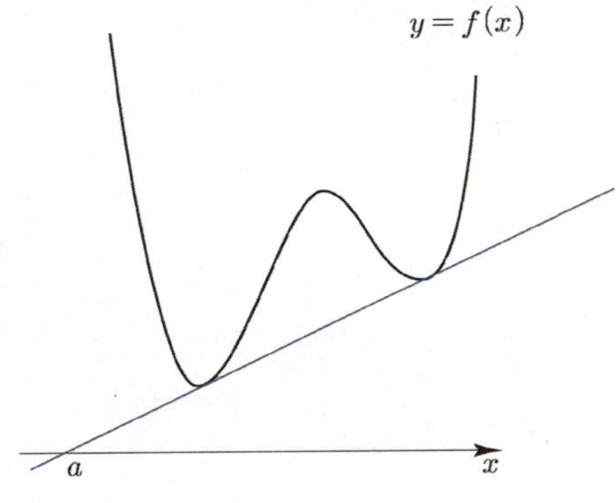
>
> 즉, 접점이 2개여도 접선이 1개일 수 있다.
>
> 하지만 $f(x)$ 가 삼차함수라면 위와 같은 경우가 발생하지
> 않으므로 접선의 개수와 접점의 개수는 같다.
> (이때, 접점의 개수는 접점의 x 좌표의 개수로 판단할 수 있다.)
>
> 그렇기 때문에 보통 접선의 개수를 물어보는 문제는
> $f(x)$ 가 삼차함수인 경우가 대부분이다.

접점의 x 좌표를 t 라 하면 접선의 방정식은
$$y = 3t^2(x-t) + t^3 - 4$$

접선이 점 $(3,\ a)$ 을 지나므로
$$a = 3t^2(3-t) + t^3 - 4 = -2t^3 + 9t^2 - 4$$
$f(t) = -2t^3 + 9t^2 - 4$ 라 하면
$$f'(t) = -6t^2 + 18t = -6t(t-3)$$

$f'(t)$ 를 바탕으로 $f(t)$ 를 그리면

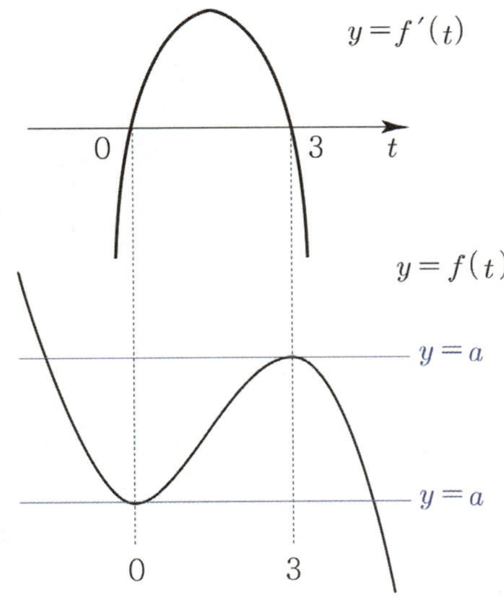

$$a = f(0) = -4 \ \text{ or } \ a = f(3) = 23$$
a 는 양수이므로 23 이다.

답   23

102

101번에서 배웠듯이 삼차함수이므로
접점의 개수와 접선의 개수는 동일하다.

접점의 x 좌표를 t 라 하면 접선의 방정식은
$$y = (3t^2 - 12t + 3)(x-t) + t^3 - 6t^2 + 3t + 3$$

접선이 $(0,\ k)$ 를 지나므로
$$k = -2t^3 + 6t^2 + 3$$

$g(t) = -2t^3 + 6t^2 + 3$ 라 하면
$$g'(t) = -6t^2 + 12t = -6t(t-2)$$
$$g(0) = 3, \ g(2) = 11$$

$g'(t)$ 를 바탕으로 $g(t)$ 를 그리면

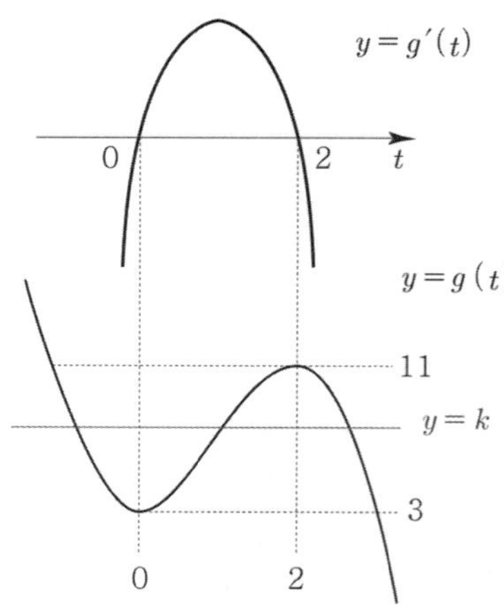

$k < 3$ or $k > 11 \Rightarrow f(k) = 1$

$f(3) = f(11) = 2$

$3 < k < 11 \Rightarrow f(k) = 3$

따라서 $\displaystyle\sum_{k=1}^{15} f(k) = 1 \times 6 + 2 \times 2 + 3 \times 7 = 31$ 이다.

답   31

103

$f(x) = \dfrac{\sqrt{3}}{3}x(x-3)(x+3) = \dfrac{\sqrt{3}}{3}(x^3 - 9x)$

$f'(x) = \dfrac{\sqrt{3}}{3}(3x^2 - 9) = \sqrt{3}(x - \sqrt{3})(x + \sqrt{3})$

$f(x)$ 는 $x = -\sqrt{3}$ 에서 극댓값 6 을 갖고,

$x = \sqrt{3}$ 에서 극솟값 -6 을 갖는다.

$g(x) = \begin{cases} f(x) & (-3 \leq x < 3) \\ \dfrac{1}{n+1}f(x-6n) & (6n-3 \leq x < 6n+3) \end{cases}$

$n = 1$ 일 때, $\dfrac{1}{2}f(x-6)$ $(3 \leq x < 9)$ $\Rightarrow$ 극댓값 3

$n = 2$ 일 때, $\dfrac{1}{3}f(x-12)$ $(9 \leq x < 15)$ $\Rightarrow$ 극댓값 2

$n = 3$ 일 때, $\dfrac{1}{4}f(x-18)$ $(15 \leq x < 21)$ $\Rightarrow$ 극댓값 $\dfrac{3}{2}$

$n = 4$ 일 때, $\dfrac{1}{5}f(x-24)$ $(21 \leq x < 27)$ $\Rightarrow$ 극댓값 $\dfrac{6}{5}$

$n = 5$ 일 때, $\dfrac{1}{6}f(x-30)$ $(27 \leq x < 33)$ $\Rightarrow$ 극댓값 1

$n = 6$ 일 때, $\dfrac{1}{7}f(x-36)$ $(33 \leq x < 39)$ $\Rightarrow$ 극댓값 $\dfrac{6}{7} < 1$

$\vdots$ $\vdots$

이를 바탕으로 $g(x)$ 를 그리면 다음과 같다.

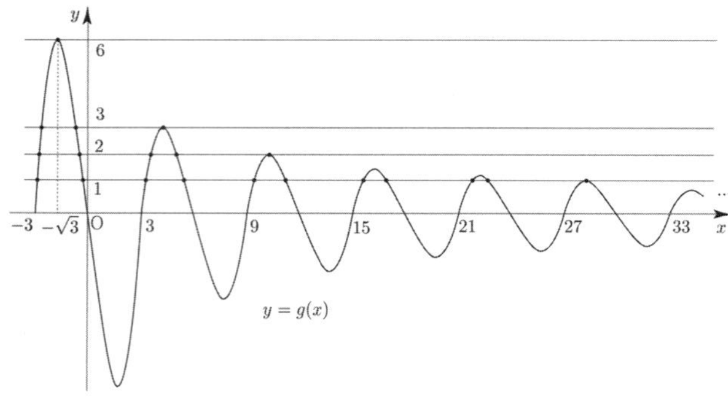

$h(1) = 11$, $h(2) = 5$, $h(3) = 3$,

$h(4) = 2$, $h(5) = 2$, $h(6) = 1$

이므로 $\displaystyle\sum_{k=1}^{6} h(k) = 11 + 5 + 3 + 2 + 2 + 1 = 24$ 이다.

답   24

104

$x^4 - 4x^3 + x + 30 \geq x + k$

$x^4 - 4x^3 + 30 \geq k$

$h(x) = x^4 - 4x^3 + 30$ 라 하면

$h'(x) = 4x^3 - 12x^2 = 4x^2(x-3)$

$h'(x)$ 를 바탕으로 $h(x)$ 를 그리면

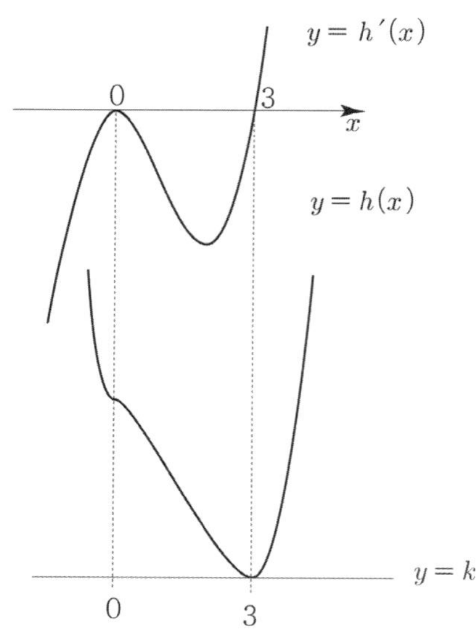

모든 실수 x 에 대하여 $h(x) \geq k$ 가 성립하려면

$h(3) \geq k \Rightarrow 3 \geq k$

따라서 실수 k 의 최댓값은 3 이다.

답   3

105

$x^3 + k \geq 3x^2 \ (x \geq 0)$

$k \geq -x^3 + 3x^2 \ (x \geq 0)$

$f(x) = -x^3 + 3x^2 \ (x \geq 0)$ 라 하면

$f'(x) = -3x^2 + 6x = -3x(x-2)$

$f'(x)$ 를 바탕으로 $f(x)$ 를 그리면

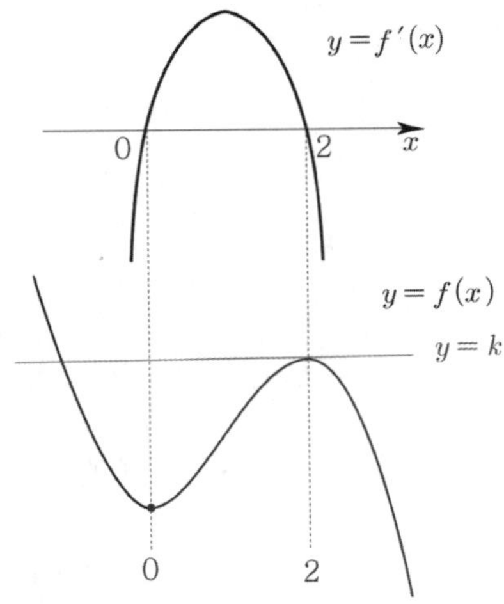

$x \geq 0$ 인 모든 실수 x 에 대하여 $k \geq f(x)$ 가 성립하려면

$f(2) \leq k \Rightarrow 4 \leq k$

따라서 실수 k 의 최솟값은 4 이다.

답 4

106

$3f(x) \geq g(x) \ (0 \leq x \leq 3)$

$3x^3 - 6x^2 \geq 12x - k \ (0 \leq x \leq 3)$

$k \geq -3x^3 + 6x^2 + 12x \ (0 \leq x \leq 3)$

$h(x) = -3x^3 + 6x^2 + 12x \ (0 \leq x \leq 3)$ 라 하면

$h'(x) = -9x^2 + 12x + 12 = -3(3x+2)(x-2)$

$h(0) = 0, \ h(2) = 24, \ h(3) = 9$

$h'(x)$ 를 바탕으로 $h(x)$ 를 그리면

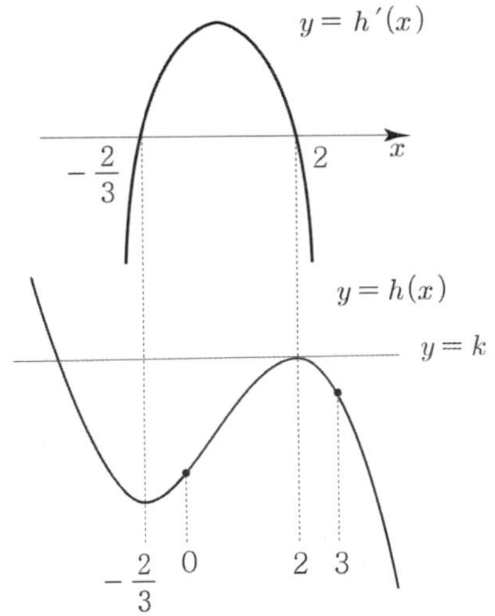

부등식 $k \geq h(x)$ 가 닫힌구간 $[0, \ 3]$ 에서 항상 성립하려면

$h(2) \leq k \Rightarrow 24 \leq k$

따라서 실수 k 의 최솟값은 24 이다.

답 24

107

$x^3 - x > 2x + n \ (x \geq 3)$

$x^3 - 3x > n \ (x \geq 3)$

$f(x) = x^3 - 3x \ (x \geq 3)$ 라 하면

$f'(x) = 3x^2 - 3 = 3(x+1)(x-1)$

$f(3) = 18$

$f'(x)$ 를 바탕으로 $f(x)$ 를 그리면

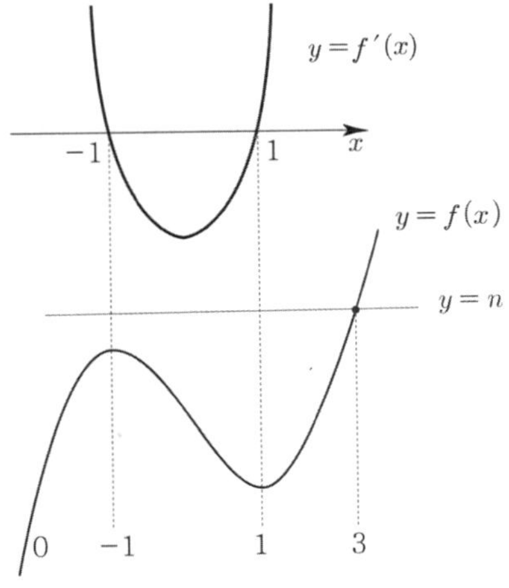

$x \geq 3$ 인 모든 실수 x 에 대하여 부등식 $f(x) > n$ 이
성립하려면

$n < f(3) \Rightarrow n < 18$

(만약 $n = 18$ 이면 $x = 3$ 일 때, 부등식 $f(x) > n$ 이
성립하지 않는다.)

따라서 조건을 만족시키는 정수 n 의 최댓값은 17 이다.

답 17

108

$x^4 - 4a^3 x + 12a^2 \geq 0$

$f(x) = x^4 - 4a^3 x + 12a^2$ 라 하면

$f'(x) = 4x^3 - 4a^3 = 4(x^3 - a^3)$

(a 가 양수이든 음수이든 0 이든 상관없이 $y = f'(x)$ 는
x 축과 한 점에서 만난다.)

$f'(x)$ 를 바탕으로 $f(x)$ 를 구하면

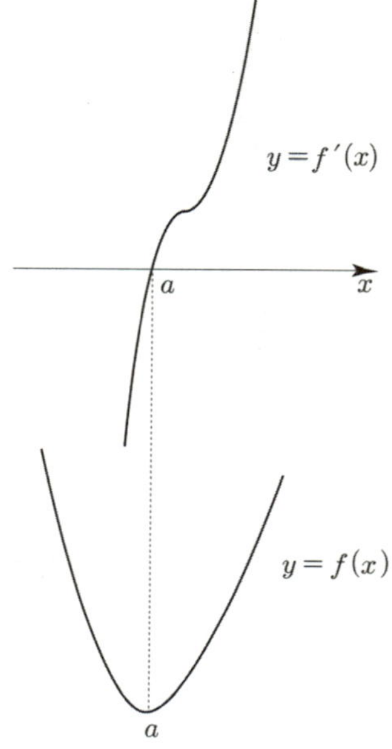

모든 실수 x 에 대하여 $f(x) \geq 0$ 이므로

$f(a) \geq 0 \Rightarrow -3a^4 + 12a^2 \geq 0 \Rightarrow a^4 - 4a^2 \leq 0$

$\Rightarrow a^2(a^2 - 4) \leq 0 \Rightarrow a^2(a+2)(a-2) \leq 0$

$g(a) = a^2(a+2)(a-2)$ 라 하면

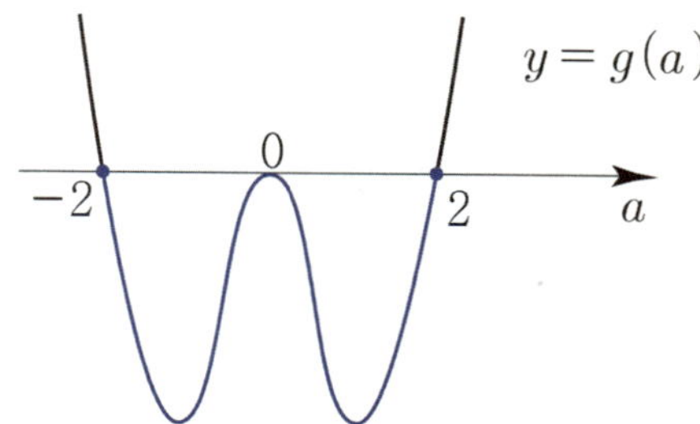

$-2 \leq a \leq 2$ 이므로 조건을 만족시키는 정수 a 의 개수는
5 이다.

답 5

109

$x^4 + 4x - a^2 + 3a + 13 \geq 0$

$f(x) = x^4 + 4x - a^2 + 3a + 13$ 라 하면

$f'(x) = 4x^3 + 4 = 4(x^3 + 1)$

$f'(x)$ 를 바탕으로 $f(x)$ 를 그리면

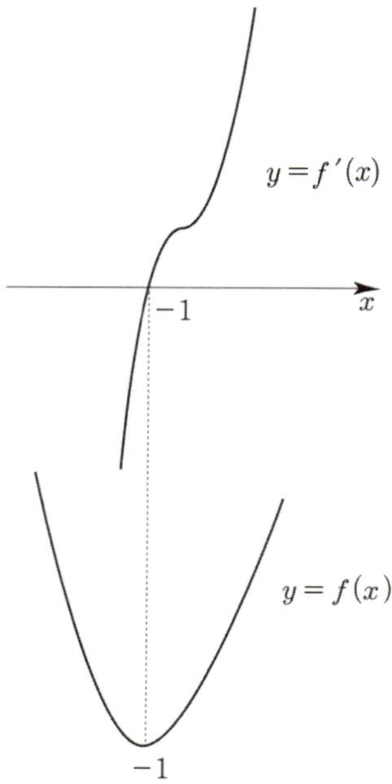

모든 실수 x 에 대하여 $f(x) \geq 0$ 이므로

$f(-1) \geq 0 \Rightarrow -a^2 + 3a + 10 \geq 0 \Rightarrow a^2 - 3a - 10 \leq 0$

$\Rightarrow (a+2)(a-5) \leq 0 \Rightarrow -2 \leq a \leq 5$

따라서 조건을 만족시키는 모든 정수 a 의 개수는 8 이다.

답 8

110

$t > 0$

$x(t) = t^3 + 2t^2 - 3t$

$v(t) = 3t^2 + 4t - 3$

$v(2) = 12 + 8 - 3 = 17 = a$

$v'(t) = 6t + 4$

$v'(2) = 12 + 4 = 16 = b$

따라서 $a + b = 33$ 이다.

답 33

111

$t > 0$

$x(t) = -t^4 + 4t + 6$

$v(t) = -4t^3 + 4$

$v(1) = 0$ 이고 $t = 1$ 에서 $v(t)$ 의 부호가 변하므로
$t = 1$ 에서 운동 방향이 바뀐다.

따라서 $t = 1$ 에서 점 P 의 위치는 $x(1) = 9$ 이다.

답 9

112

$t > 0$

$x(t) = t^3 - 27t + k$

$v(t) = 3t^2 - 27 = 3(t^2 - 9) = 3(t-3)(t+3)$

$v(3) = 0$ 이고 $t = 3$ 에서 $v(t)$ 의 부호가 변하므로
$t = 3$ 에서 운동 방향이 바뀐다.

점 P 의 운동 방향이 원점에서 바뀌므로
$x(3) = -54 + k = 0 \Rightarrow k = 54$

답 54

113

$t > 0$

$x(t) = -\dfrac{1}{3}t^3 + 2t^2 + 2t$

$v(t) = -t^2 + 4t + 2$

$v'(t) = -2t + 4$

점 P 의 속도가 처음으로 5 가 되는 순간을 구하면
$-t^2 + 4t + 2 = 5 \Rightarrow t^2 - 4t + 3 = 0 \Rightarrow (t-1)(t-3) = 0$
$\Rightarrow t = 1$

따라서 $v'(1) = 2$ 이다.

답 2

114

$t > 0$

$x(t) = \dfrac{1}{4}t^4 - t^3 - \dfrac{9}{2}t^2$

$v(t) = t^3 - 3t^2 - 9t$

$v'(t) = 3t^2 - 6t - 9 = 3(t^2 - 2t - 3) = 3(t+1)(t-3)$

$v(0) = 0, \ v(3) = -27, \ v(4) = -20$

$v'(t)$ 를 바탕으로 $v(t) \ (0 < t \le 4)$ 를 구하면

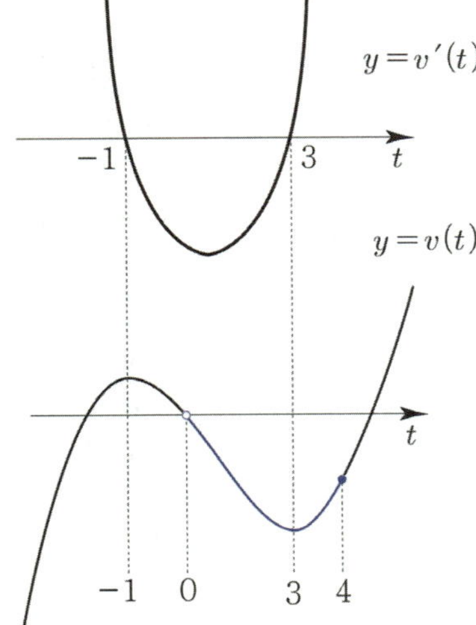

$|v(t)|$ 를 그리면

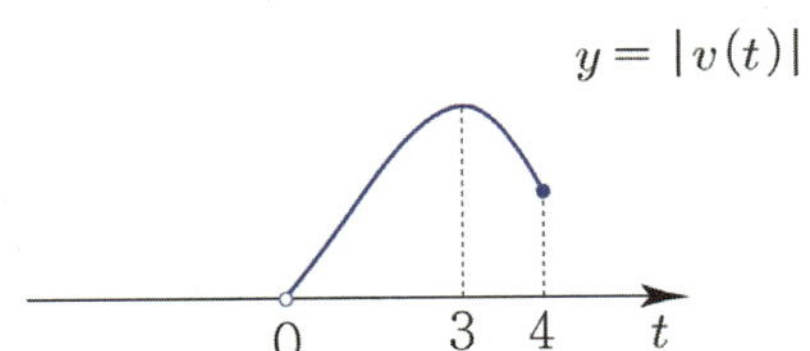

따라서 $|v(t)|$ 의 최댓값은 $|v(3)| = 27$ 이다.

답 27

115

$t > 0$

$x(t) = t^3 + at + b$

$v(t) = 3t^2 + a$

$v'(t) = 6t$

$v'(2) = 12$ 이므로 $t = 2$ 에서 점 P 는 원점을 지난다.

$v(2) = 12 + a = 13 \Rightarrow a = 1$

$x(2) = 8 + 2 + b = 10 + b = 0 \Rightarrow b = -10$

따라서 $a - b = 11$ 이다.

답 11

116

ㄱ. $t=1$ 일 때와 $t=3$ 일 때, 점 P 의 운동 방향은
서로 반대이다.
$v(1)<0,\ v(3)>0$ 이므로 ㄱ은 참이다.

ㄴ. $0<t<7$ 일 때, 점 P 의 가속도가 0 이 되는 순간은
4 번이다.
$v'(1)=v'(3)=v'(4)=v'(5)=0$ 이므로
ㄴ은 참이다.

ㄷ. $5<t<7$ 일 때, 점 P 의 속도는 감소한다.
$5<t<7$ 에서 $v(t)$ 가 감소하므로 ㄷ은 참이다.

ㄹ. $t=6$ 일 때, 점 P 의 가속도는 음의 값이다.
$v'(6)<0$ 이므로 ㄹ은 참이다.

ㅁ. $t=2$ 일 때, 점 P 는 원점을 지난다.
$x(t)$ 의 그래프가 아니고 $v(t)$ 의 그래프임에 유의하자.
$0<t<2$ 일 때, $v(t)<0$ 이므로 점 P 는
계속 음의 방향으로 움직인다. 따라서 ㅁ은 거짓이다.

ㅂ. 점 P 는 7초 동안 운동 방향을 2번 바꾼다.
$v(t)$ 의 부호가 변하는 시각은 $t=2$, $t=6$ 이므로
ㅂ은 참이다.

ㅅ. $t=3$ 일 때, 점 P 는 정지한다.
$v(3)=2$ 이므로 정지하지 않는다. 따라서 ㅅ은 거짓이다.

ㅇ. $t=3$ 일 때와 $t=5$ 일 때, 점 P 의 위치는 서로 같다.
$3<t<5$ 일 때, $v(t)\geq 0$ 이므로 점 P 는
계속 양의 방향으로 움직인다. 따라서 ㅇ은 거짓이다.

답 ㄱ, ㄴ, ㄷ, ㄹ, ㅂ

$0<t<2$ 에서 $x(t)$ 는 $t=1$ 일 때 최대이므로
ㄷ은 참이다.

ㄹ. $4<t<6$ 에서 점 P 의 속도는 $t=5$ 일 때 최대이다.
$x'(5)=v(5)=0$ 이므로 ㄹ은 거짓이다.
$(x'(4.5)=v(4.5)>0)$

ㅁ. $t=2$ 일 때, 점 P 는 운동 방향을 바꾼다.
$x'(2)<0$ 이므로 $t=2$ 에서 운동 방향을 바꾸지 않는다.
따라서 ㅁ은 거짓이다.
($v(t)$ 의 그래프가 아니라 $x(t)$ 의 그래프임에 유의하자.)

ㅂ. 점 P 는 6초 동안 운동 방향을 3번 바꾼다.
$t=1$, $t=3$, $t=5$ 에서 극값을 가지므로
즉, $v(t)$ 의 부호가 변하므로 ㅂ은 참이다.

ㅅ. $0<t<5$ 일 때, 점 P 는 원점을 2번 지난다.
$x(2)=x(4)=0$ 이므로 ㅅ은 참이다.

ㅇ. $t=1$ 에서 $t=3$ 까지 점 P 가 움직인 거리는
$t=4$ 에서 $t=6$ 까지 점 P 가 움직인 거리와 같다.
$t=1$ 에서 $t=3$ 까지 점 P 가 움직인 거리는 4 이고
$t=4$ 에서 $t=6$ 까지 점 P 가 움직인 거리는 4 이므로
ㅇ은 참이다.

> **Tip**
>
> 점 P 는 **수직선 위**를 움직이고 있다는 것을 기억하자.
> 즉, 움직인 거리를 판단할 때, $x(t)$ 의 그래프의 디테일한 곡률은
> 중요한 것이 아니다.

답 ㄱ, ㄷ, ㅂ, ㅅ, ㅇ

117

ㄱ. $t=3$ 일 때, 점 P 의 속도는 0 이다.
$x'(3)=v(3)=0$ 이므로 ㄱ은 참이다.

ㄴ. $0<t<1$ 일 때, 점 P 의 속도는 증가한다.
$0<t<1$ 일 때, 접선의 기울기 $x'(t)=v(t)$ 가
감소하므로 ㄴ은 거짓이다.

ㄷ. $0<t<2$ 에서 점 P 는 $t=1$ 일 때, 원점에서 가장
멀리 떨어져 있다.

118

$x(t)=15+10t-5t^2$
$v(t)=10-10t$

물체가 지면에 닿는 순간은 $x=0$ 일 때 이므로
$15+10t-5t^2=0 \Rightarrow 3+2t-t^2=0 \Rightarrow t^2-2t-3=0$
$\Rightarrow (t-3)(t+1)=0 \Rightarrow t=3 \ (\because t>0)$

$v(3)=10-30=-20=-k$ 이므로 $k=20$ 이다.

답 20

119

$a > 0$

$h(t) = at - 5t^2$

$h'(t) = a - 10t$

$h(t)$ 는 $t = \dfrac{a}{10}$ 에서 최대이고 최댓값은 $h\left(\dfrac{a}{10}\right) = \dfrac{a^2}{20}$ 이다.

$h\left(\dfrac{a}{10}\right) \geq 5 \;\Rightarrow\; \dfrac{a^2}{20} \geq 5 \;\Rightarrow\; a^2 \geq 100$

따라서 조건을 만족시키는 a 의 최솟값은 10 이다.

답 10

120

한 변의 길이가 $5\,\mathrm{cm}$ 인 정사각형의 각 변의 길이가 매초 $2\,\mathrm{cm}$씩 길어지므로 한 변의 길이를 $5+2t$ 라 하면 정사각형의 넓이 $S(t) = (5+2t)^2$ 이다.

$S(t) = 121 \;\Rightarrow\; (5+2t)^2 = 121 \;\Rightarrow\; t = 3 \;(\because t > 0)$

$S(t) = 4t^2 + 20t + 25$

$S'(t) = 8t + 20$

$S'(3) = 24 + 20 = 44$ 이므로 $k = 44$ 이다.

답 44

121

밑면의 반지름의 길이가 $4\,\mathrm{cm}$, 높이가 $8\,\mathrm{cm}$ 인 원기둥

원기둥의 밑면의 반지름의 길이는 매초 $1\,\mathrm{cm}$씩 짧아지므로 반지름의 길이를 $r(t) = 4 - t$ 원기둥의 높이는 매초 $2\,\mathrm{cm}$씩 길어지므로 높이는 $h(t) = 8 + 2t$ 라 하면 원기둥의 부피는

$V(t) = (4-t)^2(8+2t)\pi = (t-4)^2(8+2t)\pi$ 이다.

$h(t) = 12 \;\Rightarrow\; 8 + 2t = 12 \;\Rightarrow\; t = 2$

$V'(t) = 2(t-4)(8+2t)\pi + (t-4)^2 2\pi$

$V'(2) = -48\pi + 8\pi = -40\pi = -k\pi$

따라서 $k = 40$ 이다.

답 40

122

중심각이 $\dfrac{\pi}{3}$ 이고 반지름의 길이가 $6\,\mathrm{cm}$ 인 부채꼴

부채꼴의 반지름의 길이가 매초 $3\,\mathrm{cm}$씩 길어지므로 반지름의 길이를 $6+3t$ 라 하면 부채꼴의 넓이는

$S(t) = \dfrac{1}{2} \times (6+3t)^2 \times \dfrac{\pi}{3} = \dfrac{3}{2}(t^2 + 4t + 4)\pi$ 이다.

$S(t) = 24\pi \;\Rightarrow\; (t+2)^2 = 16 \;\Rightarrow\; t = 2 \;(\because t > 0)$

$S'(t) = \dfrac{3}{2}(2t + 4)\pi$

$S'(2) = \dfrac{3}{2}(4+4)\pi = 12\pi = k\pi$ 이므로 $k = 12$ 이다.

답 12

123

담긴 물의 부피는 원뿔 모양과 같으므로 반지름의 길이를 r , 높이를 h 라 하면 물의 부피 $V = \dfrac{1}{3}r^2 h\pi$ 이다.

비례식을 사용하여 r 과 h 의 관계를 파악해보자.

$h : 10 = r : 5 \;\Rightarrow\; r = \dfrac{h}{2}$ 이므로

$V = \dfrac{1}{3}r^2 h\pi = \dfrac{h^3}{12}\pi$ 이다.

비어 있는 그릇에 물을 부었으므로 $t = 0$ 일 때, $h(0) = 0$ 이고 매초 $2\,\mathrm{cm}$의 속도로 수면의 높이가 상승하므로 $h(t) = 2t$ 라 하면

$V(t) = \dfrac{8t^3}{12}\pi = \dfrac{2}{3}t^3\pi$

$V'(t) = 2t^2\pi$

$V'(3) = 18\pi = a\pi$ 이므로 $a = 18$ 이다.

답 18

번호	답	번호	답
124	41	161	④
125	14	162	②
126	③	163	27
127	①	164	④
128	10	165	3
129	13	166	②
130	①	167	①
131	8	168	3
132	①	169	⑤
133	④	170	②
134	7	171	11
135	③	172	21
136	③	173	97
137	①	174	①
138	80	175	③
139	⑤	176	45
140	③	177	⑤
141	12	178	32
142	④	179	31
143	9	180	118
144	⑤	181	③
145	②	182	③
146	22	183	③
147	⑤	184	③
148	①	185	13
149	②	186	19
150	②	187	16
151	6	188	12
152	①	189	③
153	①	190	③
154	2	191	25
155	②	192	⑤
156	⑤	193	②
157	⑤	194	③
158	①	195	35
159	④	196	⑤
160	②	197	②

번호	답	번호	답
198	①	206	④
199	③	207	⑤
200	15	208	①
201	③	209	③
202	21	210	③
203	34	211	③
204	①	212	②
205	③		

124

$$f(x) = 2x^3 - 3ax^2 - 12a^2 x$$
$$f'(x) = 6x^2 - 6ax - 12a^2 = 6(x-2a)(x+a)$$

$a > 0$ 이므로 $f(x)$ 는 $x = -a$ 에서 극대이다.

$f(x)$ 의 극댓값이 $\dfrac{7}{27}$ 이므로

$$f(-a) = \frac{7}{27} \ \Rightarrow \ 7a^3 = \frac{7}{27} \ \Rightarrow \ a = \frac{1}{3}$$

즉, $f(x) = 2x^3 - x^2 - \dfrac{4}{3}x$

따라서 $f(3) = 54 - 9 - 4 = 41$ 이다.

답 41

125

$$f(x) = (x-1)^2(x-4) + a$$
$$f'(x) = 2(x-1)(x-4) + (x-1)^2 = 3(x-1)(x-3)$$

$f'(x)$ 를 바탕으로 $f(x)$ 을 그리면

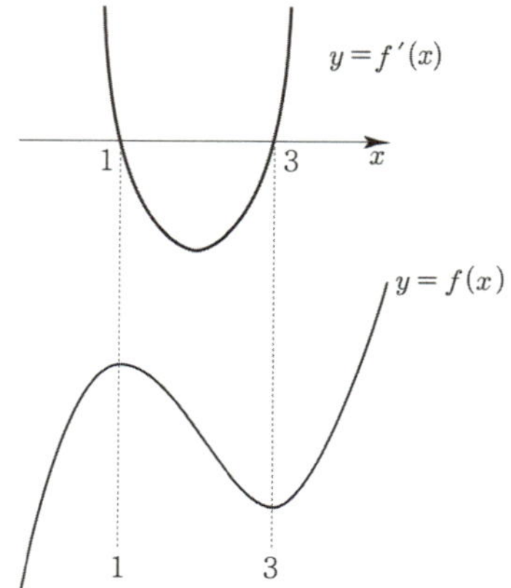

$f(x)$는 $x=3$에서 극소이고 극솟값은
$f(3) = -4 + a = 10$이므로 $a = 14$이다.

답   14

126

$f(x) = x^3 - 3x + 5$
$f'(x) = 3x^2 - 3 = 3(x^2 - 1) = 3(x+1)(x-1)$

$f'(x)$를 바탕으로 $f(x)$를 그리면

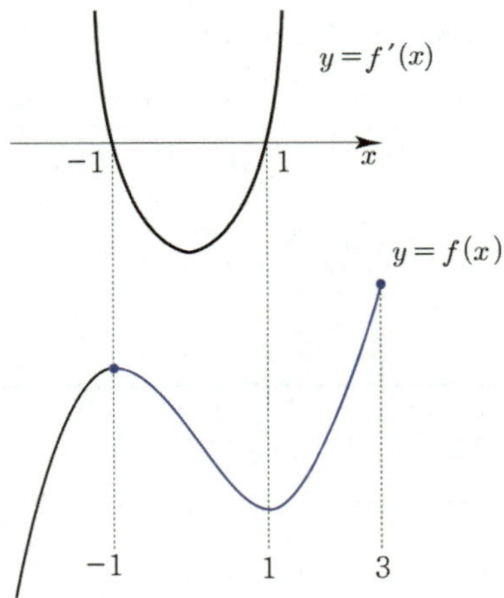

닫힌구간 $[-1, \ 3]$에서 $f(x)$는 $x=1$에서 최소이고
최솟값은 $f(1) = 1 - 3 + 5 = 3$이다.

답   ③

127

$f(x) = x^3 - 3x^2 + 2x + 2$

$f'(x) = 3x^2 - 6x + 2$
$f'(0) = 2$, A$(0, \ 2)$
$y = -\dfrac{1}{2}x + 2$

따라서 직선의 x절편은 4이다.

답   ①

128

$f(x) = x^3 - 6x^2 + 6$

$f'(x) = 3x^2 - 12x$

$f'(1) = -9$이므로
$y = -9(x-1) + 1 = -9x + 10$
이 직선이 점 $(0, \ a)$을 지나므로 a는 10이다.

답   10

129

$f(x) = x^3 - (a+2)x^2 + ax$
$f'(x) = 3x^2 - 2(a+2)x + a$

$(t, \ f(t))$에서의 접선의 방정식은
$y = \{3t^2 - 2(a+2)t + a\}(x-t) + t^3 - (a+2)t^2 + at$
이므로 $g(t) = -2t^3 + (a+2)t^2$이다.

$g'(t) = -6t^2 + 2(a+2)t = -6t\left(t - \dfrac{a+2}{3}\right)$

$g(t)$가 열린구간 $(0, \ 5)$에서 증가하므로
$\dfrac{a+2}{3}$는 양수이고 $5 \le \dfrac{a+2}{3} \Rightarrow 13 \le a$

따라서 a의 최솟값은 13이다.

답   13

130

$f(x) = x^3 - 3x^2 + a$
$f'(x) = 3x^2 - 6x = 3x(x-2)$

$f(0) \times f(2) = -4 \Rightarrow a \times (a-4) = -4$
$\Rightarrow a^2 - 4a + 4 = 0 \Rightarrow (a-2)^2 = 0 \Rightarrow a = 2$

답   ①

131

$x(t) = t^3 - 5t^2 + 6t$
$v(t) = 3t^2 - 10t + 6$
$v'(t) = 6t - 10$

따라서 $v'(3) = 18 - 10 = 8$이다.

답   8

$f(x) = x^3 - 4x + 5$

$f'(x) = 3x^2 - 4$

$f'(1) = -1$ 이므로

$y = -(x-1) + 2 = -x + 3$

이 직선이 곡선 $y = x^4 + 3x + a$ 와 접한다.

이때의 접점의 x 좌표를 t 라 하고,

$g(x) = x^4 + 3x + a$ 라 하자.

$-1 = g'(t) \implies -1 = 4t^3 + 3 \implies t = -1$

$-t + 3 = g(t) \implies -t + 3 = t^4 + 3t + a \implies a = 6$

따라서 상수 $a = 6$ 이다.

답　①

133

$f(x) = x^3 - x + 2$

$f'(x) = 3x^2 - 1$

접점의 x 좌표를 t 라 하면 접선의 방정식은 다음과 같다.

$y = (3t^2 - 1)(x - t) + t^3 - t + 2$

접선은 $(0, 4)$ 를 지나므로

$4 = (3t^2 - 1)(-t) + t^3 - t + 2 \implies 2 = -2t^3 \implies t = -1$

즉, 접선의 방정식은 $y = 2(x + 1) + 2 = 2x + 4$ 이다.

따라서 접선의 x 절편은 -2 이다.

답　④

134

$2x^3 - 6x^2 + k = 0 \implies k = -2x^3 + 6x^2$

$f(x) = -2x^3 + 6x^2$ 라 하면

$f'(x) = -6x^2 + 12x = -6x(x - 2)$

$f(0) = 0, \ f(2) = 8$

$f'(x)$ 를 바탕으로 $f(x)$ 를 그리면

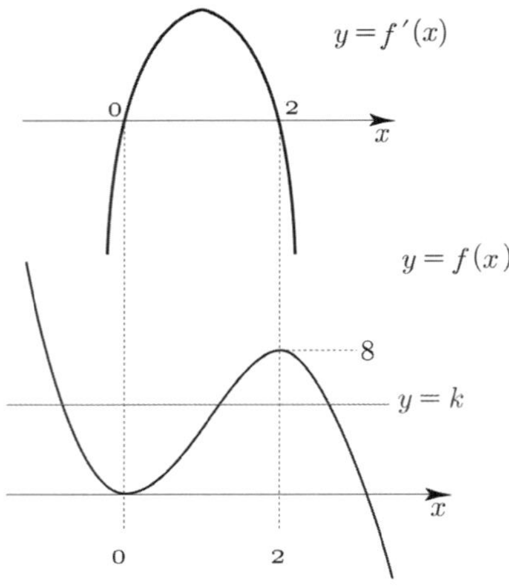

$x > 0$ 에서 곡선 $y = f(x)$ 와 직선 $y = k$ 가 서로 다른 두 점에서 만나도록 하는 k 의 범위는 $0 < k < 8$ 이다. 따라서 조건을 만족시키는 정수 k 의 개수는 7 이다.

답　7

135

함수 $f(x)$ 는 닫힌구간 $[1, \ 5]$ 에서 연속이고 열린구간 $(1, \ 5)$ 에서 미분가능하므로 평균값 정리에 의해서

$\dfrac{f(5) - f(1)}{5 - 1} = f'(c)$ 를 만족시키는 c 가

열린구간 $(1, \ 5)$ 에 적어도 하나 존재한다.

$\dfrac{f(5) - f(1)}{5 - 1} = \dfrac{f(5) - 3}{4} = f'(c)$

(나) 조건에 의해서

$\dfrac{f(5) - 3}{4} \geq 5 \implies f(5) \geq 23$

따라서 $f(5)$ 의 최솟값은 23 이다.

답　③

> **Tip**
>
> 135번은 2023학년도 6월 평가원 8번에 출제된 문항이었고 그 당시 정답률 55%를 기록하기도 하였다. EBS 수능특강 연계로 출제되었지만 T1에서 배운 046번과 완벽히 똑같은 문제이다.
> (예전 규토 라이트 N제에서도 수록되어있는 문항)
> 작년 누군가는 라이트 N제를 학습했어도 6평 8번을 풀었을 때 신선했을 것이고 누군가는 보자마자 라이트 N제 046번이 떠올랐을 것이다.
> 누누이 이야기하지만 그냥 문제만 풀면 딱히 도움이 되지 않는다. 정말 누구에게 설명할 수 있을 정도로 체계화되어 있어야 실전에서 응용이 가능함을 꼭 기억하도록 하자!

136

$2x^3 - 3x^2 - 12x + k = 0 \implies -2x^3 + 3x^2 + 12x = k$

$f(x) = -2x^3 + 3x^2 + 12x$ 라 하면

$f'(x) = -6x^2 + 6x + 12 = -6(x-2)(x+1)$

$f(-1) = -7, \ f(2) = 20$

$f'(x)$ 를 바탕으로 $f(x)$ 를 그리면

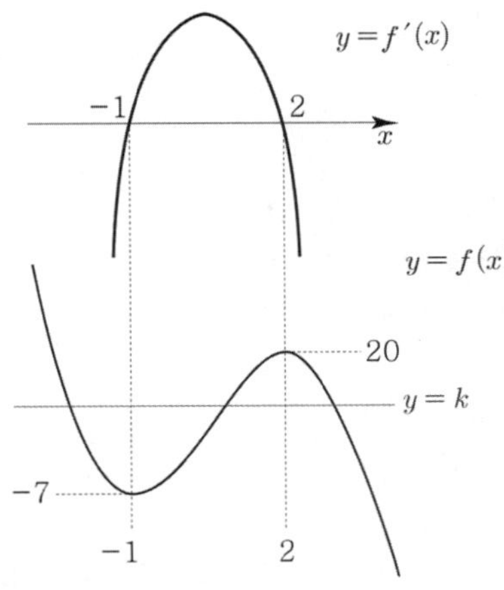

곡선 $y = f(x)$ 와 직선 $y = k$ 가 세 점에서 만나도록 하는 k 의 범위는 $-7 < k < 20$ 이다.

따라서 조건을 만족시키는 정수 k 의 개수는 $6 + 1 + 19 = 26$ 이다.

 답 ③

$a > 0, \ b > 1$

$f(x) = -x^4 + 8a^2x^2 - 1$

$f'(x) = -4x^3 + 16a^2x = -4x(x+2a)(x-2a)$

$f'(x)$ 를 바탕으로 $f(x)$ 를 그리면

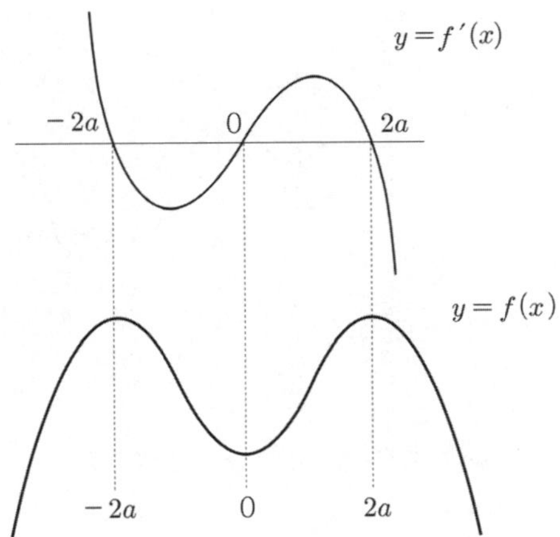

$f(x)$ 는 $x = -2a, \ x = 2a$ 에서 극대이므로

$-2a = 2 - 2b \implies a - b = -1 \ (\because a > 0, \ b > 1)$

$2a = b \ (\because a > 0, \ b > 1)$

위 두 식을 연립하면 $a = 1, \ b = 2$ 이므로 $a + b = 3$ 이다.

 답 ①

$f(x) = x^3 - \dfrac{5}{2}x^2 + ax + 2$

$f'(x) = 3x^2 - 5x + a$

점 $A(0, \ 2)$ 에서의 접선의 방정식은

$y = ax + 2$

점 $B(2, \ f(2))$ 에서의 접선의 방정식은

$y = (2+a)(x-2) + 2a \implies y = (2+a)x - 4$

두 직선 $l, \ m$ 이 만나는 점이 x 축 위에 있으므로 두 직선의 x 절편은 서로 같다.

$-\dfrac{2}{a} = \dfrac{4}{a+2} \implies -a - 2 = 2a \implies 3a = -2 \implies a = -\dfrac{2}{3}$

즉, $f(x) = x^3 - \dfrac{5}{2}x^2 - \dfrac{2}{3}x + 2$

따라서 $60 \times |f(2)| = 60 \times \left| -\dfrac{4}{3} \right| = 80$ 이다.

답 80

$f'(x) = x^2 - 1 = (x-1)(x+1)$

$g(x) = f(x) - kx$ 가 $x = -3$ 에서 극값을 가지므로

$g'(-3) = 0 \implies f'(-3) - k = 0 \implies f'(-3) = k$

$f'(-3) = 9 - 1 = 8$ 이므로 $k = 8$ 이다.

 답 ⑤

최고차항의 계수가 1인 이차함수 $y = f(x)$의 그래프가 x축에 접한다.

$\Rightarrow f(x) = (x-a)^2$

$f'(x) = 2(x-a)$ 이므로

$g(x) = (x-3)f'(x) = 2(x-3)(x-a)$

곡선 $y = g(x)$가 y축에 대칭이려면

$a = -3$ 이어야 한다. (그래프적으로 접근)

> **Tip**
>
> 물론 식으로 증명할 수 있다.
>
> y축에 대하여 대칭이려면 모든 실수 x에 대하여
>
> $g(x) = g(-x)$가 성립하면 된다.
>
> $2(x-3)(x-a) = 2(-x-3)(-x-a)$
>
> $\Rightarrow -3x - ax = 3x + ax$
>
> $\Rightarrow ax = -3x \Rightarrow a = -3$

$f(x) = (x+3)^2$ 이므로 $f(0) = 9$ 이다.

답 ③

141

$f(x) = -x^3 + 2x$ 라 하면

$f'(x) = -3x^2 + 2$

$(1, \ 1)$ 에서의 접선의 방정식은

$y = -(x-1)+1 \ \Rightarrow \ y = -x+2$

접선이 $(-10, \ a)$를 지나므로

$a = -(-10)+2 \ \Rightarrow \ a = 12$

답 12

142

$f(x) = x^3 - 3x^2 + a$

$f'(x) = 3x^2 - 6x = 3x(x-2)$

$f(1) = a-2, \ f(2) = a-4, \ f(4) = a+16$

$f'(x)$를 바탕으로 $f(x)$를 그리면

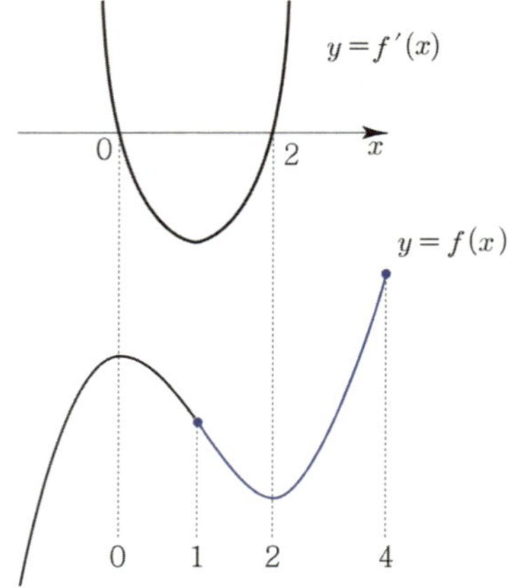

닫힌구간 $[1, \ 4]$에서 $f(x)$는

$x = 2$에서 최솟값 $f(2) = a-4 = m$

$x = 4$에서 최댓값 $f(4) = a+16 = M$

를 가진다.

$M + m = 20 \ \Rightarrow \ 2a+12 = 20 \ \Rightarrow \ a = 4$

답 ④

143

$x > 0$에서 $x^3 - 5x^2 + 3x + n \geq 0 \ \Rightarrow \ n \geq -x^3 + 5x^2 - 3x$

$f(x) = -x^3 + 5x^2 - 3x$ 라 하면

$f'(x) = -3x^2 + 10x - 3 = -(3x-1)(x-3)$

$f(0) = 0, \ f\left(\dfrac{1}{3}\right) = -\dfrac{13}{27}, \ f(3) = 9,$

$f'(x)$를 바탕으로 $f(x)$를 그리면

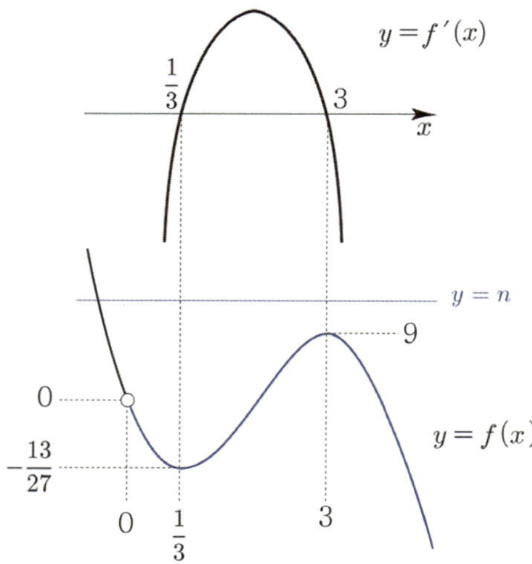

부등식 $n \geq -x^3 + 5x^2 - 3x$ 이 항상 성립하도록

하는 n의 범위는 $n \geq 9$ 이다.

따라서 부등식 $x^3 - 5x^2 + 3x + n \geq 0$이 항상 성립하도록
하는 자연수 n의 최솟값은 9이다.

$\boxed{답}$ 9

144

$g'(x) = f(x) = (x-3)^2$

$(2,\ g(2))$에서의 접선의 방정식은
$$y = g'(2)(x-2) + g(2) \Rightarrow y = x - 2 + g(2)$$

접선의 y절편이 -5이므로 $g(2) = -3$이다.
즉, 구하는 접선은 $y = x - 5$이다.

따라서 접선의 x절편은 5이다.

$\boxed{답}$ ⑤

145

$y = x^2$ 위의 점 $(-2,\ 4)$에서의 접선의 방정식은
$$y = -4(x+2) + 4 \Rightarrow y = -4x - 4$$

직선 $y = -4x - 4$가 $y = x^3 + ax - 2$에 접한다.
$f(x) = x^3 + ax - 2$라 하면
$$f'(x) = 3x^2 + a$$

접점의 x좌표를 t라 하면
$$f'(t) = -4 \Rightarrow 3t^2 + a = -4 \Rightarrow a = -3t^2 - 4$$
$$f(t) = -4t - 4 \Rightarrow t^3 + at - 2 = -4t - 4$$
$$\Rightarrow at = -t^3 - 4t - 2$$

$a = -3t^2 - 4$, $at = -t^3 - 4t - 2$를 연립하면
$$-3t^3 - 4t = -t^3 - 4t - 2 \Rightarrow 2t^3 = 2 \Rightarrow t = 1$$
$t = 1$이므로 $a = -7$이다.

$\boxed{답}$ ②

training－1step 015번 해설에서 배운
근과 계수의 관계 Technique을 적용시켜 풀어보자.

직선 $y = -4x - 4$가 $y = x^3 + ax - 2$에 접할 때,
접점의 x좌표를 α라 하면
방정식 $-4x - 4 = x^3 + ax - 2 \Rightarrow x^3 + (a+4)x + 2 = 0$
은 α를 중근으로 갖는다. 다른 한 실근을 β라 하면

$$\alpha + \alpha + \beta = 2\alpha + \beta = 0 \Rightarrow \beta = -2\alpha$$
$$2\alpha\beta + \alpha^2 = a + 4$$
$$\alpha^2 \beta = -2$$

$\beta = -2\alpha$, $\alpha^2\beta = -2$를 연립하면
$$-2\alpha^3 = -2 \Rightarrow \alpha = 1$$
$\alpha = 1$이므로 $\beta = -2$
$$2\alpha\beta + \alpha^2 = a + 4 \Rightarrow -4 + 1 = a + 4 \Rightarrow a = -7$$

$\boxed{\text{Tip}}$

<그 땐 그랬지>
썰을 풀자면 2010학년도 6월 평가원 가형은
1등급 컷이 69점인 역대 평가원 모의고사 중
극악 난이도의 시험이었다.
(필자가 재수 때 현장에서 쳤던 시험이기도 하다.)
당시 이 문제가 4번에 출제되어 1페이지를 빠르게
넘기지 못하게 하는 숨은 복병역할을 톡톡히 하였다.

146

$t \geq 0$

$$x(t) = -\frac{1}{3}t^3 + 3t^2 + k$$
$$v(t) = -t^2 + 6t$$
$$v'(t) = -2t + 6$$

$v'(3) = 0$이므로 $t = 3$일 때, 점 P의 가속도가 0이다.
$$x(3) = 40 \Rightarrow -9 + 27 + k = 40 \Rightarrow k = 22$$

$\boxed{답}$ 22

147

$\displaystyle\lim_{x \to a} \frac{f(x) - 1}{x - a} = 3$이고, $\displaystyle\lim_{x \to a}(x - a) = 0$이므로
$$\lim_{x \to a}\{f(x) - 1\} = 0 \Rightarrow f(a) = 1$$
$$\lim_{x \to a}\frac{f(x) - f(a)}{x - a} = f'(a) = 3$$

곡선 $y = f(x)$ 위의 점 $(a,\ f(a))$에서의 접선의 방정식은
$$y = f'(a)(x - a) + f(a) \Rightarrow y = 3(x - a) + 1 = 3x - 3a + 1$$

곡선 $y = f(x)$ 위의 점 $(a,\ f(a))$에서의 접선의
y절편이 4이므로 $-3a + 1 = 4 \Rightarrow a = -1$

최고차항의 계수가 1 이고, $f(0)=0$ 이므로
$f(x)=x^3+bx^2+cx$ 라 하면 $f'(x)=3x^2+2bx+c$

$f(-1)=1,\ f'(-1)=3$ 이므로
$-1+b-c=1\ \Rightarrow\ b-c=2$
$3-2b+c=3\ \Rightarrow\ c=2b$
$\therefore\ b=-2,\ c=-4$

즉, $f(x)=x^3-2x^2-4x$
따라서 $f(1)=1-2-4=-5$ 이다.

답 ⑤

148

$x(t)=t^3-5t^2+at+5$
$v(t)=3t^2-10t+a$

점 P 가 움직이는 방향이 바뀌지 않으려면
$t\geq 0$ 에서 $v(t)$ 의 부호가 변하지 않아야 한다.
$v'(t)=6t-10$ 이므로 $v(t)$ 는 $t=\dfrac{5}{3}$ 에서 극소이다.

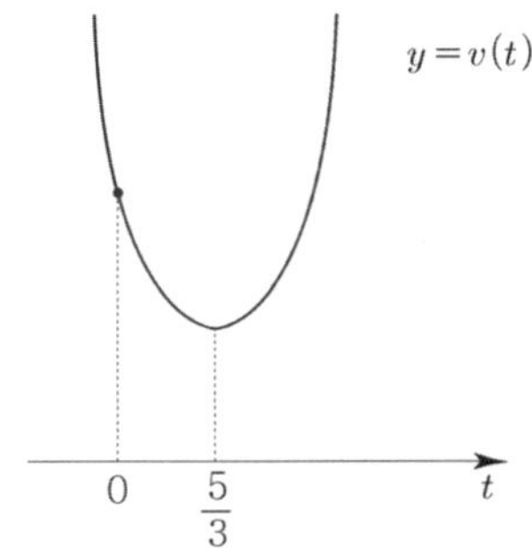

$t\geq 0$ 인 모든 실수 t 에 대하여 $v(t)\geq 0$ 가 성립하려면
$v\left(\dfrac{5}{3}\right)\geq 0\ \Rightarrow\ -\dfrac{25}{3}+a\geq 0\ \Rightarrow\ a\geq\dfrac{25}{3}$ 이므로
조건을 만족시키는 자연수 a 의 최솟값은 9 이다.

답 ①

Tip

<범위가 있을 때, 판별식 유의사항>

아마 판별식 $D\leq 0$ 이라고 푼 학생이 있을 수 있다.
이 문제에는 범위가 $t\geq 0$ 이기 때문에
$t=\dfrac{5}{3}$ 를 포함하므로 판별식 $D\leq 0$ 을 써도 맞지만
만약 범위가 $t\geq 2$ 라면 판별식을 쓸 수 없다.

도대체 왜 그럴까?

판별식은 단순 무식해서 정의역이 실수 전체라고
가정하고 서로 다른 실근의 개수를 알려주기 때문이다.
즉, 위 문제에서 판별식 $D\leq 0$ 을 써도 괜찮은 이유는
$t\geq 0$ 인 경우 정의역이 실수 전체일 때와 마찬가지로
$v(t)\geq 0$ 가 성립하려면 t 축에 접하거나 위로 붕 떠야 하기
때문이다.

예를 들어 범위를 $t\geq 2$ 라 해보자.

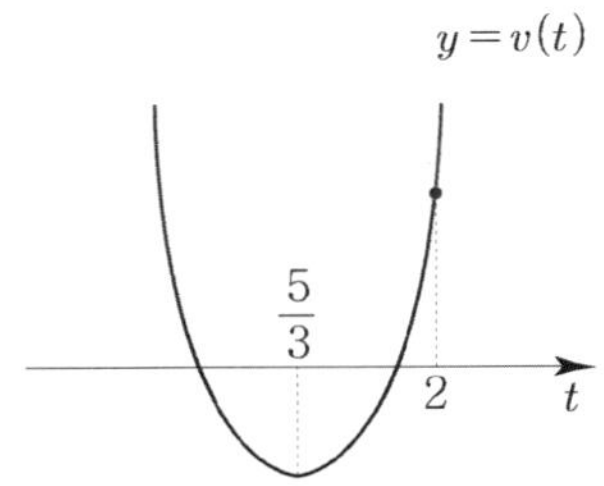

위와 같은 그림일 때, 판별식을 쓰면 방정식 $v(t)=0$
이 서로 다른 두 실근을 갖는다고 알려주지만
실제로는 정의역이 $t\geq 2$ 이므로 실근을 갖지 않는다.

위에서 배운 내용을 적용시켜 보자.
만약 $v(t)$ 의 정의역이 $t\geq\dfrac{5}{3}$ 이고 기울기가 1 인
직선 $f(t)$ 와 접한다고 했을 때,
방정식 $v(t)=f(t)\ \Rightarrow\ v(t)-f(t)=0$ 에서
판별식을 쓸 수 있을까?

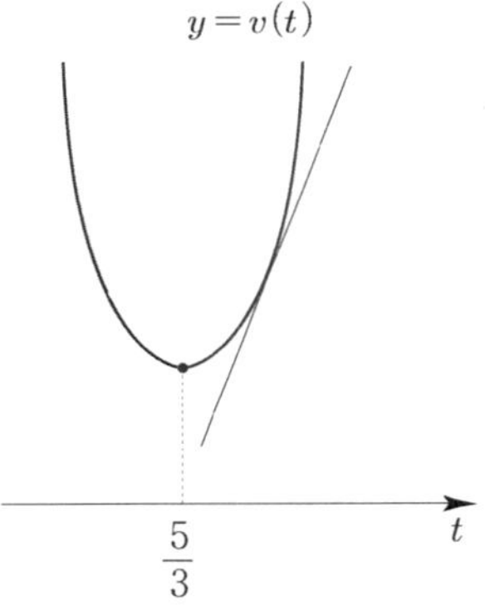

정답은 "쓸 수 있다" 이다. $t\geq\dfrac{5}{3}$ 이지만 정의역이
실수 전체일 때와 상황이 동일하기 때문이다.

<요약>

**1. 범위가 있을 때는 판별식 사용에 각별히 유의해야하고
함수의 그래프를 그려 접근하도록 하자.**
**2. 범위가 있어도 정의역이 실수 전체일 때와 상황이 같다면
판별식을 쓸 수 있다.**

149

$f(x) = x^3 - 2$ 라 하면

$f'(x) = 3x^2$

접점의 좌표를 t 라 하면 접선의 방정식은

$y = 3t^2(x-t) + t^3 - 2$

접선이 $(0, \ -4)$ 를 지나므로

$-4 = -2t^3 - 2 \ \Rightarrow \ 2t^3 = 2 \ \Rightarrow \ t = 1$

$y = 3(x-1) - 1 \ \Rightarrow \ y = 3x - 4$ 이

$(a, \ 0)$ 을 지나므로 $a = \dfrac{4}{3}$ 이다.

 ②

150

$x(t) = t^3 - \dfrac{3}{2}t^2 - 6t$

$v(t) = 3t^2 - 3t - 6 = 3(t^2 - t - 2) = 3(t-2)(t+1) = 0$

$\Rightarrow \ t = 2 \ (\because \ t > 0)$

$v'(t) = 6t - 3$

따라서 운동 방향이 바뀌는 시각에서의 점 P 의
가속도는 $12 - 3 = 9$ 이다.

 ②

151

$f(x) = x^3 + ax^2 - (a^2 - 8a)x + 3$

$f'(x) = 3x^2 + 2ax - (a^2 - 8a)$

함수 $f(x)$ 이 실수 전체의 집합에서 증가하려면
모든 실수 x 에 대하여 $f'(x) \geq 0$ 이어야 한다.

모든 실수 x 에 대하여 $3x^2 + 2ax - (a^2 - 8a) \geq 0$

$\dfrac{D}{4} = a^2 + 3a^2 - 24a \leq 0 \ \Rightarrow \ a^2 - 6a \leq 0$

$\Rightarrow \ a(a-6) \leq 0 \ \Rightarrow \ 0 \leq a \leq 6$

따라서 실수 a 의 최댓값은 6 이다.

답 6

152

$x(t) = t^3 + at^2 + bt$

$v(t) = 3t^2 + 2at + b$

$v'(t) = 6t + 2a$

$v(1) = 0 \ \Rightarrow \ 3 + 2a + b = 0$

$v'(2) = 0 \ \Rightarrow \ 12 + 2a = 0 \ \Rightarrow \ a = -6$

$a = -6$ 이므로 $b = 9$ 이다.

따라서 $a + b = 3$ 이다.

답 ①

153

$f(x) = \dfrac{1}{3}x^3 - ax^2 + 3ax$

$f'(x) = x^2 - 2ax + 3a$

$f(x)$ 가 역함수가 존재하려면 증가함수여야 하므로
모든 실수 x 에 대하여 $f'(x) \geq 0$ 이어야 한다.

판별식을 쓰면

$\dfrac{D}{4} \leq 0 \ \Rightarrow \ a^2 - 3a \leq 0 \ \Rightarrow \ a(a-3) \leq 0 \ \Rightarrow \ 0 \leq a \leq 3$

따라서 상수 a 의 최댓값은 3 이다.

답 ①

154

$f(x) = x^3 - ax + b$ 라 하면 $(1, \ 1)$ 을 지나므로

$f(1) = 1 \ \Rightarrow \ 1 - a + b = 1 \ \Rightarrow \ a = b$

$(1, \ 1)$ 에서의 접선과 수직인 직선의 기울기가 $-\dfrac{1}{2}$ 이므로

$f'(1) = 2 \ \Rightarrow \ 3 - a = 2 \ \Rightarrow \ a = 1$

따라서 $a + b = 2$ 이다.

답 2

155

$$f(x) = -x^3 - x^2 + x$$

$$f'(x) = -3x^2 - 2x + 1$$

접점의 x좌표를 t라 하면 접선의 방정식은
$$y = (-3t^2 - 2t + 1)(x - t) - t^3 - t^2 + t \text{ 이다.}$$

원점을 지나므로 $(0,\ 0)$을 대입하면
$$0 = 3t^3 + 2t^2 - t - t^3 - t^2 + t$$

$$\Rightarrow 0 = 2t^3 + t^2 = t^2(2t + 1)$$

$$\Rightarrow t = 0 \text{ or } t = -\frac{1}{2}$$

① $t = 0$ 일 때, $f'(0) = 1$

② $t = -\frac{1}{2}$ 일 때, $f'\left(-\frac{1}{2}\right) = \frac{5}{4}$

이므로 구하고자하는 모든 직선의 기울기의 합은 $\frac{9}{4}$ 이다.

답 ②

156

$$f(x) = ax^3 + bx^2 + cx + d$$
$$f(0) = 0 \Rightarrow d = 0$$
$$f(1) = 2 \Rightarrow a + b + c = 2$$

$$a + b + c = 2 \quad \cdots \quad \text{㉠}$$

$$f(x) = ax^3 + bx^2 + cx$$
$$f'(x) = 3ax^2 + 2bx + c$$

곡선 $y = f(x)$ 위의 점 $(0,\ 0)$에서의 접선은
$$y = c(x - 0) + 0 \Rightarrow y = cx$$

$$xf(x) = ax^4 + bx^3 + cx^2$$
$$\{xf(x)\}' = 4ax^3 + 3bx^2 + 2cx$$
곡선 $y = xf(x)$ 위의 점 $(1,\ 2)$에서의 접선은
$$y = (4a + 3b + 2c)(x - 1) + 2$$

$$cx = (4a + 3b + 2c)(x - 1) + 2$$

$$\Rightarrow cx = (4a + 3b + 2c)x - 4a - 3b - 2c + 2$$

$$4a + 3b + 2c = c \quad \cdots \quad \text{㉡}$$
$$-4a - 3b - 2c + 2 = 0 \quad \cdots \quad \text{㉢}$$

㉡을 ㉢에 대입하면 $-c + 2 = 0 \Rightarrow c = 2$

$c = 2$를 ㉠에 대입하면 $a + b = 0 \Rightarrow b = -a$
$c = 2$를 ㉡에 대입하면 $4a + 3b = -2$
연립하면 $a = -2,\ b = 2,\ c = 2$

$f'(x) = -6x^2 + 4x + 2$ 이므로
$f'(2) = -24 + 8 + 2 = -14$ 이다.

답 ⑤

157

$$f(x) \geq g(x) \Rightarrow x^3 - x + 6 \geq x^2 + a \Rightarrow x^3 - x^2 - x + 6 \geq a$$
$h(x) = x^3 - x^2 - x + 6$ 라 하면
$$h'(x) = 3x^2 - 2x - 1 = (3x + 1)(x - 1)$$
$$h(0) = 6,\ h(1) = 5$$

$h'(x)$를 바탕으로 $h(x)$를 그리면

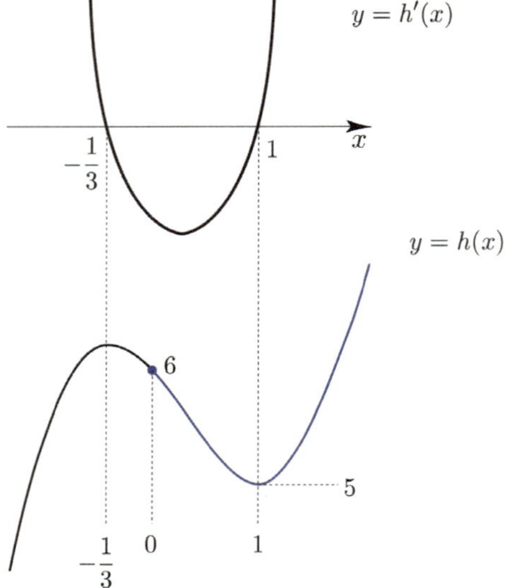

$x \geq 0$인 모든 실수 x에 대하여 부등식 $h(x) \geq a$가
성립하려면 $a \leq 5$이어야 한다.
따라서 실수 a의 최댓값은 5 이다.

답 ⑤

158

$$f(x) = x^3 + 6x^2 + 15|x - 2a| + 3$$
$$f(x) = \begin{cases} x^3 + 6x^2 + 15x - 30a + 3 & (x > 2a) \\ x^3 + 6x^2 - 15x + 30a + 3 & (x \leq 2a) \end{cases}$$

$x > 2a$ 에서 $f(x) = x^3 + 6x^2 + 15x - 30a + 3$ 이고,
모든 실수 x 에 대하여
$f'(x) = 3x^2 + 12x + 15 = 3(x^2 + 4x + 5) > 0$ 이므로
$x > 2a$ 에서 $f(x)$ 는 증가함수이다.
따라서 $x \leq 2a$ 에서 $f(x)$ 가 증가하면 $f(x)$ 는 실수 전체의
집합에서 증가한다.

$x \leq 2a$ 에서 $f(x) = x^3 + 6x^2 - 15x + 30a + 3$ 이고
$f'(x) = 3x^2 + 12x - 15 = 3(x+5)(x-1)$ 이므로

$f'(x)$ 를 바탕으로 $f(x)$ 를 그리면

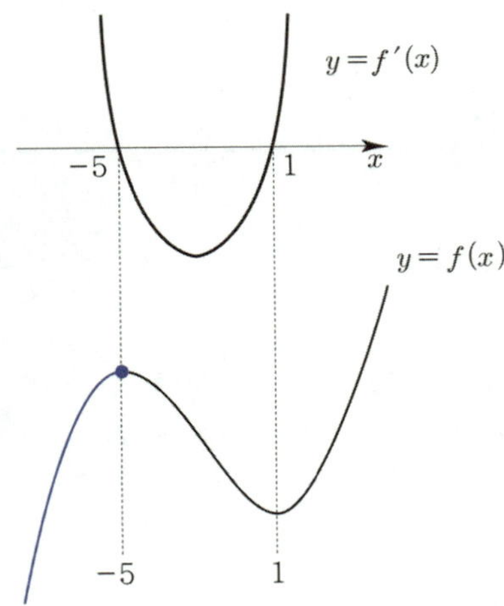

$x \leq 2a$ 에서 $f(x)$ 가 증가하려면

$2a \leq -5 \Rightarrow a \leq -\dfrac{5}{2}$

따라서 실수 a 의 최댓값은 $-\dfrac{5}{2}$ 이다.

답 ①

> **Tip**
>
> ■ <$f(x)$ 는 $x = 2a$ 에서 미분가능해야 할까?>
>
> $x = 2a$ 에서 미분가능해야 $f(x)$ 가 증가하는 것은 아니다.
>
> Guide step에서 배운 내용을 다시 상기시켜보자.
> (개념 파악하기 - (4) 함수의 증가와 감소는
>   어떻게 알 수 있을까?)
> 함수 $f(x)$ 가 어떤 구간에 속하는 임의의 두 실수
> $x_1,\ x_2$ 에 대하여 $x_1 < x_2$ 일 때, $f(x_1) < f(x_2)$ 이면
> $f(x)$ 는 그 구간에서 증가한다고 학습하였다.
>
> 즉, 미분가능해야 증가하는 것이 아니라 위 조건만
> 만족시키면 그 구간에서 증가한다고 볼 수 있다.

다만 함수 $f(x)$ 가 어떤 구간에서 미분가능할 때,
그 구간의 모든 실수 x 에 대하여 $f'(x) > 0$ 이면
$f(x)$ 는 그 구간에서 증가한다고 학습하였다.

만약 $f(x)$ 가 상수함수가 아닌 다항함수라면
$f(x)$ 가 어떤 열린구간에서 증가하기 위한 필요충분조건은
이 열린구간에 속하는 모든 x 에 대하여 $f'(x) \geq 0$
라고 학습하였다.

② 위 풀이가 이해가 잘 안 된다면
아래 해설강의를 참고하도록 하자.

T2 158번 해설강의
https://youtu.be/bnmiT2Gp3D8

159

$x(t) = t^3 - 12t + k$
$v(t) = 3t^2 - 12 = 3(t+2)(t-2)$

$v(2) = 0$ 이고 $t = 2$ 에서 $v(t)$ 의 부호가 변하므로
점 P 는 $t = 2$ 에서 운동 방향이 바뀐다.
$x(2) = 8 - 24 + k = 0 \Rightarrow k = 16$

답 ④

160

$x^3 - 3x^2 - 9x - k = 0$
$x^3 - 3x^2 - 9x = k$
$f(x) = x^3 - 3x^2 - 9x$ 라 하면
$f'(x) = 3x^2 - 6x - 9 = 3(x^2 - 2x - 3) = 3(x+1)(x-3)$

$f'(x)$ 를 바탕으로 $f(x)$ 를 그리면

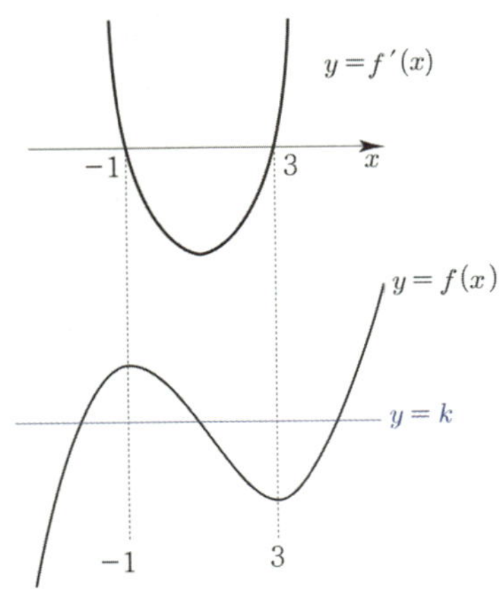

$f(3) < k < f(-1) \implies -27 < k < 5$

따라서 조건을 만족시키는 정수 k의 최댓값은 4이다.

답 ②

161

$f(x) = x^3 - 5x$ 라 하면
$f'(x) = 3x^2 - 5$

A$(1, -4)$에서의 접선의 방정식은
$y = -2(x-1) - 4 \implies y = -2x - 2$

$x^3 - 5x = -2x - 2 \implies x^3 - 3x + 2 = 0$

$\implies (x-1)^2(x+2) = 0 \implies x = -2 \ (\because \ x \neq 1)$
B$(-2, 2)$이므로 선분 AB의 길이는
$\sqrt{(1+2)^2 + (-4-2)^2} = \sqrt{9+36} = 3\sqrt{5}$ 이다.

답 ④

근과 계수의 관계 Technique을 사용해서 풀어보자.
$x^3 - 3x + 2 = 0$
(x^2의 계수가 0이므로 근과 계수의 관계 Technique을 쓰면 유리하다.)

점 A가 접점이므로 $x = 1$을 중근으로 갖는다.
점 B의 x좌표를 t라 하면
$1 + 1 + t = 0$ (세 실근의 합 0)이므로 $t = -2$이다.

162

$f(x) = x^3 - 3x^2 + x + 1$ 라 하면
$f'(x) = 3x^2 - 6x + 1$

곡선 $y = f(x)$ 위의 서로 다른 두 점 A, B에서의
접선이 서로 평행하므로 접선의 기울기가 같다.

점 B의 x좌표를 t라 하면
$f'(3) = f'(t) \implies 10 = 3t^2 - 6t + 1 \implies 3t^2 - 6t - 9 = 0$

$\implies 3(t-3)(t+1) = 0 \implies t = -1 \ (\because t \neq 3)$

점 B$(-1, -4)$에서의 접선의 방정식은
$y = 10(x+1) - 4 \implies y = 10x + 6$
따라서 접선의 y절편의 값은 6이다.

답 ②

163

$x_1(t) = t^3 - 2t^2 + 3t, \ x_2(t) = t^2 + 12t$
$v_1(t) = 3t^2 - 4t + 3, \ v_2(t) = 2t + 12$

$v_1(t) = v_2(t) \implies 3t^2 - 4t + 3 = 2t + 12 \implies t^2 - 2t - 3 = 0$

$\implies (t-3)(t+1) = 0 \implies t = 3 \ (\because \ t \geq 0)$

P(18), Q(45)이므로 두 점 사이의 거리는 27이다.

답 27

164

$f(x) = x^3 + ax^2 + 2ax$
$f'(x) = 3x^2 + 2ax + 2a$

실수 전체의 집합에서 $f(x)$가 증가하려면
모든 실수 x에 대하여 $f'(x) \geq 0$이어야 한다.

판별식을 쓰면
$\dfrac{D}{4} \leq 0 \implies a^2 - 6a \leq 0 \implies a(a-6) \leq 0$

$\implies 0 \leq a \leq 6$
$M = 6, \ m = 0$이므로 $M - m = 6$이다.

답 ④

165

$f(x) = x^3 + 3x^2 - k, \ g(x) = 2x^2 + 3x - 10$

$f(x) \geq 3g(x)$
$x^3 + 3x^2 - k \geq 6x^2 + 9x - 30$
$x^3 - 3x^2 - 9x + 30 \geq k$

$h(x) = x^3 - 3x^2 - 9x + 30$ 라 하면
$h'(x) = 3x^2 - 6x - 9 = 3(x-3)(x+1)$
$h(3) = 3$

$h'(x)$를 바탕으로 $h(x)$를 그리면

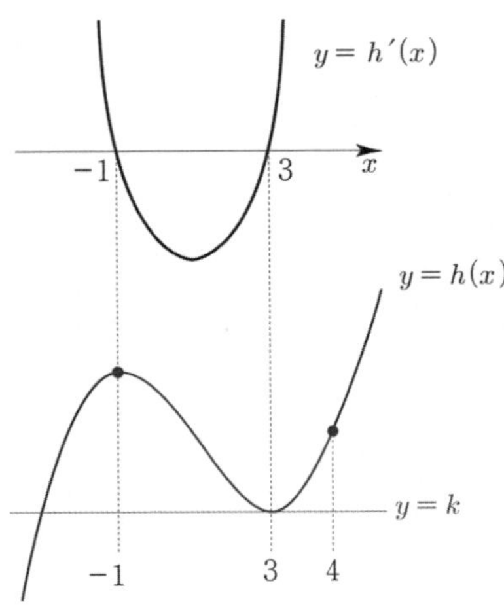

닫힌구간 $[-1, 4]$에서 부등식 $h(x) \geq k$가 항상 성립하려면
$h(3) \geq k \Rightarrow 3 \geq k$이므로 조건을 만족시키는 실수 k의
최댓값은 3이다.

답   3

166

$f(x) = x^3 - 3ax^2 + 3(a^2-1)x$
$f'(x) = 3x^2 - 6ax + 3(a^2-1)$
$\quad\quad = 3\{x^2 - 2ax + (a+1)(a-1)\}$
$\quad\quad = 3(x-a-1)(x-a+1)$

$f'(x)$를 바탕으로 $f(x)$를 그리면

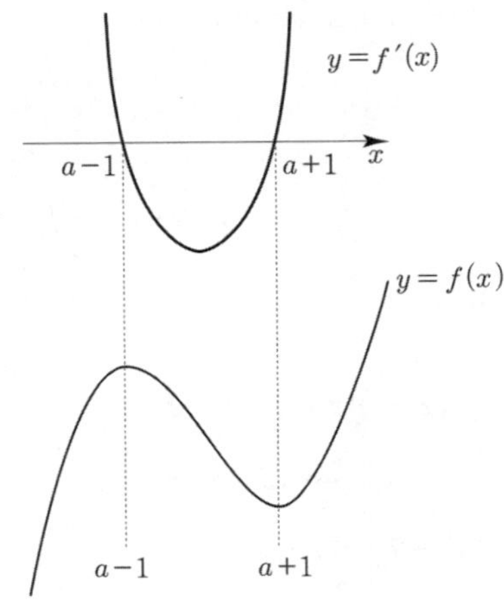

$x = a-1$에서 극대이고 극댓값은 $f(a-1) = 4$이다.
$f(a-1) = (a-1)^3 - 3a(a-1)^2 + 3(a+1)(a-1)^2$
$\quad\quad\quad = (a-1)^2(a+2) = (a^2-2a+1)(a+2)$
$\quad\quad\quad = a^3 - 3a + 2$

$a^3 - 3a + 2 = 4 \Rightarrow a^3 - 3a - 2 = 0 \Rightarrow (a+1)^2(a-2) = 0$
$\Rightarrow a = 2 \text{ or } a = -1$

$f(-2) = -6a^2 - 12a - 2$
$a = 2$ 일 때, $f(-2) < 0$이므로 조건을 만족시키지 않으므로
$a = -1$이다.

$f(x) = x^3 + 3x^2$이므로 $f(-1) = -1 + 3 = 2$이다.

답   ②

167

$f(x) = 3x^3 - x^2 - 3x, \ g(x) = x^3 - 4x^2 + 9x + a$
$f(x) = g(x)$
$3x^3 - x^2 - 3x = x^3 - 4x^2 + 9x + a$
$2x^3 + 3x^2 - 12x = a$

$h(x) = 2x^3 + 3x^2 - 12x$ 라 하면
$h'(x) = 6x^2 + 6x - 12 = 6(x-1)(x+2)$
$h(-2) = 20, \ h(0) = 0, \ h(1) = -7$

$h'(x)$를 바탕으로 $h(x)$를 그리면

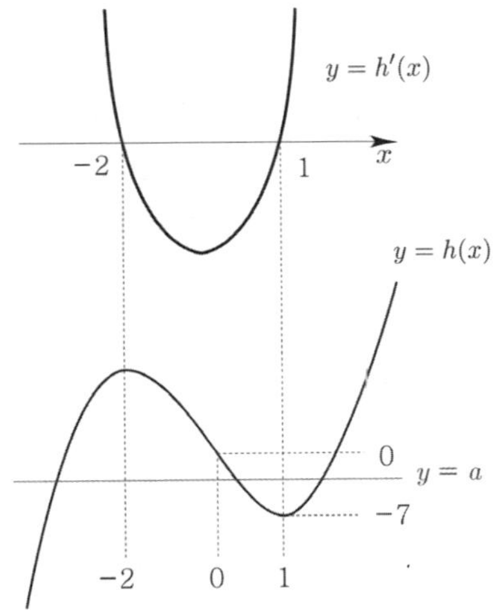

$-7 < a < 0$이므로 조건을 만족시키는 모든 정수 a의
개수는 6이다.

답   ①

$$f(x) = \frac{1}{3}x^3 - 9x + 3$$

$$f'(x) = x^2 - 9 = (x-3)(x+3)$$

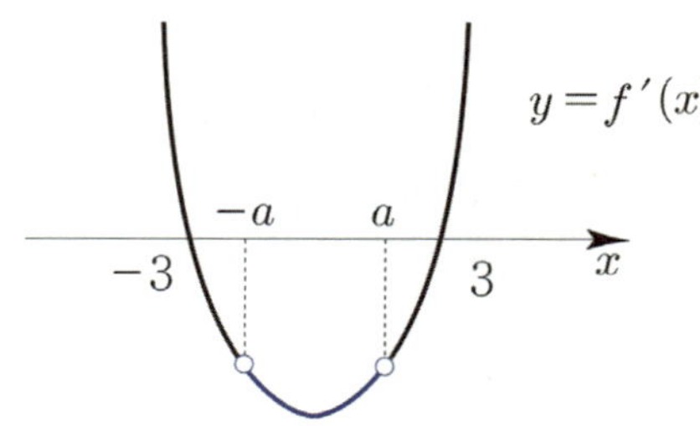

$f(x)$ 가 열린구간 $(-a,\ a)$ 에서 감소하려면
열린구간 $(-a,\ a)$ 에서 $f'(x) \leq 0$ 이면 된다.
조건을 만족시키려면 $0 < a \leq 3$ 이므로 양수 a 의 최댓값은
3 이다.

답 3

Tip

경계를 조심하자 !
즉, $a = 3$ 이어도 조건을 만족시킨다.

169

최고차항의 계수가 1 인 사차함수 $f(x)$

(가) 모든 실수 x 에 대하여 $f(x) = f(-x)$ 이다.

(가)조건을 만족시키는 개형은 다음과 같다.

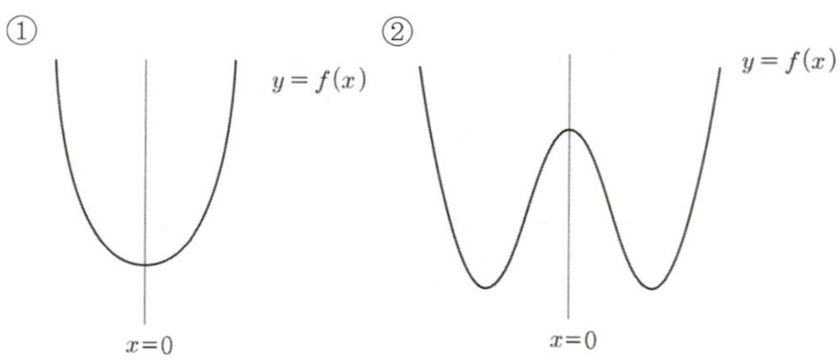

(나) 함수 $f(x)$ 는 극댓값 7 을 갖는다.
①의 경우 극댓값이 존재하지 않으므로 모순이다.

Guide step에서 배운 식세우기 **Technique**을 이용해보자.

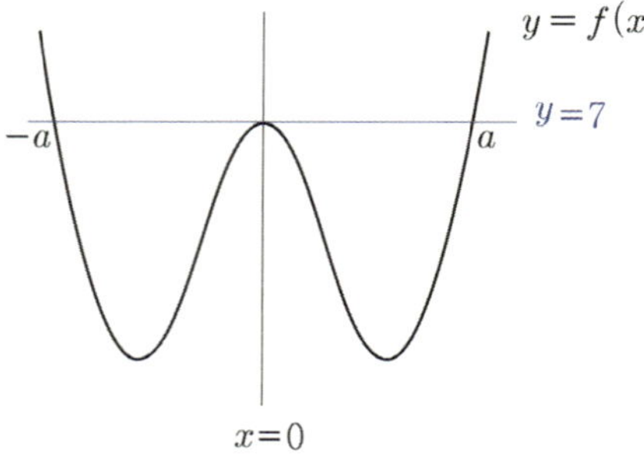

$$f(x) - 7 = x^2(x-a)(x+a)$$

$f(1) = 2$ 이므로
$$-5 = 1 - a^2 \Rightarrow a^2 = 6 \Rightarrow a = \sqrt{6}\ \ (a>0)$$
$$\therefore\ f(x) = x^4 - 6x^2 + 7$$

$$f'(x) = 4x^3 - 12x = 4x(x^2-3) = 4x(x-\sqrt{3})(x+\sqrt{3})$$
이므로 함수 $f(x)$ 의 극솟값은 $f(\sqrt{3}) = 9 - 18 + 7 = -2$ 이다.

답 ⑤

최고차항의 계수가 1 인 삼차함수 $f(x)$

방정식 $f(x) = 9$ 는 서로 다른 세 실근을 갖고,
이 세 실근은 크기 순서대로 등비수열을 이룬다.

세 실근을 $a,\ ar,\ ar^2$ 라 하면
$$f(x) - 9 = (x-a)(x-ar)(x-ar^2)$$
$$f(x) = (x-a)(x-ar)(x-ar^2) + 9$$

$$f(0) = 1 \Rightarrow -a^3r^3 + 9 = 1 \Rightarrow (ar)^3 = 8 \Rightarrow ar = 2$$

$$f'(x) = (x-ar)(x-ar^2) + (x-a)(x-ar^2) + (x-a)(x-ar)$$
$$= (x-2)(x-2r) + (x-a)(x-2r) + (x-a)(x-2)$$

$$f'(2) = -2 \Rightarrow (2-a)(2-2r) = -2$$
$$\Rightarrow 4 - 2a - 4r + 2ar = -2$$
$$\Rightarrow 4 - 2a - 4r + 4 = -2$$
$$\Rightarrow a + 2r = 5$$

$f(x) = (x-a)(x-2)(x-2r) + 9$ 이므로
$$f(3) = (3-a)(3-2r) + 9 = 18 - 3(a+2r) + 2ar$$
$$= 18 - 15 + 4 = 7$$
이다.

답 ②

$0 < t < 2$

$A(0,\ 2)$, $P(t,\ 2)$

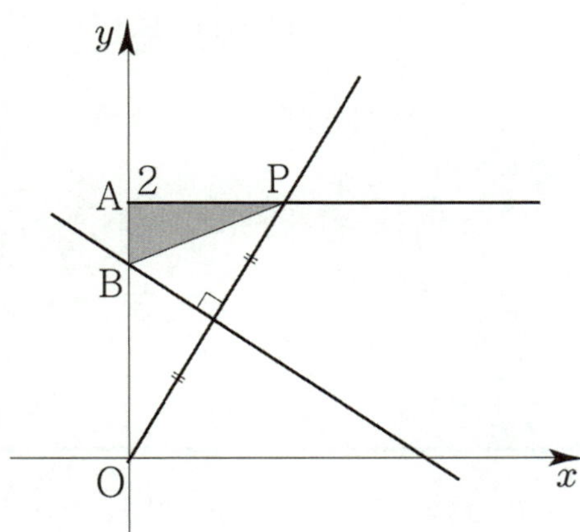

직선 OP 의 기울기는 $\dfrac{2}{t}$, 선분 OP 의 중점은 $\left(\dfrac{t}{2},\ 1\right)$

선분 OP 의 수직이등분선은

$$y = -\dfrac{t}{2}\left(x - \dfrac{t}{2}\right) + 1 \Rightarrow y = -\dfrac{t}{2}x + \dfrac{t^2}{4} + 1$$

$B\left(0,\ \dfrac{t^2}{4} + 1\right)$ 이므로

$$f(t) = \dfrac{1}{2} \times \overline{AB} \times \overline{AP} = \dfrac{1}{2} \times \left(1 - \dfrac{t^2}{4}\right) \times t = \dfrac{1}{8}(4t - t^3)$$

$$f'(t) = \dfrac{1}{8}(4 - 3t^2) = -\dfrac{3}{8}\left(t - \dfrac{2}{\sqrt{3}}\right)\left(t + \dfrac{2}{\sqrt{3}}\right)$$

$f'(t)$ 를 바탕으로 $f(t)$ 를 그리면

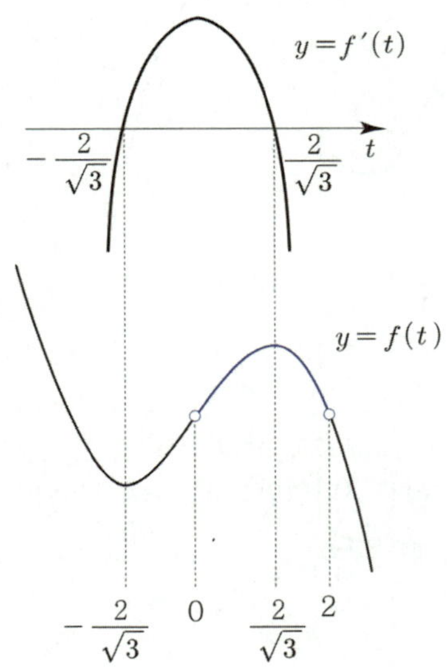

$0 < t < 2$ 에서 $f(t)$ 의 최댓값은

$$f\left(\dfrac{2}{\sqrt{3}}\right) = \dfrac{1}{8}\left(\dfrac{8}{\sqrt{3}} - \dfrac{8}{3\sqrt{3}}\right) = \dfrac{2}{3\sqrt{3}} = \dfrac{2\sqrt{3}}{9} = \dfrac{b}{a}\sqrt{3}$$

따라서 $a + b = 11$ 이다.

답 11

<만약 $t > 2$ 이면 어떻게 될까?>

점 B 의 y 좌표는 $\dfrac{t^2}{4} + 1$ 이므로 $t = 2$ 일 때, 2 이고

$t > 2$ 일 때, y 좌표는 2 보다 크다.

B 의 y 좌표가 A 의 y 좌표보다 크기 때문에

$\overline{AB} = \dfrac{t^2}{4} - 1$ 이다.

따라서 만약 $t > 0$ 라고 조건을 변경하면

선분 AB 는 길이는 양수이므로 절댓값을 취해서

$\overline{AB} = \left|1 - \dfrac{t^2}{4}\right|$ 라고 해야한다.

길이는 양수이므로 **절댓값**을 취해줘야 한다.
이를 항상 유의하도록 하자.

$$x^3 - 3x^2 + 2x - 3 = 2x + k$$
$$x^3 - 3x^2 - 3 = k$$

$f(x) = x^3 - 3x^2 - 3$ 라 하면
$$f'(x) = 3x^2 - 6x = 3x(x - 2)$$

$f'(x)$ 를 바탕으로 $f(x)$ 를 그리면

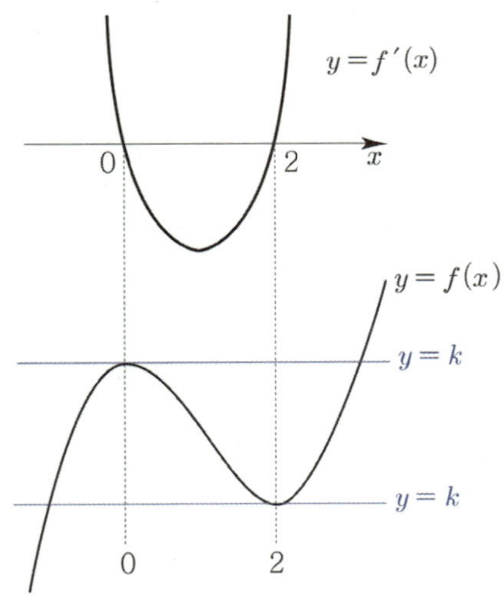

$k = f(0) = -3$ or $k = f(2) = -7$ 이므로
조건을 만족시키는 모든 실수 k 의 값의 곱은 21 이다.

답 21

173

(가) $g(x) = x^3 f(x) - 7$

(나) $\displaystyle\lim_{x \to 2} \frac{f(x) - g(x)}{x - 2} = 2$

$\displaystyle\lim_{x \to 2}(x-2) = 0 \Rightarrow \lim_{x \to 2}\{f(x) - g(x)\} = 0$

$\Rightarrow f(2) - g(2) = 0 \Rightarrow f(2) = g(2)$

($\because f(x) - g(x)$ 는 다항함수이므로 $x = 2$ 에서 연속)

$h(x) = f(x) - g(x)$ 라 하면 $h(2) = 0$

$\displaystyle\lim_{x \to 2} \frac{f(x) - g(x)}{x - 2} = \lim_{x \to 2} \frac{h(x)}{x - 2} = \lim_{x \to 2} \frac{h(x) - h(2)}{x - 2}$

$= h'(2) = f'(2) - g'(2) = 2$

$g(x) = x^3 f(x) - 7$
$g'(x) = 3x^2 f(x) + x^3 f'(x)$
$f(2) = g(2) \Rightarrow f(2) = 8f(2) - 7 \Rightarrow f(2) = 1$
$f'(2) - g'(2) = 2 \Rightarrow f'(2) - \{12f(2) + 8f'(2)\} = 2$
$\Rightarrow -7f'(2) = 14 \Rightarrow f'(2) = -2$

$f(2) = 1, \ f'(2) = -2 \Rightarrow g(2) = 1, \ g'(2) = -4$
이므로 곡선 $y = g(x)$ 위의 점 $(2, g(2))$ 에서의
접선의 방정식은
$y = -4(x-2) + 1 \Rightarrow y = -4x + 9$

따라서 $a^2 + b^2 = 16 + 81 = 97$ 이다.

 답 97

174

(가) $\displaystyle\lim_{x \to 1} \frac{f(x)g(x) + 4}{x - 1} = 8$

$\displaystyle\lim_{x \to 1}(x-1) = 0 \Rightarrow \lim_{x \to 1}\{f(x)g(x) + 4\} = 0$

$f(x)g(x)$ 는 다항함수이므로 $f(1)g(1) = -4$
$f(1) = -2 \Rightarrow g(1) = 2$

(나) $g(0) = g'(0)$
$g(x) = ax + b$ 라하면 $g(0) = b, \ g'(0) = a \Rightarrow a = b$
$g(1) = 2$ 이므로 $a + b = 2$
$g(x) = x + 1$

$\displaystyle\lim_{x \to 1} \frac{f(x)g(x) + 4}{x - 1} = \lim_{x \to 1} \frac{f(x)g(x) - f(1)g(1)}{x - 1}$ 는

함수 $f(x)g(x)$ 의 $x = 1$ 에서의 미분계수이므로

$\displaystyle\lim_{x \to 1} \frac{f(x)g(x) + 4}{x - 1} = f'(1)g(1) + f(1)g'(1)$

$\qquad\qquad = 2f'(1) - 2 = 8$

따라서 $f'(1) = 5$ 이다.

 답 ①

175

$2x^3 + 6x^2 + a = 0 \Rightarrow a = -2x^3 - 6x^2$
$f(x) = -2x^3 - 6x^2$ 라 하면
$f'(x) = -6x^2 - 12x = -6x(x+2)$

$f(0) = 0, \ f(-2) = -8, \ f(2) = -40$
$f'(x)$ 를 바탕으로 $f(x)$ 를 그리면

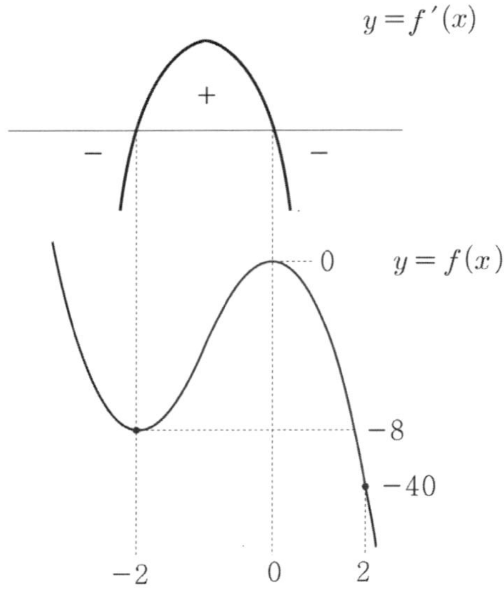

$-2 \leq x \leq 2$ 에서 $y = f(x)$ 와 $y = a$ 가
서로 다른 두 점에서 만나려면 $-8 \leq a < 0$ 이어야 하므로
정수 a 의 개수는 8 이다.

답 ③

접점의 x좌표를 t라 하면 접선의 방정식은
$$y = f'(t)(x-t) + f(t)$$
$$\Rightarrow y = (3t^2 - 6t + 3)(x-t) + t^3 - 3t^2 + 3t$$
접선이 원점을 지나므로

$$0 = -2t^3 + 3t^2 \Rightarrow 0 = t^2(-2t+3) \Rightarrow t = 0 \text{ or } t = \frac{3}{2}$$

접점의 좌표에 따라 case분류하면

① $t = 0$
접선의 방정식은 $y = 3x$ 이므로
$$f(x) = 3x \Rightarrow x^3 - 3x^2 + 3x = 3x \Rightarrow x^2(x-3) = 0$$
$$\Rightarrow x = 3 \ (\because x \neq 0)$$

② $t = \dfrac{3}{2}$

접선의 방정식은 $y = \dfrac{3}{4}\left(x - \dfrac{3}{2}\right) + \dfrac{9}{8} \Rightarrow y = \dfrac{3}{4}x$

$$f(x) = \frac{3}{4}x$$

$$\Rightarrow x^3 - 3x^2 + 3x = \frac{3}{4}x$$

$$\Rightarrow x^3 - 3x^2 + \frac{9}{4}x = 0$$

$$\Rightarrow x\left(x^2 - 3x + \frac{9}{4}\right) = 0 \Rightarrow x\left(x - \frac{3}{2}\right)^2 = 0$$

$$\Rightarrow x = \frac{3}{2} \ (\because x \neq 0)$$

(사실 이렇게 찾지 않아도 처음 가정에서 접선이 원점을 지난다고 했고 그때의 접점의 좌표가 $\dfrac{3}{2}$ 이라고 했으므로 접선과 $y = f(x)$ 의 교점 중 원점이 아닌 점의 x좌표가 $\dfrac{3}{2}$ 인 것은 자명하다.)

조건을 만족시키는 x좌표의 합 $S = 3 + \dfrac{3}{2} = \dfrac{9}{2}$ 이므로 $10S = 45$ 이다.

답 45

이번에는 근과 계수의 관계 **Technique**을 사용해서 풀어보자.

원점을 지나고 곡선 $y = f(x)$ 에 접하는 직선은 다음과 같다.

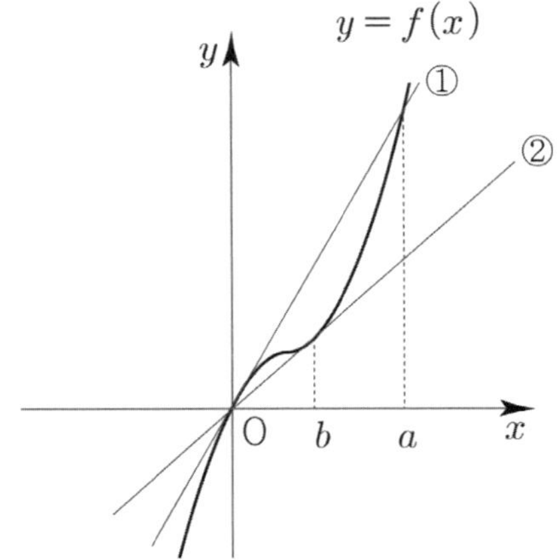

①일 때,
원점에서 접하고 $(a, \ f(a))$ 에서 만난다.
① : $y = mx$ 라 하면
$$f(x) = mx \Rightarrow x^3 - 3x^2 + (3-m)x = 0$$
$x = 0$ 에서 중근을 가지고 $x = a$ 에서 하나의 실근을 가지므로
$$0 + 0 + a = 3 \Rightarrow a = 3$$

②일 때,
$(b, \ f(b))$ 에서 접하고 원점에서 만난다.
② : $y = nx$ 라 하면
$$f(x) = nx \Rightarrow x^3 - 3x^2 + (3-n)x = 0$$
$x = b$ 에서 중근을 가지고 $x = 0$ 에서 하나의 실근을 가지므로
$$b + b + 0 = 3 \Rightarrow 2b = 3 \Rightarrow b = \frac{3}{2}$$

따라서 $S = a + b = 3 + \dfrac{3}{2} = \dfrac{9}{2}$ 이다.

$f(x) = x^2, \ g(x) = -(x-3)^2 + k \ (k > 0)$
점 $\mathrm{P}(1, \ 1)$ 에서의 접선의 방정식 l 은
$$y = 2(x-1) + 1 \Rightarrow y = 2x - 1$$

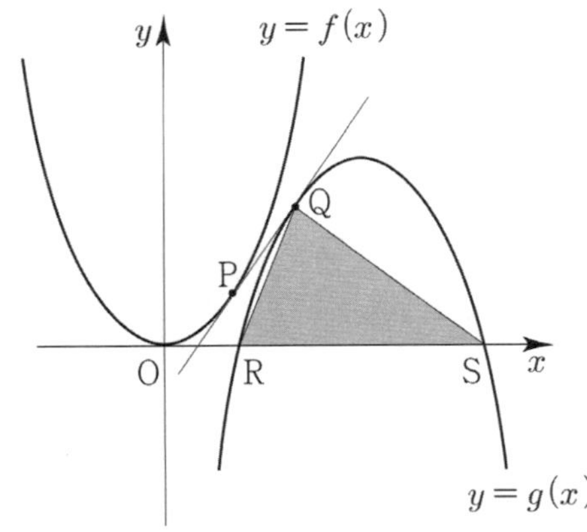

접점 Q의 x좌표를 t라 하면
$$g'(t) = 2 \implies -2(t-3) = 2 \implies t = 2$$
점 Q는 직선 $y = 2x - 1$ 위의 점이므로
Q$(2,\ 3)$ 이다.

점 Q는 $y = g(x)$ 위의 점이므로
$$g(2) = 3 \implies -1 + k = 3 \implies k = 4$$
$$g(x) = -(x-3)^2 + 4$$

$$g(x) = 0 \implies -(x-3)^2 + 4 = 0 \implies (x-5)(x-1) = 0$$
이므로 $\overline{RS} = 4$ 이다.

따라서 삼각형 QRS의 넓이는 $\dfrac{1}{2} \times 4 \times 3 = 6$ 이다.

답 ⑤

178

ABCD는 정사각형이므로 $\angle ABO = \dfrac{\pi}{4}$ 이다.

즉, 직선 AB의 기울기는 $\tan(\angle ABO) = \tan\left(\dfrac{\pi}{4}\right) = 1$ 이다.

직선 AB가 곡선 $y = x^3 - 5x$ 에 접하므로
접점에서의 기울기가 1이어야 한다.

$f(x) = x^3 - 5x$ 라 하면
$$f'(x) = 3x^2 - 5$$

접점의 x좌표를 t라 하면
$$f'(t) = 1 \implies 3t^2 - 5 = 1 \implies t^2 = 2$$
$$\implies t = -\sqrt{2} \quad (\because t < 0)$$

직선 AB의 방정식은 $y = x + 4\sqrt{2}$ 이므로
$$\overline{OB} = 4\sqrt{2},\ \overline{OA} = 4\sqrt{2} \implies \overline{AB} = 8$$

따라서 정사각형 ABCD의 둘레의 길이는 32이다.

답 32

179

$$2k - 8 \leq \frac{f(k+2) - f(k)}{2} \leq 4k^2 + 14k \text{의}$$

$$2k - 8 = 4k^2 + 14k \implies k^2 + 3k + 2 = 0 \implies (k+1)(k+2) = 0$$
$$\implies k = -1 \ \text{or} \ k = -2$$

① $k = -1$
$$-10 \leq \frac{f(1) - f(-1)}{2} \leq -10 \implies f(1) - f(-1) = -20$$

② $k = -2$
$$-12 \leq \frac{f(0) - f(-2)}{2} \leq -12 \implies f(0) - f(-2) = -24$$
$f(x) = x^3 + ax^2 + bx + c$ 라 하자.

$f(1) - f(-1) = -20$ 이므로
$$1 + a + b + c - (-1 + a - b + c) = -20$$
$$\implies 2 + 2b = -20 \implies b = -11$$

$f(0) - f(-2) = -24$ 이므로
$$c - (-8 + 4a - 2b + c) = -24$$
$$\implies 8 - 4a + 2b = -24 \implies 8 - 4a - 22 = -24$$
$$\implies 10 = 4a \implies a = \frac{5}{2}$$

즉, $f(x) = x^3 + \dfrac{5}{2}x^2 - 11x + c$ 이고, $f'(x) = 3x^2 + 5x - 11$
따라서 $f'(3) = 27 + 15 - 11 = 31$ 이다.

답 31

180

(가) 조건에 의해 $f'(x) = 3(x-2)^2 + p$

$$g(x) = |f(x)|$$

만약 $f(5) = 0$ 이면 $f(x) = (x-5)h(x)$ 이고,
$$g(x) = |x-5||h(x)|$$

$$g(x) = \begin{cases} (x-5)h(x) & (x \geq 5) \\ -(x-5)h(x) & (x < 5) \end{cases}$$

$$g'(x) = \begin{cases} h(x) + (x-5)h'(x) & (x > 5) \\ -\{h(x) + (x-5)h'(x)\} & (x < 5) \end{cases}$$

$g(x)$ 가 $x = 5$ 에서 미분가능하려면 $h(5) = 0$ 이어야 한다.
$f(x)$ 는 $(x-5)^2$ 을 인수로 가져야 하므로 $f'(5) = 0$ 이어야
한다.

곡선 $y = g(x)$ 위의 점 $(5,\ g(5)) = (5,\ 0)$ 에서의
접선의 방정식은 $y = 0$ 이고, 곡선 $y = g(x)$ 와
직선 $y = 0$ 은 $(0,\ g(0))$ 에서 접할 수 없으므로 모순이다.

(나) 조건을 만족시키려면 다음 그림과 같아야 한다.

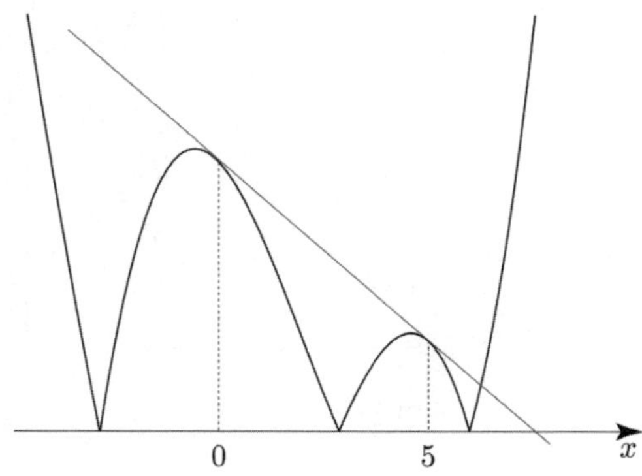

함수 $g(x)$ 위의 점 $(0,\ g(0))$ 에서 접선의 방정식은
$y = f'(0)(x-0) + f(0)$ 이고,

함수 $g(x)$ 위의 점 $(5,\ g(5))$ 에서의 접선의 방정식은
$y = -f'(5)(x-5) - f(5)$ 이다.

두 접선의 방정식은 서로 같으므로
$f'(0) = -f'(5),\ f(0) = 5f'(5) - f(5)$

$f'(x) = 3(x-2)^2 + p$ 에서
$f'(0) = -f'(5) \Rightarrow 12 + p = -(27 + p)$

$\Rightarrow 2p = -39 \Rightarrow p = -\dfrac{39}{2}$

$\therefore\ f'(x) = 3(x-2)^2 - \dfrac{39}{2}$

$f(x) = (x-2)^3 - \dfrac{39}{2}x + c$

$f(0) = 5f'(5) - f(5)$

$\Rightarrow -8 + c = 5\left(27 - \dfrac{39}{2}\right) - \left(27 - \dfrac{39}{2} \times 5 + c\right)$

$\Rightarrow -8 + c = 135 - 27 - c$

$\Rightarrow 2c = 116 \Rightarrow c = 58$

$\therefore\ f(x) = (x-2)^3 - \dfrac{39}{2}x + 58$

따라서 $g(8) = |216 - 156 + 58| = 118$ 이다.

답 118

181

$(t,\ t^3)$ 과 직선 $x - y + 6 = 0$ 사이의 거리 $g(t)$ 는

$$g(t) = \frac{|t - t^3 + 6|}{\sqrt{2}} = \frac{1}{\sqrt{2}}|t^3 - t - 6|$$
$$= \frac{1}{\sqrt{2}}\left|(t-2)(t^2 + 2t + 3)\right|$$

ㄱ. 함수 $g(t)$ 는 실수 전체의 집합에서 연속이다.
$g(t) = \dfrac{1}{\sqrt{2}}|t^3 - t - 6|$ 이므로 ㄱ은 참이다.

ㄴ. 함수 $g(t)$ 는 0 이 아닌 극솟값을 갖는다.
$g(t) = \left|\dfrac{t^3 - t - 6}{\sqrt{2}}\right|$ 이므로

$h(t) = \dfrac{t^3 - t - 6}{\sqrt{2}}$ 라 하면

$h'(t) = \dfrac{3t^2 - 1}{\sqrt{2}} = \dfrac{3}{\sqrt{2}}\left(t - \dfrac{1}{\sqrt{3}}\right)\left(t + \dfrac{1}{\sqrt{3}}\right)$

$h\left(-\dfrac{1}{\sqrt{3}}\right) < 0,\ h(2) = 0$

$h'(t)$ 를 바탕으로 $h(t)$ 를 그리면

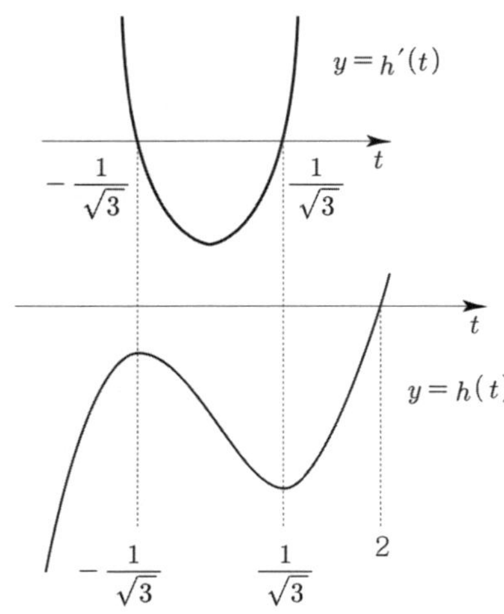

$g(t) = |h(t)|$ 이므로

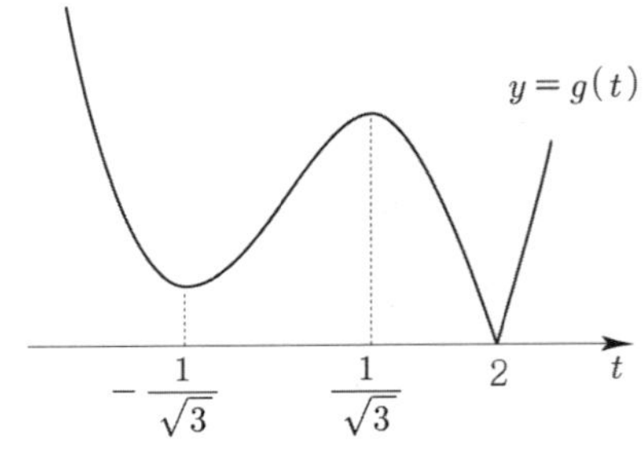

$g(t)$ 는 $x = -\dfrac{1}{\sqrt{3}}$ 에서 극소이고 극솟값은

$g\left(-\dfrac{1}{\sqrt{3}}\right) > 0$ 이므로 ㄴ은 참이다.

ㄷ. 함수 $g(t)$ 는 $t = 2$ 에서 미분가능하다.
　ㄴ에서 그린 $y = g(t)$ 의 그래프를 보면
　$g(t)$ 는 $(2,\ 0)$ 에서 첨점(뾰족점)을 가지므로
　$t = 2$ 에서 미분이 가능하지 않다.
　따라서 ㄷ은 거짓이다.

답　③

182

$f(x) = \begin{cases} x^3 - 6x^2 + 5 & (-1 \le x \le 1) \\ x^2 - 4x + a & (1 < x \le 3) \end{cases}$

$g(x) = x^3 - 6x^2 + 5$ 이라 하면
$g'(x) = 3x^2 - 12x = 3x(x-4)$
$g(-1) = -2,\ g(0) = 5,\ g(1) = 0$

$h(x) = x^2 - 4x + a$ 라 하면
$h'(x) = 2x - 4$
$h(1) = a-3,\ h(2) = a-4,\ h(3) = a-3$

가능한 최댓값에 따라 case분류하면 $x = 3$ 에서 최댓값 $a-3$
또는 $x = 0$ 에서 최댓값 5를 가질 수 있다.

만약 $x = 3$ 에서 최댓값 $a-3$ 를 가진다고 가정해보자.
$a-3 \ge 5$ 이면 $a-4 \ge 4$ 이므로 최솟값은 -2 이다.
이 경우 최댓값과 최솟값의 합이 0이 될 수 없다.

즉, $x = 0$ 에서 최댓값 5를 가져야 한다.

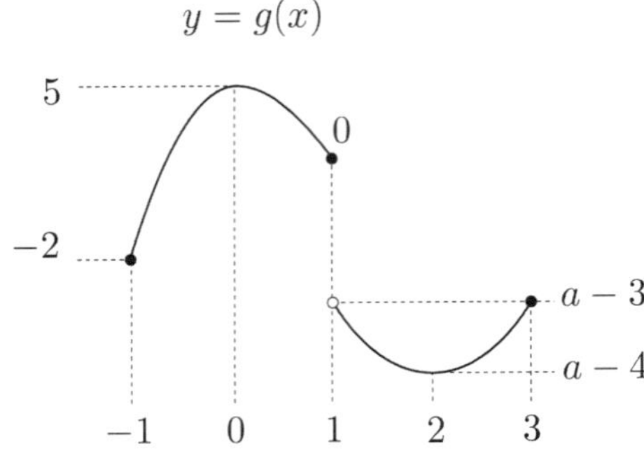

최댓값과 최솟값의 합이 0이므로 최솟값이 -5 이다.
$a-4 = -5 \Rightarrow a = -1$

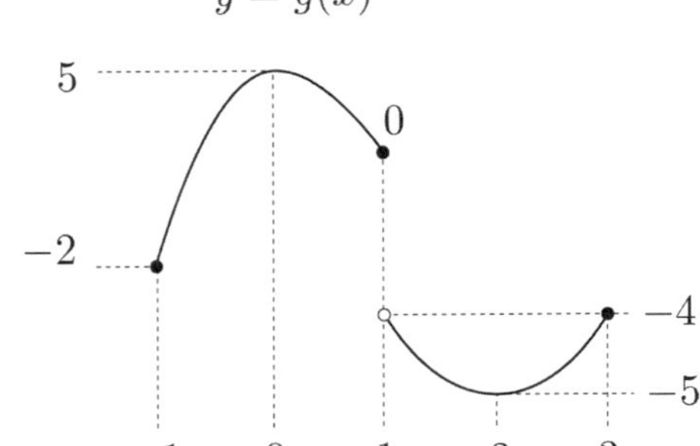

따라서 $\lim\limits_{x \to 1+} f(x) = -4$ 이다.

답　③

183

$f'(\alpha) = f'(\beta) = 0$

(가) $|\alpha - \beta| = 10$
(나) 두 점 $(\alpha,\ f(\alpha))$, $(\beta,\ f(\beta))$ 사이의 거리는 26 이다.

$\alpha < \beta$ 라 하고 ($\beta < \alpha$ 라 해도 답은 동일하다.)
(가), (나) 조건에 의해서 Guide step에서 배운 Box를 그리면

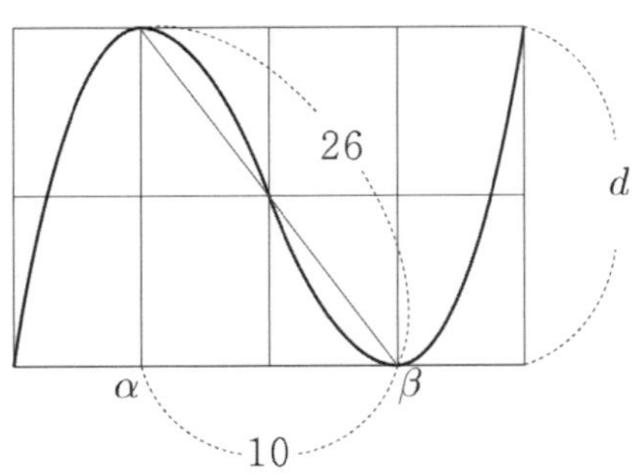

극값차를 d 라 하면 피타고라스의 정리에 의해
$d = \sqrt{26^2 - 10^2} = 24$ 이다.

답　③

<알아두면 유용한 삼각형의 길이 비>

① $1 : 1 : \sqrt{2}$

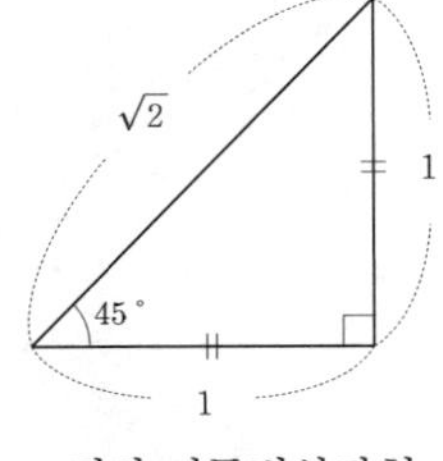

직각 이등변삼각형

② $3 : 4 : 5$

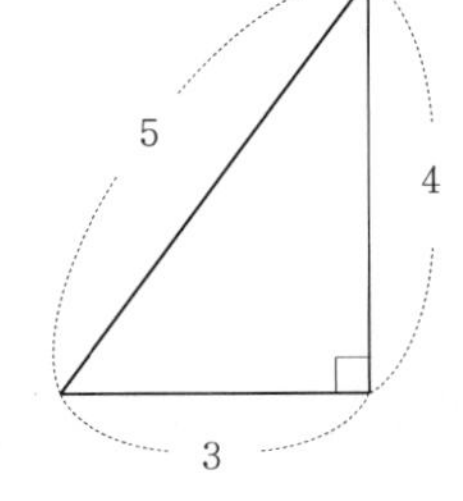

직각삼각형

③ $5 : 12 : 13$

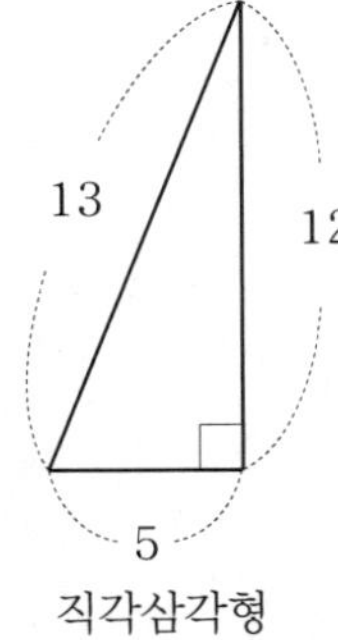

직각삼각형

④ $1 : 1 : \sqrt{3}$

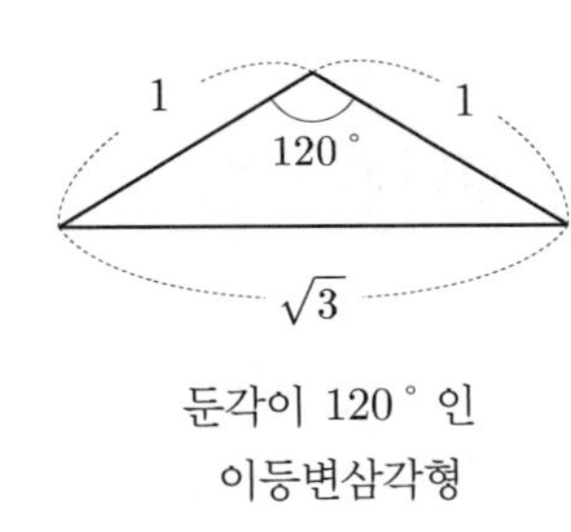

둔각이 $120°$ 인
이등변삼각형

문제에서 ③ $5 : 12 : 13$ 을 사용하면 $10 : 24 : 26$ 이므로
극값차가 24 라는 것을 바로 확인할 수 있다.

184

$h(x) = f(x) - g(x)$
$h'(x) = f'(x) - g'(x)$

$h'(x)$ 를 바탕으로 $h(x)$ 를 그리면

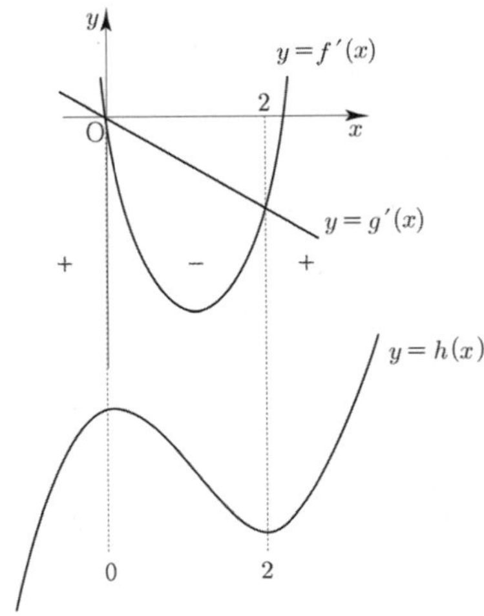

ㄱ. $0 < x < 2$ 에서 $h(x)$ 는 감소한다.
　　$0 < x < 2$ 에서 $h'(x) < 0$ 이므로 ㄱ은 참이다.

ㄴ. $h(x)$ 는 $x = 2$ 에서 극솟값을 갖는다.
　　위에서 그린 $y = h(x)$ 의 그래프를 참고하면
　　$x = 2$ 에서 극솟값을 가지므로 ㄴ은 참이다.

ㄷ. 방정식 $h(x) = 0$ 은 서로 다른 세 실근을 갖는다.
　　$f(0) = g(0) \Rightarrow f(0) - g(0) = 0 \Rightarrow h(0) = 0$

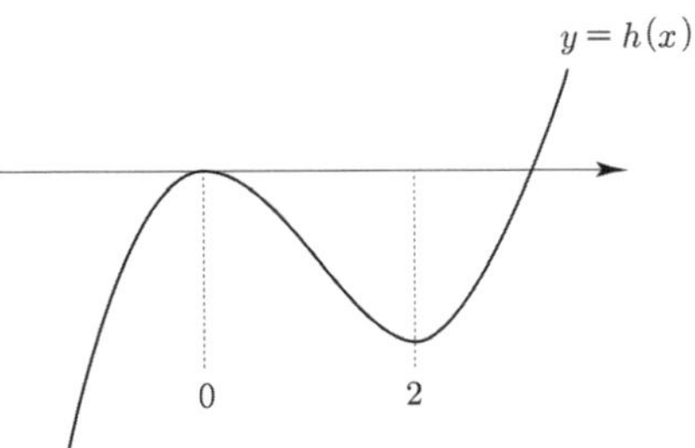

따라서 ㄷ은 거짓이다.

답 ③

빼기함수 Technique을 이용한 대표적인 문제인 만큼 제대로
알아두도록 하자.

185

함수 $y = x^3 + 2$ 의 그래프와 직선 $y = kx$ 가 만나는 교점의
개수를 $f(k)$

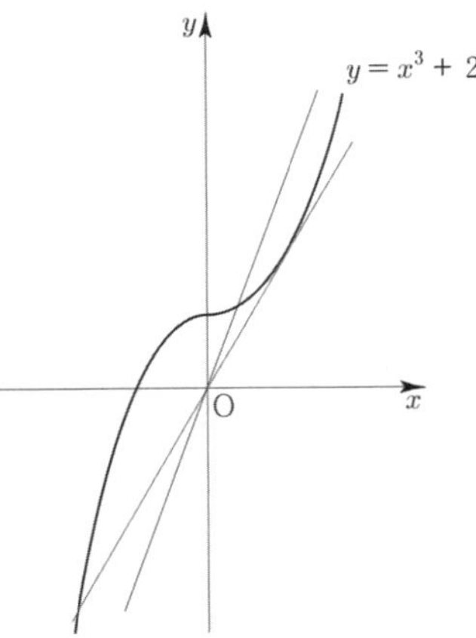

직선 $y = kx$ 가 함수 $y = x^3 + 2$ 의 그래프에 접할 때,
접점의 x 좌표를 t 라 하자.

$f'(t) = k \Rightarrow 3t^2 = k$

$f(t) = kt \Rightarrow t^3 + 2 = kt$

위 두 식을 연립하면

$t^3 + 2 = (3t^2)t \Rightarrow 2 = 2t^3 \Rightarrow t = 1$

$t = 1$ 일 때, $k = 3$ 이다.

$k < 3$ 일 때, $f(k) = 1$
$k = 3$ 일 때, $f(3) = 2$
$k > 3$ 일 때, $f(k) = 3$

이므로 $\displaystyle\sum_{k=1}^{6} f(k) = (1 \times 2) + 2 + (3 \times 3) = 13$ 이다.

답   13

186

최고차항의 계수가 1 인 삼차함수 $f(x)$

(가) $\displaystyle\lim_{x \to 0} \frac{f(x) - 3}{x} = 0$

$\displaystyle\lim_{x \to 0} x = 0 \Rightarrow \lim_{x \to 0} \{f(x) - 3\} = 0 \Rightarrow \lim_{x \to 0} f(x) = 3$

$\Rightarrow f(0) = 3$

$\displaystyle\lim_{x \to 0} \frac{f(x) - 3}{x} = \lim_{x \to 0} \frac{f(x) - f(0)}{x - 0} = f'(0) = 0$

$f(x) = x^3 + ax^2 + bx + c$ 라 하면
$f(0) = 3 \Rightarrow c = 3$
$f'(0) = 0 \Rightarrow b = 0$
이므로 $f(x) = x^3 + ax^2 + 3$

(나) 곡선 $y = f(x)$ 와 직선 $y = -1$ 의 교점의 개수는
  2 이다.
즉, 직선 $y = -1$ 와 곡선 $y = f(x)$ 가 접한다.
$f(x) = x^3 + ax^2 + 3$
$f'(x) = 3x^2 + 2ax = x(3x + 2a)$

접점의 x 좌표를 t 라 하면 $f'(t) = 0$ 이어야 하므로
$t = 0$ or $t = -\dfrac{2a}{3}$ 이다.

$f(t) = -1$ 이어야 하므로 $t = -\dfrac{2a}{3}$ 이다.
$(\because f(0) = 3)$

$f\left(-\dfrac{2a}{3}\right) = -1 \Rightarrow \dfrac{4a^3}{27} + 3 = -1 \Rightarrow a^3 = -27$

$\Rightarrow a = -3$

$f(x) = x^3 - 3x^2 + 3$ 이므로 $f(4) = 19$ 이다.

답   19

지금까지 배운 Technique들을 활용해서 실전적으로 풀어보자.
$f(0) = 3$, $f'(0) = 0$과 직선 $y = -1$와 곡선 $y = f(x)$ 가
접한다. 라는 정보를 바탕으로 Box를 그리면

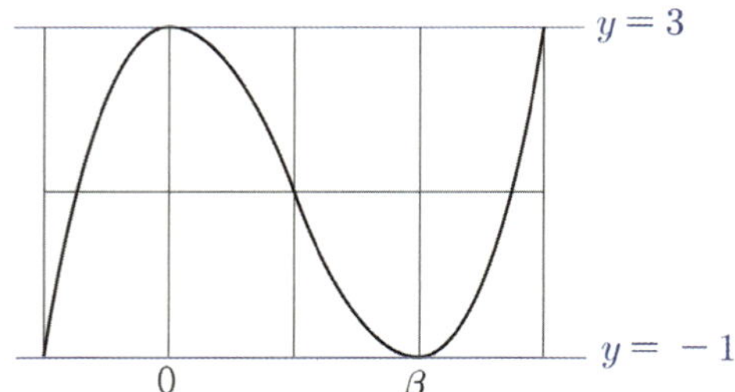

극값차 공식에 의해서

$\dfrac{|1|}{2}(\beta - 0)^3 = 3 - (-1) = 4 \Rightarrow \beta^3 = 8 \Rightarrow \beta = 2$

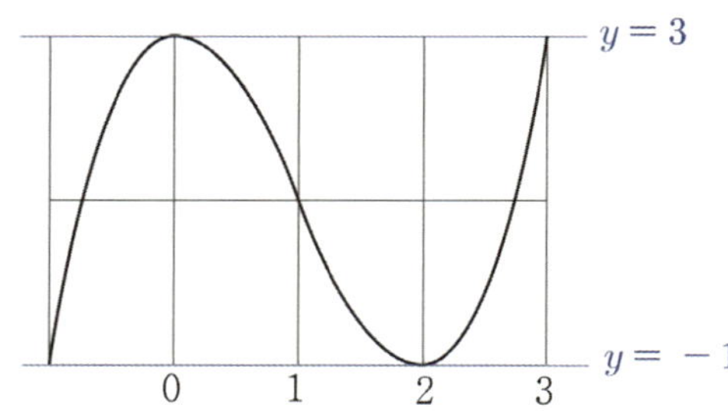

마지막으로 식세우기 Technique에 의해
$f(x) - 3 = x^2(x - 3) \Rightarrow f(4) = 16 + 3 = 19$

187

$g(x) = (x^3 + 2)f(x)$
$g'(x) = 3x^2 f(x) + (x^3 + 2)f'(x)$

$g(x)$ 가 $x = 1$ 에서 극솟값 24 를 가지므로
$g'(1) = 0 \Rightarrow 3f(1) + 3f'(1) = 0 \Rightarrow f(1) + f'(1) = 0$
$g(1) = 24 \Rightarrow 3f(1) = 24 \Rightarrow f(1) = 8$
$f(1) = 8$ 이므로 $f'(1) = -8$ 이다.

따라서 $f(1) - f'(1) = 8 - (-8) = 16$ 이다.

답   16

$$x^3 - \frac{3n}{2}x^2 + 7 = 0 \implies -x^3 + \frac{3n}{2}x^2 = 7$$

$f(x) = -x^3 + \frac{3n}{2}x^2$ 라 하면

$$f'(x) = -3x^2 + 3nx = -3x(x-n)$$

$$f(0) = 0, \ f(n) = \frac{n^3}{2}, \ f(1) = \frac{3n}{2} - 1$$

이를 바탕으로 $f(x)$를 그리면 다음과 같다.

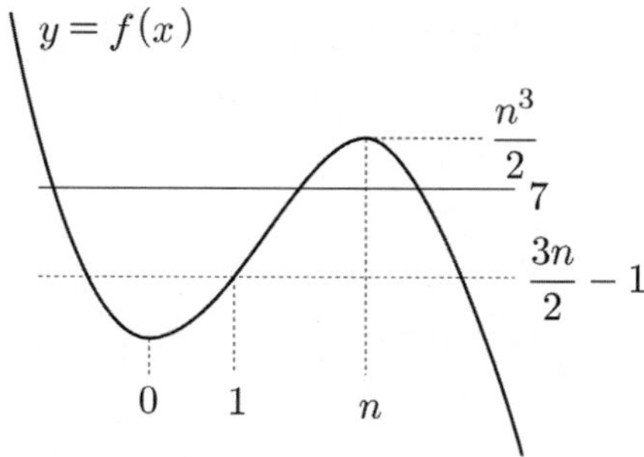

곡선 $y = f(x)$와 $y = 7$이 만나는 교점 중
서로 다른 두 교점의 x좌표가 1보다 크려면

$$f(1) < 7 < f(n) \implies \frac{3n}{2} - 1 < 7 < \frac{n^3}{2}$$

$$\frac{3n}{2} < 8 \implies n < \frac{16}{3}$$

$$7 < \frac{n^3}{2} \implies 14 < n^3$$

$$\therefore n = 3, \ 4, \ 5$$

따라서 모든 자연수 n의 값의 합은 $3 + 4 + 5 = 12$이다.

답 12

$y = x^2$ 위의 점 중에서 직선 $y = 2tx - 1$과의 거리가
최소인 점을 P라 했으므로 점 P의 접선의 기울기는 $2t$와
같다. (만약 이해가 안 된다면 t1 36번, 37번을 참고하도록 하자.)

점 P의 x좌표를 a라 하면

$$2a = 2t \implies a = t$$

이므로 점 P의 좌표는 $\mathrm{P}(t, \ t^2)$이다.

직선 OP는 $y = \dfrac{t^2}{t}x \implies y = tx$이고,

$tx = 2tx - 1 \implies tx = 1 \implies x = \dfrac{1}{t}$ 이므로

점 Q의 좌표는 $\mathrm{Q}\left(\dfrac{1}{t}, \ 1\right)$이다.

$$
\begin{aligned}
\therefore \ \overline{\mathrm{PQ}} &= \sqrt{\left(t - \frac{1}{t}\right)^2 + (t^2 - 1)^2} \\
&= \sqrt{\left(\frac{t^2 - 1}{t}\right)^2 + (t^2 - 1)^2} \\
&= \sqrt{(t^2 - 1)^2\left(\frac{1}{t^2} + 1\right)} \\
&= |t^2 - 1|\sqrt{\frac{1}{t^2} + 1} \\
&= (1 - t^2)\sqrt{\frac{1}{t^2} + 1} \quad (\because \ 0 < t < 1)
\end{aligned}
$$

따라서 $\displaystyle \lim_{t \to 1-} \frac{\overline{\mathrm{PQ}}}{1 - t} = \lim_{t \to 1-} \frac{(1 - t^2)\sqrt{\dfrac{1}{t^2} + 1}}{1 - t}$

$$= \lim_{t \to 1-} \frac{(1 + t)\sqrt{\dfrac{1}{t^2} + 1}}{1} = 2\sqrt{2}$$

이다.

답 ③

$$f(x) = x^3 + ax^2 + bx + c$$
$$f'(x) = 3x^2 + 2ax + b$$

$y = f(x)$ 위의 점 $(-2, \ f(-2))$에서의 접선을 $g(x)$라 하면

$$g(x) = (12 - 4a + b)(x + 2) - 8 + 4a - 2b + c$$

$y = f(x)$ 위의 점 $(2, \ 3)$에서의 접선을 $h(x)$라 하면

$$f(2) = 3 \implies 8 + 4a + 2b + c = 3$$

$$\implies 4a + 2b + c = -5 \ \cdots \ \bigcirc$$

이고, $h(x) = (12 + 4a + b)(x - 2) + 3$

두 접선 $y = g(x)$, $y = h(x)$이 점 $(1, \ 3)$에서 만나므로

$$g(1) = 3 \implies 28 - 8a + b + c = 3$$

$$\implies -8a + b + c = -25 \ \cdots \ \bigcirc\!\!\!\bigcirc$$

$$h(1) = 3 \implies -12 - 4a - b + 3 = 3$$

$$\implies -4a - b = 12 \ \cdots \ \bigcirc\!\!\!\bigcirc\!\!\!\bigcirc$$

㉠ $-$ ㉡을 하면
$12a+b=20$ 이고, 이를 ㉢과 연립하면
$8a=32 \Rightarrow a=4$ 이므로, $b=-28$, $c=35$

따라서 $f(0)=c=35$ 이다.

답 ③

191

$a>\sqrt{2}$
$f(x)=-x^3+ax^2+2x$
$f'(x)=-3x^2+2ax+2$

점 $O(0,\ 0)$ 에서의 접선은 $y=2x$ 이고,
$f(x)=2x \Rightarrow -x^3+ax^2+2x=2x$

$\Rightarrow -x^2(x-a)=0$
이므로 점 A 의 좌표는 $(a,\ 2a)$ 이다.

> **Tip**
>
> 물론 근과 계수의 관계 technique을 사용하여
> 점 A 의 x 좌표를 구해도 된다.
> $f(x)=2x \Rightarrow f(x)-2x=0$
> $2x$ 를 좌변으로 넘겨도 x^2 의 계수는 변화가 없다.
> 이때 삼차방정식 $f(x)-2x=0$ 은
> 0 을 중근, x_1 을 하나 실근으로 가지므로
> 삼차방정식의 근과 계수의 관계에 의해
> $0+0+x_1=-\dfrac{a}{-1}=a \Rightarrow x_1=a$
> 즉, A 의 좌표는 $(a,\ 2a)$ 이다.
>
> 이 문제에서는 직접 방정식을 풀어 해를 찾는 계산과정이 크게
> 복잡하진 않았지만 얼마든지 시간을 잡아먹게 세팅할 수 있다.
> 따라서 근과 계수의 관계 technique을 적극활용하여 시간을
> 단축할 수 있도록 하자.

점 A 가 선분 OB 를 지름으로 하는 원 위의 점이므로
$\angle OAB=\dfrac{\pi}{2}$ 이다.

즉, 직선 OA 의 기울기가 2 이므로 직선 AB 의 기울기는
$-\dfrac{1}{2}$ 이다.

$f'(a)=-\dfrac{1}{2} \Rightarrow -a^2+2=-\dfrac{1}{2}$

$\Rightarrow a^2=\dfrac{5}{2} \Rightarrow a=\dfrac{\sqrt{5}}{\sqrt{2}}=\dfrac{\sqrt{10}}{2}\ (\because\ a>\sqrt{2})$

$\therefore\ A\left(\dfrac{\sqrt{10}}{2},\ \sqrt{10}\right)$

직선 AB 의 방정식은
$y=-\dfrac{1}{2}\left(x-\dfrac{\sqrt{10}}{2}\right)+\sqrt{10}=-\dfrac{1}{2}x+\dfrac{5\sqrt{10}}{4}$ 이므로
점 B 의 좌표는 $B\left(\dfrac{5\sqrt{10}}{2},\ 0\right)$ 이다.

"삼각형 넓이 같다" technique를 사용해보자.

점 A 에서 x 축에 내린 수선의 발을 H 라 하면
직각삼각형 OAB 에서
$\dfrac{1}{2}\times\overline{OA}\times\overline{AB}=\dfrac{1}{2}\times\overline{OB}\times\overline{AH}$
이므로 $\overline{OA}\times\overline{AB}=\overline{OB}\times\overline{AH}$ 이다.

따라서 $\overline{OA}\times\overline{AB}=\dfrac{5\sqrt{10}}{2}\times\sqrt{10}=25$ 이다.

답 25

192

$f(x)=-x^3+4x^2-3x$
$f'(x)=-3x^2+8x-3$

점 $B(3,\ 0)$ 에서의 접선의 기울기는
$f'(3)=-6=-\dfrac{\overline{CD}}{\overline{DB}}$

$\overline{AD}:\overline{DB}=3:1 \Rightarrow 3\overline{DB}=\overline{AD}$ 이므로
직선 AC 의 기울기는 $\dfrac{\overline{CD}}{\overline{AD}}=\dfrac{\overline{CD}}{3\overline{DB}}=\dfrac{1}{3}\times 6=2$ 이다.

$f'(a)=2$ 이므로 $-3a^2+8a-3=2 \Rightarrow 3a^2-8a+5=0$

따라서 조건을 만족시키는 a 의 값들의 곱은 $\dfrac{5}{3}$ 이다.

답 ⑤

193

최고차항의 계수가 a 인 이차함수 $f(x)$
$y=f(x)$ 의 그래프의 대칭축이 직선 $x=1$ 이므로
$f(x)=a(x-1)^2+C$
$f'(x)=2a(x-1)$

모든 실수 x에서 $|f'(x)| \leq 4x^2+5$이므로
$y=|f'(x)|$, $y=4x^2+5$의 그래프를 그리면

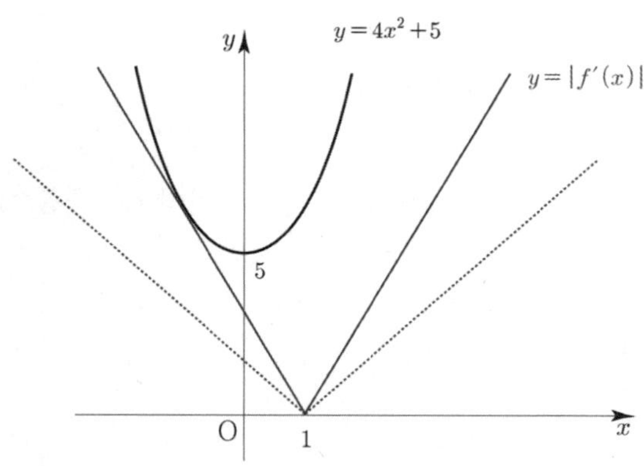

a의 최댓값을 구하는 것이므로 $a>0$일 때라고 가정하고
답을 구해보자.

$y=|2a(x-1)|$는 a에 관계없이 $(1,\ 0)$을 지나고
a가 커지면 커질수록 기울기가 가팔라진다.
즉, 모든 실수 x에 대하여 $|2a(x-1)| \leq 4x^2+5$를
만족시키면서 실수 a가 최대일 때는
$y=-2a(x-1)$와 $y=4x^2+5$와 접할 때이다.

$g(x)=4x^2+5$라 하면
$g'(x)=8x$
접점의 x좌표를 t라 하면

$$g'(t)=-2a \Rightarrow 8t=-2a \Rightarrow t=-\frac{1}{4}a$$

$$g(t)=-2a(t-1) \Rightarrow 4t^2+5=-2a(t-1)$$

$$\Rightarrow \frac{a^2}{4}+5=-2a\left(-\frac{1}{4}a-1\right)$$

$$\Rightarrow a^2+8a-20=0$$

$$\Rightarrow (a+10)(a-2)=0$$

$$\Rightarrow a=2 \ (\because\ a>0)$$

답 ②

조건을 만족시키는 실수 a의 범위를 구해보자.
① $a>0$일 때
  $0<a\leq 2$이면 주어진 조건을 만족시킨다.

② $a=0$일 때
  $0\leq 4x^2+5$이므로 마찬가지로 주어진 조건을 만족시킨다.

③ $a<0$일 때
  포인트는 $a<0$일 때인데 $y=|2a(x-1)|$이므로

a의 절댓값만 같으면 $a<0$와 $a>0$는
서로 같은 그래프가 그려진다.

예를 들어
$a=1 \Rightarrow y=|2(x-1)|$
$a=-1 \Rightarrow y=|-2(x-1)|=|2(x-1)|$

즉, $a<0$일 때는 $-2\leq a<0$이다.

따라서 조건을 만족시키는 실수 a의 범위를 구하면
$-2\leq a\leq 2$이다.

다른 방법으로 구해보자.

$$|f'(x)|\leq 4x^2+5 \Rightarrow -4x^2-5\leq f'(x)\leq 4x^2+5$$
$$\Rightarrow -4x^2-5\leq 2a(x-1)\leq 4x^2+5$$

직선 $y=2a(x-1)$는 a와 관계없이 항상 지나는 정점이
$(1,\ 0)$이고 기울기가 $2a$인 일차함수로 해석할 수 있다.
즉, 점 $(1,\ 0)$을 고정시켜 빙글빙글 돈다고 볼 수 있다.

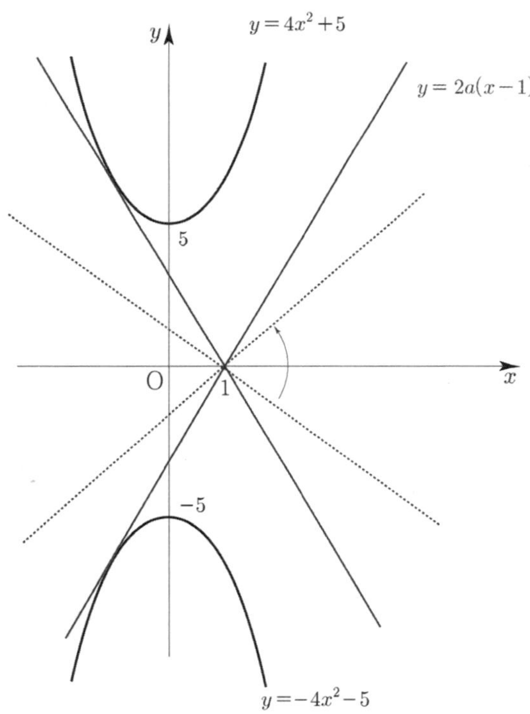

a의 최대는 $a>0$일 때, $y=-4x^2-5$와 접할 때이고
a의 최소는 $a<0$일 때, $y=4x^2+5$와 접할 때이다.

첫 번째 풀이처럼 접점을 이용하여 풀어도 되고
이차함수이니 판별식으로 풀어도 된다.
이번에는 판별식으로 풀어보자.

① $a > 0$일 때

$$2a(x-1) = -4x^2 - 5$$

$$\Rightarrow 4x^2 + 2ax - 2a + 5 = 0$$

$$\frac{D}{4} = a^2 + 8a - 20 = 0$$

$$\Rightarrow (a+10)(a-2) = 0 \Rightarrow a = 2 \ (\because \ a > 0)$$

② $a < 0$일 때

$$2a(x-1) = 4x^2 + 5$$

$$\Rightarrow 4x^2 - 2ax + 2a + 5 = 0$$

$$\frac{D}{4} = a^2 - 8a - 20 = 0$$

$$\Rightarrow (a-10)(a+2) = 0 \Rightarrow a = -2 \ (\because \ a < 0)$$

따라서 조건을 만족시키는 a의 범위는 $-2 \leq a \leq 2$이다.

194

곡선 $y = f(x)$와 직선 $y = -x + t$의 교점의 개수를 $g(t)$

ㄱ. $f(x) = x^3$이면 함수 $g(t)$는 상수함수이다.

$f(x) = -x + t \Rightarrow x^3 + x = t$

$h(x) = x^3 + x$라 하면

$h'(x) = 3x^2 + 1 > 0$이므로 $h(x)$는 증가함수이다.

곡선 $y = h(x)$와 직선 $y = t$의 교점의 개수는 1이므로

$g(t) = 1$이다. 따라서 ㄱ은 참이다.

ㄴ. 삼차함수 $f(x)$에 대하여, $g(1) = 2$이면 $g(t) = 3$인

t가 존재한다.

$f(x) = -x + 1 \Rightarrow f(x) + x = 1$

$h(x) = f(x) + x$라 하면 $h(x)$는 삼차함수이고

$y = 1$과 두 점에서 만나려면 Guide step에서 배운

삼차함수 ①번 개형이 나와야 한다.

(삼차함수 ①번 개형 = 극값이 존재하는 개형)

$y = h(x)$와 $y = t$가 서로 다른 세 점에서 만나도록

하는 실수 t가 존재하므로 ㄴ은 참이다.

ㄷ. 함수 $g(t)$가 상수함수이면, 삼차함수 $f(x)$의 극값은

존재하지 않는다.

$f(x) + x = t$

$h(x) = f(x) + x$라 하면

$h(x) = t$

$g(t)$가 상수함수이려면 $h(x)$는 증가함수 or 감소함수

이어야 한다.

① $h(x)$가 증가함수 ($f(x)$의 최고차항의 계수가 양수)

$h'(x) \geq 0 \Rightarrow f'(x) + 1 \geq 0 \Rightarrow f'(x) \geq -1$

방정식 $f'(x) = 0$가 서로 다른 두 실근을 가질 수

있으므로 $f(x)$의 극값이 존재할 수 있다.

ex $f'(x)$의 최솟값이 $-\dfrac{1}{2}$인 경우

② $h(x)$가 감소함수 ($f(x)$의 최고차항의 계수가 음수)

$h'(x) \leq 0 \Rightarrow f'(x) + 1 \leq 0 \Rightarrow f'(x) \leq -1$

방정식 $f'(x) = 0$의 실근이 존재하지 않으므로

$f(x)$의 극값은 존재하지 않는다.

극값이 존재할 수도 있고 안할 수도 있으므로

ㄷ은 거짓이다.

 답 ③

> **Tip**
>
> 문제 조건에 $f(x)$의 최고차항의 계수가 나와 있지 않으면
> 음수인 경우도 고려해야 한다.

195

직선 $y = k$가 곡선 $y = f(x)$, 직선 $y = g(x)$와 만나는

서로 다른 점의 개수의 최댓값은 각각 3, 1이다.

즉, 함수 $y = h(x)$의 그래프와 직선 $y = k$가

서로 다른 네 점에서 만나는 경우는 직선 $y = k$와

곡선 $y = f(x)$는 서로 다른 세 점에서 만나고

직선 $y = k$와 직선 $y = g(x)$는 한 점에서 만나야 한다.

또한 이 네 점이 모두 서로 다른 점이어야 한다.

$$h(x) = \begin{cases} f(x) & (f(x) \geq g(x)) \\ g(x) & (f(x) < g(x)) \end{cases}$$

직선 $y = g(x)$는 a에 상관없이 $(2, \ 2)$를 반드시 지난다.

함수 $y = h(x)$의 그래프와 직선 $y = k$가 서로 다른

네 점에서 만나도록 하는 실수 k가 존재하려면

다음 그림과 같이 $a < 0$이어야 한다.

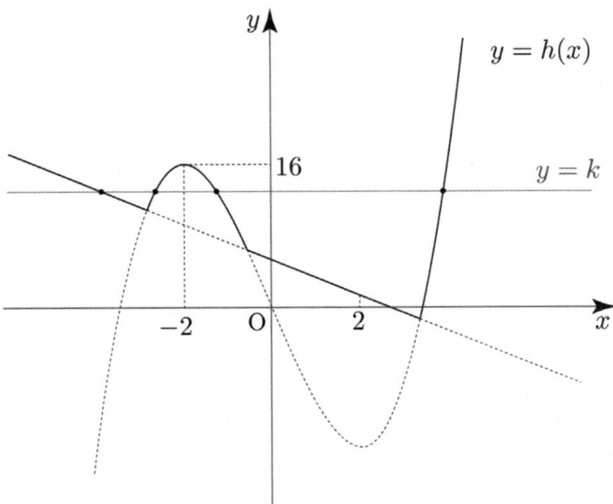

직선 $y = g(x)$ 가 $(-2, 16)$ 을 지나면 다음 그림과 같다.

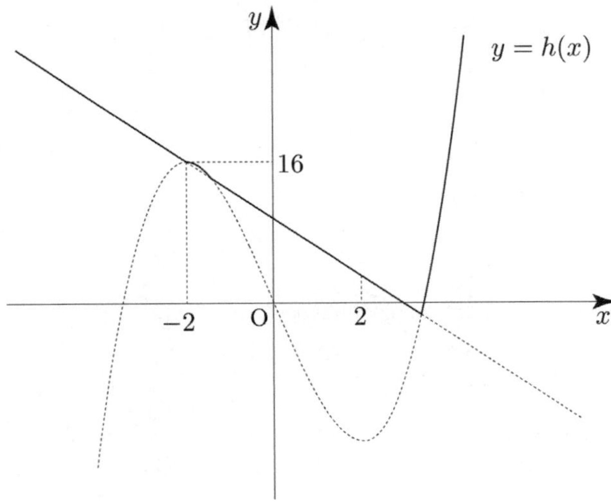

즉, 조건을 만족하려면 $f(-2) > g(-2)$ 이어야 한다.

$$f(-2) > g(-2) \Rightarrow 16 > -4a + 2 \Rightarrow -\frac{7}{2} < a$$

$a < 0$ 이고 $-\frac{7}{2} < a$ 이므로 $-\frac{7}{2} < a < 0$

$$\therefore \ m = -\frac{7}{2}, \ M = 0$$

따라서 $10 \times (M - m) = 10 \times \dfrac{7}{2} = 35$ 이다.

답 35

196

최고차항의 계수가 1인 삼차함수 $f(x)$

$f(x) = x^3 + ax^2 + bx + c$ 라 하면

$f'(x) = 3x^2 + 2ax + b$

$$g(x) = \begin{cases} \dfrac{1}{2} & (x < 0) \\[2mm] f(x) & (x \geq 0) \end{cases}$$

$x = 0$ 에서 미분가능하므로 $x = 0$ 에서 연속이다.

$$f(0) = \frac{1}{2}$$

$$g'(x) = \begin{cases} 0 & (x < 0) \\[2mm] f'(x) & (x \geq 0) \end{cases}$$

$x = 0$ 에서 미분가능하므로 $f'(0) = 0$ 이다.

$f(0) = \dfrac{1}{2} \Rightarrow c = \dfrac{1}{2}$

$f'(0) = 0 \Rightarrow b = 0$

$$f(x) = x^3 + ax^2 + \frac{1}{2}$$

ㄱ. $g(0) + g'(0) = \dfrac{1}{2}$

$g(0) = f(0) = \dfrac{1}{2}$

$g'(0) = f'(0) = 0$

이므로 ㄱ은 참이다.

ㄴ. $g(1) < \dfrac{3}{2}$

$f'(x) = 3x^2 + 2ax = 3x\left(x + \dfrac{2a}{3}\right)$ 이므로

$-\dfrac{2a}{3}$ 의 부호에 따라 $g(x)$ 의 그래프 개형이 달라진다.

① $-\dfrac{2a}{3} < 0 \Rightarrow a > 0$

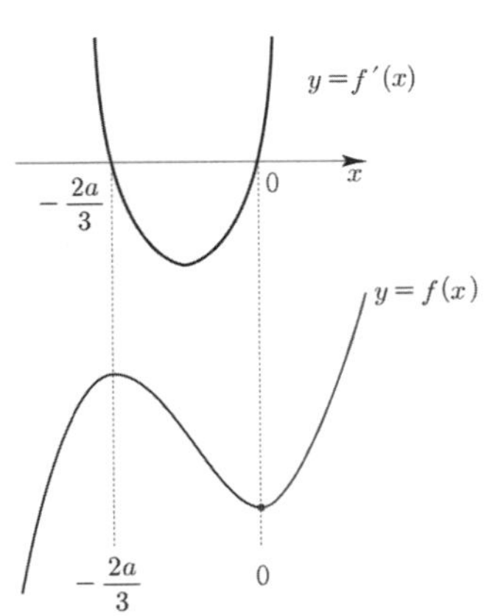

$g(x)$ 의 최솟값이 $\dfrac{1}{2}$ 보다 작아야 하는데

$f(0)=\dfrac{1}{2} \;\Rightarrow\; g(x)\geq\dfrac{1}{2}$ 이므로 조건을 만족시키지
않는다.

② $-\dfrac{2a}{3}=0 \;\Rightarrow\; a=0$

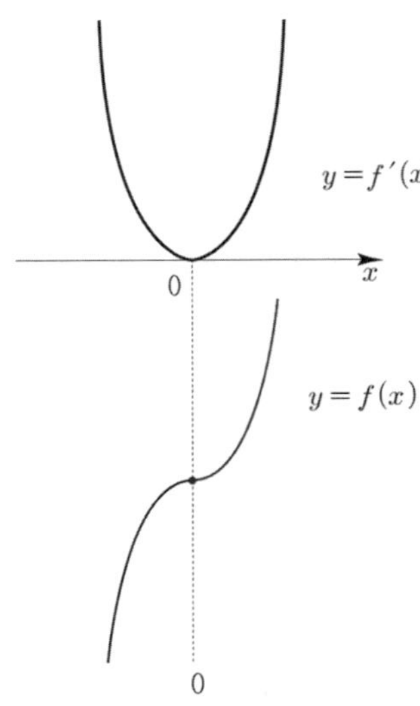

$g(x)$ 의 최솟값이 $\dfrac{1}{2}$ 보다 작아야 하는데

$f(0)=\dfrac{1}{2} \;\Rightarrow\; g(x)\geq\dfrac{1}{2}$ 이므로 조건을 만족시키지
않는다.

③ $-\dfrac{2a}{3}>0 \;\Rightarrow\; a<0$

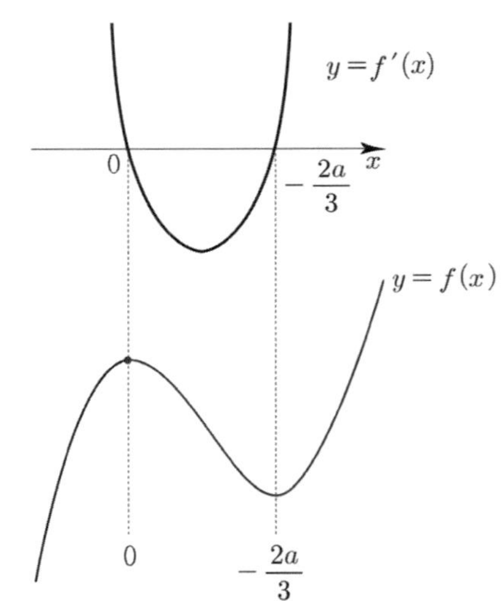

$g(1)=f(1)=1+a+\dfrac{1}{2}=\dfrac{3}{2}+a<\dfrac{3}{2}\;(\because a<0).$
이므로 ㄴ은 참이다.

ㄷ. 함수 $g(x)$ 의 최솟값이 0 일 때, $g(2)=\dfrac{5}{2}$ 이다.

$g(x)$ 는 $x=-\dfrac{2a}{3}$ 에서 최소이므로

$g\!\left(-\dfrac{2a}{3}\right)=f\!\left(-\dfrac{2a}{3}\right)=\dfrac{4}{27}a^3+\dfrac{1}{2}=0$

$\Rightarrow\; a^3=-\dfrac{27}{8} \;\Rightarrow\; a=-\dfrac{3}{2}$

$f(x)=x^3-\dfrac{3}{2}x^2+\dfrac{1}{2}$ 이므로 $g(2)=f(2)=\dfrac{5}{2}$ 이다.

따라서 ㄷ은 참이다.

답 ⑤

197

$|f(k)|+|g(k)|=0 \;\Rightarrow\; f(k)=g(k)=0$

$f(k)=0$ 을 만족시키는 k 에 대하여 case분류하면

① $k=0$ 인 경우

곡선 $y=f(x)$ 위의 점 $(0,\,0)$ 에서의 접선의 y 절편인
$g(k)=0$ 이다.

② $k\neq0$ 인 경우

곡선 $y=f(x)$ 위의 점 $(k,\,0)$ 에서이 접선의 y 절편인
$g(k)=0$ 이려면 $f'(k)=0$ 이어야 한다.

$|f(k)|+|g(k)|=0$ 을 만족시키는 실수 k 의 개수가
2 이므로 ①, ②에 의해 그림을 그리면 다음과 같다.

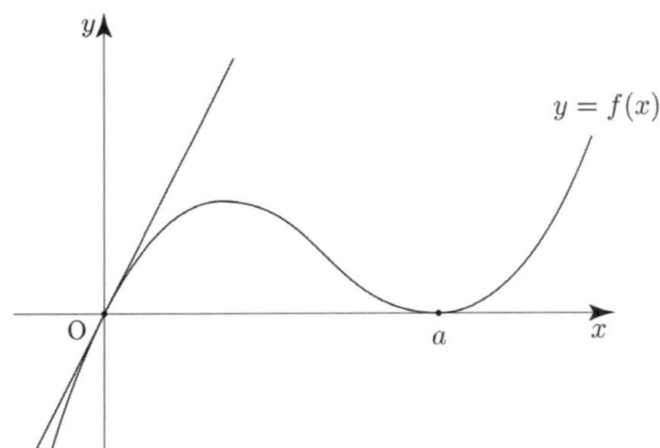

$f(x)=x(x-a)^2=x^3-2ax^2+a^2x \;\;(a\neq0)$
$f'(x)=3x^2-4ax+a^2$

곡선 $y=f(x)$ 위의 점 $(t,\,f(t))$ 에서의 접선의 방정식은
$y=(3t^2-4at+a^2)(x-t)+t^3-2at^2+a^2t$
$\therefore\; g(t)=-2t^3+2at^2$

$$4f(1)+2g(1)=-1$$

$$\Rightarrow 4(1-2a+a^2)+2(-2+2a)=-1$$

$$\Rightarrow 4a^2-4a+1=0 \Rightarrow (2a-1)^2=0$$

$$\Rightarrow a=\frac{1}{2}$$

따라서 $f(4)=4\times\left(4-\dfrac{1}{2}\right)^2=49$ 이다.

 ②

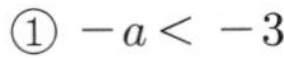
198

$a>0$ 인 상수 a

$f(x)=\left|(x^2-9)(x+a)\right|=\left|(x-3)(x+3)(x+a)\right|$

실근이 3, -3, $-a$ 이므로

$-a$ 의 범위에 따라 case분류하면

$(a>0 \Rightarrow -a<0)$

① $-a<-3$

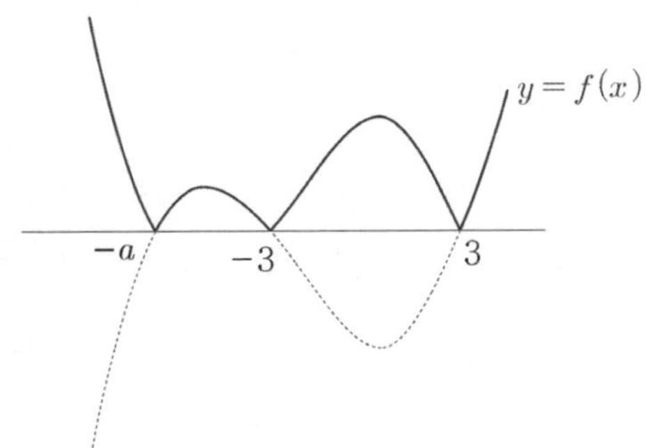

함수 $f(x)$ 는 $x=-a$, $x=-3$, $x=3$ 에서
미분가능하지 않으므로 주어진 조건을 만족시키지 않는다.

② $-a=-3$

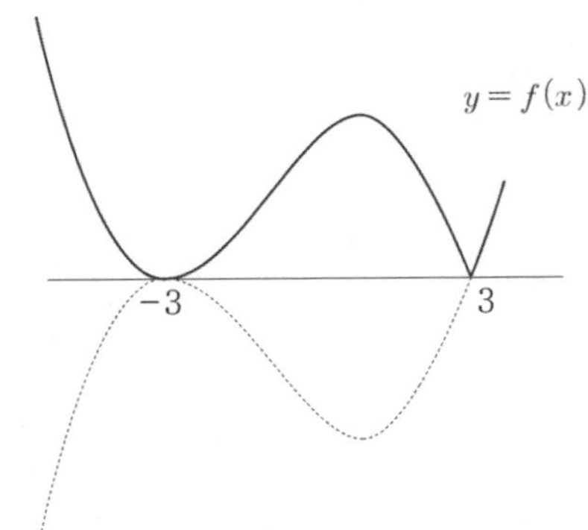

함수 $f(x)$ 는 $x=3$ 에서만 미분가능하지 않으므로 주어진
조건을 만족시킨다.

③ $-3<-a<0$

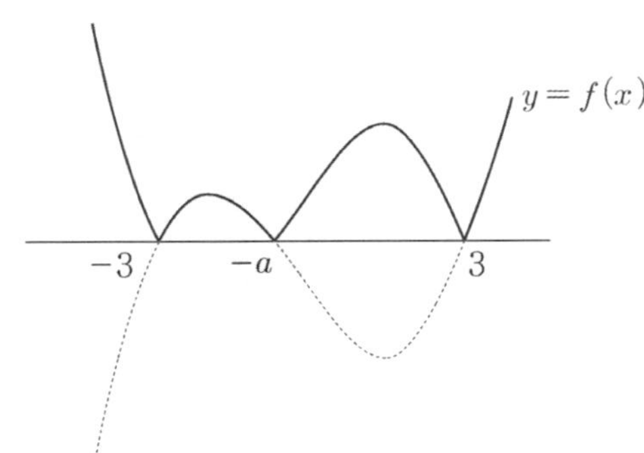

함수 $f(x)$ 는 $x=-3$, $x=-a$, $x=3$ 에서
미분가능하지 않으므로 주어진 조건을 만족시키지 않는다.

즉, ①, ②, ③ 에 의해서 $a=3$ 임을 알 수 있다.

$y=(x-3)(x+3)^2$ 의 극솟값의 절댓값이

$f(x)=\left|(x^2-9)(x+a)\right|=\left|(x-3)(x+3)^2\right|$ 의 극댓값이다.

$y=(x-3)(x+3)^2$

$y'=3(x+3)(x-1)$ 이므로

$y=(x-3)(x+3)^2$ 는 $x=1$ 에서 극소이고 극솟값은
-32 이다.

따라서 함수 $f(x)$ 는 $x=1$ 에서 극대이고 극댓값은
$f(1)=\left|-32\right|=32$ 이다.

답 ①

199

$$g(x)=\begin{cases} f(x) & (x\le 1) \\ f(x-1)+2 & (x>1) \end{cases}$$

$$g'(x)=\begin{cases} f'(x) & (x\le 1) \\ f'(x-1) & (x>1) \end{cases}$$

함수 $g(x)$ 는 $x=1$ 에서 연속이므로
$f(1)=f(0)+2$

함수 $g(x)$ 는 $x=1$ 에서 미분가능하므로
$f'(1)=f'(0)$

곡선 $y=g(x)$ 위의 점 $(0,\,g(0))$ 에서의 접선의
방정식이 $y=2x+1$ 이므로
$g'(0)=2,\ g(0)=1 \Rightarrow f'(0)=2,\ f(0)=1$

$f(1) = 3$, $f(0) = 1$, $f'(0) = f'(1) = 2$ 이므로
곡선 $y = f(x)$ 는 직선 $y = 2x + 1$ 과
두 점 $(0,\ f(0)),\ (1,\ f(1))$ 에서 접한다.

$f(x) = x^2(x-1)^2 + 2x + 1 = x^4 - 2x^3 + x^2 + 2x + 1$
$f'(x) = 4x^3 - 6x^2 + 2x + 2$

$$g'(x) = \begin{cases} f'(x) & (x \leq 1) \\ f'(x-1) & (x > 1) \end{cases}$$

$f'(t) = 2 \ (t \leq 1)$

$\Rightarrow 4t^3 - 6t^2 + 2t + 2 = 2$

$\Rightarrow 2t(2t-1)(t-1) = 0$

$\Rightarrow t = 0 \ \text{or} \ t = \dfrac{1}{2} \ \text{or} \ t = 1 \ (\because \ t \leq 1)$

$f'(t-1) = 2 \ (t > 1)$

$\Rightarrow 4(t-1)^3 - 6(t-1)^2 + 2(t-1) + 2 = 2$

$\Rightarrow 2(t-1)(2t-3)(t-2) = 0$

$\Rightarrow \ t = \dfrac{3}{2} \ \text{or} \ t = 2 \ (\because \ t > 1)$

따라서 $g'(t) = 2$ 인 모든 실수 t 의 값의 합은
$0 + \dfrac{1}{2} + 1 + \dfrac{3}{2} + 2 = 5$ 이다.

답   ③

200

(나) 조건에 의해 방정식 $f(x) = k$는 최소한 서로 다른
세 실근을 가져야 하므로 함수 $f(x)$ 는 극대 극소를
모두 갖는 그래프이어야 한다.

함수 $f(x)$ 가
$x = \alpha,\ x = \beta \ (\alpha < \beta)$ 에서 극소라고 가정하자.
$f(\alpha)$ 와 $f(\beta)$ 의 대소 관계에 따라 case분류하면

① $f(\alpha) = f(\beta)$ 인 경우
집합 $\{x \mid f(x) = k\}$ 의 원소의 개수가 3 이상이
되도록 하는 실수 k의 최솟값이 존재하지 않아 모순이다.

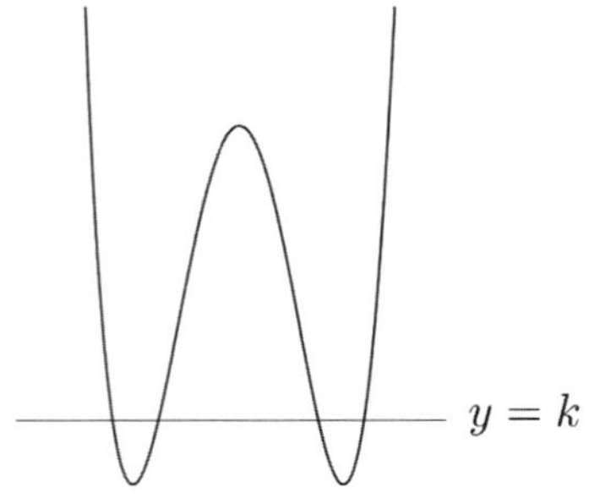

② $f(\alpha) > f(\beta)$ 인 경우
(가) 조건에 의해 $\beta = 2$ 이고,

(나) 조건에 의해 $f(\alpha) = \dfrac{8}{3}$

$f(0) = 0$ 이므로 다음 그림과 같다.

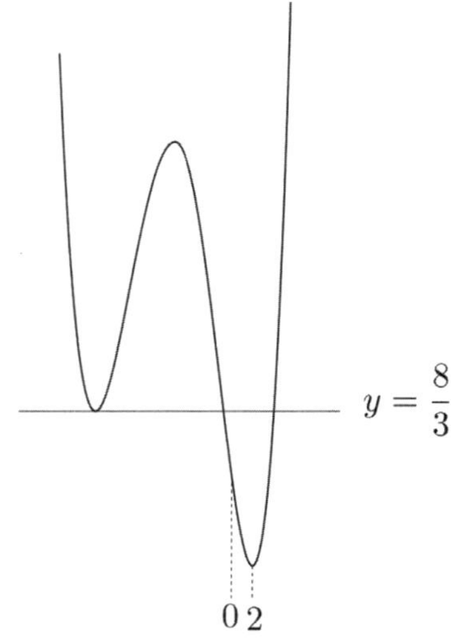

$f'(1) \neq 0$ 이므로 모순이다.

② $f(\alpha) < f(\beta)$
(가) 조건에 의해 $\beta = 2$ 이고,

(나) 조건에 의해 $f(2) = \dfrac{8}{3}$

방정식 $f(x) = \dfrac{8}{3}$ 의 실근 중 2 가 아닌 두 실근을
$a,\ b \ (a < b)$ 라 하면 다음 그림과 같다.

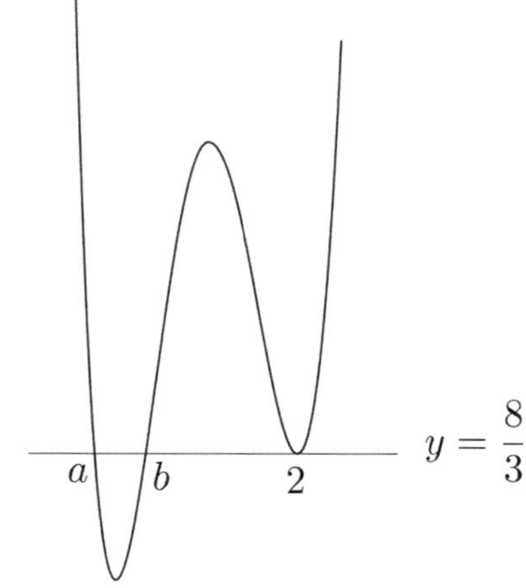

$$f(x) = (x-a)(x-b)(x-2)^2 + \frac{8}{3}$$

$$f'(x)$$

$$= (x-b)(x-2)^2 + (x-a)(x-2)^2 + 2(x-a)(x-b)(x-2)$$

$$f(0) = 0 \Rightarrow 4ab + \frac{8}{3} = 0 \Rightarrow ab = -\frac{2}{3}$$

$$f'(1) = 0 \Rightarrow (1-b) + (1-a) - 2(1-a)(1-b) = 0$$

$$\Rightarrow 2 - a - b - 2(1 - a - b + ab) = 0$$

$$\Rightarrow a + b - 2ab = 0 \Rightarrow a + b = -\frac{4}{3}$$

$$\therefore ab = -\frac{2}{3}, \ a+b = -\frac{4}{3}$$

따라서 $f(3) = (3-a)(3-b) + \frac{8}{3}$

$$= 9 - 3(a+b) + ab + \frac{8}{3}$$

$$= 9 - 3\left(-\frac{4}{3}\right) - \frac{2}{3} + \frac{8}{3} = 15$$

이다.

답 15

201

문제에서 함수 $f(x)$ 의 극댓값을 구하라고 했으므로
삼차함수 $f(x)$ 는 극대, 극소를 갖는 개형이다.
이때
$x = p$ 에서 극댓값을 갖고,
$x = q$ 에서 극솟값을 갖는다고
하자.

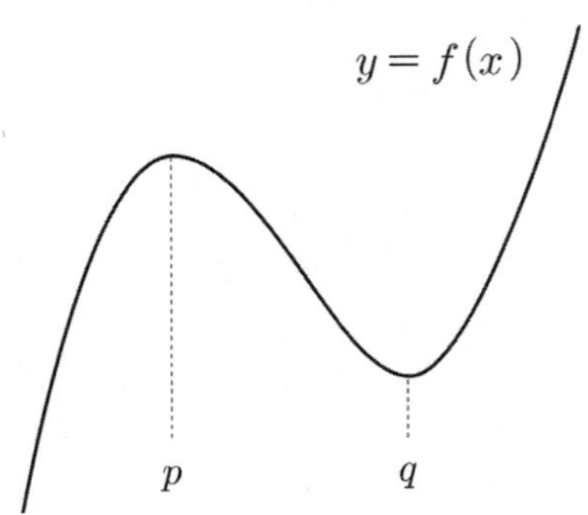

함수 $g(x)$ 의 경계가 $x = -2$ 이므로 p, q와 -2의
대소관계에 따라 case분류하면 다음과 같다.

① $p < q \leq -2$ 인 경우

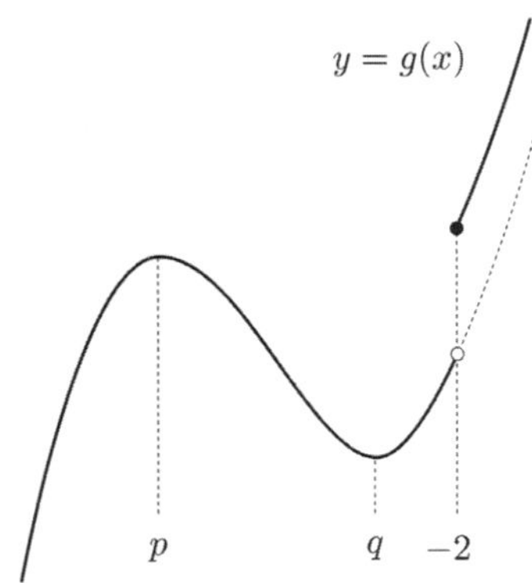

$x \geq -2$ 에서 함수 $g(x)$ 는 증가하므로
$f(-2) < g(-2) < g(2)$ 이다.
$g(2) \neq f(-2)$ 이므로 모순이다.

② $p < -2 < q$ 인 경우

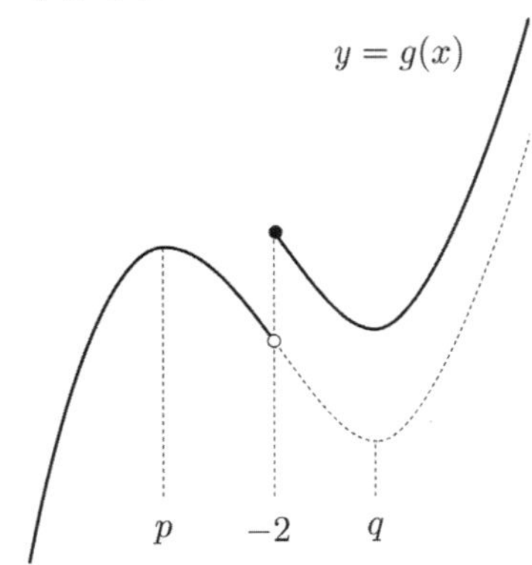

방정식 $g(x) = f(-2)$ 의 실근이 $x < p$ 에서도 존재하므로
모순이다.

③ $p = -2$ 인 경우

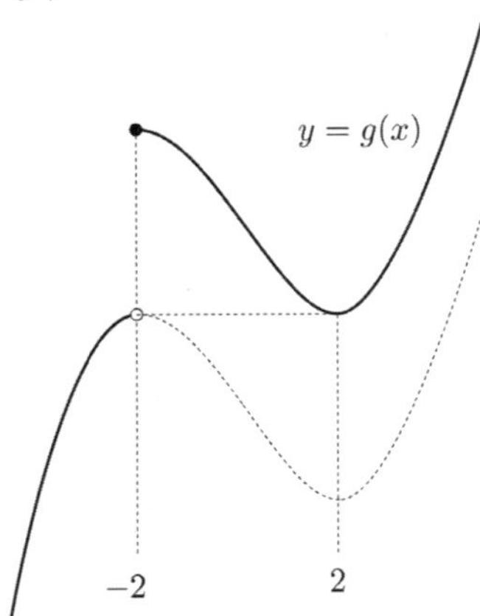

방정식 $g(x) = f(-2)$ 의 실근이 2뿐이므로
함수 $f(x)$ 는 $x = 2$ 에서 극솟값을 가져야 한다.
$f'(x) = 3(x+2)(x-2)$, $f(0) = \frac{1}{2}$ 이므로

$$f(x) = x^3 - 12x + \frac{1}{2}$$ 이다.

$$g(2) = f(2) + 8 = -\frac{15}{2}, \ f(-2) = \frac{33}{2}$$

$g(2) \neq f(-2)$ 이므로 모순이다.

④ $-2 < p < q$인 경우

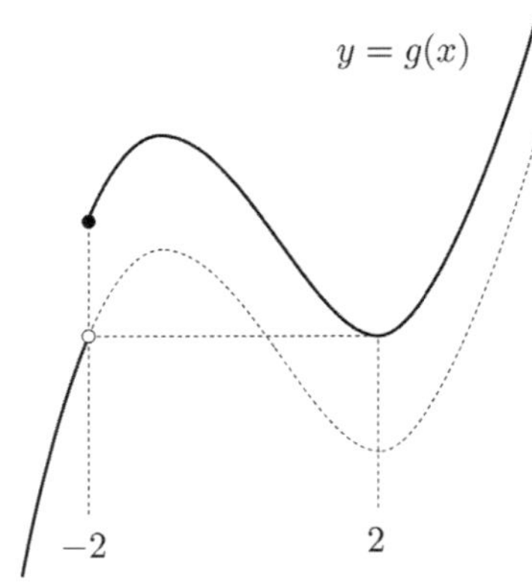

$f(x) = x^3 + ax^2 + bx + \dfrac{1}{2}$ 라 하자.

방정식 $g(x) = f(-2)$ 의 실근이 2 뿐이므로
함수 $f(x)$ 는 $x = 2$ 에서 극솟값을 가져야 한다.
$f'(2) = 0 \Rightarrow 12 + 4a + b = 0 \ \cdots \ \text{㉠}$

$g(2) = f(-2) \Rightarrow f(2) + 8 = f(-2)$

$\Rightarrow 8 + 4a + 2b + \dfrac{1}{2} + 8 = -8 + 4a - 2b + \dfrac{1}{2}$

$\Rightarrow 24 + 4b = 0 \Rightarrow b = -6$

㉠에 의해 $6 + 4a = 0 \Rightarrow a = -\dfrac{3}{2}$ 이므로

$f(x) = x^3 - \dfrac{3}{2}x^2 - 6x + \dfrac{1}{2}$ 이다.

$f'(x) = 3x^2 - 3x - 6 = 3(x+1)(x-2)$ 이므로
함수 $f(x)$ 는 $x = -1$ 에서 극댓값을 갖는다.
따라서 함수 $f(x)$ 의 극댓값은 $f(-1) = 4$ 이다.

답 ③

202

$f(x) = \dfrac{1}{2}x^3 - \dfrac{9}{2}x^2 + 10x$

$f(x) + |f(x) + x| = 6x + k$

$\Rightarrow f(x) + |f(x) + x| - 6x = k$

절댓값을 풀기 위해서 절댓값 안의 함수 $f(x) + x$ 의 함숫값이
양수인 범위와 음수인 범위를 조사해 보자.
$J(x) = f(x) + x$ 라 하자.

$J(x) = \dfrac{1}{2}x^3 - \dfrac{9}{2}x^2 + 11x = \dfrac{x}{2}(x^2 - 9x + 22)$

이차방정식 $x^2 - 9x + 22 = 0$ 에서
판별식 $D = 81 - 88 < 0$ 이다.
즉, 곡선 $y = J(x)$ 와 x 축은 원점에서만 만난다. 또한

$J'(x) = \dfrac{3}{2}x^2 - 9x + 11 \Rightarrow J'(0) = 11 > 0$ 이므로

$x = 0$ 의 좌우에서 $J(x)$ 의 부호가 $-$ $+$ 로 바뀐다.
$x < 0 \Rightarrow J(x) < 0$
$x > 0 \Rightarrow J(x) > 0$
$x = 0 \Rightarrow J(0) = 0$

① $x \geq 0$ 일 때, $J(x) \geq 0 \Rightarrow f(x) + x \geq 0$
$f(x) + |f(x) + x| = 6x + k$

$\Rightarrow f(x) + f(x) + x = 6x + k$

$\Rightarrow 2f(x) - 5x = k$

$\Rightarrow x^3 - 9x^2 + 15x = k$

② $x < 0$ 일 때, $J(x) < 0 \Rightarrow f(x) + x < 0$
$f(x) + |f(x) + x| = 6x + k$

$\Rightarrow f(x) - f(x) - x = 6x + k$

$\Rightarrow -7x = k$

$g(x) = f(x) + |f(x) + x| - 6x$ 라 하자.

$g(x) = \begin{cases} x^3 - 9x^2 + 15x & (x \geq 0) \\ -7x & (x < 0) \end{cases}$

$h(x) = x^3 - 9x^2 + 15x$
$h'(x) = 3x^2 - 18x + 15 = 3(x-1)(x-5)$
$h(0) = 0, \ h(1) = 7, \ h(5) = -25$

이를 바탕으로 $g(x)$ 를 그리면 다음과 같다.

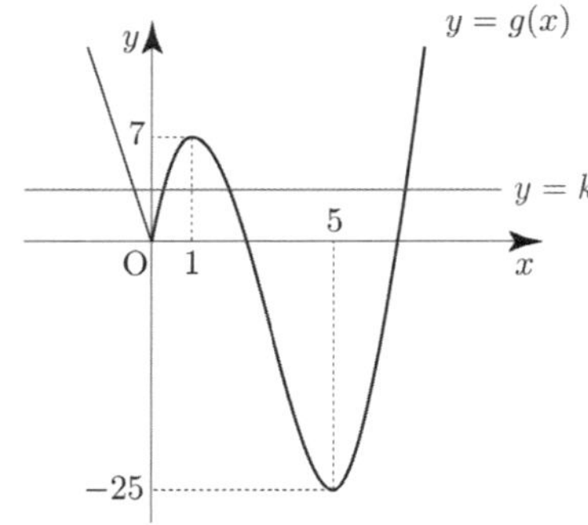

곡선 $y = g(x)$ 와 직선 $y = k$ 의 교점의 개수가 4 가 되도록
하는 실수 k 의 범위는 $0 < k < 7$ 이다.
따라서 조건을 만족시키는 모든 정수 k 의 값의 합은
$1 + 2 + 3 + 4 + 5 + 6 = 21$ 이다.

답 21

답 34

203

모든 실수 x 에 대하여 부등식 $f(x) \leq 12x+k \leq g(x)$ 를
만족시키는 자연수 k 의 개수는 3 이다.

$a \leq x \leq b$ 는 $a \leq x$ 와 $x \leq b$ 의 교집합이므로
이를 이용하여 구해보자.

① $f(x) \leq 12x+k$

$f(x) \leq 12x+k \Rightarrow f(x)-12x \leq k$

$h(x) = f(x)-12x$ 라 하면

$h(x) = -x^4-2x^3-x^2-12x$

$h'(x) = -4x^3-6x^2-2x-12 = -2(x+2)(2x^2-x+3)$

모든 실수 x 에 대하여 $2x^2-x+3 > 0$ 이므로
Semi 도함수 $h'(x) = -x-2$ 이다.
이를 바탕으로 $h(x)$ 를 그리면

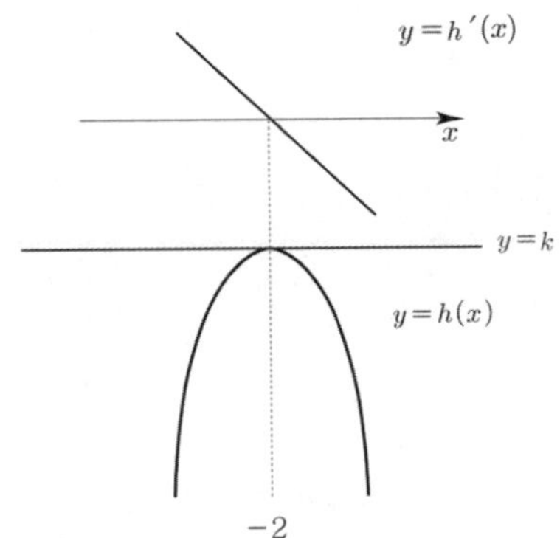

$h(-2) = 20$

$h(x)$ 는 $x=-2$ 에서 최댓값 20 을 갖는다.

즉, 모든 실수 x 에 대하여 부등식 $f(x) \leq 12x+k$ 를
만족시키는 k 의 값의 범위는 $k \geq 20$ 이다.

② $12x+k \leq g(x)$

$12x+k \leq g(x) \Rightarrow g(x)-12x-k \geq 0$

$\Rightarrow 3x^2-12x+a-k \geq 0$

모든 실수 x 에 대하여 부등식 $3x^2-12x+a-k \geq 0$ 이
성립해야 하므로 이차방정식 $3x^2-12x+a-k=0$ 의
판별식을 D 라 하면

$\dfrac{D}{4} = (-6)^2-3(a-k) \leq 0 \Rightarrow k \leq a-12$

즉, 모든 실수 x 에 대하여 부등식 $12x+k \leq g(x)$ 를
만족시키는 k 의 값의 범위는 $k \leq a-12$ 이다.

204

$f(x) = -3x^4+4(a-1)x^3+6ax^2 \ (a>0)$

$f'(x) = -12x^3+12(a-1)x^2+12ax$

$\qquad = -12x(x^2-(a-1)x-a)$

$\qquad = -12x(x+1)(x-a)$

$f'(x)$ 를 바탕으로 $f(x)$ 를 그리면

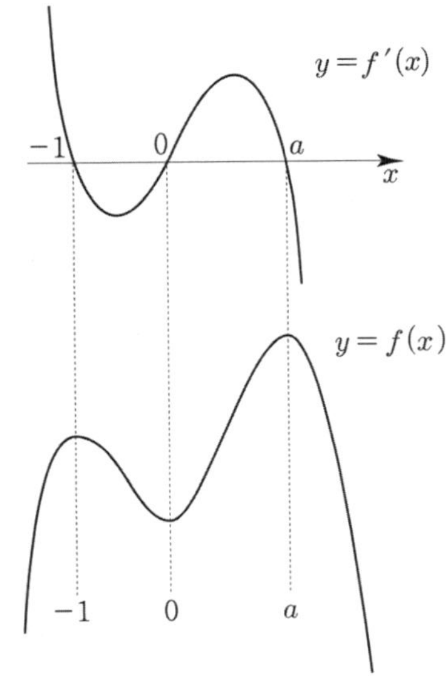

$x \leq t$ 에서 $f(x)$ 의 최댓값을 $g(t)$
$g(t)$ 의 그래프를 그리면

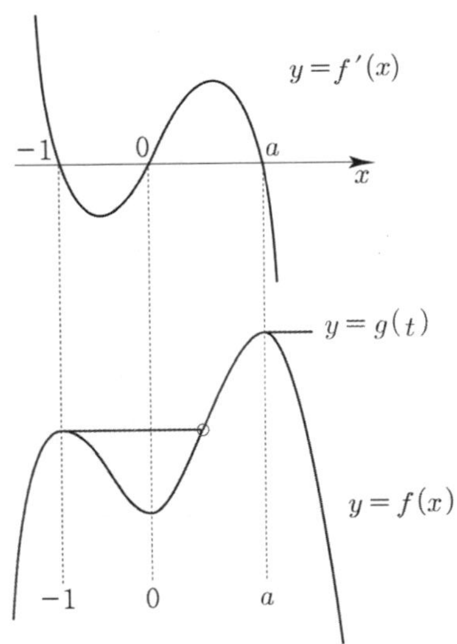

위와 같은 개형에서는 $y=g(t)$ 가 실수 전체의 집합에서 미분가능하지 않다.

$y=g(t)$ 가 실수 전체의 집합에서 미분가능하려면
$f(a)\le f(-1)$ 이어야 하므로
$$-3a^4+4(a-1)a^3+6a^3 \le -3-4(a-1)+6a$$
$$a^4+2a^3-2a-1\le 0$$
$$(a-1)(a+1)^3\le 0$$

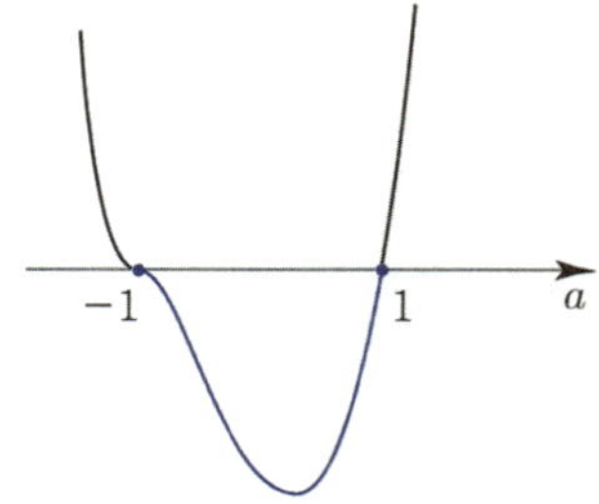

$a>0$ 이므로 $0<a\le 1$
따라서 a 의 최댓값은 1 이다.

$$\boxed{\text{답}}\quad ①$$

205

$$f(x)=\frac{1}{3}x^3-kx^2+1\ (k>0\text{ 인 상수})$$
$$f'(x)=x^2-2kx=x(x-2k)$$

서로 다른 두 점 A, B 에서의 접선 l, m 의 기울기가
모두 $3k^2$ 이다.

접점의 x 좌표를 t 라 하면
$$f'(t)=3k^2 \Rightarrow t^2-2kt=3k^2 \Rightarrow t^2-2kt-3k^2=0$$
$$\Rightarrow (t-3k)(t+k)=0 \Rightarrow t=-k \text{ or } t=3k$$

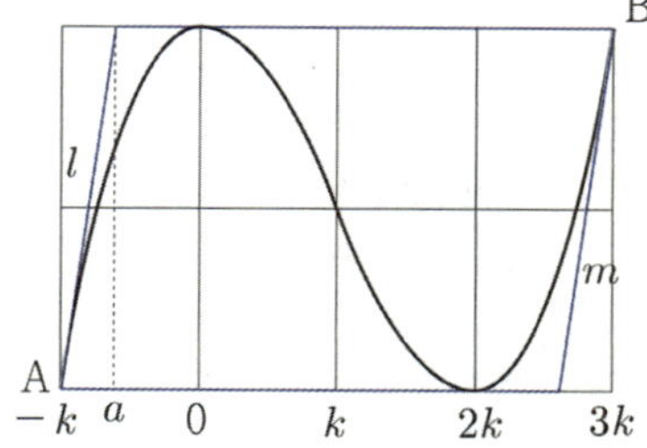

$$f(0)=1,\ f(2k)=-\frac{4}{3}k^3+1$$

점 $\mathrm{A}\left(-k,\ -\frac{4}{3}k^3+1\right)$ 에서의 접선의 방정식은

$$y=3k^2(x+k)-\frac{4}{3}k^3+1 \Rightarrow y=3k^2x+\frac{5}{3}k^3+1$$

점 A 에서의 접선과 직선 $y=1$ 의 교점의 x 좌표를 a 라 하면
$$3k^2a+\frac{5}{3}k^3+1=1 \Rightarrow 3k^2\left(a+\frac{5}{9}k\right)=0 \Rightarrow a=-\frac{5}{9}k$$

두 접선 l, m 의 기울기가 서로 같으므로 곡선 $y=f(x)$ 에 접하고 x 축에 평행한 두 직선과 접선 l, m 으로 둘러싸인 도형은 평행사변형이다.

평행사변형의 밑변의 길이는 $3k-a=3k+\dfrac{5k}{9}=\dfrac{32}{9}k$

높이는 $f(0)-f(2k)=\dfrac{4}{3}k^3$ 이므로 넓이는 $\dfrac{128}{27}k^4=24$

따라서 $k^4=\dfrac{81}{16} \Rightarrow k=\dfrac{3}{2}$ 이다.

$$\boxed{\text{답}}\quad ③$$

물론 삼차함수의 성질을 이용하지 않고 우직하게 계산해도 된다.
하지만 시간 절약을 위해서 적극 이용하는 것을 추천한다.
Box는 사랑이다♥

206

$$f(x)=\begin{cases} -2(x+1)^2+4 & (x\le 0) \\ a(x-5) & (x>0) \end{cases}$$

$f(-2)=g(-2)=2,\ f(0)=g(0)=2$ 이므로
방정식 $g(x)=2$ 의 서로 다른 실근을 -2, 0, b 라 하면
$$g(x)=x(x+2)(x-b)+2=x^3+(2-b)x^2-2bx+2$$
$$g'(x)=3x^2+2(2-b)x-2b$$

$f(k)=g(k)$ 를 만족시키는 양수 k 의 값은 2 뿐이므로
두 함수 $y=f(x)$, $y=g(x)$ 의 그래프의 개형은
다음 그림과 같다.

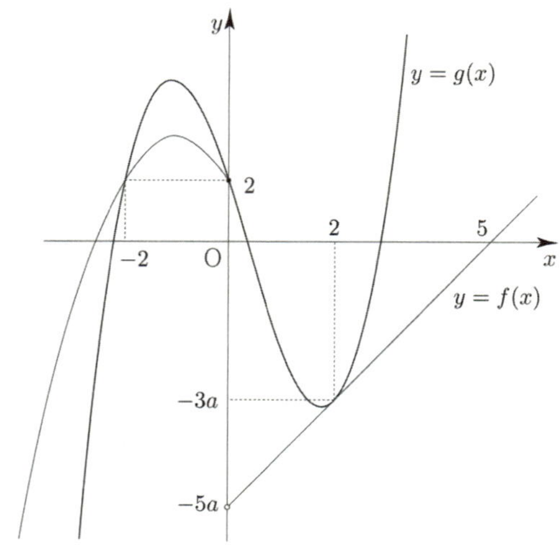

$x > 0$ 에서 직선 $y = a(x-5)$는 곡선 $y = g(x)$ 와 $x = 2$ 에서 접해야 한다.

$$f(2) = g(2) \implies -3a = 18 - 8b$$
$$f'(2) = g'(2) \implies a = 20 - 6b$$
$$-3a = 18 - 8b, \quad a = 20 - 6b \implies a = 2, \ b = 3$$

즉, $g(x) = x^3 - x^2 - 6x + 2$

따라서 $g(2a) = g(4) = 26$ 이다.

답 ④

207

삼차함수 $f(x)$

(가) $x = -2$ 에서 극댓값을 갖는다.

두 가지 경우가 가능하다.

① $f(x)$ 의 최고차항의 계수가 양수일 때,

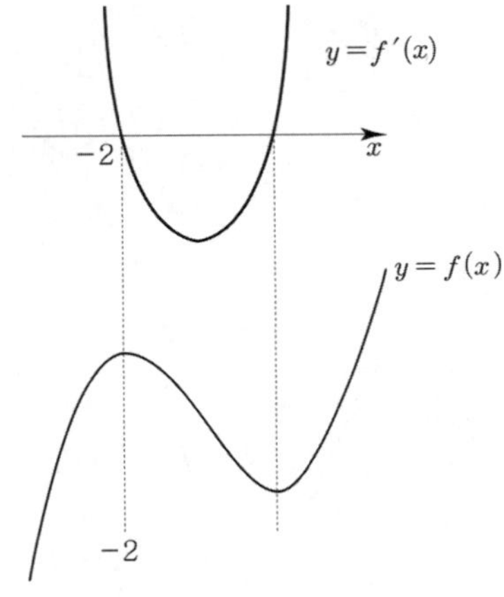

② $f(x)$ 의 최고차항의 계수가 음수일 때,

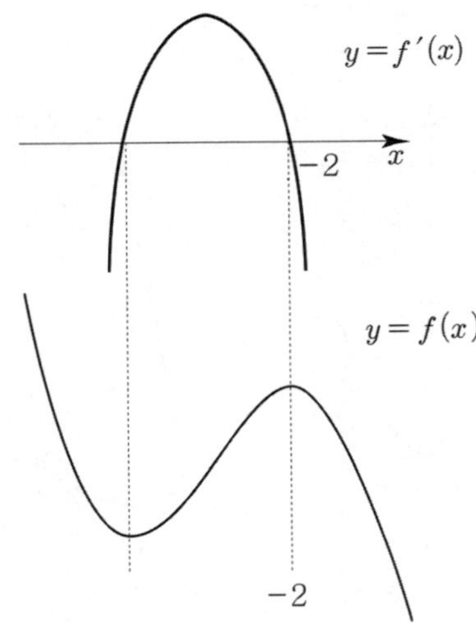

(나) $f'(-3) = f'(3)$

$f'(x)$ 는 이차함수이므로 대칭성에 의해서 $f'(x)$ 의 대칭축은 $x = 0$ 이다.

(가), (나) 조건을 모두 만족시키려면 ①과 같이 $f(x)$ 의 최고차항의 계수가 양수이어야 한다.

$f'(x)$ 의 대칭축이 $x = 0$ 이므로 $f'(2) = 0$ 이다.

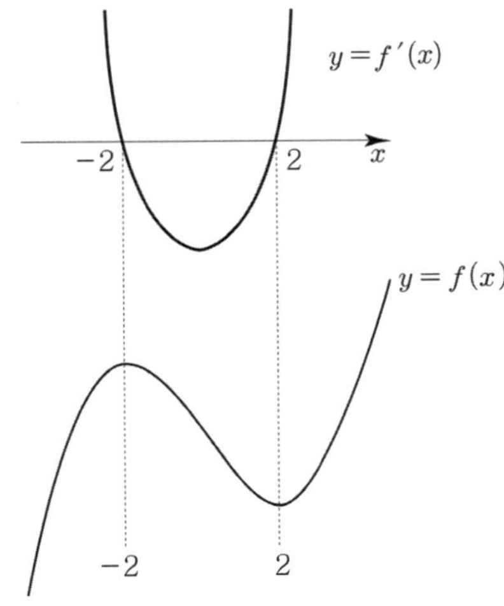

ㄱ. 도함수 $f'(x)$ 는 $x = 0$ 에서 최솟값을 갖는다.
　　$f(x)$ 의 최고차항의 계수가 양수이므로
　　$f'(x)$ 의 최고차항의 계수도 양수이다.
　　$f'(x)$ 의 대칭축이 $x = 0$ 이므로
　　$f'(x)$ 는 $x = 0$ 에서 최솟값을 갖는다.
　　따라서 ㄱ은 참이다.

ㄴ. 방정식 $f(x) = f(2)$ 는 서로 다른 두 실근을 갖는다.

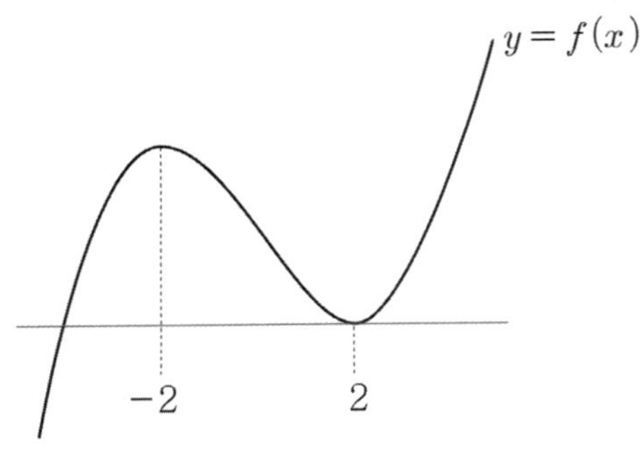

곡선 $y = f(x)$ 와 직선 $y = f(2)$ 가 서로 다른 두 점에서 만나므로 ㄴ은 참이다.

ㄷ. 곡선 $y = f(x)$ 위의 점 $(-1, \ f(-1))$ 에서의 접선은 점 $(2, \ f(2))$ 를 지난다.

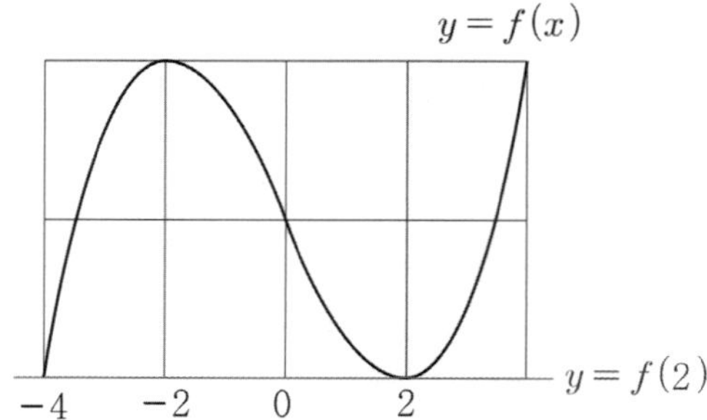

$f(x)$ 의 최고차항의 계수를 a 라 하면

$f(x) - f(2) = a(x-2)^2(x+4)$ (식세우기 Technique)

$f(x) = a(x^3 - 12x + 16) + f(2)$

점 $(-1, f(-1))$ 에서의 접선의 방정식을

$y = mx + n$ 이라 하자.

$f(x) = mx + n \Rightarrow f(x) - mx - n = 0$

즉, 방정식 $f(x) - mx - n = 0$ 은

$x = -1$ 에서 중근을 갖는다.

$f(x) - mx - n = 0$

$f(x) = a(x^3 - 12x + 16) + f(2)$ 이므로

$a(x^3 - 12x + 16) + f(2) - mx - n = 0$

다른 하나의 실근을 b 라 하고

근과 계수의 관계 Technique을 사용하면

$-1 - 1 + b = 0 \Rightarrow b = 2$

곡선 $y = f(x)$ 위의 점 $(-1, f(-1))$ 에서의

접선은 점 $(2, f(2))$ 를 지나므로

ㄷ은 참이다.

답 ⑤

<삼차방정식의 근과 계수의 관계 응용>

도함수의 활용 Training 1step 015번 문제 해설에서 배운 내용을
다시 복습해보자.

방정식 $f(x) = f(2)$ 과 방정식 $f(x) = mx + n$ 의 실근의 합은
같다. 우변을 좌변으로 넘겼을 때, x^2 의 계수에 영향을 주지
못하기 때문이다.

이를 이용하면 식세우기 Technique을 사용하지 않아도 된다.

방정식 $f(x) = f(2)$ 의 실근의 합이 $2 + 2 - 4 = 0$ 이므로

$f(x) = mx + n$ 의 실근의 합은 $-1 - 1 + b = 0$ 이다.

따라서 $b = 2$ 이다.

208

최고차항의 계수가 1 인 삼차함수 $f(x)$

$g(x) = f(x) + |f'(x)|$

(가) $f(0) = g(0) = 0$

$g(x) = f(x) + |f'(x)|$ 의 양변에 $x = 0$ 을 대입하면

$g(0) = f(0) + |f'(0)| \Rightarrow f'(0) = 0$

$f(x) = x^3 + ax^2 + bx$ 라 하면

$f'(x) = 3x^2 + 2ax + b$

$f'(0) = 0 \Rightarrow b = 0$

즉, $f(x) = x^3 + ax^2 = x^2(x+a)$, $f'(x) = x(3x + 2a)$

(나) 방정식 $f(x) = 0$ 은 양의 실근을 갖는다.

$f(x) = x^2(x+a)$ 이므로 $-a > 0 \Rightarrow a < 0$ 이다.

$f(0) = 0,\ f(-a) = 0,\ f\left(-\dfrac{2}{3}a\right) = \dfrac{4}{27}a^3$

이를 바탕으로 $f(x)$ 를 그리면

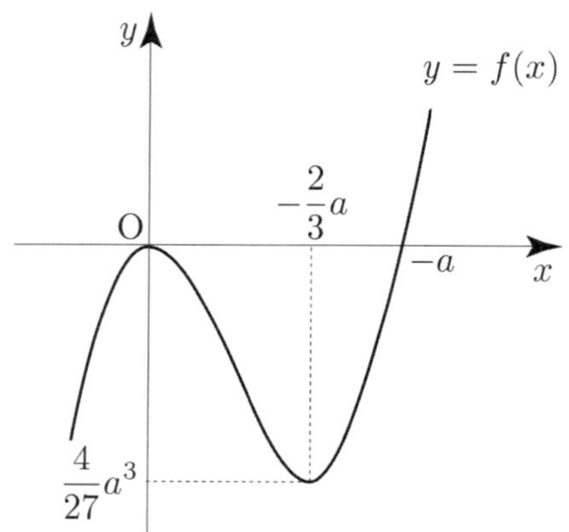

함수 $|f(x)|$ 를 그리면 다음과 같다.

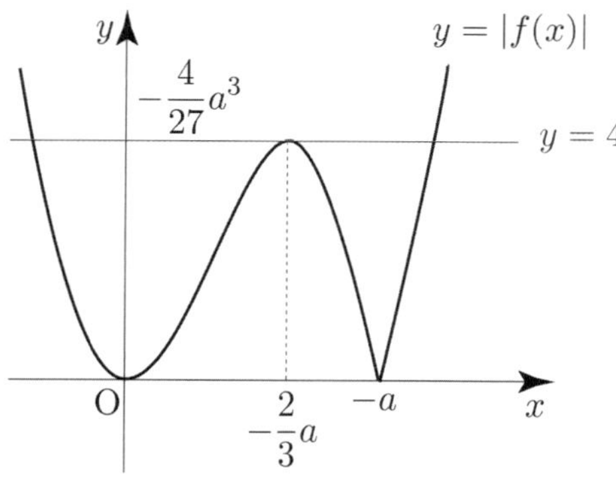

(다) 방정식 $|f(x)| = 4$ 의 서로 다른 실근의 개수는 3 이다.

(다) 조건을 만족시키려면 $\left|f\left(-\dfrac{2}{3}a\right)\right|=4$ 이어야 하므로

$-\dfrac{4}{27}a^3=4 \ \Rightarrow \ a^3=-27 \ \Rightarrow \ a=-3$

$f(x)=x^2(x-3)$ 이므로 $g(x)=x^2(x-3)+|3x(x-2)|$ 이다.

따라서 $g(3)=9$ 이다.

답 ①

209

$p>0,\ q>0$

$f(x)=x^3-3x^2-9x-12$

$f'(x)=3x^2-6x-9=3(x+1)(x-3)$

$f(-1)=-7$

이를 바탕으로 $f(x)$ 를 그리면 다음과 같다.

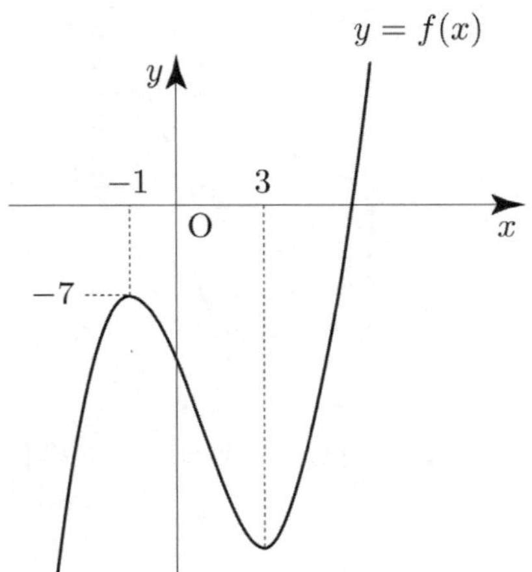

(가) 모든 실수 x 에 대하여 $xg(x)=|xf(x-p)+qx|$

$xg(x)=|xf(x-p)+qx|$

$\Rightarrow xg(x)=|x||f(x-p)+q|$

① $x>0 \ \Rightarrow \ g(x)=|f(x-p)+q|$

② $x<0 \ \Rightarrow \ g(x)=-|f(x-p)+q|$

함수 $g(x)$ 는 실수 전체의 집합에서 연속이므로
$x=0$ 에서도 연속이어야 한다.

$|f(-p)+q|=0 \ \Rightarrow \ f(-p)+q=0$

$g(x)=\begin{cases} |f(x-p)+q| & (x\ge 0) \\ -|f(x-p)+q| & (x<0) \end{cases}$

($f(-p)+q=0$ 이므로 등호가 성립한다.)

$h(x)=f(x-p)+q$ 라 하자.

함수 $y=h(x)$ 의 그래프는 함수 $y=f(x)$ 의 그래프를
x 축의 방향으로 p 만큼, y 축의 방향으로 q 만큼 평행이동하여
그릴 수 있다.

$g(x)=\begin{cases} |h(x)| & (x\ge 0) \\ -|h(x)| & (x<0) \end{cases}$

$h(0)=0 \ \Rightarrow \ g(0)=0$

(나) 함수 $g(x)$ 가 $x=a$ 에서 미분가능하지 않은 실수 a 의
개수는 1 이다.

감을 찾기 위해서 함수 $y=h(x)$ 의 그래프가 다음 그림과
같을 때, 함수 $g(x)$ 의 그래프를 그려보자.

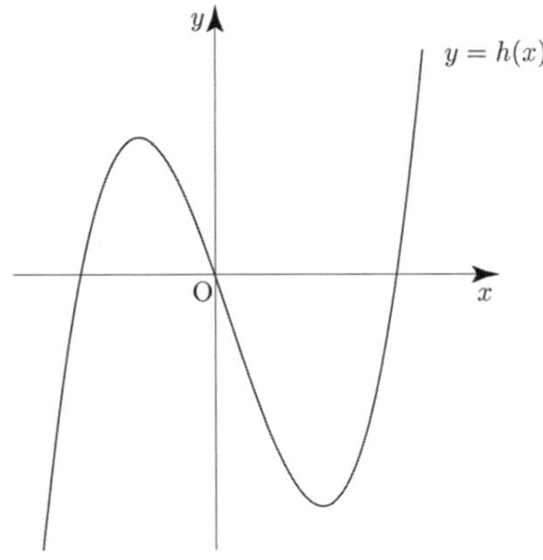

$x<0$ 에서는 함숫값이 음수이면 그대로, 양수이면 x 축 대칭
$x>0$ 에서는 함숫값이 양수이면 그대로, 음수이면 x 축 대칭
해서 $g(x)$ 를 그리면 된다.

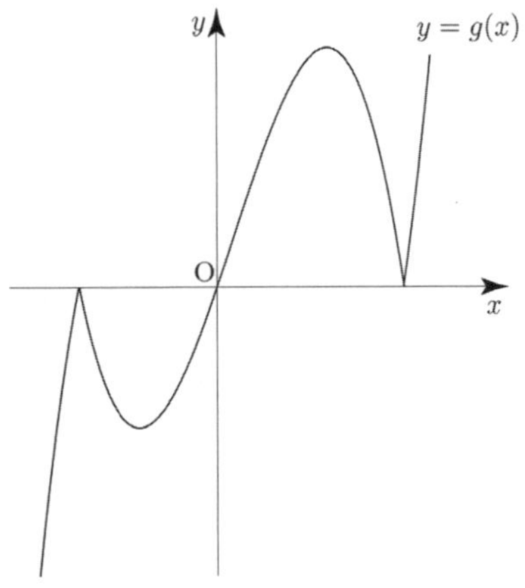

이 경우 (나) 조건을 만족시키지 않는다.

(나) 조건을 만족시키려면 다음과 같이 $y=h(x)$ 가 $x=0$ 에서
접하게 그려져야 한다.

(실전적으로 보면 답은 특수할 때일 확률이 높기 때문에
$h(0)=0$ 이라는 조건을 얻은 후 원점에서 접할 때의 상황부터
판단하는 것이 바람직하다.)

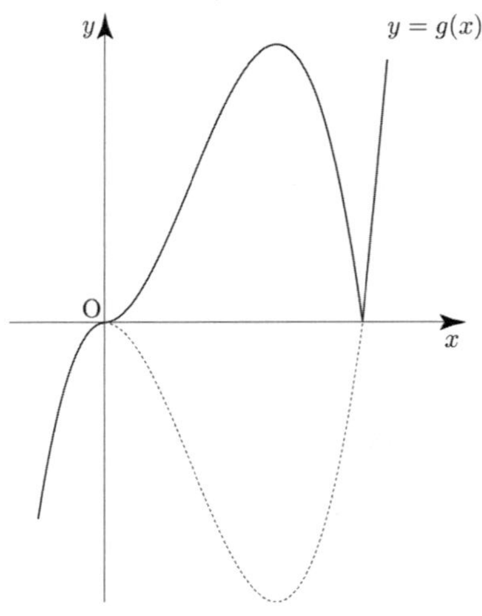

$h(x)=f(x-p)+q$
함수 $f(x)$ 의 극댓점 $(-1,\ -7)$ 이 $(0,\ 0)$ 으로
평행이동하였으므로 $p=1,\ q=7$ 이다.
따라서 $p+q=8$ 이다.

답 ③

210

최고차항의 계수가 1 인 사차함수 $f(x)$
(가) $f'(0)=0,\ f'(2)=16$
(나) 어떤 양수 k 에 대하여 두 열린구간
$\quad (-\infty,\ 0),\ (0,\ k)$ 에서 $f'(x)<0$ 이다.
위 두 조건을 만족시키는 $f'(x)$ 의 개형은 다음과 같다.
($f'(2)=16$ 보다는 $f'(0)=0$ 이 special한 조건이다.)

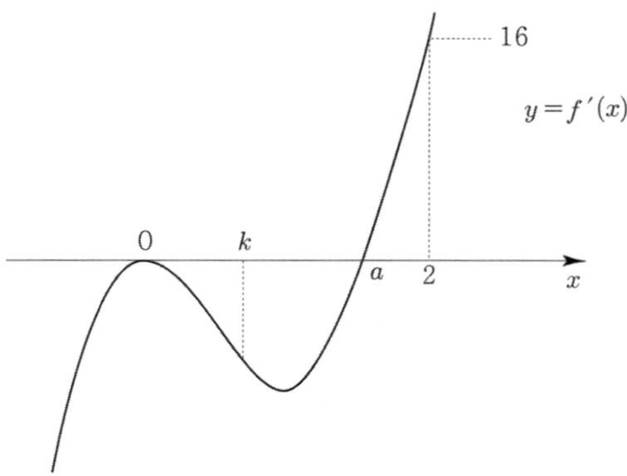

$f(x)$ 의 최고차항의 계수가 1 이므로 $f'(x)$ 의 최고차항의
계수는 4 이다.

$f'(x)=4x^2(x-a)$
$f'(2)=16 \ \Rightarrow\ 16(2-a)=16 \ \Rightarrow\ a=1$
$f'(x)=4x^2(x-1)$

ㄱ. 방정식 $f'(x)=0$ 은 열린구간 $(0,\ 2)$ 에서
한 개의 실근을 갖는다.

방정식 $f'(x)=0$ 의 실근은 $x=0\ \text{or}\ x=1$ 이므로
ㄱ은 참이다.

ㄴ. 함수 $f(x)$ 는 극댓값을 갖는다.
$f'(x)$ 를 바탕으로 $f(x)$ 를 그리면

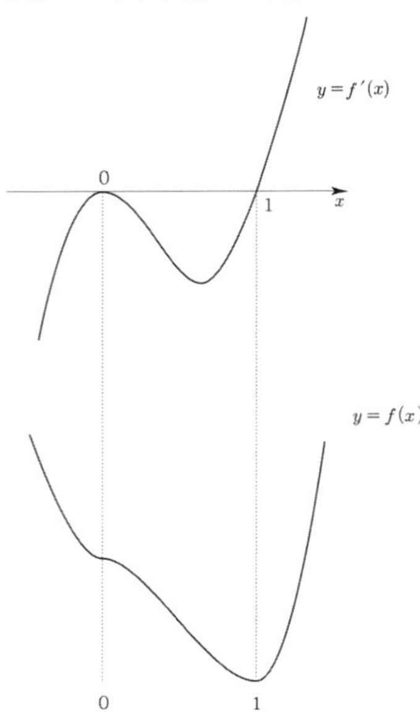

$f(x)$ 는 극댓값을 갖지 않으므로 ㄴ은 거짓이다.

ㄷ. $f(0)=0$ 이면, 모든 실수 x 에 대하여 $f(x)\geq -\dfrac{1}{3}$
이다.

$f(0)=0$ 이므로 $f(x)$ 를 그리면

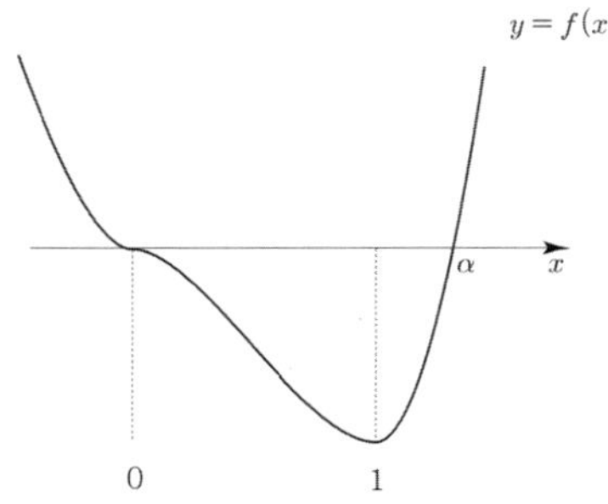

Guide step에서 배운 식세우기 Technique을
사용해보자.
$f(x)=x^3(x-\alpha)$
$f'(x)=3x^2(x-\alpha)+x^3$

$$f'(1) = 0 \;\Rightarrow\; 3(1-\alpha)+1 = 0 \;\Rightarrow\; \alpha = \frac{4}{3}$$

$$f(x) = x^3\!\left(x - \frac{4}{3}\right)$$

$f(x)$는 $x=1$에서 최솟값 $f(1) = -\dfrac{1}{3}$ 을 가지므로

모든 실수 x에 대하여 $f(x) \ge -\dfrac{1}{3}$ 이다.

따라서 ㄷ은 참이다.

답 ③

물론 α의 값을 구할 때, Guide step에서 배운 사차함수의 특성을
이용한 비례식 풀이로 접근해도 좋다.

$$1-0 : \alpha-1 = 3 : 1 \;\Rightarrow\; \alpha = \frac{4}{3}$$

211

사차함수 $f(x)$
(가) $f'(x) = x(x-2)(x-a)$ (단, a는 실수)
(나) 방정식 $|f(x)| = f(0)$ 은 실근을 갖지 않는다.

방정식 $|f(x)| = f(0)$ 이 실근을 갖지 않으므로 $f(0) < 0$

ㄱ. $a=0$이면 방정식 $f(x)=0$은 서로 다른 두 실근을
갖는다.

$f'(x) = x^2(x-2)$ 를 바탕으로 $f(x)$를 그리면

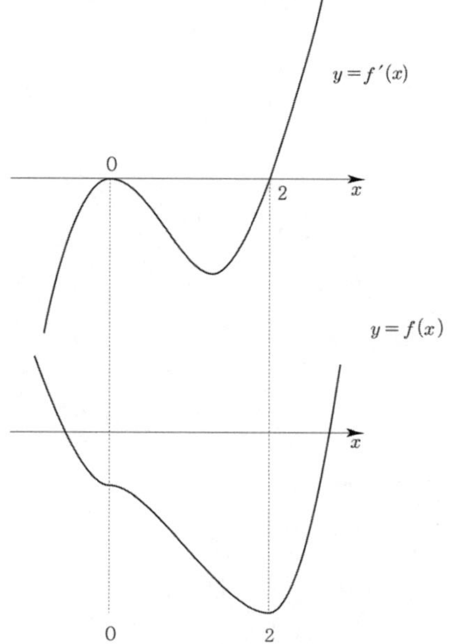

$f(0) < 0$이므로 방정식 $f(x) = 0$은 서로 다른
두 실근을 갖는다. 따라서 ㄱ은 참이다.

ㄴ. $0 < a < 2$이고 $f(a) > 0$이면, 방정식 $f(x) = 0$은
서로 다른 네 실근을 갖는다.

$f'(x) = x(x-2)(x-a)$, $f(0) < 0$, $f(a) > 0$
다음과 같은 반례가 존재한다. ($f(2) > 0$인 경우)

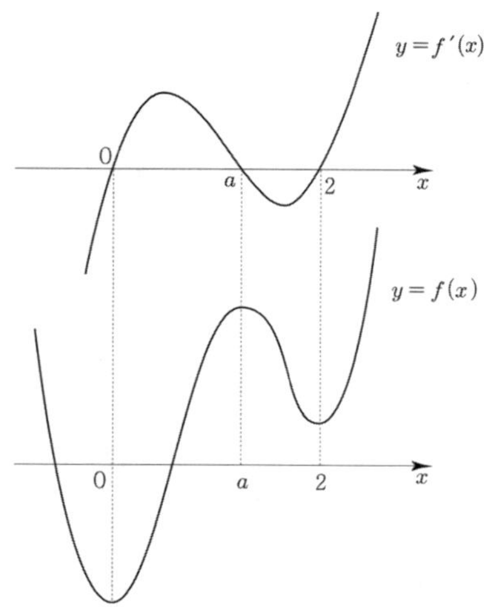

따라서 ㄴ은 거짓이다.

ㄷ. 함수 $|f(x) - f(2)|$ 가 $x=k$에서만 미분가능하지
않으면 $k < 0$이다.

$f(x) - f(2)$에 $x=2$를 대입하면 함숫값이 0이므로
$y = f(x)$의 그래프에서 직선 $y = f(2)$를 x축이라고
생각하고 $y = f(2)$ 아래에 있는 부분을 접어 올려서
함수 $|f(x) - f(2)|$의 그래프를 그릴 수 있다.

함수 $|f(x) - f(2)|$ 가 $x=k$에서만 미분가능하지
않으려면 $a=2$이어야 한다. ($\because$ case분류를 통한 소거)
$$f'(x) = x(x-2)^2$$

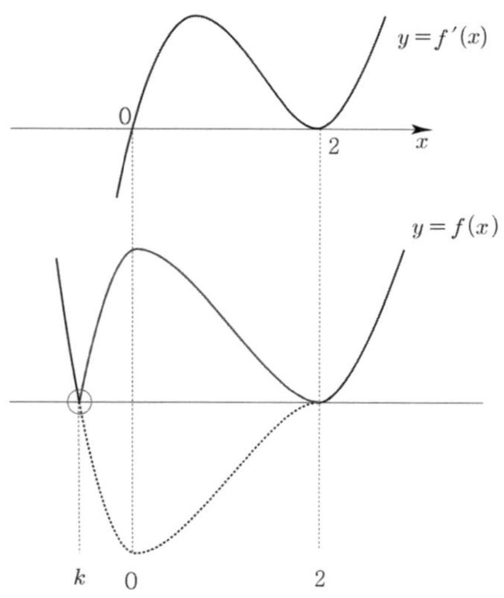

$x = k$에서만 미분가능하지 않으면 $k < 0$이므로
ㄷ은 참이다.

답 ③

212

$$g(x) = \begin{cases} x^3 + ax^2 + 15x + 7 & (x \leq 0) \\ f(x) & (x > 0) \end{cases}$$

$g(x)$는 $x = 0$에서 연속이므로 $f(0) = 7$

$g(x)$는 $x = 0$에서 미분가능하므로 $f'(0) = 15$

$\therefore\ f(x) = px^2 + 15x + 7\ (p < 0)$

$$g(x) = \begin{cases} x^3 + ax^2 + 15x + 7 & (x \leq 0) \\ px^2 + 15x + 7 & (x > 0) \end{cases}$$

$$g'(x) = \begin{cases} 3x^2 + 2ax + 15 & (x \leq 0) \\ 2px + 15 & (x > 0) \end{cases}$$

$g'(0) = 15$

만약 방정식 $g'(x) = 0\ (x < 0)$의 서로 다른 실근의
개수가 1이라고 가정해보자.

이차방정식 $3x^2 + 2ax + 15 = 0$의 판별식을 D라 하면

$\dfrac{D}{4} = a^2 - 45 = 0 \Rightarrow a = 3\sqrt{5}$ 이므로 $a \neq 3\sqrt{5}$에 모순이다.

($a = -3\sqrt{5}$이면 방정식 $g'(x) = 0\ (x < 0)$의 실근이
존재하지 않는다.)

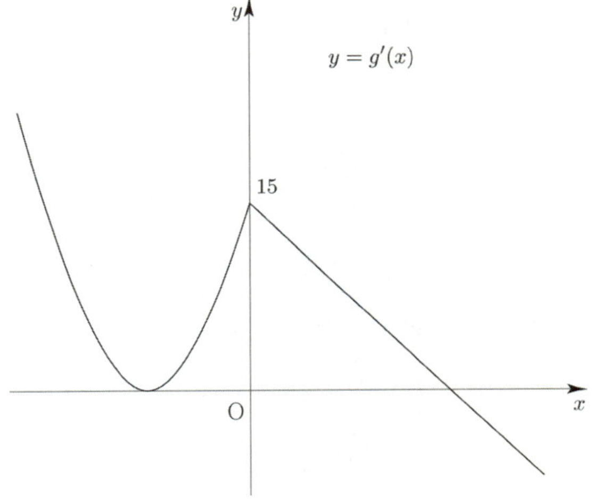

만약 방정식 $g'(x) = 0\ (x < 0)$이 실근을 갖지 않는다면
(나) 조건을 만족시킬 수 없어 모순이다.

즉, 방정식 $g'(x) = 0\ (x < 0)$의 서로 다른 실근의 개수는
2이어야 하고 서로 다른 두 실근을 각각 α, β $(\alpha < \beta)$라
하자.

이차방정식 $3x^2 + 2ax + 15 = 0$의 판별식을 D라 하면

$\dfrac{D}{4} = a^2 - 45 > 0 \Rightarrow a^2 > 45$

또한 함수 $y = 3x^2 + 2ax + 15$의 대칭축은

음수이어야 하므로 $-\dfrac{a}{3} < 0 \Rightarrow a > 0$

$\therefore\ a > 3\sqrt{5}$

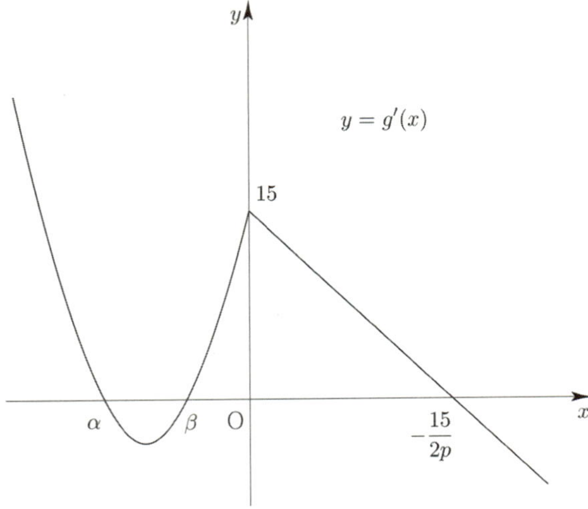

함수 $y = g'(x-4)$의 그래프는 함수 $y = g'(x)$의 그래프를
x축의 방향으로 4만큼 평행이동하여 그릴 수 있다.

즉, $g'(x) \times g'(x-4) = 0$의 서로 다른 실근의 개수가
4가 되려면 아래 그림과 같이 세 실근 α, β, $-\dfrac{15}{2p}$가
이 순서대로 공차가 4인 등차수열을 이루어야 한다.

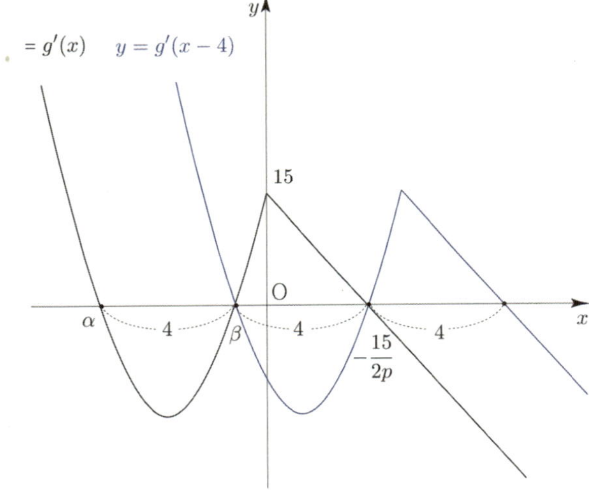

$\beta - \alpha = 4, \quad -\dfrac{15}{2p} - \beta = 4$

방정식 $3x^2 + 2ax + 15 = 0$의 서로 다른 두 실근이
α, β이므로 근과 계수의 관계에 의해

$$\alpha + \beta = -\frac{2a}{3}, \ \alpha\beta = 5$$

$$(\beta - \alpha)^2 = (\beta + \alpha)^2 - 4\alpha\beta \ \Rightarrow\ 16 = \frac{4a^2}{9} - 20$$

$$\Rightarrow\ a^2 = 81 \ \Rightarrow\ a = 9 \ (\because\ a > 3\sqrt{5})$$

$$g'(x) = \begin{cases} 3x^2 + 18x + 15 & (x \le 0) \\ 2px + 15 & (x > 0) \end{cases}$$

$$g'(x) = \begin{cases} 3(x+1)(x+5) & (x \le 0) \\ 2px + 15 & (x > 0) \end{cases}$$

$$\alpha = -5, \ \beta = -1$$

$$-\frac{15}{2p} - \beta = 4 \ \Rightarrow\ p = -\frac{5}{2}$$

$$\therefore\ g(x) = \begin{cases} x^3 + 9x^2 + 15x + 7 & (x \le 0) \\ -\dfrac{5}{2}x^2 + 15x + 7 & (x > 0) \end{cases}$$

따라서 $g(-2) + g(2) = 5 + 27 = 32$ 이다.

 ②

번호	답	번호	답
213	108	240	38
214	④	241	147
215	④	242	65
216	①	243	19
217	④	244	61
218	⑤	245	108
219	③	246	9
220	64	247	5
221	④	248	35
222	160	249	14
223	④	250	①
224	75	251	19
225	①	252	58
226	290	253	13
227	④	254	380
228	④	255	③
229	32	256	①
230	⑤	257	483
231	243	258	24
232	⑤	259	36
233	105	260	102
234	39	261	③
235	42	262	242
236	⑤	263	③
237	51	264	44
238	④	265	580
239	36		

함수 $f(x) = x^3$ 와 자연수 n 에 대하여 두 함수
$y = f(x),\ y = f(x) + n$ 의 그래프와 모두 접하는
직선 $y = g(x)$

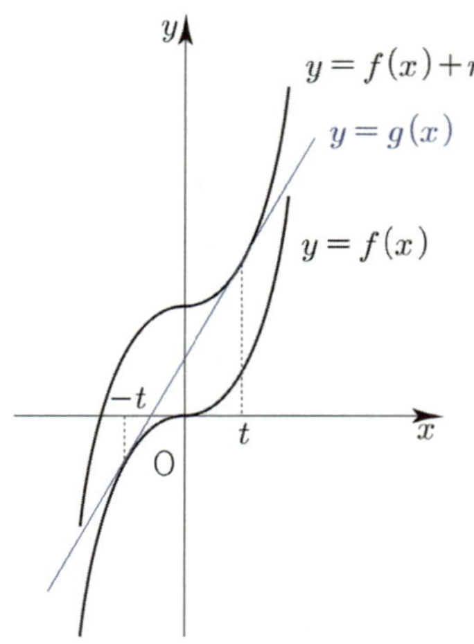

곡선 $y = f(x) + n$ 과 직선 $y = g(x)$ 가 접하는
접점의 x 좌표를 t 라 하면
접선의 기울기는 $f'(t) = 3t^2$ 이다.
곡선 $y = f(x)$ 와 직선 $y = g(x)$ 가 접하는
접점의 x 좌표를 T 라 하면
접선의 기울기는 $f'(T) = 3T^2$ 이다.

두 접선이 동일하므로 접선의 기울기가 서로 같다.
$$f'(t) = f'(T) \Rightarrow 3t^2 = 3T^2 \Rightarrow T = -t\ (T \neq t)$$

함수 $y = f(x) + n$ 위의 점 $(t,\ t^3 + n)$ 에서의
접선의 방정식은
$$y = 3t^2(x - t) + t^3 + n \Rightarrow y = 3t^2 x - 2t^3 + n$$
함수 $y = f(x)$ 위의 점 $(-t,\ -t^3)$ 에서의
접선의 방정식은
$$y = 3t^2(x + t) - t^3 \Rightarrow y = 3t^2 x + 2t^3$$

두 접선이 동일하므로 접선의 y 절편이 서로 같다.
$$-2t^3 + n = 2t^3 \Rightarrow 4t^3 = n$$

모든 실수 x 에 대하여 $g'(x) \leq 27$ 이 되려면
$g'(x) = 3t^2$ 이므로
$$3t^2 \leq 27 \Rightarrow t^2 \leq 9 \Rightarrow (t-3)(t+3) \leq 0$$
$$\Rightarrow 0 < t \leq 3\ (\because t > 0)$$
이면 된다.

즉, t 에 대한 방정식 $4t^3 = n$ 에서 실근 t 가
$0 < t \leq 3$ 이 되도록 하는 자연수 n 의 개수를 구하면 된다.

$h(t) = 4t^3$ 라 하고 $y = h(t)$ 를 그리면

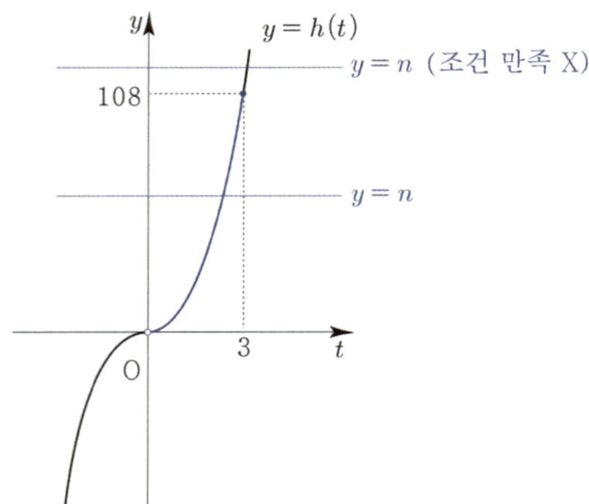

만약 $n > 108$ 이라면 $4t^3 = n$ 의 실근 t 가 $t > 3$ 이므로
$0 < t \leq 3$ 를 만족시키지 않는다.

조건을 만족시키는 n 의 범위는 $1 \leq n \leq 108$ 이므로
모든 자연수 n 의 개수는 108 이다.

답 108

최고차항의 계수가 1 인 삼차함수 $f(x)$
모든 실수 x 에 대하여 $f(-x) = -f(x)$ 이다.
$f(x)$ 는 기함수이고 원점에 대하여 대칭이므로
$$f(x) = x^3 - ax$$
$$f'(x) = 3x^2 - a = 3\left(x^2 - \frac{a}{3}\right) = 3\left(x - \frac{\sqrt{a}}{\sqrt{3}}\right)\left(x + \frac{\sqrt{a}}{\sqrt{3}}\right)$$

(Guide step에서 $x^3 + ax$ 보다 $x^3 - ax$ 를 추천한 이유에
대하여 학습하였다.)

방정식 $|f(x)| = 2$ 의 서로 다른 실근의 개수가 4 이려면
삼차함수 $f(x)$ 는 극값이 존재하는 ①번 개형이어야 한다.

이를 바탕으로 Box를 그리면

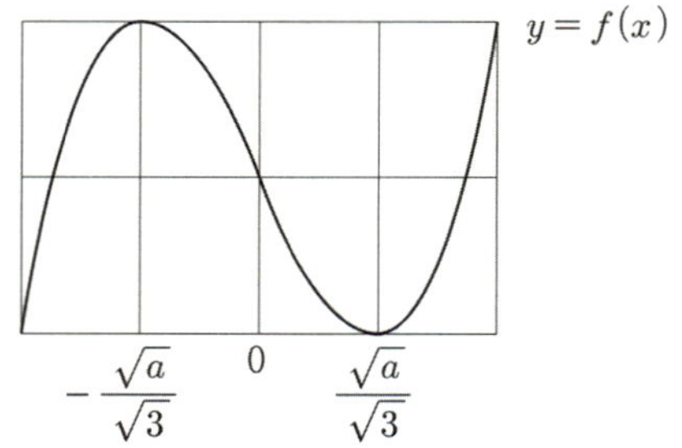

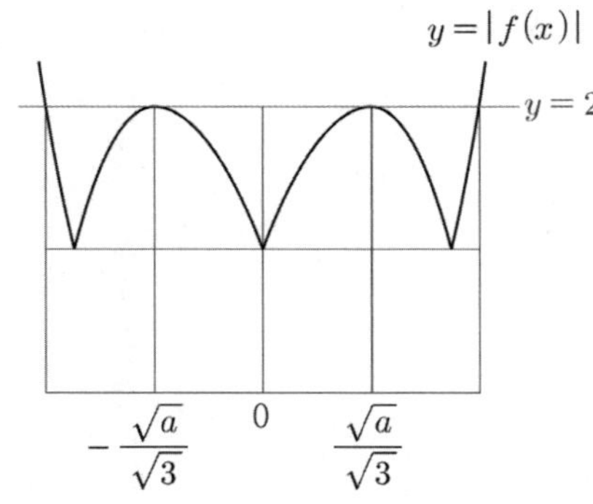

곡선 $y=|f(x)|$ 와 직선 $y=2$ 가 서로 다른 네 점에서
만나려면 극댓값이 2이면 된다.

$$\Rightarrow f\left(-\frac{\sqrt{a}}{\sqrt{3}}\right)=2 \Rightarrow \frac{2a\sqrt{a}}{3\sqrt{3}}=2$$

$$\Rightarrow a\sqrt{a}=3\sqrt{3} \Rightarrow a=3$$

$f(x)=x^3-3x$ 이므로 $f(3)=27-9=18$ 이다.

답 ④

215

$$g(x)=\begin{cases} f(x) & (x\le 1 \ \text{또는} \ x\ge 4) \\ \dfrac{f(4)-f(1)}{3}(x-1)+f(1) & (1<x<4) \end{cases}$$

$\dfrac{f(4)-f(1)}{3}=\dfrac{f(4)-f(1)}{4-1}$ 이므로 $1<x<4$ 에서
$g(x)$ 는 두 점 $(1,\ f(1))$, $(4,\ f(4))$ 을 지나는 직선임을
알 수 있다.

$f(x)$ 의 최고차항의 계수가 양수이므로 $g(x)$ 의 역함수가
존재하려면 증가함수가 되어야 한다.

$f'(x)=3(x-k)(x-2k)\ (k\ne 0)$ 이므로
k 의 범위에 따라 case분류 할 수 있다.

① $k<0$

$g(x)$ 를 그리면 다음과 같다.

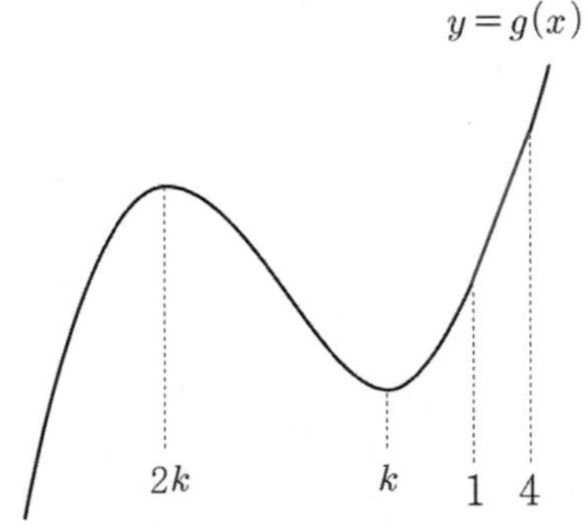

$g(x)$ 는 증가함수가 아니므로 역함수가 존재하지 않는다.
따라서 조건을 만족시키지 않는다.

② $k>0$

만약 $k<1$ or $4<2k$ 이면 $g(x)$ 는 증가함수가 될 수 없기
때문에 $1\le k\le 2$ 이어야 한다.
또한 직선의 기울기 $\dfrac{f(4)-f(1)}{3}$ 가 양수이어야 하므로
$f(4)>f(1)$ 을 만족시켜야 한다.

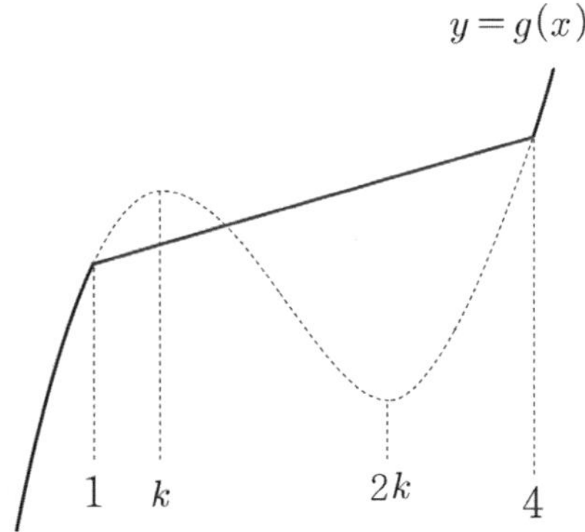

$$f'(x)=3(x-k)(x-2k)=3(x^2-3kx+2k^2)$$

$$f(x)=x^3-\frac{9k}{2}x^2+6k^2x+c$$

$$f(4)>f(1)$$

$$\Rightarrow 64-72k+24k^2+c>1-\frac{9k}{2}+6k^2+c$$

$$\Rightarrow 4k^2-15k+14>0$$

$$\Rightarrow (k-2)(4k-7)>0$$

$$\Rightarrow k<\frac{7}{4} \ \text{or} \ k>2$$

$k>0$, $1\le k\le 2$, $k<\dfrac{7}{4}$ or $k>2$ 이므로

$1\le k<\dfrac{7}{4}$ 이다.

따라서 $\beta-\alpha=\dfrac{7}{4}-1=\dfrac{3}{4}$ 이다.

답 ④

(가) 방정식 $f(x)=0$은 서로 다른 세 실근을 갖는다.
(가) 조건에서 $f(x)$의 최고차항의 계수의 부호에 따라
case분류하면 다음과 같다.
최고차항의 계수를 a라 하면

① $a>0$　　　　② $a<0$

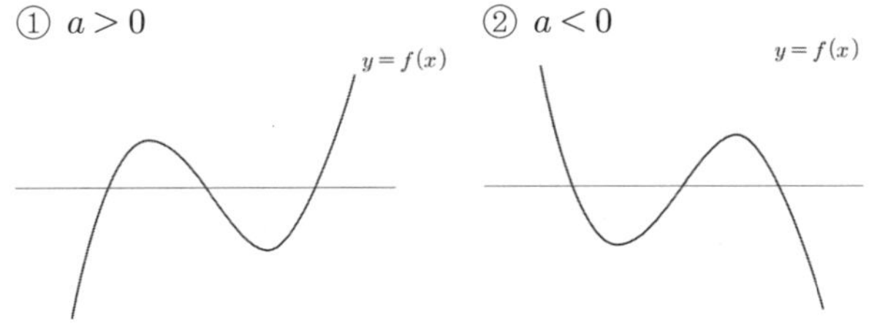

(나) 함수 $(g \circ f)(x)$의 최솟값을 m이라 할 때,
　　방정식 $g(f(x))=m$의 서로 다른 실근의 개수는
　　2이다.

$f(x)$는 삼차함수이므로 실수 전체의 집합을 치역으로
갖기 때문에 $g(f(x))$의 최솟값은 $g(x)$의 최솟값과 같다.
$g(x)=x^2-6x+10=(x-3)^2+1$는 $x=3$에서 최솟값 1을
가지므로 $g(f(x))$는 $f(x)=3$에서 최솟값 $m=1$을 가진다.

즉, 방정식 $g(f(x))=1$의 서로 다른 실근의 개수가 2이므로
방정식 $f(x)=3$을 만족시키는 서로 다른 실근의 개수는
2이다.

따라서 직선 $y=3$과 함수 $y=f(x)$의 그래프의 개형은
다음과 같다.

① $a>0$　　　　② $a<0$

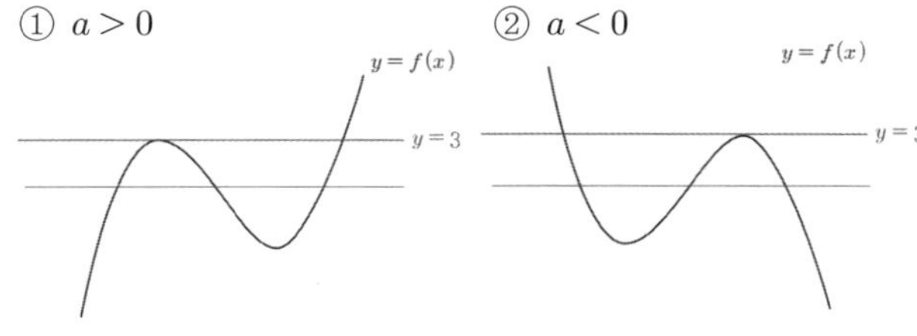

(다) 방정식 $g(f(x))=17$의 서로 다른 세 실근을 갖는다.

$$g(x)=17 \Rightarrow x^2-6x+10=17 \Rightarrow (x-7)(x+1)=0$$
$$\Rightarrow x=-1 \text{ or } x=7$$

이므로 $f(x)=-1$ or $f(x)=7$이다.

(다) 조건에서 방정식 $g(f(x))=17$의 서로 다른 세 실근을
갖고 위의 그래프에서 방정식 $f(x)=7$의 실근의 개수를
조사하면 1이므로 $f(x)=-1$의 서로 다른 실근의 개수는
2이다.

즉, 세 직선 $y=-1$, $y=3$, $y=7$과 함수 $y=f(x)$의
그래프의 개형은 다음과 같다.

① $a>0$　　　　② $a<0$

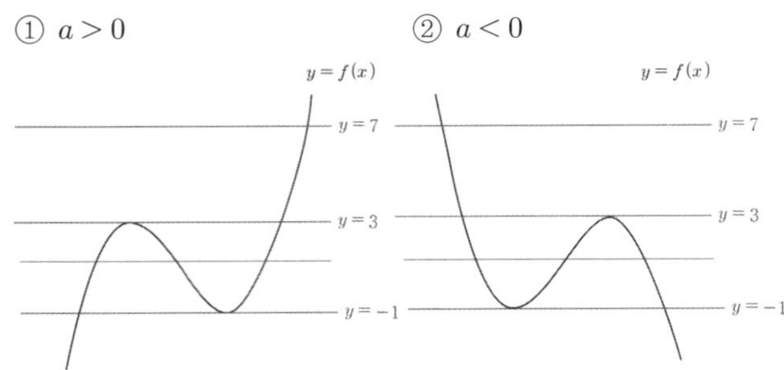

따라서 함수 $f(x)$의 극댓값은 3이고 극솟값은 -1이므로
극댓값과 극솟값의 합은 $3+(-1)=2$이다.

답 ①

$$f(x)=x^3+ax^2+bx$$
$$f'(x)=3x^2+2ax+b$$
$(t,\,f(t))$에서의 접선의 방정식은
$$y=(3t^2+2at+b)(x-t)+t^3+at^2+bt$$

접선이 y축과 만나는 점을 P
$P(0,\,-2t^3-at^2)$이므로
$$g(t)=\sqrt{(-2t^3-at^2)^2}=\left|-2t^3-at^2\right|=\left|2t^3+at^2\right|$$

(가) $f(1)=2$
$$f(1)=2 \Rightarrow 1+a+b=2 \Rightarrow a+b=1$$

(나) 함수 $g(t)$는 실수 전체의 집합에서 미분가능하다.

> **Tip**
>
> <함수 $|h(x)|$의 미분가능성>
>
> Q. 미분가능한 함수 $h(x)$에 대하여 함수 $|h(x)|$가
> $x=k$에서 미분이 가능한지 가능하지 않은지 확인하려면
> 어떻게 해야 할까?
>
> $h(k)$의 함숫값에 따라 크게 2가지 case가 존재한다.
>
> ① $h(k) \neq 0$
>
> $h(k) \neq 0$인 경우에는 미분가능한 함수를 x축 아래 부분을
> 접어 올리기만 하는 것이므로 실수 전체에서 미분가능하면

$h'(k)$ 도 당연히 존재한다.

② $h(k)=0$

문제는 ② case인데 $h(k)=0$ 일 때에는 case분류를 해줘야
한다.

ⅰ) $x=k$ 를 경계로 부호가 바뀔 때는 총 4가지의 개형이
   가능하다.

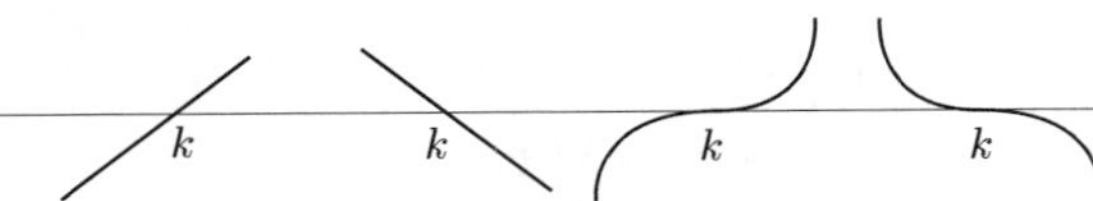

첫 번째와 두 번째 개형은 $h'(k) \neq 0$ 이므로
접어 올렸을 때 좌미분계수와 우미분계수가 같아질
수 없다. ($h'(k-) = -h'(k+) \Rightarrow h'(k)=0$ 모순!)

결국 미분가능하려면 세 번째와 네 번째 개형과 같이
$h'(k)=0$ 이어야 한다.
즉, $x=k$ 에서 뚫는 접선이 나와야 한다.

ⅱ) $x=k$ 를 경계로 부호가 바뀌지 않을 때는 총 2가지
   개형이 가능하다.

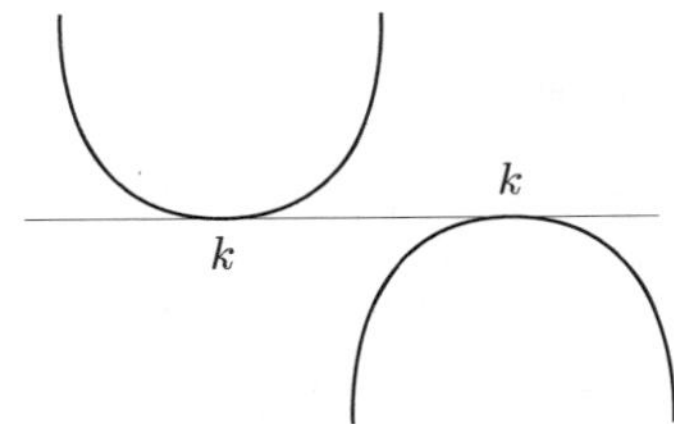

(애초에 $h(x)$ 가 실수 전체에서 미분가능하다고 했기
때문에 첨점(뾰족점)은 나올 수가 없다.)
결국 ② case에서 미분가능하려면
ⅰ), ⅱ) 모두 $h'(k)=0$ 이어야 한다.

$$g(t) = \left| 2t^2\left(t+\frac{a}{2}\right) \right|$$

$h(t) = 2t^2\left(t+\frac{a}{2}\right)$ 라 하면

$$h'(t) = 4t\left(t+\frac{a}{2}\right)+2t^2$$

$h\left(-\frac{a}{2}\right)=0$ 이고 $x=-\frac{a}{2}$ 에서 미분가능해야 하므로

$$h'\left(-\frac{a}{2}\right)=0 \Rightarrow \frac{a^2}{2}=0 \Rightarrow a=0$$

(물론 삼차함수 개형을 바탕으로 생각하면 $a=0$ 인 것이
자명하다.)

$$f(x) = x^3+ax^2+bx$$

$a+b=1$ 이고 $a=0$ 이므로 $b=1$ 이다.

$f(x) = x^3+x$ 이므로 $f(3)=30$ 이다.

답 ④ 

218

$$f(x) = \begin{cases} a(3x-x^3) & (x<0) \\ x^3-ax & (x\geq 0) \end{cases}$$

a 를 모르기 때문에 $f(x)$ 를 그리기 곤란하므로
a 의 범위에 따라 case분류하면

① $a>0$

$$f(x) = \begin{cases} -ax(x+\sqrt{3})(x-\sqrt{3}) & (x<0) \\ x(x+\sqrt{a})(x-\sqrt{a}) & (x\geq 0) \end{cases}$$

이므로 $f(x)$ 를 그리면

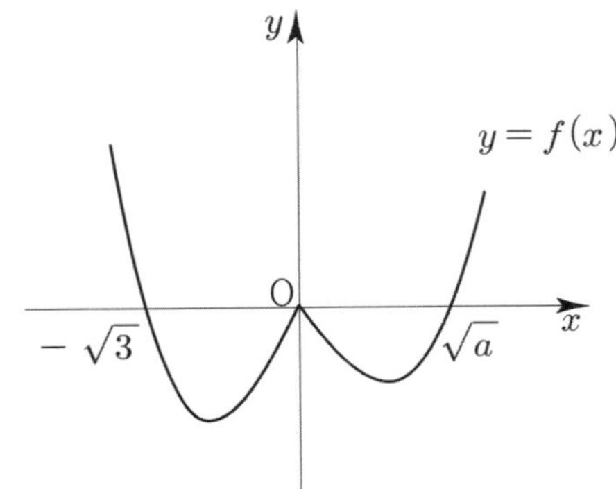

$f(x)$ 는 $x=0$ 에서 극댓값 0을 가지므로
조건을 만족시키지 않는다.

② $a=0$

$$f(x) = \begin{cases} 0 & (x<0) \\ x^3 & (x\geq 0) \end{cases}$$

이므로 $f(x)$ 를 그리면

$x=0$ 에서 극솟값 0 을 갖고, $x=b \ (b<0)$ 에서
극값(극댓값, 극솟값 모두 가능) 0 을 가지므로
조건을 만족시키지 않는다.

(위 설명이 이해가 되지 않았다면 Guide step
개념파악하기 - (6) 함수의 극대와 극소란 무엇일까?
파트를 다시 복습하길 권한다.)

③ $a<0$

$$f(x) = \begin{cases} -ax(x+\sqrt{3})(x-\sqrt{3}) & (x<0) \\ x^3 - ax & (x \geq 0) \end{cases}$$

$y = x^3 - ax$
$y' = 3x^2 - a > 0 \ (\because a<0)$ 이므로 $f(x)$ 를 그리면

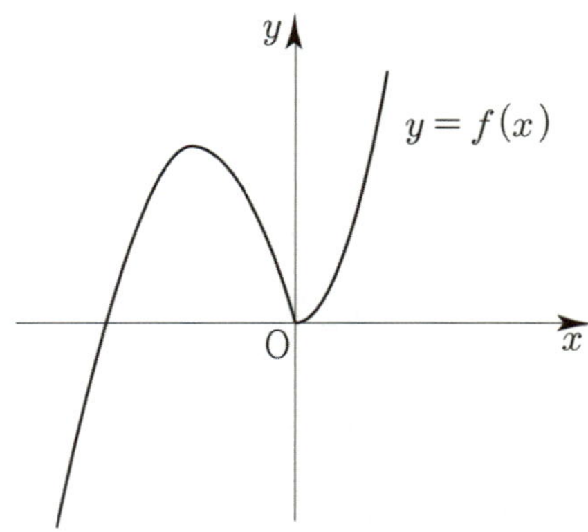

$x<0$ 에서
$f'(x) = a(3-3x^2) = -3a(x+1)(x-1)$
$f'(-1) = 0$ 이므로
$f(x)$ 는 $x=-1$ 에서 극댓값 5 를 가진다.
$f(-1) = 5 \Rightarrow a(-3+1) = 5 \Rightarrow a = -\dfrac{5}{2}$

$$f(x) = \begin{cases} -\dfrac{5}{2}(3x-x^3) & (x<0) \\ x^3 + \dfrac{5}{2}x & (x \geq 0) \end{cases}$$

이므로 $f(2) = 8+5 = 13$ 이다.

답 ⑤

자연수 n
최고차항의 계수가 1 인 삼차함수 $f(x)$
(가) $f(n)=0$
$f(x)$ 는 $(x-n)$ 을 인수로 가져야한다.
(나) 모든 실수 x 에 대하여 $(x+n)f(x) \geq 0$ 이다.
$(x+n)f(x) = (x+n)(x-n)(x^2+ax+b)$
$g(x) = (x+n)(x-n)(x^2+ax+b)$ 라 하면
$g(x)$ 는 사차함수이고 $g(-n) = g(n) = 0$ 이므로
모든 실수 x 에 대하여 $g(x) \geq 0$ 가 되려면
$g(x) = (x+n)^2(x-n)^2$ 이어야 한다.

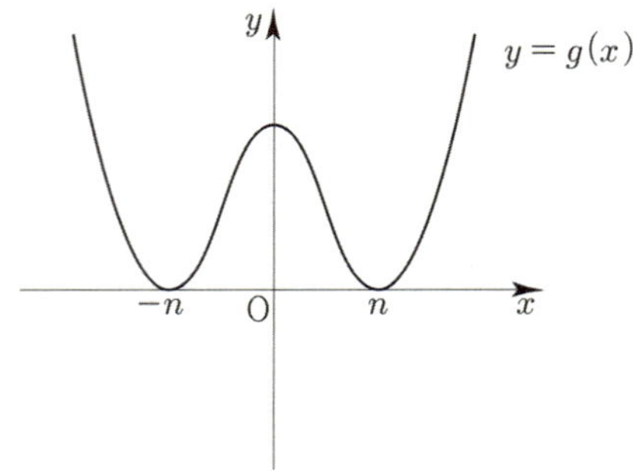

$f(x) = (x+n)(x-n)^2$
$f'(x) = (x-n)^2 + 2(x+n)(x-n) = 3(x-n)\left(x+\dfrac{n}{3}\right)$

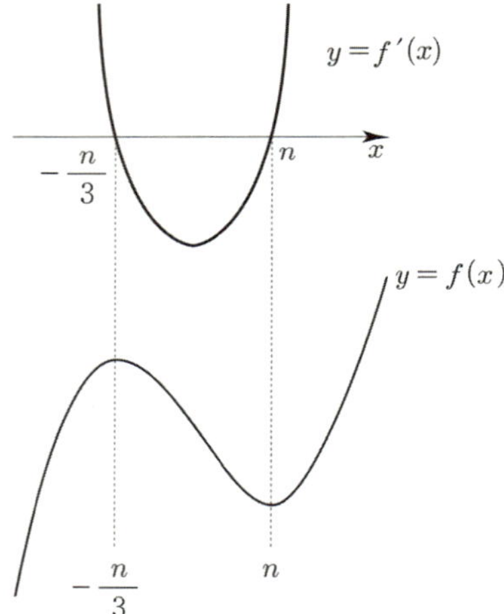

$f(x)$ 는 $x = -\dfrac{n}{3}$ 에서 극댓값을 가지므로

$$f\left(-\dfrac{n}{3}\right) = \dfrac{2}{3}n \times \dfrac{16}{9}n^2 = \dfrac{32}{27}n^3 = a_n$$

따라서 a_n 이 자연수가 되도록 하는 n 의 최솟값은 3 이다.

답 ③

함수 $|f(x)+g(x)|$ 가 $x=k\,(k\neq 0)$ 에서만 미분가능하지
않는다고 했으니까 $x=0$ 에서는 미분가능하다.

$x=0$ 에서 미분이 가능하므로 $x=0$ 에서 연속이다.

즉, $\displaystyle\lim_{x\to 0}|f(x)+g(x)|=|f(0)+g(0)|=|f(0)|$

$\displaystyle\lim_{x\to 0}|f(x)+g(x)|=\lim_{x\to 0}\left|f(x)+\frac{f(x)}{x}\right|=|f(0)|$

$\displaystyle\lim_{x\to 0}\frac{f(x)}{x}$ 가 수렴하려면 반드시 $\displaystyle\lim_{x\to 0}f(x)=0$ 이어야 한다.
$f(x)$ 는 삼차함수이므로 실수 전체에서 미분가능하고
연속이니까 $f(0)=0$
결국 $\displaystyle\lim_{x\to 0}\left|\frac{f(x)}{x}\right|=0$ 이므로 $\displaystyle\lim_{x\to 0}\frac{f(x)}{x}=0$

따라서 $f(x)$ 는 반드시 x^2 이라는 인수를 가지고
있어야 한다.
즉, $f(x)=ax^2(x-b)$
$g(x)=ax(x-b)$

$f(x)+g(x)=ax^2(x-b)+ax(x-b)=ax(x-b)(x+1)$
이므로 $|f(x)+g(x)|=|ax(x-b)(x+1)|$

$h(x)=f(x)+g(x)$ (New함수 Technique!)이라 하면
함수 $|f(x)+g(x)|=|h(x)|=|ax(x-b)(x+1)|$ 는
$x=k(k\neq 0)$ 에서만 미분가능하지 않으니까 $x=0$ 에서는
미분가능 해야 한다.

그런데 $h(0)=0$ 이므로 미분가능하려면 217번 tip의
논리에 의해서 $h'(0)=0$ 이 되어야 하니까 $b=0$ 이다.

미분이 불가능한 점은 $h(x)=0$ 를 만족시키는
$x=-1$ 만 가능하다.

$h(-1)=0,\ h'(-1)\neq 0$ 이므로 미분가능하지 않는다.
즉, $k=-1$

$f(x)=ax^3,\ g(x)=ax^2$

따라서 $\dfrac{f(5+k)}{g(k)}=\dfrac{f(4)}{g(-1)}=\dfrac{64a}{a}=64$ 이다.

답 64

$f(x)=x^3-x$, 상수 $a(a>-1)$
$y=f(x)$ 위의 두 점 $(-1,\ f(-1)),\ (a,\ f(a))$ 를 지나는
직선을 $y=g(x)$

$$h(x)=\begin{cases} f(x) & (x<-1)\\[4pt] g(x) & (-1\leq x\leq a)\\[4pt] f(x-m)+n & (x>a)\end{cases}$$

(가) 함수 $h(x)$ 는 실수 전체의 집합에서 미분가능하다.

만약 아래와 같이 직선 $y=g(x)$ 의 기울기가 함수 $f(x)$ 위의
점 $(-1,\ 0)$ 에서의 기울기와 같지 않으면 함수 $h(x)$ 는
$x=-1$ 에서 미분가능하지 않으므로 (가) 조건을 만족시키지
않는다. 즉, 두 번째 그림처럼 직선 $y=g(x)$ 는 함수 $f(x)$
위의 점 $(-1,\ 0)$ 에서의 접선과 같아야 한다.

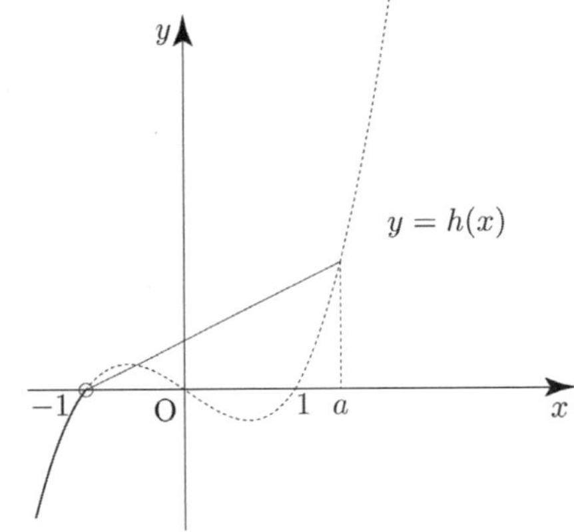

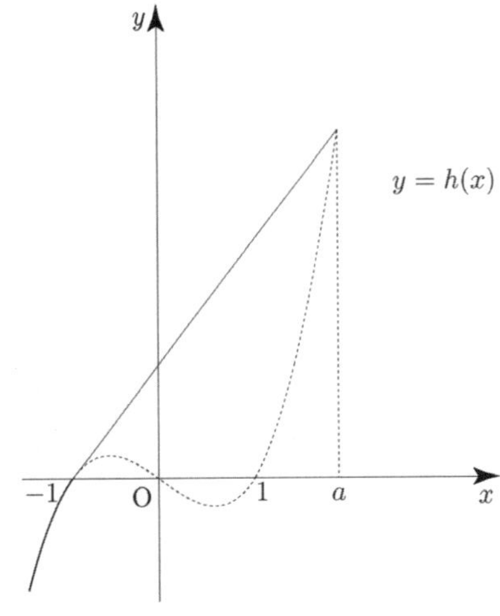

training − 1step 015번 해설에서 배운
근과 계수의 관계 Technique을 적용시켜 a 를 구해보자.
$f(x)=g(x)$
$\Rightarrow x^3-x-(px+q)=0 \Rightarrow x^3-(p+1)x-q=0$

점 $(-1, 0)$ 에서 접하므로 위 방정식은 -1(접점의 x 좌표)을 중근으로 갖는다. 다른 실근이 a 이므로 세 근의 합을 구하면 $-1-1+a=0 \Rightarrow a=2$ 이다.

이번에는 $f(x-m)+n \ (x>2)$ 를 해석해보자.
함수 $f(x-m)+n$ 의 그래프는 함수 $f(x)$ 를 x 축의 방향으로 m 만큼, y 축의 방향으로 n 만큼 평행이동하여 구할 수 있다.

(가) 조건을 만족시키려면 $x=2$ 에서 미분가능해야 하므로 함수 $f(x-m)+n$ 위의 점 $(2, 6)$ 에서의 접선의 기울기가 함수 $f(x)$ 위의 점 $(-1, 0)$ 에서의 접선의 기울기와 같아야 한다. $f'(-1)=f'(1)$ 이므로 두 가지 case가 존재한다.

(나) 함수 $h(x)$ 는 일대일대응이다.

① $f(x)$ 위의 점 $(-1, 0)$ 이 $(2, 6)$ 으로 평행이동한 경우
(나) 조건을 만족시키지 않는다.

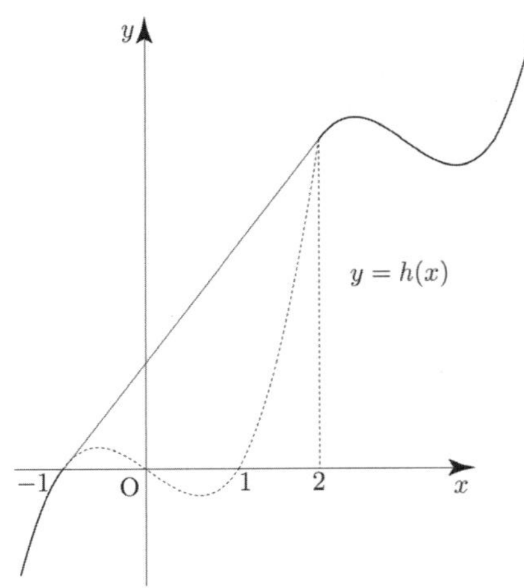

② $f(x)$ 위의 점 $(1, 0)$ 이 $(2, 6)$ 으로 평행이동한 경우
(나) 조건을 만족시킨다.

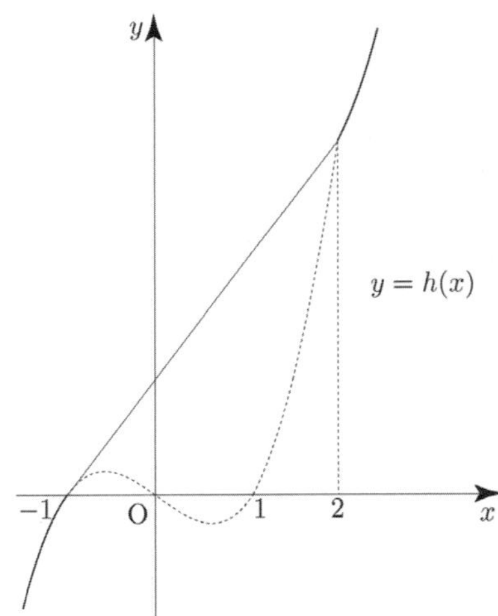

따라서 $m=1$, $n=6$ 이므로 $m+n=7$ 이다.

답 ④

$$f(x)=2x^3-3(a+1)x^2+6ax$$
$$f'(x)=6x^2-6(a+1)x+6a=6(x-1)(x-a)$$

방정식 $f(x)=0$ 이 서로 다른 세 실근을 갖도록 하려면 극댓값과 극솟값을 모두 갖는 개형이 나와야 한다.
즉, 방정식 $f'(x)=0$ 은 서로 다른 두 실근을 가져야 하고 a 는 자연수이므로 1 보다 커야 한다.
(만약 $a=1$ 이면 $f'(x)=6(x-1)^2$ 이므로 조건을 만족시키지 않는다.)

$$f(1)=2-3(a+1)+6a=3a-1$$
$$f(a)=2a^3-3a^2(a+1)+6a^2=-a^2(a-3)$$
이므로 함수 $f(x)$ 의 그래프가 x 축과 세 점에서 만나려면 $f(1)>0$, $f(a)<0$ 이어야 한다.

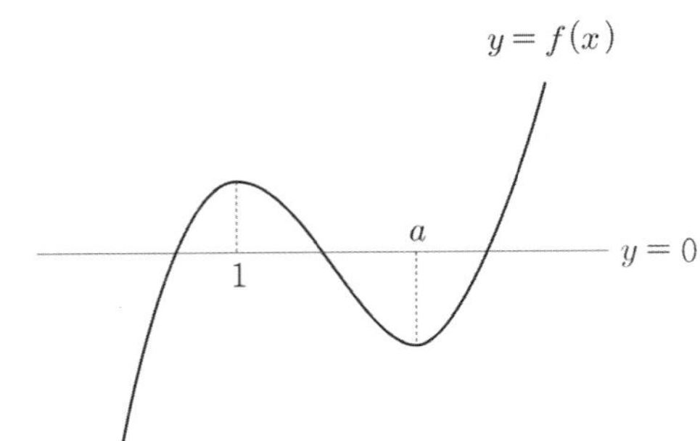

$$f(1)>0 \Rightarrow 3a-1>0 \Rightarrow a>\frac{1}{3}$$
$$f(a)<0$$
$$\Rightarrow -a^2(a-3)<0$$
$$\Rightarrow a^2(a-3)>0$$
$$\Rightarrow a-3>0 \ (\because a \neq 0)$$
$$\Rightarrow a>3$$

$a>\dfrac{1}{3}$, $a>3 \Rightarrow a>3$ 이므로
$a_1=4$, $a_2=5$, $a_3=6$, $\cdots$, $a_n=n+3$ 이다.
$a=a_n$ 일 때, $f(x)=2x^3-3(a_n+1)x^2+6a_n x$ 이고
$f(x)$ 는 $x=1$ 에서 극댓값 $b_n=f(1)=3a_n-1$ 을 갖는다.

따라서 $\displaystyle\sum_{n=1}^{10}(b_n-a_n)=\sum_{n=1}^{10}(2a_n-1)=\sum_{n=1}^{10}(2n+5)$

$$=\frac{10(7+25)}{2}=160$$

이다.

답 160

223

$A(t,\ t^4-4t^3+10t-30),\ B(t,\ 2t+2)$ 이므로

$\overline{AB}=\left|t^4-4t^3+10t-30-(2t+2)\right|$

$\qquad =\left|t^4-4t^3+8t-32\right|$

(지난 해설에서 누누이 강조해왔다. 길이는 절댓값이다!)

$f(t)=\left|t^4-4t^3+8t-32\right|$

$g(t)=t^4-4t^3+8t-32$ 라 하면

$g'(t)=4t^3-12t^2+8=4(t^3-3t^2+2)$

$\qquad =4(t-1)(t^2-2t-2)$

$\qquad =4(t-1)(t-(1-\sqrt{3}))(t-(1+\sqrt{3}))$

$g(1)=1-4+8-32=-27$

$g'(t)$ 를 바탕으로 $g(t)$ 를 그리면

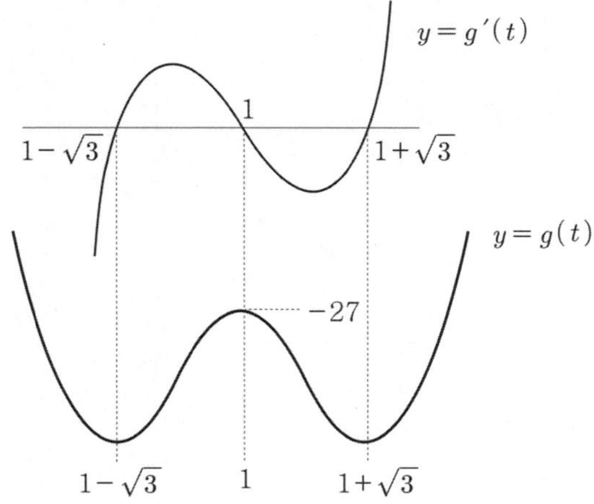

($y=g'(t)$ 의 그래프가 $(1,\ 0)$ 에 대하여 점대칭이므로
$y=g(t)$ 는 $t=1$ 에 대하여 대칭이다. 이는 **Guide Step
개념파악하기 - (14) 사차함수의 그래프는 어떠한 특징을
가지고 있을까?** 에서 학습하였다.)

$g(t)$ 의 그래프를 바탕으로 $f(t)=|g(t)|$ 를 그리면

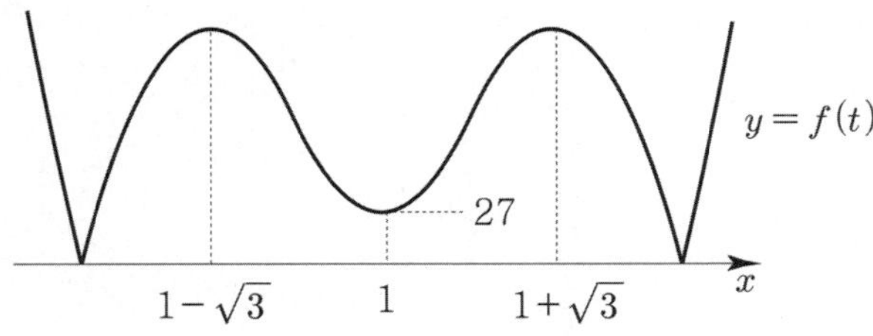

$\displaystyle\lim_{h\to 0+}\frac{f(t+h)-f(t)}{h}\times\lim_{h\to 0-}\frac{f(t+h)-f(t)}{h}\le 0$

case분류하면

① $\displaystyle\lim_{h\to 0+}\frac{f(t+h)-f(t)}{h}\times\lim_{h\to 0-}\frac{f(t+h)-f(t)}{h}=0$

위 조건은 우미분계수와 좌미분계수가 둘 중에 하나만
0이면 되지만 함수 $f(t)$ 는 우미분계수와 좌미분계수
모두 0으로 같은 경우만 가능하다.
(두 개의 첨점빼고 다른 점에서는 미분가능하므로)

$f'(t)=0 \Rightarrow t=1-\sqrt{3}\ \text{or}\ t=1\ \text{or}\ t=1+\sqrt{3}$

② $\displaystyle\lim_{h\to 0+}\frac{f(t+h)-f(t)}{h}\times\lim_{h\to 0-}\frac{f(t+h)-f(t)}{h}<0$

우미분계수와 좌미분계수의 부호가 서로 달라야 한다.
(미분가능하지 않은 점부터 조사하면 된다.)
방정식 $f(t)=0$ 의 근 중 서로 다른 두 실근의 합은
함수 $y=f(t)$ 의 그래프의 특징으로 빠르게 찾을 수 있다.
$y=f(t)$ 는 $t=1$ 에 대칭되어 있으므로 두 실근의 합은
$1\times 2=2$ 이다.

따라서 조건을 만족시키는 모든 실수 t 의 값의 합은
$1-\sqrt{3}+1+1+\sqrt{3}+2=5$ 이다.

답 ④

Tip

Tip : <좌미분계수 $\times$ 우미분계수>

Q1. $\displaystyle\lim_{h\to 0+}\frac{f(a+h)-f(a)}{h}\times\lim_{h\to 0-}\frac{f(a+h)-f(a)}{h}=0$
이면 $x=a$ 에서 미분이 가능할까?

답은"아니다"이다.
예를 들어 우미분계수가 0이고 좌미분계수가 1이면
조건을 만족시키지만 $x=a$ 에서 미분가능하지 않다.

Q2. $\displaystyle\lim_{h\to 0+}\frac{f(a+h)-f(a)}{h}\times\lim_{h\to 0-}\frac{f(a+h)-f(a)}{h}<0$
의 조건은 $x=a$ 에서 미분가능하지 않다는 조건과
완벽히 동일할까?

답은 "아니다"이다. 좌미분계수와 우미분계수가
같을 수 없으므로 $x=a$ 에서 미분가능하지 않은 것은
맞지만 반드시 부호가 달라야 한다.
예를 들어 우미분계수가 1이고 좌미분계수가 2이면
$x=a$ 에서 미분가능하지 않지만
위 조건을 만족시키지 않는다.
즉, "미분가능하지 않다"는 조건보다 더 **tight**한 조건이다.

Q3. $\displaystyle\lim_{h \to 0+} \frac{f(a+h)-f(a)}{h} \times \lim_{h \to 0-} \frac{f(a+h)-f(a)}{h} > 0$

이면 $x = a$ 에서 미분이 가능할까?

답은 "아니다"이다.
예를 들어 우미분계수가 2 이고 좌미분계수가 3 이면
위 조건을 만족시키지만 $x = a$ 에서 미분가능하지 않을 수 있다.

224

(가) $\dfrac{b}{h(b)-36} = \dfrac{a}{h(a)-36}$ 무엇을 의미할까?

역수를 취해보자.

$\dfrac{h(b)-36}{b} = \dfrac{h(a)-36}{a}$ 이므로 $\dfrac{h(b)-36}{b-0} = \dfrac{h(a)-36}{a-0}$

$(b,\ h(b))$ 와 $(0,\ 36)$ 의 기울기 $=(a,\ h(a))$ 와 $(0,\ 36)$ 의
기울기를 의미한다.

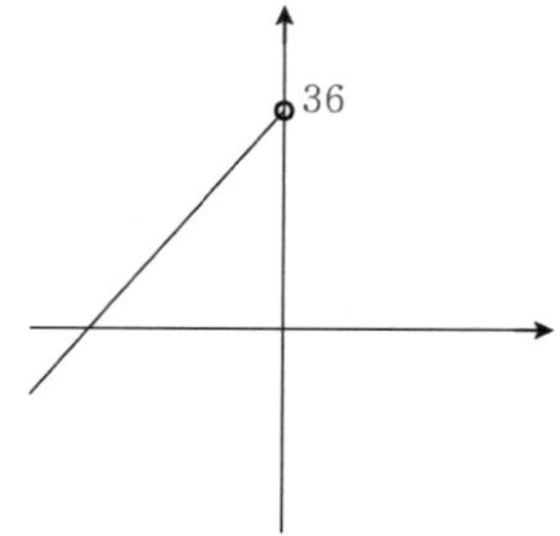

a 와 b 가 음수라고 했으니까 $h(x)$ 는 $g(x)$ 이다.
$(0,\ 36)$ 에서 $g(x)$ 위에 있는 점과 기울기가 모두 같으려면
$g(x)$ 가 $(0,\ 36)$ 을 지나는 일차함수가 되어야 한다.
(만약에 $g(x)$ 가 상수함수가 되면 분모가 0 이기 때문에
될 수 없다. 또한 $g'(0)=3$ 라는 조건도 만족시킬 수 없다.)

$g(x)$

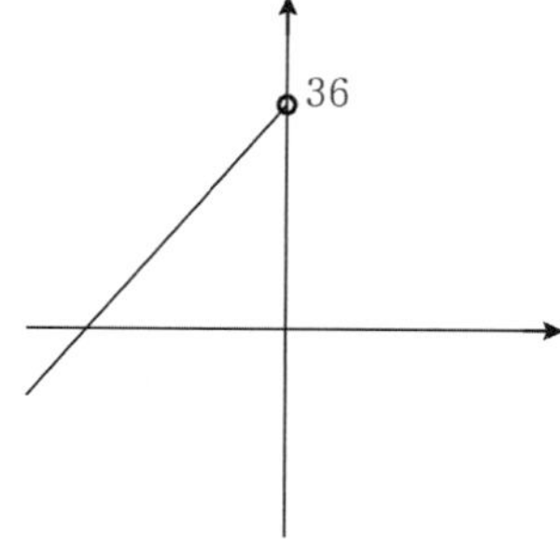

$g'(0)=3$ 이고 $(0,\ 36)$ 을 지나므로 $g(x)=3x+36$

문제에서 실수 전체에서 미분가능한 $h(x)$ 라고 했기 때문에
$f(0)=g(0)$

$f'(0)=g'(0)=3$
이 두 조건을 만족해야 한다.

그래프 개형을 case 분류하기 전에 $f(x)$ 의 최고차항의
계수가 없으니까 최고차항 계수가 음수가 될 수 있다는 것도
잊지 말자.

① $f'(0)=3$ 이므로 기울기가 양수인 부분과 이어져야 한다.
case ① 은 동그라미 친 두 군데로 나눠서 생각하면 된다.

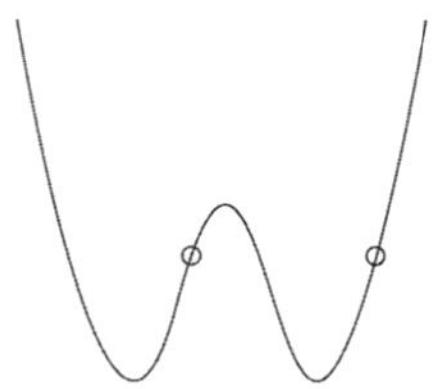

① ⅰ) (나) 조건 X

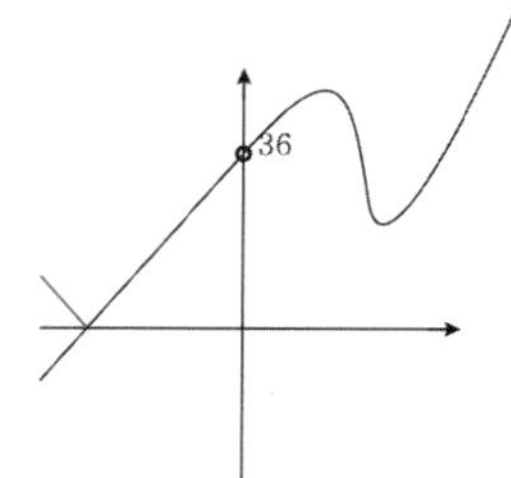

① ⅱ) (나) 조건은 만족하지만 $f'(3)=f(3)$ 만족 X

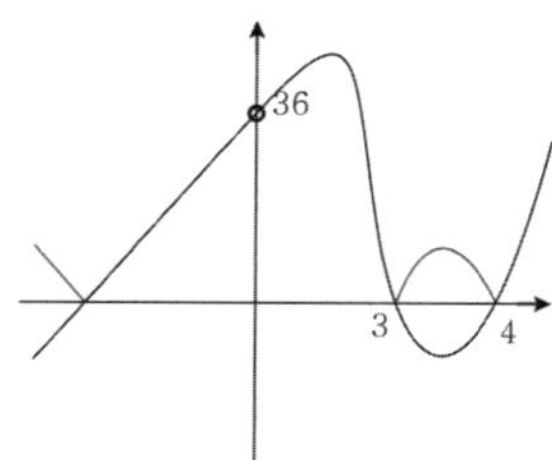

① ⅲ) (나) 조건 X

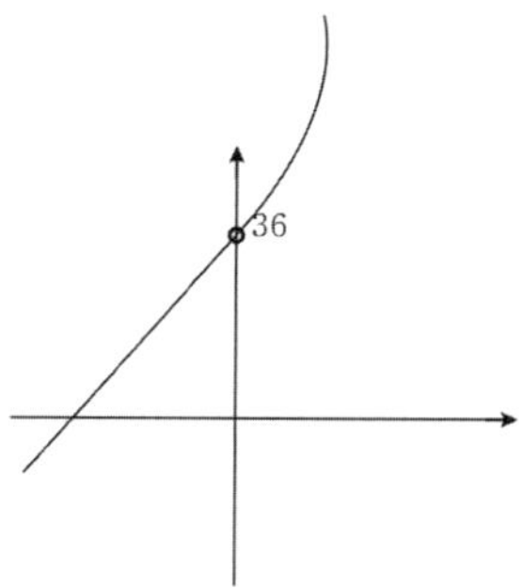

② (나) 조건 X ③ (나) 조건 X ④ (나) 조건 X

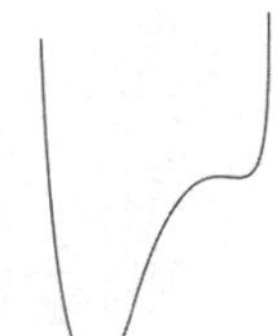  

⑤ (나) 조건 X ⑥ (나) 조건 X ⑦ (나) 조건 X

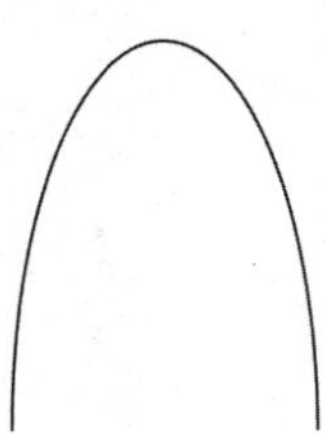 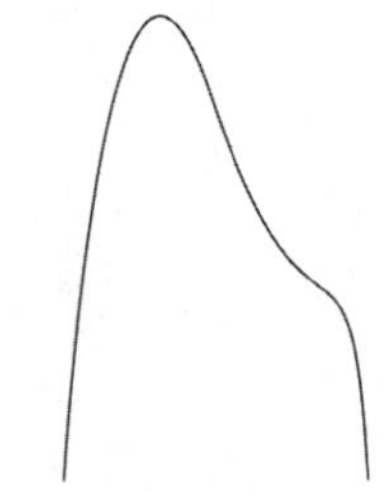 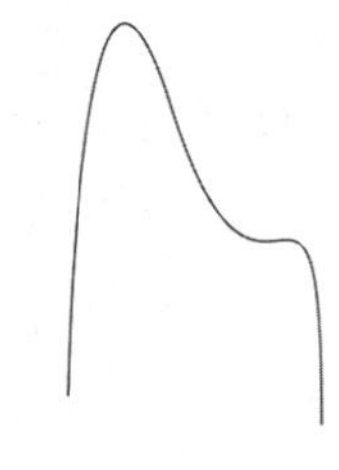

⑧ 동그라미 친 두 군데로 나눠서 생각하면 되겠죠?

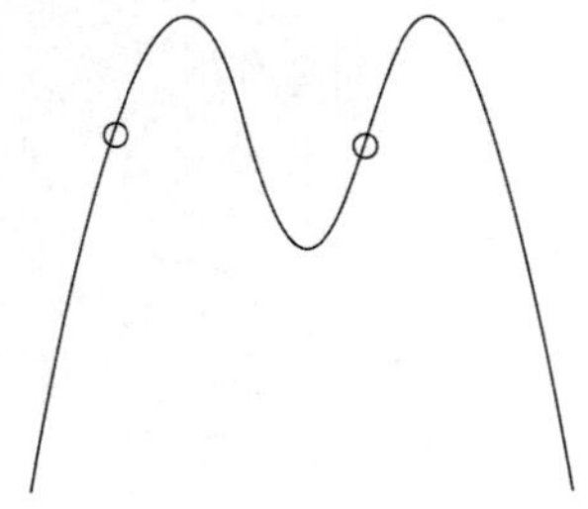

⑧ ⅰ) $f'(3) = f(3)$ 만족 X

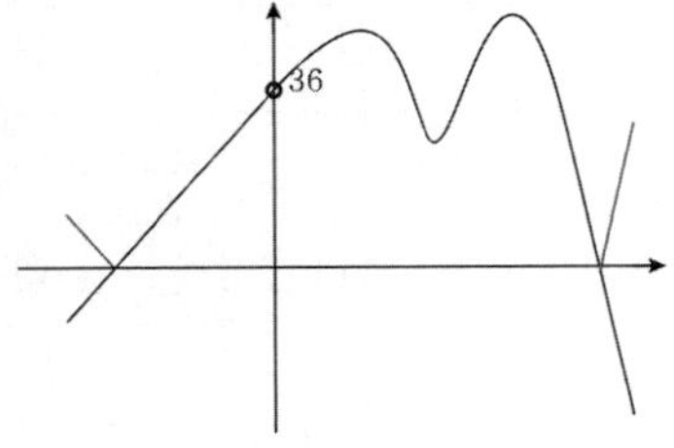

⑧ ⅱ) (나) 조건 X

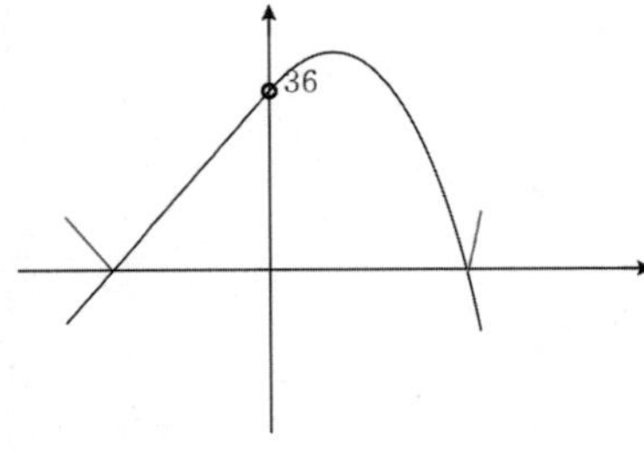

⑧ ⅲ) (나) 조건 X

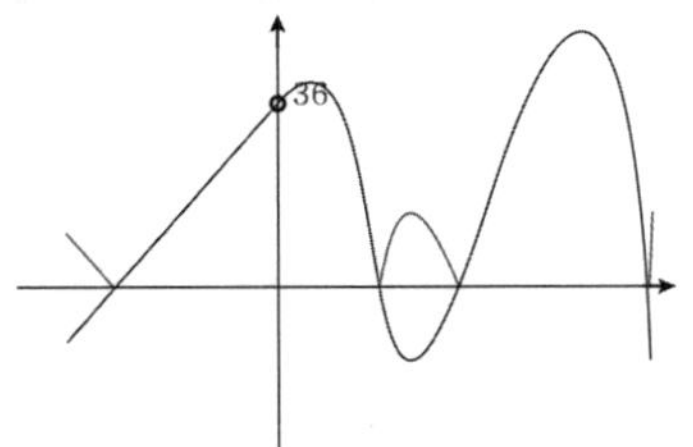

⑧ ⅳ) (나) 조건과 $f'(3) = f(3)$ 만족 !

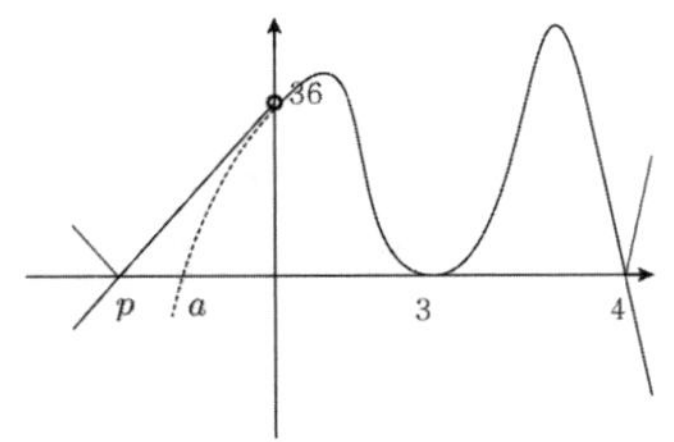

⑧ ⅴ) $f'(3) = f(3)$ 만족 X

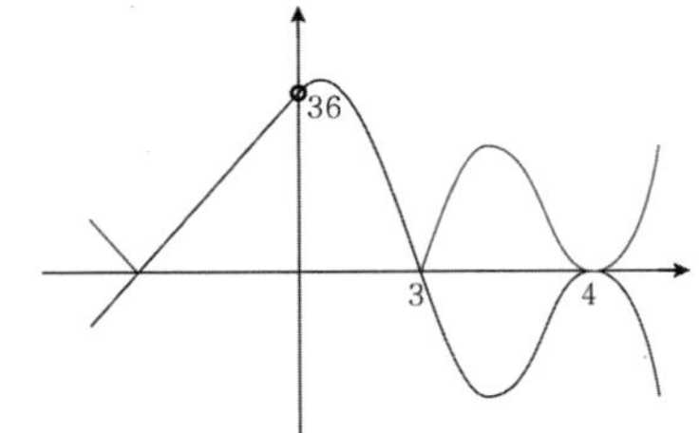

$f(x)$ 가 0 이 되는 x 값들 중 음수를 a 라고 두면
$$f(x) = k(x-a)(x-3)^2(x-4)$$

조건 $f(0) = 36$, $f'(0) = 3$ 을 만족해야 하므로
$$f'(x) = k\left\{(x-3)^2(x-4) + 2(x-a)(x-3)(x-4) \atop \qquad\qquad + (x-a)(x-3)^2\right\}$$

$36ka = 36 \Rightarrow ka = 1$
$k(-36-33a) = 3 \Rightarrow -12k - 11ka = 1 \Rightarrow -12k = 12$
$\therefore k = -1$, $a = -1$

$f(x) = -(x+1)(x-3)^2(x-4)$
$h(8) = f(8) = -9 \times 25 \times 4$
p 는 $g(x) = 3x + 36$ 의 x 절편이므로 $p = -12$ 이다.

따라서 $\dfrac{h(8)}{p} = \dfrac{-9 \times 25 \times 4}{-12} = 75$ 이다.

 75

$$f(x) = \begin{cases} x(x-a)^2 & (x \geq 0) \\[2mm] (x+a)^2 x(x-a) & (x < 0) \end{cases}$$

같은 그래프 개형이 나오도록 a 의 범위를 case 분류하면
① $a > 0$　② $a = 0$　③ $a < 0$

$$A = \left\{ t \mid \lim_{x \to t+} \frac{f(x)-f(t)}{x-t} \neq \lim_{x \to t-} \frac{f(x)-f(t)}{x-t} \right\}$$

$x = t$ 에서 우미분계수와 좌미분계수가 다르다는 의미이므로
미분이 불가능한 점의 x 좌표가 A 집합의 원소와 같다.

$B = \{\, t \mid f(x)\ \text{는}\ x = t\ \text{에서 극솟값을 갖고}\ t \neq 0 \}$
극솟값을 가지면서 $t \neq 0$ 를 만족해야 한다.
왜 하필 $t \neq 0$ 일까?

조건을 만족시키는 case를 제거하기 위함이다.
이제 a 에 따라 case 분류하면

① $a > 0$

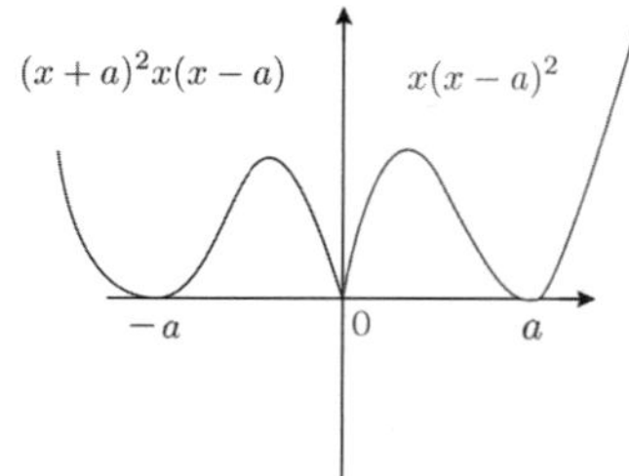

② $a = 0$

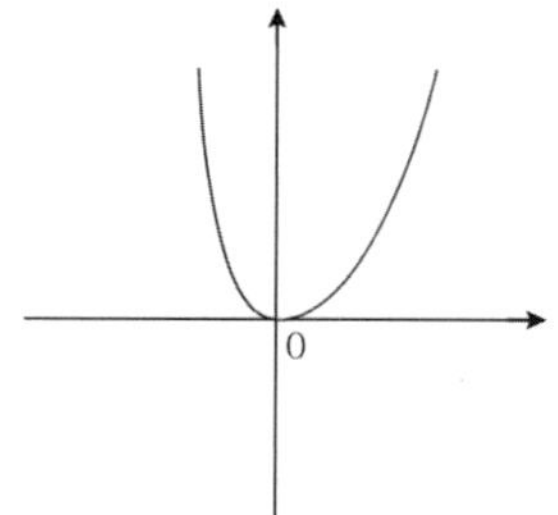

③ $a < 0$

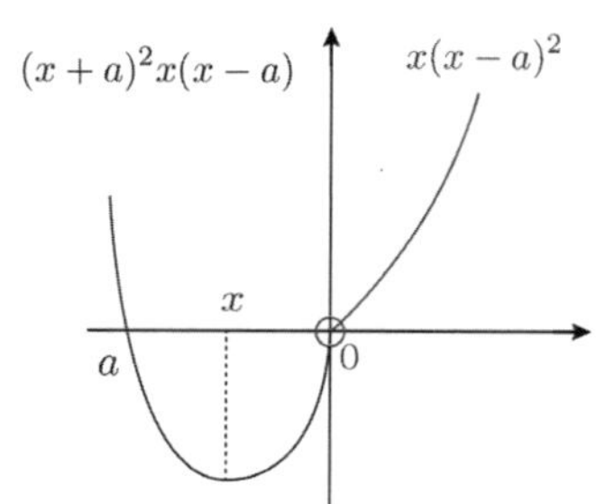

$x = 0$ 에서 미분이 가능하지 않을까?

보기에는 그렇지만 가능할 수도 있고 불가능할 수도 있다.
미분가능하려면 $x = 0$ 에서 좌미분계수와 우미분계수가
같아야 한다.

여기서 $x = 0$ 에서 우미분계수는
$y = x(x-a)^2 \Rightarrow y' = (x-a)^2 + 2x(x-a)$ 이므로 a^2 이다.

좌미분계수는
$y = (x+a)^2 x(x-a)$

$\Rightarrow y' = 2(x+a)x(x-a) + (x+a)^2(x-a) + (x+a)^2 x$

이므로 $-a^3$ 이다.

$a^2 = -a^3$ 를 만족하는 a 값에 한해서 $x = 0$ 에서
미분이 가능하다.
$a^3 + a^2 = a^2(a+1)$ 　$a = 0$ 와 $a = -1$ 이 나오지만
$a < 0$ 이므로 $a = -1$ 만 가능하다.
즉, $a = -1$ 이면 A 집합은 공집합이다.

이제 조건들을 따져보자.

	① $a > 0$	② $a = 0$	③ $a < 0$	
A집합	$\{0\}$	$\varnothing$	$\{0\}$	$\varnothing$
B집합	$\{-a,\ a\}$	$\varnothing$	$\{X_1\}$	$\{X_2\}$
조건 만족	$A \cup B = B$ (X) $B \neq \varnothing$ (O)	$A \cup B = B$ (O) $B \neq \varnothing$ (X)	$A \cup B = B$ (X) $B \neq \varnothing$ (O)	$A \cup B = B$ (O) $B \neq \varnothing$ (O)

즉, 조건을 모두 만족시키는 case는 ③ $a < 0$ 에서
$a = -1$ 일 때이다.

$$f(x) = \begin{cases} x(x+1)^2 & (x \geq 0) \\[2mm] (x-1)^2 x(x+1) & (x < 0) \end{cases}$$

따라서 $f(4) = 4 \times 25 = 100$ 이다.

답　①

$f'(x) = (x+1)(x-3)$ 를 바탕으로
box를 이용하여 $f(x)$ 를 그려보자.

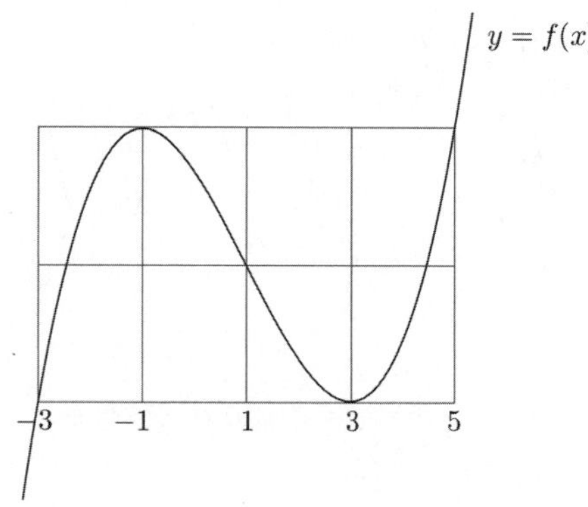

이제 양수 t 의 범위에 따라 닫힌구간 $[1-t,\ 1+t]$ 에서
$f(x)$ 의 최댓값 M과 최솟값 m 을 구하고 이를 바탕으로
$g(t)$ 를 구해보자.

① $0 < t < 2$ 일 때,

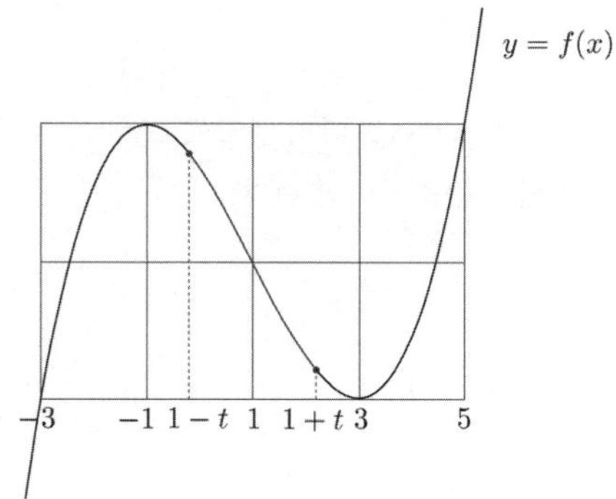

$M = f(1-t)$ 이고, $m = f(1+t)$

집합 $\{x \mid (f(x)-M)(f(x)-m)=0,\ x \text{는 실수}\}$ 의
모든 원소는 방정식 $f(x) = M$ or $f(x) = m$ 의 서로 다른
실근의 합집합과 같다.

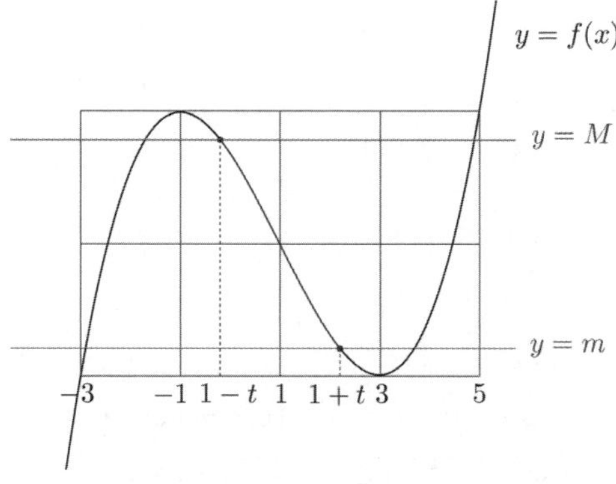

삼차방정식의 근과 계수의 관계를 이용하여 $g(t)$ 를
구해보자.

$$f'(x) = x^2 - 2x - 3 \ \Rightarrow\ f(x) = \frac{1}{3}x^3 - x^2 - 3x + C$$

방정식 $f(x) = M$의 실근과 방정식 $f(x) = m$ 의 실근은
서로 다르다. 또한 $M,\ m$ 을 좌변으로 넘겨도 x^2 의 계수에
영향을 미치지 않기 때문에 서로 다른 실근의 합은 각각

$$-\frac{-1}{\frac{1}{3}} = 3 \text{이므로}\ g(t) = 3+3 = 6$$

② $2 \le t \le 4$ 일 때,

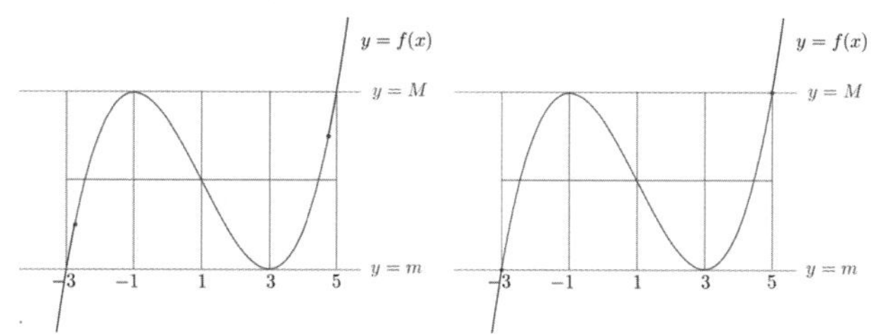

$M = f(-1)$ 이고, $m = f(3)$

방정식 $f(x) = M$의 서로 다른 실근은 -1, 5 이고,
방정식 $f(x) = m$ 의 서로 다른 실근은 -3, 3 이므로
$g(t) = -1 + 5 - 3 + 3 = 4$

③ $4 < t$ 일 때,

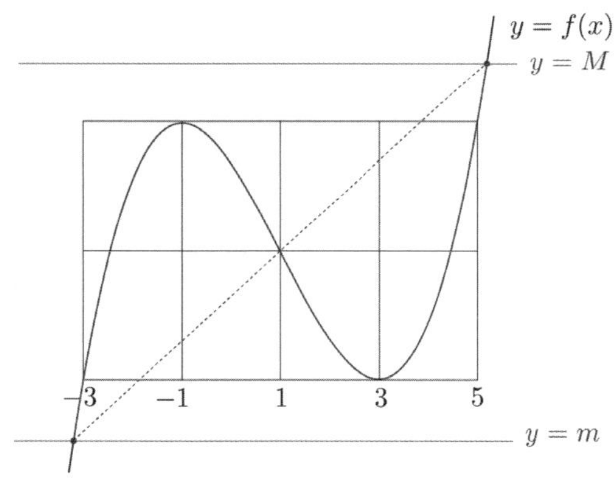

$M = f(1+t)$ 이고, $m = f(1-t)$

방정식 $f(x) = M$의 실근은 $1+t$ 이고,
방정식 $f(x) = m$ 의 실근은 $1-t$ 이므로
$g(t) = 1+t+1-t = 2$

①, ②, ③에 의해서 $g(t)$ 를 구하면 다음과 같다.

$$g(t) = \begin{cases} 6 & (0 < t < 2) \\ 4 & (2 \le t \le 4) \\ 2 & (t > 4) \end{cases}$$

이를 바탕으로 $g(t)$ 의 그래프를 그려보자.

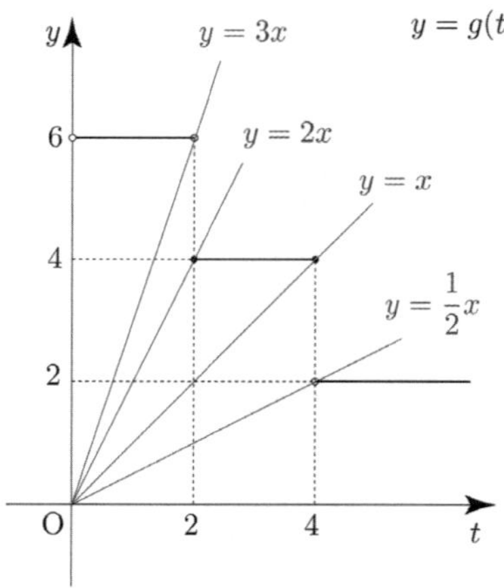

방정식 $g(t) = \dfrac{n}{10}t\,(t > 0)$ 의 실근이 존재하지 않도록 하려면

$$2 < \dfrac{n}{10} \le 3 \ \text{or} \ \dfrac{1}{2} \le \dfrac{n}{10} < 1$$

$$\Rightarrow 20 < n \le 30 \ \text{or} \ 5 \le n < 10$$

따라서 조건을 만족시키는 모든 자연수 n 의 값의 합은
$$\dfrac{10(21+30)}{2} + \dfrac{5(5+9)}{2} = 255 + 35 = 290 \ \text{이다.}$$

답 290

227

최고차항의 계수가 1 인 사차함수 $f(x)$ 가
모든 실수 x 에 대하여 $f(2+x) = f(2-x)$

> **Tip**
>
> <선대칭과 점대칭>
>
> ① 함수 $y = f(x)$ 의 그래프가 $x = a$ 에 대하여 대칭
>
> 모든 실수 x 에 대하여 $f(2a-x) = f(x)$
> 모든 실수 x 에 대하여 $f(a+x) = f(a-x)$
>
> ex 모든 실수 x 에 대하여 $f(x) = f(-x)$
> $x = 0\,(y$축$)$에 대하여 대칭
>
> ② 함수 $y = f(x)$ 의 그래프가 $(a,\ b)$ 에 대하여 점대칭
>
> 모든 실수 x 에 대하여 $f(x) + f(2a-x) = 2b$
>
> ex 모든 실수 x 에 대하여 $f(-x) = -f(x)$
> $(0,\ 0)\,($원점$)$에 대하여 점대칭

함수 $y = f(x)$ 의 그래프는 $x = 2$ 에 대하여 대칭이므로
두 가지 case가 존재한다.

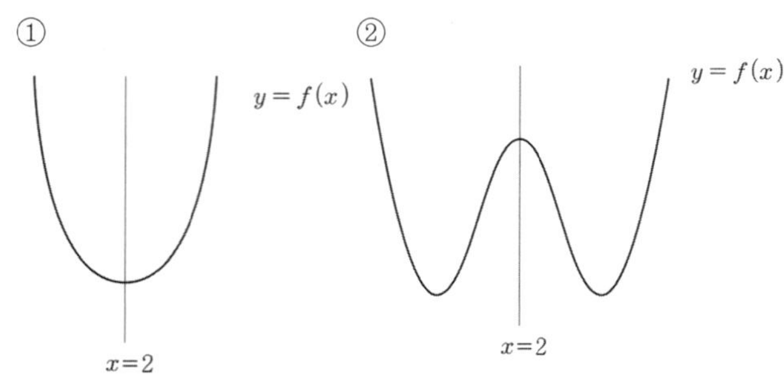

①번 개형은 $f(0) < f(2)$ 를 만족시키지 않으므로
②번 개형이어야 한다.

방정식 $f(|x|) = 1$ 의 서로 다른 실근의 개수는
함수 $y = f(|x|)$ 의 그래프와 직선 $y = 1$ 이 만나는
서로 다른 교점의 개수와 같다.
($y = f(|x|)$ 의 그래프는 $y = f(x)$ 의 그래프에서 x 가
양수인 부분을 y 축 대칭시켜 구할 수 있다.)

함수 $y = f(|x|)$ 의 그래프와 직선 $y = 1$ 이 만나는
서로 다른 교점의 개수가 3 이려면 그림과 같이
$x = 0$ 과 $x = 4$ 에서 극소이어야 한다.

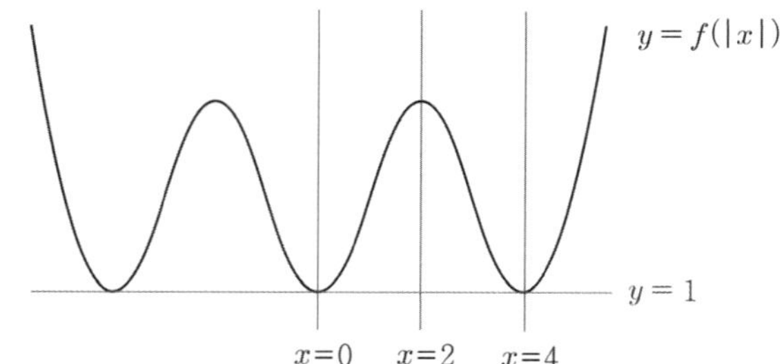

이므로 $y = f(x)$ 는 다음과 같다.

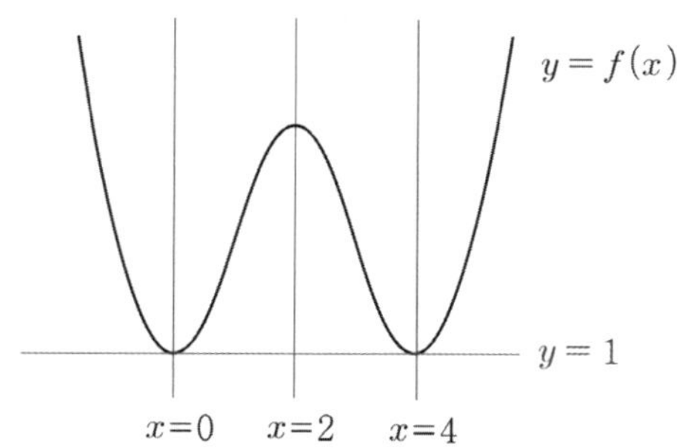

$f(x) - 1 = x^2(x-4)^2$ (식 세우기 Technique)
$f(x)$ 는 $x = 2$ 에서 극댓값을 가지므로
$f(2) = 4 \times 4 + 1 = 17$ 이다.

답 ④

$f(x) = 6x^3 - x, \quad g(x) = |x-a|$

$f(x) = x(\sqrt{6}\,x + 1)(\sqrt{6}\,x - 1)$

$f(x)$ 는 기함수이므로 원점에 대하여 대칭이다.

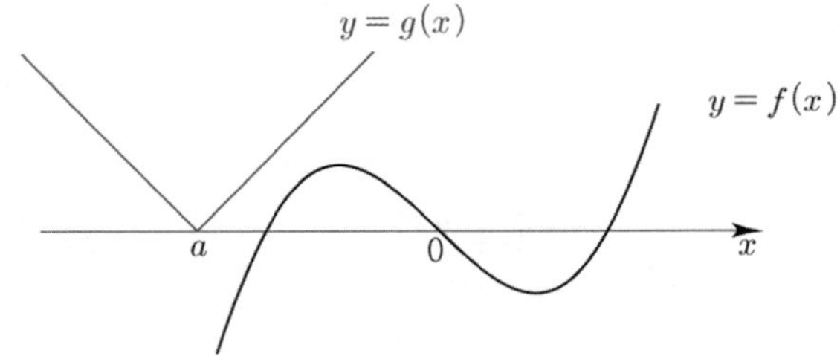

두 함수의 그래프가 서로 다른 두 점에서 만나려면 두
그래프가 접해야 한다.

$$g(x) = \begin{cases} x - a & (x > a) \\ -x + a & (x \le a) \end{cases}$$

두 그래프가 $x > a$ 에서 접할 때 접점의 x 좌표를 t 라 하면
$g(x) = x - a, \quad f(x) = 6x^3 - x$

$$g'(t) = f'(t) \;\Rightarrow\; 1 = 18t^2 - 1 \;\Rightarrow\; t^2 = \frac{1}{9}$$

$$\Rightarrow\; t = -\frac{1}{3} \;\text{ or }\; t = \frac{1}{3}$$

$-\dfrac{1}{\sqrt{6}} < -\dfrac{1}{3} < 0 < \dfrac{1}{3} < \dfrac{1}{\sqrt{6}}$ 이므로

$t = -\dfrac{1}{3}$ 에서만 접한다.

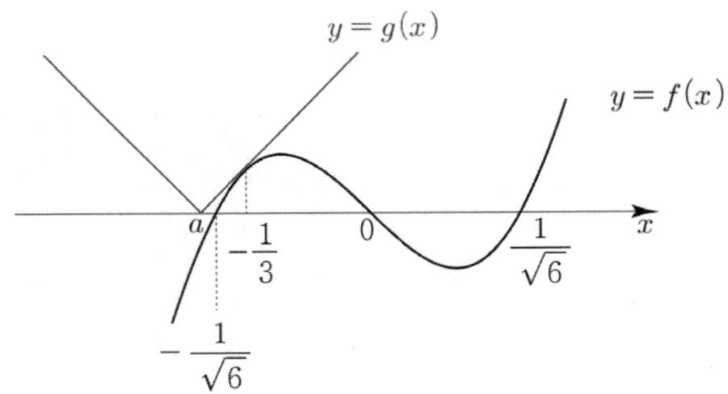

$$g\!\left(-\frac{1}{3}\right) = f\!\left(-\frac{1}{3}\right) \;\Rightarrow\; -\frac{1}{3} - a \;=\; 6\!\left(-\frac{1}{3}\right)^{\!3} + \frac{1}{3}$$

$$\Rightarrow\; -\frac{1}{3} - a = \frac{1}{9} \;\Rightarrow\; a = -\frac{4}{9}$$

두 그래프가 $x \le a$ 에서 접할 때 접점의 x 좌표를 t 라 하면
$g(x) = -x + a, \quad f(x) = 6x^3 - x$

$$g'(t) = f'(t) \;\Rightarrow\; -1 = 18t^2 - 1 \;\Rightarrow\; t = 0$$

(참고로 $f''(0) = 0$ 이므로 $(0,\ 0)$ 은 $f(x)$ 의 변곡점이므로
$y = -x$ 는 Guide step 에서 배운 변곡접선이라 할 수 있다.)

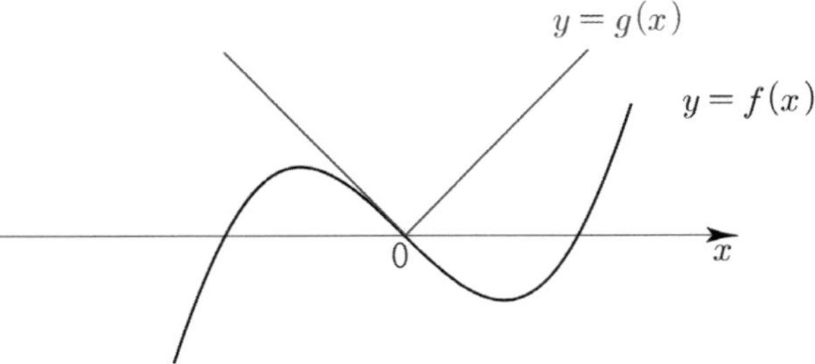

$$g(0) = f(0) \;\Rightarrow\; a = 0$$

따라서 조건을 만족시키는 모든 실수 a 의 값의

합은 $-\dfrac{4}{9} + 0 = -\dfrac{4}{9}$ 이다.

 ④

$$f(x) = \begin{cases} 0 & (x \le a) \\ (x-1)^2(2x+1) & (x > a) \end{cases}$$

$$g(x) = \begin{cases} 0 & (x \le k) \\ 12(x-k) & (x > k) \end{cases}$$

(가) 함수 $f(x)$ 는 실수 전체의 집합에서 미분가능하다.

함수 $f(x)$ 는 $x = a$ 에서 미분가능하므로
$x = a$ 에서 연속이다.

$$\lim_{x \to a} f(x) = f(a) \;\Rightarrow\; 0 = (a-1)^2(2a+1)$$

$$\Rightarrow\; a = 1 \;\text{ or }\; a = -\frac{1}{2}$$

$x = a$ 에서 미분가능하므로

$$\lim_{x \to a+} \frac{f(x) - f(a)}{x - a} = \lim_{x \to a-} \frac{f(x) - f(a)}{x - a}$$

$$f(x) = \begin{cases} 0 & (x \le a) \\ (x-1)^2(2x+1) & (x > a) \end{cases}$$

$h(x) = (x-1)^2(2x+1)$ 라 하면
$h'(x) = 6x(x-1)$

$$\lim_{x \to a+} \frac{f(x)-f(a)}{x-a} = \lim_{x \to a+} \frac{h(x)-h(a)}{x-a}$$

$$(\because h(a)=f(a)=0)$$

$$= h'(a) = 6a(a-1)$$

($h(x)$는 $x=a$에서 미분가능하므로

$$\lim_{x \to a+} \frac{h(x)-h(a)}{x-a} = h'(a) \text{ 이다.})$$

$$\lim_{x \to a-} \frac{f(x)-f(a)}{x-a} = 0$$

$$\Rightarrow 6a(a-1)=0 \Rightarrow a=0 \text{ or } a=1$$

$x=a$에서 연속이고 $x=a$에서 미분가능하므로
$a=1$이다.

<여기서 잠깐>

$x=a$에서 미분가능성을 판단할 때,
도함수의 좌극한이 좌미분계수와 같고
도함수의 우극한이 우미분계수와 같다고 보고

$$f'(x) = \begin{cases} 0 & (x \le a) \\ 6x(x-1) & (x > a) \end{cases}$$

$$\lim_{x \to a-} f'(x) = \lim_{x \to a+} f'(x)$$

$$6a(a-1)=0 \Rightarrow a=0 \text{ or } a=1$$

라고 식을 도출해도 될까?
$x=1$에서의 우미분계수와 $\displaystyle\lim_{x \to 1+} f'(x)$가 같은지

확인해보자.

$$f(x) = \begin{cases} 0 & (x \le 1) \\ (x-1)^2(2x+1) & (x > 1) \end{cases}$$

$x=1$에서의 우미분계수는
($h(x)=(x-1)^2(2x+1)$ 라 하면 $h'(x)=6x(x-1)$)

$$\lim_{x \to 1+} \frac{f(x)-f(1)}{x-1} = \lim_{x \to 1+} \frac{h(x)-h(1)}{x-1}$$

$$(\because h(1)=f(1)=0)$$

$$= h'(1) = 6 \times 1 \times (1-1) = 0$$

($h(x)$는 $x=1$에서 미분가능하므로

$$\lim_{x \to 1+} \frac{h(x)-h(1)}{x-1} = h'(1))$$

$$f'(x) = \begin{cases} 0 & (x \le 1) \\ 6x(x-1) & (x > 1) \end{cases} \text{ 이므로}$$

$$\lim_{x \to 1+} f'(x) = \lim_{x \to 1+} h'(x)$$

$$= \lim_{x \to 1+} 6x(x-1) = 0$$

따라서 $x=1$에서의 우미분계수와 $\displaystyle\lim_{x \to 1+} f'(x)$가
서로 같다. 그 이유는 $h'(x)$가 $x=1$에서 연속이기
때문이다. ($h'(1) = \displaystyle\lim_{x \to 1} h'(x)$)

고교범위에서는 도함수가 연속인 상황을 다루므로
$\displaystyle\lim_{x \to a+} f'(x)$를 $x=a$에서의 우미분계수로 보고
$\displaystyle\lim_{x \to a-} f'(x)$를 $x=a$에서의 좌미분계수로 봐도 된다.
특히 다항함수는 도함수가 실수 전체의 집합에서 연속이므로
위와 같이 생각해도 아무런 문제가 없다.

여기서 다항함수는 위 문제를 빗대어 표현하면
$h(x)$를 말하는 것이지 $f(x)$를 말하는 것이 아니다.

예를 들어 $f(x)$가 다음과 같을 때,

$$f(x) = \begin{cases} 2x & (x \le 0) \\ x^2 & (x > 0) \end{cases}$$

$2x$와 x^2이 다항함수이므로 위와 같은 논리를 쓸 수 있다는
것이다.

이제 위 논리를 적용시켜 $x=0$에서 미분가능한지
판단해보자.

$$f'(x) = \begin{cases} 2 & (x < 0) \\ 2x & (x > 0) \end{cases}$$

$$\lim_{x \to 0+} f'(x) = 0, \quad \lim_{x \to 0-} f'(x) = 2$$

$$\lim_{x \to 0+} f'(x) \ne \lim_{x \to 0-} f'(x) \text{ 이므로}$$

$x=0$에서 미분가능하지 않다.

Tip

<도함수의 극한과 미분계수>

Q. 도함수의 우극한값과 우미분계수는 서로 같을까?

즉, $\displaystyle\lim_{x \to a+} f'(x) = \lim_{x \to a+} \frac{f(x)-f(a)}{x-a}$ 일까?

엄밀히 말하면 답은 "같지 않다."이다.
$f'(a)$가 존재한다면 ($x=a$에서 미분가능하다면)
미분계수의 정의에 의해서

$$\lim_{x \to a+} \frac{f(x)-f(a)}{x-a} = f'(a) \text{ 이므로 우미분계수는}$$

$x=a$에서 $f'(x)$의 함숫값을 나타낼 뿐
우극한 값 $\displaystyle\lim_{x \to a+} f'(x)$을 의미하진 않는다.

만약 $f'(x)$ 가 $x = a$ 에서 불연속이지만 $f'(a)$ 의 값이
존재한다면 $f(x)$ 는 $x = a$ 에서 미분가능하다고
말할 수 있다. 즉, 도함수의 함숫값만 존재하면
$x = a$ 에서 미분가능하다.

대표적인 예는 다음과 같다.
(미적분을 응시하지 않는 학생들은 생략하도록 하자.)

$$f(x) = \begin{cases} x^2 \sin \dfrac{1}{x} & (x \neq 0) \\ 0 & (x = 0) \end{cases}$$

미분계수의 정의에 의해서

$$\lim_{x \to 0} \frac{f(x) - f(0)}{x - 0} = \lim_{x \to 0} \frac{x^2 \sin \frac{1}{x}}{x} = \lim_{x \to 0} x \sin \frac{1}{x} = 0$$

$$\left(\because -1 \leq \sin \frac{1}{x} \leq 1 \right)$$

따라서 $f'(0) = 0$ 이다.

$$f'(x) = \begin{cases} 2x \sin \dfrac{1}{x} - \cos \dfrac{1}{x} & (x \neq 0) \\ 0 & (x = 0) \end{cases}$$

$\lim\limits_{x \to 0} \cos \dfrac{1}{x}$ 은 발산하므로 $\lim\limits_{x \to 0} f'(x)$ 은 존재하지
않는다. 따라서 $f'(0) = 0$ 이므로 $f(x)$ 는 $x = 0$ 에서
미분가능하다. 하지만 극한값 $\lim\limits_{x \to 0} f'(x)$ 이 존재하지
않으므로 $f'(x)$ 는 $x = 0$ 에서 불연속이다.

이런 결과가 나오는 이유는 도함수 $f'(x)$ 의 정의가
$f(x)$ 의 어떤 한 점에서의 순간변화율이기 때문이다.
즉, 도함수 $f'(x)$ 는 $x = a$ 에서의 함숫값 $f'(a)$ 를
알려주지만 극한값 $\lim\limits_{x \to a} f'(x)$ 에 대해서는 알려주지 않는다.
.

**사실상 평가원이 주관하는 수학시험에서 도함수가
불연속인 상황을 콕 찝어서 물어보는 문제가 출제될
확률은 아주 희박하므로**

$$\lim_{x \to a+} f'(x) = \lim_{x \to a+} \frac{f(x) - f(a)}{x - a} \text{ 라고 해도 무방하다.}$$

혹시라도 의문점을 가질 수 있는 학생들을 위해
2017학년도 고3 9월 평가원 가형 30번 문항에서는
"도함수가 연속이다."라는 조건을 간접적으로 주기도 하였다.

(나) 모든 실수 x 에 대하여 $f(x) \geq g(x)$ 이다.

(나)조건을 만족시키려면 다음 그림과 같아야 한다.

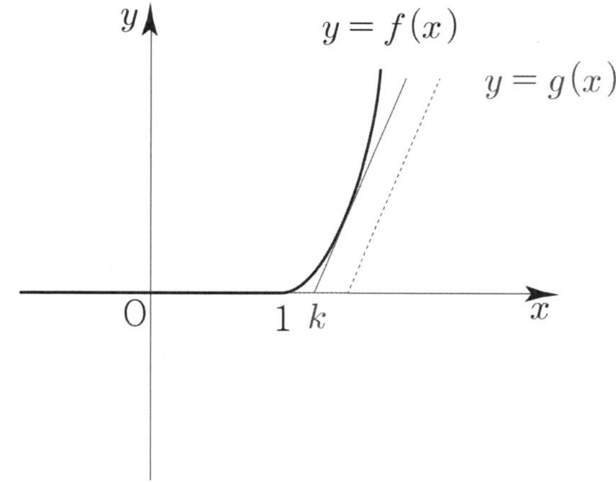

k 가 최소일 때는 두 그래프가 접할 때이다.
접점의 x 좌표를 t 라 하면

$$f'(x) = \begin{cases} 0 & (x \leq 1) \\ 6x(x-1) & (x > 1) \end{cases} \text{ 이므로}$$

$$f'(t) = g'(t) \ \Rightarrow \ 6t(t-1) = 12 \ \Rightarrow \ t^2 - t - 2 = 0$$

$$\Rightarrow \ (t-2)(t+1) = 0 \ \Rightarrow \ t = 2 \ (\because t > 0)$$

$$f(t) = g(t) \ \Rightarrow \ 5 = 12(2-k) \ \Rightarrow \ k = \frac{19}{12}$$

$k \geq \dfrac{19}{12}$ 이므로 k 의 최솟값은 $\dfrac{19}{12}$ 이다.

따라서 $a + p + q = 1 + 12 + 19 = 32$ 이다.

답 32

230

(가) 함수 $|f(x)|$ 는 $x = -1$ 에서만 미분가능하지 않다.
217번 해설에서 배운 논리에 의하여 $f(-1) = 0$

(나) 방정식 $f(x) = 0$ 은 닫힌구간 $[3,\ 5]$ 에서 적어도
  하나의 실근을 갖는다.

두 조건을 모두 만족시키는 $f(x)$ 는 다음과 같다.
(최고차항의 계수가 명시되어 있지 않으므로 음수도
고려해줘야 한다. 다만 $y = |f(x)|$ 는 같은 개형이 나온다.)

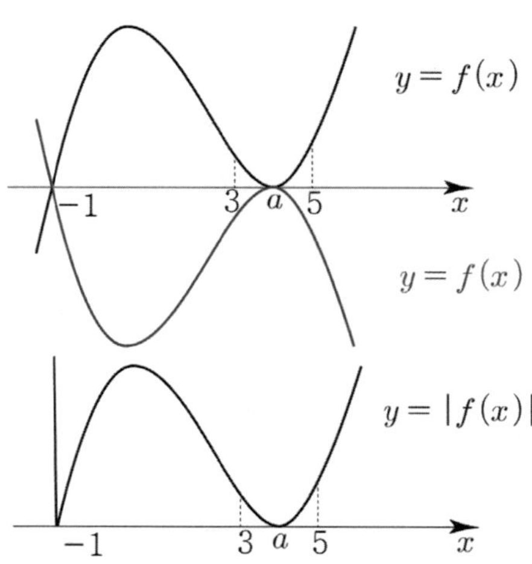

$$f(x) = k(x+1)(x-a)^2 \quad (3 \le a \le 5)$$
$$f'(x) = k(x-a)^2 + 2k(x+1)(x-a)$$

$$f(0) = ka^2, \quad f'(0) = ka^2 - 2ka$$
$$\frac{f'(0)}{f(0)} = \frac{ka^2 - 2ka}{ka^2} = 1 - \frac{2}{a} \quad (\because \ k \ne 0, \ a \ne 0)$$

곡선 $g(a) = 1 - \dfrac{2}{a}$ 를 그리면

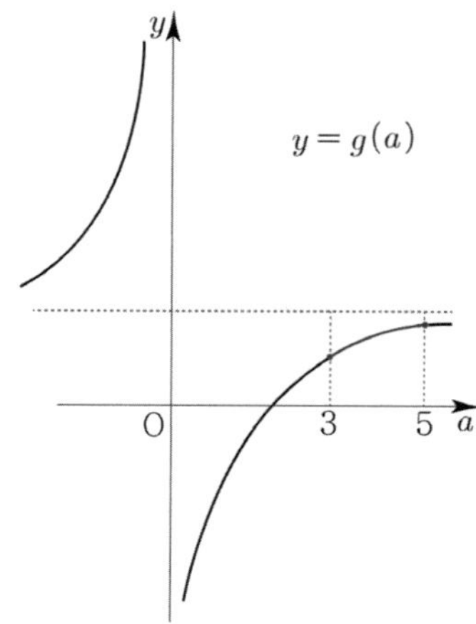

$g(a)$ 는 $a=3$ 에서 최솟값 $g(3) = \dfrac{1}{3} = m$,

$x=5$ 에서 최댓값 $g(5) = \dfrac{3}{5}$ 이므로 $Mm = \dfrac{1}{5}$ 이다.

답 ⑤

231

최고차항의 계수가 1 인 삼차함수 $f(x)$ 와
최고차항의 계수가 2 인 이차함수 $g(x)$

(가) $f(\alpha) = g(\alpha)$ 이고 $f'(\alpha) = g'(\alpha) = -16$ 인 실수
α 가 존재한다.

$h(x) = f(x) - g(x)$ 라 하면 (New함수 Technique !)
$h(\alpha) = 0, \ h'(\alpha) = 0$ 이므로
$h(x)$ 는 $(x-\alpha)^2$ 을 인수로 갖는다.

$h(x)$ 는 최고차항의 계수가 1 인 삼차함수이므로
$$h(x) = (x-\alpha)^2(x-c)$$
$$h'(x) = 2(x-\alpha)(x-c) + (x-\alpha)^2$$
$$= (x-\alpha)(3x-\alpha-2c)$$

(나) $f'(\beta) = g'(\beta) = 16$ 인 실수 β 가 존재한다.
$h'(\beta) = 0$ 이므로
$(\beta-\alpha)(3\beta-\alpha-2c) = 0$
$f'(\alpha) \ne f'(\beta) \ (\because \ f'(\alpha) = -16, \ f'(\beta) = 16)$
이므로 $\alpha \ne \beta$ 이다.

즉, $3\beta - \alpha - 2c = 0 \ \Rightarrow \ c = \dfrac{3\beta-\alpha}{2}$

$$h(x) = (x-\alpha)^2\left(x - \frac{3\beta-\alpha}{2}\right)$$

구하고자 하는 값이 $g(\beta+1) - f(\beta+1)$ 이므로
$$-h(\beta+1) = -(\beta+1-\alpha)^2\left(\beta+1 - \frac{3\beta-\alpha}{2}\right)$$
$$= -(\alpha-\beta-1)^2\left(\frac{\alpha-\beta+2}{2}\right)$$

즉, $\alpha - \beta$ 의 값만 구하면 된다.

$g'(\alpha) = -16, \ g'(\beta) = 16$
$g(x) = 2x^2 + px + q$ 라 하면
$g'(x) = 4x + p$

$g'(\alpha) = -16 \ \Rightarrow \ 4\alpha + p = -16$
$g'(\beta) = 16 \ \Rightarrow \ 4\beta + p = 16$
두 식을 **빼면**
$4(\alpha-\beta) = -32 \ \Rightarrow \ \alpha-\beta = -8$

$$-h(\beta+1) = -(\alpha-\beta-1)^2\left(\frac{\alpha-\beta+2}{2}\right)$$
$$= -81 \times (-3) = 243$$

따라서 $g(\beta+1) - f(\beta+1) = 243$ 이다.

답 243

232

삼차함수 $f(x)$

(가) $f(x)$ 의 최고차항의 계수는 1 이다.
$f(x) = x^3 + ax^2 + bx + c$ 라 하면
$f'(x) = 3x^2 + 2ax + b$

(나) $f(0) = f'(0)$
$c = b$ 이므로
$f(x) = x^3 + ax^2 + bx + b$

(다) $x \geq -1$ 인 모든 실수 x 에 대하여
$f(x) \geq f'(x)$ 이다.

$x \geq -1$ 인 모든 실수 x 에 대하여
$f(x) - f'(x) \geq 0$ 를 만족시키면 된다.
$g(x) = f(x) - f'(x)$ 라 하면
$g(x) = x^3 + ax^2 + bx + b - (3x^2 + 2ax + b)$
$\qquad = x^3 + (a-3)x^2 + (b-2a)x$
$\qquad = x(x^2 + (a-3)x + b - 2a)$

$g(0) = 0$ 이므로 $x \geq -1$ 인 모든 실수 x 에 대하여
$g(x) \geq 0$ 를 만족시키는 $g(x)$ 는 다음과 같다.

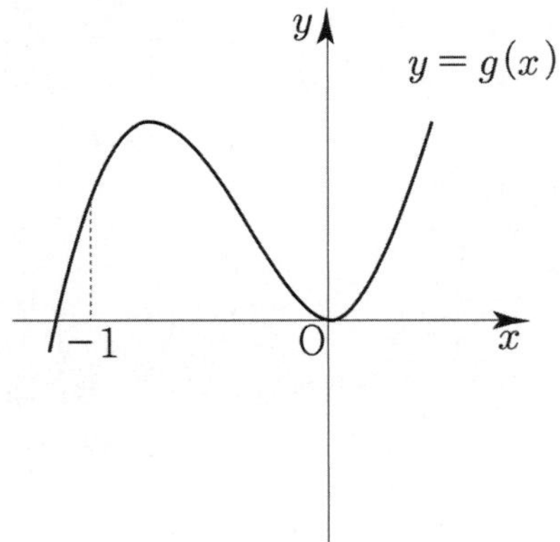

① $g(x)$ 는 $x = 0$ 일 때, x 축에 접해야하므로
$g'(0) = 0$ 이다.
$g(x) = x(x^2 + (a-3)x + b - 2a)$
$g'(x) = 3x^2 + 2(a-3)x + b - 2a$
$g'(0) = 0 \Rightarrow b - 2a = 0 \Rightarrow b = 2a$

② $g(-1) \geq 0$ 이어야 하므로
$g(x) = x^3 + (a-3)x^2$
$g(-1) \geq 0 \Rightarrow -1 + a - 3 \geq 0 \Rightarrow a \geq 4$

$f(x) = x^3 + ax^2 + bx + b = x^3 + ax^2 + 2ax + 2a$
$f(2) = 8 + 10a$ 이고 $a \geq 4$ 이므로 $f(2)$ 의 최솟값은
48 이다.

답 ⑤

233

(가) $f(1) = f(3) = 0$
(가) 조건에 의해서 $f(x) = k(x-1)(x-3)(x-b)$ 라고
식을 세울 수 있다. 이때 최고차항의 계수 k 는 양수일 수도
있고 음수일 수도 있으므로 case분류하면

① $k > 0$ ② $k < 0$

b 의 범위에 따라 case분류하면

①-ⅰ) $b < 1$ ②-ⅰ) $b < 1$

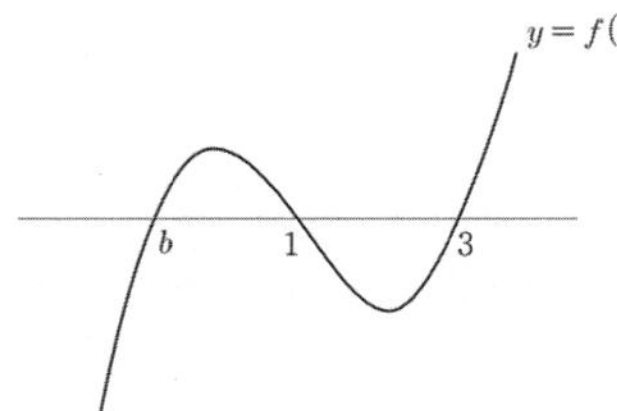 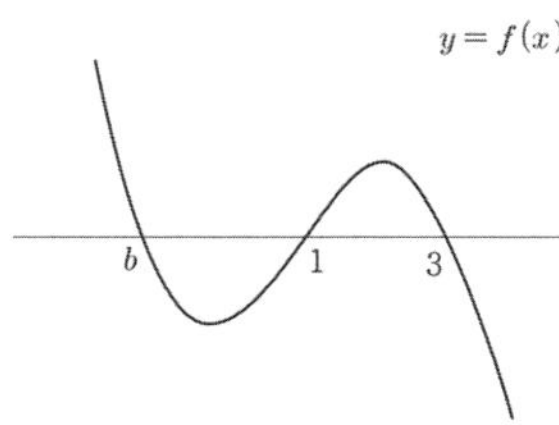

집합 $\{x \mid x \geq 1$ 이고 $f'(x) = 0\}$ 의 원소의 개수는 1 이므로
(나) 조건을 만족시킨다.

①-ⅱ) $b = 1$ ②-ⅱ) $b = 1$

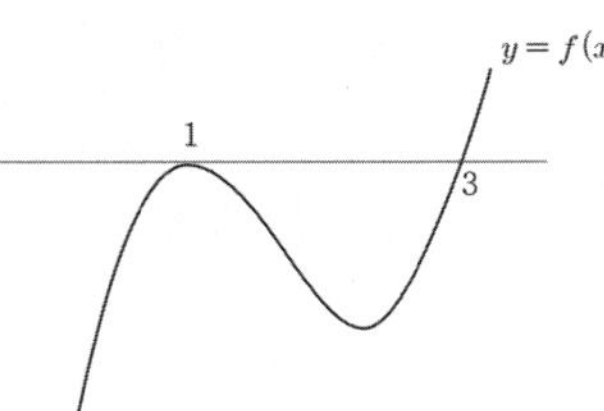 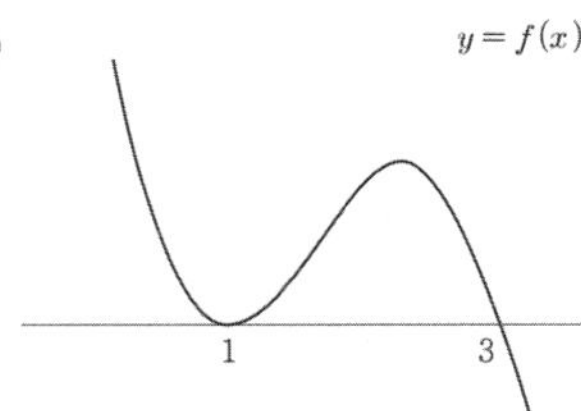

집합 $\{x \mid x \geq 1$ 이고 $f'(x) = 0\}$ 의 원소의 개수는 2 이므로
(나) 조건을 만족시키지 않는다.

①-ⅲ) $1 < b < 3$ ②-ⅲ) $1 < b < 3$

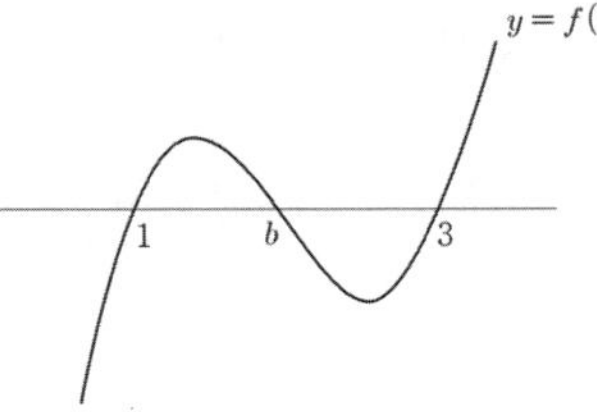 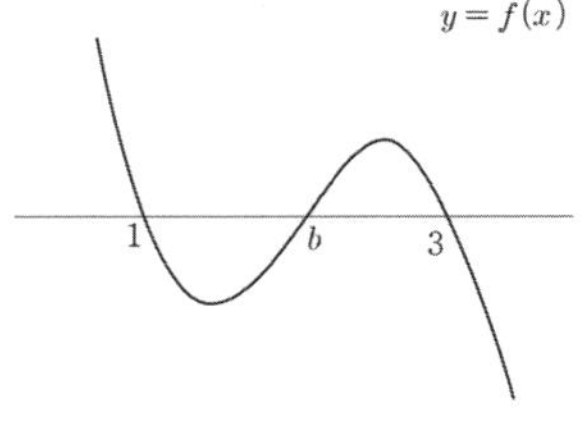

집합 $\{x \mid x \geq 1$ 이고 $f'(x) = 0\}$ 의 원소의 개수는 2 이므로
(나) 조건을 만족시키지 않는다.

① - ⅳ) $b = 3$ ② - ⅳ) $b = 3$

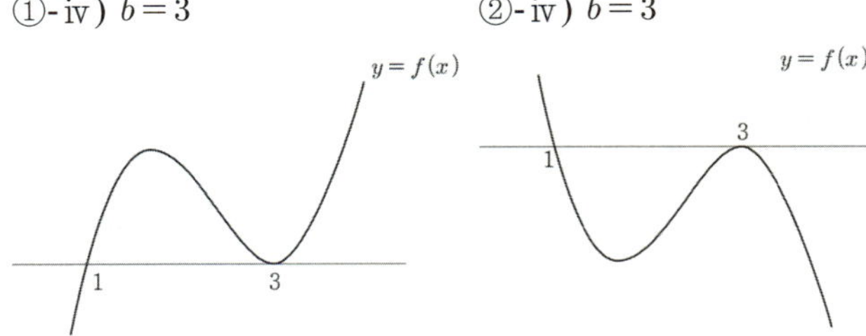

집합 $\{x \mid x \geq 1$ 이고 $f'(x) = 0\}$ 의 원소의 개수는 2 이므로 (나) 조건을 만족시키지 않는다.

① - ⅴ) $3 < b$ ② - ⅴ) $3 < b$

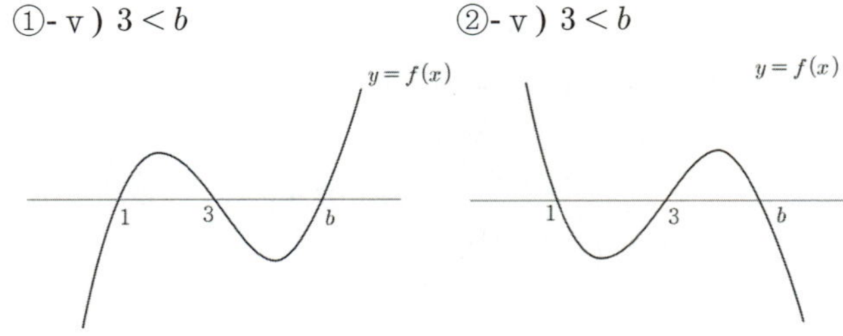

집합 $\{x \mid x \geq 1$ 이고 $f'(x) = 0\}$ 의 원소의 개수는 2 이므로 (나) 조건을 만족시키지 않는다.

따라서 (가), (나)조건을 모두 만족시키는 case는 $b < 1$ 이다.

$f(x) = k(x-1)(x-3)(x-b)$ 이므로
$f(a-x) = k(a-x-1)(a-x-3)(a-x-b)$ 이다.

$g(x) = |f(x)f(a-x)|$ 가 미분가능하려면
$f(x)f(a-x) = k(x-1)^2(x-3)^2(x-b)^2$ 이어야 한다.
(만약 이 부분이 이해가 되지 않는다면 217번 해설 tip을 복습하도록 하자.)

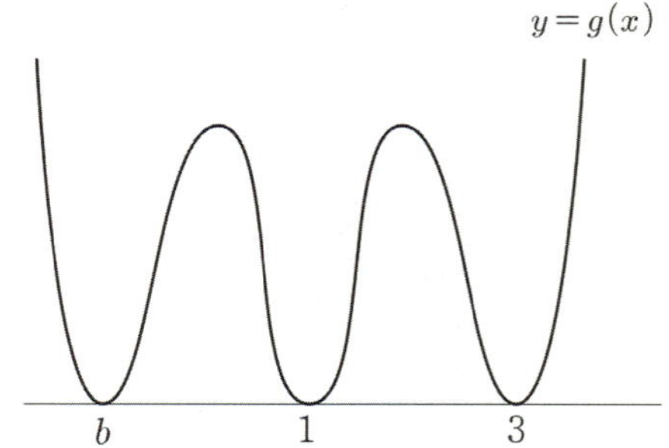

$f(x) = k(x-1)(x-3)(x-b)$ 의 x 절편을 작은 순서대로 나열하면 $b, \ 1, \ 3$ 이고
$f(a-x) = k(a-x-1)(a-x-3)(a-x-b)$ 의 x 절편을 작은 순서대로 나열하면 $a-3, \ a-1, \ a-b$ 이므로
$a-3 = b, \ a-1 = 1, \ a-b = 3 \ \Rightarrow \ a = 2, \ b = -1$ 이다.

$f(x) = k(x-1)(x-3)(x+1)$ 이므로

$$\frac{g(4a)}{f(0) \times f(4a)} = \frac{g(8)}{f(0) \times f(8)} = \frac{|f(8)f(-6)|}{f(0)f(8)}$$

$$= \frac{|k^2(7 \times 5 \times 9)\{(-7) \times (-9) \times (-5)\}|}{k^2 \times 3 \times 7 \times 5 \times 9}$$

$$= \frac{7 \times 9 \times 5}{3} = 105$$

답 105

물론 이 문제에서는 굳이 고려하지 않아도 답은 동일하게 나오지만 최고차항의 계수가 명시되어 있지 않을 때는 항상 최고차항의 계수가 음수일 때도 고려해줘야 함을 유의하자.

234

함수 $f(x)$ 는 최고차항의 계수가 1 인 삼차함수
함수 $g(x)$ 는 일차함수

$$h(x) = \begin{cases} |f(x) - g(x)| & (x < 1) \\ f(x) + g(x) & (x \geq 1) \end{cases}$$

$|f(x) - g(x)|$ 에서 절댓값을 제거해주기 위해
$x < 1$ 에서 $f(x)$ 와 $g(x)$ 의 대소관계에 따라 case분류하면

① $x < 1$ 에서 $f(x) \geq g(x)$ 일 때

$$h(x) = \begin{cases} f(x) - g(x) & (x < 1) \\ f(x) + g(x) & (x \geq 1) \end{cases}$$

함수 $h(x)$ 가 실수 전체의 집합에서 미분가능하므로
$x = 1$ 에서 연속이고 $x = 1$ 에서 미분가능하다.

ⅰ) $x = 1$ 에서 연속

$$\lim_{x \to 1} h(x) = h(1) \ \Rightarrow \ f(1) - g(1) = f(1) + g(1)$$
$$\Rightarrow \ g(1) = 0$$

ⅱ) $x = 1$ 에서 미분가능

$$\lim_{x \to 1+} \frac{h(x) - h(1)}{x-1} = \lim_{x \to 1-} \frac{h(x) - h(1)}{x-1}$$
$$\Rightarrow \ f'(1) - g'(1) = f'(1) + g'(1)$$
$$\Rightarrow \ g'(1) = 0$$

$g(x)$ 는 일차함수라고 했으므로 모순이다.

② $x < 1$ 에서 $f(x) \le g(x)$ 일 때

$$h(x) = \begin{cases} -f(x) + g(x) & (x < 1) \\ f(x) + g(x) & (x \ge 1) \end{cases}$$

함수 $h(x)$ 는 실수 전체의 집합에서 미분가능하므로
$x = 1$ 에서 연속이고 $x = 1$ 에서 미분가능하다.

ⅰ) $x = 1$ 에서 연속

$$\lim_{x \to 1} h(x) = h(1) \ \Rightarrow \ -f(1) + g(1) = f(1) + g(1)$$
$$\Rightarrow f(1) = 0$$

ⅱ) $x = 1$ 에서 미분가능

$$\lim_{x \to 1+} \frac{h(x) - h(1)}{x - 1} = \lim_{x \to 1-} \frac{h(x) - h(1)}{x - 1}$$
$$\Rightarrow -f'(1) + g'(1) = f'(1) + g'(1)$$
$$\Rightarrow f'(1) = 0$$

ⅰ) 과 ⅱ)에 의해서 $f(1) = f'(1) = 0$ 이므로
$f(x) = (x-1)^2 (x-a)$ 라 식을 세울 수 있다.

$h(0) = 0$ 이므로 $|f(0) - g(0)| = 0 \ \Rightarrow \ f(0) - g(0) = 0$ 이다.
함수 $h(x)$ 는 실수 전체의 집합에서 미분가능하므로
$x = 0$ 에서도 미분가능하다.

$J(x) = f(x) - g(x)$ 라 하면 $J(0) = 0$ 이고
함수 $|J(x)|$ 는 $x = 0$ 에서 미분가능하므로
$J'(0) = f'(0) - g'(0) = 0 \ \Rightarrow \ f'(0) = g'(0)$ 이다.
(만약 이 부분이 이해가 되지 않는다면 217번 해설 tip을
복습하도록 하자.)

$h(2) = 5$ 이므로 $f(2) + g(2) = 5$ 이다.

주어진 조건들은 종합하면 다음과 같다.
$$f(x) = (x-1)^2 (x-a)$$
$$f'(0) = g'(0), \ f(0) = g(0), \ f(2) + g(2) = 5$$

$f'(x) = 2(x-1)(x-a) + (x-1)^2$ 이므로
$f'(0) = g'(0) \ \Rightarrow \ g'(0) = 2a + 1$
$f(0) = g(0) \ \Rightarrow \ g(0) = -a$
$f(2) + g(2) = 5 \ \Rightarrow \ g(2) = a + 3$

$$g(x) = (2a+1)x - a$$
$$g(2) = a + 3 \ \Rightarrow \ 4a + 2 - a = a + 3 \ \Rightarrow \ a = \frac{1}{2}$$

$$f(x) + g(x) = (x-1)^2 \left(x - \frac{1}{2}\right) + 2x - \frac{1}{2}$$ 이므로

$$h(4) = f(4) + g(4) = \frac{63}{2} + \frac{15}{2} = \frac{78}{2} = 39$$ 이다.

답 39

235

최고차항의 계수가 1 인 사차함수 $f(x)$ 에 대하여
네 개의 수 $f(-1)$, $f(0)$, $f(1)$, $f(2)$ 가 순서대로
등차수열을 이룬다.

네 개의 수 -1, 0, 1, 2 가 순서대로 등차수열을 이루고
네 개의 수 $f(-1)$, $f(0)$, $f(1)$, $f(2)$ 가 순서대로
등차수열을 이루므로 네 점
$(-1, f(-1))$, $(0, f(0))$, $(1, f(1))$, $f(2, f(2))$
는 한 직선 위에 존재한다.

> **Tip**
>
> <일차함수와 등차수열>
>
> 초항이 a 이고 공차가 d 인 등차수열의 일반항은
> $a_n = a + (n-1)d = dn + a - d$ 이므로
> a_n 은 n 에 대한 일차함수라고 볼 수 있다.
> 네 개의 x 값이 등차수열을 이루고 네 개의 함숫값 $f(x)$ 가
> 순서대로 등차수열을 이루므로 네 점은 한 직선 위에 존재한다.

이 네 점을 지나는 직선의 방정식을 $y = ax + b$ 라 하면
$$f(x) - (ax + b) = x(x+1)(x-1)(x-2)$$
(식 세우기 Technique !)

곡선 $y = f(x)$ 위의 점 $(-1, f(-1))$ 에서의
접선과 점 $(2, f(2))$ 에서의 접선이 점 $(k, 0)$ 에서
만나므로
$$f(x) = x(x+1)(x-1)(x-2) + ax + b$$
$$f'(x) = (x+1)(x-1)(x-2) + x(x-1)(x-2)$$
$$\qquad + x(x+1)(x-2) + x(x+1)(x-1) + a$$

$$f'(-1) = a - 6, \quad f(-1) = -a + b$$
점 $(-1, f(-1))$ 에서의 접선의 방정식은
$$y = (a-6)(x+1) - a + b$$

접선이 $(k,\ 0)$ 을 지나므로
$$0=(a-6)(k+1)-a+b \Rightarrow ka-6k+b-6=0$$

$f'(2)=a+6,\ f(2)=2a+b$
점 $(2,\ f(2))$ 에서의 접선의 방정식은
$$y=(a+6)(x-2)+2a+b$$
접선이 $(k,\ 0)$ 을 지나므로
$$0=(a+6)(k-2)+2a+b \Rightarrow ka+6k+b-12=0$$

$ka-6k+b-6=0$ 에서 $ka+6k+b-12=0$ 를
빼면 $-12k+6=0 \Rightarrow k=\dfrac{1}{2}$

$ka-6k+b-6=0$ 에서 $ka+6k+b-12=0$ 를
더하면 $2ka+2b-18=0 \Rightarrow a+2b=18\ \left(\because k=\dfrac{1}{2}\right)$

$f(2k)=20 \Rightarrow f(1)=20 \Rightarrow a+b=20$

$a+2b=18,\ a+b=20$ 를 연립하면
$a=22,\ b=-2$

$f(x)=x(x+1)(x-1)(x-2)+22x-2$ 이므로
$f(4k)=f(2)=44-2=42$ 이다.

$\boxed{\text{답}}$ 42

첫 번째 풀이가 테크니컬하다면 이번에는 우직하게 풀어보자.
$f(x)=x^4+ax^3+bx^2+cx+d$ 라 하면
$f(-1)=1-a+b-c+d$

$f(0)=d$

$f(1)=1+a+b+c+d$

$f(2)=16+8a+4b+2c+d$

네 개의 $f(-1),\ f(0),\ f(1),\ f(2)$ 가 순서대로 등차수열을
이루므로 등차중항을 이용하면
$$2f(0)=f(-1)+f(1)$$
$$2d=2+2b+2d \Rightarrow b=-1$$

$$2f(1)=f(0)+f(2)$$
$$2a+2c+2d=8a+2c+2d+12 \Rightarrow a=-2$$

$f(x)=x^4-2x^3-x^2+cx+d$
$f'(x)=4x^3-6x^2-2x+c$

$f'(-1)=c-8,\ f(-1)=2-c+d$

점 $(-1,\ f(-1))$ 에서의 접선의 방정식은
$$y=(c-8)(x+1)+2-c+d$$
접선이 $(k,\ 0)$ 을 지나므로
$$(c-8)(k+1)+2-c+d=0 \Rightarrow k(c-8)+d-6=0$$

$f'(2)=c+4,\ f(2)=-4+2c+d$
점 $(2,\ f(2))$ 에서의 접선의 방정식은
$$y=(c+4)(x-2)-4+2c+d$$
접선이 $(k,\ 0)$ 을 지나므로
$$(c+4)(k-2)-4+2c+d=0 \Rightarrow k(c+4)+d-12=0$$

$kc-8k+d-6=0$ 에서 $kc+4k+d-12=0$ 을 빼면
$-12k+6=0 \Rightarrow k=\dfrac{1}{2}$ 이므로 $c+2d=20$

$f(2k)=20 \Rightarrow f(1)=20 \Rightarrow c+d=22$

$c+2d=20,\ c+d=22$ 를 연립하면
$c=24,\ d=-2$
$f(x)=x^4-2x^3-x^2+24x-2$ 이므로
$f(4k)=f(2)=42$

$\boxed{\text{Tip}}$

<쫄지 말자!>
별다른 테크닉이 없어도 우직하게 계산하면 답이 나온다.
의외로 몰라서 풀지 못하는 경우보다는 조건에 압도되어
쫄아서 풀지 못하는 경우가 많다. 절대 쫄지 말자!

236

$|f'(3)|+|f(3)|=0$
$f'(3)=f(3)=0$
$f(x)$ 는 $(x-3)^2$ 이라는 인수를 가져야 한다.

$$A=\left\{a\ \Big|\ \lim_{x \to a+}\frac{g(x)-g(a)}{x-a} \neq \lim_{x \to a-}\frac{g(x)-g(a)}{x-a}\right\}$$
미분이 불가능한 점의 x 좌표가 A 집합의 원소가 된다.

$B=\{\,f(a)\ |\ f'(a)=0$ 이고 $f(a)<0\,\}$
B 집합이 중요하다. $f'(a)=0$ 이고 $f(a)<0$ 인 a 가
아니라 $f(a)$ 가 원소이다.

$A \subset \{2,\ 4\}$ 이 조건에서 A 의 부분집합에 따라
case 분류를 하면

$\varnothing$, $\{2\}$, $\{4\}$, $\{2, 4\}$ 이렇게 4가지이다.
case 분류하면

① $A = \varnothing$ 인 경우는 $x = 3$ 에서 접하면서
$g(x) = |f(x)|$ 가 미분가능하려면 $f(x)$ 그래프가
x축보다 위쪽에 있어야 한다.

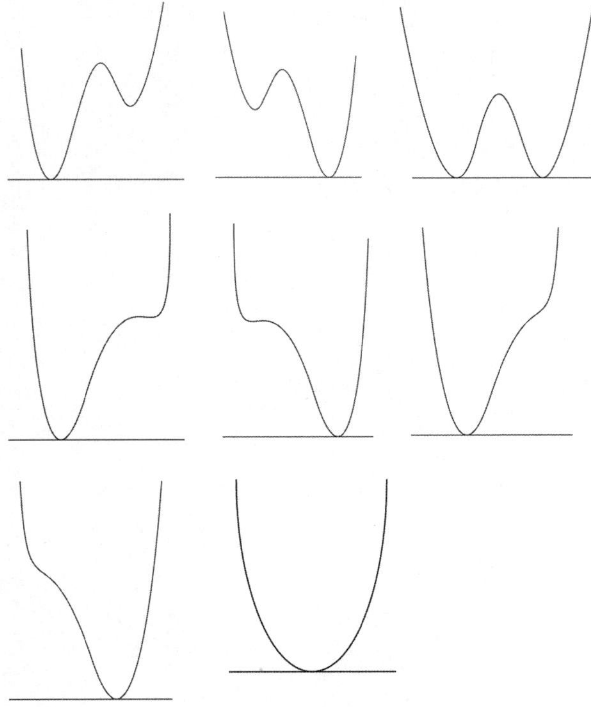

모두 $n(B) = 1$ 을 만족 X

② $A = \{2\}$ 인 경우 $x = 3$ 에서 접하면서 $g(x)$ 가
$x = 2$ 에서만 미분가능하지 않아야 한다.
$(x-3)^2$ 이라는 인수를 갖고 있지만 $(x-3)^3$
즉, 삼중근도 될 수 있다.

$$f(x) = (x-2)(x-3)^3$$

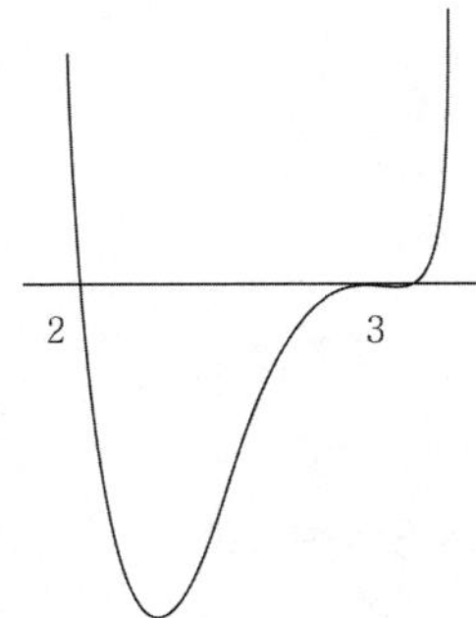

③ $A = \{4\}$ 인 경우 case ②과 마찬가지로 식을 세우면
$$f(x) = (x-3)^3(x-4)$$

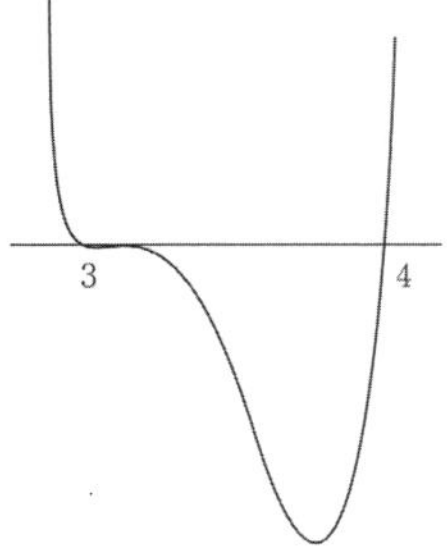

④ $A = \{2, 4\}$ 인 경우 $x = 3$ 에서 접하면서 $g(x)$ 가
$x = 2$ 와 $x = 4$ 에서만 미분가능하지 않아야 한다.
$$f(x) = (x-2)(x-3)^2(x-4)$$

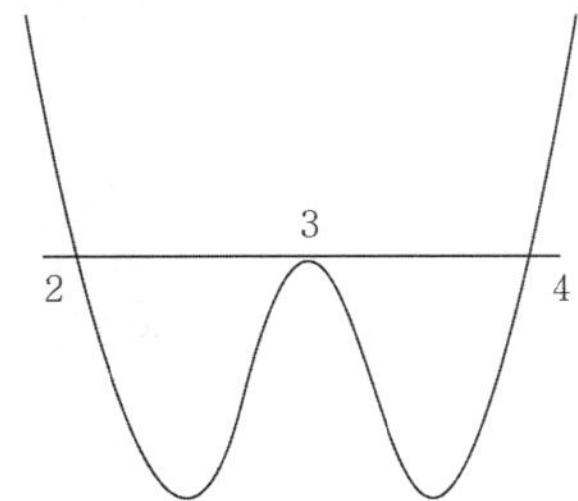

$x = 3$ 에 대칭이 되어 있으니까 극솟값이 같아야 한다.
B 집합의 원소는 함숫값이므로 $n(B) = 1$ 를 만족한다.

따라서 $f(5)$ 가 나올 수 있는 값은 8, 12, 24 이고,
모든 $f(5)$ 의 값의 합은 44 이다.

 답 ⑤

237

최고차항의 계수가 양수인 삼차함수 $f(x)$

(가) 방정식 $f(x) - x = 0$ 의 서로 다른 실근의 개수는
　　2 이다.
방정식 $f(x) - x = 0$ 은 중근과 하나의 실근을 갖는다.
즉, $f(x) - x = (x-a)(x-b)^2$ ($a \neq b$)

$f(0) = 0$
$f(x) - x$ 는 x 를 인수로 가져야 하므로
두 가지 case가 존재한다.

① $f(x) - x = ax(x-k)^2$
② $f(x) - x = ax^2(x-k)$

(나) 방정식 $f(x) + x = 0$ 의 서로 다른 실근의 개수는
　　2 이다.

① $f(x) - x = ax(x-k)^2$

양변에 $2x$ 를 더하면

$$f(x)+x=ax(x-k)^2+2x=x\{a(x-k)^2+2\}$$

$a>0$ 이므로 모든 실수 x 에 대하여 $a(x-k)^2+2>0$
이다. 따라서 (나) 조건을 만족시키지 않는다.

② $f(x)-x=ax^2(x-k)$
양변에 $2x$ 를 더하면

$$f(x)+x=ax^2(x-k)+2x=x\{ax^2-akx+2\}$$

방정식 $ax^2-akx+2=0$ 은 0과 0이 아닌 실근을
가지면 (나) 조건을 만족시킬 수 있지만
방정식 $ax^2-akx+2=0$ 은 0을 근으로 가지지 못한다.
따라서 (나) 조건을 만족시키려면
방정식 $ax^2-akx+2=0$ 이 중근을 가지기만 하면 된다.

판별식을 사용하면

$$D=(ak)^2-8a=0 \implies a(ak^2-8)=0$$

$$\implies k^2=\frac{8}{a} \quad (\because a>0)$$

$$f(x)=ax^2(x-k)+x$$

$$f'(x)=3ax^2-2akx+1$$

$$f'(1)=1 \implies 3a-2ak+1=1 \implies a(3-2k)=0$$

$$\implies k=\frac{3}{2} \quad (\because a>0)$$

$k^2=\dfrac{8}{a}$ 이므로 $a=\dfrac{32}{9}$ 이다.

$f(x)=\dfrac{32}{9}x^3-\dfrac{16}{3}x^2+x$ 이므로
$f(3)=96-48+3=51$ 이다.

답 51

238

점 $(0,\,t)$ 를 지나는 직선이 곡선 $y=x^3-ax^2+3x-5$ 와
접할 때의 접점의 x 좌표를 k 라 하면
접선의 방정식은

$$y=(3k^2-2ak+3)(x-k)+k^3-ak^2+3k-5$$

접선이 $(0,\,t)$ 를 지나므로

$$t=-2k^3+ak^2-5$$

삼차함수이므로 접점의 개수와 접선의 개수가 같다.
(도함수의 활용 Training 1step 101번 해설에서 학습함)

접점의 개수는 k 에 대한 방정식 $t=-2k^3+ak^2-5$ 의
서로 다른 실근의 개수와 같으므로

$f(t)$ 는 곡선 $y=-2k^3+ak^2-5$ 와 직선 $y=t$ 의
교점의 개수이다.

$h(k)=-2k^3+ak^2-5$ 라 하면,
$h'(k)=-6k^2+2ak=-2k(3k-a)$
$h(0)=-5$, $h\left(\dfrac{a}{3}\right)=\dfrac{a^3}{27}-5$
$h'(0)=h'\left(\dfrac{a}{3}\right)=0$

$h(k)$ 를 그리면

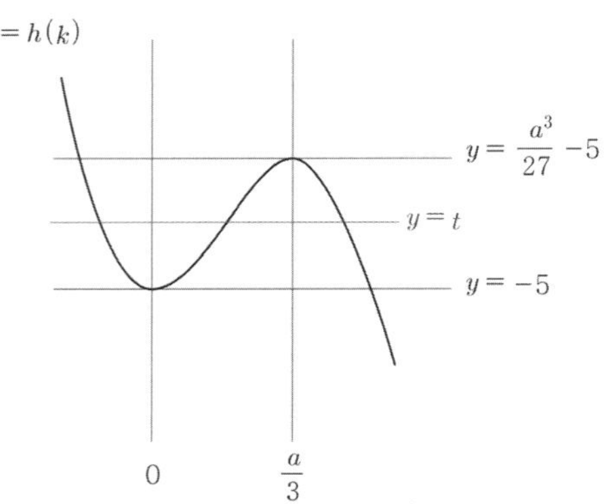

이를 바탕으로 $f(t)$ 를 구해보자.

$$f(t)=\begin{cases} 1 & (t<-5) \\ 2 & (t=-5) \\ 3 & \left(-5<t<\dfrac{a^3}{27}-5\right) \\ 2 & \left(t=\dfrac{a^3}{27}-5\right) \\ 1 & \left(t>\dfrac{a^3}{27}-5\right) \end{cases}$$

$f(t)$ 를 그리면

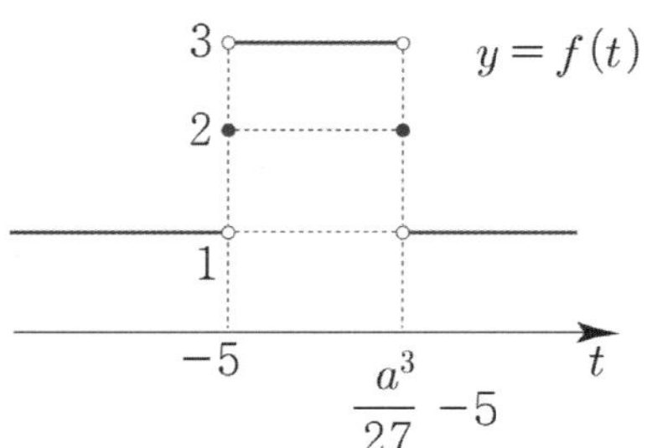

$g(t) = (f \circ f)(t)$ 를 구하면

$$g(t) = f(f(t)) = \begin{cases} f(1) & (t < -5) \\ f(2) & (t = -5) \\ f(3) & \left(-5 < t < \dfrac{a^3}{27} - 5\right) \\ f(2) & \left(t = \dfrac{a^3}{27} - 5\right) \\ f(1) & \left(t > \dfrac{a^3}{27} - 5\right) \end{cases}$$

(가) 모든 실수 t에 대하여 $g(t) > 1$이다.

$f(1)$, $f(2)$, $f(3)$ 모두 1보다 커야 하므로

$\dfrac{a^3}{27} - 5 \geq 3$ 이어야 한다.

(나) 함수 $g(t)$의 치역의 원소의 개수가 1이다.

① $\dfrac{a^3}{27} - 5 = 3$ 인 경우

$t < -5$, $t > \dfrac{a^3}{27} - 5$ 일 때, $g(t) = f(1) = 3$

$t = -5$, $\dfrac{a^3}{27} - 5$ 일 때, $g(t) = f(2) = 3$

$-5 < t < \dfrac{a^3}{27} - 5$ 일 때, $g(t) = f(3) = 2$

함수 $g(t)$의 치역의 원소의 개수가 2이므로 조건을 만족시키지 않는다.

② $\dfrac{a^3}{27} - 5 > 3$ 인 경우

모든 실수 t에 대하여 $g(t) = 3$이므로 조건을 만족시킨다.

$\dfrac{a^3}{27} - 5 > 3 \implies a^3 > 6^3$

a의 최솟값 $m = 7$이므로

$m + g(m) = 7 + 3 = 10$이다.

답 ④

239

$a > 0$

함수 $f(x) = \begin{cases} x(x+a)^2 & (x < 0) \\ x(x-a)^2 & (x \geq 0) \end{cases}$ 의 그래프를 그리면

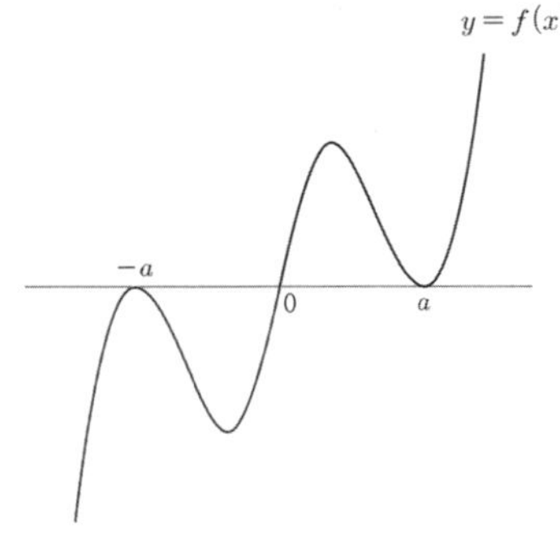

위 그림에서 알 수 있듯이 함수 $f(x)$의 그래프는 원점에 대하여 대칭임을 알 수 있다. 즉, $f(x)$는 기함수이다.

> **Tip**
>
> 물론 식으로도 보일 수 있다.
>
> $y = x(x+a)^2$를 원점 대칭시키면
>
> $x \to -x,\ y \to -y$
>
> $-y = -x(-x+a)^2 \implies y = x(x-a)^2$

$g(t)$는 곡선 $y = f(x)$와 직선 $y = 4x + t$의 서로 다른 교점의 개수이므로 방정식 $f(x) = 4x + t$의 서로 다른 실근의 개수로 해석할 수 있다.

$f(x) = 4x + t \implies f(x) - 4x = t$

$h(x) = f(x) - 4x$ 라 하자. **(New 함수 Technique!)**

$f(x)$와 $-4x$는 기함수이므로 $h(x)$는 기함수이다.

$$h(x) = \begin{cases} x(x+a)^2 - 4x & (x < 0) \\ x(x-a)^2 - 4x & (x \geq 0) \end{cases}$$

$$h(x) = \begin{cases} x\{(x+a)^2 - 4\} & (x < 0) \\ x\{(x-a)^2 - 4\} & (x \geq 0) \end{cases}$$

$$h(x) = \begin{cases} x(x+a-2)(x+a+2) & (x < 0) \\ x(x-a-2)(x-a+2) & (x \geq 0) \end{cases}$$

$h(x)$는 기함수이므로 $x < 0$인 부분을 따로 그리지 않아도 $x \geq 0$인 부분을 원점에 대하여 대칭시켜 그릴 수 있다. (대칭성 적극활용!)

$x \geq 0$에서 $h(x) = x(x-a-2)(x-a+2)$의 x절편은 0, $a+2$, $a-2$이다.

이때 $a-2 < a+2$이고, a는 양수이므로 $0 < a+2$이다.

$a-2$와 0의 대소 관계에 따라 case분류하면

① $a-2=0 \Rightarrow a=2$

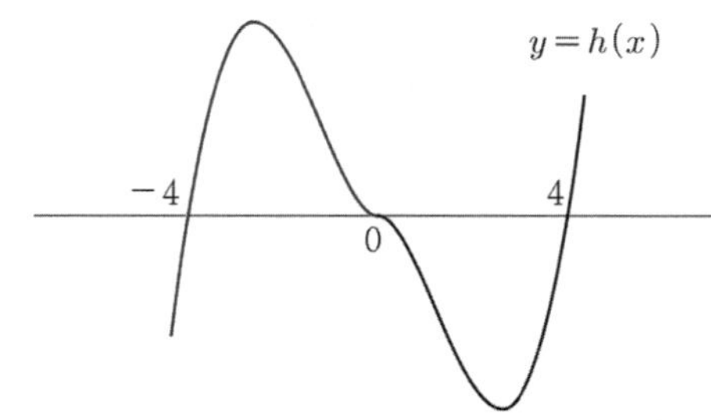

곡선 $y=h(x)$ 와 직선 $y=t$ 의 서로 다른 교점의 개수의
최댓값이 3이므로 (가) 조건을 만족시키지 않는다.

② $a-2<0 \Rightarrow a<2$

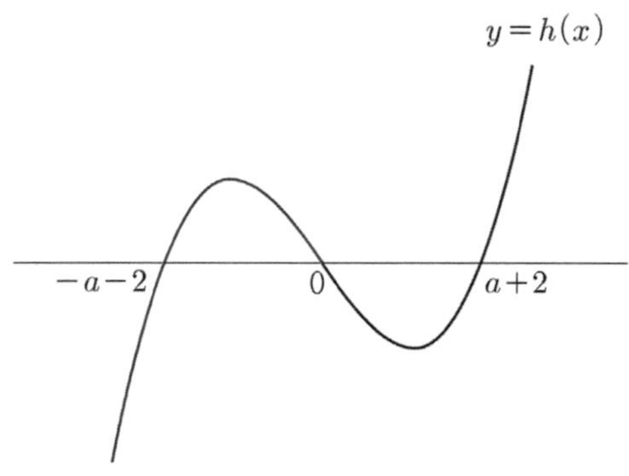

곡선 $y=h(x)$ 와 직선 $y=t$ 의 서로 다른 교점의 개수의
최댓값이 3이므로 (가) 조건을 만족시키지 않는다.

③ $a-2>0 \Rightarrow a>2$

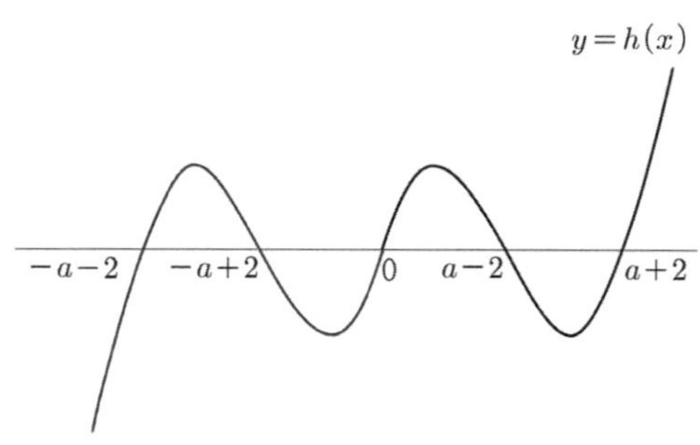

곡선 $y=h(x)$ 와 직선 $y=t$ 의 서로 다른 교점의 개수의
최댓값이 5이므로 (가) 조건을 만족시킨다.

(나) 조건을 해석하기 위해서 $x>0$ 에서 극댓값 과
$|$극솟값$|$ 의 대소관계에 따라 **case**분류하면

③-ⅰ) $x>0$ 에서 극댓값 $>|$극솟값$|$ 일 때

$x>0$ 에서 $h(x)$ 의 극댓값을 B, 극솟값을 $-$A 라 하면

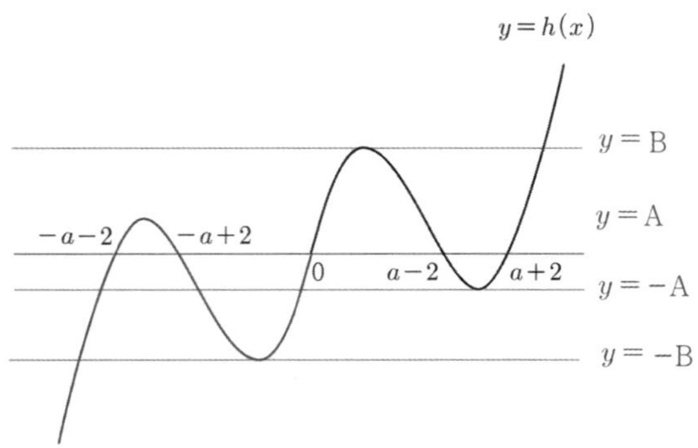

함수 $g(t)$ 는 $t=-$B, $t=-$A, $t=$A, $t=$B 에서 불연속이다.
함수 $g(t)$ 가 $t=\alpha$ 에서 불연속인 α 의 개수는
4이므로 (나) 조건을 만족시키지 않는다.

③-ⅱ) $x>0$ 에서 극댓값 $<|$극솟값$|$ 일 때

$x>0$ 에서 $h(x)$ 의 극댓값을 B, 극솟값을 $-$A 라 하면

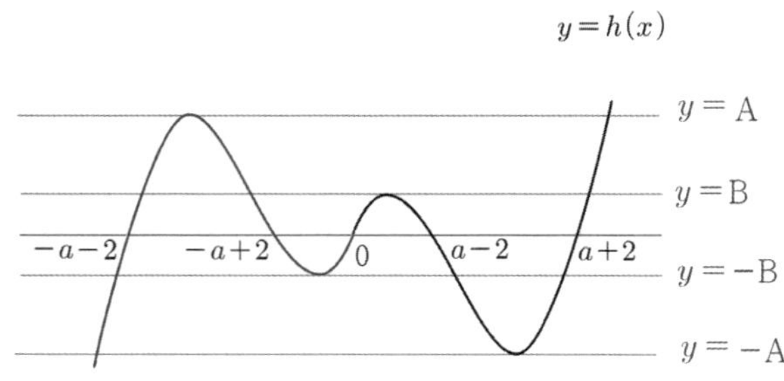

함수 $g(t)$ 는 $t=-$B, $t=-$A, $t=$A, $t=$B 에서 불연속이다.
함수 $g(t)$ 가 $t=\alpha$ 에서 불연속인 α 의 개수는
4이므로 (나) 조건을 만족시키지 않는다.

③-ⅲ) $x>0$ 에서 극댓값 $=|$극솟값$|$ 일 때

$x>0$ 에서 $h(x)$ 의 극댓값을 A, 극솟값을 $-$A 라 하면

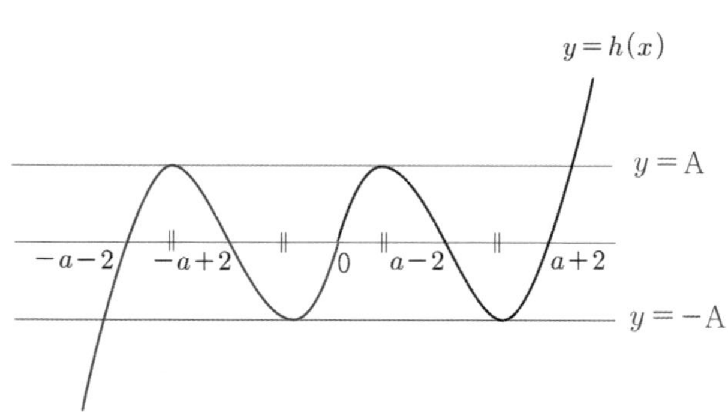

위 그림과 같이 (나) 조건을 만족시킨다.
극댓값 $=|$극솟값$|$ 이려면 두 점 $(0,\ 0)$, $(a+2,\ 0)$ 의
중점이 $(a-2,\ 0)$ 이어야 하므로

$$\frac{(a+2)+0}{2}=a-2 \ \Rightarrow \ a=6$$

$$f(x)=\begin{cases} x(x+6)^2 & (x<0) \\[4pt] x(x-6)^2 & (x\geq 0) \end{cases}$$

$$f'(x)=\begin{cases} (x+6)^2+2x(x+6) & (x<0) \\[4pt] (x-6)^2+2x(x-6) & (x\geq 0) \end{cases} \ \text{이므로}$$

$$f'(0)=36 \ \text{이다.}$$

답 36

1 대칭성은 출제자 입장에서 정말 매력적인 소재 중 하나이다.
이 문제의 경우에도 출제자는 문제를 설계하기 전부터
'원점 대칭을 이용한 문제를 내야겠다.'는 밑그림을 그린 후
문제를 제작했을 가능성이 높다.

2 전형적인 case분류, 대칭성, New 함수 Technique이 모두
적용된 종합세트 같은 문제이다.
처음부터 잘하는 사람은 없다.
아무것도 아니게 느껴질 때까지 주기적으로 반복하여 확실히
체화하도록 하자.

240

$h(x)$ 는 실수 전체의 집합에서 미분가능하므로
$x=0$ 에서 연속이고 $x=0$ 에서 미분가능하다.
$\Rightarrow \ f(0)=g(0), \ f'(0)=g'(0)$

이차함수 $f(x)$ 는 $x=-1$ 에서 극대이므로
$f'(0)<0$ 이다. $f'(0)=g'(0) \ \Rightarrow \ g'(0)<0$

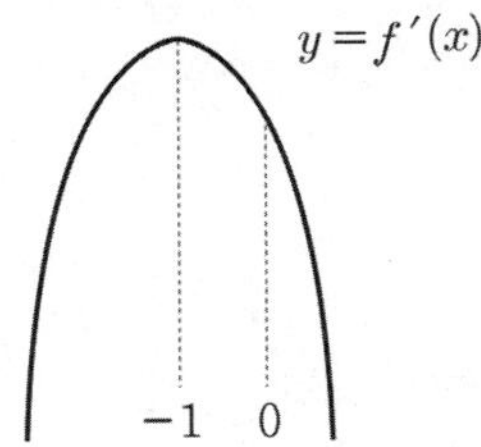

삼차함수 $g(x)$ 는 이차항의 계수가 0 이므로
$g(x)=ax^3+bx+c$ 라 하면

$g'(x)=3ax^2+b$
$g'(0)<0 \ \Rightarrow \ b<0$

a 의 부호에 따라 case분류하면
(함수 $g'(x)$ 의 그래프가 y 축에 대하여 대칭인 것이
핵심이다.)

① $a<0$ ② $a>0$

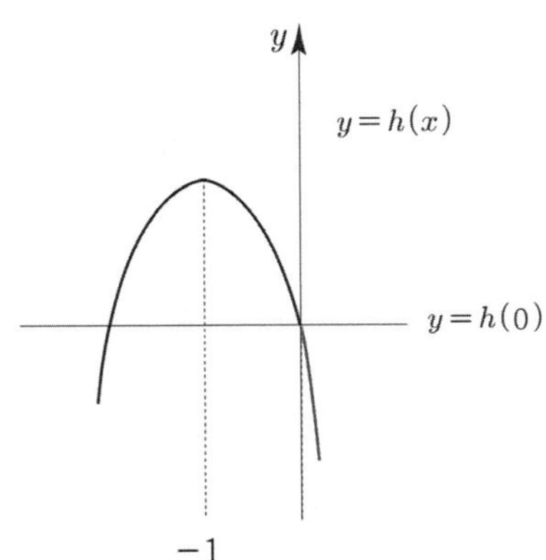

a 의 범위에 따라 $h(x)$ 를 그리면

① $a<0$

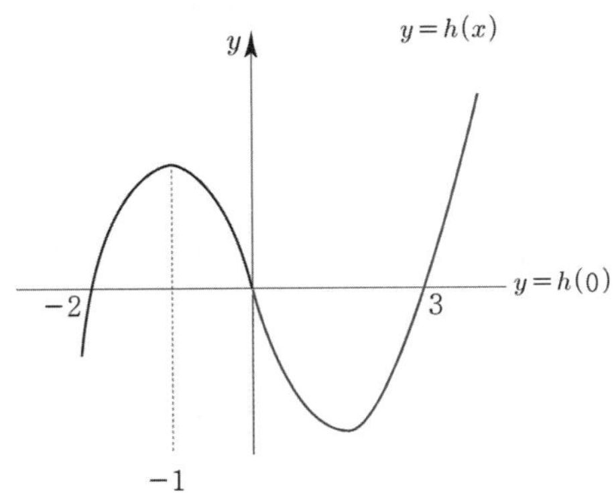

(가) 조건을 만족시키지 않는다.

② $a>0$

(가) 조건을 만족시키려면 방정식 $h(x)=h(0)$ 의 해는
$-2, \ 0, \ 3$ 이어야 한다.

$g(x)$ 는 점 $(0, \ g(0))$ 에 대하여 대칭이므로
$$g(x)-g(0)=ax(x+3)(x-3)$$

$g'(x) = 3a(x - \sqrt{3})(x + \sqrt{3})$ 이므로

$g(\sqrt{3}) - g(0) = -6a\sqrt{3} \Rightarrow g(0) - g(\sqrt{3}) = 6a\sqrt{3}$

$f(x)$ 의 최댓값을 q 라 하고 최고차항의 계수를 p 라 하면

$f(x) = p(x+1)^2 + q \Rightarrow f(-1) - f(0) = -p$

닫힌구간 $[-2,\ 3]$ 에서 함수 $h(x)$ 의 최댓값과 최솟값의 차는

$\{f(-1) - f(0)\} + \{g(0) - g(\sqrt{3})\} = -p + 6a\sqrt{3}$

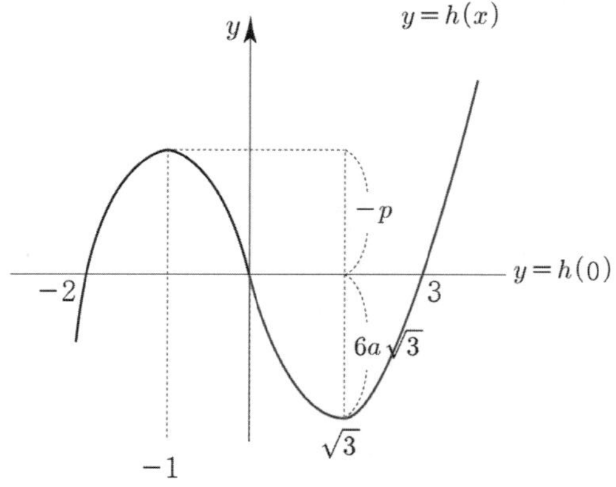

(나) 조건에 의해서 $-p + 6a\sqrt{3} = 3 + 4\sqrt{3}$ $\cdots$ ㉠

$f'(x) = 2p(x+1) \Rightarrow f'(0) = 2p$

$g'(x) = 3a(x - \sqrt{3})(x + \sqrt{3}) \Rightarrow g'(0) = -9a$

$f'(0) = g'(0) \Rightarrow p = -\dfrac{9}{2}a$ $\cdots$ ㉡

㉠, ㉡를 연립하면 $\dfrac{9}{2}a + 6a\sqrt{3} = 3 + 4\sqrt{3}$ 이므로

$a = \dfrac{2}{3}$, $p = -3$ 이다.

$f'(x) = -6(x+1)$

$g'(x) = 2(x^2 - 3)$

$h'(-3) = f'(-3) = 12$

$h'(4) = g'(4) = 26$

이므로 $h'(-3) + h'(4) = 38$ 이다.

 답 38

삼차함수 $g(x)$ 의 이차항의 계수가 0 이므로 $g'(x)$ 가 y 축에 대하여 대칭이라는 것을 알 수 있고 이를 바탕으로 $x = 0$ 의 위치를 알 수 있다.

즉, $x = 0$ 의 위치를 직접적으로 알려주지 않고 간접적으로 제시하여 난이도를 높였다.

이름하여 포장의 기술!

241

최고차항의 계수가 1 이고 $f(0) = 3$, $f'(3) < 0$ 인 사차함수 $f(x)$

$S = \{\, a \mid$ 함수 $|f(x) - t|$ 가 $x = a$ 에서 **미분가능하지 않다.**$\}$

$n(S) = g(t)$

예를 들어 $t = 1$ 일 때,

두 그래프 $y = f(x)$ 와 $y = 1$ 이 아래 그림과 같다면

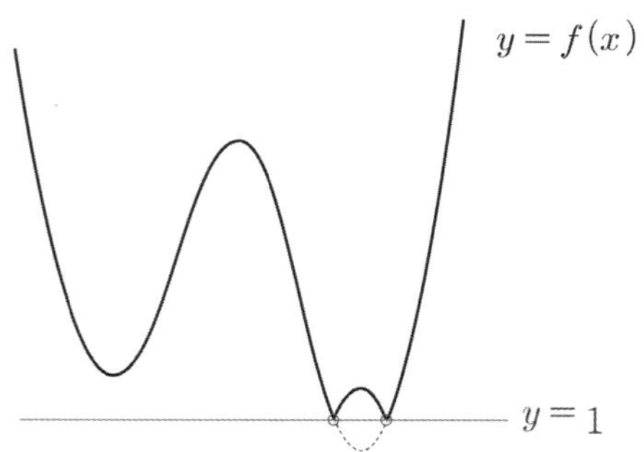

($y = t$ 를 x 축으로 보고 $y = t$ 보다 아래에 있는 부분을 접어 올리면 함수 $|f(x) - t|$ 의 그래프를 빠르게 구할 수 있다.)

위 그림에서 함수 $|f(x) - 1|$ 는 두 점에서 미분가능하지 않으므로 $n(S) = 2 \Rightarrow g(1) = 2$ 이다.

이를 바탕으로 $g(t)$ 가 $t = 3$ 과 $t = 19$ 에서만 불연속인 $f(x)$ 의 개형을 찾아보자.

우선 $f(x)$ 는 사차함수이므로 크게 네 가지 개형이 존재한다.

① 방정식 $f'(x) = 0$ 가 서로 다른 세 실근을 갖는 경우

①-ⅰ) $g(t)$ 가 세 점에서 불연속이므로 조건 만족 X

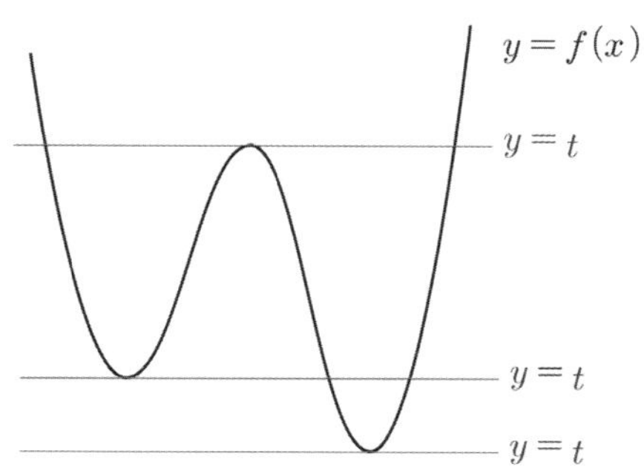

①-ⅱ) $g(t)$ 가 세 점에서 불연속이므로 조건 만족 X

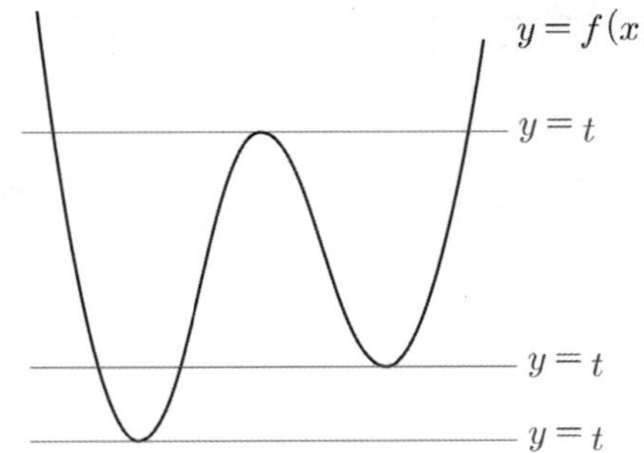

①-ⅲ) $g(t)$ 가 두 점에서 불연속이므로 조건 만족 (보류)

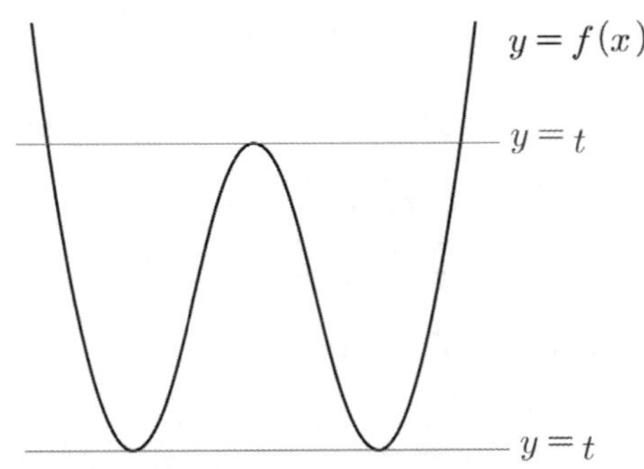

② 방정식 $f'(x)=0$ 이 중근과 다른 하나의 실근을 갖는 경우

②-ⅰ) $g(t)$ 가 두 점에서 불연속이므로 조건 만족 (보류)

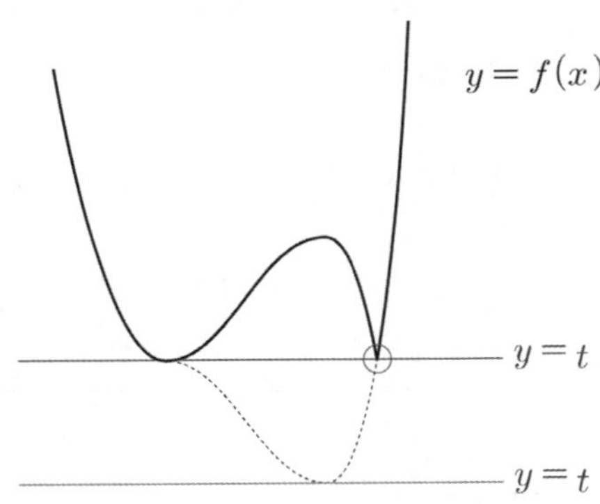

②-ⅱ) $g(t)$ 가 두 점에서 불연속이므로 조건 만족 (보류)

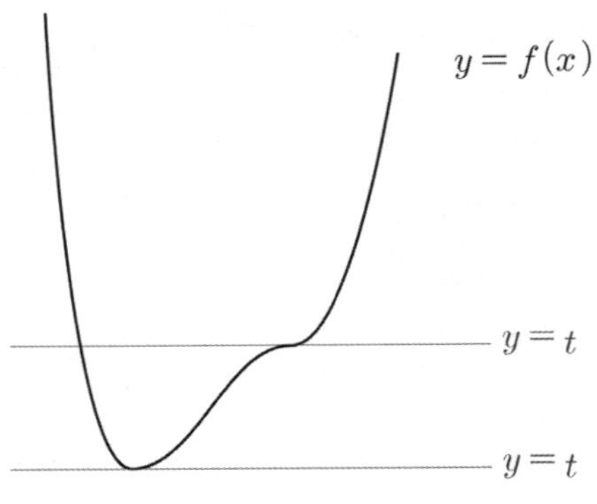

③ 방정식 $f'(x)=0$ 이 하나의 실근과 두 개의 허근을 갖는 경우

$g(t)$ 가 한 점에서 불연속이므로 조건 만족 X

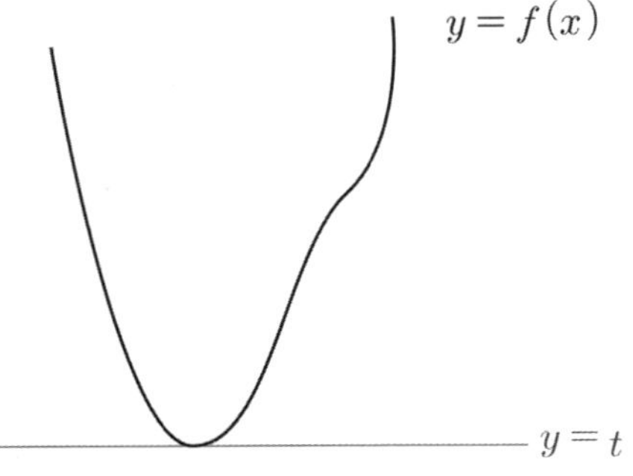

④ 방정식 $f'(x)=0$ 이 삼중근을 갖는 경우

$g(t)$ 가 한 점에서 불연속이므로 조건 만족 X

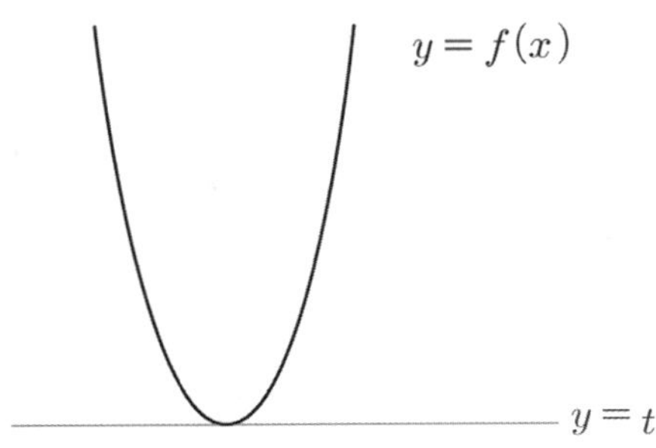

따라서 $g(t)$ 가 두 점에서만 불연속일 수 있는 개형은 ①-ⅲ), ②-ⅰ), ②-ⅱ) 이다.

$g(t)$ 가 $t=3$ 과 $t=19$ 에서만 불연속이므로 $y=f(x)$ 는 $y=3$ 과 $y=19$ 에서 각각 접해야한다.

②-ⅰ)
$f(0)=3$ 이므로 아래 그림과 같다.

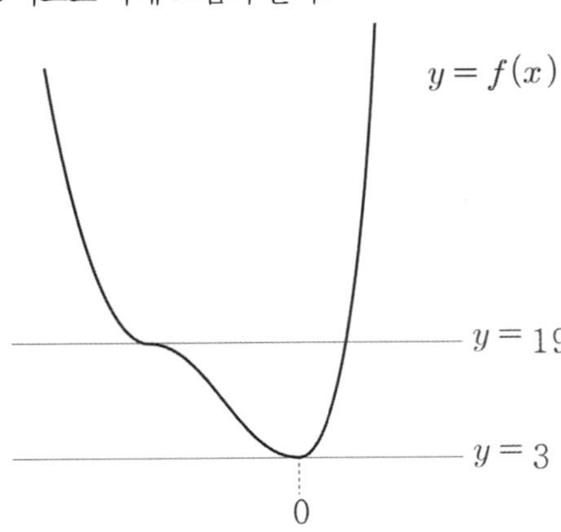

$f'(3)>0$ 이므로 조건을 만족하지 않는다.

②- ii)

$f(0) = 3$ 이므로 아래 그림과 같다.

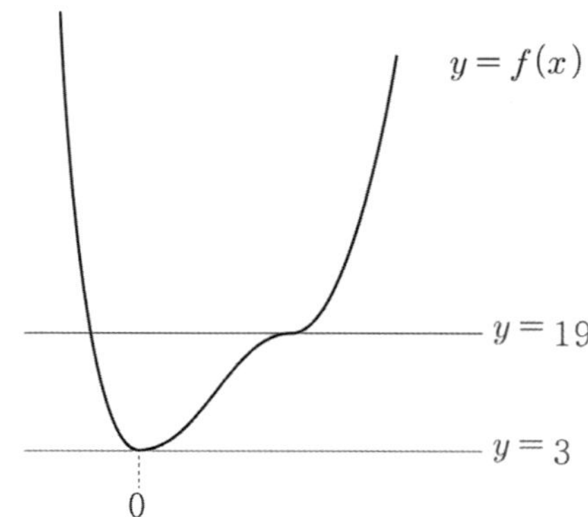

$f'(3) < 0$ 일 수 없으므로 조건을 만족시키지 않는다.

①-iii)

$f(0) = 3$ 이고 $f'(3) < 0$ 이므로 $f(a) = 3$ 라 할 때,
아래 그림처럼 $a > 0$ 이어야 한다.
(만약 $a < 0$ 이면 $f'(3) > 0$ 이므로 조건을 만족시키지 않는다.)

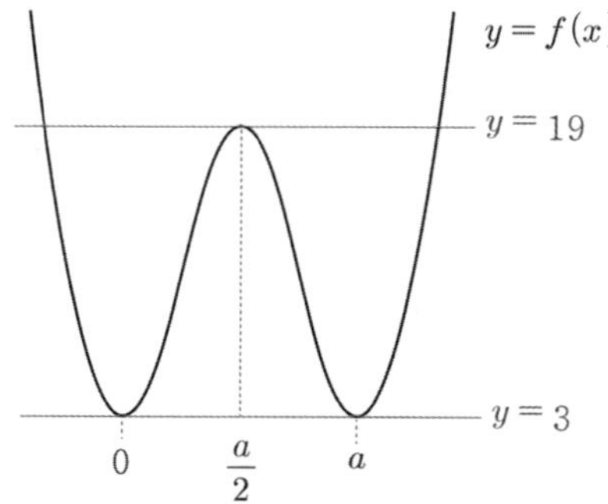

$f(x) - 3 = x^2(x-a)^2$ (식 세우기 Technique !)

$f(x)$ 는 $x = \dfrac{a}{2}$ 에서 극댓값 19를 가지므로

$f\left(\dfrac{a}{2}\right) = 19 \Rightarrow \left(\dfrac{a}{2}\right)^4 + 3 = 19 \Rightarrow a^4 = 4^4$

$\Rightarrow a = 4 \ (\because a > 0)$

Tip

<사차함수의 대칭성>

대칭성을 활용하면 굳이 미분하지 않고도 $f(x)$ 가
$x = \dfrac{a}{2}$ 에서 극댓값을 갖는다는 것을 손쉽게
파악할 수 있다.

$f(x) = x^2(x-4)^2 + 3$ 이므로 $f(-2) = 144 + 3 = 147$ 이다.

답 147

$f(x) = x^3 - 3x^2 + 6x + k$

$f'(x) = 3x^2 - 6x + 6 = 3(x^2 - 2x + 2)$

방정식 $x^2 - 2x + 2 = 0$ 에서 판별식을 사용하면

$\dfrac{D}{4} = 1 - 2 < 0$ 이므로 $f'(x) > 0$

$f(x)$ 의 역함수를 $g(x)$

$4f'(x) + 12x - 18 = f'(g(x))$

$\Rightarrow 12x^2 - 12x + 6 = 3\{g(x)\}^2 - 6\{g(x)\} + 6$

$\Rightarrow 3\{g(x)\}^2 - 6\{g(x)\} - 12x^2 + 12x = 0$

$\Rightarrow \{g(x)\}^2 - 2\{g(x)\} - 4x^2 + 4x = 0$

$\Rightarrow \{g(x)\}^2 - 2\{g(x)\} - 2x(2x-2) = 0$

$\Rightarrow \{g(x) - 2x\}\{g(x) + 2x - 2\} = 0$

$\Rightarrow g(x) = 2x \ \text{or} \ g(x) = -2x + 2$

이때, 함수 $f(x)$ 는 일대일대응이므로 일대일 함수이고,
일대일 함수의 정의에 의해 다음이 성립한다.
$x_1 \neq x_2 \ \Rightarrow \ f(x_1) \neq f(x_2)$
위 명제의 대우도 참이므로 다음이 성립한다.
$f(x_1) = f(x_2) \ \Rightarrow \ x_1 = x_2$
함수의 정의에 의해 $x_1 = x_2 \ \Rightarrow \ f(x_1) = f(x_2)$ 가
성립하므로 최종적으로 다음이 성립한다.
$f(x_1) = f(x_2) \ \Leftrightarrow \ x_1 = x_2$

즉, 함수 $f(x)$ 가 일대일대응이면
방정식 $A(x) = B(x)$ 의 해는
방정식 $f(A(x)) = f(B(x))$ 의 해와 같다.

Tip

방정식 $x^2 = x$ 를 예로 들어보자.

① $f(x) = x^3$ 인 경우(일대일대응 ○)
$x^6 = x^3 \Rightarrow x^3(x^3 - 1) = 0 \Rightarrow x = 0 \ \text{or} \ x = 1$
이므로 방정식 $x^2 = x$ 와 해가 같다.

② $f(x) = x^2$ 인 경우(일대일대응 ×)
$x^4 = x^2 \Rightarrow x^2(x-1)(x+1) = 0$
$\Rightarrow x = 0 \ \text{or} \ x = 1 \ \text{or} \ x = -1$
이므로 방정식 $x^2 = x$ 와 해가 달라진다.

이를 이용하여 방정식 $g(x) = 2x$과 방정식 $g(x) = -2x+2$를 해석해보자.

① $g(x) = 2x$

$g(x) = 2x \Rightarrow f(g(x)) = f(2x) \Rightarrow x = f(2x)$
($f(x)$와 $g(x)$는 서로 역함수 관계이므로 $f(g(x)) = x$이다.)

$f(2x) = x$

$\Rightarrow 8x^3 - 12x^2 + 12x + k = x$

$\Rightarrow k = -8x^3 + 12x^2 - 11x$

$h(x) = -8x^3 + 12x^2 - 11x$ 라 하면
$h'(x) = -24x^2 + 24x - 11$
방정식 $h'(x) = 0$에서 판별식을 사용하면
$\dfrac{D}{4} = 12^2 - 24 \times 11 < 0$이므로 $h'(x) < 0$이다.
$h(0) = 0$, $h(1) = -7$이고, $h(x)$는 감소함수이므로
닫힌구간 $[0,\ 1]$에서 방정식 $h(x) = k$의 실근이 갖기 위한
k의 값의 범위는 $-7 \leq k \leq 0$이다.

② $g(x) = -2x+2$

$g(x) = -2x+2$
$\Rightarrow f(g(x)) = f(-2x+2) \Rightarrow x = f(-2x+2)$
($f(x)$와 $g(x)$는 서로 역함수 관계이므로 $f(g(x)) = x$이다.)

$f(-2x+2) = x$

$\Rightarrow (-2x+2)^3 - 3(-2x+2)^2 + 6(-2x+2) + k = x$

$\Rightarrow (-8x^3 + 24x^2 - 24x + 8) - (12x^2 - 24x + 12)$
$\qquad + (-12x+12) + k = x$

$\Rightarrow -8x^3 + 12x^2 - 13x + 8 + k = 0$

$\Rightarrow k = 8x^3 - 12x^2 + 13x - 8$

$J(x) = 8x^3 - 12x^2 + 13x - 8$ 라 하면
$J'(x) = 24x^2 - 24x + 13$
방정식 $J'(x) = 0$에서 판별식을 사용하면
$\dfrac{D}{4} = (-12)^2 - 24 \times 13 < 0$이므로 $J'(x) > 0$이다.

$J(0) = -8$, $J(1) = 1$이고, $J(x)$는 증가함수이므로
닫힌구간 $[0,\ 1]$에서 방정식 $J(x) = k$의 실근이 갖기 위한
k의 값의 범위는 $-8 \leq k \leq 1$이다.

①, ②에 의해서 k의 값의 범위를 구하면 $-8 \leq k \leq 1$이다.
(① 또는 ②이므로 $-7 \leq k \leq 0$와 $-8 \leq k \leq 1$의 교집합이
아니라 합집합으로 봐야 한다.)

따라서 $m = -8$, $M = 1$이므로 $m^2 + M^2 = 64 + 1 = 65$이다.

답 65

243

최고차항의 계수 1이고 $f(2) = 3$인 삼차함수 $f(x)$

$$g(x) = \begin{cases} \dfrac{ax-9}{x-1} & (x < 1) \\ f(x) & (x \geq 1) \end{cases}$$

$x < 1$에서 함수 $g(x)$는 $y = \dfrac{ax-9}{x-1} = a + \dfrac{a-9}{x-1}$이다.

$a-9$의 부호에 따라 그래프 개형이 달라지므로
이에 따라 case분류하면 다음과 같다.

① $a-9 > 0 \Rightarrow a > 9$

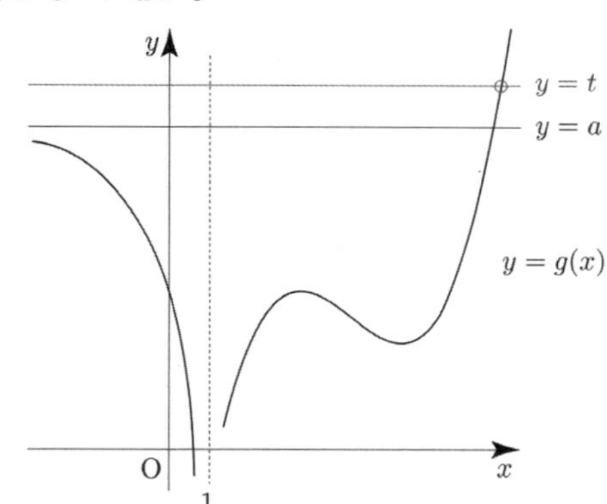

$y = a + \dfrac{a-9}{x-1}$의 점근선이 $y = a$이므로
$t > a$이면 $x < 1$에서 직선 $y = t$는 곡선 $y = g(x)$와
만나지 않는다.
t가 충분히 크다고 가정하면 직선 $y = t$는 곡선 $y = g(x)$와
한 점에서 만난다.
즉, 곡선 $y = g(x)$와 직선 $y = t$가 서로 다른 두 점에서
만나도록 하는 실수 t의 값의 범위가 $t \geq 3$일 수 없으므로
조건을 만족시키지 않는다.

② $a-9 = 0 \Rightarrow a = 9$

$$g(x) = \begin{cases} 9 & (x < 1) \\ f(x) & (x \geq 1) \end{cases}$$

①과 마찬가지로 $t > 9$ 이고, t 가 충분히 크면 직선 $y = t$ 는
곡선 $y = g(x)$ 와 한 점에서 만난다.
즉, 조건을 만족시키지 않는다.

③ $a - 9 < 0 \Rightarrow a < 9$

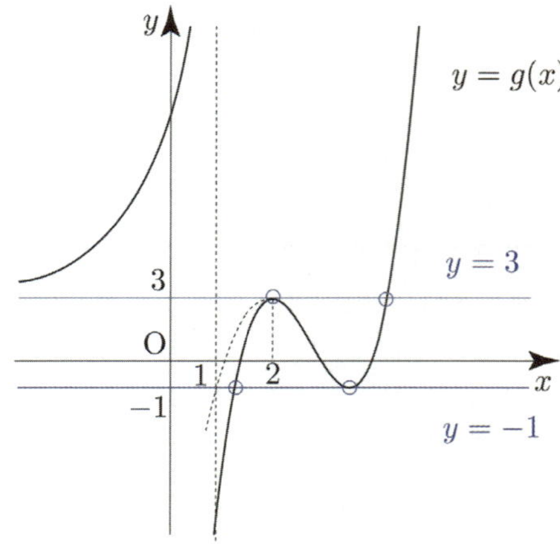

조건을 만족시키려면 $y = a + \dfrac{a-9}{x-1}$ 의 점근선은

위 그림과 같이 $y = 3$ 이어야 하므로 $a = 3$ 이고,
삼차함수 $y = f(x)$ 는 $f(2) = 3$ 이므로 직선 $y = 3$ 에
접해야 한다. 또한 삼차함수 $y = f(x)$ 는 직선 $y = -1$ 에
접하고, $f(1) \leq -1$ 이어야 한다.

식세우기 Technique에 의해서
$f(x) = (x-2)^2(x-k) + 3 \ (k > 2)$
$f'(x) = 2(x-2)(x-k) + (x-2)^2 = (x-2)(3x-2k-2)$
함수 $f(x)$ 는 $x = \dfrac{2k+2}{3}$ 에서 극솟값 -1 을 가져야 하므로

$$f\left(\frac{2k+2}{3}\right) = -1 \Rightarrow \left(\frac{2k+2}{3} - 2\right)^2\left(\frac{2k+2}{3} - k\right) + 3 = -1$$

$$\Rightarrow -\frac{4}{27}(k-2)^3 + 3 = -1 \Rightarrow (k-2)^3 = 27$$

$$\Rightarrow k = 5$$

$f(x) = (x-2)^2(x-5) + 3$ 이므로

$$g(x) = \begin{cases} \dfrac{3x-9}{x-1} & (x < 1) \\[2mm] (x-2)^2(x-5) + 3 & (x \geq 1) \end{cases}$$

따라서 $(g \circ g)(-1) = g(g(-1)) = g(6) = 19$ 이다.

답 19

244

(가) 방정식 $f(x) = 0$ 의 서로 다른 실근의 개수는 2
방정식 $f(x) = 0$ 의 서로 다른 두 실근을 각각 a, $b \, (a < b)$
라 하자.

(나) 방정식 $f(x - f(x)) = 0$ 의 서로 다른 실근의 개수는 3
방정식 $f(x) = 0$ 의 서로 다른 두 실근이 a, b 이므로
$\Rightarrow x - f(x) = a$ or $x - f(x) = b$

$\Rightarrow f(x) = x - a$ or $f(x) = x - b$

즉, 곡선 $y = f(x)$ 와 두 직선 $y = x - a$, $y = x - b$ 가 만나는
서로 다른 점의 총 개수가 3 이어야 한다.

최고차항의 계수가 양인지 음수인지 또는
a 와 b 중 누가 중근이냐에 따라 case분류 하면 다음과 같다.

① $f(x) = k(x-a)(x-b)^2 \ (k > 0)$

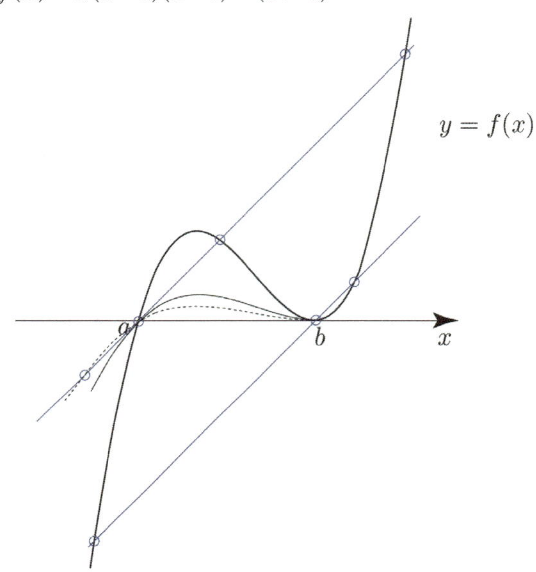

곡선 $y = f(x)$ 와 직선 $y = x - a$ 가 만나는 서로 다른 점의
개수가 2 또는 3 이고, 곡선 $y = f(x)$ 와 직선 $y = x - b$ 가
만나는 서로 다른 점의 개수가 3 이므로 조건을 만족시키지
않는다.

(참고로 $f(x)$ 는 삼차함수이므로 $f'(a) < 1$ 이더라도
$x < a$ 에서 곡선 $y = f(x)$ 와 직선 $y = x - a$ 가 한 점에서
만난다.)

② $f(x) = k(x-a)(x-b)^2$ $(k<0)$

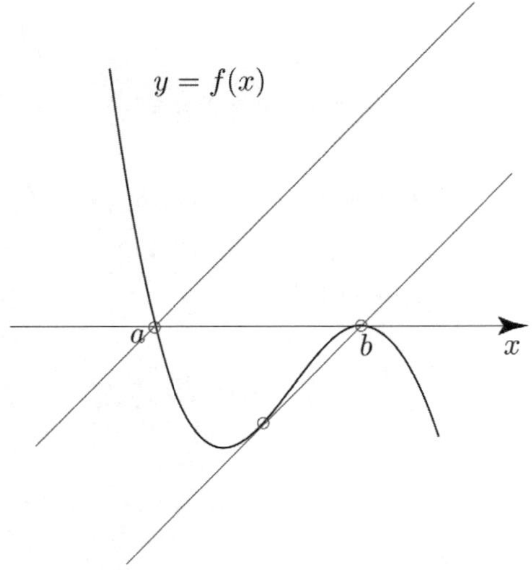

위 그림과 같은 경우 (나) 조건을 만족시키지만
$f(1) = 4$, $f'(1) = 1$을 만족시키지 않는다.

③ $f(x) = k(x-a)^2(x-b)$ $(k>0)$

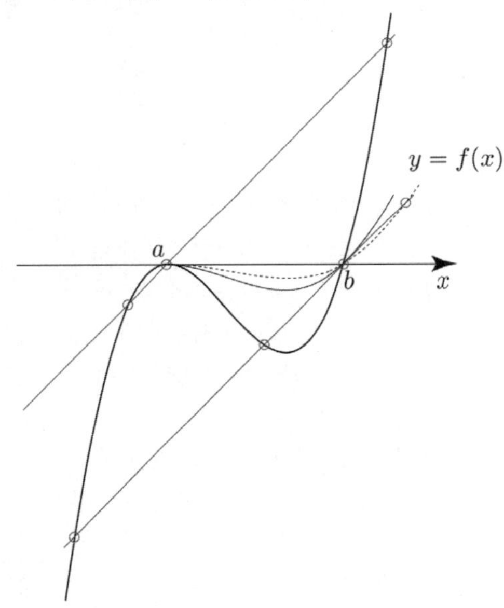

곡선 $y = f(x)$와 직선 $y = x-a$가 만나는 서로 다른 점의
개수가 3이고, 곡선 $y = f(x)$와 직선 $y = x-b$가
만나는 서로 다른 점의 개수가 2 또는 3이므로 조건을
만족시키지 않는다.

(참고로 $f(x)$는 삼차함수이므로 $f'(b) < 1$이더라도
$x > b$에서 곡선 $y = f(x)$와 직선 $y = x-b$가 한 점에서
만난다.)

④ $f(x) = k(x-a)^2(x-b)$ $(k<0)$

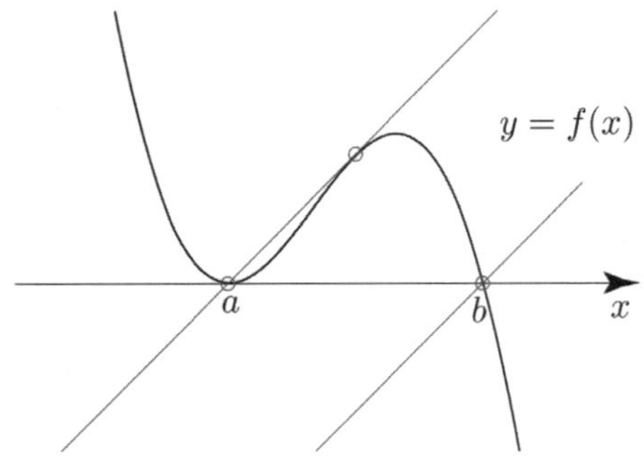

위 그림과 같은 경우 (나) 조건을 만족시킨다.
$f(1) = 4$, $f'(1) = 1$를 만족시켜야 하므로
$x = 1$의 위치에 따라 case분류하면 다음과 같다.

④ - ⅰ)

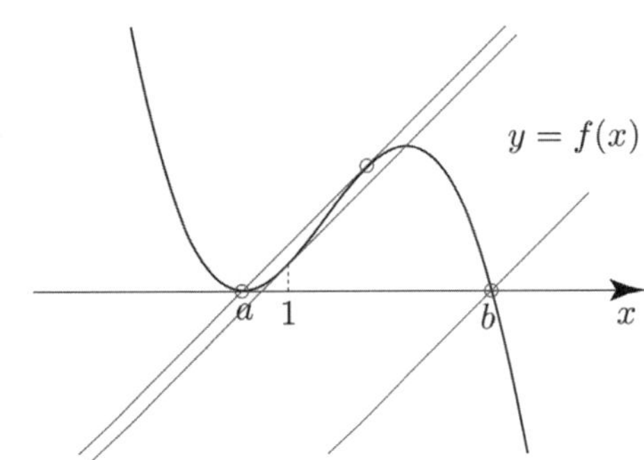

$f'(0) > 1$을 만족시키지 않는다.

④ - ⅱ)

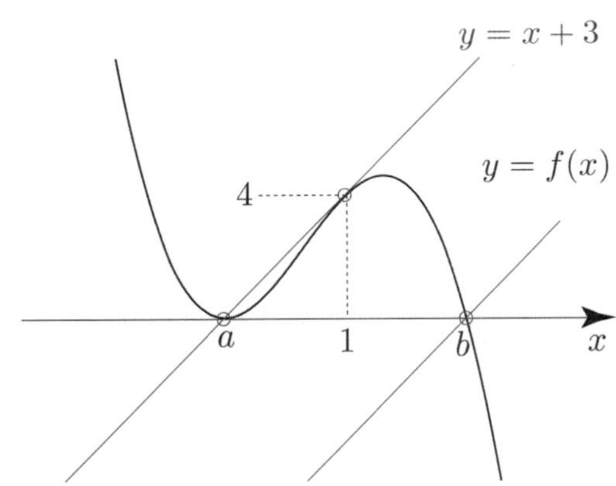

$f'(0) > 1$을 만족시킬 수 있다.

점 $f(x)$ 위의 점 $(1, 4)$에서의 접선의 방정식은
$y = x+3$이므로 $a = -3$이다.

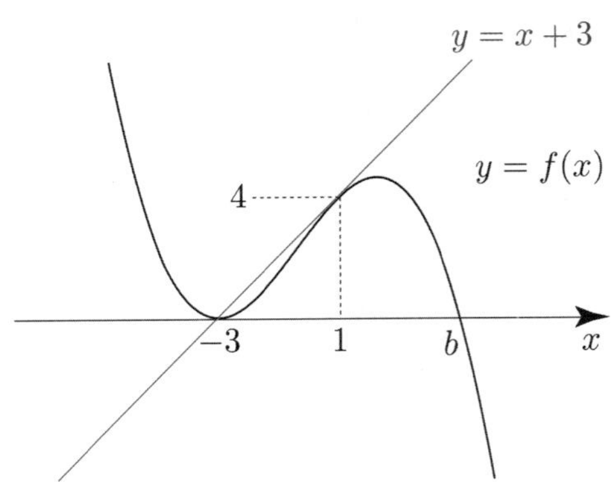

식세우기 Technique에 의해서

$$f(x) - (x+3) = k(x+3)(x-1)^2$$

$$\Rightarrow f(x) = k(x+3)(x-1)^2 + x + 3$$

$$f'(x) = k(x-1)^2 + 2k(x+3)(x-1) + 1$$

곡선 $y = f(x)$ 는 x 축과 $x = -3$ 에서 접하므로

$$f'(-3) = 0 \Rightarrow 16k + 1 = 0 \Rightarrow k = -\frac{1}{16}$$

$$f(x) = -\frac{1}{16}(x+3)(x-1)^2 + x + 3 \text{ 이므로}$$

$$f(0) = -\frac{3}{16} + 3 = \frac{45}{16} \text{ 이다.}$$

따라서 $p + q = 61$ 이다.

답 61

245

최고차항의 계수가 1 인 삼차함수 $f(x)$

$$g(x) = f(x-3) \times \lim_{h \to 0+} \frac{|f(x+h)| - |f(x-h)|}{h}$$

$|f(x)| = J(x)$ 라 하자.
미분계수와 도함수 training－1step 049번 해설에서
배웠던 우미분계수와 좌미분계수로 쪼개서 보는 관점으로

$$\lim_{h \to 0+} \frac{|f(x+h)| - |f(x-h)|}{h} \text{ 을 해석해보자.}$$

$$\lim_{h \to 0+} \frac{|f(x+h)| - |f(x-h)|}{h}$$

$$= \lim_{h \to 0+} \frac{J(x+h) - J(x-h)}{h}$$

$$= \lim_{h \to 0+} \frac{J(x+h) - J(x)}{h} + \lim_{h \to 0+} \frac{J(x-h) - J(x)}{-h}$$

$$= J(x) \text{의 우미분계수} + J(x) \text{의 좌미분계수}$$

$$= |f(x)| \text{의 우미분계수} + |f(x)| \text{의 좌미분계수}$$

$($ $t = -h$ 라 하면 $h \to 0+ \Rightarrow t \to 0-$ 이므로

$$\lim_{h \to 0+} \frac{J(x-h) - J(x)}{-h} = \lim_{t \to 0-} \frac{J(x+t) - J(x)}{t}$$)

(가) 함수 $g(x)$ 는 실수 전체의 집합에서 연속

함수 $f(x-3)$ 는 실수 전체의 집합에서 연속이므로
$(|f(x)|$ 의 우미분계수$+|f(x)|$ 의 좌미분계수$)$ 가
불연속인 점을 조사하면 된다.

감은 잡기 위해서 $f(x)$ 가 아래 그림과 같을 때,
$(|f(x)|$ 의 우미분계수$+|f(x)|$ 의 좌미분계수$)$
을 분석해보자.

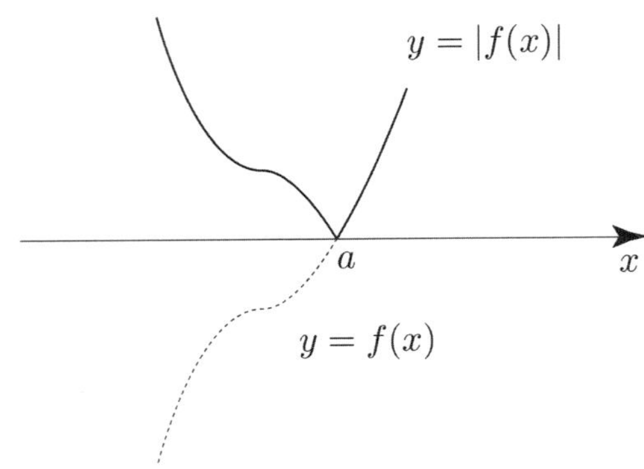

함수 $|f(x)|$ 가 미분가능한 점에서는 우미분계수와
좌미분계수가 서로 같으므로 자연스럽게 연결되지만
$x = a$ 와 같이 첨점이 생겨 미분가능하지 않으면
우미분계수와 좌미분계수의 부호가 서로 다르고 절댓값이
같으므로 우미분계수와 좌미분계수의 합은 0 이 된다.
이처럼 미분가능하지 않은 점에서는
$(|f(x)|$ 의 우미분계수$+|f(x)|$ 의 좌미분계수$)$ 의
값이 0 으로 갑자기 튈 수 있어 불연속점이 생길 수 있다.

즉, 함수 $|f(x)|$ 가 미분가능하지 않은 점을 조사하면 된다.

위에서 예로 든 함수의 경우 $x = a$ 에서
$$\lim_{h \to 0+} \frac{|f(x+h)| - |f(x-h)|}{h} \text{ 가 불연속이므로}$$
(가) 조건을 만족시키려면 $f(a-3) = 0$ 이어야 하는데
$f(a) = 0 \Rightarrow f(a-3) < 0$ 이므로 조건을 만족시키지 않는다.

함수 $g(x)$ 가 실수 전체의 집합에서 연속이려면
함수 $f(x)$ 가 다음 그림과 같아야 한다.

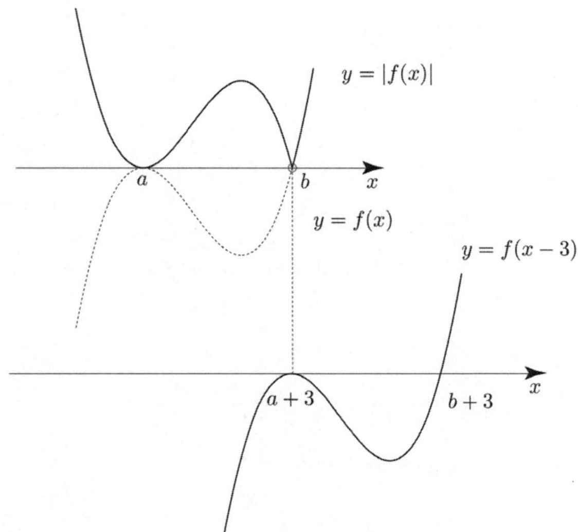

$$\lim_{h \to 0+} \frac{|f(x+h)|-|f(x-h)|}{h} \text{ 는 } x=b \text{ 에서 불연속이므로}$$

(가) 조건을 만족시키려면

$$f(b-3)=0 \;\Rightarrow\; a=b-3 \;\Rightarrow\; a+3=b$$

**(나) 방정식 $g(x)=0$ 은 서로 다른 네 실근을 갖고,
  네 실근의 합은 7 이다.**

방정식 $g(x)=0$ 의 실근을 조사해보자.
방정식 $f(x-3)=0 \;\Rightarrow\; x=a+3, \; x=b+3=a+6$

Box를 그리면 다음과 같다.

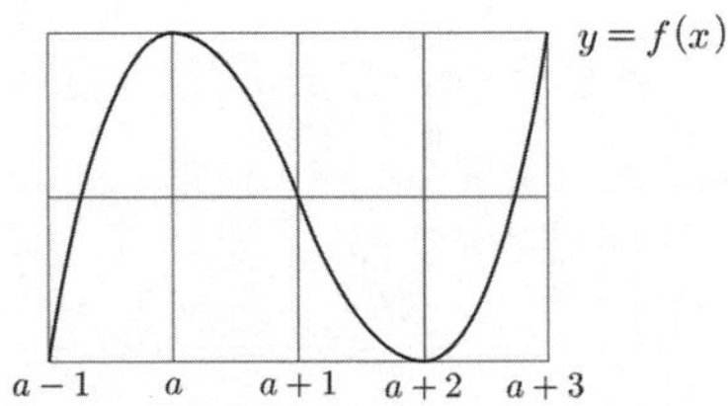

함수 $f(x)$ 는 $x=a+2$ 에서 극소이므로
$$f'(a+2)=0 \;\Rightarrow\; |f'(a+2)|=0$$

방정식 $\displaystyle\lim_{h \to 0+} \frac{|f(x+h)|-|f(x-h)|}{h}=0$

$\Rightarrow\; x=a, \; x=a+2, \; x=a+3$

이므로

$\alpha_1+\alpha_2+\alpha_3+\alpha_4=7$

$\Rightarrow\; a+a+2+a+3+a+6=7$

$\Rightarrow\; 4a+11=7$

$\Rightarrow\; a=-1$

$f(x)=(x+1)^2(x-2)$ 이므로 $f(5)=36\times3=108$ 이다.

답 108

246

최고차항의 계수가 $\dfrac{1}{2}$ 인 삼차함수 $f(x)$

방정식 $f'(x)=0$ 이 닫힌구간 $[t,\; t+2]$ 에서 갖는 실근의
개수를 $g(t)$

방정식 $f'(x)=0$ 이 중근을 갖거나 실근을 갖지 않는 경우
(나) 조건에서 $g(f(1))=g(f(4))=2$ 를 만족시킬 수 없다.
즉, 방정식 $f'(x)=0$ 은 서로 다른 두 실근을 가져야 한다.

방정식 $f'(x)=0$ 의 두 실근을 $\alpha,\; \beta\,(\alpha<\beta)$ 라 하자.
방정식 $f'(x)=0$ 이 닫힌구간 $[t,\; t+2]$ 에서 갖는 실근의
개수를 구하는 것이므로 구간의 길이 2와 $\beta-\alpha$ 의
대소관계로 case분류하면 다음과 같다.

① $\beta-\alpha<2$ 일 때

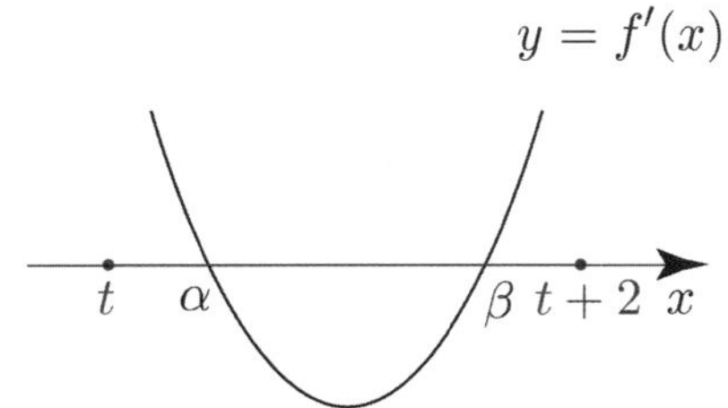

함수 $g(t)$ 의 그래프를 그리면 다음과 같다.

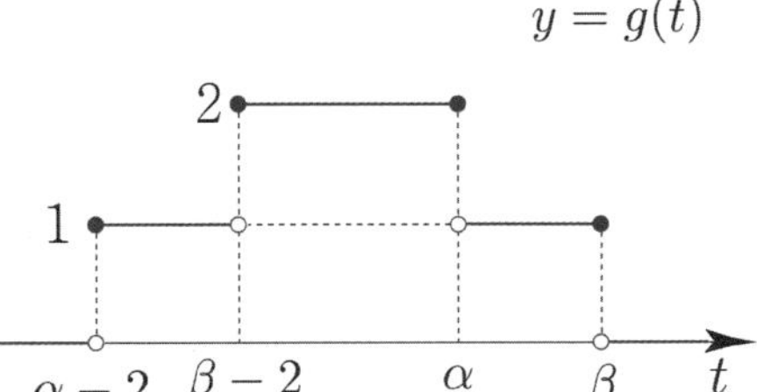

(가) 모든 실수 a 에 대하여 $\displaystyle\lim_{t \to a+} g(t)+\lim_{t \to a-} g(t) \leq 2$

$\displaystyle\lim_{t \to \alpha+} g(t)=1, \; \lim_{t \to \alpha-} g(t)=2$ 이므로 (가) 조건을
만족시키지 않는다.

② $\beta-\alpha=2 \;\Rightarrow\; \beta=\alpha+2$ 일 때

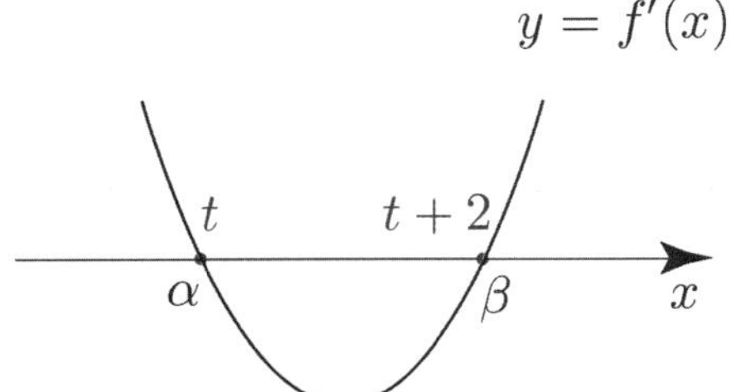

함수 $g(t)$ 의 그래프를 그리면 다음과 같다.

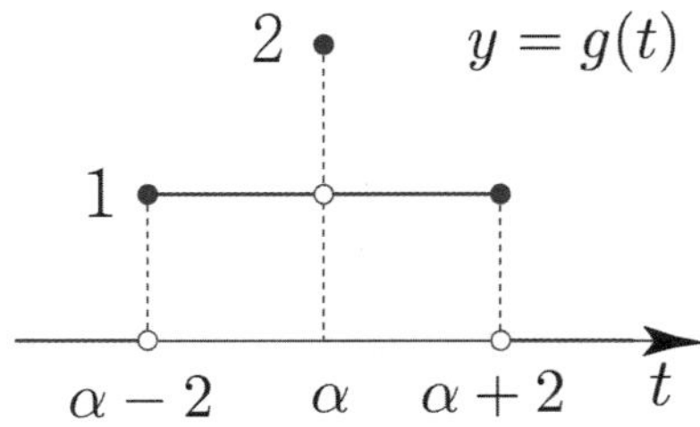

(가) 모든 실수 a 에 대하여 $\displaystyle\lim_{t\to a+} g(t) + \lim_{t\to a-} g(t) \leq 2$

이 경우 (가) 조건을 만족시킨다.

③ $\beta - \alpha > 2$ 일 때

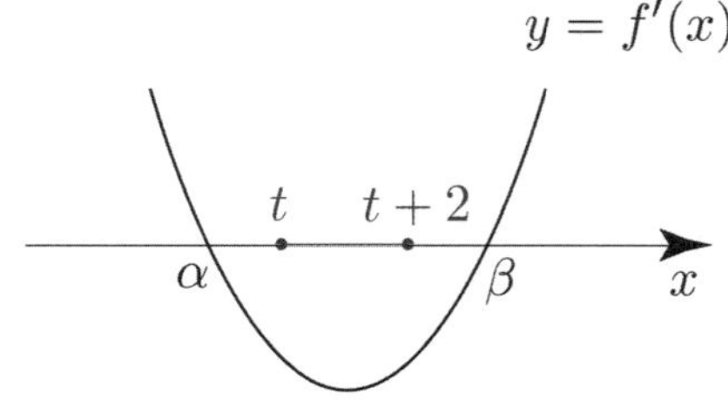

함수 $g(t)$ 의 그래프를 그리면 다음과 같다.

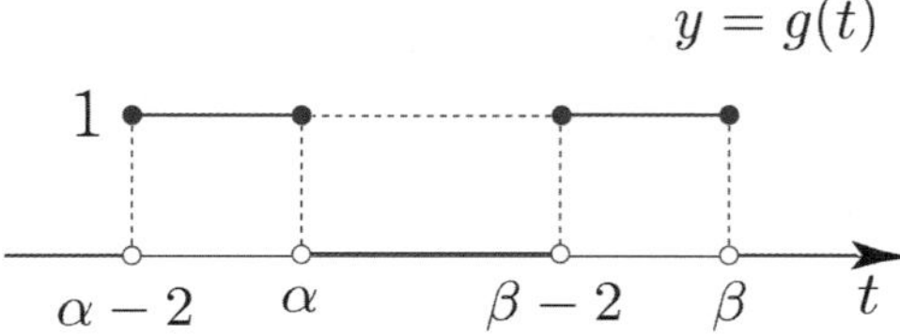

(가) 모든 실수 a 에 대하여 $\displaystyle\lim_{t\to a+} g(t) + \lim_{t\to a-} g(t) \leq 2$

이 경우 (가) 조건을 만족시키지만 $g(t)$ 의 치역은 0과 1
이므로 (나) 조건에서 $g(f(1)) = g(f(4)) = 2$ 를 만족시킬 수
없다.

즉, ② $\beta - \alpha = 2 \Rightarrow \beta = \alpha + 2$ 이어야 한다.

(나) $g(f(1)) = g(f(4)) = 2,\ g(f(0)) = 1$
$g(\alpha) = 2 \Rightarrow f(1) = f(4) = \alpha$

$f'(\alpha) = f'(\alpha + 2) = 0$ 이므로
Box를 그리면 다음과 같다.

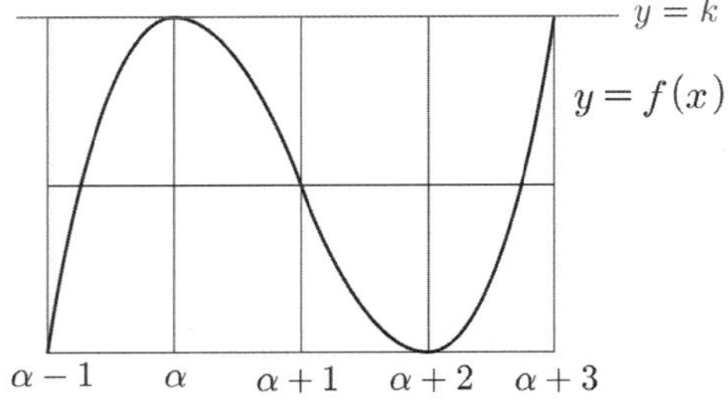

$f(\alpha) = k$ 라 하자.

$f(x)$ 의 최고차항의 계수가 $\dfrac{1}{2}$ 이므로

식세우기 technique을 사용하면

$f(x) - k = \dfrac{1}{2}(x-\alpha)^2(x-\alpha-3)$

$\Rightarrow f(x) = \dfrac{1}{2}(x-\alpha)^2(x-\alpha-3) + k$

$f(1) = \dfrac{1}{2}(1-\alpha)^2(-2-\alpha) + k$

$f(4) = \dfrac{1}{2}(4-\alpha)^2(1-\alpha) + k$

$f(1) = f(4) = \alpha$

$\Rightarrow \dfrac{1}{2}(1-\alpha)^2(-2-\alpha) + k = \dfrac{1}{2}(4-\alpha)^2(1-\alpha) + k$

$\Rightarrow (1-\alpha)^2(-2-\alpha) - (4-\alpha)^2(1-\alpha) = 0$

$\Rightarrow (1-\alpha)\{(1-\alpha)(-2-\alpha) - (4-\alpha)^2\} = 0$

$\Rightarrow (1-\alpha)(9\alpha - 18) = 0$

$\Rightarrow \alpha = 1 \ \text{or} \ \alpha = 2$

❶ $\alpha = 1$ 일 때

함수 $g(t)$ 의 그래프를 그리면 다음과 같다.

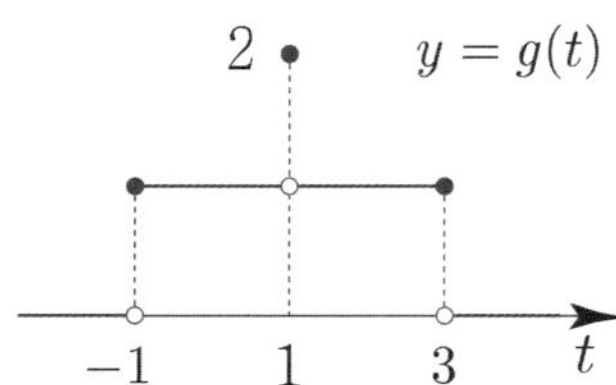

$f(1) = \dfrac{1}{2}(1-1)^2(-2-1) + k = k$

$f(1) = 1 \Rightarrow k = 1$

$\therefore f(x) = \dfrac{1}{2}(x-1)^2(x-4) + 1$

$f(0) = -1 \Rightarrow g(f(0)) = g(-1) = 1$
이므로 (나) 조건에서 $g(f(0)) = 1$ 을 만족시킨다.

❷ $\alpha = 2$일 때

함수 $g(t)$의 그래프를 그리면 다음과 같다.

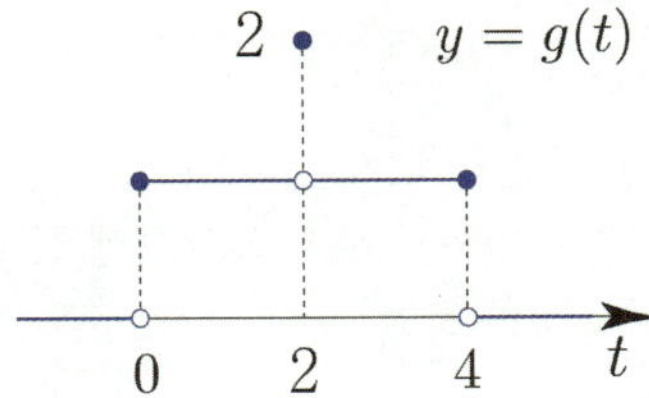

$f(1) = \dfrac{1}{2}(1-2)^2(-2-2)+k = -2+k$

$f(1) = 2 \;\Rightarrow\; -2+k = 2 \;\Rightarrow\; k = 4$

$\therefore f(x) = \dfrac{1}{2}(x-2)^2(x-5)+4$

$f(0) = -6 \;\Rightarrow\; g(f(0)) = g(-6) = 0$

이므로 (나) 조건에서 $g(f(0)) = 1$을 만족시키지 않는다.

따라서 $f(x) = \dfrac{1}{2}(x-1)^2(x-4)+1$이므로

$f(5) = \dfrac{1}{2} \times 16 \times 1 + 1 = 8+1 = 9$이다.

답 9

247

최고차항의 계수가 1인 삼차함수 $f(x)$
최고차항의 계수가 -1인 이차함수 $g(x)$

(가) 곡선 $y = f(x)$ 위의 점 $(0, \, 0)$에서의 접선과
　　곡선 $y = g(x)$ 위의 점 $(2, \, 0)$에서의 접선은
　　모두 x축이다.

$f(0) = f'(0) = 0$이므로 $f(x)$는 x^2을 인수로
가져야 하므로 $f(x) = x^2(x+c)$이다.

$g(2) = g'(2) = 0$이므로 $g(x) = -(x-2)^2$이다.

(나) 점 $(2, \, 0)$에서 곡선 $y = f(x)$에 그은 접선의 개수는
　　2이다.

$f(x)$는 삼차함수이므로 접점의 개수와 접선의 개수는
같다.

$f(x) = x^2(x+c) = x^3 + cx^2$

$f'(x) = 3x^2 + 2cx$

접점의 x좌표를 t라 하면 접선의 방정식은

$y = (3t^2 + 2ct)(x-t) + t^3 + ct^2$

접선이 $(2, \, 0)$을 지나므로

$0 = (3t^2 + 2ct)(2-t) + t^3 + ct^2$

$\Rightarrow\; 2t^3 + (c-6)t^2 - 4ct = 0$

$\Rightarrow\; t\{2t^2 + (c-6)t - 4c\} = 0$

방정식 $t\{2t^2 + (c-6)t - 4c\} = 0$이 서로 다른 두 개의
실근을 가져야하므로 두 가지 case가 존재한다.

① 방정식 $2t^2 + (c-6)t - 4c = 0$이 0이 아닌 중근을
　　갖는 경우

판별식을 사용하면

$D = (c-6)^2 + 32c = 0 \;\Rightarrow\; c^2 + 20c + 36 = 0$

$\Rightarrow\; (c+18)(c+2) = 0 \;\Rightarrow\; c = -18 \;\text{or}\; c = -2$

①-ⅰ) $c = -18$
$f(x) = x^2(x-18)$

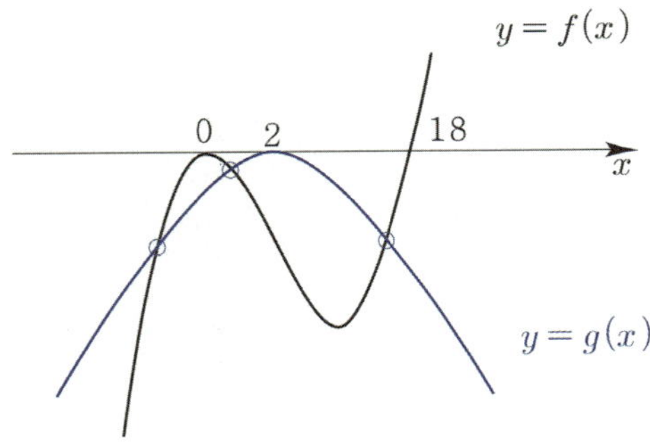

①-ⅱ) $c = -2$
$f(x) = x^2(x-2)$

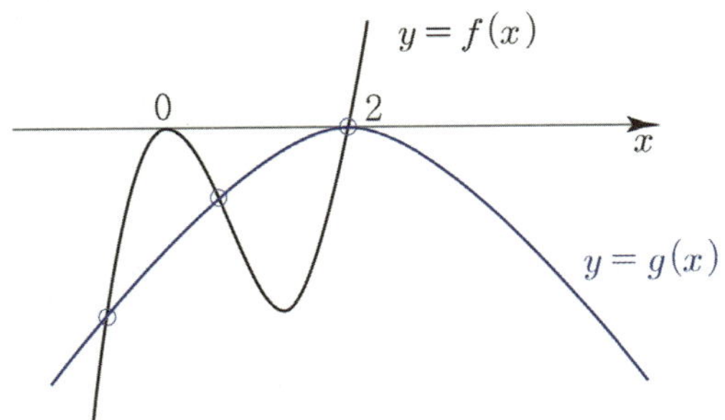

(다) 방정식 $f(x) = g(x)$는 오직 하나의 실근을 가진다.
①-ⅰ), ①-ⅱ의 경우 $y = f(x)$의 그래프와 $y = g(x)$의
그래프가 서로 다른 세 점에서 만나므로 (다)조건을
만족시키지 않는다.

② 방정식 $2t^2+(c-6)t-4c=0$이 0과 0이 아닌 하나의
　실근을 갖는 경우

방정식에 $t=0$을 대입하면 $c=0$이므로 $f(x)=x^3$

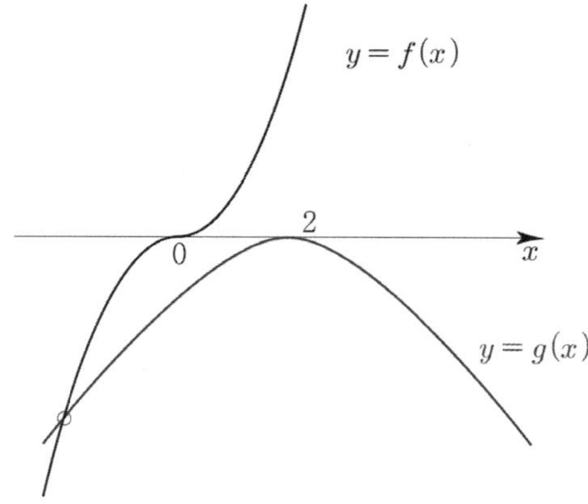

$y=f(x)$의 그래프와 $y=g(x)$의 그래프가 한 점에서
만나므로 (다) 조건을 만족시킨다.

$x>0$인 모든 실수 x에 대하여 $g(x) \le kx-2 \le f(x)$

직선 $y=kx-2$는 k와 관계없이 항상 지나는 점이
$(0,\ -2)$이다. 즉, k를 "정점 $(0,\ -2)$을 지나는 직선의
기울기"로 해석할 수 있다. (정점 Technique !)

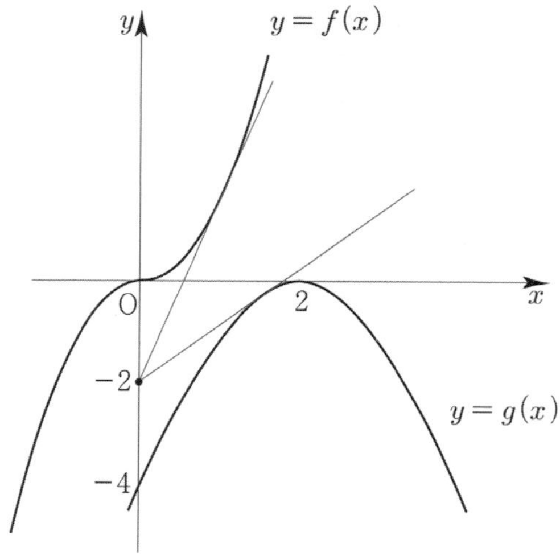

따라서 직선 $y=kx-2$가 $y=f(x)$의 그래프에 접할 때
k의 값이 최대이고, $y=g(x)$의 그래프에 접할 때 k의 값이
최소이다.

❶ 직선 $y=kx-2$가 $y=f(x)$의 그래프에 접할 때,
　접점의 x좌표를 p라 하면

$f(x)=x^3$
$f'(x)=3x^2$

$f'(p)=k \ \Rightarrow \ 3p^2=k$

$f(p)=kp-2 \ \Rightarrow \ p^3=kp-2$
위 두식을 연립하면
$p^3=3p^3-2 \ \Rightarrow \ p=1$
$k=3$이므로 $\alpha=3$

❷ 직선 $y=kx-2$가 $y=g(x)$의 그래프에 접할 때,
　접점의 x좌표를 q라 하면

$g(x)=-(x-2)^2$
$g'(x)=-2(x-2)$

$g'(q)=k \ \Rightarrow \ -2q+4=k$
$g(q)=kq-2 \ \Rightarrow \ -(q-2)^2=kq-2$
위 두식을 연립하면
$-q^2+4q-4=-2q^2+4q-2$
$\Rightarrow \ q^2=2 \ \Rightarrow \ q=\sqrt{2} \ \ (\because q>0)$
$k=-2\sqrt{2}+4$이므로 $\beta=4-2\sqrt{2}$

$\alpha-\beta=3-(4-2\sqrt{2})=-1+2\sqrt{2}=a+b\sqrt{2}$ 이므로
$a^2+b^2=5$ 이다.

답　5

답이 나왔지만 여기서 한 가지 의문점이 든다.

과연 ①-ⅰ) $c=-18 \ (f(x)=x^2(x-18))$ 일 때,
점 $(2,\ 0)$에서 곡선 $y=f(x)$에 그은 접선의 개수는
2일까?

한번 확인해보자.
$t\{2t^2+(c-6)t-4c\}=0$에 $c=-18$을 대입하면
$t(2t^2-24t+72)=0 \ \Rightarrow \ t(t-6)^2=0$이므로
접점의 x좌표는 $t=0 \ \text{or} \ t=6$이다.

$t=0$일 때,
$y=(3t^2-36t)(x-t)+t^3-18t^2 \ \Rightarrow \ y=0$이므로
다음 그림과 같이 $y=0$이 접선이 된다.

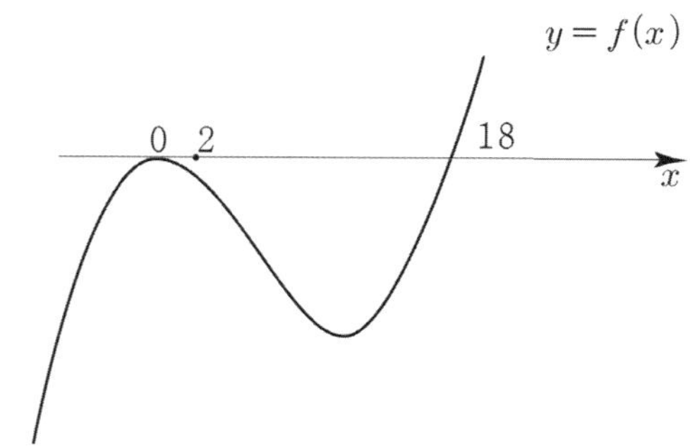

$t=6$ 일 때,
$$y=(3t^2-36t)(x-t)+t^3-18t^2 \Rightarrow y=-108x+216$$

$$f(x)=x^3-18x^2$$
$$f'(x)=3x^2-36x$$
$$f''(x)=6x-36$$
$$f''(6)=0$$

$f(x)$ 의 변곡점은 $(6,\ f(6))$ 이므로 접점이 변곡점이고
다음 그림과 같이 $y=-108x+216$ 은 **변곡접선**이 된다.

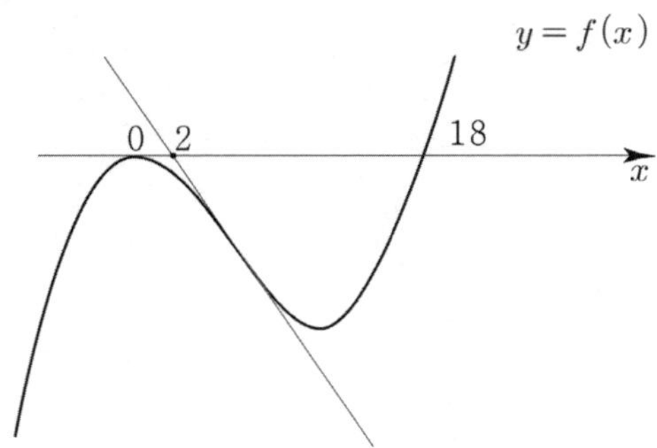

따라서 점 $(2,\ 0)$ 에서 곡선 $y=x^3(x-18)$ 에 그은 접선의
개수는 2 이다.

248

$t>0$, 최고차항의 계수가 1 인 삼차함수 $f(x)$
$$g(t)=\frac{f(t)-f(0)}{t}=\frac{f(t)-f(0)}{t-0}\ \text{이므로}$$
$g(t)$ 는 두 점 $(0,\ f(0))$, $(t,\ f(t))$ 의 기울기로 해석할 수 있다.

Guide step에서 배웠듯이 삼차함수의 개형은 3가지인데
(가)조건을 만족시키려면 극댓값과 극솟값을 갖는 ①번 개형
이어야 한다.

또한 (가) 조건에 의해서 함수 $f(x)$ 의 그래프는 점 $(k,\ f(k))$
에서 직선 $y=f(0)$ 과 접한다.

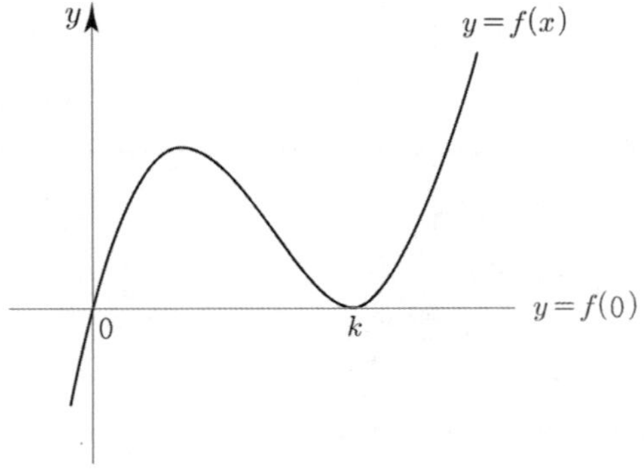

$$f(x)-f(0)=x(x-k)^2$$
$$f'(x)=(x-k)^2+2x(x-k)=(3x-k)(x-k)$$

$$g(t)=\frac{f(t)-f(0)}{t}=\frac{t(t-k)^2}{t}=(t-k)^2$$

(나) 조건에 의해서
$$f'(a)=g(a)\ \Rightarrow\ (3a-k)(a-k)=(a-k)^2$$
$$\Rightarrow\ 2a(a-k)=0\ \Rightarrow\ a=k\ \left(\because a>\frac{5}{3}\right)$$

$g(a)=0$ 이고 $f'\left(\dfrac{k}{3}\right)=f'(k)=0$ 이므로

(나) 조건에 의해서
$$f'\left(\frac{5}{3}\right)=f'(a)=0\ \Rightarrow\ \frac{k}{3}=\frac{5}{3}\ \Rightarrow\ k=5$$
$$A_m=\{x\,|\,f'(x)=g(m),\ 0<x\le m\}$$
m 에 값을 넣어보면서 파악해보자.

$m=1$ 이면
$$A_1=\{x\,|\,f'(x)=g(1),\ 0<x\le 1\}$$

Box를 그려서 파악해보자.
(Box를 그리면 삼차함수의 비율관계를 손쉽게 알 수
있어 $x=1$ 의 위치를 대략적으로 알 수 있다.)

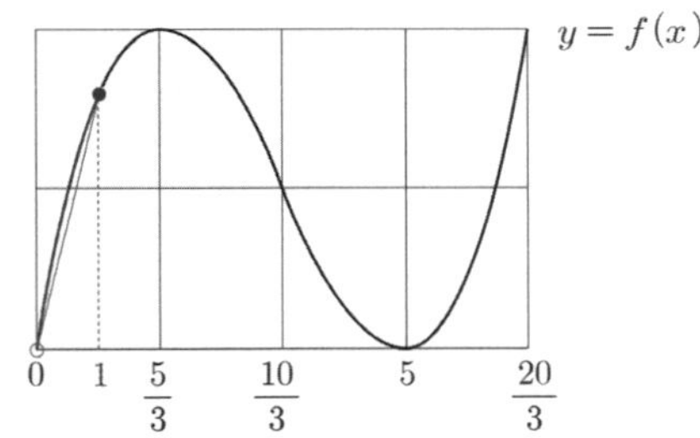

$0<x\le 1$ 에서 방정식 $f'(x)=g(1)$ 의 서로 다른 실근의
개수는 1 이므로 $n(A_1)=1$ 이다.

(여기서 $f(1)$ 과 $f\left(\dfrac{10}{3}\right)$ 의 대소관계는 중요한 사항이 아니다.
즉, 정확하게 점 $(1,\ f(1))$ 의 위치를 찾지 않아도 된다.)

$m=2$ 이면
$$A_2=\{x\,|\,f'(x)=g(2),\ 0<x\le 2\}$$

$0 < x \leq 2$ 에서 방정식 $f'(x) = g(2)$ 의 서로 다른 실근의
개수는 1 이므로 $n(A_2) = 1$ 이다.

$m = 3$, $m = 4$ 일 때도 마찬가지 방법으로
$n(A_3) = n(A_4) = 1$ 이다.

$m = 5$ 이면
$A_5 = \{ x \mid f'(x) = g(5),\ 0 < x \leq 5 \}$

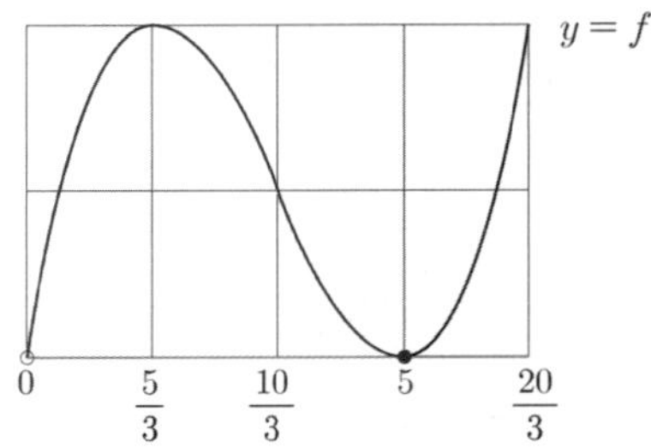

$0 < x \leq 5$ 에서 방정식 $f'(x) = g(5)$ 의 서로 다른 실근의
개수는 2 이므로 $n(A_5) = 2$ 이다.

$m = 6$ 이면
$A_6 = \{ x \mid f'(x) = g(6),\ 0 < x \leq 6 \}$

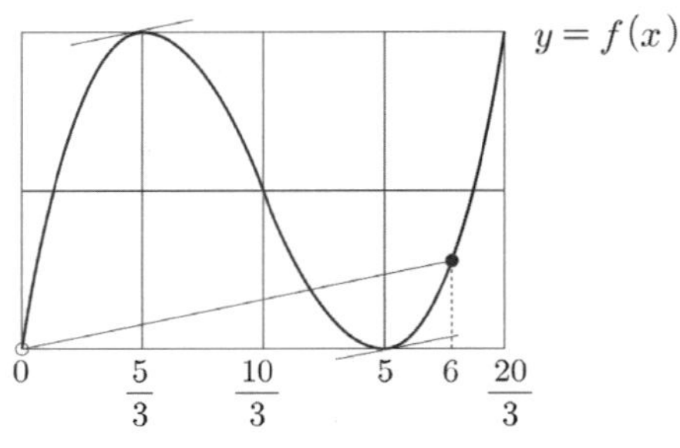

$0 < x \leq 6$ 에서 방정식 $f'(x) = g(6)$ 의 서로 다른 실근의
개수는 2 이므로 $n(A_6) = 2$ 이다.

$m > 6$ 이면 그래프를 그렸을 때, $m = 6$ 과 마찬가지로
방정식 $f'(x) = g(m)$ 을 만족시키는
$x < \dfrac{5}{3}$ or $5 < x < m$ 인 서로 다른 두 실근이 존재한다.
(by 평균값 정리)

여기서 조심해야 할 것은 x 의 범위인데
$0 < x \leq m$ 이므로 실근이 0 이하가 되면 집합에 포함되지
않는다.

즉, 경계(실근이 $x = 0$)일 때의 상황을 조사해봐야 한다.

$f'(0) = g(m)$ 임을 만족시키는 m 을 구해보자.

$f'(x) = (3x-5)(x-5),\ g(t) = (t-5)^2$
$f'(0) = g(m) \Rightarrow 25 = (m-5)^2 \Rightarrow m = 10 \ (\because m > 0)$

$m = 10$ 이면
$A_{10} = \{ x \mid f'(x) = g(10),\ 0 < x \leq 10 \}$

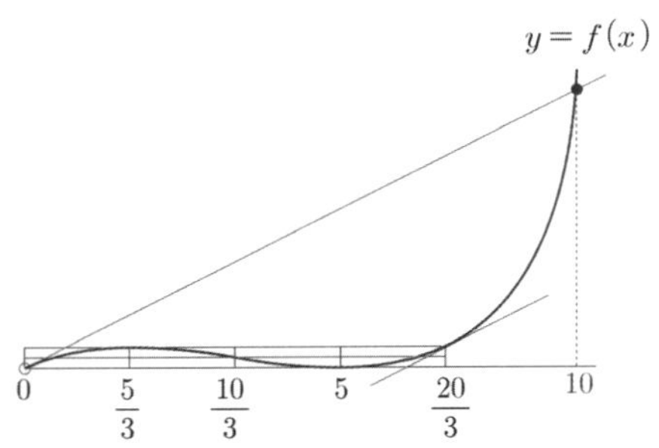

$x = 0$ 일 때 $f'(0) = g(10)$ 이지만 $0 < x \leq 10$ 의 범위에
포함되지 않는다.
$0 < x \leq 10$ 에서 방정식 $f'(x) = g(10)$ 의 서로 다른 실근의
개수는 1 이므로 $n(A_{10}) = 1$ 이다.

$g(m)$ 의 값이 커질수록 (직선의 기울기가 커질수록)
$x < \dfrac{5}{3}$ 에서 $f'(x) = g(m)$ 을 만족시키는 x 의 값은 작아진다.

$\left(\because x_1 < x_2 < \dfrac{5}{3} \Rightarrow f'(x_1) > f'(x_2) \right)$

즉, $m > 10$ 이면 $x < \dfrac{5}{3}$ 에서 $f'(x) = g(m)$ 을
만족시키는 x 의 값은 0 보다 작아지므로 $n(A_m) = 1$ 이다.

($5 < m < 10$ 이면 $x < \dfrac{5}{3}$ 에서 $f'(x) = g(m)$ 을
만족시키는 x 의 값은 0 보다 크므로 $n(A_m) = 2$)

따라서 $n(A_m) = 2$ 를 만족시키는 자연수 m 은
5, 6, 7, 8, 9 이므로 조건을 만족시키는
모든 자연수 m 의 값의 합은 $5+6+7+8+9 = 35$ 이다.

답 35

249

p, q 는 25 이하의 자연수
$f(x) = x^3 - 3px^2 + q$
$f'(x) = 3x^2 - 6px = 3x(x - 2p)$

(가) 조건을 만족시키려면 $f(x)$ 의 극댓값이 양수이고
극솟값이 음수인 개형이어야 한다.

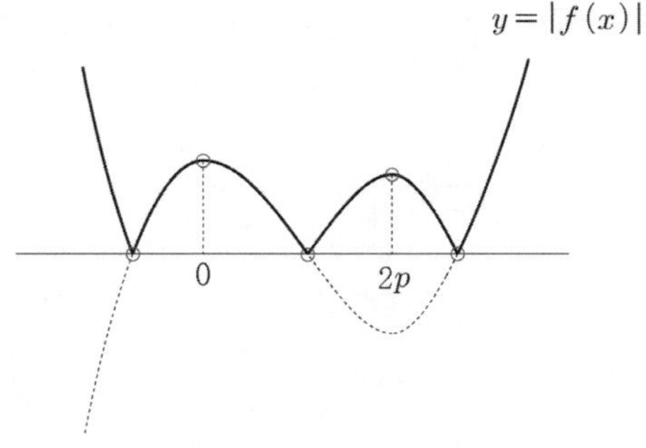

극댓값 $f(0)>0 \Rightarrow q>0$ (q는 자연수이므로 무조건 만족)
극솟값 $f(2p)<0 \Rightarrow -4p^3+q<0 \Rightarrow q<4p^3$

닫힌구간 $[-1,\ 1]$에서 함수 $|f(x)|$의 최댓값에 따라
case분류해보자. 최댓값은 $|f(-1)|,\ |f(1)|,\ f(0)$ 이렇게
총 3가지 경우가 가능하다.

① 닫힌구간 $[-1,\ 1]$에서 함수 $|f(x)|$의 최댓값이
$|f(-1)|$ 이면 $|f(-1)|<|f(-2)|$ 이므로 (나) 조건을
만족시키지 않는다.

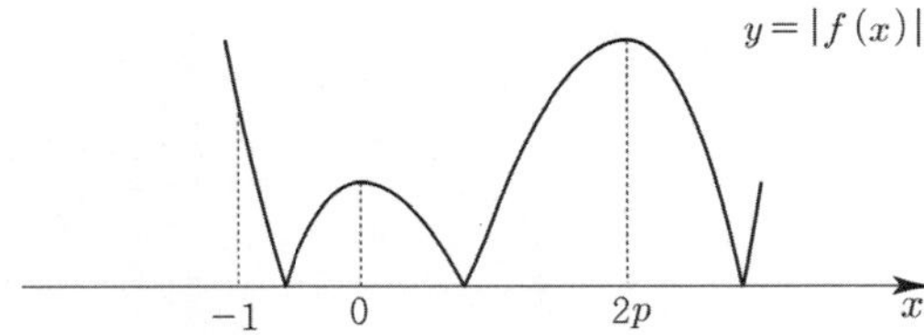

② 닫힌구간 $[-1,\ 1]$에서 함수 $|f(x)|$의 최댓값이
$|f(1)|$ 이면 $|f(1)|<|f(2)|\leq|f(2p)|$ 이므로 (나) 조건을
만족시키지 않는다. ($\because p$는 자연수이므로 $2\leq 2p$)

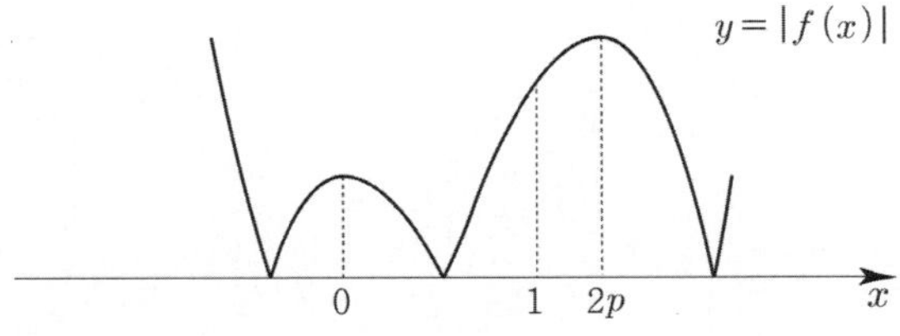

①, ②에 의해서 닫힌구간 $[-1,\ 1]$에서 함수 $|f(x)|$의
최댓값은 $f(0)$ 이다.

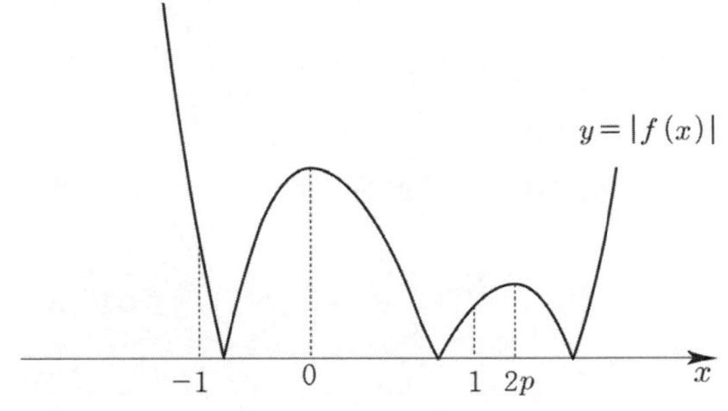

③ 닫힌구간 $[-1,\ 1]$에서 함수 $|f(x)|$의 최댓값이 $f(0)$ 이면
(나) 조건에 의하여 닫힌구간 $[-2,\ 2]$에서 함수 $|f(x)|$의
최댓값은 $f(0)$ 이다.
이때 닫힌구간 $[-2,\ 2]$에서 함수 $|f(x)|$의 최댓값이
될 수 있는 후보는 $|f(-2)|,\ |f(2)|,\ f(0)$ 이므로
$|f(-2)|\leq f(0),\ |f(2)|\leq f(0)$ 이다.

③-ⅰ)
$|f(-2)|\leq f(0) \Rightarrow |-8-12p+q|\leq q$
$$\Rightarrow -q\leq-8-12p+q\leq q$$
$$\Rightarrow 4+6p\leq q \quad and \quad -8-12p\leq 0$$
$$\Rightarrow 4+6p\leq q$$

> **Tip**
>
> **1** $-8-12p+q=x$ 라 치환하면
> $|x|\leq q \Rightarrow -q\leq x\leq q$이므로
> $-q\leq-8-12p+q\leq q$ 이다.
>
> **2** $a\leq x\leq b$는 $a\leq x$와 $x\leq b$의 교집합이다.
> 모든 자연수 p에 대하여 $-8-12p\leq 0$이 성립하므로
> $-q\leq-8-12p+q\leq q$는 $4+6p\leq q$이다.

③-ⅱ)
$|f(2)|\leq f(0) \Rightarrow |8-12p+q|\leq q$
$$\Rightarrow -q\leq 8-12p+q\leq q$$
$$\Rightarrow -4+6p\leq q \quad and \quad 8-12p\leq 0$$
$$\Rightarrow -4+6p\leq q$$

③-ⅰ)와 ③-ⅱ)에 의해서 $4+6p\leq q$이다.
$q<4p^3$ 이므로 q의 범위를 구하면 $4+6p\leq q<4p^3$ 이다.

❶ $p=1 \Rightarrow 10\leq q<4$이므로 모순이다.

❷ $p=2 \Rightarrow 16\leq q<32 \Rightarrow 16\leq q\leq 25$이므로
순서쌍 $(p,\ q)$의 개수는 10이다.

❸ $p=3 \Rightarrow 22\leq q<108 \Rightarrow 22\leq q\leq 25$이므로
순서쌍 $(p,\ q)$의 개수는 4이다.

❹ $p\geq 4 \Rightarrow 28\leq q\leq 25$이므로 모순이다.

따라서 조건을 만족시키도록 하는 25 이하의 두 자연수
$p,\ q$의 모든 순서쌍 $(p,\ q)$의 개수는 14이다.

답 14

$S = \{\, a\,|\,$ 실수 t 에 대하여 함수 $|f(x)-t|$ 는 $x=a$ 에서 극값을 갖는다.$\}$
S 의 원소의 개수 $g(t)$

감을 잡기 위해 $f(x)$가 아래 그림과 같을 때,
아래 그림에서 $y=t$ 를 x 축으로 보고 접어
올린 후 극값을 조사하면 3개가 나온다.

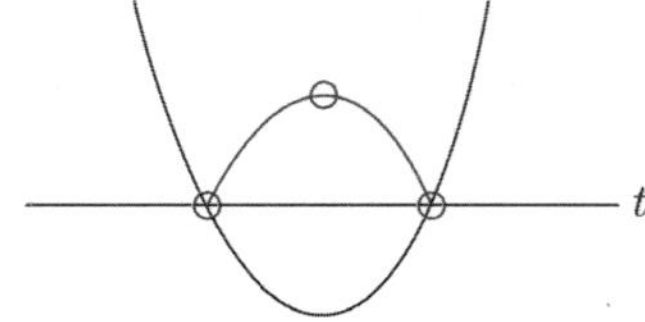

만약 $t=1$ 이라면 $g(1)=3$

$f'(1)=f(1)=0 \implies (x-1)^2$ 를 인수로 갖는다.
사차함수 그래프 개형에 따라 case분류해보면

① 접할 때의 t를 각각 $a,\ b,\ c$라고 하고
　 $g(t)$ 그래프를 그리면

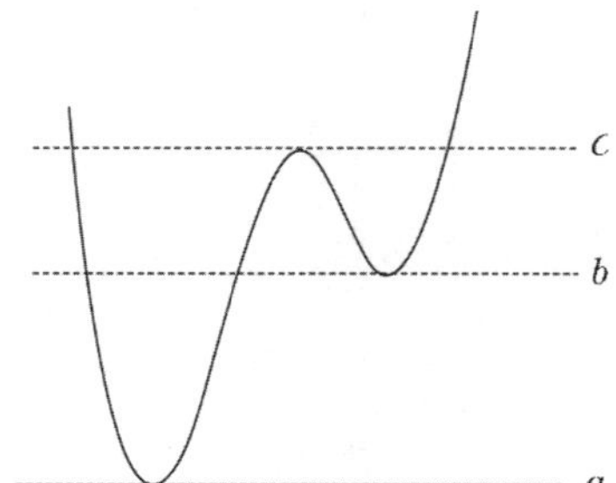

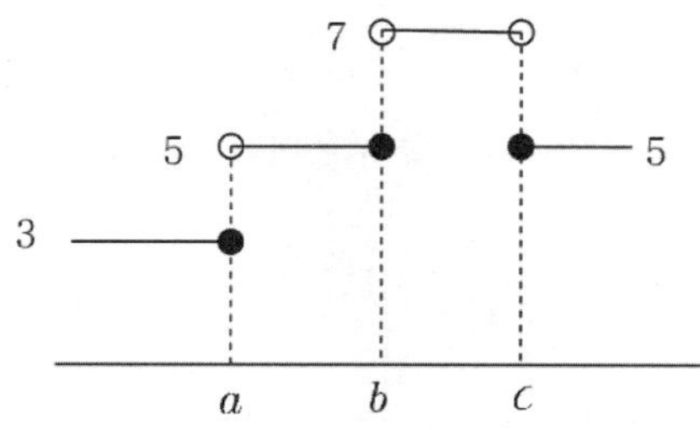

$A = \left\{\, a\,|\, \lim_{t \to a-} g(t) \neq g(a) \right\}$
case ①일 때 찾아보면 $\{c\}$

$B = \left\{\, a+16\,|\, \lim_{t \to a+} g(t) \neq g(a) \right\}$
마찬가지로 찾아보면 $\{a+16,\ b+16\}$

원소의 개수조차 다른데 $A=B$ 라고 했으니까
모순이다.

② 접할 때의 t를 각각 $a,\ b$라고 하고 $g(t)$ 그래프를 그리면

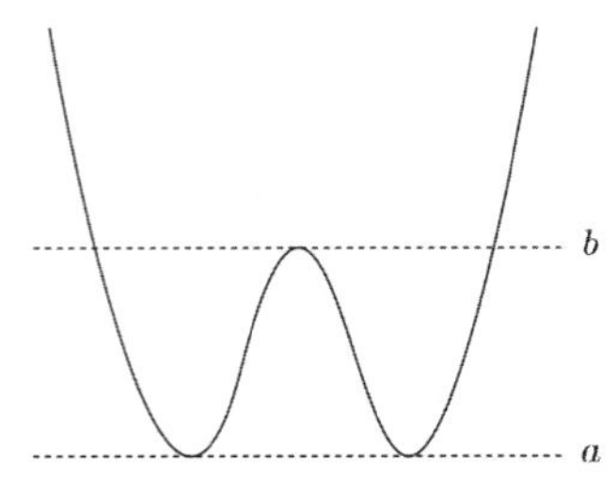

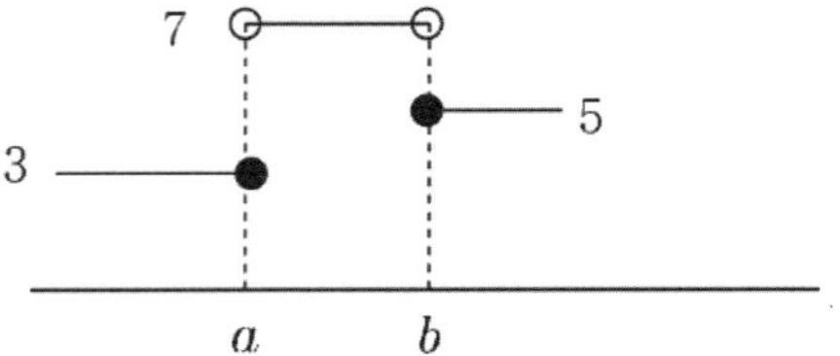

$A=\{b\}\quad B=\{a+16\}$
$A=B$가 성립할 수 있다.
결국 $A=B$가 의미하는 것은 극솟값$+16=$극댓값

③ 접할 때의 t를 a라고 하고 $g(t)$ 그래프를 그리면

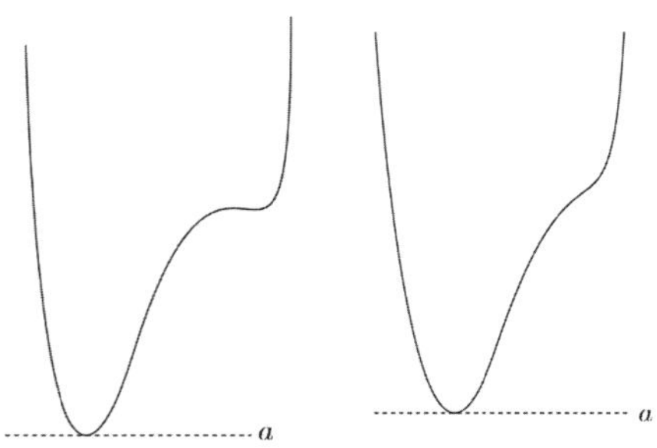

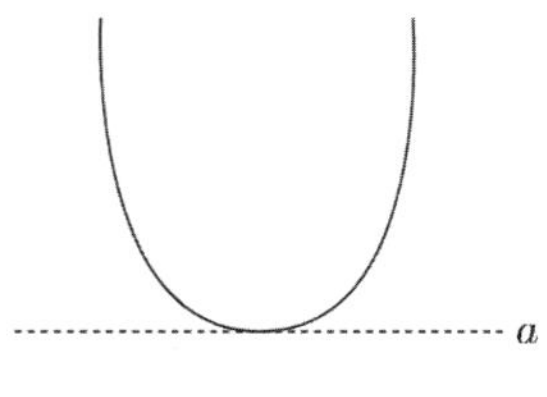

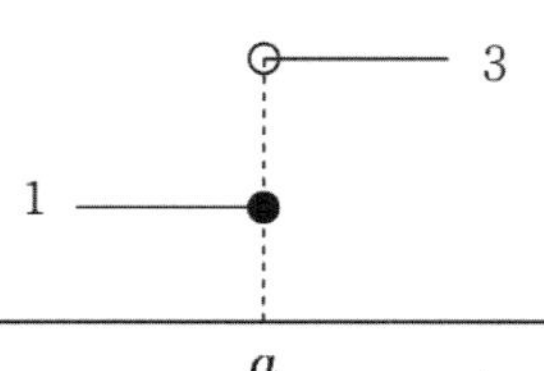

$A=\varnothing\quad B=\{a+16\}$ 이니까 $A \neq B$

따라서 만족하는 case는 ②뿐이다.

②개형이면서 $f'(1)=f(1)=0 \implies (x-1)^2$ 를 인수로
갖는 case는 총 3가지다.

이제 case분류해 보고 이때까지 배운 식 세우기 Technique
을 총동원해서 식을 세워보자.

② i) $m > 1$

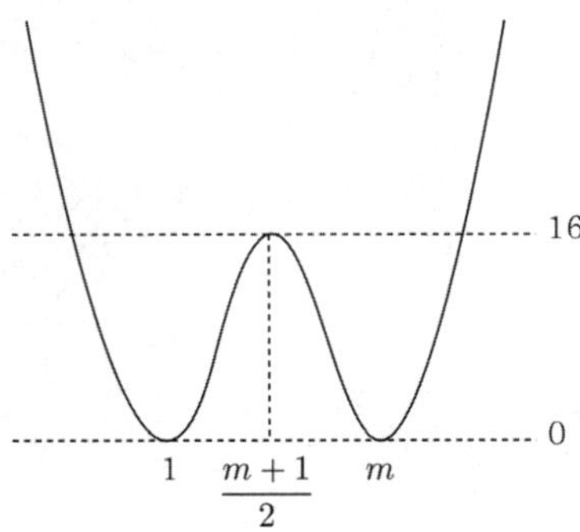

② ii) $m < 1$

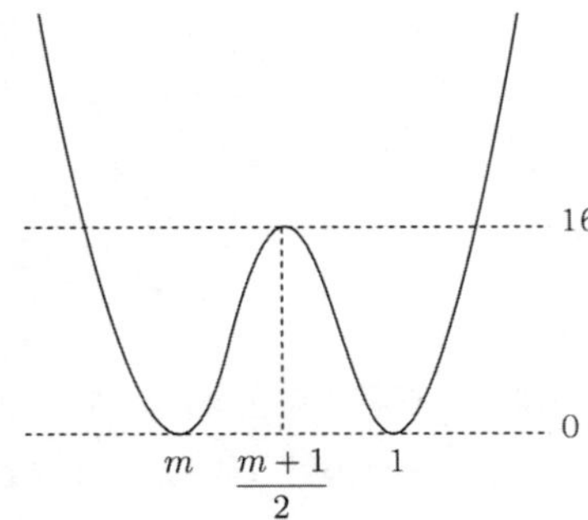

$f(x) = (x-1)^2(x-m)^2$
극댓값을 갖는 x좌표를 구하면

$$f\left(\frac{m+1}{2}\right) = \frac{(m-1)^4}{16} = 16 \ \Rightarrow \ m = 5, \ -3$$

따라서 ② i) 는 $f(x) = (x-1)^2(x-5)^2$
   ② ii) 는 $f(x) = (x-1)^2(x+3)^2$

② iii) 극댓값의 x좌표가 1 인 경우

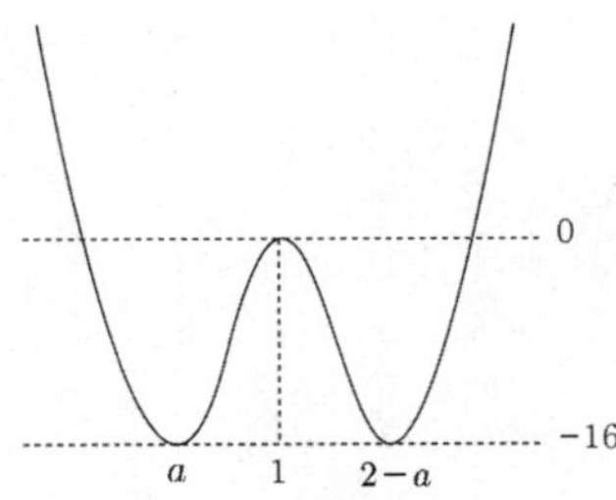

$x = 1$ 에 대칭되어 있는 것을 이용해서 식을 세우면

$$f(x) - (-16) = (x-a)^2(x-(2-a))^2$$
$$f(1) = 0 \ 이니까$$

$$16 = (1-a)^4 \ \Rightarrow \ a = -1, \ 3$$
a 는 $a < 1$ 니까 $a = -1$
즉, $f(x) = (x+1)^2(x-3)^2 - 16$

모든 $f(2)$ 의 값을 구하면 $9, \ 25, \ -7$ 이다.
따라서 모든 $f(2)$ 의 값의 합은 $9 + 25 - 7 = 27$ 이다.

답   ①

251

함수 $g(x) = \begin{cases} (x+3)f(x) & (x < 0) \\ (x+a)f(x-b) & (x \geq 0) \end{cases}$ 가

실수 전체의 집합에서 연속이므로 $x = 0$ 에서 연속이다.

$$\lim_{x \to 0-} g(x) = 3f(0), \ \lim_{x \to 0+} g(x) = af(-b)$$
$$\lim_{x \to 0-} g(x) = \lim_{x \to 0+} g(x) = g(0) \ \Rightarrow \ 3f(0) = af(-b) \ \cdots \ ★$$

$$\lim_{x \to -3} \frac{\sqrt{|g(x)| + \{g(t)\}^2} - |g(t)|}{(x+3)^2}$$

$$= \lim_{x \to -3} \frac{|g(x)|}{(x+3)^2 \left(\sqrt{|g(x)| + \{g(t)\}^2} + |g(t)|\right)}$$

$$= \lim_{x \to -3} \frac{|(x+3)f(x)|}{(x+3)^2 \left(\sqrt{0 + \{g(t)\}^2} + |g(t)|\right)}$$

$$= \lim_{x \to -3} \frac{|(x+3)f(x)|}{(x+3)^2 \times 2|g(t)|} \ \cdots \ ㉠$$

의 값이 존재하지 않는 실수 t 의 값은 -3과 6 뿐이므로
$t \neq -3, \ t \neq 6$ 인 모든 실수 t 에 대하여 ㉠의 값이
존재해야 한다.

즉, $f(x) = (x+3)(x-c)$ 의 꼴이어야 한다.
이를 ㉠에 대입하면

$$\lim_{x \to -3} \frac{|(x+3)f(x)|}{(x+3)^2 \times 2|g(t)|}$$

$$= \lim_{x \to -3} \frac{|(x+3)^2(x-c)|}{(x+3)^2 \times 2|g(t)|}$$

$$= \lim_{x \to -3} \frac{|(x-c)|}{2|g(t)|} \ \cdots \ ㉡$$

이때 $t = -3$과 $t = 6$ 에서만 ㉡의 값이 존재하지 않으므로
방정식 $g(x) = 0$ 의 모든 실근은 $x = -3$과 $x = 6$ 뿐이다.

$x < 0$에서 $g(x) = (x+3)f(x)$이므로 $g(-3) = 0$
$x \geq 0$에서 $g(x) = (x+a)f(x-b)$이므로
$g(6) = 0 \Rightarrow (6+a)f(6-b) = 0 \Rightarrow f(6-b) = 0 \ (\because a > 0)$

$f(x) = (x+3)(x-c)$이므로
$6-b = -3$ or $6-b = c \Rightarrow b = 9$ or $b = 6-c$이다.

① $b = 9$인 경우
$x < 0$에서 $g(x) = (x+3)f(x) = (x+3)^2(x-c)$
$x < 0$에서 방정식 $g(x) = 0$의 실근은 -3뿐이므로
$c \geq 0$ or $c = -3 \ \cdots$ ㉢

$x \geq 0$에서
$g(x) = (x+a)f(x-9) = (x+a)(x-6)(x-9-c)$
$x \geq 0$에서 방정식 $g(x) = 0$의 실근은 6뿐이고 $a > 0$이므로
$9+c < 0$ or $9+c = 6 \ \cdots$ ㉣

㉢, ㉣에 의해 $c = -3$이므로 $f(x) = (x+3)^2$이다.
★에서
$3f(0) = af(-b) \Rightarrow 3 \times 3^2 = af(-9)$

$\Rightarrow 27 = 36a \Rightarrow a = \dfrac{3}{4}$

따라서
$g(4) = (4+a)f(4-b) = \left(4 + \dfrac{3}{4}\right)f(-5) = \dfrac{19}{4} \times (-2)^2 = 19$
이다.

② $b = 6-c$인 경우

$x < 0$에서 $g(x) = (x+3)f(x) = (x+3)^2(x-c)$
$x < 0$에서 방정식 $g(x) = 0$의 실근은 -3뿐이므로
$c \geq 0$ or $c = -3 \ \cdots$ Ⓐ

$x \geq 0$에서 $g(x) = (x+a)f(x-b) = (x+a)(x-b+3)(x-6)$
$x \geq 0$에서 방정식 $g(x) = 0$의 실근은 6뿐이고,
$a > 0$, $b > 3$이므로 $b-3 = 6 \Rightarrow b = 9$이다.
$b = 6-c \Rightarrow 9 = 6-c \Rightarrow c = -3 \ \cdots$ Ⓑ

Ⓐ, Ⓑ에 의해 $c = -3$이므로 $f(x) = (x+3)^2$이다.
이는 ①와 마찬가지이므로 $g(4) = 19$이다.

 19

$-f(x) + 2f(t) \Rightarrow 2f(t) - f(x)$
$y = 2f(t) - f(x)$의 그래프는 $y = f(x)$의 그래프는 $y = f(t)$에 대하여 대칭한 그래프이다.
(라이트 N제 수1 지수함수와 로그함수 개념 파악하기 (3) 참고)

함수 $f(x)$가 주어졌을 때, 함수 $g(x)$를 그리면 다음과 같다.

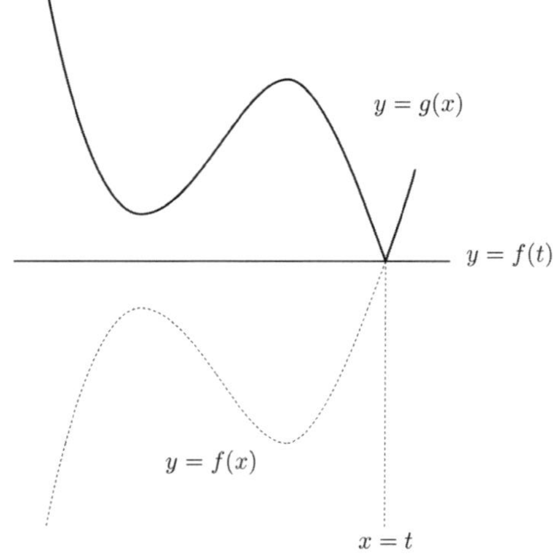

감을 찾기 위해서 함수 $f(x)$가 다음과 같을 때,
함수 $h(t)$가 $t = a$에서 불연속인 a의 값이 두 개인지
판단해보자.

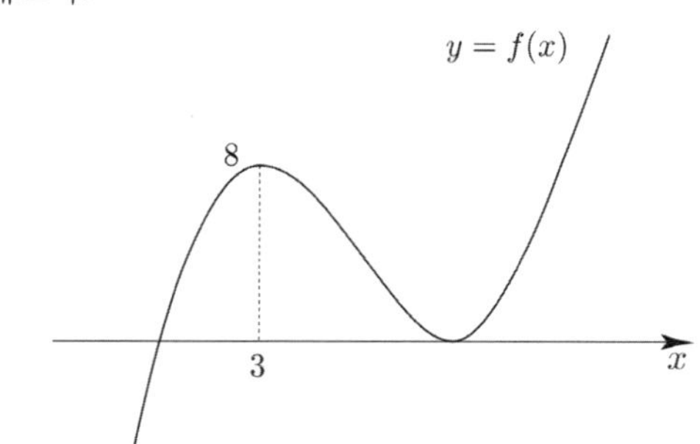

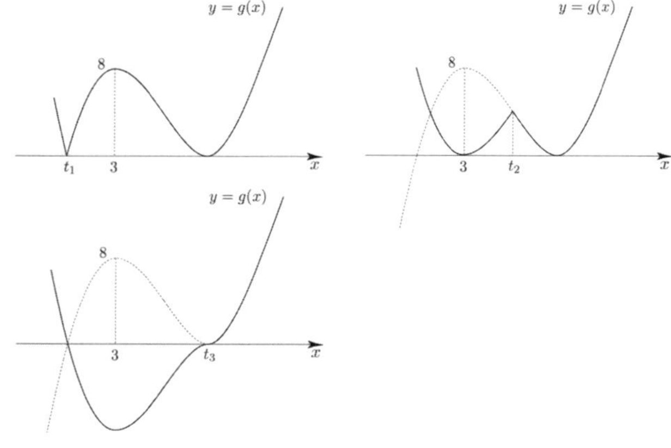

위 그림과 같이 함수 $h(t)$는 $t = t_1$, $t = t_2$, $t = t_3$에서
불연속이므로 함수 $h(t)$가 $t = a$에서 불연속인 a의 값은
최소 세 개다. 즉, 조건을 만족시키지 않는다.

조건을 만족시키려면 다음 그림과 같이
t가 극솟점의 x좌표일 때, $g(x)$가 x축에 접해야 한다.

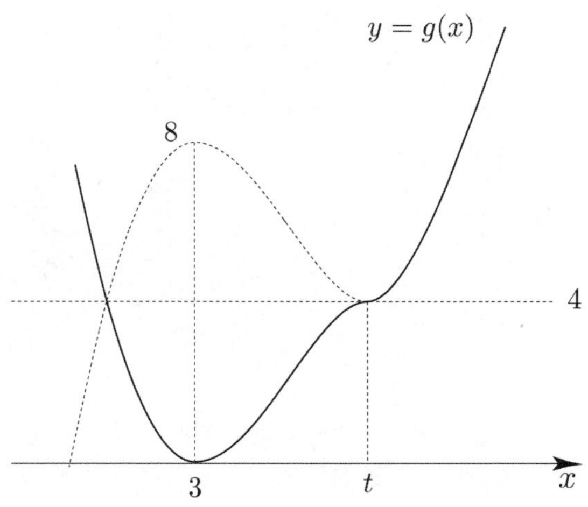

$x = k$에서 극솟값 4를 가질 때,
극값차 공식을 사용하면
$$\frac{|1|}{2}(k-3)^3 = 8-4 \implies (k-3)^3 = 8$$

$$\implies k = 5 \ (\because \ k > 3)$$

Box를 그리면 다음과 같다.

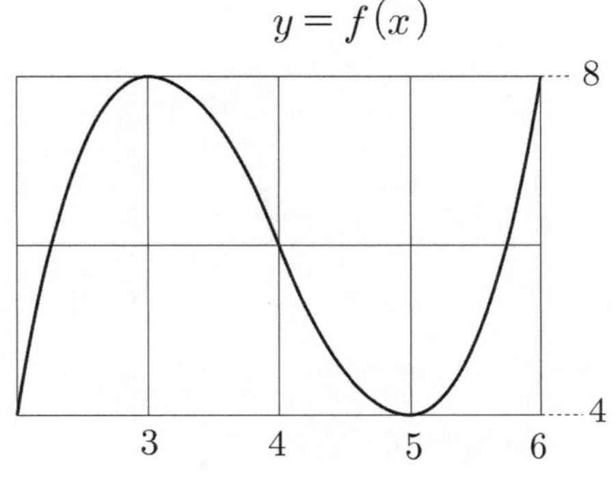

$f(x)$의 최고차항의 계수가 1이므로
식세우기 Technique을 사용하면
$$f(x) - 8 = (x-3)^2(x-6) \implies f(x) = (x-3)^2(x-6) + 8$$

따라서 $f(8) = 25 \times 2 + 8 = 58$이다.

답 58

(가) 조건에 의해
$$f(x) = f(1) + (x-1)f'(g(x))$$

$$\implies f'(g(x)) = \frac{f(x) - f(1)}{x-1} \ (x \neq 1) \ \cdots \ \bigcirc$$

이때 $\bigcirc$의 양변에 $\lim\limits_{x \to 1}$ 을 걸면
$$\lim_{x \to 1} f'(g(x)) = \lim_{x \to 1} \frac{f(x) - f(1)}{x-1}$$

$$\implies f'(g(1)) = f'(1) \ \cdots \ \bigstar$$

(나) 조건에 의해 $g(1) \geq \dfrac{5}{2}$ 이므로 다음 그림과 같다.

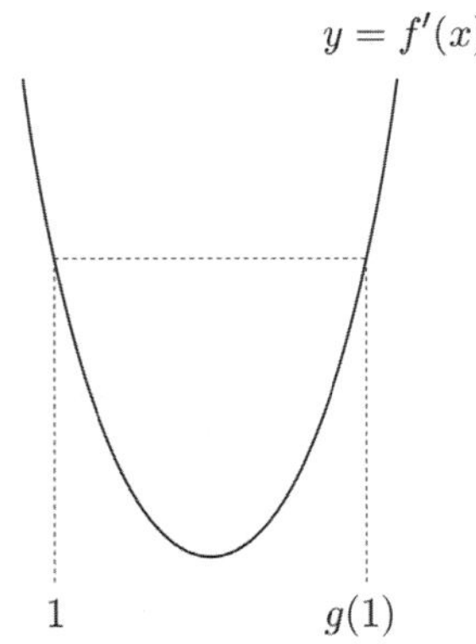

$\dfrac{f(x) - f(1)}{x-1}$ 는 두 점 $(x, \ f(x))$, $(1, \ f(1))$ 를
지나는 직선의 기울기로 해석할 수 있다.
이를 활용해서 문제를 풀어보자.

우선 감을 찾기 위해서 함수 $f(x)$ 가 다음과 같을 때,
$\bigcirc$을 해석해보자.

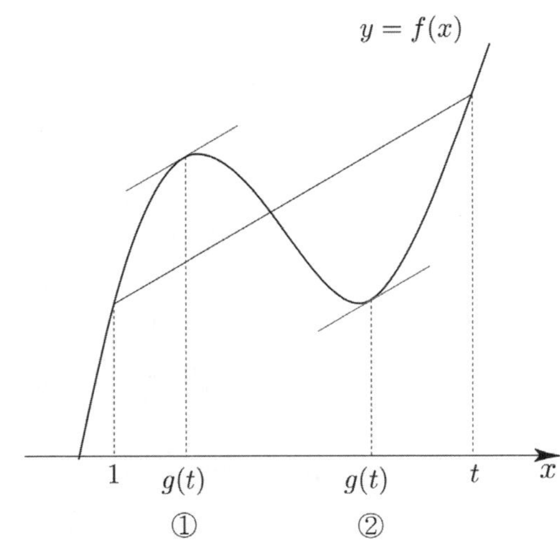

위 그림과 같이 만약 $x = t$ 일 때,

$f'(g(t)) = \dfrac{f(t) - f(1)}{t - 1}$ 를 만족시키는 $g(t)$ 는

①, ②이 가능하다. 만약 ①이라고 가정해보자.
(참고로 $g(x)$ 는 실수의 전체의 집합에서 연속인 함수이므로
①과 ②를 넘나들 수 없다.)

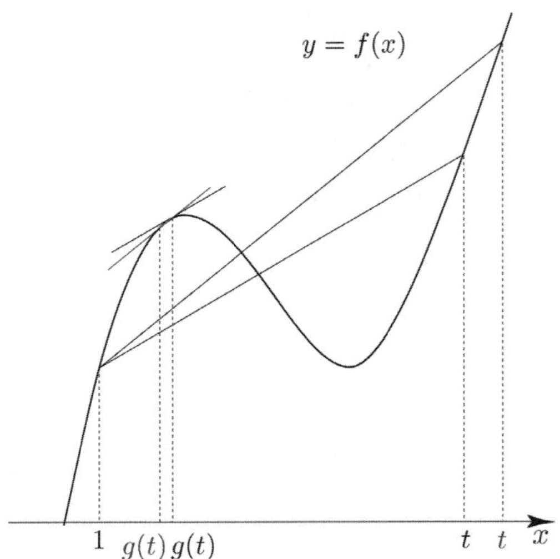

위 그림과 같이 ①의 경우 t 값이 한없이 커지면 $g(t)$ 가
한없이 작아짐을 알 수 있다. 이렇게 되면 함수 $g(x)$ 의
최솟값이 존재하지 않으므로 모순이다.
즉, $g(t)$ 는 ② 이어야 한다.

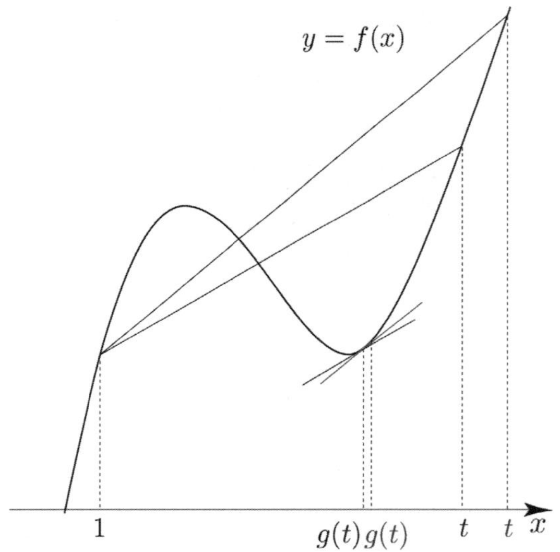

마찬가지로 ②의 경우 t 값이 한없이 커지면 $g(t)$ 가
한없이 커짐을 알 수 있고 최솟값이 존재할 수 있다.

이번에는 $g(t) = t$ 인 특수한 상황일 때를 살펴보자.

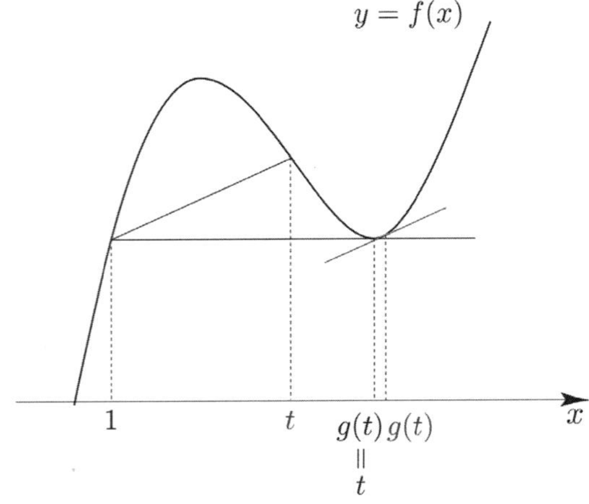

위 그림과 같이 t 값이 작아지면 $g(t)$ 가 다시 커짐을 알 수
있다. 즉, (나) 조건에 의해 $(1,\ f(1))$ 에서 그은 접선의

접점은 $\left(\dfrac{5}{2},\ f\left(\dfrac{5}{2}\right)\right)$ 이다.

접선의 방정식을 $y = ax + b$ 라 하고,
식세우기 Technique을 사용하면

$$f(x) - (ax + b) = (x - 1)\left(x - \dfrac{5}{2}\right)^2$$

$$\Rightarrow f(x) = (x - 1)\left(x - \dfrac{5}{2}\right)^2 + ax + b$$

(다) 조건에서 $f(0) = -3 \Rightarrow b = \dfrac{13}{4}$ 이므로

$$f(x) = (x - 1)\left(x - \dfrac{5}{2}\right)^2 + ax + \dfrac{13}{4} \quad \cdots \quad \text{ⓛ}$$

$$f'(x) = \left(x - \dfrac{5}{2}\right)^2 + 2(x - 1)\left(x - \dfrac{5}{2}\right) + a = 3x^2 - 12x + \dfrac{45}{4} + a$$

$f'(x)$ 는 $x = 2$ 에 대하여 대칭이므로 ★에서 $g(1) = 3$ 이다.

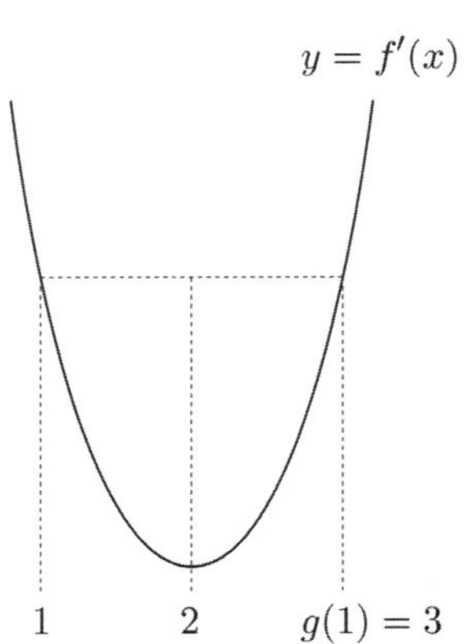

$f(g(1)) = 6 \Rightarrow f(3) = 6$ 이므로 ⓛ에 $x = 3$ 를 대입하면

$$6 = (3 - 1)\left(3 - \dfrac{5}{2}\right)^2 + 3a + \dfrac{13}{4} \Rightarrow a = \dfrac{3}{4}$$ 이다.

따라서 $f(4) = 3 \times \dfrac{9}{4} + 3 + \dfrac{13}{4} = 13$ 이다.

답　13

254

$\left\{\dfrac{f(x_1)-f(x_2)}{x_1-x_2}\right\} \times \left\{\dfrac{f(x_2)-f(x_3)}{x_2-x_3}\right\} < 0$ 을 만족시키는

세 실수 x_1, x_2, x_3이 열린구간 $\left(k,\ k+\dfrac{3}{2}\right)$에 존재하려면
두 점 $(x_1,\ f(x_1))$, $(x_2,\ f(x_2))$를 지나는 직선의 기울기와
두 점 $(x_2,\ f(x_2))$, $(x_3,\ f(x_3))$을 지나는 직선의 기울기의
부호가 다른 세 실수 x_1, x_2, x_3이 열린구간 $\left(k,\ k+\dfrac{3}{2}\right)$에
존재해야 한다.

이를 위해서는 극대 또는 극소가 되는 점이 열린구간
$\left(k,\ k+\dfrac{3}{2}\right)$에 존재해야 한다.

$$f(x) = x^3 - 2ax^2 = x^2(x-2a)$$
$$f'(x) = 3x^2 - 4ax = 3x\left(x - \dfrac{4}{3}a\right)$$

a의 부호에 따라 case분류하면

① $a > 0$인 경우

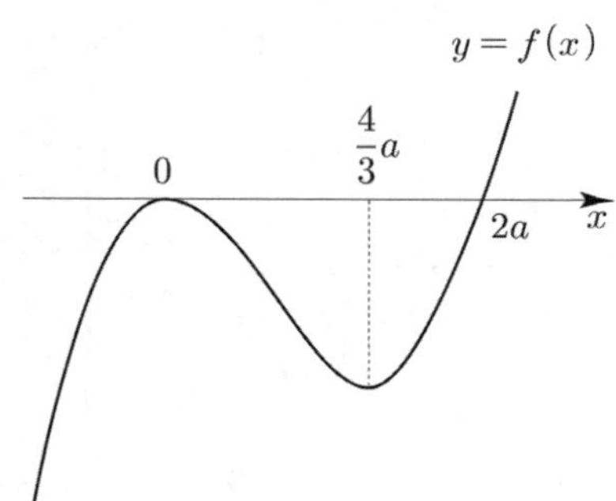

열린구간 $\left(k,\ k+\dfrac{3}{2}\right)$의 길이가 k에 관계없이 항상 $\dfrac{3}{2}$인 것에
집중하여 문제를 풀어보자.

$k = -1$이면 $x = 0$이 열린구간 $\left(-1,\ \dfrac{1}{2}\right)$에 존재하므로
조건을 만족시킨다.

$x = \dfrac{4}{3}a$가 열린구간 $\left(k,\ k+\dfrac{3}{2}\right)$에 존재하려면

$k < \dfrac{4}{3}a < k + \dfrac{3}{2} \Rightarrow \dfrac{4}{3}a - \dfrac{3}{2} < k < \dfrac{4}{3}a$ 이어야 한다.

모든 정수 k의 값의 곱이 -12가 되려면

$k = 3$, $k = 4$가 $\dfrac{4}{3}a - \dfrac{3}{2} < k < \dfrac{4}{3}a$에 존재해야 하므로

$\dfrac{4}{3}a - \dfrac{3}{2} < 3$, $\dfrac{4}{3}a > 4 \Rightarrow 3 < a < \dfrac{27}{8}$

이를 만족시키는 정수 a는 존재하지 않아 모순이다.

여기서 잠깐!

$k = -1$, $k = 12$ 이렇게 나올 수는 없을까?
확인해보자.

$12 < \dfrac{4}{3}a < 12 + \dfrac{3}{2} \Rightarrow 9 < a < \dfrac{81}{8} \Rightarrow a = 10$

$a = 10$일 때, $x = \dfrac{4}{3}a$가 열린구간 $\left(k,\ k+\dfrac{3}{2}\right)$에 존재하려면

$\dfrac{71}{6} < k < \dfrac{40}{3} \Rightarrow k = 12$ or $k = 13$

즉, $k = 12$뿐만아니라 $k = 13$도 가능하기 때문에 모순이다.

② $a < 0$인 경우

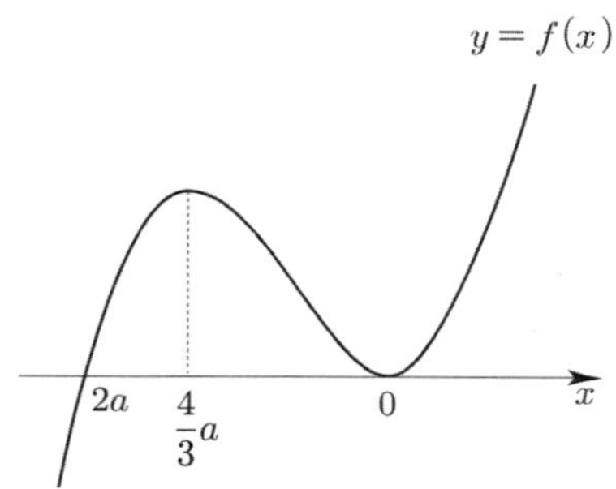

$k = -1$이면 $x = 0$이 열린구간 $\left(-1,\ \dfrac{1}{2}\right)$에 존재하므로
조건을 만족시킨다.

$x = \dfrac{4}{3}a$가 열린구간 $\left(k,\ k+\dfrac{3}{2}\right)$에 존재하려면

$k < \dfrac{4}{3}a < k + \dfrac{3}{2} \Rightarrow \dfrac{4}{3}a - \dfrac{3}{2} < k < \dfrac{4}{3}a$ 이어야 한다.

모든 정수 k의 값의 곱이 -12가 되려면

$k = -3$, $k = -4$가 $\dfrac{4}{3}a - \dfrac{3}{2} < k < \dfrac{4}{3}a$에 존재해야 하므로

$\dfrac{4}{3}a - \dfrac{3}{2} < -4$, $\dfrac{4}{3}a > -3 \Rightarrow -\dfrac{9}{4} < a < -\dfrac{15}{8}$

이를 만족시키는 정수 $a = -2$이다.
즉, $f'(x) = 3x^2 + 8x$

따라서 $f'(10) = 300 + 80 = 380$ 이다.

답　380

$$f(x) = \begin{cases} -\dfrac{1}{3}x^3 - ax^2 - bx & (x < 0) \\[2mm] \dfrac{1}{3}x^3 + ax^2 - bx & (x \geq 0) \end{cases}$$

$$f'(x) = \begin{cases} -x^2 - 2ax - b & (x < 0) \\[2mm] x^2 + 2ax - b & (x > 0) \end{cases}$$

$f(x)$는 구간 $(-\infty, -1]$에서 감소하고 구간 $[-1, \infty)$에서 증가하고, $x = -1$에서 미분가능하므로
$f'(-1) = 0 \Rightarrow -1 + 2a - b = 0 \Rightarrow b = 2a - 1$

$f(x)$의 구간의 경계인 $x = 0$을 중심으로 증감을 판단해보자.

① $x < 0$일 때

함수 $f(x)$는 $[-1, 0]$에서 증가하므로
$(-1, 0)$에서 $f'(x) \geq 0$이고, $(-\infty, -1]$에서 감소하므로
$(-\infty, -1)$에서 $f'(x) \leq 0$이어야 한다.

$f'(x) = -x^2 - 2ax - 2a + 1 = -(x+1)(x+2a-1)$
$(x < 0)$

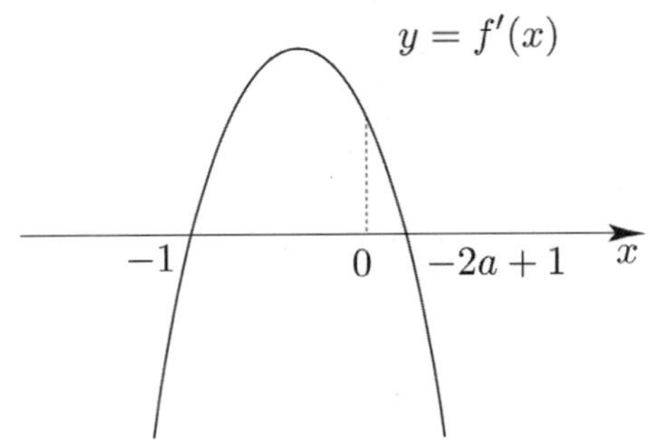

$(-1, 0)$에서 $f'(x) \geq 0$이어야 하므로
$-2a + 1 \geq 0 \Rightarrow a \leq \dfrac{1}{2} \ \cdots \ \bigcirc$

② $x > 0$일 때

함수 $f(x)$는 $[0, \infty)$에서 증가하므로 $(0, \infty)$에서
$f'(x) \geq 0$이어야 한다.

$f'(x) = x^2 + 2ax - 2a + 1$
$f''(x) = 2x + 2a$이므로 $f'(x)$의 꼭짓점의 x좌표는 $-a$이다.
$-a$와 0의 대소관계에 따라 case분류하면

ⅰ) $-a < 0 \Rightarrow a > 0$

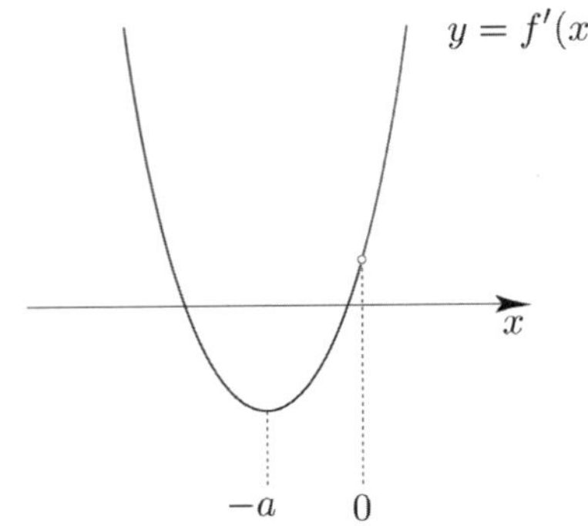

$(0, \infty)$에서 $f'(x) \geq 0$이려면
$f'(0) \geq 0 \Rightarrow -2a + 1 \geq 0$

$\therefore \ 0 < a \leq \dfrac{1}{2}$

ⅱ) $-a \geq 0 \Rightarrow a \leq 0$

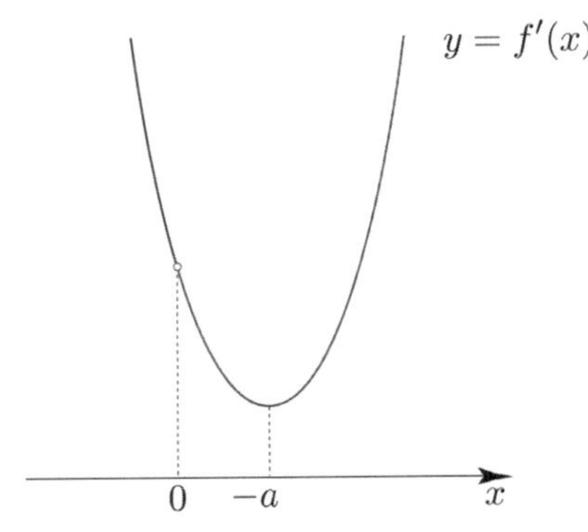

$(0, \infty)$에서 $f'(x) \geq 0$이려면
$f'(-a) \geq 0 \Rightarrow -a^2 - 2a + 1 \geq 0$
$\Rightarrow a^2 + 2a - 1 \leq 0$
$\Rightarrow -1 - \sqrt{2} \leq a \leq -1 + \sqrt{2}$

$\therefore \ -1 - \sqrt{2} \leq a \leq 0$

ⅰ), ⅱ)에 의해서
$-1 - \sqrt{2} \leq a \leq \dfrac{1}{2} \ \cdots \ \bigcirc\!\!\bigcirc$

즉, $\bigcirc$, $\bigcirc\!\!\bigcirc$에 의해 조건을 만족시키는 a의 값의 범위는
$-1 - \sqrt{2} \leq a \leq \dfrac{1}{2}$이므로 $a + b = 3a - 1$의 값의

최댓값은 $a = \dfrac{1}{2}$일 때, $M = \dfrac{1}{2}$이고,

최솟값은 $a = -1 - \sqrt{2}$일 때, $m = -4 - 3\sqrt{2}$이다.
따라서 $M - m = \dfrac{1}{2} - (-4 - 3\sqrt{2}) = \dfrac{9}{2} + 3\sqrt{2}$이다.

답 ③

$$f(x) = \begin{cases} 2x^3 - 6x + 1 & (x \leq 2) \\ a(x-2)(x-b)+9 & (x > 2) \end{cases}$$

$\displaystyle\lim_{x \to 2-} f(x) = f(2) = 5$, $\displaystyle\lim_{x \to 2+} f(x) = 9$ 이므로 $f(x)$ 는

$x = 2$ 에서 불연속이다.

$f(x) = 2x^3 - 6x + 1 \ (x \leq 2)$

$f'(x) = 6x^2 - 6 = 6(x-1)(x+1) \ (x < 2)$

$f(-1) = 5, \ f(1) = -3, \ f(2) = 5$

이를 바탕으로 $x \leq 2$ 에서 $f(x)$ 를 그리면

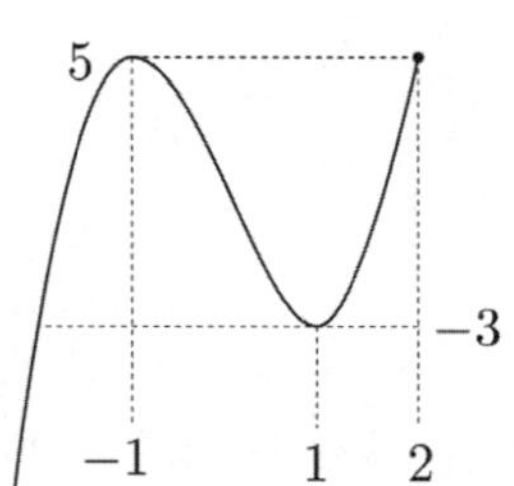

$f(x) = a(x-2)(x-b)+9 \ (x > 2)$ 에서

$y = a(x-2)(x-b)+9$ 의 꼭짓점의 x 좌표는

$x = \dfrac{b+2}{2}$ 이므로 $x = 2$ 와 $\dfrac{b+2}{2}$ 의 대소관계에 따라

case분류하면

① $\dfrac{b+2}{2} \leq 2 \Rightarrow b+2 \leq 4 \Rightarrow b \leq 2$

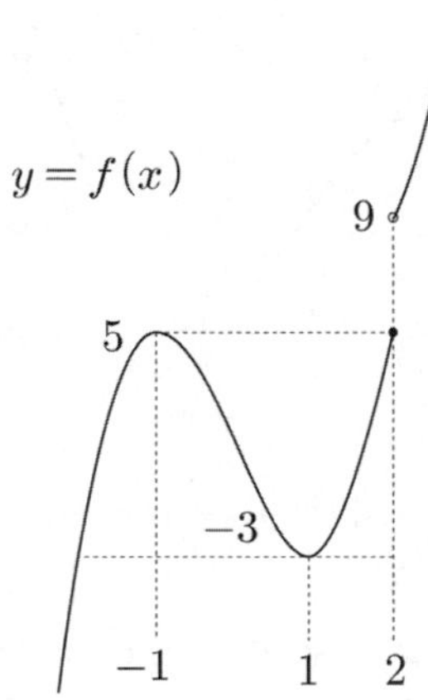

$-3 < k < 5$ 인 모든 k 에 대하여

$g(k) = \displaystyle\lim_{t \to k-} g(t) = \lim_{t \to k+} g(t) = 3$ 이다.

즉, $g(k) + \displaystyle\lim_{t \to k-} g(t) + \lim_{t \to k+} g(t) = 9$ 를 만족시키는 실수 k 의

개수가 1 이 아니므로 모순이다.

② $\dfrac{b+2}{2} > 2 \Rightarrow b+2 > 4 \Rightarrow b > 2$

$f\left(\dfrac{b+2}{2}\right)$ 의 값에 따라 개형이 달라지므로

$f\left(\dfrac{b+2}{2}\right)$ 와 -3 의 대소관계에 따라 case분류하면

ⅰ) $f\left(\dfrac{b+2}{2}\right) > -3$

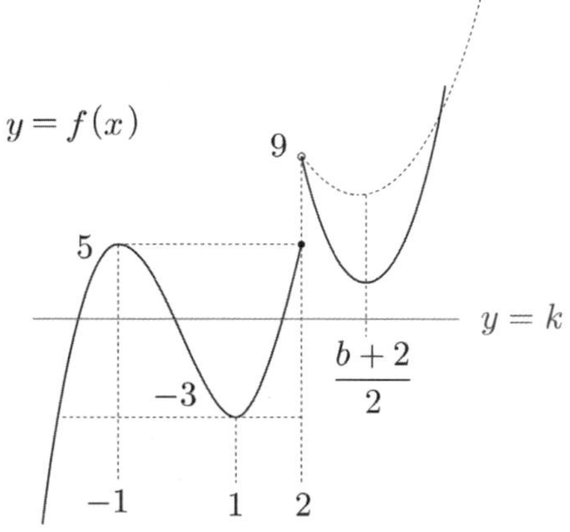

$f\left(\dfrac{b+2}{2}\right)$ 와 5 중 크지 않은 값을 m 이라 할 때,

$-3 < k < m$ 인 모든 실수 k 에 대하여

$g(k) = \displaystyle\lim_{t \to k-} g(t) = \lim_{t \to k+} g(t) = 3$ 이다.

즉, $g(k) + \displaystyle\lim_{t \to k-} g(t) + \lim_{t \to k+} g(t) = 9$ 를 만족시키는 실수 k 의

개수가 1 이 아니므로 모순이다.

ⅱ) $f\left(\dfrac{b+2}{2}\right) < -3$

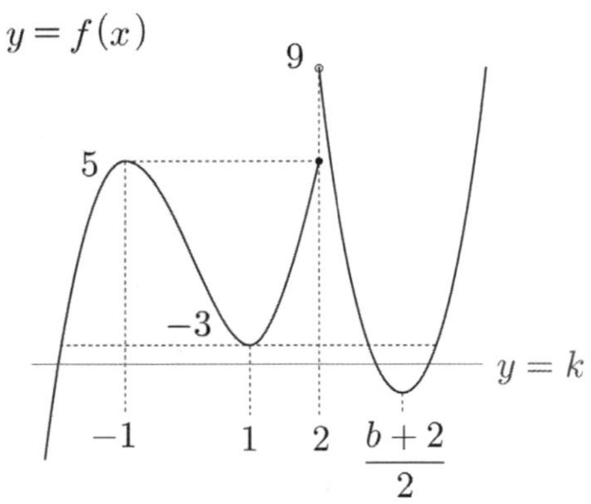

$f\left(\dfrac{b+2}{2}\right) < k < -3$ 인 모든 실수 k 에 대하여

$g(k) = \displaystyle\lim_{t \to k-} g(t) = \lim_{t \to k+} g(t) = 3$ 이다.

즉, $g(k) + \displaystyle\lim_{t \to k-} g(t) + \lim_{t \to k+} g(t) = 9$ 를 만족시키는 실수 k 의

개수가 1 이 아니므로 모순이다.

iii) $f\left(\dfrac{b+2}{2}\right)=-3$

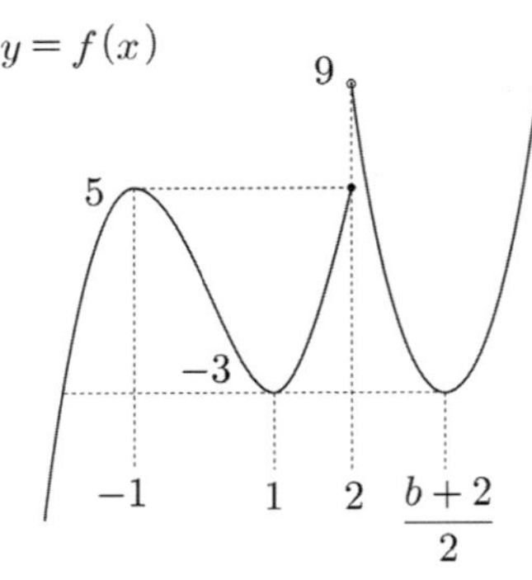

k의 값에 따라 $g(k),\ \lim\limits_{t\to k-}g(k),\ \lim\limits_{t\to k+}g(k)$ 를 구하면

	$g(k)$	$\lim\limits_{t\to k-}g(k)$	$\lim\limits_{t\to k+}g(k)$
$k<-3$	1	1	1
$k=-3$	3	1	5
$-3<k<5$	5	5	5
$k=5$	4	5	2
$5<k<9$	2	2	2
$k=9$	1	2	1
$k>9$	1	1	1

$g(k)+\lim\limits_{t\to k-}g(t)+\lim\limits_{t\to k+}g(t)=9$ 를 만족시키는 실수 k 의 값은
오직 $k=-3$ 뿐이므로 조건을 만족시킨다.

$b>2,\ f\left(\dfrac{b+2}{2}\right)=-3$ 이므로

$f\left(\dfrac{b+2}{2}\right)=-3\ \Rightarrow\ a\left(\dfrac{b+2}{2}-2\right)\left(\dfrac{b+2}{2}-b\right)+9=-3$

$\Rightarrow\ a\left(\dfrac{b-2}{2}\right)\left(\dfrac{-b+2}{2}\right)=-12\ \Rightarrow\ a(b-2)^2=48$

a 는 자연수이고, b 는 2 보다 큰 자연수이므로
$a(b-2)^2=48$ 를 만족시키는 모든 순서쌍 $(a,\ b)$ 는
$(48,\ 3),\ (12,\ 4),\ (3,\ 6)$ 이다.

따라서 $a+b$ 의 최댓값은 $48+3=51$ 이다.

답 ①

$f'\left(-\dfrac{1}{4}\right)=-\dfrac{1}{4},\ f'\left(\dfrac{1}{4}\right)<0$

$f'\left(-\dfrac{1}{4}\right)=-\dfrac{1}{4}$ 이고 $f'(x)$ 의 최고차항의 계수는 양수이므로
방정식 $f'(x)=0$ 은 서로 다른 두 실근을 근으로 가진다.
즉, $f(x)$ 는 극대, 극소를 모두 가지는 개형이다.

또한 $f'\left(-\dfrac{1}{4}\right)<0,\ f'\left(\dfrac{1}{4}\right)<0$ 이므로 $f'(0)<0$ 이다.
이를 바탕으로 $f(x)$ 를 그리면

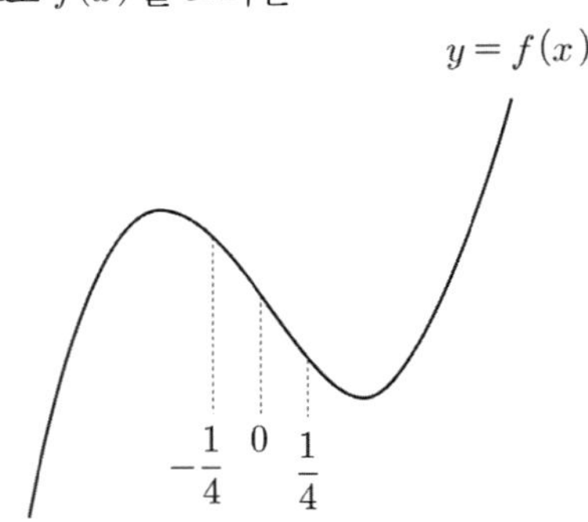

$f(k-1)f(k+1)<0$ 를 만족시키는 정수 k 가 존재하지
않는다고 했으니 함숫값의 부호가 중요하므로
x 축의 위치에 따라 case분류하면서 감을 찾아보자.
(이때 k 와 관계없이 $k-1$ 과 $k+1$ 의 차이가 항상 2 인 것에
집중하여 판단해보자.)

① 방정식 $f(x)=0$ 이 하나의 실근을 갖는 경우
이때 $f(x)=0$ 의 실근을 $p(p>0)$ 라 하자.

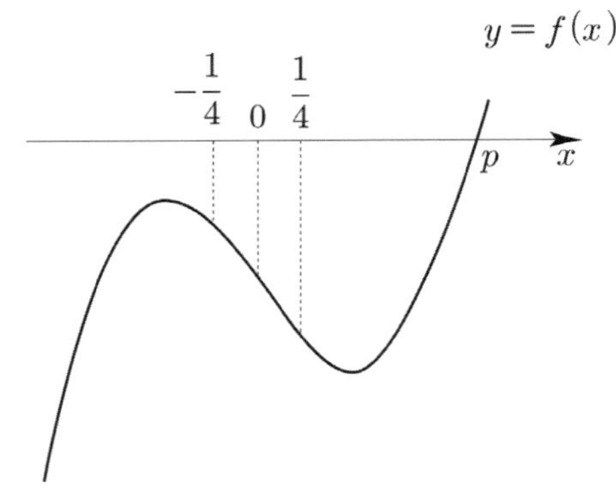

$0<p\leq1$ 이면 $k=1$ 일 때, $f(k-1)f(k+1)<0$ 를
만족시키므로 모순이다.
$1<p<3$ 이면 $k=2$ 일 때, $f(k-1)f(k+1)<0$ 를
만족시키므로 모순이다.
$p\geq3$ 이면 $k-1<p<k+1$ 인 정수 k 가 반드시 존재하고
$f(k-1)f(k+1)<0$ 를 만족시키므로 모순이다.

$p<0$ 일 때도 $p>0$ 와 구조가 같으므로 모순이다.

② 방정식 $f(x)=0$이 서로 다른 두 실근을 갖는 경우
이때 $f(x)=0$의 중근이 아닌 실근을 $p\,(p>0)$라 하자.

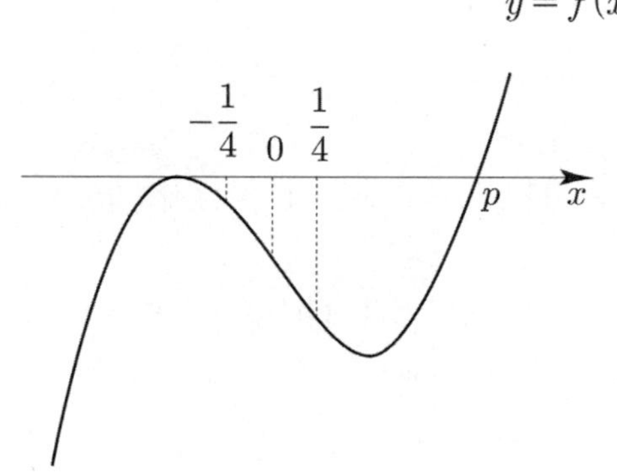

①과 같은 논리로 $f(k-1)f(k+1)<0$를 만족시키는
정수 k가 존재하므로 모순이다.

$p<0$일 때도 $p>0$와 구조가 같으므로 모순이다.

③ 방정식 $f(x)=0$이 서로 다른 세 실근을 갖는 경우
이때 $f(x)=0$의 서로 다른 세 실근 중 가장 작은 실근을
q, 가장 큰 실근을 p라 하자.

만약 $f(0)<0$라 하면 ①과 같은 논리로
$k-1<p<k+1$이고, $f(k-1)f(k+1)<0$를 만족시키는
정수 k가 존재하므로 모순이다.

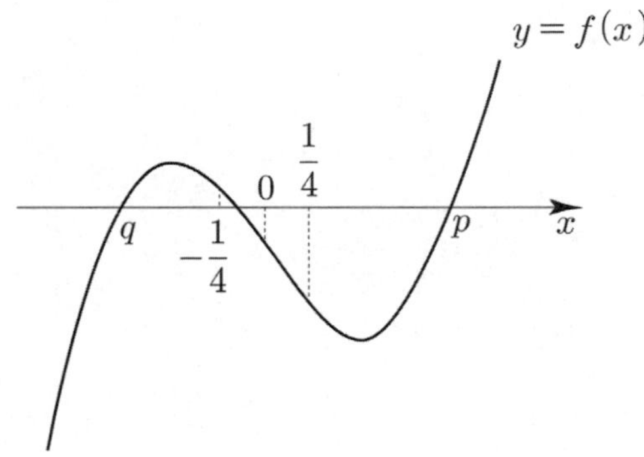

만약 $f(0)>0$라 하면 ①과 같은 논리로
$k-1<q<k+1$이고, $f(k-1)f(k+1)<0$를 만족시키는
정수 k가 존재하므로 모순이다.

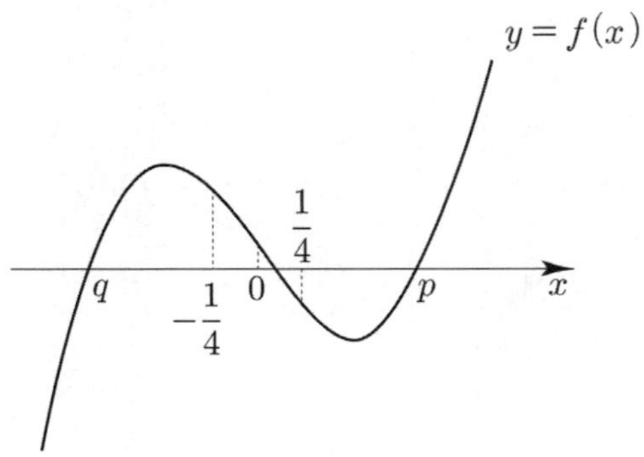

즉, $f(0)=0$이어야 한다.

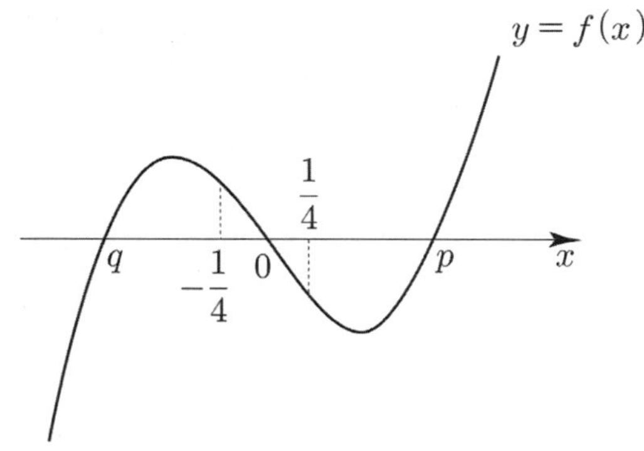

$p>1$이면 $k-1<p<k+1$이고, $f(k-1)f(k+1)<0$를
만족시키는 정수 k가 반드시 존재하므로 모순이다.

$q<-1$이면 $k-1<q<k+1$이고, $f(k-1)f(k+1)<0$를
만족시키는 정수 k가 반드시 존재하므로 모순이다.

즉, $0<p\leq 1$, $-1\leq q<0$이어야 한다.

$f(k-1)f(k+1)<0$를 만족시키는 정수 k가 존재하지
않으려면 아래와 같은 case가 가능하다.
(만약 $0<p<1$, $-1<q<0$이면 $k=0$일 때,
$f(k-1)f(k+1)<0$를 만족시키므로 모순이다.)

i) $q=-1$, $p=1$
$f(x)=x(x+1)(x-1)=x^3-x$
$f'(x)=3x^2-1$
$f'\left(-\dfrac{1}{4}\right)\neq -\dfrac{1}{4}$ 이므로 모순이다.

ii) $q=-1$, $0<p<1$
$f(x)=x(x+1)(x-p)=x^3+(1-p)x^2-px$
$f'(x)=3x^2+2(1-p)x-p$
$f'\left(-\dfrac{1}{4}\right)=-\dfrac{1}{4} \Rightarrow -\dfrac{p}{2}-\dfrac{5}{16}=-\dfrac{1}{4}$

$\Rightarrow p=-\dfrac{1}{8}$

$0<p<1$를 만족시키지 않으므로 모순이다.

iii) $-1<q<0$, $p=1$
$f(x)=x(x-1)(x-q)=x^3-(q+1)x^2+qx$
$f'(x)=3x^2-2(q+1)x+q$
$f'\left(-\dfrac{1}{4}\right)=-\dfrac{1}{4} \Rightarrow \dfrac{11}{16}+\dfrac{3}{2}q=-\dfrac{1}{4}$

$\Rightarrow -\dfrac{3}{2}q=\dfrac{15}{16} \Rightarrow q=-\dfrac{5}{8}$

$-1<q<0$을 만족시킨다.

즉, $f(x) = x(x-1)\left(x+\dfrac{5}{8}\right)$

따라서 $f(8) = 8 \times 7 \times \left(8+\dfrac{5}{8}\right) = 448 + 35 = 483$ 이다.

답   483

258

$\left|x^3 - tx - 6\right| = 2x^2 - 2$ 을 어떻게 해석해야 할까?
좌변을 보니 절댓값 안에 하필 x 의 계수가 $-t$ 라
절댓값 그래프로 판단하기도 쉽지 않아 보인다.

여기서 아이디어!

두 개의 방정식의 합집합으로 해석해보자.
좌변이 절댓값이니 우변은 0 이상이어야 한다.

$2x^2 - 2 \geq 0 \Rightarrow x^2 - 1 \geq 0 \Rightarrow x \leq -1 \text{ or } x \geq 1$
즉, 방정식 $\left|x^3 - tx - 6\right| = 2x^2 - 2$ 의 해는
$x \leq -1 \text{ or } x \geq 1$ 에서
방정식 $x^3 - tx - 6 = 2x^2 - 2$ 의 해와
$x \leq -1 \text{ or } x \geq 1$ 에서
방정식 $x^3 - tx - 6 = -2x^2 + 2$ 의
해의 합집합으로 해석할 수 있다.

$x^3 - tx - 6 = 2x^2 - 2 \Rightarrow x^3 - 2x^2 - 4 = tx$
$x^3 - tx - 6 = -2x^2 + 2 \Rightarrow x^3 + 2x^2 - 8 = tx$
으로 변형하여 두 방정식을 그래프로 판단해보자.

$g(x) = x^3 - 2x^2 - 4$ 라 하면
$g'(x) = 3x^2 - 4x = 3x\left(x - \dfrac{4}{3}\right)$ 이고,
$g(1) = -5, \ g(-1) = -7$

$h(x) = x^3 + 2x^2 - 8$ 라 하면
$h'(x) = 3x^2 + 4x = 3x\left(x + \dfrac{4}{3}\right)$ 이고,
$h(1) = -5, \ h(-1) = -7$

우선 두 곡선
$y = g(x), \ y = h(x)$ 와 직선 $y = tx$ 이
접하는 경우부터 조사해 보자.

$y = x^3 - 2x^2 - 4$ 와 $y = tx$ 의 접점을 a 라 하면

$a^3 - 2a^2 - 4 = ta, \ 3a^2 - 4a = t$

$\Rightarrow a^3 - 2a^2 - 4 = 3a^3 - 4a^2$

$\Rightarrow 2a^3 - 2a^2 + 4 = 0 \Rightarrow a^3 - a^2 + 2 = 0$

$\Rightarrow (a+1)(a^2 - 2a + 2) = 0$

$\Rightarrow a = -1, \ t = 7$

이므로 $y = g(x)$ 는 $y = 7x$ 와 $(-1, \ -7)$ 에서 접한다.

$y = x^3 + 2x^2 - 8$ 와 $y = tx$ 의 접점을 b 라 하면
$b^3 + 2b^2 - 8 = tb, \ 3b^2 + 4b = t$

$\Rightarrow b^3 + 2b^2 - 8 = 3b^3 + 4b^2$

$\Rightarrow 2b^3 + 2b^2 + 8 = 0 \Rightarrow b^3 + b^2 + 4 = 0$

$\Rightarrow (b+2)(b^2 - b + 2) = 0$

$\Rightarrow b = -2, \ t = 4$

이므로 $y = h(x)$ 는 $y = 4x$ 와 $(-2, \ -8)$ 에서 접한다.

$x \leq -1 \text{ or } x \geq 1$ 에서 $y = g(x), \ y = h(x), \ y = tx$ 의
위치관계를 바탕으로 $f(t)$ 를 구해보자.

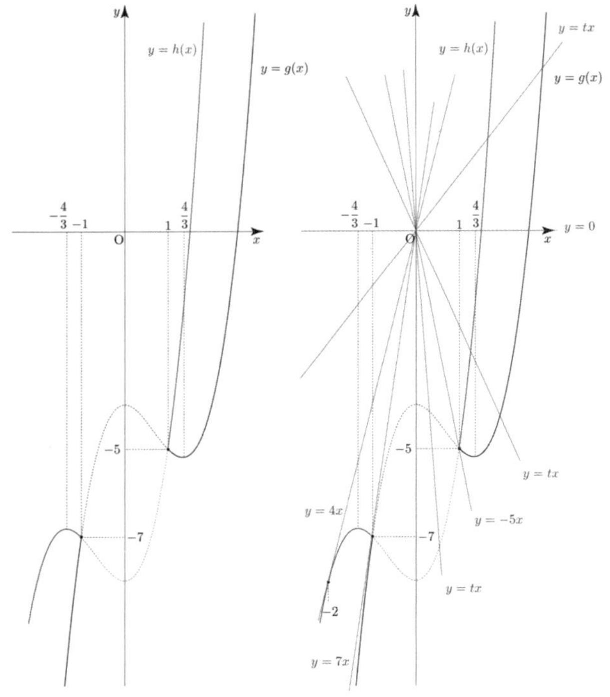

① $t < -5$ 일 때
해가 없으니 $f(t) = 0$

② $t = -5$ 일 때
$x = 1$ 이므로 $f(t) = 1$

③ $-5 < t < 4$일 때
$x = x_1 (x_1 > 1)$ or $x = x_2 (x_2 > 1)$ 이므로 $f(t) = 2$

④ $t = 4$일 때
$x = -2$ or $x = x_3 (x_3 > 1)$ or $x = x_4 (x_4 > 1)$ 이므로
$f(t) = 3$

⑤ $4 < t < 7$일 때
$x = x_5 (x_5 < -1)$ or $x = x_6 (x_6 < -1)$
or $x = x_7 (x_7 > 1)$ or $x = x_8 (x_8 > 1)$
이므로 $f(t) = 4$

⑥ $t = 7$일 때
$x = x_9 (x_9 < -1)$ or $x = -1$ or $x = x_{10} (x_{10} > 1)$
or $x = x_{11} (x_{11} > 1)$
이므로 $f(t) = 4$

⑦ $t > 7$일 때
$x = x_{12} (x_{12} < -1)$ or $x = x_{13} (x_{13} < -1)$
or $x = x_{14} (x_{14} > 1)$ or $x = x_{15} (x_{15} > 1)$
이므로 $f(t) = 4$

①~⑦에 의해서 $f(t)$를 구하면 다음과 같다.

$$f(t) = \begin{cases} 0 & (t < -5) \\ 1 & (t = -5) \\ 2 & (-5 < t < 4) \\ 3 & (t = 4) \\ 4 & (t > 4) \end{cases}$$

이를 바탕으로 $f(t)$의 그래프를 그려보자.

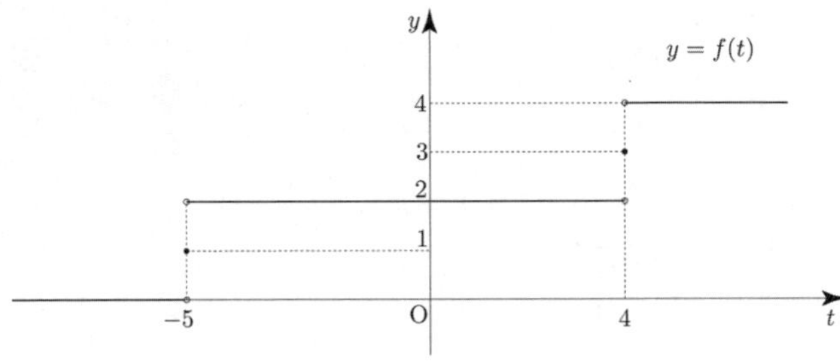

$f(t)$의 그래프를 바탕으로
$\lim\limits_{t \to a+} f(t) + \lim\limits_{t \to a-} f(t) < \{f(a)\}^2$를 만족시키는
실수 a값의 범위를 구해보자.

i) $a < -5$일 때
$\lim\limits_{t \to a+} f(t) = \lim\limits_{t \to a-} f(t) = f(a) = 0$이므로
조건을 만족시키지 않는다.

ii) $a = -5$일 때
$\lim\limits_{t \to -5+} f(t) = 2$, $\lim\limits_{t \to -5-} f(t) = 0$, $f(-5) = 1$이므로
조건을 만족시키지 않는다.

iii) $-5 < a < 4$일 때
$\lim\limits_{t \to a+} f(t) = \lim\limits_{t \to a-} f(t) = f(a) = 2$이므로
조건을 만족시키지 않는다.

iv) $a = 4$일 때
$\lim\limits_{t \to 4+} f(t) = 4$, $\lim\limits_{t \to 4-} f(t) = 2$, $f(4) = 3$이므로
조건을 만족한다.

v) $a > 4$일 때
$\lim\limits_{t \to a+} f(t) = \lim\limits_{t \to a-} f(t) = f(a) = 4$이므로
조건을 만족한다.

즉, 조건을 만족시키는 a의 값의 범위는
$a \geq 4$이므로 실수 a의 최솟값 $m = 4$이다.
따라서
$$\sum_{k=1}^{12} f(k-m-3) = \sum_{k=1}^{12} f(k-7)$$
$$= f(-6) + f(-5) + \cdots + f(4) + f(5)$$
$$= 0 + 1 + 2 \times 8 + 3 + 4$$
$$= 24$$
이다.

답 24

259

(가)조건에서 $\lim\limits_{x \to a} \dfrac{f(x)}{x-a} = 0$

$\lim\limits_{x \to a} (x-a) = 0 \Rightarrow \lim\limits_{x \to a} f(x) = 0 \Rightarrow f(a) = 0$이므로

$\lim\limits_{x \to a} \dfrac{f(x) - f(a)}{x-a} = f'(a) = 0$

즉, $f'(a) = f(a) = 0$이므로
$f(x)$는 $(x-a)^2$을 인수로 가져야 한다.

$g(x) = |x - 3a| f(x)$ 이므로 case분류하면

$$g(x) = \begin{cases} (x-3a)f(x) & (x \geq 3a) \\ -(x-3a)f(x) & (x < 3a) \end{cases}$$

(나)조건을 만족시켜야 하니까

$k(x) = (x-3a)f(x)$

$\Rightarrow k'(x) = f(x) + (x-3a)f'(x)$

$\Rightarrow k'(3a) = f(3a)$

$j(x) = -(x-3a)f(x)$

$\Rightarrow j'(x) = -f(x) - (x-3a)f'(x)$

$\Rightarrow j'(3a) = -f(3a)$

$f(3a) = -f(3a) \Rightarrow f(3a) = 0$

즉, $f(x) = (x-a)^2(x-3a)$

$f(x)$ 를 대입하면

$$g(x) = \begin{cases} (x-a)^2(x-3a)^2 & (x \geq 3a) \\ -(x-a)^2(x-3a)^2 & (x < 3a) \end{cases}$$

이제 $g(x)$ 를 그려보자. $(a > 0)$

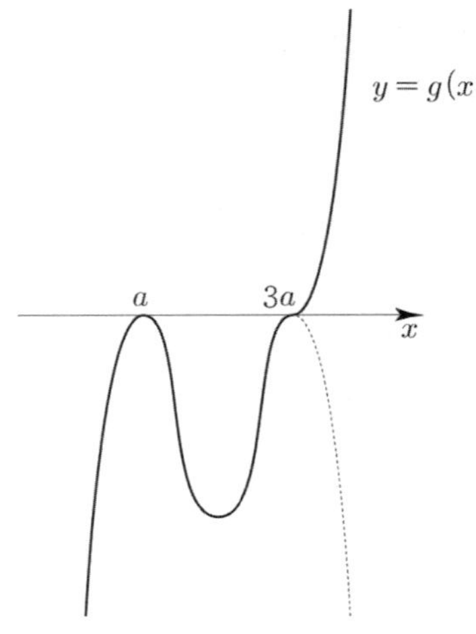

방정식 $g(x) = t$ 의 서로 다른 실근의 합을 $h(t)$ 라 했으니
두 함수 $y = g(x)$, $y = t$ 의 교점의 x좌표의 합은 $h(t)$ 이다.

$\sum_{n=1}^{5} h(2n-6) = 18a$

$\Rightarrow h(-4) + h(-2) + h(0) + h(2) + h(4) = 18a$

아래와 같은 상황을 가정해보자.

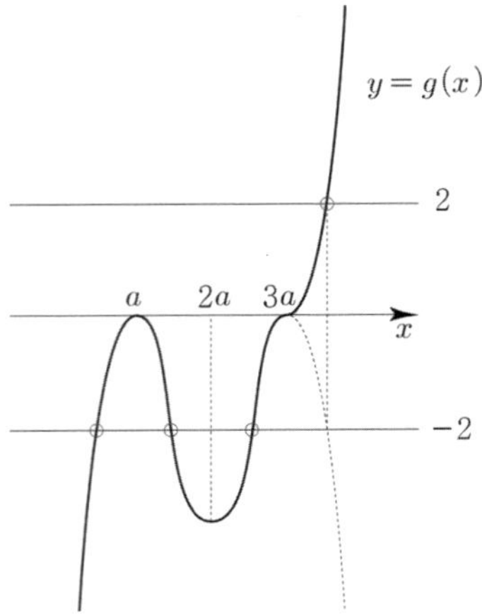

대칭성에 의해서 $h(2)$ 와 $h(-2)$ 의 합은

$h(-2) + h(2) = 2 \times 2a + 2 \times 2a = 8a$

$h(0) = a + 3a = 4a$

$h(-4) + h(-2) + h(0) + h(2) + h(4) = 18a$ 가 나오려면
어떻게 되어야 할까?

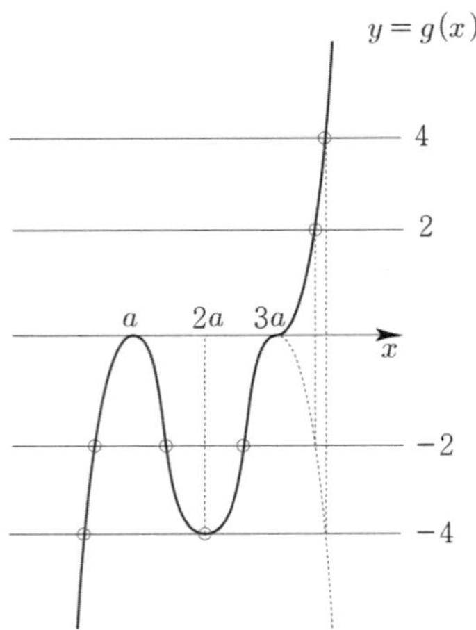

$h(2) + h(-2)$ 와 $h(4) + h(-4)$ 는 모두 대칭성에 의해
$8a$, $6a$, $4a$ 중 하나이다.
모두 더해서 $18a$ 가 나오려면 $6a$, $8a$ 인 경우만 가능하다.
즉, $h(2) + h(-2) = 8a$, $h(4) + h(-4) = 6a$

이제 a를 구해보자.

$$g(x) = \begin{cases} (x-a)^2(x-3a)^2 & (x \geq 3a) \\ -(x-a)^2(x-3a)^2 & (x < 3a) \end{cases}$$

이므로 $2a$를 대입하면

$g(2a) = -4$

$\Rightarrow -(2a-a)^2(2a-3a)^2 = -4 \Rightarrow -a^4 = -4$

$\Rightarrow a = \sqrt{2} \; (\because a > 0)$

따라서 $g(4a) = (4a-a)^2(4a-3a)^2 = 9a^4 = 36$ 이다.

답 36

$x^2 = |x|^2$ 이므로 $h(x) = -x^2(x-4)^2+8$ 라 할 때
$h(|x|)=f(x)$

$x \to |x|$ 는 x 가 양수인 부분을 y 축에 대하여 대칭시켜
그릴 수 있으므로 $f(x)$ 를 그리면 아래와 같다.

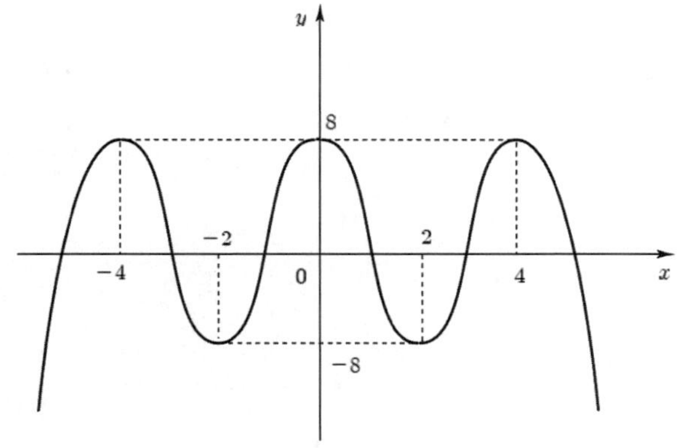

이제 범위구분해서 $g(x)$ 를 그려보자.

$$g(x) = -f(x)+2|f(x)|$$

$f(x) \geq 0 \Rightarrow g(x) = f(x)$

$f(x) < 0 \Rightarrow g(x) = -3f(x)$

$g(x)$

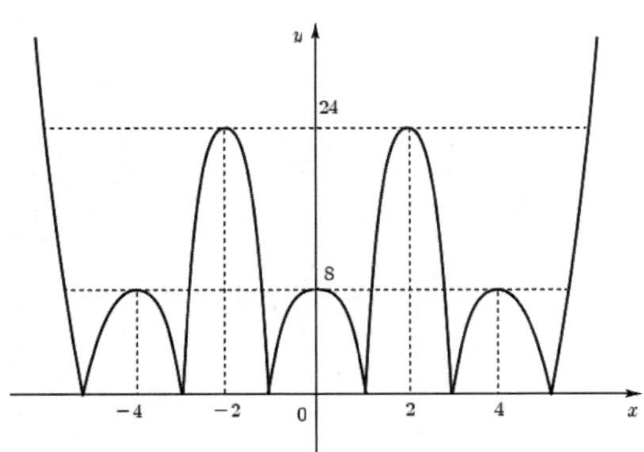

방정식 $g(x) = k-1$ 의 실근을 조사하면 된다.
조건제시법에서 중요한 것은 $|$ 앞에 들어가는 문자이다.
x 가 아니라 $|x|$ 이다.
또한 y 축에 대칭되어 있으니까 조심해야 한다.

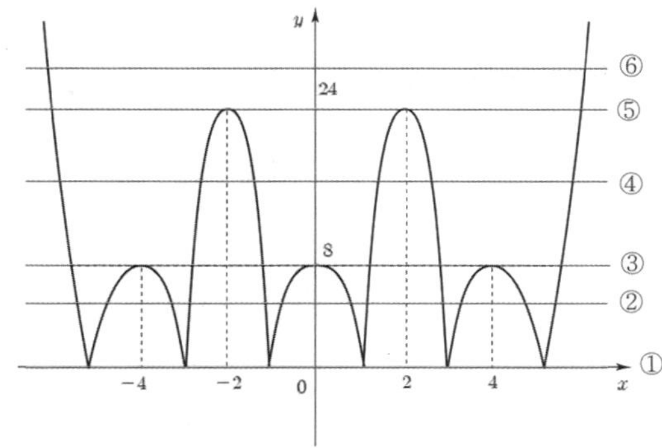

① $k=1 \Rightarrow n(S_1) = 3$

② $2 \leq k \leq 8 \Rightarrow n(S_k)=6$

③ $k=9 \Rightarrow n(S_9)=5$

④ $10 \leq k \leq 24 \Rightarrow n(S_k)=3$

⑤ $k=25 \Rightarrow n(S_{25})=2$

⑥ $26 \leq k \leq 30 \Rightarrow n(S_k)=1$

따라서 $\sum_{k=1}^{30} n(S_k) = 3+(7\times6)+5+(15\times3)+2+(5\times1)$

$$= 102$$

이다.

답 102

261

"이 정도 case분류를 따져서 개형추론할 수 있을 정도면
어떻게 나와도 다 개형추론할 것이다" 가 출제의도인 만큼
이번 문제는 case분류의 끝판王이다.

일단 무조건 case분류를 하는 것이 아니라
문제를 풀어나갈 연결 고리를 파악한 뒤 case분류를 하는
편이 좋다.

$f'(1) = f'(3) = 0$ 를 만족하는 사차함수를 개형에 따라
case분류하면 해보자.

$S = \{\, x \mid f(1) \leq t \leq f(3)$ 인 실수 t 에 대하여 $f(x) = t \,\}$
집합 S 의 원소의 개수를 $g(t)$ 라 했을 때
$$\lim_{t \to f(1)+} \{g(t)-1\}= |g(f(3)) - g(f(1))|$$
딱 봤을 때 극혐이라는 단어가 먼저 떠오른다.

아마 수능에서 1등급을 변별하는 문제는 이런 식의 느낌을
줄 확률이 높다. 매번 수능을 칠 때마다 느끼는 것이지만
수능은 항상 1등급을 변별하는 문제만큼은
사고력을 자극하는 새로운 유형이 나오기 때문이다.

이런 문제들은 문제의 의미를 파악하는 것이 중요하다.
일단 한번 해보면서 감을 찾아보자.

① ⅰ) (단, $f(1) < f(3)$) 조건을 만족

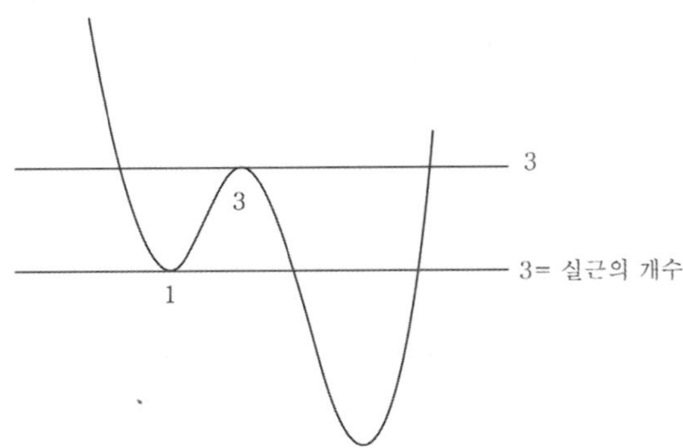

$t = f(1)$ 때의 상황을 보면 $f(x) = f(1)$ 을
만족하는 실근이 3 개이므로 S 의 원소의 개수는 3
즉, $g(f(1)) = 3$
마찬가지로 $g(f(3)) = 3$

$\lim\limits_{t \to f(1)+} g(t)$ 는 무엇을 의미할까?

t 가 $f(1)$ 쪽으로 가긴 가는데 우극한으로
간다는 뜻이다. 그럼 위쪽에서 오니까 $f(1)$ 보다
조금 큰 값을 생각하면
$$\lim\limits_{t \to f(1)+} g(t) = 4 \ (실근의 개수가 4 개)$$

이제 $\lim\limits_{t \to f(1)+} \{g(t) - 1\} = |g(f(3)) - g(f(1))|$ 에 넣어보면
$4 - 1 \neq 0$ 이니까 조건을 만족하지 않는다.

최고차항의 계수가 나오지 않았으니까
음수까지 고려해야 한다.
이제 본격적으로 case 분류를 해보자.

① ⅱ) (단, $f(1) < f(3)$) 조건을 만족 X

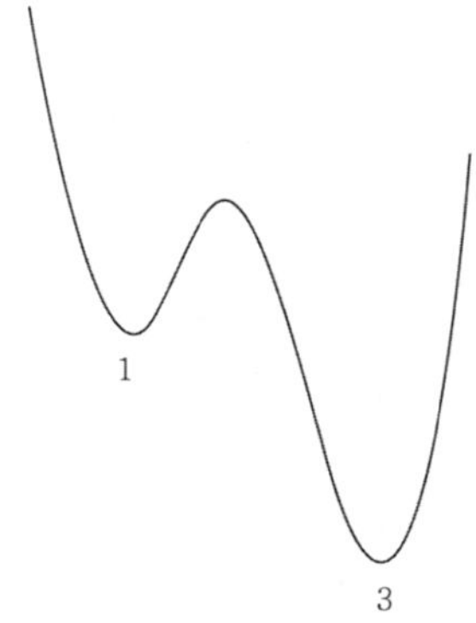

① ⅲ) (단, $f(1) < f(3)$) 조건을 만족 X

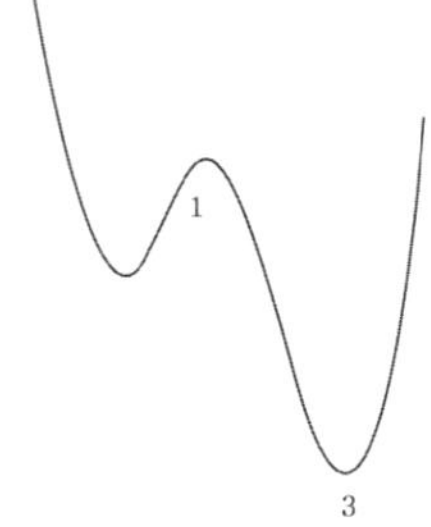

② ⅰ) (단, $f(1) < f(3)$) 조건을 만족

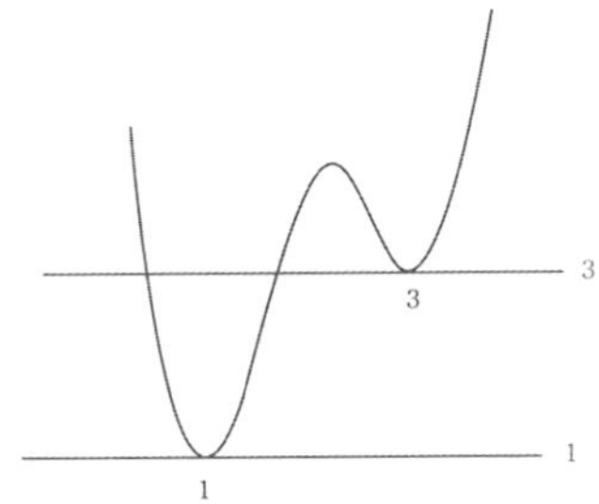

$$\lim\limits_{t \to f(1)+} \{g(t) - 1\} \neq |g(f(3)) - g(f(1))|$$

$2 - 1 \neq 2$

② ⅱ) (단, $f(1) < f(3)$) 조건을 만족

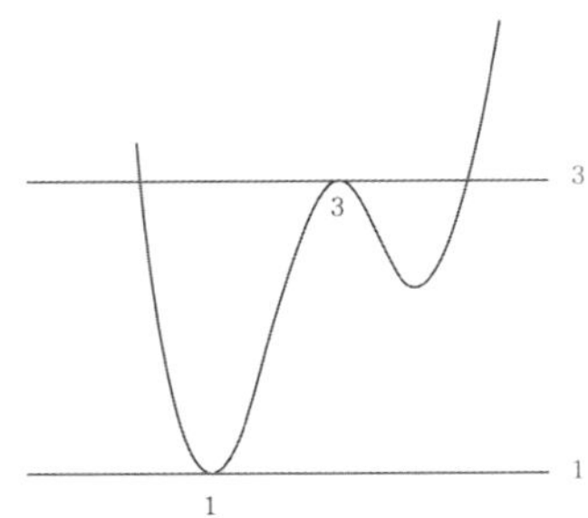

$$\lim\limits_{t \to f(1)+} \{g(t) - 1\} \neq |g(f(3)) - g(f(1))|$$

$2 - 1 \neq 2$

② ⅲ) (단, $f(1) < f(3)$) 조건을 만족 X

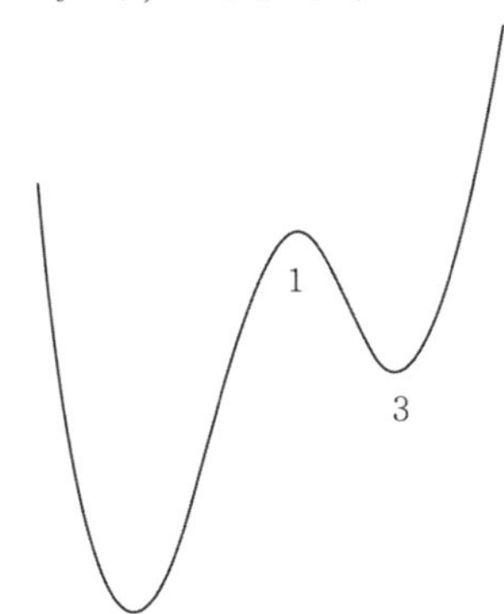

③ ⅰ) (단, $f(1) < f(3)$) 조건을 만족

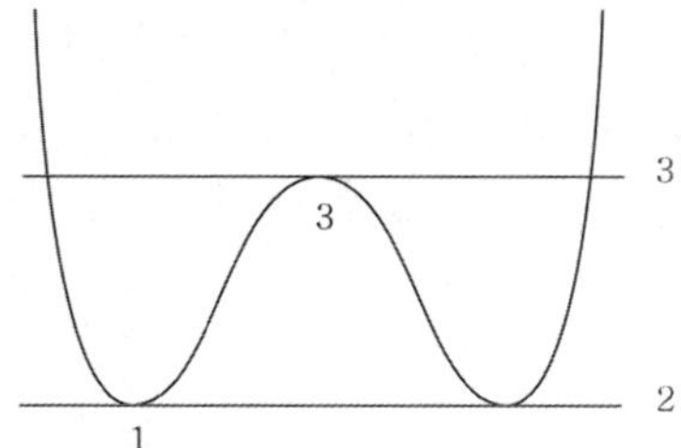

$$\lim_{t \to f(1)+} \{g(t)-1\} \neq |g(f(3))-g(f(1))|$$

$$4-1 \neq 1$$

③ ⅱ) (단, $f(1) < f(3)$) 조건을 만족 X

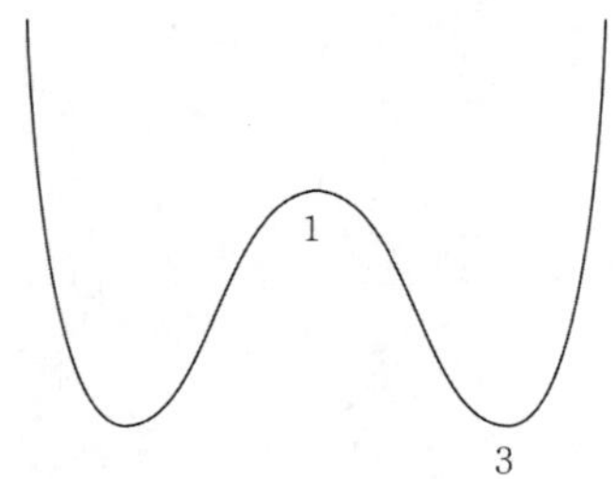

③ ⅲ) (단, $f(1) < f(3)$) 조건을 만족 X

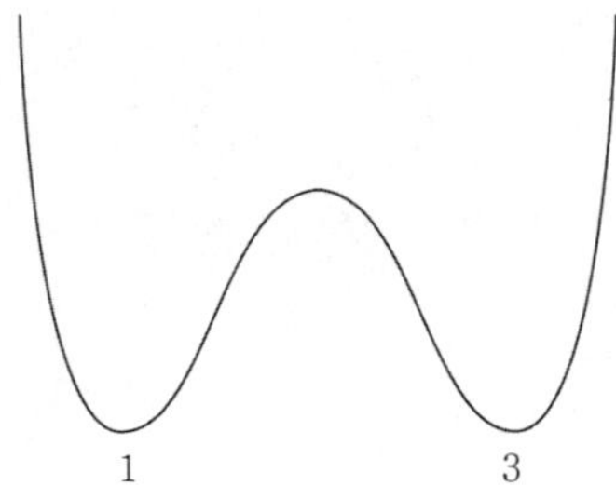

④ (단, $f(1) < f(3)$) 조건을 만족

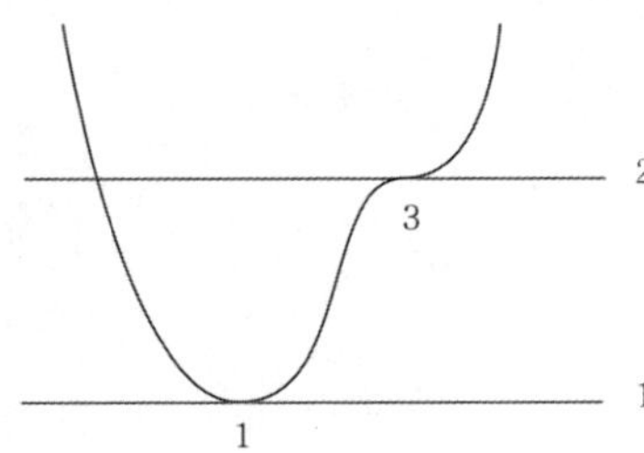

$$\lim_{t \to f(1)+} \{g(t)-1\} = |g(f(3))-g(f(1))|$$

$$2-1 = 1$$

⑤ (단, $f(1) < f(3)$) 조건을 만족 X

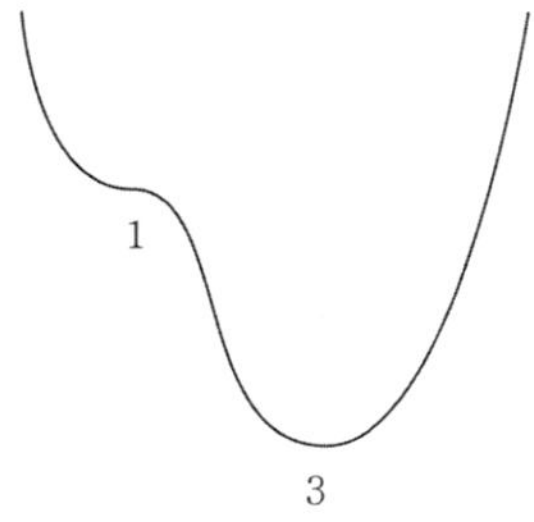

⑥ ⅰ) (단, $f(1) < f(3)$) 조건을 만족 X

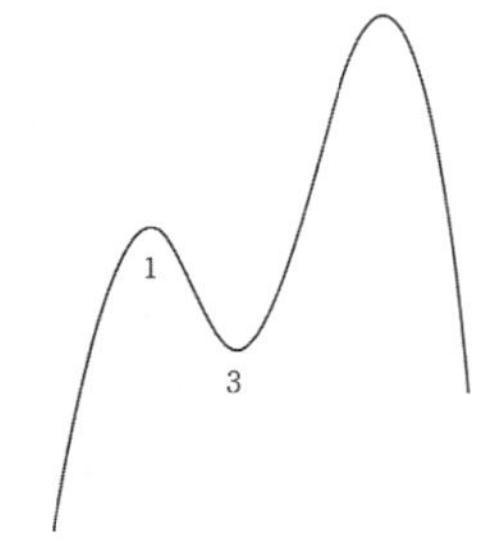

⑥ ⅱ) (단, $f(1) < f(3)$) 조건을 만족

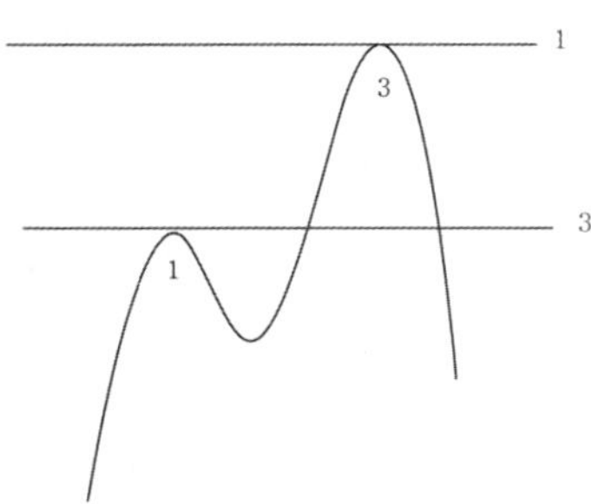

$$\lim_{t \to f(1)+} \{g(t)-1\} \neq |g(f(3))-g(f(1))|$$

$$2-1 \neq 2$$

⑥ ⅲ) (단, $f(1) < f(3)$) 조건을 만족

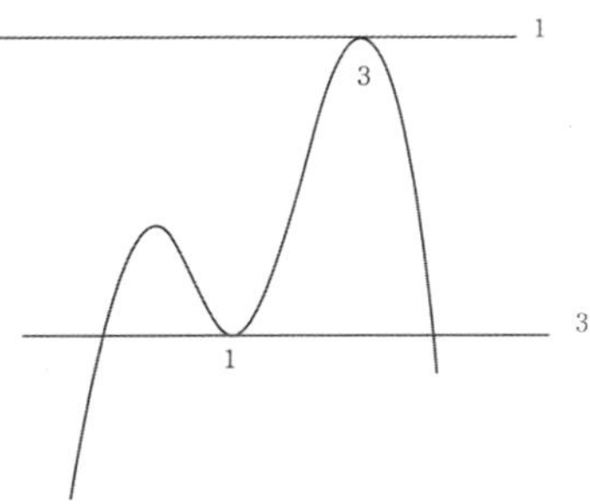

$$\lim_{t \to f(1)+} \{g(t)-1\} \neq |g(f(3))-g(f(1))|$$

$$4-1 \neq 2$$

⑦ ⅰ) (단, $f(1) < f(3)$) 조건을 만족 X

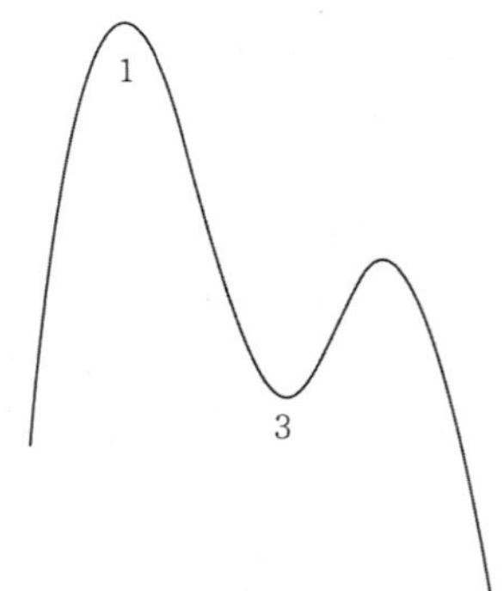

⑦ ⅱ) (단, $f(1) < f(3)$) 조건을 만족 X

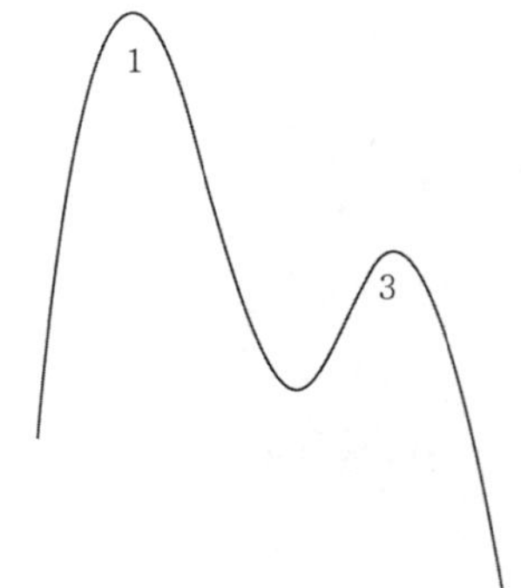

⑦ ⅲ) (단, $f(1) < f(3)$) 조건을 만족

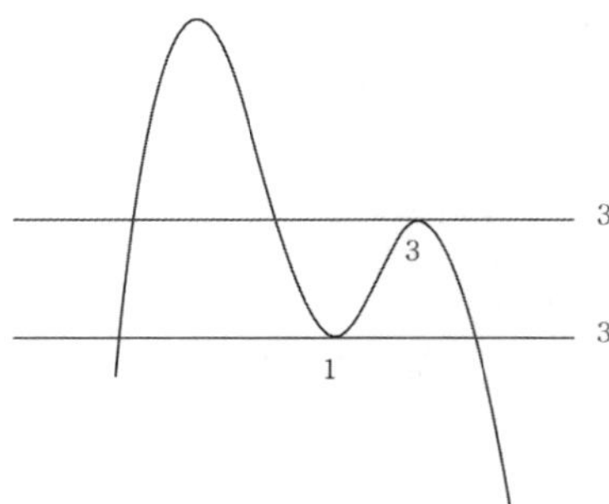

$$\lim_{t \to f(1)+} \{g(t)-1\} \neq |g(f(3)) - g(f(1))|$$

$$4 - 1 \neq 0$$

⑧ ⅰ) (단, $f(1) < f(3)$) 조건을 만족 X

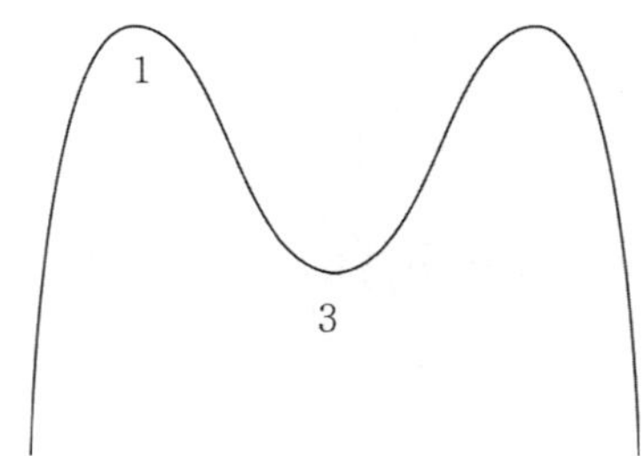

⑧ ⅱ) (단, $f(1) < f(3)$) 조건을 만족 X

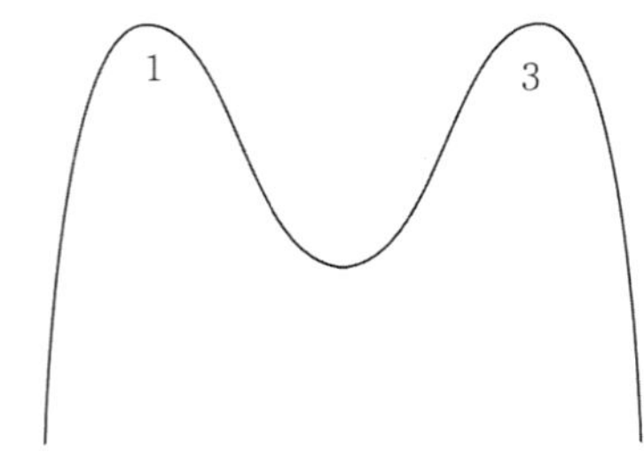

⑧ ⅲ) (단, $f(1) < f(3)$) 조건을 만족

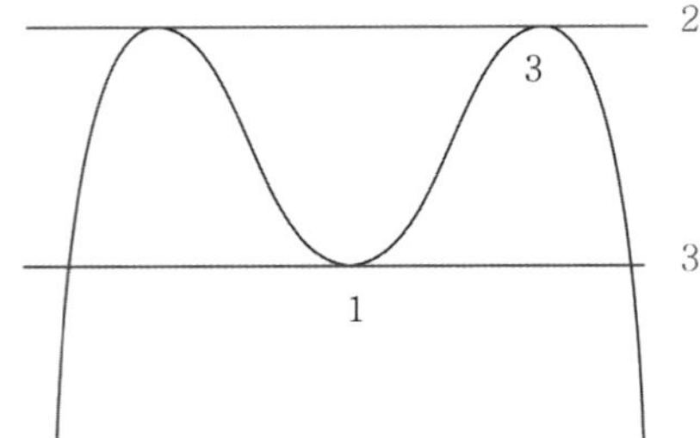

$$\lim_{t \to f(1)+} \{g(t)-1\} \neq |g(f(3)) - g(f(1))|$$

$$4 - 1 \neq 1$$

⑨ (단, $f(1) < f(3)$) 조건을 만족

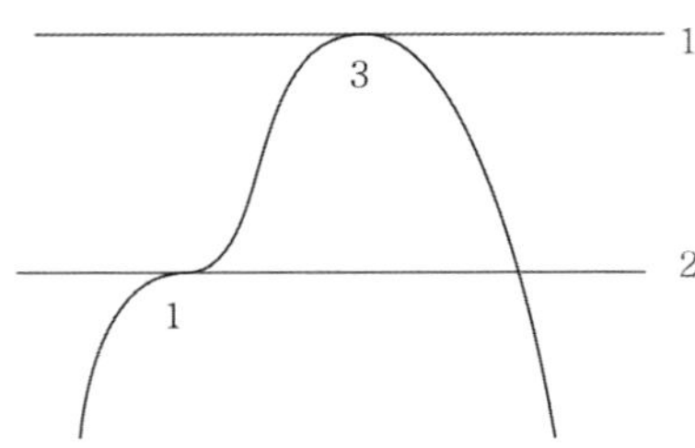

$$\lim_{t \to f(1)+} \{g(t)-1\} = |g(f(3)) - g(f(1))|$$

$$2 - 1 = 1$$

⑩ (단, $f(1) < f(3)$) 조건을 만족 X

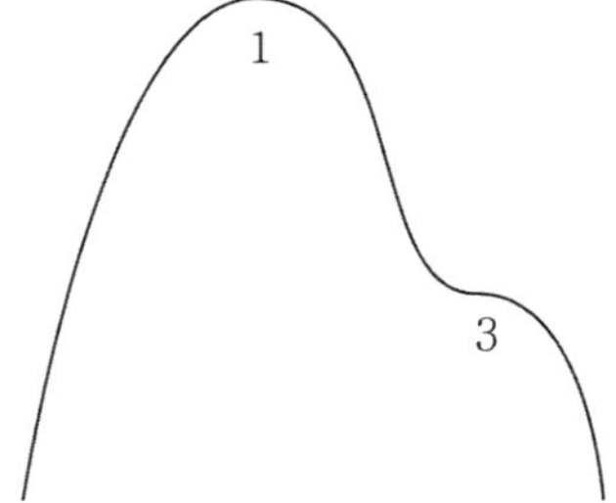

따라서 만족하는 case는 ④과 ⑨이다.

이제 각각의 case 개형에 대해 식을 세워 봅시다

case ④

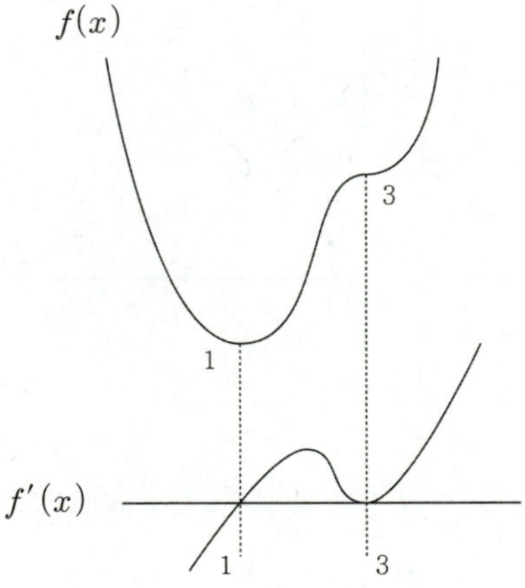

$$f'(x) = k(x-1)(x-3)^2$$
$$\frac{f'(-3)}{f'(0)} = \frac{k \times (-4) \times 36}{k \times (-9)} = 16$$

case ⑨

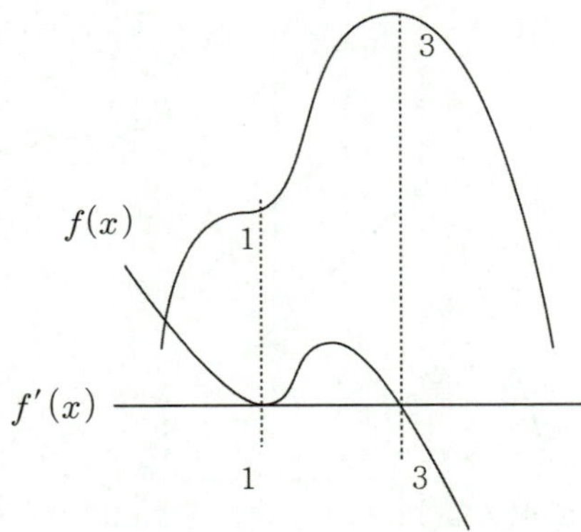

$$f'(x) = a(x-1)^2(x-3)$$
$$\frac{f'(-3)}{f'(0)} = \frac{a \times 16 \times (-6)}{a \times (-3)} = 32$$

따라서 $\dfrac{f'(-3)}{f'(0)}$ 의 최댓값은 32 이다.

답 ③

$f(x) - 2x$ 를 $J(x)$ 로 치환해서 그래프로 판단해보자.
($f(x) = t + 2x$ 라고 안 주고 $f(x) - 2x = t$ 라고 준 이유는
New 함수 Technique을 적용시켜 $J(x)$ 로 치환하라는
힌트이다.)

방정식 $J(x) = t$ 가 (가) 조건처럼 두 개에서만 불연속이
되고 $f'(1) = 2 \Rightarrow J'(1) = 0$ 을 만족하려면
아래와 같은 3가지 case가 가능하다.

①
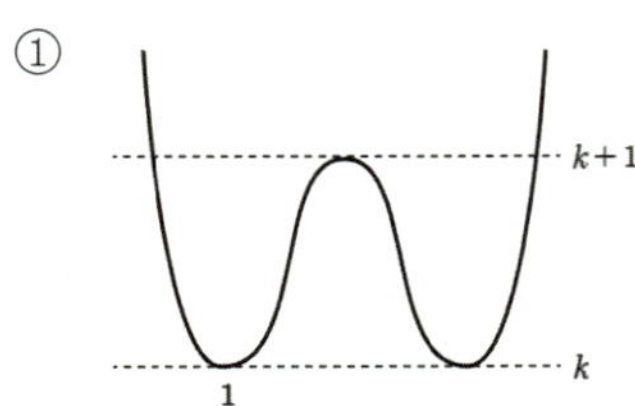

②
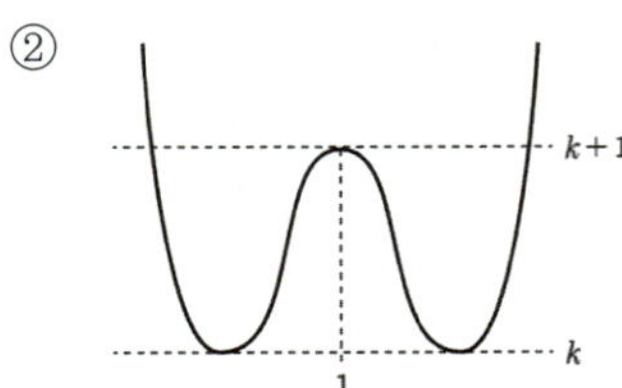

③
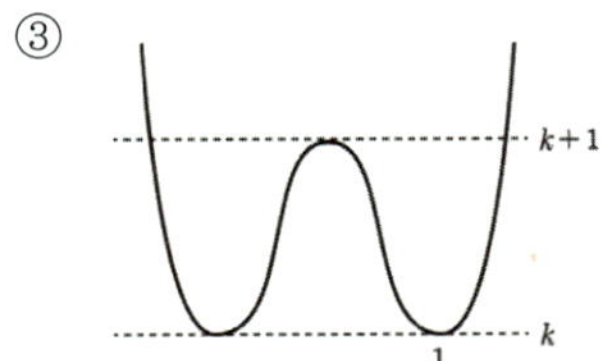

①
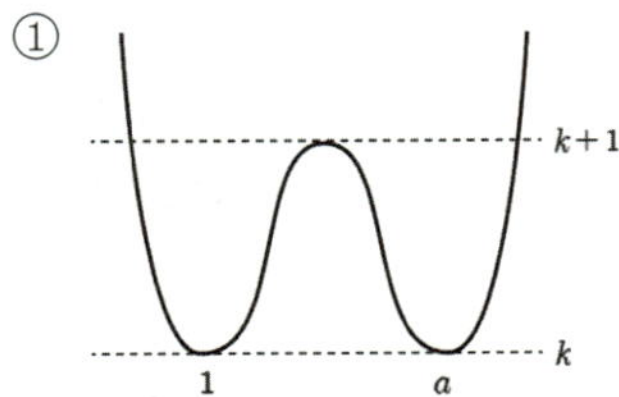

방정식 $J(x) = k+1$ 가 서로 다른 세 실근을 가지므로
$g(k+1) = 3$

$h(k+1)$ 는 대칭성을 이용해서 구해보자.
$$h(k+1) = a+1+\frac{a+1}{2} = \frac{3}{2}(a+1)$$

(나) 조건에 의해서 $\frac{3}{2}(a+1) < 3 \Rightarrow a+1 < 2 \Rightarrow a < 1$
따라서 모순이다.

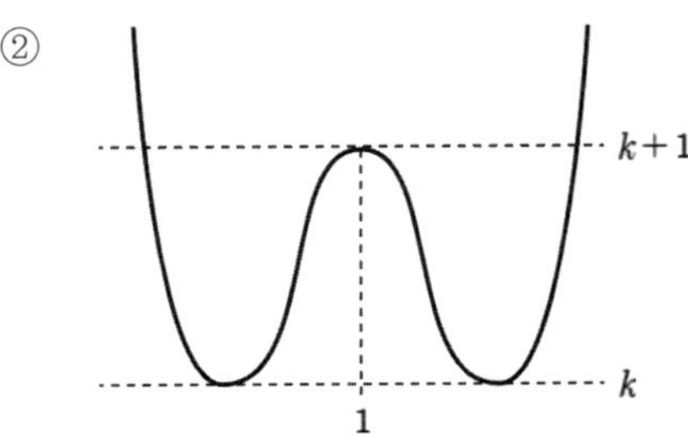

마찬가지로 $g(k+1) = 3$

이번에는 대칭성에 의해서 $h(k+1) = 3$

따라서 (나) 조건 만족 X

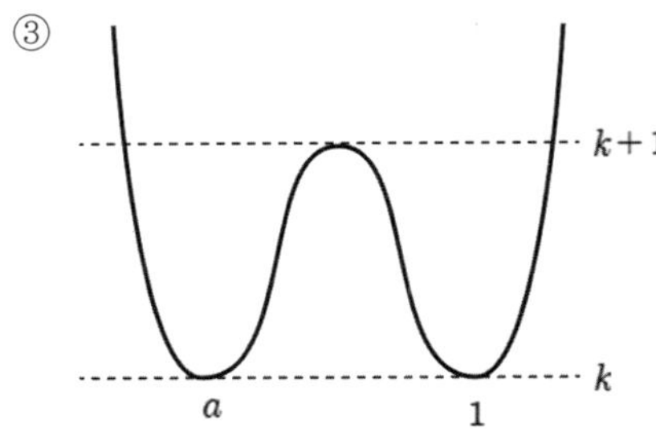

결국 ③case이어야 한다.

$$J(x) = (x-a)^2(x-1)^2 + k$$

$$J\left(\frac{a+1}{2}\right) = k+1 \Rightarrow \left(\frac{a-1}{2}\right)^4 + k = k+1$$

$$\Rightarrow \therefore a = -1 \ (\because a < 1)$$

$J(x) = (x+1)^2(x-1)^2 + k$ 이므로

$$f(x) = (x+1)^2(x-1)^2 + 2x + k$$

$$f'(x) = 2(x+1)(x-1)^2 + 2(x+1)^2(x-1) + 2$$

따라서 $f'(4) = 2 \times 5 \times 9 + 2 \times 25 \times 3 + 2 = 242$ 이다.

답   242

263

$f(f(x-t)-t) = x$ 를 해석하기 위해서

$f(x-t) = F(x)$ 로 치환해보자.

방정식 $F(F(x)) = x$ 의 실근이 2 개이도록 ($n(S_m) = 2$)

하기 위해서는 크게 2 가지로 **case**분류를 할 수 있다.

① $F(a) = b$, $F(b) = a$
② $F(c) = c$, $F(d) = d$

①의 경우 $F(x)$ 가 (a, b), (b, a) 를 지나야하기 때문에

기울기가 -1 인 직선을 그었을 때 적어도 교점이 2 개는

생겨야 한다.

(정확히는 두 점이 $y = x$ 에 대칭이어야 한다.)

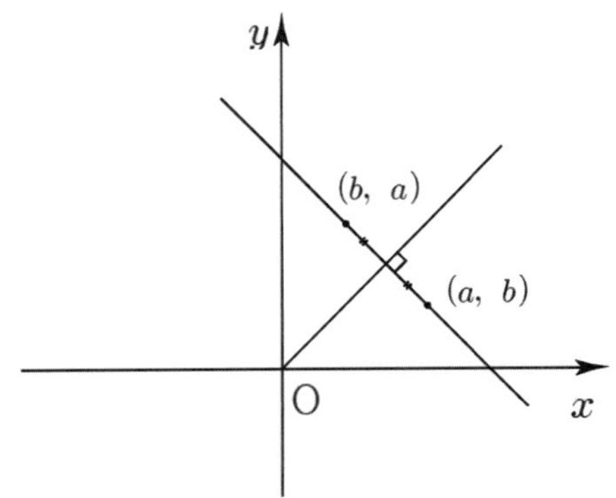

기울기가 포인트 이니까 $f'(x)$ 의 그래프를 그려보자.

$$f(x) = \frac{x^3}{3} - x \Rightarrow f'(x) = x^2 - 1$$

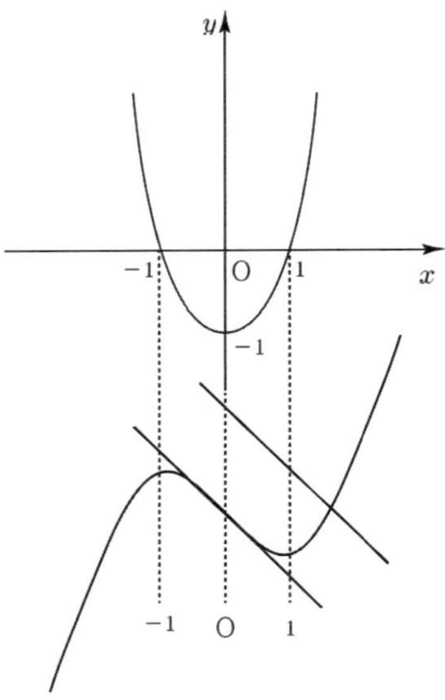

$f(x)$ 는 $x = 0$ 에서만 유일하게 기울기가 -1 이다.

기울기가 가장 작은 값이 -1 이니까

따라서 $y = -x + n$ 와 $f(x)$ 의 교점이

2 개가 생길 수 없다.

$f(x-t)$ 는 $f(x)$ 를 x 축 방향으로 t 만큼 평행이동

시킨 것에 불과하니까 마찬가지로 교점이 2 개가 생길

수 없다.

(하필 $f(x) = \frac{x^3}{3} - x$ 의 그래프를 준 이유이기도 하다.)

결국 ② $F(c) = c$, $F(d) = d$ 일 때의 **case**이어야 한다.

그런데 $n(S_m) = 2$ 라 했기 때문에

방정식 $f(x-m) = x$ 의 실근이 2 개가 나와야 한다.

물론 $f(x)$ 에 $x \Rightarrow x - m$ 를 대입해서 식을 구해도 되지만 너무나 복잡하다.

여기서 아이디어! $x - m = x'$ 로 치환해보자.
$f(x') = x' + m$ 즉, 실근 x' 가 2개 존재하면 된다.
(x' 와 x 는 일대일 대응 관계이니까 x' 가 2개 존재하면 x 도 2개 존재한다.)

$f(x') - x' = \dfrac{(x')^3}{3} - 2x'$ 의 그래프를 그려보면

$$m = f(-\sqrt{2}) + \sqrt{2} = \dfrac{4\sqrt{2}}{3}$$

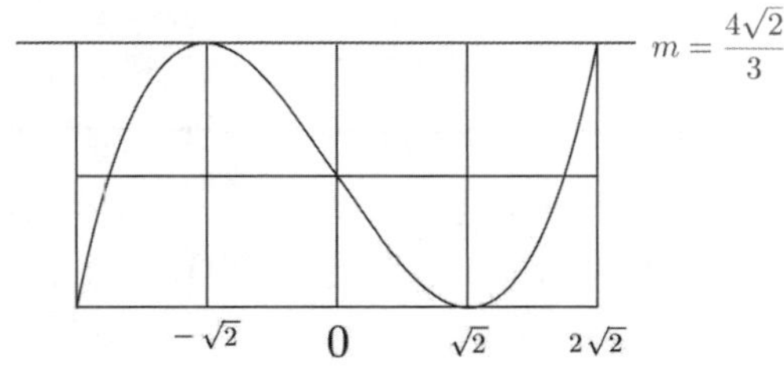

그럼 $g(m) = 2\sqrt{2}$ 일까?
조심해야 한다. x' 를 구한 것이니 변환해 줘야 한다.
$x - m = x'$ 에 의해서

$$g(m) = x' + m = 2\sqrt{2} + \dfrac{4\sqrt{2}}{3} = \dfrac{10\sqrt{2}}{3}$$

따라서 $\dfrac{m}{g(m)} = \dfrac{\dfrac{4\sqrt{2}}{3}}{\dfrac{10\sqrt{2}}{3}} = \dfrac{2}{5}$ 이다.

답 ③

264

우선 $f(x)$ 를 그리기 위해서 간단히 해보자.
$$f(x) = -2a + \dfrac{-2a + b}{x - 1} \quad (x > 1)$$

a 가 양수라고 했으니 점근선의 위치는 아는데
$-2a + b > 0$, $-2a + b = 0$, $-2a + b < 0$ 인지에 따라 그래프가 달라진다.

$$f(x) = a(x^3 - 3x), \quad f'(x) = 3a(x - 1)(x + 1),$$
$$f(-1) = 2a, \quad f(1) = -2a$$

집합 S 는 -1 을 원소로 포함해야 하니까
$$f(f(-1)) = f(2a) = f(-1) = 2a$$

그래프를 그려보면 $-2a + b = 0$, $-2a + b < 0$ 의 경우 $f(2a) < 0$ 이고 $f(-1) > 0$ 이므로 $f(2a)$ 와 $f(-1)$ 이 같아질 수 없다.

따라서 $-2a + b > 0$ 로 확정된다.

이를 바탕으로 그래프를 그려봅시다~

$f(x)$

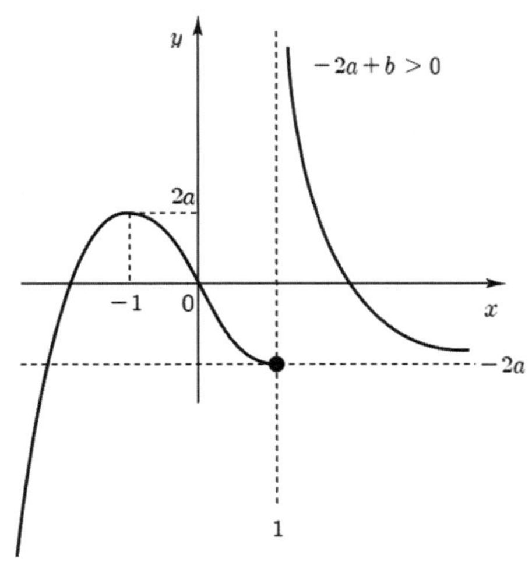

$-2a + b > 0$ 인 경우에도 $f(f(-1)) = f(2a) = f(-1) = 2a$ 가 성립해야 하니까

$$f(2a) = 2a \implies \dfrac{-4a^2 + b}{2a - 1} = 2a \implies 8a^2 - 2a = b$$

이를 반영해서 그래프를 다시 그리면 다음과 같다.

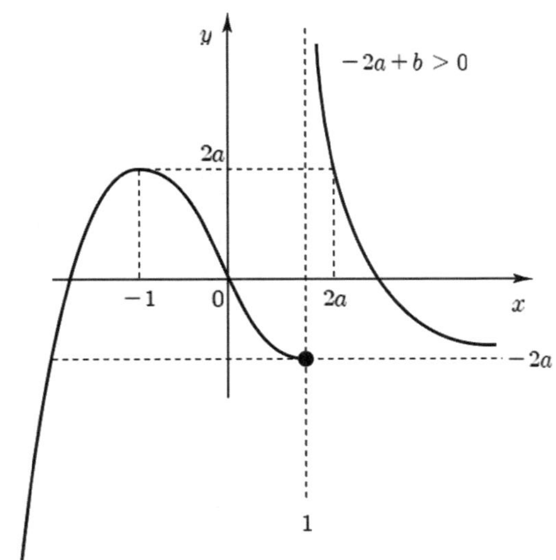

이제 $n(S) = 7$ 을 만족시키는 a 를 구하면 된다.

우선 방정식 $f(f(x)) = f(x)$ 의 실근을 파악하기 위해서 실근을 p 라고 가정해보자.

$f(p)=q$ 라고 하면

$f(f(p))=f(p) \Rightarrow f(q)=f(p)=q$ 라는 등식이 성립한다.

결국 $f(x)=x$ 를 만족시키는 그 x 값이 q이고

$f(q)=f(p)$ 를 만족시키는 p를 구하면 된다.

다시 말해서 $f(1)=1$ 이라면 함숫값이 $f(1)$ 이 되도록 하는 x 값을 찾으라는 말과 같다.

위의 그림같이 그려졌을 때 $n(S)$ 가 어떻게 나오는지 따져보자.

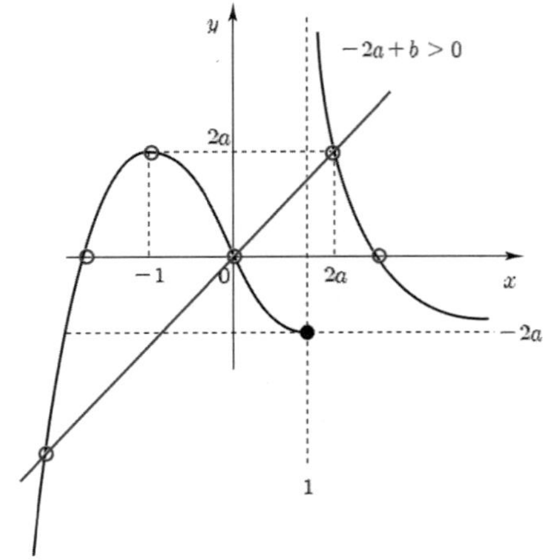

$n(S)=6$ 이다. 무조건 $n(S)=6$ 은 확보된 상황에서 1 개의 점만 더 확보하려면 어떻게 해야 할까?

$n(S)=7$ 가 나오려면 $f(x)$ 가 $(-2a,\ -2a)$ 를 지나면 된다.

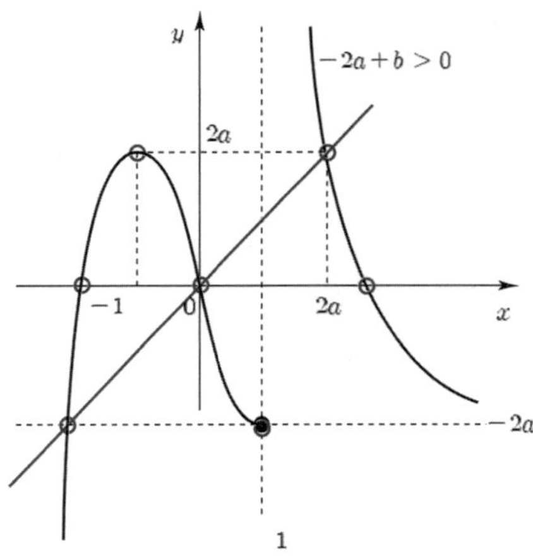

$f(-2a)=-2a \Rightarrow a(-8a^3+6a)=-2a$

$\Rightarrow\ -8a^3+6a=-2\ (a>0)$

$\Rightarrow 4a^3-3a-1=0 \Rightarrow (a-1)(4a^2+4a+1)=0$

$\Rightarrow (a-1)(2a+1)^2=0$

$\therefore a=1,\ \ b=8a^2-2a=6$

$$f(x)=\begin{cases} \dfrac{-2x+6}{x-1} & (x>1) \\[2mm] x^3-3x & (x \le 1) \end{cases}$$

따라서

$27f(f(a+b))=27f(f(7))=27f\left(-\dfrac{4}{3}\right)=27\left(-\dfrac{64}{27}+4\right)=44$

이다.

답   44

265

$g(x)=x^3-12x+a$ 라 하면 x^3-12x 의 그래프를 a 만큼 y 축 방향으로 평행이동했다고 생각할 수 있다.

미분하면 $g'(x)=3x^2-12=3(x^2-4)=3(x-2)(x+2)$

$h(x)=\left|\dfrac{kx-36}{x}\right|=\left|k-\dfrac{36}{x}\right|$ 라 하면 k를 모르니 그림을 그릴 수 없다.

k 에 대해 case분류해야 하는데 무엇을 경계로 해야 할까? 비슷한 개형이 나오도록 하려면 x 축을 경계로 case분류하면 된다. ($h(x)$ 에서 k 는 x 축하고 평행한 점근선 역할을 하니까 요~) ① $k>0$ ② $k=0$ ③ $k<0$

$g(x)$ 와 $h(x)$ 를 바탕으로 그래프를 그려보자.

① $k>0$ ② $k=0$

$k \ge 0$ 이면 (가) 조건을 만족하기 위해서는 반드시 $g(x)$ 의 극솟값이 0 이 되어야만 한다. $x<0$ 에서는 모두 0 보다 크기 때문이다. $g(x)$ 는 $x=2$ 에서 극솟값 $a-16$ 을 가지니까 $a=16$

$\therefore g(x)=x^3-12x+16$

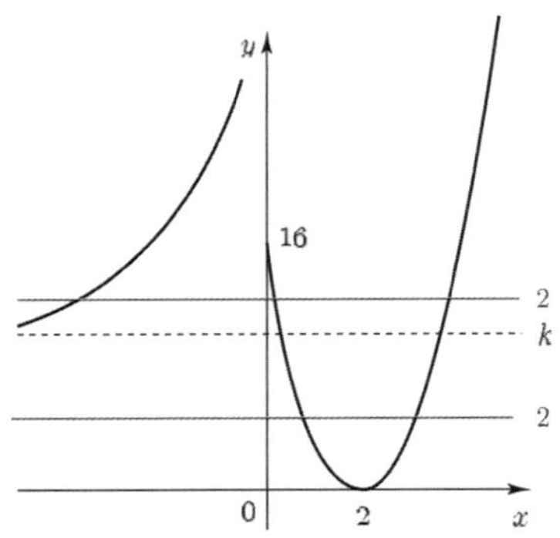

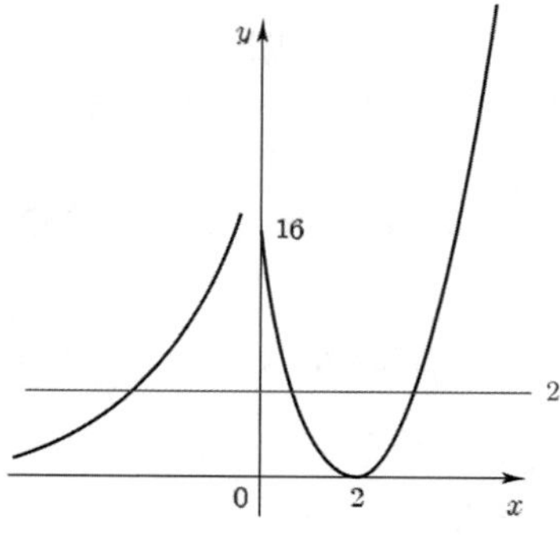

(나) 조건에서 $f(f(x))=0$ 의 서로 다른 실근의 개수가 4 라고 했다.

$f(x)=0$ 을 만족시키는 x 값은 2 뿐이다.
$f(x)=2$ 를 만족시키는 x 가 아무리 많아 봤자 3 개밖에 없으니 (나) 조건을 만족하지 않는다.

③ $k<0$
이 경우에는 $g(x)$ 의 극솟값이 0 보다 크거나 같기만 하면 된다. $x=\dfrac{36}{k}$ 에서 $f(x)$ 가 최솟값 0 을 이미 갖기 때문이다.

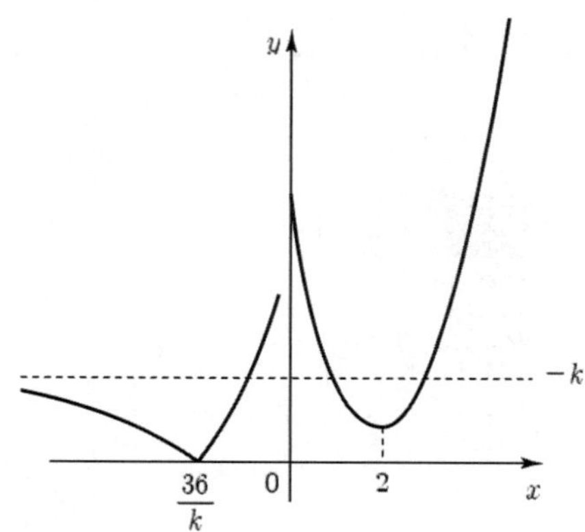

그런데 위와 같이 $g(x)$ 의 극솟값이 0 보다 크면
$f(x)=0$ 을 만족시키는 x 값은 $\dfrac{36}{k}$ 뿐이다.

$k<0$ 이므로 $\dfrac{36}{k}<0$

$f(f(x))=0 \Rightarrow f(x)=\dfrac{36}{k}$ 의 서로 다른 실근이 4 개가

존재해야 하는데 $\dfrac{36}{k}<0$ 이므로 한 개도 존재하지 않는다.

따라서 ① ② case와 마찬가지로 $a=16$ 이 되어
$g(x)$ 의 극솟값이 0 이어야 한다.

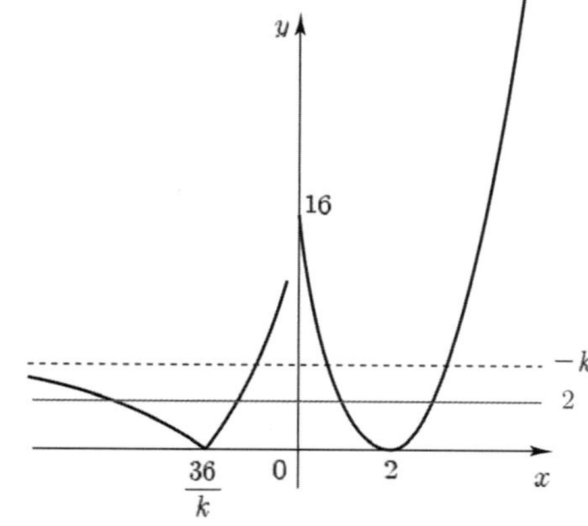

마찬가지 논리로 $f(f(x))=0 \Rightarrow f(x)=2$ 를 만족시키는 서로 다른 실근의 개수가 4 가 되려면 $2<-k$ 가 성립해야 한다.

$$\therefore k<-2$$

이제 (다) 조건을 봅시다~

$$f(-f(x))=0 \Rightarrow -f(x)=2,\ -f(x)=\dfrac{36}{k}$$

$$\Rightarrow f(x)=-2,\ f(x)=-\dfrac{36}{k}$$

$f(x)=-2$ 의 실근은 존재하지 않으니

$f(x)=-\dfrac{36}{k}$ 의 서로 다른 실근의 개수가

3 이어야 한다. 3 개가 되려면 어떻게 되어야 할까?

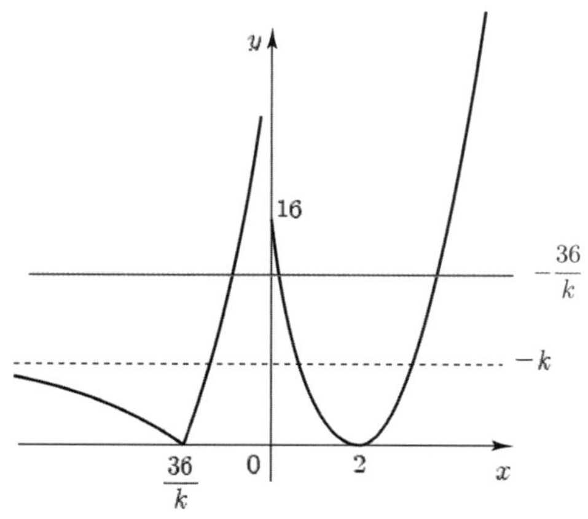

$$-k \leq \dfrac{36}{-k} \leq 16 \Rightarrow k^2 \leq 36,\ k \leq -\dfrac{9}{4}\ (\ \because -k>0)$$

(나) 조건에서 구한 $k<-2$ 도 같이 고려해서
k 의 범위를 구하면

$$-6 \leq k \leq -\dfrac{9}{4} \Rightarrow \therefore k=-6,\ -5,\ -4,\ -3$$

따라서 다 더해주면 $b=-18$

위 case말고도 가능할 수도 있는 case가 하나 더 있다.

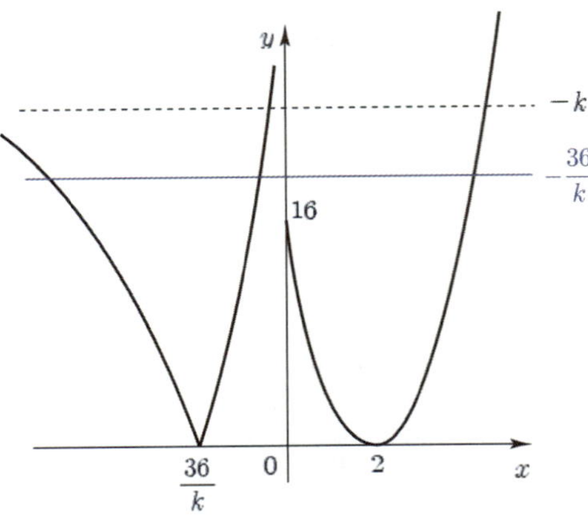

만약 $16 < \dfrac{36}{-k} < -k$ 이면 위 그림 같이 가능할 수 있다.

그러나 위 부등식을 만족하는 음수인 k가 존재하지 않기 때문에 모순이다.

$a = 16, \ b = -18$

따라서 $a^2 + b^2 = 256 + 324 = 580$ 이다.

답   580

적분

부정적분과 정적분 | Guide step

1	(1) $6x + C$ (2) $x^4 + C$
2	(1) $4x + C$ (2) $\dfrac{1}{5}x^5 + C$
3	(1) $x^5 + 3x^4 - 2x^2 + C$ (2) $\dfrac{x^4}{4} - \dfrac{x^3}{3} + x^2 - 2x + C$
4	$f(x) = x^4 - 2x^3 + 2x + 1$
5	$\dfrac{1}{8}(2x-1)^4 + C$
6	(1) 15 (2) 0 (3) -18 (4) -32
7	(1) $2x^3 - 3x + 2$ (2) $(x-2)^3$
8	$f(x) = 6x^2 + 3, \ a = 5$
9	(1) -6 (2) 18
10	2
11	4
12	11

개념 확인문제　1

(1) $(6x)' = 6$ 이므로 $\displaystyle\int 6\,dx = 6x + C$

(2) $(x^4)' = 4x^3$ 이므로 $\displaystyle\int 4x^3\,dx = x^4 + C$

답   (1) $6x + C$
 (2) $x^4 + C$

개념 확인문제　2

(1) $\displaystyle\int 4\,dx = 4x + C$

(2) $\displaystyle\int x^4\,dx = \dfrac{1}{5}x^5 + C$

답   (1) $4x + C$
 (2) $\dfrac{1}{5}x^5 + C$

(1) $\displaystyle\int\left(5x^4+12x^3-4x\right)dx=x^5+3x^4-2x^2+C$

(2) $\displaystyle\int(x-1)\left(x^2+2\right)dx=\int\left(x^3-x^2+2x-2\right)dx$

$$=\frac{1}{4}x^4-\frac{1}{3}x^3+x^2-2x+C$$

> **답** (1) $x^5+3x^4-2x^2+C$
>
> (2) $\dfrac{x^4}{4}-\dfrac{x^3}{3}+x^2-2x+C$

$f'(x)=4x^3-6x^2+2$

$f(x)=x^4-2x^3+2x+C$

$f(0)=1$ 이므로 $C=1$

따라서 $f(x)=x^4-2x^3+2x+1$ 이다.

> **답** $f(x)=x^4-2x^3+2x+1$

풀이1)

$$\int(2x-1)^3dx=\frac{1}{2\times4}(2x-1)^4+C=\frac{1}{8}(2x-1)^4+C$$

풀이2)

$$\int(2x-1)^3dx=\int\left(8x^3-12x^2+6x-1\right)dx$$

$$=2x^4-4x^3+3x^2-x+C'$$

$$\frac{1}{8}(2x-1)^4=\frac{1}{8}\left(4x^2-4x+1\right)^2$$

$$=\frac{1}{8}\left\{16x^4+16x^2+1+2\left(-16x^3-4x+4x^2\right)\right\}$$

$$=\frac{1}{8}\left(16x^4-32x^3+24x^2-8x+1\right)$$

$$=2x^4-4x^3+3x^2-x+\frac{1}{8}$$

$\dfrac{1}{8}+C=C'$ 이므로

풀이1)의 답과 풀이2)의 답은 서로 같다.

> **답** $\dfrac{1}{8}(2x-1)^4+C$

(1) $\displaystyle\int_2^4\frac{1}{4}x^3dx=\left[\frac{1}{16}x^4\right]_2^4=16-1=15$

(2) $\displaystyle\int_2^2\left(x^2-x+5\right)dx=0$

(3) $\displaystyle\int_2^{-1}6x^2dx=\left[2x^3\right]_2^{-1}=-2-16=-18$

(4) $\displaystyle\int_0^{-2}5x^4dx=\left[x^5\right]_0^{-2}=-32$

> **답** (1) 15 (2) 0 (3) -18 (4) -32

(1) $\dfrac{d}{dx}\displaystyle\int_0^x\left(2t^3-3t+2\right)dt$

$f(t)=2t^3-3t+2$ 라 하자.

함수 $f(t)$ 의 부정적분을 $F(t)$ 라 하면

$$\frac{d}{dx}\int_0^x f(t)dt=\frac{d}{dx}\left\{F(x)-F(0)\right\}=f(x)$$ 이므로

$$\frac{d}{dx}\int_0^x\left(2t^3-3t+2\right)dt=2x^3-3x+2$$

(2) $\dfrac{d}{dx}\displaystyle\int_1^x(t-2)^3dt$

$f(t)=(t-2)^3$ 라 하자.

함수 $f(t)$ 의 부정적분을 $F(t)$ 라 하면

$$\frac{d}{dx}\int_1^x f(t)dt=\frac{d}{dx}\left\{F(x)-F(1)\right\}=f(x)$$ 이므로

$$\frac{d}{dx}\int_1^x(t-2)^3dt=(x-2)^3$$

> **답** (1) $2x^3-3x+2$ (2) $(x-2)^3$

$$\int_{-1}^x f(t)\,dt=2x^3+3x+a$$ 의

양변을 x 에 대하여 미분하면 $f(x)=6x^2+3$

$$\int_{-1}^x f(t)\,dt=2x^3+3x+a$$ 의

양변에 $x=-1$ 을 대입하면

$$0=-2-3+a \Rightarrow a=5$$

> **답** $f(x)=6x^2+3$, $a=5$

(1) $\displaystyle\int_0^2 (-6x^2+2x+3)\,dx = \big[-2x^3+x^2+3x\big]_0^2$

$\qquad\qquad\qquad\qquad\qquad\quad = -6$

(2) $\displaystyle\int_1^2 (3x+1)^2\,dx - \int_1^2 (3x-1)^2\,dx$

$\qquad = \displaystyle\int_1^2 (9x^2+6x+1)\,dx - \int_1^2 (9x^2-6x+1)\,dx$

$\qquad = \displaystyle\int_1^2 12x\,dx = \big[6x^2\big]_1^2 = 24-6 = 18$

답 (1) -6 (2) 18

$\displaystyle\int_1^x xf(t)\,dt = x\int_1^x f(t)\,dt$ 이므로

$x\displaystyle\int_1^x f(t)\,dt = x^4 - ax^2$ 의 양변에 $x=1$ 을 대입하면

$0 = 1-a \Rightarrow a=1$

$x\displaystyle\int_1^x f(t)\,dt = x^4 - x^2$ 의 양변을 x 에 대해 미분하면

(좌변은 곱의 미분법으로 미분 해줘야 한다.)

$\displaystyle\int_1^x f(t)\,dt + xf(x) = 4x^3 - 2x$ 의 양변에 $x=1$ 을
대입하면 $f(1)=2$ 이다.

따라서 $f(a) = f(1) = 2$ 이다.

답 2

$\displaystyle\int_{-1}^2 (3x^3+6x^2-x)\,dx + \int_2^1 (3x^3+6x^2-x)\,dx$

$= \displaystyle\int_{-1}^1 (3x^3+6x^2-x)\,dx = \int_{-1}^1 6x^2\,dx$

$= 2\displaystyle\int_0^1 6x^2\,dx = 2\big[2x^3\big]_0^1 = 4$

답 4

$f(x) = \begin{cases} -4x & (x<0) \\ 2x & (x\geq 0) \end{cases}$

$\displaystyle\int_{-1}^3 f(x)\,dx = \int_{-1}^0 (-4x)\,dx + \int_0^3 2x\,dx$

$= \big[-2x^2\big]_{-1}^0 + \big[x^2\big]_0^3 = 2+9 = 11$

답 11

1	11	31	9
2	19	32	5
3	18	33	2
4	36	34	29
5	22	35	23
6	2	36	14
7	21	37	20
8	45	38	45
9	11	39	6
10	20	40	48
11	70	41	24
12	2	42	5
13	117	43	36
14	21	44	10
15	33	45	9
16	77	46	40
17	4	47	4
18	3	48	22
19	8	49	23
20	2	50	1
21	7	51	3
22	60	52	80
23	16	53	7
24	14	54	96
25	25	55	3
26	1	56	17
27	12	57	3
28	8	58	4
29	5	59	ㄱ, ㄴ, ㄷ, ㄹ, ㅁ, ㅇ, ㅈ
30	44		

001

$$f(x) = \int (3x^2 - 4x + 2)dx = x^3 - 2x^2 + 2x + C$$

$$f(0) = 10 \implies C = 10$$

$f(x) = x^3 - 2x^2 + 2x + 10$ 이므로 $f(1) = 11$ 이다.

 답 11

002

$$f'(x) = 4x^3 - 2x + 6$$

$$f(x) = x^4 - x^2 + 6x + C$$

$$f(1) = 1 \implies 1 - 1 + 6 + C = 1 \implies C = -5$$

$f(x) = x^4 - x^2 + 6x - 5$ 이므로

$f(2) = 16 - 4 + 12 - 5 = 19$ 이다.

답 19

003

$$f'(x) = -2x^2 + 6x = -2x(x-3)$$

$$f(x) = -\frac{2}{3}x^3 + 3x^2 + C$$

$f'(x)$ 를 바탕으로 $f(x)$ 를 그리면

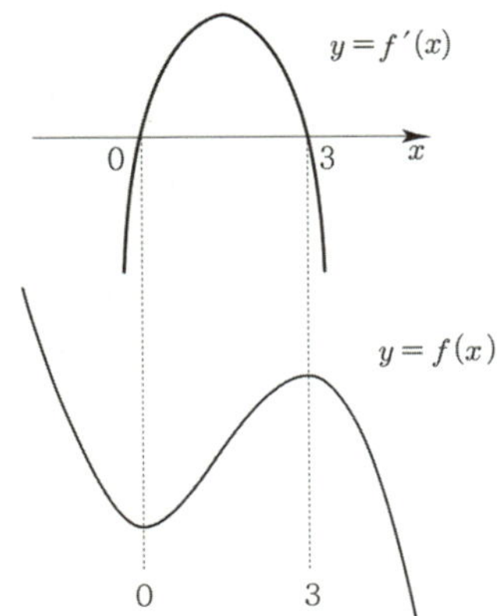

$f(x)$ 는 $x = 0$ 에서 극솟값을 가지므로

$$f(0) = 9 \implies C = 9$$

즉, $f(x) = -\frac{2}{3}x^3 + 3x^2 + 9$

$f(x)$ 는 $x = 3$ 에서 극댓값을 가지므로

$$f(3) = -18 + 27 + 9 = 18$$

답 18

004

상수 $a(a > 0)$

$$f'(x) = 4x^3 - a^2x = 4x\left(x - \frac{a}{2}\right)\left(x + \frac{a}{2}\right)$$

$$f(x) = x^4 - \frac{a^2}{2}x^2 + C$$

$f'(x)$ 를 바탕으로 $f(x)$ 를 그리면

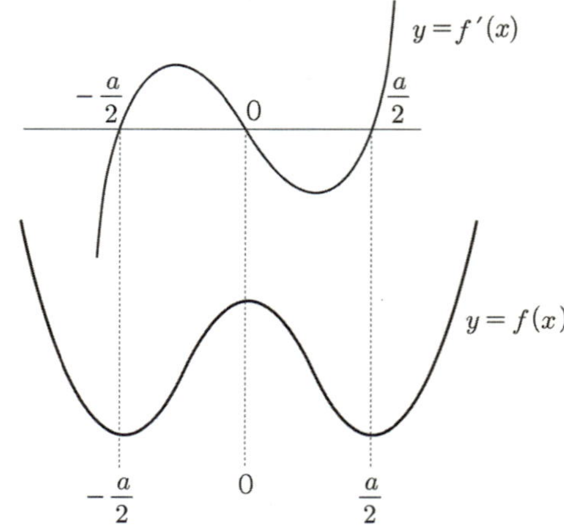

$f(x)$ 는 $x=0$ 에서 극댓값을 가지므로

$f(0)=4 \ \Rightarrow \ C=4$

즉, $f(x)=x^4-\dfrac{a^2}{2}x^2+4$

$f(x)$ 는 $x=\dfrac{a}{2}$ 에서 극솟값을 가지므로

$f\left(\dfrac{a}{2}\right)=3 \ \Rightarrow \ \dfrac{a^4}{16}-\dfrac{a^4}{8}+4=3 \ \Rightarrow \ \dfrac{1}{16}a^4=1$

$\Rightarrow \ a=2 \ (\because a>0)$

$f(x)=x^4-2x^2+4$

$f'(x)=4x^3-4x$

따라서 $f(a)+f'(a)=f(2)+f'(2)=12+24=36$ 이다.

답 36

005

$f(x)=\displaystyle\int \dfrac{3x^3}{x-1}dx-\int \dfrac{3}{x-1}dx=\int \dfrac{3x^3-3}{x-1}dx$

$=3\displaystyle\int \dfrac{(x-1)(x^2+x+1)}{x-1}dx=3\int (x^2+x+1)dx$

$=3\left(\dfrac{1}{3}x^3+\dfrac{1}{2}x^2+x\right)+C=x^3+\dfrac{3}{2}x^2+3x+C$

$f(0)=2 \ \Rightarrow \ C=2$

$f(x)=x^3+\dfrac{3}{2}x^2+3x+2$ 이므로

$f(2)=8+6+6+2=22$ 이다.

답 22

006

$f'(x)=\displaystyle\sum_{k=1}^{17}\dfrac{1}{k}x^k=x+\dfrac{1}{2}x^2+\dfrac{1}{3}x^3+\cdots+\dfrac{1}{17}x^{17}$

$f(x)=\dfrac{1}{1\times 2}x^2+\dfrac{1}{2\times 3}x^3+\cdots+\dfrac{1}{17\times 18}x^{18}+C$

$f(0)=\dfrac{19}{18} \ \Rightarrow \ C=\dfrac{19}{18}$

$f(x)=\dfrac{1}{1\times 2}x^2+\dfrac{1}{2\times 3}x^3+\cdots+\dfrac{1}{17\times 18}x^{18}+\dfrac{19}{18}$

$f(1)=\dfrac{1}{1\times 2}+\dfrac{1}{2\times 3}+\cdots+\dfrac{1}{17\times 18}+\dfrac{19}{18}$

$=1-\dfrac{1}{2}+\dfrac{1}{2}-\dfrac{1}{3}+\cdots+\dfrac{1}{17}-\dfrac{1}{18}+\dfrac{19}{18}$

$=1-\dfrac{1}{18}+\dfrac{19}{18}=\dfrac{18-1+19}{18}=\dfrac{36}{18}=2$

답 2

007

$f'(x)=2x+1$

$f(x)=x^2+x+C$

$f(1)=3 \ \Rightarrow \ 1+1+C=3 \ \Rightarrow \ C=1$

$f(x)=x^2+x+1$ 이므로 $f(4)=16+4+1=21$ 이다.

답 21

008

$f'(x)-g'(x)=6x^2-4x+3, \ f(1)-g(1)=3$

$h(x)=f(x)-g(x)$ 라 하면

$h'(x)=6x^2-4x+3$

$h(x)=2x^3-2x^2+3x+C$

$h(1)=3 \ \Rightarrow \ 2-2+3+C=3 \ \Rightarrow \ C=0$

$h(x)=2x^3-2x^2+3x$ 이므로

$h(3)=f(3)-g(3)=54-18+9=45$ 이다.

답 45

009

삼차함수 $f(x)$

(가) $\displaystyle\lim_{x\to\infty}\dfrac{f'(x)}{x^2}=f(0)$

$f(0)=a$ 라 하면

$f'(x)=ax^2+\cdots$

(나) 모든 실수 x 에 대하여 $f'(2-x)=f'(x)$ 이다.

$f'(x)$ 는 $x=1$ 에 대하여 대칭이므로

$$f'(x)=a(x-1)^2+c$$

(다) $f'(x)$ 의 최솟값은 3 이다.

$$f'(x)=a(x-1)^2+3 \ (a>0)$$

$$f(x)=\frac{a}{3}(x-1)^3+3x+b$$

$$f(0)=a \Rightarrow -\frac{1}{3}a+b=a \Rightarrow b=\frac{4}{3}a$$

$$f(1)=7 \Rightarrow 3+b=7 \ \Rightarrow b=4$$

$b=4$ 이므로 $a=3$

$f(x)=(x-1)^3+3x+4$ 이므로 $f(2)=11$ 이다.

답 11

010

$$f'(x)=a(x-2)(x+2)=a(x^2-4) \ (a>0)$$

$$f(x)=a\left(\frac{1}{3}x^3-4x\right)+C$$

$f'(x)$ 를 바탕으로 $f(x)$ 를 그리면

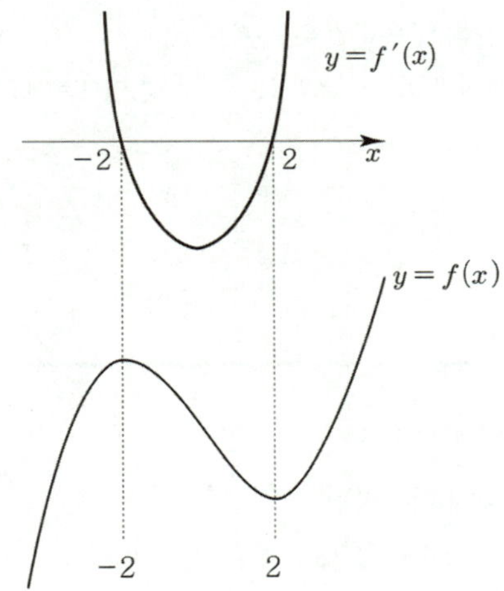

$f(x)$ 는 $x=-2$ 에서 극댓값을 가지므로

$$f(-2)=20 \Rightarrow \frac{16}{3}a+C=20$$

$f(x)$ 는 $x=2$ 에서 극솟값을 가지므로

$$f(2)=-12 \Rightarrow -\frac{16}{3}a+C=-12$$

두 식을 연립하면 $C=4$, $a=3$ 이다.

$f(x)=x^3-12x+4$ 이므로 $f(4)=64-48+4=20$ 이다.

답 20

Box를 이용하여 풀면

$f(-2)=f(4)$ 이므로 $f(4)=20$

011

(가) 조건에서 부등식 $xf'(x)>0$ 을 만족시키는

모든 실수 x 의 값의 범위가 $1<x<4$ 이므로

방정식 $f'(x)=0$ 은 경계값인 1, 4 를 근으로 가져야 한다.

즉, $f'(x)=k(x-a)(x-1)(x-4)$ 라 둘 수 있다.

이때 부등식 $xf'(x)>0 \Rightarrow kx(x-a)(x-1)(x-4)>0$ 을

만족시키는 모든 실수 x 의 값의 범위가 $1<x<4$ 가

나오려면 $k<0$, $a=0$ 이어야 한다.

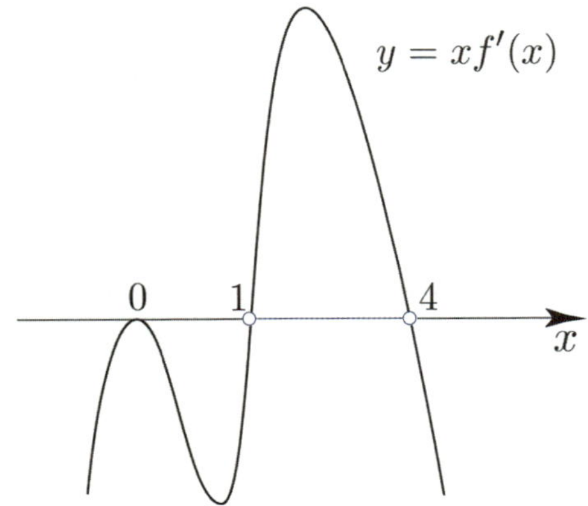

$f'(x)=kx(x-1)(x-4) \ (k<0)$ 이므로 (나) 조건에서

$f'(-1)=10 \Rightarrow 10=-k(-2)(-5) \Rightarrow k=-1$

$$f'(x)=-x(x-1)(x-4)=-x^3+5x^2-4x$$

$f(x)=-\frac{1}{4}x^4+\frac{5}{3}x^3-2x^2+C$ 이므로 (나) 조건에서

$$f(0)=1 \Rightarrow C=1$$

즉, $f(x)=-\frac{1}{4}x^4+\frac{5}{3}x^3-2x^2+1$ 이다.

따라서 $30\times f(2)=30\times\frac{7}{3}=70$ 이다.

답 70

$$f(x) = \int \left\{ \frac{d}{dx}(x^2 - 3x) \right\} dx = x^2 - 3x + C$$

$$f'(x) = 2x - 3$$

$f(x)$ 는 $x = \dfrac{3}{2}$ 에서 최솟값을 가지므로

$$f\left(\frac{3}{2}\right) = \frac{7}{4} \;\Rightarrow\; \frac{9}{4} - \frac{9}{2} + C = \frac{7}{4} \;\Rightarrow\; C = 4$$

$f(x) = x^2 - 3x + 4$ 이므로 $f(2) = 4 - 6 + 4 = 2$ 이다.

답   2

$$f(x) = \int (x^3 + 4x)\,dx$$

$$\lim_{h \to 0} \frac{f(3+h) - f(3-2h)}{h} = 3f'(3)$$

$f'(x) = x^3 + 4x$ 이므로 $3f'(3) = 3(27 + 12) = 117$ 이다.

답   117

$$f(x) = \int \left\{ \frac{d}{dx}(x^3 + 2x) \right\} dx = x^3 + 2x + C$$

$$g(x) = \frac{d}{dx} \int (x^3 + 2x)\,dx = x^3 + 2x$$

$$f(-1) = g(1) \;\Rightarrow\; -1 - 2 + C = 1 + 2 \;\Rightarrow\; C = 6$$

$$f(x) = x^3 + 2x + 6$$

따라서 $f(2) - g(-1) = 18 - (-3) = 21$ 이다.

답   21

$$f(x) = -x^2 + 2x + 8$$

$$f'(x) = -2x + 2$$

$$g(x) = \frac{d}{dx} \int (x+1)f(x)\,dx + \int \left\{ \frac{d}{dx} f(x) \right\} dx$$

$$= (x+1)f(x) + f(x) + C$$

$$g'(x) = f(x) + (x+1)f'(x) + f'(x)$$

$$= -x^2 + 2x + 8 + (x+1)(-2x+2) - 2x + 2$$

$$= -x^2 + 2x + 8 - 2x^2 + 2 - 2x + 2$$

$$= -3x^2 + 12 = -3(x^2 - 4)$$

$$= -3(x-2)(x+2)$$

$g'(x)$ 를 바탕으로 $g(x)$ 를 그리면

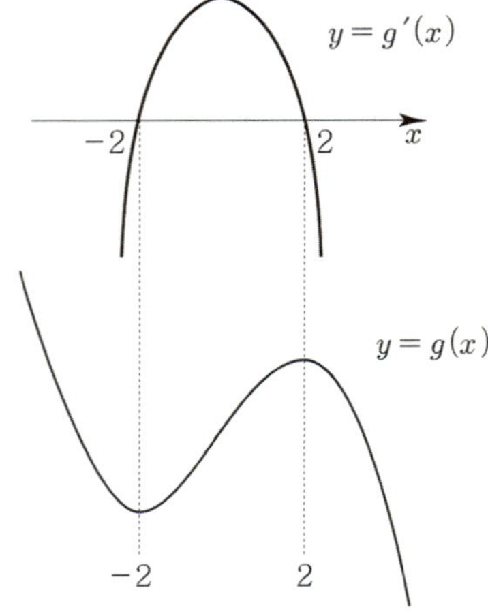

$g(x)$ 는 $x = -2$ 에서 극솟값을 가지므로

$$g(-2) = 1 \;\Rightarrow\; -f(-2) + f(-2) + C = 1 \;\Rightarrow\; C = 1$$

$g(x)$ 는 $x = 2$ 에서 극댓값을 가지므로

$$g(2) = 3f(2) + f(2) + 1 = 4f(2) + 1 = 32 + 1 = 33$$ 이다.

답   33

$$\int f(x)\,dx + 2x^3 = xf(x)$$

양변을 x 에 대해 미분하면

$$f(x) + 6x^2 = f(x) + xf'(x) \;\Rightarrow\; f'(x) = 6x$$

$$f(x) = 3x^2 + C$$

$$f(0) = 2 \;\Rightarrow\; C = 2$$

$f(x) = 3x^2 + 2$ 이므로 $f(5) = 77$ 이다.

답   77

017

다항함수 $f(x)$ 에 대하여
$$\int xf(x)\,dx + f(x) = x^4 + \frac{1}{3}x^3 + \frac{7}{2}x^2 + x$$
양변을 x 에 대해 미분하면
$$xf(x) + f'(x) = 4x^3 + x^2 + 7x + 1$$

$f(x) = ax^n + \cdots$ 라 하면 좌변의 최고차항은 ax^{n+1} 이므로
$a = 4,\ n = 2$ 이다.

$$f(x) = 4x^2 + bx + c$$
$$f'(x) = 8x + b$$
를 좌변에 대입하면

$$xf(x) + f'(x) = 4x^3 + x^2 + 7x + 1$$
$$4x^3 + bx^2 + (8+c)x + b = 4x^3 + x^2 + 7x + 1$$
$$b = 1,\ c = -1$$

$f(x) = 4x^2 + x - 1$ 이므로 $f(1) = 4$ 이다.

 답   4

018

다항함수 $f(x)$ 에 대하여
$$\int (x-1)f'(x)\,dx = (x-1)^3(x-3)$$
양변을 x 에 대해 미분하면
$$(x-1)f'(x) = 3(x-1)^2(x-3) + (x-1)^3$$
$$f'(x) = 3(x-1)(x-3) + (x-1)^2$$
$$\qquad = 4x^2 - 14x + 10$$

$$f(x) = \frac{4}{3}x^3 - 7x^2 + 10x + C$$
$$f(0) = 0 \Rightarrow C = 0$$

$$f(x) = \frac{4}{3}x^3 - 7x^2 + 10x$$ 이므로
$$f(3) = 36 - 63 + 30 = 3$$ 이다.

답   3

019

$$\frac{d}{dx}F(x) = f(x)$$
$$F'(x) = f(x)$$

$$F(x) + xf(x) = 4x^3 - 6x + 2$$
양변을 x 에 대해 미분하면
$$2f(x) + xf'(x) = 12x^2 - 6$$

$f(x) = ax^n + \cdots$ 라 하면 좌변의 최고차항은
$(2a + na)x^n$ 이므로 $a = 3,\ n = 2$ 이다.

$$f(x) = 3x^2 + bx + c$$
$$f'(x) = 6x + b$$
를 좌변에 대입하면

$$2f(x) + xf'(x) = 12x^2 - 6$$
$$12x^2 + 3bx + 2c = 12x^2 - 6$$
$$b = 0,\ c = -3$$

$$f(x) = 3x^2 - 3$$
$$F(x) = x^3 - 3x + C_1$$

$F(x) + xf(x) = 4x^3 - 6x + 2$ 에 $x = 0$ 을 대입하면
$F(0) = 2$ 이므로 $C_1 = 2$
$$F(x) = x^3 - 3x + 2$$

이렇게 $F(x)$ 를 찾을 수도 있지만 Technical하게
풀어보자.
$$F'(x) = f(x)$$
$$F(x) + xf(x) = 4x^3 - 6x + 2$$
$$F(x) + xF'(x) = 4x^3 - 6x + 2$$
$$\{xF(x)\}' = 4x^3 - 6x + 2$$
$$xF(x) = x^4 - 3x^2 + 2x + C_2$$
$F(x)$ 는 다항함수이므로 $C_2 = 0$ 이다.
$(\because xF(x) = x(ax^n + \cdots + p) = ax^{n+1} + \cdots + px\,)$

$$xF(x) = x^4 - 3x^2 + 2x$$
$$F(x) = x^3 - 3x + 2$$

$$g(x) = \int F(x)\,dx$$
$$g'(x) = F(x) = x^3 - 3x + 2 = (x+2)(x-1)^2$$
$$g(x) = \frac{1}{4}x^4 - \frac{3}{2}x^2 + 2x + C_3$$

$g'(x)$ 를 바탕으로 $g(x)$ 를 그리면

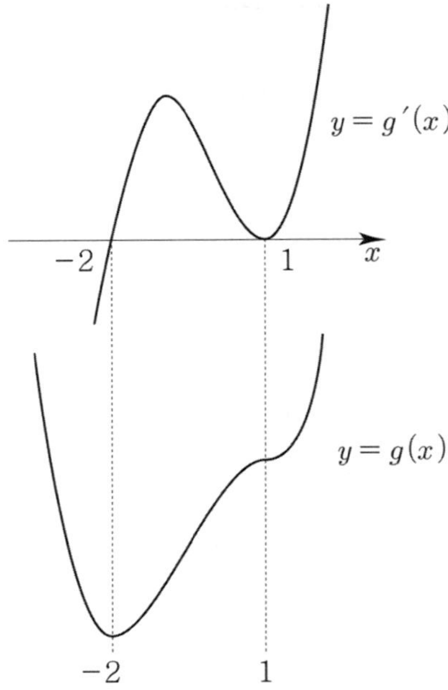

$g(x)$ 는 $x=-2$ 에서 극솟값을 가지므로
$$g(-2)=0 \Rightarrow 4-6-4+C_3=0 \Rightarrow C_3=6$$

$$g(x)=\frac{1}{4}x^4-\frac{3}{2}x^2+2x+6 \text{ 이므로}$$
$$g(2)=4-6+4+6=8 \text{ 이다.}$$

답   8

020

$$f'(x)=\begin{cases} 4x+1 & (x<0) \\ k & (x>0) \end{cases}$$

$$f(x)=\begin{cases} 2x^2+x+a & (x<0) \\ kx+b & (x \geq 0) \end{cases}$$

$$f(-1)=0 \Rightarrow 2-1+a=0 \Rightarrow a=-1$$
$$f(1)=1 \Rightarrow k+b=1$$

$f(x)$ 가 $x=0$ 에서 연속이므로
$$\lim_{x \to 0}f(x)=f(0) \Rightarrow a=b=-1$$

$b=-1$ 이므로 $k=2$ 이다.

답   2

021

연속함수 $f(x)$ 에 대하여
$$f'(x)=|x-1|+x$$
$$f'(x)=\begin{cases} 1 & (x<1) \\ 2x-1 & (x \geq 1) \end{cases}$$

$$f(x)=\begin{cases} x+a & (x<1) \\ x^2-x+b & (x \geq 1) \end{cases}$$

$$f(0)=3 \Rightarrow a=3$$
$x=1$ 에서 연속이므로
$$\lim_{x \to 1}f(x)=f(1) \Rightarrow 1+a=b \Rightarrow b=4$$

$$f(x)=\begin{cases} x+3 & (x<1) \\ x^2-x+4 & (x \geq 1) \end{cases}$$
이므로
$$f(-2)+f(2)=1+4-2+4=7 \text{ 이다.}$$

답   7

022

연속함수 $f(x)$ 에 대하여
$$f'(x)=\begin{cases} -3x^2 & (|x|<1) \\ 2 & (|x|>1) \end{cases}$$

$$f'(x)=\begin{cases} 2 & (x<-1) \\ -3x^2 & (-1<x<1) \\ 2 & (x>1) \end{cases}$$

$$f(x)=\begin{cases} 2x+a & (x<-1) \\ -x^3+b & (-1 \leq x \leq 1) \\ 2x+c & (x>1) \end{cases}$$
(등호는 어디에 붙든지 상관없다.)

$$f(-2)=3 \Rightarrow -4+a=3 \Rightarrow a=7$$
$x=-1$ 에서 연속이므로
$$\lim_{x \to -1}f(x)=f(-1) \Rightarrow -2+a=1+b \Rightarrow b=4$$
$x=1$ 에서 연속이므로
$$\lim_{x \to 1}f(x)=f(1) \Rightarrow -1+b=2+c \Rightarrow c=1$$

$$f(x) = \begin{cases} 2x+7 & (x < -1) \\ -x^3+4 & (-1 \leq x \leq 1) \\ 2x+1 & (x > 1) \end{cases}$$

이므로

$f(-2)f(0)f(2) = 3 \times 4 \times 5 = 60$ 이다.

답   60

023

$$\int_0^2 (3x^2+4x)\,dx = \left[x^3+2x^2\right]_0^2 = 8+8 = 16$$

답   16

024

$$\int_0^1 (2x^2-1)^2\,dx = \int_0^1 (4x^4-4x^2+1)\,dx$$

$$= \left[\frac{4}{5}x^5 - \frac{4}{3}x^3 + x\right]_0^1 = \frac{4}{5} - \frac{4}{3} + 1 = \frac{7}{15} = k$$

따라서 $30k = 14$ 이다.

답   14

025

$$f(x) = 4x^3 + 3ax^2$$

$$\int_0^1 f(x)\,dx = f(-1)$$

$$\int_0^1 (4x^3+3ax^2)\,dx = \left[x^4+ax^3\right]_0^1 = 1+a$$

$$f(-1) = -4+3a$$

이므로 $1+a = -4+3a \Rightarrow 5 = 2a \Rightarrow a = \dfrac{5}{2}$

따라서 $10a = 25$ 이다.

답   25

026

$y = 6x^2$ 의 그래프를 x 축의 방향으로 a 만큼 평행이동한 그래프를 나타내는 함수를 $y = f(x)$ 라 할 때,

$$f(x) = 6(x-a)^2$$

$$\int_a^3 f(x)\,dx = \int_a^3 6(x-a)^2\,dx$$

$$= \left[2(x-a)^3\right]_a^3 = 2(3-a)^3 = 16$$

$$(3-a)^3 = 8 \Rightarrow a = 1$$

답   1

027

$$\int_{-1}^2 (x+2)^2\,dx - \int_{-1}^2 (x-2)^2\,dx$$

$$= \int_{-1}^2 (x^2+4x+4)\,dx - \int_{-1}^2 (x^2-4x+4)\,dx$$

$$= \int_{-1}^2 8x\,dx = \left[4x^2\right]_{-1}^2 = 16-4 = 12$$

답   12

028

$$\int_{-2}^0 \frac{3x^3}{x-1}\,dx + \int_0^{-2} \frac{3}{t-1}\,dt$$

$$= \int_{-2}^0 \frac{3x^3}{x-1}\,dx - \int_{-2}^0 \frac{3}{t-1}\,dt$$

$$= \int_{-2}^0 \frac{3x^3-3}{x-1}\,dx = \int_{-2}^0 (3x^2+3x+3)\,dx$$

$$= \left[x^3 + \frac{3}{2}x^2 + 3x\right]_{-2}^0$$

$$= -(-8+6-6) = 8$$

답   8

29

$f(x) = 3x^2 - 2x + 5$

$$\int_0^4 f(x)\,dx - \int_1^6 f(x)\,dx - \int_6^4 f(x)\,dx$$

$$= \int_0^4 f(x)\,dx + \int_4^6 f(x)\,dx + \int_6^1 f(x)\,dx = \int_0^1 f(x)\,dx$$

$$= \int_0^1 (3x^2 - 2x + 5)\,dx = \left[x^3 - x^2 + 5x \right]_0^1 = 1 - 1 + 5 = 5$$

답   5

$\displaystyle\int_a^b f(x)\,dx = F(b) - F(a)$ 를 이용해서 풀어도 된다.

$$\int_0^4 f(x)\,dx - \int_1^6 f(x)\,dx - \int_6^4 f(x)\,dx$$

$$= F(4) - F(0) - (F(6) - F(1)) - (F(4) - F(6))$$

$$= F(4) - F(0) - F(6) + F(1) - F(4) + F(6)$$

$$= F(1) - F(0) = \int_0^1 f(x)\,dx$$

30

$$\int_1^3 f(x)\,dx = -1, \quad \int_1^3 \{f(x)\}^2\,dx = 4$$

$$\int_1^3 \{3f(x) - 1\}^2\,dx = \int_1^3 \left[9\{f(x)\}^2 - 6f(x) + 1 \right]\,dx$$

$$= 9\int_1^3 \{f(x)\}^2\,dx - 6\int_1^3 f(x)\,dx + \int_1^3 1\,dx$$

$$= 9 \times 4 - 6 \times (-1) + \left[x \right]_1^3 = 36 + 6 + 2 = 44$$

답   44

31

$f(x) = 4x^3 + 2ax$

$$\int_0^3 (x-1)f(x)\,dx = \int_0^3 \{xf(x) - f'(x)\}\,dx$$

$$\int_0^3 \{xf(x) - f(x)\}\,dx = \int_0^3 \{xf(x) - f'(x)\}\,dx$$

$$\int_0^3 xf(x)\,dx - \int_0^3 f(x)\,dx = \int_0^3 xf(x)\,dx - \int_0^3 f'(x)\,dx$$

$$\int_0^3 f(x)\,dx = \int_0^3 f'(x)\,dx$$

$$\int_0^3 f'(x)\,dx = f(3) - f(0)$$

$$\int_0^3 f(x)\,dx = \int_0^3 (4x^3 + 2ax)\,dx = \left[x^4 + ax^2 \right]_0^3 = 81 + 9a$$

$$f(3) - f(0) = 108 + 6a$$

이므로 $81 + 9a = 108 + 6a \implies 3a = 27 \implies a = 9$

답   9

32

$$f(x) = \begin{cases} 3x + 2 & (x < 0) \\ -4x^2 + 4 & (x \geq 0) \end{cases}$$

$$\int_{-2}^1 xf(x)\,dx = \int_{-2}^0 xf(x)\,dx + \int_0^1 xf(x)\,dx$$

$$= \int_{-2}^0 (3x^2 + 2x)\,dx + \int_0^1 (-4x^3 + 4x)\,dx$$

$$= \left[x^3 + x^2 \right]_{-2}^0 + \left[-x^4 + 2x^2 \right]_0^1 = -(-8 + 4) - 1 + 2$$

$$= 5$$

답   5

33

$$\int_0^2 |x^2 - 1|\,dx$$

$f(x) = x^2 - 1$ 라 하면

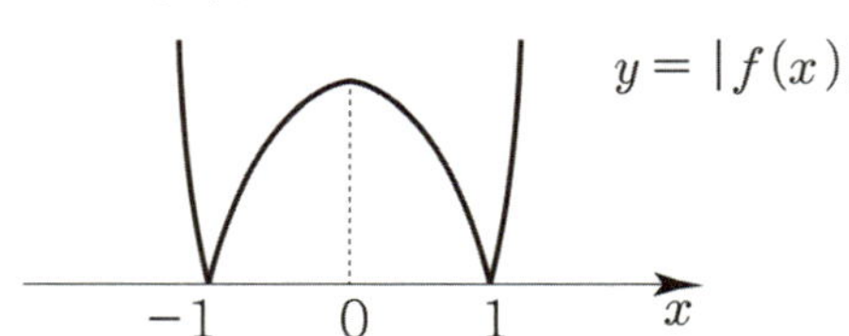

$$\int_0^2 |x^2 - 1|\,dx = \int_0^1 (-x^2 + 1)\,dx + \int_1^2 (x^2 - 1)\,dx$$

$$= \left[-\frac{1}{3}x^3 + x \right]_0^1 + \left[\frac{1}{3}x^3 - x \right]_1^2 = \frac{2}{3} + \frac{2}{3} - \left(-\frac{2}{3} \right)$$

$$= \frac{6}{3} = 2$$

답   2

$$\int_0^3 6x|x-1|\,dx$$

$f(x) = 6x|x-1|$ 라 하면

$$f(x) = \begin{cases} -6x^2 + 6x & (x < 1) \\ 6x^2 - 6x & (x \geq 1) \end{cases}$$

$$\int_0^3 6x|x-1|\,dx$$

$$= \int_0^1 (-6x^2 + 6x)\,dx + \int_1^3 (6x^2 - 6x)\,dx$$

$$= \left[-2x^3 + 3x^2\right]_0^1 + \left[2x^3 - 3x^2\right]_1^3 = 1 + 27 - (-1) = 29$$

답 29

$y = f(2-x)$ 의 그래프는 $y = f(x)$ 의 그래프를 $x = 1$ 에 대하여 대칭시켜 구할 수 있다.

물론 아래와 같이 식을 설계해도 좋다.
(라이트 N제 수1에서 학습)

1단계) $x \rightarrow x+2$ (x 축의 방향으로 -2 만큼 평행이동)
$$y = f(x+2)$$

2단계) $x \rightarrow -x$ (y 축 대칭)
$$y = f(-x+2) = f(2-x)$$

$y = f(2-x)$ 를 그리면

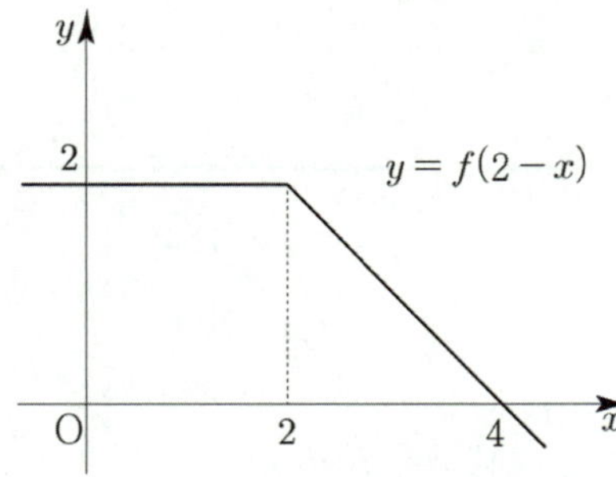

$$f(2-x) = \begin{cases} 2 & (x < 2) \\ -x+4 & (x \geq 2) \end{cases}$$

$$\int_0^3 3x f(2-x)\,dx = \int_0^2 6x\,dx + \int_2^3 (-3x^2 + 12x)\,dx$$

$$= \left[3x^2\right]_0^2 + \left[-x^3 + 6x^2\right]_2^3 = 12 + 27 - (-8 + 24)$$

$$= 39 - 16 = 23$$

답 23

$$\int_{-1}^1 (2x^3 + 6x^2 + 5)\,dx = \int_{-1}^1 (6x^2 + 5)\,dx$$

$$= 2\int_0^1 (6x^2 + 5)\,dx = 2\left[2x^3 + 5x\right]_0^1 = 2(2+5) = 14$$

답 14

$$\int_{-a}^a (4x^3 + 6x^2 - x)\,dx = \int_{-a}^a 6x^2\,dx$$

$$= 2\int_0^a 6x^2\,dx = 2\left[2x^3\right]_0^a = 4a^3 = \frac{4}{27} \implies a = \frac{1}{3}$$

따라서 $60a = 20$ 이다.

답 20

$f(x) = 5x^2 + ax + b$

$$\int_{-1}^1 x f(x)\,dx = 2, \quad \int_{-1}^1 x^2 f(x)\,dx = -4$$

$$\int_{-1}^1 x f(x)\,dx = \int_{-1}^1 (5x^3 + ax^2 + bx)\,dx = \int_{-1}^1 ax^2\,dx$$

$$= 2\int_0^1 ax^2\,dx = 2\left[\frac{a}{3}x^3\right]_0^1 = \frac{2a}{3} = 2 \implies a = 3$$

$$\int_{-1}^1 x^2 f(x)\,dx = \int_{-1}^1 (5x^4 + ax^3 + bx^2)\,dx$$

$$= \int_{-1}^1 (5x^4 + bx^2)\,dx = 2\int_0^1 (5x^4 + bx^2)\,dx$$

$$= 2\left[x^5 + \frac{b}{3}x^3\right]_0^1 = 2\left(1 + \frac{b}{3}\right) = 2 + \frac{2b}{3} = -4 \implies b = -9$$

$f(x) = 5x^2 + 3x - 9$ 이므로 $f(3) = 45 + 9 - 9 = 45$ 이다.

답   45

039

모든 실수 x 에 대하여 $f(-x) = f(x)$

$f(x)$ 는 우함수이므로 $x^3 f(x)$ 와 $xf(x)$ 는 모두 기함수이다.

$$\int_0^2 f(x)\,dx = 3$$

$$\int_{-2}^2 (5x^3 - 2x + 1) f(x)\,dx$$

$$= 5\int_{-2}^2 x^3 f(x)\,dx - 2\int_{-2}^2 xf(x)\,dx + \int_{-2}^2 f(x)\,dx$$

$$= 2\int_0^2 f(x)\,dx = 6$$

답   6

040

모든 실수 x 에 대하여 $f(-x) = -f(x)$

$f(x)$ 는 기함수이므로 $xf(x)$ 는 우함수이고
$x^2 f(x)$ 는 기함수이다.

$$\int_0^1 xf(x)\,dx = -4$$

$$\int_{-1}^1 (x-3)^2 f(x)\,dx = \int_{-1}^1 (x^2 - 6x + 9) f(x)\,dx$$

$$= \int_{-1}^1 x^2 f(x)\,dx - 6\int_{-1}^1 xf(x)\,dx + 9\int_{-1}^1 f(x)\,dx$$

$$= -6\int_{-1}^1 xf(x)\,dx = -12\int_0^1 xf(x)\,dx = 48$$

답   48

041

연속함수 $f(x)$

(가) 모든 실수 x 에 대하여 $f(-x) = f(x)$ 이다.

$f(x)$ 는 우함수이고 y 축에 대하여 대칭

$$\int_{-2}^0 f(x)\,dx = \int_0^2 f(x)\,dx = 4$$

이므로 $\displaystyle\int_{-2}^2 f(x)\,dx = 2\int_0^2 f(x)\,dx = 8$

(나) 모든 실수 x 에 대하여 $f(x+4) = f(x)$ 이다.

$f(x)$ 는 주기가 4 인 주기함수이다.

주기함수의 성질에 의해서
(한 주기에 해당하는 구간에서의 정적분의 값은 항상 일정)

$$\int_{-2}^2 f(x)\,dx = \int_{-4}^0 f(x)\,dx = \int_0^4 f(x)\,dx = \int_{-8}^{-4} f(x)\,dx$$

$$\int_{-8}^4 f(x)\,dx = \int_{-8}^{-4} f(x)\,dx + \int_{-4}^0 f(x)\,dx + \int_0^4 f(x)\,dx$$

$$= 3\int_{-2}^2 f(x)\,dx = 3 \times 8 = 24$$

답   24

그래프를 그려서 넓이로 접근해보자.
(정적분의 활용을 배우지 않은 학생은 2회독 때 봐도 된다.)
(가), (나) 조건을 만족시키는 주기함수 중 하나를 그리면
(최대한 간단하게 그리는 것이 좋다.)

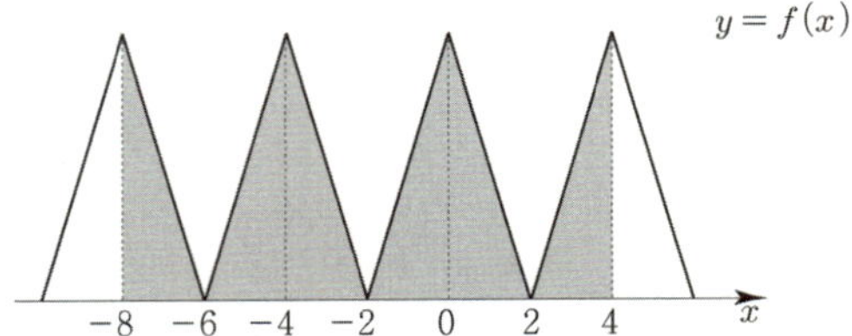

$$\int_{-8}^4 f(x)\,dx = 6\int_{-2}^0 f(x)\,dx = 24$$

> **Tip**
>
> 이런 유형은 그래프로 접근하는 편이 훨씬 빠르다. 식으로
> 접근하는 방법과 그래프로 접근하는 방법 둘 다 알아두자.

042

(가) $f(x) = \begin{cases} 6x^2 & (0 \le x \le 1) \\ -6x + 12 & (1 < x < 2) \end{cases}$

(나) 모든 실수 x 에 대하여 $f(x+2) = f(x)$ 이다.

$f(x)$ 는 주기가 2 인 주기함수

주기함수의 성질에 의해서

$$\int_{-2}^{-1} f(x)\,dx = \int_{0}^{1} f(x)\,dx$$

$$\int_{3}^{4} f(x)\,dx = \int_{1}^{2} f(x)\,dx$$

이므로

$$\int_{-2}^{-1} f(x)\,dx + \int_{3}^{4} f(x)\,dx = \int_{0}^{1} f(x)\,dx + \int_{1}^{2} f(x)\,dx$$

$$= \int_{0}^{2} f(x)\,dx$$

$$\int_{0}^{2} f(x)\,dx = \int_{0}^{1} f(x)\,dx + \int_{1}^{2} f(x)\,dx$$

$$= \int_{0}^{1} 6x^2\,dx + \int_{1}^{2} (-6x+12)\,dx$$

$$= \left[2x^3\right]_0^1 + \left[-3x^2+12x\right]_1^2 = 2+12-9 = 5$$

답   5

그래프를 그려서 넓이로 접근해보자.
(정적분의 활용을 배우지 않은 학생은 2회독 때 봐도 된다.)

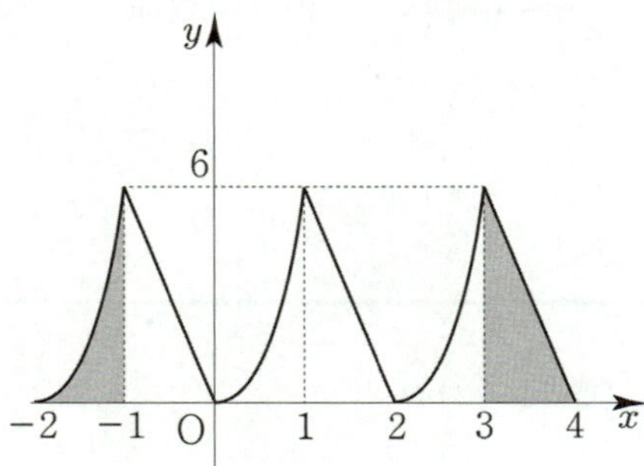

즉, $\displaystyle\int_{-2}^{-1} f(x)\,dx + \int_{3}^{4} f(x)\,dx = \int_{0}^{2} f(x)\,dx$

인 것이 자명하다.

043

다항함수 $f(x)$ 에 대하여

$$f(x) = 3x^2 - 2x + \int_{0}^{2} f(t)\,dt$$

$\displaystyle\int_{0}^{2} f(t)\,dt = a$ 라 하면

$$f(x) = 3x^2 - 2x + a$$

$$\int_{0}^{2} f(x)\,dx = \int_{0}^{2} (3x^2 - 2x + a)\,dx = \left[x^3 - x^2 + ax\right]_0^2$$

$$= 4 + 2a = a \Rightarrow a = -4$$

$f(x) = 3x^2 - 2x - 4$ 이므로 $f(4) = 48 - 8 - 4 = 36$ 이다.

답   36

044

다항함수 $f(x)$ 에 대하여

$$f(x) = 4x + \int_{0}^{1} t f'(t)\,dt$$

$\displaystyle\int_{0}^{1} t f'(t)\,dt = a$ 라 하면

$$f(x) = 4x + a$$
$$f'(x) = 4$$

$$\int_{0}^{1} x f'(x)\,dx = \int_{0}^{1} 4x\,dx = \left[2x^2\right]_0^1 = 2 = a$$

$f(x) = 4x + 2$ 이므로 $f(2) = 10$ 이다.

답   10

045

다항함수 $f(x)$ 에 대하여

$$f(x) = -9x^2 - 2x \int_{0}^{1} f(t)\,dt + \left\{ \int_{0}^{1} f(t)\,dt \right\}^2$$

$\displaystyle\int_{0}^{1} f(t)\,dt = a$ 라 하면

$$f(x) = -9x^2 - 2ax + a^2$$

$$\int_{0}^{1} f(x)\,dx = \int_{0}^{1} (-9x^2 - 2ax + a^2)\,dx$$

$$= \left[-3x^3 - ax^2 + a^2 x\right]_0^1 = -3 - a + a^2 = a$$

$$a^2 - 2a - 3 = 0 \Rightarrow (a-3)(a+1) = 0$$
$$\Rightarrow a = 3 \ \text{or} \ a = -1$$

① $a = -1$
$$f(x) = -9x^2 + 2x + 1$$
$$f'(x) = -18x + 2$$
$f'(0) = 2$ 이므로 조건을 만족시키지 않는다.

② $a = 3$
$$f(x) = -9x^2 - 6x + 9$$
$$f'(x) = -18x - 6$$
$f'(0) < 0$ 이므로 조건을 만족시킨다.

따라서 $f(0) = 9$ 이다.

답   9

046

다항함수 $f(x)$ 에 대하여

$$f(x) = 4x^3 + \int_{-1}^{0} (x+2)f(t)\,dt$$

$$\int_{-1}^{0} (x+2)f(t)\,dt = (x+2)\int_{-1}^{0} f(t)\,dt$$

$$= x\int_{-1}^{0} f(t)\,dt + 2\int_{-1}^{0} f(t)\,dt$$

(t 에 대한 적분식이므로 x 는 상수로 간주하면 된다.

마치 $\sum_{k=1}^{n} ak = a\sum_{k=1}^{n} k$ 와 같다.)

$$f(x) = 4x^3 + x\int_{-1}^{0} f(t)\,dt + 2\int_{-1}^{0} f(t)\,dt$$

$$\int_{-1}^{0} f(t)\,dt = a \text{ 라 하면}$$

$$f(x) = 4x^3 + ax + 2a$$

$$\int_{-1}^{0} f(x)\,dx = \int_{-1}^{0} (4x^3 + ax + 2a)\,dx$$

$$= \left[x^4 + \frac{a}{2}x^2 + 2ax \right]_{-1}^{0} = -\left(1 + \frac{a}{2} - 2a \right)$$

$$= -1 + \frac{3}{2}a = a \Rightarrow a = 2$$

$$f(x) = 4x^3 + 2x + 4 \text{ 이므로}$$

$$f\left(\int_{-1}^{0} f(t)\,dt \right) = f(a) = f(2) = 32 + 4 + 4 = 40 \text{ 이다.}$$

답 40

047

$$f(x) = 12x^2 + \int_{0}^{1} (6x+t)f(t)\,dt$$

$$f(x) = 12x^2 + 6x\int_{0}^{1} f(t)\,dt + \int_{0}^{1} tf(t)\,dt$$

$$\int_{0}^{1} f(t)\,dt = a, \quad \int_{0}^{1} tf(t)\,dt = b \text{ 라 하면 } f(x) = 12x^2 + 6ax + b$$

$$\int_{0}^{1} f(x)\,dx = \int_{0}^{1} (12x^2 + 6ax + b)\,dx = \left[4x^3 + 3ax^2 + bx \right]_{0}^{1}$$

$$= 4 + 3a + b$$

$$= a$$

$$\Rightarrow 2a + b = -4 \quad \cdots \quad \text{㉠}$$

$$\int_{0}^{1} xf(x)\,dx = \int_{0}^{1} (12x^3 + 6ax^2 + bx)\,dx$$

$$= \left[3x^4 + 2ax^3 + \frac{b}{2}x^2 \right]_{0}^{1}$$

$$= 3 + 2a + \frac{b}{2}$$

$$= b$$

$$\Rightarrow 4a - b = -6 \quad \cdots \quad \text{㉡}$$

㉠, ㉡를 연립하면 $a = -\dfrac{5}{3}, \ b = -\dfrac{2}{3}$

$$f(x) = 12x^2 - 10x - \frac{2}{3} \text{ 이므로}$$

$$\left\{ f\left(\frac{1}{6} \right) \right\}^2 = \left(\frac{1}{3} - \frac{5}{3} - \frac{2}{3} \right)^2 = (-2)^2 = 4 \text{ 이다.}$$

답 4

048

$$F(x) = \int_{0}^{x} (t^3 - 2t + 1)\,dt$$

양변을 x 에 대해 미분하면
$F'(x) = x^3 - 2x + 1$ 이므로 $F'(3) = 27 - 6 + 1 = 22$
이다.

답 22

049

다항함수 $f(x)$ 에 대하여

$$\int_{1}^{x} f(t)\,dt = 2x^2 + 3x - a$$

양변에 $x = 1$ 을 대입하면 $0 = 2 + 3 - a \Rightarrow a = 5$

$$\int_{1}^{x} f(t)\,dt = 2x^2 + 3x - 5$$

양변을 x 에 대해 미분하면
$$f(x) = 4x + 3$$

따라서 $f(a) = f(5) = 20 + 3 = 23$ 이다.

답 23

050

다항함수 $f(x)$ 에 대하여

$$\int_2^x f(t)\,dt = -x^3 + ax^2 + x\int_0^1 f(t)\,dt$$

양변에 $x=2$ 을 대입하면

$$0 = -8 + 4a + 2\int_0^1 f(t)\,dt \text{ 이므로}$$

$$\int_0^1 f(t)\,dt = 4 - 2a$$

$$\int_2^x f(t)\,dt = -x^3 + ax^2 + x\int_0^1 f(t)\,dt$$

양변을 x 에 대해 미분하면

$$f(x) = -3x^2 + 2ax + \int_0^1 f(t)\,dt$$

$$f(x) = -3x^2 + 2ax + 4 - 2a$$

$$\int_0^1 f(x)\,dx = \int_0^1 (-3x^2 + 2ax + 4 - 2a)\,dx$$

$$= \left[-x^3 + ax^2 + (4-2a)x\right]_0^1 = -1 + a + 4 - 2a$$

$$= -a + 3 = 4 - 2a \implies a = 1$$

$f(x) = -3x^2 + 2x + 2$ 이므로 $f(1) = 1$ 이다.

 답 1

051

다항함수 $f(x)$ 에 대하여

$$xf(x) = x^3 - 2x^2 + \int_1^x f(t)\,dt$$

양변에 $x=1$ 을 대입하면

$$f(1) = 1 - 2 + 0 = -1$$

$$xf(x) = x^3 - 2x^2 + \int_1^x f(t)\,dt$$

양변을 x 에 대해 미분하면

$$f(x) + xf'(x) = 3x^2 - 4x + f(x)$$

$$xf'(x) = 3x^2 - 4x$$

$$f'(x) = 3x - 4$$

$$f(x) = \frac{3}{2}x^2 - 4x + C$$

$$f(1) = -1 \implies \frac{3}{2} - 4 + C = -1 \implies C = \frac{3}{2}$$

$f(x) = \dfrac{3}{2}x^2 - 4x + \dfrac{3}{2}$ 이므로 $f(3) = \dfrac{27}{2} - 12 + \dfrac{3}{2} = 3$ 이다.

 답 3

$$f(x) = \int_x^{x+2} (t-1)(t-3)\,dt$$

$g(t) = (t-1)(t-3)$, $\{G(t)\}' = g(t)$ 라 하면

$$f(x) = \int_x^{x+2} g(t)\,dt = G(x+2) - G(x)$$

양변을 x 에 대해 미분하면

$$f'(x) = g(x+2) - g(x) = (x+1)(x-1) - (x-1)(x-3)$$

$$= 4(x-1)$$

$f(x)$ 는 $x=1$ 에서 최솟값을 가지므로

$$f(1) = \int_1^3 (t-1)(t-3)\,dt = \int_1^3 (t^2 - 4t + 3)\,dt$$

$$= \left[\frac{1}{3}t^3 - 2t^2 + 3t\right]_1^3 = -\frac{4}{3} = -k \implies k = \frac{4}{3}$$

따라서 $60k = 80$ 이다.

 답 80

빼기함수 Technique을 적용시켜서 최솟값을 갖는 x 를 찾아보자.

$$g(x) = (x-1)(x-3)$$

$$f'(x) = g(x+2) - g(x)$$

$y = g(x+2)$ 의 그래프는 $y = g(x)$ 의 그래프를
x 축의 방향으로 -2 만큼 평행이동시켜 그릴 수 있다.

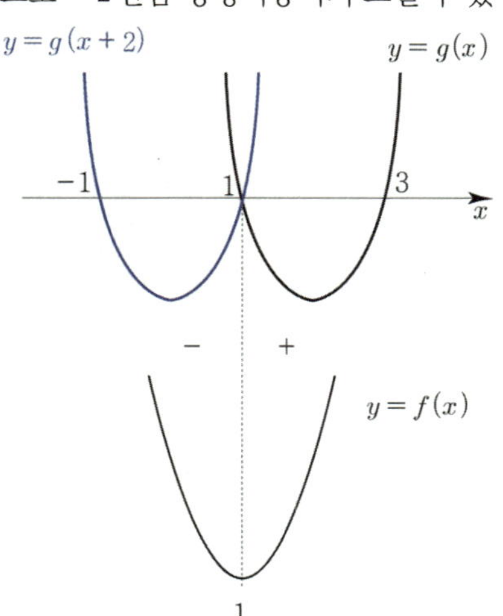

$f(x)$ 는 $x=1$ 에서 최솟값을 갖는다.

053

$$f(x) = \int_0^x (6t^2 + at + b)\,dt$$

양변에 $x = 0$을 대입하면 $f(0) = 0$

$$f(x) = \int_0^x (6t^2 + at + b)\,dt$$

양변을 x에 대해 미분하면
$$f'(x) = 6x^2 + ax + b$$

$f(x)$는 $x = 2$에서 극솟값을 가지므로
$$f'(2) = 0 \Rightarrow 24 + 2a + b = 0 \Rightarrow 2a + b = -24$$
$$f(2) = -20 \Rightarrow \int_0^2 (6t^2 + at + b)\,dt$$
$$= \left[2t^3 + \frac{a}{2}t^2 + bt \right]_0^2 = 16 + 2a + 2b = -20$$
$$\Rightarrow a + b = -18$$

두 식을 연립하면 $a = -6,\ b = -12$

$$f'(x) = 6x^2 - 6x - 12 = 6(x^2 - x - 2) = 6(x+1)(x-2)$$

$f(x)$는 $x = -1$에서 극댓값을 가지므로
$$f(-1) = \int_0^{-1} (6t^2 - 6t - 12)\,dt = \left[2t^3 - 3t^2 - 12t \right]_0^{-1}$$
$$= -2 - 3 + 12 = 7$$

답　7

054

$$\int_1^x (x-t)f(t)\,dt = 3x^3 - ax^2 + 3x$$

양변에 $x = 1$을 대입하면
$$0 = 3 - a + 3 \Rightarrow a = 6$$

$$\int_1^x (x-t)f(t)\,dt = 3x^3 - 6x^2 + 3x$$
$$\int_1^x xf(t)\,dt - \int_1^x tf(t)\,dt = 3x^3 - 6x^2 + 3x$$
$$x\int_1^x f(t)\,dt - \int_1^x tf(t)\,dt = 3x^3 - 6x^2 + 3x$$

양변을 x에 대해 미분하면
$$\int_1^x f(t)\,dt + xf(x) - xf(x) = 9x^2 - 12x + 3$$

$$\int_1^x f(t)\,dt = 9x^2 - 12x + 3$$

양변을 x에 대해 미분하면
$$f(x) = 18x - 12 \text{ 이므로 } f(a) = f(6) = 108 - 12 = 96$$
이다.

답　96

055

$$\int_0^x (x-t)f(t)\,dt = -\frac{1}{4}x^4 + x^3$$
$$\int_0^x xf(t)\,dt - \int_0^x tf(t)\,dt = -\frac{1}{4}x^4 + x^3$$
$$x\int_0^x f(t)\,dt - \int_0^x tf(t)\,dt = -\frac{1}{4}x^4 + x^3$$

양변을 x에 대해 미분하면
$$\int_0^x f(t)\,dt + xf(x) - xf(x) = -x^3 + 3x^2$$
$$\int_0^x f(t)\,dt = -x^3 + 3x^2$$

양변을 x에 대해 미분하면
$$f(x) = -3x^2 + 6x$$
$$f'(x) = -6x + 6$$

$f(x)$는 $x = 1$에서 최댓값을 가지므로
$$f(1) = -3 + 6 = 3 \text{ 이다.}$$

답　3

056

$$f(x) = \int_{\sqrt{2}}^x \{3|t| - t\}\,dt$$

양변에 $x = \sqrt{2}$을 대입하면
$$f(\sqrt{2}) = 0$$

양변을 x에 대해 미분하면
$$f'(x) = 3|x| - x$$

$$f'(x) = \begin{cases} -4x & (x < 0) \\ 2x & (x \geq 0) \end{cases}$$

$$f(x) = \begin{cases} -2x^2 + a & (x < 0) \\ x^2 + b & (x \geq 0) \end{cases}$$

$f(\sqrt{2})=0 \Rightarrow 2+b=0 \Rightarrow b=-2$

$f(x)$는 실수 전체의 집합에서 미분가능하므로
$x=0$에서 연속이다.
$$\lim_{x \to 0} f(x) = f(0) \Rightarrow a=b \Rightarrow a=-2$$

$$f(x)=\begin{cases} -2x^2-2 & (x<0) \\ x^2-2 & (x \geq 0) \end{cases}$$

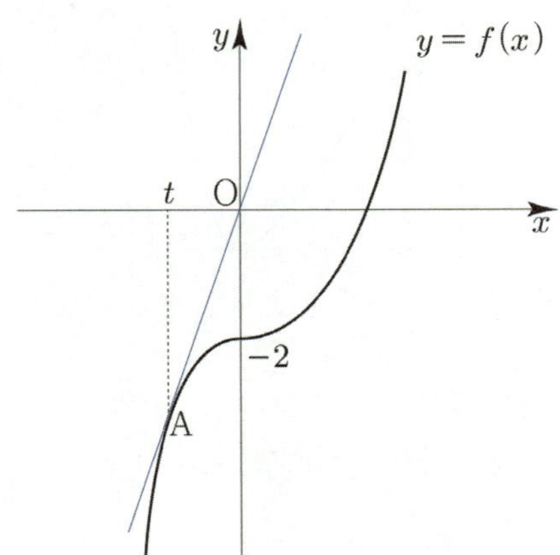

원점에서 곡선 $y=f(x)$에 접선을 그을 때,
접점을 A라고 하자.
접점의 x좌표를 $t\,(t<0)$라 하면 접선의 방정식은
$y=-4t(x-t)-2t^2-2$
접선이 $(0,\ 0)$을 지나므로
$0=2t^2-2 \Rightarrow t=-1\,(\because t<0)$

A$(-1,\ -4)$이므로 $\overline{\mathrm{OA}}^2=1+16=17$이다.

답 17

이번에는 범위를 나누어서 직접 정적분의 값을 구해보자.

$g(t)=3|t|-t$라 하면

$$g(t)=\begin{cases} -4t & (t<0) \\ 2t & (t \geq 0) \end{cases}$$

$f(x)=\displaystyle\int_{\sqrt{2}}^{x}\{3|t|-t\}dt=\int_{\sqrt{2}}^{x}g(t)dt$의 값을 구하기 위해서
x의 범위에 따라 case분류하면 다음과 같다.

① $x \geq 0$일 때
$$\int_{\sqrt{2}}^{x}g(t)dt=\int_{\sqrt{2}}^{x}2t\,dt=x^2-2$$

② $x<0$일 때
$$\int_{\sqrt{2}}^{x}g(t)dt=\int_{\sqrt{2}}^{0}2t\,dt+\int_{0}^{x}(-4t)\,dt$$
$$=-2+(-2x^2)=-2x^2-2$$

①, ②에 의하여 $f(x)=\displaystyle\int_{\sqrt{2}}^{x}\{3|t|-t\}dt=\int_{\sqrt{2}}^{x}g(t)dt$는
다음과 같다.

$$f(x)=\begin{cases} -2x^2-2 & (x<0) \\ x^2-2 & (x \geq 0) \end{cases}$$

> **Tip**
>
> 첫 번째 풀이와 같이 $f'(x)$를 구한 후 부정적분과 연속 조건을
> 이용하여 $f(x)$를 구하는 방법도 있고, 두 번째 풀이와 같이
> 범위를 구분하여 직접 정적분의 값을 구하는 방법도 있다.
> 후자의 경우 범위에 따라 적분해야 하는 함수가 바뀌기 때문에
> 실수하기 쉽다는 단점이 있다.
> 특히, ② $x<0$인 경우와 같이 적분구간 안에 적분해야 하는
> 함수가 달라지는 경우에는 구간을 나누어 적분해야 하기에
> 실수하기 더욱 쉽다.
> 따라서 첫 번째 풀이처럼 미분한 뒤 $f'(x)$로부터 $f(x)$를
> 구하는 방식이 효율적이다.

057

$-1 \leq x \leq 1$
$$f(x)=\int_{-1}^{1}|t-x|\,dt$$

$\displaystyle\int_{-1}^{1}|t-x|\,dt$는 t에 대한 적분식이므로 x는 상수로
간주하면 된다.

x의 범위가 $-1 \leq x \leq 1$이므로 $y=|t-x|$를 그리면
다음 그림과 같다.

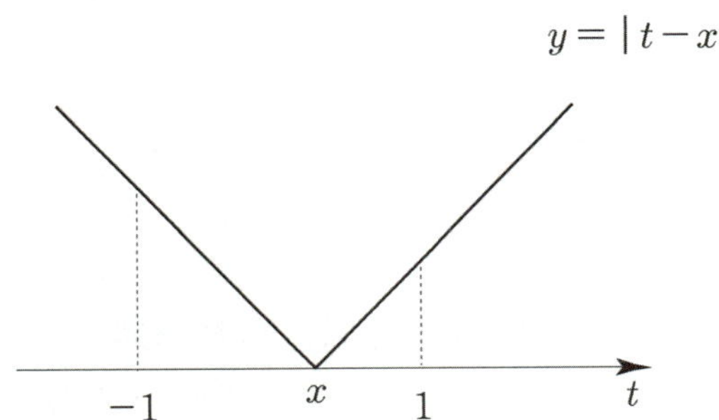

$$\int_{-1}^{1}|t-x|\,dt = \int_{-1}^{x}(-t+x)\,dt + \int_{x}^{1}(t-x)\,dt$$

$$= \left[-\frac{1}{2}t^2+xt\right]_{-1}^{x} + \left[\frac{1}{2}t^2-xt\right]_{x}^{1}$$

$$= \frac{x^2}{2}-\left(-\frac{1}{2}-x\right)+\left(\frac{1}{2}-x\right)-\left(-\frac{x^2}{2}\right)=x^2+1$$

$f(x)=x^2+1 \ (-1\le x\le 1)$
$f(x)$ 를 그리면

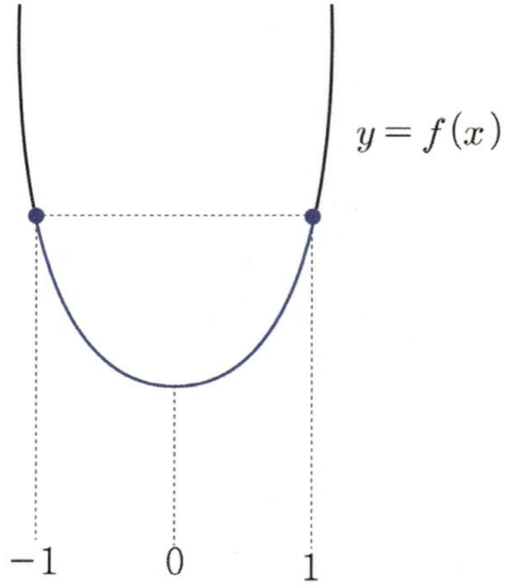

$f(x)$ 는 $x=0$ 에서 최솟값 1 을 갖고
$x=-1$ or $x=1$ 에서 최댓값 2 를 가지므로
최댓값과 최솟값의 합은 3 이다.

답 3

058

$$f(x)=\begin{cases} -2x-2 & (x<0) \\ x^2-x-2 & (x\ge 0) \end{cases}$$

방정식 $\displaystyle\int_{a}^{x}f(t)\,dt=0$ 이 서로 다른 두 실근을 갖도록
하는 상수 a 의 개수를 구해보자.

$g(x)=\displaystyle\int_{a}^{x}f(t)\,dt$ 라면
$g(a)=0,\ g'(x)=f(x)$

방정식 $g(x)=0$ 이 서로 다른 두 실근을 갖도록 하려면
함수 $y=g(x)$ 의 그래프와 x 축의 교점의 개수가 2 이면
된다.

$$g'(x)=\begin{cases} -2x-2 & (x<0) \\ x^2-x-2 & (x\ge 0) \end{cases}$$

$g'(x)$ 를 바탕으로 $g(x)$ 를 그리면

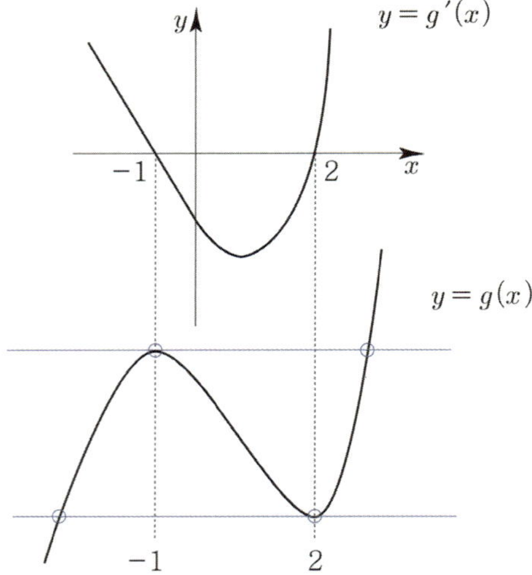

$g(a)=0$ 이므로 a 는 x 축을 결정한다.
따라서 조건을 만족시키는 a 의 개수는 4 이다.

답 4

059

함수 $f(x)=x^3-3x^2$
$$g(x)=\int_{0}^{x}|f'(t)|\,dt$$

양변에 $x=0$ 을 대입하면
$g(0)=0$ (x 축 설정)

양변을 x 에 대해 미분하면
$g'(x)=|f'(x)|$

$f'(x)$ 의 부호에 따라 $g'(x)$ 가 달라지므로 case분류하면

$f'(x)>0 \ \Rightarrow\ g'(x)=f'(x) \Rightarrow\ g(x)=f(x)+c_1$

$f'(x)<0 \ \Rightarrow\ g'(x)=-f'(x) \Rightarrow\ g(x)=-f(x)+c_2$

$g(x)$ 가 연속함수가 되도록 $f(x)$ 가 증가하는 범위에서는
$f(x)$ 를 적당히 y 축 방향으로 평행이동한 것을,
$f(x)$ 가 감소하는 범위에서는 $-f(x)$ ($f(x)$ 를 x 축에
대하여 대칭)를 적당히 y 축 방향으로 평행이동한 것을
연속이 되도록 이어붙이면 된다.
마지막으로 $g(0)=0$ 으로 x 축을 설정할 수 있다.

<함수 $g(x)$ 가 연속인 이유>

부정적분과 정적분 Guide step 中 개념파악하기 (6) tip 2에서 배웠듯이 함수 $f(t)$ 가 실수 전체의 집합에서 연속이면

정적분 $\displaystyle\int_a^x f(t)dt$ 는 실수 전체의 집합에서 정의된 미분가능한 함수이다.

위의 논리를 적용시켜 보자.
함수 $|f'(t)|$ 는 실수 전체의 집합에서 연속이므로

$g(x) = \displaystyle\int_0^x |f'(t)|dt$ 는 실수 전체의 집합에서 정의된

미분가능한 함수이다. 따라서 $g(x)$ 는 실수 전체의 집합에서 연속인 것이 자명하다.

$g(0)=0$, $g'(x)=|f'(x)|$ 을 바탕으로

$g(x) = \displaystyle\int_0^x |f'(t)|dt$ 를 그리면

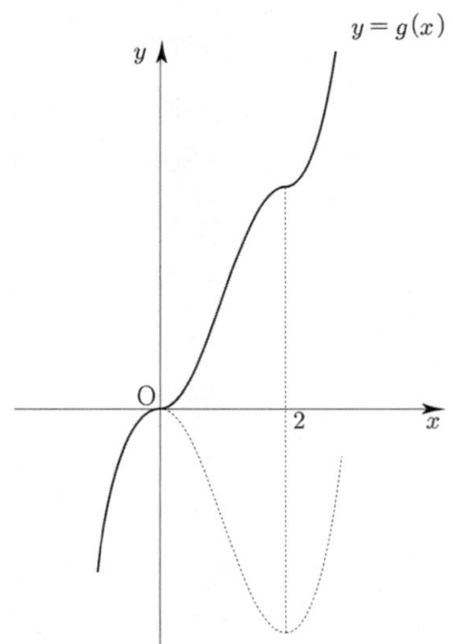

ㄱ. $g(0)=0$
  $g(0)=0$ 이므로 참이다.

ㄴ. $0 < x < 2$ 인 모든 실수 x 에 대하여
  $g'(x)+f'(x)=0$ 이다.

  $0 < x < 2$ 에서 $f'(x) < 0$ 이므로 $g'(x) = -f'(x)$ 이므로 $g'(x)+f'(x)=0$ 이다.
  따라서 ㄴ은 참이다.

ㄷ. 모든 실수 a 에 대하여 $\displaystyle\lim_{x \to a} g(x) = g(a)$ 이다.
  $g(x)$ 는 실수 전체의 집합에서 연속이므로 ㄷ은 참이다.

ㄹ. 함수 $g(x)$ 는 실수 전체의 집합에서 미분가능하다.
  $g(x)$ 는 미분가능한 함수이므로 ㄹ은 참이다.
  $(g'(x) = |f'(x)|)$

ㅁ. $x_1 < x_2$ 인 임의의 두 실수 x_1, x_2 에 대하여
  $g(x_1) < g(x_2)$ 이다.
  $g(x)$ 는 증가함수이므로 ㅁ은 참이다.

ㅂ. 함수 $g(x)$ 의 역함수는 존재하지 않는다.
  $g(x)$ 는 연속이고 증가함수이므로 역함수가 존재한다.
  따라서 ㅂ은 거짓이다.

ㅅ. 함수 $g(x)$ 는 $x=2$ 에서 극값을 갖는다.
  $g'(2)=0$ 이지만 극값을 갖지 않는다. (그래프 참고)
  따라서 ㅅ은 거짓이다.

ㅇ. 함수 $|g(x)-g(2)|$ 는 실수 전체의 집합에서 미분가능하다.
  $g'(2)=0$ 이므로 함수 $|g(x)-g(2)|$ 는 실수 전체의 집합에서 미분가능하다.

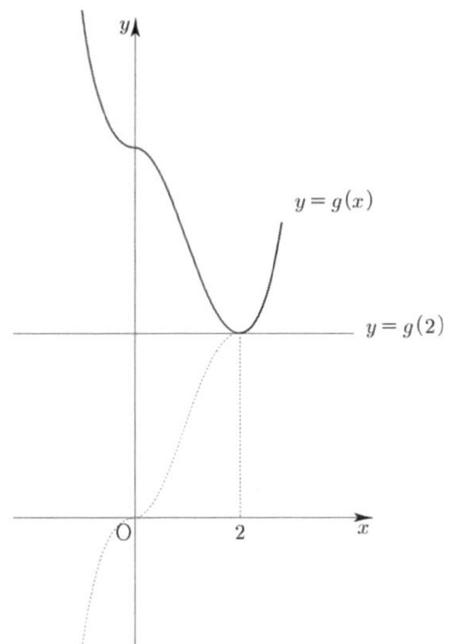

따라서 ㅇ은 참이다.

ㅈ. $g(-1)+g(1)+g(4)=22$

$$g'(x) = \begin{cases} f'(x) & (x < 0) \\ -f'(x) & (0 \leq x \leq 2) \\ f'(x) & (x > 2) \end{cases}$$

$$g(x) = \begin{cases} f(x)+a & (x < 0) \\ -f(x)+b & (0 \leq x \leq 2) \\ f(x)+c & (x > 2) \end{cases}$$

$f(x) = x^3 - 3x^2$ 이므로

$$g(x) = \begin{cases} x^3 - 3x^2 + a & (x < 0) \\ -x^3 + 3x^2 + b & (0 \le x \le 2) \\ x^3 - 3x^2 + c & (x > 2) \end{cases}$$

$g(0) = 0 \Rightarrow b = 0$

$g(x)$ 는 실수 전체의 집합에서 미분가능하므로
$x = 0$ 과 $x = 2$ 에서 연속이다.
$\lim\limits_{x \to 0} g(x) = g(0) \Rightarrow a = b \Rightarrow a = 0$
$\lim\limits_{x \to 2} g(x) = g(2) \Rightarrow -8 + 12 + b = 8 - 12 + c$

$\Rightarrow 4 = -4 + c \Rightarrow c = 8$

$$g(x) = \begin{cases} x^3 - 3x^2 & (x < 0) \\ -x^3 + 3x^2 & (0 \le x \le 2) \\ x^3 - 3x^2 + 8 & (x > 2) \end{cases}$$

$g(-1) + g(1) + g(4) = -4 + 2 + 24 = 22$ 이므로
ㅈ은 참이다.

답 ㄱ, ㄴ, ㄷ, ㄹ, ㅁ, ㅇ, ㅈ

60	①	92	⑤
61	②	93	②
62	①	94	42
63	25	95	45
64	4	96	①
65	②	97	②
66	④	98	27
67	④	99	②
68	10	100	④
69	⑤	101	7
70	②	102	③
71	12	103	②
72	⑤	104	②
73	9	105	8
74	④	106	110
75	②	107	③
76	50	108	12
77	40	109	13
78	①	110	8
79	⑤	111	17
80	①	112	39
81	②	113	10
82	⑤	114	⑤
83	②	115	⑤
84	⑤	116	⑤
85	5	117	⑤
86	③	118	④
87	②	119	①
88	④	120	54
89	②	121	43
90	②	122	②
91	①		

060

$$\int_0^2 (3x^2+6x)\,dx = \left[x^3+3x^2\right]_0^2 = 8+12 = 20$$

답 ①

061

$$f(x) = \int_1^x (t-2)(t-3)\,dt$$

양변을 x에 대해 미분하면
$f'(x) = (x-2)(x-3)$ 이므로 $f'(4) = 2$ 이다.

답 ②

062

$$f(x) = x^2 - 2x + \int_0^1 t f(t)\,dt$$

$\displaystyle\int_0^1 t f(t)\,dt = a$ 라 하면

$$f(x) = x^2 - 2x + a$$

$$\int_0^1 x f(x)\,dx = \int_0^1 (x^3 - 2x^2 + ax)\,dx$$

$$= \left[\frac{1}{4}x^4 - \frac{2}{3}x^3 + \frac{a}{2}x^2\right]_0^1 = \frac{1}{4} - \frac{2}{3} + \frac{a}{2} = a$$

$$\Rightarrow \frac{a}{2} = \frac{-5}{12} \Rightarrow a = -\frac{5}{6}$$

$f(x) = x^2 - 2x - \dfrac{5}{6}$ 이므로 $f(3) = 9 - 6 - \dfrac{5}{6} = \dfrac{13}{6}$ 이다.

답 ①

063

$$\int_{-a}^a (3x^2 + 2x)\,dx = \frac{1}{4}$$

$$\int_{-a}^a (3x^2 + 2x)\,dx = \int_{-a}^a 3x^2\,dx = 2\int_0^a 3x^2\,dx$$

$$= 2\left[x^3\right]_0^a = 2a^3 = \frac{1}{4} \Rightarrow a = \frac{1}{2}$$

따라서 $50a = 25$ 이다.

답 25

064

$$f(x) = \int_0^x (2at+1)\,dt$$

양변을 x에 대해 미분하면 $f'(x) = 2ax + 1$
$f'(2) = 17 \Rightarrow 4a + 1 = 17 \Rightarrow a = 4$

답 4

065

연속함수 $f(x)$ 가 $f(x) = f(x+4)$
$f(x)$ 는 주기가 4인 주기함수이다.

$$f(x) = \begin{cases} -4x+2 & (0 \le x < 2) \\ x^2 - 2x + a & (2 \le x \le 4) \end{cases}$$

$f(x)$ 는 연속함수이므로 $x = 2$ 에서 연속이다.
$$\lim_{x \to 2} f(x) = f(2) \Rightarrow -6 = a$$

$$f(x) = \begin{cases} -4x+2 & (0 \le x < 2) \\ x^2 - 2x - 6 & (2 \le x \le 4) \end{cases}$$

주기함수의 성질에 의해서
$$\int_9^{11} f(x)\,dx = \int_5^7 f(x)\,dx = \int_1^3 f(x)\,dx \text{ 이므로}$$

$$\int_1^3 f(x)\,dx = \int_1^2 (-4x+2)\,dx + \int_2^3 (x^2 - 2x - 6)\,dx$$

$$= \left[-2x^2 + 2x\right]_1^2 + \left[\frac{1}{3}x^3 - x^2 - 6x\right]_2^3$$

$$= (-4) + (-18) - \left(\frac{-40}{3}\right) = -22 + \frac{40}{3} = -\frac{26}{3}$$

답 ②

066

$$f(x) = x + 1$$

$$\int_{-1}^{1} \{f(x)\}^2 dx = k\left(\int_{-1}^{1} f(x)dx\right)^2$$

$$\int_{-1}^{1} \{f(x)\}^2 dx = \int_{-1}^{1} (x^2 + 2x + 1)dx = \int_{-1}^{1}(x^2 + 1)dx$$

$$= 2\int_{0}^{1}(x^2 + 1)dx = 2\left[\frac{1}{3}x^3 + x\right]_0^1 = \frac{8}{3}$$

$$\int_{-1}^{1} f(x)dx = \int_{-1}^{1}(x+1)dx = 2$$

$$\frac{8}{3} = 4k \implies k = \frac{2}{3}$$

답 ④

067

$$\int_{-2}^{a} f(x)dx = \int_{-2}^{0} f(x)dx \implies \int_{-2}^{a} f(x)dx - \int_{-2}^{0} f(x)dx = 0$$

$$\implies \int_{-2}^{a} f(x)dx + \int_{0}^{-2} f(x)dx = 0 \implies \int_{0}^{a} f(x)dx = 0$$

$$\int_{0}^{a}(3x^2 - 16x - 20)dx = \left[x^3 - 8x^2 - 20x\right]_0^a$$

$$= a^3 - 8a^2 - 20a$$

$$= a(a-10)(a+2) = 0$$

따라서 양수 a 는 10 이다.

답 ④

068

$$\int_{1}^{4}(x + |x-3|)dx$$

$f(x) = x + |x-3|$ 라 하면

$$f(x) = \begin{cases} 3 & (x < 3) \\ 2x - 3 & (x \geq 3) \end{cases}$$

$$\int_{1}^{4}(x + |x-3|)dx = \int_{1}^{3} 3dx + \int_{3}^{4}(2x-3)dx$$

$$= \left[3x\right]_1^3 + \left[x^2 - 3x\right]_3^4 = 6 + 4 = 10$$

답 10

069

$$f(x) = x^2 + x$$

$$5\int_{0}^{1} f(x)dx - \int_{0}^{1}(5x + f(x))dx$$

$$= \int_{0}^{1} 4f(x) - 5x\,dx = \int_{0}^{1} 4x^2 - x\,dx$$

$$= \left[\frac{4x^3}{3} - \frac{x^2}{2}\right]_0^1 = \frac{4}{3} - \frac{1}{2} = \frac{5}{6}$$

따라서 $5\int_{0}^{1} f(x)dx - \int_{0}^{1}(5x + f(x))dx = \frac{5}{6}$ 이다.

답 ⑤

070

다항함수 $f(x)$ 에 대하여

$$f(x) = \frac{3}{4}x^2 + \left(\int_{0}^{1} f(x)dx\right)^2$$

$$\int_{0}^{1} f(x)dx = a \text{ 라 하면}$$

$$f(x) = \frac{3}{4}x^2 + a^2$$

$$\int_{0}^{1} f(x)dx = \int_{0}^{1}\left(\frac{3}{4}x^2 + a^2\right)dx = \left[\frac{1}{4}x^3 + a^2 x\right]_0^1$$

$$= \frac{1}{4} + a^2 = a \implies a^2 - a + \frac{1}{4} = 0 \implies \left(a - \frac{1}{2}\right)^2 = 0$$

$$\implies a = \frac{1}{2}$$

$$f(x) = \frac{3}{4}x^2 + \frac{1}{4}$$

$$\int_{0}^{2} f(x)dx = \int_{0}^{2}\left(\frac{3}{4}x^2 + \frac{1}{4}\right)dx = \left[\frac{1}{4}x^3 + \frac{1}{4}x\right]_0^2$$

$$= \frac{8}{4} + \frac{2}{4} = \frac{5}{2}$$

답 ②

071

$$f(x) = \int \left\{ \frac{d}{dx}(x^2 - 6x) \right\} dx = x^2 - 6x + C$$

$$f'(x) = 2x - 6$$

$f(x)$ 는 $x = 3$ 에서 최솟값을 가지므로
$$f(3) = 8 \Rightarrow -9 + C = 8 \Rightarrow C = 17$$

$f(x) = x^2 - 6x + 17$ 이므로 $f(1) = 1 - 6 + 17 = 12$ 이다.

답 12

072

다항함수 $f(x)$ 에 대하여
$$3xf(x) = 9\int_1^x f(t)\,dt + 2x$$
양변에 $x = 1$ 을 대입하면
$$3f(1) = 2 \Rightarrow f(1) = \frac{2}{3}$$

$$3xf(x) = 9\int_1^x f(t)\,dt + 2x$$

양변을 x 에 대해 미분하면
$$3f(x) + 3xf'(x) = 9f(x) + 2$$
양변에 $x = 1$ 을 대입하면
$$3f(1) + 3f'(1) = 9f(1) + 2$$
$$\Rightarrow f'(1) = \frac{1}{3}\{6f(1) + 2\} = \frac{1}{3} \times 6 = 2$$

답 ⑤

073

$$f(x) = \begin{cases} -2x & (x < 0) \\ k(2x - x^2) & (x \geq 0) \end{cases}$$

$$F(x) = \begin{cases} -x^2 + a & (x < 0) \\ k\left(x^2 - \dfrac{x^3}{3}\right) + b & (x \geq 0) \end{cases}$$

함수 $F(x)$ 는 실수 전체의 집합에서 미분가능하므로
실수 전체의 집합에서 연속이다.
즉, $x = 0$ 에서도 연속이다.

$$\lim_{x \to 0} F(x) = F(0)$$

$$\Rightarrow a = b$$

$$F(x) = \begin{cases} -x^2 + a & (x < 0) \\ k\left(x^2 - \dfrac{x^3}{3}\right) + a & (x \geq 0) \end{cases}$$

$F(2) = \dfrac{4}{3}k + a$, $\quad F(-3) = -9 + a$ 이므로
$$F(2) - F(-3) = 21$$

$$\Rightarrow \frac{4}{3}k + a + 9 - a = 21$$

$$\Rightarrow \frac{4}{3}k = 12$$

$$\Rightarrow k = 9$$

따라서 상수 $k = 9$ 이다.

답 9

074

$$f'(x) = 6x^2 - 2f(1)x,$$
$$f(x) = 2x^3 - f(1)x^2 + C$$
$$f(0) = 4 \Rightarrow C = 4$$

$f(x) = 2x^3 - f(1)x^2 + 4$ 이므로
양변에 $x = 1$ 을 대입하면
$$f(1) = 2 - f(1) + 4 \Rightarrow f(1) = 3$$
$$\therefore f(x) = 2x^3 - 3x^2 + 4$$

따라서 $f(2) = 16 - 12 + 4 = 8$ 이다.

답 ④

075

$$xf(x) - f(x) = 3x^4 - 3x$$
$$\Rightarrow f(x)(x - 1) = 3x(x^3 - 1)$$
$$\Rightarrow f(x)(x - 1) = 3x(x - 1)(x^2 + x + 1)$$
$$x \neq 1 \text{ 일 때, } f(x) = 3x(x^2 + x + 1) = 3x^3 + 3x^2 + 3x$$

삼차함수 $f(x)$ 는 $x = 1$ 에서 연속이므로

$$f(x) = 3x(x^2 + x + 1) = 3x^3 + 3x^2 + 3x$$

따라서 $\displaystyle \int_{-2}^{2} f(x)dx = \int_{-2}^{2} (3x^3 + 3x^2 + 3x)dx$

$$= \int_{-2}^{2} 3x^2 dx = 2\int_{0}^{2} 3x^2 dx$$

$$= 2\left[x^3 \right]_{0}^{2} = 2 \times 8 = 16$$

이다.

답 ②

076

다항함수 $f(x)$ 에 대하여

$\displaystyle \int_{1}^{x} (2x-1)f(t)dt = x^3 + ax + b$ 에서

$\displaystyle \int_{1}^{x} (2x-1)f(t)dt = (2x-1)\int_{1}^{x} f(t)dt$ 이므로

$x = 1$ 대입: $0 = 1 + a + b$

$x = \dfrac{1}{2}$ 대입: $0 = \dfrac{1}{8} + \dfrac{1}{2}a + b$

위 두 식을 연립하면 $a = -\dfrac{7}{4}$, $b = \dfrac{3}{4}$

따라서

$$(2x-1)\int_{1}^{x} f(t)dt = x^3 - \frac{7}{4}x + \frac{3}{4}$$

$$= \frac{1}{4}(x-1)(2x-1)(2x+3)$$

$$\Rightarrow \int_{1}^{x} f(t)dt = \frac{1}{4}(x-1)(2x+3)$$

양변을 미분하면

$$f(x) = x + \frac{1}{4}$$

$$\therefore f(1) = \frac{5}{4}, \quad 40 \times f(1) = 50 \text{ 이다.}$$

답 50

다르게 풀어보자.

다항함수 $f(x)$ 에 대하여

$$\int_{1}^{x} (2x-1)f(t)dt = x^3 + ax + b$$

양변에 $x = 1$ 을 대입하면 $0 = 1 + a + b$

$$\int_{1}^{x} (2x-1)f(t)dt = x^3 + ax + b$$

$$2x\int_{1}^{x} f(t)dt - \int_{1}^{x} f(t)dt = x^3 + ax + b$$

양변을 x 에 대해 미분하면

$$2\int_{1}^{x} f(t)dt + 2xf(x) - f(x) = 3x^2 + a$$

$$2\int_{1}^{x} f(t)dt + (2x-1)f(x) = 3x^2 + a$$

다시 양변을 x 에 대해 미분하면

$$2f(x) + 2f(x) + (2x-1)f'(x) = 6x$$
$$4f(x) + (2x-1)f'(x) = 6x$$

$f(x) = px^n + \cdots$ 라 하면

좌변의 최고차항은 $(4p + 2pn)x^n$ 이므로

$p = 1$, $n = 1$ 이다.

$$f(x) = x + q$$
$$f'(x) = 1$$

이므로

$$4f(x) + (2x-1)f'(x) = 6x$$
$$4(x+q) + 2x - 1 = 6x$$
$$6x + 4q - 1 = 6x \Rightarrow q = \frac{1}{4}$$

$f(x) = x + \dfrac{1}{4}$ 이므로 $f(1) = \dfrac{5}{4}$ 이다.

따라서 $40 \times f(1) = 40 \times \dfrac{5}{4} = 50$ 이다.

077

다항함수 $f(x)$ 에 대하여

$$\int_{0}^{x} f(t)\,dt = x^3 - 2x^2 - 2x\int_{0}^{1} f(t)\,dt$$

양변에 $x = 1$ 을 대입하면

$$\int_{0}^{1} f(t)dt = 1 - 2 - 2\int_{0}^{1} f(t)dt \Rightarrow \int_{0}^{1} f(t)dt = -\frac{1}{3}$$

$$\int_{0}^{x} f(t)\,dt = x^3 - 2x^2 + \frac{2}{3}x$$

양변을 x 에 대해 미분하면

$f(x) = 3x^2 - 4x + \dfrac{2}{3}$ 이므로 $f(0) = \dfrac{2}{3} = a$ 이다.

따라서 $60a = 40$ 이다.

답 40

078

이차함수 $f(x)$, $f(0) = -1$
$$f(x) = ax^2 + bx - 1$$

$$\int_{-1}^{1} f(x)dx = \int_{0}^{1} f(x)dx = \int_{-1}^{0} f(x)dx = k$$

$$\int_{-1}^{1} f(x)dx = \int_{-1}^{0} f(x)dx + \int_{0}^{1} f(x)dx \Rightarrow k = k + k$$

$$\Rightarrow k = 0$$

$$\int_{-1}^{1} f(x)dx = \int_{-1}^{1}(ax^2 + bx - 1)dx = 2\int_{0}^{1}(ax^2 - 1)dx$$

$$= 2\left[\frac{a}{3}x^3 - x\right]_{0}^{1} = 2\left(\frac{a}{3} - 1\right) = 0 \Rightarrow a = 3$$

$$\int_{0}^{1} f(x)dx = \int_{0}^{1}(3x^2 + bx - 1)dx = \left[x^3 + \frac{b}{2}x^2 - x\right]_{0}^{1}$$

$$= 1 + \frac{b}{2} - 1 = 0 \Rightarrow b = 0$$

$f(x) = 3x^2 - 1$ 이므로 $f(2) = 11$ 이다.

답 ①

079

다항함수 $f(x)$ 에 대하여
$$\int_{1}^{x}\left\{\frac{d}{dt}f(t)\right\}dt = x^3 + ax^2 - 2$$

양변에 $x = 1$ 을 대입하면
$$0 = 1 + a - 2 \Rightarrow a = 1$$

$$\int_{1}^{x}\left\{\frac{d}{dt}f(t)\right\}dt = x^3 + x^2 - 2$$

$$\int_{1}^{x} f'(t)\,dt = x^3 + x^2 - 2$$

양변을 x 에 대해 미분하면
$f'(x) = 3x^2 + 2x$ 이므로
$f'(a) = f'(1) = 5$ 이다.

답 ⑤

080

다항함수 $f(x)$ 에 대하여
$$\lim_{x \to 1} \frac{\displaystyle\int_{1}^{x} f(t)dt - f(x)}{x^2 - 1} = 2$$

$g(x) = \displaystyle\int_{1}^{x} f(t)dt - f(x)$ 라 하면

$$\lim_{x \to 1} \frac{g(x)}{x^2 - 1} = 2$$

$$\lim_{x \to 1}(x^2 - 1) = 0 \Rightarrow \lim_{x \to 1} g(x) = 0 \Rightarrow g(1) = 0$$

($\because$ $g(x)$ 는 다항함수이므로 $x = 1$ 에서 연속)

$$g(1) = -f(1) = 0 \Rightarrow f(1) = 0$$

$$\lim_{x \to 1}\frac{g(x) - g(1)}{x^2 - 1} = \lim_{x \to 1}\frac{g(x) - g(1)}{x - 1} \times \frac{1}{x + 1}$$

$$= \frac{1}{2}g'(1) = 2 \Rightarrow g'(1) = 4$$

$$g(x) = \int_{1}^{x} f(t)dt - f(x)$$

양변을 x 에 대해 미분하면
$g'(x) = f(x) - f'(x)$
$g'(1) = f(1) - f'(1) \Rightarrow 4 = 0 - f'(1)$
$\Rightarrow f'(1) = -4$

답 ①

081

$f(x) = x^3 - 3x + k$ 라 하자.
$0 < a < b$ 인 모든 실수 a, b 에 대하여
$$\int_{a}^{b} f(x)dx > 0$$ 가 성립하려면
$x > 0$ 에서 $f(x) \geq 0$ 이어야 한다.

$f'(x) = 3x^2 - 3 = 3(x+1)(x-1)$ 를 바탕으로
$f(x)$ 를 그리면

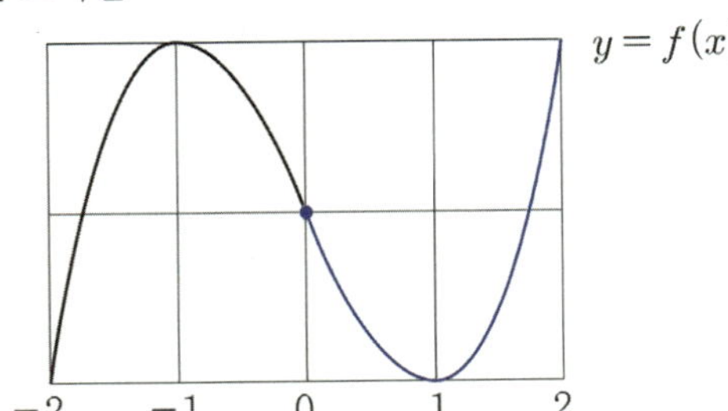

$x > 0$에서 $f(x) \geq 0$이려면 $f(1) \geq 0$이므로
$f(1) \geq 0 \Rightarrow 1-3+k \geq 0 \Rightarrow k \geq 2$이다.

따라서 구하고자 하는 실수 k의 최솟값은 2이다.

답 ②

082

$f(x) = x(x+2)(x+4)$

$g(x) = \displaystyle\int_2^x f(t)dt$

$g(2) = 0, \ g'(x) = f(x) = x(x+2)(x+4)$
$g'(x)$를 바탕으로 $g(x)$를 그리면

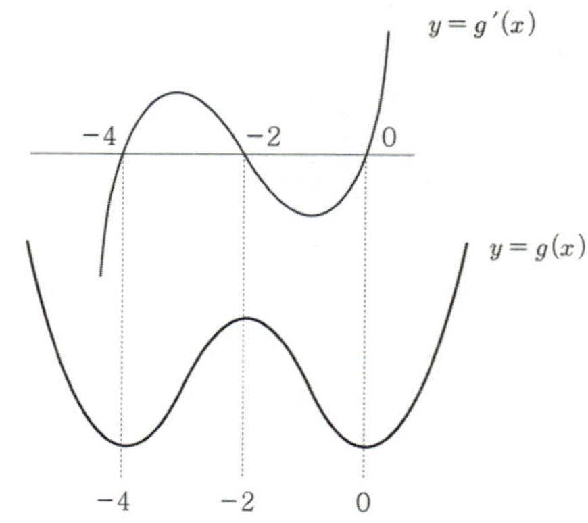

$g(x)$는 $x = -2$에서 극댓값을 가지므로
$a = -2$이다.

$g(a) = g(-2) = \displaystyle\int_2^{-2} x(x+2)(x+4)dx$

$\qquad = -\displaystyle\int_{-2}^{2} (x^3+6x^2+8x)\,dx = -2\displaystyle\int_0^2 6x^2 dx$

$\qquad = -2\left[2x^3\right]_0^2 = -32$

답 ⑤

083

이차함수 $f(x)$에 대하여
$g(x) = \displaystyle\int \{x^2 + f(x)\}dx, \ f(x)g(x) = -2x^4 + 8x^3$

$f(x)g(x) = -2x^4 + 8x^3 = -2x^3(x-4)$
$f(x)g(x)$가 사차함수인데 $f(x)$가 이차함수이므로
$g(x)$는 이차함수이다.

$g(x) = \displaystyle\int \{x^2 + f(x)\}dx$

$g(x)$가 이차함수가 되려면 $x^2 + f(x)$가 일차함수이어야
하므로 $f(x) = -x^2 + ax + b$이다.

$f(x)g(x) = -2x^3(x-4)$이고
$f(x)$는 이차함수이므로 $f(x)$는 x를 인수로 가져야 하므로
$f(0) = 0 \Rightarrow b = 0$

$f(x) = -x^2 + ax = -x(x-a)$이므로
$a = 4 \ or \ a = 0$이다.

① $a = 0$
$f(x) = -x^2$
$g(x) = \displaystyle\int \{x^2 + f(x)\}dx$가 이차함수가 될 수
없으므로 모순이다.

② $a = 4$
$f(x) = -x(x-4) = -x^2 + 4x$이므로 $g(x) = 2x^2$이다.

따라서 $g(1) = 2$이다.

답 ②

084

(가) 조건에서 $f(x) + f(-x) = 3x^2 + ax + b$
$f(x)$에서 x의 계수를 A라 하면
$f(-x)$에서 x의 계수는 $-A$이므로
$f(x) + f(-x)$의 x의 계수는 0이다.
$\Rightarrow a = 0$

(나) 조건에서
$f(0) + f(0) = b \Rightarrow f(0) = \dfrac{b}{2} = -1 \Rightarrow b = -2$

n이 짝수일 때, $f(x)$에서 x^n의 계수는
$f(-x)$에서 x^n의 계수와 같고
n이 홀수일 때, $\displaystyle\int_{-3}^3 x^n dx = 0$이므로 ($\because$ 기함수)

$\displaystyle\int_{-3}^3 f(-x)dx = \displaystyle\int_{-3}^3 f(x)dx$이다.

$f(x) + f(-x) = 3x^2 - 2$
$\Rightarrow \displaystyle\int_{-3}^3 \{f(x)+f(-x)\}dx = \displaystyle\int_{-3}^3 (3x^2-2)dx$

$$\Rightarrow \int_{-3}^{3} f(x)\,dx + \int_{-3}^{3} f(-x)\,dx = \int_{-3}^{3}(3x^2 - 2)\,dx$$

$$\Rightarrow 2\int_{-3}^{3} f(x)\,dx = 2\int_{0}^{3}(3x^2 - 2)\,dx$$

$$\Rightarrow \int_{-3}^{3} f(x)\,dx = \left[x^3 - 2x\right]_{0}^{3} = 21$$

답 ⑤

> **Tip**
>
> $f(x)$ 가 이차함수라고 가정해도 답은 같지만
> $f(x)$ 가 반드시 이차함수라고 단정할 수는 없다.
> $f(x)$ 에 ax^n (n은 3 이상인 홀수)항들이 있어도
> $f(x) + f(-x) = 3x^2 - 2$ 가 성립한다.
>
> 예를 들어 $f(x) = x^5 + x^3 + \dfrac{3}{2}x^2 + x - 1$ 이어도
> $f(x) + f(-x) = 3x^2 - 2$ 가 성립한다.

085

$$f(x) = -x^2 - 4x + a$$

$g(x) = \displaystyle\int_{0}^{x} f(t)\,dt$ 가 닫힌구간 $[0,\ 1]$에서 증가하려면

$0 \le x \le 1$에서 $g'(x) \ge 0$이어야 한다.

$g'(x) = f(x)$ 이므로 $0 \le x \le 1$에서 $-x^2 - 4x + a \ge 0$이다.

$$-x^2 - 4x + a \ge 0 \Rightarrow a \ge x^2 + 4x$$

$h(x) = x^2 + 4x$ 라 하면

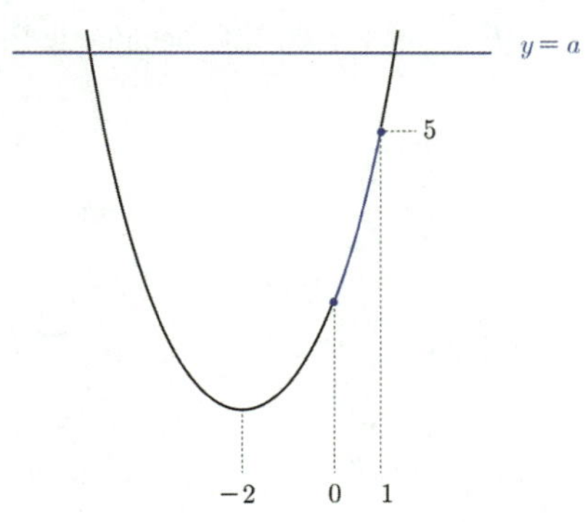

$a \ge 5$이므로 실수 a의 최솟값은 5이다.

답 5

086

$\displaystyle\int_{0}^{1} g(t)\,dt = a$ 라 하면

(가) 조건에서 $f(x) = 2x + 2a$

$$g(x) = \int f(x)\,dx = x^2 + 2ax + C$$
$$g(0) = C$$
$$\int_{0}^{1} g(t)\,dt = \left[\frac{1}{3}t^3 + at^2 + Ct\right]_{0}^{1} = \frac{1}{3} + a + C = a$$

$$\Rightarrow C = -\frac{1}{3}$$

이므로 (나) 조건에서

$$g(0) - \int_{0}^{1} g(t)\,dt = \frac{2}{3}$$

$$\Rightarrow \left(-\frac{1}{3}\right) - \left\{\frac{1}{3} + a + \left(-\frac{1}{3}\right)\right\} = \frac{2}{3}$$

$$\Rightarrow a = -1$$

$g(x) = x^2 - 2x - \dfrac{1}{3}$ 이므로 $g(1) = 1 - 2 - \dfrac{1}{3} = -\dfrac{4}{3}$ 이다.

답 ③

087

$$f(x) = x^3 - 4x\int_{0}^{1} |f(t)|\,dt$$

$a = \displaystyle\int_{0}^{1} |f(t)|\,dt$ 라 하면 $a > 0$

$$f(x) = x^3 - 4ax$$

$$f(1) > 0 \Rightarrow 1 - 4a > 0 \Rightarrow a < \frac{1}{4}$$

즉, $0 < a < \dfrac{1}{4}$

$$f(x) = x^3 - 4ax = x(x^2 - 4a) = x(x - 2\sqrt{a})(x + 2\sqrt{a})$$

$0 < a < \dfrac{1}{4} \Rightarrow 0 < 2\sqrt{a} < 1$ 를 바탕으로 $|f(x)|$ 를 그리면

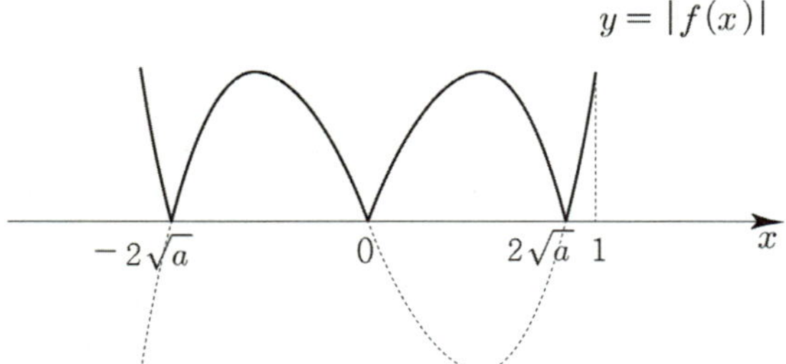

$$a = \int_0^1 |f(t)|\,dt = \int_0^{2\sqrt{a}} \{-f(t)\}\,dt + \int_{2\sqrt{a}}^1 f(t)\,dt$$

$$= \int_0^{2\sqrt{a}} (-t^3 + 4at)\,dt + \int_{2\sqrt{a}}^1 (t^3 - 4at)\,dt$$

$$= \left[-\frac{1}{4}t^4 + 2at^2\right]_0^{2\sqrt{a}} + \left[\frac{1}{4}t^4 - 2at^2\right]_{2\sqrt{a}}^1$$

$$= 8a^2 - 2a + \frac{1}{4}$$

$$8a^2 - 3a + \frac{1}{4} = 0 \;\Rightarrow\; 32a^2 - 12a + 1 = 0$$

$$\Rightarrow (4a-1)(8a-1) = 0$$

$$\Rightarrow a = \frac{1}{8} \quad \left(\because 0 < a < \frac{1}{4}\right)$$

$f(x) = x^3 - \dfrac{1}{2}x$ 이므로 $f(2) = 8 - 1 = 7$ 이다.

답 ②

088

$f(x)$ 는 연속함수

$$f'(x) = \begin{cases} x^2 & (|x| < 1) \\ -1 & (|x| > 1) \end{cases}$$

$$f'(x) = \begin{cases} -1 & (x < -1) \\ x^2 & (-1 < x < 1) \\ -1 & (x > 1) \end{cases}$$

$f'(x)$ 를 바탕으로 $f(x)$ 를 그리면

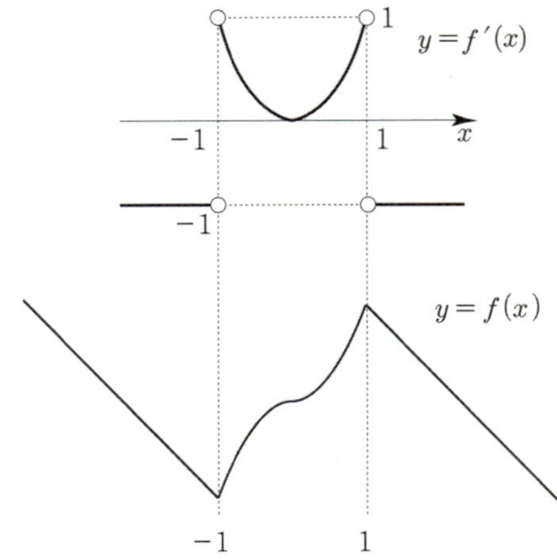

ㄱ. 함수 $y = f(x)$ 는 $x = -1$ 에서 극값을 갖는다.

$f(x)$ 는 $x = -1$ 에서 극솟값을 가지므로

ㄱ은 참이다.

ㄴ. 모든 실수 x 에 대하여 $f(x) = f(-x)$ 이다.

$f(x)$ 는 y 축에 대하여 대칭이 아니다.

따라서 ㄴ은 거짓이다.

> **Tip**
>
> <보기 변경>
>
> 만약 $-f(x) = f(-x)$ 라고 했으면 ㄴ은 참일까?
> 답은 거짓이다. 원점에 대하여 대칭일 수도 있고 아닐 수도 있기 때문이다. $f(0) = 0$ 이라는 조건이 없으므로 "$(0,\ f(0))$ 에 대하여 대칭"이다.
> 즉, $f(x) + f(-x) = 2f(0)$ 라고 하면 참이다.
>
> **cf** 모든 실수 x 에 대하여 $f(x) + f(2a - x) = 2b$
> $\Rightarrow$ $f(x)$ 는 $(a,\ b)$ 에 대하여 점대칭

ㄷ. $f(0) = 0$ 이면 $f(1) > 0$ 이다.

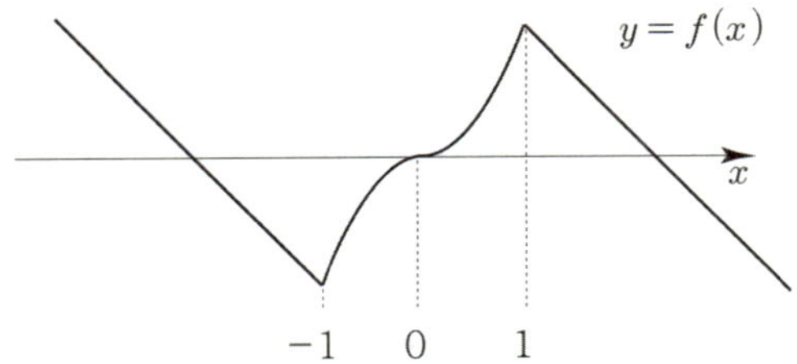

$f(1) > 0$ 이므로 ㄷ은 참이다.

답 ④

089

$$f(x) = \begin{cases} 2x + 2 & (x < 0) \\ -x^2 + 2x + 2 & (x \geq 0) \end{cases}$$

$g(a) = \displaystyle\int_{-a}^a f(x)\,dx$ 라 하면 (New함수 Technique !)

$$g(a) = \int_{-a}^0 (2x+2)\,dx + \int_0^a (-x^2 + 2x + 2)\,dx$$

$$= \left[x^2 + 2x\right]_{-a}^0 + \left[-\frac{1}{3}x^3 + x^2 + 2x\right]_0^a$$

$$= -a^2 + 2a - \frac{1}{3}a^3 + a^2 + 2a = -\frac{1}{3}a^3 + 4a$$

$$g'(a) = -a^2 + 4 = -(a-2)(a+2) \quad (a > 0)$$

$g'(a)$ 를 바탕으로 $g(a)$ 를 그리면

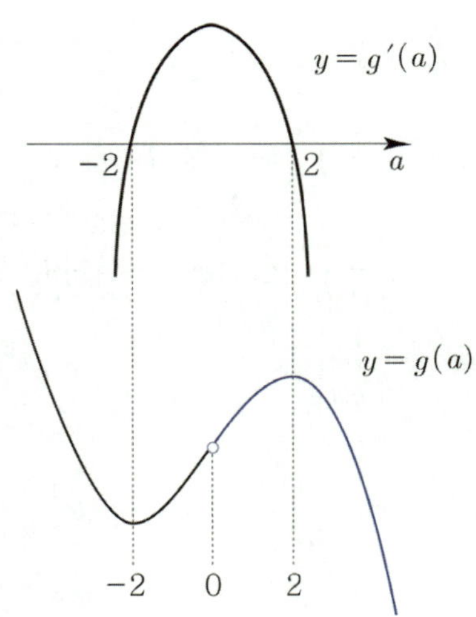

$g(a)$ 는 $a=2$ 에서 최댓값을 가지므로
$g(2) = -\dfrac{8}{3}+8 = \dfrac{16}{3}$ 이다.

답 ②

> **Tip**
>
> (기함수)$'$ = 우함수, (우함수)$'$ = 기함수
>
> $\displaystyle\int$ (기함수) dx = 우함수 이지만
>
> $\displaystyle\int$ (우함수) dx 는 적분상수 C에 따라 기함수가
> 될 수도 안 될 수도 있다.

090

최고차항의 계수가 1 이고 $f(0)=0$ 인
삼차함수 $f(x)$ 에 대하여

(가) $f(2) = f(5)$

(나) 방정식 $f(x)-p=0$ 의 서로 다른 실근의 개수가
   2 가 되게 하는 실수 p 의 최댓값은 $f(2)$ 이다.

방정식 $f(x)=p$ 의 서로 다른 실근의 개수는
곡선 $y=f(x)$ 와 직선 $y=p$ 의 서로 다른 교점의 개수와
같다.

교점이 2 개 생기려면 $f(x)$ 는 극댓값과 극솟값을 갖는
삼차함수 ①번 개형이어야 한다.
(도함수의 활용 Guide step 中
**"개념 파악하기 - (13) 삼차함수의 그래프는 어떠한 특징을
가지고 있을까?"** 참고)

실수 p 의 최댓값이 $f(2)$ 이므로
$f(x)$ 의 극댓값이 $f(2)$ 이어야 하고
$f(2) = f(5)$ 이므로 $x=2$ 에서 극댓값을 가져야 한다.

Box를 그리면

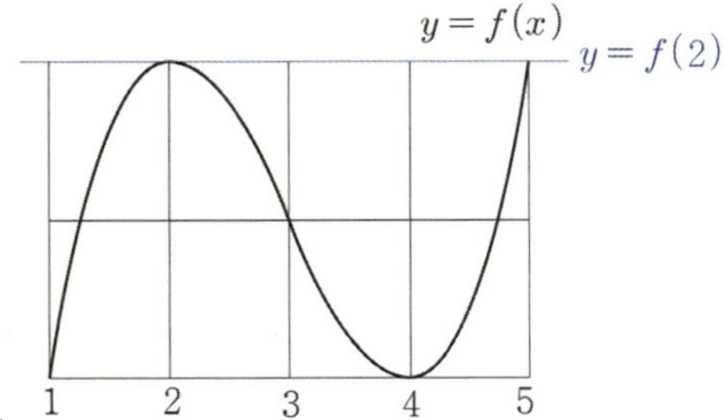

$f(x) - f(2) = (x-2)^2(x-5)$ (식 세우기 Technique !)
$f(0)=0 \;\Rightarrow\; -f(2) = -20 \;\Rightarrow\; f(2) = 20$

$f(x) = (x-2)^2(x-5)+20 = x^3 - 9x^2 + 24x$ 이므로

$$\int_0^2 f(x)dx = \int_0^2 (x^3 - 9x^2 + 24x)dx$$

$$= \left[\frac{1}{4}x^4 - 3x^3 + 12x^2\right]_0^2 = 4 - 24 + 48 = 28$$

답 ②

091

두 다항함수 $f(x)$, $g(x)$ 에 대하여
$f(-x) = -f(x)$, $g(-x) = g(x)$
$h(x) = f(x)g(x)$

$f(x)$ 는 기함수이고 $g(x)$ 는 우함수이므로
$h(x)$ 는 기함수이다.

$h'(x)$ 는 우함수이므로 $xh'(x)$ 는 기함수이다.

$$\int_{-3}^{3}(x+5)h'(x)\,dx = \int_{-3}^{3}xh'(x)dx + 5\int_{-3}^{3}h'(x)dx$$

$$= 10\int_0^3 h'(x)dx = 10\{h(3)-h(0)\} = 10$$

$$\Rightarrow h(3) - h(0) = 1$$

$f(-x) = -f(x)$
양변에 $x=0$ 을 대입하면 $f(0) = -f(0) \;\Rightarrow\; f(0) = 0$
$h(0) = f(0)g(0) = 0$ 이므로 $h(3) = 1$ 이다.

답 ①

092

두 다항함수 $f(x)$, $g(x)$ 에 대하여

$$f(x) = \int xg(x)dx, \quad \frac{d}{dx}\{f(x) - g(x)\} = 4x^3 + 2x$$

$$f(x) = \int xg(x)dx$$

양변을 x 에 대해 미분하면

$$f'(x) = xg(x)$$

$$\frac{d}{dx}\{f(x) - g(x)\} = 4x^3 + 2x$$

$$f'(x) - g'(x) = 4x^3 + 2x$$

$f'(x) = xg(x)$ 이므로

$$xg(x) - g'(x) = 4x^3 + 2x$$

$g(x) = ax^n + \cdots$ 라 하면
좌변의 최고차항은 ax^{n+1} 이므로
$a = 4$, $n = 2$

$$g(x) = 4x^2 + bx + c$$
$$g'(x) = 8x + b$$

이므로

$$xg(x) - g'(x) = 4x^3 + 2x$$
$$4x^3 + bx^2 + (c-8)x - b = 4x^3 + 2x \text{ 이므로}$$
$$b = 0, \ c = 10$$

$g(x) = 4x^2 + 10$ 이므로 $g(1) = 14$ 이다.

답 ⑤

093

$a > 0$, $b > 0$

$$f(x) = \int_0^x (t-a)(t-b)dt$$
$$f(0) = 0, \ f'(x) = (x-a)(x-b)$$

(가) 함수 $f(x)$ 는 $x = \dfrac{1}{2}$ 에서 극값을 갖는다.

$$a = \frac{1}{2} \ \text{ or } \ b = \frac{1}{2}$$

(나) $f(a) - f(b) = \dfrac{1}{6}$

$$f(a) - f(b) = \int_0^a (t-a)(t-b)dt - \int_0^b (t-a)(t-b)dt$$

$$= \int_0^a (t-a)(t-b)dt + \int_b^0 (t-a)(t-b)dt$$

$$= \int_b^a (t-a)(t-b)dt = \int_b^a \{t^2 - (a+b)t + ab\}dt$$

$$= \left[\frac{1}{3}t^3 - (a+b)\frac{t^2}{2} + abt\right]_b^a$$

$$= \frac{a^3}{3} - (a+b)\frac{a^2}{2} + a^2 b - \left\{\frac{b^3}{3} - (a+b)\frac{b^2}{2} + ab^2\right\}$$

$$= \frac{a^3 - b^3}{3} - (a+b)\left(\frac{a^2 - b^2}{2}\right) + ab(a-b)$$

$$= \frac{1}{6}(a-b)\{2(a^2 + b^2 + ab) - 3(a+b)^2 + 6ab\}$$

$$= \frac{1}{6}(a-b)(2a^2 + 2b^2 + 2ab - 3a^2 - 6ab - 3b^2 + 6ab)$$

$$= \frac{1}{6}(a-b)(-a^2 - b^2 + 2ab)$$

$$= -\frac{1}{6}(a-b)(a-b)^2$$

$$= -\frac{(a-b)^3}{6} = \frac{1}{6}$$

$$\Rightarrow b - a = 1$$

$b = \dfrac{1}{2}$ 이면 $a = -\dfrac{1}{2}$ 이므로 모순이다. $(\because a > 0)$

$a = \dfrac{1}{2}$ 이고 $b = \dfrac{3}{2}$ 이므로 $a + b = 2$ 이다.

답 ②

극값차 공식을 사용하여 풀어보자.

$f'(x)$ 의 최고차항의 계수가 1 이므로
$f(x)$ 의 최고차항의 계수는 $\dfrac{1}{3}$ 이다.

$f(x)$ 는 $x = a$ 에서 극댓값을 갖고 $x = b$ 에서 극솟값을
가지고 극값차가 $\dfrac{1}{6}$ 이므로 극값차 공식을 사용하면

$$\frac{\left|\dfrac{1}{3}\right|}{2}(b-a)^3 = \frac{1}{6} \ \Rightarrow \ \frac{1}{6}(b-a)^3 = \frac{1}{6} \ \Rightarrow \ b - a = 1$$

094

삼차함수 $f(x)$ 에 대하여

(가) $\displaystyle\lim_{x\to-2}\frac{1}{x+2}\int_{-2}^{x}f(t)dt=12$

$\displaystyle\lim_{x\to-2}\frac{1}{x+2}\int_{-2}^{x}f(t)dt=\lim_{x\to-2}\frac{F(x)-F(-2)}{x-(-2)}$

$=F'(-2)=f(-2)=12$

(나) $\displaystyle\lim_{x\to\infty}xf\!\left(\frac{1}{x}\right)+\lim_{x\to0}\frac{f(x+1)}{x}=1$

$\displaystyle\lim_{x\to0}\frac{f(x+1)}{x}$

$x+1=t$ 로 치환하면 $x\to0\Rightarrow t\to1$

$\displaystyle\lim_{x\to0}\frac{f(x+1)}{x}=\lim_{t\to1}\frac{f(t)}{t-1}$

(나) 조건을 만족시키려면 $\displaystyle\lim_{t\to1}\frac{f(t)}{t-1}$ 은 수렴하므로

$\displaystyle\lim_{t\to1}(t-1)=0\Rightarrow\lim_{t\to1}f(t)=0\Rightarrow f(1)=0$

($\because f(x)$ 는 삼차함수이므로 $x=1$ 에서 연속)

$\displaystyle\lim_{t\to1}\frac{f(t)}{t-1}=\lim_{t\to1}\frac{f(t)-f(1)}{t-1}=f'(1)$ 이므로

$\displaystyle\lim_{x\to\infty}xf\!\left(\frac{1}{x}\right)+\lim_{x\to0}\frac{f(x+1)}{x}=1$

$\displaystyle\lim_{x\to\infty}xf\!\left(\frac{1}{x}\right)+f'(1)=1$

삼차함수 $f(x)=ax^3+bx^2+cx+d$ 라 하면

$\displaystyle\lim_{x\to\infty}xf\!\left(\frac{1}{x}\right)=\lim_{x\to\infty}x\!\left(\frac{a}{x^3}+\frac{b}{x^2}+\frac{c}{x}+d\right)$

(나) 조건을 만족시키려면 수렴해야 하므로 $d=0$ 이다.

$\displaystyle\lim_{x\to\infty}xf\!\left(\frac{1}{x}\right)=\lim_{x\to\infty}x\!\left(\frac{a}{x^3}+\frac{b}{x^2}+\frac{c}{x}\right)=c$

$f'(x)=3ax^2+2bx+c\Rightarrow f'(1)=3a+2b+c$

즉, $\displaystyle\lim_{x\to\infty}xf\!\left(\frac{1}{x}\right)+f'(1)=c+3a+2b+c=1$

$f(x)=ax^3+bx^2+cx$

(가) 조건에서 얻은 $f(-2)=12\Rightarrow-8a+4b-2c=12$

(나) 조건에서 얻은 $f(1)=0\Rightarrow a+b+c=0$

과 $3a+2b+2c=1$ 를 연립하면

$a=1,\ b=3,\ c=-4$ 이므로

$f(x)=x^3+3x^2-4x$ 이므로 $f(3)=27+27-12=42$
이다.

답 42

다르게 풀어보자.

(나) $\displaystyle\lim_{x\to\infty}xf\!\left(\frac{1}{x}\right)+\lim_{x\to0}\frac{f(x+1)}{x}=1$ 에서

$\displaystyle\lim_{x\to\infty}xf\!\left(\frac{1}{x}\right)$ 에서 $t=\frac{1}{x}$ 라고 치환하면

$x\to\infty$ 일 때, $t\to0+$ 이므로

$\displaystyle\lim_{x\to\infty}xf\!\left(\frac{1}{x}\right)=\lim_{t\to0+}\frac{f(t)}{t}$ 이고

이 극한값이 존재하므로 $t\to0+$ 일 때 (분모) $\to0$ 이므로
(분자) $\to0$ 이다.

$f(x)$ 는 삼차함수, 즉 모든 실수의 집합에서 연속이므로

$\displaystyle\lim_{t\to0+}f(t)=f(0)=0$

또한 $\displaystyle\lim_{x\to0}\frac{f(x+1)}{x}$ 에서도

$x\to0$ 일 때 (분모) $\to0$ 이므로 (분자) $\to0$ 이다.

$\displaystyle\lim_{x\to0}f(x+1)=f(1)=0$

따라서 미분계수의 정의에 의하여

$\displaystyle\lim_{x\to\infty}xf\!\left(\frac{1}{x}\right)+\lim_{x\to0}\frac{f(x+1)}{x}=\lim_{t\to0+}\frac{f(t)}{t}+\lim_{x\to0}\frac{f(x+1)}{x}$

$=f'(0)+f'(1)=1$

삼차함수 $f(x)=ax^3+bx^2+cx+d$ 라고 하면
(가), (나) 조건에 의해
$f(-2)=12,\ f(0)=f(1)=0,\ f'(0)+f'(1)=1$ 을
이용하면
$f(x)=x(x-1)(x+4)\Rightarrow f(3)=42$

095

이차함수 $f(x)$, $f(0)=0$

(가) $\displaystyle\int_0^2|f(x)|dx=-\int_0^2 f(x)dx=4$

$0<x<2$ 에서 $f(x)<0$

(나) $\displaystyle\int_2^3|f(x)|dx=\int_2^3 f(x)dx$

$2<x<3$ 에서 $f(x)>0$

$f(0)=0$ 과 (가), (나) 조건을 모두 만족시키려면

최고차항의 계수가 양수이고
$f(0) = f(2) = 0$ 이어야 한다.

$$f(x) = ax(x-2) = ax^2 - 2ax \quad (a > 0)$$

$$-\int_0^2 f(x)dx = -\int_0^2 (ax^2 - 2ax)dx$$

$$= -\left[\frac{a}{3}x^3 - ax^2\right]_0^2 = -\left(\frac{8}{3}a - 4a\right) = \frac{4}{3}a = 4$$

$$\Rightarrow a = 3$$

$f(x) = 3x^2 - 6x$ 이므로 $f(5) = 75 - 30 = 45$ 이다.

답   45

096

$$f(x) = (x-1)|x-a|$$
$$f(x) = \begin{cases} -(x-1)(x-a) & (x < a) \\ (x-1)(x-a) & (x \geq a) \end{cases}$$

조건을 만족시키는 개형이 나오도록 a 의 범위에 따라 **case**분류 하면

① $a < 1$

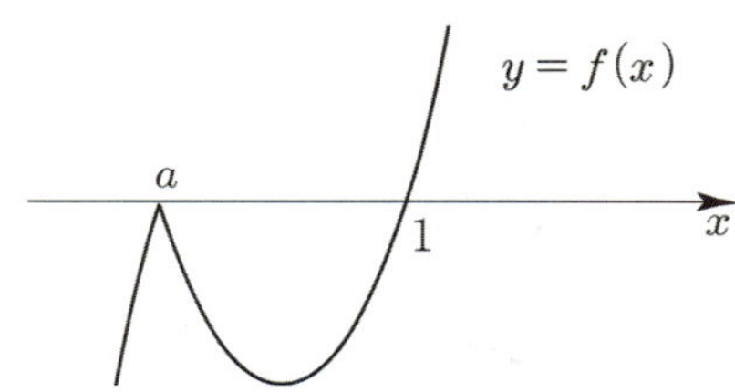

극댓값이 0 이므로 조건을 만족시키지 않는다.

② $a = 1$

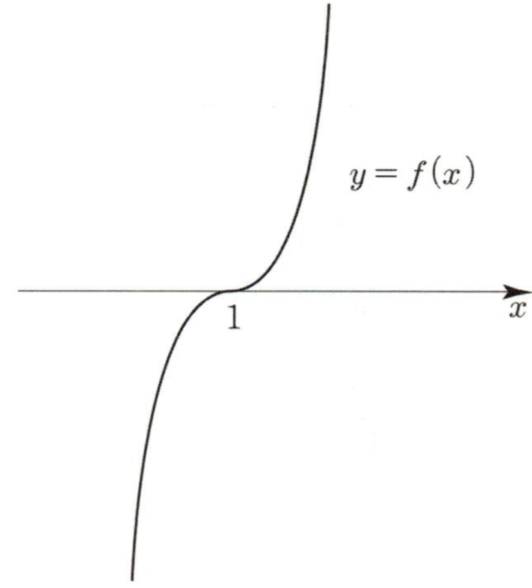

극댓값이 존재하지 않으므로 조건을 만족시키지 않는다.

③ $a > 1$

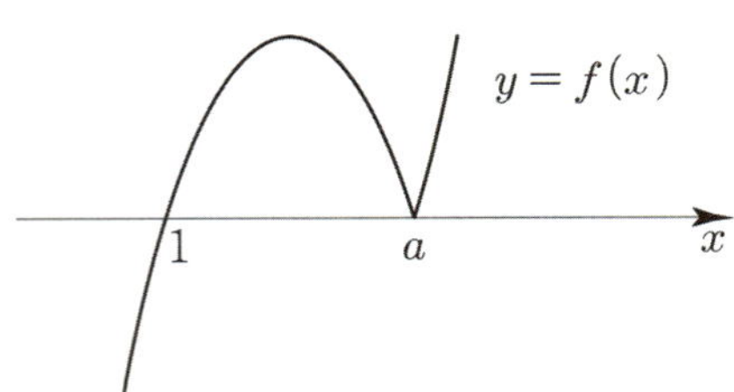

$f(x)$ 는 $x = \dfrac{a+1}{2}$ 에서 극댓값을 가지므로

$$f\left(\frac{a+1}{2}\right) = 1 \Rightarrow -\left(\frac{a+1}{2} - 1\right)\left(\frac{a+1}{2} - a\right) = 1$$

$$\Rightarrow \left(\frac{a-1}{2}\right)^2 = 1 \Rightarrow a = 3 \quad (\because a > 1)$$

$$f(x) = \begin{cases} -(x-1)(x-3) & (x < 3) \\ (x-1)(x-3) & (x \geq 3) \end{cases}$$

$$\int_0^4 f(x)dx$$

$$= \int_0^3 -(x-1)(x-3)dx + \int_3^4 (x-1)(x-3)dx$$

$$= -\int_0^3 (x^2 - 4x + 3)dx + \int_3^4 (x^2 - 4x + 3)dx$$

$$= -\left[\frac{1}{3}x^3 - 2x^2 + 3x\right]_0^3 + \left[\frac{1}{3}x^3 - 2x^2 + 3x\right]_3^4$$

$$= \frac{64}{3} - 32 + 12 = \frac{4}{3}$$

답   ①

097

삼차함수 $f(x) = x^3 - 3x + a$ 에 대하여

$$F(x) = \int_0^x f(t)\, dt$$

$$F(0) = 0, \quad F'(x) = f(x) = x^3 - 3x + a$$

$F(x)$ 가 오직 하나의 극값을 가지려면
$f(x)$ 의 부호변화가 오직 한 번만 존재해야 한다.

$$f'(x) = 3x^2 - 3 = 3(x-1)(x+1)$$
$$f(-1) = a + 2, \quad f(1) = a - 2$$

$f'(x)$ 를 바탕으로 $f(x)$ 를 그리면

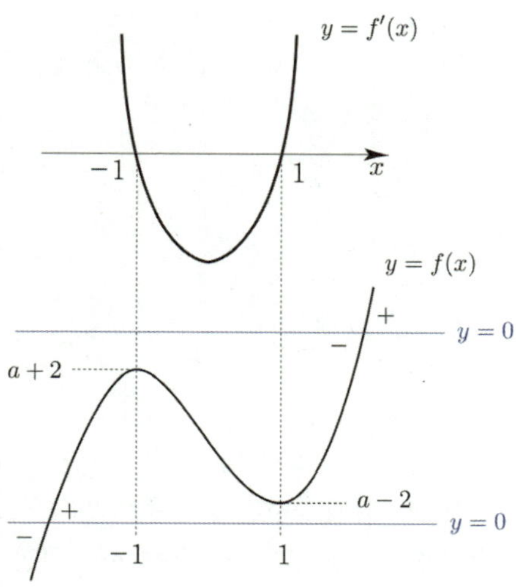

$f(x)$ 의 부호변화가 오직 한 번만 존재해야 하므로
$$a+2 \leq 0 \quad \text{or} \quad a-2 \geq 0 \Rightarrow a \leq -2 \text{ or } a \geq 2$$
따라서 양수 a 의 최솟값은 2 이다.

답 ②

> **Tip**
>
> 만약 문제에서 함수 $F(x)$ 가 오직 하나의 극값을 갖도록 하는
> 것이 아니라 극댓값을 갖도록 하는 것이라면
> $f(x)$ 의 $+\,-$ 로 부호변화가 존재해야 하므로
> $a-2 < 0 < a+2 \Rightarrow -2 < a < 2$ 이다.
> 단순히 극값이 아니라 극댓값 또는 극솟값을 물어볼 경우
> $-\,+$ 인지 또는 $+\,-$ 인지 도함수의 부호변화에 유의해서
> 판단해야 한다.

이번에는 사차함수의 성질을 바탕으로 풀어보자.

$F(x)$ 가 오직 하나의 극값을 가지려면
방정식 $F'(x)=0$ 이 서로 다른 세 실근을 가지지
않아야 한다. (Guide step 도함수의 활용 – 사차함수
심화특강 참고하도록 하자. 머릿속에서 사차함수 개형이
떠올라야 한다.)

$$F'(x)=0$$
$$x^3-3x+a=0$$
$$a=-x^3+3x$$

방정식 $a=-x^3+3x$ 이 서로 다른 세 실근을 가지지 않아야
하므로 곡선 $y=-x^3+3x$ 와 직선 $y=a$ 가 서로 다른
세 점에서 만나지 않아야 한다.
$g(x)=-x^3+3x$ 라 하면
$$g'(x)=-3x^2+3=-3(x-1)(x+1)$$
$$g(-1)=-2,\ g(0)=0,\ g(1)=2$$

$g'(x)$ 를 바탕으로 $g(x)$ 를 그리면

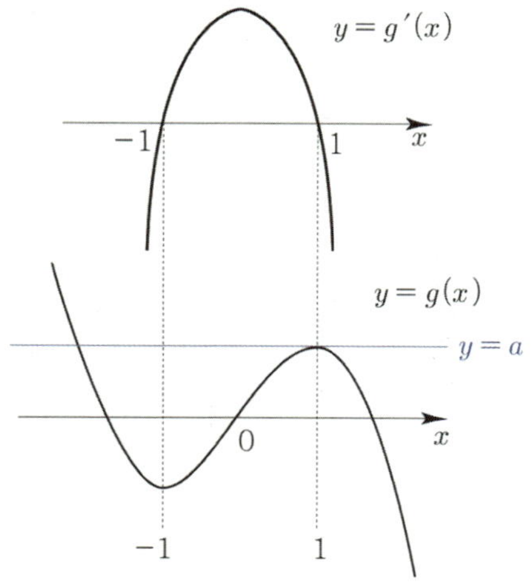

따라서 양수 a 의 최솟값은 $g(1)=2$ 이다.

다항함수 $f(x),\ g(x)$ 에 대하여
(가) $f(x)g(x)=x^3+3x^2-x-3$
$f(x)g(x)=(x+3)(x+1)(x-1)$

(나) $f'(x)=1$
$f(x)=x+a$
$a=3$ or $a=1$ or $a=-1$

(다) $g(x)=2\displaystyle\int_1^x f(t)dt$

$g(1)=0$ 이므로 $g(x)$ 는 $(x-1)$ 을 인수로 가져야 한다.
즉, $a \neq -1$

$$g'(x)=2f(x)=2x+2a$$
$$g(x)=x^2+2ax+b$$
$$g(1)=0 \Rightarrow 1+2a+b=0 \Rightarrow b=-2a-1$$
$$g(x)=x^2+2ax-2a-1=(x-1)(x+2a+1)$$

$f(x)g(x)=(x+a)(x+2a+1)(x-1)$ 이므로
$a=1$ 이고 $b=-3$ 이다.

$g(x)=x^2+2x-3$ 이므로
$$\int_0^3 3g(x)dx=\int_0^3 (3x^2+6x-9)dx$$
$$=\left[x^3+3x^2-9x\right]_0^3=27+27-27=27$$
이다.

답 27

$$f(0)=0,\ f(1)=1,\ \int_0^1 f(x)dx=\frac{1}{6}$$

$$g(x)=\begin{cases} -f(x+1)+1 & (-1<x<0) \\ f(x) & (0\le x\le 1) \end{cases}$$

이므로

$$\int_{-1}^0 g(x)dx=\int_{-1}^0\{-f(x+1)+1\}dx$$

$$=-\int_{-1}^0 f(x+1)dx+1$$

$$=-\int_0^1 f(x)dx+1$$

$$=-\frac{1}{6}+1=\frac{5}{6}$$

$$\int_0^1 g(x)dx=\int_0^1 f(x)dx=\frac{1}{6}$$

$$\int_{-1}^1 g(x)dx=\int_{-1}^0 g(x)dx+\int_0^1 g(x)dx=\frac{5}{6}+\frac{1}{6}=1$$

$g(x+2)=g(x)$ 이므로

$$\int_{-3}^2 g(x)dx=\int_{-3}^{-1} g(x)dx+\int_{-1}^1 g(x)dx+\int_1^2 g(x)dx$$

$$=\int_{-1}^1 g(x)dx+\int_{-1}^1 g(x)dx+\int_{-1}^0 g(x)dx$$

$$=1+1+\frac{5}{6}=\frac{17}{6}$$

따라서 $\displaystyle\int_{-3}^2 g(x)dx=\frac{17}{6}$ 이다.

답 ②

이번에는 실전적으로 풀어보자.

$f(0)=0,\ f(1)=1,\ \displaystyle\int_0^1 f(x)dx=\frac{1}{6}$ 를 만족시키는 함수를
설정하면 다음과 같다.

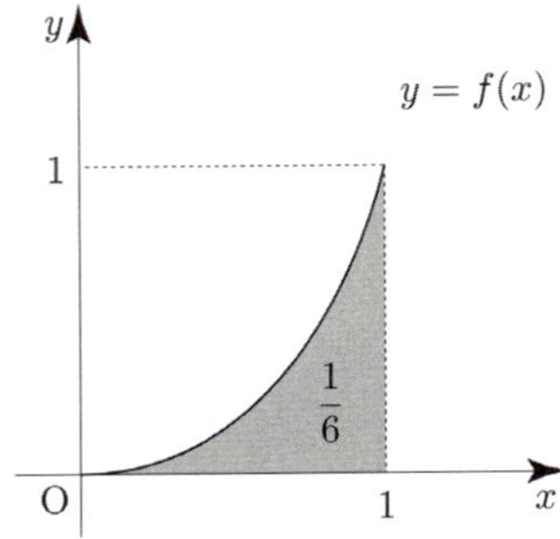

함수 $y=-f(x+1)+1$ 의 그래프는 함수 $y=f(x)$ 의
그래프를 x 축에 대하여 대칭시킨 후, x 축의 방향으로
-1 만큼, y 축의 방향으로 1 만큼 평행이동하여 구할 수 있다.

$g(x)$ 는 주기가 2 인 주기함수이므로 $g(x)$ 를 그리면 다음
그림과 같다.

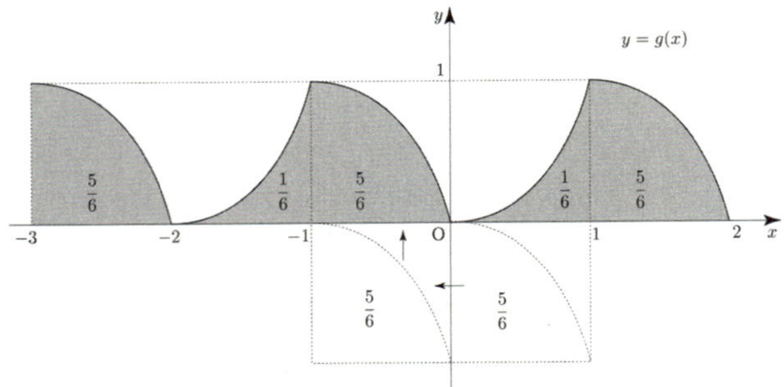

따라서 $\displaystyle\int_{-3}^2 g(x)dx=\frac{5}{6}+\frac{1}{6}+\frac{5}{6}+\frac{1}{6}+\frac{5}{6}=\frac{17}{6}$ 이다.

100

다항함수 $f(x)$ 에 대하여

$$xf(x)=2x^3+ax^2+3a+\int_1^x f(t)dt \quad\cdots\ \bigcirc$$

$\bigcirc$에 $x=1$ 을 대입하면
$$f(1)=2+a+3a=2+4a$$

$\bigcirc$에 $x=0$ 을 대입하면
$$0=3a+\int_1^0 f(t)dt$$

$$\Rightarrow 0=3a-\int_0^1 f(t)dt \ \Rightarrow\ \int_0^1 f(t)dt=3a$$

$$f(1)=\int_0^1 f(t)dt$$

$$\Rightarrow 2+4a=3a \ \Rightarrow\ a=-2$$

$$\Rightarrow f(1)=\int_0^1 f(t)dt=-6,$$

$\bigcirc$의 양변을 x에 대하여 미분하면

$$f(x) + xf'(x) = 6x^2 - 4x + f(x)$$

$$\Rightarrow xf'(x) = 6x^2 - 4x$$

$$\Rightarrow f'(x) = 6x - 4$$

$$f(x) = 3x^2 - 4x + c$$

$f(1) = -6$이므로 $3 - 4 + c = -6 \Rightarrow c = -5$

$$f(x) = 3x^2 - 4x - 5$$

따라서 $a + f(3) = -2 + (27 - 12 - 5) = 8$이다.

답 ④

101

다항함수 $f(x)$에 대하여

(가) 모든 실수 x에 대하여

$$\int_1^x f(t)dt = \frac{x-1}{2}\{f(x) + f(1)\}$$ 이다.

$$\int_1^x f(t)dt = \frac{x-1}{2}\{f(x) + f(1)\}$$

양변을 x에 대해 미분하면

$$f(x) = \frac{1}{2}\{f(x) + f(1)\} + \frac{x-1}{2}f'(x)$$

양변에 2를 곱하면

$$2f(x) = f(x) + f(1) + (x-1)f'(x)$$

$$f(x) = f(1) + (x-1)f'(x)$$

$f(x)$는 다항함수이므로

$$f(x) = ax^n + \cdots$$

① $n \geq 1$

$$f(x) = f(1) + (x-1)f'(x)$$

우변의 최고차항은 anx^n이므로

$n = 1$이다.

② $n = 0$ ($f(x)$가 상수함수)

$$f(x) = a$$

$a = a$이므로 (가)조건을 만족시킨다.

(나) $\int_0^2 f(x)dx = 5\int_{-1}^1 xf(x)dx$

만약 $f(x)$가 상수함수이면 $f(0) = 1$이므로

$$f(x) = 1$$ 이다.

$$\int_0^2 f(x)dx = \int_0^2 1dx = 2$$

$$5\int_{-1}^1 xf(x)dx = 5\int_{-1}^1 x\,dx = 0$$

$f(x) = 1$이면 (나) 조건을 만족시키지 않는다.

즉, $f(x)$는 일차함수이므로

$$f(x) = ax + b$$

$$\int_0^2 f(x)dx = \int_0^2 (ax+b)dx = \left[\frac{a}{2}x^2 + bx\right]_0^2$$

$$= 2a + 2b$$

$$5\int_{-1}^1 xf(x)dx = 5\int_{-1}^1 (ax^2 + bx)\,dx = 5\int_{-1}^1 ax^2dx$$

$$= 10\int_0^1 ax^2dx = 10\left[\frac{a}{3}x^3\right]_0^1 = \frac{10}{3}a$$

$$2a + 2b = \frac{10}{3}a \Rightarrow b = \frac{2}{3}a$$

$$f(x) = ax + \frac{2}{3}a$$

$$f(0) = 1 \Rightarrow \frac{2}{3}a = 1 \Rightarrow a = \frac{3}{2}$$

$f(x) = \frac{3}{2}x + 1$이므로 $f(4) = 7$이다.

답 7

102

$$f(x) = \begin{cases} -1 & (x < 1) \\ -x + 2 & (x \geq 1) \end{cases}$$

$$g(x) = \int_{-1}^x (t-1)f(t)dt$$

양변을 x에 대해 미분하면

$$g'(x) = (x-1)f(x)$$

$$g'(x) = \begin{cases} -x + 1 & (x < 1) \\ -(x-1)(x-2) & (x \geq 1) \end{cases}$$

$g'(x)$를 바탕으로 $g(x)$를 그리면

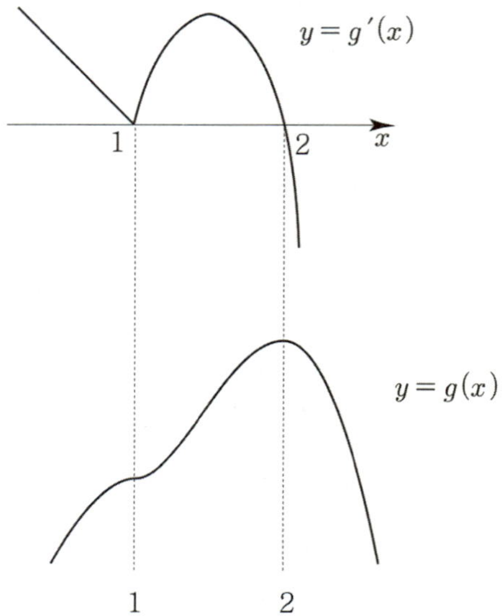

ㄱ. $g(x)$는 구간 $(1,\ 2)$에서 증가한다.
　$1 < x < 2$에서 $g'(x) > 0$이므로
　ㄱ은 참이다.

ㄴ. $g(x)$는 $x = 1$에서 미분가능하다.
　$g'(1) = 0$이므로 ㄴ은 참이다.

ㄷ. 방정식 $g(x) = k$가 서로 다른 세 실근을 갖도록 하는
　실수 k가 존재한다.

　방정식 $g(x) = k$의 서로 다른 실근의 개수는
　곡선 $y = g(x)$와 직선 $y = k$가 만나는 서로 다른
　점의 개수와 같다.

　곡선 $y = g(x)$와 직선 $y = k$가
　서로 다른 세 점에서 만날 수 없으므로
　ㄷ은 거짓이다.

답 ③

103

최고차항의 계수가 1인 삼차함수 $f(x)$에 대하여
$$g(x) = \int_0^x f(t)dt + f(x)$$
양변을 x에 대해 미분하면 $g'(x) = f(x) + f'(x)$
$x = 0$을 대입하면 $g(0) = f(0)$

(가) 조건에 의해서
$g(0) = f(0) = 0$
$g'(0) = f(0) + f'(0) = f'(0) = 0 \Rightarrow f'(0) = 0$

$f'(0) = f(0) = 0$이므로
$f(x) = x^2(x - k) = x^3 - kx^2$라 하면
$f'(x) = 3x^2 - 2kx$

$g'(x) = x^3 - kx^2 + 3x^2 - 2kx$
$\quad\ \ = x^3 + (3 - k)x^2 - 2kx$

(나) 조건에 의해서
모든 실수 x에 대하여 $g'(-x) = -g'(x)$
$\Rightarrow -x^3 + (3 - k)x^2 + 2kx = -x^3 + kx^2 - 3x^2 + 2kx$

$\Rightarrow 2(3 - k)x^2 = 0 \Rightarrow k = 3$

$f(x) = x^2(x - 3)$이므로 $f(2) = -4$이다.

답 ②

104

최고차항의 계수가 4인 삼차함수 $f(x)$에 대하여
$$g(x) = \int_0^x f(t)dt - xf(x)$$
$g'(x) = f(x) - \{f(x) + xf'(x)\} = -xf'(x)$
$f'(x)$는 최고차항의 계수가 12인 이차함수이므로
$g'(x) = -xf'(x)$에서 $g'(x)$는 최고차항의 계수가
-12인 삼차함수이다.

모든 실수 x에 대하여 $g(x) \le g(3)$이므로
$g(x)$는 $x = 3$에서 최댓값을 갖고, 함수 $g(x)$는
$x = 3$에서 극값을 갖는다. 즉, $g'(3) = 0$이다.

$g'(3) = -3f'(3) = 0 \Rightarrow f'(3) = 0$
$g'(x) = -12x(x - 3)(x - a)$
사차함수 $g(x)$가 오직 1개의 극값만 가지므로
함수 $g(x)$는 $x = 0$에서 극값을 가질 수 없다.
즉, $a = 0$이다.

$g'(x) = -12x^2(x - 3) = -12x^3 + 36x^2$
따라서 $\int_0^1 g'(x)\,dx = \left[-3x^4 + 12x^3\right]_0^1 = 9$이다.

답 ②

> **Tip**
>
> 미분가능한 함수 $f(x)$가 $x = a$에서 최댓값(or 최솟값)을
> 가지면 함수 $f(x)$는 $x = a$에서 극값을 가진다. $(f'(a) = 0)$

$$f(x) = x^3 - 12x^2 + 45x + 3$$

$$g(x) = \int_a^x \{f(x) - f(t)\} \times \{f(t)\}^4 \, dt$$

$$= f(x) \int_a^x \{f(t)\}^4 dt - \int_a^x \{f(t)\}^5 dt$$

의 양변을 x에 대해 미분하면

$$g'(x) = f'(x) \int_a^x \{f(t)\}^4 dt + \{f(x)\}^5 - \{f(x)\}^5$$

$$= f'(x) \int_a^x \{f(t)\}^4 dt$$

$$h(x) = \int_a^x \{f(t)\}^4 dt \text{ 라 하면}$$

$$h(a) = 0, \quad h'(x) = \{f(x)\}^4 \geq 0$$

$h(x)$는 증가함수이므로 아래 그림과 같다.

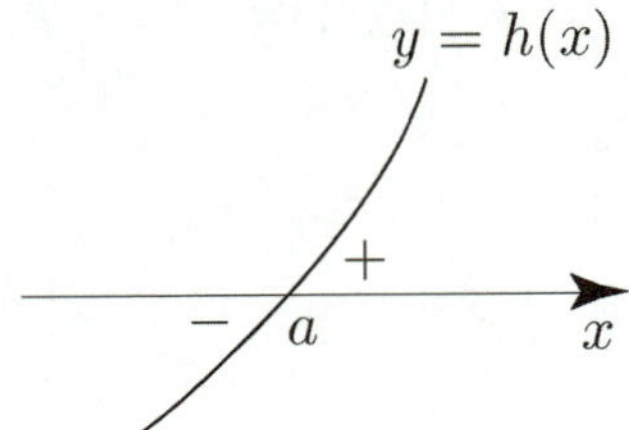

$$f'(x) = 3x^2 - 24x + 45 = 3(x^2 - 8x + 15)$$

$$= 3(x-3)(x-5)$$

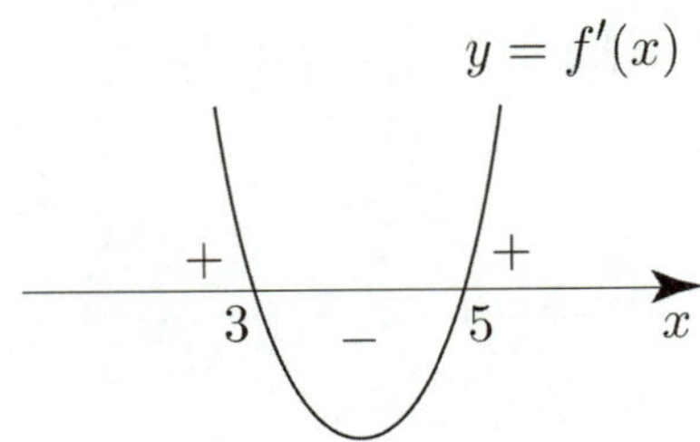

$g(x)$가 오직 하나의 극값을 가지려면
$g'(x) = f'(x)h(x)$의 부호변화가 한 번만 있어야 하므로
$a = 3$ or $a = 5$ 이어야 한다.

따라서 모든 a의 값의 합은 8 이다.

답 8

> **Tip**
>
> 비주얼 때문에 쫄지 말자! 한 번 해본다는 마인드로 문제를 풀어보자!

실수 전체의 집합에서 미분가능한 함수 $f(x)$에 대하여

(가) 닫힌구간 $[0, 1]$에서 $f(x) = x$
$\Rightarrow f(0) = 0, \ f(1) = 1$

(나) 구간 $[0, \infty)$에서 $f(x+1) - xf(x) = ax + b$

$$f(x+1) = xf(x) + ax + b$$
양변에 0을 대입하면
$$f(1) = b \Rightarrow b = 1$$

$x + 1 = t$ 라 하면
$f(t) = (t-1)f(t-1) + a(t-1) + 1 \ (1 \leq t \leq 2)$
$t - 1$은 $0 \leq t - 1 \leq 1$ 이므로 (가) 조건에 의해
$1 \leq t \leq 2$ 에서
$$f(t) = (t-1)(t-1) + a(t-1) + 1$$
$$= t^2 - 2t + 1 + at - a + 1$$
$$= t^2 + (a-2)t - a + 2$$

이를 바탕으로 $0 \leq x \leq 2$ 에서 $f(x)$를 구하면

$$f(x) = \begin{cases} x & (0 \leq x \leq 1) \\ x^2 + (a-2)x - a + 2 & (1 < x \leq 2) \end{cases}$$

$f(x)$는 실수 전체의 집합에서 미분가능하므로
$x = 1$ 에서 미분가능해야 한다.
$$\lim_{x \to 1-} \frac{f(x) - f(1)}{x - 1} = 1, \ \lim_{x \to 1+} \frac{f(x) - f(1)}{x - 1} = 2 + a - 2 = a$$
$$\Rightarrow a = 1$$

$$f(x) = \begin{cases} x & (0 \leq x \leq 1) \\ x^2 - x + 1 & (1 < x \leq 2) \end{cases}$$

이므로
$$\int_1^2 f(x)dx = \int_1^2 (x^2 - x + 1)dx = \left[\frac{x^3}{3} - \frac{x^2}{2} + x \right]_1^2$$

$$= \frac{8}{3} - 2 + 2 - \left(\frac{1}{3} - \frac{1}{2} + 1 \right)$$

$$= \frac{7}{3} - \frac{1}{2} = \frac{11}{6}$$

따라서 $60 \times \int_1^2 f(x)dx = 60 \times \dfrac{11}{6} = 110$ 이다.

답 110

연속함수 $f(x)$, $g(x)$ 에 대하여

(가) $f(x) \geq g(x)$

(나) $f(x) + g(x) = x^2 + 3x$

$\Rightarrow g(x) = x^2 + 3x - f(x)$

(다) $f(x)g(x) = (x^2 + 1)(3x - 1)$

$f(x)\{x^2 + 3x - f(x)\} = (x^2 + 1)(3x - 1)$

$\Rightarrow (x^2 + 3x)f(x) - \{f(x)\}^2 = (x^2 + 1)(3x - 1)$

$\Rightarrow \{f(x)\}^2 - (x^2 + 3x)f(x) + (x^2 + 1)(3x - 1) = 0$

$\Rightarrow \{f(x) - (x^2 + 1)\}\{f(x) - (3x - 1)\} = 0$

$\Rightarrow f(x) = x^2 + 1 \ \text{ or } \ f(x) = 3x - 1$

$x^2 + 1 = 3x - 1 \Rightarrow x^2 - 3x + 2 = 0$

$\Rightarrow (x - 1)(x - 2) = 0 \Rightarrow x = 1 \ \text{ or } \ x = 2$

$f(x)$ 는 연속함수이므로
구간에 따라 $y = x^2 + 1$ 와 $y = 3x - 1$ 중에
$f(x)$ 를 선택할 수 있다.

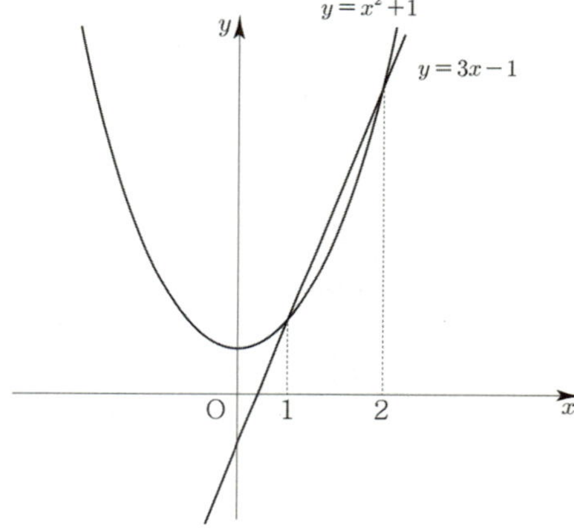

(가) 조건에 의해서

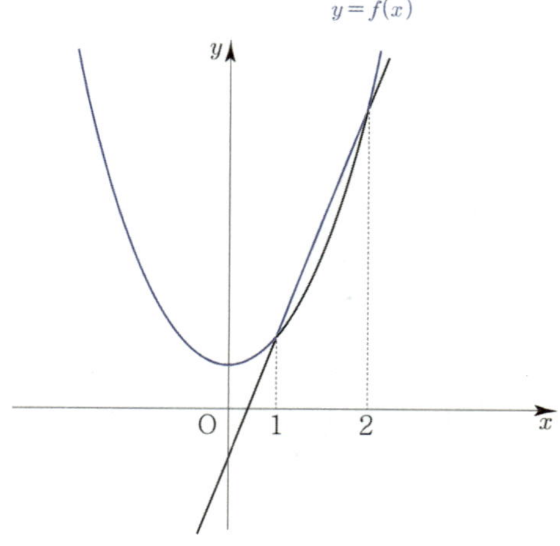

$$f(x) = \begin{cases} x^2 + 1 & (x \leq 1) \\ 3x - 1 & (1 < x < 2) \\ x^2 + 1 & (x \geq 2) \end{cases}$$

$$\int_0^2 f(x)dx = \int_0^1 (x^2 + 1)dx + \int_1^2 (3x - 1)dx$$

$$= \left[\frac{1}{3}x^3 + x\right]_0^1 + \left[\frac{3}{2}x^2 - x\right]_1^2$$

$$= \frac{4}{3} + \left(4 - \frac{1}{2}\right) = \frac{29}{6}$$

답 ③

모든 실수 x 에 대하여
$\{f(x) + x^2 - 1\}^2 \geq 0$ 이고 $f(x) \geq 0$ 이므로
$\int_{-1}^2 \{f(x) + x^2 - 1\}^2 dx$ 의 값이 최소가 되려면

① $-1 \leq x \leq 1$ 에서
$x^2 - 1 \leq 0$ 이므로 $f(x) = -(x^2 - 1) = -x^2 + 1$ 이다.

② $1 < x \leq 2$ 에서
$x^2 - 1 > 0$ 이므로 $f(x) = 0$ 이다.

$f(x + 3) = f(x)$ 이고, ①, ②에 의해서
함수 $f(x)$ 의 그래프의 개형은 다음과 같다.

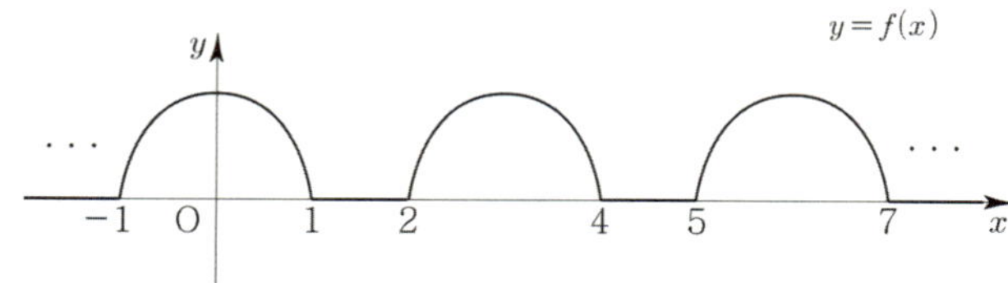

$$\int_{-1}^2 f(x)dx = \int_2^5 f(x)dx = \int_5^8 f(x)dx = \cdots = \int_{23}^{26} f(x)dx$$

이므로

$$\int_{-1}^{26} f(x)dx = 9\int_{-1}^2 f(x)dx = 9\int_{-1}^1 (-x^2 + 1)dx$$

$$= 18\int_0^1 (-x^2 + 1)dx = 18\left[-\frac{1}{3}x^3 + x\right]_0^1$$

$$= 18\left(-\frac{1}{3} + 1\right) = 12$$

답 12

빼기함수 Technique을 활용하여 구해보자.

$$g(x) = \int_x^{x+1} |f(t)|\, dt \;\Rightarrow\; g'(x) = |f(x+1)| - |f(x)|$$

$y = |f(x+1)|$ 의 그래프는 $y = |f(x)|$ 의 그래프를
x 축의 방향으로 -1 만큼 평행이동시켜 그릴 수 있다.

함수 $g(x)$ 는 $x = 1$ 과 $x = 4$ 에서 극소이므로
다음 그림과 같다.

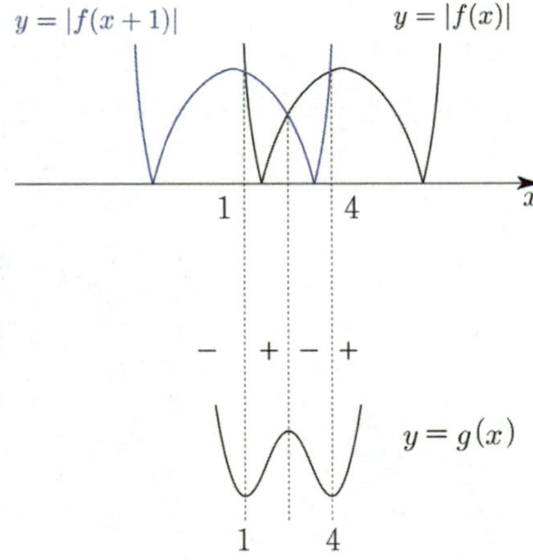

$g'(1) = 0 \;\Rightarrow\; |f(2)| = |f(1)| \;\Rightarrow\; f(1) = -f(2)$
$g'(4) = 0 \;\Rightarrow\; |f(5)| = |f(4)| \;\Rightarrow\; -f(4) = f(5)$

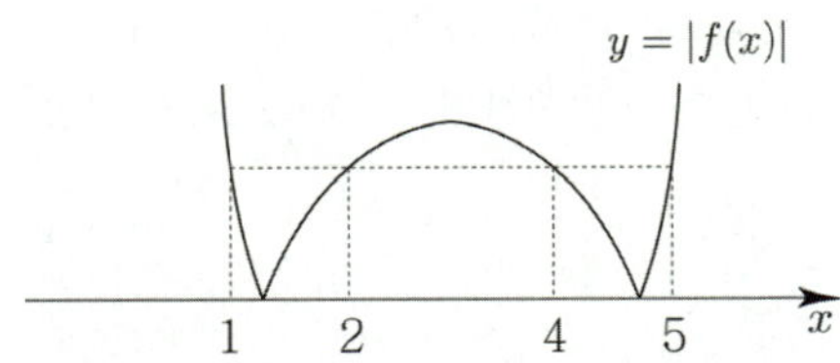

$f(x) = 2x^2 + ax + b$ 라 하면
$f(1) = -f(2) \;\Rightarrow\; 2 + a + b = -8 - 2a - b$
$\Rightarrow\; 3a + 2b = -10 \;\cdots\; \bigcirc$

$-f(4) = f(5) \;\Rightarrow\; -32 - 4a - b = 50 + 5a + b$
$\Rightarrow\; -9a - 2b = 82 \;\cdots\; \bigcirc$

$\bigcirc$, $\bigcirc$에 의해 $a = -12$, $b = 13$ 이므로
$f(x) = 2x^2 - 12x + 13$ 이다.
따라서 $f(0) = 13$ 이다.

답 13

$$g(x) = x^2 \int_0^x f(t)\, dt - \int_0^x t^2 f(t)\, dt$$

$g(0) = 0$

$$g'(x) = 2x \int_0^x f(t)\, dt + x^2 f(x) - x^2 f(x) = 2x \int_0^x f(t)\, dt$$

$\int_0^x f(t)\, dt = h(x)$ 라 하면 $g'(x) = 2x h(x)$ 이다.

$f(x)$ 는 최고차항의 계수가 3인 이차함수이므로
$h(x)$ 는 최고차항의 계수가 1인 삼차함수이고,
$g'(x)$ 는 최고차항의 계수가 2인 사차함수이다.

(가), (나) 조건에 의해 $g'(x)$ 는 $x = 0$, $x = 3$ 의 좌우에서
부호변화가 없어야 하므로 $g'(x) = 2x^2(x-3)^2$ 이어야 한다.

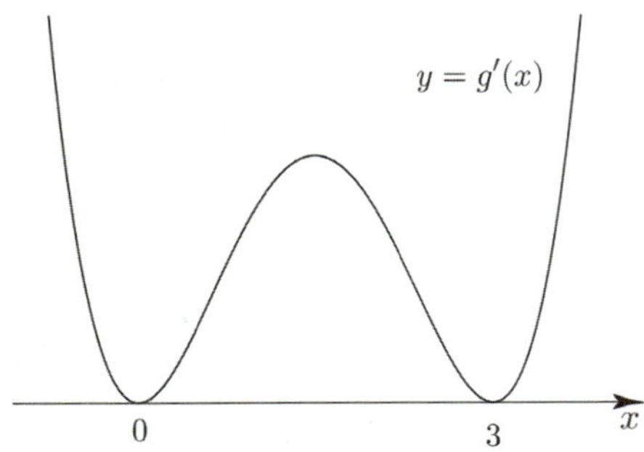

즉, $h(x) = x(x-3)^2 = x^2 - 6x^2 + 9x$ 이다.

$f(x) = h'(x) = 3x^2 - 12x + 9 = 3(x-1)(x-3)$

따라서
$$\int_0^3 |f(x)|\, dx = \int_0^1 f(x)\, dx + \int_1^3 -f(x)\, dx$$
$$= \int_0^1 h'(x)\, dx + \int_1^3 -h'(x)\, dx$$
$$= h(1) - h(0) - h(3) + h(1)$$
$$= 4 - 0 - 0 + 4 = 8$$
이다.

답 8

$f(x) = x^3 - 3x - 1$
$f'(x) = 3x^2 - 3 = 3(x-1)(x+1)$
$f(-1) = 1,\; f(0) = -1,\; f(1) = -3$

$f'(x)$ 를 바탕으로 $f(x)$ 를 그리면

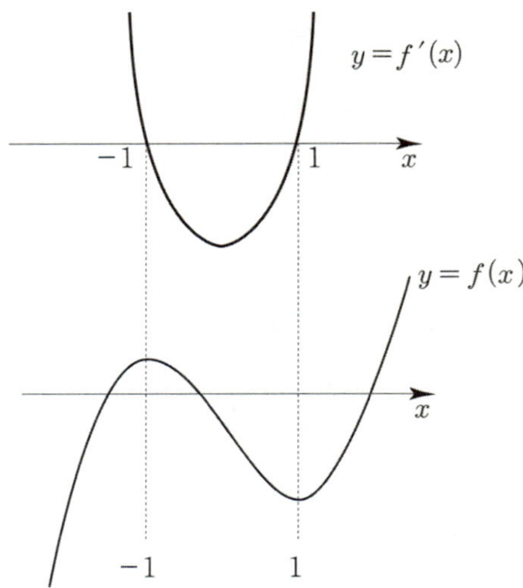

실수 $t\,(t \geq -1)$ 에 대하여
$-1 \leq x \leq t$ 에서 $|f(x)|$ 의 최댓값을 $g(t)$

우선 $|f(x)|$ 를 그리면

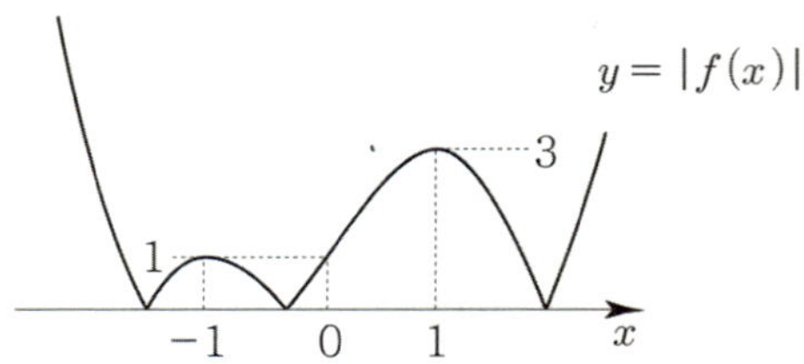

$|f(x)|$ 를 바탕으로 $g(t)$ 를 그리면

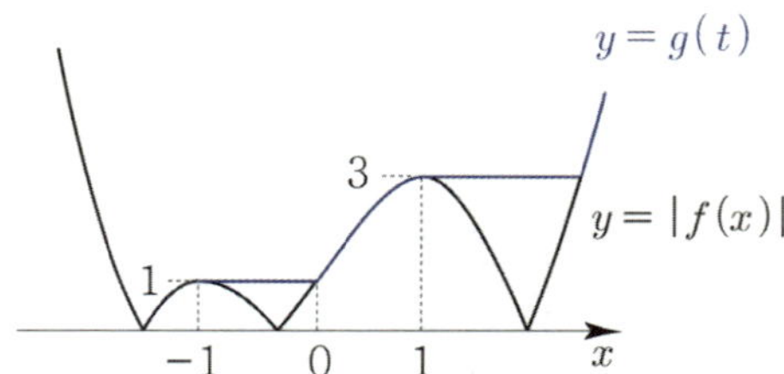

$$\int_{-1}^{1} g(t)\,dt = \int_{-1}^{0} g(t)\,dt + \int_{0}^{1} g(t)\,dt$$

$$= \int_{-1}^{0} 1\,dt + \int_{0}^{1} (-t^3 + 3t + 1)\,dt$$

$$= 1 + \left[-\frac{1}{4}t^4 + \frac{3}{2}t^2 + t \right]_{0}^{1} = 1 - \frac{1}{4} + \frac{3}{2} + 1 = \frac{13}{4} = \frac{q}{p}$$

따라서 $p + q = 17$ 이다.

답 17

$f(x)$ 는 최고차항의 계수가 1 인 이차함수이므로
$g(x)$ 는 최고차항의 계수가 $\frac{1}{3}$ 인 삼차함수이다.

$$g(x) = \int_{0}^{x} f(t)\,dt \Rightarrow g'(x) = f(x),\ g(0) = 0$$

$x \geq 1$ 에서 모든 실수 x 에 대하여
$g(x) \geq g(4)$ 이므로 $g(x)$ 는 $x \geq 1$ 에서 $x = 4$ 일 때,
최소이자 극소이다.
즉, $g'(4) = 0$

$x \geq 1$ 인 모든 실수 x 에 대하여
$|g(x)| \geq |g(3)|$ 를 판단하려면 x 축의 위치가 중요하므로
$g(4)$ 의 함숫값과 0 의 대소관계에 따라 **case**분류하면

① $g(4) \geq 0$ 인 경우

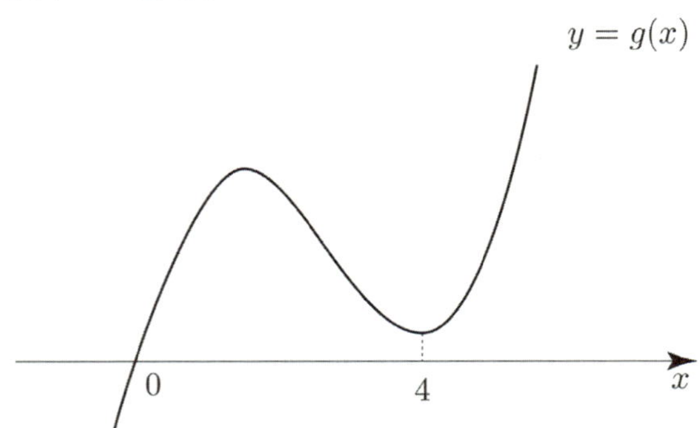

$x \geq 1$ 에서 $g(x) \geq 0$ 이므로 $|g(x)| = g(x)$ 이다.
$|g(x)| \geq |g(3)| \Rightarrow g(x) \geq g(3)$
$x \geq 1$ 인 모든 실수 x 에 대하여 $g(3) = g(4)$ 이어야
한다.

$g(4) = 0$ 일 때는 $g(3) \neq g(4)$ 이므로 모순이고,
$g(4) > 0$ 일 때는 아래 그림처럼 $g(3) \neq g(4)$ 이므로 모순이다.
($x \geq 1$ 에서 모든 실수 x 에 대하여 $g(x) \geq g(4)$ 이어야
하므로 $g(p) = g(4)$ 인 p 에 대하여 $p \leq 1$)

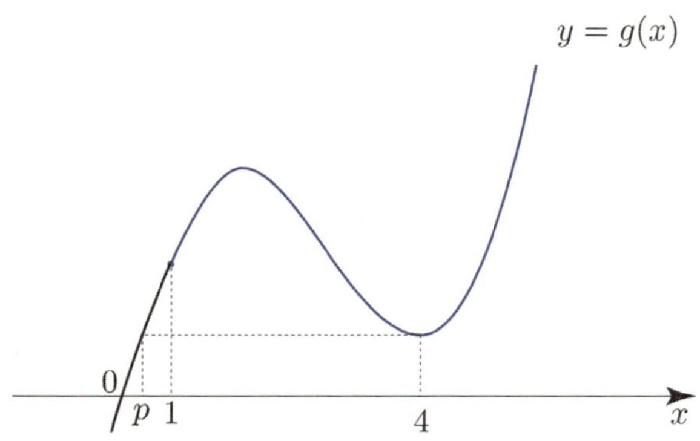

② $g(4) < 0$ 인 경우

$x \geq 1$ 에서 $|g(x)|$ 의 최솟값이 0 이므로

$x \geq 1$ 인 모든 실수 x 에 대하여 $|g(x)| \geq |g(3)|$ 이려면

$g(3) = 0$ 이어야 한다.

$g(0) = g(3) = 0$ 이므로

$g(x) = \dfrac{1}{3}x(x-3)(x-a) = \dfrac{1}{3}\left\{x^3 - (a+3)x^2 + 3ax\right\}$

$g'(x) = \dfrac{1}{3}\left\{3x^2 - 2(a+3)x + 3a\right\}$

$g'(4) = 0 \Rightarrow \dfrac{1}{3}(24-5a) = 0 \Rightarrow a = \dfrac{24}{5}$

$g'(x) = x^2 - \dfrac{26}{5}x + \dfrac{24}{5}$

따라서 $f(9) = g'(9) = 81 - \dfrac{234}{5} + \dfrac{24}{5} = \dfrac{195}{5} = 39$ 이다.

답   39

113

$\displaystyle\int_1^x f(t)dt = xf(x) - 2x^2 - 1$ 의 양변에 $x=1$ 을 대입하면

$0 = f(1) - 3 \Rightarrow f(1) = 3$

$\displaystyle\int_1^x f(t)dt = xf(x) - 2x^2 - 1$ 의 양변을 x 에 대해 미분하면

$f(x) = f(x) + xf'(x) - 4x$

$\Rightarrow xf'(x) = 4x \Rightarrow f'(x) = 4$

$f(x) = 4x + C_1$, $f(1) = 3$ 이므로 $f(x) = 4x - 1$ 이다.

$\{F(x)G(x)\}' = f(x)G(x) + F(x)g(x)$ 이므로

$f(x)G(x) + F(x)g(x) = 8x^3 + 3x^2 + 1$

$\Rightarrow F(x)G(x) = 2x^4 + x^3 + x + C_2$

$F(x) = 2x^2 - x + C_3$ 이므로

$\left(2x^2 - x + C_3\right)G(x) = 2x^4 + x^3 + x + C_2$

$G(x)$ 는 다항함수이므로 최고차항을 ax^n 라 하면

$2x^2 \times ax^n = 2ax^{n+2} = 2x^4 \Rightarrow a = 1, \ n = 2$ 이다.

즉, $G(x) = x^2 + bx + c$

$\left(2x^2 - x + C_3\right)\left(x^2 + bx + c\right) = 2x^4 + x^3 + x + C_2$

좌변의 x^3 의 계수는 $-1 + 2b$ 이고,

우변의 x^3 의 계수는 1 이므로

$-1 + 2b = 1 \Rightarrow b = 1$

$\therefore \ G(x) = x^2 + x + c$

따라서

$\displaystyle\int_1^3 g(x)dx = G(3) - G(1) = (12 + c) - (2 + c) = 10$ 이다.

답   10

114

최고차항의 계수가 1 이고 $f'(0) = f'(2) = 0$ 인 삼차함수 $f(x)$

$\Rightarrow f'(x) = 3x(x-2) = 3x^2 - 6x$

$p > 0$ 에 대하여

$g(x) = \begin{cases} f(x) - f(0) & (x \leq 0) \\ f(x+p) - f(p) & (x > 0) \end{cases}$

두 곡선 $y = f(x) - f(0)$, $y = f(x+p) - f(p)$ 모두

원점을 지나므로 $\displaystyle\lim_{x \to 0} g(x) = g(0) = 0$ 이다.

$f(x)$ 가 아래 그림과 같을 때, 위 정보를 바탕으로

$g(x)$ 를 대략적으로 그려보면 다음과 같다.

(p 와 $f(x)$ 의 상수항을 알지 못하기 때문에 정확한 $g(x)$ 의

그래프를 그릴 수는 없지만 감을 찾기 위해서 대략적으로

그려보자.)

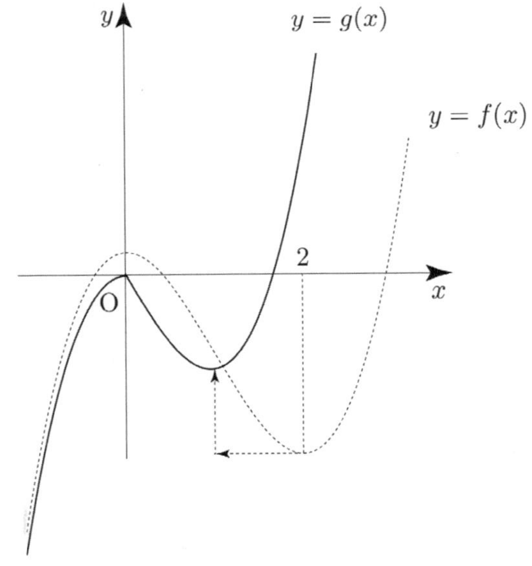

ㄱ. $p = 1$ 일 때, $g'(1) = 0$ 이다.

$p = 1$ 일 때,

$g(x) = \begin{cases} x^3 - 3x^2 & (x \leq 0) \\ x^3 - 3x & (x > 0) \end{cases}$

$$g'(x) = \begin{cases} 3x^2 - 6x & (x < 0) \\ 3x^2 - 3 & (x > 0) \end{cases}$$

$g'(1) = 0$ 이므로 ㄱ은 참이다.

이번에는 그래프적 관점에서 접근해보자.

$$g(x) = \begin{cases} f(x) - f(0) & (x \le 0) \\ f(x+1) - f(1) & (x > 0) \end{cases}$$

함수 $y = f(x+1) - f(1)$ 의 그래프는 함수 $y = f(x)$ 의 그래프를 x 축의 방향으로 -1 만큼, y 축의 방향으로 $-f(1)$ 만큼 평행이동하여 그릴 수 있다.

함수 $f(x)$ 를 x 축의 방향으로 -1 만큼 평행이동한 함수의 도함수는 함수 $f'(x)$ 를 x 축의 방향으로 -1 만큼 평행이동한 함수와 같으므로 함수 $f(x+1) - f(1)$ 의 도함수는 $f'(x+1)$ 이다.

$g'(1) = f'(2) = 0$ 이므로 ㄱ은 참이다.

ㄴ. $g(x)$ 가 실수 전체의 집합에서 미분가능하도록 하는 양수 p 의 개수는 1 이다.

$g(x)$ 는 실수 전체의 집합에서 미분가능하므로 $x = 0$ 에서도 미분가능해야 한다.

$$g(x) = \begin{cases} x^3 - 3x^2 & (x \le 0) \\ x^3 + (3p-3)x^2 + (3p^2 - 6p)x & (x > 0) \end{cases}$$

$A(x) = x^3 - 3x^2$ 라 하면 $A'(x) = 3x^2 - 6x$

$$\lim_{x \to 0-} \frac{g(x) - g(0)}{x - 0} = A'(0) = 0 \text{ 이다.}$$

$B(x) = x^3 + (3p-3)x^2 + (3p^2 - 6p)x$ 라 하면
$B'(x) = 3x^2 + 2(3p-3)x + 3p^2 - 6p$

$$\lim_{x \to 0+} \frac{g(x) - g(0)}{x - 0} = 3p^2 - 6p$$

$$\lim_{x \to 0+} \frac{g(x) - g(0)}{x - 0} = \lim_{x \to 0-} \frac{g(x) - g(0)}{x - 0}$$

$\Rightarrow 3p^2 - 6p = 0 \Rightarrow 3p(p-2) = 0 \Rightarrow p = 2 \ (\because \ p > 0)$

즉, $g(x)$ 가 실수 전체의 집합에서 미분가능하도록 하는 양수 p 는 오직 $p = 2$ 뿐이므로 ㄴ은 참이다.

이번에는 그래프적 관점에서 접근해보자.

$$g(x) = \begin{cases} x^3 - 3x^2 & (x \le 0) \\ f(x+p) - f(p) & (x > 0) \end{cases}$$

$$\lim_{x \to 0-} \frac{g(x) - g(0)}{x - 0} = 0 \text{ 이므로 } \lim_{x \to 0+} \frac{g(x) - g(0)}{x - 0} = 0$$
이어야 한다.

함수 $y = f(x+p) - f(p)$ 의 그래프는 함수 $y = f(x)$ 의 그래프를 x 축의 방향으로 $-p$ 만큼, y 축의 방향으로 $-f(p)$ 만큼 평행이동하여 그릴 수 있다.

함수 $f(x)$ 를 x 축의 방향으로 $-p$ 만큼 평행이동한 함수의 도함수는 함수 $f'(x)$ 를 x 축의 방향으로 $-p$ 만큼 평행이동한 함수와 같으므로 $f(x+p) - f(p)$ 의 도함수는 $f'(x+p)$ 이다.

$$\lim_{x \to 0+} \frac{g(x) - g(0)}{x - 0} = f'(0+p) = f'(p) = 0$$
이때 $f'(p) = 0$ 을 만족시키는 양수 p 는 2 뿐이므로 ㄴ은 참이다.

ㄷ. $p \ge 2$ 일 때, $\displaystyle\int_{-1}^{1} g(x)dx \ge 0$ 이다.

$$g(x) = \begin{cases} x^3 - 3x^2 & (x \le 0) \\ x^3 + (3p-3)x^2 + (3p^2 - 6p)x & (x > 0) \end{cases}$$

$$\int_{-1}^{0} g(x)dx = \int_{-1}^{0} (x^3 - 3x^2)dx$$

$$= \left[\frac{1}{4}x^4 - x^3 \right]_{-1}^{0} = 0 - \left(\frac{1}{4} + 1 \right) = -\frac{5}{4}$$

$$\int_{0}^{1} g(x)dx = \int_{0}^{1} \{x^3 + (3p-3)x^2 + (3p^2 - 6p)x\}dx$$

$$= \left[\frac{1}{4}x^4 + (p-1)x^3 + \frac{3p^2 - 6p}{2}x^2 \right]_{0}^{1}$$

$$= \frac{1}{4} + (p-1) + \frac{3p^2 - 6p}{2}$$

$$= \frac{3}{2}p^2 - 2p - \frac{3}{4}$$

이므로

$$\int_{-1}^{1} g(x)dx = \int_{-1}^{0} g(x)dx + \int_{0}^{1} g(x)dx$$

$$= -\frac{5}{4} + \frac{3}{2}p^2 - 2p - \frac{3}{4}$$

$$= \frac{3}{2}p^2 - 2p - 2$$

$$= \frac{1}{2}(3p+2)(p-2)$$

$p \geq 2$ 일 때, $\displaystyle\int_{-1}^{1} g(x)dx = \frac{1}{2}(3p+2)(p-2) \geq 0$ 이므로 ㄷ은 참이다.

이번에는 그래프적 관점에서 접근해보자.
(정적분을 넓이의 관점에서 접근하는 풀이이므로
정적분의 활용을 배우지 않은 학생의 경우
다음 중단원인 정적분의 활용을 배운 후 보도록 하자.)
$p = 2$ 일 때, 함수 $g(x)$ 를 그리면 다음과 같다.

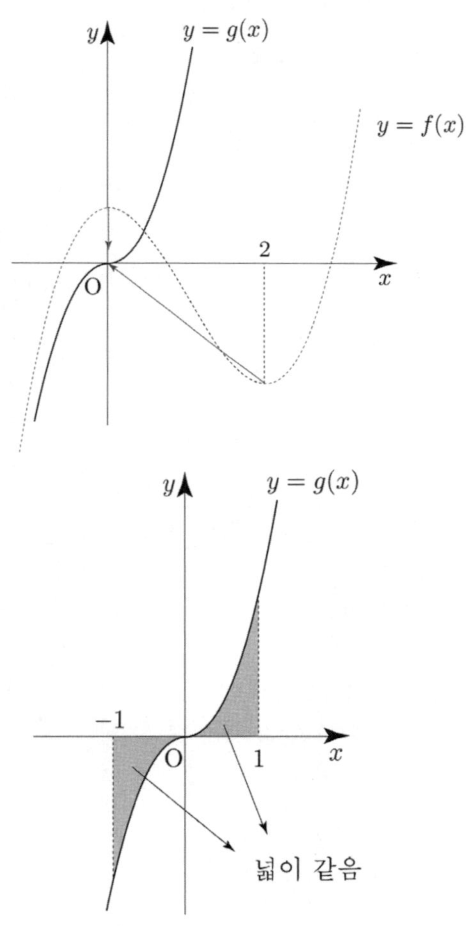

삼차함수의 대칭성에 의해서 $\displaystyle\int_{-1}^{1} g(x)dx = 0$ 이다.

$p > 2$ 일 때, 함수 $g(x)$ 를 그리면 다음과 같다.

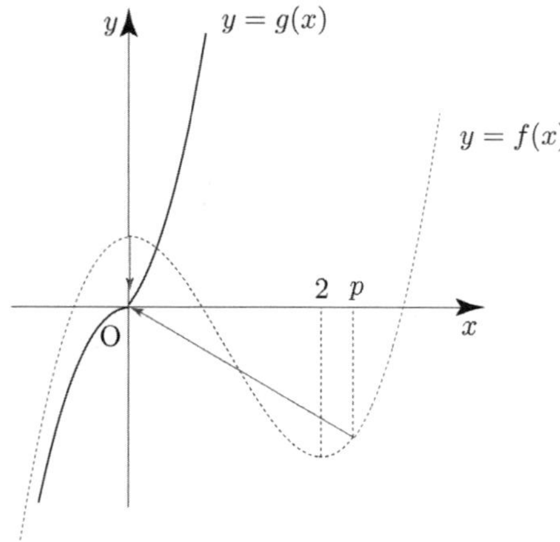

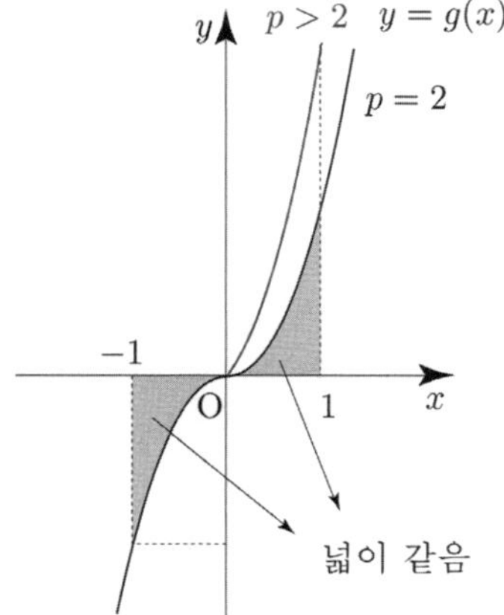

$p > 2$ 일 때 $\displaystyle\int_{-1}^{0} g(x)dx$ 의 값과 $p = 2$ 일 때

$\displaystyle\int_{-1}^{0} g(x)dx$ 의 값은 서로 같고,

$p > 2$ 일 때 $\displaystyle\int_{0}^{1} g(x)dx$ 의 값이 $p = 2$ 일 때

$\displaystyle\int_{0}^{1} g(x)dx$ 의 값보다 크다.

$p \geq 2$ 일 때, $\displaystyle\int_{-1}^{1} g(x)dx \geq 0$ 이므로 ㄷ은 참이다.

 **답** ⑤

115

최고차항의 계수가 양수인 이차함수 $f(x)$ 에 대하여

$$g(x) = \int_{0}^{x} tf(t)dt$$

$$g(0) = 0, \ g'(x) = xf(x)$$

ㄱ. $g'(0) = 0$
　$g'(x) = xf(x)$ 에 $x = 0$ 을 대입하면
　$g'(0) = 0$ 이므로 ㄱ은 참이다.

ㄴ. 양수 α에 대하여 $g(\alpha)=0$이면 방정식 $f(x)=0$은
열린구간 $(0,\ \alpha)$에서 적어도 하나의 실근을 갖는다.

$g(x)$는 닫힌구간 $[0,\ \alpha]$에서 연속이고
열린구간 $(0,\ \alpha)$에서 미분가능하다.
$g(0)=g(\alpha)=0$이므로 롤의 정리에 의해서
$g'(c)=0$인 c가 열린구간 $(0,\ \alpha)$ 사이에
적어도 하나 존재한다.

$g'(c)=cf(c)=0 \Rightarrow f(c)=0\ (\because 0<c<\alpha)$
이므로 ㄴ은 참이다.

ㄷ. 양수 β에 대하여 $f(\beta)=g(\beta)=0$이면 모든 실수
x에 대하여 $\displaystyle\int_{\beta}^{x}tf(t)\,dt \geq 0$이다.

$h(x)=\displaystyle\int_{\beta}^{x}tf(t)\,dt$ 라 하면

$h(\beta)=0,\quad h'(x)=xf(x)$
$f(\beta)=0$이므로 $h'(x)=xf(x)$에 $x=\beta$를 대입하면
$h'(\beta)=0$이다.
$h(\beta)=h'(\beta)=0$이므로 $h(x)$는 $(x-\beta)^2$을
인수로 갖는다.
$g(\beta)=0 \Rightarrow \displaystyle\int_{0}^{\beta}tf(t)\,dt=0 \Rightarrow \displaystyle\int_{\beta}^{0}tf(t)\,dt=0$

이므로 $h(0)=0$이다.
$h'(x)=xf(x)$에 $x=0$을 대입하면 $h'(0)=0$이다.
$h(0)=h'(0)=0$이므로 $h(x)$는 x^2을
인수로 갖는다.

$h(x)$는 최고차항의 계수가 양수인 사차함수이므로
$h(x)=ax^2(x-\beta)^2\ (a>0)$ 이다.

모든 실수 x에 대하여 $h(x) \geq 0$이므로
ㄷ은 참이다.

답 ⑤

116

최고차항의 계수가 양수인 삼차함수 $f(x)$에 대하여

(가) 함수 $f(x)$는 $x=0$에서 극댓값, $x=k$에서
극솟값을 가진다. (단, k는 상수이다.)

$f(x)$를 그리면

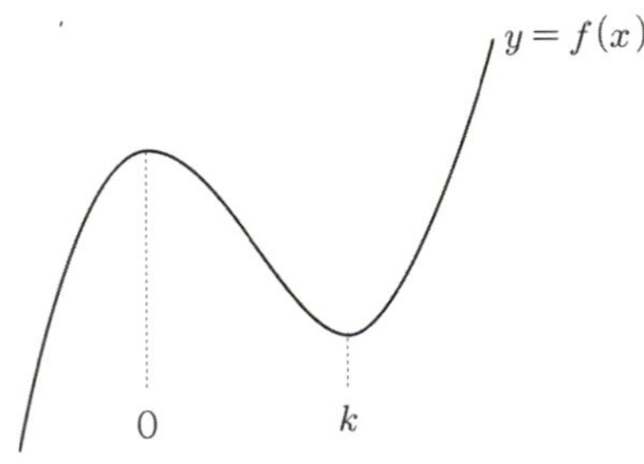

(나) 1보다 큰 모든 실수 t에 대하여
$$\int_{0}^{t}|f'(x)|\,dx = f(t)+f(0)$$ 이다.

ㄱ. $\displaystyle\int_{0}^{k}f'(x)\,dx < 0$

$f(k)-f(0)<0$이므로 ㄱ은 참이다.

ㄴ. $0<k\leq 1$
(나) 조건에서
$$\int_{0}^{t}|f'(x)|\,dx = f(t)+f(0)$$

양변을 t에 대하여 미분하면
$|f'(t)|=f'(t)$ 이므로 $f'(t) \geq 0$
$t>1$인 모든 실수 t에 대하여 $f'(t) \geq 0$

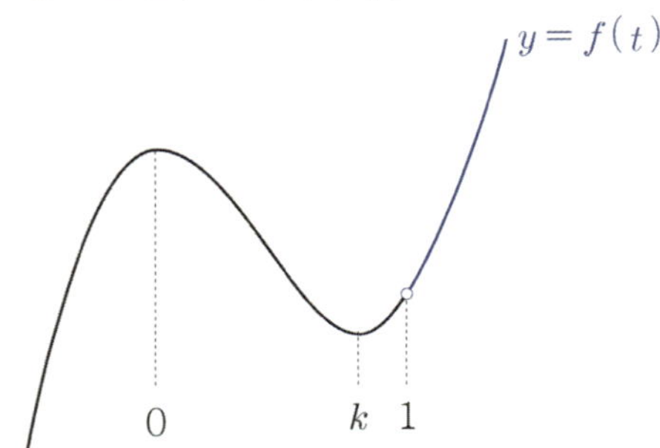

즉, $t>1$에서 $f(t)$는 증가해야 하므로
$0<k\leq 1$이다.
따라서 ㄴ은 참이다.

ㄷ. 함수 $f(x)$의 극솟값은 0이다.
$f(x)$는 $x=k$에서 극솟값 $f(k)$를 가지고,
ㄴ에 의해서 $k<t$이다.

$$\int_{0}^{t}|f'(x)|\,dx = \int_{0}^{k}|f'(x)|\,dx + \int_{k}^{t}|f'(x)|\,dx$$

$$= \int_{0}^{k}\{-f'(x)\}\,dx + \int_{k}^{t}f'(x)\,dx$$

$$= -f(k)+f(0)+f(t)-f(k)$$

$$= -2f(k)+f(t)+f(0) = f(t)+f(0)$$

$$\Rightarrow f(k)=0$$

따라서 ㄷ은 참이다.

답 ⑤

ㄷ을 그래프를 활용하여 판단해보자.

$$g(t) = \int_0^t |f'(x)|\,dx$$

$$g(0) = 0$$

$g(t)$ 의 그래프를 그려보자.

(그리는 방법은 Training－1step 059번에서 학습하였다.)

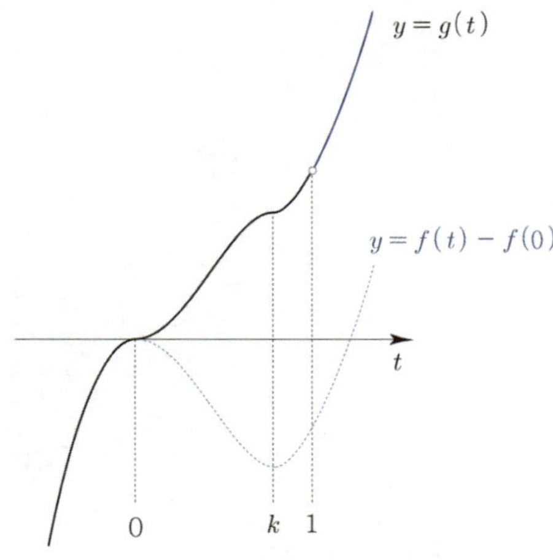

($f(0) = 0$ 인지 알 수 없으므로 $y = f(t)$ 가
아니라 $y = f(t) - f(0)$ 이라고 해야 한다.)

$t > 1$ 에서 $y = g(t)$ 의 그래프는 $y = f(t) - f(0)$ 의
그래프를 y 축 방향으로 극값차의 2배인
$2\{f(0) - f(k)\}$ 만큼 평행이동시켜 구할 수 있다.

$$g(t) = f(t) - f(0) + 2f(0) - 2f(k)$$
$$= f(t) + f(0) - 2f(k) \ \ (t > 1)$$

즉, $t > 1$ 에서 $g(t) = f(t) + f(0) - 2f(k)$ 이다.
(나) 조건에 의해 $t > 1$ 에서 $g(t) = f(t) + f(0)$ 이므로
$$f(t) + f(0) - 2f(k) = f(t) + f(0) \implies f(k) = 0$$

117

$$g(x) = \int_{-4}^x f(t)\,dt$$

$$\implies g(-4) = 0, \ g'(x) = f(x)$$

$$g'(x) = \begin{cases} 3x^2 + 3x + a & (x < 0) \\ 3x + a & (x \geq 0) \end{cases}$$

함수 $g(x)$ 는 $x = 2$ 에서 극솟값을 가지므로
$$g'(2) = 6 + a = 0 \implies a = -6$$
$$g'(x) = \begin{cases} 3(x+2)(x-1) & (x < 0) \\ 3(x-2) & (x \geq 0) \end{cases}$$
이므로 함수 $g(x)$ 는 $x = -2$ 에서 극대이다.
따라서 함수 $g(x)$ 의 극댓값은
$$g(-2) = \int_{-4}^{-2} (3t^2 + 3t - 6)\,dt = \left[t^3 + \frac{3}{2}t^2 - 6t \right]_{-4}^{-2} = 26 \,\text{이다.}$$

답 ⑤

118

$$f(x) = x^3 + ax^2 + bx \ \ (0 \leq x < 4)$$
$$f'(x) = 3x^2 + 2ax + b \ \ (0 \leq x < 4)$$
$f(x)$ 는 실수 전체의 집합에서 미분가능한 함수이므로
$$f(0) = 0, \ f(4) = 64 + 16a + 4b$$
$$f'(0) = b, \ f'(4) = 48 + 8a + b$$

$f(x+4) = f(x) + 16$ 의 양변에 $x = 0$ 을 대입하면
$$f(4) = f(0) + 16 \implies 64 + 16a + 4b = 16$$
$$\implies 16a + 4b = -48 \implies 4a + b = -12$$

$f(x+4) = f(x) + 16$ 의 양변을 미분하면
$f'(x+4) = f'(x)$ 이고, 양변에 $x = 0$ 을 대입하면
$$f'(4) = f'(0) \implies 48 + 8a + b = b \implies a = -6$$
$a = -6$ 이므로 $b = 12$
$$\therefore f(x) = x^3 - 6x^2 + 12x \ \ (0 \leq x < 4)$$

$x + 4 = t$ 라 하면 $0 \leq x < 4 \implies 4 \leq t < 8$
$f(t) = f(t-4) + 16$
$t - 4$ 는 $0 \leq t - 4 < 4$ 이므로 (가) 조건에 의해
$$f(t-4) = (t-4)^3 - 6(t-4)^2 + 12(t-4)$$
$$\therefore f(x) = (x-4)^3 - 6(x-4)^2 + 12(x-4) + 16 \ \ (4 \leq x < 8)$$
따라서 $\displaystyle \int_4^7 f(x)\,dx$

$$= \int_4^7 \{ (x-4)^3 - 6(x-4)^2 + 12(x-4) + 16 \}\,dx$$

$$= \left[\frac{(x-4)^4}{4} - 2(x-4)^3 + 6(x-4)^2 + 16x \right]_4^7$$

$$= \frac{529}{4} - 64 = \frac{529 - 256}{4} = \frac{273}{4}$$

이다.

답 ④

119

$$\int_1^x tf(t)\,dt + \int_{-1}^x tg(t)\,dt = 3x^4 + 8x^3 - 3x^2 \text{ 의 양변을}$$

미분하면

$$xf(x) + xg(x) = 12x^3 + 24x^2 - 6x$$

$$\Rightarrow f(x) + g(x) = 12x^2 + 24x - 6$$

$f(x) = xg'(x)$ 이므로

$$xg'(x) + g(x) = 12x^2 + 24x - 6$$

$$\Rightarrow g(x) + xg'(x) = 12x^2 + 24x - 6$$

$$\Rightarrow \{xg(x)\}' = 12x^2 + 24x - 6$$

양변을 x에 대해 적분하면

$$xg(x) = 4x^3 + 12x^2 - 6x + C$$

$g(x)$는 다항함수이고 양변에 $x = 0$을 대입하면 $C = 0$

$$xg(x) = 4x^3 + 12x^2 - 6x$$

$$\Rightarrow g(x) = 4x^2 + 12x - 6$$

따라서
$$\int_0^3 g(x)\,dx = \int_0^3 \{4x^2 + 12x - 6\}\,dx$$

$$= \left[\frac{4x^3}{3} + 6x^2 - 6x\right]_0^3 = 36 + 54 - 18$$

$$= 72$$

이다.

답 ①

120

$$\{f(x)\}^2 = 2\int_3^x (t^2 + 2t)f(t)\,dt \text{ 의 양변에 } x = 3 \text{ 을}$$

대입하면 $f(3) = 0$

$$\{f(x)\}^2 = 2\int_3^x (t^2 + 2t)f(t)\,dt \text{ 의 양변을 } x \text{ 에 대해 미분하면}$$

$$2f(x)f'(x) = 2(x^2 + 2x)f(x)$$

$$\Rightarrow 2f(x)\{f'(x) - x^2 - 2x\} = 0$$

$$\Rightarrow f(x) = 0 \text{ or } f'(x) = x^2 + 2x$$

$$g(x) = \frac{1}{3}x^3 + x^2 + a \text{ 라 하면}$$

$f(x)$는 $f(x) = 0$ or $f(x) = g(x)$ 와 같다.

이때 $f(x)$는 다항함수가 아니라 단순히 미분가능한 함수이므로 $f(x)$가 0 또는 $g(x)$를 교차하는 경우도 고려해야 하고, 만약 교차한다면 $g'(k) = 0$인 $x = k$에서 교차해야 한다.

① $g(-2) = 0$ 일 때

$$g(-2) = 0 \Rightarrow g(x) = \frac{1}{3}x^3 + x^2 - \frac{4}{3}$$

$f(3) = 0$이고 함수 $f(x)$가 실수 전체의 집합에서 미분가능하므로

$$f(x) = \begin{cases} \dfrac{1}{3}x^3 + x^2 - \dfrac{4}{3} & (x < -2) \\[2mm] 0 & (x \geq -2) \end{cases}$$

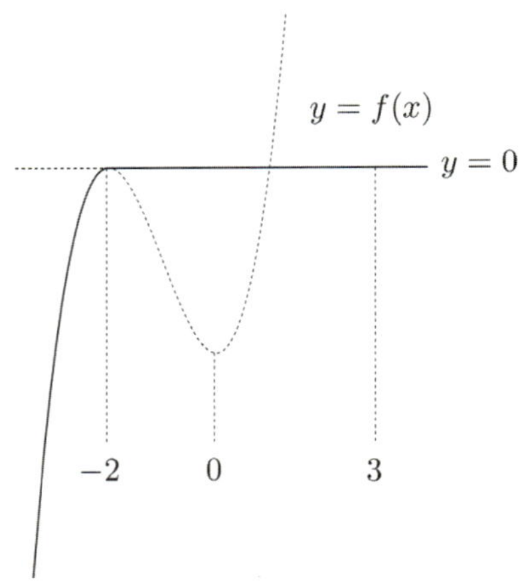

② $g(0) = 0$ 일 때

$$g(0) = 0 \Rightarrow g(x) = \frac{1}{3}x^3 + x^2$$

$f(3) = 0$이고 함수 $f(x)$가 실수 전체의 집합에서 미분가능하므로

$$f(x) = \begin{cases} \dfrac{1}{3}x^3 + x^2 & (x < 0) \\[2mm] 0 & (x \geq 0) \end{cases}$$

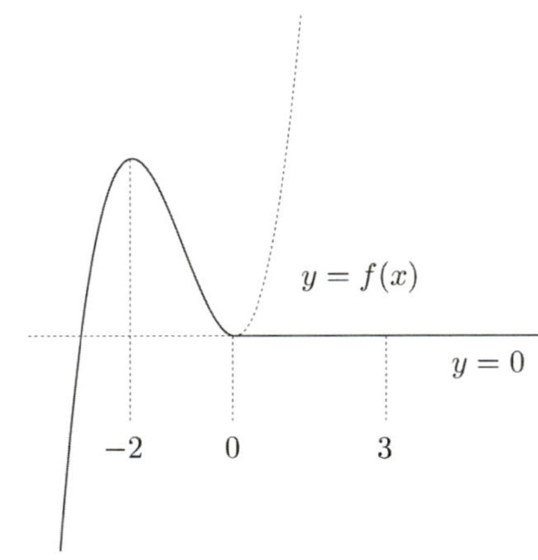

③ $g(3)=0$ 일 때

$g(3)=18+a=0 \Rightarrow a=-18$

$f(3)=0$ 이고 함수 $f(x)$ 가 실수 전체의 집합에서

미분가능하므로 $f(x)=\dfrac{1}{3}x^3+x^2-18$

④ 모든 실수 x 에 대하여 $f(x)=0$ 일 때

$f(3)=0$ 이고 함수 $f(x)$ 가 실수 전체의 집합에서

미분가능하므로 조건을 만족한다.

①, ②, ③, ④에 의해

$\displaystyle\int_{-3}^{0} f(x)dx$ 의 값이 최대가 되는 $f(x)$ 는 ②이고,

최소가 되는 $f(x)$ 는 ③이다.

따라서 $M-m=\displaystyle\int_{-3}^{0}\left(\dfrac{1}{3}x^3+x^2\right)dx-\int_{-3}^{0}\left(\dfrac{1}{3}x^3+x^2-18\right)dx$

$$=\int_{-3}^{0}18dx=54$$

이다.

답　54

121

$$f(x)=\begin{cases} -x(x-4) & (0 \le x < 4) \\ x-4 & (4 \le x \le 8) \end{cases}$$

$g(a)=\displaystyle\int_{a}^{a+4} f(x)dx$ 라 하면

$g(a)=F(a+4)-F(a)$

양변을 a 에 대해 미분하면

$g'(a)=f(a+4)-f(a)$

$y=f(a+4)$ 의 그래프는 $y=f(a)$ 의 그래프를

a 축 방향으로 -4 만큼 평행이동하여 구할 수 있다.

빼기함수 Technique을 사용하여 $g(a)$ 를 그려보자.

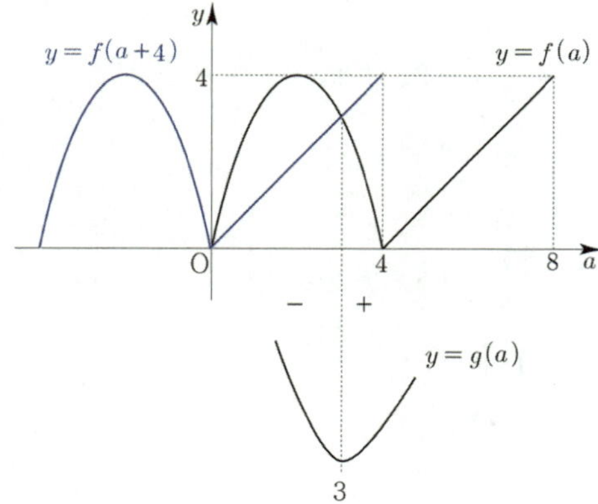

두 곡선 $y=f(a+4)$, $y=f(a)$ 는 $a=3$ 에서 만난다.

$(\because a=-a(a-4) \Rightarrow a=0 \text{ or } a=3)$

$0 \le a \le 4$ 에서 $g(a)$ 는 $a=3$ 에서 최솟값을 가지므로

$g(3)=\displaystyle\int_{3}^{7} f(x)dx=\int_{3}^{4} f(x)dx+\int_{4}^{7} f(x)dx$

$$=\int_{3}^{4}(-x^2+4x)dx+\int_{4}^{7}(x-4)dx$$

$$=\left[-\dfrac{1}{3}x^3+2x^2\right]_{3}^{4}+\left[\dfrac{1}{2}x^2-4x\right]_{4}^{7}=\dfrac{37}{6}$$

따라서 $p+q=43$ 이다.

답　43

직접 $\displaystyle\int_{a}^{a+4} f(x)dx$ 를 구해서 풀어보자.

$\displaystyle\int_{a}^{a+4} f(x)dx=\int_{a}^{4} f(x)dx+\int_{4}^{a+4} f(x)dx$

$$=\int_{a}^{4}(-x^2+4x)dx+\int_{4}^{a+4}(x-4)dx$$

$$=\left[-\dfrac{1}{3}x^3+2x^2\right]_{a}^{4}+\left[\dfrac{1}{2}x^2-4x\right]_{4}^{a+4}$$

$$=\dfrac{1}{3}a^3-\dfrac{3}{2}a^2+\dfrac{32}{3}$$

$g(a)=\dfrac{1}{3}a^3-\dfrac{3}{2}a^2+\dfrac{32}{3}$ 라 하면

$g'(a)=a^2-3a=a(a-3)$ 이므로

$0 \le a \le 4$ 일 때, $g(a)$ 는 $a=3$ 에서 최솟값을 갖는다.

따라서 $g(3)=\dfrac{37}{6}$ 이다.

122

$n-1 \le x < n$ 일 때, $|f(x)|=|6(x-n+1)(x-n)|$ 이므로

$n-1 \le x < n$ 일 때, $f(x)=6(x-n+1)(x-n)$ 또는

$f(x)=-6(x-n+1)(x-n)$ 이다.

$g(x)=\displaystyle\int_{0}^{x} f(t)dt-\int_{x}^{4} f(t)dt$

$$=F(x)-F(0)-F(4)+F(x)$$

$$=2F(x)-F(0)-F(4)$$

이므로 $g'(x)=2f(x)$ 이다.

함수 $g(x)$ 는 열린구간 $(0,\ 4)$ 에서 정의된 미분 가능한 함수이므로 $x=2$ 에서 최솟값 0 을 가지려면 $x=2$ 에서 극솟값 0 을 가져야 하므로

$$g'(2)=0 \Rightarrow f(2)=0$$

$$g(2)=0 \Rightarrow \int_0^2 f(t)dt = \int_2^4 f(t)dt$$

조건을 만족시키려면 $f(x)$ 가 다음과 같아야 한다.

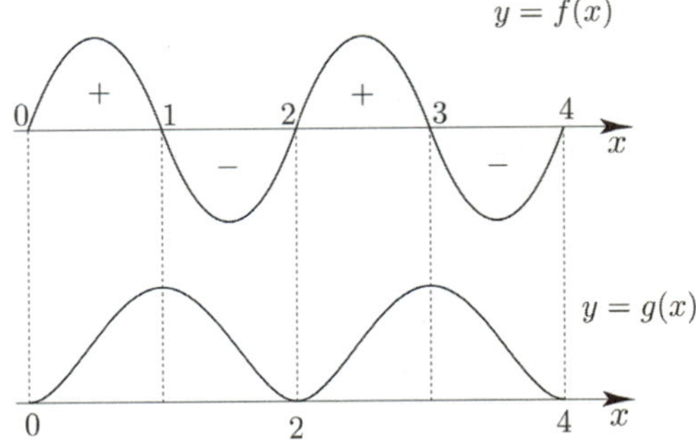

넓이의 관점에서 대칭성을 활용해보자.

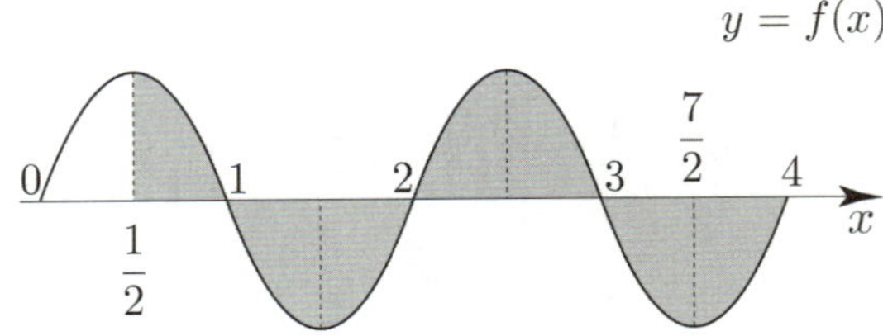

따라서

$$\int_{\frac{1}{2}}^{4} f(x)dx = \int_{\frac{7}{2}}^{4} f(x)dx$$

$$= -\int_0^{\frac{1}{2}} f(x)dx$$

$$= -\frac{|6|}{6}(1-0)^3 \times \frac{1}{2} = -\frac{1}{2}$$

이다.

 답　②

123	6	**140**	②
124	ㄱ, ㄴ, ㄹ	**141**	56
125	45	**142**	80
126	⑤	**143**	②
127	③	**144**	①
128	②	**145**	55
129	98	**146**	③
130	⑤	**147**	②
131	④	**148**	②
132	⑤	**149**	67
133	④	**150**	①
134	④	**151**	③
135	80	**152**	6
136	⑤	**153**	4
137	432	**154**	128
138	④	**155**	18
139	16	**156**	②

123

다항함수 $f(x)$ 에 대하여

$$\int_0^x (x-t)\{f(t)\}^2 dt = \frac{1}{12}x^4 + x^3 + ax^2 + bx$$

$$x\int_0^x \{f(t)\}^2 dt - \int_0^x t\{f(t)\}^2 dt = \frac{1}{12}x^4 + x^3 + ax^2 + bx$$

양변을 x 에 대해 미분하면

$$\int_0^x \{f(t)\}^2 dt + x\{f(x)\}^2 - x\{f(x)\}^2$$

$$= \frac{1}{3}x^3 + 3x^2 + 2ax + b$$

$$\int_0^x \{f(t)\}^2 dt = \frac{1}{3}x^3 + 3x^2 + 2ax + b$$

x 에 0 을 대입하면 $b=0$

$$\int_0^x \{f(t)\}^2 dt = \frac{1}{3}x^3 + 3x^2 + 2ax$$

양변을 x 에 대해 미분하면

$$\{f(x)\}^2 = x^2 + 6x + 2a$$

$$f(1) = -4 \implies 16 = 1 + 6 + 2a \implies a = \frac{9}{2}$$

$$\{f(x)\}^2 = x^2 + 6x + 9 = (x+3)^2$$

$$\{f(x)\}^2 - (x+3)^2 = 0$$

$$\{f(x) - (x+3)\}\{f(x) + (x+3)\} = 0$$

$f(x)$는 다항함수이므로

$f(x) = x+3$ or $f(x) = -x-3$이다.

$f(1) = -4$이므로 $f(x) = -x-3$이다.

$a = \dfrac{9}{2}$, $b = 0$이고 $f(x) = -x-3$이므로

$f(-2a+b) = f(-9) = 6$이다.

답   6

> **Tip**
>
> <질문>
>
> Q. 연속함수 $f(x)$라고 하면 되지 왜 굳이 다항함수 $f(x)$라고 하였을까?
>
> 만약 연속조건만 있다면
> $f(x) = |x+3|$ or $f(x) = -|x+3|$
> 도 가능하기 때문이다.
>
> 예를 들어 $f(x) = |x+3|$이면
> $$f(x) = \begin{cases} -x-3 & (x < -3) \\ x+3 & (x \geq -3) \end{cases} \quad \text{이므로}$$
> $\{f(x)\}^2 = (x+3)^2$를 만족시킨다.
>
> 앞서 공부한 107번과 같은 맥락이다.

124

$$f(x) = \int_0^2 |t-x|\, dt$$

Training - 1step 057번에서 비슷한 문제를 풀어보았다.

$\displaystyle\int_0^2 |t-x|\, dt$는 t에 대한 적분식이므로 x는 상수로

간주하면 된다.

057번과 달리 x의 범위가 존재하지 않으므로
같은 상황이 나오도록 x의 범위에 따라 case분류해 보자.

① $x < 0$

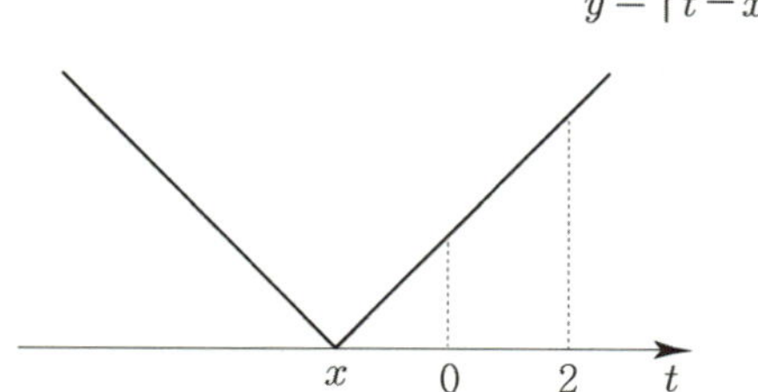

$$f(x) = \int_0^2 |t-x|\, dt = \int_0^2 (t-x)\, dt = \left[\frac{1}{2}t^2 - xt \right]_0^2$$
$$= 2 - 2x$$

② $0 \leq x \leq 2$

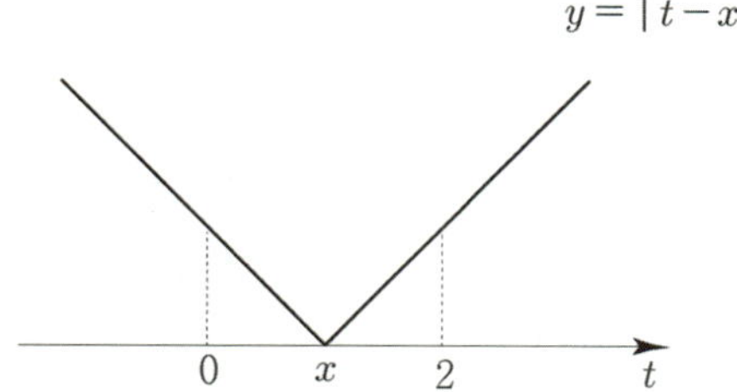

$$f(x) = \int_0^2 |t-x|\, dt = \int_0^x |t-x|\, dt + \int_x^2 |t-x|\, dt$$
$$= \int_0^x (-t+x)\, dt + \int_x^2 (t-x)\, dt$$
$$= \left[-\frac{1}{2}t^2 + xt \right]_0^x + \left[\frac{1}{2}t^2 - xt \right]_x^2$$
$$= \frac{x^2}{2} + 2 - 2x - \left(-\frac{x^2}{2} \right)$$
$$= x^2 - 2x + 2$$

③ $x > 2$

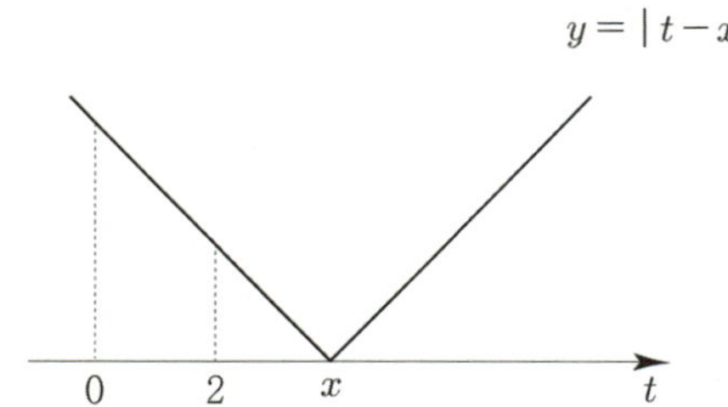

$$f(x) = \int_0^2 |t-x|\, dt = \int_0^2 (-t+x)\, dt = \left[-\frac{1}{2}t^2 + xt \right]_0^2$$
$$= -2 + 2x$$

$$f(x) = \begin{cases} -2x+2 & (x < 0) \\ x^2 - 2x + 2 & (0 \leq x \leq 2) \\ 2x-2 & (x > 2) \end{cases}$$

이므로 $f(x)$를 그리면

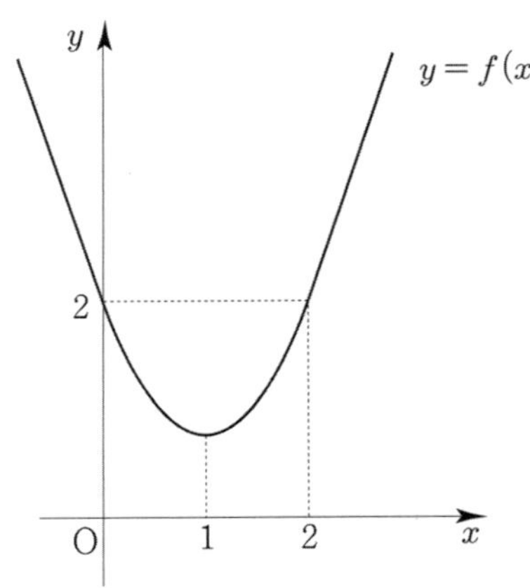

ㄱ. 방정식 $f(x)=2$의 서로 다른 실근의 개수는 2이다.
　방정식 $f(x)=2$의 서로 다른 실근의 개수는
　곡선 $y=f(x)$와 직선 $y=2$가 만나는 서로 다른
　점의 개수와 같다.
　곡선 $y=f(x)$와 직선 $y=2$가 서로 다른 두 점에서
　만나므로 ㄱ은 참이다.

ㄴ. $f(x)$의 최솟값은 1이다.
　$f(x)$는 $x=1$에서 최솟값을 가지고
　$f(1)=1-2+2=1$이므로 ㄴ은 참이다.

ㄷ. $\displaystyle\lim_{x\to a+}\frac{f(x)-f(a)}{x-a}\ne\lim_{x\to a-}\frac{f(x)-f(a)}{x-a}$ 를
　만족시키는 실수 a가 존재한다.

　$\displaystyle\lim_{x\to a+}\frac{f(x)-f(a)}{x-a}\ne\lim_{x\to a-}\frac{f(x)-f(a)}{x-a}$

　$x=a$에서의 우미분계수와 좌미분계수가 같지 않다는
　뜻이므로 $x=a$에서 미분가능하지 않다는 의미이다.

$$f(x)=\begin{cases}-2x+2 & (x<0)\\ x^2-2x+2 & (0\le x\le 2)\\ 2x-2 & (x>2)\end{cases}$$

　이므로 $x=0$과 $x=2$에서만 미분가능여부를
　판단하면 된다.

　① $x=0$
　$\displaystyle\lim_{x\to 0}f(x)=f(0)=2$이므로 $x=0$에서 연속이다.

$$f'(x)=\begin{cases}-2 & (x<0)\\ 2x-2 & (0<x<2)\\ 2 & (x>2)\end{cases}$$

$\displaystyle\lim_{x\to 0+}f'(x)=\lim_{x\to 0-}f'(x)=-2$이므로
$x=0$에서 미분가능하다.
(도함수의 극한과 미분계수와의 관계는 도함수의 활용
Master step 229번 해설에서 학습하였다.)

② $x=2$
$\displaystyle\lim_{x\to 2}f(x)=f(2)=2$이므로 $x=2$에서 연속이다.
$\displaystyle\lim_{x\to 2+}f'(x)=\lim_{x\to 2-}f'(x)=2$이므로
$x=2$에서 미분가능하다.

$$f'(x)=\begin{cases}-2 & (x<0)\\ 2x-2 & (0\le x\le 2)\\ 2 & (x>2)\end{cases}$$

$f'(0)=-2,\ f'(2)=2$이므로
$f(x)$는 실수 전체의 집합에서 미분가능하므로
ㄷ은 거짓이다.

ㄹ. 곡선 $y=f(x)$와 직선 $y=x+2$로 둘러싸인
　도형의 넓이는 $\dfrac{16}{3}$이다.

$$f(x)=\begin{cases}-2x+2 & (x<0)\\ x^2-2x+2 & (0\le x\le 2)\\ 2x-2 & (x>2)\end{cases}$$

곡선 $y=f(x)$와 직선 $y=x+2$와 만나는
점의 x좌표를 구하면
$x+2=-2x+2 \Rightarrow x=0$
$x+2=2x-2 \Rightarrow x=4$

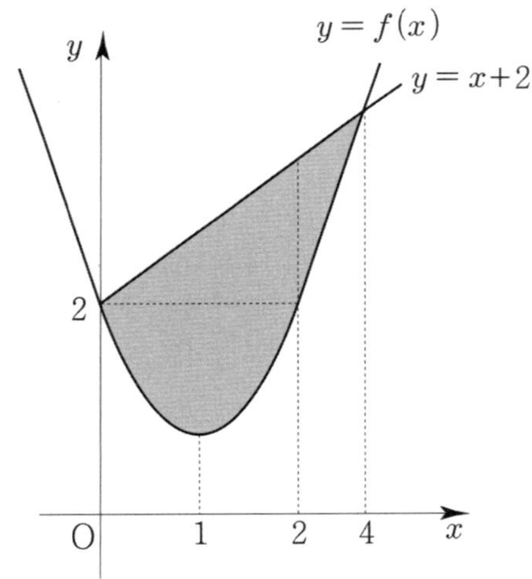

곡선 $y=f(x)$와 직선 $y=x+2$로 둘러싸인
도형의 넓이를 S라 하면

$$S = \int_0^4 \{x+2-f(x)\}dx$$

$$= \int_0^2 \{x+2-f(x)\}dx + \int_2^4 \{x+2-f(x)\}dx$$

$$= \int_0^2 (-x^2+3x)dx + \int_2^4 (-x+4)dx$$

$$= \left[-\frac{1}{3}x^3+\frac{3}{2}x^2\right]_0^2 + \left[-\frac{1}{2}x^2+4x\right]_2^4$$

$$= \frac{10}{3}+8-6 = \frac{10}{3}+2 = \frac{16}{3}$$

따라서 ㄹ은 참이다.

답 ㄱ, ㄴ, ㄹ

125

정적분으로 정의된 함수 $\displaystyle\int_a^x f(t)dt$ 를 x 에 대하여
미분할 때는 $f(t)$ 안의 식에 문자 x 가 포함되어 있는지
주의해야 한다. 만약 문자 x 가 포함된 경우에는 x 를
$\displaystyle\int$ 앞에 위치시키고 곱의 미분법을 이용하여
미분한다고 학습했었다.

$g(x) = \displaystyle\int_0^x (|x|-t)f(t)\,dt$ 를 정리하면

$$g(x) = |x|\int_0^x f(t)\,dt - \int_0^x tf(t)\,dt$$

x 의 범위에 따라 case분류해 보자.

① $x \geq 0$ 일 때,

$g(x) = x\displaystyle\int_0^x f(t)\,dt - \int_0^x tf(t)\,dt$ 이므로

양변을 x 에 대하여 미분하면

$$g'(x) = \int_0^x f(t)dt + xf(x) - xf(x) = \int_0^x f(t)dt$$

$h(x) = \displaystyle\int_0^x f(t)\,dt$ 라 하자. (New함수 Technique!)

$h'(x) = f(x) = x(x-n),\ h(0)=0$ 이므로

$$h(x) = \frac{x^3}{3} - \frac{n}{2}x^2 = \frac{x^2}{3}\left(x-\frac{3}{2}n\right)$$

이를 바탕으로 $h(x)$ 를 그려보자.

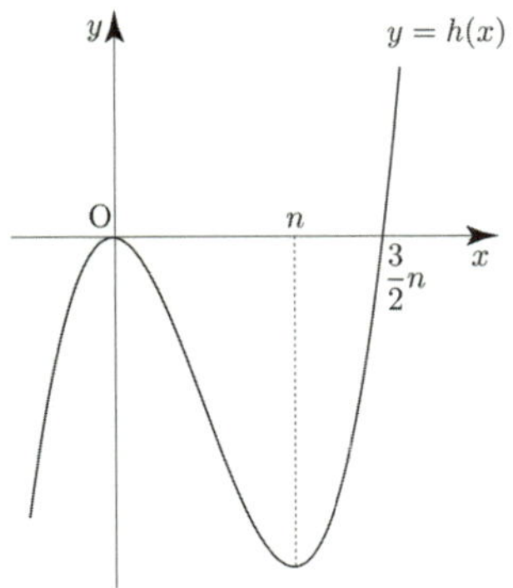

② $x < 0$ 일 때,

$g(x) = -x\displaystyle\int_0^x f(t)\,dt - \int_0^x tf(t)\,dt$ 이므로

양변을 x 에 대하여 미분하면

$$g'(x) = -\int_0^x f(t)dt - xf(x) - xf(x)$$

$$= -\int_0^x f(t)dt - 2xf(x)$$

$J(x) = -\displaystyle\int_0^x f(t)\,dt - 2xf(x)$ 라 하자.

(New함수 Technique!)

$$J'(x) = -f(x) - 2f(x) - 2xf'(x) = -3f(x) - 2xf'(x)$$

$$= -3x^2 + 3nx - 4x^2 + 2nx = -7x^2 + 5nx$$

$$= -x(7x - 5n)$$

$J'(x) = -x(7x-5n),\ J(0)=0$ 이므로 이를 바탕으로
$J(x)$ 를 그려보자.

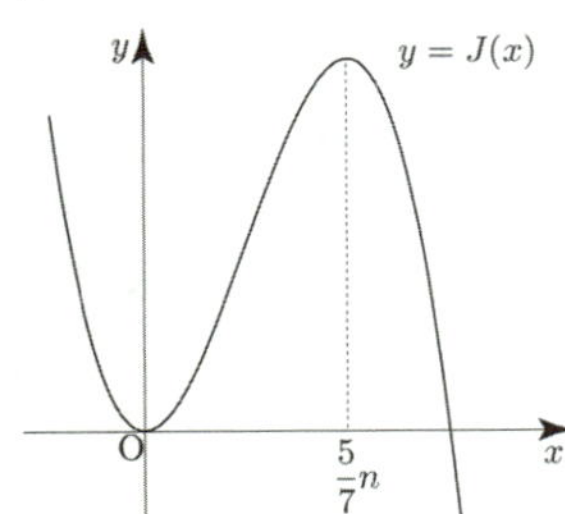

$g'(x) = \begin{cases} h(x) & (x \geq 0) \\ J(x) & (x < 0) \end{cases}$ 임을 바탕으로 $g'(x)$ 를 그려보자.

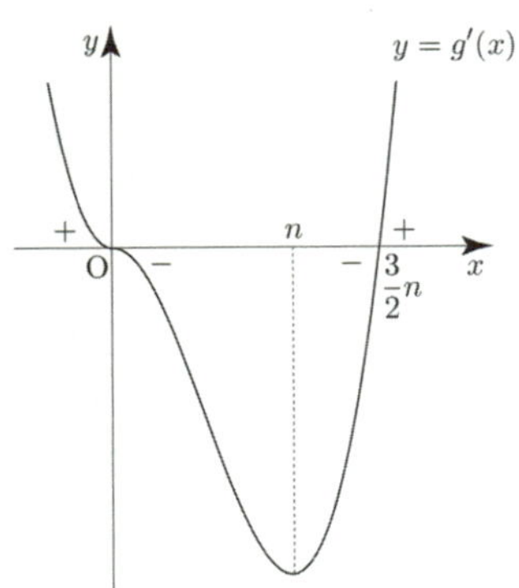

함수 $g(x)$ 가 열린구간 $\left(-\dfrac{n^2}{6},\ \dfrac{n^2}{6}\right)$ 에서 오직 하나의

극값을 갖도록 하려면 $x=a\left(-\dfrac{n^2}{6}<a<\dfrac{n^2}{6}\right)$ 의 좌우에서

$g'(x)$ 의 부호가 바뀌는 a 값이 오직 하나만 존재해야 한다.
자연수 n 의 값과 상관없이 $x=0$ 의 좌우에서 $g'(x)$ 의
부호가 바뀌므로 더 이상 $g'(x)$ 의 부호가 바뀌는 a 값이
존재하지 않아야 한다.

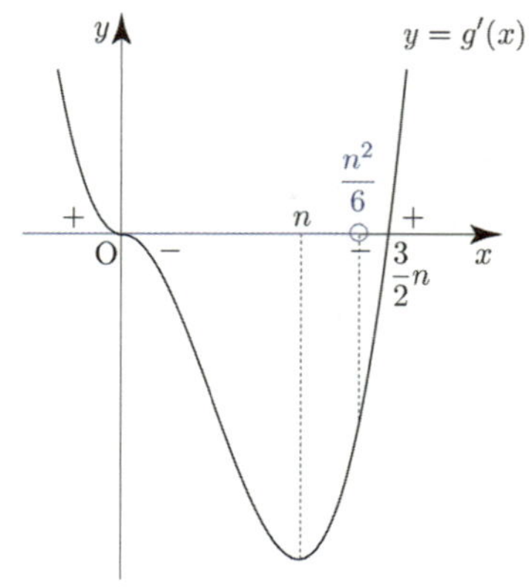

이런 문제는 경계가 중요하다.

$\dfrac{n^2}{6}=\dfrac{3}{2}n$ 이어도 조건을 만족시킨다.

즉, $\dfrac{n^2}{6}\le\dfrac{3}{2}n$

$\dfrac{n^2}{6}\le\dfrac{3}{2}n \Rightarrow n^2-9n\le 0 \Rightarrow 0\le n\le 9$

$\therefore\ 1\le n\le 9\ (\because\ n$ 은 자연수$)$
따라서 모든 자연수 n 의 값의 합은
$1+2+3+4+5+6+7+8+9=45$ 이다.

답 45

126

삼차함수 $f(x)$, $f(0)>0$

$g(x)=\left|\displaystyle\int_0^x f(t)dt\right|$

$h(x)=\displaystyle\int_0^x f(t)dt$ 라 하면 (new 함수 Technique !)
($h(x)$ 는 사차함수)
$h'(x)=f(x)$
$f(0)>0$ 이므로 $h'(0)>0$

$g(x)=|h(x)|$ 이므로
$h(x)$ 는 두 가지 개형이 가능하다.

① $h(x)$ 의 최고차항의 계수가 음수일 때,

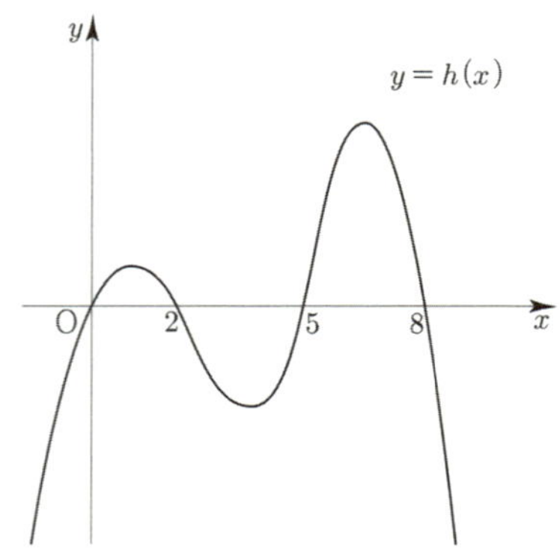

$h'(0)=f(0)>0$ 이므로 조건을 만족시킨다.

② $h(x)$ 의 최고차항의 계수가 양수일 때,

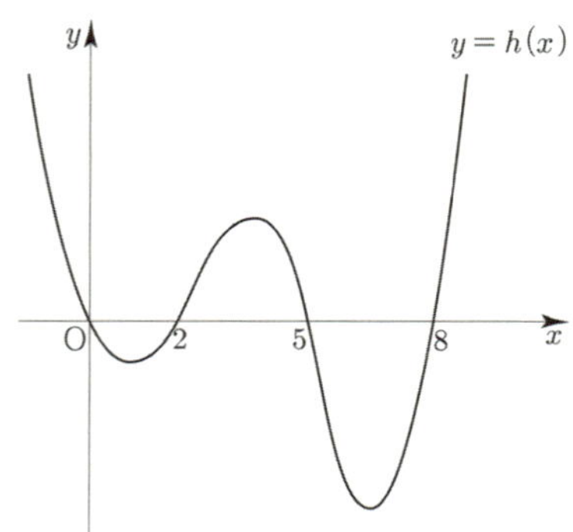

$h'(0)=f(0)<0$ 이므로 조건을 만족시키지 않는다.

따라서 $h(x)$ 의 최고차항의 계수는 음수이다.

$h'(x)=f(x)$ 이므로 $h(x)$ 를 바탕으로 $f(x)$ 를 그리면

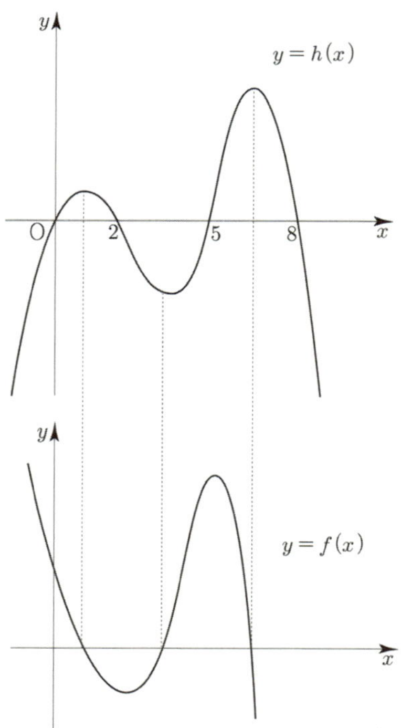

ㄱ. 방정식 $f(x)=0$ 의 서로 다른 3개의 실근을 갖는다.
곡선 $y=f(x)$ 는 x 축과 서로 다른 세 점에서 만나므로
ㄱ은 참이다.

ㄴ. $f'(0)<0$
$f(x)$ 의 $x=0$ 에서의 기울기가 음수이므로
ㄴ은 참이다.

ㄷ. $\displaystyle\int_{m}^{m+2} f(x)dx > 0$ 을 만족시키는 자연수 m 의
개수는 3이다.

$h(x)=\displaystyle\int_{0}^{x} f(t)dt$ 이므로

$\displaystyle\int_{m}^{m+2} f(x)dx = h(m+2)-h(m)$

$m=1$ 이면 $h(3)<0$, $h(1)>0$ 이므로
$h(3)-h(1)<0$ 이다.
$m=2$ 이면 $h(4)<0$, $h(2)=0$ 이므로
$h(4)-h(2)<0$
$m=3$ 이면 $h(5)=0$, $h(3)<0$ 이므로
$h(5)-h(3)>0$
$m=4$ 이면 $h(6)>0$, $h(4)<0$ 이므로
$h(6)-h(4)>0$
$m=5$ 이면 $h(7)>0$, $h(5)=0$ 이므로
$h(7)-h(5)>0$
$m=6$ 이면 $h(8)=0$, $h(6)>0$ 이므로
$h(8)-h(6)<0$
$m=7$ 이면 $h(9)<0$, $h(7)>0$ 이므로
$h(9)-h(7)<0$
$m \geq 8$ 이면 $h(m+2)<h(m)$ 이므로
$h(m+2)-h(m)<0$

$h(m+2)-h(m)>0$ 을 만족시키는
자연수 m 은 3, 4, 5이므로 개수는 3이다.
따라서 ㄷ은 참이다.

답 ⑤

$\left(\dfrac{f'(k)}{k}\right)^{k}=1$ (단, $k=1,\ 2,\ 3$)이라고 했으니까 k 에 각각
대입해보면
$f'(1)=1$

$(f'(2))^2=4 \ \Rightarrow \begin{cases} f'(2)=2 \\ f'(2)=-2 \end{cases}$

$(f'(3))^3=27 \ \Rightarrow f'(3)=3$

($f'(2)=2,\ f'(2)=-2$ 가 될 수 있는 것이 point)

아래와 같이 case 분류할 수 있다.

① $f'(1)=1,\ f'(2)=2,\ f'(3)=3$
② $f'(1)=1,\ f'(2)=-2,\ f'(3)=3$

① $f'(1)=1,\ f'(2)=2,\ f'(3)=3$

$f(x)$ 의 최고차항의 계수가 1이니까 $f'(x)$ 의
최고차항의 계수는 4인 삼차함수이다.
$h(x)=f'(x)-x$ 라고 하면
$h(x)=f'(x)-x=4(x-1)(x-2)(x-3)$
$\therefore \ f'(x)=4(x-1)(x-2)(x-3)+x$

$\displaystyle\int_{1}^{x} \{f'(t)-t\}dt = g(x)$ 라고 보면

$S=\left\{ x \mid \displaystyle\int_{1}^{x} \{f'(t)-t\}dt=0 \text{ 이고 } x \neq 3 \right\}$

$\Rightarrow \ S=\{ x \mid g(x)=0 \text{ 이고 } x \neq 3 \}$

$g'(x)=f'(x)-x$, $g(1)=0$
$g'(x)=4(x-1)(x-2)(x-3)$

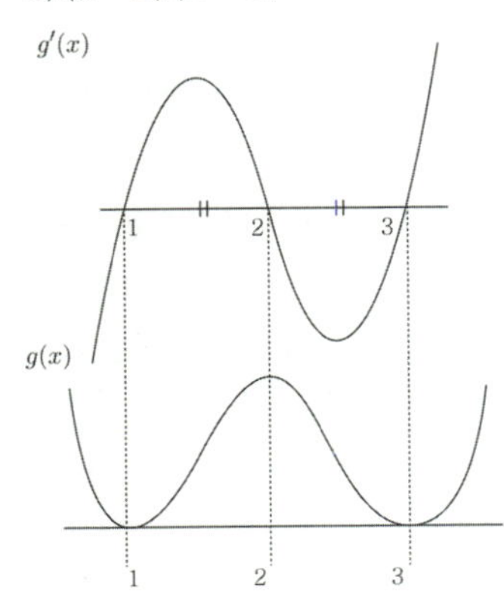

$g(x)=0$ 이 되는 것은 $x=1,\ 3$
그렇지만 $x \neq 3$ 이기 때문에 $x=1$ 만 가능하다.
$n(S)=1$ 이므로 조건을 만족하지 않는다.

② $f'(1) = 1$, $f'(2) = -2$, $f'(3) = 3$

$$f'(x) - x = 4(x-1)(x-3)(x-a)$$
$f'(2) = -2$이므로 $x = 2$ 를 대입하면
$$f'(2) - 2 = 4(2-1)(2-3)(2-a)$$
$$f'(2) - 2 = -4(2-a) = -8 + 4a$$
$$-4 = -8 + 4a \implies a = 1$$
$$f'(x) - x = 4(x-1)^2(x-3)$$
$$g'(x) = 4(x-1)^2(x-3)$$

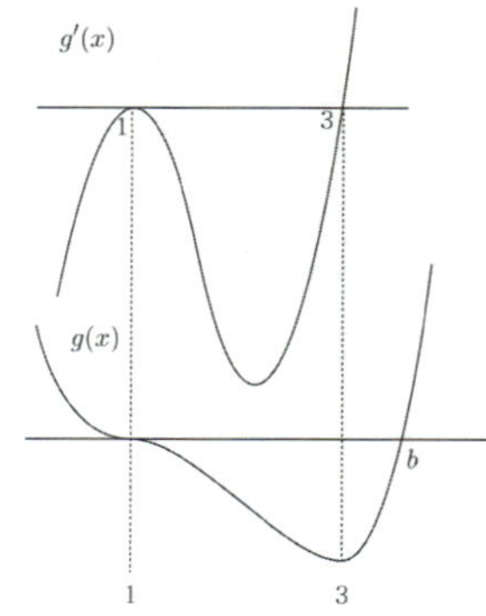

$$g(x) = (x-1)^3(x-b)$$
$$g'(x) = 3(x-1)^2(x-b) + (x-1)^3$$
$$= (x-1)^2(3x - 3b + x - 1)$$
$g'(3) = 0$이므로 $b = \dfrac{11}{3}$

결국 구하고자 하는 것은 $g(x) = 0$ 을 만족하고

3이 아닌 x값이므로 $S = \left\{ 1, \dfrac{11}{3} \right\}$, $n(S) = 2$이므로

조건을 만족한다.

따라서 집합 S 의 모든 원소의 합은 $\dfrac{14}{3}$ 이다.

답 ③

128

$f(x) - g(x) = h(x)$ 라 하자.

$f(6) - g(6)$ 의 값은? 에서 치환의 힌트를 얻을 수 있다.

$h(x)$ 는 최고차항의 계수가 1 인 사차함수이다.

(가) 조건에서 $\displaystyle \lim_{x \to a} \dfrac{h(x)}{x-a} = 0$

$$\lim_{x \to a} h(x) = 0 \implies h(a) = 0$$

$$\lim_{x \to a} \dfrac{h(x) - h(a)}{x-a} = 0 \implies h'(a) = 0$$

즉, $h(a) = h'(a) = 0$

$h(a) = h'(a) = 0$ 을 만족하려면

$(x-a)^2$ 이라는 인수를 가져야 한다.

(나) 조건에서 $f(x) - f(4-x) = g(x) - g(4-x)$

$h(x)$ 을 이용할 수 있도록 변형하면

$$f(x) - g(x) = f(4-x) - g(4-x)$$

$$h(x) = h(4-x)$$

$h(x)$ 는 $x = 2$ 에 대칭이다.

(다) 조건에서 $\displaystyle \int_a^2 f'(x)\,dx = \int_a^2 g'(x)\,dx + 16$

$h(x)$ 을 이용할 수 있도록 변형하면

$$\int_a^2 \{ f'(x) - g'(x) \}\,dx = 16$$

$$\int_a^2 h'(x)\,dx = h(2) - h(a) = 16 \implies h(2) = h(a) + 16$$

이제 case 분류해보자.

① 극댓값을 갖지 않는 경우

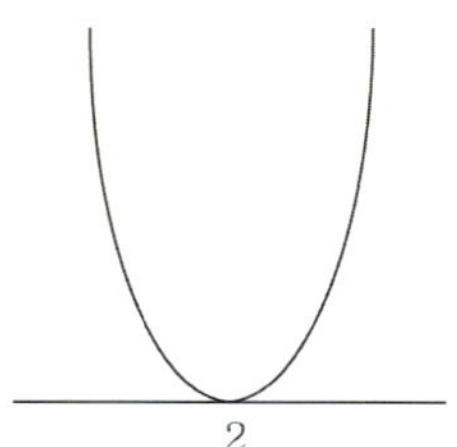

$h(x) = (x-2)^4$ 이므로 (다) 조건을 만족하지 않는다.

② 극댓값을 갖는 경우

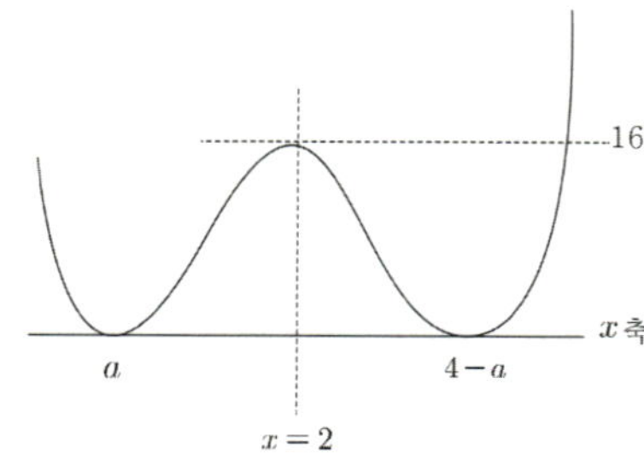

$$h(x) = (x-a)^2(x - (4-a))^2$$
$h(2) = 16$ 이므로 x 에 2 를 대입하면
$$16 = (2-a)^4 \implies a = 0 \ (\because a < 2)$$
$$\therefore h(x) = x^2(x-4)^2$$
따라서 $f(6) - g(6) = h(6) = 36 \times 4 = 144$ 이다.

답 ②

$$f(x) = 4t^3(x-t) + t^4 = 4t^3 x - 3t^4$$

함수 $y = \left| \dfrac{x^4}{8} - f(x) + a \right| = \left| \dfrac{x^4}{8} - 4t^3 x + 3t^4 + a \right|$ 가

양의 실수 전체의 집합에서 미분가능하도록 하는
실수 a의 최솟값을 구하기 위해서

$$h(x) = \dfrac{x^4}{8} - 4t^3 x + 3t^4 + a \text{ 라 하자.}$$

(New함수 Technique!)

$$h'(x) = \dfrac{x^3}{2} - 4t^3, \ \ h'(2t) = 0$$

여기서 point!는 함수 $y = |h(x)|$ 가 실수 전체의 집합이
아니라 <u>양의 실수 전체의 집합</u>에서 미분가능해야 한다는
것이다.

$x = 2t$ 의 좌우에서 $h'(x)$ 의 부호가 변하므로 $2t$ 와 0 의
대소관계에 따라 case분류하여 구해보자.

① $2t > 0 \Rightarrow t > 0$ 일 때

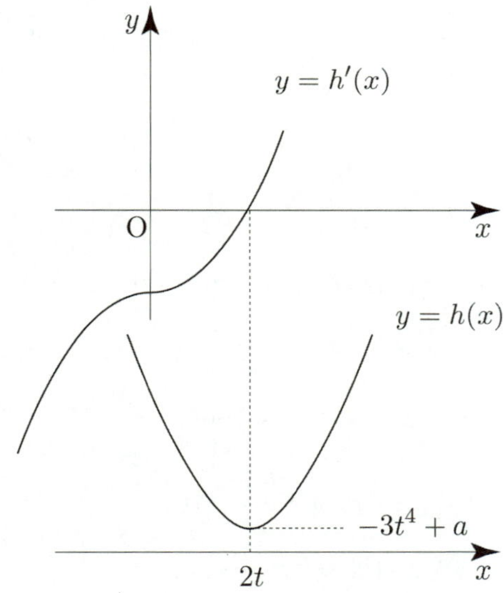

함수 $y = |h(x)|$ 가 양의 실수 전체의 집합에서
미분가능하려면 $h(2t) = -3t^4 + a \geq 0$
(만약 $-3t^4 + a$ 가 0보다 작다면 $2t$ 보다 큰 x 값에서
미분이 불가능하다.)

$$-3t^4 + a \geq 0 \Rightarrow a \geq 3t^4 \text{ 이므로 } g(t) = 3t^4$$

② $2t = 0 \Rightarrow t = 0$ 일 때

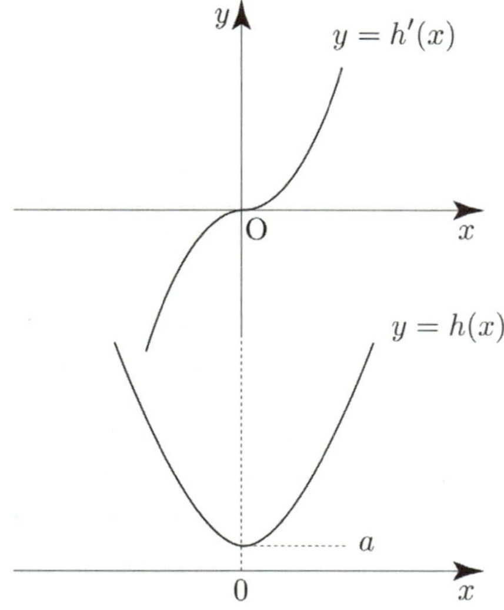

함수 $y = |h(x)|$ 가 양의 실수 전체의 집합에서
미분가능하려면 $h(0) = a \geq 0$ 이므로 $g(0) = 0$

③ $2t < 0 \Rightarrow t < 0$ 일 때

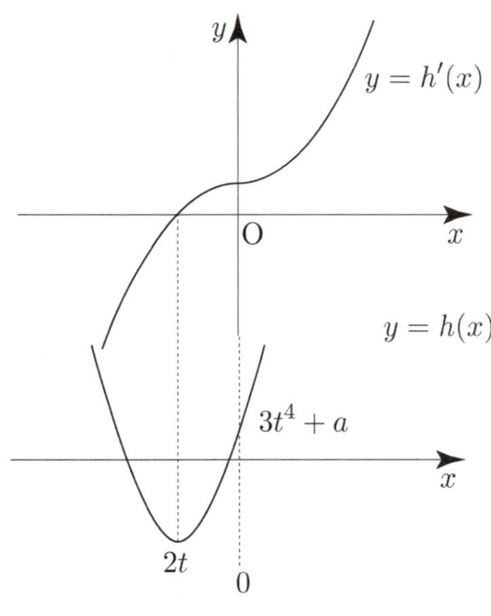

함수 $y = |h(x)|$ 가 양의 실수 전체의 집합에서
미분가능하려면 $h(0) = 3t^4 + a \geq 0$
$3t^4 + a \geq 0 \Rightarrow a \geq -3t^4$ 이므로 $g(t) = -3t^4$

①, ②, ③를 바탕으로 $g(t)$ 를 구하면 아래와 같다.

$$g(t) = \begin{cases} 3t^4 & (t \geq 0) \\ -3t^4 & (t < 0) \end{cases}$$

$$\int_{-1}^{2} g(t)\,dt = \int_{-1}^{0}(-3t^4)\,dt + \int_{0}^{2} 3t^4\,dt$$

$$= \left[-\frac{3}{5}t^5\right]_{-1}^{0} + \left[\frac{3}{5}t^5\right]_{0}^{2}$$

$$= -\frac{3}{5} + \frac{96}{5} = \frac{93}{5}$$

따라서 $p+q=98$ 이다.

답 98

130

ㄱ. 두 함수 $f(x)$ 와 $g(x)$ 는 모두 $x=0$ 에서 극대이다.

$f'(0)=g'(0)=0$ 이고
$x<0$ 에서 $f'(x)>0,\ g'(x)>0$
$0<x<4$ 에서 $f'(x)<0,\ g'(x)<0$
이므로 두 함수 $f(x)$ 와 $g(x)$ 는 모두 $x=0$ 에서 극대이다.
따라서 ㄱ은 참이다.

ㄴ. $\{f(0)-g(0)\}\times\{f(2)-g(2)\}=0$

$h(x)=f(x)-g(x)$ 라 하면
$h'(x)=f'(x)-g'(x)=x^2-2x=x(x-2)$

(나) 조건에 의해서
두 함수 $f(x),\ g(x)$ 의 그래프가 서로 다른 두 점에서만
만나는 경우는 삼차함수 $h(x)$ 의 그래프가 x 축과
서로 다른 두 점에서만 만나는 경우이므로
삼차함수 $h(x)$ 의 그래프의 개형은 다음 그림과 같이
$y=h_1(x)$ 와 $y=h_2(x)$ 이렇게 두 가지 가능하다.

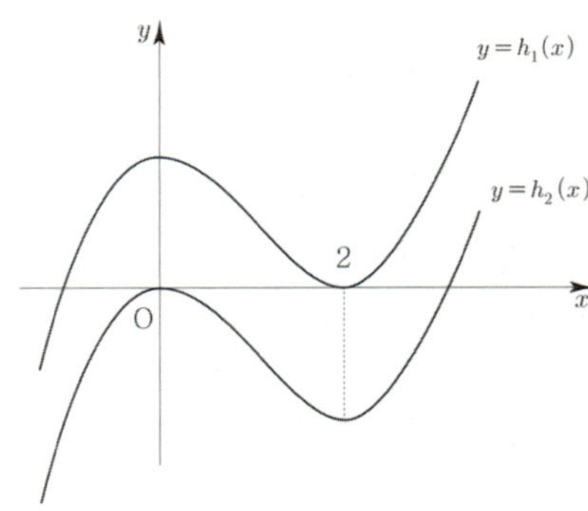

$h(x)=h_1(x)$ 일 때, $h_1(2)=0$ 이므로 $h_1(0)\times h_1(2)=0$
$h(x)=h_2(x)$ 일 때, $h_2(0)=0$ 이므로 $h_2(0)\times h_2(2)=0$
따라서 ㄴ은 참이다.

ㄷ. 모든 실수 x 에 대하여 $\displaystyle\int_{-1}^{x}\{f(t)-g(t)\}dt \geq 0$ 이면
$\displaystyle\int_{-1}^{1}\{f(x)-g(x)\}dx = 2$ 이다.

$h(x)=h_2(x)$ 일 때,
$\displaystyle\int_{-1}^{0} h_2(t)\,dt < 0$ 이므로 함수 $h_2(x)$ 는 모든 실수 x 에
대하여 $\displaystyle\int_{-1}^{x}\{f(t)-g(t)\}dt \geq 0$ 을 만족시키지 않는다.

$h(x)=h_1(x)$ 일 때,
$J(x)=\displaystyle\int_{-1}^{x} h(t)\,dt$ 라 하면
$J'(x)=h(x),\ J(-1)=0$

$h(x)$ 를 바탕으로 $J(x)$ 를 그리면

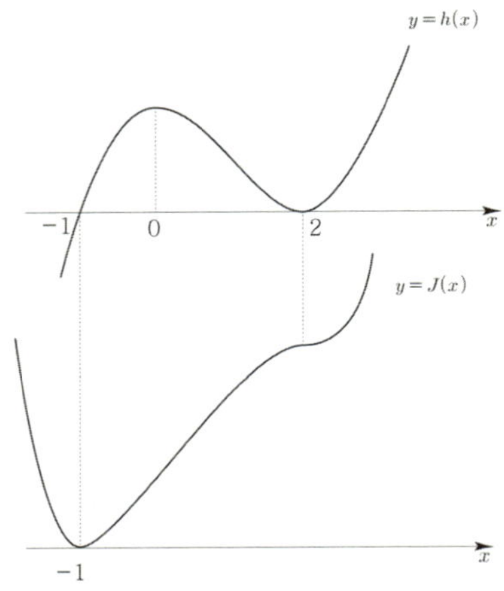

모든 실수 x 에 대하여 $J(x) \geq 0$ 이므로
모든 실수 x 에 대하여 $\displaystyle\int_{-1}^{x}\{f(t)-g(t)\}dt \geq 0$ 를
만족시킨다. 즉, $h(x)=h_1(x)$ 이다.

$h'(x)$ 의 최고차항의 계수는 1 이므로
$h(x)$ 는 최고차항의 계수는 $\dfrac{1}{3}$ 이다.

$h(x)=\dfrac{1}{3}(x-2)^2(x+1)=\dfrac{1}{3}(x^3-3x^2+4)$ 이므로

$$\int_{-1}^{1}\{f(x)-g(x)\}dx = \int_{-1}^{1} h(x)\,dx$$

$$= \int_{-1}^{1}\left(\frac{1}{3}x^3 - x^2 + \frac{4}{3}\right)dx$$

$$= 2\int_{0}^{1}\left(-x^2 + \frac{4}{3}\right)dx$$

$$= 2\left[-\frac{1}{3}x^3 + \frac{4}{3}x\right]_{0}^{1} = 2$$

따라서 ㄷ은 참이다.

답 ⑤

ㄷ에서 $\int_{-1}^{1}\{f(x)-g(x)\}dx$ 를 $J(1)$ 로 구해보자.

$h(x)$ 는 최고차항의 계수는 $\dfrac{1}{3}$ 이므로

$J(x)$ 는 최고차항의 계수는 $\dfrac{1}{12}$ 이다.

도함수의 활용 Guide step에서 배운
식 세우기 Technique을 적용시켜 $J(x)$ 를 구해보자.

풀이1) 사차함수의 특성을 이용한 비례식 풀이

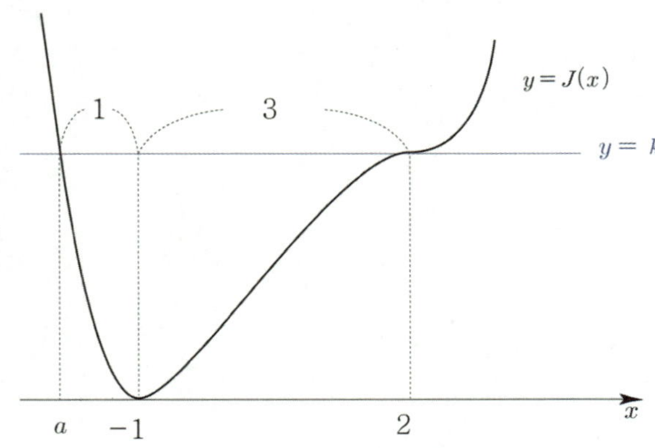

$a+1 = -1 \Rightarrow a = -2$

풀이2) 미지수 Technique

$J(x)-k = \dfrac{1}{12}(x-a)(x-2)^3$

$J'(x) = \dfrac{1}{12}\{(x-2)^3 + 3(x-a)(x-2)^2\}$

$J'(-1) = 0 \Rightarrow 0 = -1 + (-1-a) \Rightarrow a = -2$

$J(x)-k = \dfrac{1}{12}(x+2)(x-2)^3$

$J(-1) = 0 \Rightarrow 0 = \dfrac{1}{12}(-27)+k \Rightarrow k = \dfrac{9}{4}$

$J(x) = \dfrac{1}{12}(x+2)(x-2)^3 + \dfrac{9}{4}$ 이므로

$J(1) = \dfrac{1}{12} \times 3 \times (-1) + \dfrac{9}{4} = 2$ 이다.

$g'(x) = \begin{cases} -f(x) & (x < 0) \\ f(x) & (x \geq 0) \end{cases}$

ㄱ. $f(0) = 0$

$g(x)$ 는 다항함수이므로 $x = 0$ 에서 연속이고,
미분가능하다.

$\lim\limits_{x \to 0} g(x) = g(0) \Rightarrow 0 = 0$ 이므로 연속조건은 만족한다.

$x = 0$ 에서 미분가능하므로

$\lim\limits_{x \to 0+} g'(x) = \lim\limits_{x \to 0-} g'(x) \Rightarrow f(0) = -f(0)$

$\Rightarrow 2f(0) = 0 \Rightarrow f(0) = 0$

따라서 ㄱ은 참이다.

ㄴ. 함수 $f(x)$ 는 극댓값을 갖는다.

$g(x)$ 는 최고차항의 계수가 1인 삼차함수이고,
$g(0) = 0$, ㄱ에서 $f(0) = 0 \Rightarrow g'(0) = 0$ 이므로
$g(x) = x^2(x-a)$ 라 하면
$g'(x) = 2x(x-a) + x^2 = x(3x-2a)$ 이다.

$x < 0$ 일 때, $f(x) = -x(3x-2a)$
$x \geq 0$ 일 때, $f(x) = x(3x-2a)$

a 의 범위에 따라 case분류하면 다음과 같다.

① $a > 0$ 인 경우

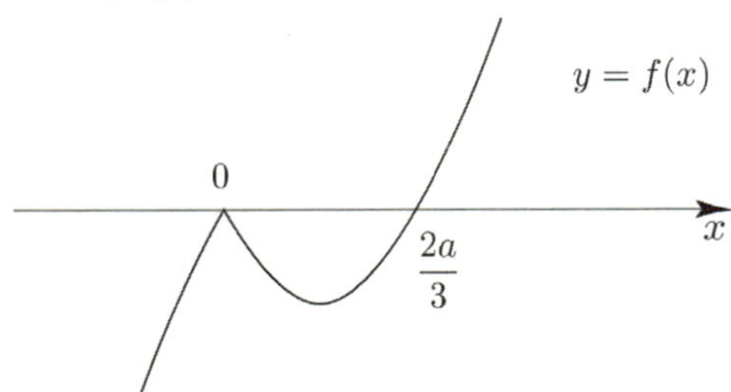

함수 $f(x)$ 는 $x = 0$ 에서 극댓값을 갖는다.

② $a < 0$ 인 경우

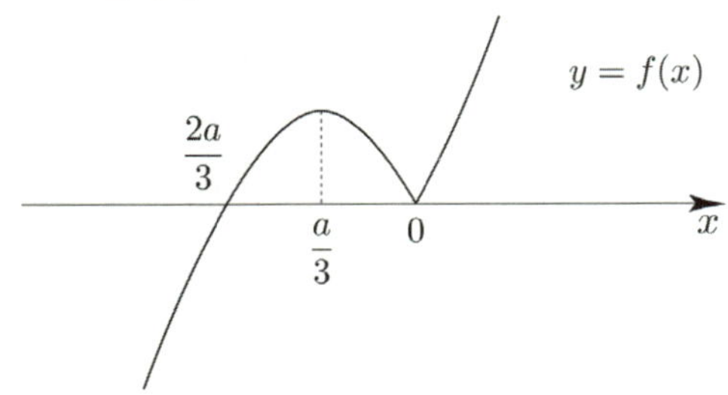

함수 $f(x)$는 $x = \dfrac{a}{3}$ 에서 극댓값을 갖는다.

③ $a = 0$인 경우

$x < 0$일 때, $f(x) = -3x^2$
$x \geq 0$일 때, $f(x) = 3x^2$

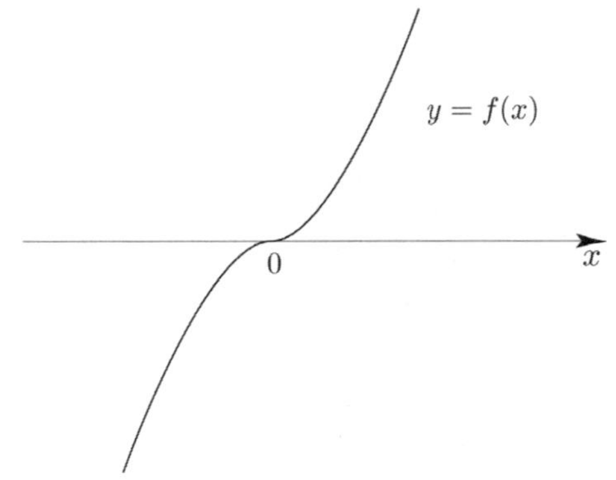

함수 $f(x)$는 극값이 존재하지 않는다.
따라서 ㄴ은 거짓이다.

ㄷ. $2 < f(1) < 4$일 때, 방정식 $f(x) = x$의 서로 다른
실근의 개수는 3이다.

$x < 0$일 때, $f(x) = -x(3x - 2a)$
$x \geq 0$일 때, $f(x) = x(3x - 2a)$

ㄴ과 마찬가지로 a의 부호에 따라 case분류하면

① $a > 0$인 경우

$2 < f(1) < 4 \Rightarrow 2 < 3 - 2a < 4 \Rightarrow -\dfrac{1}{2} < a < \dfrac{1}{2}$

$\Rightarrow 0 < a < \dfrac{1}{2}$

$x < 0$일 때, $f'(x) = -(3x - 2a) - 3x = -6x + 2a$
$\lim\limits_{x \to 0-} f'(x) = 2a$이고, $0 < 2a < 1$이므로
곡선 $y = f(x)$와 직선 $y = x$는 서로 다른 세 점에서
만난다.

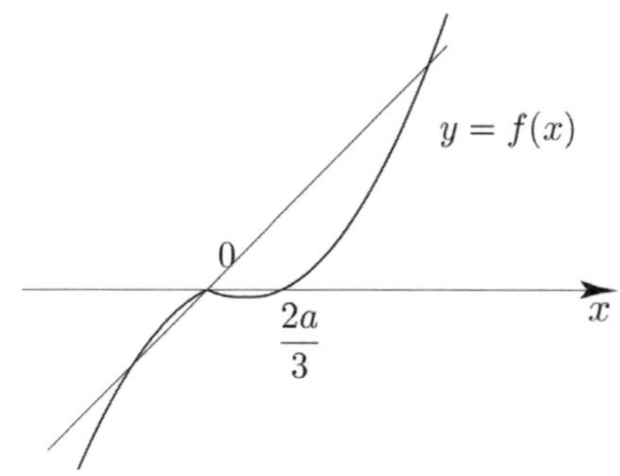

② $a < 0$인 경우

$2 < f(1) < 4 \Rightarrow 2 < 3 - 2a < 4 \Rightarrow -\dfrac{1}{2} < a < \dfrac{1}{2}$

$\Rightarrow -\dfrac{1}{2} < a < 0$

$x > 0$일 때, $f'(x) = (3x - 2a) + 3x = 6x - 2a$
$\lim\limits_{x \to 0+} f'(x) = -2a$이고, $0 < -2a < 1$이므로
곡선 $y = f(x)$와 직선 $y = x$는 서로 다른 세 점에서
만난다.

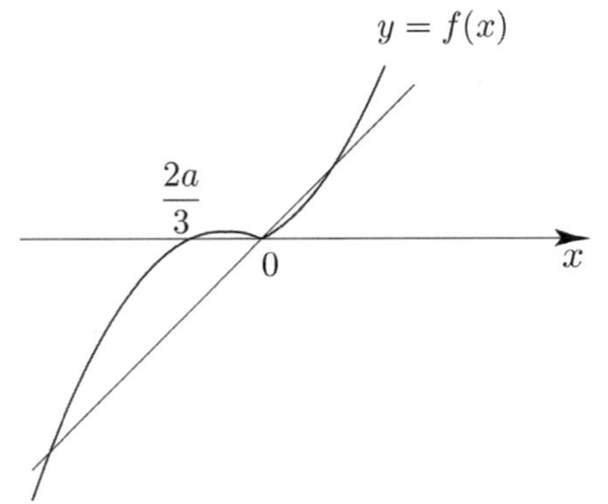

③ $a = 0$인 경우

$x < 0$일 때, $f(x) = -3x^2$
$x \geq 0$일 때, $f(x) = 3x^2$

$f(1) = 3 \Rightarrow 2 < f(1) < 4$
$f'(0) = 0$이므로 곡선 $y = f(x)$와 직선 $y = x$는
서로 다른 세 점에서 만난다.

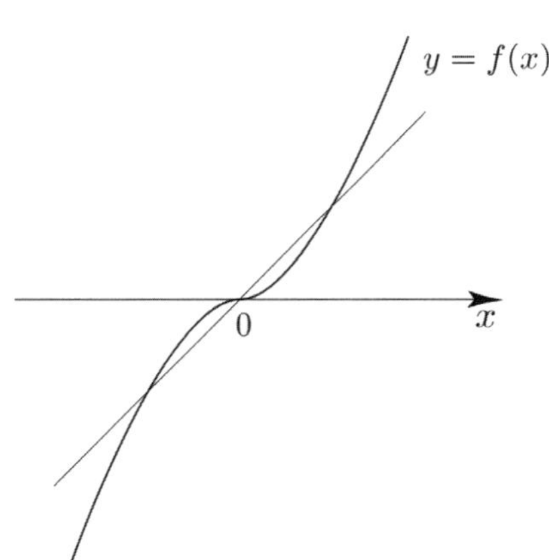

즉, $2 < f(1) < 4$일 때, 방정식 $f(x) = x$의
서로 다른 실근의 개수는 3이다.
따라서 ㄷ은 참이다.

답 ④

$f(x)$ 는 최고차항의 계수가 1 이고 $f(0)=0$, $f(1)=0$ 인 삼차함수이므로 $f(x)=x(x-1)(x-a)$ 라 하자.

ㄱ. $g(0)=0$ 이면 $g(-1)<0$ 이다.

$$g(0)=0 \Rightarrow \int_0^1 f(x)dx - \int_0^1 |f(x)|dx = 0$$

$$\Rightarrow \int_0^1 f(x)dx = \int_0^1 |f(x)|dx$$

이므로 $0 \le x \le 1$ 일 때, $f(x) \ge 0$ 이어야 한다.
이를 바탕으로 a 의 범위에 따라 case분류하면

① $a>1$ 인 경우

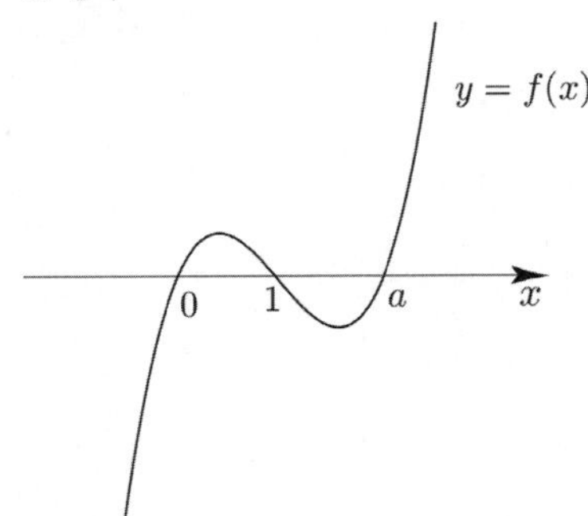

② $a=1$ 인 경우

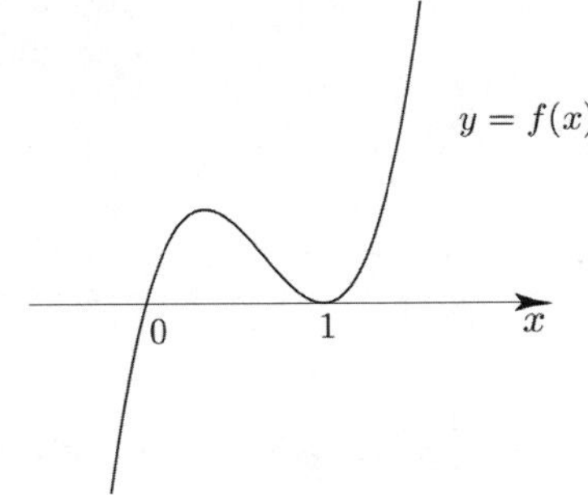

①, ② 모두 $\displaystyle\int_{-1}^0 f(x)dx < 0$ 이므로

$$g(-1)=\int_{-1}^0 f(x)dx - \int_0^1 |f(x)|dx < 0$$ 이다.

따라서 ㄱ은 참이다.

ㄴ. $g(-1)>0$ 이면 $f(k)=0$ 을 만족시키는 $k<-1$ 인 실수 k 가 존재한다.

ㄱ에 의해 $g(-1)>0$ 이면 $0 \le x \le 1$ 일 때 $f(x) \le 0$ 이므로

$$g(-1) = \int_{-1}^0 f(x)dx - \int_0^1 |f(x)|dx$$

$$= \int_{-1}^0 f(x)dx + \int_0^1 f(x)dx = \int_{-1}^1 f(x)dx$$

$$= \int_{-1}^1 x(x-1)(x-a)dx$$

$$= \int_{-1}^1 \{x^3-(a+1)x^2+ax\}dx$$

$$= 2\int_0^1 \{-(a+1)x^2\}dx = 2\left[-\frac{a+1}{3}x^3\right]_0^1$$

$$= -\frac{2(a+1)}{3}$$

$g(-1)>0 \Rightarrow -\dfrac{2(a+1)}{3}>0 \Rightarrow a<-1$ 이므로 $f(k)=0$ 을 만족시키는 $k<-1$ 인 실수 k 가 존재한다.
따라서 ㄴ은 참이다.

ㄷ. $g(-1)>1$ 이면 $g(0)<-1$ 이다.

$$g(-1)>1 \Rightarrow -\frac{2(a+1)}{3}>1 \Rightarrow a<-\frac{5}{2}$$

$0 \le x \le 1$ 일 때, $f(x) \le 0$ 이므로

$$g(0) = \int_0^1 f(x)dx - \int_0^1 |f(x)|dx$$

$$= \int_0^1 f(x)dx + \int_0^1 f(x)dx = 2\int_0^1 f(x)dx$$

$$= 2\int_0^1 \{x^3-(a+1)x^2+ax\}dx$$

$$= 2\left[\frac{1}{4}x^4 - \frac{a+1}{3}x^3 + \frac{a}{2}x^2\right]_0^1$$

$$= 2\left(\frac{1}{4}-\frac{a+1}{3}+\frac{a}{2}\right)=\frac{1}{3}a-\frac{1}{6}$$

$$a<-\frac{5}{2} \Rightarrow \frac{1}{3}a-\frac{1}{6}<-1 \Rightarrow g(0)<-1$$

따라서 ㄷ은 참이다.

답 ⑤

$$f(x) = x^4 + ax^2 + b$$

$f(x)$ 는 모든 실수 x 에 대하여 $f(-x) = f(x)$ 이므로
우함수이고 y 축에 대하여 대칭이다.

이를 만족시키는 개형은 다음과 같다.

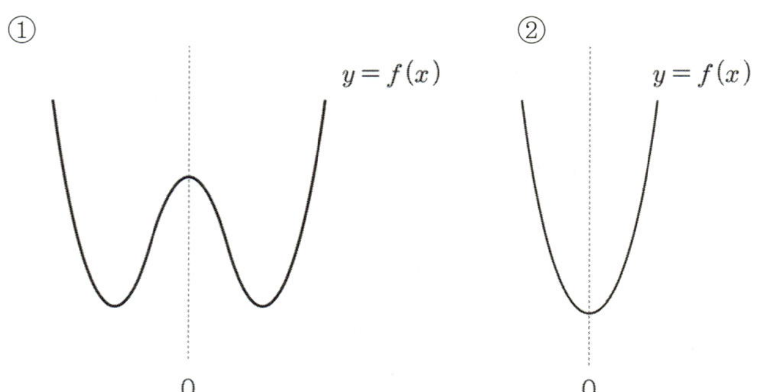

$$f(x) - |f(x)| = \begin{cases} 0 & (f(x) \geq 0) \\ 2f(x) & (f(x) < 0) \end{cases}$$

만약 모든 실수 x 에 대하여 $f(x) \geq 0$ 이면
$f(x) - |f(x)| = 0$ 이므로 (나) 조건을 만족시키지 않는다.

즉, $f(x) < 0$ 가 존재해야 한다.

만약 x 축이 다음과 같다면 (가) 조건을 만족시키지 않는다.

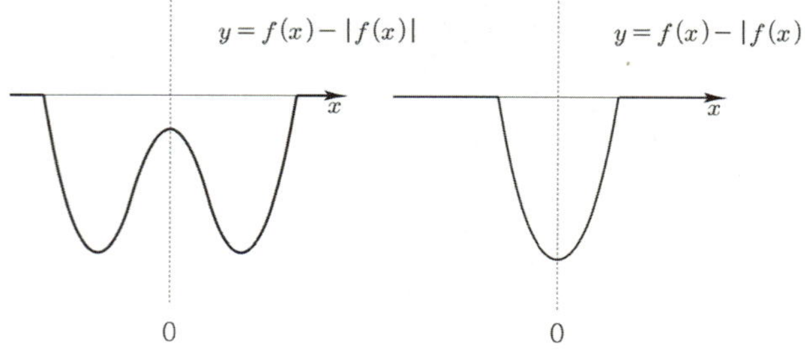

따라서 조건을 모두 만족시키려면
다음과 같은 개형이어야 한다.

$$y = f(x) - |f(x)|$$

$f(x)$ 가 x 축과 만나는 점의 x 좌표를 m, n 라 하자.
$(0 < m < n)$

$$g(x) = \int_{-x}^{2x} \{f(t) - |f(t)|\} dt$$

$$= \int_{-x}^{0} \{f(t) - |f(t)|\} dt + \int_{0}^{2x} \{f(t) - |f(t)|\} dt$$

$0 < x < 1$ 에서 $g(x)$ 가 상수함수이려면
$g(x) = 0$ 이다.

(가), (나) 조건을 만족시키려면

$$-m < -x < 0, \ 0 < 2x < m \Rightarrow 0 < x < \frac{m}{2}.$$

$\frac{m}{2} = 1$ 이므로 $m = 2$ 이다.

$x > 5$ 에서 $g(x)$ 가 상수함수이려면

$$\int_{-x}^{0} \{f(t) - |f(t)|\} dt = \int_{0}^{2x} \{f(t) - |f(t)|\} dt$$

$$= \int_{m}^{n} \{f(t) - |f(t)|\} dt$$

(나), (다) 조건을 만족시키려면
$$-x < -n, \ 2x > n \Rightarrow x > n$$
즉, $n = 5$

$f(-2) = f(2) = f(-5) = f(5) = 0$ 이므로
$f(x) = (x-2)(x+2)(x-5)(x+5)$ 이다.
따라서 $f(\sqrt{2}) = (\sqrt{2} - 2)(\sqrt{2} + 2)(\sqrt{2} - 5)(\sqrt{2} + 5)$

$$= (2-4)(2-25) = 46$$

 답 ④

> **Tip**
>
> 실전에서는 $m = 1$ or $m = 2$
> $n = 5$ or $n = 10$ 이라고 가정한 뒤 조건을 만족시키는지
> 확인하는 과정으로 풀이를 설계할 수 있다.

$a > 1$
$$f(x) = (x+1)(x-1)(x-a)$$

$$g(x) = x^2 \int_{0}^{x} f(t) dt - \int_{0}^{x} t^2 f(t) dt$$

$$g(0) = 0$$

$$g'(x) = 2x \int_{0}^{x} f(t) dt + x^2 f(x) - x^2 f(x) = 2x \int_{0}^{x} f(t) dt$$

$h(x) = \displaystyle\int_0^x f(t)dt$ 라 하면

$h'(x) = f(x)$, $h(0) = 0$

$h'(x) = f(x)$ 를 바탕으로 $h(x)$ 를 그리면

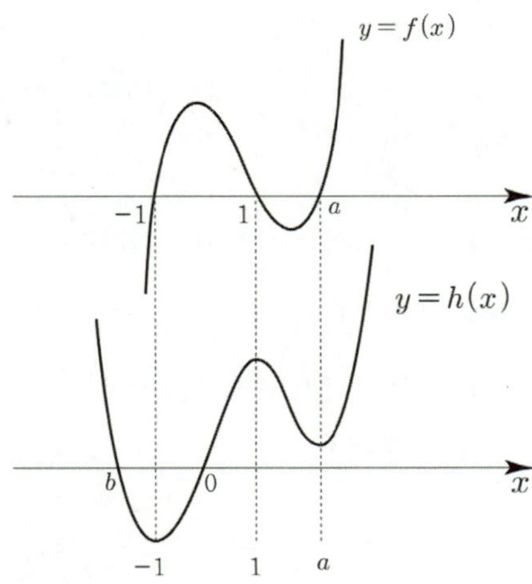

$h(x)$ 는 $x(x-b)$ 을 인수로 가지므로

$h(x) = \dfrac{1}{4}x(x-b)p(x)$ 이다.

$g'(x) = 2xh(x) = \dfrac{1}{2}x^2(x-b)\,p(x)$

$g'(b) = 0$ 이고 $x = b$ 에서 $g'(x)$ 의 부호가 변하므로
$g(x)$ 는 $x = b$ 에서 극값을 갖는다.

$g(x)$ 가 오직 하나의 극값을 갖도록 하려면 $g(x)$ 는
$x = b$ 에서만 극값을 가져야 한다.
이때 $p(x)$ 가 서로 다른 두 실근을 가지면 ($h(a) < 0$)
두 실근은 반드시 1 보다 크므로 극값이 하나가 아니게 된다.
따라서 $h(a) \geq 0$ 이어야 한다.

> **Tip**
>
> $h(a) = 0$ 이어도 $g'(a) = 0$ 이지만
> $x = a$ 에서 $g'(x)$ 의 부호가 변하지 않으므로
> $g(x)$ 는 $x = a$ 에서 극값을 갖지 않는다.

$f(x) = (x+1)(x-1)(x-a) = x^3 - ax^2 - x + a$

$h(a) = \displaystyle\int_0^a (t^3 - at^2 - t + a)dt = \left[\dfrac{1}{4}t^4 - \dfrac{a}{3}t^3 - \dfrac{1}{2}t^2 + at \right]_0^a$

$\qquad = -\dfrac{a^4}{12} + \dfrac{a^2}{2}$

$h(a) \geq 0 \Rightarrow -\dfrac{a^4}{12} + \dfrac{a^2}{2} \geq 0 \Rightarrow a^4 - 6a^2 \leq 0$

$\Rightarrow a^2(a - \sqrt{6})(a + \sqrt{6}) \leq 0 \Rightarrow (a - \sqrt{6})(a + \sqrt{6}) \leq 0$

$\Rightarrow -\sqrt{6} \leq a \leq \sqrt{6} \Rightarrow 1 < a \leq \sqrt{6} \ (\because a > 1)$

따라서 함수 $g(x)$ 가 오직 하나의 극값을 갖도록 하는
a 의 최댓값은 $\sqrt{6}$ 이다.

답 ④

135

$f(x) = \begin{cases} -3x^2 & (x < 1) \\ 2(x-3) & (x \geq 1) \end{cases}$

$g(x) = \displaystyle\int_0^x (t-1)f(t)dt$, $g(0) = 0$

$g'(x) = (x-1)f(x) = \begin{cases} -3x^3 + 3x^2 & (x < 1) \\ 2x^2 - 8x + 6 & (x \geq 1) \end{cases}$

$g(x) = \begin{cases} -\dfrac{3}{4}x^4 + x^3 + C_1 & (x < 1) \\ \dfrac{2}{3}x^3 - 4x^2 + 6x + C_2 & (x \geq 1) \end{cases}$

$g'(1) = 0$ 이므로 $g(x)$ 는 $x = 1$ 에서 연속이다.

$g(0) = 0 \Rightarrow C_1 = 0$

$\displaystyle\lim_{x \to 1} g(x) = g(1) \Rightarrow -\dfrac{3}{4} + 1 = \dfrac{2}{3} - 4 + 6 + C_2$

$\qquad\qquad \Rightarrow C_2 = -\dfrac{29}{12}$

$g(x) = \begin{cases} -\dfrac{3}{4}x^4 + x^3 & (x < 1) \\ \dfrac{2}{3}x^3 - 4x^2 + 6x - \dfrac{29}{12} & (x \geq 1) \end{cases}$

$g(x)$ 의 그래프를 그리면

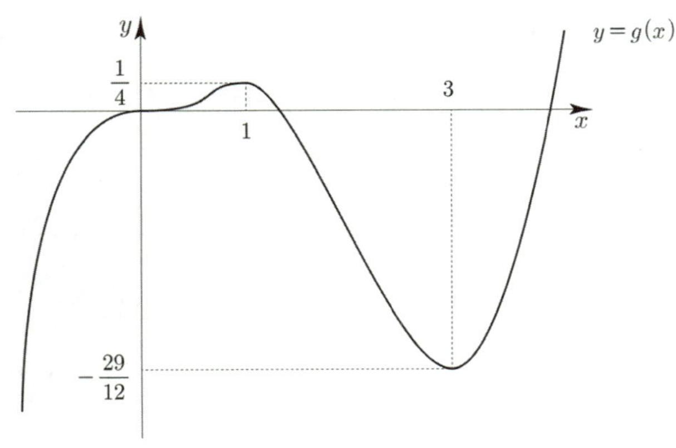

위 그래프를 이용하여 $h(t)$ 를 구하면

$$h(t)=\begin{cases} 1 & \left(t<-\dfrac{29}{12}\ \text{or}\ t>\dfrac{1}{4}\right) \\[2mm] 2 & \left(t=-\dfrac{29}{12}\ \text{or}\ t=\dfrac{1}{4}\right) \\[2mm] 3 & \left(-\dfrac{29}{12}<t<\dfrac{1}{4}\right) \end{cases}$$

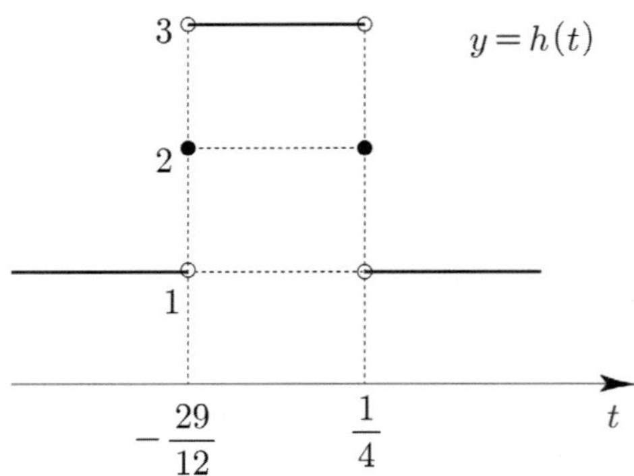

$\left|\lim\limits_{t\to a+}h(t)-\lim\limits_{t\to a-}h(t)\right|=2$ 를 만족시키는 실수 a 는

$\dfrac{1}{4}$ 과 $-\dfrac{29}{12}$ 이다.

$S=\left|\dfrac{1}{4}\right|+\left|-\dfrac{29}{12}\right|=\dfrac{8}{3}$ 이므로

$30S=30\times\dfrac{8}{3}=80$ 이다.

답 80

> **Tip**
>
> $g(x)=\displaystyle\int_0^x(t-1)f(t)\,dt$ 는 다음과 같이
>
> 구간을 나누어 직접 정적분하여 구할 수도 있다.
>
> ① $x<1$ 일 때,
> $$g(x)=\int_0^x(t-1)(-3t^2)dt=-\frac{3}{4}x^4+x^3$$
>
> ② $x\geq 1$ 일 때,
> $$g(x)=\int_0^1(t-1)(-3t^2)dt+\int_1^x 2(t-1)(t-3)dt$$
> $$=\frac{2}{3}x^3-4x^2+6x-\frac{29}{12}$$

136

$f(x)=x^3+x^2+ax+b$

$g(x)=f(x)+(x-1)f'(x)$

ㄱ. 함수 $h(x)$ 가 $h(x)=(x-1)f(x)$ 이면
  $h'(x)=g(x)$ 이다.
  $h'(x)=f(x)+(x-1)f'(x)=g(x)$ 이므로
  ㄱ은 참이다.

ㄴ. 함수 $f(x)$ 가 $x=-1$ 에서 극값 0 을 가지면
  $\displaystyle\int_0^1 g(x)dx=-1$ 이다.

  함수 $f(x)$ 가 $x=-1$ 에서 극값 0 을 가지므로
  $f'(-1)=0,\ f(-1)=0$

  $f(-1)=-1+1-a+b=0 \Rightarrow a=b$

  $f'(x)=3x^2+2x+a$ 이므로
  $f'(-1)=0 \Rightarrow 3-2+a=0 \Rightarrow a=-1$
  $a=-1$ 이므로 $b=-1$

  $f(x)=x^3+x^2-x-1$
  $h(x)=(x-1)f(x)$ 라 하면
  ㄱ에 의해서 $h'(x)=g(x)$ 이므로
  $$\int_0^1 g(x)dx=\int_0^1 h'(x)dx=h(1)-h(0)$$
  $h(1)=0,\ h(0)=-f(0)=1$ 이므로
  $h(1)-h(0)=-1$ 이다.
  따라서 ㄴ은 참이다.

ㄷ. $f(0)=0$ 이면 방정식 $g(x)=0$ 은 열린구간
  $(0,\ 1)$ 에서 적어도 하나의 실근을 갖는다.
  $h(x)=(x-1)f(x)$ 라 하면
  $h(1)=0$ 이고, $f(0)=0$ 이므로 $h(0)=0$
  ㄱ에 의해서 $h'(x)=g(x)$

  함수 $h(x)$ 는 닫힌구간 $[0,\ 1]$ 에서 연속이고
  열린구간 $(0,\ 1)$ 에서 미분가능하고
  $h(0)=h(1)=0$ 이므로 롤의 정리에 의해서
  $h'(c)=g(c)=0$ 인 c 가 열린구간 $(0,\ 1)$ 사이에
  적어도 하나 존재한다.
  따라서 ㄷ은 참이다.

답 ⑤

137

최고차항의 계수가 4 인 삼차함수 $f(x)$ 에 대하여

$$g(x) = \int_t^x f(s)ds$$

$g'(x) = f(x),\ g(t) = 0$

$g(x)$ 는 최고차항의 계수가 1 인 사차함수이다.

(가), (나) 조건을 모두 만족시키는 사차함수 $g(x)$ 의
그래프의 개형은 다음 그림과 같이 두 가지 가능하다.

①   ②

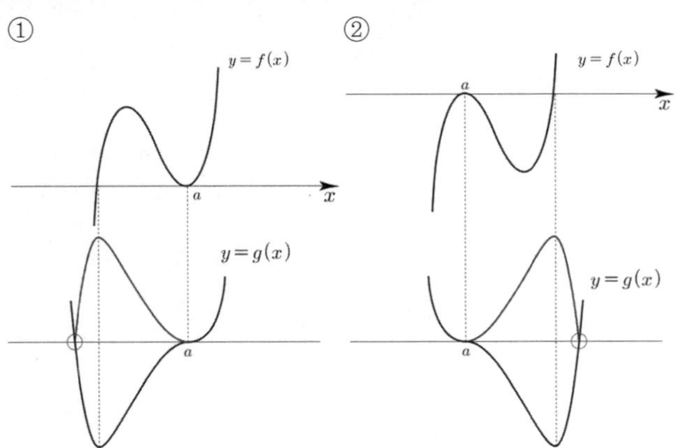

$$h(t) = g(a) = \int_t^a f(s)ds = F(a) - F(t)$$

$h'(t) = -f(t),\ h(a) = 0$

$f(x)$ 가 최고차항의 계수가 4 인 삼차함수이므로
$h(t)$ 는 최고차항의 계수가 -1 인 사차함수이다.

①일 때,

$h(3) = 0$ 이고 $h(t)$ 는 $t = 2$ 에서 최댓값 27 을 가지므로
$a = 3$ 이다.

사차함수의 특성을 이용한 비례식으로 풀어보자.

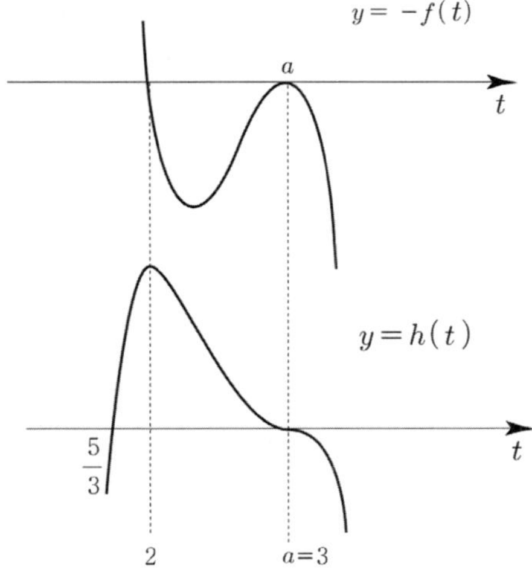

$$h(t) = -(t-3)^3\left(t - \frac{5}{3}\right)$$

$h(2) = -(-1) \times \left(2 - \frac{5}{3}\right) = \frac{1}{3}$ 이므로 조건을 만족시키지

않는다.

②일 때,

$h(3) = 0$, $h(t)$ 는 $t = 2$ 에서 최댓값 27
사차함수의 특성을 이용한 비례식으로 풀어보자.

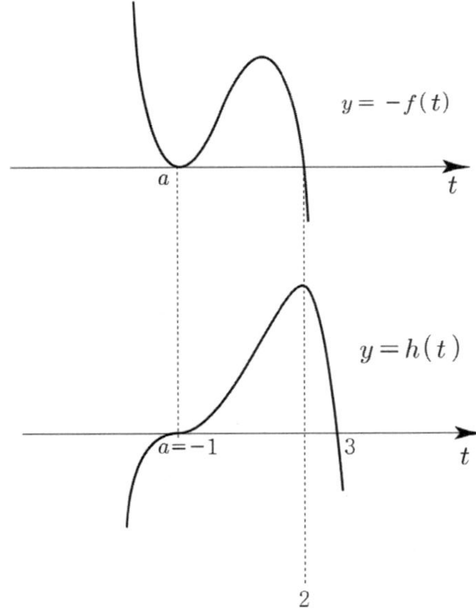

$a = -1$ 이므로

$h(t) = -(t+1)^3(t-3)$

$h(2) = -27 \times (-1) = 27$ 이므로 조건을 만족시킨다.

$$-f(t) = -4(t+1)^2(t-2) \ \Rightarrow \ f(x) = 4(x+1)^2(x-2)$$

따라서 $f(5) = 4 \times 36 \times 3 = 432$ 이다.

답   432

$$g(x) = \int_x^{x+2} f(t)\,dt$$

$$g(x) = F(x+2) - F(x)$$

양변을 x에 대해 미분하면

$$g'(x) = f(x+2) - f(x)$$

$y = f(x+2)$의 그래프는 $y = f(x)$의 그래프를 x축의 방향으로 -2만큼 평행이동시켜 그릴 수 있다.

빼기함수 Technique을 사용하여 $g(x)$를 그려보자.

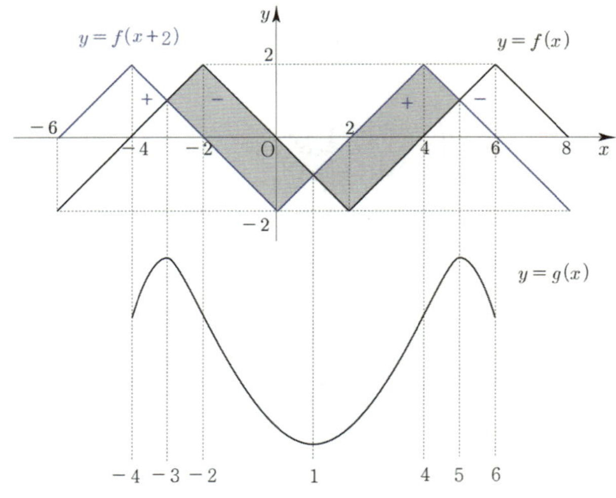

두 그래프 $f(x+2)$, $f(x)$는 $x = 1$에 대하여 대칭이므로 색칠한 부분의 넓이는 같다.

넓이를 S라 하면

$$S = \int_{-3}^1 \{f(x) - f(x+2)\}\,dx = \int_{-3}^1 -g'(x)\,dx$$

$$= -g(1) + g(-3) = g(-3) - g(1)$$

$$S = \int_1^5 \{f(x+2) - f(x)\}\,dx = \int_1^5 g'(x)\,dx$$

$$= g(5) - g(1)$$

즉, $g(-3) - g(1) = g(5) - g(1)$이다.
($f'(x)$의 넓이는 $f(x)$의 함숫값의 차이와 같다.
참고로 위 내용은 정적분의 활용 Guide step에서 다룬다.)

ㄱ. $g(-1) = 0$

$$g(-1) = \int_{-1}^1 f(t)\,dt = \int_{-1}^1 (-t)\,dt = 0$$ 이므로

ㄱ은 참이다.

ㄴ. 함수 $g(x)$는 열린구간 $(-2,\ 2)$에서 감소한다.

$$g'(x) = f(x+2) - f(x)$$

열린구간 $(-2,\ 1)$에서 감소하고 열린구간 $(1,\ 2)$에서 증가하므로 ㄴ은 거짓이다.

ㄷ. $-4 \leq x \leq 6$에서 방정식 $g(x) = 2$의 모든 실근의 합은 4이다.

$$g(4) = \int_4^6 f(t)\,dt = 2$$ 이고

$y = g(x)$는 $x = 1$에 대하여 대칭이므로 $-4 \leq x \leq 6$에서 방정식 $g(x) = 2$의 모든 실근의 합은 $1 \times 2 + 1 \times 2 = 4$이다.

($\because$ 중점 2배 : $6 + (-4) = 1 \times 2$, $4 + (-2) = 1 \times 2$)

따라서 ㄷ은 참이다.

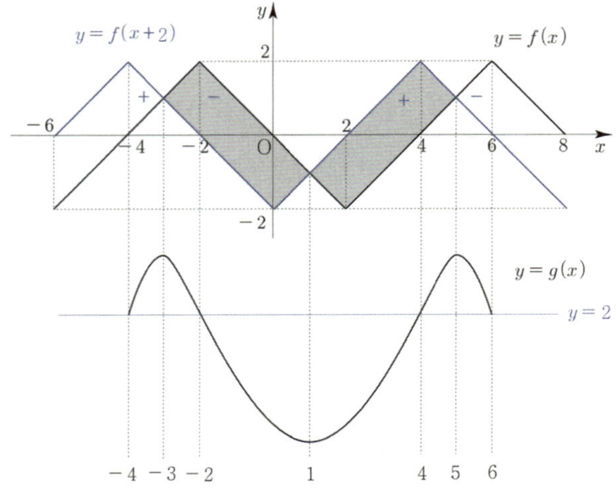

답 ④

> **Tip**
>
> $f'(x)$의 넓이는 $f(x)$의 함숫값의 차이와 같다는 사실을 이용하여 $g(-4) = g(-2) = g(4) = g(6) = 2$인 것을 파악한 뒤 모든 실근을 구하여 ㄷ을 판단해도 되지만 실근의 합을 물어보았으므로 대칭성을 활용하는 것이 가장 깔끔하다.

$a > 0$, 일차함수 $f(x)$에 대하여

$$g(x) = \int_0^x (t^2 - 4)\{|f(t)| - a\}\,dt$$

$$g(0) = 0, \quad g'(x) = (x^2 - 4)\{|f(x)| - a\}$$

(가) 함수 $g(x)$는 극값을 갖지 않는다.

$g'(-2)=g'(2)=0$ 이고, (가) 조건을 만족시키려면
$x=-2$와 $x=2$에서 $g'(x)$의 부호변화가 없어야 한다.

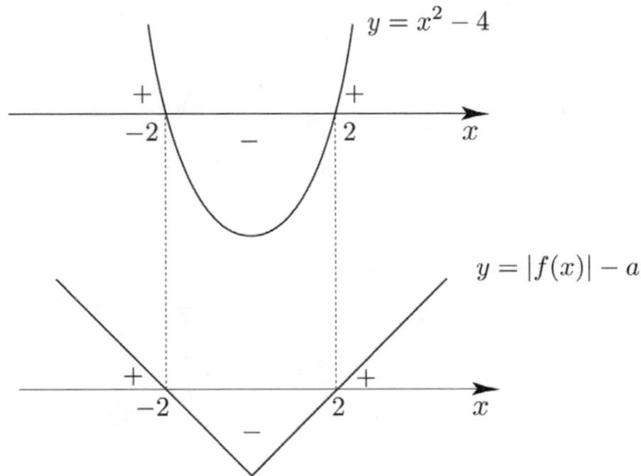

$f(x)$가 일차함수이므로 방정식 $|f(x)|-a=0$의 두 실근은
$x=-2$, $x=2$이어야 한다.
$\Rightarrow |f(-2)|-a=0,\ |f(2)|-a=0$
$\Rightarrow |f(-2)|=a,\ |f(2)|=a$

$f(x)=mx+n$라 하면
$|-2m+n|=|2m+n|=a$

$-2m+n=2m+n$이면 $m=0$이므로 모순이다.
($\because f(x)$는 일차함수이므로 $m\neq 0$)

즉, $-2m+n=-(2m+n)$이어야 한다.
$\Rightarrow n=0,\ |m|=\dfrac{a}{2}$

이므로 $|f(x)|-a=|mx|-a=\dfrac{a}{2}|x|-a\quad(\because a>0)$

$g'(x)=(x^2-4)\left(\dfrac{a}{2}|x|-a\right)=\dfrac{a}{2}(x-2)(x+2)(|x|-2)$

$$g'(x)=\begin{cases}\dfrac{a}{2}(x+2)(x-2)^2 & (x\geq 0)\\[2mm] -\dfrac{a}{2}(x+2)^2(x-2) & (x<0)\end{cases}$$

($g'(x)$는 연속함수이므로 등호는 어디에 붙어도 좋다.)

$$g'(x)=\begin{cases}\dfrac{a}{2}(x^3-2x^2-4x+8) & (x\geq 0)\\[2mm] -\dfrac{a}{2}(x^3+2x^2-4x-8) & (x<0)\end{cases}$$

$$g(x)=\begin{cases}\dfrac{a}{2}\left(\dfrac{1}{4}x^4-\dfrac{2}{3}x^3-2x^2+8x\right)+C_1 & (x\geq 0)\\[3mm] -\dfrac{a}{2}\left(\dfrac{1}{4}x^4+\dfrac{2}{3}x^3-2x^2-8x\right)+C_2 & (x<0)\end{cases}$$

함수 $g(x)$는 실수 전체의 집합에서 미분가능하므로
실수 전체의 집합에서 연속이다.
즉, $x=0$에서도 연속이므로
$g(0)=0 \Rightarrow C_1=C_2=0$

$$g(x)=\begin{cases}\dfrac{a}{2}\left(\dfrac{1}{4}x^4-\dfrac{2}{3}x^3-2x^2+8x\right) & (x\geq 0)\\[3mm] -\dfrac{a}{2}\left(\dfrac{1}{4}x^4+\dfrac{2}{3}x^3-2x^2-8x\right) & (x<0)\end{cases}$$

$g(2)=5 \Rightarrow \dfrac{a}{2}\left(\dfrac{16}{4}-\dfrac{16}{3}-8+16\right)=\dfrac{10}{3}a=5$

$\Rightarrow a=\dfrac{3}{2}$

$$g(x)=\begin{cases}\dfrac{3}{4}\left(\dfrac{1}{4}x^4-\dfrac{2}{3}x^3-2x^2+8x\right) & (x\geq 0)\\[3mm] -\dfrac{3}{4}\left(\dfrac{1}{4}x^4+\dfrac{2}{3}x^3-2x^2-8x\right) & (x<0)\end{cases}$$

$g(-4)=-\dfrac{3}{4}\left(64-\dfrac{2}{3}\times 64-32+32\right)$

$\qquad =-\dfrac{3}{4}\times\dfrac{1}{3}\times 64=-16$

따라서 $g(0)-g(-4)=0-(-16)=16$이다.

답 16

지난 056번 해설에서 $f'(x)$를 구한 후 부정적분과
연속 조건을 이용하여 $f(x)$를 구하는 방법도 있고,
범위를 구분하여 직접 정적분의 값을 구하는 방법도 있다고
배웠다. 특히 적분해야 하는 함수가 달라지는 경우에는 두 번째
풀이의 경우 구간을 나누어 적분해야 하기에 실수하기
쉽기 때문에 첫 번째 풀이처럼 미분한 뒤 $f'(x)$로부터
$f(x)$를 구하는 방식이 효율적이라고 언급한 바 있었다.

이 문제의 경우 056번과 달리 적분구간 내에 적분해야 하는
함수가 달라지지 않아 정적분으로도 비교적 쉽게 구할 수 있다.

직접 정적분의 값을 구해보자.

$g(2)=\displaystyle\int_0^2 (t^2-4)\{|f(t)|-a\}dt$

$\qquad =\displaystyle\int_0^2 (t^2-4)\left(\dfrac{a}{2}|t|-a\right)dt$

$\qquad =\dfrac{a}{2}\displaystyle\int_0^2 (t^2-4)(t-2)dt\ (\because\ 닫힌구간\ [0,\ 2]에서\ |t|=t)$

$\qquad =\dfrac{a}{2}\displaystyle\int_0^2 (t^3-2t^2-4t+8)dt$

$\qquad =\dfrac{a}{2}\left[\dfrac{1}{4}t^4-\dfrac{2}{3}t^3-2t^2+8t\right]_0^2=\dfrac{10}{3}a.$

$g(2) = 5$ 이므로 $\dfrac{10}{3}a = 5 \Rightarrow a = \dfrac{3}{2}$

$$g(0) = \int_0^0 (t^2 - 4)\left(\dfrac{3}{4}|t| - \dfrac{3}{2}\right)dt = 0$$

$$g(-4) = \int_0^{-4} (t^2 - 4)\left(\dfrac{3}{4}|t| - \dfrac{3}{2}\right)dt$$

$$= \dfrac{3}{4} \int_0^{-4} (t^2 - 4)(-t - 2)dt$$

$$(\because \text{닫힌구간 } [-4,\ 0]\text{에서 } |t| = -t)$$

$$= \dfrac{3}{4} \int_0^{-4} (-t^3 - 2t^2 + 4t + 8)dt$$

$$= \dfrac{3}{4}\left[-\dfrac{1}{4}t^4 - \dfrac{2}{3}t^3 + 2t^2 + 8t\right]_0^{-4} = -16$$

따라서 $g(0) - g(-4) = 0 - (-16) = 16$ 이다.

140

최고차항의 계수가 1 인 사차함수 $f(x)$ 에 대하여
방정식 $f'(x) = 0$ 의 서로 다른 세 실근 $\alpha,\ 0,\ \beta\ (\alpha < 0 < \beta)$
가 이 순서대로 등차수열을 이루므로 $\alpha = -\beta$ 이다.

$f'(x) = 4x(x-\beta)(x+\beta) = 4x^3 - 4\beta^2 x$
$f(x) = x^4 - 2\beta^2 x^2 + C$
$f(-x) = f(x)$ 이므로 함수 $y = f(x)$ 의 그래프는 y 축에 대하여
대칭이다.

$f'(x)$ 를 바탕으로 $f(x)$ 를 그리면 다음과 같다.

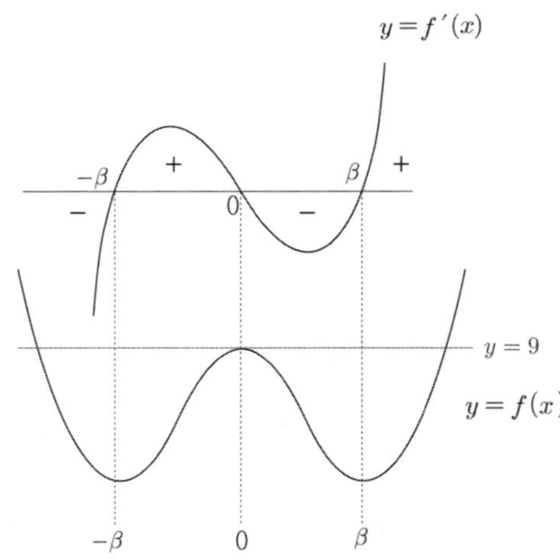

(가) 방정식 $f(x) = 9$ 는 서로 다른 세 실근을 가진다.

(가) 조건에 의해서 $f(0) = 9 \Rightarrow C = 9$

(나) $f(\alpha) = -16$

$f(\alpha) = -16 \Rightarrow f(-\beta) = -16 \Rightarrow -\beta^4 + 9 = -16$
$\Rightarrow \beta^4 = 25 \Rightarrow \beta = \sqrt{5}\ (\because\ \beta > 0)$

$f'(x) = 4x(x - \sqrt{5})(x + \sqrt{5})$

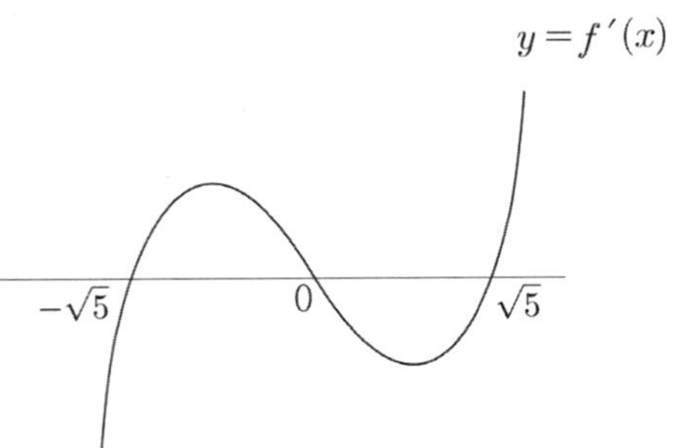

$g(x) = |f'(x)| - f'(x)$

$$g(x) = \begin{cases} 0 & (f'(x) \geq 0) \\ -2f'(x) & (f'(x) < 0) \end{cases}$$

이므로
$g(x)$ 를 그리면 다음과 같다.

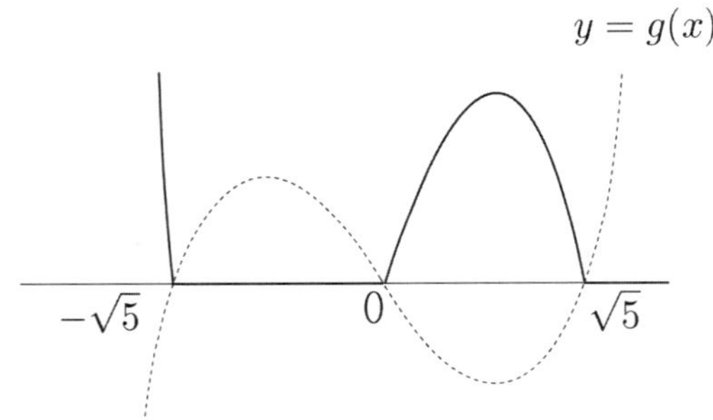

$f(x) = x^4 - 10x^2 + 9$ 이므로 $f(\sqrt{5}) = 25 - 50 + 9 = -16$

따라서
$$\int_0^{10} g(x)dx = -2\int_0^{\sqrt{5}} f'(x)dx = -2\big[f(x)\big]_0^{\sqrt{5}}$$

$$= -2\{f(\sqrt{5}) - f(0)\} = -2 \times (-16 - 9)$$

$$= 50$$

이다.

답 ②

$$g(x) = \int_0^x (x-2)f(s)\,ds = (x-2)\int_0^x f(s)\,ds$$

$\displaystyle\int_0^0 f(x)\,dx = 0$ 이고, $f(x)$ 는 일차함수이므로

$g(x)$ 는 $g(0) = g(2) = 0$ 인 삼차함수이다.

$$\Rightarrow\ g(x) = px(x-2)(x-a)$$

직선 $y = tx$ 와 곡선 $y = g(x)$ 가 만나는 점의 개수를 $h(t)$

$g(k) = 0$ 을 만족시키는 모든 실수 k 에 대하여
함수 $h(t)$ 는 $t = -k$ 에서 불연속이다.

$g(0) = g(2) = 0$ 이므로 함수 $h(t)$ 는 $t = 0$, $t = -2$ 에서
불연속이어야 한다. 즉, $t \to 0-$, $t = 0$, $t \to 0+$ 일 때
직선 $y = tx$, $t \to -2-$, $t = -2$, $t \to -2+$ 일 때
직선 $y = tx$ 와 곡선 $y = g(x)$ 가 만나는 점의 개수변화를
관찰해야 한다.
우선 $t \to 0-$, $t = 0$, $t \to 0+$ 일 때 직선 $y = tx$ 와
곡선 $y = g(x)$ 가 만나는 점의 개수변화를 관찰해보자.

만약 아래 그림과 같이 방정식 $g(x) = px(x-2)(x-a) = 0$
가 서로 다른 세 실근을 갖는다면
$t \to 0-$, $t = 0$, $t \to 0+$ 일 때 직선 $y = tx$ 와
곡선 $y = g(x)$ 가 만나는 점의 개수가 모두 3 이다.
즉, $h(t)$ 는 $t = 0$ 에서 연속이므로 조건을 만족시키지 않는다.
(그림에서는 $p > 0$ 이고, $2 < a$ 일 때를 나타냈지만
최고차항의 계수의 부호나 a 와 0, 2 사이의 대소관계와는
상관없이 조건을 만족시키지 않는다.)

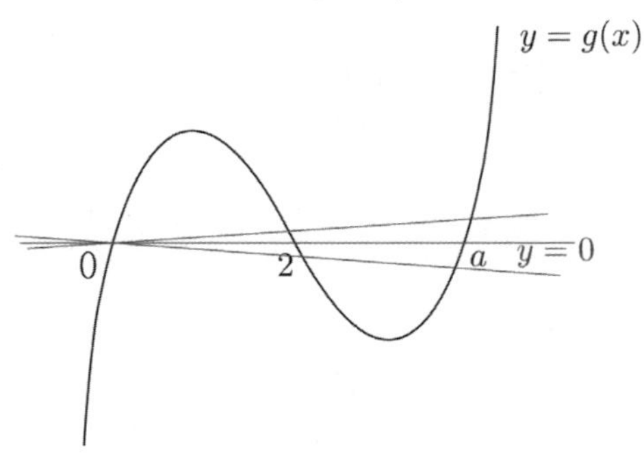

서로 다른 세 실근을 갖지 않으려면 아래와 같이
4가지로 case분류할 수 있다.

① $p < 0$, $a = 0 \Rightarrow g(x) = px^2(x-2)$

$t \to -2-$, $t = -2$, $t \to -2+$ 일 때
직선 $y = tx$ 와 곡선 $y = g(x)$ 가 만나는 점의 개수가

모두 3 이다. 즉, $h(t)$ 는 $t = -2$ 에서 연속이므로
조건을 만족시키지 않는다.

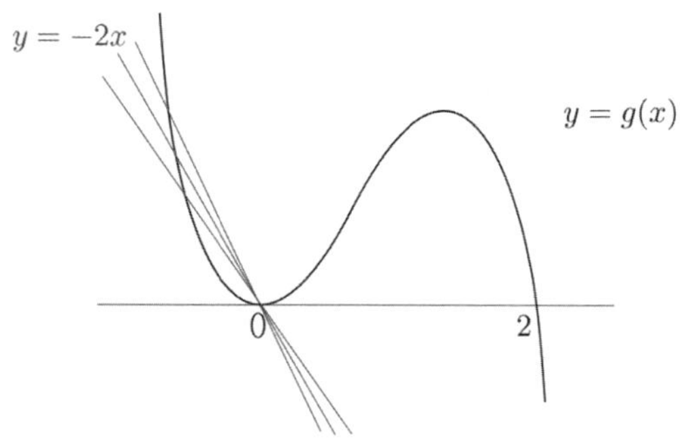

② $p < 0$, $a = 2 \Rightarrow g(x) = px(x-2)^2$

$g'(0) = -2$ 이면 $t \to -2-$, $t = -2$, $t \to -2+$ 일 때
직선 $y = tx$ 와 곡선 $y = g(x)$ 가 만나는 점의 개수가
각각 3, 2, 3 이다. 즉, $h(t)$ 는 $t = -2$ 에서 불연속이므로
조건을 만족시킨다.

cf) 직선 $y = tx\ (t < -2)$ 와 곡선 $g(x)$ 는
$x = 0$, $x = \alpha\,(0 < \alpha)$, $x = \beta\,(2 < \beta)$ 에서 만난다.

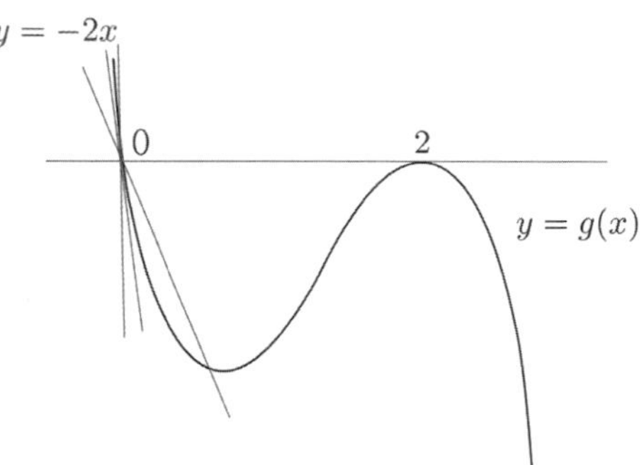

$g(x) = px(x-2)^2 = p(x^3 - 4x^2 + 4x)$ 이므로
$g'(x) = 3px^2 - 8px + 4p$

$$g'(0) = -2 \Rightarrow 4p = -2 \Rightarrow p = -\frac{1}{2}$$

$g(x) = -\dfrac{1}{2}x(x-2)^2$ 이므로 $g(4) = -2 \times 4 = -8$ 이다.

③ $p > 0$, $a = 0 \Rightarrow g(x) = px^2(x-2)$

직선 $y = -2x$ 가 곡선 $y = g(x)$ 에 접하면
$t \to -2-$, $t = -2$, $t \to -2+$ 일 때
직선 $y = tx$ 와 곡선 $y = g(x)$ 가 만나는 점의 개수가
각각 1, 2, 3 이다. 즉, $h(t)$ 는 $t = -2$ 에서 불연속이므로
조건을 만족시킨다.

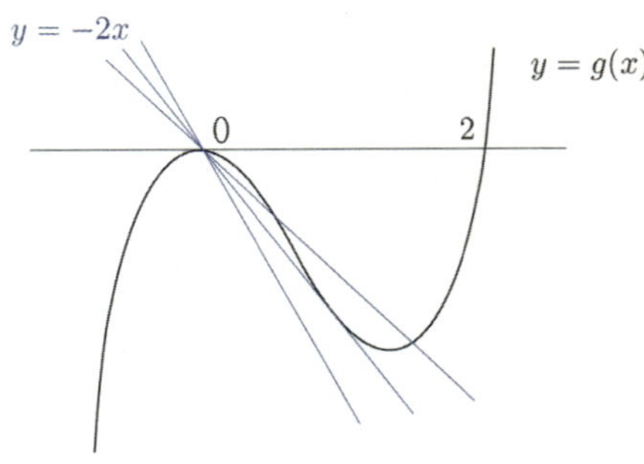

접점의 x 좌표를 b 라 하자.

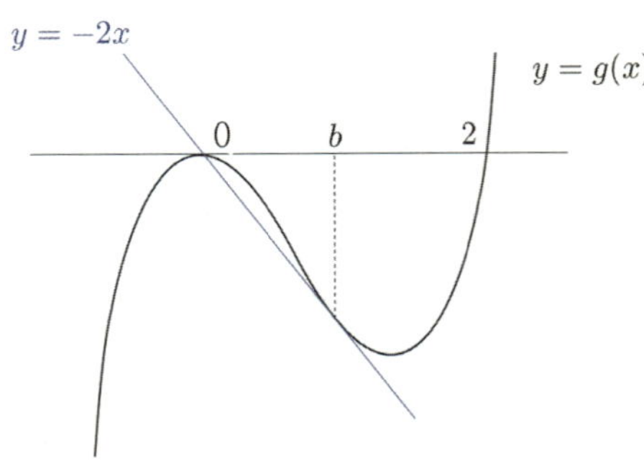

근과 계수의 관계 technique을 사용하여 b 의 값을 구해보자.

방정식 $g(x)-(-2x)=px^3-2px^2+2x=0$ 에서

$$b+b+0=-\frac{-2p}{p}=2 \Rightarrow b=1$$

$g(x)=px^2(x-2)=px^3-2px^2$ 이므로
$g'(x)=3px^2-4px$

$g'(b)=g'(1)=-2 \Rightarrow 3p-4p=-2 \Rightarrow p=2$
$g(x)=2x^2(x-2)$ 이므로 $g(4)=32\times 2=64$ 이다.

④ $p>0$, $a=2 \Rightarrow g(x)=px(x-2)^2$

$t \to -2-$, $t=-2$, $t \to -2+$ 일 때
직선 $y=tx$ 와 곡선 $y=g(x)$ 가 만나는 점의 개수가
모두 1 이다. 즉, $h(t)$ 는 $t=-2$ 에서 연속이므로
조건을 만족시키지 않는다.

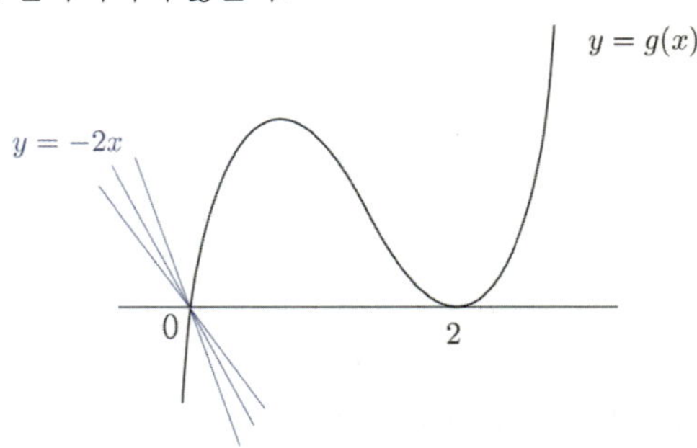

따라서 조건을 만족시키는 모든 함수 $g(x)$ 에 대하여
$g(4)$ 의 값의 합은 $(-8)+64=56$ 이다.

답 56

142

삼차함수 $f(x)$ 는 $x=-3$ 과 $x=a(a>-3)$ 에서
극값을 갖는다.

$f(x)$ 의 최고차항의 계수를 모르기 때문에
음수와 양수 모두 고려해야 한다.

① $f(x)$ 의 최고차항의 계수가 양수일 때,

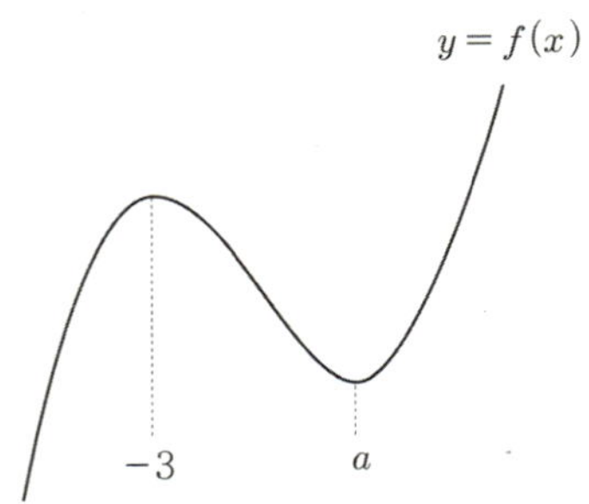

② $f(x)$ 의 최고차항의 계수가 음수일 때,

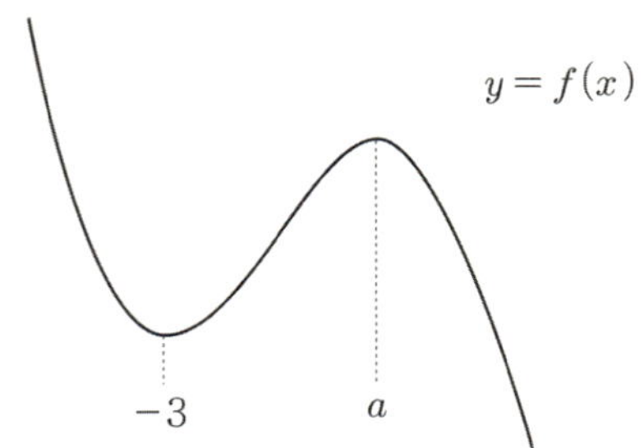

(059번에서 함수 $\int_0^x |f'(t)|dt$ 를 그리는 방법을
학습하였다.)

$h(x)=\int_0^x |f'(t)|dt$ 라 하면
양변에 $x=0$ 을 대입하면
$h(0)=0$ (x 축 설정)

양변을 x 에 대해 미분하면
$h'(x)=|f'(x)|$

$f'(x)$ 의 부호에 따라 $h'(x)$ 가 달라지므로 case분류하면

$f'(x)>0 \Rightarrow h'(x)=f'(x) \Rightarrow h(x)=f(x)+c_1$

$f'(x)<0 \Rightarrow h'(x)=-f'(x) \Rightarrow h(x)=-f(x)+c_2$

$h(x)$ 가 연속함수가 되도록 $f(x)$ 가 증가하는 범위에서는
$f(x)$ 를 적당히 y 축 방향으로 평행이동한 것을,

$f(x)$가 감소하는 범위에서는 $-f(x)$ ($f(x)$를 x축에
대하여 대칭)를 적당히 y축 방향으로 평행이동한 것을
연속이 되도록 이어붙이면 된다.
마지막으로 $h(0)=0$으로 x축을 설정할 수 있다.

$h(0)=0$, $h'(x)=|f'(x)|$ 을 바탕으로
$h(x)=\displaystyle\int_0^x |f'(t)|\,dt$를 그리면

① $f(x)$의 최고차항의 계수가 양수일 때,

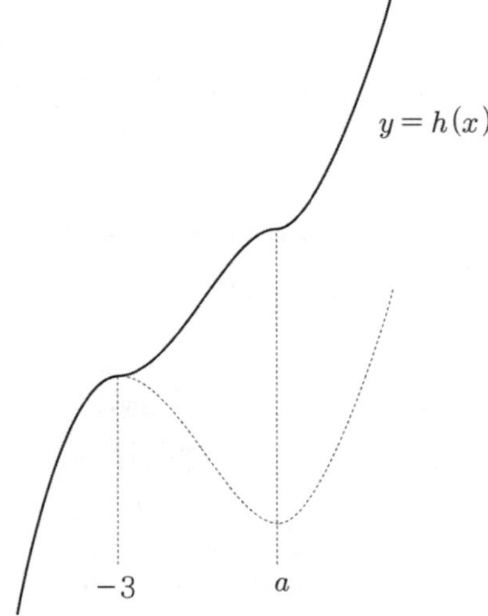

$$g(x)=\begin{cases} f(x) & (x<-3) \\ h(x) & (x\geq -3) \end{cases}$$

$g(x)$는 실수 전체의 집합에서 연속이므로
$g(x)=h(x)$이다.
$g(x)$는 실수 전체의 집합에서 증가하므로
(다) 조건을 만족시키지 않는다.
따라서 $f(x)$의 최고차항의 계수는 음수이다.

② $f(x)$의 최고차항의 계수가 음수일 때,

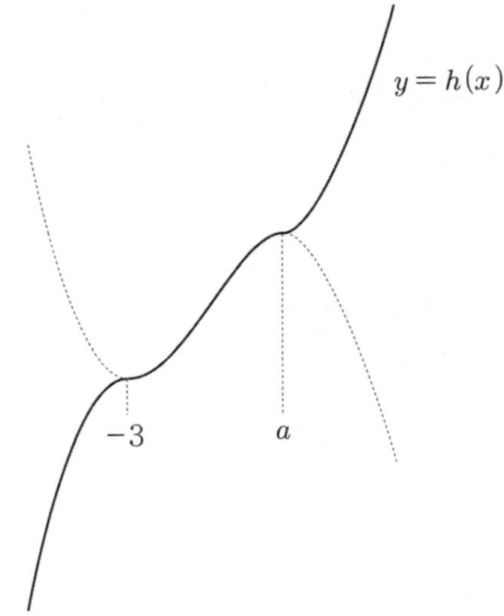

$$g(x)=\begin{cases} f(x) & (x<-3) \\ h(x) & (x\geq -3) \end{cases}$$

$g(x)$는 실수 전체의 집합에서 연속이므로
$g(x)$를 그리면

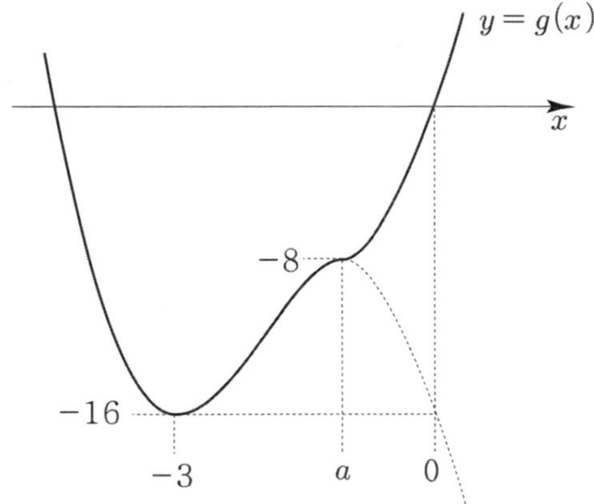

((가) 조건에 의해서 $g(-3)=-16$, $g(a)=-8$)

$x\geq a$일 때, $y=g(x)$의 그래프는 $y=f(x)$의 그래프를
$y=-8$에 대하여 대칭시켜 구할 수 있다.
즉, $g(x)=-16-f(x)$ $(x\geq a)$

Tip

$<y=a$ 대칭$>$

$y=f(x)$의 그래프를 $y=a$에 대하여 대칭시키면
($y \to 2a-y$)
$2a-y=f(x) \Rightarrow y=2a-f(x)$

$g(0)=h(0)=0$이므로 대칭성에 의해서
$f(0)=-16$이다.

$f(x)$는 삼차함수이므로 Box를 그리면

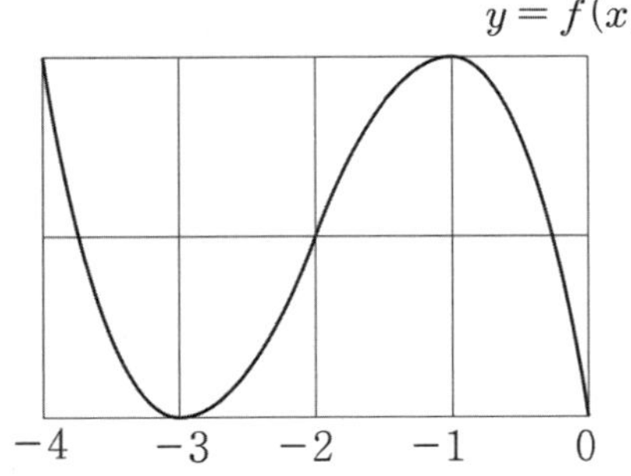

즉, $a=-1$

$$g(x)=\begin{cases} f(x) & (x<-1) \\ -16-f(x) & (x\geq -1) \end{cases}$$

이므로

$$\int_a^4 \{f(x)+g(x)\}\,dx$$

$$= \int_{-1}^4 \{f(x)+(-16-f(x))\}\,dx$$

$$= \int_{-1}^4 (-16)\,dx = -16 \times 5 = -80$$

따라서 $\left| \int_a^4 \{f(x)+g(x)\}\,dx \right| = 80$ 이다.

답   80

Tip

<$f(x)$ 를 구하면?>

최고차항의 계수를 $k\,(k<0)$ 라 하면

$f(x)-f(-3) = kx(x+3)^2$ (식 세우기 Technique !)

$f(x) = kx(x+3)^2 - 16$

$f(-1) = -8 \Rightarrow -4k-16 = -8 \Rightarrow k = -2$

물론 극값차 공식을 사용해도 된다.

$$\frac{|k|}{2}(-1+3)^3 = 8 \Rightarrow k = -2\,(\because k<0)$$

따라서 $f(x) = -2x(x+3)^2 - 16$ 이다.

143

$f(0) = f(2) = f(4) = p$

$f(0)-p = 0,\ f(2)-p = 0,\ f(4)-p = 0$

$f(x)-p = ax(x-2)(x-4) \Rightarrow f(x) = ax(x-2)(x-4)+p$

$$g(x) = k + \int_0^x \{f(t)-f(2)\}\,dt$$

$g(0) = k,\ g'(x) = ax(x-2)(x-4)$

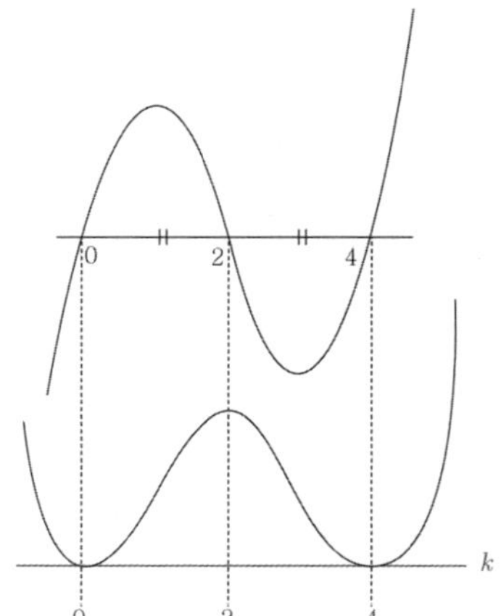

임의의 실수 x 에 대하여 $\log_2 g(x)$ 가 항상 정의된다고 했으니까 진수조건에 의해서 $g(x) > 0$
(진수조건이 없어도 문제는 풀 수 있지만 진수조건을 사용하여 case 간략화를 의도하였다.)
즉, k 가 양수라는 것을 알 수 있다.

쉽게 말해 방정식 $g(x) = n$ 의 서로 다른 실근의 개수가 a_n 라고 생각할 수 있다.

$a_1 + a_{17} = 5$ 를 만족하는 case $(a_1,\ a_{17})$ 는

$(1,\ 4),\ (2,\ 3),\ (3,\ 2),\ (4,\ 1)$

주어진 그래프 개형에서 만족하는 case는

$(2,\ 3),\ (3,\ 2)$ 뿐이다.

① $a_{17} = 2,\ a_1 = 3$ 일 때는 (단, $a_{17} > a_1$)을 만족하지 않는다.

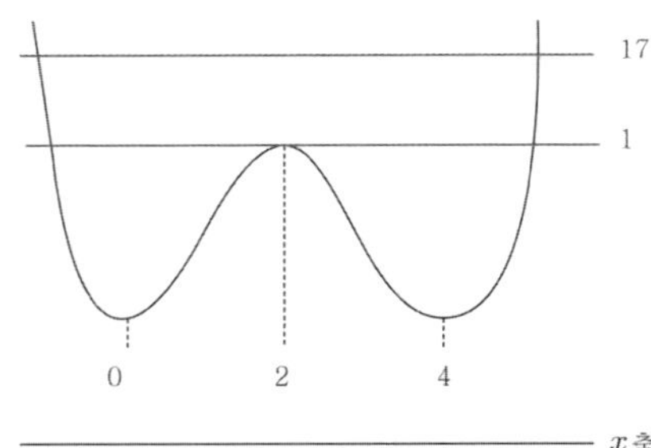

② 결국 $a_{17} = 3,\ a_1 = 2$ 일 때 조건을 만족한다.

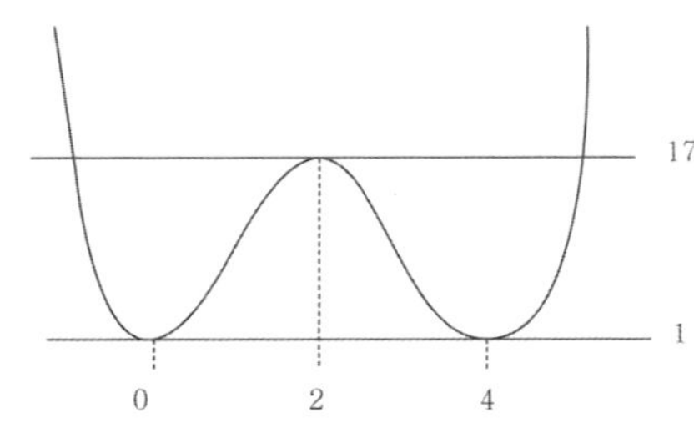

$g(0) = k$ 이므로 $k = 1$

$g(x)-1 = ax^2(x-4)^2$

$g(2) = 17$ 이므로

$g(2)-1 = 16 = 16a \Rightarrow a = 1$

$\therefore\ g(x) = x^2(x-4)^2 + 1$

따라서 $g(5k) = g(5) = 26$ 이다.

답   ②

$f'(1) = f(1) = 0 \implies (x-1)^2$ 을 인수로 가진다.

$f(x) = (x-1)^2(x-p)$

$$g(x) = \int_x^{x-2} f'(t)\,dt + k$$

$g'(x) = f'(x-2) - f'(x)$

빼기함수 technique을 사용해보자.

$f(x)$ 는 삼차함수이므로 $f'(x)$ 는 이차함수이다.

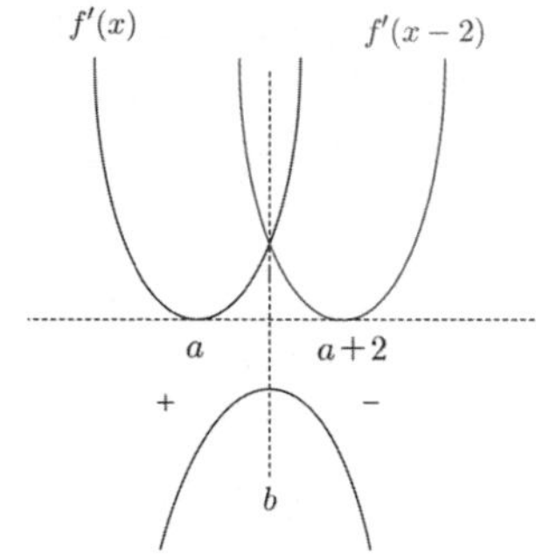

여기서 $f'(a)$ 의 함숫값은 중요하지 않다.

$f'(x-2)$ 는 $f'(x)$ 를 x 축 방향으로 2 만큼 평행이동한 그래프이다.

$f'(x)$ 와 $f'(x-2)$ 가 만나는 점을 경계로 왼쪽은 $f'(x-2) - f'(x)$ 의 부호가 $+$가 되고 오른쪽은 $-$

따라서 $g(x)$ 를 그리면 $x=b$ 에서 극댓값을 갖는 그래프가 그려진다. (가) 조건에서 $x=2$ 에서 최댓값을 가지니까 $b=2$ 이고, a 와 $a+2$ 는 $x=2$ 에 대칭이므로 $2a+2 = 4 \implies a = 1$

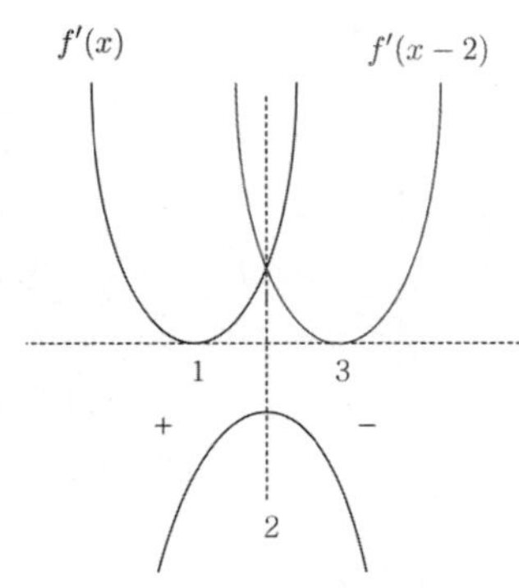

$f'(x) = 2(x-1)(x-p) + (x-1)^2$

$f'(x)$ 가 $x=1$ 에서 극솟값을 가지므로 $f'(x)$ 을 미분해서 $x=1$ 을 넣으면 0 이다.

$f''(x) = 2(x-p) + 2(x-1) + 2(x-1)$

$f''(1) = 2(1-p) = 0 \implies p = 1$

$\therefore\ f(x) = (x-1)^3$

$g'(x) = 3(x-3)^2 - 3(x-1)^2 = -12x + 24$

$$g(2) = \int_2^0 f'(t)\,dt + k = f(0) - f(2) + k = -2 + k$$

$$g(1) = \int_1^{-1} f'(t)\,dt + k = f(-1) - f(1) + k = -8 + k$$

결국 (나)를 통해 k 의 범위를 알아내면 된다.

$$-12(x-1)^3(x-2) \le \frac{-2+k}{64}$$

그래프를 그려서 함수로 생각해보자.

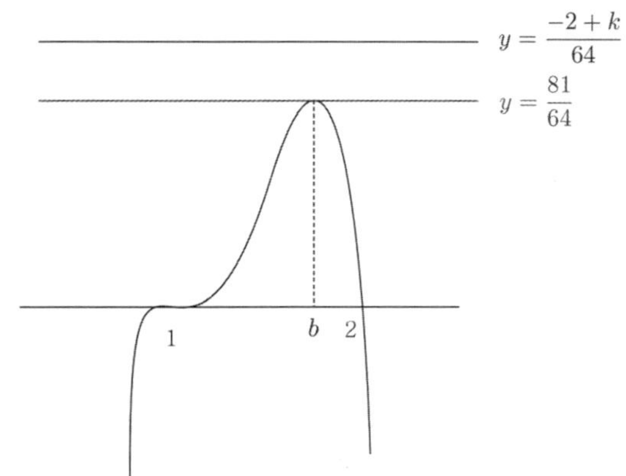

$y' = -3(x-1)^2(x-2) - (x-1)^3$

$\quad = -(x-1)^2(4x-7)$

즉, $b = \dfrac{7}{4}$

$$-12\left(\frac{7}{4}-1\right)^3\left(\frac{7}{4}-2\right) = \frac{81}{64}$$

$$\frac{81}{64} \le \frac{-2+k}{64} \implies 83 \le k$$

따라서 $g(1) = -8 + k$ 의 최솟값은 75 이다.

답   ①

$x=0$ 에서 음수인 최솟값을 갖고 최고차항의 계수가 1 인 이차함수 $f(x)$ 이므로 $x=0$ 이 대칭축이고 x 축과 두 점에서 만난다는 것을 알려주는 조건이다.

즉, $f(x) = (x-a)(x+a) = x^2 - a^2 \ (a>0)$

$h(x) = f(x) + \int_0^x \{f(t) - f(0)\} dt$ 라 하면

$h'(x) = f'(x) + f(x) - f(0) = 2x + x^2 - a^2 + a^2 = x^2 + 2x$

$h(0) = f(0) = -a^2$ 이므로 $h(x) = \dfrac{x^3}{3} + x^2 - a^2$

$h'(x)$ 와 $h(-2) = \dfrac{4}{3} - a^2$, $h(0) = -a^2$ 를 바탕으로

$h(x)$ 를 그려보자.

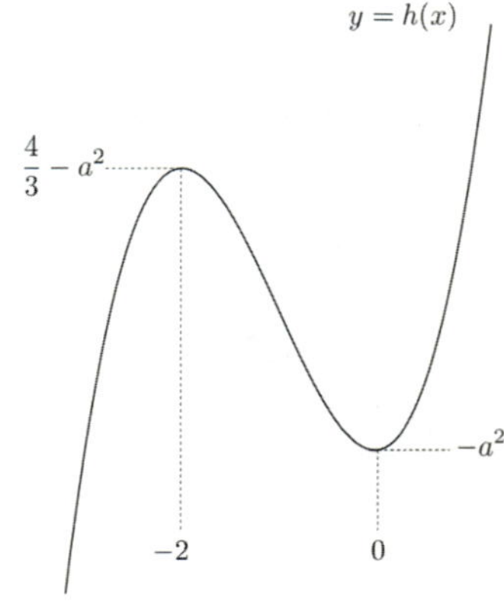

$g(x) = |h(x)|$ 의 극소가 2개가 되려면 x 축은

점 $\left(-2, \dfrac{4}{3} - a^2\right)$ 위에 있거나 점 $(0, -a^2)$ 아래에

있어야 한다. 이때, $h(0) = -a^2 < 0$ 이므로 함수 $g(x)$ 가

$x = \alpha$, $x = \beta$ $(\alpha < \beta)$ 에서만 극솟값을 갖기 위해서는

$\dfrac{4}{3} - a^2 \leq 0$ 이어야 한다.

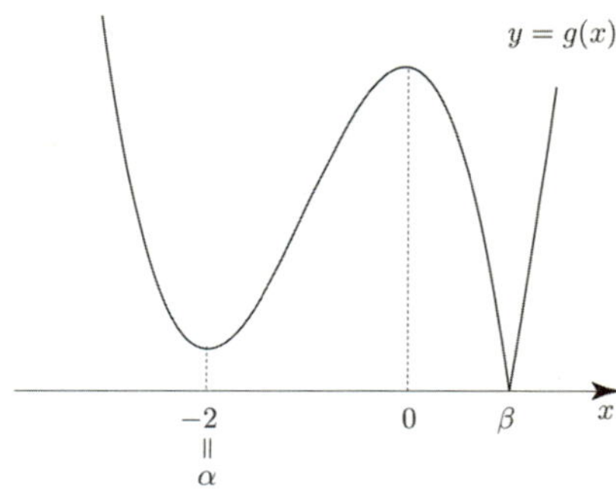

이때, $\alpha = -2$ 이므로 $\beta - \alpha = 5$ 을 만족시키려면

$\beta = 3$ 이어야 한다.

$g(\beta) = g(3) = 0$ 이므로 $g(x)$ 가 결정된다.

$g(3) = |18 - a^2| = 0 \Rightarrow a^2 = 18$ 이므로

$g(x) = \left| \dfrac{x^3}{3} + x^2 - 18 \right|$

$g(2\alpha + \beta) = g(-4 + 3) = g(-1) = \left| -\dfrac{1}{3} + 1 - 18 \right| = \dfrac{52}{3}$

따라서 $p + q = 55$ 이다.

답 55

146

$f'(x) = x^3 - 3nx^2 + 2n^2 x$

$\qquad = x(x^2 - 3nx + 2n^2) = x(x-n)(x-2n)$

$\displaystyle \int_n^x \{f(t) - |f(t)|\} dt \geq 0$

$\displaystyle \int_n^x \{f(t) - |f(t)|\} dt = g(x)$ 라 하자.

$g(n) = 0$

$g'(x) = f(x) - |f(x)| = \begin{cases} f(x) \geq 0 \Rightarrow 0 \\[2mm] f(x) < 0 \Rightarrow 2f(x) \end{cases}$

$f'(x) = x(x-n)(x-2n)$

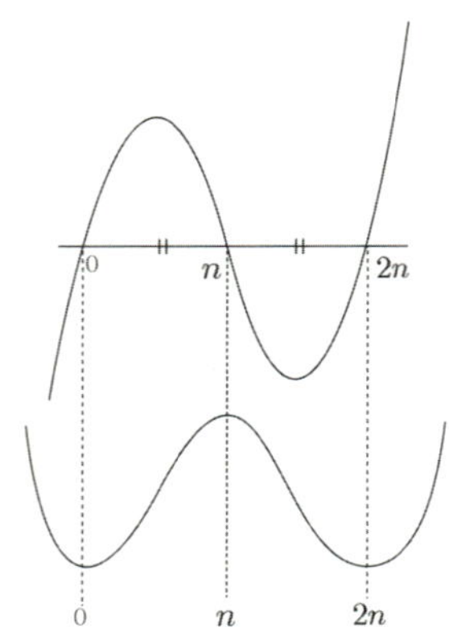

x 축이 극솟값보다 위에 있을 때와 아래에 을 때를
case분류해서 조건을 만족하는지 파악해 보자.

① x 축이 극솟값보다 위에 있을 때

$g'(x) = f(x) - |f(x)| = \begin{cases} f(x) \geq 0 \Rightarrow 0 \\[2mm] f(x) < 0 \Rightarrow 2f(x) \end{cases}$

도함수를 활용하여 $g(x)$ 를 대략적으로 그리면
아래 그림과 같다.

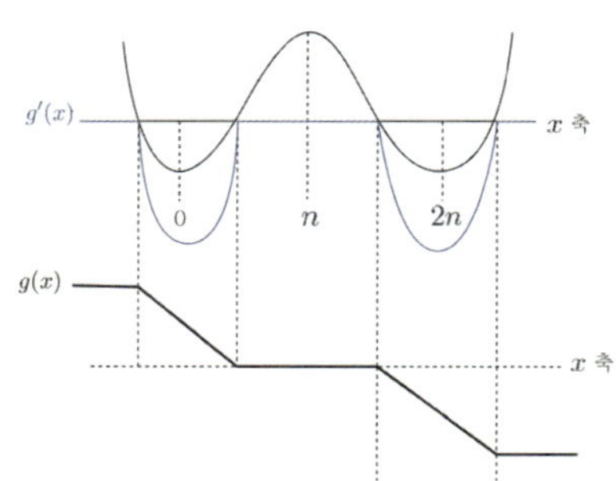

$g(n) = 0$ 이라는 조건으로부터 x축을 설정할 수 있다.
모든 실수 x 에 대하여 $g(x) \geq 0$ 라고 했으므로
조건을 만족하지 않는다.

② x축이 극솟값보다 아래에 있을 때

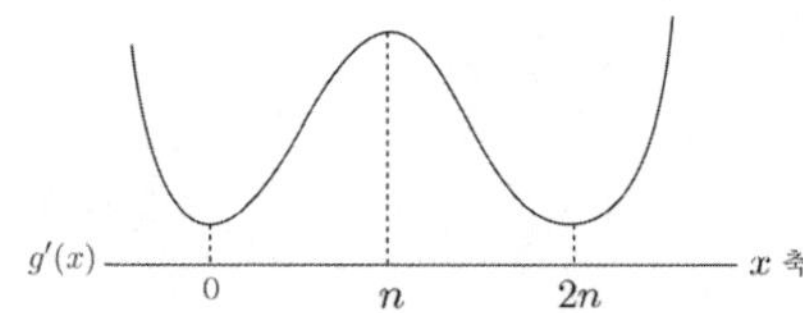

$f(x)$ 가 모든 실수 x 에 대하여 $f(x) \geq 0$ 를 만족하기
때문에 $g'(x) = 0$

또한 $g(n) = 0$ 이므로 $g(x) = 0$

문제조건에서 모든 실수 x 에 대하여
$g(x) \geq 0$ 라고 했으니까 조건을 만족시킨다.
결국 ② case가 나와야 한다.

$f(n)$ 의 최솟값은 언제일까?
모든 x 에 대하여 $f(x) \geq 0$ 이면서 $f(n)$ 이 제일 작을 때는
x축에 접할 때이다.

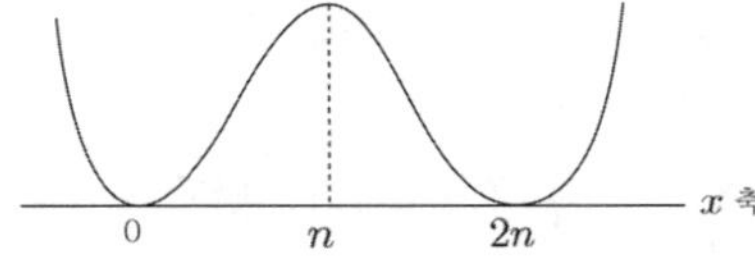

$$f(x) = \frac{1}{4} x^2 (x - 2n)^2$$

$$a_n = f(n) = \frac{1}{4} n^4$$

$$\sqrt{\frac{n^4}{4}} = \frac{n^2}{2} < 90 \Rightarrow n^2 < 180$$

따라서 자연수 n 의 최댓값은 13 이다.

답 ③

$\displaystyle \int_1^x (t-2) f'(t) \, dt = g(x)$ 라 하자.

$1 \leq a \leq b$ 인 모든 실수 a, b 에 대하여 $g(a) \leq g(b)$
이므로 $g(x)$ 는 $x \geq 1$ 에서 증가함수이다.

$$\int_1^x (t-2) f'(t) \, dt = g(x)$$

$$g(1) = 0, \quad g'(x) = (x-2) f'(x)$$

$g'(x) = (x-2) f'(x)$ 이므로 $g'(2) = 0$

$g(1) = 0$, $g'(2) = 0$ 을 이용하여 1 이후에 증가함수 형태를
만족하는 $g(x)$ 의 개형을 찾아보자.

① 1 이후에 증가함수가 될 수 없다.
　　극솟값이 서로 다른 개형도 마찬가지이다.

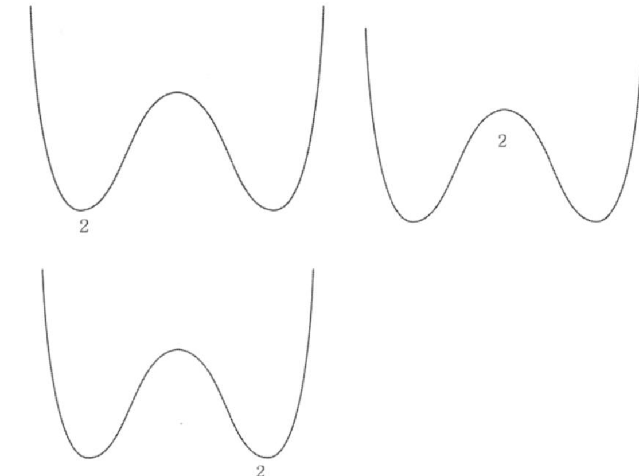

② 1 이후에 증가함수가 될 수 없다.

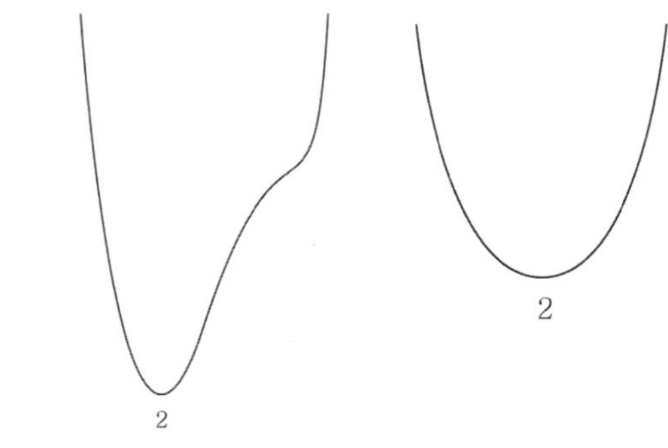

③

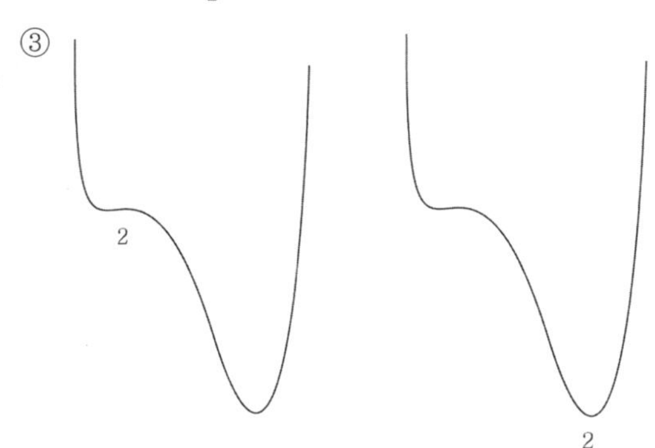

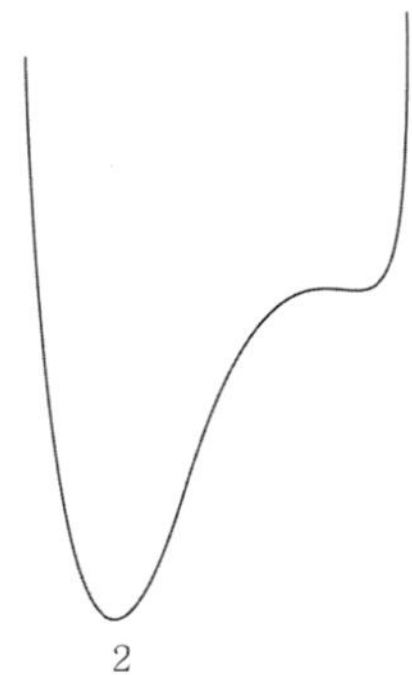

1 이후에 증가함수가 될 수 없다.

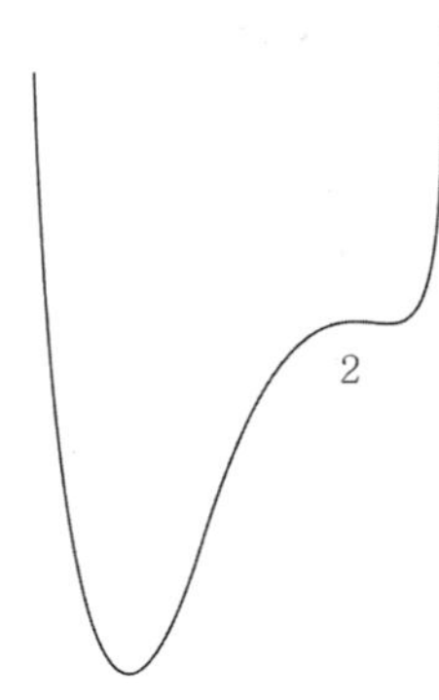

위 case는 될 수도 있고 안 될 수도 있다.
하지만 다른 case 는 전혀 만족할 수가 없으니까
이 그래프 개형이 되어야 한다.
그러면 x좌표가 1 이 될 수 있는 범위가 생긴다.
어디까지일까?

극솟점의 x좌표를 k라고 하면 1 이 존재할 수 있는
범위는 색칠한 영역이다.

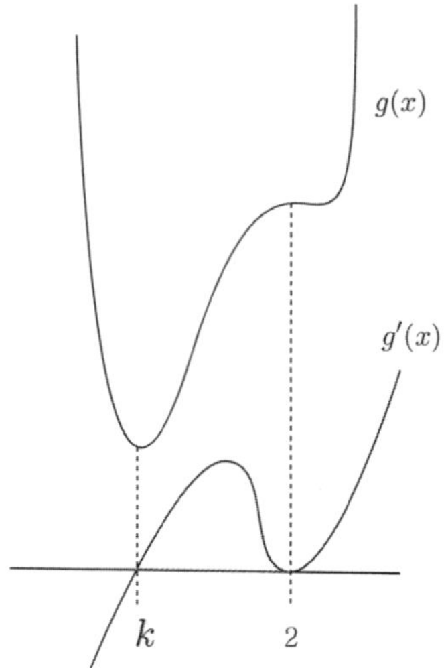

k의 범위는 $k \leq 1$ 이다.
이제 $g'(x)$ 에 관한 식을 세우면
$$g'(x) = 3(x-k)(x-2)^2 = (x-2)f'(x)$$

즉, $f'(x) = 3(x-2)(x-k)$

조건에서 $f'(3) \leq 12$ 라고 주었으니까 대입하면
$$3(3-k) \leq 12 \;\Rightarrow\; -1 \leq k$$

$$\therefore\; -1 \leq k \leq 1$$

$\displaystyle \int_0^2 f'(x)\,dx = 6k-4$ 이므로 최댓값 M 은 2 이고
최솟값 m 은 -10 이므로 $M-m = 12$ 이다.

답 ②

다른 방법으로도 풀어보자.

$(t-2)f'(t) = g(t)$ 로 보면 $g(t)$ 는 삼차함수이다.
또한 숨겨진 조건에 의해 $g(2) = 0$ 을 얻을 수 있다.

$\displaystyle \int_1^a g(t)\,dt \leq \int_1^b g(t)\,dt$ 라고 쓸 수 있다.
왼쪽 항을 오른쪽으로 넘겨서 정리하면
정적분의 성질에 의해 $\displaystyle \int_a^b g(t)\,dt \geq 0$
즉, $1 \leq a \leq b$ 인 모든 실수 $a,\ b$에 대하여
$\displaystyle \int_a^b g(t)\,dt \geq 0$ 이다.

이제 $g(2) = 0$ 를 이용하여 case분류 후 따져 보자.

① 조건 만족 X

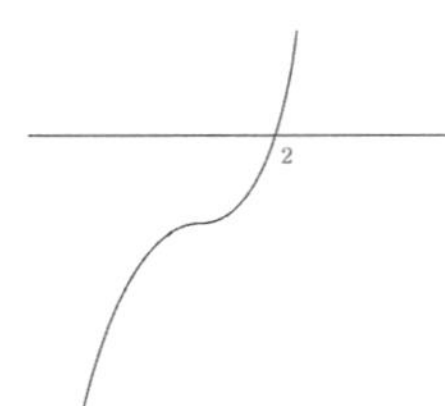

② 조건 만족 X

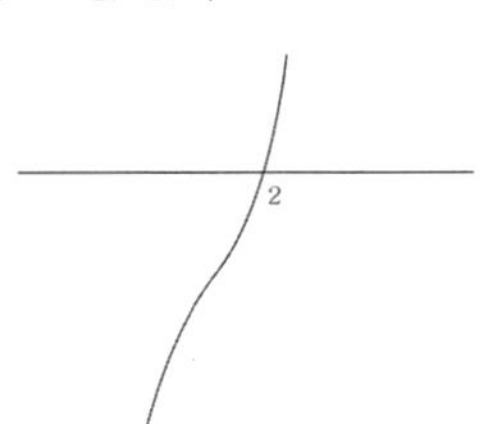

③ 조건 만족 X

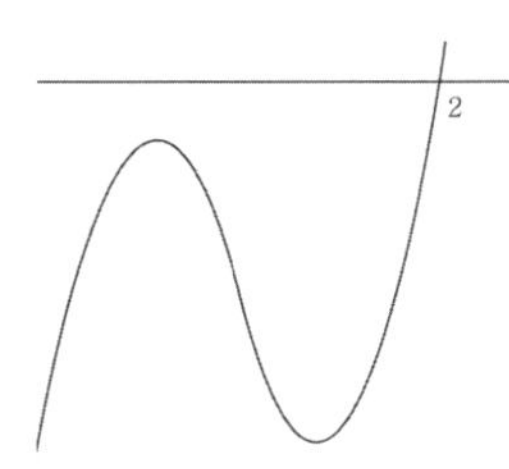

④ 조건 만족 X

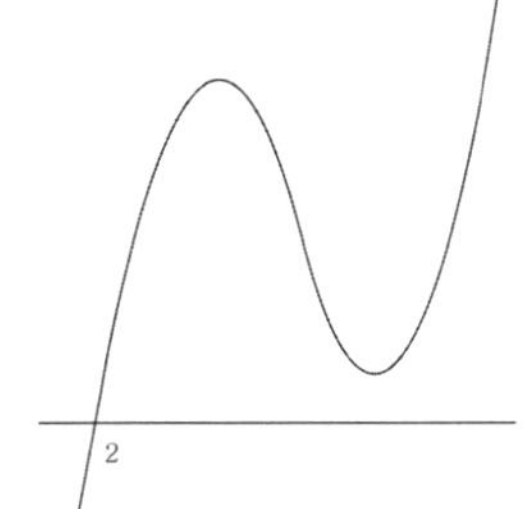

⑤ 조건 만족 X

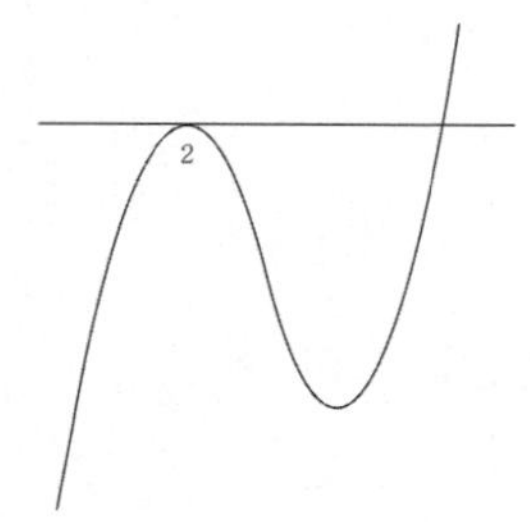

⑥ 조건 만족 X

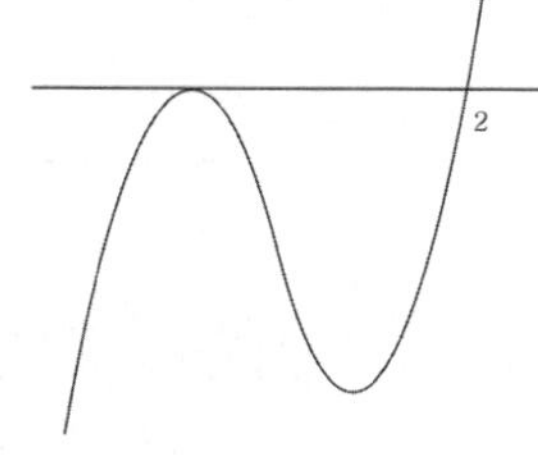

⑦ 조건 만족 X

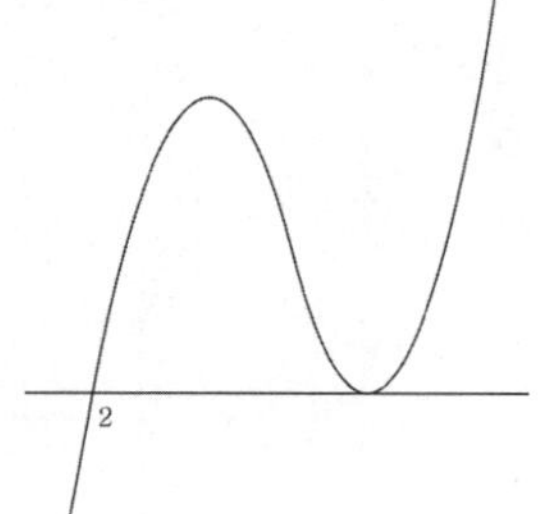

⑧ 조건 만족 가능 !

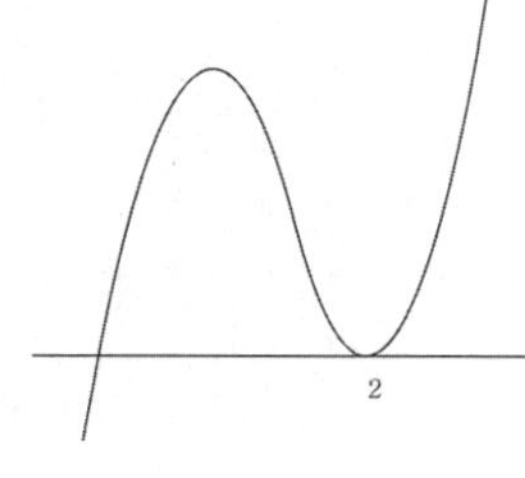

⑨ 조건 만족 X

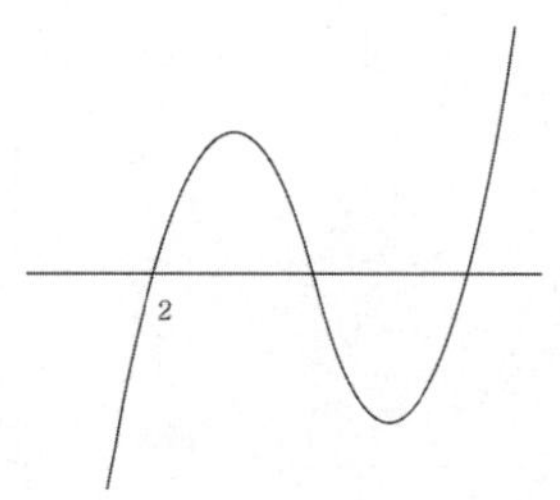

⑩ 조건 만족 X

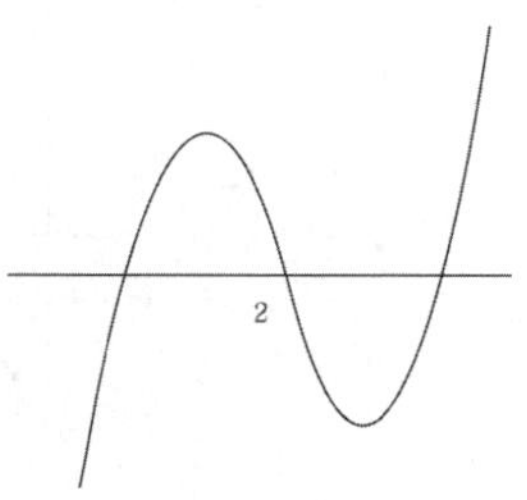

⑪ 조건 만족 X

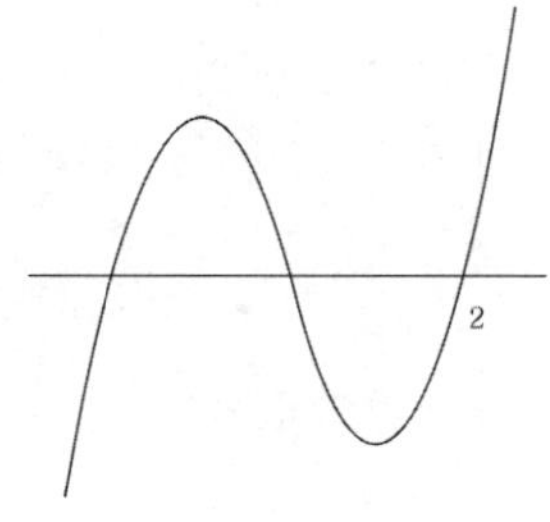

모든 개형 중에 조건을 만족할 수 있는 것은 case ⑧뿐이다.

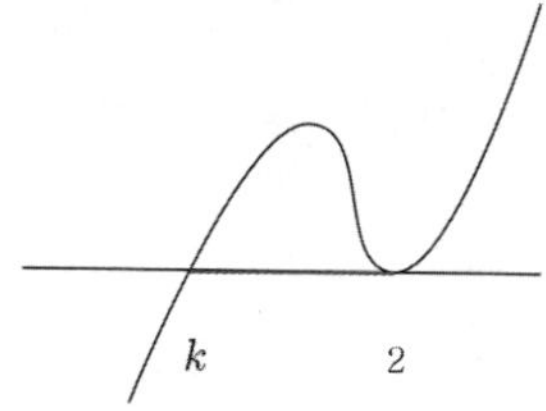

첫 번째 풀이와 마찬가지로 k 의 범위가
$k \leq 1$ 이고 이후 풀이는 동일하다.

이번에는 $f'(x)$ 을 바탕으로 다르게 풀어보자.

$1 \leq x$ 에서 $\displaystyle\int_{1}^{x}(t-2)f'(t)\,dt = g(x)$ 가 증가함수이므로
$g'(x) = (x-2)f'(x) \geq 0$

결국 $1 \leq x < 2$ 일 때는 $f'(x) \leq 0$, $x > 2$ 일 때는
$f'(x) \geq 0$ 을 만족해야 한다.
여기서 $f'(2) = 0$ 임을 알 수 있다.

$f'(x)$ 가 최고차항이 3 인 이차함수이고
$f'(2) = 0$ 임을 바탕으로
$f'(x) = 3(x-k)(x-2)$

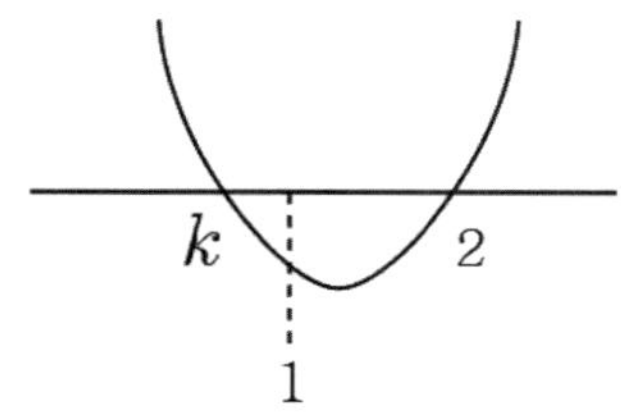

$1 \leq x < 2$ 에서 $f'(x) \leq 0$ 임을 만족하려면
$k \leq 1$ 를 만족해야 한다.
또한 $f'(3) \leq 12$ 을 만족하려면
$f'(3) = 3(3-k)(3-2) = 9 - 3k \leq 12$
즉, $-1 \leq k$

두 개의 영역을 합치면 $-1 \leq k \leq 1$
이후 풀이는 동일하다.

148

$|f(x)| = |x^3 - n^2 x|$

$$\begin{cases} f(x) = x^3 - n^2 x = x(x-n)(x+n) \\ f(x) = -x^3 + n^2 x = -x(x-n)(x+n) \end{cases}$$

두 가지 case 중 어떤 것이 조건을 만족할지 따지면
된다.

① $f(x) = x(x-n)(x+n)$

$\displaystyle\int_{-n}^{x}\frac{f(t)+f(|t|)}{2}\,dt \geq 0$

$h(x) = \displaystyle\int_{-n}^{x}\frac{f(t)+f(|t|)}{2}\,dt$ 라고 두면

$h(-n) = 0$, $h'(x) = \dfrac{f(x)+f(|x|)}{2}$

$$h'(x) = \frac{f(x) + f(|x|)}{2}$$

당황하지 말고 범위 구분해 보자.

$f(x)$

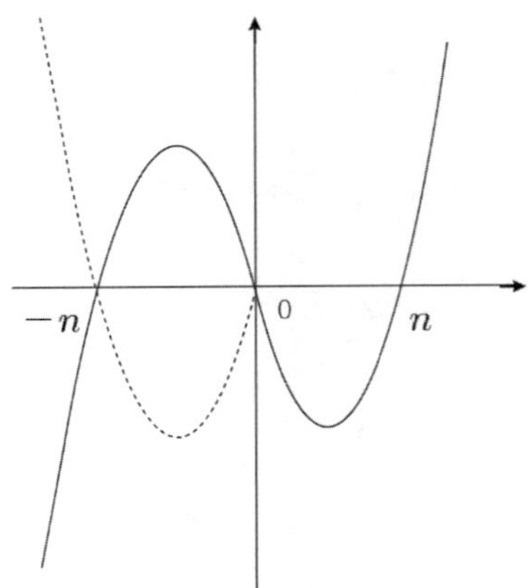

$f(|x|)$

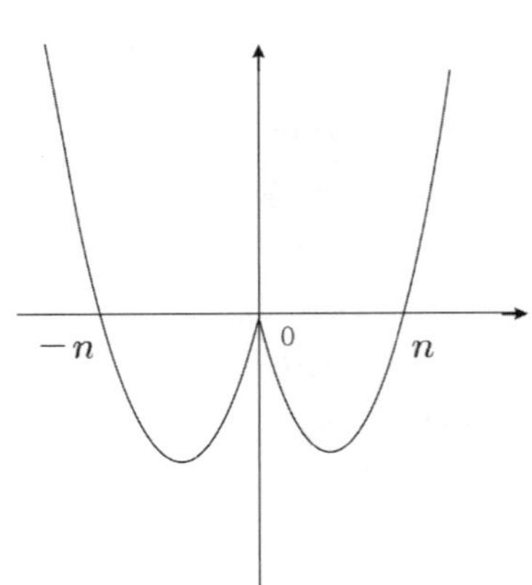

$$h'(x) = \begin{cases} \dfrac{f(x)+f(x)}{2} = f(x) & (x \geq 0) \\[3mm] \dfrac{f(x)+f(-x)}{2} = \dfrac{f(x)-f(x)}{2} = 0 & (x < 0) \end{cases}$$

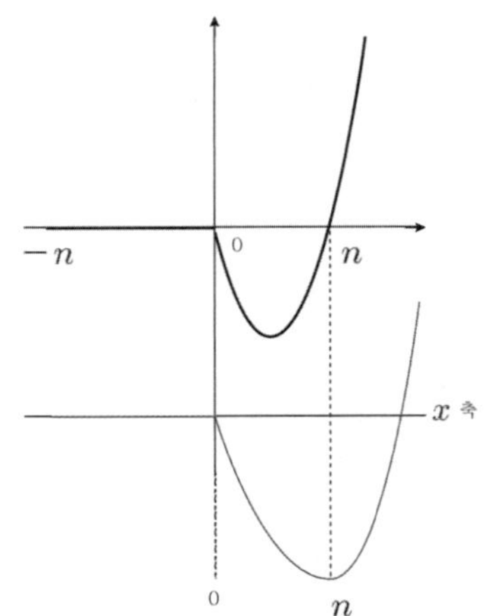

$h(x) \geq 0$ 을 만족하는 실수 x 의 최댓값이 존재하지 않는다.
따라서 case ① 은 조건을 만족하지 않는다.

② $f(x) = -x(x-n)(x+n)$

$$h(-n) = 0 \ , \ h'(x) = \frac{f(x)+f(|x|)}{2}$$

$$h'(x) = \begin{cases} \dfrac{f(x)+f(x)}{2} = f(x) & (x \geq 0) \\[3mm] \dfrac{f(x)+f(-x)}{2} = \dfrac{f(x)-f(x)}{2} = 0 & (x < 0) \end{cases}$$

$h(x)$ 의 그래프를 그리면

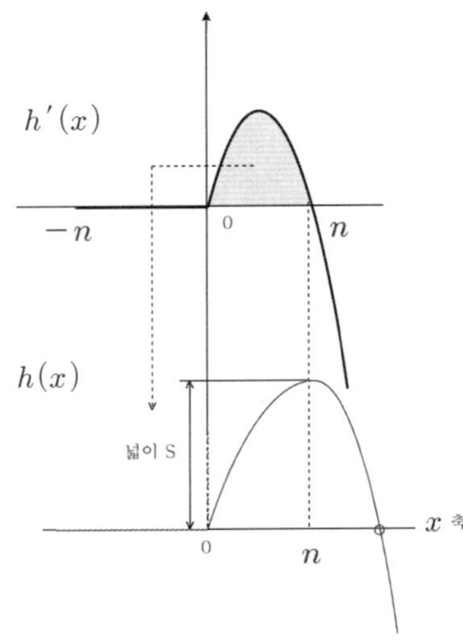

$h(x) \geq 0$ 을 만족하는 실수 x 의 최댓값이
$g(n)$ 이라고 했으니까 결국 색칠한 동그라미 친 점의
x 값이 $g(n)$ 이다.

$g(n)$ 을 구하려면 어떻게 해야 할까?
0 에서 n 까지는 $h'(x)$ 의 넓이만큼 $h(x)$ 가 증가하고
n 이후 $g(n)$ 까지는 $h'(x)$ 의 넓이만큼 $h(x)$ 가 감소한다.

$h(0) = h(g(n))$ 때문에 증가한 높이와 감소한 높이가 같다.
따라서 $h'(x)$ 과 x 축 사이의 넓이가 서로 같아야 한다.

$$\int_0^{g(n)} (-x^3 + n^2 x)\,dx = 0$$

$$\left[-\frac{x^4}{4} + \frac{n^2 x^2}{2} \right]_0^{g(n)} = 0 \ \Rightarrow \ g(n) = \sqrt{2}\,n$$

$(x+n)f(x) \geq 0$ 를 만족하는 정수들을 구해보면
$(x+n)f(x) \geq 0 \ \Rightarrow \ -x(x-n)(x+n)^2 \geq 0$

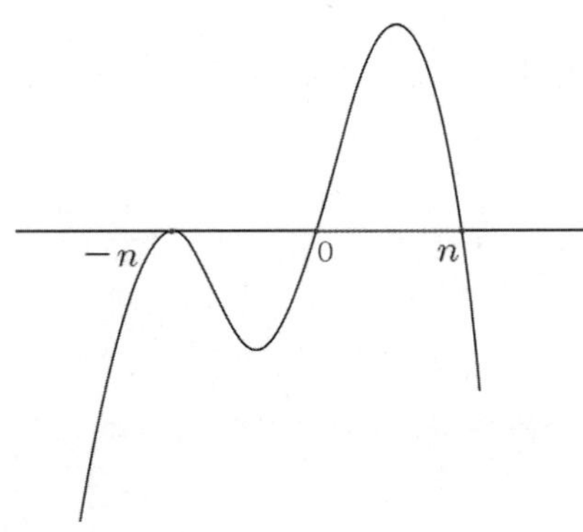

$-n,\ 0,\ 1,\ 2,\ \ldots\ n$

즉, 합은 $\dfrac{n(n-1)}{2}=45$ 이다.

$n=10$ 이므로 $k=10$

따라서 $g(k)=g(10)=10\sqrt{2}$ 이다.

답 ②

149

우선 $a>0$ 이므로 $0<a<2a$ 인 것이 자명하다.
(만약 a 가 양수라는 조건이 없었다면 음수, 양수, 0 일 때로
이렇게 case분류해 줘야 한다.)

정적분의 성질에 의해 $g(x)=\displaystyle\int_0^x t\{|f(t)|-f(t)\}dt$

$g'(x)=x\{|f(x)|-f(x)\},\ g(0)=0$

$$|f(x)|-f(x)=\begin{cases} 0 & (f(x)\geq 0) \\ -2f(x) & (f(x)<0) \end{cases}$$

이므로

$f(x)=(x-a)(x-2a)\ (a>0)$

$$|f(x)|-f(x)=\begin{cases} 0 & (x\leq a \ \text{or}\ x\geq 2a) \\ -2(x-a)(x-2a) & (a<x<2a) \end{cases}$$

즉, $g'(x)=\begin{cases} 0 & (x\leq a \ \text{or}\ x\geq 2a) \\ -2x(x-a)(x-2a) & (a<x<2a) \end{cases}$

$g(0)=0$ 과 $g'(x)$ 를 바탕으로 $g(x)$ 를 그리면

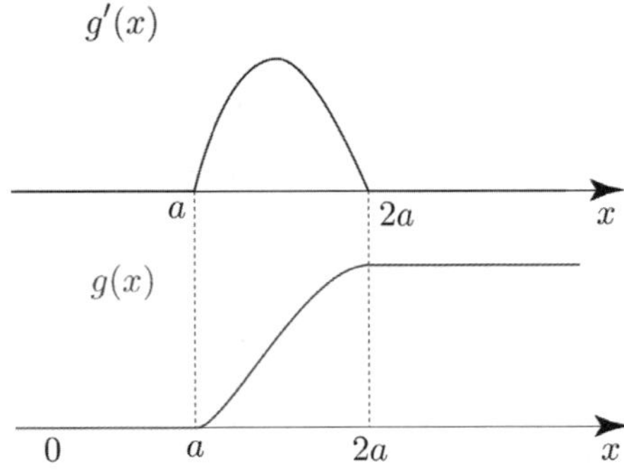

모든 실수 x 에 대하여 $g(\alpha)\leq g(x) \leq g(\beta)$ 를 만족시키는
실수 α 의 최댓값을 M, 실수 β 의 최솟값을 m 이라 했으니
$M=a,\ m=2a$

$g(2a)$ 의 값을 구하기 위해서 $g(x)$ 를 구해보자.

$g'(x)=-2x(x-a)(x-2a)$

$\qquad =-2x^3+6ax^2-4a^2x\ (a<x<2a)$

$g(x)=-\dfrac{1}{2}x^4+2ax^3-2a^2x^2+C\ (a<x<2a)$

$g(x)$ 는 연속함수이므로 $\displaystyle\lim_{x\to a+}g(x)=g(a)=0$ 이니

$g(x)=-\dfrac{1}{2}x^4+2ax^3-2a^2x^2+\dfrac{1}{2}a^4\ (a<x<2a)$

(여기서 조심해야 한다. 범위 $a<x<2a$ 를 고려하지 않고,
$g(0)=0$ 이라고 생각하여

$g(x)=-\dfrac{1}{2}x^4+2ax^3-2a^2x^2+C\ (a<x<2a)$ 에

$x=0$ 을 대입하여 적분상수 $C=0$ 이라고 판단하면 안된다.)

$g(x)$ 는 연속함수이므로

$\displaystyle\lim_{x\to 2a-}g(x)=g(2a)=-8a^4+16a^4-8a^4+\dfrac{1}{2}a^4=\dfrac{1}{2}a^4$

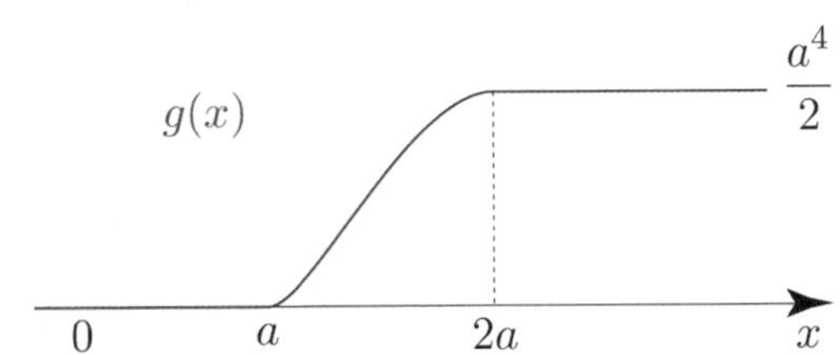

$\dfrac{g(m)-g(M)}{m-M}=\dfrac{g(2a)-g(a)}{2a-a}=\dfrac{\frac{1}{2}a^4}{a}=\dfrac{a^3}{2}=\dfrac{1}{2}$

이므로 $a=1$

$$g(x)=\begin{cases} 0 & (x\leq 1) \\ -\dfrac{1}{2}x^4+2x^3-2x^2+\dfrac{1}{2} & (1<x<2) \\ \dfrac{1}{2} & (x\geq 2) \end{cases}$$

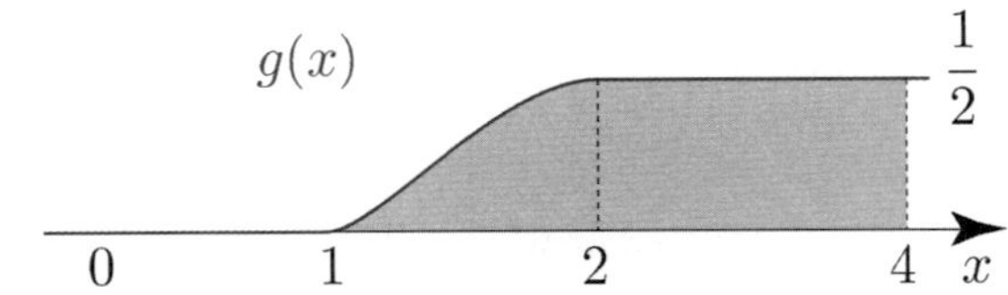

$$\int_{-4}^{4} g(x)\,dx = \int_{1}^{2} g(x)\,dx + \int_{2}^{4} g(x)\,dx$$

$$= \int_{1}^{2}\left(-\frac{1}{2}x^4 + 2x^3 - 2x^2 + \frac{1}{2}\right)dx + 1$$

$$= \left[-\frac{1}{10}x^5 + \frac{1}{2}x^4 - \frac{2}{3}x^3 + \frac{1}{2}x\right]_{1}^{2} + 1$$

$$= -\frac{32}{10} + 8 - \frac{16}{3} + 1 - \left(-\frac{1}{10} + \frac{1}{2} - \frac{2}{3} + \frac{1}{2}\right) + 1$$

$$= \frac{7}{30} + 1 = \frac{37}{30}$$

따라서 $p+q = 67$ 이다.

답 67

150

$S = \left\{ a \mid \lim\limits_{x \to a} \dfrac{f(x)}{x-a} = f'(a) \text{ 이고 } a \text{ 는 } 1 \text{ 이 아닌 정수}\right\}$ 에서

$\lim\limits_{x \to a} \dfrac{f(x)}{x-a} = f'(a)$ 가 의미하는 것이 무엇일까?

$\lim\limits_{x \to a} \dfrac{f(x)}{x-a}$ 이 $f'(a)$ 가 되려면 $f(a) = 0$ 라는 조건이 있어야 한다.

집합 S 는 $f(a) = 0$ 를 만족하면서 1 이 아닌 정수를 원소로 갖는다.

$\{0,\,4\} \subset S$ 라는 의미에서 반드시 $\{0,\,4\}$ 을 포함하고 있어야 하니까 $f(0) = f(4) = 0$ 이라는 조건을 얻을 수 있다.

$f(x)$ 가 삼차함수이기 때문에 여기서 case분류가 가능하다.

$S = \{0,\,4\},\ n(S) = 2$ 와 $S = \{0,\,4,\,a\},\ n(S) = 3$
(a 는 0, 1, 4 가 아닌 정수)

(다)의 조건은 $f(4) = 0$ 이니까 $f(x) = 0$ 의 실근은 모두 정수이다.

여기서 개형추론을 할 때 도움이 되는 스페셜 조건이 무엇일까?

$f(0) = f(4) = 0$ 를 만족하면서 주어진 조건을 만족하는지 따져보자. 또한 최고차항의 계수가 나오지 않았으니까 음수도 고려해야 한다.

① 최고차항의 계수가 양수일 때

$$f(x) = kx(x-4)(x-a)$$

같은 개형이 나올 수 있는 a 의 범위에 따라 case 분류하면

① i) $a < 0$　　　　　① ii) $a = 0$

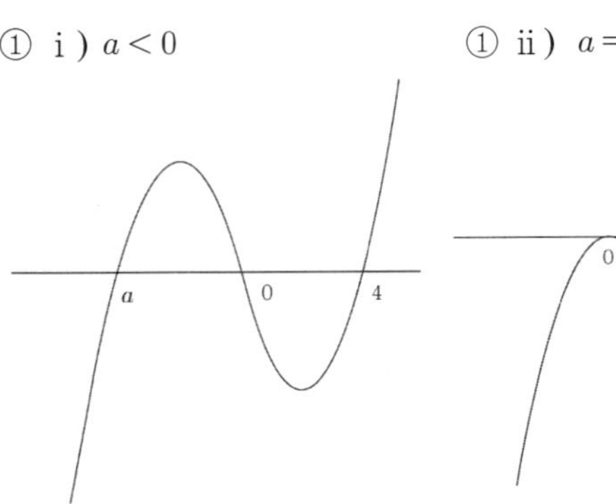

　　(나) 만족 X　　　　　　　(가) 만족 X

① iii) $0 < a < 4$

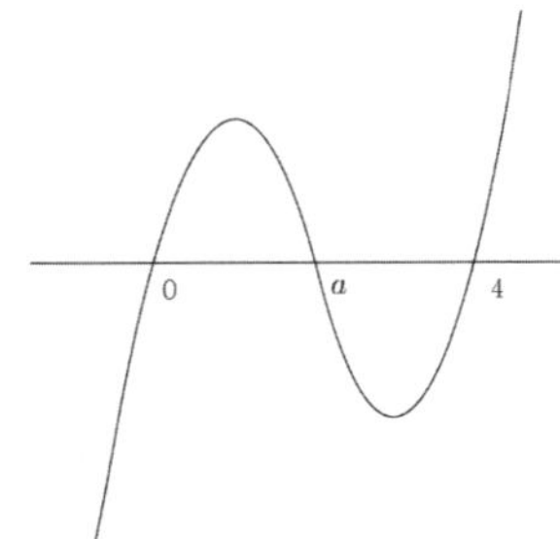

(나) 조건 만족

여기서 (가) 조건을 만족시키려면

$$\int_{0}^{4} kx(x-4)(x-a)\,dx > 0$$

$$\left[\frac{x^4}{4} - \frac{(4+a)x^3}{3} + 2ax^2\right]_{0}^{4} = 64 - \frac{64(4+a)}{3} + 32a > 0$$

$$\therefore a > 2$$

$0 < a < 4$ 을 만족시켜야 되므로 $a = 3$

$$f(x) = kx(x-3)(x-4)$$

$n(S) = 3$

이므로 $\dfrac{n(S)f(-1)}{f(5)} = -6$

① ⅳ) $a = 4$

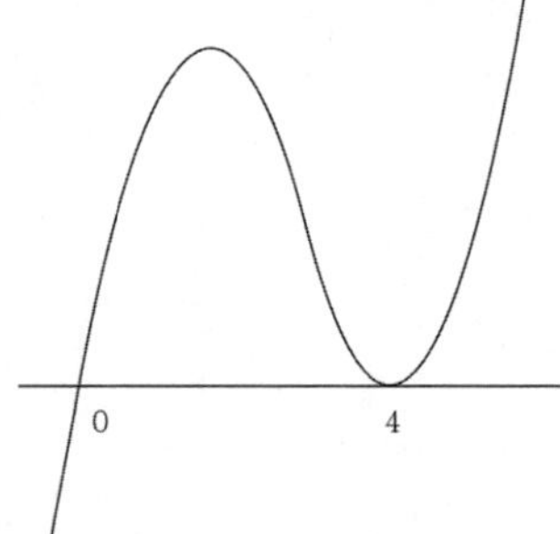

(가), (나) 조건 모두 만족한다.

$f(x) = kx(x-4)^2$

$n(S) = 2$

이므로 $\dfrac{n(S)f(-1)}{f(5)} = -10$

① ⅴ) $a > 4$

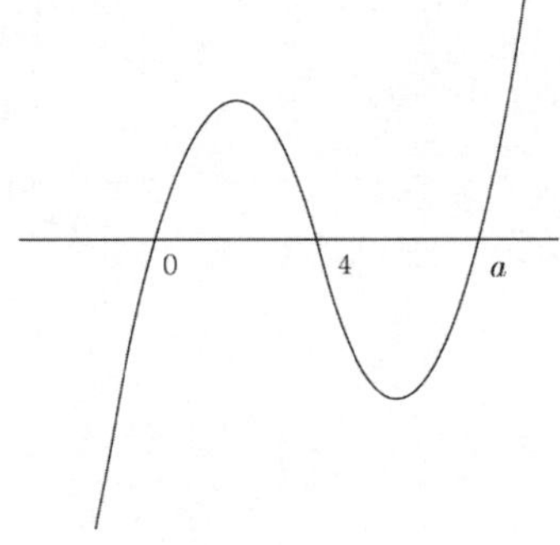

(나) 조건 만족 X

② 최고차항의 계수가 음수일 때

② ⅰ) $a < 0$

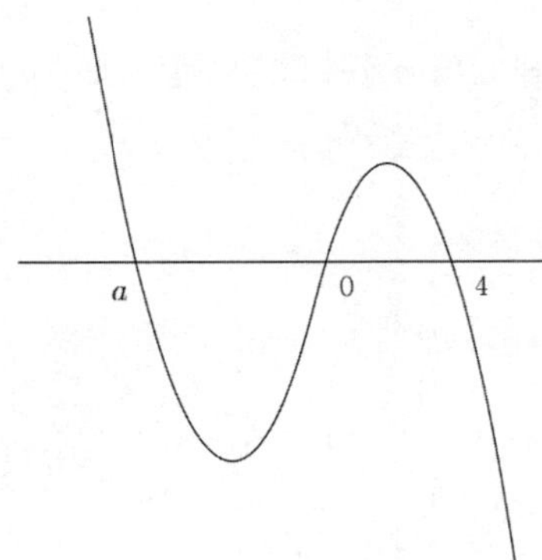

(나) 조건 만족 X

② ⅱ) $a = 0$

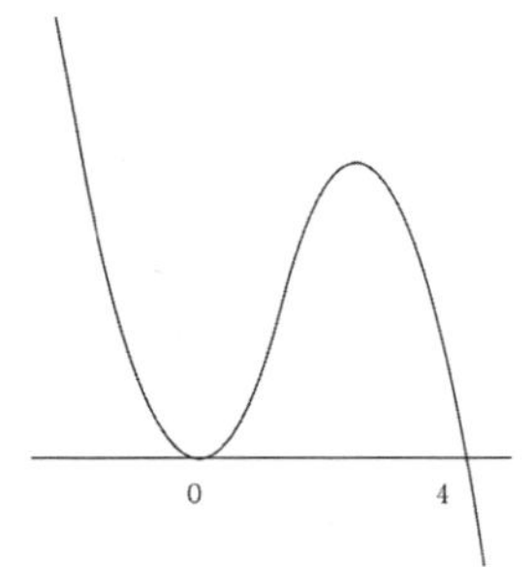

(가), (나) 조건 모두 만족한다.

$f(x) = kx^2(x-4)$

$n(S) = 2$

이므로 $\dfrac{n(S)f(-1)}{f(5)} = -\dfrac{2}{5}$

② ⅲ) $0 < a < 4$ (함정 유도)

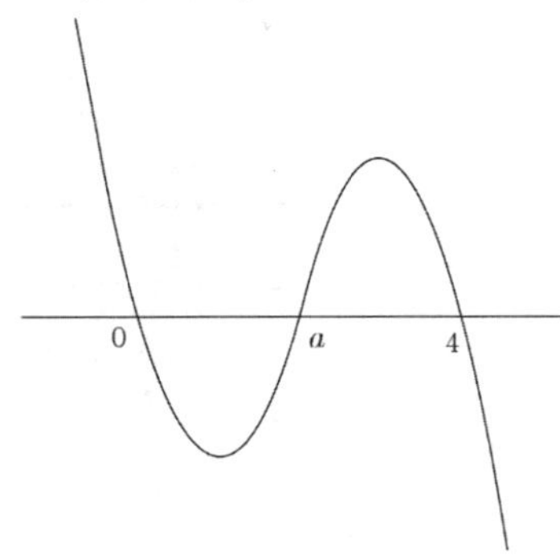

(나) 조건 만족

여기서 (가) 조건을 만족하려면
case ① ⅲ)에서와 같은 방법으로 $a < 2$

$0 < a < 4$ 을 만족시켜야 되므로 $a = 1$
$f(x) = kx(x-1)(x-4)$

$n(S) = 2$
(집합 S에서는 a가 1이 될 수 없다. 함정)

이므로 $\dfrac{n(S)f(-1)}{f(5)} = -1$

③ ⅳ) $a = 4$

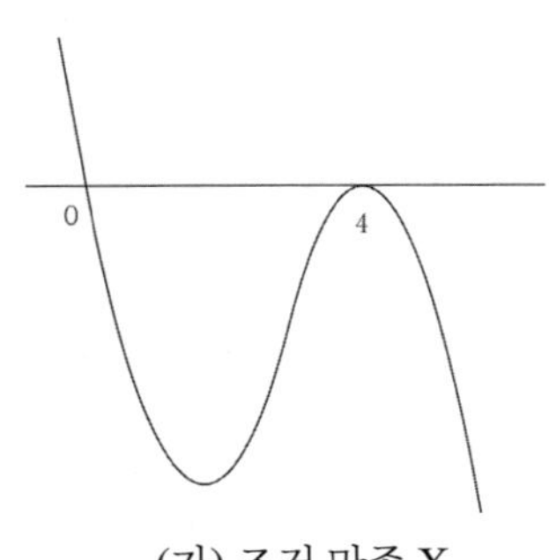

(가) 조건 만족 X

③ ⅴ) $a > 4$

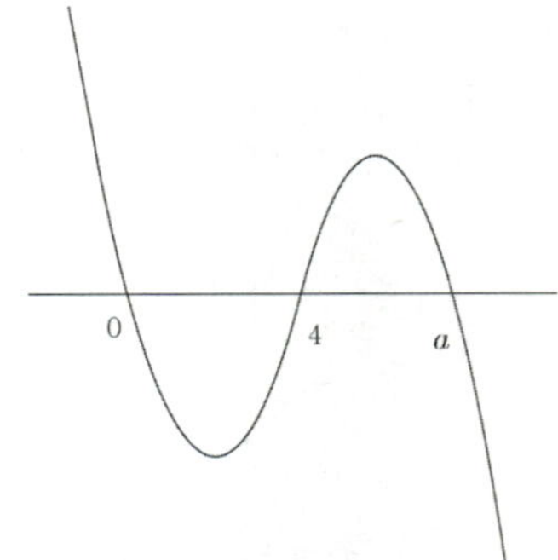

(나) 조건 만족 X

따라서 서로 다른 모든 $\dfrac{n(S)f(-1)}{f(5)}$ 의

값의 곱은 $(-10) \times (-6) \times \left(-\dfrac{2}{5}\right) \times (-1) = 24$ 이다.

답 ①

151

$h(x) = \displaystyle\int_0^x t f'(t)\, dt$ 라 하면

$h(0) = 0,\ h'(x) = x f'(x),\ h'(0) = 0$

$g(x)$ 는 실수 전체의 집합에서 미분가능하므로
$x = 0$ 에서 연속이어야 한다.

$(0-1)f(0) = h(0) = 0 \ \Rightarrow\ f(0) = 0$

$x = 0$ 에서 미분가능하므로
$f(0) + (0-1)f'(0) = h'(0) = 0 \ \Rightarrow\ f'(0) = 0$

$f'(0) = f(0) = 0$
$f(x) = x^2(x-k)$

$f'(x) = 3x^2 - 2kx$ 이므로
$h'(x) = x f'(x) = 3x^3 - 2kx^2,\ h(0) = 0$

$\Rightarrow\ h(x) = \dfrac{3}{4}x^3\left(x - \dfrac{8}{9}k\right)$

$(x-1)f(x) = x^2(x-1)(x-k),\ h(x) = \dfrac{3}{4}x^3\left(x - \dfrac{8}{9}k\right)$

를 그리려고 봤더니 k 를 모르니까 같은 개형이 나오도록
하는 k 에 따라 case 분류해보자.

① $k > 0$ 에서 $k = 1$

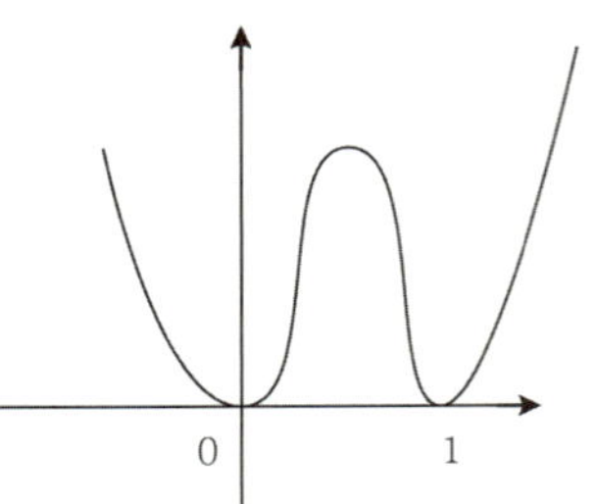

집합 S의 원소의 합이 -3 X

② $k > 0$ 에서 $k > 1$

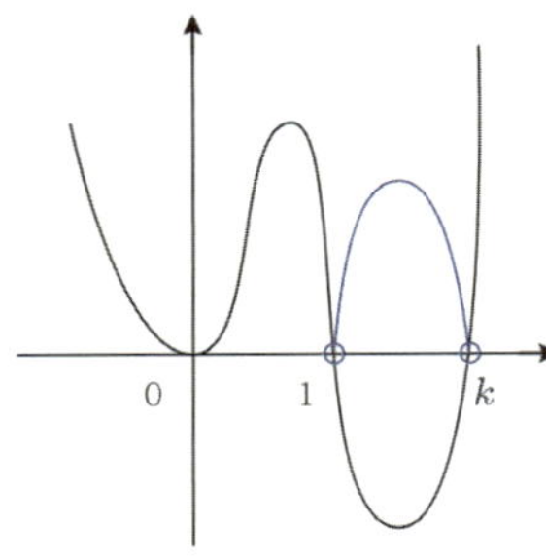

집합 S의 원소의 합이 -3 X

③ $k > 0$ 에서 $0 < k < 1$

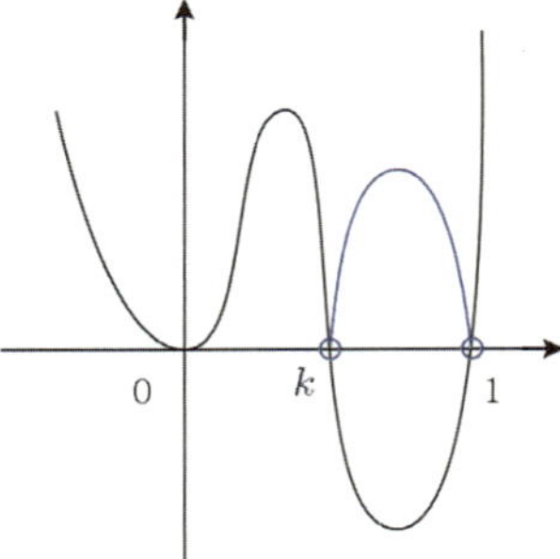

집합 S의 원소의 합이 -3 X

④ $k = 0$

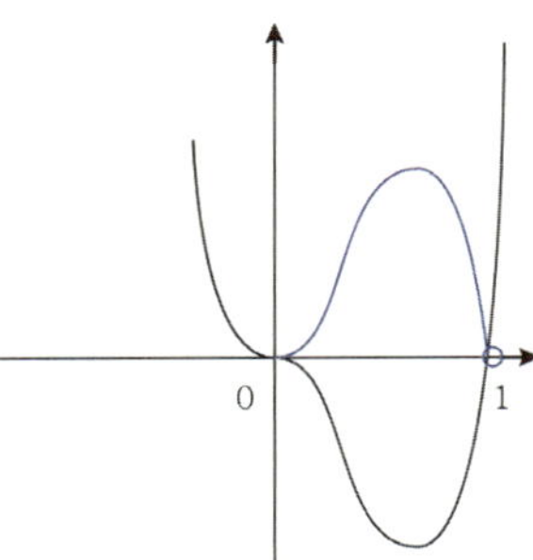

집합 S의 원소의 합이 -3 X

⑤ $k < 0$

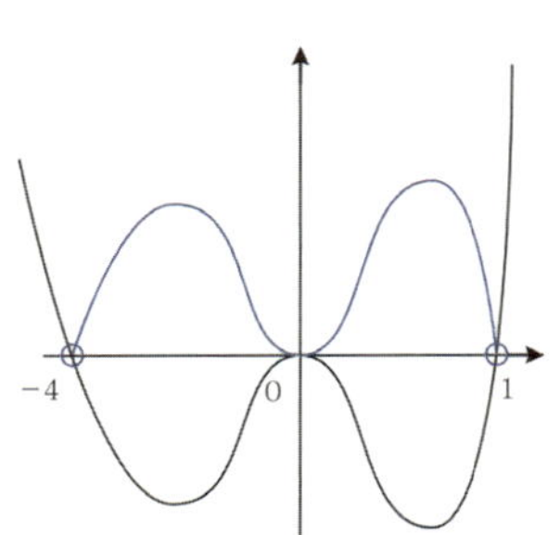

집합 S의 원소의 합이 -3 이 되려면 $h(-4) = 0$ 를
만족해야 한다. 즉, $-4 = \dfrac{8}{9}k \ \Rightarrow\ k = -\dfrac{9}{2}$

이제 $g(x)$ 를 구하면

$$g(x) = \begin{cases} x^2(x-1)\left(x + \dfrac{9}{2}\right) & (x \geq 0) \\[3mm] \dfrac{3}{4}x^3(x+4) & (x < 0) \end{cases}$$

따라서 $\dfrac{g(4)}{g(-2)} = \dfrac{24 \times 17}{-12} = -34$ 이다.

답 ③

우선 $f(0)=0$ 인 스페셜 조건이 보인다.
최고차항의 계수가 1인 삼차함수이니 머릿속에서
3가지 개형이 떠올라야 한다.

만약 극값을 갖지 않는 2번
(방정식 $f'(x)=0$이 중근을 갖는 경우),
3번 개형(방정식 $f'(x)=0$이 실근을 갖지 않는 경우)이라면
(가) 조건에서 α 의 최댓값이 존재할 수 없으니 모순이다.

즉, $f(x)$ 는 극값을 갖는 1번 개형이어야 한다.
(방정식 $f'(x)=0$이 서로 다른 두 실근을 갖는 경우)

$0 < t \le \alpha$ 인 모든 실수 t 에 대하여 $g(t)=f(t)$ 를
만족시키는 실수 α 의 최댓값은 1이 되려면 $f(x)$ 가
0에서 1까지 증가하고 1 이후부터 다시 감소하는
개형이 그려져야 한다.

$\beta \le t$ 인 모든 실수 t 에 대하여 $g(t)=f(t)$ 를 만족시키는
실수 β 의 최솟값은 $3k+1$ 가 되도록 하려면 아래 그림과 같이
$f(1)=f(3k+1)$ 이어야 한다.

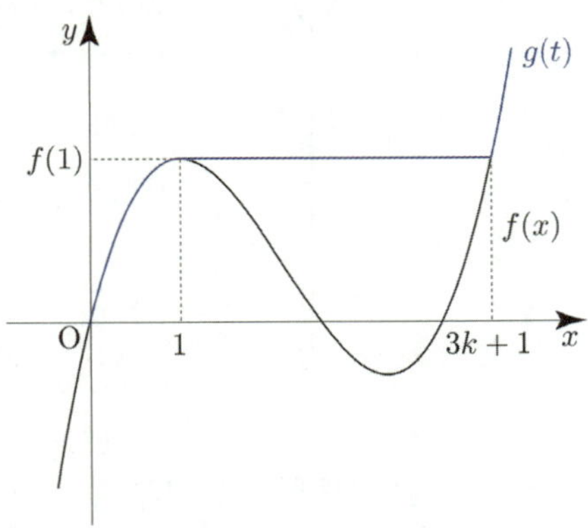

만약 아래 그림과 같이 극솟값이 0보다 작다면 함수 $h(t)$ 가
미분가능하지 않은 점이 존재하니 모순이다.

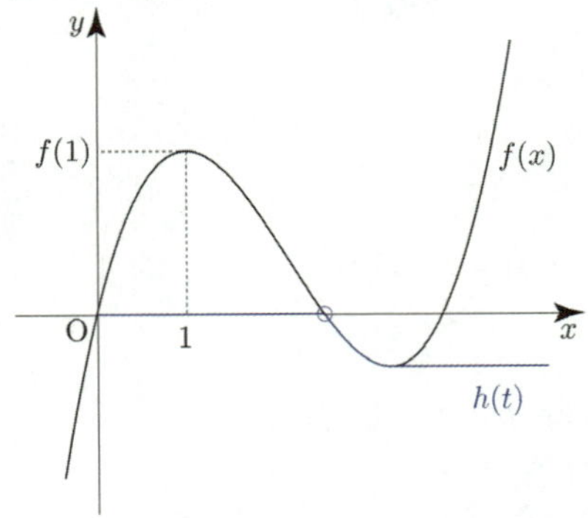

즉, (나) 조건을 만족시키려면 극솟값이 0 이상이어야 한다.

box를 이용하여 극솟값을 갖는 x 값을 구해봅시다.

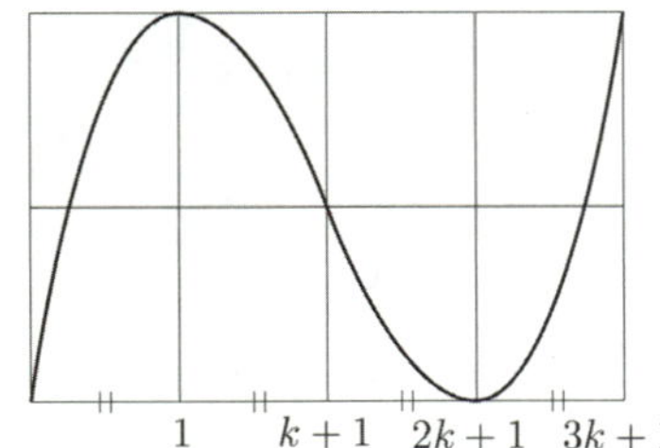

$f(x)=(x-1)^2(x-(3k+1))+f(1)$ 이고 $f(0)=0$ 이므로
$f(1)=3k+1$

또한 $x=2k+1$ 에서 극솟값을 가지므로

$f(2k+1) \ge 0$

$\Rightarrow -4k^3+3k+1 \ge 0 \Rightarrow 0 < k \le 1 \ (\because k > 0)$

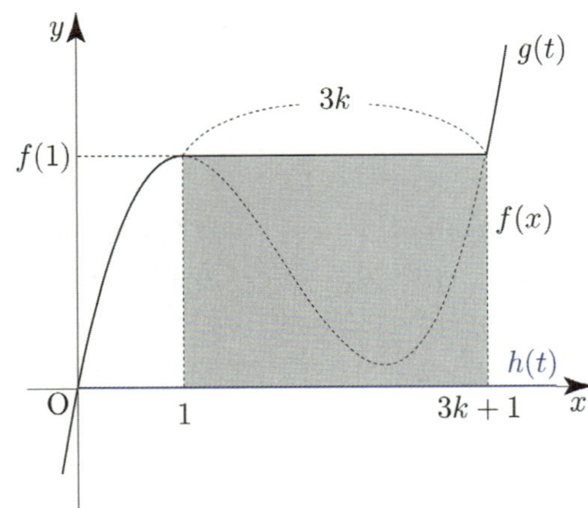

$$\int_1^{3k+1} \{g(t)-h(t)\}dt = \int_1^{3k+1} f(1)\,dt = 3k \times f(1)$$

$$= 3k(3k+1)=9k^2+3k$$

이므로

(다) 조건 $\displaystyle\int_1^{3k+1} \{g(t)-h(t)\}dt \ge 2$ 을 만족시키려면

$9k^2+3k \ge 2 \Rightarrow (3k-1)(3k+2) \ge 0 \Rightarrow k \ge \dfrac{1}{3} \ (\because k > 0)$

(나), (다) 조건에 의하여 k 의 범위를 구하면

$\dfrac{1}{3} \le k \le 1$ 이다.

$f(1)=3k+1$ 의 범위를 구하면 $2 \le f(1) \le 4$ 이다.

따라서 $f(1)$ 의 최댓값과 최솟값의 합은 6이다.

답 6

먼저 $f(x) = \dfrac{-x^3 + 3x}{k}$ 의 그래프를 그리면

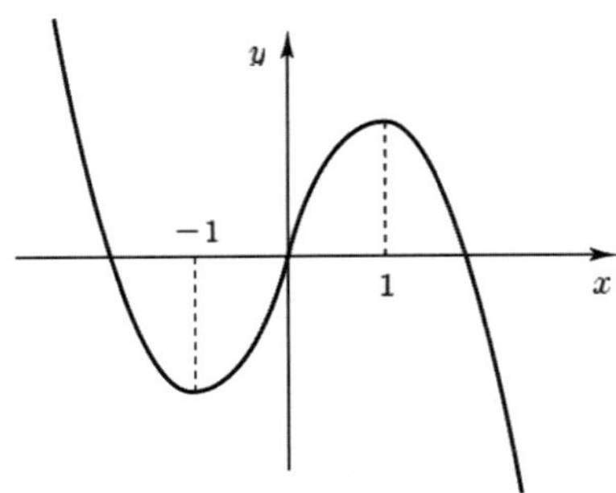

$F(x) = \displaystyle\int_0^x |f'(t)|\, dt$ 라 하자.

$F'(x) = |f'(x)|$

$f'(x)$ 의 부호에 따라 달라지니까 case분류하면

$f'(x) > 0 \ \Rightarrow\ F'(x) = f'(x) \ \Rightarrow\ F(x) = f(x) + c_1$

$f'(x) < 0 \ \Rightarrow\ F'(x) = -f'(x) \ \Rightarrow\ F(x) = -f(x) + c_2$

$F(0) = 0$ 에서 출발하여, $F(x)$ 가 연속함수가 되도록
$f(x)$ 가 증가하는 범위에서는 $f(x)$ 를 적당히 y축 방향으로
평행이동한 것을, $f(x)$ 가 감소하는 범위에서는
$-f(x)$ ($f(x)$ 를 x축 대칭시킨 것)를 적당히 y축 방향으로
평행이동한 것을 이어붙이면 된다.

이제 $F(0) = 0$ 인 것을 감안하여

$F(x) = \displaystyle\int_0^x |f'(t)|\, dt$ 를 그려보자.

(t1 59번에서 학습한바 있었다.)

$F(x)$

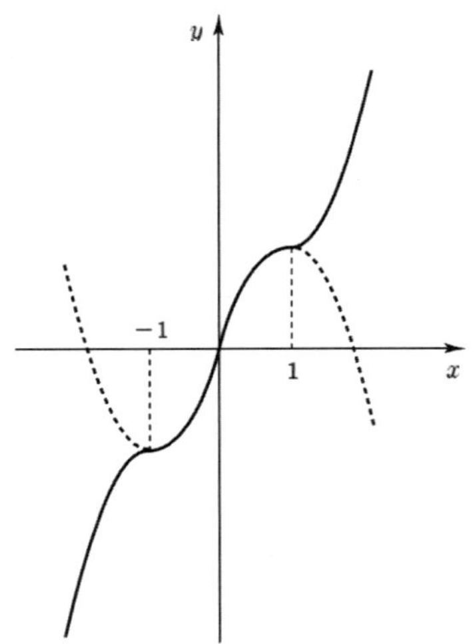

증가함수이므로 역함수와 만나는 교점은 반드시 $y = x$ 선상에
있으니까 $F(a) = g(a) = a$ 가 성립한다.

방정식 $F(a) = a$ 를 만족시키는 a 가 a_1, a_2, a_3 있다는 말은
$y = F(x)$ 와 $y = x$ 의 교점이 3개가 생긴다는 말이다.
즉, 판단의 틀은 $y = x$ 이다.

그런데 여기서 함부로 그림을 그릴 수가 없다.
$y = x$ 를 $F(x)$ 에 겹쳐서 그릴 때 $F'(0)$ 의 값
($x = 0$ 에서의 기울기)에 따라 세 점에서 만나도록 하는
$F(x)$ 그래프 개형이 달라진다.

이를 방지하기 위해 $(0 < k < 2)$ 라는 조건을 준 것이다.

$F'(0) = \dfrac{3}{k} \ \Rightarrow\ F'(0) > \dfrac{3}{2} \ (\because 0 < k < 2)$

이를 바탕으로 세 점에서 만나도록 그림을 그려보자.

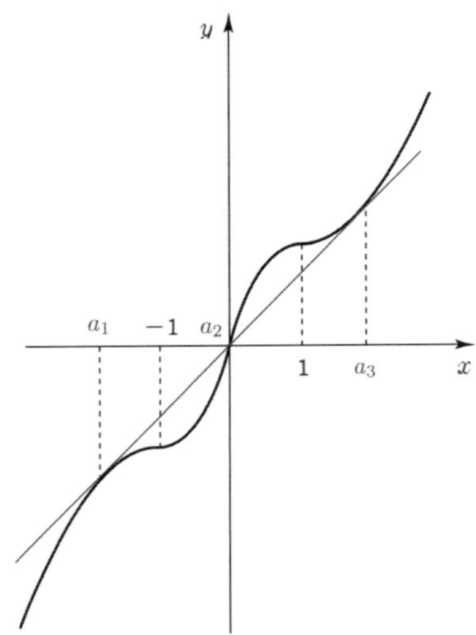

a_3 만 구하면 a_1 은 대칭성으로 구할 수 있다. ($a_3 = -a_1$)
$x > 1$ 일 때 $F(x)$ 를 구해보자.

$$F(x) = \int_0^x |f'(t)|\, dt = \int_0^1 f'(t)\, dt + \int_1^x -f'(t)\, dt$$
$$= 2f(1) - f(x)$$

$a_3 = t$ 라 두면
$F(t) = 2f(1) - f(t) = t$, $F'(t) = -f'(t) = 1$

$\dfrac{4}{k} + \dfrac{t^3 - 3t}{k} = t \ \Rightarrow\ t^3 - 3t + 4 = kt$,

$\dfrac{3t^2 - 3}{k} = 1 \ \Rightarrow\ 3t^3 - 3t = kt$

$t^3 - 3t + 4 = 3t^3 - 3t \ \Rightarrow\ 2t^3 = 4 \ \Rightarrow\ t^3 = 2$

즉, $(a_3)^3 = 2$

$\{g(a_3)\}^3 = (a_3)^3$, $\{g(a_1)\}^3 = (a_1)^3 = -(a_3)^3$ $(\because a_1 = -a_3)$

따라서 $\{g(a_3)\}^3 - \{g(a_1)\}^3 = 2 - (-2) = 4$ 이다.

답 4

154

$f(2a-x)$ 는 $f(x)$ 를 $x = a$ 에 대하여 대칭이동 시켜라!
라는 의미이다.
(가) 조건을 만족하려면 $x = a$ 에서 미분가능해야 한다.
좌미분계수와 우미분계수가 같아야 하므로 $f'(a) = 0$
(가)는 $f'(a) = 0$ 을 알려주기 위해 준 조건이다.
자 이제 무엇을 해야 할까? $f(x)$ 를 모른다.
망설이지 말고 $x = 0$ 의 위치와 $f(x)$ 개형에 따라
case 분류해보자.

①

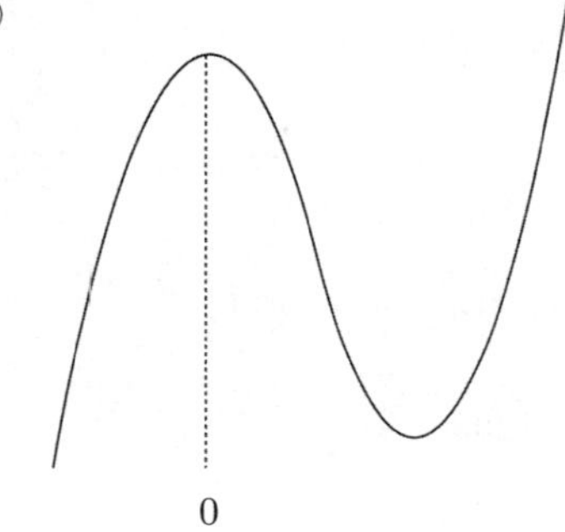

① i) $a = 0$ 일 때 $g(x)$ 를 그려보면

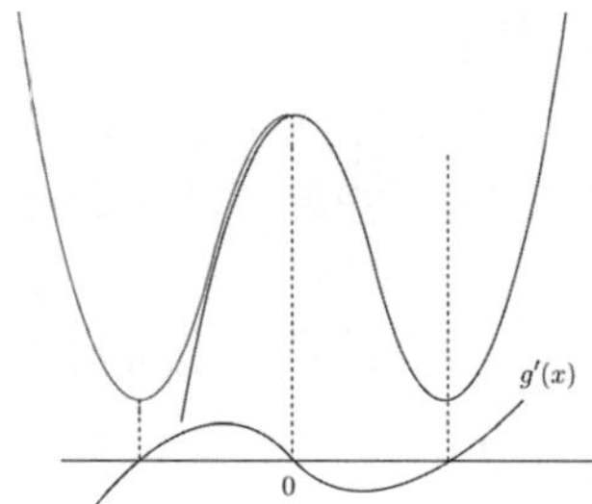

②

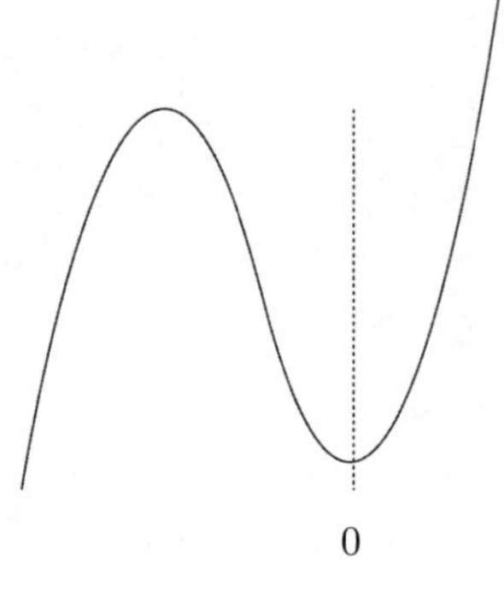

② i) $a = -n$ $(n > 0)$ 일 때 $g(x)$ 를 그려보면

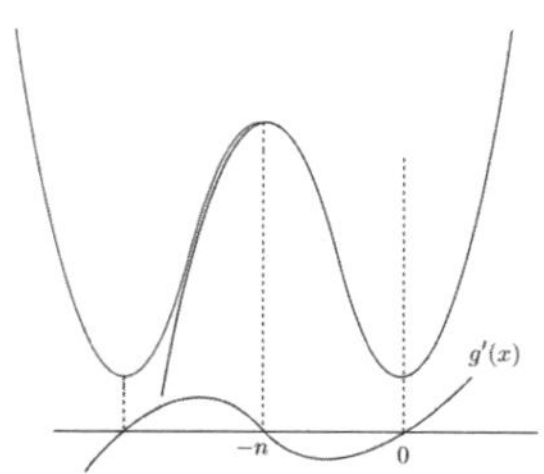

③

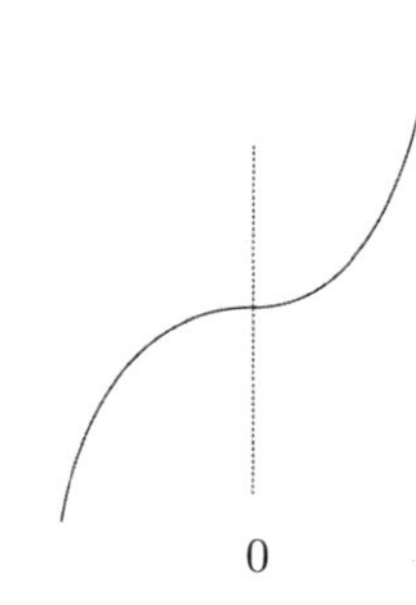

$a = 0$ 일 때 $g(x)$ 를 그려보면

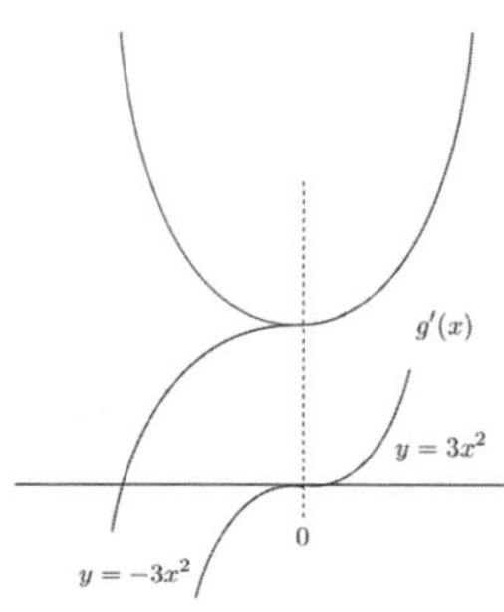

① i), ② i) **case**는 $g'(x)$ 가 일대일 대응이 되지 않아서
$g'(x)$ 의 역함수가 존재하지 않는다.

원함수가 증가함수일 때 원함수와 역함수가 만나는 점은
반드시 $y = x$ 직선 위에 있다.
$g'(3) = h(3)$ 이므로 $g'(3) = h(3) = 3$

③ **case**는 역함수는 존재하지만 $(3, 3)$ 을 지나지 않아
$(3 \times 3^2 \neq 3)$ (나) 조건을 만족하지 않는다.

①에서 ① ii) $a = m$ $(m > 0)$ 일 때 $g(x)$ 를 그려보면

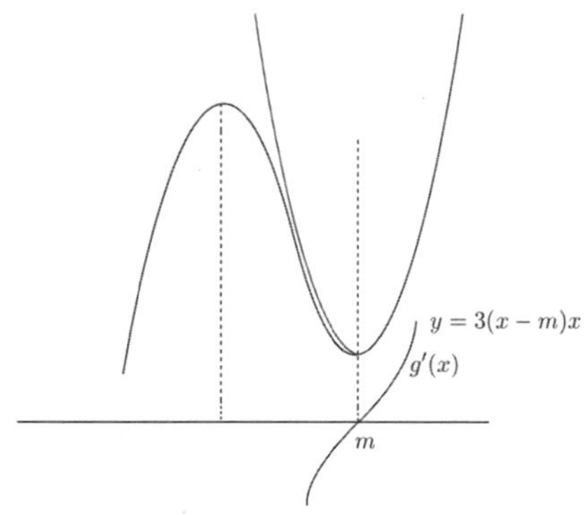

$y = 3(x-m)x$ 와 $y = x$ 가 만나는 점의

좌표가 $(3,3)$ 이므로 $3(3-m)3 = 3$

$\therefore m = \dfrac{8}{3}$

②에서 ② ⅱ) $a = 0$ 일 때 $g(x)$ 를 그려보면

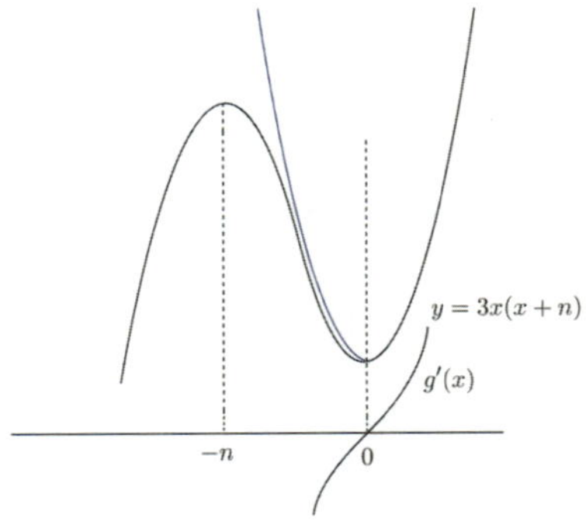

$y = 3x(x+n)$ 와 $y = x$ 가 만나는 점의

좌표가 $(3,3)$ 이므로 $3 \times 3(3+n) = 3$

$\therefore n = -\dfrac{8}{3}$

그런데 $n > 0$ 라고 가정했기 때문에 모순이다.

결국 조건을 모두 만족하는 것은 ① ⅱ) $a = m$ $(m > 0)$

$m = \dfrac{8}{3}$ 이기 때문에

$f'(x) = 3(x - \dfrac{8}{3})x = 3x^2 - 8x$

$f(x) = x^3 - 4x^2 + C$

$27 \displaystyle\int_{\frac{4}{3}}^{\frac{8}{3}} \{f'(x) - g'(x)\}\,dx$ 만 구하면 된다.

물론 $f'(x)$ 찾고 $g'(x)$ 을 찾아서 적분해도 되지만
box테크닉과 극값차 공식을 이용하여 구해보자.

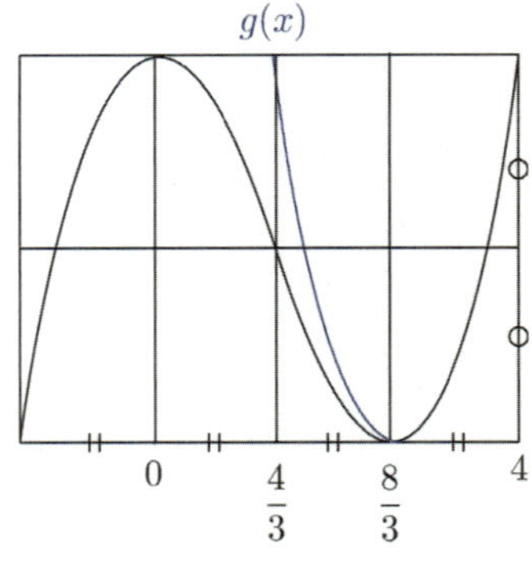

$g\left(\dfrac{8}{3}\right) = f\left(\dfrac{8}{3}\right) \Rightarrow 27 \displaystyle\int_{\frac{4}{3}}^{\frac{8}{3}} \{f'(x) - g'(x)\}\,dx$

$$= 27 \left(g\left(\dfrac{4}{3}\right) - f\left(\dfrac{4}{3}\right)\right)$$

$g\left(\dfrac{4}{3}\right) - f\left(\dfrac{4}{3}\right)$ 은 극값차의 $\dfrac{1}{2}$ 과 같다.

$\dfrac{1}{2} \times \dfrac{|1|}{2} \left(\dfrac{8}{3} - 0\right)^3 = \dfrac{128}{27}$

따라서 $27 \displaystyle\int_{\frac{4}{3}}^{\frac{8}{3}} \{f'(x) - g'(x)\}\,dx = 128$ 이다.

답 128

155

최고차항의 계수가 없으니까 음수도 고려해야 한다.

$\displaystyle\lim_{x \to a} \dfrac{f(x)}{x-a} = 0$ 에서 $f(a) = 0$, $f'(a) = 0$

결국 집합 A 는 $A = \{ a \mid f(a) = f'(a) = 0 \}$

집합 B 에서 $\displaystyle\int_1^a f'(x)\,dx = f(a) - f(1)$ 이니까

$B = \{ -a \mid f(a) = f(1) \}$

여기서 중요하다.
집합 B 는 반드시 $a = 1$ 일 때를 포함해야 하므로
집합 B 의 원소에는 반드시 -1 이 있어야 한다.
$B = \{-1, \ldots \}$

근데 문제에서 $A = B$ 라고 했으니까 집합 A 의 원소에도
반드시 -1 이 있어야 한다.
따라서 $f(x)$ 는 $f'(-1) = f(-1) = 0$ 를 만족해야 한다.

(가) 조건에서 $|f(x) + f(-1)| \Rightarrow |f(x)|$

(가) 조건에서 $x = m$ 과 $x = n$ 에서만 극솟값을 갖는다고
했으니까 (단, $m \neq n$) 함수 $|f(x)|$ 의 극솟값이 2 개가
나오도록 해야 한다.

조건들을 살펴봤으니 이제 개형추론해 보자.

최고차항의 계수가 양수일 때

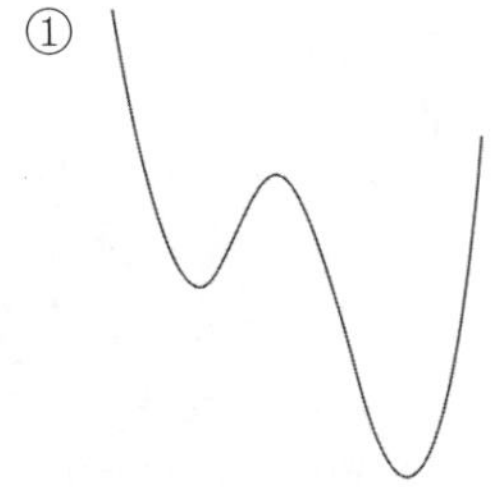

이 개형에서 $f'(a) = f(a) = 0$ 을 만족시킬 수 있는 a는
오직 1 개뿐이다. $f'(a) = 0$ 만 만족하는 것이 아니라
$f(a) = 0$ 도 만족해야 하기 때문이다.
따라서 이 개형에서는 $n(A) = 1$ 일 수밖에 없다.
집합 A는 반드시 -1 이라는 원소를 가지고 있어야 하니까
$A = \{-1\}$

이 문제의 **Key point**는 $n(A) = n(B)$ 이다.
$A = B$ 를 만족하려면 기본적으로 원소의 개수가 서로 같아야
한다. 결국 $n(B) = 1$ 이어야 한다.

즉, 방정식 $f(a) = f(1)$ 의 실근이 오직 1 개가 나와야 한다는
의미이다. 저 개형에서 실근이 오직 1 개가 나오려면 아래의
그림처럼 되어야 한다.

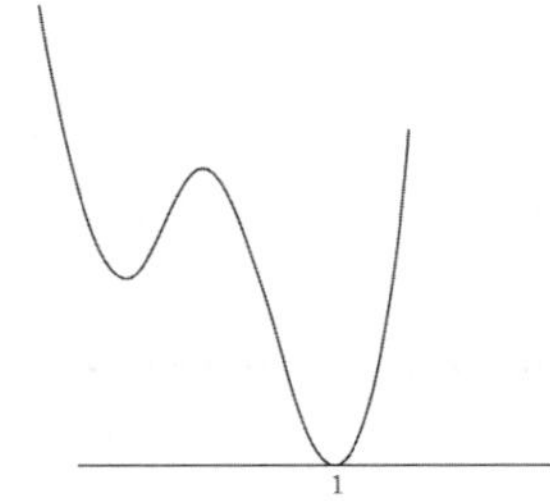

따라서 1 의 위치가 결정된다.
이제 1 의 위치는 정해졌으니 $f'(-1) = f(-1) = 0$ 를
만족하는 -1 의 위치에 따라 case분류하면서
조건을 만족하는지 따져 보자.

① ⅰ) (가) 조건 만족 X   ① ⅱ) (가) 조건 만족 X

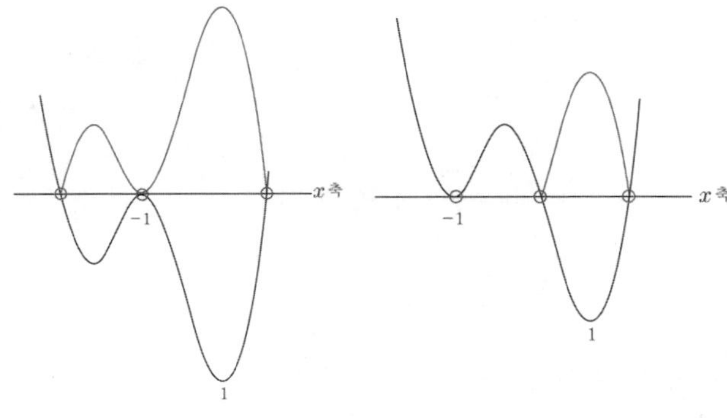

② 오른쪽 개형에서는 -1 이
  1 보다 클 수 없으니까
  모순이다.

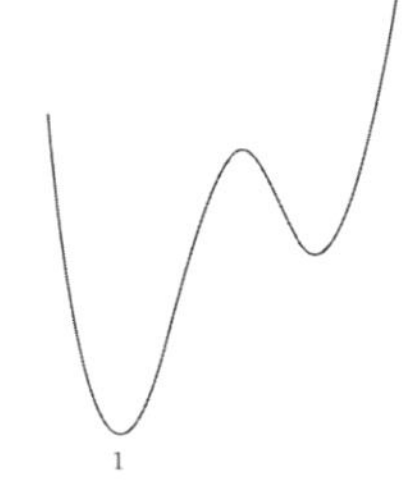

③ ⅰ) $x = -1$ 에 대칭된 개형에서는 $n(A) = 1$ 이니까
  $n(B) = 1$ 이어야 하는데 방정식의 실근이 1 개가
  나올 수 없어 모순이다.

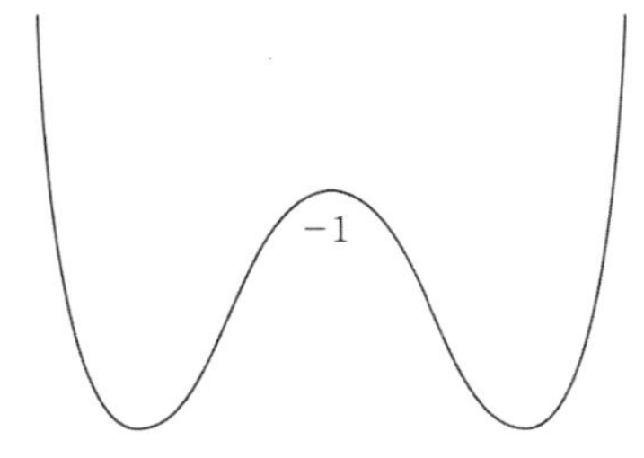

③ ⅱ) (가) 조건 만족   ③ ⅲ) (가) 조건 만족

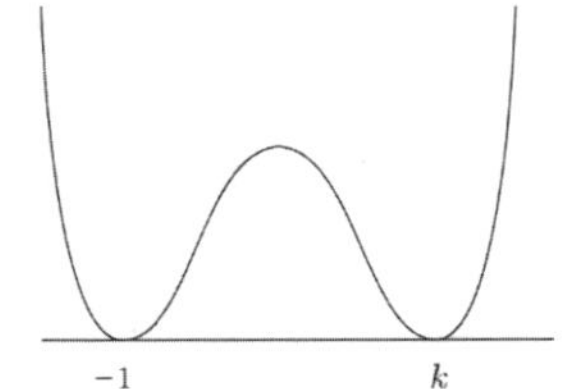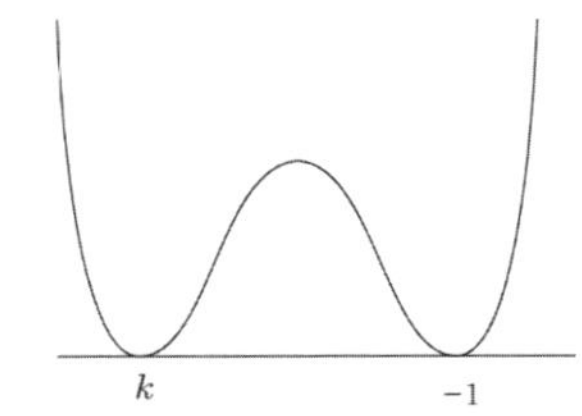

③ ⅱ), ⅲ) 와 같은 개형에서는 $n(A) = 2$ 이니까 $n(B) = 2$
이어야 한다.

$n(B) = 2$ 가 나올 때는 극솟값 2 개와 접할 때
밖에 될 수 없다.

집합 A를 구하면 $A = \{-1, \ k\}$ 이고 집합 B를 구하면
$B = \{1, \ -k\}$
(B집합을 구할 때 조심해야 한다. $B = \{-a \mid \ \}$ 이니까
-1을 곱해서 원소를 구해야 한다.)

$A = B$ 가 되려면 $k = 1$ 이니까 ③ ⅱ) 이 조건을 만족하는
개형이 된다.

$f(x) = p(x-1)^2(x+1)^2$ 이고 $f(0) = 5$ 를 만족해야 하기
때문에 $p = 5$

④ 아래 개형에서는 $n(A) = n(B) = 1$ 이 될 수밖에 없다.
따라서 -1 이 1 보다 클 수 없으니까 될 수 없다.

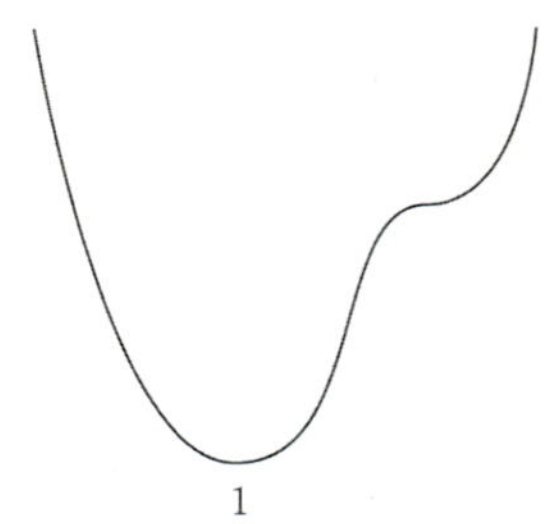

⑤ (가) 조건 만족

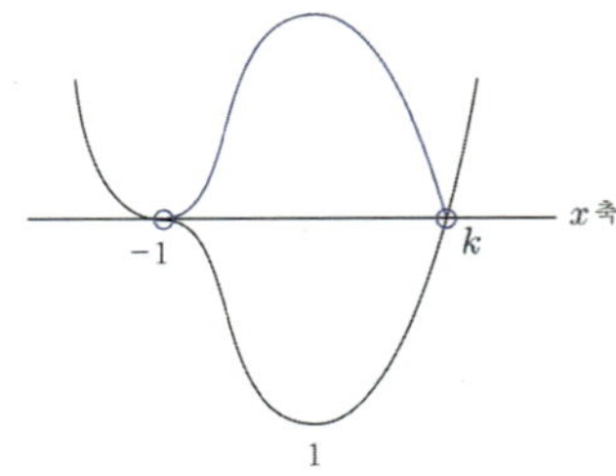

$$f(x) = p(x+1)^3(x-k), \quad f'(1) = 0$$
$$\therefore k = \frac{5}{3}$$

$f(x) = p(x+1)^3\left(x - \frac{5}{3}\right)$ 이고 $f(0) = 5$ 를 만족해야 하기

때문에 $p = -3$ 가 나와야 하는데 p 가 양수이니까
이 그래프 개형은 가능하지 않다.

⑥ 이 개형에서는 $n(A) = n(B) = 1$ 이 될 수밖에 없다.
1이 결정돼서 -1 이 갈 곳이 없다.
따라서 조건을 만족할 수 없다.

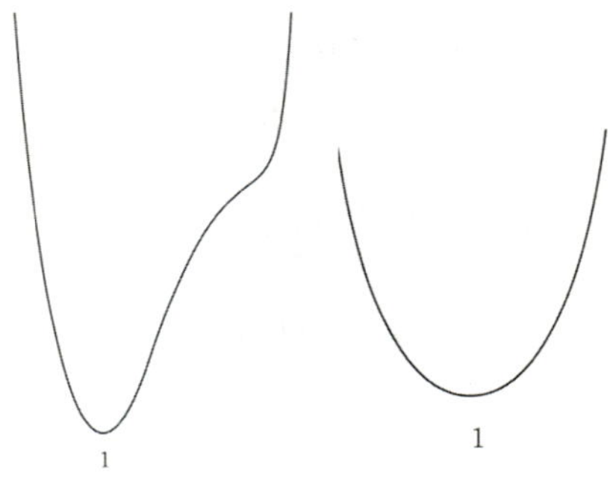

마찬가지로 해보면 최고차항의 계수가 음수일 때
$A = B$ 와 (가) 조건을 만족하는 개형은 2가지이다.

⑦ 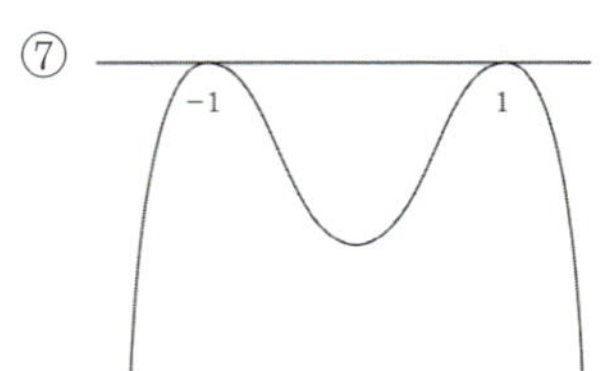

$f(x) = p(x-1)^2(x+1)^2$ 이고 $f(0) = 5$ 를 만족해야 하기
때문에 $p = 5$ 가 나와야 하는데 p 가 음수이니까
이 그래프 개형은 가능하지 않다.

⑧ 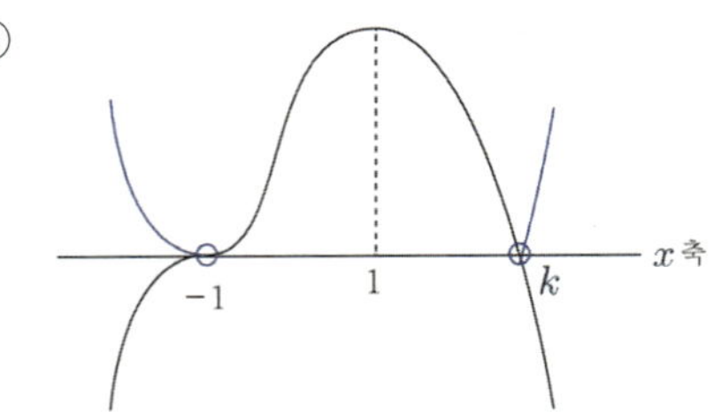

case ⑤에 했던 식을 그대로 활용하면

$$f(x) = p(x+1)^3\left(x - \frac{5}{3}\right)$$ 이고 $f(0) = 5$ 를 만족해야 하기

때문에 $p = -3$

모든 조건을 만족하는 $f(x)$ 는 총 2 개다.
$$f(x) = -3(x+1)^3\left(x - \frac{5}{3}\right) \Rightarrow f(2) = -27$$
$$f(x) = 5(x-1)^2(x+1)^2 \Rightarrow f(2) = 45$$

따라서 서로 다른 모든 $f(2)$ 의 값의 합은 18 이다.

답 18

156

삼차함수 $f(x)$, 상수 $k(k \geq 0)$

$$g(x) = \begin{cases} 2x - k & (x \leq k) \\ f(x) & (x > k) \end{cases}$$

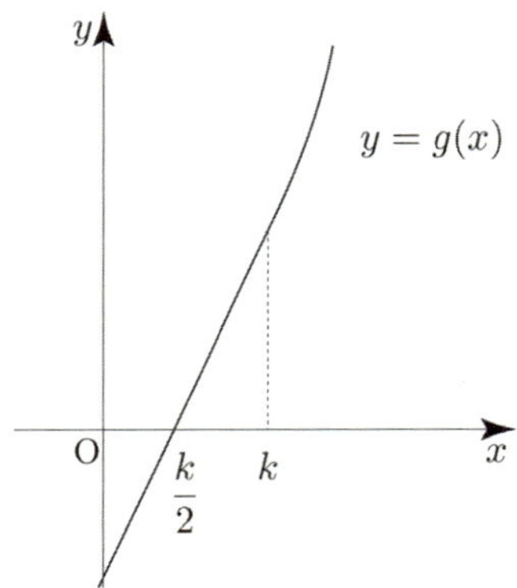

(가) 조건에 의해 $g(x)$ 는 증가함수이므로
$x = \dfrac{k}{2}$ 의 좌우에서 부호가 $- +$ 로 바뀐다.

(나) 조건에서 모든 실수 x 에 대하여

$$\int_0^x g(t)\{|t(t-1)|+t(t-1)\}dt \geq 0$$

$h(x) = \int_0^x g(t)\{|t(t-1)|+t(t-1)\}dt$ 라 하면

$h'(x) = g(x)\{|x(x-1)|+x(x-1)\}$, $h(0)=0$

$h'(x)$ 의 부호변화를 쉽게 판단하기 위해서

$g(x)=2x-k$ 라 두고 해석해도 일반성을 잃지 않으므로

$h'(x) = (2x-k)\{|x(x-1)|+x(x-1)\}$ 라 하면

$$h'(x) = \begin{cases} 0 & (0 < x < 1) \\ 4x(x-1)\left(x-\dfrac{k}{2}\right) & (x \leq 0 \text{ or } x \geq 1) \end{cases}$$

이고, $h(0)=0$

k 의 범위에 따라 case분류하면

① $2 < k$

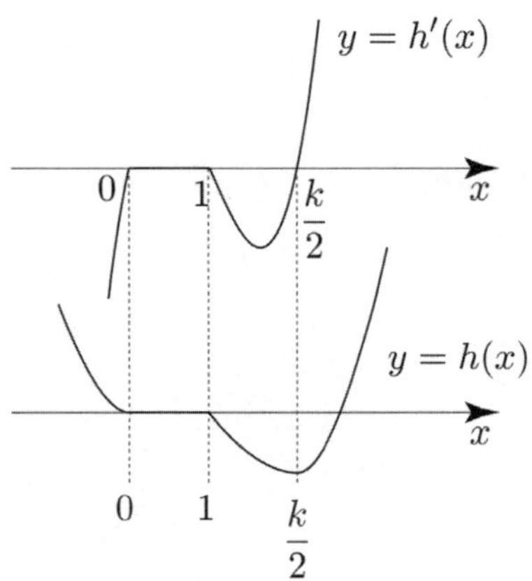

$h(x) \geq 0$ 을 만족시키지 않는다.

② $0 \leq k \leq 2$

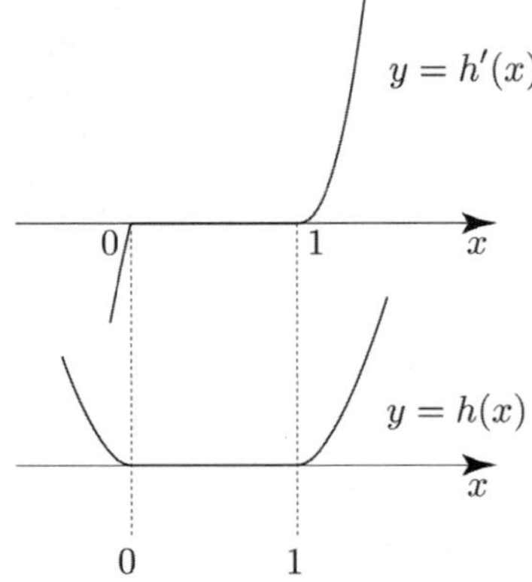

$h(x) \geq 0$ 을 만족시킨다.

$\therefore\ 0 \leq k \leq 2$

(나) 조건에서 모든 실수 x 에 대하여

$$\int_3^x g(t)\{|(t-1)(t+2)|-(t-1)(t+2)\}dt \geq 0$$

$J(x) = \int_3^x g(t)\{|(t-1)(t+2)|-(t-1)(t+2)\}dt$ 라 하면

$J'(x) = g(x)\{|(x-1)(x+2)|-(x-1)(x+2)\}$, $J(3)=0$

$J'(x)$ 의 부호변화를 쉽게 판단하기 위해서

$g(x)=2x-k$ 라 두고 해석해도 일반성을 잃지 않으므로

$J'(x) = (2x-k)\{|(x-1)(x+2)|-(x-1)(x+2)\}$ 라 하면

$$J'(x) = \begin{cases} -4(x-1)(x+2)\left(x-\dfrac{k}{2}\right) & (-2 < x < 1) \\ 0 & (x \leq -2 \text{ or } x \geq 1) \end{cases}$$

이고, $J(3)=0$

$0 \leq k \leq 2$ 에 의해 k 의 범위에 따라 case분류하면

❶ $k=2$

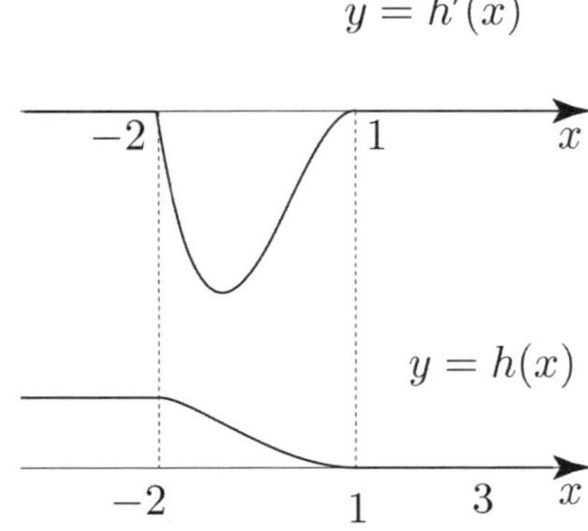

$h(x) \geq 0$ 을 만족시킨다.

❷ $0 \leq k < 2$

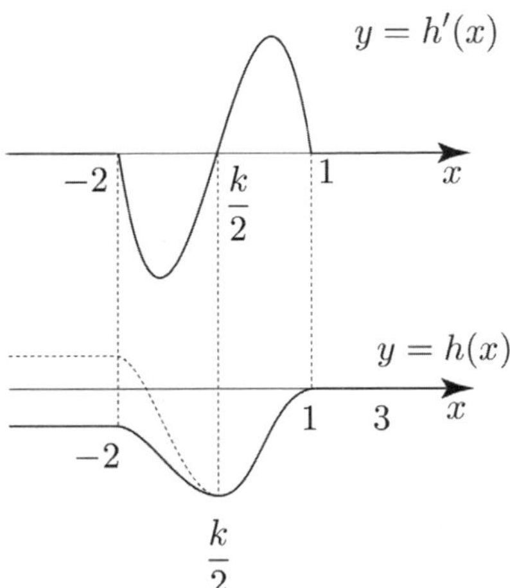

$h(x) \geq 0$ 을 만족시키지 않는다.

①, ②, ❶, ❷에 의해서 $k=2$

(가) 조건에서 함수 $g(x)$는 실수 전체의 집합에서
미분가능하므로 $x=k=2$에서도 미분가능하고 연속이다.

$$g'(x)=\begin{cases} 2 & (x\le 2) \\ f'(x) & (x>2) \end{cases}$$

$$f(x)=x^3+ax^2+bx+c$$

$g'(2)=f'(2)=2$에서
$12+4a+b=2 \Rightarrow b=-4a-10$

$$g(x)=\begin{cases} 2x-2 & (x\le 2) \\ f(x) & (x>2) \end{cases}$$

$g(2)=f(2)=2$에서
$8+4a+2b+c=2$
$\Rightarrow c=-4a-2b-6=-4a-2(-4a-10)-6=4a+14$

$$\therefore\ f(x)=x^3+ax^2-(4a+10)x+4a+14$$

함수 $g(x)$는 실수 전체의 집합에서 미분가능하고
증가하므로 $x\ge 2$에서 $f'(x)\ge 0$이어야 한다.

$$f'(x)=3x^2+2ax-(4a+10)$$

$6x+2a=0 \Rightarrow x=-\dfrac{a}{3}$

$-\dfrac{a}{3}$와 2의 대소관계에 따라 case분류하면

ⅰ) $2\le -\dfrac{a}{3} \Rightarrow a\le -6$

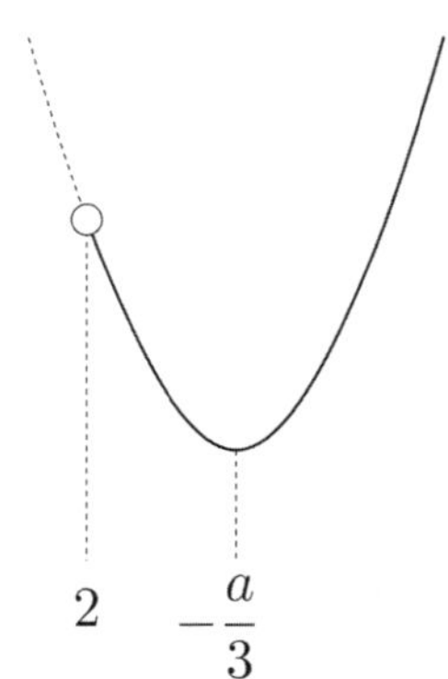

$$f'\left(-\frac{a}{3}\right)\ge 0 \Rightarrow (-4a-10)-\frac{a^2}{3}\ge 0$$

$\Rightarrow a^2+12a+30\le 0$

$\Rightarrow -6-\sqrt{6}\le a\le -6$

ⅱ) $2>-\dfrac{a}{3} \Rightarrow -6<a$

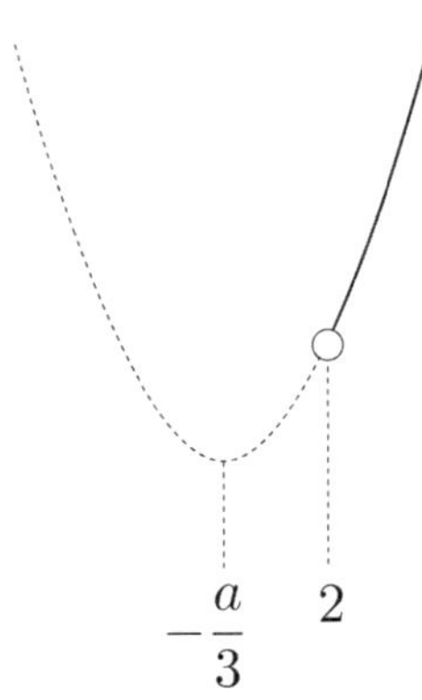

$f'(2)=2>0$이므로 조건을 만족한다.

ⅰ), ⅱ)에 의해 $a\ge -6-\sqrt{6}$

$$g(x)=\begin{cases} 2x-2 & (x\le 2) \\ f(x) & (x>2) \end{cases}$$

$k=2$를 대입하면
$g(k+1)=g(3)=f(3)=a+11\ge 5-\sqrt{6}$

따라서 $g(3)$의 최솟값은 $5-\sqrt{6}$이다.

답 ②

1	(1) 15 (2) $\dfrac{32}{3}$
2	(1) 1 (2) $\dfrac{5}{2}$
3	$\dfrac{9}{2}$
4	2
5	(1) 원점 (2) -2 (3) 6

개념 확인문제 1

(1) $f(x) = 4x^3$ 라 하면 닫힌구간 $[1,\ 2]$에서 $f(x) > 0$이므로 구하는 넓이 S는

$$S = \int_1^2 4x^3 dx = \left[x^4\right]_1^2 = 16 - 1 = 15$$

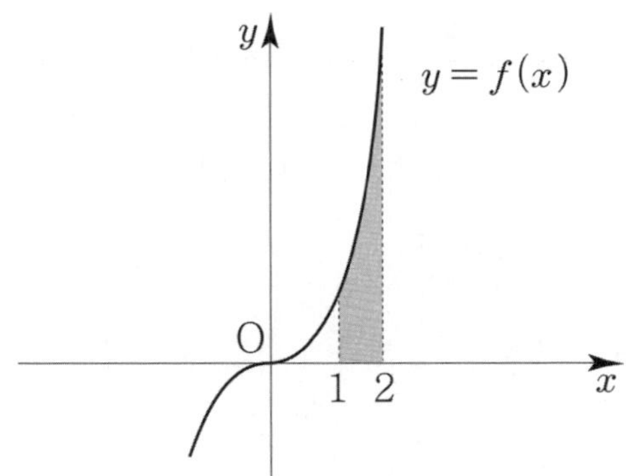

(2) $f(x) = -x^2 + 4$라 하면 곡선 $y = f(x)$와 x축의 교점의 x좌표는 $x = -2,\ x = 2$

닫힌구간 $[-2,\ 2]$에서 $f(x) \geq 0$이므로 구하는 넓이 S는

$$S = \int_{-2}^2 (-x^2 + 4)dx = 2\int_0^2 (-x^2 + 4)dx$$

$$= 2\left[-\frac{1}{3}x^3 + 4x\right]_0^2 = \frac{32}{3}$$

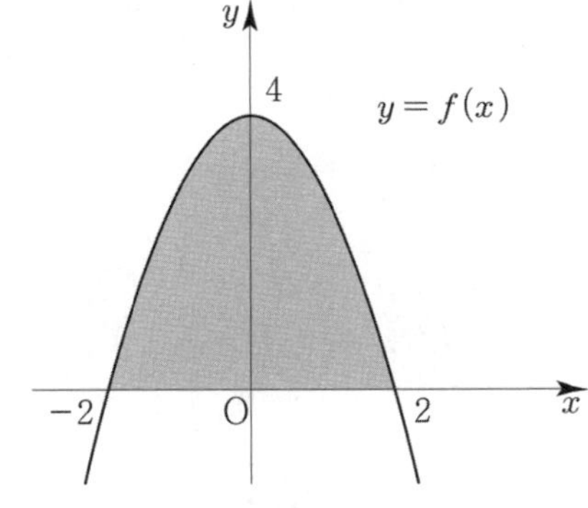

답 (1) 15 (2) $\dfrac{32}{3}$

개념 확인문제 2

(1) $f(x) = -x^2 + 3x - 2 = -(x-2)(x-1)$ 라 하면
곡선 $y = f(x)$와 x축의 교점의 x좌표는
$x = 1,\ x = 2$
닫힌구간 $[0,\ 1]$에서 $f(x) \leq 0$,
닫힌구간 $[1,\ 2]$에서 $f(x) \geq 0$이므로
구하는 넓이 S는

$$S = \int_0^1 (x^2 - 3x + 2)dx + \int_1^2 (-x^2 + 3x - 2)dx$$

$$= \left[\frac{1}{3}x^3 - \frac{3}{2}x^2 + 2x\right]_0^1 + \left[-\frac{1}{3}x^3 + \frac{3}{2}x^2 - 2x\right]_1^2 = 1$$

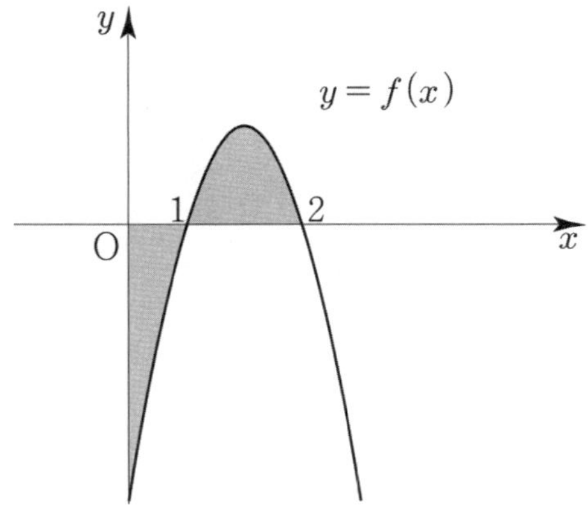

(2) $f(x) = x^3 - x = x(x-1)(x+1)$ 라 하면
곡선 $y = f(x)$와 x축의 교점의 x좌표는
$x = -1,\ x = 0,\ x = 1$
닫힌구간 $[0,\ 1]$에서 $f(x) \leq 0$,
닫힌구간 $[1,\ 2]$에서 $f(x) \geq 0$이므로
구하는 넓이 S는

$$S = \int_0^1 (-x^3 + x)dx + \int_1^2 (x^3 - x)dx$$

$$= \left[-\frac{1}{4}x^4 + \frac{1}{2}x^2\right]_0^1 + \left[\frac{1}{4}x^4 - \frac{1}{2}x^2\right]_1^2$$

$$= \frac{5}{2}$$

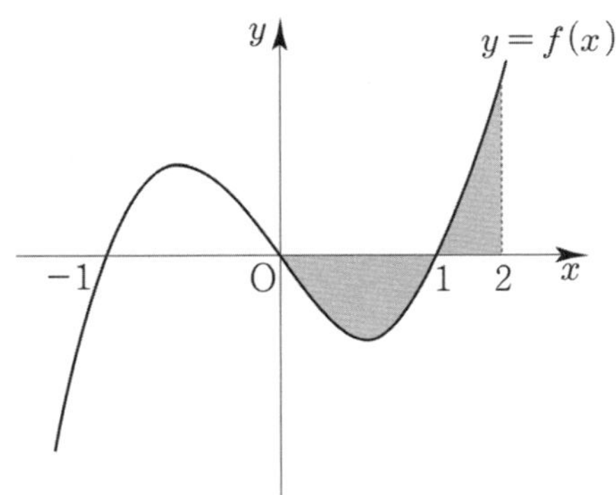

답 (1) 1 (2) $\dfrac{5}{2}$

$-x^2+2=x \implies x^2+x-2=(x+2)(x-1)=0$
두 곡선의 교점의 x좌표는 $x=-2,\ x=1$
닫힌구간 $[-2,\ 1]$에서 $x \le -x^2+2$이므로 구하는
넓이 S는

$$S=\int_{-2}^{1}\{(-x^2+2)-x\}dx=\int_{-2}^{1}(-x^2-x+2)dx$$

$$=\left[-\frac{1}{3}x^3-\frac{1}{2}x^2+2x\right]_{-2}^{1}=\frac{27}{6}=\frac{9}{2}$$

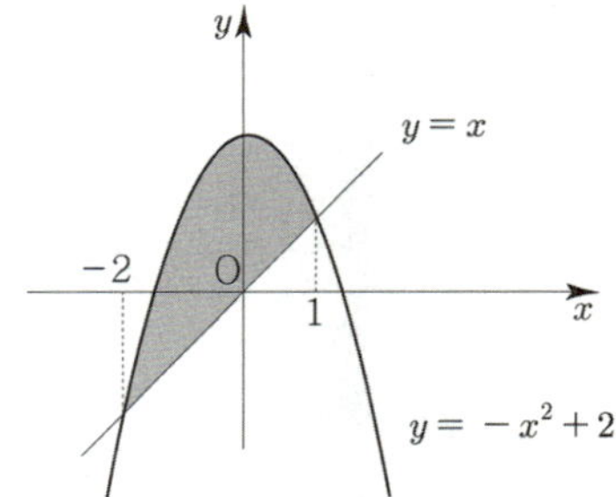

답 $\dfrac{9}{2}$

$-x^2=x^2-2x \implies 2x^2-2x=2x(x-1)=0$
두 곡선의 교점의 x좌표는 $x=0,\ x=1$
닫힌구간 $[-1,\ 0]$에서 $-x^2 \le x^2-2x$,
닫힌구간 $[0,\ 1]$에서 $-x^2 \ge x^2-2x$이므로
구하는 넓이 S는

$$S=\int_{-1}^{0}\{(x^2-2x)-(-x^2)\}dx+\int_{0}^{1}\{(-x^2)-(x^2-2x)\}dx$$

$$=\int_{-1}^{0}(2x^2-2x)dx+\int_{0}^{1}(-2x^2+2x)dx$$

$$=\left[\frac{2}{3}x^3-x^2\right]_{-1}^{0}+\left[-\frac{2}{3}x^3+x^2\right]_{0}^{1}$$

$$=2$$

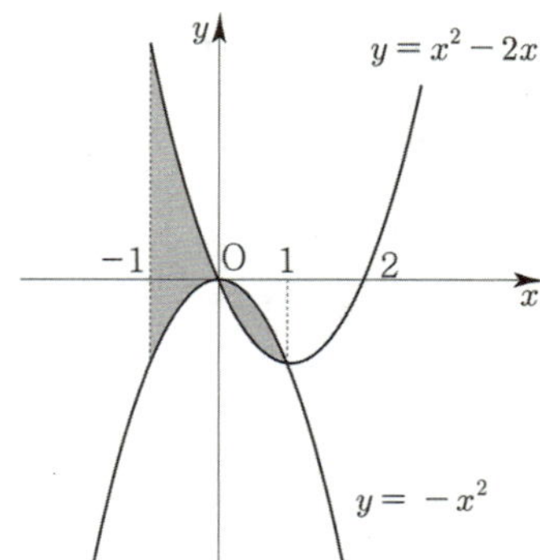

답 2

원점에서 출발, $v(t)=6t-3t^2$

풀이 1) $v(t)$를 활용하는 방법

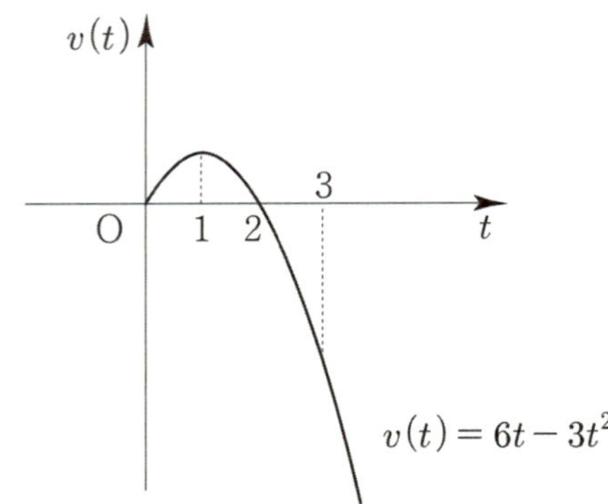

(1) $0+\displaystyle\int_{0}^{3}(6t-3t^2)dt=\left[3t^2-t^3\right]_{0}^{3}=0$

(2) $\displaystyle\int_{1}^{3}(6t-3t^2)dt=\left[3t^2-t^3\right]_{1}^{3}=-2$

(3) $\displaystyle\int_{1}^{3}|6t-3t^2|dt=\int_{1}^{2}(6t-3t^2)dt+\int_{2}^{3}(-6t+3t^2)dt$

$$=\left[3t^2-t^3\right]_{1}^{2}+\left[-3t^2+t^3\right]_{2}^{3}$$

$$=6$$

풀이 2) $x(t)$를 활용하는 방법

$x(t)=3t^2-t^3+C$
원점에서 출발하므로 $x(0)=0 \implies C=0$
$x(t)=3t^2-t^3=-t^2(t-3)$

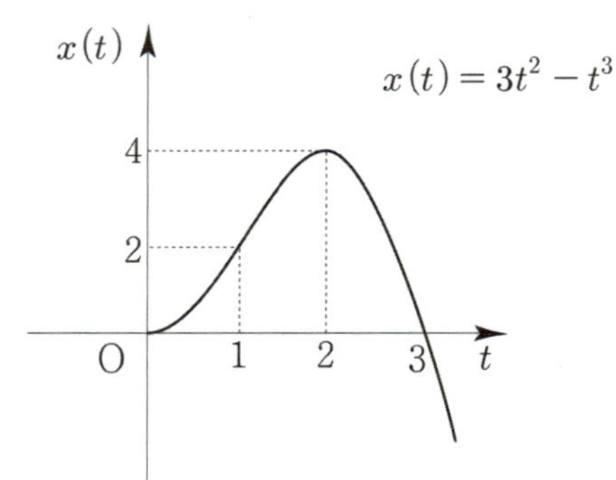

(1) $x(3)=0$
(2) $x(3)-x(1)=0-2=-2$
(3) $\{x(2)-x(1)\}+\{x(2)-x(3)\}=(4-2)+(4-0)$

$$=6$$

답 (1) 원점 (2) -2 (3) 6

1	37	**20**	6
2	8	**21**	3
3	2	**22**	1
4	120	**23**	4
5	7	**24**	27
6	22	**25**	2
7	13	**26**	81
8	40	**27**	4
9	160	**28**	10
10	27	**29**	57
11	9	**30**	31
12	8	**31**	10
13	4	**32**	45
14	43	**33**	41
15	36	**34**	15
16	20	**35**	5
17	49	**36**	ㄱ, ㄷ, ㄹ, ㅁ
18	9	**37**	⑤
19	142		

001

$$f(x) = 12x^3 - 12x^2 - 24x = 12x(x-2)(x+1)$$

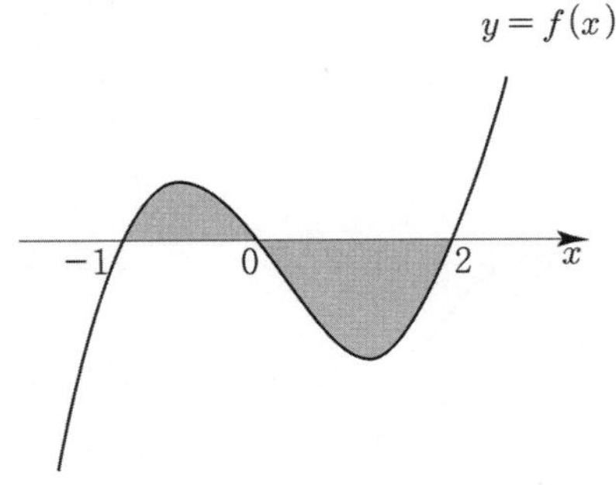

둘러싸인 부분의 넓이를 S 라 하면

$$S = \int_{-1}^{0} f(x)dx + \int_{0}^{2} -f(x)dx$$

$$= \int_{-1}^{0} (12x^3 - 12x^2 - 24x)dx$$

$$\quad + \int_{0}^{2} (-12x^3 + 12x^2 + 24x)dx$$

$$= \left[3x^4 - 4x^3 - 12x^2\right]_{-1}^{0} + \left[-3x^4 + 4x^3 + 12x^2\right]_{0}^{2}$$

$$= 37$$

답 37

002

$$f'(x) = 3x^2 - 4$$
$$f(x) = x^3 - 4x + C$$
$$f(0) = 0 \Rightarrow C = 0$$

$$f(x) = x^3 - 4x = x(x-2)(x+2)$$

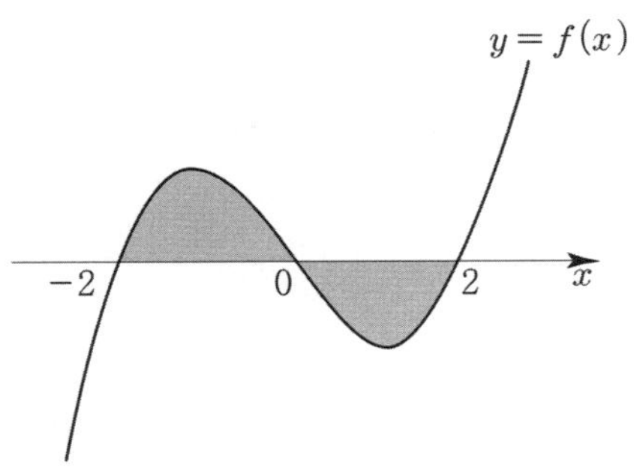

둘러싸인 부분의 넓이를 S 라 하면
$f(x)$ 는 원점에 대하여 점대칭이므로

$$S = \int_{-2}^{0} f(x)dx + \int_{0}^{2} -f(x)dx = 2\int_{-2}^{0} f(x)dx$$

$$= 2\int_{-2}^{0} (x^3 - 4x)dx = 2\left[\frac{1}{4}x^4 - 2x^2\right]_{-2}^{0}$$

$$= 8$$

답 8

003

$$f(x) = 8x^3$$

둘러싸인 부분의 넓이를 S 라 하면

$$S = \int_{-1}^{0} -f(x)dx + \int_{0}^{a} f(x)dx$$

$$= \int_{-1}^{0} -8x^3 dx + \int_{0}^{a} 8x^3 dx = \left[-2x^4\right]_{-1}^{0} + \left[2x^4\right]_{0}^{a}$$

$$= 2 + 2a^4 = 34 \implies a = 2 \;(\because a > 0)$$

답   2

004

$$f(x) = n(x-2)^2(x-3)$$

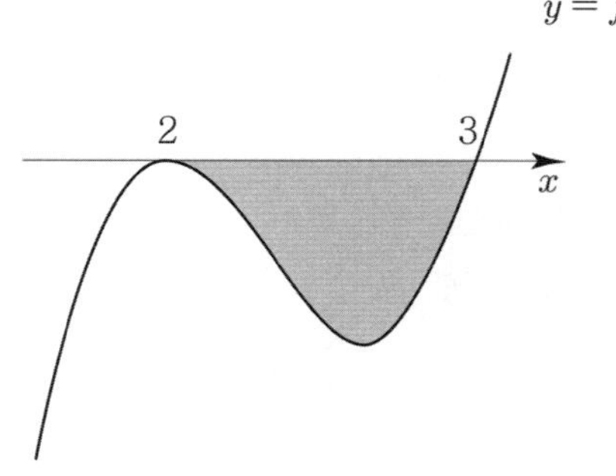

둘러싸인 부분의 넓이를 S 라 하면

$$S = \int_{2}^{3} -f(x)dx = \int_{2}^{3} -n(x-2)^2(x-3)dx$$

$$= -n \int_{2}^{3} (x^3 - 7x^2 + 16x - 12)dx$$

$$= -n\left[\frac{1}{4}x^4 - \frac{7}{3}x^3 + 8x^2 - 12x\right]_{2}^{3}$$

$$= \frac{n}{12}$$

$\dfrac{n}{12}$ 이 자연수가 되려면 n 은 12 의 배수이어야 하므로
50 이하의 모든 자연수 n 의 값은 $n = 12,\ 24,\ 36,\ 48$ 이다.

따라서 조건을 만족시키는 모든 자연수 n 의 합은
$12 + 24 + 36 + 48 = 120$ 이다.

답   120

005

삼차함수 $f(x)$
(가) $f'(0) = f'(4) = 0$
(나) 곡선 $y = f'(x)$ 와 x 축으로 둘러싸인 부분의
  넓이는 6 이다.
$$f'(x) = kx(x-4)$$

$$\int_{0}^{4} -f'(x)dx = \int_{0}^{4} -kx(x-4)dx = 6$$

넓이 공식을 사용하면 $\dfrac{|k|}{6}(4-0)^3 = 6 \implies k = \dfrac{9}{16}$

$$f'(x) = \frac{9}{16}x^2 - \frac{9}{4}x$$

$$f(x) = \frac{3}{16}x^3 - \frac{9}{8}x^2 + C$$

$$f(0) = 10 \implies C = 10$$

$$f(x) = \frac{3}{16}x^3 - \frac{9}{8}x^2 + 10 \text{ 이므로 } f(2) = 7 \text{ 이다.}$$

답   7

좀 더 실전적으로 풀어보자.

(나) 조건에 의해서

$$\int_{0}^{4} -f'(x)dx = -f(4) + f(0) = f(0) - f(4) = 6$$

즉, 삼차함수 $f(x)$ 의 극값차가 6 이다.
($f'(x)$ 의 넓이는 $f(x)$ 의 함숫값의 차이와 같다.)

극값차 공식을 사용하면

$$\frac{|a|}{2}(4-0)^3 = 6 \implies a = \frac{3}{16} \;(\because a > 0)$$

$f'(0) = f'(4) = 0$, $f(0) = 10$ 이므로 box를 그리면

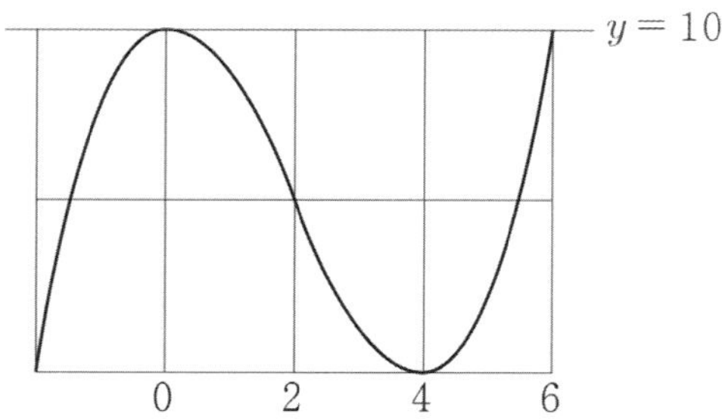

$$f(x) - 10 = \frac{3}{16}x^2(x-6)$$

따라서 $f(2) = -3 + 10 = 7$ 이다.

006

$f(x) = (x-1)|x-2|$

$$f(x) = \begin{cases} -(x-1)(x-2) & (x < 2) \\ (x-1)(x-2) & (x \geq 2) \end{cases}$$

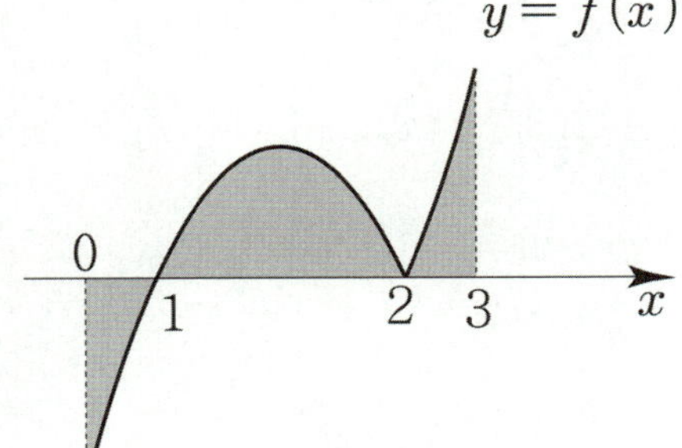

$$\int_0^1 -f(x)dx + \int_1^2 f(x)dx + \int_2^3 f(x)dx$$

대칭성에 의해서 $\displaystyle\int_0^1 -f(x)dx = \int_2^3 f(x)dx$ 이므로

$$\int_0^1 -f(x)dx + \int_1^2 f(x)dx + \int_2^3 f(x)dx$$

$$= \int_1^2 f(x)dx + 2\int_2^3 f(x)dx$$

$$= \int_1^2 -(x-1)(x-2)dx + 2\int_2^3 (x-1)(x-2)dx$$

$$= \frac{1}{6}(2-1)^3 + 2\left[\frac{1}{3}x^3 - \frac{3}{2}x^2 + 2x\right]_2^3$$

$$= \frac{1}{6} + \frac{10}{6} = \frac{11}{6} = k$$

따라서 $12k = 22$ 이다.

답 22

007

$$\int_{-4}^1 \{2f(x) + |f(x)| - 3\}dx$$

$$= 2\int_{-4}^1 f(x)dx + \int_{-4}^1 |f(x)|dx - \int_{-4}^1 3dx$$

$$= 2(A-B) + (A+B) - 15$$

$$= 2(10-2) + (10+2) - 15$$

$$= 16 + 12 - 15 = 13$$

답 13

008

$f(x) = x^2 - 2x + 4$

$x^2 - 2x + 4 = 4 \Rightarrow x = 0 \text{ or } x = 2$

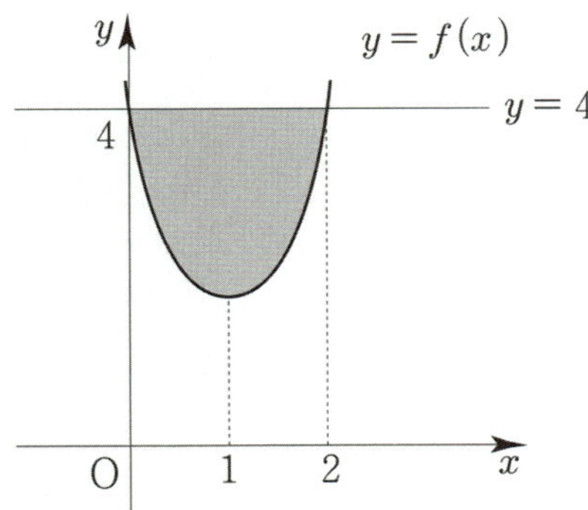

$$\int_0^2 \{4 - f(x)\}dx = \int_0^2 \{4 - (x^2 - 2x + 4)\}dx$$

$$= \int_0^2 (-x^2 + 2x)dx = \left[-\frac{1}{3}x^3 + x^2\right]_0^2 = \frac{4}{3} = k$$

따라서 $30k = 40$ 이다.

답 40

공식을 사용하면 $\dfrac{1}{6}(2-0)^3 = \dfrac{4}{3} = k$

009

$f(x) = -x^2 + 2$, $g(x) = -2x - 1$

$-x^2 + 2 = -2x - 1 \Rightarrow (x-3)(x+1) = 0$

$\Rightarrow x = -1 \text{ or } x = 3$

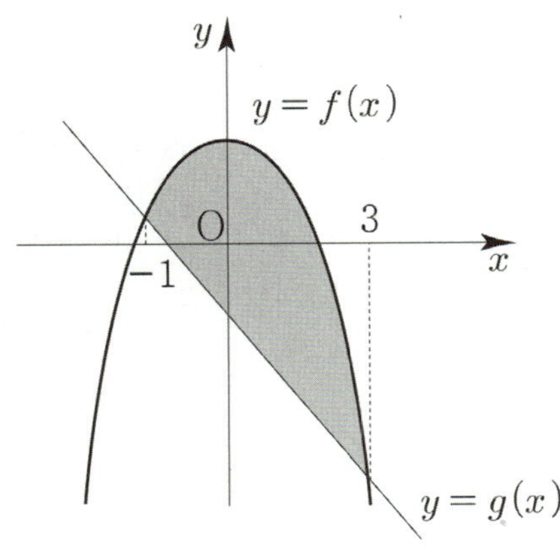

$$\int_{-1}^{3}\{f(x)-g(x)\}dx=\int_{-1}^{3}\{(-x^2+2)-(-2x-1)\}dx$$

$$=\int_{-1}^{3}(-x^2+2x+3)dx=\left[-\frac{1}{3}x^3+x^2+3x\right]_{-1}^{3}$$

$$=\frac{32}{3}=k$$

따라서 $15k=160$ 이다.

답 160

공식을 사용하면 $\dfrac{1}{6}\{3-(-1)\}^3=\dfrac{64}{6}=\dfrac{32}{3}=k$

010

$f(x)=x^3$
$f'(x)=3x^2$
$(-1,\ -1)$ 에서의 접선의 방정식은
$y=3(x+1)-1 \Rightarrow y=3x+2$
$g(x)=3x+2$
$x^3=3x+2 \Rightarrow x^3-3x-2=(x+1)^2(x-2)=0$
$\Rightarrow x=-1 \ \text{or} \ x=2$

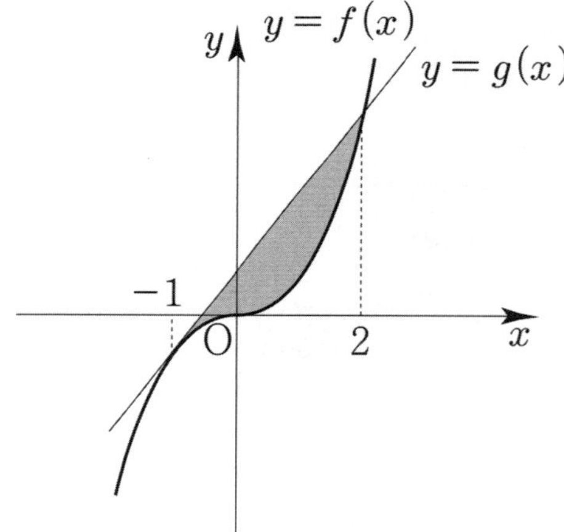

$$\int_{-1}^{2}\{g(x)-f(x)\}dx=\int_{-1}^{2}\{(3x+2)-x^3\}dx$$

$$=\int_{-1}^{2}(-x^3+3x+2)dx=\left[-\frac{1}{4}x^4+\frac{3}{2}x^2+2x\right]_{-1}^{2}$$

$$=\frac{27}{4}=k$$

따라서 $4k=27$ 이다.

답 27

011

$f(x)=\dfrac{1}{3}x^2-\dfrac{2}{3}x, \ g(x)=-|x-2|+2$

$$g(x)=\begin{cases} x & (x<2) \\ -x+4 & (x\ge 2) \end{cases}$$

$$\frac{1}{3}x^2-\frac{2}{3}x=-x+4 \Rightarrow (x+4)(x-3)=0$$

$$\Rightarrow x=3 \ (\because x>2)$$

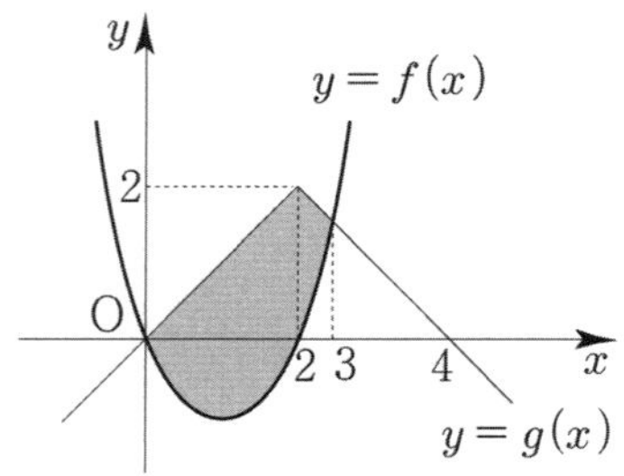

둘러싸인 부분의 넓이를 S 라 하면
$$S=\int_{0}^{2}\{g(x)-f(x)\}dx+\int_{2}^{3}\{g(x)-f(x)\}dx$$

$$=\int_{0}^{2}\left\{x-\left(\frac{1}{3}x^2-\frac{2}{3}x\right)\right\}dx$$

$$+\int_{2}^{3}\left\{(-x+4)-\left(\frac{1}{3}x^2-\frac{2}{3}x\right)\right\}dx$$

$$=\int_{0}^{2}\left(-\frac{1}{3}x^2+\frac{5}{3}x\right)dx+\int_{2}^{3}\left(-\frac{1}{3}x^2-\frac{1}{3}x+4\right)dx$$

$$=\left[-\frac{1}{9}x^3+\frac{5}{6}x^2\right]_{0}^{2}+\left[-\frac{1}{9}x^3-\frac{1}{6}x^2+4x\right]_{2}^{3}$$

$$=\frac{7}{2}=\frac{q}{p}$$

따라서 $p+q=9$ 이다.

답 9

012

$f(x)=|x^2-2x|, \ g(x)=2x$
$h(x)=-x^2+2x$ 라 하면
$h'(x)=-2x+2$
$h(0)=0, \ h'(0)=2$ 이므로 $(0,\ 0)$ 에서의 접선의 방정식은
$y=2x$ 이다.

$2x=x^2-2x \Rightarrow x(x-4)=0 \Rightarrow x=0 \ \text{or} \ x=4$

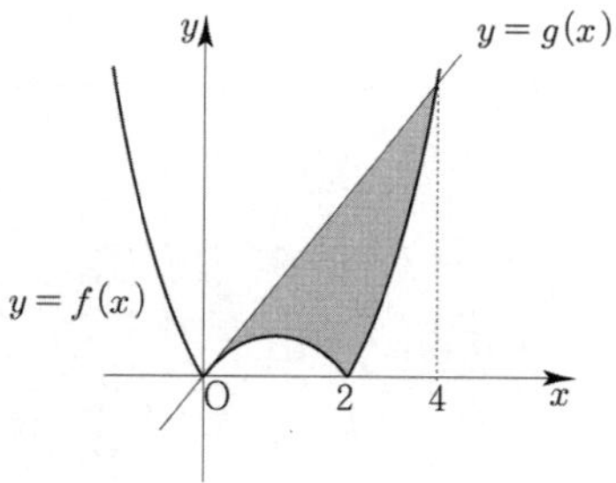

둘러싸인 부분의 넓이를 S 라 하면

$$S = \int_0^2 \{g(x) - f(x)\}dx + \int_2^4 \{g(x) - f(x)\}dx$$

$$= \int_0^2 \{2x - (-x^2 + 2x)\}dx + \int_2^4 \{2x - (x^2 - 2x)\}dx$$

$$= \int_0^2 x^2 dx + \int_2^4 (-x^2 + 4x)dx$$

$$= \left[\frac{1}{3}x^3\right]_0^2 + \left[-\frac{1}{3}x^3 + 2x^2\right]_2^4$$

$$= 8$$

답 8

013

$$x^n = x \Rightarrow x = 1 \ (x > 0)$$

$$S_n = \int_0^1 (x - x^n)dx = \left[\frac{1}{2}x^2 - \frac{1}{n+1}x^{n+1}\right]_0^1$$

$$= \frac{1}{2} - \frac{1}{n+1}$$

$$S_{m+1} = \frac{1}{2} - \frac{1}{m+2}$$

$$S_{m+3} = \frac{1}{2} - \frac{1}{m+4}$$

$$S_{m+7} = \frac{1}{2} - \frac{1}{m+8}$$

S_{m+1}, S_{m+3}, S_{m+7} 이 순서대로 등차수열을 이루므로
등차중항에 의해

$$2S_{m+3} = S_{m+1} + S_{m+7}$$

$$1 - \frac{2}{m+4} = \frac{1}{2} - \frac{1}{m+2} + \frac{1}{2} - \frac{1}{m+8}$$

$$-\frac{2}{m+4} = -\frac{1}{m+2} - \frac{1}{m+8}$$

$$\frac{2}{m+4} = \frac{1}{m+2} + \frac{1}{m+8}$$

$$\frac{1}{m+4} = \frac{m+5}{(m+2)(m+8)}$$

$$(m+4)(m+5) = (m+2)(m+8)$$

$$m^2 + 9m + 20 = m^2 + 10m + 16$$

따라서 $m = 4$ 이다.

답 4

014

$$f(x) = x^2 - 4x, \ g(x) = -x$$

$$x^2 - 4x = -x \Rightarrow x(x-3) = 0 \Rightarrow x = 0 \ \text{or} \ x = 3$$

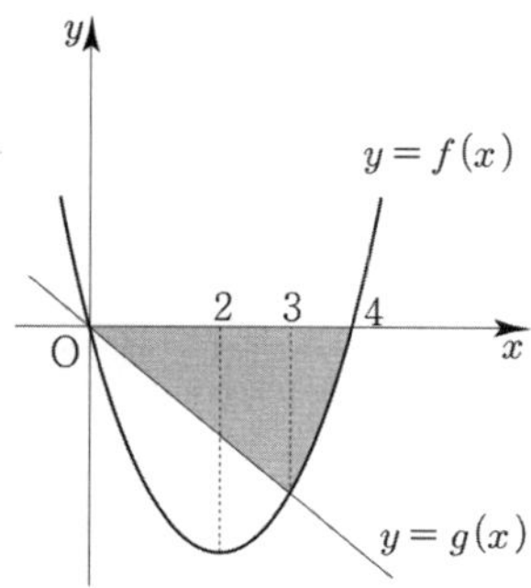

둘러싸인 부분의 넓이를 S 라 하면

$$S = \int_0^3 -g(x)dx + \int_3^4 -f(x)dx$$

$$= \int_0^3 x dx + \int_3^4 (-x^2 + 4x)dx$$

$$= \left[\frac{1}{2}x^2\right]_0^3 + \left[-\frac{1}{3}x^3 + 2x^2\right]_3^4$$

$$= \frac{37}{6} = \frac{q}{p}$$

따라서 $p + q = 43$ 이다.

답 43

015

식세우기 Technique에 의해

$$f(x) - g(x) = -2x(x-a)^2$$

$$\Rightarrow g(x) - f(x) = 2x(x-a)^2 = 2x^3 - 4ax^2 + 2a^2x$$

직선 $y = f(x)$ 와 직선 $y = g(x)$ 로 둘러싸인 부분의 넓이가
$\sqrt{a}$ 이므로

$$\int_0^a \{g(x)-f(x)\}\,dx = \int_0^a (2x^3-4ax^2+2a^2x)\,dx$$

$$= \left[\frac{1}{2}x^4 - \frac{4a}{3}x^3 + a^2x^2\right]_0^a$$

$$= \frac{1}{2}a^4 - \frac{4}{3}a^4 + a^4$$

$$= \frac{1}{6}a^4 = \sqrt{a}$$

$$\Rightarrow \frac{1}{6}a^4 = \sqrt{a} \Rightarrow a^{4-\frac{1}{2}} = 6 \Rightarrow a^{\frac{7}{2}} = 6$$

따라서 $a^7 = \left(a^{\frac{7}{2}}\right)^2 = 6^2 = 36$ 이다.

답   36

016

$f(x) = -x^2, \ g(x) = x^3+x^2$

$-x^2 = x^3+x^2 \Rightarrow x^2(x+2)=0 \Rightarrow x=0 \ \text{or} \ x=-2$

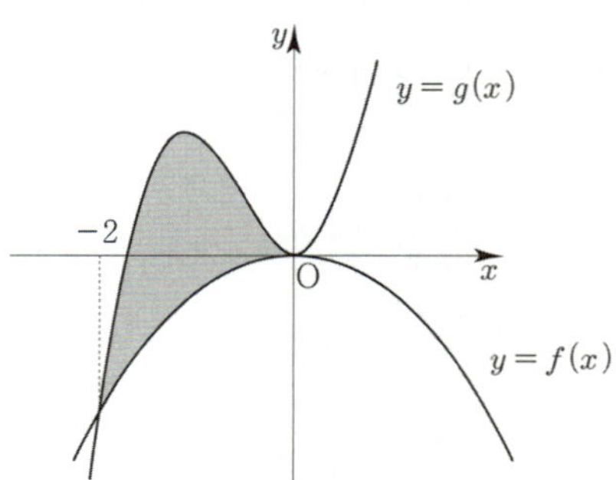

$$k = \int_{-2}^0 \{g(x)-f(x)\}\,dx$$

$$= \int_{-2}^0 \{(x^3+x^2)-(-x^2)\}\,dx$$

$$= \int_{-2}^0 (x^3+2x^2)\,dx = \left[\frac{1}{4}x^4 + \frac{2}{3}x^3\right]_{-2}^0$$

$$= \frac{4}{3}$$

따라서 $15k = 20$ 이다.

답   20

017

$f(x) = -x^3+x, \ g(x) = x^2-x$

$-x^3+x = x^2-x \Rightarrow x(x+2)(x-1)=0$

$\Rightarrow x=-2 \ \text{or} \ x=0 \ \text{or} \ x=1$

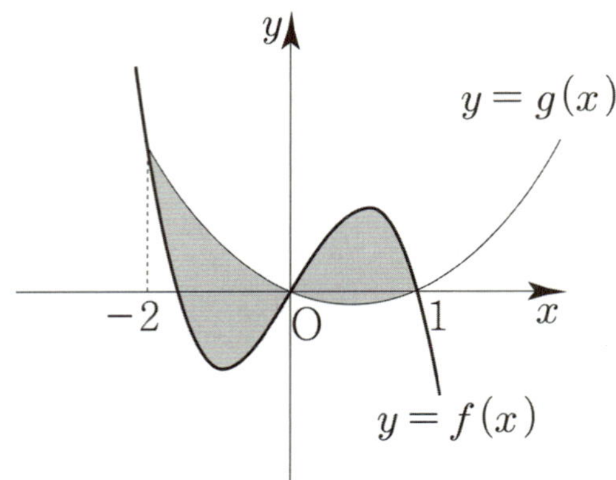

둘러싸인 부분의 넓이를 S 라 하면

$$S = \int_{-2}^0 \{g(x)-f(x)\}\,dx + \int_0^1 \{f(x)-g(x)\}\,dx$$

$$= \int_{-2}^0 \{(x^2-x)-(-x^3+x)\}\,dx$$

$$+ \int_0^1 \{(-x^3+x)-(x^2-x)\}\,dx$$

$$= \int_{-2}^0 (x^3+x^2-2x)\,dx + \int_0^1 (-x^3-x^2+2x)\,dx$$

$$= \left[\frac{1}{4}x^4 + \frac{1}{3}x^3 - x^2\right]_{-2}^0 + \left[-\frac{1}{4}x^4 - \frac{1}{3}x^3 + x^2\right]_0^1$$

$$= \frac{37}{12} = \frac{q}{p}$$

따라서 $p+q = 49$ 이다.

답   49

018

$f(x) = (x-1)^2$

$y = f(x)-5, \ y = -f(-x+1)$

$g(x) = f(x)-5 = (x-1)^2-5$

$h(x) = -f(-x+1) = -x^2$

$(x-1)^2-5 = -x^2 \Rightarrow (x+1)(x-2)=0$

$\Rightarrow x=-1 \ \text{or} \ x=2$

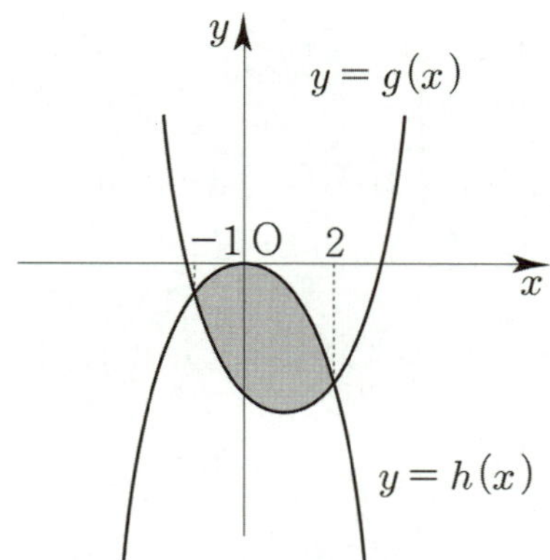

둘러싸인 부분의 넓이를 S 라 하면

$$S = \int_{-1}^{2} \{h(x) - g(x)\}dx = \int_{-1}^{2} \{-x^2 - (x-1)^2 + 5\}dx$$

$$= \int_{-1}^{2} (-2x^2 + 2x + 4)dx = \left[-\frac{2}{3}x^3 + x^2 + 4x\right]_{-1}^{2}$$

$$= 9$$

답 9

공식을 사용하면 $\dfrac{|1-(-1)|}{6}\{2-(-1)\}^3 = 9$

019

최고차항의 계수가 1인 두 사차함수 $f(x),\ g(x)$

(가) 방정식 $f(x) = g(x)$ 의 세 실근이 $-3,\ 0,\ 1$ 이다.
$h(x) = f(x) - g(x)$ 라 하면 $h(x)$ 는 삼차함수이고
$h(-3) = h(0) = h(1) = 0$ 이므로
$h(x) = ax(x+3)(x-1)$

(나) $\displaystyle\int_0^1 f(x)dx = 1,\ \int_0^1 g(x)dx = 8$

$$\int_0^1 \{f(x) - g(x)\}dx = \int_0^1 h(x)dx = -7$$

$$\int_0^1 h(x)dx = \int_0^1 ax(x+3)(x-1)dx$$

$$= a\int_0^1 (x^3 + 2x^2 - 3x)dx = a\left[\frac{1}{4}x^4 + \frac{2}{3}x^3 - \frac{3}{2}x^2\right]_0^1$$

$$= a\left(\frac{-7}{12}\right) = -7 \Rightarrow a = 12$$

$$h(x) = 12x(x+3)(x-1)$$

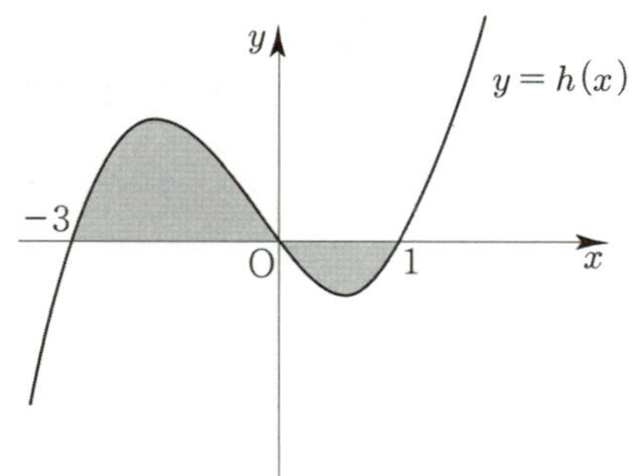

$$\int_{-3}^{1} |f(x) - g(x)|dx = \int_{-3}^{1} |h(x)|dx$$

$$= \int_{-3}^{0} h(x)dx + \int_0^1 -h(x)dx = \int_{-3}^{0} h(x)dx + 7$$

$$= 12\int_{-3}^{0} (x^3 + 2x^2 - 3x)dx + 7$$

$$= 12\left[\frac{1}{4}x^4 + \frac{2}{3}x^3 - \frac{3}{2}x^2\right]_{-3}^{0} + 7$$

$$= 135 + 7 = 142$$

답 142

> **Tip**
>
> <넓이를 나타내는 표현형>
>
> $\displaystyle\int_{-3}^{1} |h(x)|dx$ 는 $h(x)$ 와 x 축으로 둘러싸인 부분의
> 넓이를 나타내는 표현형이다. 바로 reading 할 수 있어야 한다.

020

$$\int_0^a (-x^2 + 4x)dx = A - B$$

$A = B$ 이므로

$$\int_0^a (-x^2 + 4x)dx = 0$$

$$\left[-\frac{1}{3}x^3 + 2x^2\right]_0^a = -\frac{a^3}{3} + 2a^2 = -\frac{1}{3}a^2(a-6) = 0$$

$$\Rightarrow a = 6 \ (\because a > 4)$$

답 6

$f(x) = x^3 - ax^2 + 2ax$, $g(x) = 4x$

$f'(x) = 3x^2 - 2ax + 2a$

판별식을 사용하면

$\dfrac{D}{4} = a^2 - 6a < 0 \ (\because 2 < a < 4)$

이므로 $f'(x) > 0$ 이다.

즉, $f(x)$ 는 증가함수이다.

$x^3 - ax^2 + 2ax = 4x \ \Rightarrow \ x(x - a + 2)(x - 2) = 0$

$\Rightarrow \ x = 0 \ \text{or} \ x = a - 2 \ \text{or} \ x = 2$

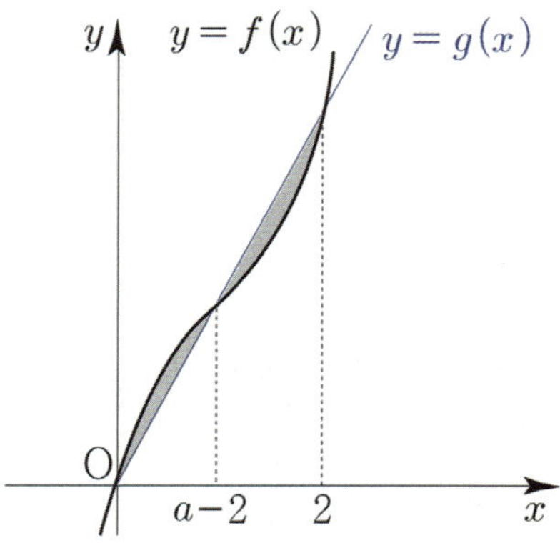

곡선 $y = f(x)$ 와 직선 $y = g(x)$ 로 둘러싸인 두 부분의 넓이가 같으므로

접근 1)

$\displaystyle\int_0^2 f(x)\,dx = \int_0^2 g(x)\,dx$

$\displaystyle\int_0^2 \{f(x) - g(x)\}\,dx = 0$

접근 2)

곡선 $y = f(x)$ 와 직선 $y = g(x)$ 로 둘러싸인 두 부분의 넓이가 같으므로

$\displaystyle\int_0^{a-2} \{f(x) - g(x)\}\,dx = \int_{a-2}^2 \{g(x) - f(x)\}\,dx$

$\displaystyle\int_0^2 \{f(x) - g(x)\}\,dx$

$\displaystyle = \int_0^{a-2} \{f(x) - g(x)\}\,dx + \int_{a-2}^2 \{f(x) - g(x)\}\,dx$

$\displaystyle = \int_0^{a-2} \{f(x) - g(x)\}\,dx - \int_{a-2}^2 \{g(x) - f(x)\}\,dx$

$= 0$

$\displaystyle\int_0^2 \{x^3 - ax^2 + (2a - 4)x\}\,dx$

$\displaystyle = \left[\frac{1}{4}x^4 - \frac{a}{3}x^3 + (a-2)x^2\right]_0^2 = \frac{4}{3}a - 4 = 0$

$\Rightarrow \ a = 3$

답 3

$f(x) = -x^2(x - a)$, $g(x) = x(x - a)$

$-x^2(x - a) = x(x - a) \ \Rightarrow \ x(x - a)(x + 1) = 0$

$\Rightarrow \ x = -1 \ \text{or} \ x = 0 \ \text{or} \ x = a$

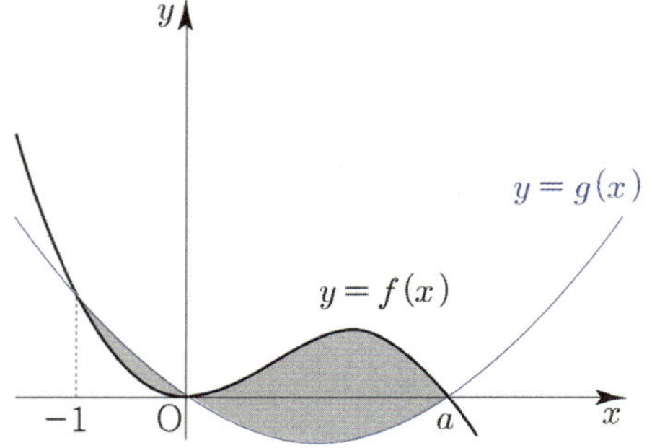

두 곡선 $y = f(x)$, $y = g(x)$ 로 둘러싸인 두 부분의 넓이가 같으므로

$\displaystyle\int_{-1}^0 \{g(x) - f(x)\}\,dx = \int_0^a \{f(x) - g(x)\}\,dx$

$\displaystyle\int_{-1}^a \{f(x) - g(x)\}\,dx$

$\displaystyle = \int_{-1}^0 \{f(x) - g(x)\}\,dx + \int_0^a \{f(x) - g(x)\}\,dx$

$\displaystyle = -\int_{-1}^0 \{g(x) - f(x)\}\,dx + \int_0^a \{f(x) - g(x)\}\,dx$

$= 0$

$\displaystyle\int_{-1}^a \{f(x) - g(x)\}\,dx = \int_{-1}^a \{-x^2(x - a) - x(x - a)\}\,dx$

$\displaystyle = \int_{-1}^a (-x^3 + (a - 1)x^2 + ax)\,dx$

$\displaystyle = \left[-\frac{1}{4}x^4 + \frac{a-1}{3}x^3 + \frac{a}{2}x^2\right]_{-1}^a$

$$= \frac{a^4 + 2a^3 - 2a - 1}{12} = \frac{(a-1)(a+1)^3}{12} = 0$$

$$\Rightarrow a = 1 \ (\because a > 0)$$

답 1

023

$$f(x) = 4x^3 + 2, \ g(x) = -2x + a$$

두 곡선 $y = f(x)$, $y = g(x)$ 의 교점의 x 좌표를 b 라 하자.

$S_1 = S_2$ 이므로

$$\int_0^b \{g(x) - f(x)\}dx = \int_b^1 \{f(x) - g(x)\}dx$$

$$\int_0^1 \{f(x) - g(x)\}dx$$

$$= \int_0^b \{f(x) - g(x)\}dx + \int_b^1 \{f(x) - g(x)\}dx$$

$$= -\int_0^b \{g(x) - f(x)\}dx + \int_b^1 \{f(x) - g(x)\}dx$$

$$= 0$$

$$\int_0^1 \{f(x) - g(x)\}dx = \int_0^1 \{4x^3 + 2 - (-2x + a)\}dx$$

$$= \int_0^1 (4x^3 + 2x - a + 2)dx$$

$$= \left[x^4 + x^2 + (-a+2)x\right]_0^1 = 4 - a = 0 \Rightarrow a = 4$$

답 4

024

$$f(x) = -x^2 + 5x - 4 = -(x-1)(x-4)$$

곡선 $y = f(x)$ 는 x 축과 $x = 1 \ \text{or} \ x = 4$ 에서 만난다.

S_1, S_2, S_3 이 순서대로 등차수열을 이루므로
등차중항에 의해 $S_1 + S_3 = 2S_2$

$$S_2 = \int_1^4 (-x^2 + 5x - 4)dx = \left[-\frac{1}{3}x^3 + \frac{5}{2}x^2 - 4x\right]_1^4$$

$$= \frac{8}{3} - \left(-\frac{11}{6}\right) = \frac{27}{6} = \frac{9}{2}$$

$$\int_0^a 2|f(x)|dx = 2\int_0^a |f(x)|dx = 2(S_1 + S_2 + S_3)$$

$$= 6S_2 = 27$$

답 27

025

$$f(x) = -x^2 + x = -x(x-1), \ g(x) = mx$$

$$-x^2 + x = mx \Rightarrow x(x + m - 1) = 0$$

$$\Rightarrow x = 0 \ \text{or} \ x = 1 - m$$

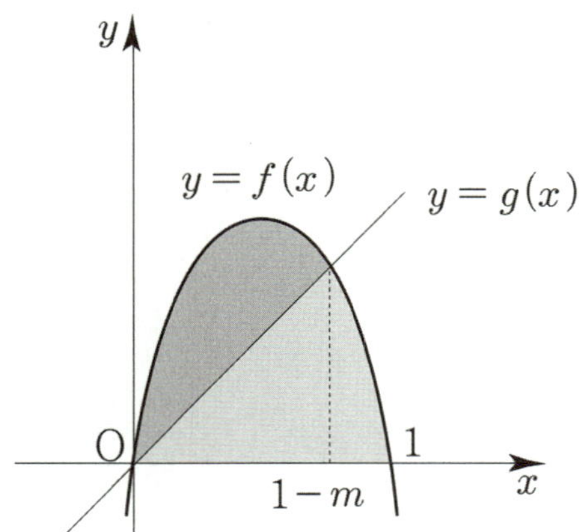

$$\int_0^1 f(x)dx = 2\int_0^{1-m} \{f(x) - g(x)\}dx$$

$$\frac{1}{6}(1-0)^3 = 2 \times \frac{1}{6}(1 - m - 0)^3$$

$$\frac{1}{6} = \frac{1}{3}(1-m)^3$$

$$\frac{1}{2} = (1-m)^3$$

따라서 $4(1-m)^3 = 2$ 이다.

답 2

026

$$O(0, 0), \ A(4, 0), \ B(2, 2\sqrt{3})$$

삼각형 OAB 의 넓이가 두 점 O, A 를 지나는
이차함수 $y = f(x)$ 의 그래프에 의하여 이등분된다.
($f(x)$ 의 최고차항의 계수는 음수이다.)

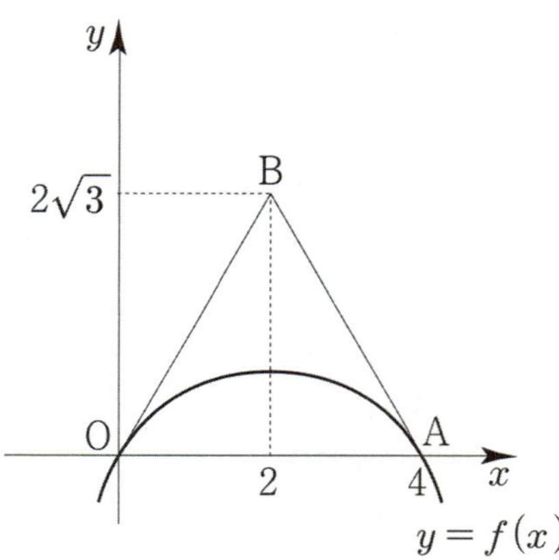

삼각형 OAB(정삼각형)의 넓이 S는

$$\frac{1}{2}\times 4\times 2\sqrt{3}=4\sqrt{3}$$

$$f(x)=ax(x-4)\ \ (a<0)$$

$$\int_0^4 f(x)dx=\frac{|a|}{6}(4-0)^3=\frac{32|a|}{3}=2\sqrt{3}$$

$$\Rightarrow a=-\frac{3}{16}\sqrt{3}$$

$f(x)=-\dfrac{3}{16}\sqrt{3}\,x(x-4)$ 이므로

$64f(1)f(2)=81$ 이다.

답 81

<접선의 기울기를 이용한 위치관계 판단>

Q. 곡선 $y=f(x)$ 와 직선 OB 는 $0<x<2$ 에서 교점이
   존재할까?

물론 직선 OB 는 $y=\sqrt{3}\,x$ 이므로
방정식 $f(x)=\sqrt{3}\,x$ 을 풀어서 확인할 수도 있지만
$x=0$ 에서의 접선의 기울기를 이용하면 된다.

$$f'(x)=-\frac{3}{16}\sqrt{3}(2x-4)$$ 이므로

$$f'(0)=\frac{3}{4}\sqrt{3}\ <\ \sqrt{3}$$ 이다.

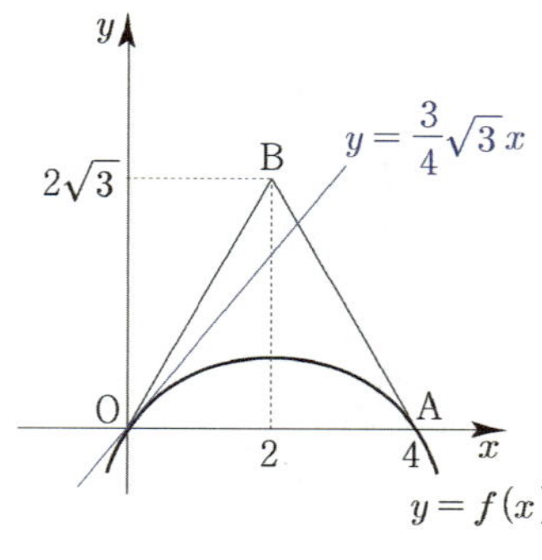

따라서 $0<x<2$ 에서 교점이 생기지 않는다.

만약 $f'(0)>\sqrt{3}$ 이면 아래 그림과 같이 교점이 존재한다.

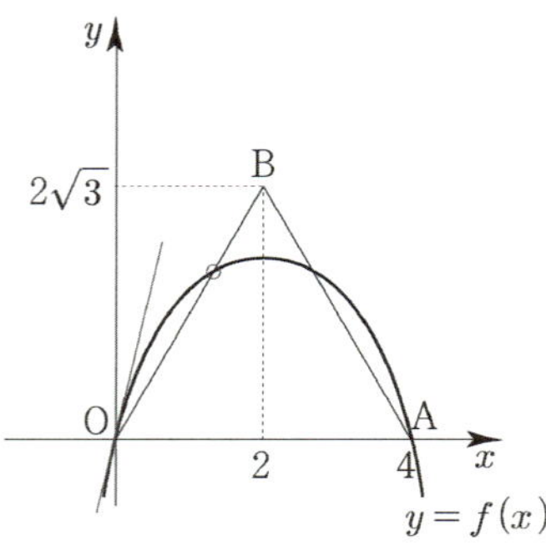

즉, 접선의 기울기는 함수의 위치관계를 판단하는
유용한 도구로 사용될 수 있다.

027

$$f(x)=x^3+3\,(x\geq 0)$$
$$f(1)=4$$

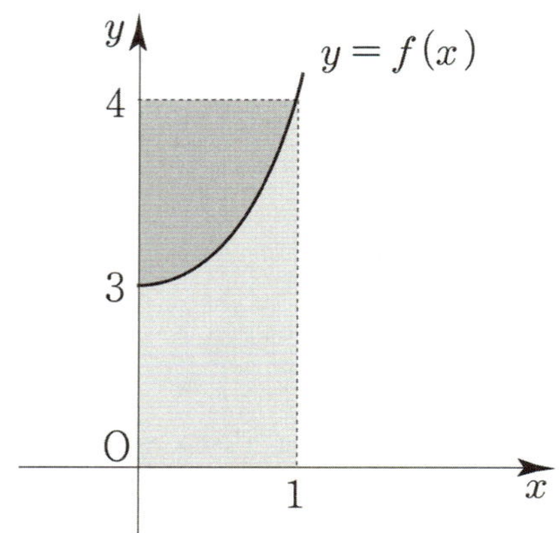

$\displaystyle\int_0^1 f(x)dx+\int_3^4 g(x)dx$ 는 직사각형의 넓이와 같으므로

(정적분의 활용 Guide step
개념파악하기 - (5) 두 곡선 $y=f(x),\ y=f^{-1}(x)$ 사이의
넓이는 어떻게 구할까?)

$$\int_0^1 f(x)dx+\int_3^4 g(x)dx=1\times 4=4$$ 이다.

답 4

$f(x) = x^3 - 2x^2 + 2x$

$f'(x) = 3x^2 - 4x + 2 \geq 0$

$f(x)$는 증가함수이므로 $f(x)$와 역함수 $g(x)$의
그래프의 교점은 반드시 $y = x$ 선상에 존재한다.
(함수의 연속 Master step 66번 해설 tip 참고)

$x^3 - 2x^2 + 2x = x \Rightarrow x(x-1)^2 = 0$

$\Rightarrow x = 0 \text{ or } x = 1$

($x = 1$에서 중근을 가지므로 곡선 $y = f(x)$는
직선 $y = x$와 $(1,\ 1)$에서 접한다.)
즉, $(0,\ 0),\ (1,\ 1)$에서 만난다.

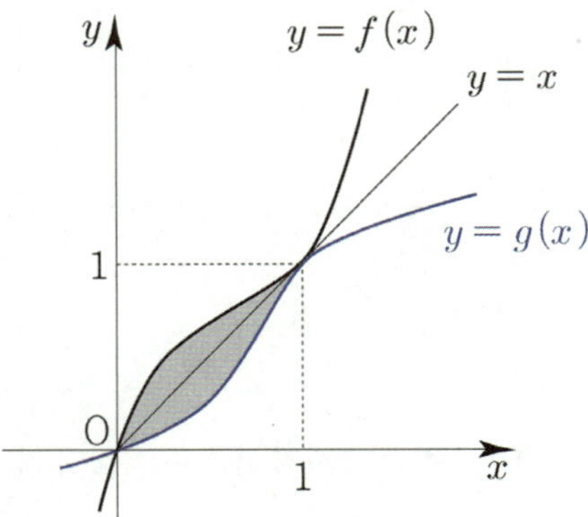

$k = \int_0^1 \{f(x) - g(x)\}dx = 2\int_0^1 \{f(x) - x\}dx$

$= 2\int_0^1 (x^3 - 2x^2 + x)dx = 2\left[\frac{1}{4}x^4 - \frac{2}{3}x^3 + \frac{1}{2}x^2\right]_0^1$

$= \frac{1}{6}$

따라서 $60k = 10$이다.

답 10

$f(x) = x^3 + 2x \,(x \geq 0)$

$f'(x) = 3x^2 + 2 > 0$

$f(1) = 3,\ f(2) = 12$

$\int_3^{12} g(x)dx = k$

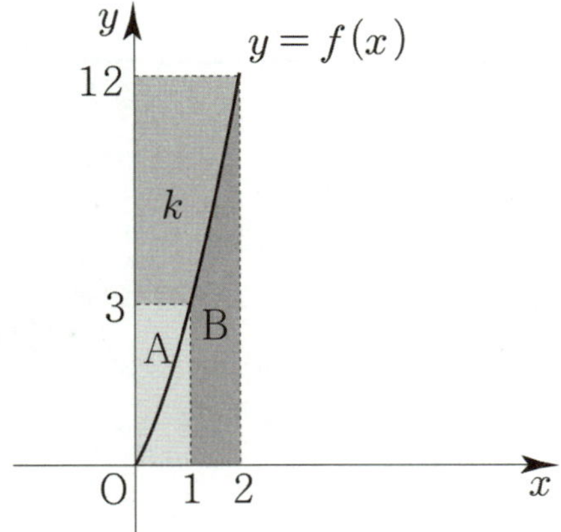

$A = 1 \times 3 = 3$

$B = \int_1^2 f(x)dx = \int_1^2 (x^3 + 2x)dx$

$= \left[\frac{1}{4}x^4 + x^2\right]_1^2 = \frac{27}{4}$

큰 직사각형의 넓이 $= 2 \times 12 = 24$

큰 직사각형의 넓이 $-\ (A + B) = k$이므로

$24 - \left(3 + \frac{27}{4}\right) = \frac{84}{4} - \frac{27}{4} = \frac{57}{4} = k$

따라서 $4k = 57$이다.

답 57

$v(t) = t^2 - t - 2$

$\int_0^3 |v(t)|dt = \int_0^3 |t^2 - t - 2|dt$

$= \int_0^2 (-t^2 + t + 2)dt + \int_2^3 (t^2 - t - 2)dt$

$= \left[-\frac{1}{3}t^3 + \frac{1}{2}t^2 + 2t\right]_0^2 + \left[\frac{1}{3}t^3 - \frac{1}{2}t^2 - 2t\right]_2^3$

$= \frac{10}{3} + \left(-\frac{3}{2}\right) - \left(-\frac{10}{3}\right) = \frac{31}{6} = k$

따라서 $6k = 31$이다.

답 31

$$v(t) = \begin{cases} 6t - 3t^2 & (0 \le t < 2) \\ |t-4| - 2 & (t \ge 2) \end{cases}$$

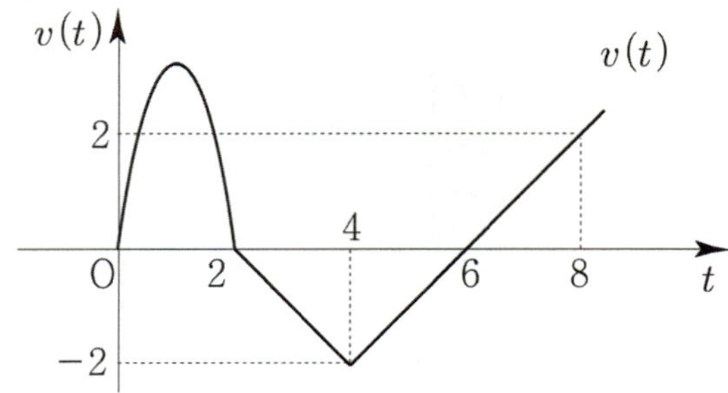

$$\int_0^8 |v(t)|\,dt$$

$$= \int_0^2 (6t - 3t^2)\,dt + \int_2^4 -(-t+2)\,dt + \int_4^6 -(t-6)\,dt$$

$$+ \int_6^8 (t-6)\,dt$$

($t \ge 2$ 에서 $v(t)$ 는 직선이므로 삼각형의 넓이로 계산해도 된다.)

$$= \frac{|-3|}{6}(2-0)^3 + \frac{1}{2} \times 4 \times 2 + \frac{1}{2} \times 2 \times 2$$

$$= 4 + 4 + 2 = 10$$

답 10

$$v_p(t) = 6t^2 - 6t - 12, \quad v_q(t) = 12t - 12$$

$$x_p(t) = 2t^3 - 3t^2 - 12t, \quad x_q(t) = 6t^2 - 12t$$

(원점에서 동시 출발이므로 $x_p(0) = 0,\ x_q(0) = 0$ 이다.)

$$2t^3 - 3t^2 - 12t = 6t^2 - 12t \implies 2t^3 - 9t^2 = 0$$

$$\implies t^2(2t - 9) = 0 \implies t = \frac{9}{2} \quad (\because t > 0)$$

$a = \dfrac{9}{2}$ 이므로 $10a = 45$ 이다.

답 45

$$v_p(t) = 3t^2 - 3t, \quad v_q(t) = 5t$$

$$x_p(t) = t^3 - \frac{3}{2}t^2, \ x_q(t) = \frac{5}{2}t^2$$

(원점에서 동시 출발이므로 $x_p(0) = 0,\ x_q(0) = 0$ 이다.)

$$t^3 - \frac{3}{2}t^2 = \frac{5}{2}t^2 \implies t^3 - 4t^2 = 0$$

$$\implies t^2(t-4) = 0 \implies a = 4 \ (\because a > 0)$$

$$\int_0^4 |v(t)|\,dt = \int_0^4 |3t^2 - 3t|\,dt$$

$$= \int_0^1 (-3t^2 + 3t)\,dt + \int_1^4 (3t^2 - 3t)\,dt$$

$$= \left[-t^3 + \frac{3}{2}t^2 \right]_0^1 + \left[t^3 - \frac{3}{2}t^2 \right]_1^4$$

$$= -1 + \frac{3}{2} + (64 - 24) - \left(1 - \frac{3}{2} \right)$$

$$= \frac{1}{2} + 40 + \frac{1}{2} = 41$$

따라서 시각 $t = 0$ 에서 $t = a$ 까지 점 P 가 움직인 거리는 41 이다.

답 41

$$v_p(t) = 3t^2 - 4$$

$$x_p(t) = t^3 - 4t + C_1$$

$$x_p(0) = 2 \implies C_1 = 2$$

$$v_q(t) = 8$$

$$x_q(t) = 8t + C_2$$

$$x_q(0) = n \implies C_2 = n$$

$$x_p(t) = t^3 - 4t + 2, \ x_q(t) = 8t + n$$

$$t^3 - 4t + 2 = 8t + n \quad (t > 0)$$

$$t^3 - 12t + 2 = n \quad (t > 0)$$

두 점 P, Q 가 동시에 출발한 후 2 번 만나려면 방정식 $t^3 - 12t + 2 = n \ (t > 0)$ 가 서로 다른 두 실근을 가져야 한다.

방정식 $t^3 - 12t + 2 = n$ 의 서로 다른 실근의 개수는
곡선 $y = t^3 - 12t + 2$ 와 직선 $y = n$ 이 만나는 서로 다른
점의 개수와 같다.

$g(t) = t^3 - 12t + 2 \ (t > 0)$ 라 하면
$g'(t) = 3t^2 - 12 = 3(t-2)(t+2)$
$g(2) = -14$

$g'(t)$ 를 바탕으로 $g(t)$ 를 그리면

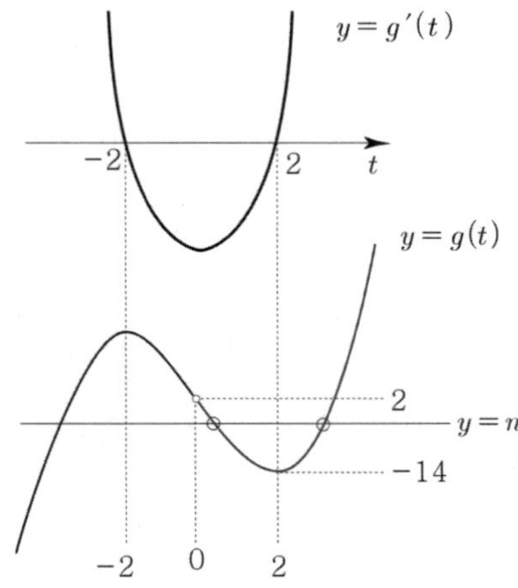

곡선 $y = t^3 - 12t + 2 \,(t > 0)$ 와 직선 $y = n$ 이
서로 다른 두 점에서 만나려면 n 의 값의 범위는
$-14 < n < 2$ 이므로 조건을 만족시키는 정수 n 의
개수는 15 이다.

답   15

$v(t) = \begin{cases} 3t^2 - 4 & (0 \le t < 1) \\ a(t-1) - 1 & (t \ge 1) \end{cases}$

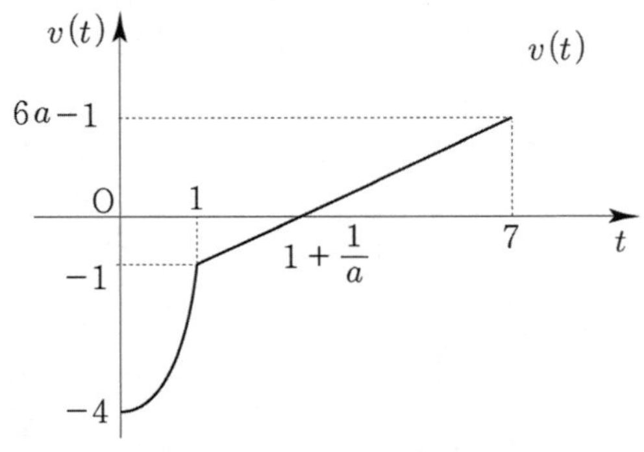

점 P 가 원점에서 출발한 후 시각 $t = 7$ 일 때, 다시
원점을 지나므로 $\displaystyle\int_0^7 v(t)\,dt = 0$ 이다.

$$\int_0^7 v(t)\,dt = \int_0^1 v(t)\,dt + \int_1^7 v(t)\,dt$$

$$= \int_0^1 (3t^2 - 4)\,dt + \int_1^7 (at - a - 1)\,dt$$

$$= \left[t^3 - 4t\right]_0^1 + \left[\frac{a}{2}t^2 - at - t\right]_1^7$$

$$= -3 + \left(\frac{35}{2}a - 7\right) - \left(-\frac{a}{2} - 1\right)$$

$$= 18a - 9 = 0 \ \Rightarrow \ a = \frac{1}{2}$$

따라서 $10a = 5$ 이다.

답   5

점 P 는 원점에서 출발
$\displaystyle\int_0^1 |v(t)|\,dt = A, \ \int_1^2 |v(t)|\,dt = B,$

$\displaystyle\int_2^3 |v(t)|\,dt = C, \ \int_3^5 |v(t)|\,dt = D$
라 하자.

$\displaystyle\int_0^2 v(t)\,dt = 0, \ \int_2^5 |v(t)|\,dt = 5, \ \int_0^5 v(t)\,dt = 1$

$\displaystyle\int_0^2 v(t)\,dt = 0 \ \Rightarrow \ A = B$

$\displaystyle\int_2^5 |v(t)|\,dt = 5 \ \Rightarrow \ C + D = 5$

$\displaystyle\int_0^5 v(t)\,dt = 1 \ \Rightarrow \ -A + B + C - D = 1 \ \Rightarrow \ C - D = 1$

$C + D = 5$, $C - D = 1$ 를 연립하면 $C = 3$, $D = 2$ 이다.

ㄱ. $t = 5$ 에서의 점 P 의 위치는 1 이다.
$0 + \displaystyle\int_0^5 v(t)\,dt = 1$ 이므로 ㄱ은 참이다.

ㄴ. $t = 2$ 에서 점 P 는 운동 방향을 바꾼다.
$t = 2$ 를 경계로 $v(t)$ 의 부호가 변하지 않으므로
ㄴ은 거짓이다.

ㄷ. $t = 3$ 에서의 점 P 의 위치는 3 이다.
$0 + \displaystyle\int_0^3 v(t)\,dt = -A + B + C = C = 3$ 이므로
ㄷ은 참이다.

ㄹ. $\displaystyle\int_1^5 v(t)\,dt=5$ 이면 $t=0$ 에서 $t=5$ 까지 점 P 가
움직인 거리는 13 이다.

$$\int_1^5 v(t)\,dt=B+C-D=B+3-2=B+1=5$$

$$\Rightarrow B=4$$

$B=4$ 이므로 $A=4$

$$\int_0^5 |v(t)|\,dt=A+B+C+D=4+4+3+2=13$$

이므로 ㄹ은 참이다.

ㅁ. 출발 후 5초 동안 점 P 의 위치가 2 인 시점이
두 번 존재한다.
$A=B,\ C=3,\ D=2,\ x(0)=0$ 와
$v(t)$ 를 바탕으로 $x(t)$ 를 그리면

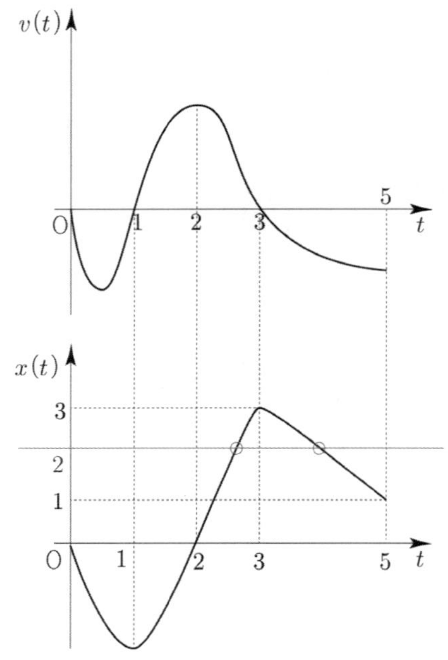

$x(t)=2$ 를 만족시키는 $t\,(0<t\le 5)$ 가
두 개 존재하므로 ㅁ은 참이다.

답   ㄱ,ㄷ,ㄹ,ㅁ

037

$$x_1(t)=t^3-4t+2,\quad x_2(t)=8t+k$$

두 점 P, Q 가 동시에 출발한 후 한번만 만나야 하므로
$$t^3-4t+2=8t+k \ \Rightarrow\ t^3-12t+2=k\ (t>0)$$
방정식 $t^3-12t+2=k\ (t>0)$ 의 서로 다른 양근의
개수가 1 이어야 한다.
$g(t)=t^3-12t+2$ 라 하면
$$g'(t)=3t^2-12=3(t-2)(t+2)$$

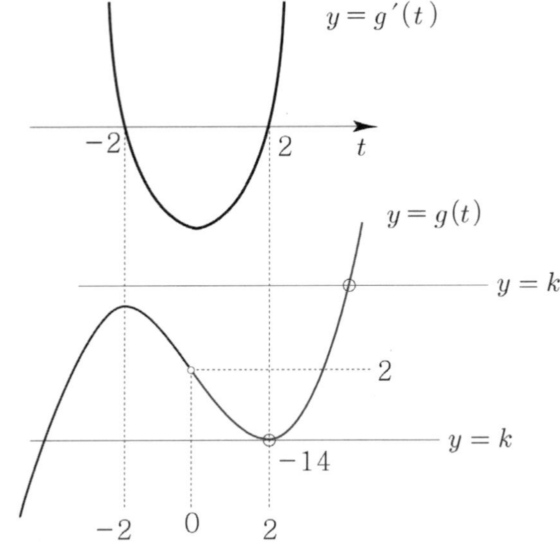

시각 $t=0$ 에서 $t=a$ 까지 점 P 가 움직인 거리는
$\displaystyle\int_0^a |3t^2-4|\,dt$ 이므로 a 가 최소일 때, 움직인 거리가
최소이다.

조건을 만족시키는 k 의 범위는 $k=-14$ or $k\ge 2$ 이므로
a 의 최솟값은 2 이다.

$$\int_0^2 |3t^2-4|\,dt=\int_0^{\frac{2}{\sqrt3}}(-3t^2+4)\,dt+\int_{\frac{2}{\sqrt3}}^2 (3t^2-4)\,dt$$

$$=\frac{32}{9}\sqrt3$$

따라서 시각 $t=0$ 에서 $t=a$ 까지 점 P 가 움직인 거리의
최솟값은 $\dfrac{32}{9}\sqrt3$ 이다.

답   ⑤

38	④	69	②
39	①	70	③
40	②	71	⑤
41	⑤	72	④
42	①	73	⑤
43	②	74	35
44	6	75	①
45	③	76	④
46	4	77	④
47	④	78	⑤
48	③	79	80
49	④	80	17
50	①	81	⑤
51	4	82	④
52	③	83	17
53	8	84	290
54	④	85	140
55	②	86	④
56	200	87	②
57	14	88	⑤
58	40	89	②
59	③	90	③
60	③	91	④
61	③	92	②
62	40	93	⑤
63	12	94	②
64	64	95	③
65	①	96	③
66	⑤	97	54
67	16	98	⑤
68	17	99	⑤

038

$f(x) = ax^2 + 2$ 라 하면

$f'(x) = 2ax$

B의 x좌표를 t라 하면

$f'(t) = 2 \Rightarrow 2at = 2 \Rightarrow a = \dfrac{1}{t}$

$f(t) = 2t \Rightarrow at^2 + 2 = 2t \Rightarrow t + 2 = 2t \Rightarrow t = 2, \ a = \dfrac{1}{2}$

점 A와 점 B는 y축에 대하여 대칭이므로

$$2\int_0^2 \left(\dfrac{1}{2}x^2 + 2 - 2x \right) dx = 2\left[\dfrac{1}{6}x^3 - x^2 + 2x \right]_0^2 = \dfrac{8}{3}$$

답 ④

039

$f(x) = -x^3 + 3x^2 + 4$

$f'(x) = -3x^2 + 6x = -3(x-1)^2 + 3$

곡선 $y = -x^3 + 3x^2 + 4$ 에 접하는 직선 중에서

기울기가 최대인 직선은 l

접점이 $(1, \ 6)$ 일 때, 기울기의 최댓값 3을 가지므로

$l \ : \ y = 3(x-1) + 6 = 3x + 3$

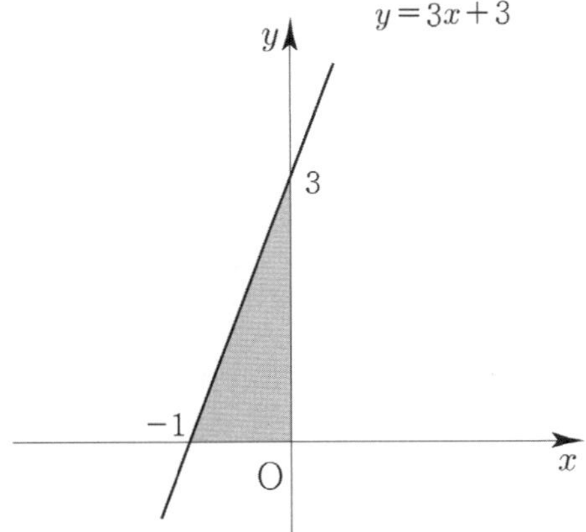

따라서 직선 l과 x축 및 y축으로 둘러싸인 부분의 넓이는

$\dfrac{1}{2} \times 1 \times 3 = \dfrac{3}{2}$ 이다.

답 ①

040

$$x^2 = (x-4)^2 \implies x = 2$$

둘러싸인 부분은 $x = 2$ 에 대하여 대칭이므로
$$S_1 = S_2$$

$$S_1 = \int_0^2 \{(x-4)^2 - x^2\}dx = \int_0^2 (-8x+16)dx$$

$$= \left[-4x^2 + 16x\right]_0^2 = -16 + 32 = 16$$

따라서 $S_1 + S_2 = 2S_1 = 32$ 이다.

답 ②

041

$$\int_0^6 |v(t)|\,dt = \int_0^4 v(t)dt + \int_4^6 -v(t)dt$$

($v(t)$ 는 직선이므로 삼각형과 사다리꼴의 넓이를 이용하면)

$$= \left\{\frac{1}{2}\times 1\times 1\right\} + \left\{\frac{1}{2}\times(1+2)\times 2\right\} + \left\{\frac{1}{2}\times 1\times 2\right\}$$

$$\quad + \left\{\frac{1}{2}\times 2\times 1\right\}$$

$$= \frac{1}{2} + 3 + 1 + 1 = \frac{11}{2}$$

답 ⑤

042

$$x(t) = t^4 + at^3$$
$$v(t) = 4t^3 + 3at^2$$
$$v(2) = 0 \implies 32 + 12a = 0 \implies a = -\frac{8}{3}$$

$$x(t) = t^4 - \frac{8}{3}t^3 = t^3\left(t - \frac{8}{3}\right)$$

$x(t)$ 를 그리면

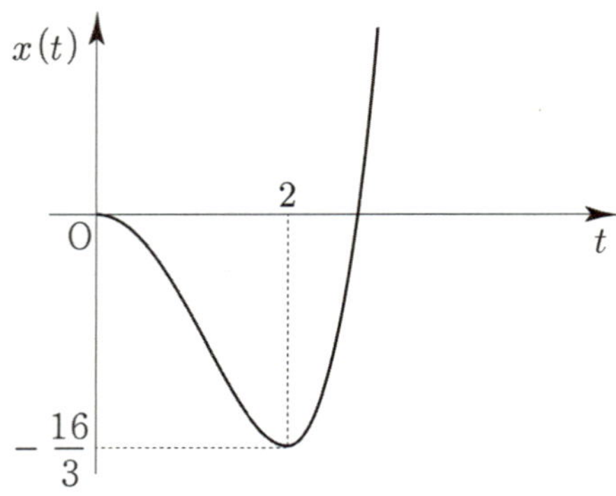

$t = 0$ 에서 $t = 2$ 까지 점 P 가 움직인 거리는
$$x(0) - x(2) = 0 - \left(-\frac{16}{3}\right) = \frac{16}{3}$$ 이다.

답 ①

043

둘러싸인 부분의 넓이를 S 라 하면
$$S = \int_0^n \left(x^2 - \frac{1}{4}x^2\right)dx = \int_0^n \frac{3}{4}x^2 dx$$

$$= \left[\frac{1}{4}x^3\right]_0^n = \frac{n^3}{4}$$

$n = 4$ 이므로 $S = \frac{64}{4} = 16$ 이다.

답 ②

044

$$v(t) = 3t^2 - 4t + k$$
$$x(t) = t^3 - 2t^2 + kt \quad (\because x(0) = 0)$$
$$x(1) = -3 \implies -1 + k = -3 \implies k = -2$$

$$x(t) = t^3 - 2t^2 - 2t$$ 이므로
$$x(3) = 27 - 18 - 6 = 3$$ 이다.

따라서 시각 $t = 1$ 에서 $t = 3$ 까지의 점 P 의 위치의 변화량은
$$\int_1^3 v(t)dt = x(3) - x(1) = 3 - (-3) = 6$$ 이다.

답 6

$v(t) = 2t - 6$

$$\int_3^k |v(t)|\,dt = \int_3^k |2t-6|\,dt = \int_3^k (2t-6)\,dt$$

$$= \big[t^2 - 6t\big]_3^k = (k^2 - 6k) - (-9)$$

$$= k^2 - 6k + 9 = 25$$

$$\Rightarrow k^2 - 6k - 16 = 0 \Rightarrow (k-8)(k+2) = 0 \Rightarrow k = 8 \ (\because k > 3)$$

답 ③

046

$f(x) = -2x^2 + 3x,\ g(x) = x$

$-2x^2 + 3x = x \Rightarrow 2x(x-1) = 0 \Rightarrow x = 0 \text{ or } x = 1$

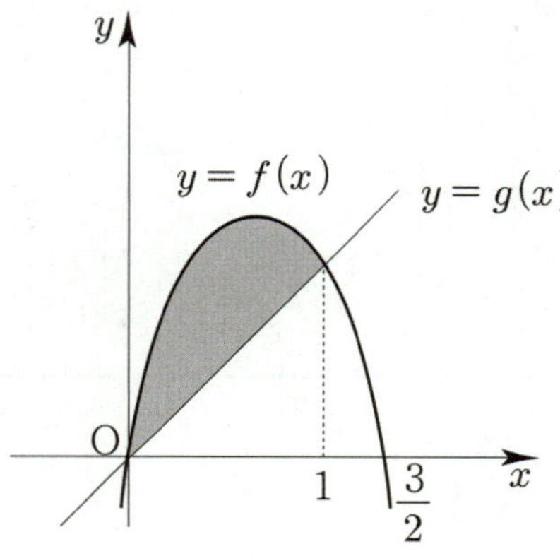

둘러싸인 부분의 넓이를 S 라 하면

$$S = \int_0^1 \{f(x) - g(x)\}\,dx = \int_0^1 (-2x^2 + 3x - x)\,dx$$

$$= \int_0^1 (-2x^2 + 2x)\,dx = \left[-\frac{2}{3}x^3 + x^2\right]_0^1 = \frac{1}{3} = \frac{q}{p}$$

따라서 $p + q = 4$ 이다.

답 4

공식을 사용하면 $\dfrac{|-2|}{6}(1-0)^3 = \dfrac{1}{3} = \dfrac{q}{p}$

047

$v(t) = -4t + 5$

$x(t) = -2t^2 + 5t + C$

$x(3) = 11 \Rightarrow -18 + 15 + C = 11 \Rightarrow C = 14$

따라서 $x(0) = 14$ 이다.

답 ④

048

$v(t) = t^2 - at = t(t-a) \quad (a > 0)$

$v(a) = 0$ 이고 $t = a$ 에서 $v(t)$ 의 부호가 바뀌므로
점 P 는 $t = a$ 에서 운동 방향이 바뀐다.

$$\int_0^a |v(t)|\,dt = \int_0^a |t^2 - at|\,dt = \int_0^a (-t^2 + at)\,dt$$

$$= \left[-\frac{1}{3}t^3 + \frac{a}{2}t^2\right]_0^a = \frac{a^3}{6} = \frac{9}{2}$$

$$\Rightarrow a = 3$$

답 ③

049

$f(x) = x^4 - x^3,\ g(x) = -x^4 + x,\ h(x) = ax(1-x)$

$$\int_0^1 \{g(x) - f(x)\}\,dx = 2\int_0^1 \{g(x) - h(x)\}\,dx$$

$$\int_0^1 \{-x^4 + x - (x^4 - x^3)\}\,dx$$

$$= 2\int_0^1 \{-x^4 + x - ax(1-x)\}\,dx$$

$$\int_0^1 (-2x^4 + x^3 + x)\,dx$$

$$= 2\int_0^1 \{-x^4 + ax^2 + (1-a)x\}\,dx$$

$$\left[-\frac{2}{5}x^5 + \frac{1}{4}x^4 + \frac{1}{2}x^2\right]_0^1$$

$$= 2\left[-\frac{1}{5}x^5 + \frac{a}{3}x^3 + \frac{1-a}{2}x^2\right]_0^1$$

$$\Rightarrow \frac{7}{20} = 2\left(\frac{9-5a}{30}\right)$$

$$\Rightarrow 21 = 4(9 - 5a) \Rightarrow 21 = 36 - 20a$$

$$\Rightarrow 20a = 15 \Rightarrow a = \frac{3}{4}$$

답 ④

$x^2-5x=x \Rightarrow x(x-6)=0 \Rightarrow x=0 \ \text{or}\ x=6$ 이므로
곡선 $y=x^2-5x$ 와 직선 $y=x$ 의 교점의 x 좌표는 $0,\ 6$
이므로 둘러싸인 부분의 넓이는 넓이공식에 의해

$\dfrac{|1|}{6}(6-0)^3=36$ 이다.

(물론 $\displaystyle\int_0^6\{x-(x^2-5x)\}dx$ 로 구해도 된다.)

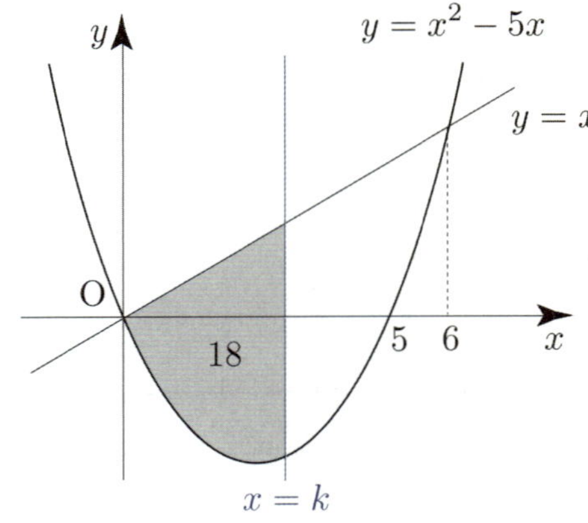

곡선 $y=x^2-5x$ 와 직선 $y=x$ 로 둘러싸인 부분의 넓이를
직선 $x=k$ 가 이등분하므로

$$\int_0^k\{x-(x^2-5x)\}dx=18$$

$$\Rightarrow \int_0^k(-x^2+6x)dx=18$$

$$\Rightarrow \left[-\frac{1}{3}x^3+3x^2\right]_0^k=-\frac{1}{3}k^3+3k^2=18$$

$$\Rightarrow k^3-9k^2+54=0$$

$$\Rightarrow (k-3)(k^2-6k-18)=0$$

$$\Rightarrow k=3 \ \text{or}\ k=3\pm3\sqrt{3}$$

$$\Rightarrow k=3 \ (\because \ 0<k<5)$$

따라서 상수 $k=3$ 이다.

답 ①

$3x^3-7x^2=-x^2 \Rightarrow 3x^3-6x^2=0$

$\Rightarrow 3x^2(x-2)=0$

이므로 두 곡선 $y=3x^3-7x^2=x^2(3x-7)$, $y=-x^2$ 은
$x=0,\ x=2$ 에서 만난다.

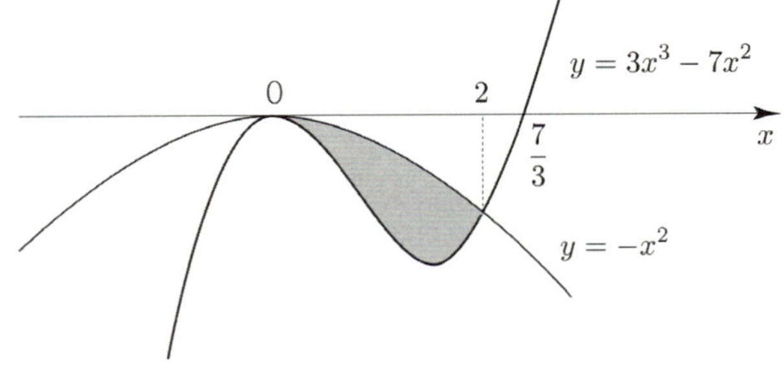

둘러싸인 부분의 넓이를 S 라 하면

$$S=\int_0^2\{-x^2-(3x^3-7x^2)\}dx$$

$$=\int_0^2(-3x^3+6x^2)dx=\left[-\frac{3}{4}x^4+2x^3\right]_0^2$$

$$=(-12+16)-0=4$$

따라서 두 곡선 $y=3x^3-7x^2$ 과 $y=-x^2$ 로 둘러싸인
부분의 넓이는 4 이다.

답 4

$v(t)=-4t^3+12t^2$

$v'(t)=-12t^2+24t$

$v'(k)=12 \Rightarrow -12k^2+24k=12 \Rightarrow k^2-2k+1=0$

$\Rightarrow (k-1)^2=0 \Rightarrow k=1$

닫힌구간 $[3,\ 4]$ 에서 $v(t)=-4t^2(t-3)<0$ 이므로
$|v(t)|=-v(t)$ 이다.

따라서 시각 $t=3$ 에서 $t=4$ 까지 점 P 가 움직인 거리는

$$\int_3^4|v(t)|dt=\int_3^4-v(t)\,dt$$

$$=\int_3^4(4t^3-12t^2)dt$$

$$=\left[t^4-4t^3\right]_3^4$$

$$=0-(81-108)=27$$

이다.

답 ③

053

$v(t) = 3t^2 - 12t + 9 = 3(t-3)(t-1)$

$v(1) = 0$ 이고 $t = 1$ 에서 $v(t)$ 의 부호가 바뀌므로

점 P 는 $t = 1$ 에서 처음으로 운동 방향이 바뀐다.

$x(t) = t^3 - 6t^2 + 9t + C$

원점에서 출발하므로 $x(0) = 0 \implies C = 0$

$x(t) = t^3 - 6t^2 + 9t$

$x(1) = 4$ 이므로 점 A 의 위치는 4 이다.

$t^3 - 6t^2 + 9t = 4 \implies t^3 - 6t^2 + 9t - 4 = 0$

$\implies (t-1)^2(t-4) = 0$

이므로 $t = 4$ 일 때 다시 A 로 돌아온다.

따라서 점 P 가 A 에서 방향을 바꾼 순간부터

다시 A 로 돌아올 때까지 움직인 거리는

$$\int_1^4 |v(t)| dt = \int_1^4 |3t^2 - 12t + 9| dt$$

$$= \int_1^3 (-3t^2 + 12t - 9) dt + \int_3^4 (3t^2 - 12t + 9) dt$$

$$= \left[-t^3 + 6t^2 - 9t \right]_1^3 + \left[t^3 - 6t^2 + 9t \right]_3^4$$

$$= 4 + 4 = 8$$

이다.

답   8

054

점 P 는 원점에서 출발

$$\int_0^a |v(t)| dt = A, \quad \int_a^b |v(t)| dt = B$$

$$\int_b^c |v(t)| dt = C, \quad \int_c^d |v(t)| dt = D$$

라 하자.

$$\int_0^a |v(t)| dt = \int_a^d |v(t)| dt \text{ 이므로}$$

$A = B + C + D$ 이다.

ㄱ. 점 P 는 출발하고 나서 원점을 다시 지난다.

$A = B + C + D$ 이므로

$$0 + \int_0^c v(t) dt = A - (B + C) = D > 0$$

$x(c) = D > 0$ 이고 $t > c$ 일 때, $v(t) > 0$ 이므로

$t > c$ 일 때, 양의 방향으로 이동하므로

점 P 는 출발하고 나서 원점을 다시 지날 수 없다.

따라서 ㄱ은 거짓이다.

ㄴ. $\int_0^c v(t) dt = \int_c^d v(t) dt$

$$\int_0^c v(t) dt = A - (B + C)$$

$$\int_c^d v(t) dt = D$$

$A - (B + C) = D \implies A = B + C + D$ 이므로

ㄴ은 참이다.

ㄷ. $\int_0^b v(t) dt = \int_b^d |v(t)| dt$

$$\int_0^b v(t) dt = A - B$$

$$\int_b^d |v(t)| dt = C + D$$

$A - B = C + D \implies A = B + C + D$ 이므로

ㄷ은 참이다.

답   ④

055

(A 의 넓이) $-$ (B 의 넓이) $= 3$ 이므로

$$\int_0^3 f(x) dx = 3 \text{ 이어야 한다.}$$

(위 풀이가 이해가 잘되지 않는다면 Guide Step에서
개념 파악하기 (4) 두 곡선 사이의 넓이를 활용하여
문제를 어떻게 해결할까?를 참고하도록 하자.)

$$f(x) = kx(x-2)(x-3) = k(x^3 - 5x^2 + 6x)$$

$$\int_0^3 f(x) dx = \int_0^3 k(x^3 - 5x^2 + 6x) dx$$

$$= k \left[\frac{1}{4} x^4 - \frac{5}{3} x^3 + 3x^2 \right]_0^3$$

$$= k \left(\frac{81}{4} - 45 + 27 \right) = \frac{9}{4} k = 3$$

따라서 $k = \dfrac{4}{3}$ 이다.

답   ②

056

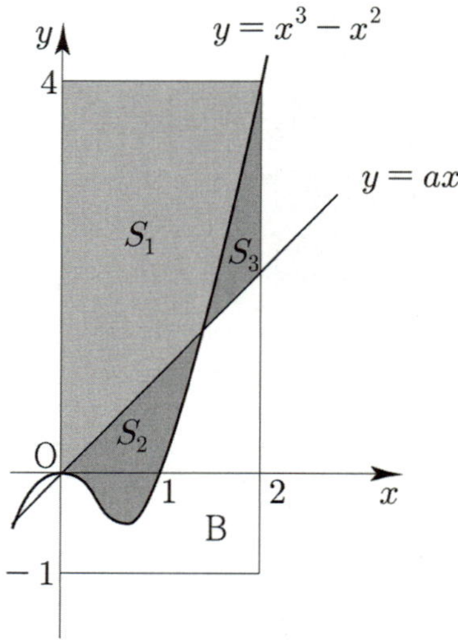

$A = S_1 + S_2, \ \ C = S_1 + S_3$

$A = C \implies S_1 + S_2 = S_1 + S_3 \implies S_2 = S_3$

이므로 $\displaystyle\int_0^2 (x^3 - x^2 - ax)dx = 0$ 이다.

$$\int_0^2 (x^3 - x^2 - ax)dx = \left[\frac{1}{4}x^4 - \frac{1}{3}x^3 - \frac{a}{2}x^2\right]_0^2$$

$$= 4 - \frac{8}{3} - 2a = 0 \implies a = \frac{2}{3}$$

따라서 $300a = 200$ 이다.

답   200

057

$f(x) = \dfrac{1}{3}x(4-x), \ g(x) = |x-1| - 1$

$\dfrac{1}{3}x(4-x) = x - 2 \implies x = 3 \ (\because x > 2)$

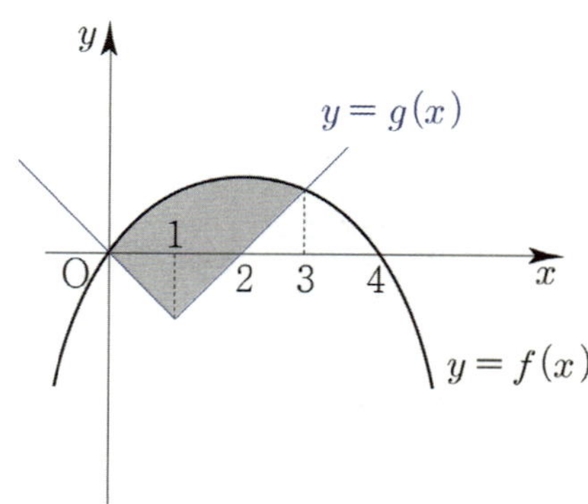

$$S = \int_0^3 \{f(x) - g(x)\}dx$$

$$= \int_0^1 \left\{\frac{1}{3}x(4-x) - (-x)\right\}dx$$

$$+ \int_1^3 \left\{\frac{1}{3}x(4-x) - (x-2)\right\}dx$$

$$= \int_0^1 \left(-\frac{1}{3}x^2 + \frac{7}{3}x\right)dx + \int_1^3 \left(-\frac{1}{3}x^2 + \frac{1}{3}x + 2\right)dx$$

$$= \left[-\frac{1}{9}x^3 + \frac{7}{6}x^2\right]_0^1 + \left[-\frac{1}{9}x^3 + \frac{1}{6}x^2 + 2x\right]_1^3 = \frac{7}{2}$$

따라서 $4S = 14$ 이다.

답   14

058

점 $P(a, \ b)$ 는 $f(x)$ 위의 점이므로 $f(a) = b \implies \dfrac{1}{2}a^3 = b$

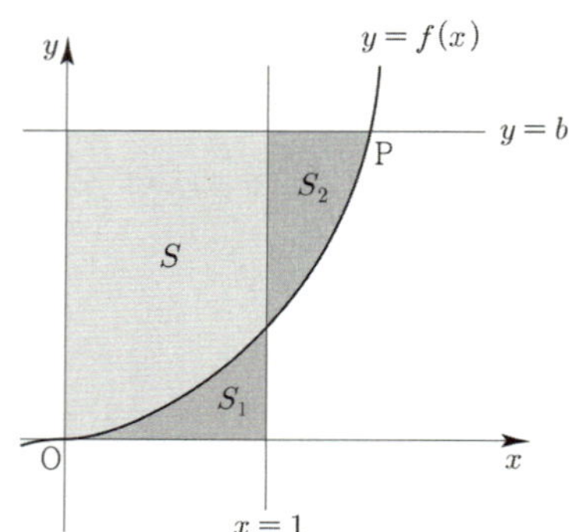

$S_1 = S_2 \implies S + S_1 = S + S_2$ 이므로

$\displaystyle\int_0^a \{b - f(x)\}dx = 1 \times b \, (\text{직사각형의 넓이})$

$\displaystyle\int_0^a \left(b - \frac{1}{2}x^3\right)dx = b$

$\left[bx - \dfrac{1}{8}x^4\right]_0^a = b$

$ab - \dfrac{1}{8}a^4 = b$

$b = \dfrac{1}{2}a^3$ 이므로

$\dfrac{1}{2}a^4 - \dfrac{1}{8}a^4 = \dfrac{1}{2}a^3 \implies 3a^4 = 4a^3 \implies 3a^3\left(a - \dfrac{4}{3}\right) = 0$

$\implies a = \dfrac{4}{3} \ (\because a > 1)$

따라서 $30a = 40$ 이다.

답   40

$f(x) = x^2 - 2x$

$g(x) = -f(x-1) - 1 = -\{(x-1)^2 - 2(x-1)\} - 1$

$= -(x^2 - 4x + 3) - 1 = -x^2 + 4x - 4 = -(x-2)^2$

$x(x-2) = -(x-2)^2 \Rightarrow (x-2)(x-1) = 0$

$\Rightarrow x = 1 \text{ or } x = 2$

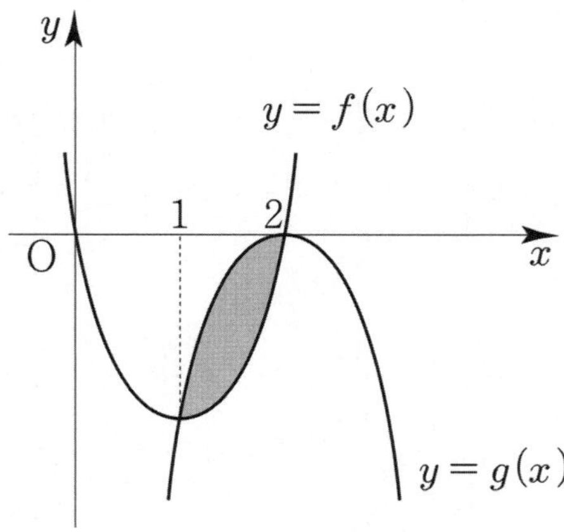

둘러싸인 부분의 넓이를 S라 하면

$S = \int_1^2 \{g(x) - f(x)\}dx$

$= \int_1^2 \{(-x^2 + 4x - 4) - (x^2 - 2x)\}dx$

$= \int_1^2 (-2x^2 + 6x - 4)dx = \left[-\frac{2}{3}x^3 + 3x^2 - 4x \right]_1^2$

$= \frac{1}{3}$

답 ③

공식을 사용하면 $S = \dfrac{|1 - (-1)|}{6}(2-1)^3 = \dfrac{1}{3}$

$\int_0^a |v(t)|\,dt = A, \quad \int_a^b |v(t)|\,dt = B,$

$\int_b^c |v(t)|\,dt = C$이라 하자.

점 P 는 원점에서 출발한 후 시각 $t=a$ 에서 처음으로 운동 방향을 바꿀 때의 위치가 -8이므로

$-A = -8 \Rightarrow A = 8$

점 P 의 시각 $t=c$ 에서의 위치가 -6 이므로

$-A + B - C = -6 \Rightarrow B - C = 2 \cdots \text{㉠}$

$\int_0^b v(t)dt = \int_b^c v(t)dt$ 이므로

$-A + B = -C \Rightarrow B + C = 8 \cdots \text{㉡}$

㉠, ㉡을 연립하면 $B = 5$, $C = 3$

따라서 점 P 가 $t=a$부터 $t=b$까지 움직인 거리는

$\int_a^b |v(t)|\,dt = B = 5$ 이다.

답 ③

$f(x) = x^3 + x - 1$

$f(1) = 1, \ f(2) = 9$

$\int_1^9 g(x)dx = S$ 라 하면

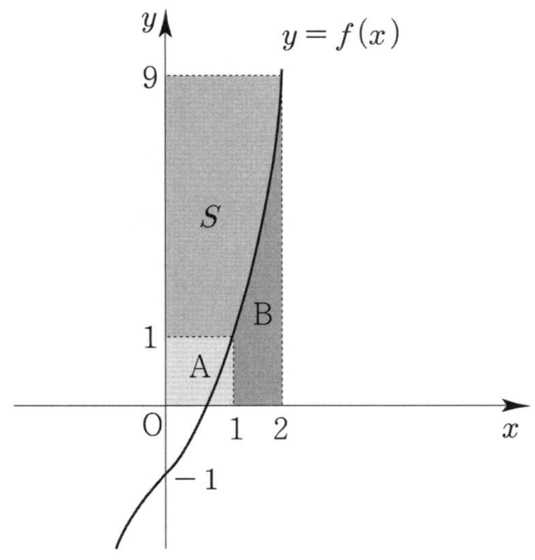

$A = 1 \times 1 = 1$

$B = \int_1^2 f(x)dx = \int_1^2 (x^3 + x - 1)dx$

$= \left[\frac{1}{4}x^4 + \frac{1}{2}x^2 - x \right]_1^2 = \frac{17}{4}$

큰 직사각형의 넓이 $= 2 \times 9 = 18$

큰 직사각형의 넓이 $- (A + B) = S$이므로

$18 - \left(1 + \dfrac{17}{4} \right) = \dfrac{68}{4} - \dfrac{17}{4} = \dfrac{51}{4} = S$

답 ③

062

최고차항의 계수가 1 인 이차함수 $f(x)$, $f(3)=0$

$$f(x)=x^2+ax+b$$

$$f(3)=0 \Rightarrow 9+3a+b=0 \Rightarrow 3a+b=-9$$

$$\int_0^{2013} f(x)dx = \int_3^{2013} f(x)dx$$

$$\int_0^{2013} f(x)dx - \int_3^{2013} f(x)dx = 0$$

$$\int_0^3 f(x)dx = 0$$

$$\int_0^3 (x^2+ax+b)dx = \left[\frac{1}{3}x^3+\frac{1}{2}ax^2+bx\right]_0^3$$

$$= 9+\frac{9}{2}a+3b=0 \Rightarrow 3a+2b=-6$$

$3a+b=-9$, $3a+2b=-6$ 을 연립하면
$a=-4$, $b=3$

$$f(x)=x^2-4x+3=(x-3)(x-1)$$

$$S=\int_1^3 -f(x)dx = \int_1^3 (-x^2+4x-3)dx$$

$$= \left[-\frac{1}{3}x^3+2x^2-3x\right]_1^3 = \frac{4}{3}$$

따라서 $30S=40$ 이다.

답 40

공식을 사용하면 $S=\dfrac{|1|}{6}(3-1)^3=\dfrac{8}{6}=\dfrac{4}{3}$

063

$$v_1(t)=3t^2+t, \quad v_2(t)=2t^2+3t$$

$$x_1(t)=t^3+\frac{1}{2}t^2, \quad x_2(t)=\frac{2}{3}t^3+\frac{3}{2}t^2$$

($t=0$ 일 때 원점이므로 $x_1(0)=x_2(0)=0$)

$$v_1(t)=v_2(t) \quad (t>0)$$

$$3t^2+t=2t^2+3t \Rightarrow t(t-2)=0 \Rightarrow t=2 \ (\because t>0)$$

$$x_1(2)=10, \quad x_2(2)=\frac{34}{3}$$

$$a=\frac{34}{3}-10=\frac{4}{3}$$ 이므로

$9a=12$ 이다.

답 12

064

$$v_p(t)=2t^2-8t, \quad v_q(t)=t^3-10t^2+24t$$

$$x_p(t)=\frac{2}{3}t^3-4t^2, \quad x_q(t)=\frac{1}{4}t^4-\frac{10}{3}t^3+12t^2$$

($t=0$ 일 때 원점이므로 $x_p(0)=x_q(0)=0$)
두 점 P, Q 사이의 거리는

$$|x_p(t)-x_q(t)|$$

$$= \left|\frac{2}{3}t^3-4t^2-\left(\frac{1}{4}t^4-\frac{10}{3}t^3+12t^2\right)\right|$$

$$= \left|\frac{1}{4}t^4-4t^3+16t^2\right|$$

$g(t)=\dfrac{1}{4}t^4-4t^3+16t^2$ 라 하면

$$g'(t)=t^3-12t^2+32t=t(t-4)(t-8)$$
$$g(0)=0, \quad g(8)=0, \quad g(4)=64$$

$g'(t)$ 를 바탕으로 $g(t)$ 를 그리면

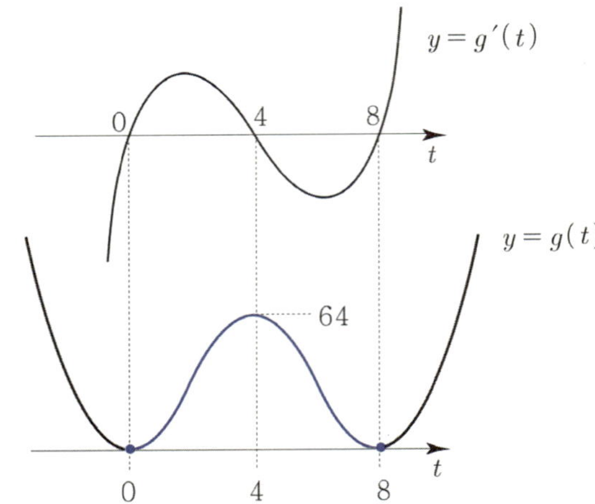

$g(t) \geq 0$ 이므로 $|g(t)|=g(t)$
따라서 두 점 P, Q 사이의 거리의 최댓값은 $g(4)=64$ 이다.

답 64

$$v_1(t) = -3t^2 + at, \ v_2(t) = -t + 1$$

$$x_1(t) = -t^3 + \frac{a}{2}t^2, \ x_2(t) = -\frac{t^2}{2} + t$$

$$-t^3 + \frac{a}{2}t^2 = -\frac{t^2}{2} + t$$

$$\Rightarrow t^3 - \frac{a+1}{2}t^2 + t = 0$$

$$\Rightarrow t\left(t^2 - \frac{a+1}{2}t + 1\right) = 0$$

출발한 후 두 점 P, Q가 한 번만 만나도록 해야 하므로 방정식 $t^2 - \dfrac{a+1}{2}t + 1 = 0$이 서로 다른 하나의 양의 실근을 가져야 한다.

$$t^2 + 1 = \frac{a+1}{2}t \ \ (t > 0)$$

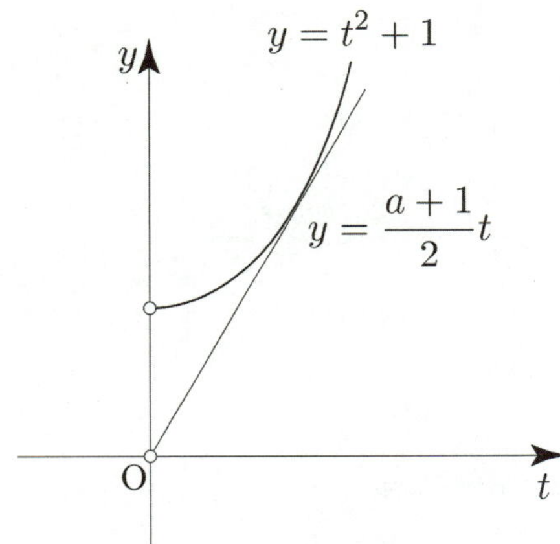

조건을 만족시키려면 $y = t^2 + 1$와 $y = \dfrac{a+1}{2}t$가 접해야 한다.

방정식 $t^2 - \dfrac{a+1}{2}t + 1 = 0$의 판별식을 D라 하면

$$D = \left(\frac{a+1}{2}\right)^2 - 4 = 0 \Rightarrow a = 3 \ \left(\because \ \frac{a+1}{2} > 0\right)$$

따라서 시각 $t = 0$에서 $t = 3$까지 점 P가 움직인 거리는

$$\int_0^3 |v_1(t)|\,dt = \int_0^3 |-3t^2 + 3t|\,dt$$

$$= \int_0^1 (-3t^2 + 3t)\,dt + \int_1^3 (3t^2 - 3t)\,dt$$

$$= \frac{29}{2}$$

이다.

답 ①

066

시각 $t = 0$에서 $t = 2$까지 점 P가 움직인 거리는

$$\int_0^2 |v_1(t)|\,dt = \int_0^2 |3t^2 + 1|\,dt = \left[\, t^3 + t \,\right]_0^2 = 10$$

시각 $t = 0$에서 $t = 2$까지 점 Q가 움직인 거리는

$$\int_0^2 |v_2(t)|\,dt = \int_0^2 |mt - 4|\,dt$$

m과 2의 대소관계에 따라 case분류하면

① $m \leq 2$일 때

$$\int_0^2 |mt - 4|\,dt = \int_0^2 (-mt + 4)\,dt$$

$$= \left[-\frac{1}{2}mt^2 + 4t\right]_0^2 = -2m + 8$$

$$-2m + 8 = 10 \Rightarrow m = -1$$

② $m > 2$일 때

$$\int_0^2 |mt - 4|\,dt = \int_0^{\frac{4}{m}} (-mt + 4)\,dt + \int_{\frac{4}{m}}^2 (mt - 4)\,dt$$

$$= \left[-\frac{1}{2}mt^2 + 4t\right]_0^{\frac{4}{m}} + \left[\frac{1}{2}mt^2 - 4t\right]_{\frac{4}{m}}^2$$

$$= 2m - 8 + \frac{16}{m}$$

$$2m - 8 + \frac{16}{m} = 10 \Rightarrow (m-1)(m-8) = 0$$

$$\Rightarrow m = 8 \ (\because \ m > 2)$$

따라서 모든 m의 값의 합은 $-1 + 8 = 7$이다.

답 ⑤

067

점 P의 운동방향이 바뀌는 시각은 $v(t)$의 부호가 바뀔 때이다.

$0 \leq t \leq 3$일 때

$$-t^2 + t + 2 = 0 \Rightarrow (t-2)(t+1) = 0$$

$$\Rightarrow t = 2 \ (\because \ t > 0)$$

$t > 3$ 일 때

$$k(t-3) - 4 = 0 \implies t = 3 + \frac{4}{k}$$

즉, 출발 후 점 P의 운동 방향이 두 번째로 바뀌는

시각은 $t = 3 + \frac{4}{k}$ 이다.

$$v(t) = \begin{cases} -t^2 + t + 2 & (0 \le t \le 3) \\ k(t-3) - 4 & (t > 3) \end{cases}$$

$$x(t) = \begin{cases} -\dfrac{t^3}{3} + \dfrac{t^2}{2} + 2t & (0 \le t \le 3) \\ \dfrac{k(t-3)^2}{2} - 4t + C & (t > 3) \end{cases}$$

$v(3)$ 의 값이 존재하므로 $x(t)$ 는 $t = 3$ 에서 연속이다.

$$-9 + \frac{9}{2} + 6 = -12 + C \implies C = \frac{27}{2}$$

$$x(t) = \begin{cases} -\dfrac{t^3}{3} + \dfrac{t^2}{2} + 2t & (0 \le t \le 3) \\ \dfrac{k(t-3)^2}{2} - 4t + \dfrac{27}{2} & (t > 3) \end{cases}$$

원점을 출발한 점 P의 시각 $t = 3 + \frac{4}{k}$ 에서의 위치가

1 이므로

$$x\left(3 + \frac{4}{k}\right) = \frac{k}{2} \times \frac{16}{k^2} - 4\left(3 + \frac{4}{k}\right) + \frac{27}{2}$$

$$= -\frac{8}{k} + \frac{3}{2} = 1$$

$$-\frac{8}{k} + \frac{3}{2} = 1 \implies -\frac{8}{k} = -\frac{1}{2} \implies k = 16$$

따라서 양수 $k = 16$ 이다.

답   16

$f(x) = -(x+1)^3 + 8$

$f(1) = 0$ 이므로 점 $A(1,\ 0)$

$S_1 = S_2$ 이므로

$$\int_0^1 f(x)\,dx = \int_0^1 k\,dx$$

$$\int_0^1 \{f(x) - k\}\,dx = 0$$

$$\int_0^1 \{-(x+1)^3 + 8 - k\}\,dx = \left[-\frac{1}{4}(x+1)^4 + (8-k)x \right]_0^1$$

$$= \frac{17}{4} - k = 0 \implies k = \frac{17}{4}$$

따라서 $4k = 17$ 이다.

답   17

$f(x) = (x-a)(x-b) \quad (0 < a < b)$

x축, y축, 곡선 $y = f(x)$ 로 둘러싸인 부분의 넓이를 S_1,

곡선 $y = f(x)$ 와 x축으로 둘러싸인 부분의 넓이를 S_2 라

하자.

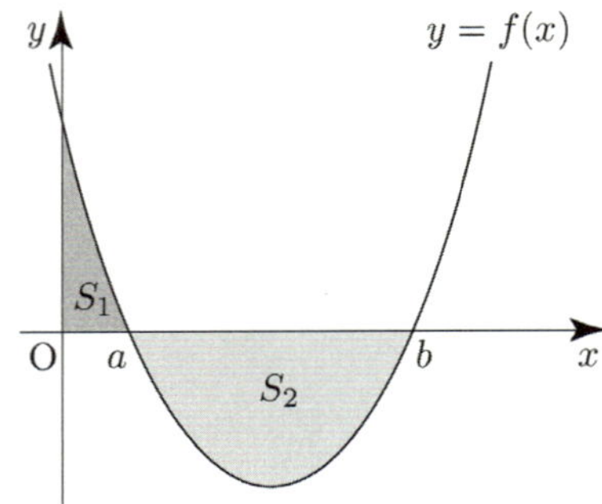

$$\int_0^a f(x)\,dx = S_1 = \frac{11}{6}$$

$$\int_0^b f(x)\,dx = S_1 - S_2 = -\frac{8}{3}$$

이므로 $\dfrac{11}{6} - S_2 = -\dfrac{8}{3} \implies \dfrac{11}{6} + \dfrac{8}{3} = S_2 \implies S_2 = \dfrac{9}{2}$

따라서 곡선 $y = f(x)$ 와 x축으로 둘러싸인 부분의 넓이는

$\dfrac{9}{2}$ 이다.

답   ②

$f(x)$ 는 실수 전체의 집합에서 연속

(가) $f(x) = ax^2\,(0 \le x < 2)$

(나) 모든 실수 x 에 대하여 $f(x+2) = f(x) + 2$

$f(x+2) = f(x) + 2$

양변에 $x = 0$ 을 대입하면

$f(2) = f(0) + 2$

(가) 조건에 의해서 $f(0)=0$ 이므로 $f(2)=2$ 이다.
$f(x)$ 는 실수 전체의 집합에서 연속이므로

$$\lim_{x \to 2} f(x) = f(2) \Rightarrow 4a = 2 \Rightarrow a = \frac{1}{2}$$

$$f(x) = \frac{1}{2}x^2 \ (0 \le x < 2)$$

$$f(x+2) = f(x) + 2$$

$x+2=t$ 라 하면
$f(t) = f(t-2) + 2 \ (2 \le t < 4)$
$t-2$ 는 $0 \le t-2 < 2$ 이므로 (가) 조건에 의해
$f(t-2) = \frac{1}{2}(t-2)^2$ 이므로

$$f(t) = \frac{1}{2}(t-2)^2 + 2 \ (2 \le t < 4)$$

즉, 이전 구간의 함수를 x 축의 방향으로 2만큼
평행이동시킨 후 y 축의 방향으로 2만큼 평행이동시켜
다음 구간의 함수를 찾을 수 있다.

이를 바탕으로 $f(x)$ 를 그리면

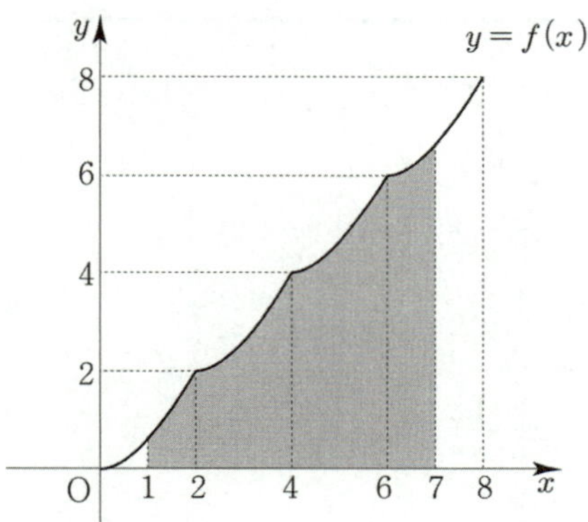

$\displaystyle\int_1^7 f(x)dx$ 는 위의 색칠한 영역의 넓이와 같다.

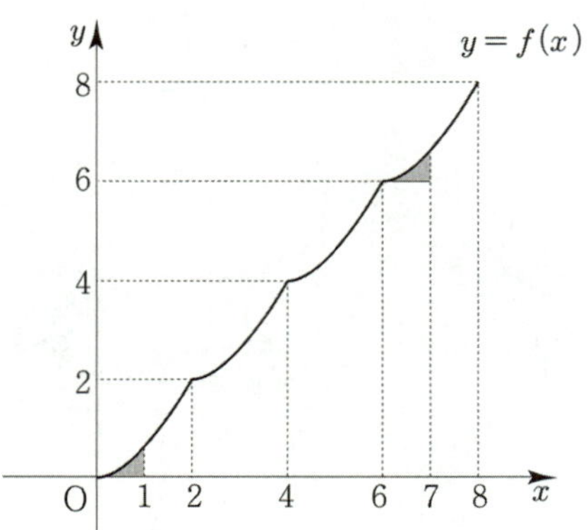

위 색칠한 두 영역의 넓이가 같으므로
$\displaystyle\int_1^7 f(x)dx$ 는 아래의 색칠한 영역의 넓이와 같다.

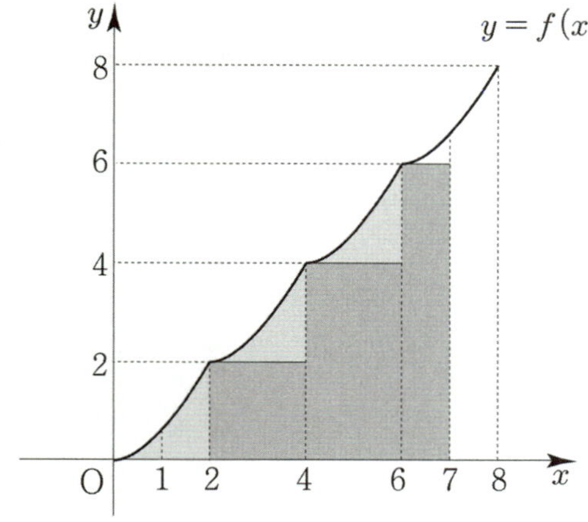

위 색칠한 영역의 넓이를 S 라 하면

$$S = 3\int_0^2 \frac{1}{2}x^2 dx + (2 \times 2) + (2 \times 4) + (1 \times 6)$$

$$= 3\left[\frac{1}{6}x^3\right]_0^2 + 18 = 22$$

따라서 $\displaystyle\int_1^7 f(x)dx = 22$ 이다.

답 ③

071

$$f(t) = t^2 - t, \ g(t) = -3t^2 + 6t$$

ㄱ. 점 P 는 출발 후 운동 방향을 1번 바꾼다.
$\quad f(t) = t(t-1)$
$\quad t=1$ 를 경계로 $f(t)$ 의 부호가 변하므로
$\quad$ 점 P 는 $t=1$ 에서만 운동 방향을 1번 바꾼다.
$\quad$ 따라서 ㄱ은 참이다.

ㄴ. $t=2$ 에서 두 점 P, Q 의 가속도를 각각 p, q 라
$\quad$ 할 때, $pq < 0$ 이다.
$\quad f'(t) = 2t - 1 \Rightarrow f'(2) = 3 = p$
$\quad g'(t) = -6t + 6 \Rightarrow g'(2) = -6 = q$
$\quad pq = -18 < 0$
$\quad$ 따라서 ㄴ은 참이다.

ㄷ. $t=0$ 부터 $t=3$ 까지 점 Q 가 움직인 거리는 8이다.
$$\int_0^3 |g(t)|dt = \int_0^2 (-3t^2 + 6t)dt + \int_2^3 (3t^2 - 6t)dt$$
$$= \left[-t^3 + 3t^2\right]_0^2 + \left[t^3 - 3t^2\right]_2^3 = 8$$
$\quad$ 따라서 ㄷ은 참이다.

답 ⑤

072

S_1, S_2, S_3 이 이 순서대로 등차수열을 이루므로
등차중항에 의해 $2S_2 = S_1 + S_3$ 이다.

$$3S_2 = S_1 + S_2 + S_3 = \int_{-1}^{2} f(x)\,dx$$

$$= \int_{-1}^{2}(-x^2+x+2)\,dx = \left[-\frac{1}{3}x^3+\frac{1}{2}x^2+2x\right]_{-1}^{2}$$

$$= \frac{9}{2}$$

따라서 $S_2 = \dfrac{3}{2}$ 이다.

답 ④

공식을 사용하면
$$3S_2 = \frac{|-1|}{6}\{2-(-1)\}^3 = \frac{9}{2} \ \Rightarrow \ S_2 = \frac{3}{2}$$

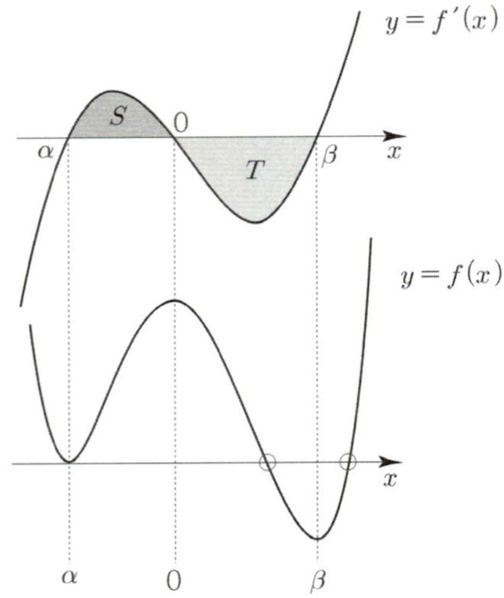

곡선 $y = f(x)$ 는 x 축과 x 좌표가 양수인 두 점에서
만나므로 방정식 $f(x) = 0$ 의 양의 실근의 개수는
2 개다. 따라서 ㄷ은 참이다.

답 ⑤

073

최고차항의 계수가 양수인 사차함수 $f(x)$
$f'(\alpha) = f'(0) = f'(\beta) = 0$
$f'(x) = ax(x-\alpha)(x-\beta)$ $(a > 0, \ \alpha < 0 < \beta)$
$$S = \int_{\alpha}^{0} |f'(x)|\,dx, \quad T = \int_{0}^{\beta} |f'(x)|\,dx$$

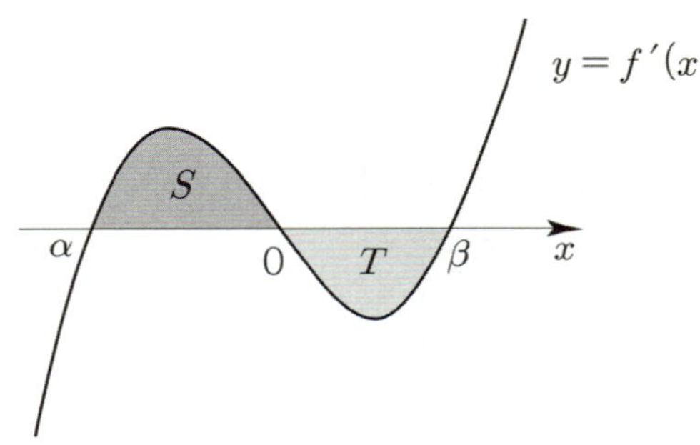

ㄱ. 함수 $f(x)$ 는 $x = 0$ 에서 극댓값을 갖는다.
　$f'(x)$ 가 $x = 0$ 을 경계로 $+ \to -$ 이므로
　$f(x)$ 는 $x = 0$ 에서 극댓값을 갖는다.
　따라서 ㄱ은 참이다.

ㄴ. $\alpha + \beta = 0$ 이면 $S = T$ 이다.
　$\alpha + \beta = 0$ 이면 $\alpha = -\beta$
　$f'(x) = ax(x-\beta)(x+\beta)$ $(a > 0)$ 는 원점에 대하여
　점대칭이므로 (기함수) $S = T$ 이다.
　따라서 ㄴ은 참이다.

ㄷ. $S < T$ 이고 $f(\alpha) = 0$ 이면 방정식 $f(x) = 0$ 의
　양의 실근의 개수는 2 이다.

074

원점에서 출발

$$v(t) = \begin{cases} \dfrac{1}{2}t - 1 & (0 \le t < 2) \\[2mm] -t^2 + 10t - 16 & (2 \le t < 8) \\[2mm] 2 - \dfrac{1}{4}t & (8 \le t \le 16) \end{cases}$$

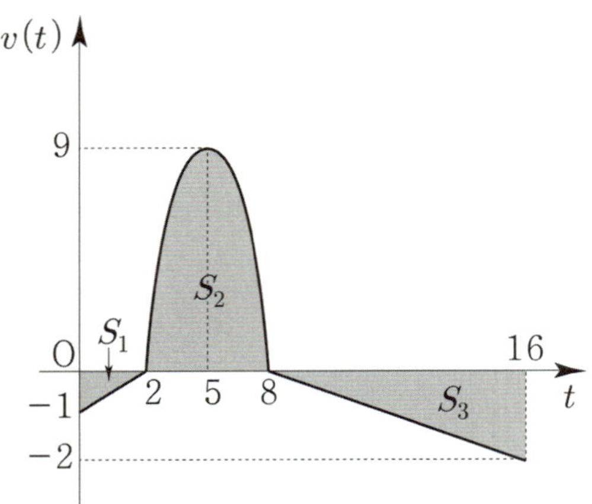

$$\int_{0}^{2} |v(t)|\,dt = S_1, \quad \int_{2}^{8} |v(t)|\,dt = S_2, \quad \int_{8}^{16} |v(t)|\,dt = S_3$$

라 하면
$$S_1 = \frac{1}{2} \times 1 \times 2 = 1$$

$$S_2 = \frac{|-1|}{6}(8-2)^3 = 36$$

$$S_3 = \frac{1}{2} \times 2 \times 8 = 8$$

$v(t)$를 바탕으로 $x(t)$를 그리면

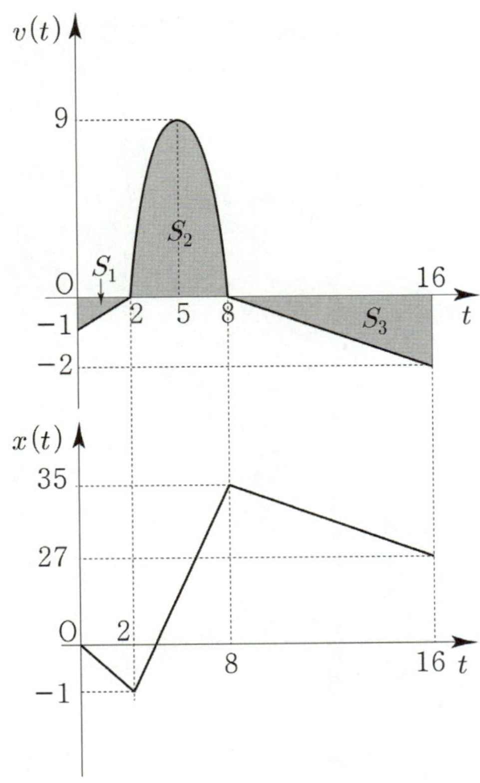

(편의상 $x(t)$를 직선으로 나타냈지만 원래는 곡선이다.)

따라서 선분 OP 의 길이의 최댓값은 35 이다.

답 35

> **Tip**
>
> 점 P 가 **수직선 위**를 움직이고 있다는 사실을 절대로 잊으면 안된다.

075

(중학교 3학년 내용 복습 : 이차함수 $y = ax^2$ 의 그래프와 같은 모양의 곡선을 포물선이라고 한다.)

직선 CF 를 x 축, 점 O 를 원점,
포물선 C_1 : $y = ax^2 + b$
$f(x) = ax^2 + b$

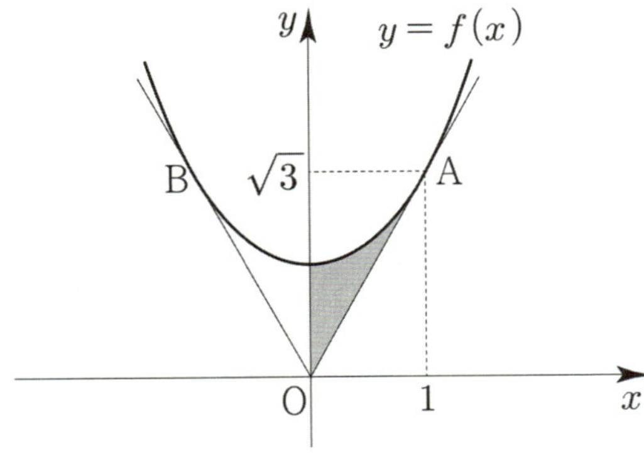

반지름의 길이가 2 이므로 $\overline{OA} = 2$

$\angle AOF = 60°$ 이므로

$A(2\cos60°,\ 2\sin60°) \Rightarrow A(1,\ \sqrt{3})$

점 A 는 $f(x)$ 위의 점이므로

$f(1) = \sqrt{3} \Rightarrow a + b = \sqrt{3}$

직선 OA 의 방정식은 $y = \sqrt{3}x$ 이고,

점 A 에서의 접선의 기울기는 $\sqrt{3}$ 이므로

$f'(1) = \sqrt{3} \Rightarrow 2a = \sqrt{3} \Rightarrow a = \dfrac{\sqrt{3}}{2}$

$a = \dfrac{\sqrt{3}}{2}$ 이므로 $b = \dfrac{\sqrt{3}}{2}$

$$f(x) = \frac{\sqrt{3}}{2}x^2 + \frac{\sqrt{3}}{2}$$

곡선 $y = f(x)$ 와 직선 $y = \sqrt{3}x$ 및 y 축으로 둘러싸인 부분의 넓이를 k 라 하고, 6 개의 포물선으로 둘러싸인 부분의 넓이를 S 라 하면

대칭성에 의해서

$$S = 12k = 12\int_0^1 \left(\frac{\sqrt{3}}{2}x^2 + \frac{\sqrt{3}}{2} - \sqrt{3}x\right)dx$$

$$= 12\left[\frac{\sqrt{3}}{6}x^3 - \frac{\sqrt{3}}{2}x^2 + \frac{\sqrt{3}}{2}x\right]_0^1 = 2\sqrt{3}$$

답 ①

076

$$v(t) = 3t^2 + at$$

$$x(t) = t^3 + \frac{a}{2}t^2 + c$$

$$x(0) = 0 \Rightarrow c = 0 \text{이므로}$$

$$x(t) = t^3 + \frac{a}{2}t^2$$

시각 $t = 2$ 에서 점 P 와 점 A 사이의 거리가 10 이므로

$$|x(2)-6|=10 \;\Rightarrow\; |8+2a-6|=10$$
$$\Rightarrow\; |a+1|=5 \;\Rightarrow\; a=4 \;\;(\because\; a>0)$$

따라서 상수 $a=4$ 이다.

답 ④

077

두 곡선 $y=x^3+x^2$, $y=-x^2+k$와 $x=2$, x축으로
둘러싸인 부분의 넓이를 C라 하면

$$\int_0^2 (-x^2+k)\,dx = A+C, \quad \int_0^2 (x^3+x^2)\,dx = B+C$$

이고, $A=B$이므로 두 식을 빼면

$$\int_0^2 (-x^2+k-x^3-x^2)\,dx = 0$$

$$\Rightarrow\; \int_0^2 (-x^3-2x^2+k)\,dx = 0$$

$$\Rightarrow\; \left[-\frac{1}{4}x^4 - \frac{2}{3}x^3 + kx \right]_0^2 = 0$$

$$\Rightarrow\; 2k = \frac{28}{3} \;\Rightarrow\; k = \frac{14}{3}$$

따라서 상수 $k=\dfrac{14}{3}$ 이다.

답 ④

078

$\displaystyle\int_0^4 v_1(t)\,dt = \int_0^4 (2-t)\,dt = 0$이므로 점 P가 원점으로
돌아온 시각은 $t=4$이다.

따라서 출발한 시각부터 점 P가 원점으로 돌아올 때까지
점 Q가 움직인 거리는

$$\int_0^4 |v_2(t)|\,dt = \int_0^4 3t\,dt = \left[\frac{3}{2}t^2 \right]_0^4 = 24 \text{ 이다.}$$

답 ⑤

079

$$f(x) = x^3 + x^2 - x$$
$$f'(x) = 3x^2 + 2x - 1 = (3x-1)(x+1)$$

두 함수 $f(x)$, $g(x)$의 그래프가 만나는 점의 개수가
2이므로 다음 그림과 같아야 한다.

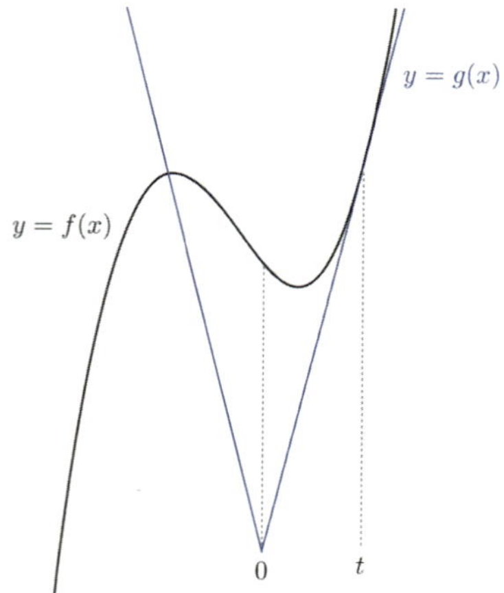

직선 $y=4x+k$이 곡선 $y=f(x)$에 접할 때,
접점의 x좌표를 t라 하면

$$f(t) = 4t+k \;\Rightarrow\; t^3+t^2-t = 4t+k$$

$$\Rightarrow\; t^3+t^2-5t = k \;\cdots\; \bigcirc$$

$$f'(t) = 4 \;\Rightarrow\; 3t^2+2t-1 = 4 \;\Rightarrow\; (3t+5)(t-1)=0$$

$$\Rightarrow\; t=1 \;\;(\because\; t>0)$$

$\bigcirc$에 $t=1$을 대입하면 $1+1-5=k \;\Rightarrow\; k=-3$이다.

$$-4x-3 = x^3+x^2-x \;\Rightarrow\; x^3+x^2+3x+3 = 0$$

$$\Rightarrow\; (x+1)(x^2+3)=0 \;\Rightarrow\; x=-1$$

이므로 직선 $y=-4x-3$과 곡선 $y=f(x)$는
$(-1,\,f(-1))$에서 교점을 가진다.

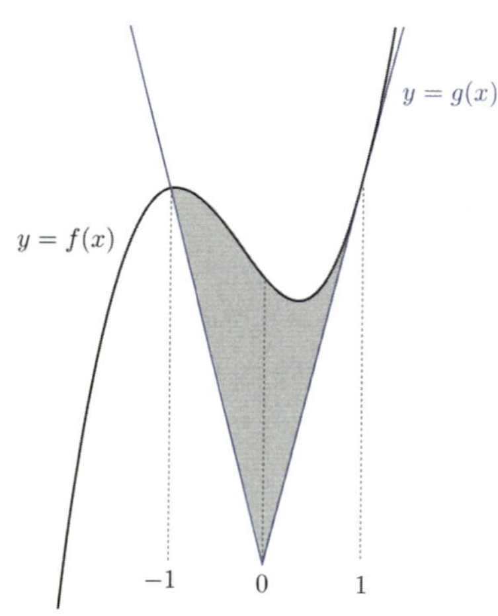

$$S = \int_{-1}^{1} \{f(x) - g(x)\} dx$$

$$= \int_{-1}^{0} \{x^3 + x^2 - x - (-4x - 3)\} dx$$

$$+ \int_{0}^{1} \{x^3 + x^2 - x - (4x - 3)\} dx$$

$$= \int_{-1}^{0} (x^3 + x^2 + 3x + 3) dx + \int_{0}^{1} (x^3 + x^2 - 5x + 3) dx$$

$$= \left[\frac{1}{4}x^4 + \frac{1}{3}x^3 + \frac{3}{2}x^2 + 3x \right]_{-1}^{0} + \left[\frac{1}{4}x^4 + \frac{1}{3}x^3 - \frac{5}{2}x^2 + 3x \right]_{0}^{1}$$

$$= -\frac{1}{4} + \frac{1}{3} - \frac{3}{2} + 3 + \frac{1}{4} + \frac{1}{3} - \frac{5}{2} + 3$$

$$= \frac{8}{3}$$

따라서 $30 \times S = 30 \times \dfrac{8}{3} = 80$ 이다.

답   80

080

(나) 조건에서 $t \geq 2$ 일 때, $v(t) = 3t^2 + 4t + C$ 이다.
$a(2) = 16$ 이므로 $v(t)$ 는 $t = 2$ 에서 미분가능하므로
$v(t)$ 는 $t = 2$ 에서 연속이다.
$$\lim_{t \to 2-} v(t) = 16 - 16 = 0, \quad \lim_{t \to 2+} v(t) = 20 + C$$

$$\Rightarrow \lim_{t \to 2-} v(t) = \lim_{t \to 2+} v(t) \Rightarrow C = -20$$

$$v(t) = \begin{cases} 2t^3 - 8t & (0 \leq t \leq 2) \\ 3t^2 + 4t - 20 & (t > 2) \end{cases}$$

이를 바탕으로 $v(t)$ 를 그리면 다음과 같다.

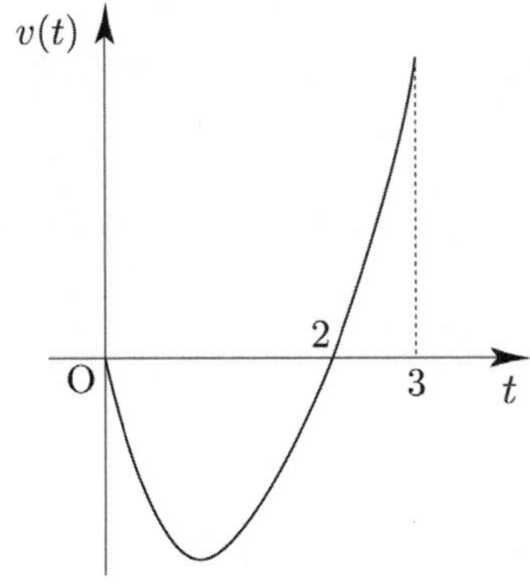

$$\int_{0}^{3} |v(t)| dt = \int_{0}^{2} (-2t^3 + 8t) dt + \int_{2}^{3} (3t^2 + 4t - 20) dt$$

$$= \left[-\frac{1}{2}t^4 + 4t^2 \right]_{0}^{2} + \left[t^3 + 2t^2 - 20t \right]_{2}^{3}$$

$$= 8 + 9 = 17$$

따라서 시각 $t = 0$ 에서 $t = 3$ 까지 점 P 가 움직인 거리는
17 이다.

답   17

081

$$v(t) = 3t^2 - 6t = 3t(t - 2)$$
$$x(t) = t^3 - 3t^2 \quad (\because x(0) = 0)$$

ㄱ. 시각 $t = 2$ 에서 점 P 의 움직이는 방향이 바뀐다.

$v(2) = 0$ 이고, $t = 2$ 에서 $v(t)$ 의 부호가
변하므로 ㄱ은 참이다.

ㄴ. 점 P 가 출발한 후 움직이는 방향이 바뀔 때
점 P 의 위치는 -4 이다.

ㄱ에 의해 시각 $t = 2$ 에서 점 P 의 움직이는 방향이
바뀐다는 사실을 알 수 있고,
$x(2) = 8 - 12 = -4$ 이므로 ㄴ은 참이다.

ㄷ. 점 P 가 시각 $t = 0$ 일 때부터 가속도가 12 가 될 때까지
움직인 거리는 8 이다.

$v'(t) = 6t - 6$ 이므로 $6t - 6 = 12 \Rightarrow 6t = 18 \Rightarrow t = 3$

닫힌구간 $[0,\ 2]$ 에서 $v(t) < 0$ 이므로 $|v(t)| = -v(t)$
닫힌구간 $[2,\ 3]$ 에서 $v(t) > 0$ 이므로 $|v(t)| = v(t)$
$$\int_{0}^{3} |v(t)| dt = \int_{0}^{2} -v(t)\, dt + \int_{2}^{3} v(t) dt$$

$$= \int_{0}^{2} (-3t^2 + 6t) dt + \int_{2}^{3} (3t^2 - 6t) dt$$

$$= \left[-t^3 + 3t^2 \right]_{0}^{2} + \left[t^3 - 3t^2 \right]_{2}^{3}$$

$$= 4 + 4 = 8$$

따라서 ㄷ은 참이다.

답   ⑤

082

$$a(t) = 3t^2 - 12t + 9 \ (t \geq 0) = 3(t-1)(t-3) \ (t \geq 0)$$
$$v(t) = t^3 - 6t^2 + 9t + C$$
$$v(0) = k \Rightarrow C = k$$

$$v(t) = t^3 - 6t^2 + 9t + k$$

ㄱ. 구간 $(3, \infty)$ 에서 점 P 의 속도는 증가한다.

구간 $(3, \infty)$ 에서 $a(t) = v'(t) > 0$ 이므로
점 P 의 속도는 증가한다.
따라서 ㄱ은 참이다.

ㄴ. $k = -4$ 이면 구간 $(0, \infty)$ 에서 점 P 의 운동 방향이
두 번 바뀐다.

$$v(t) = t^3 - 6t^2 + 9t - 4$$
$$v'(t) = 3(t-1)(t-3)$$
$$v(1) = 0, \ v(3) = -4$$
$v'(t)$ 를 바탕으로 $v(t)$ 를 그리면

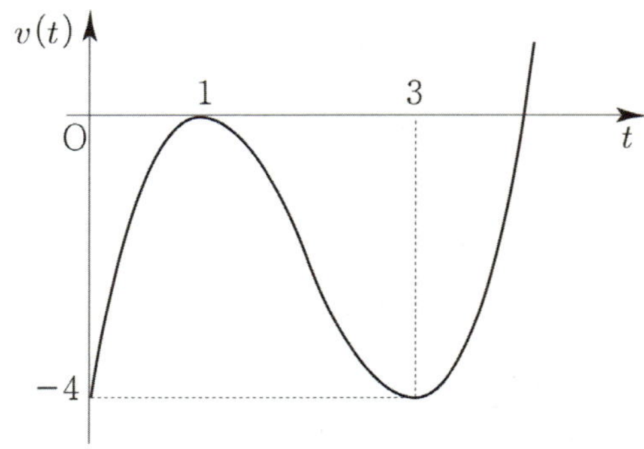

$v(1) = 0$ 이고 $t = 1$ 에서 $v(t)$ 의 부호가 변하지
않는다.
$v(4) = 0$ 이고 $t = 4$ 에서 $v(t)$ 의 부호가 변한다.
즉, $t = 4$ 에서만 운동 방향이 바뀐다.

따라서 $k = -4$ 이면 구간 $(0, \infty)$ 에서 점 P 의 운동
방향이 한 번 바뀌므로 ㄴ은 거짓이다.

ㄷ. 시각 $t = 0$ 에서 시각 $t = 5$ 까지 점 P 의 위치의 변화량과
점 P 가 움직인 거리가 같도록 하는 k 의 최솟값은
0 이다.

$$\int_0^5 v(t)\,dt = \int_0^5 |v(t)|\,dt \ \text{이려면}$$
$0 \leq t \leq 5$ 에서 $v(t) \geq 0$ 이어야 한다.

$$t^3 - 6t^2 + 9t + k \geq 0 \Rightarrow k \geq -t^3 + 6t^2 - 9t$$

$$f(t) = -t^3 + 6t^2 - 9t$$

$$f'(t) = -3t^2 + 12t - 9 = -3(t-1)(t-3)$$
$$f(0) = 0, \ f(1) = -4, \ f(3) = 0$$
$f'(t)$ 를 바탕으로 $f(t)$ 를 그리면

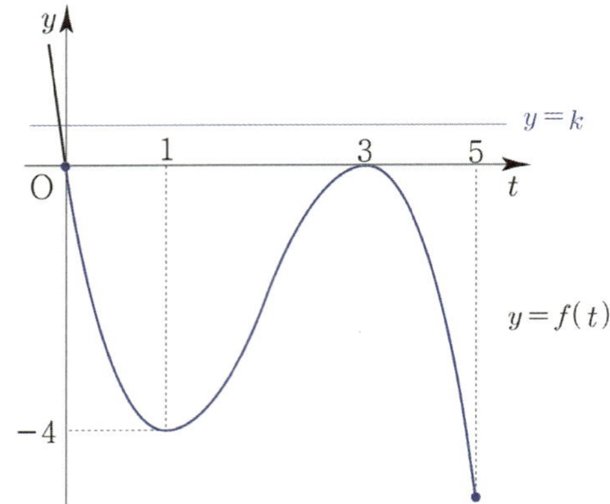

$0 \leq t \leq 5$ 에서 $k \geq f(t)$ 이려면 $k \geq 0$ 이므로
k 의 최솟값은 0 이다.
따라서 ㄷ은 참이다.

 ④

083

$a > 0$, $f(x)$ 는 실수 전체의 집합에서 연속
(가) $f(x) = 2x^2 + ax \ (0 \leq x < 1)$
(나) 모든 실수 x 에 대하여 $f(x+1) = f(x) + a^2$

$$f(x+1) = f(x) + a^2$$
양변에 $x = 0$ 을 대입하면
$$f(1) = f(0) + a^2$$

(가) 조건에 의해서 $f(0) = 0$ 이므로 $f(1) = a^2$ 이다.
$f(x)$ 는 실수 전체의 집합에서 연속이므로
$$\lim_{x \to 1} f(x) = f(1) \Rightarrow 2 + a = a^2 \Rightarrow a = 2 \ (\because a > 0)$$

$$f(x) = 2x^2 + 2x = 2x(x+1) \ (0 \leq x < 1)$$
$$f(x+1) = f(x) + 4$$

$x + 1 = t$ 라 하면
$$f(t) = f(t-1) + 4 \ (1 \leq t < 2)$$
$t - 1$ 는 $0 \leq t - 1 < 1$ 이므로 (가) 조건에 의해
$f(t-1) = 2(t-1)t$ 이므로

$$f(t) = 2(t-1)t + 4 \quad (1 \leq t < 2)$$

즉, 이전 구간의 함수를 x축의 방향으로 1만큼
평행이동시킨 후 y축의 방향으로 4만큼 평행이동시켜
다음 구간의 함수를 찾을 수 있다.

이를 바탕으로 $f(x)$를 그리면

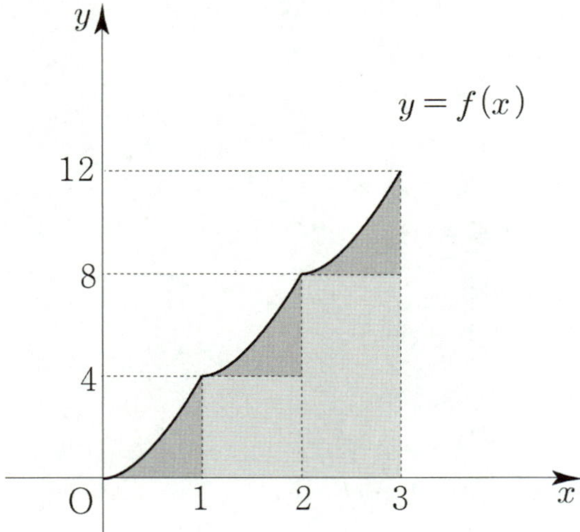

위 색칠한 영역의 넓이를 S라 하면

$$S = 3\int_0^1 f(x)dx + 4 + 8 = 3\int_0^1 (2x^2 + 2x)dx + 12$$

$$= 3\left[\frac{2x^3}{3} + x^2\right]_0^1 + 12 = 5 + 12 = 17$$

곡선 $y = f(x)$와 x축 및 직선 $x = 3$으로 둘러싸인 부분의
넓이는 17이다.

답   17

$a > 0$

$$f(x) = \begin{cases} \dfrac{3}{a}x^2 & (-a \leq x \leq a) \\[2mm] 3a & (x < -a \text{ 또는 } x > a) \end{cases}$$

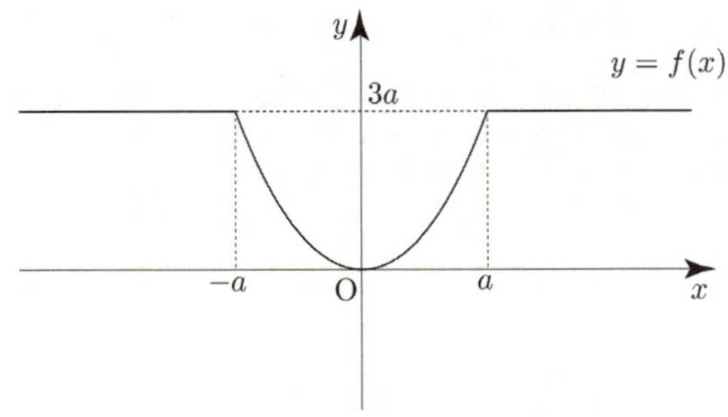

a와 3의 대소 관계에 따라 case분류하면 다음과 같다.

① $0 < a < 3$일 때

함수 $y = f(x)$의 그래프와 x축 및 두 직선 $x = -3$, $x = 3$
으로 둘러싸인 부분의 넓이가 8이므로

$$\int_{-3}^3 f(x)dx = 2\int_0^3 f(x)dx = 2\left(\int_0^a \frac{3}{a}x^2 dx + \int_a^3 3a\,dx\right)$$

$$= 2\left[\frac{1}{a}x^3\right]_0^a + 2\left[3ax\right]_a^3 = 2a^2 + 2(9a - 3a^2)$$

$$= -4a^2 + 18a = 8$$

$$\Rightarrow 2a^2 - 9a + 4 = 0 \Rightarrow (2a-1)(a-4) = 0$$

$$\Rightarrow a = \frac{1}{2} \quad (\because 0 < a < 3)$$

② $a \geq 3$일 때

함수 $y = f(x)$의 그래프와 x축 및 두 직선 $x = -3$, $x = 3$
으로 둘러싸인 부분의 넓이가 8이므로

$$\int_{-3}^3 f(x)dx = 2\int_0^3 f(x)dx = 2\int_0^3 \frac{3}{a}x^2 dx$$

$$= 2\left[\frac{1}{a}x^3\right]_0^3 = \frac{54}{a} = 8$$

$$\Rightarrow a = \frac{54}{8} = \frac{27}{4}$$

모든 a의 값의 합 $S = \dfrac{1}{2} + \dfrac{27}{4} = \dfrac{29}{4}$이므로

$$40S = 40 \times \frac{29}{4} = 290$$이다.

답   290

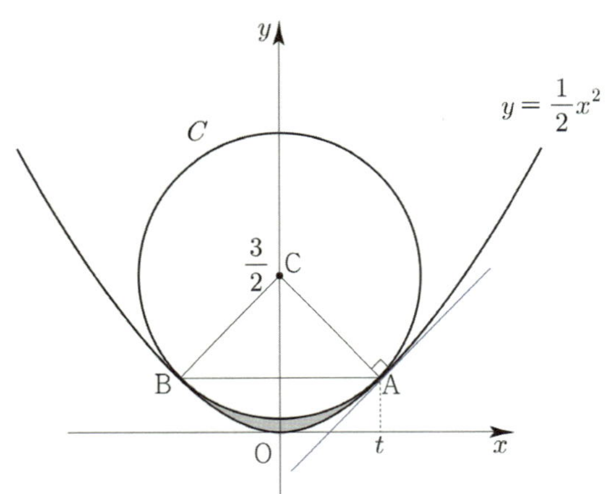

$$f(x) = \frac{1}{2}x^2$$

$$f'(x) = x$$

접점 A 의 x 좌표를 t 라 하면

직선 AC 의 기울기 $= \dfrac{\frac{1}{2}t^2 - \frac{3}{2}}{t - 0}$

직선 AC 와 점 A $\left(t, \frac{1}{2}t^2\right)$ 에서의 접선은 서로 수직하므로

$$\frac{\frac{1}{2}t^2 - \frac{3}{2}}{t - 0} \times f'(t) = -1 \Rightarrow \frac{1}{2}t^2 - \frac{3}{2} = -1$$

$$\Rightarrow t = 1 \ (\because t > 0)$$

A $\left(1, \frac{1}{2}\right)$ 이므로 대칭성에 의해서 B $\left(-1, \frac{1}{2}\right)$

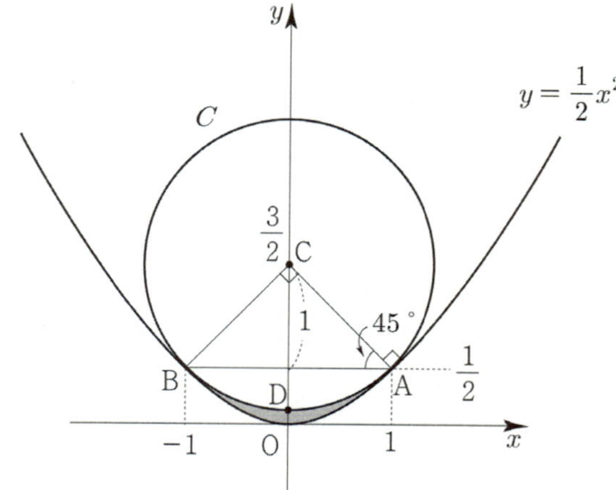

원 C 의 반지름의 길이 $= \overline{AC} = \sqrt{2}$

부채꼴 ACD 의 넓이 $= \frac{1}{2} \times (\sqrt{2})^2 \times \frac{\pi}{4} = \frac{\pi}{4}$

$(\because \angle ACD = 45°)$

직선 AC 의 방정식은 $y = -x + \frac{3}{2}$

원 C 와 함수 $y = \frac{1}{2}x^2$ 의 그래프로 둘러싸인 부분의

넓이를 S 라 하면

$$S = 2\left\{\int_0^1\left(-x + \frac{3}{2} - \frac{1}{2}x^2\right)dx - \frac{\pi}{4}\right\}$$

$$= 2\left[-\frac{1}{6}x^3 - \frac{1}{2}x^2 + \frac{3}{2}x\right]_0^1 - \frac{\pi}{2} = \frac{5}{3} - \frac{\pi}{2}$$

$a = \frac{5}{3},\ b = -\frac{1}{2}$ 이므로

$$120(a+b) = 120\left(\frac{5}{3} - \frac{1}{2}\right) = 140 \text{ 이다.}$$

답 140

086

실수 전체의 집합에서 증가하는 연속함수 $f(x)$

(가) 모든 실수 x 에 대하여 $f(x) = f(x-3) + 4$

(나) $\displaystyle\int_0^6 f(x)dx = 0$

$f(x)$ 가 증가함수이므로 (나) 조건에 의해서
$f(0) < 0,\ f(6) > 0$ 이다.

즉, $x \geq 6$ 에서 $f(x) > 0$ 이므로
함수 $y = f(x)$ 의 그래프와 x 축 및 두 직선
$x = 6,\ x = 9$ 로 둘러싸인 부분의 넓이는
$\displaystyle\int_6^9 f(x)dx$ 이다.

$$f(x) = f(x-3) + 4$$
양변을 x 에 대해 적분하면
$$F(x) = F(x-3) + 4x + C$$
$$F(x) - F(x-3) = 4x + C$$

$$F(6) - F(3) = 24 + C$$
$$F(3) - F(0) = 12 + C$$
위 두 식을 더하면
$$F(6) - F(0) = 36 + 2C = 0 \Rightarrow C = -18$$
$$\left(\because \int_0^6 f(x)dx = F(6) - F(0) = 0\right)$$

$$F(x) - F(x-3) = 4x - 18$$
$$F(9) - F(6) = 18 \text{ 이므로}$$
$$\int_6^9 f(x)dx = F(9) - F(6) = 18 \text{ 이다.}$$

답 ④

087

직선 AB 의 방정식은 $y = -\frac{3}{2}x + 3$

곡선 $y = ax^2$ 이 선분 AB 와 만나는 점의 x 좌표를
b 라 하면 $-\frac{3}{2}b + 3 = ab^2$ 이다.

Tip

미지수 놓기를 두려워하지 말자.

$S_1 : S_2 = 13 : 3$ 이고 삼각형 OAB 의 넓이는 3 이므로

$S_2 = \dfrac{3}{16} \times 3 = \dfrac{9}{16}$ 이다.

$$S_2 = \int_0^b ax^2 dx + \int_b^2 \left(-\dfrac{3}{2}x + 3\right) dx$$

$$= \left[\dfrac{a}{3}x^3\right]_0^b + \left[-\dfrac{3}{4}x^2 + 3x\right]_b^2 = \dfrac{1}{3}ab^3 + \dfrac{3}{4}b^2 - 3b + 3$$

$$= \dfrac{9}{16}$$

$ab^2 = 3 - \dfrac{3}{2}b$ 이므로

$$\dfrac{1}{3}b\left(3 - \dfrac{3}{2}b\right) + \dfrac{3}{4}b^2 - 3b + 3 = \dfrac{9}{16}$$

$$\Rightarrow 4b^2 - 32b + 39 = 0 \Rightarrow (2b-3)(2b-13) = 0$$

$$\Rightarrow b = \dfrac{3}{2} \quad (\because 0 < b < 2)$$

$b = \dfrac{3}{2}$ 이므로 $a = \dfrac{1}{3}$ 이다.

답 ②

Tip

<곡선 위의 점>

$(a,\ b)$ 가 곡선 $y = f(x)$ 위의 점이라고 하면
$f(a) = b$ 라는 식을 얻을 수 있고
위 식은 문제를 풀기 위한 핵심 조건일 때가 많다.

모든 조건을 구해놓고 정작 곡선 위의 점이 존재한다는 조건을
빼먹어 틀리는 경우가 빈번하게 발생하므로 유의하도록 하자.

문제를 풀다가 잊어먹을 수 있으므로 곡선 위의 점이 나오면
대입한 식을 크게 적거나 동그라미를 쳐서 잘 보이도록
표시해두자.

088

최고차항의 계수가 1 인 사차함수 $f(x)$
모든 실수 x 에 대하여 $f'(-x) = -f'(x)$

$f'(x)$ 는 기함수이므로
$f'(x) = 4x^3 - ax$
$f'(1) = 0 \Rightarrow 4 - a = 0 \Rightarrow a = 4$

$f'(x) = 4x^3 - 4x = 4x(x-1)(x+1)$
$f(x) = x^4 - 2x^2 + C$

$f(1) = 2 \Rightarrow 1 - 2 + C = 2 \Rightarrow C = 3$
$f(x) = x^4 - 2x^2 + 3$

ㄱ. $f'(-1) = 0$
  $f'(-1) = -f'(1) = 0$ 이므로 ㄱ은 참이다.

ㄴ. 모든 실수 k 에 대하여
$$\int_{-k}^0 f(x)dx = \int_0^k f(x)dx \text{ 이다.}$$

$g(k) = \displaystyle\int_0^k f(x)dx$ 라 하면 (new 함수 Technique !)

$$\int_{-k}^0 f(x)dx = -\int_0^{-k} f(x)dx = -g(-k)$$

모든 실수 k 에 대하여 $g(-k) = -g(k)$ 을
만족시키려면 $g(k)$ 는 기함수이어야 한다.

$$g(k) = \int_0^k f(x)dx = \left[\dfrac{1}{5}x^5 - \dfrac{2}{3}x^3 + 3x\right]_0^k$$

$$= \dfrac{1}{5}k^5 - \dfrac{2}{3}k^3 + 3k$$

$g(k)$ 는 홀수차 항의 합으로 구성되어 있으므로
기함수이다.
따라서 ㄴ은 참이다.

ㄷ. $0 < t < 1$ 인 모든 실수 t 에 대하여
$$\int_{-t}^t f(x)dx < 6t \text{ 이다.}$$

$f'(x) = 4x^3 - 4x = 4x(x-1)(x+1)$
$f(x) = x^4 - 2x^2 + 3$
$f(0) = 3,\ f(1) = 2$

$f'(x)$ 를 바탕으로 $f(x)$ 를 그리면

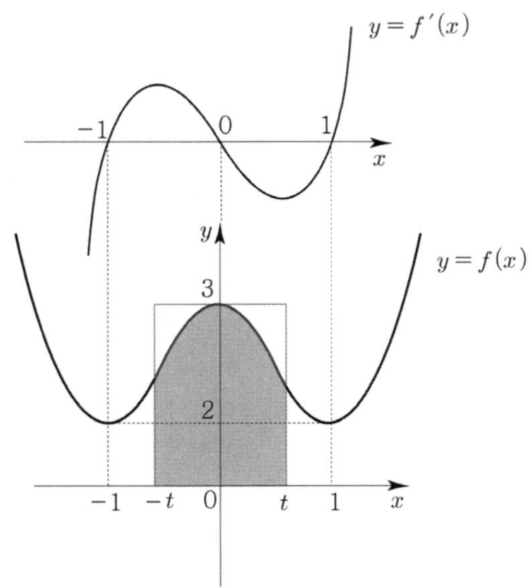

세 직선 $x=-t$, $x=t$, $y=3$과 x축으로 둘러싸인

직사각형의 넓이가 $6t$이고 $\int_{-t}^{t} f(x)dx$ 는 색칠한

영역의 넓이이므로 $0 < t < 1$인 모든 실수 t에 대하여

$\int_{-t}^{t} f(x)dx < 6t$이다.

따라서 ㄷ은 참이다.

답 ⑤

<같은 속성끼리 비교>

$\int_{-t}^{t} f(x)dx < 6t$에서 좌변이 넓이를 나타내는

식이므로 $6t$도 넓이의 관점에서 생각하는 것이 자연스럽다.

예를 들어 $f(2)-f(1) < f'(1)$일 때,
우변이 기울기를 나타내는 식이므로
좌변도 기울기의 관점에서 생각해보면 아래와 같다.

$$\frac{f(2)-f(1)}{2-1} < f'(1)$$

089

$a_n = 2n-1$
$\mathrm{P}_n = (a_n, \ b_n)$ 이라 하자.

(가) 조건에 의해서 $a_1 = 1$, $b_1 = 1$
(다) 조건에 의해서

$$\frac{b_{n+1}-b_n}{a_{n+1}-a_n} = \frac{1}{2}a_{n+1}$$

$$\Rightarrow \ b_{n+1}-b_n = a_{n+1} = 2n+1$$

라이트 N제 수1 수열 中 3. 수학적 귀납법 Guide step
"개념 파악하기 (1) 수열의 귀납적 정의란 무엇일까?"
에서 배웠듯이

$$b_n = b_1 + \sum_{k=1}^{n-1}(2k+1) = 1 + \frac{(n-1)(2n+2)}{2} = n^2$$

(물론 b_n의 일반항을 직접 구하지 않고, 그냥 나열하여
구해도 된다.)

$a_{n+1}-a_n = b_n$ 꼴 (라이트 수1 복습)

$a_{n+1}-a_n = b_n$ 의 n에 1, 2, 3, $\cdots$, $n-1$을
차례대로 대입한 뒤 변끼리 더한다.

$$\begin{aligned} a_2 - a_1 &= b_1 \\ a_3 - a_2 &= b_2 \\ a_4 - a_3 &= b_3 \\ &\vdots \\ a_n - a_{n-1} &= b_{n-1} \end{aligned}$$

$$\Rightarrow \quad a_n - a_1 = b_1 + b_2 + \cdots + b_{n-1} = \sum_{k=1}^{n-1} b_k$$

$$\therefore \quad a_n = a_1 + \sum_{k=1}^{n-1} b_k$$

$\mathrm{P}_n = (a_n, \ b_n) = (2n-1, \ n^2)$ 이므로
$\mathrm{P}_1(1, \ 1)$, $\mathrm{P}_2(3, \ 4)$, $\mathrm{P}_3(5, \ 9)$, $\mathrm{P}_4(7, \ 16)$,

$P_5(9, \ 25)$, $P_6(11, \ 36)$
이다.

$x \geq 1$에서 정의된 함수 $y = f(x)$의 그래프가 모든
자연수 n에 대하여 닫힌구간 $[a_n, \ a_{n+1}]$에서
선분 $\mathrm{P}_n\mathrm{P}_{n+1}$과 일치하므로 이를 바탕으로 $f(x)$의
그래프를 그리면

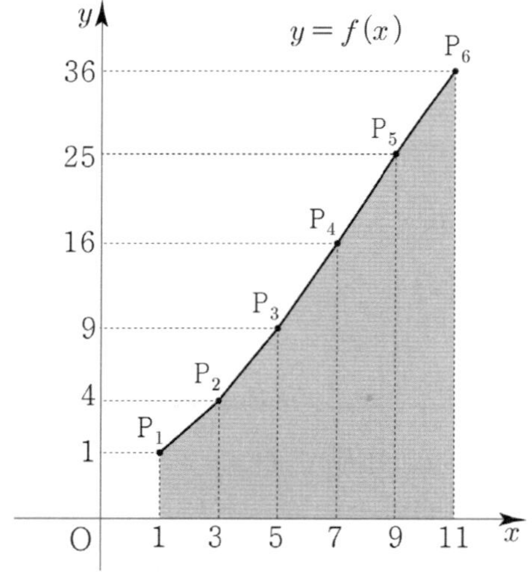

$\int_{1}^{11} f(x)dx$ 의 값은 사다리꼴의 넓이의 합과 같다.

$$\int_1^{11} f(x)\,dx$$

$$= \frac{1}{2}\times 2\times(1+4)+\frac{1}{2}\times 2\times(4+9)+\frac{1}{2}\times 2\times(9+16)$$

$$\qquad +\frac{1}{2}\times 2\times(16+25)+\frac{1}{2}\times 2\times(25+36)$$

$$= 5+13+25+41+61 = 145$$

답 ②

> **Tip**
>
> P_n 의 y좌표를 b_n 으로 두고 P_n 의 좌표만 구했다면 어렵지 않게 풀 수 있었다.
> 이 문제를 풀지 못했던 학생들의 대부분은 아마 비주얼에 압도당했을 가능성이 크다.
> 절대 쫄지 말자!!! 그냥 한 번 해본다는 마인드는 문제를 풀기 위한 아주 강력한 Tool이다.

090

$2m+2+k>0$ 인 실수 k에 대하여

곡선 $y=\dfrac{1}{4}x^3+\dfrac{1}{2}x$ 와 직선 $y=mx+2$ 을

y축의 방향으로 k만큼 평행이동하더라도 둘러싸인 부분의 넓이는 변하지 않는다.

곡선 $y=\dfrac{1}{4}x^3+\dfrac{1}{2}x+k$, 직선 $y=mx+2+k$와

x축, y축, $x=2$로 둘러싸인 부분의 넓이를 C라 하자.

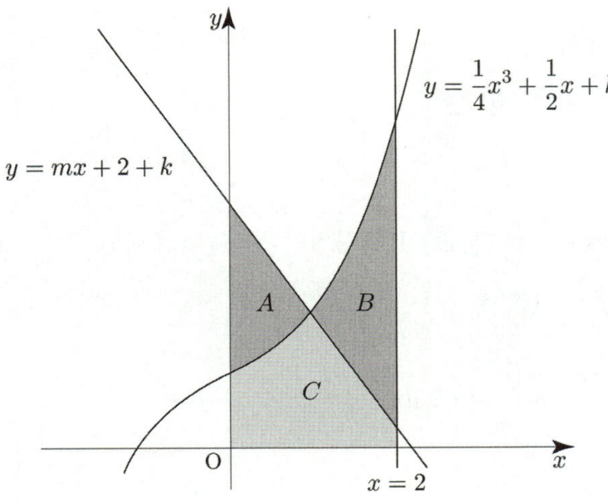

$$\int_0^2\left(\frac{1}{4}x^3+\frac{1}{2}x+k\right)dx=B+C \cdots \text{㉠}$$

$$\int_0^2(mx+2+k)\,dx=A+C \cdots \text{㉡}$$

두 식을 빼면 ㉠ - ㉡

$$\int_0^2\left(\frac{1}{4}x^3+\frac{1}{2}x+k\right)dx-\int_0^2(mx+2+k)\,dx=B-A$$

$$\Rightarrow \int_0^2\left(\frac{1}{4}x^3+\frac{1}{2}x-mx-2\right)dx=\frac{2}{3}$$

$$\Rightarrow \left[\frac{1}{16}x^4+\frac{1}{4}x^2-\frac{m}{2}x^2-2x\right]_0^2=\frac{2}{3}$$

$$\Rightarrow -2m-2=\frac{2}{3} \Rightarrow m=-\frac{4}{3}$$

따라서 $m=-\dfrac{4}{3}$ 이다.

답 ③

091

$$f(x)=\begin{cases} -x^2-2x+6 & (x<0) \\ -x^2+2x+6 & (x\ge 0) \end{cases}$$

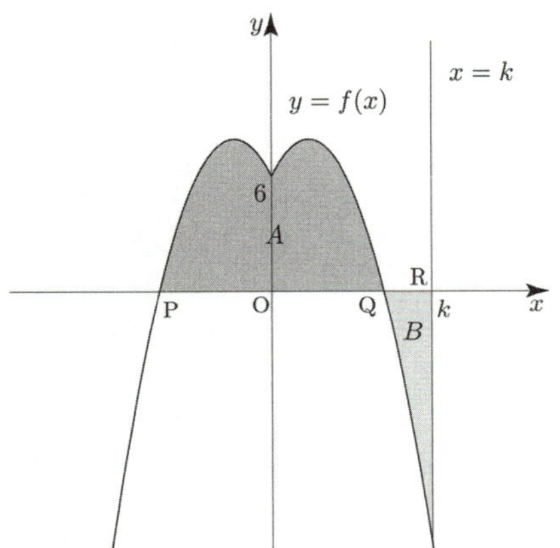

함수 $y=f(x)$ 의 그래프는 y축에 대하여 대칭이므로 곡선 $y=f(x)$ 와 선분 PQ로 둘러싸인 부분의 넓이는 y축에 의하여 이등분된다.

$$A=2B \Rightarrow \frac{A}{2}=B \text{이므로}$$

$$\int_0^k(-x^2+2x+6)\,dx=0$$

$$\Rightarrow \left[-\frac{1}{3}x^3+x^2+6x\right]_0^k=0$$

$$\Rightarrow -\frac{1}{3}k(k+3)(k-6)=0$$

$$\Rightarrow k=6 \ (\because \ k>4)$$

따라서 k의 값은 6이다.

답 ④

$v_1(t) = t^2 - 6t + 5$, $v_2(t) = 2t - 7$ 이고

$x_1(0) = x_2(0) = 0$ 이므로

$x_1(t) = \dfrac{1}{3}t^3 - 3t^2 + 5t$, $x_2(t) = t^2 - 7t$

$$f(t) = \left| \frac{1}{3}t^3 - 3t^2 + 5t - (t^2 - 7t) \right|$$

$$= \left| \frac{1}{3}t^3 - 4t^2 + 12t \right|$$

$$= \left| \frac{1}{3}t(t-6)^2 \right|$$

$t \geq 0$ 에서 $\dfrac{1}{3}t(t-6)^2 \geq 0$ 이므로

$$f(t) = \frac{1}{3}t(t-6)^2 \ \ (t \geq 0)$$

$$f'(t) = t^2 - 8t + 12 = (t-2)(t-6) \ \ (t > 0)$$

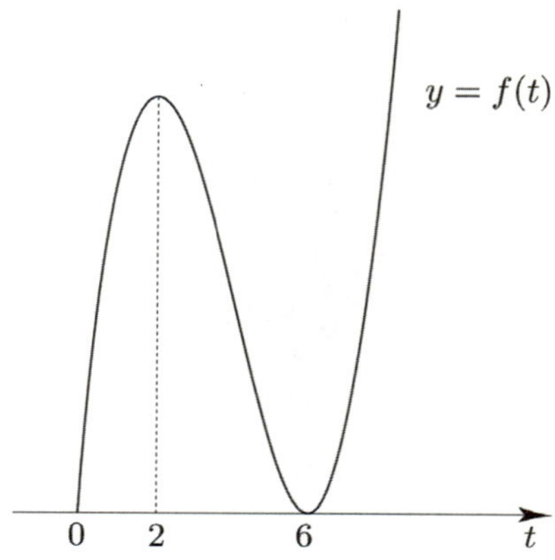

$f(t)$ 는 $[0,\ 2]$ 에서 증가하고, 구간 $[2,\ 6]$ 에서 감소하고, 구간 $[6,\ \infty)$ 에서 증가하므로 $a = 2$, $b = 6$ 이다.

$t = 2$ 에서 $t = 6$ 까지 점 Q 가 움직인 거리를 S 라 하면

$$S = \int_2^6 |v_2(t)|\,dt = \int_2^6 |2t-7|\,dt$$

$$= \int_2^{\frac{7}{2}} (-2t+7)\,dx + \int_{\frac{7}{2}}^6 (2t-7)\,dt$$

$$= \left[-t^2 + 7t\right]_2^{\frac{7}{2}} + \left[t^2 - 7t\right]_{\frac{7}{2}}^6$$

$$= \left(\frac{49}{4} - 10\right) + \left(-6 + \frac{49}{4}\right) = \frac{17}{2}$$

이다.

답 ②

$v_1(t) = 3t^2 + 4t - 7$, $v_2(t) = 2t + 4$

$x_1(0) = 1$, $x_2(0) = 8$ 이므로

$x_1(x) = t^3 + 2t^2 - 7t + 1$, $x_2(t) = t^2 + 4t + 8$

점 P, Q 사이의 거리를 $f(t)$ 라 하면

$$f(t) = \left| t^3 + 2t^2 - 7t + 1 - (t^2 + 4t + 8) \right|$$

$$= \left| t^3 + t^2 - 11t - 7 \right|$$

$g(t) = t^3 + t^2 - 11t - 7$ 이라 하면

$$g'(t) = 3t^2 + 2t - 11$$

$$g'(t) = 0 \ \Rightarrow \ t = \frac{-1-\sqrt{34}}{3} \ \text{ or } \ t = \frac{-1+\sqrt{34}}{3}$$

$$\alpha = \frac{-1+\sqrt{34}}{3} \ \text{라 하자.}$$

이를 바탕으로 $g(t)$ 를 그리면

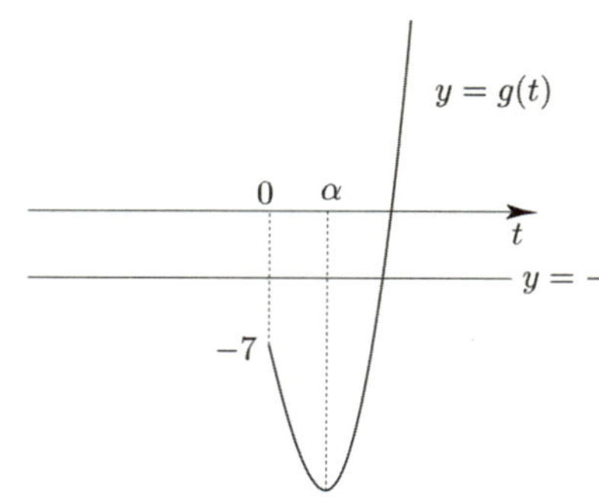

$f(t) = 4$ 를 만족시키는 양수 t 의 최솟값은 $g(t) = -4$ 를 만족시키는 양수 t 와 같다.

$$g(t) = -4 \ \Rightarrow \ t^3 + t^2 - 11t - 7 = -4$$

$$\Rightarrow \ t^3 + t^2 - 11t - 3 = 0$$

$$\Rightarrow \ (t-3)(t^2 + 4t + 1) = 0$$

$$\Rightarrow \ t = 3$$

$t = 0$ 에서 $t = 3$ 까지 점 P 가 움직인 거리를 S 라 하면

$$S = \int_0^3 |v_1(t)|\,dt = \int_0^3 |3t^2 + 4t - 7|\,dt$$

$$= \int_0^1 (-3t^2 - 4t + 7)\,dx + \int_1^3 (3t^2 + 4t - 7)\,dt$$

$$= \left[-t^3 - 2t^2 + 7t\right]_0^1 + \left[t^3 + 2t^2 - 7t\right]_1^3$$

$$= 4 + 28 = 32$$

이다.

답 ⑤

094

도함수의 활용에서 배운 근과 계수의 관계 Technique을
사용해서 k의 값을 구해보자.

점 B에서 $f(x)$에 그은 접선을 $mx+n$이라 하면
방정식 $f(x)=mx+n$은 점 B가 접점이므로 $x=k$에서
중근을 갖고, $x=0$를 실근으로 갖는다.

$k+k+0=6$ (세 실근의 합 6)이므로
$k=3$이다.

점 B$(3, -2)$에서의 접선의 방정식을 구하면
$y=-(x-3)-2=-x+1$이므로

$$S_1=\int_0^3 \{f(x)-(-x+1)\}dx$$

$$S_2=\int_0^3 \{(-x+1)-g(x)\}dx$$

$S_1=S_2$이므로

$$\int_0^3 \{f(x)+x-1\}dx=\int_0^3 \{-x+1-g(x)\}dx$$

$$\Rightarrow \int_0^3 \{f(x)+2x-2\}dx=\int_0^3 -g(x)dx$$

$$\Rightarrow \int_0^3 g(x)dx=\int_0^3 \{-f(x)-2x+2\}dx$$

$$\Rightarrow \int_0^3 g(x)dx=\int_0^3 (-x^3+6x^2-10x+1)dx$$

$$\int_0^3 (-x^3+6x^2-10x+1)dx$$

$$=\left[-\frac{1}{4}x^4+2x^3-5x^2+x\right]_0^3=-\frac{33}{4}$$

따라서 $\int_0^3 g(x)dx=-\frac{33}{4}$이다.

답 ②

함수 $g(x)$는 $x \geq t$일 때, 점 $(t, f(t))$를 지나고
기울기가 -1인 직선이고, x절편은 $t+f(t)$이다.
($0<t<6$에서 $f(t)>0$이므로 $t+f(t)>0$)

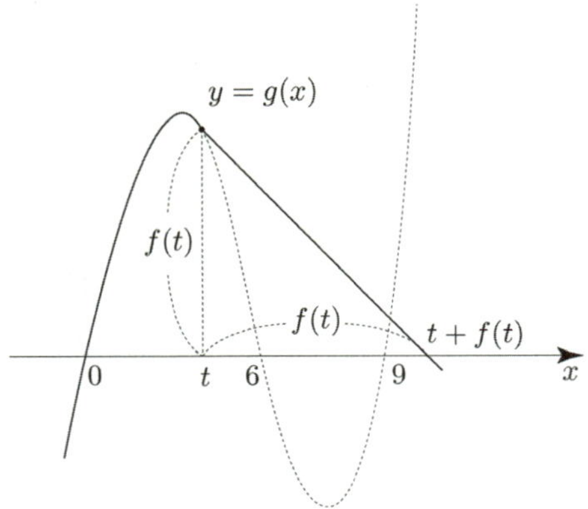

함수 $y=g(x)$의 그래프와 x축으로 둘러싸인 영역의
넓이를 $S(t)$라 하면

$$S(t)=\int_0^t f(x)dx+\frac{1}{2}\{f(t)\}^2$$

양변을 t에 대하여 미분하면
$$S'(t)=f(t)+f(t)f'(t)=f(t)\{1+f'(t)\}$$
$f(x)=\frac{1}{9}x(x-6)(x-9)$이므로
$0<t<6$에서 $f(t)>0$이므로
semi $S'(t)=1+f'(t)$이다.

$$1+f'(t)=1+\frac{1}{9}(3t^2-30t+54)=\frac{1}{3}(t-3)(t-7)$$
이므로 $S(t)$는 $0<t<6$에서 $t=3$에서 최댓값을 갖는다.

$$S(3)=\int_0^3 f(x)dx+\frac{1}{2}\{f(3)\}^2$$

$$=\frac{1}{9}\int_0^3 (x^3-15x^2+54x)dx+18$$

$$=\frac{1}{9}\left[\frac{1}{4}x^4-5x^3+27x^2\right]_0^3+18$$

$$=\frac{57}{4}+18=\frac{129}{4}$$

따라서 함수 $y=g(x)$의 그래프와 x축으로 둘러싸인
영역의 넓이의 최댓값은 $\frac{129}{4}$이다.

답 ③

점 P가 시작 $t=0$일 때 출발한 후 운동방향을
한 번만 바꾸려면 $v(t)$의 부호가 변하는 점이 $t>0$일 때,
오직 하나 존재해야 하므로 조건을 만족시키는 a의 값은
$a=0$ or $a=\dfrac{1}{2}$ or $a=1$이다.

① $a=0$인 경우
$v(t)=-t^3(t-1)$이므로
시각 $t=0$에서 $t=2$까지 점 P의 위치변화량은

$$\int_0^2 -t^3(t-1)dt = \int_0^2 (-t^4+t^3)dt$$
$$= \left[-\frac{1}{5}t^5+\frac{1}{4}t^4\right]_0^2$$
$$= -\frac{12}{5}$$

② $a=\dfrac{1}{2}$인 경우
$v(t)=-t\left(t-\dfrac{1}{2}\right)(t-1)^2$이므로
시각 $t=0$에서 $t=2$까지 점 P의 위치변화량은

$$\int_0^2 -t\left(t-\frac{1}{2}\right)(t-1)^2 dt = \int_0^2 \left(-t^4+\frac{5}{2}t^3-2t^2+\frac{1}{2}t\right)dt$$
$$= \left[-\frac{1}{5}t^5+\frac{5}{8}t^4-\frac{2}{3}t^3+\frac{1}{4}t^2\right]_0^2$$
$$= -\frac{11}{15}$$

③ $a=1$인 경우
$v(t)=-t(t-1)^2(t-2)$이므로
시각 $t=0$에서 $t=2$까지 점 P의 위치변화량은

$$\int_0^2 -t(t-1)^2(t-2)dt = \int_0^2 (-t^4+4t^3-5t^2+2t)dt$$
$$= \left[-\frac{1}{5}t^5+t^4-\frac{5}{3}t^3+t^2\right]_0^2$$
$$= \frac{4}{15}$$

따라서 점 P의 위치의 변화량의 최댓값은 $\dfrac{4}{15}$이다.

답 ③

$f(x)=|x^2-3|-2x$

$$f(x)=\begin{cases} x^2-2x-3 & (x \le -\sqrt{3} \text{ or } x \ge \sqrt{3}) \\ -x^2-2x+3 & (-\sqrt{3}<x<\sqrt{3}) \end{cases}$$

x_1, x_4는 방정식 $x^2-2x-3=-x+t \Rightarrow x^2-x-t-3=0$
의 두 실근이므로 근과 계수의 관계에 의해
$x_1+x_4=1$, $x_1 x_4=-t-3$

$x_4-x_1=5$이므로 $x_1=-2$, $x_4=3$
$x_1 x_4=-t-3 \Rightarrow -6=-t-3 \Rightarrow t=3$

x_2, x_3은 방정식 $-x^2-2x+3=-x+3 \Rightarrow x^2+x=0$의
두 실근이므로 $x_2=-1$, $x_3=0$

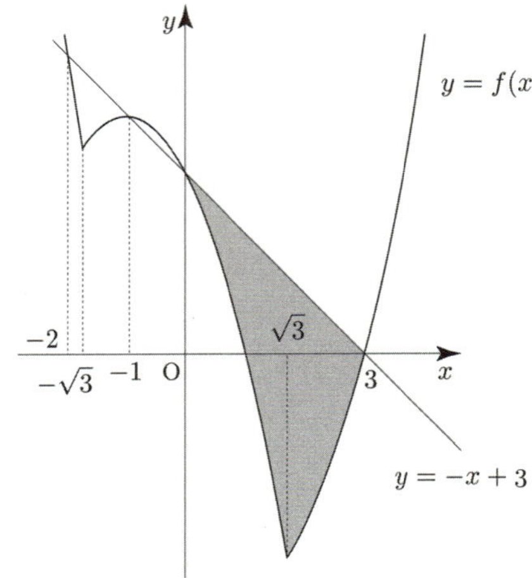

닫힌구간 $[0,\ 3]$에서 두 함수 $y=f(x)$, $y=g(x)$의
그래프로 둘러싸인 부분의 넓이를 S라 하면

$$S=\int_0^3 \{-x+3-f(x)\}dx$$
$$= \int_0^{\sqrt{3}} \{(-x+3)-(-x^2-2x+3)\}dx$$
$$\quad + \int_{\sqrt{3}}^3 \{(-x+3)-(x^2-2x-3)\}dx$$
$$= \left[\frac{1}{3}x^3+\frac{1}{2}x^2\right]_0^{\sqrt{3}} + \left[-\frac{1}{3}x^3+\frac{1}{2}x^2+6x\right]_{\sqrt{3}}^3$$
$$= \frac{27}{2}-4\sqrt{3}$$

따라서 $p \times q = \dfrac{27}{2} \times 4 = 54$이다.

답 54

098

두 점 A, B의 좌표를 각각

$\left(a,\ \dfrac{a}{2}\right),\ \left(b,\ \dfrac{b}{2}\right)\ (0<a<b)$ 라 하자.

선분 AB의 길이가 $\sqrt{5}$ 이고 직선 AB의 기울기가

$\dfrac{1}{2}$ 이므로 아래 그림과 같이 $b-a=2$ 이다.

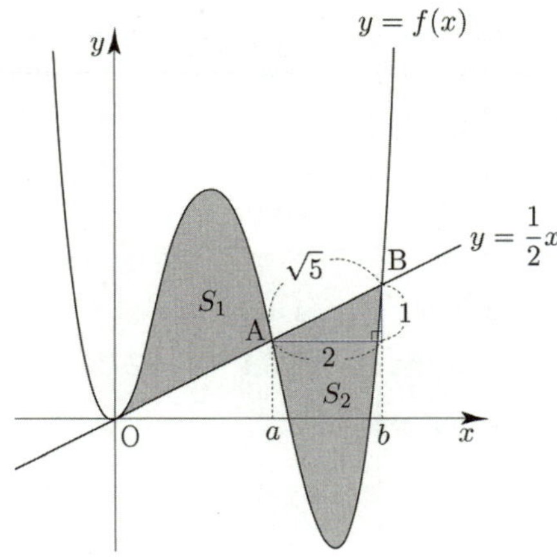

곡선 $y=f(x)$ 와 직선 $y=\dfrac{1}{2}$ 가 원점에서 접하고

두 점 A, B에서 만나므로

$f(x)-\dfrac{1}{2}x=x^2(x-a)(x-b)$

$\qquad\qquad = x^4-(a+b)x^3+abx^2$

사차함수 $f(x)$ 의 최솟값을 m 이라 할 때,

$m+k>0$ 인 실수 k 에 대하여

곡선 $y=f(x)$ 와 직선 $y=\dfrac{1}{2}x$ 을

y축의 방향으로 k만큼 평행이동하더라도

둘러싸인 부분의 넓이는 변하지 않는다.

곡선 $y=f(x)+k$, 직선 $y=\dfrac{1}{2}x+k$ 와

x축, y축, $x=b$로 둘러싸인 부분의 넓이를 S_3 라 하자.

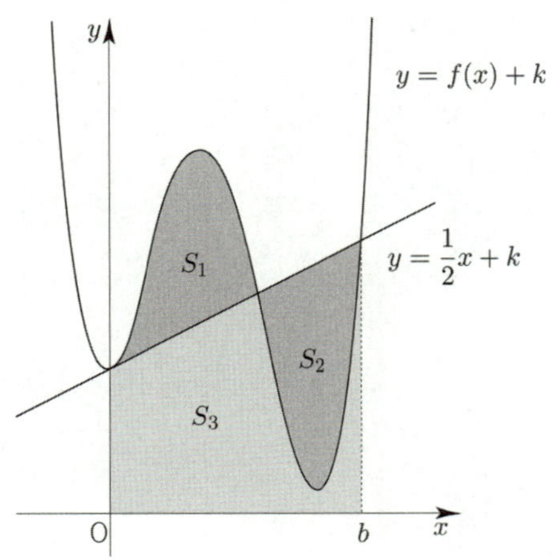

$\displaystyle\int_0^b (f(x)+k)dx=S_1+S_3\ \cdots\ \text{㉠}$

$\displaystyle\int_0^b \left(\dfrac{1}{2}x+k\right)dx=S_2+S_3\ \cdots\ \text{㉡}$

두 식을 빼면 ㉠ - ㉡이고, $S_1=S_2$이므로

$\displaystyle\int_0^b (f(x)+k)dx - \int_0^b \left(\dfrac{1}{2}x+k\right)dx=0$

$\Rightarrow \displaystyle\int_0^b \left(f(x)-\dfrac{1}{2}x\right)dx=0$

$\Rightarrow \displaystyle\int_0^b \left(x^4-(a+b)x^3+abx^2\right)dx=0$

$\Rightarrow \left[\dfrac{1}{5}x^5-\dfrac{a+b}{4}x^4+\dfrac{ab}{3}x^3\right]_0^b = -\dfrac{b^5}{20}+\dfrac{ab^4}{12}=0$

$\Rightarrow 5a-3b=0$

$b-a=2,\ 5a-3b=0\ \Rightarrow\ a=3,\ b=5$

즉, $f(x)=x^4-8x^3+15x^2+\dfrac{1}{2}x$

따라서 $f(1)=\dfrac{17}{2}$ 이다.

답 ⑤

$f(x)$ 는 최고차항의 계수가 1 인 삼차함수이고

$f(1)=f(2)=0$이므로

$f(x)=(x-1)(x-2)(x-a)$ 라 하면

$f'(x)=(x-2)(x-a)+(x-1)(x-a)+(x-1)(x-2)$

$f'(0)=-7$이므로 $2a+a+2=-7\ \Rightarrow\ a=-3$

$\therefore\ f(x)=(x-1)(x-2)(x-3)$

$\qquad\quad = x^3-7x+6$

$f(3)=12$이므로 점 P 의 좌표는 P$(3,\ 12)$

즉, 직선 OP 의 방정식은 $y=4x$ 이다.

삼차함수 $f(x)$ 의 극솟값을 m 이라 할 때,

$m+k>0$ 인 실수 k 에 대하여

곡선 $y=f(x)$ 와 직선 $y=4x$ 을

y축의 방향으로 k만큼 평행이동하더라도

둘러싸인 부분의 넓이는 변하지 않는다.

곡선 $y=f(x)+k$, 직선 $y=4x+k$와

x축, y축, $x=3$로 둘러싸인 부분의 넓이를 C라 하자.

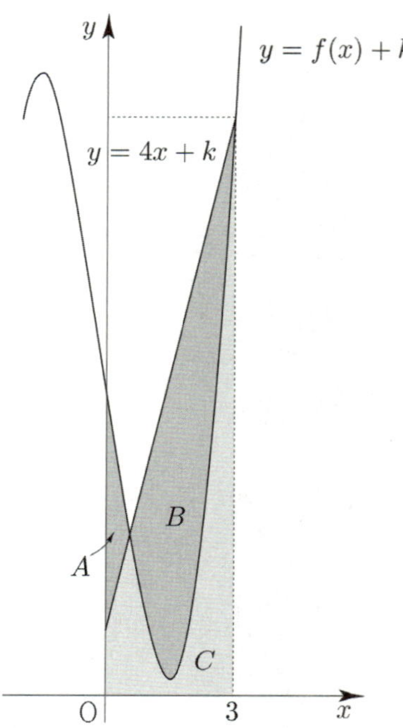

$$\int_0^b (4x+k)\,dx = B+C \ \cdots \ \textcircled{\scriptsize ㄱ}$$

$$\int_0^3 (f(x)+k)\,dx = A+C \ \cdots \ \textcircled{\scriptsize ㄴ}$$

두 식을 빼면 ㄱ - ㄴ이므로

$$\int_0^3 (4x+k)\,dx - \int_0^3 (f(x)+k)\,dx = B-A$$

$$\Rightarrow \int_0^3 (4x-f(x))\,dx = B-A$$

$$\Rightarrow \int_0^3 (-x^3+11x-6)\,dx = B-A$$

$$\Rightarrow \left[-\frac{1}{4}x^4 + \frac{11}{2}x^2 - 6x\right]_0^3 = \frac{45}{4} = B-A$$

따라서 $B-A = \dfrac{45}{4}$ 이다.

답 ⑤

100	5	103	③
101	66	104	41
102	3	105	③

100

$$f(x) = x^2 ,\ \mathrm{A}(3,\ 0),\ \mathrm{P}(x,\ x^2)$$

$$\overline{\mathrm{AP}} = \sqrt{(x-3)^2 + x^4} = \sqrt{x^4 + x^2 - 6x + 9}$$

$h(x) = x^4 + x^2 - 6x + 9$ 라 하면

$$h'(x) = 4x^3 + 2x - 6 = 2(x-1)(2x^2 + 2x + 3)$$

모든 실수 x 에 대하여 $2x^2 + 2x + 3 > 0$ 이므로

Semi $h'(x) = x-1$ 이다.

$h(x)$ 는 $x=1$ 에서 최솟값을 가지므로

$\mathrm{P}(1,\ 1)$ 이다.

점 P 에서의 접선의 방정식은

$$y = 2(x-1)+1 \ \Rightarrow \ y = 2x-1$$

$$g(x) = 2x-1$$

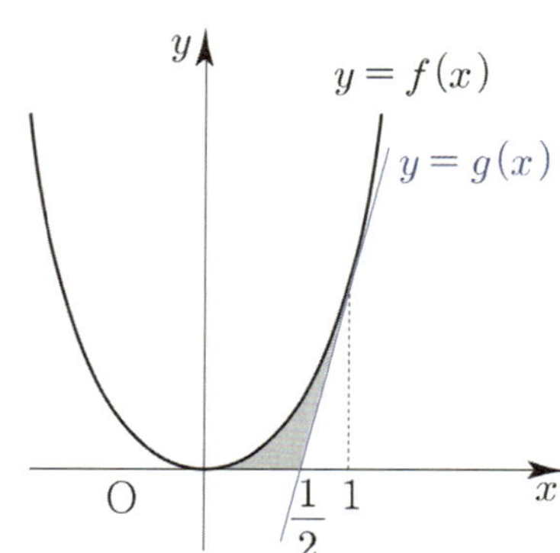

$$S = \int_0^{\frac{1}{2}} x^2\,dx + \int_{\frac{1}{2}}^1 \{x^2 - (2x-1)\}\,dx$$

$$= \left[\frac{1}{3}x^3\right]_0^{\frac{1}{2}} + \left[\frac{1}{3}x^3 - x^2 + x\right]_{\frac{1}{2}}^1 = \frac{1}{12}$$

따라서 $60S = 5$ 이다.

답 5

S 를 $\displaystyle\int_0^1 f(x)\,dx - \int_{\frac{1}{2}}^1 g(x)\,dx$ (삼각형 넓이)로 구해도 된다.

101

사차함수 $f(x)$

(가) 함수 $f(x)$는 $x=0$과 $x=2$에서 동일한 극댓값 5를 갖는다.

(나) 방정식 $f(x)=3$의 실근의 개수는 3이다.

(가), (나)조건을 모두 만족시키는 $f(x)$의 개형은 다음과 같다.

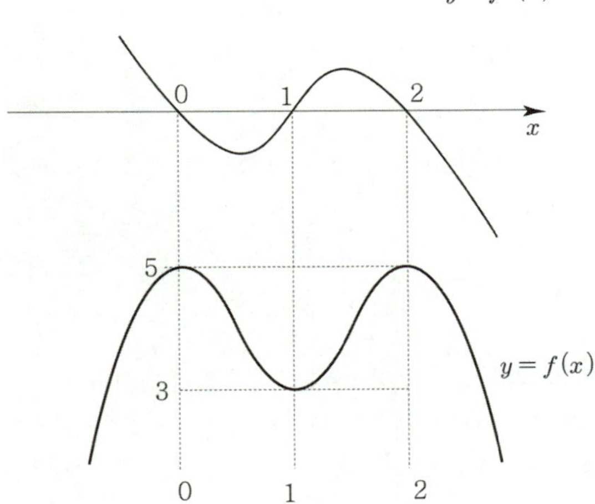

$f(x)-5=kx^2(x-2)^2$ (식 세우기 Technique !)
$f(1)=3 \Rightarrow k+5=3 \Rightarrow k=-2$

$f(x)=-2x^2(x-2)^2+5$
$f(a)=-13 \Rightarrow a^2(a-2)^2=9 \Rightarrow a=3 \ (\because a>0)$

$\int_0^1 |f'(x)|\,dx=A, \quad \int_1^2 |f'(x)|\,dx=B,$
$\int_2^3 |f'(x)|\,dx=C$

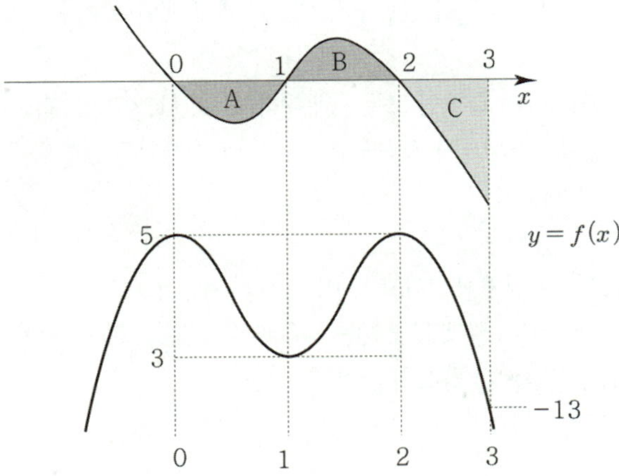

$$\int_0^1 |f'(x)|\,dx=f(0)-f(1)=5-3=2=A$$

$$\int_1^2 |f'(x)|\,dx=f(2)-f(1)=5-3=2=B$$

$$\int_2^3 |f'(x)|\,dx=f(2)-f(3)=5-(-13)=18=C$$

이므로

$$\int_0^3 |f'(x)|\,dx=A+B+C=2+2+18=22$$

따라서 $a\times \int_0^a |f'(x)|\,dx=3\times 22=66$ 이다.

답 66

$f(1)=f(2)=f(3)=k$라 하면
$f(x)-k=p(x-1)(x-2)(x-3) \ (p>0)$

(가) 모든 실수 x에 대하여 $f(x)+f(4-x)=0$이므로
$f(x)$는 $(2,\ 0)$에 대하여 점대칭이므로
$f(2)=0 \Rightarrow k=0$

$f(x)=p(x-1)(x-2)(x-3)$

(나) $\int_1^3 |f(x)|\,dx=4$

대칭성에 의해서

$$\int_1^3 |f(x)|\,dx=2\int_1^2 f(x)\,dx=4$$

$$\Rightarrow \int_1^2 f(x)\,dx=2$$

$$\int_1^2 f(x)\,dx=\int_1^2 p(x-1)(x-2)(x-3)\,dx$$

$$=p\int_1^2 (x^3-6x^2+11x-6)\,dx$$

$$=p\left[\frac{1}{4}x^4-2x^3+\frac{11}{2}x^2-6x\right]_1^2=\frac{1}{4}p=2$$

$$\Rightarrow p=8$$

$f(x)=8(x-1)(x-2)(x-3)$

$g(x)=\int_{x-1}^x f(t)\,dt=F(x)-F(x-1)$ 라 하면

$$g'(x) = f(x) - f(x-1)$$

$y = f(x-1)$ 의 그래프는 $y = f(x)$ 의 그래프를 x 축의 방향으로 1 만큼 평행이동시켜 구할 수 있다.

$g'(x) = f(x) - f(x-1)$ 를 바탕으로 $g(x)$ 를 그리면
(빼기함수 Technique !)

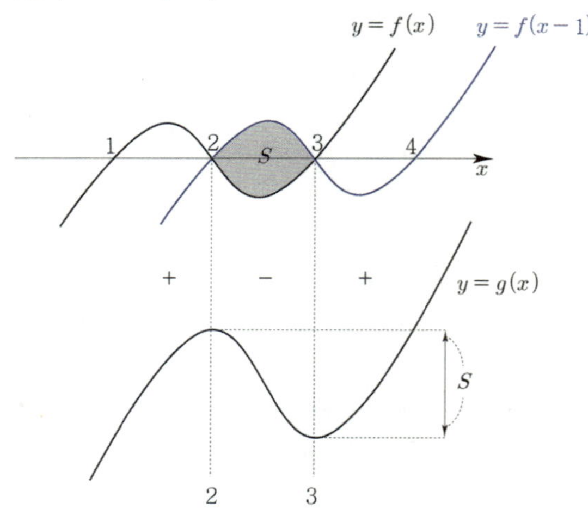

$\displaystyle\int_2^3 |f(x) - f(x-1)|\,dx$ 를 S 라 하면

$$S = \int_2^3 |f(x) - f(x-1)|\,dx = \int_1^3 |f(x)|\,dx = 4$$

$g(x)$ 는 $x = 2 = a$ 에서 극댓값 $g(2) = M$,
$x = 3 = b$ 에서 극솟값 $g(3) = m$ 을 갖는다.

극값차는 S 와 같으므로
$S = M - m = g(2) - g(3) = 4$ 이다.

따라서 $a - b + M - m = 2 - 3 + 4 = 3$ 이다.

답 3

103

$x(t) = t(t-1)(at+b) \quad (a \neq 0)$

$\displaystyle\int_0^1 |v(t)|\,dt = 2$

ㄱ. $\displaystyle\int_0^1 v(t)\,dt = 0$

시각 $t = 0$ 에서 $t = 1$ 까지 점 P 의 위치변화량은
$$\int_0^1 v(t)\,dt = \left[x(t)\right]_0^1 = x(1) - x(0) = 0$$ 이므로
ㄱ은 참이다.

ㄴ. $|x(t_1)| > 1$ 인 t_1 이 열린구간 $(0, \ 1)$ 에 존재한다.

만약 $|x(t_1)| > 1$ 인 t_1 이 열린구간 $(0, \ 1)$ 에 존재한다고 가정해보자.

① $x(t_1) > 1$ 일 때

점 P 가 시각 $t = 0$ 부터 $t = 1$ 까지 움직인 거리의
최솟값은 $x(t_1) - x(0) + x(t_1) - x(1) = 2 \times x(t_1)$ 이므로
2 보다 크다.

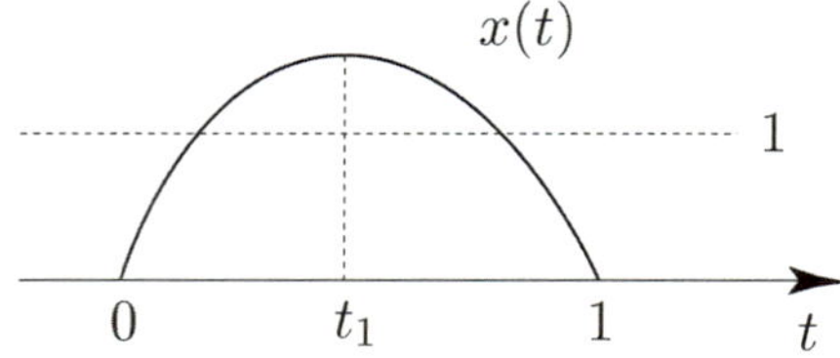

② $x(t_1) < -1$ 일 때

점 P 가 시각 $t = 0$ 부터 $t = 1$ 까지 움직인 거리의
최솟값은 $x(0) - x(t_1) + x(1) - x(t_1) = -2 \times x(t_1)$
이므로 2 보다 크다.

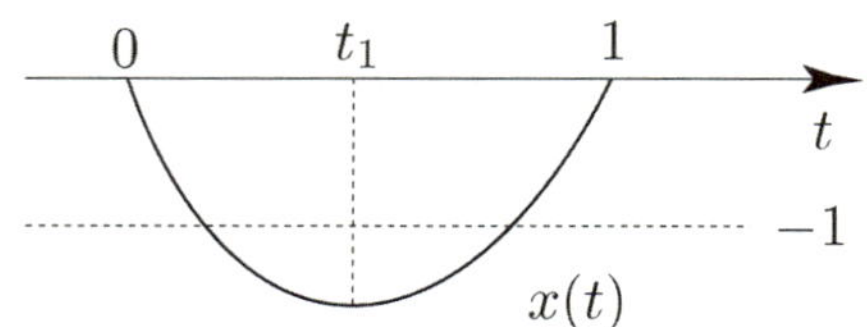

즉, 점 P 가 시각 $t = 0$ 부터 $t = 1$ 까지 움직인 거리의
최솟값은 2 보다 크므로 $\displaystyle\int_0^1 |v(t)|\,dt > 2$ 이다.
따라서 ㄴ은 거짓이다.

ㄷ. $0 \leq t \leq 1$ 인 모든 t 에 대하여 $|x(t)| < 1$ 이면
$x(t_2) = 0$ 인 t_2 가 열린구간 $(0, \ 1)$ 에 존재한다.

만약 $0 \leq t \leq 1$ 인 모든 t 에 대하여 $|x(t)| < 1$ 일 때,
$x(t_2) = 0$ 인 t_2 가 열린구간 $(0, \ 1)$ 에 존재하지 않는다고
가정해보자.

$x(t)$ 는 삼차함수이고 $x(0) = x(1) = 0$ 이므로
$x = t_3$ 에서 극댓값을 갖는 경우와 극솟값을 갖는 경우로
case분류하면 다음과 같다.

① $0 < x(t_3) < 1$ 일 때

점 P가 시각 $t=0$부터 $t=1$까지 움직인 거리는
$x(t_3) - x(0) + x(t_3) - x(1) = 2 \times x(t_3)$ 이므로
2보다 작다.

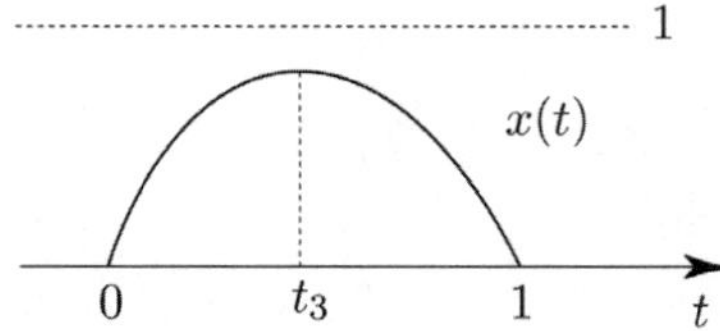

② $-1 < x(t_3) < 0$ 일 때

점 P가 시각 $t=0$부터 $t=1$까지 움직인 거리는
$x(0) - x(t_3) + x(1) - x(t_3) = -2 \times x(t_3)$ 이므로
2보다 작다.

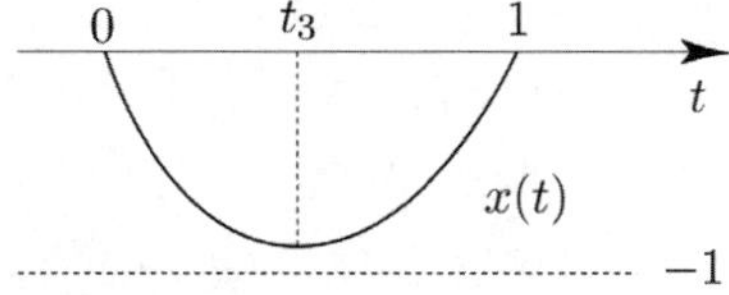

즉, 점 P가 시각 $t=0$부터 $t=1$까지 움직인 거리는
2보다 작으므로 $\int_0^1 |v(t)|\,dt < 2$ 이다.

이는 $\int_0^1 |v(t)|\,dt = 2$ 에 모순이므로

$0 \le t \le 1$인 모든 t에 대하여 $|x(t)| < 1$이면
$x(t_2) = 0$인 t_2가 열린구간 $(0, 1)$에 존재해야 한다.

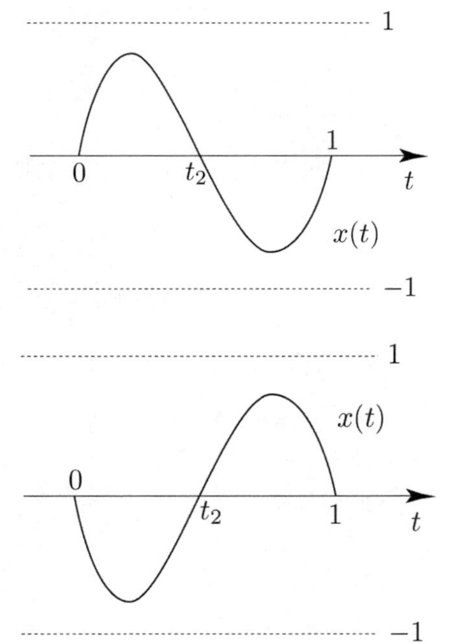

따라서 ㄷ은 참이다.

답 ③

$\int_0^1 f(x)\,dx = 1$ 이고 함수 $y = f(x)$ 의 그래프는

원점에 대하여 대칭이므로 다음 그림에서 색칠한 영역의
넓이는 $3 - 1 = 2$ 이다.

$$\int_{-1}^0 \{f(x) - (-3)\}\,dx = 2$$

(둘러싸인 넓이는 큰 것 $y = f(x)$ 에서 작은 것 $y = -3$을
빼서 구한다.)

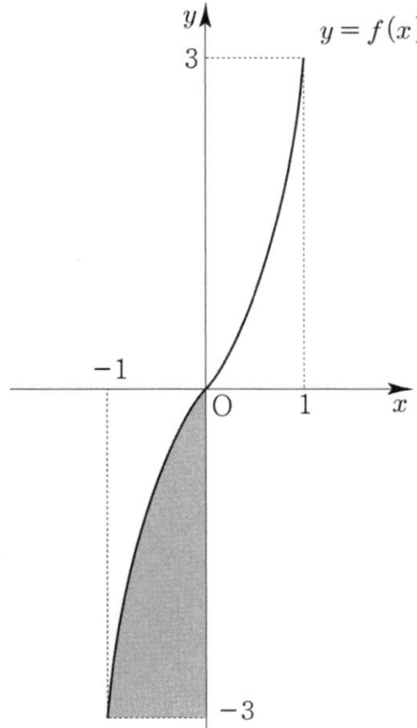

닫힌구간 $[3,\ 6]$에서 $\int_3^6 g(x)\,dx$ 는

곡선 $y = g(x)$ 와 x축 및 두 직선 $x = 3$, $x = 6$으로
둘러싸인 도형의 넓이이므로 함수 $y = g(x)$ 의 그래프와
구하는 영역은 다음과 같다.

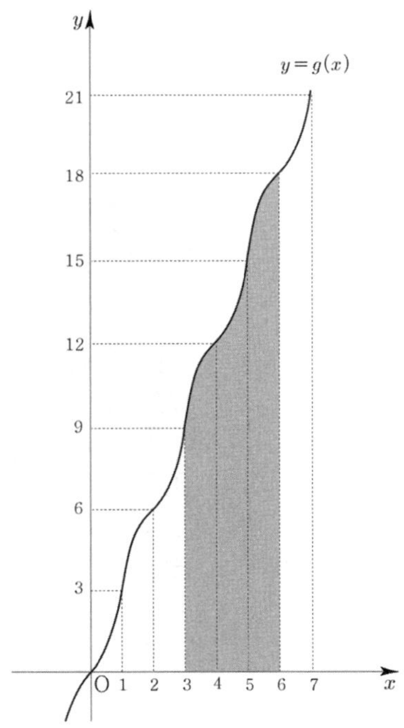

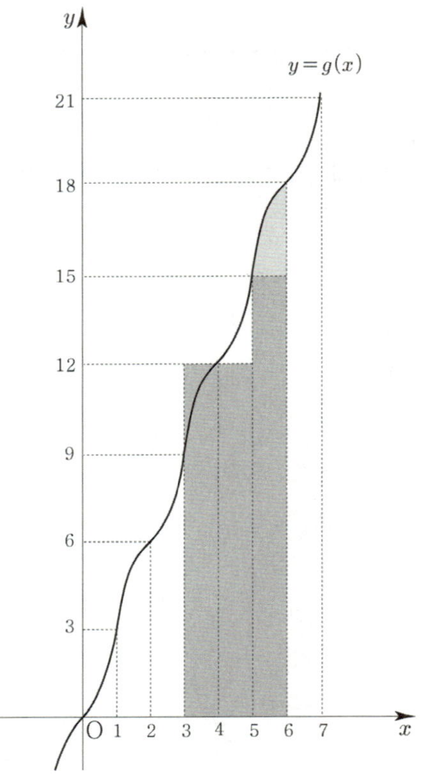

대칭성에 의해서 $\displaystyle\int_3^5 g(x)\,dx$ 의 값은 직사각형 넓이와 같다.

$$\int_3^5 g(x)\,dx = 2 \times 12 = 24$$

$\displaystyle\int_5^6 g(x)\,dx$ 의 값은 직사각형의 넓이와 $\displaystyle\int_5^6 \{g(x)-15\}\,dx$ 의 값의 합과 같다.

대칭성에 의해서

$$\int_5^6 \{g(x)-15\}\,dx = \int_{-1}^0 \{f(x)-(-3)\}\,dx = 2 \text{ 이므로}$$

$$\int_5^6 g(x)\,dx = 1 \times 15 + 2 = 17$$

따라서 $\displaystyle\int_3^6 g(x)\,dx = \int_3^5 g(x)\,dx + \int_5^6 g(x)\,dx = 41$ 이다.

답 41

$f(x)$ 는 연속함수이므로 함수 $\dfrac{1}{f(x)}$ 가 $x=0$ 과 $x=1$ 에서만 불연속하려면 오직 $x=0$ 과 $x=1$ 에서만 $f(x)$ 의 함숫값이 0 이 되어야 한다.

즉, ① $f(x) = x^2(x-1)$ ② $f(x) = x(x-1)^2$ 로 case분류할 수 있다.

① $f(x) = x^2(x-1)$

(나) 조건에 의하여 모든 실수 x 에 대하여
$(x^2 - x)g(x) = |(x-1)f(x)|$ 이므로
$x(x-1)g(x) = |x^2(x-1)^2|$

$x(x-1)g(x) = |x(x-1)||x(x-1)|$ 이므로
$x(x-1)$ 의 부호에 따라 $g(x)$ 가 달라진다.
$x \neq 0$, $x \neq 1$ 일 때, $g(x)$ 를 구하면

$$g(x) = \begin{cases} \ \ |x(x-1)| & (x<0 \text{ or } x>1) \\[2mm] -|x(x-1)| & (0<x<1) \end{cases}$$

사실 $x^2(x-1)^2 \geq 0$ 이므로 굳이 case분류없이
$x(x-1)g(x) = x^2(x-1)^2 \Rightarrow g(x) = x(x-1) \ \ (x \neq 0, \ x \neq 1)$
이다.

$g(x)\,(x \neq 0, \ x \neq 1)$ 을 그리면 다음과 같다.

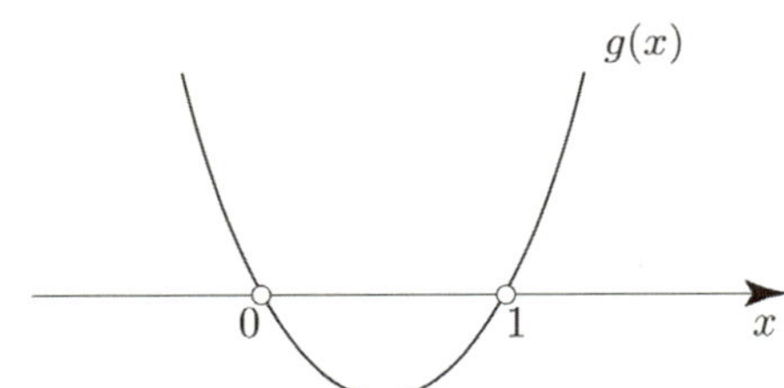

(다) 조건에 의하여 $g(x)$ 는 오직 한 점에서만
불연속해야 한다.
하지만 $g(0) = g(1)$ 을 만족시켜야 하기 때문에
위 그래프에서는 $x=0$, $x=1$ 에서 불연속하거나
실수 전체의 집합에서 연속일 수 밖에 없다.
즉, (다) 조건을 만족시킬 수 없다.

② $f(x) = x(x-1)^2$

위와 마찬가지로 $g(x)$ 를 구해보자.
$x(x-1)g(x) = |x(x-1)^3|$

$x(x-1)g(x) = |x(x-1)|(x-1)^2$ 이므로
$x(x-1)$ 의 부호에 따라 $g(x)$ 가 달라진다.
$x \neq 0,\ x \neq 1$ 일 때, $g(x)$ 를 구하면

$$g(x) = \begin{cases} (x-1)^2 & (x < 0 \ \text{or} \ x > 1) \\ -(x-1)^2 & (0 < x < 1) \end{cases}$$

$g(x)\,(x \neq 0,\ x \neq 1)$ 을 그리면 다음과 같다.

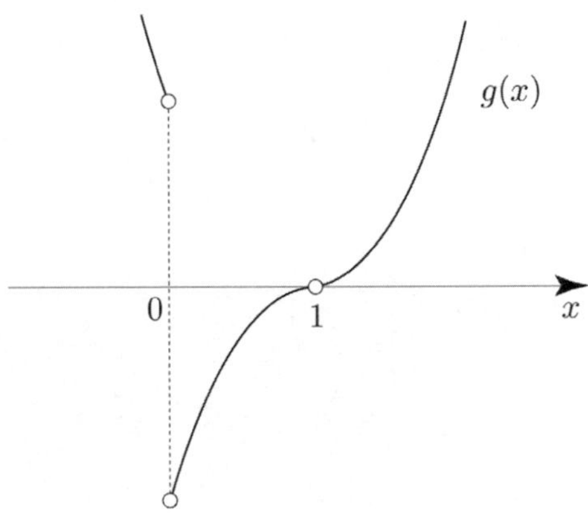

(다) 조건에 의하여 $g(x)$ 는 오직 한 점에서만
불연속해야 한다.
이때, $x = 0$ 에서는 $g(0)$ 의 값과 상관없이 무조건
불연속점이 생긴다.
즉, $x = 1$ 에서는 연속이어야 하니 $g(1) = 0$ 이어야 한다.
근데 문제 조건에서 $g(0) = g(1)$ 이라 했으므로
$g(0) = 0$

이를 바탕으로 $g(x)$ 를 그리면 다음과 같다.

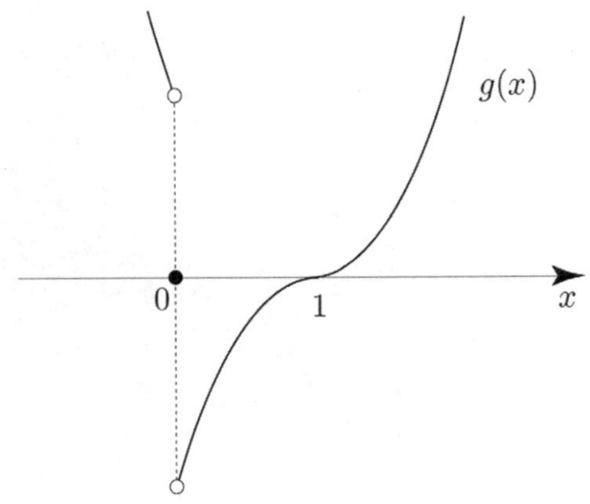

$x = 0$ 에서 불연속이므로 $a = 0$
a 에 0을 넣어 정리해주면 $h(x)$ 는 다음과 같다.

$$h(x) = \begin{cases} g(x) + b & (x < 0) \\ c & (x = 0) \\ g(x) & (x > 0) \end{cases}$$

범위에 따른 $g(x)$ 까지 고려하여 정리해주면 $h(x)$ 는
다음과 같다.

$$h(x) = \begin{cases} (x-1)^2 + b & (x < 0) \\ c & (x = 0) \\ -(x-1)^2 & (0 < x < 1) \\ (x-1)^2 & (1 \leq x) \end{cases}$$

$h(x)$ 가 실수 전체의 집합에서 연속이려면
$b = -2,\ c = -1$ 이어야 한다.

$$h(x) = \begin{cases} (x-1)^2 - 2 & (x \leq 0) \\ -(x-1)^2 & (0 < x < 1) \\ (x-1)^2 & (1 \leq x) \end{cases}$$

$(x-1)^2 - 2 = 0 \Rightarrow x = 1 - \sqrt{2} \quad (\because x < 0)$
이므로 $h(x)$ 를 그리면 다음과 같다.

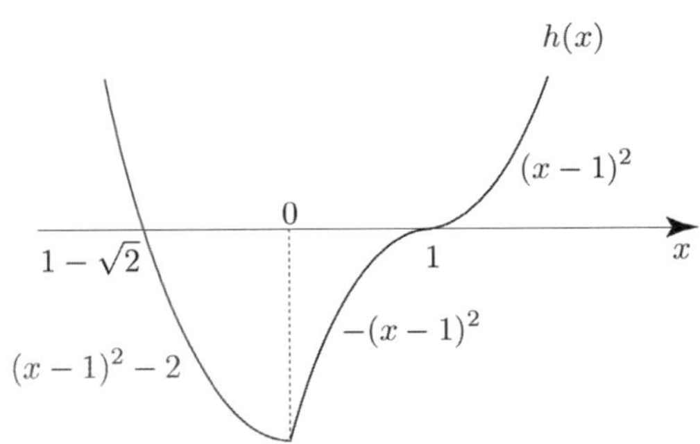

$h(a - b - c) = h(0 + 2 + 1) = h(3) = (3-1)^2 = 4$ 이고

$y = h(x)$ 와 x 축으로 둘러싸인 부분의 넓이 S 는

$$S = \int_{1-\sqrt{2}}^{0} \{-(x-1)^2 + 2\}dx + \int_{0}^{1} (x-1)^2 dx$$

$$= \left[-\frac{(x-1)^3}{3} + 2x \right]_{1-\sqrt{2}}^{0} + \left[\frac{(x-1)^3}{3} \right]_{0}^{1}$$

$$= \frac{1}{3} - \left(\frac{2\sqrt{2}}{3} + 2 - 2\sqrt{2} \right) + \frac{1}{3} = \frac{4\sqrt{2} - 4}{3}$$

따라서 $h(a - b - c) + S = 4 + \dfrac{4\sqrt{2} - 4}{3} = \dfrac{4\sqrt{2} + 8}{3}$ 이다.

답 ③